Hierarchische Matrizen

W. Hackbusch

Hierarchische Matrizen

Algorithmen und Analysis

Springer

Wolfgang Hackbusch
Max-Planck-Institut für Mathematik in den Naturwissenschaften
Abteilung Wissenschaftliches Rechnen
Inselstr. 22-26
04103 Leipzig
Deutschland
wh@mis.mpg.de

ISBN 978-3-642-00221-2 e-ISBN 978-3-642-00222-9
DOI 10.1007/978-3-642-00222-9
Springer Dordrecht Heidelberg London New York

Die Deutsche Nationalbibliothek verzeichnet diese Publikation in der Deutschen Nationalbibliografie; detaillierte bibliografische Daten sind im Internet über http://dnb.d-nb.de abrufbar.

Mathematics Subject Classification (2000): 65F05, 65F30, 65F50, 65F10, 15A09, 15A24, 15A99, 15A18, 47A56, 68P05, 65N22, 65N38, 65R20, 45B05

Einbandentwurf: WMXDesign GmbH, Heidelberg

Printed on acid-free paper

Springer ist Teil der Fachverlagsgruppe Springer Science+Business Media (www.springer.com)

Meiner Frau Ingrid gewidmet

Vorwort

Operationen mit großen Matrizen werden in der Numerik weitgehend vermieden. Stattdessen wird in der Regel versucht, alle Algorithmen auf Matrix-*Vektor*-Multiplikationen zurückzuführen. Der Grund ist der hohe Aufwand von z.B. $\mathcal{O}(n^3)$ Gleitkommaoperationen für eine Multiplikation von $n \times n$-Matrizen. Beginnend mit dem Strassen-Algorithmus wurde versucht, den Aufwand auf $\mathcal{O}(n^\gamma)$ mit $\gamma < 3$ zu reduzieren. Diese Bemühungen können aber nicht zum Ziel führen, da die theoretische untere Schranke $\gamma \geq 2$ besteht, und selbst quadratischer Aufwand bei großskaligen Matrizen inakzeptabel ist.

Dass die Matrixoperationen im hier beschriebenen $\mathcal{H}$-Matrix-Format trotzdem mit fast linearem Aufwand $\mathcal{O}(n \log^* n)$ ausführbar sind, ist kein Widerspruch zu der vorherigen Aussage, da oben die exakte Berechnung unterstellt wird, während die $\mathcal{H}$-Matrix-Operationen Approximationen enthalten. Die Approximationsfehler sind jedoch akzeptabel, da großskalige Matrizen von Diskretisierungen stammen, die ohnehin Diskretisierungsfehler enthalten. Die mit der $\mathcal{H}$-Matrix-Technik ermöglichten Operationen sind nicht nur die Matrixaddition und -multiplikation, sondern auch die Matrixinversion und die LU- oder Cholesky-Zerlegung.

Verwendet man die $\mathcal{H}$-Matrix-Technik zur Lösung von linearen Gleichungssystemen, so nimmt sie eine Stellung zwischen direkten Verfahren und Iterationsverfahren ein. Auf der einen Seite kann die approximative Inverse oder LU-Zerlegung mit wählbarer Genauigkeit bestimmt und damit das Gleichungssystem gelöst werden. Auf der anderen Seite reicht eine Inverse oder LU-Zerlegung mit mäßiger Genauigkeit, um eine schnelle Iteration zu konstruieren.

Hat man die Matrixoperationen zur Verfügung, lässt sich eine wesentlich größere Problemklasse behandeln, als dass mit der Beschränkung auf Matrix-Vektor-Multiplikationen möglich ist. Hierzu gehören die Berechnung von matrixwertigen Funktionen, zum Beispiel der Matrix-Exponentialfunktion, und die Lösung von Matrixgleichungen, etwa der Riccati-Gleichung.

Die approximative Durchführung der Operationen kann nur erfolgreich sein, wenn der Aufwand für eine Genauigkeit ε nur schwach mit $\varepsilon \to 0$ wächst.

Für die Inversen von Diskretisierungsmatrizen elliptischer Randwertprobleme und für zugehörige Randintegralgleichungen lässt zeigen, dass der Aufwand nur logarithmisch von ε abhängt. Für allgemeine, große Matrizen ist diese Aussage falsch, d.h. die $\mathcal{H}$-Matrix-Technik ist nicht für allgemeine Matrizen anwendbar. Trotzdem zeigen numerische Tests ein sehr robustes Verhalten. Für die praktische Durchführung ist es zudem sehr wichtig, dass die $\mathcal{H}$-Matrix-Technik in hohem Maße blackbox-artig ist.

Die Tatsache, dass nicht alle Matrizen (mit verbessertem Aufwand) dargestellt werden können, entspricht nicht dem klassischen Verständnis der Linearen Algebra. Dort ist man es gewohnt, dass Verfahren möglichst auf sämtliche Elemente eines endlichdimensionalen Vektorraumes anwendbar sind. Andererseits ist der Approximationsgedanke der Ursprung der Analysis. Da die Objekte wie zum Beispiel Funktionen im Allgemeinen unendlich viele Daten enthalten, verwendet man seit Anbeginn der Analysis Approximation aufgrund von partiellen Informationen (Beispiel Interpolation), wobei man in Kauf nimmt, dass die Approximation nur unter geeigneten Glattheitsvoraussetzungen möglich ist.

Die $\mathcal{H}$-Matrix-Technik beruht auf drei verschiedenen Komponenten. Die *erste, analytische Komponente* ist die lokale, separable Approximation der Greenschen Funktion beziehungsweise der Integralkernfunktion. Derartige Techniken sind in der Vergangenheit in verschiedenen Versionen bei der Behandlung diskreter Integraloperatoren angewandt worden: bei der Paneel-Clusterungstechnik, bei Multipolentwicklungen, aber auch bei der Matrixkompression von Wavelet-Matrizen. Nur mit Hilfe dieser Techniken kann die Matrix-Vektor-Multiplikation mit der an sich vollen Matrix in fast linearem Aufwand durchgeführt werden. Die *zweite Komponente* gehört der linearen Algebra an. Techniken der Singulärwertzerlegung und der QR-Zerlegung spielen eine wichtige Rolle bei der Organisation der lokalen Matrixdaten. Die *dritte Komponente* betrifft die diskreten Strukturen. Die ersten beiden Komponenten werden auf Teilmatrizen angewandt. Die geeignete Partition der Matrix in Teilmatrizen der richtigen Größe ist für die Matrixoperationen der entscheidende Schritt. Die diskreten Strukturen stellen sich in Form vom Bäumen, den Cluster- und Blockclusterbäumen dar.

Ziel dieser Monographie ist die umfassende Einführung in die Technik hierarchischer Matrizen. Da diese insbesondere für die großskaligen Matrizen aus dem Umfeld von Randwertaufgaben entwickelt worden sind, muss auch knapp auf die Diskretisierung von Randwertaufgaben und auf die Randintegralmethode eingegangen werden. Den oben aufgezählten, sehr unterschiedlichen Komponenten entsprechend widmen sich die ersten Kapitel den verschiedenen Fragen zur Analysis, zur Linearen Algebra und den Strukturen, die dann die Grundlage der Algorithmen bilden. Um die Kapitel einerseits nicht zu umfangreich werden zu lassen und andererseits hinreichend Hintergrundmaterial bereitzustellen, enthält das Buch fünf Anhänge. Hier findet der Leser den benötigten Hintergrund zu Themen aus dem Hauptteil.

Das letzte Kapitel gibt einen kleinen Einstieg in die Behandlung großskaliger Tensoren. Hier werden nur Anwendungen angesprochen, die direkt mit hierarchischen Matrizen verbunden sind. Andererseits besteht die herausfordernde Aufgabe, die im Umfeld der hierarchischen Matrizen entwickelten Techniken auf Tensoren zu übertragen. Da der Speicher- und Rechenaufwand bei großskaligen Tensoren den Anwender vor noch größere Schwierigkeiten als bei Matrizen stellt, sind geeignete Darstellungsmethoden und Algorithmen zur Approximation der Operationen dringend erforderlich. Die in diesem Bereich erzielten Resultate passen thematisch nicht in diese Monographie und gäben Stoff für ein weiteres Buch.

In zahlreichen Hinweisen wird verbal auf Details der Implementierung eingegangen. Eine konkrete Beschreibung der in C geschriebenen Algorithmen wird hier vermieden, da hierfür die Lecture Notes [26] und ein zukünftiges, hieraus hervorzugehendes Buchprojekt heranzuziehen sind. Letzteres ist auch ein besserer Platz für konkrete numerische Beispiele und Vergleiche.

Lesehinweis: Unterkapitel, die mit einem Stern* versehen sind, können beim ersten Lesen übersprungen werden, da sie eher der thematischen Vertiefung dienen.

Algorithmen sind in einer Notation angegeben, die sich an Algol und Pascal anlehnt. Man beachte, dass die geschweiften Klammern Kommentare enthalten. Der Einfachheit halber werden die Parameter nicht mit einer Typenbeschreibung versehen, sondern verbal erklärt. Für die (wenigen) Hilfsvariablen wird ebenfalls keine explizite Spezifikation gegeben, da sie sich aus dem Zusammenhang ergibt.

Der Autor entwickelte die Technik der hierarchischen Matrizen Ende der 90er Jahre. Die erste Arbeit [69] hierzu erschien 1999. Ein wesentlicher Schritt war die Implementierung der Methode in der Dissertation [50] von Dr. L. Grasedyck, die 2001 verteidigt wurde. Die Grundlagen zu dieser Monographie wurde durch Manuskripte zu Vorlesungen an der Universität Leipzig (Sommersemester 2004 und Wintersemester 2006/7) und an der Christian-Albrechts-Universität zu Kiel (Sommersemester 2004) gelegt. Das Material wurde entscheidend anreichert durch die Beiträge der Drs. S. Börm, M. Bebendorf, R. Kriemann und B. Khoromskij. Insgesamt sind zum Thema der hierarchischen Matrizen und seinem Umfeld zwei Dissertationen und eine Habilitationsarbeit an der Christian-Albrechts-Universität zu Kiel und vier Dissertationen und eine Habilitationsarbeit an der Universität Leipzig geschrieben worden. Die neuartigen Möglichkeiten, die die $\mathcal{H}$-Matrix-Technik bietet, haben zu einem Programmpaket $\mathcal{H}$-Lib^{pro} geführt, das für kommerzielle Zwecke zur Verfügung steht (siehe http://www.scai.fraunhofer.de/hlibpro.html).

Neben den oben Genannten danke ich Dr. L. Banjai, Dr. Wendy Kreß, Prof. Sabine Le Borne, Dr. Maike Löhndorf, Prof. J.M. Melenk, Prof. S. Sauter, sowie weiteren Mitarbeitern und Gästen des Leipziger Max-Planck-Institutes, die wesentlich zum Inhalt dieses Buches beigetragen haben. Herrn Dr. Ronald Kriemann gilt mein Dank für die Gestaltung des Umschlagbildes.

Dem Springer-Verlag danke ich für die unkomplizierte Kooperation bei der Fertigstellung dieses Werkes.

November 2008 *Wolfgang Hackbusch*

Inhaltsverzeichnis

1

Einleitung

1.1 Was ist die zu lösende Aufgabe, wo liegen die Schwierigkeiten?

1.1.1 Aufgabenbeispiele

Aufgaben der linearen Algebra treten bei verschiedensten Anwendungen auf. Im Zusammenhang mit Vektoren (z.B.[1] im $\mathbb{R}^n$) sind die Vektorraum-Operationen

$$\begin{aligned} x, y \in \mathbb{R}^n &\quad\mapsto\quad x + y \in \mathbb{R}^n, \\ \lambda \in \mathbb{R},\, x \in \mathbb{R}^n &\quad\mapsto\quad \lambda x \in \mathbb{R}^n \end{aligned}$$

gefordert, was im Allgemeinen die geringsten Mühen bereitet.

Im Zusammenhang mit Matrizen (quadratischen $n \times n$-Matrizen wie rechteckigen $n \times m$-Matrizen) kann schon die *Abspeicherung* ein Problem darstellen, wenn n^2 bzw. nm groß sind.

Unter den Operationen mit Matrizen ist die häufigste die *Matrix-Vektor-Multiplikation*

$$A \in \mathbb{R}^{n\times m},\, x \in \mathbb{R}^m \quad\mapsto\quad Ax \in \mathbb{R}^n, \tag{1.1}$$

die der Realisierung der mit A beschriebenen linearen Abbildung entspricht.

Da Matrizen einen Ring beschreiben, möchte man auch die Ringoperationen durchführen:

$$A, B \in \mathbb{R}^{n\times m} \quad\mapsto\quad A + B \in \mathbb{R}^{n\times m}, \tag{1.2}$$

$$A \in \mathbb{R}^{n\times m},\, B \in \mathbb{R}^{m\times p} \quad\mapsto\quad A \cdot B \in \mathbb{R}^{n\times p} \tag{1.3}$$

[1] Für den zugrundeliegenden Körper nehmen wir im Folgenden stets $\mathbb{R}$ an. Gelegentlich ist auch der Körper $\mathbb{C}$ der komplexen Zahlen notwendig, aber die Verallgemeinerung auf $\mathbb{C}$ bringt keine prinzipiell neuen Probleme, sodass eine Beschränkung auf $\mathbb{R}$ Sinn macht. Völlig andersartige Körper wie z.B. $\mathbb{Z}_p$ werden explizit ausgeschlossen, da man hierin exakt rechnen müsste, während im Folgenden Approximationen angewandt werden sollen.

W. Hackbusch, *Hierarchische Matrizen*, DOI 10.1007/978-3-642-00222-9_1,

(die Skalarmultiplikation $A \in \mathbb{R}^{n\times m}, \lambda \in \mathbb{R} \mapsto \lambda A \in \mathbb{R}^{n\times m}$ gehört auch dazu, ist aber nicht so bemerkenswert). Schließlich möchte man für reguläre Matrizen die Inverse berechnen:

$$A \in \mathbb{R}^{n\times n} \text{ regulär} \quad \mapsto \quad A^{-1} \in \mathbb{R}^{n\times n}. \tag{1.4}$$

Daneben gibt es weitere Aufgaben wie die *LU-Zerlegung*

$$\begin{array}{l} A \in \mathbb{R}^{n\times n} \text{ regulär} \quad \mapsto \quad A = LU, \\ L \text{ untere normierte und } U \text{ obere Dreiecksmatrix,} \end{array} \tag{1.5a}$$

die eventuell um die Pivotisierung ergänzt werden muss, sowie die *Cholesky-Zerlegung*[2]

$$\begin{array}{l} A \in \mathbb{R}^{n\times n} \text{ positiv definit} \quad \mapsto \quad A = LL^\top, \\ L \text{ untere Dreiecksmatrix mit } L_{ii} > 0 \end{array} \tag{1.5b}$$

(vgl. Stoer [129, Abschnitte 4.1 und 4.3]).

Im Falle eines Gleichungssystems $Ax = b$ möchte man nicht die inverse Matrix berechnen, sondern nur das spezielle Bild $x = A^{-1}b$ ermitteln:

$$A \in \mathbb{R}^{n\times n} \text{ regulär}, b \in \mathbb{R}^n \quad \mapsto \quad x \in \mathbb{R}^n \text{ Lösung von } Ax = b. \tag{1.6}$$

Mitunter sind auch Funktionen von Matrizen von Interesse. Das bekannteste Beispiel ist die *Matrix-Exponentialfunktion*

$$A \in \mathbb{R}^{n\times n} \quad \mapsto \quad \exp(A) := \sum_{\nu=0}^{\infty} \frac{1}{\nu!} A^\nu. \tag{1.7}$$

Schließlich gibt es noch (lineare oder nichtlineare) Gleichungssysteme für Matrizen. Eine bekannte lineare Gleichung in X ist die *Ljapunow*[3]*-Gleichung*

$$AX + XA^\top = B \qquad (A, B \in \mathbb{R}^{n\times n} \text{ gegeben, } X \in \mathbb{R}^{n\times n} \text{ gesucht}). \tag{1.8}$$

Die *Riccati*[4]*-Gleichung*

$$AX + XA^\top + XCX = B \quad (A,B,C \in \mathbb{R}^{n\times n} \text{ gegeben, } X \in \mathbb{R}^{n\times n} \text{ gesucht}) \tag{1.9}$$

ist quadratisch in X und daher nichtlinear.

---

[2] André Louis Cholesky (geb. 15.10.1875 in Montguyon bei Bordeaux, gest. am 31.8.1918) setzte dieses Verfahren für Kleinste-Quadrate-Probleme ein, die bei geodätischen Vermessungen auftraten. Sein Verfahren wurde posthum von Benoît [16] veröffentlicht. Eine Beschreibung des Verfahrens findet sich auf handschriftlichen Notizen von Cholesky datiert auf den 2.12.1910.

[3] Aleksandr Michailowitsch Ljapunow, geboren am 6. Juni 1857 in Yaroslavl, gestorben am 3. Nov. 1918 in Odessa.

[4] Jacopo Francesco Riccati, geboren am 28. Mai 1676 in Venedig, gestorben am 15. April 1754 in Treviso (Venezianische Republik).

1.1.2 Größenordnung der Dimension

Solange n eine feste, kleine Zahl ist, stellen die genannten Aufgaben (wenn sie nicht schlecht konditioniert sind) keine Schwierigkeit dar. Es gibt aber eine große Klassen von Problemen der Linearen Algebra, die aus der Diskretisierung partieller Differentialgleichungen oder verwandter Integralgleichungen resultieren. Vor der Diskretisierung sind die Aufgaben unendlich-dimensional. Der durch die Diskretisierung induzierte Fehler (der sogenannte *Diskretisierungsfehler*) geht gegen null, wenn die Dimension n gegen ∞ geht. Daher wird man versuchen, n so groß wie möglich zu wählen, und das heißt, so groß, dass der Rechner-Speicherplatz ausreicht und das Resultat der Rechnung in einer Zeitspanne geliefert wird, die akzeptabel ist. Man hat sich die Größenordnung $n = 10^6$ und mehr vorzustellen, und eventuell benötigt der Rechner mehrere Tage für die Ausführung.

1.1.3 Exakte oder näherungsweise Berechnung

Die oben aufgezählten Aufgaben fragen nach dem exakten Resultat der jeweiligen Operation. Legt man den Körper $\mathbb{R}$ zugrunde, so ist offensichtlich, dass Rundungsfehler in der Größenordnung der relativen Maschinengenauigkeit *eps* unvermeidbar sind. Viel entscheidender ist aber, dass wegen der in §1.1.2 angesprochenen Diskretisierung auch bei exakt ausgeführter linearer Algebra die Resultate nur Näherungen gegenüber der Lösung der eigentlichen partiellen Differentialgleichung darstellen. Wichtig ist in diesem Zusammenhang, dass der Diskretisierungsfehler $\varepsilon_{\text{Diskr}}$ im Allgemeinen um Größenordnungen größer als *eps* ist. Ein zusätzlicher Fehler infolge einer inexakten Auswertung der algebraischen Operationen in der Größenordnung von $\varepsilon_{\text{Diskr}}$ ist durchaus akzeptabel.

Die Tatsache, dass man beispielsweise ein Gleichungssystem (1.6) nicht exakt, sondern nur näherungsweise berechnen möchte, erlaubt iterative Verfahren, deren Iterationsfehler mit der Anzahl der Iterationsschritte und damit mit dem Rechenaufwand verbunden ist (vgl. Hackbusch [66]).

1.2 Komplexität der Algorithmen

Es reicht nicht aus zu wissen, dass ein Algorithmus prinzipiell durchführbar ist, sondern man muss auch sicherstellen, dass die Speicherkapazität und Rechengeschwindigkeit der zur Zeit verfügbaren Rechner ausreichen. Für diesen Zweck ist die Komplexität eines Algorithmus zu quantifizieren.

1.2.1 Komplexität

Sei $\Phi : x \in D \subset \mathbb{R}^n \mapsto y \in \mathbb{R}^m$ eine beliebige Abbildung. Ein Algorithmus $\mathcal{A}_\Phi$ zur Berechnung von $\Phi(x)$ ist eine Folge von *Elementaroperationen*, die durch die Implementierung festgelegt werden. Unter der vereinfachenden Annahme, dass alle als Elementaroperationen zugelassenen Operationen die gleiche Rechenzeit benötigen, ist die Rechenzeit durch die Anzahl N_Φ der Elementaroperationen charakterisiert. Im Allgemeinen kann N_Φ vom Argument x abhängen, sodass man dann zur maximalen Anzahl $\sup_x N_\Phi(x)$ übergehen sollte.[5]

Anmerkung 1.2.1. Die Abbildung $\Phi : x \in D \subset \mathbb{R}^n \mapsto y \in \mathbb{R}^m$ sei in dem Sinne nichttrivial, dass $\Phi(x)$ von allen Eingabedaten (d.h. allen Komponenten x_i) abhängt und y im Allgemeinen verschiedene Komponenten y_i besitzt und nicht die Identität $\Phi_j(x) = x_i$ (für gewisse Paare (i,j) und alle $x \in D$) zutrifft. Dann gilt $N_\Phi \geq \max\{n/2, m\}$.[6]

Beweis. Die Elementaroperationen haben höchstens zwei Argumente. Zu jedem i muss es eine Elementaroperation geben, die x_i als Argument enthält, da sonst $\Phi(x)$ nicht von x_i abhängt. Damit müssen mindestens $n/2$ Elementaroperationen auftreten. Außerdem muss jedes y_j Resultat einer Elementaroperation sein, sodass ihre Anzahl $\geq m$ ist. ∎

Der vom Algorithmus in Anspruch genommene Speicher (Einheit ist der Speicherbedarf einer reellen Maschinenzahl) sei mit S_Φ bezeichnet. Dabei kann in günstigen Fällen S_Φ unabhängig von n, m sein (Beispiel: Summation aus Fußnote 6), ist in ungünstigen Situationen aber aufgrund von vielen simultan auftretenden Zwischenwerten wesentlich größer.

Zur Vereinfachung beschränken wir uns auf *einen* Dimensionsparameter n (d.h. $n = m$). Viele Algorithmen haben n als Parameter, d.h. die obige Abbildung Φ wird als $\Phi_n : x \in \mathbb{R}^n \mapsto y$ geschrieben, und man betrachtet die Familie aller $\{\Phi_n : n \in \mathbb{N}\}$. Alle Aufgaben aus §1.1.1 sind von dieser Art. Damit werden N_Φ und S_Φ Funktionen von $n \in \mathbb{N}$:

$$N_\Phi(n) := N_{\Phi_n}, \qquad S_\Phi(n) := S_{\Phi_n}.$$

Folglich lässt sich das Verhalten von N_Φ und S_Φ bezüglich $n \to \infty$ diskutieren. Wir benutzen das Landau[7]-Symbol $\mathcal{O}$: $N_\Phi(n) = \mathcal{O}(g(n))$ bedeutet, dass Konstanten K und n_0 existieren, sodass $N_\Phi(n) \leq Kg(n)$ für alle $n \geq n_0$.

Gemäß Anmerkung 1.2.1 ist $N_\Phi(n) = \mathcal{O}(n)$ die bestmögliche Abschätzung. In diesem Falle spricht man von *linearer Komplexität.*

Die Matrix-Vektor-Multiplikation $x \in \mathbb{R}^n \mapsto y := Ax \in \mathbb{R}^n$ wird im Allgemeinen mit Hilfe der Summation $y_j = \sum_{j=1}^n A_{jk}x_k$ berechnet

[5] Falls eine sinnvolle statistische Verteilung der Argumente x definiert werden kann, lässt sich auch ein Erwartungswert $E(N_\Phi(\cdot))$ definieren.

[6] $\max\{n/2, m\}$ kann sogar durch $\max\{n-1, m\}$ ersetzt werden (Beweishintergrund: Ein binärer Baum mit n Blättern muss außer den Blättern noch $n-1$ weitere Knoten enthalten; vgl. Lemma A.3.4). Ein Beispiel für die Anzahl $N_\Phi = n-1$ ist $\Phi(x) = \sum_{i=1}^n x_i =: y \in \mathbb{R}^1$ (d.h. $m = 1$).

[7] Edmund Georg Hermann Landau, geboren am 14. Februar 1877 in Berlin, gestorben am 19. Februar 1938 in Berlin.

und benötigt damit n^2 Multiplikationen und $n(n-1)$ Additionen. Also ist $N_\Phi(n) = 2n^2 - n = \mathcal{O}(n^2)$, d.h. dieser Algorithmus hat *quadratische Komplexität.*

Für die Gleichungsauflösung $b \in \mathbb{R}^n \mapsto x := A^{-1}b \in \mathbb{R}^n$ aus (1.6) lässt sich die Gauß[8]-Elimination verwenden. Sie besitzt *kubische Komplexität*: $N_\Phi(n) = \mathcal{O}(n^3)$. Allerdings lässt sich diese Aufgabe auch anders interpretieren. Sieht man neben $b \in \mathbb{R}^n$ die Matrix $A \in \mathbb{R}^{n\times n}$ als Eingabe an, ist $n' := n^2 + n$ die Zahl der Eingabedaten und N_Φ gleich $\mathcal{O}(n'^{3/2})$.

Bisher traten nur Beispiele für polynomielle Komplexität auf, d.h. $\mathcal{O}(n^p)$. In der diskreten Optimierung sind die meisten interessanten Probleme schwierig in dem Sinne, dass $N_\Phi(n)$ nicht polynomiell beschränkt ist und beispielsweise exponentiell in n wächst. Ein Beispiel aus der Linearen Algebra ist der nicht nachahmenswerte Versuch, $\det(A)$ für $A \in \mathbb{R}^{n\times n}$ mittels der Laplaceschen[9] Entwicklungsformel zu berechnen. Hierfür ermittelt man $N_\Phi(n) = \mathcal{O}(n!)$.

Die schnelle Fourier[10]-Transformation $\Phi_n : x \in \mathbb{R}^n \mapsto \hat{x} \in \mathbb{R}^n$ (siehe Übung 1.4.1) benötigt den Aufwand $\mathcal{O}(n \log n)$. Da der Logarithmus nur sehr schwach ansteigt, werden wir im Folgenden von *fast linearer Komplexität* sprechen, wenn $N_\Phi(n) = \mathcal{O}(n \log^q n)$ für ein von n unabhängiges $q \geq 0$ gilt.

1.2.2 Warum braucht man (fast) lineare Komplexität für großskalige Probleme?

Als *großskalige Probleme* werden solche bezeichnet, die man mit maximal möglichem n berechnen möchte. Ist $S_{\max}$ der maximal verfügbare Speicher, so kann man an der Berechnung von Φ_n mit $n_{\max} := \max\{n' : S_\Phi(n') \leq S_{\max}\}$ interessiert sein. Es wurde schon bemerkt, dass Diskretisierungen partieller Differentialgleichungen zu derartigen großskaligen Problemen führen.

Weiterhin nehmen wir an, dass der Speicherbedarf der Algorithmen $S_\Phi(n) = \mathcal{O}(n)$ beträgt.

Um zu verstehen, dass nur Algorithmen von (fast) linearer Komplexität akzeptabel sind, hat man die zeitliche Entwicklung der Rechnertechnik einzubeziehen. Es ist eine empirische Beobachtung, dass sich sowohl die Speicherkapazität als auch die Rechengeschwindigkeit pro Zeiteinheit um einen konstanten Faktor verbessern. Für die folgenden Überlegungen ist es nur wichtig, dass beide um den gleichen Faktor ansteigen. Danach gibt es z.B. eine Zeitspanne Δt, in der sich der Speicher verdoppelt ($S_{\max}(t + \Delta t) = 2S_{\max}(t)$) und der Zeitbedarf für eine Elementaroperation halbiert. Das oben definierte $n_{\max}$ ist damit auch zeitabhängig: wegen

[8] Johann Carl Friedrich Gauß, geboren am 30. April 1777 in Braunschweig, gestorben am 23. Feb. 1855 in Göttingen.

[9] Pierre-Simon Laplace, geboren am 23. März 1749 in Beaumont-en-Auge, Normandy, gestorben am 5. März 1827 in Paris.

[10] Jean Baptiste Joseph Fourier, geboren am 21. März 1769 in Auxerre (Bourgogne), gestorben am 16. Mai 1830 in Paris.

$S_\Phi(n) = \mathcal{O}(n)$ gilt $n_{\max}(t + \Delta t) = 2n_{\max}(t)$. Auf einem Rechner zur Zeit $t + \Delta t$ berechnet man die Aufgabe mit dem gestiegenen $n_{\max}$. Die Zahl der Operationen ist

$$N_\Phi(n_{\max}(t + \Delta t)) = N_\Phi(2n_{\max}(t)).$$

Es sei nun eine polynomielle Komplexität $\mathcal{O}(n^p)$ angenommen. Dann ist $N_\Phi(n_{\max}(t+\Delta t)) = N_\Phi(2n_{\max}(t)) \approx 2^p N_\Phi(n_{\max}(t))$, d.h. der Aufwand steigt um den Faktor 2^p. Da gleichzeitig die Rechengeschwindigkeit verdoppelt ist, steigt die benötigte Rechenzeit nur um $2^p/2 = 2^{p-1}$.

Hieraus ergibt sich der folgende Schluss. Falls $p > 1$, benötigt der neue Rechner eine um den Faktor $2^{p-1} > 1$ vergrößerte Rechenzeit. Nur falls $p = 1$, bleibt die Rechenzeit konstant. Damit "überleben" nur die Algorithmen mit linearer Komplexität (wieder gilt, dass fast lineare Komplexität tolerierbar ist; hierbei steigt die Rechenzeit nur um eine additive Größe).

Es ist offenbar, dass ein zu großer Speicherbedarf die Verwendung eines Algorithmus ausschließt. Dies gilt aber auch hinsichtlich der Rechendauer. Für große n liegen die Rechenzeiten bei linearer und quadratischer Komplexität um den Faktor $\mathcal{O}(n)$ auseinander. Schon bei $n = 500\,000$ – einer Dimension, die heute durchaus auftritt – ist dies der Quotient zwischen einer Minute und einem Jahr.

1.3 Zugrundeliegende Strukturen und Implementierungsdarstellungen

Es gibt viele Aufgaben, für deren Lösung man in allgemeinen Fall keinen befriedigenden Algorithmus kennt; trotzdem können Spezialfälle[11] gut lösbar sein. Für eine gute Implementierung ist es wesentlich, dass die zugrundeliegenden Strukturen ausgenutzt werden.

1.3.1 Vektor- und Matrixnotation

Zunächst wird eine mathematische Notation eingeführt. Anstelle von $x \in \mathbb{R}^n$ verwenden wir die präzisere Schreibweise

$$x = (x_i)_{i \in I} \in \mathbb{R}^I, \tag{1.10a}$$

wobei I die zugrundeliegende (nicht notwendigerweise angeordnete) endliche Indexmenge ist. Wenn die Schreibweise $\mathbb{R}^n$ verwendet wird, so ist sie ein Sammelbegriff für alle $\mathbb{R}^I$ mit $\#I = n$. Hierbei bezeichnet das Symbol $\#$ die Elementeanzahl (Kardinalität) einer Menge.

Analog zur Schreibweise $\mathbb{R}^I$ für die Vektormenge, schreiben wir

[11] Die meisten in der Praxis auftretenden und zu lösenden Aufgaben sind in dem Sinne Spezialfälle, als sie spezifische Strukturen enthalten. Spezialfälle sind daher eher die Regel als die Ausnahme!

$$M \in \mathbb{R}^{I \times J} \tag{1.10b}$$

für Matrizen $(M_{i,j})_{i \in I, j \in J}$. Die sonst übliche Schreibweise $\mathbb{R}^{n \times m}$ wird als Sammelbegriff für alle Mengen $\mathbb{R}^{I \times J}$ mit $\#I = n$ und $\#J = m$ benutzt.

1.3.2 Implementierungsdarstellungen

Auch wenn ein mathematisches Objekt eindeutig definiert ist, so erlaubt es doch viele Darstellungen für die Implementierung auf dem Rechner. Jede der Darstellungen kann für Spezialfälle besonders vorteilhaft sein. Umgekehrt findet man selten Darstellungen, die in jedem Fall optimal sind. Die gewählte Darstellung ist einerseits wichtig für die Abspeicherung der Daten und bestimmt den Speicheraufwand. Andererseits werden mathematische Objekte mittels Operationen verknüpft, was je nach Wahl der Darstellung zu mehr oder weniger Rechenaufwand führen kann. Im Folgenden geben wir einige Beispiele für Implementierungsdarstellungen von Vektoren (§§1.3.2.1-1.3.2.3) und Matrizen (§§1.3.2.4-1.3.2.12). Außerdem werden Begriffe eingeführt, die später benötigt werden.

1.3.2.1 Voller Vektor

Die naheliegende Darstellung eines Vektors $x \in \mathbb{R}^I$ ist ein Tupel $(x_i)_{i \in I}$ von `real`-Maschinenzahlen, wobei das Tupel entweder als `array` oder als Liste organisiert ist (auch die Information über I sollte verfügbar sein). Der damit verbundene Speicherplatz ist $S = \mathcal{O}(\#I)$. Diese Darstellung kann als `Voller_Vektor(`I`)` bezeichnet werden (falls $I = \{1, \ldots, n\}$, auch `Voller_Vektor(`n`)` genannt).

Anmerkung 1.3.1. Ein Skalarprodukt $(x, y) = \sum_{i \in I} x_i y_i$ zweier voll besetzter Vektoren $x, y \in \mathbb{R}^I$ kostet $2\#I - 1$ Operationen.

1.3.2.2 Schwach besetzter Vektor

Eine Alternative könnte ein schwach besetzter Vektor sein. Wenn nur ein kleiner Teil der Komponenten x_i von $x \in \mathbb{R}^I$ ungleich null ist, stellt dies eine Struktur dar, die man ausnutzen kann. Es wird eine Liste von Paaren

$$\left((i_1, x_{i_1}),\ (i_2, x_{i_2}), \ldots, (i_p, x_{i_p})\right)$$

mit $0 \leq p \leq \#I$ abgespeichert, die alle Nicht-Null-Komponenten enthält. Falls die Indizes angeordnet sind, sollte zudem $i_1 < i_2 < \ldots < i_p$ vorausgesetzt werden. Dies definiert die Darstellung `Duenner_Vektor(`I`)`. In diesem Format lässt sich z.B. ein Einheitsvektor als das 1-Tupel $(i, 1)$ darstellen, hat also einen von n unabhängigen Speicheraufwand.

1.3.2.3 Blockvektor

Da die *Partition* einer Indexmenge auch später eine wichtige Rolle spielen wird, geben wir eine ausdrückliche Definition:

Definition 1.3.2 (Partition). *I sei eine endliche Indexmenge. P ist eine* Partition *von I, falls $P = \{I_1, \ldots, I_p\} \subset \mathcal{P}(I)\backslash\{\emptyset\}$ ($\mathcal{P}$: Potenzmenge) die Eigenschaften*

$$I_i \cap I_j = \emptyset \text{ für } i \neq j \text{ (Disjunktheit)}, \quad I = \bigcup_{j=1}^{p} I_j \text{ (Vollständigkeit)} \tag{1.11}$$

besitzt. Die angeordnete Menge $\{1, \ldots, p\}$ kann auch durch eine nicht angeordnete Indexmenge K ersetzt werden: $P = \{I_\iota : \iota \in K\}$.

Der *Vektorblock* von $x \in \mathbb{R}^I$ zu $\tau \in P$ ist

$$x|_\tau := (x_i)_{i\in\tau} \in \mathbb{R}^\tau. \tag{1.12}$$

Eine Darstellung von x als *Blockvektor*[12] ist durch $x = (x|_{I_j})_{j=1,\ldots,p}$ gegeben. Jeder Vektorblock kann eine der bisher beschriebenen Darstellungen haben.

Während $x \in \mathbb{R}^I \mapsto x|_{I'} \in \mathbb{R}^{I'}$ ($I' \subset I$) der Übergang zu einem Vektorblock ist, tritt auch der umgekehrte Prozess auf:

Definition 1.3.3 (Einbettung, Agglomeration). *a) Seien $\tau \subset I$ und $z \in \mathbb{R}^\tau$. Die Einbettung von z in $\mathbb{R}^I$ geschieht mittels*

$$x := z|^I \in \mathbb{R}^I, \text{ wobei } x_i := \begin{cases} z_i \text{ für } i \in \tau, \\ 0 \text{ sonst.} \end{cases} \tag{1.13}$$

b) Seien $I_1, I_2 \in P$ zwei verschiedene Indexblöcke einer Partition von I und $y \in \mathbb{R}^{I_1}$, $z \in \mathbb{R}^{I_2}$. Dann wird die Summe $x := y|^I + z|^I$ auch als Agglomeration *von y und z bezeichnet.*

Man beachte, dass im zweiten Fall I_1 und I_2 disjunkt sind. Die Agglomeration des Blockvektors durch seine Vektorblöcke schreibt sich nun als $x = \sum_j (x|_{I_J})|^I$.

1.3.2.4 Volle Matrix

Matrizen können viele verschiedene Strukturen besitzen, die auf verschiedenen Ebenen ausgenutzt werden können. Die primitivste Form, die keine Strukturen aufzeigt, ist die Darstellung als volle Matrix, die in der Form `Volle_Matrix(`I,J`)=array(`I`) of Voller_Vektor(`J`)` konstruiert werden könnte, d.h. jede der $\#I$ Zeilen ist als voller Vektor wie oben dargestellt. Der Speicheraufwand ist $S = \#I\#J$.

[12] Man beachte den Unterschied von *Vektorblock* und *Blockvektor*. Ein Vektorblock ist ein Teilvektor zur Indexmenge I_j, ein Blockvektor dagegen der Gesamtvektor mit einer Blockstruktur.

Anmerkung 1.3.4. a) Seien $M \in \mathbb{R}^{I \times J}$ eine volle Matrix und $x \in \mathbb{R}^J$. Die Matrix-Vektor-Multiplikation $M \cdot x$ kostet $\#I\,(2\#J - 1)$ Operationen.
b) Seien $A \in \mathbb{R}^{I \times J}$ und $B \in \mathbb{R}^{J \times K}$ zwei volle Matrizen. Die Matrix-Matrix-Multiplikation $A \cdot B$ kostet $\#I\#K\,(2\#J - 1)$ Operationen.

Beweis. Die obigen Berechnungen erfordern a) $\#I$ bzw. b) $\#I\#K$ Skalarprodukte von J-Vektoren. ■

Übung 1.3.5. Das Produkt dreier Matrizen $A \in \mathbb{R}^{I \times J}$, $B \in \mathbb{R}^{J \times K}$ und $C \in \mathbb{R}^{K \times L}$ ist wegen der Kommutativität auf zwei Arten berechenbar: als $A \cdot (B \cdot C)$ oder $(A \cdot B) \cdot C$. Sind die Kosten gleich? Falls nicht, was ist billiger?

1.3.2.5 Schwach besetzte Matrix

Die Finite-Element-Diskretisierung von partiellen Differentialgleichungen liefert schwach besetzte Matrizen, das heißt, jede Zeile enthält nur wenige Nicht-Null-Einträge. Hier bietet sich das Format `array(`I`) of Duenner_Vektor(`J`)` an. Wenn, wie in diesem Beispiel, die Zahl der Nicht-Null-Einträge unabhängig von $\#J$ beschränkt ist, beträgt der Speicheraufwand $S = \mathcal{O}(\#I)$.

1.3.2.6 Bandmatrix

Spezielle schwach besetzte Matrix sind die Bandmatrizen, bei denen $I = J = \{1, 2, \ldots, n\}$ eine angeordnete Indexmenge ist und die Nicht-Null-Einträge auf die Positionen (i, j) mit $|i - j| \leq b$ beschränkt sind (b: Bandbreite). Pro Zeile sind $2b+1$ Zahlen (z.B. im Format `Voller_Vektor(`$2b+1$`)`) abzulegen, sodass der Speicheraufwand $S = n(2b + 1) = \mathcal{O}(bn)$ ist. Für $b = 1$ erhält man als Spezialfall die *tridiagonalen* Matrizen. Der Fall $b = 0$ wird nachfolgend behandelt.

1.3.2.7 Diagonalmatrix

Der angenehmste Fall ist die Diagonalmatrix $A = \operatorname{diag}\{a_{ii} : i \in I\}$. Hier enthält die Darstellung mittels `Voller_Vektor(`I`)` alle notwendigen Daten. Der Speicheraufwand ist $S = n$.

1.3.2.8 Toeplitz-Matrix

Seien $I = \{1, \ldots, n\} \subset \mathbb{Z}$ und $J = \{1, \ldots, m\} \subset \mathbb{Z}$. Bei einer Toeplitz[13]-Matrix A hängen die Einträge A_{ij} nur von der Differenz $i - j$ ab, d.h. in der Diagonalen sowie in jeder Nebendiagonalen stehen identische Werte:

[13] Otto Toeplitz, geboren am 1. August 1881 in Breslau, gestorben am 15. Februar 1940 in Jerusalem. Er war Ordinarius an den Universitäten Kiel (bis 1928) und Bonn (bis 1933).

$$A = \begin{bmatrix} a_0 & a_1 & \dots & a_{n-1} \\ a_{-1} & a_0 & a_1 & \dots \\ \vdots & \ddots & \ddots & \ddots \\ a_{1-n} & \dots & a_{-1} & a_0 \end{bmatrix} \qquad \text{(Toeplitz-Matrix für } n = m).$$

Für $i \in I, j \in I$ variiert $i - j$ in der Differenzmenge $K := \{1 - m, \dots, n - 1\}$. Mit `Voller_Vektor(`K`)` werden die notwendigen Daten $(a_k)_{k \in K}$ bereitgestellt. Der Speicheraufwand beträgt $S = \#I + \#J - 1$.

1.3.2.9 Zirkulante Matrix

Ein Spezialfall einer quadratischen Toeplitz-Matrix ist die zirkulante Matrix. Hier hängt A_{ij} nur von der Differenz $i - j$ *modulo* n ab:

$$A = \begin{bmatrix} a_0 & a_1 & & a_{n-1} \\ a_{n-1} & a_0 & a_1 & \\ & \ddots & \ddots & \ddots \\ a_1 & & a_{n-1} & a_0 \end{bmatrix}. \tag{1.14}$$

Da die Werte $(a_0, \dots, a_{n-1})$ eine zirkulante Matrix vollständig charakterisieren, ist die Darstellung `Voller_Vektor(`n`)` möglich und benötigt den Speicheraufwand $S = n$.

1.3.2.10 Rang-k-Matrix

Falls eine Matrix $A \in \mathbb{R}^{I \times J}$ einen Rang $\leq k$ besitzt, gibt es eine Faktorisierung

$$A = B \cdot C^\top \qquad \text{mit } B \in \mathbb{R}^{I \times \{1,\dots,k\}},\ C \in \mathbb{R}^{J \times \{1,\dots,k\}}, \tag{1.15}$$

die hilfreich ist, wenn $k \ll \min\{\#I, \#J\}$, d.h. wenn

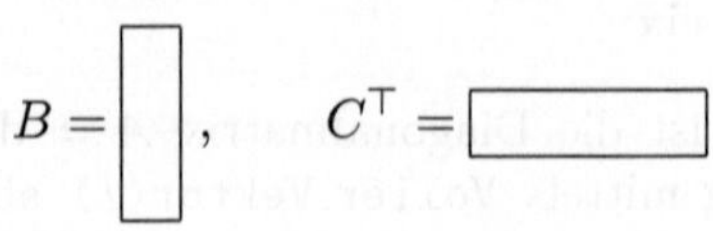

schmale Formate haben. Die Darstellung `Rang(`k`)Matrix(`I, J`)` besteht aus dem Paar von `Volle_Matrix(`I, K`)` und `Volle_Matrix(`J, K`)`, wobei $K = \{1, \dots, k\}$. Der Fall $k = 0$ ist als Null-Matrix zu interpretieren.

Der Speicheraufwand im Falle des Formates `Rang(`k`)Matrix(`I, J`)` ist $S = k\,(\#I + \#J)$.

Im Namen "Rang-k-Matrix" ist k eine freie Variable, sodass auch von einer Rang-ℓ-Matrix oder Rang-16-Matrix gesprochen werden kann.

1.3.2.11 Blockmatrix

Was die Abspeicherung betrifft, könnte eine Matrix aus $\mathbb{R}^{I\times J}$ als ein Vektor zur Indexmenge $I\times J$ behandelt werden. Die zusätzliche Produktstruktur von $I\times J$ wird jedoch in der folgenden Definition der Blockpartition berücksichtigt (vgl. Definition 1.3.2).

Definition 1.3.6 (Blockpartitionierung). *Seien I und J endliche Indexmengen. $P = \{b_1,\ldots,b_p\} \subset \mathcal{P}(I\times J)\backslash\{\emptyset\}$ ist eine* Blockpartition *von $I\times J$, falls*

$$\begin{array}{ll} \textit{für alle } i\in\{1,\ldots,p\} \textit{ ist } b_i = I'\times J' \textit{ mit } I'\subset I, J'\subset J & (\textit{Produktstruktur}),\\ b_i\cap b_j = \emptyset \textit{ für } i\neq j & (\textit{Disjunktheit}),\\ I\times J = \bigcup_{j=1}^{p} b_j & (\textit{Vollständigkeit}). \end{array}$$

Ein Beispiel einer Blockpartition sieht man in (3.3). Häufig wird eine wesentlich speziellere Blockpartition verwendet:

Anmerkung 1.3.7. Seien P_I und P_J Partitionen von I und J im Sinne von Definition 1.3.2. Dann definiert

$$P := \{b = \tau\times\sigma : \tau\in P_I,\ \sigma\in P_J\}$$

die von P_I und P_J erzeugte *Tensor-Blockpartition* von $I\times J$.

b wird *Indexblock* (oder kürzer: Block) genannt. Die mittels einer Blockpartition strukturierte Matrix wird kurz als *Blockmatrix* bezeichnet. Der Name *Matrixblock* wird dagegen für die Untermatrix verwendet, die einem Block $b\in P$ entspricht. Wir führen hierfür die folgende Notation ein:

$$M|_b := (M_{ij})_{(i,j)\in b} \in \mathbb{R}^b \qquad \text{für ein } b\in P. \tag{1.16}$$

Die Blockmatrix kann demnach in der Form $M = (M|_b)_{b\in P}$ geschrieben werden. Jeder Matrixblock kann eine der bisher beschriebenen Darstellungen haben.

In völliger Analogie zu Definition 1.3.3 formulieren wir die

Definition 1.3.8 (Einbettung, Agglomeration). *Sei eine Blockpartition P von $I\times J$ gegeben. a) Seien $b\in P$ und $Z\in\mathbb{R}^b$. Die Einbettung von Z in $\mathbb{R}^{I\times J}$ geschieht mittels*

$$M := Z|^{I\times J} \in \mathbb{R}^{I\times J}, \ \textit{wobei } M_{i,j} := \begin{cases} Z_{i,j} & \textit{für } (i,j)\in b,\\ 0 & \textit{sonst.}\end{cases} \tag{1.17}$$

b) Seien $b_1, b_2\in P$ zwei disjunkte Indexblöcke und $Y\in\mathbb{R}^{b_1}$, $Z\in\mathbb{R}^{b_2}$. Dann wird die Summe $M := Y|^{I\times J} + Z|^{I\times J}$ auch als Agglomeration *von Y und Z bezeichnet.*

Notation 1.3.9 (Matrixzeilen und -spalten) *Sei $M \in \mathbb{R}^{I\times J}$. Die i-te Zeile ($i \in I$) bzw. j-te Spalte ($j \in J$) von M wird als*

$$M_{i,J} := (M_{ij})_{j\in J}, \qquad M_{I,j} := (M_{ij})_{i\in I}$$

bezeichnet. Für $\tau \subset I$ und $\sigma \subset J$ bezeichnen $M_{i,\sigma} := (M_{ij})_{j\in\sigma}$ und $M_{\tau,j} := (M_{ij})_{i\in\tau}$ die Beschränkungen auf σ bzw. τ.

Partitionen von $I \times J$ erlauben eine Halbordnung:

Definition 1.3.10. *P_1 und P_2 seien Partitionen von $I \times J$. Dann heißt "P_1 feiner als P_2" (gleichbedeutend: P_2 gröber als P_1), falls für alle $b_1 \in P_1$ ein $b_2 \in P_2$ mit $b_1 \subset b_2$ existiert.*

1.3.2.12 Funktionsdarstellungen

Die bisherigen Darstellungen gehen davon aus, dass alle Daten simultan vorliegen. Die Daten können aber auch bei Bedarf von einer Funktion berechnet werden. Hier sind zwei Alternativen von praktischem Interesse.

1) Die Matrix M, die die lineare Abbildung $\phi(x) = Mx$ repräsentiert, ist durch diese Abbildung kodiert. Anwendung auf den i-ten Einheitsvektor liefert dann z.B. die i-te Spalte von M. Ist $M \in \mathbb{R}^{I\times J}$, so bedarf es $\#J$ Aufrufe von ϕ, um alle Koeffizienten von M zu erzeugen.

2) Die Koeffizienten sind als Funktion der Indizes bestimmbar, d.h. es liegt eine Funktion $\mu(i,j)$ vor, die für jedes Paar $i \in I$, $j \in J$ den Eintrag M_{ij} zurückgibt.

1.3.2.13 Anmerkungen zu den Darstellungsarten

Einige der Darstellungen sind vollständig, d.h. man kann jede Matrix in diesem Format darstellen. Andere (wie z.B. die Diagonalmatrix) stellen nur eine Untermenge von Matrizen dar. Zu den vollständigen Darstellungen von Vektoren gehört z.B. auch `Duenner_Vektor`(I), da nicht ausgeschlossen wird, dass die schwach besetzte Darstellung alle Komponenten enthält, obwohl dann der Name nicht mehr zutrifft und die Darstellung ungünstig wird.

1.3.3 Darstellungen und Operationen

Soweit sind verschiedene Darstellungen vorgestellt und hinsichtlich des Speicherbedarfs gekennzeichnet worden. Sobald man Operationen durchführen will, stellt sich die Frage, ob die Durchführung der Operation durch die Darstellungen der Operanden begünstigt oder behindert wird und ob das Format erhalten bleibt. Hier gibt es drei unterschiedliche Fälle, für die jeweils ein Beispiel angegeben wird.

1) Positiver Fall: Summe und Produkt zweier Diagonalmatrizen sind wieder Diagonalmatrizen.

2) Eingeschränkt positiver Fall: Das Produkt zweier Bandmatrizen mit Bandbreiten b_1 und b_2 ist wieder eine Bandmatrix der größeren Breite $b_1 + b_2$. Wiederholt man die Operationen aus Fall 2, erhält man immer weniger günstige Darstellungen.

3) Negativer Fall: Das Produkt zweier Toeplitz-Matrizen ist im Allgemeinen keine Toeplitz-Matrix.

Übung 1.3.11. Man überprüfe die Anwendung der verschiedenen Operationen auf Daten verschiedener Formate.

1.4 In welchen Fällen ist lineare Komplexität erreichbar?

Im allgemeinen Fall kann man nicht erwarten, dass alle Operationen der Linearen Algebra eine lineare Komplexität besitzen. Es wäre aber schon hilfreich, wenn für praktisch wichtige Teilklassen von Matrizen diese Operationen lineare Komplexität aufweisen. Wir diskutieren der Reihe nach einige Fälle.

1.4.1 Familie der Diagonalmatrizen

Wie schon erwähnt, lassen sich für Diagonalmatrizen alle Operationen einschließlich der Matrixfunktionen mit linearer Komplexität in n ausführen. Allerdings liegen die praktisch auftretenden Matrizen nur selten in diagonaler Form vor.

1.4.2 Anwendung der schnellen Fourier-Transformation

Die Fourier-Transformationsmatrix ist $F = (F_{k,\ell})_{k,\ell=0,\ldots,n-1}$ mit

$$F_{k,\ell} = \frac{1}{\sqrt{n}}\omega^{k\ell} \qquad \left(\omega = \mathrm{e}^{2\pi i/n}, \quad k,\ell = 0,\ldots,n-1, \quad i = \sqrt{-1}\right). \tag{1.18}$$

Die Matrix F ist offenbar komplexwertig und unitär, d.h. $F^{-1} = F^{\mathrm{H}}$ (^{H} ist die Transposition $^{\top}$ zusammen mit dem Übergang zum komplex Konjugierten). Zur Vereinfachung sei $n = 2^p$ angenommen. Der enormen Bedeutung der auf Gauß zurückgehenden schnellen Fourier-Transformation (Abkürzung: FFT) liegen zwei Tatsachen zugrunde:

- Die Matrix-Vektor-Multiplikation mit F und F^{-1} ist von fast linearer Komplexität (vgl. Übung 1.4.1) und
- viele wichtige Matrizen M werden durch F diagonalisiert, d.h. $F^{-1}MF$ ist diagonal (vgl. Übung 1.4.2). Damit sind die positiven Eigenschaften aus §1.4.1 ausnutzbar.

Sind z.B. A, B zwei mittels F diagonalisierbare Matrizen ($F^{-1}AF = D_A$, $F^{-1}BF = D_B$), so können die Operationen auf Diagonalmatrizen reduziert werden. Das Produkt $A \cdot B$ wird durch $F \cdot (D_A \cdot D_B) \cdot F^{-1}$ dargestellt, die Inverse A^{-1} durch $F \cdot D_A^{-1} \cdot F^{-1}$, die Funktionsauswertung $f(A)$ durch $F \cdot f(D_A) \cdot F^{-1}$, usw. Die Multiplikationen mit F und F^{-1} brauchen nicht ausgerechnet werden, wenn das Resultat für die Matrix-Vektor-Multiplikation verwendet werden soll: $\left(F \cdot D \cdot F^{-1}\right) \cdot x = \left(F \cdot \left(D \cdot \left(F^{-1} \cdot x\right)\right)\right)$.

Übung 1.4.1. Man lese zum Beispiel in [129, Abschnitt 2.3.2] nach, wie der FFT-Algorithmus für die Matrix-Vektor-Multiplikation mit F bzw. F^{-1} aussieht und warum der Aufwand[14] $N_{MV} = \mathcal{O}(n \log n)$ beträgt.

Am Beispiel des FFT-Algorithmus wird klar, dass eine lineare Abbildung $x \mapsto Fx$ durchaus exakt ausgeführt werden kann, ohne dass man auf die Matrixkoeffizienten zugreifen muss.

Übung 1.4.2. a) Man beweise, dass $F^{-1}MF$ für eine zirkulante Matrix M (vgl. (1.14)) diagonal ist. Wie lauten die Eigenwerte in Abhängigkeit von den Koeffizienten $a_0, \ldots, a_{n-1}$?

b) Man weise nach, dass Summen und Produkte zirkulanter Matrizen und, falls $(a_0, \ldots, a_{n-1}) \neq 0$, auch die Inverse wieder eine zirkulante Matrix ergeben.

Wie oben erwähnt, ist die Matrix-Vektor-Multiplikation $y := M \cdot x$ mit einer zirkulanten Matrix über die Zwischenschritte $x \mapsto a := F^{-1} \cdot x \mapsto b := D \cdot a \mapsto y := F \cdot b$ erreichbar und kostet $\mathcal{O}(n \log n)$. Obwohl Toeplitz-Matrizen im Allgemeinen nicht mit F diagonalisierbar sind, kann die Matrix-Vektor-Multiplikation ähnlich durchgeführt werden:

Übung 1.4.3. $M \in \mathbb{R}^{n \times n}$ sei eine Toeplitz-Matrix. a) Man konstruiere eine zirkulante Matrix $Z \in \mathbb{R}^{N \times N}$ $(N \geq 2n - 1)$ von der Blockform $Z = \begin{bmatrix} * & M \\ * & * \end{bmatrix}$, sodass sich M im oberen Dreiecksteil von Z befindet.

b) Sei $x \in \mathbb{R}^n$ vorgegeben. Man erweitere x durch Nullen auf $\bar{x} = \begin{bmatrix} 0 \\ x \end{bmatrix} \in \mathbb{R}^N$ und berechne $\bar{y} := Z\bar{x}$. Der Vektorblock y aus $\bar{y} = \begin{bmatrix} y \\ * \end{bmatrix}$ ist das gesuchte Produkt $y = Mx$.

c) Man konstruiere Analoges für den rechteckigen Fall $M \in \mathbb{R}^{I \times J}$.

1.4.3 Schwierigkeiten in anderen Fällen

Volle Matrixdarstellung: Alle Operationen sind durchführbar, kosten aber $\mathcal{O}(n^2)$ bis $\mathcal{O}(n^3)$.

---

[14] Der Index $_{MV}$ steht für "Matrix-Vektor-Multiplikation".

Schwach besetzte Matrizen: Die Vorteile beschränken sich auf die Matrix-Vektor-Multiplikation. Wiederholte Produktbildung zerstört die Schwachbesetztheit.

Bandmatrizen: Wiederholte Produktbildung lässt die Bandbreite anwachsen. Auf der Positivliste steht neben der Matrix-Vektor-Multiplikation die Tatsache, dass die LU- bzw. Cholesky-Zerlegung als Faktoren Matrizen der gleichen Bandbreite produziert.

Toeplitz-Matrizen: Die günstige Matrix-Vektor-Multiplikation wurde in Übung 1.4.3 erwähnt. Das Resultat einer Matrix-Matrix-Multiplikation ist im Allgemeinen keine Toeplitz-Matrix mehr!

Rang-k-Matrizen: Matrix-Vektor- sowie Matrix-Matrix-Multiplikationen sind günstig durchführbar (vgl. Anmerkung 2.3.1). Die Matrix-Addition erhöht allerdings den Rang. Sobald k in die Nähe des halben Vollranges gelangt, ist die Rang-k-Darstellung nicht mehr vorteilhaft. In direkter Form treten Rang-k-Matrizen in praktischen Anwendungen selten auf. Man findet allenfalls Rang-1-Matrizen, wie z.B. in Kombination mit der Einheitsmatrix in der Householder[15]-Matrix $P = I - a \cdot a^\top$ ($\|a\| = 1$, vgl. [129, Abschnitt 4.7]).

Funktionsdarstellungen: Im Falle der Darstellung von M durch die Funktion $\phi(x) = Mx$ ist die Matrix-Vektor-Multiplikation gerade die Auswertung von ϕ. Da man aber keinen direkten Zugriff auf die Koeffizienten hat, ist schon die Matrix-Vektor-Multiplikation mit der Transponierten ein Problem: $M^\top x$. Im zweiten Fall der Koeffizientenfunktion $\mu(i,j)$ liegt im Grunde die volle Matrixdarstellung vor, wobei der Speicherbedarf $\#I\#J$ durch die Kosten der $\#I\#J$ Funktionsaufrufe zu ersetzen ist.

1.5 Wo entstehen großskalige Probleme?

1.5.1 Diskretisierung elliptischer Differentialgleichungen

Details der hier aufgelisteten Eigenschaften findet man z.B. in Braess [30, Kapitel II] und Hackbusch [67].

Sei $\Omega \subset \mathbb{R}^d$ ein Gebiet und $\Gamma := \partial\Omega$ dessen Rand. Eine *Randwertaufgabe* kann z.B. die Gestalt

$$\mathcal{L}u = f \quad \text{in } \Omega \tag{1.19a}$$

$$\text{mit } \mathcal{L}u := -\sum_{i,j=1}^{d} \frac{\partial}{\partial x_j} \alpha_{ij}(x) \frac{\partial u}{\partial x_i} + \sum_{i=1}^{d} \beta_i(x) \frac{\partial u}{\partial x_i} + \gamma(x) u,$$

$$u = g \quad \text{auf } \Gamma \tag{1.19b}$$

[15] Alston Scott Householder, geboren am 5. Mai 1904 in Rockford (Illinois, USA), gestorben am 4. Juli 1993 in Malibu (Kalifornien, USA).

haben. Der Differentialoperator $\mathcal{L}$ ist *elliptisch*, wenn die Matrix $A(x) := (\alpha_{ij}(x))_{i,j=1,\dots,d}$ für alle $x \in \Omega$ positiv definit ist.

Die zugehörige *Variationsformulierung* von (1.19a,b) lautet in vielen Fällen:

$$\text{Gesucht ist } u \in V \text{ mit } \quad a(u,v) = f(v) \quad \text{für alle } v \in V. \tag{1.20a}$$

Dabei ist V z.B. der Sobolew[16]-Raum $H_0^1(\Omega)$ (falls $g = 0$ in (1.19b)). Die Bilinearform $a(\cdot,\cdot)$ lautet in diesem Falle

$$a(u,v) := \int_\Omega \left(\sum_{i,j=1}^d \alpha_{ij}(x) \frac{\partial u}{\partial x_i} \frac{\partial v}{\partial x_j} + \sum_{i=1}^d \beta_i(x) v(x) \frac{\partial u}{\partial x_i} + \gamma(x) u(x) v(x) \right) \mathrm{d}x, \tag{1.20b}$$

während die rechte Seite $f(\cdot)$ das folgende Funktional ist[17]:

$$f(v) := \int_\Omega f(x) v(x) \mathrm{d}x. \tag{1.20c}$$

Bei der *Galerkin*[18]*-Diskretisierung* wird V durch einen n-dimensionalen Unterraum $V_n \subset V$ ersetzt:

$$\text{Gesucht ist } u_n \in V_n \text{ mit } a(u_n, v) = f(v) \text{ für alle } v \in V_n. \tag{1.21}$$

Ist $\{\phi_1, \dots, \phi_n\}$ eine Basis von V_n, sucht man nach den Koeffizienten x_j, sodass

$$u_n = \sum_{j=1}^n x_j \phi_j. \tag{1.22a}$$

Aus (1.21) erhält man das Gleichungssystem

$$A\mathbf{x} = \mathbf{b} \tag{1.22b}$$

für $\mathbf{x} = (x_i)_{i=1,\dots,n}$, wobei die Koeffizienten von $A, \mathbf{b}$ wie folgt definiert sind:

$$A_{ij} = a(\phi_j, \phi_i) \qquad (i,j = 1,\dots,n), \tag{1.22c}$$

$$b_i = f(\phi_i) \qquad (i = 1,\dots,n). \tag{1.22d}$$

Bei der Finite-Element-Methode (Abkürzung: *FEM*) werden die Basisfunktionen ϕ_i so gewählt, dass die Träger[19] von ϕ_j und ϕ_i sich in der

[16] Sergei Lwowič Sobolew, geboren am 6. Oktober 1908 in St. Petersburg, gestorben am 3. Januar 1989 in Leningrad.

[17] Das Symbol f wird hier sowohl für die Funktion als auch für das Funktional verwendet.

[18] Boris Grigoriewič Galerkin, am 4. März 1871 in Polotsk (Weißrussland) geboren, am 12. Juni 1945 in Moskau gestorben.

[19] Der Träger einer Funktion ϕ ist die abgeschlossene Menge $\text{Träger}(\phi) := \overline{\{x : \phi(x) \neq 0\}}$.

überwiegenden Anzahl nicht überlappen. In diesem Fall ist A schwach besetzt (vgl. §1.3.2.5). Hierzu wird das Gebiet (das hier als endliches Polytop vorausgesetzt wird) in disjunkte "Elemente" (z.B. Dreiecke im 2D- und Tetraeder im 3D-Fall) zerlegt. Im Falle der Dreiecke spielen die Dreiecks-Eckpunkte $P_1, \ldots, P_n \in \Omega$ die Rolle einer Indexmenge. Zu allen i definiert man ϕ_i als die stückweise linearen Funktionen, die $\phi_i(P_j) = \delta_{ij}$ (Kronecker[20]-Symbol) erfüllen. $A_{ij} \neq 0$ tritt nur auf, wenn die Träger von ϕ_j, ϕ_i einen gemeinsamen inneren Punkt haben (d.h. sich nicht nur am Rand berühren). Im Falle der Dreieckselemente heißt dies: $A_{ij} \neq 0$ nur wenn P_i und P_j eine Dreieckskante bilden.

Die Konvergenzanalysis besagt, dass im Falle der Dreieckselement die Fehlerabschätzung

$$\|u - u_n\|_V = \mathcal{O}(h) \qquad (u, u_n \text{ Lösungen von (1.19a) bzw. (1.21)})$$

gilt, wobei h die maximale Größe der Dreiecke ist und technische Bedingungen erfüllt werden müssen. Die Relation zwischen der Dimension n und der Größe h ist $h = \mathcal{O}(n^{-1/d})$, wobei d die Raumdimension ist: $\Omega \subset \mathbb{R}^d$. Die rechte Seite $\mathcal{O}(h)$ ändert sich in $\mathcal{O}(h^\kappa)$, falls statt der stückweise linearen Funktionen höhere Polynomansätze verwendet werden oder falls die V-Norm durch eine andere ersetzt wird. Wir halten fest, dass im Allgemeinen Abschätzungen der Form

$$\|u - u_n\| = \mathcal{O}(n^{-\kappa/d}) \qquad (\kappa > 0) \tag{1.23}$$

zu erwarten sind. Um den Fehler klein zu machen, ist n zu erhöhen. Dies erklärt, warum man an großskaligen Gleichungssystemen (1.22b) interessiert ist.

Für spätere Zwecke sei noch auf die sogenannte *Massematrix*[21] hingewiesen. Die Galerkin-Diskretisierung der Identität ist durch

$$M \in \mathbb{R}^{n \times n} \quad \text{mit } M_{ij} = \int_\Omega \phi_i(x)\phi_j(x)\mathrm{d}x \tag{1.24}$$

gegeben.

1.5.2 Integralgleichungen und ihre Diskretisierung

1.5.2.1 Problemstellung und Variationsformulierung

Randwertprobleme (1.19a,b) mit $f = 0$ und konstanten Koeffizienten in L können als Integralgleichungen umformuliert werden. Details hierzu findet

[20] Leopold Kronecker, geboren am 7. Dez. 1823 in Liegnitz (Preussen, jetzt Legnica, Polen), gestorben am 29. Dez. 1891 in Berlin.

[21] Diese Matrix wird in verschiedenen Zusammenhängen unterschiedlich benannt. Als Diskretisierung der Identität wird diese Matrix insbesondere in der Strukturmechanik als *Massematrix* bezeichnet. Im rein mathematischen Zusammenhang heißt sie *Gramsche Matrix* des Funktionensystems $\{\phi_i : i \in I\}$. Im stochastischen Umfeld spricht man von einer *Korrelationsmatrix*. In der Quantenchemie ist der Ausdrück *Überlappmatrix* üblich.

man z.B. in Hackbusch [68, §8], Sauter-Schwab [125], McLean [113] und Hsiao-Wendland [94]. Die entstehenden Integralgleichungen haben die Form

$$\lambda u = \mathcal{K}u + f \qquad (u \text{ gesucht, } \lambda \text{ und } f \text{ gegeben}) \tag{1.25a}$$

($\lambda = 0$: Integralgleichung erster Art, $\lambda \neq 0$: Integralgleichung zweiter Art), wobei $\mathcal{K}$ der Integraloperator

$$(\mathcal{K}u)(x) = \int_\Gamma \varkappa(x,y)u(y)\mathrm{d}\Gamma_y \qquad (x \in \Gamma) \tag{1.25b}$$

ist. Hierbei ist $\int_\Gamma \ldots \mathrm{d}\Gamma_y$ die Integration über die Oberfläche[22] Γ. $\varkappa(\cdot,\cdot)$ ist eine gegebene Kernfunktion, die eine Singularität bei $x = y$ besitzt[23]. Ein typisches Beispiel für die Kernfunktion ist $\varkappa(x,y) = \log|x-y|$, wobei $|\cdot|$ die *Euklidische Norm* im $\mathbb{R}^d$ bezeichnet.

Die Variationsformulierung lautet in Analogie zu (1.20a):

$$\text{Gesucht ist } u \in V \text{ mit } \quad a_\lambda(u,v) = a_K(u,v) + f(v) \quad \text{ für alle } v \in V, \tag{1.26}$$

wobei $a_\lambda(u,v) = \lambda \int_\Gamma u\,v\,\mathrm{d}\Gamma$, $a_K(u,v) = \int_\Gamma \int_\Gamma \varkappa(x,y)v(x)u(y)\mathrm{d}\Gamma_x\mathrm{d}\Gamma_y$ und f wie in (1.20c).

Zur *Galerkin-Diskretisierung* werden wieder ein Unterraum $V_n \subset V$ und eine Basis $\{\phi_1, \ldots, \phi_n\}$ von V_n eingeführt. Ersetzung von V in (1.26) durch V_n ergibt die diskrete Aufgabe

$$\text{Gesucht ist } u \in V_n \text{ mit } \quad a_\lambda(u,v) = a_K(u,v) + f(v) \quad \text{ für alle } v \in V_n \tag{1.27}$$

mit $a_\lambda(\cdot,\cdot)$ und $a_K(\cdot,\cdot)$ wie in (1.26). Für den Koeffizientenvektor $\mathbf{x} = (x_i)_{i=1}^n$ von $u = \sum_i x_i\phi_i$ erhält man das Gleichungssystem (1.22b) mit $\mathbf{b}$ wie in (1.22d) und $A = \lambda M - K$, wobei M durch (1.24) definiert ist (mit Ω und dx ersetzt durch Γ und dΓ_x) und

$$K_{ij} = \int_\Gamma \int_\Gamma \varkappa(x,y)\phi_i(x)\phi_j(y)\mathrm{d}\Gamma_x\mathrm{d}\Gamma_y. \tag{1.28}$$

Die Mannigfaltigkeit Γ wird ähnlich wie im FEM-Fall in Dreieckselemente (falls $d = 3$) oder Streckenzüge (falls $d = 2$) zerlegt[24]. Darauf werden die

[22] Wenn nicht eindeutig feststeht, ob Γ eine Oberflächenmannigfaltigkeit ist oder eine d-dimensionale Teilmenge von $\mathbb{R}^d$, so schreiben wir vereinfachend $\int \ldots \mathrm{d}y$. Im Spezialfall interpretiere man dy als dΓ_y.

[23] Die Stärke der Singularität kann verschieden sein. Bei $\varkappa(x,y) = (x-y)\log|x-y|$ ist $\varkappa$ noch stetig, aber die Ableitungen sind singulär. $\varkappa$ kann aber auch stark singulär sein, sodass das Integral nur noch im Sinne von Hadamard interpretierbar ist.

[24] Diese Vorgehensweise ist nur möglich, falls Γ ausschließlich aus flachen Stücken zusammengesetzt ist (z.B. Oberfläche eines Würfels). Im Allgemeinen ist Γ gekrümmt. Dann braucht man geeignete Parametermengen $P \subset \mathbb{R}^{d-1}$, auf denen die stückweise polynomialen Ansatzfunktionen definiert werden und durch eine glatte Funktion auf Γ (bzw. Stücke daraus) abgebildet werden.

Basisfunktionen ϕ_i definiert. Dadurch entsteht die sogenannte Randelementmethode (Abkürzung *BEM* aus "boundary element method"). Da häufig $V \supset L^2(\Gamma)$ gilt, kann man anders als im FEM-Fall auch stückweise *konstante* Funktionen wählen, d.h. n ist die Anzahl der Elemente Δ_i und ϕ_i ist die charakteristische Funktion zu Δ_i (in diesem Fall ist M aus (1.24) diagonal!). Die kleinen Träger der Basisfunktionen implizieren, dass die Integrationen in (1.28) nicht über die gesamte Oberfläche Γ, sondern nur über kleine Teilstücke ausgeführt werden müssen. Anders als im FEM-Fall ist die Matrix K aber nicht schwach besetzt. Diese Tatsache wird festgehalten in

Anmerkung 1.5.1. Die BEM-Matrizen gemäß (1.28) sind im Allgemeinen voll besetzt.

Da für den Diskretisierungsfehler eine zu (1.23) analoge Abschätzung gilt (d ist durch die Dimension $d-1$ der Mannigfaltigkeit Γ zu ersetzen), erhalten wir auch hier ein großskaliges Gleichungssystem. Wegen Anmerkung 1.5.1 ist schon die Berechnung und Abspeicherung aufgrund der $\mathcal{O}(n^2)$-Komplexität ein Problem.

1.5.2.2 Andere Diskretisierungen *

Zur Ergänzung sei auf Alternativen zur Galerkin-Diskretisierung hingewiesen.

Beim *Kollokationsverfahren* wird u_n als $\sum_j x_j\phi_j \in V_n$ angesetzt und die Gleichung (1.25a) in Kollokationspunkten ξ_i $(1 \le i \le n)$ gefordert:

$$\lambda\, u(\xi_i) = \int_\Gamma \varkappa(\xi_i, y)\, u(y)\, \mathrm{d}\Gamma_y + f(\xi_i) \qquad (u \in V_n,\ 1 \le i \le n). \tag{1.29}$$

Für den Koeffizientenvektor $\mathbf{x} = (x_j)_{j=1}^n$ erhält man die Gleichung $A\mathbf{x} = \mathbf{b}$ mit $b_i = f(\xi_i)$, $A = \lambda M - K$, $M_{ij} = \phi_i(\xi_j)$ und

$$K_{ij} = \int_\Gamma \varkappa(\xi_i, y)\, \phi_j(y)\, \mathrm{d}\Gamma_y\,. \tag{1.30}$$

Beim *Nystrøm-Verfahren* ersetzt man die Integration $\int_\Gamma g(y)\, \mathrm{d}\Gamma_y$ durch eine Quadratur

$$Q(g) = \sum_{j=1}^n \omega_j\, g(\xi_j) \qquad (\xi_j\text{: Quadraturpunkte, } \omega_j\text{: Quadraturgewichte}).$$

Für $u(\xi_i)$ erhält man die Gleichung

$$\lambda\, u(\xi_i) = \sum_{j=1}^n \omega_j\, \varkappa(\xi_i, \xi_j)\, u(\xi_j) + f(\xi_i) \qquad (1 \le i \le n) \tag{1.31}$$

und somit für den Vektor $\mathbf{x} = (u(\xi_i))_{j=1}^n$ der Unbekannten das Gleichungssystem $A\mathbf{x} = \mathbf{b}$ mit $A = \lambda I - K$ und

$$K_{ij} = \omega_j \varkappa(\xi_i, \xi_j)\,. \tag{1.32}$$

Eine gemeinsame Formulierung der Matrizen K aus (1.28), (1.30), (1.32) ist das Produkt[25]

$$K = \Lambda_1 \mathcal{K} \Lambda_2^*, \tag{1.33a}$$

wobei $\Lambda_1 : L^2(\Gamma) \to \mathbb{R}^n$, $\Lambda_2 : L^2(\Gamma) \to \mathbb{R}^n$ die folgenden Abbildungen sind:

Galerkin-Verfahren: $(\Lambda_1 g)_j = (\Lambda_2 g)_j = \int_\Gamma g(y)\phi_j(y)\,\mathrm{d}\Gamma_y$,
Kollokation: $(\Lambda_1 g)_i = g(\xi_i)$, Λ_2 wie beim Galerkin-Verfahren,
Nystrøm-Verfahren: $(\Lambda_1 g)_i = g(\xi_i)$, $(\Lambda_2 g)_i = \omega_i g(\xi_i)$.
(1.33b)

Die adjungierten Abbildungen Λ_2^* lassen sich konkret angeben:

Anmerkung 1.5.2. Die Adjungierte von $(\Lambda_2 g)_j = \int_\Gamma g(y)\phi_j(y)\,\mathrm{d}\Gamma_y$ (Galerkin und Kollokation) ist

$$\Lambda_2^* : \mathbb{R}^n \to L^2(\Gamma) \quad \text{mit} \quad \Lambda_2^* \mathbf{x} = \sum_j x_j \phi_j \quad (\mathbf{x} \in \mathbb{R}^n)\,, \tag{1.34}$$

während die Adjungierte von $(\Lambda_2 g)_i = \omega_i g(\xi_i)$ (Nystrøm) durch

$$\Lambda_2^* \mathbf{x} = \sum_j x_j \omega_j \delta_{\xi_j}$$

gegeben ist. $\delta_{\xi_j} = \delta(\cdot - \xi_j)$ ist das Dirac[26]-Funktional an der Stelle ξ_j.

Beweis. Im ersten Falle ist

$$\begin{aligned}\langle g, \Lambda_2^* \mathbf{x}\rangle = \langle \Lambda_2 g, \mathbf{x}\rangle &= \sum_j x_j\,(\Lambda_2 g)_j = \sum_j x_j \int_\Gamma g(y)\phi_j(y)\,\mathrm{d}\Gamma_y \\ &= \int_\Gamma g(y) \sum_j x_j \phi_j(y)\,\mathrm{d}\Gamma_y = \Big(g, \sum_j x_j \phi_j\Big)_{L^2}\end{aligned}$$

für alle $g \in L^2(\Gamma)$, sodass die Behauptung folgt.

Im zweiten Fall ist $\langle g, \Lambda_2^* \mathbf{x}\rangle = \langle \Lambda_2 g, \mathbf{x}\rangle = x_j\,(\Lambda_2 g)_j = \sum_j x_j \omega_j g(\xi_j) = \Big(g, \sum_j x_j \omega_j \delta_{\xi_j}\Big)_{L^2}$. ■

Die Abbildungen $\Lambda_1 = \Lambda_2$ des Galerkin-Verfahrens stimmen mit $R = P^*$ aus (C.24) überein.

[25] $\Lambda_2^* : \mathbb{R}^n \to L^2(\Gamma)$ ist die Adjungierte: $(\Lambda_2^* \mathbf{x}, v)_{L^2(\Gamma)} = \langle \mathbf{x}, \Lambda_2 v\rangle_{\mathbb{R}^n}$ für alle $\mathbf{x} \in \mathbb{R}^n$, $v \in L^2(\Gamma)$.

[26] Paul Adrien Maurice Dirac, geboren am 8. August 1902 in Bristol (England), gestorben am 20. Oktober 1984 in Tallahassee (Florida, USA).

1.6 Angeordnete bzw. nicht angeordnete Indexmengen

Erfahrungsgemäß treten Missverständnisse zur Anordnung der Indizes auf. Bevor im Detail einige Grundlagen geklärt werden, sei vermerkt, dass die Technik der hierarchischen Matrizen keine spezielle Anordnung der Indizes erfordert.

1.6.1 Indexmengen

Eine Indexmenge sei hier als *endliche Menge* definiert, wobei der Name nur andeutet, dass die Elemente dieser Menge als Indizes verwendet werden. Insbesondere handelt es sich lediglich um eine Menge, deren Elemente bekanntlich *nicht angeordnet*[27] sind. Auch wenn die Angabe $I = \{a, b, c\}$ einer (Index-)Menge wegen der linearen Ausrichtung unserer Schrift eine Anordnung angibt, sind alle Schreibweisen $\{a, b, c\}$, $\{b, a, c\}, \ldots$ gleichberechtigt.

Im Modellproblem von §3 wird die Indexmenge $I = \{1, 2, \ldots, n\}$ auftreten. Auch in diesem Fall sind die Elemente ohne Anordnung gemeint. Dass man für $1, 2, \ldots, n$ eine natürliche Anordnung angeben kann, steht außer Frage, aber von dieser Anordnung wird kein Gebrauch gemacht. Bei Diskretisierungen von skalaren Differentialgleichungen können die sogenannten Knotenpunkte des Gitters bzw. der Triangulation als Indizes verwendet werden. Sobald es sich um Knotenpunkte in einem zwei- oder höher-dimensionalen Gebiet handelt, gibt es keine "natürliche" Anordnung mehr.

Was oben über unsere Schreibweise gesagt wurde, gilt häufig auch für die Darstellung im Rechner. Mengen (wie zum Beispiel Mengen von Knotenpunkten) können etwa mit Hilfe von Listen realisiert werden, die damit implizit eine Anordnung festlegen. Wenn jedoch ein Algorithmus eine Indexmenge I und keine zusätzliche Anordnung als Eingabe erfordert, darf das Resultat nicht von der "zufälligen" rechnerinternen Darstellung abhängen.

Dass die letzte Aussage nicht immer ganz richtig ist, zeigt folgendes Beispiel. Da die Addition eine binäre Operation ist, ist die Summe $\sum_{i \in I} a_i$ zunächst für eine Indexmenge $I = \{i_1, i_2, \ldots\}$ mit mehr als zwei Elementen nicht definiert. Man definiert $\sum_{i \in I} a_i$ erst für angeordnete Indexmengen mittels $(((a_{i_1} + a_{i_2}) + a_{i_3}) + \ldots)$. Da alle Anordnungen aufgrund der Distributiveigenschaft die gleiche Summe liefern, lässt sich $\sum_{i \in I} a_i$ eindeutig für nicht-angeordnete Indexmengen definieren. Bei der Realisierung auf dem Rechner gilt die Distributivität nicht exakt, da die Gleitkommafehler von der Anordnung abhängen. Dies führt dazu, dass Algorithmen mit verschiedenen internen Darstellungen nur modulo der Rechnerarithmetikauswirkungen identisch sind.

[27] Eine Anordnung kann zusätzlich definiert sein, ist aber nicht Teil der Mengenstruktur.

1.6.2 Vektoren $x \in \mathbb{R}^I$

Es ist Usus in der Linearen Algebra, einen n-dimensionalen Vektor als $\begin{bmatrix} x_1 \\ \vdots \\ x_n \end{bmatrix}$ zu schreiben. Man suggeriert damit, dass in der Linearen Algebra Indexmengen angeordnet seien müssten. Dies ist ein Missverständnis, da es nur darum geht, die Koeffizienten x_i der Darstellung $x = \sum_{i \in I} x_i e_i$ (e_i: Einheitsvektoren) zu symbolisieren. Letzteres kann besser durch die Angabe $(x_i)_{i \in I} \in \mathbb{R}^I$ geschehen. Alle Vektoroperationen wie z.B. die Addition $(x_i)_{i \in I} + (y_i)_{i \in I} = (x_i + y_i)_{i \in I}$ oder das Skalarprodukt $\langle (x_i)_{i \in I}, (y_i)_{i \in I} \rangle = \sum_{i \in I} x_i y_i$ lassen sich ohne Bezug auf eine Anordnung definieren.

1.6.3 Matrizen $A \in \mathbb{R}^{I \times I}$

Das für Vektoren Gesagte gilt analog für Matrizen. Anstelle der Schreibweise $\begin{bmatrix} a_{11} & \cdots \\ \vdots & \ddots \end{bmatrix}$ kann die Schreibweise $A = (a_{ij})_{i,j \in I}$ verwendet werden. Matrixoperationen wie die Addition und Multiplikation wie auch die Matrixvektormultiplikation können ohne Rückbezug auf eine Anordnung der Indizes aus I beschrieben werden.

Es gibt aber Fälle, die eine Anordnung der Indizes voraussetzen. Ein Beispiel ist die "untere Dreiecksmatrix", die mittels $a_{ij} = 0$ für $j > i$ definiert wird. Sobald eine LU- oder Cholesky-Zerlegung auftritt, muss zuvor explizit eine Anordnung festgelegt werden. Umgekehrt führen verschiedene Anordnungen zu verschiedenen LU-Zerlegungen.

Missverständnisse treten häufig im Zusammenhang mit Blockmatrizen auf. Ein Block einer $I \times I$-Matrix ist mittels zweier Teilmengen $\tau \subset I$ und $\sigma \subset I$ über die Paarmenge $\tau \times \sigma$ definiert: $A = (a_{ij})_{i,j \in I} \in \mathbb{R}^{I \times I}$ hat den $\tau \times \sigma$-Block $B = (a_{ij})_{i \in \tau, j \in \sigma}$. Diese Definition erfordert keine Anordnung. Die Illustration dieses Blockes geschieht meist mittels der Darstellung

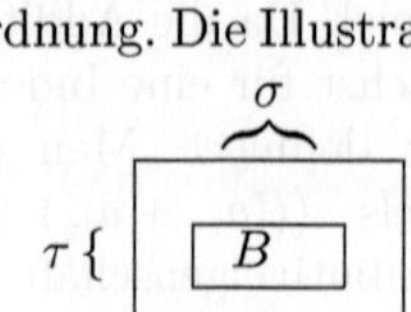

, die den Eindruck erweckt, dass I so angeordnet werden müsste, dass die Indizes von τ bzw. σ aufeinanderfolgend seien. Hier ist die Lage ähnlich wie bei der erwähnten Schreibweise der Menge $\{\alpha, \beta, \gamma\}$, die zu $\{\beta, \alpha, \gamma\}$, $\{\alpha, \gamma, \beta\}$ usw. äquivalent ist. Für den Fall $I = \{\alpha, \beta, \gamma\}$ und $\tau = \sigma = \{\alpha, \beta\}$ sind die Blockdarstellungen

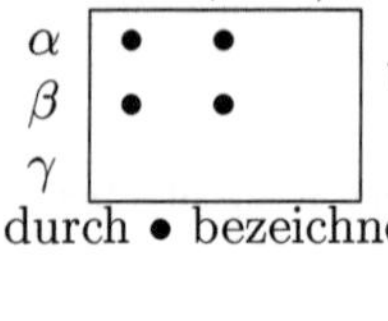

und

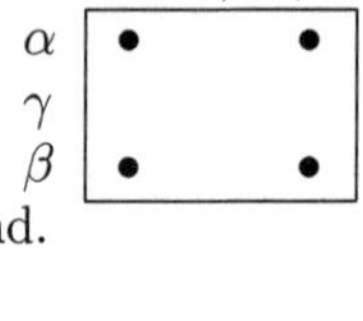

äquivalent, wobei die Blockpositionen durch • bezeichnet sind.

1.6.4 Anordnung bzw. Nichtanordnung bei hierarchischen Matrizen

Ein wesentliches Element der hierarchischen Matrizen ist die Verwendung von Untermatrizen aufgrund einer Blockstruktur. Nach dem oben Gesagten setzt dies aber keine Anordnung, sondern nur eine Beschreibung von Teilmengen voraus. Deshalb hängt die Verwendung der Technik hierarchischer Matrizen auch nicht von einer geeigneten Anordnung ab. Die Beschreibung geht von einer (ungeordneten) Indexmenge aus. Falls schon eine Anordnung vorhanden ist, wird diese ignoriert.

Trotzdem wird intern eine Anordnung definiert (vgl. Konstruktion 5.3.6), um die Kodierung der Teilmengen möglichst effizient zu machen. Das Ergebnis hängt aber nicht von diesem Implementierungsschritt ab.

Sobald eine Problemstellung wie z.B. die LU-Zerlegung eine Anordnung erfordert, ändert sich das Bild. Im genannten Fall wird die vorhin als intern bezeichnete Anordnung zugrundegelegt und geht damit explizit in die Problembeschreibung ein.

1.7 Übersicht über die weiteren Kapitel

Die Technik der hierarchischen Matrizen beruht auf drei Überlegungen:

1. Die Darstellungen und Operationen brauchen nicht exakt zu sein. Abweichungen um einen Fehler ε sind beispielsweise dann akzeptabel, wenn ε unter dem Diskretisierungsfehler $\mathcal{O}(n^{-\alpha})$ liegt (vgl. (1.23) und Entsprechendes in §1.5.2). Wichtig ist, dass der Fehler kontrollierbar ist und unter Umständen adaptiv gewählt werden kann.
2. Die Matrix wird in Blöcke zerlegt und jeder Block wird als Rang-k-Matrix dargestellt (mehr in §1.7.1).
3. Bei entsprechend systematischer Blockzerlegung – hier wird die Hierarchie der Clusterbäume wesentlich sein – werden die approximativen Matrixoperationen durchführbar (mehr in §1.7.2).

1.7.1 Lokale Rang-k-Matrizen

Im Zusammenhang mit Rang-k-Matrizen (mit $k \ll n$) wurde angemerkt, dass diese in der Praxis selten auftreten. In der Tat hat die FEM-Matrix ebenso wie ihre Inverse vollen Rang n. Der Integraloperator $\mathcal{K}$ ist unter üblichen Bedingungen kompakt (vgl. Definition C.3.5), sodass seine Eigenwerte sich bei null häufen. Hier mag die Hoffnung aufkommen, dass die BEM-Matrix K viele kleine Eigenwerte besitzt, die durch null ersetzt werden könnten und so eine Matrix kleinen Ranges ergäben. Dem steht entgegen, dass die Beschränkung auf Rang k zu einem Fehler $\mathcal{O}(k^{-\alpha})$ führt, sodass kleine k nicht zu guten Approximationen führen können.

Stattdessen werden Rang-k-Matrizen zur Darstellung von *Teilmatrizen* verwendet. Sei dazu I die Indexmenge und $M \in \mathbb{R}^{I\times I}$ eine quadratische Matrix. Seien τ und σ zwei beliebige Teilmengen von I. Das Produkt $b = \tau\times\sigma$ ist eine Teilmenge der Paarmenge $I\times I$ und wird Element einer Blockpartition von $I \times I$ werden. Die Position des Matrixblockes $M|_b$ (vgl. (1.16)) wird in

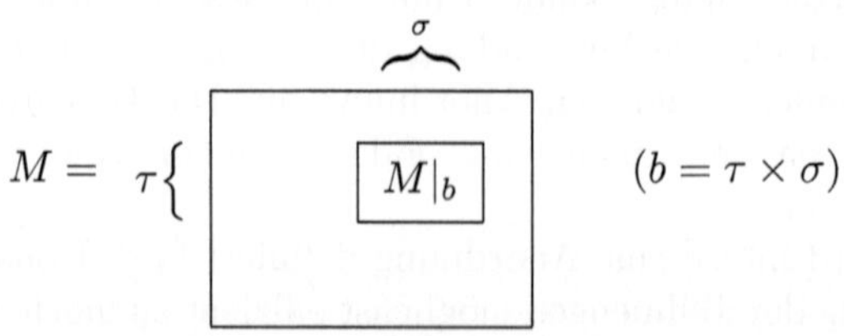

veranschaulicht. Es wird sich herausstellen, dass $M|_b$ für FEM- und BEM-Anwendungen gut als Rang-k-Matrix darstellbar ist, wenn τ und σ eine sogenannte *Zulässigkeitsbedingung* erfüllen. Allerdings erfordert die Zulässigkeitsbedingung, dass die Matrix M in Blöcke *verschiedener* Größe zu zerlegen ist (grob gesagt: große Blöcke fern der Diagonalen, kleine Blöcke nah der Diagonalen. Dies entspricht gerade nicht der üblichen Tensor-Blockpartition aus Anmerkung 1.3.7). Es wird sich zeigen, dass der Approximationsfehler exponentiell mit dem lokalen Rang k fällt. Ein Fehler $\mathcal{O}(n^{-\alpha})$ wird damit von einem k erreicht, das nur logarithmisch von n abhängt.

Die hierfür benötigte Analyse findet sich in §4.

1.7.2 Hierarchie und Matrixoperationen

Die erwähnte Approximation durch Rang-k-Matrizen für Teilmatrizen sorgt in erster Linie dafür, den Speicheraufwand von $\mathcal{O}(n^2)$ auf $\mathcal{O}(kn\log n)$ zu reduzieren. Eine Datenkompression kann aber dazu führen, dass die Operationen, die man mit der Matrix durchführen möchte, erschwert werden. Dies ist auch der Fall, wenn man die Teilmatrizen beliebig wählt (vgl. [131]).

Damit die Matrixoperationen effizient durchgeführt werden können, muss die Zerlegung der Matrix in Teilmatrizen ("Blockpartition") geeignet organisiert werden. Dies führt auf die Konstruktion der hierarchischen Partition, die systematisch in §5.4 diskutiert wird. Der Bezeichnung "hierarchisch" leitet sich davon ab, dass die Strukturen rekursiv erzeugt werden. Die mathematische Beschreibung verwendet daher Baumstrukturen: der Clusterbaum wird in §5.3 und der Blockclusterbaum in §5.5 als wesentliches Bauprinzip eingeführt.

Als Einführung in die Problematik der Matrixoperationen wird in §3 eine spezielle Partition konstruiert. Wegen der gewählten Einfachheit des Modells kann die Komplexität, d.h. der Speicher- und Rechenaufwand explizit analysiert werden.

Die allgemeinen Matrix-Vektor- und Matrix-Matrix-Operationen werden im Detail in §7 behandelt.

2

Rang-k-Matrizen

Rang-k-Matrizen werden ein wichtiger Baustein der hierarchischen Matrizen sein. Da insbesondere an kleine Werte von k gedacht ist, wird auch von *Niedrigrangmatrizen* gesprochen. Um einem möglichen Missverständnis vorzubeugen, sei noch einmal betont, dass Rang-k-Matrizen nicht den exakten Rang k, sondern ***höchstens*** den Rang k besitzen sollen. Die Speicherung von Rang-k-Matrizen sowie Operationen mit Rang-k-Matrizen bilden die Basis der $\mathcal{H}$-Matrixdarstellung ($\mathcal{H}$-Matrix = hierarchische Matrix) und der $\mathcal{H}$-Matrixoperationen, da diese auf Additionen und Multiplikationen mit Rang-k- oder vollen Matrizen zurückgeführt werden.

Vorschau auf die nachfolgenden Unterkapitel:

§2.1: Notationen $\mathbb{R}^I$ und $\mathbb{R}^{I\times J}$, Rang einer Matrix.

§2.2: Triviale Anmerkungen zur Darstellung der Rang-k-Matrizen und den Speicherkosten, Notation $\mathcal{R}(k, I, J)$.

§2.3: Arithmetischer Aufwand für Matrix-Vektor-Multiplikation, Matrix-Matrix-Addition und Matrix-Matrix-Multiplikation mit Rang-k-Matrizen.

§2.4: Erinnerung an die Singulärwertzerlegung (SVD) und die optimale Approximation einer Matrix durch eine Rang-k-Matrix (Details und Beweise im Anhang C.2), Definition der "komprimierten Singulärwertzerlegung".

§2.5: Wichtiges späteres Hilfsmittel ist die Approximation einer Rang-ℓ-Matrix durch eine solche vom kleineren Rang $k < \ell$. Die QR-Zerlegung und die komprimierte QR-Zerlegung werden definiert.

§2.6: Unter Anwendung des vorherigen Abschnittes wird die formatierte Addition eingeführt.

§2.7: Modifikation der Standarddarstellung $\mathcal{R}(k, I, J)$.

Im ersten Lesedurchgang können §§2.3-2.7 überflogen werden. Die in §2.6 beschriebene Addition benötigt man allerdings in Kapitel 3.

W. Hackbusch, *Hierarchische Matrizen*, DOI 10.1007/978-3-642-00222-9_2,

2.1 Allgemeines

Sei I eine endliche Indexmenge, die nicht angeordnet zu sein braucht. Dann ist $\mathbb{R}^I$ die Menge der Vektoren $(x_i)_{i\in I}$ mit den Komponenten $x_i \in \mathbb{R}$ (vgl. §1.3.1). Sei J eine zweite Indexmenge. Dann gehört eine Matrix M zu $\mathbb{R}^{I\times J}$, falls $M = (M_{ij})_{i\in I, j\in J}$. Im Falle von $I = J$ ist M eine quadratische Matrix.

Das *Bild einer Matrix* $M \in \mathbb{R}^{I\times J}$ ist

$$Bild\,(M) := \{Mx \in \mathbb{R}^I : x \in \mathbb{R}^J\}$$

und kann auch als Aufspann seiner Spalten formuliert werden. Eine der vielen Definitionsmöglichkeiten für den *Rang einer Matrix* M ist

$$Rang(M) := \dim Bild\,(M).$$

Es wird an die folgenden wohlbekannten Aussagen erinnert:

Anmerkung 2.1.1. a) Der Rang von $M \in \mathbb{R}^{I\times J}$ liegt zwischen 0 und dem *Maximalrang* $\min\{\#I, \#J\}$.
b) $Rang(A) \le \min\{Rang(B), Rang(C)\}$ für $A = BC$.
c) $Rang(A) \le Rang(B) + Rang(C)$, für $A = B + C$.
d) Dimensionssatz: Für jede Matrix $M \in \mathbb{R}^{I\times J}$ gilt

$$Rang(M) + \dim Kern(M) = \#J.$$

Übung 2.1.2. Sei $M(\lambda) \in \mathbb{R}^{I\times J}$ eine stetige matrixwertige Funktion des Argumentes $\lambda \in \Lambda$. Dann kann $r(\lambda) := Rang(M(\lambda))$ unstetig sein, aber man zeige: Die Stetigkeitspunkte von r bilden eine offene Teilmenge $\Lambda_0 \subset \Lambda$. Seien Λ_0' eine Zusammenhangskomponente von Λ_0 und $\lambda_0 \in \partial\Lambda_0'$. Dann gilt

$$Rang(M(\lambda_0)) \le \lim_{\lambda\to\lambda_0,\, \lambda\in\Lambda_0'} Rang(M(\lambda)).$$

2.2 Darstellung und Kosten

Sei M eine Matrix aus $\mathbb{R}^{I\times J}$. In (1.15) wurde bereits die Darstellung als `Rang(k)Matrix(I,J)` erwähnt. Charakteristisch ist die Faktorisierung in

$$M = AB^\top \qquad (A \in \mathbb{R}^{I\times\{1,\ldots,k\}},\ B \in \mathbb{R}^{J\times\{1,\ldots,k\}},\ k \in \mathbb{N}_0). \tag{2.1}$$

Bezeichnet man die k Spalten von A und B mit a_i und b_i $(1 \le i \le k)$, so ist

$$M = \sum_{i=1}^{k} a_i b_i^\top \tag{2.1'}$$

eine zu (2.1) äquivalente Beschreibung. Das Produkt $ab^\top \in \mathbb{R}^{I\times J}$ ist die Matrix mit den Komponenten $\left(ab^\top\right)_{\alpha\beta} = a_\alpha b_\beta$ $(\alpha \in I, \beta \in J)$. Man beachte, dass auch $k = 0$ in (2.1) zugelassen ist und die Nullmatrix beschreibt. Dass die Darstellung $M = AB^\top$ in keiner Weise eindeutig ist, stört bei der Anwendung nicht, sondern vermeidet im Gegenteil Rechenkosten.

Zum Zusammenhang zwischen Matrizen vom Rang k und den Matrizen mit $\texttt{Rang(}k\texttt{)Matrix(}I,J\texttt{)}$-Darstellung werden die folgenden zwei Anmerkungen angeführt.

Anmerkung 2.2.1. Für M aus (2.1) gilt $Rang(M) \leq k$.

Beweis. Aus (2.1) folgt nach Anmerkung 2.1.1a $Rang(A) \leq k$. Teil b) zeigt $Rang(M) \leq Rang(A)$. ■

Man beachte, dass *nicht* behauptet wird, dass eine Matrix mit der Darstellung (2.1) den Rang k besitzt. Es gilt aber die folgenden Anmerkung, die konstruktiv in Anmerkung 9.4.4 bewiesen wird.

Anmerkung 2.2.2. Falls $Rang(M) = r$, existiert eine Darstellung (2.1) mit $k := r$.

Wir sprechen von Rang-k-Matrizen, wenn eine Darstellung (2.1) existiert. Wenn dagegen von Matrizen im $\texttt{Rang(}k\texttt{)Matrix(}I,J\texttt{)}$-Format gesprochen wird, ist damit gemeint, dass die Faktoren aus (2.1) nicht nur existieren, sondern auch *explizit gegeben* sind. Für die Familie aller Matrizen der zweiten Sorte führen wir die Abkürzungen $\mathcal{R}(k,I,J)$ bzw. $\mathcal{R}(k)$ ein:

Definition 2.2.3. *a) Die Schreibweise $M \in \mathcal{R}(k,I,J)$ bedeutet, dass die Matrix $M \in \mathbb{R}^{I\times J}$ im $\texttt{Rang(}k\texttt{)Matrix(}I,J\texttt{)}$-Format gegeben (falls anstelle der Indexmengen I,J nur das Produkt $b = I \times J$ bezeichnet ist, wird auch $\mathcal{R}(k,b)$ geschrieben).*

b) $M \in \mathcal{R}(k)$ $:\Longleftrightarrow$ Es gibt Indexmengen I,J, sodass $M \in \mathcal{R}(k,I,J)$.

c) $M \in \mathcal{R}(I,J)$ $:\Longleftrightarrow$ Es gibt ein $k \in \mathbb{N}_0$, sodass $M \in \mathcal{R}(k,I,J)$.

d) $M \in \mathcal{R}$ $:\Longleftrightarrow$ Es gibt ein $k \in \mathbb{N}_0$, sodass $M \in \mathcal{R}(k)$.

Anmerkung 2.2.4. Anstelle der Darstellung (2.1) mit einer festen Schranke k für den Rang empfiehlt sich eine Modifikation: Es wird weiterhin Speicherplatz für k Spalten der Matrizen $A \in \mathbb{R}^{\tau\times\{1,\ldots,k\}}$, $B \in \mathbb{R}^{\sigma\times\{1,\ldots,k\}}$ bereitgestellt, aber zusätzlich wird eine Zahl $\ell \in \{0,1,\ldots,k\}$ abgespeichert, die die aktuelle Rangschranke bezeichnet: $M = \sum_{i=1}^{\ell} a_i b_i^\top$ (die Vektoren zu $\ell < i \leq k$ bleiben unbenutzt). Die Rechenkosten werden nun durch ℓ statt durch k bestimmt. Wird statt eines festen Feldes der Länge k eine Liste verwendet, sind auch die Speicherkosten nur von ℓ abhängig. Insbesondere ist die Nullmatrix allein durch $\ell = 0$ charakterisiert.

Wir wiederholen die triviale Aussage aus §1.3.2.10:

Anmerkung 2.2.5 (Speicherkosten). Die Darstellung einer Matrix $M \in \mathcal{R}(k,I,J)$ erfordert einen Speicheraufwand von $k\,(\#I + \#J)$.

Sei $\#I = \#J = n$. Falls $k \ll n$, ist $k\,(\#I + \#J) = 2kn$ wesentlich kleiner als der Speicheraufwand n^2 der vollen Darstellung. Man beachte aber, dass die volle 2×2-Matrix nicht mehr Speicher in Anspruch nimmt als die $\texttt{Rang(1)Matrix}(2,2)$-Darstellung. Die Darstellung $\texttt{Volle\_Matrix}(I,J)$ kann daher für kleine Dimensionen günstiger sein. Die Notation für das volle Matrixformat sei

$$\begin{aligned}&\mathcal{V}(I \times J) := \\ &\{M \in \mathbb{R}^{I\times J} : M \text{ im Format } \texttt{Volle\_Matrix}(I,J) \text{ gespeichert}\}.\end{aligned} \tag{2.2}$$

Für einen Block $b = \tau \times \sigma$ mit $\tau \subset I$ und $\sigma \subset J$ bezeichnet $\mathcal{V}(b)$ entsprechend einen vollen Matrixblock. Wenn b nicht spezifiziert werden soll, wird statt $\mathcal{V}(b)$ nur $\mathcal{V}$ geschrieben.

Anmerkung 2.2.6. Seien $M \in \mathcal{R}(k,I,J)$ und $\tau \subset I, \sigma \subset J$. Dann gilt $M|_{\tau\times\sigma} \in \mathcal{R}(k,\tau,\sigma)$ für Untermatrizen von M. Die Beschränkung $M \mapsto M|_{\tau\times\sigma}$ verursacht keine arithmetischen Kosten.

Beweis. Sei $a_i b_i^\top$ ein Summand aus (2.1'). Die Beschränkung auf $\tau \times \sigma$ ist $\left(a_i b_i^\top\right)|_{\tau\times\sigma} = (a_i|_\tau)\,(b_i|_\sigma)^\top$, sodass (2.1') die Behauptung zeigt. ∎

Den Spektral- und Frobenius[1]-Normen $\|\cdot\|_2$, $\|\cdot\|_\mathrm{F}$ (vgl. §C.1) sei folgende Übung gewidmet:

Übung 2.2.7. a) Für alle $a \in \mathbb{R}^I$, $b \in \mathbb{R}^J$ gilt die Identität

$$\left\|ab^\top\right\|_2 = \left\|ab^\top\right\|_\mathrm{F} = \|a\|_2\,\|b\|_2\,.$$

b) Für alle $a^{(\nu)} \in \mathbb{R}^I$, $b^{(\nu)} \in \mathbb{R}^J$ und $k \in \mathbb{N}$ gilt

$$\left\|\sum_{\nu=1}^{k} a^{(\nu)} b^{(\nu)\top}\right\|_\mathrm{F} = \sqrt{\sum_{\nu,\mu=1}^{k} \left\langle a^{(\nu)}, a^{(\mu)}\right\rangle \left\langle b^{(\nu)}, b^{(\mu)}\right\rangle}.$$

Falls entweder die Vektoren $\left\{a^{(\nu)}\right\}$ oder die Vektoren $\left\{b^{(\nu)}\right\}$ orthogonal sind, ergibt sich

$$\left\|\sum_{\nu=1}^{k} a^{(\nu)} b^{(\nu)\top}\right\|_\mathrm{F} = \sqrt{\sum_{\nu=1}^{k} \left\|a^{(\nu)}\right\|_2 \left\|b^{(\nu)}\right\|_2}\,.$$

2.3 Operationen und ihre Kosten

Anmerkung 2.3.1. a) **Matrix-Vektor-Multiplikation:** Seien $k > 0$ und $M \in \mathcal{R}(k,I,J)$ mit den Faktoren $A, B^\top$ aus (2.1) gegeben und $x \in \mathbb{R}^J$. Die Multiplikation $M \cdot x$ wird in zwei Phasen durchgeführt:

[1] Ferdinand Georg Frobenius, geboren am 26. Oktober 1849 in Charlottenburg; gestorben am 3. August 1917 in Berlin.

$$z := B^\top \cdot x \text{ kostet } k\,(2\#J - 1) \text{ Operationen,}$$
$$y := A \cdot z \quad \text{kostet } \#I\,(2k - 1) \text{ Operationen.}$$

Zusammen ergeben sich $N_{MV} = 2k\,(\#I + \#J) - \#I - k$ Operationen.

b) **Matrix-Matrix-Addition:** Seien $M' \in \mathcal{R}(k', I, J)$, $M'' \in \mathcal{R}(k'', I, J)$ in der Form (2.1) gegeben:

$$M' = A'B'^\top,\ M'' = A''B''^\top \qquad \begin{pmatrix} A' \in \mathbb{R}^{I\times\{1,\dots,k'\}}, & B' \in \mathbb{R}^{J\times\{1,\dots,k'\}}, \\ A'' \in \mathbb{R}^{I\times\{1,\dots,k''\}}, & B'' \in \mathbb{R}^{J\times\{1,\dots,k''\}}. \end{pmatrix}$$

Dann ist M im $\texttt{Rang}(k' + k'')\texttt{Matrix}(I, J)$-Format gegeben als

$$M = M' + M'' = AB^\top \qquad \text{mit} \begin{cases} A := [A'\ A''] \in \mathbb{R}^{I\times\{1,\dots,k'+k''\}}, \\ B = [B'\ B''] \in \mathbb{R}^{J\times\{1,\dots,k'+k''\}}, \end{cases}$$

d.h. $M \in \mathcal{R}(k'+k'', I, J)$, wobei $[A'\ A'']$ die aus A' und A'' als Untermatrizen zusammengesetzte Matrix ist. Dies ist eine Agglomeration im Sinne von Definition 1.3.8b und benötigt keine Operationen.[2] Allerdings vergrößert sich die Schranke für den Rang.

c) **Matrix-Matrix-Multiplikation:** Seien Matrizen $M' \in \mathcal{R}(k', I, J)$ und $M'' \in \mathcal{R}(k'', J, K)$ gegeben:

$$M' = A'B'^\top, \quad M'' = A''B''^\top \qquad \begin{pmatrix} A' \in \mathbb{R}^{I\times\{1,\dots,k'\}}, & B' \in \mathbb{R}^{J\times\{1,\dots,k'\}}, \\ A'' \in \mathbb{R}^{J\times\{1,\dots,k''\}}, & B'' \in \mathbb{R}^{K\times\{1,\dots,k''\}}. \end{pmatrix}$$

Für das Produkt $M := M' \cdot M'' = AB^\top$ gibt es zwei Darstellungsmöglichkeiten:

1) $M \in \mathcal{R}(k'', I, K)$ mit $A := A'B'^\top A''$ und $B := B''^\top$, wobei die Berechnung von A in der Reihenfolge $A' \cdot \left(B'^\top \cdot A''\right)$ einen Aufwand von $N_{R\cdot R} = 2k'k''\,(\#I + \#J) - k''\,(\#I + k')$ erfordert;
2) $M \in \mathcal{R}(k', I, K)$ mit $A := A'$ und $B := B''A''^\top B'$ und dem Aufwand $N_{R\cdot R} = 2k'k''\,(\#J + \#K) - k'\,(\#K + k'')$.

d) **Links- und Rechtsidealeigenschaft:** Für jede beliebig dargestellte Matrix $M' \in \mathbb{R}^{K\times I}$ und die Rang-k-Matrix $M'' \in \mathcal{R}(k, I, J)$ mit $M'' = AB^\top$ hat das Produkt $M' \cdot M'' \in \mathcal{R}(k, K, J)$ wieder eine Darstellung $A'B^\top$ mit $A' := M' \cdot A$. Der Rechenaufwand entspricht k Matrix-Vektor-Multiplikationen mit M. Analoges gilt für den Fall, dass die erste Matrix in $M' \cdot M''$ aus $\mathcal{R}(k, I, J)$ und die zweite beliebig aus $\mathbb{R}^{J\times K}$ stammt.

Der Vollständigkeit halber sei eine weitere Operation erwähnt:

[2] Da wir nur arithmetische Operationen zählen, unterstellen wir Umspeicherungs- und Kopieraktionen als kostenlos.

Übung 2.3.2. Das *Hadamard*[3]*-Produkt* zweier Matrizen $M', M'' \in \mathbb{R}^{I\times J}$ ist durch die komponentenweisen Produkte gegeben:

$$(M' \circ M'')_{ij} = M'_{ij} M''_{ij} \qquad (i \in I,\ j \in J)$$

Man zeige: Das Hadamard-Produkt der Matrizen $M' \in \mathcal{R}(k', I, J)$ und $M'' \in \mathcal{R}(k'', I, J)$ hat das Format $\mathcal{R}(k, I, J)$ mit $k := k'k''$. Was sind die Kosten?

2.4 Bestapproximation durch Rang-k-Matrizen

Bisher sind alle Operationen exakt durchgeführt worden bzw. die Matrizen exakt dargestellt worden. Viel wichtiger ist es aber, in kontrollierter Weise *Approximationen* in $\mathcal{R}(k, I, J)$ zu erzeugen. Für diesen Zweck wird an die Singulärwertzerlegung erinnert (vgl. Anhang C.2, wo auch die Spektralnorm $\|\cdot\|_2$ und die Frobenius-Norm $\|\cdot\|_\mathrm{F}$ erklärt sind). Das Resultat aus Folgerung C.2.4 sei hier noch einmal wiederholt:

Satz 2.4.1 (Bestapproximation mit Niedrigrangmatrix). *Die Matrix $M \in \mathbb{R}^{I\times J}$ habe die Singulärwertzerlegung $M = U\Sigma V^\top$ (U, V orthogonal; vgl. Anhang C), Σ ist diagonal mit Singulärwerten $\sigma_i = \Sigma_{ii}$ in der Anordnung $\sigma_1 \geq \sigma_2 \geq \ldots$). Die beiden Minimierungsaufgaben*

$$\min_{\mathrm{Rang}(R)\leq k} \|M - R\|_2 \quad \textit{und} \quad \min_{\mathrm{Rang}(R)\leq k} \|M - R\|_\mathrm{F} \tag{2.3a}$$

werden von

$$R := U\Sigma_k V^\top \quad \textit{mit } (\Sigma_k)_{ij} = \begin{cases} \sigma_i \textit{ für } i = j \leq \min\{k, \#I, \#J\}, \\ 0 \quad \textit{sonst}, \end{cases} \tag{2.3b}$$

gelöst (Σ_k entsteht aus Σ, indem alle σ_i für $i > k$ durch null ersetzt werden). Der dabei auftretende Fehler ist

$$\|M - R\|_2 = \sigma_{k+1} \quad \textit{bzw.} \quad \|M - R\|_\mathrm{F} = \sqrt{\sum\nolimits_{i=k+1}^{\min\{\#I,\#J\}} \sigma_i^2} \tag{2.3c}$$

(wobei $\sigma_{k+1} := 0$ für $k \geq \min\{\#I, \#J\}$ gesetzt sei).

Die Definition (2.3b) sichert die Existenz einer Rang-k-Darstellung für R. Es bleibt die Aufgabe, die Faktoren in $R = AB^\top$ explizit zu bestimmen.

Anmerkung 2.4.2 (komprimierte Singulärwertzerlegung). Sei $k \leq \min\{\#I,\#J\}$ angenommen. Die Matrix Σ_k schreibe man in der Blockzerlegung $\begin{bmatrix} \Sigma' & 0 \\ 0 & 0 \end{bmatrix}$ (es

[3] Jacques Salomon Hadamard, am 8. Dezember 1865 in Versailles geboren und am 17. Oktober 1963 in Paris gestorben.

wird die Tensor-Blockpartition mit Zeilenblöcken $\{1,\ldots,k\}$, $\{k+1,\ldots,\#I\}$ und Spaltenblöcken $\{1,\ldots,k\}$, $\{k+1,\ldots,\#J\}$ verwendet). Entsprechend sind $U = \begin{bmatrix} U' & * \end{bmatrix}$ und $V^\top = \begin{bmatrix} V'^\top \\ * \end{bmatrix}$ aufgeteilt. Die mit $*$ gekennzeichneten Blöcke sind irrelevant, da sie in

$$R = \begin{bmatrix} U' & * \end{bmatrix} \begin{bmatrix} \Sigma' & 0 \\ 0 & 0 \end{bmatrix} \begin{bmatrix} V'^\top \\ * \end{bmatrix}$$

mit null multipliziert werden. Das Produkt stimmt mit der *komprimierten Singulärwertzerlegung*

$$R = U'\Sigma'V'^\top \qquad \begin{pmatrix} U' \in \mathbb{R}^{I\times\{1,\ldots,k\}},\ V' \in \mathbb{R}^{J\times\{1,\ldots,k\}}, \\ \Sigma' \in \mathbb{R}^{\{1,\ldots,k\}\times\{1,\ldots,k\}} \end{pmatrix} \tag{2.4}$$

überein. Die Darstellung (2.1) von $R = AB^\top$ erhält man über $A := U'\Sigma'$, $B := V'$ oder $A := U'$, $B := V'\Sigma'$.

In der Notation (2.1') lautet die Singulärwertzerlegung von M:

$$M = \sum_{i=1}^{\min\{\#I,\#J\}} \sigma_i\, u_i v_i^\top \tag{2.5a}$$

(vgl. (C.8)), wobei u_i und v_i die (orthonormalen) i-ten Spalten von U und V sind (σ_i, U, V aus $M = U\Sigma V^\top$). Die Rang-k-Matrix R aus (2.3b) ist die kürzere Summe

$$R = \sum_{i=1}^{k} \sigma_i\, u_i v_i^\top. \tag{2.5b}$$

Bei der Suche nach einer Niedrigrangmatrix kann es verschiedene Vorgaben geben:

1. Eine Schranke für den Rang ist vorgegeben. Der Fehler ergibt sich dann aus (2.3c).
2. Ein Fehler $\varepsilon > 0$ ist vorgegeben.

Letzteres entspricht der folgenden

Aufgabe 2.4.3. Die Approximation einer Matrix M durch eine Rang-k-Matrix möge den relativen Fehler $\varepsilon > 0$ nicht überschreiten, d.h. $\|M - R\|_2 \le \varepsilon \|M\|_2$. Die beste Rang-$k$-Matrix R aus (2.3b) erfüllt $\|M - R\|_2 / \|M\|_2 = \sigma_{k+1}/\sigma_1$. Es ist also

$$k(\varepsilon) := \min\{k \in \mathbb{N}_0 : \sigma_{k+1} \le \varepsilon\sigma_1\} \tag{2.6}$$

gesucht. Entsprechend kann auch der absolute Fehler $\|M - R\|_2 \le \varepsilon$ das Ziel sein, der mit der Wahl $k_{\mathrm{abs}}(\varepsilon) := \min\{k \in \mathbb{N}_0 : \sigma_{k+1} \le \varepsilon\}$ erreicht wird.

Hinsichtlich guter Approximationen schließt man aus (2.6): Falls die Singulärwerte σ_i einer Matrix M schnell gegen null fallen, lässt sich M gut durch eine Rang-k-Matrix mit kleinem k annähern. Wenn zudem σ_{k+2} deutlich kleiner als σ_{k+1} ist, stimmen die beiden Fehlernormen in (2.3c) gut überein.

Falls dagegen die Singulärwerte sämtlich die gleiche Größenordnung haben (Beispiel $M = I$), ist im schlechtesten Fall eine Vollrangmatrix mit $k = \min\{\#I, \#J\}$ die einzige Lösung der Aufgabe 2.4.3.

In §4.2 werden wir konkrete Voraussetzungen kennenlernen, unter denen $k(\varepsilon) = \mathcal{O}(\log^d(\varepsilon))$ gefolgert werden kann, wobei d die Raumdimension bzw. die Dimension der Integrationsmannigfaltigkeit ist. Diese Abschätzung entspricht einem exponentiellen Abfall der Singulärwerte gemäß $\sigma_\ell = \mathcal{O}(\exp(-c\,\ell^{1/d}))$ mit einem Koeffizienten $c > 0$ (vgl. Lemma 4.1.4).

In diesem Unterkapitel ist die Existenz einer Niedrigrangapproximation das Thema, nicht seine konkrete Bestimmung. Zu Letzterem vergleiche man zum Beispiel Satz 4.4.1 und §9.4.

Abschließend soll der Einfluss von Störungen der Matrix M diskutiert werden. Die Ursachen für eine Störung können vielfältig sein: Quadraturfehler, falls sich M_{ij} als Auswertung eines Integrales ergibt, Vernachlässigung hinreichend kleiner Terme, etc. Sei $\tilde{M}$ eine Näherung von M mit $\|M - \tilde{M}\|_2 \le \delta$. Dann gilt

$$\|M^\top M - \tilde{M}^\top \tilde{M}\|_2 \le \delta_2 := \delta\left(\|M\|_2 + \|\tilde{M}\|_2\right).$$

Die Eigenwerte von $M^\top M$ sind die Quadrate σ_k^2 der Singulärwerte. Zu jedem σ_k^2 gehört ein Eigenwert $\tilde{\sigma}_k^2$ von $\tilde{M}^\top \tilde{M}$ (Singulärwert von $\tilde{M}$) mit $|\sigma_k^2 - \tilde{\sigma}_k^2| \le \delta_2$. Die Wielandt-Hoffmann-Ungleichung liefert eine alternative Abschätzung:

$$\sqrt{\sum\nolimits_k \left(\sigma_k^2 - \tilde{\sigma}_k^2\right)^2} \le \|M^\top M - \tilde{M}^\top \tilde{M}\|_\mathrm{F}.$$

In jedem Fall gelten für die Singulärwerte nur *absolute*, keine relativen Fehlerabschätzungen, wie auch das folgende Beispiel zeigt: Seien $M := \operatorname{diag}\{\sigma_1, \sigma_2, \ldots\}$ mit $\sigma_1 \ge \sigma_2 \ge \ldots$ und

$$\tilde{M} := \operatorname{diag}\{\tilde{\sigma}_1, \tilde{\sigma}_2, \ldots\} \qquad \text{mit} \quad \tilde{\sigma}_i = \begin{cases} \sigma_i & \text{für } 1 \le i < k_\mathrm{abs}(\delta), \\ \delta + \sigma_i & \text{für } i \ge k_\mathrm{abs}(\delta). \end{cases}$$

Die Differenz $\tilde{M} - M = \operatorname{diag}\{\mu_1, \mu_2, \ldots\}$ mit $\mu_i = 0$ für $1 \le i \le k_\mathrm{abs}(\delta) - 1$ und $\mu_i = \delta$ für $i \ge k_\mathrm{abs}(\delta)$ erfüllt $\|M - \tilde{M}\|_2 \le \delta$, aber die relativen Fehler von $\tilde{\sigma}_i$ übersteigen 1 für $i \ge k_\mathrm{abs}(\delta)$. Insbesondere gilt $\tilde{\sigma}_i \ge \delta$ für alle $i \ge k_\mathrm{abs}(\delta)$. Eine wichtige Schlussfolgerung lautet:

Anmerkung 2.4.4. Sei $\|M - \tilde{M}\|_2 \le \delta$. Selbst wenn die Singulärwerte von M schnell abfallen, sodass $k(\varepsilon)$ aus (2.6) wie auch $k_\mathrm{abs}(\varepsilon)$ nur langsam mit $\varepsilon \to 0$ ansteigen, so gilt dieses Verhalten nicht mehr notwendigerweise für die $\tilde{M}$ entsprechenden Größen $\tilde{k}(\varepsilon)$, $\tilde{k}_\mathrm{abs}(\varepsilon)$. Vielmehr gilt $k_\mathrm{abs}(\varepsilon) \approx \tilde{k}_\mathrm{abs}(\varepsilon)$ nur, solange $\varepsilon \gtrsim \delta$. Sobald $\varepsilon \lesssim \delta$, kann $\tilde{k}_\mathrm{abs}(\varepsilon) = \min\{\#I, \#J\}$ den Vollrang darstellen.

2.5 Bestapproximation von Rang-ℓ-Matrizen durch Rang-k-Matrizen

Im Falle großer Matrizen mit Vollrang ist Satz 2.4.1 nur als Existenzresultat zu interpretieren, nicht als praktische Anleitung, denn für den Aufwand gilt:

Anmerkung 2.5.1. Der Aufwand für die Singulärwertzerlegung einer $n \times n$-Matrix wird in [46, §5.4.5] mit $21n^3$ geschätzt [4].

Im Weiteren wird aber die speziellere Aufgabe auftreten, eine Rang-ℓ-Matrix $M \in \mathcal{R}(\ell, I, J)$ durch eine Rang-k-Matrix $M' \in \mathcal{R}(k, I, J)$ mit $k < \ell$ anzunähern. Zunächst sei an die QR-Zerlegung erinnert.

Lemma 2.5.2 (QR-Zerlegung). *Seien I, J angeordnete Indexmengen und $M \in \mathbb{R}^{I \times J}$. a) Dann existiert eine orthogonale Matrix $Q \in \mathbb{R}^{I \times I}$ und eine obere Dreiecksmatrix $R \in \mathbb{R}^{I \times J}$ (d.h. $R_{ij} = 0$ für alle $i > j$) mit*

$$M = QR \qquad (Q \text{ orthogonal, } R \text{ obere Dreiecksmatrix}). \tag{2.7}$$

Q kann als Produkt von Householder-Transformationen konstruiert werden (vgl. [129, Abschnitt 4.7]).

b) Falls $n = \#I > m = \#J$, hat R die Blockstruktur $\begin{bmatrix} R' \\ 0 \end{bmatrix}$, wobei die obere $n \times n$-Untermatrix R' eine quadratische obere Dreiecksmatrix ist. Die entsprechende Blockzerlegung $Q = \begin{bmatrix} Q' & * \end{bmatrix}$ liefert über $M = QR = Q'R'$ die komprimierte QR-Zerlegung

$$M = Q'R' \qquad (Q' \in \mathbb{R}^{I \times J}, R' \in \mathbb{R}^{J \times J}). \tag{2.8}$$

Der Aufwand für (2.8) beträgt $4nm^2 = 4\#I\,(\#J)^2$ Operationen (vgl. [46, §5.2.9]).

Die Berechnung der komprimierten Singulärwertzerlegung kann wie folgt vorgenommen werden:

Algorithmus 2.5.3 (komprimierte Singulärwertzerlegung) *Die Faktoren in $M = AB^\top \in \mathcal{R}(\ell, I, J)$ seien $A \in \mathbb{R}^{I \times \{1,\ldots,\ell\}}$ und $B \in \mathbb{R}^{J \times \{1,\ldots,\ell\}}$.*

1) Man berechne die komprimierte QR-Zerlegung $A = Q_A R_A$ mit $Q_A \in \mathbb{R}^{I \times \{1,\ldots,\ell\}}$ und der oberen Dreiecksmatrix $R_A \in \mathbb{R}^{\{1,\ldots,\ell\} \times \{1,\ldots,\ell\}}$.
2) Man berechne die komprimierte QR-Zerlegung $B = Q_B R_B$ mit $Q_B \in \mathbb{R}^{J \times \{1,\ldots,\ell\}}$ und der oberen Dreiecksmatrix $R_B \in \mathbb{R}^{\{1,\ldots,\ell\} \times \{1,\ldots,\ell\}}$.
3) Zu $R_A R_B^\top \in \mathbb{R}^{\{1,\ldots,\ell\} \times \{1,\ldots,\ell\}}$ berechne man die Singulärwertzerlegung $R_A R_B^\top = \hat{U} \Sigma \hat{V}^\top$ (alle Matrizen im Format $\mathbb{R}^{\{1,\ldots,\ell\} \times \{1,\ldots,\ell\}}$).

[4] Für $n \geq 5$ ist die Berechnung der Singulärwertzerlegung mittels endlich vieler Operationen nicht exakt ausführbar, daher hängt der Aufwand z.B. von der Maschinengenauigkeit ab.

4) Man definiere $U := Q_A \hat{U} \in \mathbb{R}^{I\times\{1,\ldots,\ell\}}$ *und* $V := Q_B \hat{V} \in \mathbb{R}^{J\times\{1,\ldots,\ell\}}$.

Dann ist $M = U\Sigma V^\top$ *die komprimierte Singulärwertzerlegung und benötigt für ihre Berechnung weniger als* $6\ell^2(\#I + \#J) + \frac{65}{3}\ell^3 < 6\ell^2(\#I + \#J + 3.62 \cdot \ell)$ *Operationen.*

Beweis. Da Q_A, Q_B orthogonal sind, überträgt sich die Orthogonalität von $\hat{U}, \hat{V}$ auf U, V. Bezüglich des Aufwandes hat man noch zu berücksichtigen, dass die Multiplikation $R_A R_B^\top$ einen Aufwand von $\frac{1}{3}\ell\,(2\ell^2+1)$ Operationen erfordert. Zusammen mit den schon beschriebenen Kosten (zwei komprimierte QR-Zerlegungen mit $4\#I\ell^2$ und $4\#J\ell^2$ Operationen, Singulärwertzerlegung mit $21\ell^3$ Operationen, Multiplikation $Q_A\hat{U}$ und $Q_B\hat{V}$ mit $\ell\#I\,(2\ell-1)$ und $\ell\#J\,(2\ell-1)$ Operationen) folgen die Gesamtkosten. ∎

$M = U\Sigma V^\top$ sei wie oben berechnet und $0 < k < \ell \le \min\{\#I, \#J\}$. Die Diagonalmatrix hat die Blockstruktur $\Sigma = \begin{bmatrix} \Sigma' & 0 \\ 0 & \Sigma'' \end{bmatrix}$, wobei $\Sigma' \in \mathbb{R}^{k\times k}$ die Matrix $\Sigma_k = \begin{bmatrix} \Sigma' & 0 \\ 0 & 0 \end{bmatrix}$ aus (2.3b) definiert. Die beste Rang-k-Approximation an M ist $M' = U\Sigma_k V^\top$. Auch hier kann wieder komprimiert werden: Seien $U = \begin{bmatrix} U' \; U'' \end{bmatrix}$ und $V^\top = \begin{bmatrix} V'^\top \\ V''^\top \end{bmatrix}$ die entsprechenden Blockstrukturen. Dann folgt

$$M' = U'\Sigma' V'^\top \qquad \text{mit} \begin{cases} U' = U|_{I\times\{1,\ldots,k\}} \in \mathbb{R}^{I\times\{1,\ldots,k\}}, \\ \Sigma' = \Sigma|_{\{1,\ldots,k\}\times\{1,\ldots,k\}} \in \mathbb{R}^{\{1,\ldots,k\}\times\{1,\ldots,k\}}, \\ V' = V|_{J\times\{1,\ldots,k\}} \in \mathbb{R}^{J\times\{1,\ldots,k\}}. \end{cases}$$

Indem man $U' \cdot \Sigma'$ auswertet (die Kosten in Höhe von $k\#I$ Operationen sind eine Größenordnung kleiner als jene aus Lemma 2.5.3), erhält man für $M' = A'B'^\top \in \mathcal{R}(k, I, J)$ die Faktoren $A' := U'\Sigma'$ und $B' := V'$. Falls $\#J < \#I$, sollte man stattdessen $A' := U'$ und $B' := V'\Sigma'$ wählen.

Wir fassen zusammen:

Anmerkung 2.5.4. Sei $k < \ell$. Zu einer Rang-ℓ-Matrix $M \in \mathcal{R}(\ell, I, J)$ kann mit einem Aufwand von

$$N_{\mathcal{TR}}(\ell) \le 6\ell^2(\#I + \#J) + 22\ell^3 \tag{2.9}$$

Operationen eine im Sinne von (2.3a) optimale Rang-k-Matrix $M' \in \mathcal{R}(k, I, J)$ bestimmt werden. Die Abbildung

$$\mathcal{T}^{\mathcal{R}}_{k\leftarrow\ell} : \mathcal{R}(\ell, I, J) \to \mathcal{R}(k, I, J) \tag{2.10}$$

mit $M' = \mathcal{T}^{\mathcal{R}}_{k\leftarrow\ell}(M)$ wird "Kürzung auf Rang k" genannt. Für $k \ge \ell$ wird $\mathcal{T}^{\mathcal{R}}_{k\leftarrow\ell}$ als Identität definiert.

Falls der Rang der Argumentmatrix nicht vordefiniert ist, wird zur Vereinfachung auch $M' = \mathcal{T}^{\mathcal{R}}_k(M)$ geschrieben:

$$\mathcal{T}_k^{\mathcal{R}}(M) := \mathcal{T}_{k \leftarrow Rang(M)}^{\mathcal{R}}(M). \tag{2.11}$$

Man beachte, dass im Falle von $\sigma_k = \sigma_{k+1}$ das Resultat M' nicht eindeutig ist (vgl. Satz 2.4.1). In diesem Fall müsste man $\mathcal{T}_{k \leftarrow \ell}^{\mathcal{R}}$ eigentlich als mengenwertige Funktion ansehen. In der algorithmischen Durchführung wird eine Auswahl einer Lösung vorgenommen, die einerseits von der konkreten Implementierung und andererseits von Rundungsfehlereinflüssen bestimmt wird. Dieses Resultat wird im Folgenden als $\mathcal{T}_{k \leftarrow \ell}^{\mathcal{R}}(M)$ bezeichnet.

2.6 Rang-k-Matrix-Addition mit anschließender Kürzung

2.6.1 Formatierte Addition

Zwar ist die Addition von Matrizen $M' \in \mathcal{R}(k', I, J)$ und $M'' \in \mathcal{R}(k'', I, J)$ ohne arithmetische Operationen durchführbar (vgl. Anmerkung 2.3.1b), sie vergrößert aber im Allgemeinen den Rang:

$$M' \in \mathcal{R}(k', I, J),\ M'' \in \mathcal{R}(k'', I, J) \Longrightarrow M' + M'' \in \mathcal{R}(k' + k'', I, J). \tag{2.12}$$

Im Folgenden wird es sich als vernünftig erweisen, das exakte Resultat anschließend auf einen Rang $k < k' + k''$ "abzurunden". Diese gerundete Addition wird als

$$M' \oplus_k M'' := \mathcal{T}_{k \leftarrow k'+k''}^{\mathcal{R}}(M' + M'') \tag{2.13}$$

geschrieben und auch als *formatierte Addition* bezeichnet (Bildbereich im Format $\mathcal{R}(k, I, J)$). Wenn der Zielrang k bekannt ist, wird der Index $_k$ auch weggelassen und die Summe als $M' \oplus M''$ geschrieben.

Insbesondere ist der Fall $k' = k'' = k$ von Interesse, da dann $\oplus_k$ eine Matrixoperation innerhalb der Menge $\mathcal{R}(k, I, J)$ ist. $\oplus_k$ wird dann auch "$\mathcal{R}(k)$-Addition" genannt.

Korollar 2.6.1. *a) Für $M', M'' \in \mathcal{R}(k, I, J)$ erfordert die formatierte Matrixaddition $\oplus_k$ Kosten in der Höhe von $24k^2(\#I + \#J) + 176k^3$ Operationen.*
b) Im Spezialfall $k = 1$ reichen $9(\#I + \#J) + 29$ Operationen.

Beweis. Teil a) folgt aus Anmerkung 2.5.4 mit $2k$ statt k.

Teil b) Sei $M' = a_1 b_1^\top$, $M'' = a_2 b_2^\top$. Die exakte Summe ist $AB^\top$ mit $A = \begin{bmatrix} a_1 \, a_2 \end{bmatrix}$, $B = \begin{bmatrix} b_1 \, b_2 \end{bmatrix}$. Gemäß (2.3b) hat $M' \oplus_1 M''$ die Darstellung $\sigma_1 a b^\top$ wobei a und b die ersten Spalten von U bzw. V und σ_1 der erste Singulärwert sind. Demnach ist σ_1^2 der größte Eigenwert der 2×2-Matrix $A^\top A B^\top B$, b der zugehörige Eigenvektor von $A^\top A B^\top B$ und a der Eigenvektor von $B^\top B A^\top A$.

Die 2×2-Gram-Matrizen $G_a = A^\top A$ erfordern wegen ihrer Symmetrie nur 3 Skalarprodukte $\langle a_i, a_j \rangle$. Analoges gilt für $G_b = B^\top B$. Die Berechnung von

$G := A^\top A B^\top B = G_a G_b$ kostet 12 Operationen. Zusammen erfordert dieser Teil $3 \cdot (2\#I - 1) + 3 \cdot (2\#J - 1) + 12 = 6\,(\#I + \#J) + 6$ Operationen.

Die Berechnung des größten Eigenwertes der 2×2-Matrix G ist mit 9 Operationen möglich (die Quadratwurzel wird als eine Elementaroperation betrachtet). Die Ermittlung des zugehörigen normierten Eigenvektors $v = \binom{v_1}{v_2}$ erfordert nochmals 8 Operationen. Der gesuchte Eigenvektor b ergibt sich als die Linearkombination $b = v_1 b_1 + v_2 b_2$ mit einem Aufwand von $3\#J$ Operationen. Schließlich wird $\sigma_1 a$ als $M'b + M''b$ berechnet. Man beachte, dass in $M'b = a_1 \cdot (v_1 \langle b_1, b_1 \rangle + v_2 \langle b_1, b_2 \rangle)$ die Skalarprodukte bereits bekannt sind. Ähnliches gilt für $M''b$. Somit erfordert $M'b + M''b$ nur $3\#I + 6$ Operationen. Die Summe der Operationen in diesem Abschnitt ist $3\,(\#I + \#J) + 23$.

Die Kosten summieren sich zu $6\,(\#I + \#J) + 6 + 3\,(\#I + \#J) + 23 = 9(\#I + \#J) + 29$. ■

2.6.2 Formatierte Agglomeration

Seien J_1 und J_2 zwei disjunkte Indexmengen. Das Zusammensetzen der beiden Matrizen $M_1 \in \mathbb{R}^{I \times J_1}$ und $M_2 \in \mathbb{R}^{I \times J_2}$ zu

$$M = [M_1\ M_2] \in \mathbb{R}^{I \times J} \qquad \text{mit} \quad J := J_1 \dot\cup J_2$$

sei als Agglomeration bezeichnet. In der Notation von Definition 1.3.8 kann die Agglomeration als Addition geschrieben werden:

$$[M_1\ M_2] = [M_1\ 0] + [0\ M_2] = M_1|^{I \times J} + M_2|^{I \times J}.$$

Wie die Addition erhöht die Agglomeration im Allgemeinen den Rang, sodass eine Kürzung vorzunehmen ist.

Anmerkung 2.6.2. a) Seien $M_1 \in \mathcal{R}(k_1, I, J_1)$ und $M_2 \in \mathcal{R}(k_2, I, J_2)$ Matrizen mit $k_1, k_2 \in \mathbb{N}_0$ und $J := J_1 \dot\cup J_2$. Dann ist $M := \mathcal{T}^{\mathcal{R}}_{k \leftarrow k_1 + k_2}([M_1\ M_2]) = M_1|^{I \times J} \oplus_k M_2|^{I \times J} \in \mathcal{R}(k, I, J)$ die formatierte Agglomeration.

b) Der Aufwand der formatierten Agglomeration ist geringer als der der formatierten Addition, da die Behandlung der Summanden $[M_1\ 0]$ und $[0\ M_2]$ wegen der Nullen billiger ist.

2.6.3 Mehr als zwei Terme

Bisher wurde nur die Summe $M_1 + M_2$ von zwei Matrizen bzw. die Agglomeration von zwei Teilmatrizen diskutiert. Nun untersuchen wir die Summe $\sum_{i=1}^{q} M_i$ oder die Agglomeration von q Teilmatrizen M_i, wobei $q > 2$. Die Agglomeration wird wieder auf die Summe $\sum_{i=1}^{q} M_i|^{I \times J}$ zurückgeführt.

Die genauste Behandlung von $\sum_{i=1}^{q} M_i$ mit $M_i \in \mathcal{R}(k_i, I, J)$ innerhalb der formatierte Arithmetik wäre

$$M := \mathcal{T}^{\mathcal{R}}_{k \leftarrow \sum_{i=1}^{q} k_i} \left(\sum_{i=1}^{q} M_i \right). \tag{2.14}$$

Im Standardfall ist $k_i = k$, also ist eine Kürzung von Rang qk auf k nötig. Ein Blick auf den Aufwand $N_{\mathcal{T}^\mathcal{R}}(qk)$ in (2.9) zeigt, dass die Zahl q der Summanden den Aufwand unangenehm wachsen lässt.

Eine Alternative ist die *paarweise Kürzung*

$$\mathcal{T}^\mathcal{R}_{k\leftarrow k_1+k}\left(M_1 + \ldots + \mathcal{T}^\mathcal{R}_{k\leftarrow k_{q-2}+k}\left(M_{q-2} + \mathcal{T}^\mathcal{R}_{k\leftarrow k_{q-1}+k_q}(M_{q-1}+M_q)\right)\ldots\right),$$

die mit

$$\boxed{\begin{array}{l} M := \mathcal{T}^\mathcal{R}_{k\leftarrow k_{q-1}+k_q}(M_{q-1}+M_q); \\ \textbf{for } i := q-2 \textbf{ downto } 1 \textbf{ do } M := \mathcal{T}^\mathcal{R}_{k\leftarrow k_i+k}(M_i + M); \end{array}} \tag{2.15a}$$

beschrieben ist. Das Resultat sei als

$$M = \mathcal{T}^\mathcal{R}_{k,\mathrm{paarw}}\left(\sum\nolimits_{i=1}^{q} M_i\right) \qquad (M_i \in \mathcal{R}(k_i, I, J),\ M \in \mathcal{R}(k, I, J)) \tag{2.15b}$$

notiert. Der höchste, zwischenzeitlich auftretende Rang ist beschränkt durch $\max\{k_{q-1}+k_q, k+k_i : 1 \le i \le q-2\}$.

Übung 2.6.3. a) Was ist der Aufwand von (2.15a)? b) Man konstruiere ein Beispiel mit $k_i = k = 1$ und $M := \sum_{i=1}^3 M_i \in \mathcal{R}(1, I, J)$, sodass die Kürzung zu $\mathcal{T}^\mathcal{R}_{1,\mathrm{paarw}}\left(\sum_{i=1}^3 M_i\right) = 0 \ne M$ führt, obwohl die Summe ohne Kürzung darstellbar wäre.

Das Beispiel aus Teil b), das der Auslöschung der üblichen Rechnerarithmetik entspricht, zeigt, dass der relative Fehler beliebig schlecht ausfallen kann. Um die Wahrscheinlichkeit der Auslöschung herabzusetzen, ist eine Variante von (2.15a) denkbar: Die zwischenzeitlichen Ergebnisse werden als Rang-k'-Matrix mit $k' > k$ behandelt, nur das Endresultat erhält wieder den Rang k:

$$\begin{array}{l} M := \mathcal{T}^\mathcal{R}_{k'\leftarrow k_{q-1}+k_q}(M_{q-1}+M_q); \\ \textbf{for } i := q-2 \textbf{ downto } 2 \textbf{ do } M := \mathcal{T}^\mathcal{R}_{k'\leftarrow k_i+k'}(M_i + M); \\ M := \mathcal{T}^\mathcal{R}_{k\leftarrow k_1+k'}(M_1 + M); \end{array} \tag{2.15c}$$

Die folgende Übung überträgt die paarweise Kürzung auf die Agglomeration.

Übung 2.6.4. Seien $I = I_1 \dot\cup I_2$ und $J = J_1 \dot\cup J_2$ disjunkt zerlegt. Die Matrix $M \in \mathcal{R}(4k, I, J)$ habe die vier Untermatrizen

$$M_{ij} := M|_{I_i \times J_j} \in \mathcal{R}(k, I_i, J_j) \qquad (1 \le i, j \le 2).$$

In Analogie zu (2.15a) berechne man der Reihe nach

$$\begin{aligned} M_1 &:= \mathcal{T}^\mathcal{R}_{k\leftarrow 2k}([M_{11}\ M_{12}]), \\ M_2 &:= \mathcal{T}^\mathcal{R}_{k\leftarrow 2k}([M_{21}\ M_{22}]), \\ \tilde M &:= \mathcal{T}^\mathcal{R}_{k\leftarrow 2k}\left(\begin{bmatrix} M_1 \\ M_2 \end{bmatrix}\right). \end{aligned}$$

Was ist der Aufwand? Was würde $\tilde M := \mathcal{T}^\mathcal{R}_{k\leftarrow 4k}(M)$ kosten?

2.6.4 Stufenweise ausgeführte Agglomeration

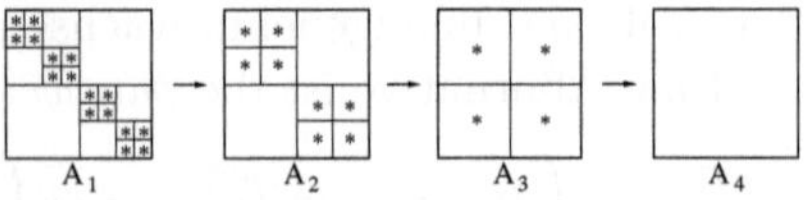

Abb. 2.1. stufenweise Agglomeration der mit * gekennzeichneten Blöcke

Die Agglomeration wurde in §2.6.2 als Sonderform der Addition aufgefasst. Allerdings bringt sie eine neue Struktureigenschaft mit sich: die Summanden besitzen unterschiedliche Träger (in der obigen Notation $I \times J_1$ und $I \times J_2$), die Unterblöcke der Gesamtstruktur $I \times J$ sind. In späteren Anwendungen (vgl. §7.2.3) wird diese Zerlegung in Teilblöcke iteriert auftreten. Der paarweisen Kürzung (2.15a) entspricht ein stufenweises Kürzen bei der Agglomeration. Während aber bei der Addition die Auslöschung keine generelle Genauigkeitsgarantie erlaubt (vgl. Übung 2.6.3b), liegen die Summanden bei der Agglomeration auf verschiedenen Blöcken und sind daher orthogonal bezüglich $\langle \cdot, \cdot \rangle_\mathrm{F}$ (vgl. (C.2)).

Eine typische, stufenweise ausgeführte Agglomeration ist in Abbildung 2.1 illustriert.

1. Sei $A \in \mathbb{R}^{I \times J}$ die Ausgangsmatrix. Sie habe die Blockstruktur $A = (A|_b)_{b \in P}$ (vgl. §1.3.2.11). Im ersten Schritt wird jeder Matrixblock $A|_b$ auf Rang k gekürzt. Das Resultat sei mit $A_1 := \left(\mathcal{T}_k^{\mathcal{R}}(A|_b)\right)_{b \in P}$ bezeichnet.
2. Sei $b' = \bigcup_{i=1}^4 b_i$ mit $b_1, \ldots, b_4 \in P$ einer der mit Sternen markierten Unterblöcke. Die vier Matrixblöcke $A_1|_{b_i}$ werden zu $A_2|_{b'} \in \mathcal{R}(k, b')$ agglomeriert (inklusive der Kürzung auf Rang k). Die nichtmarkierten Blöcke b von A_1 werden unverändert gelassen und definieren $A_2|_b = A_1|_b$. Damit ist $A_2 = (A_2|_b)_{b \in P_2}$ mit der gröberen Blockstruktur P_2 definiert.
3. In analoger Weise werden A_3 aus A_2 und schließlich A_4 aus A_3 definiert. $A_4 \in \mathcal{R}(k, I, J)$ ist eine globale Rang-k-Matrix und wird als Ersatz der Bestapproximation $\mathcal{T}_k^{\mathcal{R}}(A)$ verwendet.

Im Folgenden werden die Fehler $\|A_4 - \mathcal{T}_k^{\mathcal{R}}(A)\|_\mathrm{F}$ und $\|A_4 - A\|_\mathrm{F}$ abgeschätzt. Wir schreiben A als

$$A = R + \delta \qquad \text{mit } R := \mathcal{T}_k^{\mathcal{R}}(A) \in \mathcal{R}(k, I, J) \text{ und } \delta := A - R.$$

Der obige Schritt 1 definiert $A_1|_b := \mathcal{T}_k^{\mathcal{R}}(A|_b)$ für $b \in P$. Es gilt $A|_b = R|_b + \delta|_b$, wobei $R|_b \in \mathcal{R}(k, b)$ nach Anmerkung 2.2.6. Aus Lemma C.2.6 folgt die Abschätzung

$$\|A_1|_b - R|_b\|_\mathrm{F} = \left\|\mathcal{T}_k^{\mathcal{R}}(R|_b + \delta|_b) - R|_b\right\|_\mathrm{F} \leq 2\, \|\delta|_b\|_\mathrm{F}\,.$$

Summation über alle Blöcke $b \in P$ ergibt

$$\|A_1 - R\|_\mathrm{F}^2 = \sum_{b \in P} \|A_1|_b - R|_b\|_\mathrm{F}^2 \leq 4 \sum_{b \in P} \|\delta|_b\|_\mathrm{F}^2 = 4\, \|\delta\|_\mathrm{F}^2\,.$$

In Schritt 2 werden je vier Matrixblöcke $A_1|_b$ $(b \in P)$ zu einem Block $b' \in P'$ agglomeriert. Wir schreiben $A_1 = R + \delta_1$, wobei $\delta_1 := A_1 - R$ oben durch $\|\delta_1\|_F = \|A_1 - R\|_F \le 2\|\delta\|_F$ abgeschätzt ist. Die Agglomeration definiert A_2 mittels $A_2|_{b'} = \mathcal{T}_k^{\mathcal{R}}(A_1|_{b'}) = \mathcal{T}_k^{\mathcal{R}}(R|_{b'} + \delta_1|_{b'})$. Wie oben gilt

$$\|A_2|_{b'} - R|_{b'}\|_F = \left\|\mathcal{T}_k^{\mathcal{R}}(R|_{b'} + \delta_1|_{b'}) - R|_{b'}\right\|_F \le 2\,\|\delta_1|_{b'}\|_F .$$

Summation über $b' \in P'$ ergibt

$$\|A_2 - R\|_F^2 = \sum_{b' \in P'} \|A_2|_{b'} - R|_{b'}\|_F^2 = 4 \sum_{b' \in P'} \|\delta_1|_{b'}\|_F^2 = 4\,\|\delta_1\|_F^2 ,$$

also

$$\|A_2 - R\|_F \le 2\,\|\delta_1\|_F \le 4\,\|\delta\|_F .$$

Auf diese Weise erhält man nach p Schritten (im obigen Beispiel $p = 4$)

$$\|A_p - R\|_F \le 2^p\,\|\delta\|_F .$$

Zusammen mit $\|A - R\|_F \le \|\delta\|_F$ und der Dreiecksungleichung folgt die schließliche Fehlerabschätzung

$$\|A_p - A\|_F \le (2^p + 1)\,\|\delta\|_F = (2^p + 1)\left\|A - \mathcal{T}_k^{\mathcal{R}}(A)\right\|_F . \tag{2.16}$$

Die stufenweise ausgeführte Agglomeration wird in §7.2.3 noch formalisiert werden.

2.7 Varianten der Rang-k-Matrixdarstellungen

2.7.1 AKB-Darstellung

Die Faktorisierung (2.1) in zwei Matrizen ($M = AB^\top$) wird erweitert zu einer Faktorisierung

$$M = AKB^\top \qquad \text{mit} \tag{2.17}$$
$$A \in \mathbb{R}^{I \times \{1,\dots,k_1\}},\; K \in \mathbb{R}^{\{1,\dots,k_1\} \times \{1,\dots,k_2\}},\; B \in \mathbb{R}^{J \times \{1,\dots,k_2\}}),\quad k_1, k_2 \in \mathbb{N}_0,$$

die eine zusätzliche "Koeffizientenmatrix" K enthält. Die (2.1') entsprechende Formulierung lautet

$$M = \sum_{i=1}^{k_1} \sum_{j=1}^{k_2} K_{ij}\, a_i\, b_j^\top . \tag{2.17'}$$

Falls M mittels der Daten A, K, B aus (2.17) vorliegt, schreiben wir $M \in \mathcal{R}(k_1, k_2, I, J)$.

Anmerkung 2.7.1. a) Der Speicheraufwand für eine Matrix $M \in \mathcal{R}(k_1, k_2, I, J)$ beträgt

$$S = k_1 \# I + k_2 \# J + k_1 k_2. \tag{2.18}$$

b) Jedes $M \in \mathcal{R}(k, I, J)$ definiert die Darstellung (2.17) mit $k_1 = k_2 := k$ und $K := I$ (Einheitsmatrix in $\mathbb{R}^{\{1,\ldots,k\} \times \{1,\ldots,k\}}$) und damit $M \in \mathcal{R}(k, k, I, J)$. Umgekehrt liefert ein Ausmultiplizieren von $KB^\top$ bzw. AK in (2.17) eine Darstellung als $\mathcal{R}(k_1)$- bzw. $\mathcal{R}(k_2)$-Matrix. Der benötigte Transfer-Aufwand ist $k_1 \# J \,(2k_2 - 1)$ bzw. $k_1 \# I \,(2k_2 - 1)$.

c) Im Prinzip lassen sich k_1, k_2 auf $k := \min\{k_1, k_2\}$ reduzieren, allerdings wird sich in Anmerkung 2.7.2 der Vorteil von möglicherweise unterschiedlichen k_1, k_2 zeigen.

d) Sei $k_1 = k_2$ (im Folgenden k genannt). Solange man von $k \ll \min\{\#I, \#J\}$ ausgeht, ist S aus (2.18) nur unwesentlich größer als der Speicherbedarf $k\,(\#I + \#J)$ für (2.1).

Der Vorteil von (2.17) zeigt sich bei der Matrix-Matrix-Multiplikation: Für $\#I = \#J = \#K =: n$ und $k_1' = k_2' = k_1'' = k_2'' =: k$ braucht die $\mathcal{R}(k)$-Darstellung nach Anmerkung 2.3.1c $4nk^2 - nk - k^2$ Operationen, während die nachfolgende Anmerkung für die $\mathcal{R}(k,k)$-Darstellung $2nk^2 + \mathcal{O}(k^3)$ Operationen notiert.

Anmerkung 2.7.2. Seien $M' \in \mathcal{R}(k_1', k_2', I, J)$ und $M'' \in \mathcal{R}(k_1'', k_2'', J, K)$ gegeben:

$$M' = A'K'B'^\top \quad \text{mit} \begin{cases} A' \in \mathbb{R}^{I \times \{1,\ldots,k_1'\}}, \\ B' \in \mathbb{R}^{J \times \{1,\ldots,k_2'\}}, \\ K' \in \mathbb{R}^{\{1,\ldots,k_1'\} \times \{1,\ldots,k_2'\}}, \end{cases}$$

$$M'' = A''K''B''^\top \quad \text{mit} \begin{cases} A'' \in \mathbb{R}^{J \times \{1,\ldots,k_1''\}}, \\ B'' \in \mathbb{R}^{K \times \{1,\ldots,k_2''\}}, \\ K'' \in \mathbb{R}^{\{1,\ldots,k_1''\} \times \{1,\ldots,k_2''\}}. \end{cases}$$

Dann gehört das Produkt $M' \cdot M''$ zu $\mathcal{R}(k_1', k_2'', I, J)$, wobei die Darstellung $M = A'KB''^\top$ mit unveränderten Faktoren A' und $B''^\top$ sowie

$$K := K' \left(B'^\top A''\right) K''$$

gilt. Die Berechnung von K erfordert $N_{\mathcal{R}\cdot\mathcal{R}} = 2\#J k_1'' k_2' + \mathcal{O}(k^3)$ Operationen, wobei $\mathcal{O}(k^3)$ für einen kubischen Term in den Größen k_i' und k_i'' steht.

Die *Addition* $M_1 + M_2 = A_1K_1B_1^\top + A_2K_2B_2^\top$ ist wieder ohne arithmetische Operationen durchführbar, da die Summe als $M = AKB^\top$ mit $A = [A_1\ A_2]$, $K = \begin{bmatrix} K_1 & 0 \\ 0 & K_2 \end{bmatrix}$ und $B = [B_1\ B_2]$.

Die *Agglomeration* $M = [M_1\ M_2] = \left[A_1\ A_2\right] \begin{bmatrix} K_1 & 0 \\ 0 & K_2 \end{bmatrix} \begin{bmatrix} B_1^\top & 0 \\ 0 & B_2^\top \end{bmatrix}$ ist ebenfalls bereits von der gewünschten Form.

Die Beschränkung von $M = AKB^\top \in \mathbb{R}^{I\times J}$ auf die Untermatrix $I' \times J' \subset I \times J$ geschieht durch Beschränkung von A auf $I' \times \{1,\ldots,k\}$ und von B auf $J' \times \{1,\ldots,k\}$.

2.7.2 SVD-Darstellung

Da die Niedrigrangmatrizen im Weiteren häufig durch Kürzung mittels Singulärwertzerlegung gewonnen werden (vgl. §2.5), liegt es nahe, die komprimierte Singulärwertzerlegung (2.4) als Darstellungsform zu wählen (vgl. [13, §4]):

$$M = U\Sigma V^\top \in \mathcal{R}(k,I,J) \quad \begin{pmatrix} U \in \mathbb{R}^{I\times\{1,\ldots,k\}} \text{ und} \\ V \in \mathbb{R}^{J\times\{1,\ldots,k\}} \text{ orthogonal,} \\ \Sigma = \operatorname{diag}\{\sigma_1,\ldots,\sigma_k\}. \end{pmatrix} \tag{2.19}$$

Während die *Addition* in der Standardform kostenlos ist (vgl. Anmerkung 2.3.1b), erhält man nun das Zwischenresultat

$$\begin{aligned} M_1 + M_2 &= U_1\Sigma_1V_1^\top + U_2\Sigma_2V_2^\top = U_a\Sigma_aV_a^\top \qquad \text{mit} \\ U_a &= [U_1\,U_2], \quad V_a = [V_1\,V_2], \quad \Sigma_a = \begin{bmatrix} \Sigma_1 & 0 \\ 0 & \Sigma_2 \end{bmatrix}, \end{aligned}$$

in dem U_a und V_a noch nicht orthogonal sind. Um diese herzustellen, wendet man die QR-Zerlegungen

$$\begin{aligned} &U_a = \hat{U}R_U, \quad V_a = \hat{V}R_V \quad \text{mit} \\ &\hat{U} = \left[U_1\,\hat{U}_2\right] \text{ und } \hat{V} = \left[V_1\,\hat{V}_2\right] \text{ orthogonal,} \\ &R_U = \begin{bmatrix} I & R_{U,1} \\ 0 & R_{U,0} \end{bmatrix}, \; R_V = \begin{bmatrix} I & R_{V,1} \\ 0 & R_{V,0} \end{bmatrix}, \\ &R_{U,0}, R_{V,0} \text{ obere Dreiecksmatrizen,} \end{aligned}$$

an, sodass

$$M_1 + M_2 = U_a\Sigma_aV_a^\top = \hat{U}R_U\Sigma_aR_V^\top\hat{V}^\top.$$

Die $k \times k$-Matrix[5] $R_U\Sigma_aR_V^\top$ wird mittels Singulärwertzerlegung als $\check{U}\Sigma\check{V}^\top$ geschrieben:

$$M_1 + M_2 = \hat{U}\check{U}\Sigma\check{V}^\top\hat{V}^\top = U\Sigma V^\top$$

hat die gewünschte Darstellung mit $U := \hat{U}\check{U}$ und $V := \hat{V}\check{V}$. Hier besteht die Möglichkeit, von Rang k auf einen kleineren Rang k' zu kürzen. Da hierbei nur Spalten von U und V gestrichen werden, ist der Rest noch orthogonal.

Die *Agglomeration* gestaltet sich sogar noch einfacher:

$$[M_1\,M_2] = \left[U_1\Sigma_1V_1^\top \quad U_2\Sigma_2V_2^\top\right] = \left[U_1\,U_2\right] \begin{bmatrix} \Sigma_1 & 0 \\ 0 & \Sigma_2 \end{bmatrix} \begin{bmatrix} V_1^\top & 0 \\ 0 & V_2^\top \end{bmatrix}.$$

[5] Hier ist $k = k_1 + k_2$, wobei k_1 und k_2 die Ränge der Summanden M_1 und M_2 sind.

Die Matrix $\begin{bmatrix} U_1 \, U_2 \end{bmatrix}$ ist wie bei der Addition zu orthogonalisieren, während $V := \begin{bmatrix} V_1 & 0 \\ 0 & V_2 \end{bmatrix}$ bereits orthogonal ist.

Eine neue, vollständig durchgeführte Singulärwertzerlegung ist notwendig, wenn von $M = U\Sigma V^\top$ eine Teilmatrix $M|_{I'\times J'}$ ($I' \subset I$, $J' \subset J$) in das Format (2.19) gebracht werden soll.

3

Einführendes Beispiel

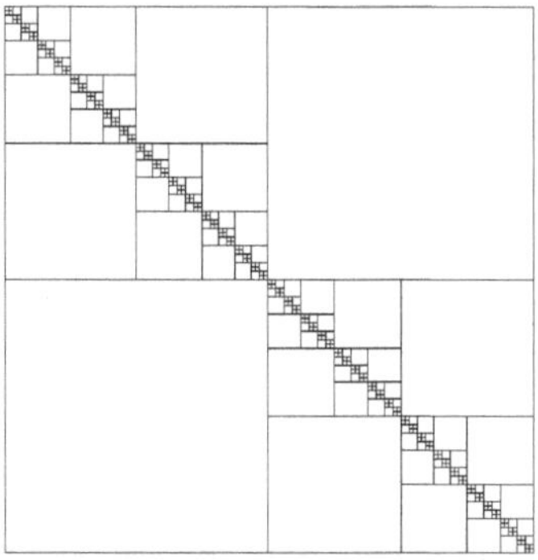

Abb. 3.1. Blockzerlegung von $\mathcal{H}_7$ $(n = 128)$

Dass es blockweise möglich ist, eine Matrix zu vereinfachen, ist nicht neu. Paneel-Clusterungsmethoden (vgl. [90], [125, §7]), Multipolverfahren (vgl. [122], [125, §7.1.3.2]), Mosaikapproximation (vgl. [131]) und Matrixkompressionstechniken bei Wavelets (vgl. [35]) beruhen auf dem gleichen Konzept. Allerdings ist es in keinem dieser Fälle möglich, andere Matrixoperationen als die Matrixvektormultiplikation effizient durchzuführen. Deshalb soll in diesem Kapitel herausgestellt werden, wie die Matrixoperationen ausgeführt werden und was ihr Aufwand ist. Insbesondere wird sich herausstellen, dass alle Matrixoperationen mit fast linearem Aufwand berechnet werden können (statt $\mathcal{O}(n^2)$ oder $\mathcal{O}(n^3)$ wie bei voller Matrixdarstellung), wobei aber zu berücksichtigen ist, dass die Resultate im Allgemeinen Approximationsfehler enthalten.

In diesem Modellbeispiel ist das Matrixformat fest vorgegeben. In den praktischen Anwendungen ist das Format dagegen speziell für die jeweilige Aufgabe zu konstruieren (dies wird in §5 beschrieben werden).

3.1 Das Modellformat $\mathcal{H}_p$

Wir beschränken uns auf die Indexmengen $I = \{1, \ldots, n\}$ mit Zweierpotenzen

$$n = 2^p \tag{3.1}$$

und definieren induktiv in p das Matrixformat $\mathcal{H}_p$. Um I in Abhängigkeit von p zu charakterisieren, schreiben wir auch I_p für I.

W. Hackbusch, *Hierarchische Matrizen*, DOI 10.1007/978-3-642-00222-9_3,

Für $p = 0$ ist $M \in \mathbb{R}^{I \times I}$ eine 1×1-Matrix, die formal als volle Matrix dargestellt sei. Entsprechend sei $\mathcal{H}_0$ die Menge aller 1×1-Matrizen in der Darstellung `Volle_Matrix(1,1)`. Die weiteren Darstellungen $\mathcal{H}_p$ werden rekursiv definiert.

Wir nehmen an, dass das Darstellungsformat von $\mathcal{H}_{p-1}$ für Matrizen aus $\mathbb{R}^{I_{p-1} \times I_{p-1}}$ bekannt sei. Eine Matrix aus $\mathbb{R}^{I_p \times I_p}$ kann als Blockmatrix

$$M = \begin{bmatrix} M_{11} & M_{12} \\ M_{21} & M_{22} \end{bmatrix}, \qquad M_{ij} \in \mathbb{R}^{I_{p-1} \times I_{p-1}}, \tag{3.2a}$$

dargestellt werden. Wir schränken die Menge aller $M \in \mathbb{R}^{I \times I}$ durch die folgende Forderung ein:

$$M_{11}, M_{22} \in \mathcal{H}_{p-1}, \quad M_{12}, M_{21} \in \mathcal{R}_{p-1}(k), \tag{3.2b}$$

wobei $\mathcal{R}_{p-1}(k) := \mathcal{R}_{p-1}(k, I_{p-1}, I_{p-1})$ die Rang-k-Matrixfamilie aus Definition 2.2.3 ist. Die Menge der Matrizen (3.2a) mit (3.2b) bildet die Menge $\mathcal{H}_p$. Der lokale Rang k ist eigentlich so zu wählen, dass eine bestimmte Approximationsgüte erreicht wird. Da in diesem Abschnitt die Approximation keine Rolle spielen soll, treffen wir in (3.2b) die einfache Wahl

$$k = 1 \tag{3.2c}$$

und schreiben kurz $\mathcal{R}_{p-1}$ für $\mathcal{R}_{p-1}(1)$. Die rekursive Struktur von $\mathcal{H}_p$ kann durch

$$\mathcal{H}_p = \begin{bmatrix} \mathcal{H}_{p-1} & \mathcal{R}_{p-1} \\ \mathcal{R}_{p-1} & \mathcal{H}_{p-1} \end{bmatrix} \tag{3.2d}$$

charakterisiert werden. Löst man die Rekursion auf, erhält man die folgenden Blockzerlegungen, die in

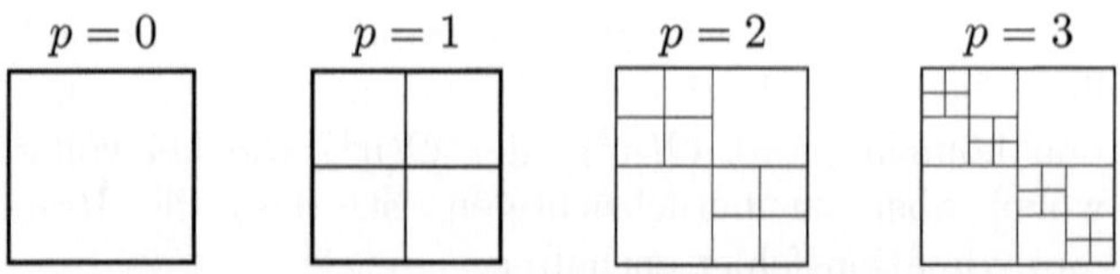

(3.3)

für $p = 0, 1, 2, 3$ wiedergegeben sind. Abbildung 3.1 zeigt den Fall $n = 2^7 = 128$. Nach Definition von $\mathcal{R}_p(k)$ kann jeder Block b einen beliebigen Matrixblock $M|_b$ mit $Rang(M|_b) \le k$ enthalten, wobei hier $k = 1$ gemäß (3.2c).

3.2 Zahl der Blöcke

Als Erstes sei die Zahl der Blöcke in Matrizen aus $\mathcal{M}_p$ per Induktion bestimmt. Für $p = 0$ in (3.1) liegt eine 1×1-Matrizen vor, d.h. $N_{\text{block}}(0) = 1$. Die Rekursion (3.2d) zeigt $N_{\text{block}}(p) = 2 + 2N_{\text{block}}(p-1)$ für $p > 1$. Diese Rekursionsgleichung wird erfüllt durch

$$N_{\text{block}}(p) = 3n - 2. \tag{3.4}$$

3.3 Speicheraufwand

Der Speicheraufwand einer $\mathcal{R}_p$-Matrix ($n = 2^p$) ist $S_R(p) = 2^{p+1}$ (vgl. Anmerkung 2.2.5). Sei S_p der Speicheraufwand einer Matrix aus $\mathcal{H}_p$. Für $p = 0$ ist nur eine 1×1-Matrix zu speichern, d.h. $S_0 = 1$. Die Rekursion (3.2d) zeigt

$$S_p = 2S_{R1}(p-1) + 2S_{p-1} = 2^{p+1} + 2S_{p-1}.$$

Zusammen mit $S_0 = 1$ folgt $S_p = (2p+1)n$. Dies beweist das

Lemma 3.3.1. *Der Speicherbedarf einer Matrix aus $\mathcal{H}_p$ ($n = 2^p$) beträgt*

$$S_p = n + 2n \log_2 n. \tag{3.5}$$

3.4 Matrix-Vektor-Multiplikation

Seien $M \in \mathcal{H}_p$ und $x \in \mathbb{R}^{I_p}$ mit $n = 2^p$. Die noch zu bestimmenden Kosten für $M \cdot x$ seien mit $N_{\mathrm{MV}}(p)$ bezeichnet. Für $p \geq 1$ sei M wie in (3.2a) zerlegt: $M = \begin{bmatrix} M_{11} & M_{12} \\ M_{21} & M_{22} \end{bmatrix}$. Entsprechend wird x in $x = \begin{bmatrix} x_1 \\ x_2 \end{bmatrix}$ mit $x_1, x_2 \in \mathbb{R}^{I_{p-1}}$ zerlegt. Die Multiplikation Mx reduziert sich auf die Berechnung von

$$y_{11} := M_{11}x_1, \qquad y_{12} := M_{12}x_2, \qquad y_{21} := M_{21}x_1, \qquad y_{22} := M_{22}x_2$$

und die Additionen $y_{11} + y_{12}$ und $y_{21} + y_{22}$. Nach Anmerkung 2.3.1a kosten $M_{12}x_2$ und $M_{21}x_1$ je $3\frac{n}{2} - 1$ Operationen, während die Additionen je $\frac{n}{2}$ Operationen benötigen. Dies führt auf die Rekursion

$$N_{\mathrm{MV}}(p) = 2N_{\mathrm{MV}}(p-1) + 4n - 2$$

mit dem Startwert $N_{\mathrm{MV}}(0) = 1$. Ihre Lösung lautet $N_{\mathrm{MV}}(p) = 4np - n + 2$.

Lemma 3.4.1. *Sei $n = 2^p$. Die Matrix-Vektor-Multiplikation von $M \in \mathcal{H}_p$ mit $x \in \mathbb{R}^{I_p}$ benötigt den Aufwand*

$$N_{\mathrm{MV}}(p) = 4n \log_2 n - n + 2. \tag{3.6}$$

Im Gegensatz zu den folgenden Operationen wird die Matrix-Vektor-Multiplikation *exakt* durchgeführt.

3.5 Matrix-Addition

Wir unterscheiden drei Typen von Additionen:

1) $A \oplus_1 B \in \mathcal{R}_p$ für $A, B \in \mathcal{R}_p$ mit $I = \{1, \ldots, n\}$ mit den Kosten $N_{R+R}(p)$.
2) $A \oplus_1 B \in \mathcal{H}_p$ für $A, B \in \mathcal{H}_p$ mit den Kosten $N_{H+H}(p)$.
3) $A \oplus_1 B \in \mathcal{H}_p$ für $A \in \mathcal{H}_p$ und $B \in \mathcal{R}_p$ mit den Kosten $N_{H+R}(p)$.

Das Symbol $\oplus_1$ macht deutlich, dass nicht die exakte Addition vorliegt, sondern blockweise auf Rang-1-Matrizen gekürzt wird.

Gemäß Korollar 2.6.1b ist $N_{R+R}(p) = 18n + 29$ (später in der Form $N_{R+R}(p-1) = 9n + 29$ angewandt).

Im Falle $A, B \in \mathcal{H}_p$ verwenden wir die Blockstruktur (3.2d). Die Summe hat die Gestalt

$$\begin{bmatrix} \mathcal{H}_{p-1} & \mathcal{R}_{p-1} \\ \mathcal{R}_{p-1} & \mathcal{H}_{p-1} \end{bmatrix} + \begin{bmatrix} \mathcal{H}_{p-1} & \mathcal{R}_{p-1} \\ \mathcal{R}_{p-1} & \mathcal{H}_{p-1} \end{bmatrix} = \begin{bmatrix} \mathcal{H}_{p-1} + \mathcal{H}_{p-1} & \mathcal{R}_{p-1} + \mathcal{R}_{p-1} \\ \mathcal{R}_{p-1} + \mathcal{R}_{p-1} & \mathcal{H}_{p-1} + \mathcal{H}_{p-1} \end{bmatrix}.$$

Die exakte Definition der Operation $\oplus_1 : \mathcal{H}_p \times \mathcal{H}_p \to \mathcal{H}_p$ lautet: Für $p = 0$ ist $\oplus_1 = +$ die exakte Addition. Ansonsten gilt die Rekursion

$$M' \oplus_1 M'' := \begin{bmatrix} M'_{11} \oplus_1 M''_{11} & M'_{12} \oplus_1 M''_{12} \\ M'_{21} \oplus_1 M''_{21} & M'_{22} \oplus_1 M''_{22} \end{bmatrix}. \tag{3.7}$$

Dabei ist in den Außerdiagonalblöcken $\oplus_1 : \mathcal{R}_{p-1} \times \mathcal{R}_{p-1} \to \mathcal{R}_{p-1}$ die schon definierte formatierte Addition von $\mathcal{R}_{p-1}$-Matrizen (vgl. (2.13)), während in den Diagonalblöcken die Operation $\oplus_1 : \mathcal{H}_{p-1} \times \mathcal{H}_{p-1} \to \mathcal{H}_{p-1}$ der Stufe $p-1$ vorliegt.

Gemäß (3.7) erhält man für den Aufwand die Rekursion

$$N_{H+H}(p) = 2N_{H+H}(p-1) + 2N_{R+R}(p-1) = 2N_{H+H}(p-1) + 18n + 58.$$

Zusammen mit $N_{H+H}(0) = 1$ folgt

$$N_{H+H}(p) = 18n \log_2 n + 59n - 58. \tag{3.8}$$

Im dritten Fall lässt sich B als $\begin{bmatrix} B_{11} & B_{12} \\ B_{21} & B_{22} \end{bmatrix}$ mit $B_{ij} \in \mathcal{R}_{p-1}$ schreiben: $B = \begin{bmatrix} \mathcal{R}_{p-1} & \mathcal{R}_{p-1} \\ \mathcal{R}_{p-1} & \mathcal{R}_{p-1} \end{bmatrix}$ (vgl. Anmerkung 2.2.6). Die Summe

$$A + B = \begin{bmatrix} \mathcal{H}_{p-1} + \mathcal{R}_{p-1} & \mathcal{R}_{p-1} + \mathcal{R}_{p-1} \\ \mathcal{R}_{p-1} + \mathcal{R}_{p-1} & \mathcal{H}_{p-1} + \mathcal{R}_{p-1} \end{bmatrix}$$

zeigt die Rekursion $N_{H+R}(p) = 2N_{H+R}(p-1) + 2N_{R+R}(p-1)$. Da diese und der Startwert $N_{H+R}(0) = 1$ identisch mit denjenigen für $N_{H+H}(p)$ sind, ergeben sie ebenfalls $N_{H+R}(p) = 18n \log_2 n + 59n - 58$.

Lemma 3.5.1. *Sei $n = 2^p$. Die formatierte Addition $\oplus_1$ zweier Matrizen aus $\mathcal{H}_p$ benötigt ebenso wie diejenige einer $\mathcal{H}_p$-Matrix mit einer $\mathcal{R}_p$-Matrix $18n \log_2 n + 59n - 58$ Operationen.*

3.6 Matrix-Matrix-Multiplikation

Sei $n = 2^p$. Bei der Matrix-Matrix-Multiplikation sind drei verschiedene Fälle und die zugehörigen Kosten zu unterscheiden:

1)	$A \cdot B \in \mathcal{R}_p$	für $A, B \in \mathcal{R}_p$	mit den Kosten $N_{R\cdot R}(p)$.
2a)	$A \cdot B \in \mathcal{R}_p$	für $A \in \mathcal{R}_p$ und $B \in \mathcal{H}_p$	mit den Kosten $N_{R\cdot H}(p)$.
2b)	$A \cdot B \in \mathcal{R}_p$	für $A \in \mathcal{H}_p$ und $B \in \mathcal{R}_p$	mit den Kosten $N_{H\cdot R}(p)$.
3)	$A \odot B \in \mathcal{H}_p$	für $A, B \in \mathcal{H}_p$	mit den Kosten $N_{H\cdot H}(p)$.

In den Fällen 1) und 2) sind die Resultate exakt. Im Falle 3) wird das Produkt approximativ in $\mathcal{H}_p$ bestimmt.

Im ersten Fall lautet die Lösung $N_{R\cdot R}(p) = 3n-1$ (vgl. Anmerkung 2.3.1c).

Im Falle $A \in \mathcal{H}_p$, $B \in \mathcal{R}_p$ verwendet man $A\cdot ab^\top = (Aa)\cdot b^\top$, d.h. das Resultat ist $a'b^\top \in \mathcal{R}_p$ mit $a' := Aa$ und kostet eine Matrix-Vektor-Multiplikation $A \cdot a$. Gemäß Lemma 3.4.1 sind die Kosten $N_{H\cdot R}(p) = 4n\log_2 n - n + 2$.

Für $B \in \mathcal{R}_p$, $A \in \mathcal{H}_p$ gilt entsprechend $BA = ab^\top \cdot A = a\cdot \left(A^\top b\right)^\top$, sodass $N_{R\cdot H}(p) = N_{H\cdot R}(p)$.

Im dritten Fall $A \odot B$ für $A, B \in \mathcal{H}_p$ hat das Produkt die Gestalt

$$\begin{aligned}&\begin{bmatrix}\mathcal{H}_{p-1} & \mathcal{R}_{p-1}\\ \mathcal{R}_{p-1} & \mathcal{H}_{p-1}\end{bmatrix} \cdot \begin{bmatrix}\mathcal{H}_{p-1} & \mathcal{R}_{p-1}\\ \mathcal{R}_{p-1} & \mathcal{H}_{p-1}\end{bmatrix}\\ &= \begin{bmatrix}\mathcal{H}_{p-1}\cdot\mathcal{H}_{p-1} + \mathcal{R}_{p-1}\cdot\mathcal{R}_{p-1} & \mathcal{H}_{p-1}\cdot\mathcal{R}_{p-1} + \mathcal{R}_{p-1}\cdot\mathcal{H}_{p-1}\\ \mathcal{R}_{p-1}\cdot\mathcal{H}_{p-1} + \mathcal{H}_{p-1}\cdot\mathcal{R}_{p-1} & \mathcal{R}_{p-1}\cdot\mathcal{R}_{p-1} + \mathcal{H}_{p-1}\cdot\mathcal{H}_{p-1}\end{bmatrix}.\end{aligned}$$

Auf der Stufe $p-1$ treten alle drei Multiplikationstypen auf. Der dritte Multiplikationstyp $\mathcal{H}_{p-1} \cdot \mathcal{H}_{p-1}$ erfordert die Approximation durch $\odot$. Schließlich ist die Addition mittels $\oplus_1$ anzunähern. Abzählen der Operationen liefert die Rekursion

$$\begin{aligned}N_{H\cdot H}(p) &= 2N_{H\cdot H}(p-1) + 2N_{R\cdot R}(p-1) + 2N_{H\cdot R}(p-1)\\ &\quad + 2N_{R\cdot H}(p-1) + 2N_{H+R}(p-1) + 2N_{R+R}(p-1).\end{aligned}$$

Wir setzen die bekannten Größen

$$\begin{aligned}N_{R\cdot R}(p-1) &= \frac{3}{2}n - 1, \qquad (3.9)\\ N_{H\cdot R}(p-1) &= N_{R\cdot H}(p-1) = 4\frac{n}{2}\log_2\frac{n}{2} - \frac{n}{2} + 2 = 2n\log_2 n - \frac{5}{2}n + 2,\\ N_{H+R}(p-1) &= 18\frac{n}{2}\log_2\frac{n}{2} + 59\frac{n}{2} - 58 \;=\; 9n\log_2 n + \frac{41}{2}n - 58,\\ N_{R+R}(p-1) &= 18\frac{n}{2} + 29 \;=\; 9n + 29\end{aligned}$$

ein und erhalten $N_{H\cdot H}(p) = 2N_{H\cdot H}(p-1) + 26pn + 52n - 52$. Diese Rekursion und der Startwert $N_{H\cdot H}(0) = 1$ ergeben die Lösung $N_{H\cdot H}(p) = 13np^2 + 65np - 51n + 52$.

Lemma 3.6.1. *Die Multiplikation zweier $\mathcal{H}_p$-Matrizen kostet*

$$N_{H\cdot H}(p) = 13n\log_2^2 n + 65n\log_2 n - 51n + 52 \textit{ Operationen.}$$

Das Produkt zwischen $\mathcal{H}_p$ und $\mathcal{R}_p$ erfordert

$$N_{H\cdot R}(p) = N_{R\cdot H}(p) = 4n\log_2 n - n + 2 \text{ Operationen,}$$

die Multiplikation zweier $\mathcal{R}_p$-Matrizen benötigt

$$N_{R\cdot R}(p) = 3n - 1 \text{ Operationen.}$$

3.7 Matrixinversion

Im Folgenden wollen wir die Inverse M^{-1} einer Matrix $M \in \mathcal{H}_p$ approximieren. Dazu wird die Inversionsabbildung $Inv : D_p \subset \mathcal{H}_p \to \mathcal{H}_p$ rekursiv definiert. Für $p = 0$ kann $Inv(M) := M^{-1}$ als exakte Inverse der 1×1-Matrix M definiert werden, solange $M \neq 0$. Sei Inv auf $D_{p-1} \subset \mathcal{H}_{p-1}$ definiert. Die (exakte) Inverse von M mit der Blockstruktur (3.2d) ist

$$M^{-1} = \begin{bmatrix} M_{11}^{-1} + M_{11}^{-1}M_{12}S^{-1}M_{21}M_{11}^{-1} & -M_{11}^{-1}M_{12}S^{-1} \\ -S^{-1}M_{21}M_{11}^{-1} & S^{-1} \end{bmatrix}, \tag{3.10}$$

wobei das *Schur-Komplement* $S := M_{22} - M_{21}M_{11}^{-1}M_{12}$ benötigt wird. Man beachte, dass die Darstellung (3.10) und damit auch der zu beschreibende Algorithmus voraussetzen, dass M_{11} regulär ist.

Übung 3.7.1. a) Ist M positiv definit, so ist M_{11} regulär.
b) Sind M und M_{11} regulär, so ist auch das Schur-Komplement S regulär.

In (3.10) wird M_{11}^{-1} durch $Inv(M_{11})$ ersetzt. Die Multiplikationen mit M_{12} und M_{21} können exakt durchgeführt werden, da diese aus $\mathcal{R}_{p-1}$ stammen. Die Additionen (zu denen auch die Subtraktion gezählt wird) werden als $\oplus_1$ durchgeführt. Damit können sowohl S als auch alle Matrixblöcke aus (3.10) approximativ berechnet werden, und $Inv(M)$ ist vollständig definiert. Die genaue Abfolge der Operationen ist

Matrixoperation	Kosten	approximierter Ausdruck
$M_{11} \mapsto N_{11} := Inv(M_{11}) \in \mathcal{H}_{p-1}$	N_{inv}	M_{11}^{-1}
$M_{21}, N_{11} \mapsto X_{21} := M_{21} \cdot N_{11} \in \mathcal{R}_{p-1}$	$N_{R\cdot H}$	$M_{21}M_{11}^{-1}$
$N_{11}, M_{12} \mapsto X_{12} := N_{11} \cdot M_{12} \in \mathcal{R}_{p-1}$	$N_{H\cdot R}$	$M_{11}^{-1}M_{12}$
$X_{21}, M_{12} \mapsto X_{22} := X_{21} \cdot M_{12} \in \mathcal{R}_{p-1}$	$N_{R\cdot R}$	$M_{21}M_{11}^{-1}M_{12}$
$M_{22}, X_{22} \mapsto \hat{S} := M_{22} \ominus_1 X_{22} \in \mathcal{H}_{p-1}$	N_{H+R}	$M_{22} - M_{21}M_{11}^{-1}M_{12}$
$\hat{S} \mapsto T := Inv(\hat{S}) \in \mathcal{H}_{p-1}$	N_{inv}	S^{-1}
$T, X_{21} \mapsto Z_{21} := -T \cdot X_{21} \in \mathcal{R}_{p-1}$	$N_{H\cdot R}$	$-S^{-1}M_{21}M_{11}^{-1}$
$X_{12}, T \mapsto Z_{12} := -X_{12} \cdot T \in \mathcal{R}_{p-1}$	$N_{R\cdot H}$	$-M_{11}^{-1}M_{12}S^{-1}$
$X_{12}, Z_{21} \mapsto X_{11} := X_{12} \cdot Z_{21} \in \mathcal{R}_{p-1}$	$N_{R\cdot R}$	$-M_{11}^{-1}M_{12}S^{-1}M_{21}M_{11}^{-1}$
$N_{11}, X_{11} \mapsto Z_{11} := N_{11} \oplus_1 X_{11} \in \mathcal{H}_{p-1}$	N_{H+R}	$M_{11}^{-1} + M_{11}^{-1}M_{12}S^{-1}M_{21}M_{11}^{-1}$

Somit ist $Inv(M) = \begin{bmatrix} Z_{11} & Z_{12} \\ Z_{21} & T \end{bmatrix}$ bestimmt. Die Addition der aufgezählten Kosten ergibt die Rekursion

$$N_{\text{inv}}(p) = 2N_{\text{inv}}(p-1) + 2N_{R\cdot H}(p-1) + 2N_{H\cdot R}(p-1) + 2N_{H+R}(p-1) + 2N_{R\cdot R}(p-1)$$

(sehr ähnlich zur $N_{H\cdot H}$-Rekursion). Mit den Werten aus (3.9) folgt

$$N_{\text{inv}}(p) = 2N_{\text{inv}}(p-1) + 26n\log_2 n + 34n - 110.$$

Zusammen mit $N_{\text{inv}}(0) = 1$ ergibt sich $N_{\text{inv}}(p) = 13p^2n + 47pn - 109n + 110$. Dies beweist das

Lemma 3.7.2. *Die approximative Inversion einer Matrix aus* $\mathcal{H}_p$ *benötigt* $13n\log_2^2 n + 47n\log_2 n - 109n + 110$ *Operationen.*

3.8 LU-Zerlegung

Eine LU-Zerlegung (ohne Pivotwahl) braucht nicht zu existieren. Hinreichend sind a) nichtverschwindende Hauptunterdeterminanten, b) Positivdefinitheit oder c) H-Matrix-Eigenschaft (vgl. [66, Kriterium 8.5.8]).

Die hierarchischen Matrizen für die Faktoren L und U stammen aus den folgenden Untermengen:

$$\mathcal{H}_{p,L} := \{M \in \mathcal{H}_p : M_{ii} = 1,\ M_{ij} = 0 \text{ für } j > i\},$$
$$\mathcal{H}_{p,U} := \{M \in \mathcal{H}_p : M_{ij} = 0 \text{ für } j < i\}.$$

Wie bei der üblichen Abspeicherung als volle Matrix gilt auch hier, dass der Speicherplatz für die beiden Matrizen $L \in \mathcal{H}_{p,L}$ und $U \in \mathcal{H}_{p,U}$ zusammen dem einer allgemeinen Matrix $M \in \mathcal{H}_p$ entspricht.

3.8.1 Vorwärtssubstitution

Seien eine normierte untere Dreiecksmatrix $L \in \mathcal{H}_{p,L}$ und eine rechte Seite $y \in \mathbb{R}^{I_p}$ gegeben, während die Lösung $x \in \mathbb{R}^{I_p}$ von $Lx = y$ zu bestimmen ist. Für $p \geq 1$ zerfällt L in die Blöcke

$$L = \begin{bmatrix} L_{11} & 0 \\ L_{21} & L_{22} \end{bmatrix} \qquad \text{mit } L_{11}, L_{22} \in \mathcal{H}_{p-1,L} \quad \text{und } L_{21} \in \mathcal{R}_{p-1}.$$

Ferner seien die Vektoren blockzerlegt: $x = \begin{bmatrix} x_1 \\ x_2 \end{bmatrix}$, $y = \begin{bmatrix} y_1 \\ y_2 \end{bmatrix}$. Die Lösung von $Lx = y$ geschieht mittels der Vorwärtssubstitution, die zur Rekursion

$$\text{löse } L_{11}x_1 = y_1, \qquad \text{setze } z := y_2 - L_{21}x_1, \qquad \text{löse } L_{22}x_2 = z$$

führt. Nach Anmerkung 2.3.1a benötigt man $3\frac{n}{2} - 1$ Operationen für die Matrixvektormultiplikation $L_{21}x_1$. Die Addition von y_2 kostet $\frac{n}{2}$ Operationen, sodass die Rekursion für den Aufwand wie folgt aussieht:

$$N_{\text{vorw}}(p) = 2N_{\text{vorw}}(p-1) + 2n - 1 \tag{3.11a}$$

Für $p = 0$ ist die Auflösung von $Lx = y$ kostenlos, da[1] $x = y$, sodass $N_{\text{vorw}}(0) = 0$. Die Lösung der Rekursion für $N_{\text{vorw}}(p)$ lautet

$$N_{\text{vorw}}(p) = 2n \log_2 n - n + 1 \qquad (n = 2^p).$$

3.8.2 Rückwärtssubstitution

Die Kosten der Auflösung der Gleichung $Ux = y$ für $U \in \mathcal{H}_{p,U}$ seien mit $N_{\text{rückw}}(p)$ bezeichnet. Die Rekursionsformel ist mit N_{vorw} identisch: $N_{\text{rückw}}(p) = 2N_{\text{rückw}}(p-1) + 2n - 1$, aber der Startwert lautet $N_{\text{vorw}}(0) = 1$. Dies liefert

$$N_{\text{rückw}}(p) = 2n \log_2 n + 1 \qquad (n = 2^p). \tag{3.11b}$$

Im nächsten Unterabschnitt benötigt man eine Variante der Rückwärtssubstitution: die Auflösung von $x^\top U = y^\top$ nach x. Sie ist äquivalent zu $U^\top x = y$, wobei $U^\top$ eine obere Dreiecksmatrix ist. Da $U^\top$ aber nicht normiert ist, ergibt sich der gleiche Aufwand $N_{\text{rückw}}(p)$ wie oben.

3.8.3 Aufwand der LU-Zerlegung

Der Ansatz $L = \begin{bmatrix} L_{11} & 0 \\ L_{21} & L_{22} \end{bmatrix} \in \mathcal{H}_{p,L}$, $U = \begin{bmatrix} U_{11} & U_{12} \\ 0 & U_{22} \end{bmatrix} \in \mathcal{H}_{p,U}$ für $LU = M = \begin{bmatrix} M_{11} & M_{12} \\ M_{21} & M_{22} \end{bmatrix} \in \mathcal{H}_p$ führt auf die vier Gleichungen

$$M_{11} = L_{11}U_{11}, \quad M_{12} = L_{11}U_{12}, \quad M_{21} = L_{21}U_{11}, \quad M_{22} = L_{21}U_{12} + L_{22}U_{22}.$$

Damit stellen sich die folgenden Unteraufgaben:

1) bestimme die LU-Zerlegung von M_{11} (Resultat: L_{11}, U_{11}),
2) berechne $U_{12} := L_{11}^{-1} M_{12}$ und $L_{21} := M_{21} U_{11}^{-1}$,
3) berechne die LU-Zerlegung von $M_{22} - L_{21}U_{12}$ (Resultat: L_{22}, U_{22}).

Da $M_{12} \in \mathcal{R}_{p-1}$, gilt $M_{12} = ab^\top$ für geeignete $a, b \in \mathbb{R}^{I_{p-1}}$. Die Darstellung von $U_{12} \in \mathcal{R}_{p-1}$ ist gegeben durch $a'b^\top$ mit $a' = L_{11}^{-1}a$. Offenbar erhält man a' mittels Vorwärtssubstitution aus $L_{11}a' = a$ zu den Kosten $N_{\text{vorw}}(p-1)$. Analog kostet die (exakte) Berechnung von $L_{21} = M_{21}U_{11}^{-1} \in \mathcal{R}_{p-1}$ gerade $N_{\text{rückw}}(p-1)$. Es ergibt sich eine rekursive Aufwandsbeschreibung:

$$\begin{aligned} N_{LU}(p) &= 2N_{LU}(p-1) + N_{\text{vorw}}(p-1) + N_{\text{rückw}}(p-1) \\ &\quad + N_{R\cdot R}(p-1) + N_{H+R}(p-1) \\ &= 2N_{LU}(p-1) + \left[n(p-1) - \frac{n}{2} + 1\right] + \left[n(p-1) + 1\right] \\ &\quad + \left[3\frac{n}{2} - 1\right] + \left[9n(p-1) + 59\frac{n}{2} - 58\right] \end{aligned}$$

[1] Hier wird ausgenutzt, dass L normiert ist, d.h. $L_{ii} = 1$ für alle $i \in I$.

$$= 2N_{LU}(p-1) + 11np + \frac{39}{2}n - 57$$

mit dem Startwert $N_{LU}(0) = 0$. Die Lösung lautet

$$N_{LU}(p) = \frac{11}{2} n \log_2^2 n + 25n \log_2 n - 57\,(n-1)\,. \tag{3.11c}$$

Damit ist der Aufwand deutlich niedriger als die Berechnung der Inversen mit $N_{\mathrm{inv}}(p) = 13n \log_2^2 n + \ldots$.

Übung 3.8.1. Für positiv definite Matrizen M im $\mathcal{H}_p$-Format formuliere man die Cholesky-Zerlegung (vgl. (1.5b)).

3.9 Weitere Eigenschaften der Modellmatrizen und Semiseparabilität *

Die Inversionsabbildung Inv aus §3.7 wurde als approximativ beschrieben. Es gibt aber einen wichtigen Fall, in dem Inv exakt ist:

Proposition 3.9.1 (tridiagonale Matrizen). *Sei* $M \in \mathbb{R}^{I_p \times I_p}$ *tridiagonal.*
a) Dann gilt $M \in \mathcal{H}_p$.
b) Ist M *zudem regulär, so gehört auch* M^{-1} *zu* $\mathcal{H}_p$.
c) Alle Hauptuntermatrizen $M|_{I_q \times I_q}$ $(0 \le q \le p)$ *seien regulär. Dann ist das Resultat* $Inv(M)$ *aus §3.7 wohldefiniert und liefert die exakte Inverse* M^{-1}.

Der Beweis wird anschließend an Korollar 3.9.9 nachgeholt.

Proposition 3.9.1 ist leicht auf Bandmatrizen mit Bandbreite $2k+1$ (k obere und k untere Außerdiagonalen, $k > 1$) zu verallgemeinern, indem man in der Definition von $\mathcal{H}_p$ statt der Rang-1-Matrizen $\mathcal{R}_p = \mathcal{R}(1, I_p, I_p)$ die Rang-k-Matrizen $\mathcal{R}(k, I_p, I_p)$ verwendet.

Die obige Aussage macht davon Gebrauch, dass die Inverse tridiagonaler Matrizen spezielle Eigenschaften besitzt. Es gibt auch die umgekehrte Fragestellung: Unter welchen Bedingungen hat eine Matrix eine tridiagonale Inverse? Dies führt auf den Begriff der *Semiseparabilität.* Da tridiagonale Matrizen (oder etwas breitere Bandmatrizen) sich aus eindimensionalen Randwertaufgaben ergeben und in der Praxis eher zwei oder mehr Raumvariablen auftreten, ist die Anwendbarkeit der Semiseparabilitätseigenschaften allerdings beschränkt.

Weil in der Literatur die Semiseparabilität nicht einheitlich definiert ist (vgl. [132]), wird hier auf eine Definition verzichtet. Stattdessen beschreibt Definition 3.9.2 eine Menge, die hier neutral als $\mathcal{S}_k$ bezeichnet sei und den semiseparablen Matrizen nahekommt. Für unsere Zwecke wird eine schwächere Bedingung an die Menge $\mathcal{M}_{k,\tau}$ ausreichen (vgl. Definition 3.9.5). Die hier definierten $\mathcal{S}_k$- und $\mathcal{M}_{k,\tau}$-Matrizen haben interessante Invarianzeigenschaften bezüglich verschiedener Operationen.

Definition 3.9.2. *Seien I angeordnet und $1 \leq k < \#I$. $M \in \mathbb{R}^{I \times I}$ gehört zu $\mathcal{S}_k$, wenn $Rang(M|_b) \leq k$ für jeden Block $b \subset I \times I$ gilt, der im strikten oberen Dreiecksteil $\{(i,j) : i < j\}$ oder im strikten unteren Dreiecksteil enthalten ist.*

Offenbar gehört jede Matrix $M \in \mathbb{R}^{I \times I}$ zu $\mathcal{S}_k$ mit $k = \#I - 1$.

Anmerkung 3.9.3. a) Tridiagonale Matrizen gehören zu $\mathcal{S}_1$.
b) Bandmatrizen mit höchstens k oberen und k unteren Nebendiagonalen gehören zu $\mathcal{S}_k$.
c) Sei $D \in \mathbb{R}^{I \times I}$ diagonal. Dann gehören M und $M+D$ zu $\mathcal{S}_k$ mit gleichem k.
d) Jede Matrix $M \in \mathcal{S}_k \cap \mathbb{R}^{n \times n}$ $(n = 2^p)$ lässt sich im Format $\mathcal{H}_p$ exakt darstellen, wenn anstelle von (3.2c) der lokale Rang k gewählt wird.

Beweis. a) Spezialfall $k = 1$ von b). b) $M|_b$ enthält höchstens k Nichtnullzeilen. c) Die Diagonale ist für $\mathcal{S}_k$ irrelevant. d) Die Diagonalblöcke im $\mathcal{H}_p$-Format sind (volle) Matrizen der Größe 1×1 und enthalten ohnehin die exakten Daten. Alle anderen Blöcke b sind ganz im oberen bzw. unteren Matrixdreieck enthalten, sodass $Rang(M|_b) \leq k$. Damit können sie aber exakt im Format $\mathcal{R}(k, b)$ dargestellt werden. ■

Die folgende Übung knüpft an eine andere Definition semiseparabler Matrizen an.

Übung 3.9.4. Sei $I = \{1, \ldots, n\}$. Man zeige: a) Wenn es Matrizen $M^{\mathrm{o}}, M^{\mathrm{u}} \in \mathcal{R}(k, I, I)$ gibt, sodass $M_{ij} = \left\{ \begin{array}{l} M^{\mathrm{o}}_{ij} \text{ für } j > i \\ M^{\mathrm{u}}_{ij} \text{ für } j < i \end{array} \right\}$, so ist $M \in \mathcal{S}_k$.

b) Für alle $1 \leq \nu \leq n-1$ und die zugehörigen Blöcke $b = \{1, \ldots, \nu\} \times \{\nu+1, \ldots, n\}$ gelte, dass die erste Spalte in $M|_b$ linear abhängig von den übrigen sei. Dann gibt es ein $M^{\mathrm{o}} \in \mathcal{R}(k, I, I)$, sodass $M_{ij} = M^{\mathrm{o}}_{ij}$ für $j > i$. Man formuliere eine entsprechende Bedingung, sodass auch $M_{ij} = M^{\mathrm{u}}_{ij}$ für $j < i$ mit einem $M^{\mathrm{u}} \in \mathcal{R}(k, I, I)$.

Im Weiteren untersuchen wir eine Matrixfamilie $\mathcal{M}_{k,\tau}$ mit schwächeren Eigenschaften. Insbesondere braucht I nicht angeordnet zu sein.

Definition 3.9.5. *Seien $\emptyset \neq \tau \subset I$ eine Indexteilmenge, $\tau' := I \backslash \tau$ ihr Komplement und $k \in \mathbb{N}$. Eine Matrix A gehört zu $\mathcal{M}_{k,\tau}(I)$, wenn $Rang\,(A|_{\tau \times \tau'}) \leq k$ und $Rang\,(A|_{\tau' \times \tau}) \leq k$. Falls die Angabe von I entbehrlich ist, wird auch $\mathcal{M}_{k,\tau}$ anstelle von $\mathcal{M}_{k,\tau}(I)$ geschrieben.*

Falls die Indizes so angeordnet werden, dass zuerst die Indizes aus τ kommen und dann die aus τ' folgen, erhalten wir die Blockaufteilung

$$A = \begin{array}{c|c|c|c} \multicolumn{1}{c}{} & \multicolumn{1}{c}{\tau} & \multicolumn{1}{c}{\tau' = I \backslash \tau} & \\ \cline{2-3} & A_{11} & A_{12} & \tau \\ \cline{2-3} & A_{21} & A_{22} & \tau' \\ \cline{2-3} \end{array} \tag{3.12}$$

Definition 3.9.5 besagt, dass $Rang(A_{12}) \leq k$ und $Rang(A_{21}) \leq k$.

Der Zusammenhang mit $\mathcal{S}_k$ wird gegeben durch die

Anmerkung 3.9.6. Sei $I = \{1, \ldots, n\}$ angeordnet. $M \in \mathbb{R}^{I \times I}$ gehört genau dann zu $\mathcal{S}_k$, wenn für alle $i < n$ die Eigenschaft $M \in \mathcal{M}_{k,\tau}(I)$ für $\tau = \{1, \ldots, i\}$ gilt.

Im Folgenden sind die Matrixoperationen $*, ^{-1}, +$ in ihrer exakten Form, d.h. ohne jede Kürzung gemeint.

Lemma 3.9.7. *a) Seien $A \in \mathcal{M}_{k_A,\tau}(I)$ und $B \in \mathcal{M}_{k_B,\tau}(I)$. Dann gilt $A * B \in \mathcal{M}_{k,\tau}(I)$ für $k = k_A + k_B$.*
b) Sei $A \in \mathcal{M}_{k,\tau}(I)$ regulär. Dann gilt $A^{-1} \in \mathcal{M}_{k,\tau}(I)$ mit gleichem k.
c) Sei $A \in \mathcal{M}_{k,\tau}(I)$. Dann ist $A + D \in \mathcal{M}_{k,\tau}(I)$ für alle Diagonalmatrizen $D \in \mathbb{R}^{I \times I}$.
d) Sei $A \in \mathcal{M}_{k,\tau}(I)$ und $\emptyset \neq \tau \subset I' \subsetneqq I$. Dann gehört die Hauptuntermatrix $A|_{I' \times I'}$ zu $\mathcal{M}_{k,\tau}(I')$. Die gleiche Aussage gilt für das Schur-Komplement $S_{I'} = A|_{I' \times I'} - A|_{I' \times I''} * (A|_{I'' \times I''})^{-1} * A|_{I'' \times I'}$ $(I'' := I \backslash I')$, falls dieses existiert.

Beweis. a) Mit der (3.12) entsprechenden Notation für A, B und $C := AB$ ist $C_{12} = A_{11}B_{12} + A_{12}B_{22}$. Aus $\mathit{Rang}\,(A_{11}B_{12}) \leq \mathit{Rang}\,(B_{12}) \leq k_B$ und $\mathit{Rang}\,(A_{12}B_{22}) \leq \mathit{Rang}\,(A_{12}) \leq k_A$ schließt man auf $\mathit{Rang}(C_{12}) \leq k_A + k_B$. Analog für $\mathit{Rang}(C_{21})$.

b1) Sei A_{11} als regulär angenommen. Dann ist das Schur-Komplement $S = A_{22} - A_{21}A_{11}^{-1}A_{12}$ ebenfalls regulär, und die Inverse von A aus (3.12) ist

$$A^{-1} = \begin{bmatrix} A_{11}^{-1} + A_{11}^{-1}A_{12}S^{-1}A_{21}A_{11}^{-1} & -A_{11}^{-1}A_{12}S^{-1} \\ -S^{-1}A_{21}A_{11}^{-1} & S^{-1} \end{bmatrix} \tag{3.13}$$

(vgl. (3.10)). Da $\mathit{Rang}(A^{-1}|_{\tau \times \tau'}) = \mathit{Rang}(-A_{11}^{-1}A_{12}S^{-1}) \leq \mathit{Rang}(A_{12}) \leq k$ wie auch $\mathit{Rang}(A|_{\tau' \times \tau}) \leq \mathit{Rang}(A_{12}) \leq k$, folgt $A^{-1} \in \mathcal{M}_{k,\tau}(I)$.

b2) Falls A_{11} singulär ist, wird die Matrix $A_\varepsilon := A + \varepsilon I$ für hinreichend kleines $\varepsilon \neq 0$ regulär. Da $\mathit{Rang}\left(A_\varepsilon^{-1}|_{\tau \times \tau'}\right) \leq \mathit{Rang}(A_{12})$ unabhängig von ε gilt, folgt $A_\varepsilon^{-1} \in \mathcal{M}_{k,\tau}(I)$. Der Limes $\lim_{\varepsilon \to 0} A_\varepsilon^{-1}$ ist A^{-1}, da nach Annahme A regulär ist. Der Rang erfüllt nach Übung 2.1.2 $\mathit{Rang}\left(A^{-1}|_{\tau \times \tau'}\right) = \mathit{Rang}\left(\lim_{\varepsilon \to 0} A_\varepsilon^{-1}|_{\tau \times \tau'}\right) \leq \lim_{\varepsilon \to 0} \mathit{Rang}\left(A_\varepsilon^{-1}|_{\tau \times \tau'}\right) \leq \mathit{Rang}\,(A_{12}) \leq k$. Zusammen mit der analogen Ungleichung $\mathit{Rang}\left(A^{-1}|_{\tau' \times \tau}\right) \leq k$ ergibt sich die Behauptung $A^{-1} \in \mathcal{M}_{k,\tau}(I)$.

c) Änderung der Diagonale ändert nicht die Teile $*|_{\tau \times \tau'}$ und $*|_{\tau' \times \tau}$.

d1) Restriktion der Matrix auf $I' \times I' \subset I \times I$ kann den Rang nur verkleinern: $A|_{I' \times I'} \in \mathcal{M}_{k,\tau}(I')$.

d2) Sei A als regulär angenommen. Das inverse Schur-Komplement $(S_{I'})^{-1}$ ist die Haupt-$I' \times I'$-Untermatrix von A^{-1}. Nach Teil b) folgt $A^{-1} \in \mathcal{M}_{k,\tau}(I)$, und d1) zeigt $(S_{I'})^{-1} \in \mathcal{M}_{k,\tau}(I')$. Erneute Anwendung von b) mit $(S_{I'})^{-1}$ anstelle von A liefert die Behauptung $S_{I'} \in \mathcal{M}_{k,\tau}(I')$. Für singuläres A argumentiert man wie in b2).

■

Eine Konsequenz von Lemma 3.9.7 ist die folgende Aussage.

Lemma 3.9.8. *Sei* $R(\cdot)$ *eine rationale Funktion* $R(x) = P^I(x)/P^{II}(x)$ *mit Polynomen* P^I, P^{II} *der Grade* $d_I, d_{II} \in \mathbb{N}_0$. *Die Eigenwerte von* $A \in \mathcal{M}_{k,\tau}(I)$ *seien verschieden von den Polen von* R. *Dann gehört die Matrix*[2] $R(A)$ *zu* $\mathcal{M}_{k_R,\tau}(I)$ *mit* $k_R = k * d_R$, *wobei* $d_R := \max(d_I, d_{II})$ *der Grad von* R *ist.*

Beweis. Die Polynome P^I, P^{II} seien in $P^I(x) = a_I \prod_{i=1}^{d_I} (x - x_i^I)$ und $P^{II}(x) = a_{II} \prod_{i=1}^{d_{II}} (x - x_i^{II})$ faktorisiert[3]. Für $i \leq \min(d_I, d_{II})$ treten rationale Faktoren $\frac{x - x_i^I}{x - x_i^{II}} = 1 + (x_i^{II} - x_i^I) / (x - x_i^{II})$ auf. Ersetzung von x durch $A \in \mathcal{M}_{k,\tau}(I)$ liefert $R_i(A) := I + (x_i^{II} - x_i^I)(A - x_i^{II} I)^{-1} \in \mathcal{M}_{k,\tau}(I)$ gemäß Lemma 3.9.7c. Also ist $R(A)$ ein Produkt von $\min(d_I, d_{II})$ rationalen Faktoren $R_i(A)$ und $\max(d_I, d_{II}) - \min(d_I, d_{II})$ Faktoren der Form $A - x_i^I I$ für $d_I > d_{II}$ und $(A - x_i^{II} I)^{-1}$ für $d_I < d_{II}$, die alle zu $\mathcal{M}_{k,\tau}(I)$ gehören. Nach Lemma 3.9.7a liegt das Produkt in $\mathcal{M}_{k_R,\tau}(I)$ mit $k_R = kd_R$. ■

Korollar 3.9.9. *Die bisherigen Aussagen übertragen sich gemäß Anmerkung 3.9.6 entsprechend auf* $\mathcal{S}_k$*-Matrizen. Zum Beispiel ist die Inverse, wenn sie existiert, wieder in* $\mathcal{S}_k$.

Wir holen nun den *Beweis zu Proposition 3.9.1* nach.

a) Teil a) folgt aus Anmerkung 3.9.3a,d.

b) Teil b) folgt aus Korollar 3.9.9.

c) Nachdem Teil b) verwendet werden kann, bleibt nur zu zeigen, dass der Algorithmus Inv wohldefiniert ist und keine Approximationsfehler einführt. Wir verwenden Induktion über p. Definitionsgemäß ist Inv auf $\mathcal{H}_0$ exakt. Die Aussage gelte für $p-1$. $M \in \mathbb{R}^{I_{p-1} \times I_{p-1}}$ sei gemäß (3.2a) zerlegt. Die Untermatrizen M_{11}, M_{22} sind wieder tridiagonal, wobei M_{11} nach Voraussetzung regulär ist und nach Induktionsvoraussetzung $M_{11}^{-1} = Inv(M_{11})$ gilt. Bei der Berechnung von $M_{21} \odot Inv(M_{11}) \odot M_{12}$ sind alle Zwischenresultate vom Rang ≤ 1 und werden somit exakt ausgewertet. Lemma 3.9.7d zeigt, dass $S = M_{22} - M_{21} M_{11}^{-1} M_{12}$ ebenso wie die nach Übung 3.7.1 existierende Inverse S^{-1} im $\mathcal{H}_{p-1}$-Format darstellbar ist. Die exakte Inverse von M ist durch (3.10) gegeben. Für die Nebendiagonalblöcke $-M_{11}^{-1} M_{12} S^{-1}$ und $-S^{-1} M_{21} M_{11}^{-1}$ gilt ebenfalls, dass nicht nur das Gesamtprodukt, sondern auch die Zwischenresultate exakt in $\mathcal{R}_{p-1}$ dargestellt werden. Damit ist Inv auch auf der Stufe p exakt.

Zusammenhänge zwischen $\mathcal{M}_{k,\tau}$ und der schwachen Zulässigkeit werden in §9.3.3 diskutiert werden.

---

[2] Zu Matrixfunktionen sei auf die späteren Definitionen in §13.1 verwiesen.

[3] Entgegen der bisherigen Beschränkung auf $\mathbb{R}$ können komplexe x_i^I, x_i^{II} auftreten.

4

Separable Entwicklung und ihr Bezug zu Niedrigrangmatrizen

In den vorhergehenden Kapiteln wurden Niedrigrangmatrizen und Modellformate mit Niedrigrangmatrizen als Matrixblöcken diskutiert. Es bleibt die wesentliche Frage, ob und in welchen Fällen Niedrigrangmatrizen eine gute Approximation sein können. In vielen Fällen folgt diese Eigenschaft aus dem Vorhandensein einer separablen Entwicklung, die Gegenstand dieses Kapitels ist.

Wie man aus (1.28) sieht, können Matrizen mit einer Funktion $\varkappa(x,y)$ assoziiert sein. Falls Untermatrizen durch Rang-k-Matrizen gut approximiert werden können, ist dies meist eine Folge der Eigenschaften von $\varkappa$. Die beiden Eigenschaften, die sich entsprechen, sind:

- Approximierbarkeit einer Untermatrix $M|_b$ (b geeigneter Block) durch eine *Rang-k-Matrix.*
- Approximierbarkeit der Funktion $\varkappa(x,y)$ beschränkt auf einen geeigneten, dem obigen Block b entsprechenden Teilbereich durch eine sogenannte *separable Entwicklung.*

Übersicht über dieses Kapitel:

In **§4.1** werden die im Folgenden benötigten Grundbegriffe erläutert: Von zentraler Bedeutung ist die *separable Entwicklung* (§4.1.1), insbesondere wenn sie *exponentielle Konvergenz* (§4.1.2) aufweist. Damit übliche Kernfunktionen $\varkappa(x,y)$ diese Eigenschaft besitzen, benötigt man eine *Zulässigkeitsbedingung* (§4.1.3) an den Definitionsbereich $X \times Y$ von $\varkappa(\cdot,\cdot)$.

In **§4.2** werden separable Entwicklungen mittels Polynomen diskutiert. Neben der *Taylor*[1]*-Entwicklung* (§4.2.1) bietet sich insbesondere die *Interpolation* (§4.2.2) an. Eine geeignete Regularitätsbedingung an die Kernfunktion $\varkappa$ ist die asymptotische Glattheit, da sie *exponentielle Konvergenz* garantiert (§4.2.3). Anschließend werden die *Fehlerabschätzungen* für die Taylor-Entwicklung (§4.2.5) und die Interpolation (§§4.2.6-4.2.8) diskutiert.

[1] Brook Taylor, geboren am 18. August 1685 in Edmonton, Middlesex, England, gestorben am 29. Dezember 1731 in Somerset House, London.

W. Hackbusch, *Hierarchische Matrizen*, DOI 10.1007/978-3-642-00222-9_4,

Polynomapproximation ist nicht die einzige Wahl. In **§4.3** werden *weitere Techniken* diskutiert (§§4.3.1-4.3.5). In §4.3.7 wird für theoretische Zwecke die optimale separable Entwicklung eingeführt, die im Diskreten der Singulärwertzerlegung entspricht.

In **§4.4** zeigt sich die zentrale Bedeutung der separablen Entwicklung: Die Diskretisierung von Integralkernen mit Separationsrang k liefert Matrizen vom Rang $\leq k$.

Schließlich beschreibt **§4.5**, wie der Fehler der Matrixapproximation mit Hilfe des Fehlers der separablen Entwicklung abgeschätzt werden kann.

4.1 Grundbegriffe

Im Folgenden geht es um die Entwicklung von Funktionen $\varkappa(x, y)$, die später als Kernfunktionen der Integraloperatoren auftreten werden. Obwohl die beiden Variablen x, y des Integralkerns im Allgemeinen im gleichen Bereich Γ variieren, betrachten wir hier statt $\Gamma \times \Gamma$ einen reduzierten Definitionsbereich $X \times Y$, wobei in §4.1.3 noch spezielle Anforderungen an X, Y gestellt werden. Welche konkrete Teilbereiche X, Y auftreten werden, wird aus §5.2 hervorgehen, wenn die Blockzerlegung einer Matrix bestimmt wird. Die dort definierten Mengen $X := X_\tau$ und $Y := X_\sigma$ werden die Zulässigkeitsbedingung aus Definition 4.1.7 erfüllen.

Die Anforderungen an die separable Entwicklung sind (i) die Trennung der Variablen x, y in unterschiedliche Faktoren und (ii) ein hinreichend kleiner Restterm. Punkt (i) wird in §4.1.1 diskutiert, Punkt (ii) in §4.1.2.

4.1.1 Separable Entwicklungen

Definition 4.1.1 (separabler Ausdruck, separable Entwicklung).
a) Jede Funktion, die in der Form

$$\varkappa^{(k)}(x, y) = \sum_{\nu=1}^{k} \varphi_\nu^{(k)}(x)\psi_\nu^{(k)}(y) \qquad \text{für } x \in X,\ y \in Y \tag{4.1}$$

geschrieben werden kann, heißt separabler Ausdruck *in $X \times Y$. Dabei dürfen $\varphi_\nu^{(k)}$ und $\psi_\nu^{(k)}$ beliebige Funktionen sein (der obere Index ${}^{(k)}$ bezeichnet nicht die k-te Ableitung, sondern nur die mögliche Abhängigkeit von k). Die Zahl k der Summanden in (4.1) wird* Separationsrang *von $\varkappa^{(k)}$ genannt.*

b) Die rechte Seite in

$$\varkappa(x, y) = \sum_{\nu=1}^{k} \varphi_\nu^{(k)}(x)\psi_\nu^{(k)}(y) + R_k(x, y) \qquad \text{für } x \in X,\ y \in Y \tag{4.2}$$

heißt separable Entwicklung *von $\varkappa$ (mit k Termen) in $X \times Y$ mit Restglied R_k.*

Man beachte, dass in (4.1) lediglich der Umstand wesentlich ist, dass $\varphi_\nu^{(k)}$ nur von x und $\psi_\nu^{(k)}$ nur von y abhängen.

Im Falle der separablen Entwicklung (4.2) hofft man auf eine Konvergenz $R_k \to 0$ in einer geeigneten Norm für $k \to \infty$. Falls die Funktionen $\varphi_\nu^{(k)}, \psi_\nu^{(k)}$ nicht vom Separationsrang k abhängen, ist die Konvergenz $\varkappa^{(k)} \to \varkappa$ mit einer konvergenten, unendlichen Summendarstellung

$$\varkappa(x,y) = \sum_{\nu=1}^{\infty} \varphi_\nu(x)\psi_\nu(y) \qquad \text{für } x \in X,\ y \in Y \tag{4.3}$$

identisch. In der Theorie der Integralgleichungen werden Kerne der Form (4.1) bzw. der zugehörige Operator als *ausgeartet* bezeichnet (vgl. Riesz-Nagy [119, IV.69]). Operatoren mit dem Kern (4.3) heißen *nuklear*, falls $\sum_{\nu=1}^{\infty} \|\varphi_\nu\| \, \|\psi_\nu\| < \infty$ (vgl. Werner [134, §VI.5]).

Proposition 4.1.2. *a) Die separablen Ausdrücke bilden einen Ring, d.h. Summen und Produkte von separablen Ausdrücken sind wieder separabel.*

b) Polynome in x und y sind separabel.

c) Eine Substitution $x = \alpha(x')$ von x und eine Substitution $y = \beta(y')$ von y erhalten die Separabilität bei gleichem Separationsrang.

d) Soweit die auftretenden Funktionen differenzierbar sind, sind auch die Ableitungen eines separablen Ausdrucks wieder separabel. Gleiches gilt für Stammfunktionen bezüglich x oder y.

Beweis. a) Die Aussage für die Summe ist trivial, wobei der Separationsrang die Summe der einzelnen Ränge ist. Beim Produkt von $\sum_{\nu=1}^{k'} \varphi_{I,\nu}^{(k')}(x)\psi_{I,\nu}^{(k')}(y)$ und $\sum_{\mu=1}^{k''} \varphi_{II,\mu}^{(k'')}(x)\psi_{II,\mu}^{(k'')}(y)$ erhält man höchstens den Separationsrang $k'k''$ und Terme der Form $\left(\varphi_{I,\nu}^{(k')}(x)\varphi_{II,\mu}^{(k'')}(x)\right) \cdot \left(\psi_{I,\nu}^{(k')}(y)\psi_{II,\mu}^{(k'')}(y)\right)$.

b) Jedes Polynom $P(x,y)$ lässt sich in der Form

$$P(x,y) = \sum_{\nu=0}^{p} p_\nu(x) y^\nu \qquad \text{oder auch} \quad P(x,y) = \sum_{\mu=0}^{q} x^\mu q_\mu(y) \tag{4.4}$$

schreiben. Dabei ist p (bzw. q) der Polynomgrad in x (bzw. y), und p_ν und q_μ sind Polynome in einer Variablen. Im ersten Fall gilt (4.1) mit $\varphi_\nu^{(k)}(x) := p_{\nu-1}(x)$ und $\psi_\nu^{(k)}(y) := y^{\nu-1}$ und $k := p+1$ (man beachte, dass die Summe in (4.1) bei $\nu = 1$ beginnt).

c) Die Aussagen c) und d) sind offenbar. ∎

4.1.2 Exponentielle Konvergenz

Im Folgenden wird fast durchweg vorausgesetzt, dass die Restglieder R_k besonders schnell, nämlich exponentiell konvergieren. Die zugrundeliegende Norm kann beispielsweise die Maximumnorm

$$\|R_k\|_{\infty,X\times Y} := \sup\{|R_k(x,y)| : x \in X,\ y \in Y\}$$

oder die L^2-Norm

$$\|R_k\|_{L^2(X\times Y)} := \sqrt{\int_Y \int_X |R_k(x,y)|^2 \,\mathrm{d}x\mathrm{d}y}$$

sein. Die Norm

$$\|R_k\|_{L^2(X)\leftarrow L^2(Y)} := \sup_{0\neq f\in L^2(Y)} \left\| \int_Y R_k(\cdot,y) f(y) \mathrm{d}y \right\|_{L^2(X)} / \|f\|_{L^2(Y)}$$

wird meist mittels $\|R_k\|_{L^2(X\times Y)}$ abgeschätzt.

Definition 4.1.3. *Die separable Entwicklung (4.2) heißt* exponentiell konvergent *(bezüglich der Norm $\|\cdot\|$), falls es Konstanten $c_1 \geq 0$ und $c_2, \alpha > 0$ gibt, sodass*

$$\|R_k\| \leq c_1 \exp\left(-c_2 k^{\alpha}\right). \tag{4.5}$$

Im Vorgriff auf spätere Anwendungen sei angemerkt, dass der wichtige Exponent α oft den Wert

$$\alpha = 1/d \tag{4.6}$$

annehmen wird, wobei d die räumliche Dimension von $\mathbb{R}^d$ oder die Dimension der Integrationsmannigfaltigkeit bezeichnet.

Die Konstante c_1 kann in der Notation $\|R_k\| \leq \mathcal{O}(\exp(-c_2 k^{\alpha}))$ versteckt werden. In der Definition der exponentiellen Konvergenz wird die Konstante c_2 nicht fixiert. Dies hat den Vorteil, dass z.B. zwischen $\mathcal{O}(\exp(-c_2 k^{\alpha}))$ und $\mathcal{O}(P(k)\exp(-c_2 k^{\alpha}))$ für Polynome P nicht unterschieden werden muss, wie das nächste Lemma zeigt.

Lemma 4.1.4. *Seien $c_2 > 0$, $\alpha > 0$. a) Für jedes Polynom $P(\cdot)$ (oder jede höchstens polynomiell wachsende Funktion P) und jedes $c' \in (0, c_2)$ ist*

$$P(k)\exp(-c_2\, k^{\alpha}) \leq \mathcal{O}(\exp(-c' k^{\alpha})).$$

b) Es gilt

$$\sum_{\nu=k+1}^{\infty} \exp(-c_2\, \nu^{\alpha}) = \mathcal{O}(\exp(-c' k^{\alpha})) \qquad \text{für jedes } c' \in (0, c_2),$$

wobei für $\alpha \geq 1$ auch $c' = c_2$ möglich ist.
c) Falls $\sigma_k \leq \mathcal{O}(\exp(-c_2\, k^{\alpha}))$ für alle $k \in \mathbb{N}$, so gilt auch

$$\sqrt{\sum_{\nu=k+1}^{\infty} \sigma_\nu^2} \leq \mathcal{O}(\exp(-c' k^{\alpha})) \qquad \text{für jedes } c' \in (0, c_2),$$

wobei für $\alpha \geq 1$ die Wahl $c' = c_2$ möglich ist.

Beweis. 1) Da jedes Polynom durch Exponentialfunktionen majorisiert wird, gilt $|P(k)| \leq \mathcal{O}(\exp(\eta k^\alpha))$ für alle $\eta \in (0, c_2)$. Teil a) folgt mit $\eta := c_2 - c' > 0$.

2) Es gilt die Abschätzung

$$\begin{aligned}\sum_{\nu=k+1}^{\infty} \exp(-c_2\,\nu^\alpha) &\leq \int_k^\infty \exp(-c_2 x^\alpha)\mathrm{d}x \\ &\leq \frac{1}{\alpha k^{\alpha-1}} \int_k^\infty \alpha x^{\alpha-1} \exp(-c_2 x^\alpha)\mathrm{d}x \\ &\underset{\xi=x^\alpha}{=} \frac{1}{\alpha k^{\alpha-1}} \int_{k^\alpha}^\infty \mathrm{e}^{-c_2\xi}\mathrm{d}\xi = \frac{1}{\alpha c_2 k^{\alpha-1}} \exp(-c_2 k^\alpha).\end{aligned}$$

Falls $\alpha \geq 1$, ist hiermit $\sum_{\nu=k+1}^\infty \exp(-c_2\,\nu^\alpha) = \mathcal{O}(\exp(-c_2 k^\alpha))$ gezeigt. Wenn $\alpha \in (0,1)$, wächst der Vorfaktor $\frac{1}{\alpha c_2 k^{\alpha-1}}$ höchstens polynomiell und Teil a) ist anwendbar.

3) Teil c) ist direkte Folgerung aus Teil b). ■

In (4.5) wird R_k in Abhängigkeit von k abgeschätzt. Wenn die Bedingung $\|R_k\| \leq \varepsilon$ erfüllt werden soll, ist $\varepsilon = c_1 \exp(-c_2 k^\alpha)$ nach k aufzulösen.

Anmerkung 4.1.5. Es liege die exponentielle Konvergenz (4.5) vor. Die Abschätzung $\|R_k\| \leq \varepsilon$ erfordert $k = \left\lceil (\frac{1}{c_2} \log \frac{c_1}{\varepsilon})^{1/\alpha} \right\rceil$, d.h.

$$k = \mathcal{O}(\log^{1/\alpha} \frac{1}{\varepsilon}) \qquad (\varepsilon \to 0). \tag{4.7}$$

Für (4.6) gilt insbesondere $k = \mathcal{O}(\log^d \frac{1}{\varepsilon})$.

Übung 4.1.6. Die Funktionen $\varkappa^I(x,y)$ und $\varkappa^{II}(x,y)$ mögen exponentiell konvergente separable Entwicklungen (4.2) besitzen. Man zeige:

a) Die Summe $\varkappa^I + \varkappa^{II}$ ist wieder exponentiell konvergent, wobei sich die Konstante c_2 in (4.5) ändern kann.

b) Das Produkt $\varkappa^I \varkappa^{II}$ ist ebenfalls exponentiell konvergent, wobei sich die Konstanten c_2, α in (4.5) ändern können.

4.1.3 Zulässigkeitsbedingungen an X, Y

Wie oben erwähnt, sei $X \times Y$ eine Untermenge des gesamten Definitionsbereiches von $\varkappa(\cdot,\cdot)$. Eine für die späteren Anwendungen typische Einschränkung besagt, dass X und Y disjunkt sein mögen und ihr Abstand in einem Verhältnis zum Bereichsdurchmesser steht.

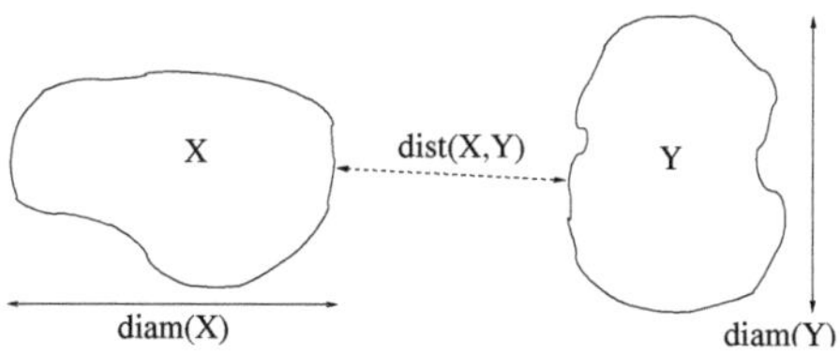

Abb. 4.1. Definitionsbereiche X und Y

Für Entwicklungen in der Variablen x erhält man die erste Bedingung: Für ein $\eta > 0$ gelte

$$\operatorname{diam}(X) \leq \eta \operatorname{dist}(X, Y). \tag{4.8a}$$

Bei Entwicklungen in der Variablen y fordert man entsprechend

$$\operatorname{diam}(Y) \leq \eta \operatorname{dist}(X, Y). \tag{4.8b}$$

Kann man zwischen der x- und y-Entwicklung wählen, reicht die Annahme

$$\min\{\operatorname{diam}(X), \operatorname{diam}(Y)\} \leq \eta \operatorname{dist}(X, Y). \tag{4.8c}$$

In einigen Fällen braucht man beide Bedingungen (4.8a,b), d.h.

$$\max\{\operatorname{diam}(X), \operatorname{diam}(Y)\} \leq \eta \operatorname{dist}(X, Y). \tag{4.8d}$$

Definition 4.1.7 (η-Zulässigkeit). *Sei $\eta > 0$. Die Bereiche X, Y heißen η-zulässig, wenn die passende der Bedingungen (4.8a-d) erfüllt ist.*

Je kleiner der Parameter η ist, umso günstiger ist die Zulässigkeitseigenschaft. In einigen Anwendungsbeispielen wird man $\eta \leq \eta_0$ fordern, bei anderen benötigt man keine obere Schranke. Sobald η fixiert ist oder aber nicht spezifiziert werden soll, wird kürzer von der Zulässigkeit (statt η-Zulässigkeit) gesprochen.

In §4.2.3, in den Sätzen 4.2.8, 4.2.10 und §§4.2.7-4.2.8 wird von den Zulässigkeitsbedingungen Gebrauch gemacht werden.

4.2 Separable Polynom-Entwicklungen

4.2.1 Taylor-Entwicklung

Sei $\varkappa(\cdot,\cdot) : X \times Y \to \mathbb{R}$ eine Funktion aus $C^m(X \times Y)$, wobei $X \subset \mathbb{R}^d$. Wir wählen einen Entwicklungspunkt[2] $x_0 \in X$ und wenden die *Taylor-Entwicklung mit Restglied* an:

$$\varkappa(x, y) = \sum_{\alpha \in \mathbb{N}_0^d,\ |\alpha| \leq m} (x - x_0)^\alpha \, \frac{1}{\alpha!} \, \partial_x^\alpha \varkappa(x_0, y) + R_k, \tag{4.9}$$

wobei $k = k(m, d)$ die Anzahl der Summanden in $\sum_{\alpha \in \mathbb{N}_0^d,\ |\alpha| \leq m}$ angebe (siehe (4.11); zur Multiindex-Notation vergleiche man Anhang B.1.2). Die Approximation von $\varkappa(x, y)$ durch

---

[2] x_0 braucht nicht zu X gehören, wenn der Definitionsbereich größer gewählt werden kann. Zum Beispiel sind die Fundamentallösungen, die als Kernfunktionen nur über die Oberfläche Γ zu integrieren sind, im gesamten $\mathbb{R}^d$ bis auf die Singularitätenstellen definiert.

$$\varkappa^{(k)}(x,y) := \sum_{\alpha\in\mathbb{N}_0^d,\ |\alpha|\le m} (x-x_0)^\alpha \frac{1}{\alpha!}\partial_x^\alpha \varkappa(x_0,y) \qquad \text{mit } k = k(m,d) \tag{4.10}$$

ergibt einen Fehler, der durch den Restterm R_k beschrieben wird. Aussagen über R_k sind nur möglich, wenn man nähere Annahmen über $\varkappa$ macht.

Anmerkung 4.2.1. Die Taylor-Approximation aus (4.10) ist ein separabler Ausdruck der Form $\sum_\alpha \varphi_\alpha(x)\psi_\alpha(y)$, wobei $\varphi_\alpha(x) := (x-x_0)^\alpha$ Monome sind, während $\psi_\alpha(y) := \frac{1}{\alpha!}\partial_x^\alpha \varkappa(x_0,y)$ allgemeine Funktionen in y darstellen. Die Anzahl der Summanden (Separationsrang) beträgt

$$\begin{aligned} k = k(m,d) &:= \#\{\alpha\in\mathbb{N}_0^d:\ |\alpha|\le m\} \\ &= \frac{1}{d!}(m+1)(m+2)\cdot\ldots\cdot(m+d) = \tbinom{m+d}{d}. \end{aligned} \tag{4.11}$$

Beweis. Zum Beweis von (4.11) stellt man die Rekursion $k(m,d) = \sum_{\mu=0}^{m} k(\mu, m-1)$ auf. Zusammen mit $k(m,1) = m+1$ leitet man die Behauptung ab. ■

In der nächsten Anmerkung diskutieren wir Modifikationen der Taylor-Entwicklung.

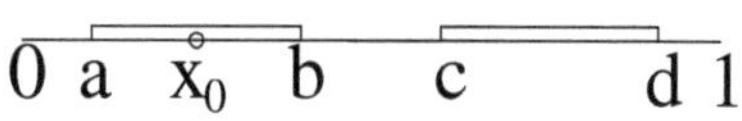

Abb. 4.2. Intervalle X und Y

Anmerkung 4.2.2. a) In (4.9) wird bezüglich x entwickelt. Genauso gut kann man eine Entwicklung bezüglich y um $y_0 \in Y$ vornehmen. Vorausgesetzt, dass die x- und y-Ableitungen (die schließlich im Restterm auftreten) von ähnlicher Größe sind, entscheiden die Größen

$$r_x := \sup\{|x-x_0| : x\in X\} \quad \text{und} \quad r_y := \sup\{|y-y_0| : x\in Y\}$$

über die Auswahl: Bei $r_x < r_y$ ist die x-Entwicklung vorteilhafter, sonst die Entwicklung in y. Zudem empfiehlt sich die Wahl von x_0, y_0 in den *Čebyšev*[3]*-Zentren*[4] von X, Y, für die die Ausdrücke r_x und r_y als Funktion von x_0 bzw. y_0 minimal werden. Die resultierenden r_x, r_y heißen *Čebyšev-Radien.*

b) Eine Taylor-Entwicklung in *beiden* Variablen liefert ein Polynom von der Form (4.4) (ν bzw. μ sind dabei durch Multiindizes zu ersetzen, wenn $d > 1$). Diese Entwicklung bringt im Allgemeinen nur dann einen Vorteil, wenn man die explizite Polynomform (φ_α und ψ_α sind Polynome) ausnutzen kann.

Zunächst sei ein typisches Beispiel vorgeführt (vgl. Abbildung 4.2).

[3] Pafnuti Lvovič Čebyšev, geb. am 14. Mai 1821 in Okatovo (westliches Russland), gestorben am 8. Dez. 1894 in St. Petersburg.

[4] Sei $B \subset \mathbb{R}^n$ eine Teilmenge und K die eindeutig definierte abgeschlossene Kugel, die B enthält und minimalen Radius besitzt. Der Mittelpunkt von K heißt Čebyšev-Zentrum und der Radius der Čebyšev-Radius.

Beispiel 4.2.3. Die Kernfunktion $\log|x-y|$ $(x,y\in[0,1])$ ist analytisch, wenn man für x und y disjunkte Bereiche wählt: $X=[a,b]$, $Y=[c,d]$ mit

$$0\leq a<b<c<d\leq 1.$$

Gemäß Anmerkung 4.2.2a ist die Entwicklung in x angebracht, falls $b-a\leq d-c$. Das Čebyšev-Zentrum von X ist $x_0=\frac{a+b}{2}$. Die Ableitungen

$$\frac{\partial^\ell}{\partial x^\ell}\log|x-y|=(-1)^{\ell-1}\frac{(\ell-1)!}{(x-y)^\ell}\qquad(\ell\in\mathbb{N})\tag{4.12}$$

liefern die Taylor-Approximation

$$\varkappa^{(k)}(x,y):=\log|x_0-y|+\sum_{\ell=1}^{k-1}(x-x_0)^\ell\frac{-1}{\ell\,(y-x_0)^\ell},\qquad x_0=\frac{a+b}{2}.$$

Die Abschätzung des zugehörigen Restterms findet sich in Anmerkung 4.2.4.

4.2.2 Interpolation

Die Taylor-Entwicklung ist eine spezielle Hermite[5]-Interpolation, aber keinesfalls besser als eine Interpolation beruhend auf Interpolationspunkten $\{x_i:i=1,\ldots,k\}$ und den zugehörigen Interpolationswerten $\varkappa(x_i,y)$.

Im Falle des vorherigen Beispiels 4.2.3 sollten die x_i im Intervall $[a,b]$ liegen, z.B. sind die Čebyšev-Knoten[6] eine gute Wahl (vgl. §B.3.1.4). Die zugehörigen Lagrange[7]-Polynome sind $L_i(x)=\prod_{j\in\{1,\ldots,k\}\backslash\{i\}}\frac{x-x_j}{x_i-x_j}$ (vgl. (B.12)). Sie erlauben die Darstellung des Interpolationspolynoms durch

$$\varkappa^{(k)}(x,y):=\sum_{\nu=1}^{k}L_\nu(x)\,\varkappa(x_\nu,y).\tag{4.13}$$

Offenbar ist wieder die separable Form (4.1) erreicht, wobei $\varphi_\nu^{(k)}(x)=L_\nu(x)$ ein Polynom ist, während $\psi_\nu^{(k)}(y)=\varkappa(x_\nu,y)$ von allgemeinerer Art ist. Die Interpolation (4.13) hat entscheidende Implementierungsvorteile gegenüber der Taylor-Entwicklung, da lediglich die Auswertung der Funktion $\varkappa(x,y)$ erforderlich ist, Ableitungen müssen nicht bereitgestellt werden.

Falls das Argument x aus $\varkappa(x,y)$ in einem Bereich des $\mathbb{R}^d$ mit $d>1$ variiert, empfiehlt sich eine *Tensorprodukt-Interpolation* (vgl. §B.3.2). Dabei

---

[5] Charles Hermite, geboren am 24. Dezember 1822 in Dieuze, Lorraine, gestorben am 14. Januar 1901 in Paris.

[6] $\xi_i=\cos(\frac{i+1/2}{k}\pi)\in[-1,1]$, $i=1,\ldots,k$, sind die Nullstellen des k-ten Čebyšev-Polynoms T_k. Die affine Abbildung von $[-1,1]$ auf $[a,b]$ ergibt die gewünschten Čebyšev-Knoten: $x_i=\frac{a+b}{2}+\frac{b-a}{2}\xi_i$.

[7] Joseph-Louis Lagrange, geboren am 25. Januar 1736 in Turin, gestorben am 10. April 1813 in Paris.

führt man hintereinander d jeweils eindimensionale Interpolationen bezüglich x_i (i-te Komponente von $x \in \mathbb{R}^d$) in den Stützstellen $x_{i,j}$ ($j = 1, \ldots, m$) aus. Die Zahl der Terme in

$$\varkappa^{(k)}(x,y) := \sum_{\nu_1=1}^{m} L_{1,\nu_1}(x_1) \sum_{\nu_2=1}^{m} L_{2,\nu_2}(x_2) \ldots \sum_{\nu_d=1}^{m} L_{d,\nu_d}(x_d)\, \varkappa(\underbrace{(x_{1,\nu_1}, \ldots, x_{d,\nu_d})}_{x_{\nu_1,\ldots,\nu_d}}, y)$$

ist $k = m^d$.

Gelegentlich ist die Kernfunktion $\varkappa$ eine (ein- oder mehrfache) Ableitung einer einfachen Funktion g, z.B. ist $\varkappa(x,y) := \langle \operatorname{grad}_y g(x,y), n(y) \rangle$ die Normalenableitung bezüglich x (vgl. (10.6)). Die Ableitungen bestehen in der Regel aus mehr Termen und ihre Auswertung ist daher teuerer. Hier bietet es sich an, die einfachere Funktion zu interpolieren und die Ableitungen auf das Interpolationspolynom anzuwenden. Die zugehörige Fehlerabschätzung wird hier nicht behandelt, findet sich aber zum Beispiel in [26]. In Hayami-Sauter [92] wird für die Randelementformulierung der Elastostatik die matrixwertige Fundamentallösung im Wesentlichen auf zweite Ableitungen der Funktion $|x - y|$ zurückgeführt.

4.2.3 Exponentielle Fehlerabschätzung

Das Ziel ist eine Abschätzung des Taylor- bzw. Interpolationsfehlers R_k durch eine exponentielle Schranke der Form $c_1 \exp(-c_2 k^\alpha)$ aus (4.5). Hierfür sind zwei Voraussetzungen zu stellen:

- $\varkappa(\cdot,\cdot)$ muss (mindestens in einer Variablen) asymptotisch glatt sein (vgl. §4.2.4). Dies sichert Schranken für die in R_k auftretenden Ableitungen von $\varkappa$.
- Die Bereiche X, Y müssen η-zulässig sein.

Zusammen erreicht man dann typischerweise eine Fehlerabschätzung der Art

$$\|\varkappa - \varkappa^{(k)}\|_{\infty,X\times Y} = \|R_k\|_{\infty,X\times Y} \le c_1 \left(c_2'\eta\right)^m \quad \text{mit } k = k(m-1,d) \quad (4.14)$$

(vgl. Sätze 4.2.10 und 4.2.13). Da $(c_2'\eta)^m = \exp(m \log(c_2'\eta))$ und $m \approx k^{1/d}$, folgt (4.5) mit $c_2 := -\log(c_2'\eta)$ und α wie in (4.6). Damit $c_2 > 0$ (d.h. $c_2'\eta < 1$) ist, muss $\eta < 1/c_2'$ vorausgesetzt werden.

Dass exponentielle Konvergenz auch für *alle* $\eta > 0$ gesichert werden kann, zeigt das Beispiel 4.2.3, dessen Taylor-Rest in der nächsten Anmerkung analysiert wird.

Anmerkung 4.2.4. $\varkappa(x,y) = \log|x-y|$ und die Bereiche $X = [a,b]$, $Y = [c,d]$ sowie das Taylor-Entwicklungszentrum $x_0 = \frac{a+b}{2}$ seien wie in Beispiel 4.2.3. Die Abschätzung

$$|R_k(x,y)| \le \frac{1}{k} \frac{\left(\frac{|x-x_0|}{|y-x_0|}\right)^k}{1-\frac{|x-x_0|}{|y-x_0|}} \qquad \text{für alle } x \in X \text{ und } y \in Y \tag{4.15a}$$

zeigt wegen $|x - x_0| < |y - x_0|$ exponentielle Konvergenz. Da $c > b$ vorausgesetzt ist, sind die Bereiche X und Y η-zulässig mit

$$\eta := \operatorname{diam}(X)/\operatorname{dist}(X,Y) = (b-a)/(c-b)$$

(vgl. (4.8a)). Die Ungleichung

$$|R_k(x,y)| \le \frac{2+\eta}{2k}\left(\frac{\eta}{2+\eta}\right)^k \qquad \text{für alle } x \in X,\ y \in Y \tag{4.15b}$$

zeigt, dass für alle $\eta > 0$ exponentielle Konvergenz vorliegt.

Beweis. Aus $R_k(x,y) = \sum_{\ell=k}^{\infty} (x-x_0)^\ell \frac{(-1)^{\ell-1}}{\ell(x_0-y)^\ell}$ (vgl. (4.12)) folgt $|R_k| \le \frac{1}{k}\sum_{\ell=k}^{\infty}\left(\frac{|x-x_0|}{|x_0-y|}\right)^\ell$. Diese geometrische Reihe liefert die Abschätzung (4.15a). Über $|x - x_0| \le (b-a)/2$ und $|y - x_0| = y - x_0 \ge c - x_0 = (b-a)/2 + (c-b)$ folgen

$$\frac{|x-x_0|}{|y-x_0|} \le \frac{(b-a)/2}{(b-a)/2+(c-b)} = \frac{1}{1+2(c-b)/(b-a)} = \frac{1}{1+2/\eta} = \frac{\eta}{2+\eta}$$

und (4.15b). ∎

4.2.4 Asymptotisch glatte Kerne

Die schon erwähnte Kernfunktion $\log|x-y|$ erfüllt ebenso wie viele andere Fundamentallösungen[8] elliptischer Gleichungen die Eigenschaft, asymptotisch glatt zu sein (man spricht auch von Calderón-Zygmund-Kernen).

Definition 4.2.5. *Seien $X, Y \subset \mathbb{R}^d$ Teilmengen, sodass die Kernfunktion $\varkappa(x,y)$ für $x \in X$, $y \in Y$, $x \neq y$, definiert und beliebig oft differenzierbar ist. $\varkappa$ heißt* asymptotisch glatt *in $X \times Y$, falls*

$$|\partial_x^\alpha \partial_y^\beta \varkappa(x,y)| \le c_{\mathrm{as}}(\alpha+\beta)|x-y|^{-|\alpha|-|\beta|-s} \tag{4.16a}$$
$$\text{für } x \in X,\ y \in Y,\ x \neq y,\ \alpha,\beta \in \mathbb{N}_0^d,\ \alpha+\beta \neq 0,$$

mit einem $s \in \mathbb{R}$ und

$$c_{\mathrm{as}}(\nu) = C\,\nu!\,|\nu|^r\,\gamma^{|\nu|} \qquad (\nu \in \mathbb{N}_0^d) \tag{4.16b}$$

gilt, wobei C, r, γ geeignete Konstanten sind.

[8] Zu Fundamentallösungen (Singularitätenfunktionen) vergleiche man [67, §2.1].

Anmerkung 4.2.6. a) Der Faktor $|\nu|^r$ in (4.16b) erlaubt eine feinere Justierung des Wachstumsverhaltens. Man kann auf diesen Faktor verzichten, da er durch eine Vergrößerung von C und γ aufgefangen werden kann (vgl. Lemma 4.1.4a).

b) Der Exponent s in (4.16a) beschreibt im Allgemeinen die Singularität in $x = y$, wie man formal für $\alpha = \beta = 0$ sieht (vgl. aber Teil d)).

c) Wenn X, Y unbeschränkt sind (z.B. $X = Y = \mathbb{R}^d$), beschreibt (4.16a) für $|x - y| \to \infty$ und $|\alpha| + |\beta| > -s$, dass die entsprechenden Ableitungen gegen null streben.

d) Der Fall $\alpha+\beta = 0$ ist ausgenommen, weil für $r > 0$ der Faktor $c_{\text{as}}(0)$ verschwände. Außerdem gibt es $\varkappa$ mit logarithmischer Singularität. Diese erfüllen (4.16a) nur für $\alpha + \beta \neq 0$.

Für die spezielle Wahl $\beta = 0$ bzw. $\alpha = 0$ erhalten wir die Ungleichungen

$$|\partial_x^\alpha \varkappa(x,y)| \le c_{\text{as}}(\alpha)|x-y|^{-|\alpha|-s} \qquad \begin{pmatrix} x \in X,\ y \in Y,\ x \neq y \\ 0 \neq \alpha \in \mathbb{N}_0^d \end{pmatrix}, \tag{4.16c}$$

$$|\partial_y^\beta \varkappa(x,y)| \le c_{\text{as}}(\beta)|x-y|^{-|\beta|-s} \qquad \begin{pmatrix} x \in X,\ y \in Y,\ x \neq y \\ 0 \neq \beta \in \mathbb{N}_0^d \end{pmatrix}. \tag{4.16d}$$

Meist ist es bequemer, mit *Richtungsableitungen* $D_{t,x} = \sum_{i=1}^d t_i \frac{\partial}{\partial x_i}$ $\left(t \in \mathbb{R}^d,\ |t| = 1\right)$ zu arbeiten. Die entsprechenden Formulierungen lauten dann

$$|D_{t,x}^p \varkappa(x,y)| \le C\, p!\, p^r\, \gamma^p\, |x-y|^{-p-s} \qquad \begin{pmatrix} x \in X,\ y \in Y,\ x \neq y \\ p \in \mathbb{N},\ |t| = 1 \end{pmatrix}, \tag{4.16e}$$

$$|D_{t,y}^p \varkappa(x,y)| \le C\, p!\, p^r\, \gamma^p\, |x-y|^{-p-s} \qquad \begin{pmatrix} x \in X,\ y \in Y,\ x \neq y \\ p \in \mathbb{N},\ |t| = 1 \end{pmatrix} \tag{4.16f}$$

für alle Richtungen t.

Beispiel 4.2.7. Für jedes $a \in \mathbb{R}$ ist die Funktion $\varkappa(x, y) = |x - y|^{-a}$ asymptotisch glatt in $X = Y = \mathbb{R}^d$ mit $s = a$. Die genauen Abschätzungen finden sich im Anhang E und werden dort bewiesen. Auch $\log|x - y|$ ist in $X = Y = \mathbb{R}^d$ asymptotisch glatt mit $s = 0$.

Der Beweis zu $\log|x - y|$ für $d = 1$ ergibt sich direkt durch Inspektion der Ableitungen (4.12).

4.2.5 Taylor-Fehlerabschätzung

Es liege der mehrdimensionale Fall $d > 1$ mit $k = k(m-1, d)$ vor. Aufgrund der asymptotischen Glattheit kann der Taylor-Rest in der Form $R_k = \sum_{|\nu| \ge m} \frac{(x-x_0)^\nu}{\nu!} \partial_x^\nu \varkappa(x_0, y)$ geschrieben werden. Sei $\xi \in \mathbb{R}^d$ der Vektor mit den Komponenten $\xi_i = |x_i - x_{0,i}|$, sodass $\xi^\nu = \left|(x - x_0)^\nu\right|$ ($|\cdot|$: Absolutbetrag). Wir verwenden (4.16c) mit C, r, γ aus (4.16b) und schätzen wie folgt ab:

$$|R_k| \le C\,|x-y|^{-s} \sum_{|\nu|\ge m} \xi^\nu \left(\frac{\gamma}{|x_0-y|}\right)^{|\nu|} = C|x-y|^{-s} \sum_{\ell=m}^{\infty} \left(\frac{\gamma}{|x_0-y|}\right)^{\ell} \sum_{|\nu|=\ell} \xi^\nu.$$

Für $\varphi_{d,\ell}(\xi) := \sum_{|\nu|=\ell} \xi^\nu$ ist in Lemma E.3.1 die Schranke $\mathcal{O}(|\xi|^\ell)$ bewiesen. Mit $|\xi| = |x - x_0|$ folgt

$$|R_k| \le C' \sum_{\ell=m}^{\infty} \left(\frac{\gamma\,|x-x_0|}{|x_0-y|}\right)^{\ell} = C' \frac{\vartheta^m}{1-\vartheta} \tag{4.17}$$

$$\text{mit } \vartheta := \frac{\gamma\,|x-x_0|}{|x_0-y|} \le \frac{\gamma r_x}{|x_0-y|}, \qquad r_x = \max_{x\in X} |x-x_0|\,,$$

vorausgesetzt dass $\vartheta < 1$ die Konvergenz sichert. Dies beweist den

Satz 4.2.8. *$\varkappa(x,y)$ sei asymptotisch glatt*[9] *in $X \times Y \subset \mathbb{R}^d \times \mathbb{R}^d$. Sei $r_x = \max_{x\in X} |x - x_0|$. a) Y erfülle $\operatorname{dist}(x_0, Y) > \gamma\, r_x$, wobei γ die Konstante in (4.16b) ist. Dann gilt für alle $y \in Y$ die Abschätzung (4.17).*

b) Wenn X, Y η-zulässig im Sinne von (4.8a) sind, gilt $r_x < \operatorname{diam} X$ und $\operatorname{dist}(x_0, Y) \ge \operatorname{dist}(X, Y)$, sodass $\vartheta < \eta\gamma$. Damit garantiert $\eta \le 1/\gamma$ exponentielle Konvergenz.

Anders als im eindimensionalen Fall $(d = 1)$ braucht $\operatorname{dist}(x_0, Y)$ nicht wesentlich größer als $\operatorname{dist}(X, Y)$ zu sein, auch wenn $\operatorname{diam}(X)$ nicht klein ist. Das Gegenbeispiel ist in Abbildung 4.3 veranschaulicht.

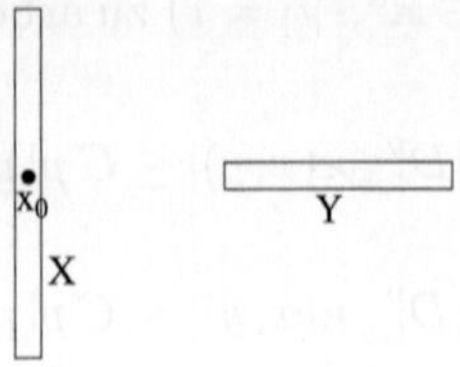

Abb. 4.3. Beispiel für $\operatorname{dist}(x_0, Y) \approx \operatorname{dist}(X, Y)$

Die im Weiteren diskutierten Interpolationsfehler können als Taylor-Fehler angesehen werden, wenn man die Interpolationsstützstellen x_i gegen das Taylor-Entwicklungszentrum x_0 streben lässt (vgl. Lemma 4.2.9, Korollar 4.2.11 und Satz 4.2.13b).

4.2.6 Interpolationsfehler für $d = 1$

Sowohl die Taylor-Entwicklung als auch die Interpolation (4.13) mit den Stützstellen x_i führen auf den Fehler[10]

$$\varkappa(x,y) - \varkappa^{(k)}(x,y) = \frac{\omega(x)}{k!} \partial_x^k \varkappa(x,y)\Big|_{x=\xi} \quad \text{mit } \omega(x) := \prod_{i=1}^{k} (x - x_i)\,, \tag{4.18}$$

[9] Es wird lediglich die Ungleichung (4.16c) benötigt.

[10] Im Falle der Čebyšev-Knoten $x_i \in [a,b]$ ist $\prod_{i=1}^k (x - x_i) = (\frac{b-a}{4})^k T_k(\xi)$ für $\xi = (x - \frac{a+b}{2})/\frac{b-a}{2} \in [-1,1]$. Damit folgt $\left|\prod_{i=1}^k (x - x_i)\right| \le (\frac{b-a}{4})^k$ für alle $x \in [a,b]$. Im Fall der Taylor-Entwicklung gilt dagegen $\left|\prod_{i=1}^k (x - x_i)\right| = |x - x_0|^k \le (\frac{b-a}{2})^k$. Für beliebige Wahl der $x_i \in [a,b]$ trifft $\left|\prod_{i=1}^k (x - x_i)\right| \le (b-a)^k$ zu.

wobei ξ ein Zwischenwert im Intervall $[\min\{x, x_1, \ldots, x_n\}, \max\{x, x_1, \ldots, x_n\}]$ ist (im Taylor-Fall ist $x_i := x_0$ für alle i zu setzen; vgl. (B.14)).

Für viele Zwecke sind ableitungsfreie Fehlerabschätzungen hilfreicher. Hierbei ist vorausgesetzt, dass $\varkappa(\cdot, y)$ bezüglich des ersten Argumentes in einer komplexen Umgebung analytisch ist (vgl. Satz B.3.3).

Lemma 4.2.9. *$\varkappa(x,y)$ sei asymptotisch glatt*[11] *in $X \times Y \subset \mathbb{R} \times \mathbb{R}$, wobei X ein Intervall sei. Die Interpolation bezüglich x verwende Stützstellen in X und produziere $\varkappa^{(k)}(x,y)$ (Grad der Polynominterpolation ist $k-1$). Es gelte $k > 0$ und $k + s \geq 0$ (s aus (4.16e)). Dann gilt die Abschätzung*

$$\left\| \varkappa(\cdot, y) - \varkappa^{(k)}(\cdot, y) \right\|_{\infty, X} \leq c_1 \left[\frac{c_2' \cdot \operatorname{diam}(X)}{\operatorname{dist}(y, X)} \right]^k \qquad \text{für alle } y \in Y \backslash X \qquad (4.19)$$

mit Konstanten c_1, c_2' unabhängig von k. Die gleiche Abschätzung gilt für die Taylor-Approximation (4.10) mit $x_0 \in X$.

Beweis. Gemäß (4.18) ist

$$|\varkappa(x,y) - \varkappa^{(k)}(x,y)| \leq \left| \frac{1}{k!} \omega(x) \partial_x^k \varkappa(\xi, y) \right| \leq \frac{c_{\mathrm{as}}(k)}{k!} \|\omega\|_\infty |\xi - y|^{-k-s}.$$

Da der Zwischenwert ξ in X liegt, folgt $|\xi - y|^{-k-s} \leq \operatorname{dist}(y, X)^{-k-s}$. Die Funktion $\omega(x) = \prod_{i=1}^k (x - x_i)$ kann im schlechtesten Falle durch $\operatorname{diam}(X)^k$ abgeschätzt werden. Der günstigste Fall $\|\omega\|_\infty = (\frac{\operatorname{diam}(X)}{4})^k$ ergibt sich für die Čebyšev-Knoten x_i (vgl. (B.20*)). Es gilt also $\|\omega\|_\infty \leq (c_2'')^k \operatorname{diam}(X)^k$ für ein $c_2'' \in [\frac{1}{4}, 1]$. Schließlich ist $\frac{c_{\mathrm{as}}(k)}{k!} = C\, k^r \gamma^k$ mit C, r, γ aus (4.16b). Zur Vereinfachung folgen wir der Anmerkung 4.2.6a und nehmen o.B.d.A. $r = 0$ an, d.h. $\frac{c_{\mathrm{as}}(k)}{k!} = C\, \gamma^k$. Insgesamt erhalten wir

$$|\varkappa(x,y) - \varkappa^{(k)}(x,y)| \leq C\, \gamma^k\, (c_2'')^k\, \operatorname{diam}(X)^k\, \operatorname{dist}(y, X)^{-k-s}.$$

Wir setzen $c_1 := C \operatorname{dist}(y, X)^{-s}$, $c_2' := \gamma c_2''$ und gelangen zu (4.19). ∎

Da im η-zulässigen Fall

$$\operatorname{diam}(X) \leq \eta \operatorname{dist}(X, Y) \leq \eta \operatorname{dist}(y, X) \qquad \text{für alle } y \in Y$$

gilt, folgt der nächste Satz, der die Ungleichung (4.14) bestätigt.

Satz 4.2.10. *Zusätzlich zu den Voraussetzungen in Lemma 4.2.9 seien X, Y η-zulässig im Sinne von (4.8a). Dann gilt mit den Konstanten c_1, c_2' aus (4.19) die Abschätzung*

$$\|\varkappa - \varkappa^{(k)}\|_{\infty, X \times Y} \leq c_1 \left(c_2' \eta\right)^k. \qquad (4.20)$$

[11] Es wird lediglich die Ungleichung (4.16e) benötigt.

Korollar 4.2.11. *a) Die Konstante c_2' aus (4.19) und (4.20) ist $\gamma/4$ mit γ aus (4.16e) im Falle der Čebyšev-Interpolation (vgl. §B.3.1.4). Für die Taylor-Entwicklung im Čebyšev-Zentrum von X gilt $c_2' = \gamma/2$.*

b) Für $\varkappa(x,y) = |x-y|^{-a}$ und $\varkappa(x,y) = \log|x-y|$ ($k > 0$) ist $\gamma = 1$ (vgl. Satz E.1.1) und damit $c_2' = 1/4$ bzw. $c_2' = 1/2$ in beiden Fällen aus a).

c) Im Falle der Interpolation bezüglich $y \in Y$ gilt entsprechend

$$\left\|\varkappa(x,\cdot) - \varkappa^{(k)}(x,\cdot)\right\|_{\infty,Y} \le c_1 \left[\frac{c_2' \cdot \operatorname{diam}(Y)}{\operatorname{dist}(x,Y)}\right]^k \qquad \text{für alle } x \in X\backslash Y. \tag{4.21}$$

Die Zulässigkeitsbedingung (4.8b) liefert (4.20).

d) Interpolation bezüglich $x \in X$ und $y \in Y$ führt auf

$$\left\|\varkappa - \varkappa^{(k)}\right\|_{\infty,X\times Y} \le c_1 \left[\frac{c_2' \cdot \max\{\operatorname{diam}(X), \operatorname{diam}(Y)\}}{\operatorname{dist}(X,Y)}\right]^k. \tag{4.22}$$

Mit der Zulässigkeitsbedingung (4.8d) folgt wieder (4.20).

4.2.7 Verschärfte Fehlerabschätzung

Für die eindimensionale Interpolation lässt sich wie für die Taylor-Entwicklung in Anmerkung 4.2.4 ein verschärftes Resultat zeigen, das exponentielle Konvergenz für alle Parameterwerte η garantiert. Zwar steigen die k-unabhängigen Faktoren in der nachfolgenden Abschätzung (4.23) für $\operatorname{dist}(y,X) \searrow 0$ polynomiell gegen ∞. Aber der Faktor $[1 + \frac{2\operatorname{dist}(y,X)}{\gamma \operatorname{diam}(X)}]^{-k}$ konvergiert für $\operatorname{dist}(y,X) \searrow 0$ exponentiell gegen null.

Satz 4.2.12. *$\varkappa(x,y)$ sei asymptotisch glatt[12] in $X \times Y \subset \mathbb{R}\times\mathbb{R}$, wobei X ein kompaktes Intervall sei und $X \cap Y = \emptyset$. Die Interpolation in x vom Polynomgrad $k-1$ habe auf X die Stabilitätskonstante C_{stab} (vgl. (B.17)) und produziere die Interpolierende $\varkappa^{(k)}(\cdot,y)$. Dann gilt die Abschätzung*

$$\begin{aligned}&\left\|\varkappa(\cdot,y) - \varkappa^{(k)}(\cdot,y)\right\|_{\infty,X} \\ &\le K\left[1 + \frac{\gamma \operatorname{diam}(X)}{\operatorname{dist}(y,X)}\right] \frac{k^{r+1}}{\operatorname{dist}(y,X)^s}\left[1 + \frac{2\operatorname{dist}(y,X)}{\gamma \operatorname{diam}(X)}\right]^{-k} \qquad (y \in Y)\end{aligned} \tag{4.23}$$

mit $K := 4\mathrm{e}\,(1 + C_{\text{stab}})\,C$ und C, r, γ aus (4.16e). Sind X, Y η-zulässig im Sinne von (4.8a), so folgt

$$\left\|\varkappa - \varkappa^{(k)}\right\|_{\infty,X\times Y} \le K\,(1+\gamma\eta)\,\frac{k^{r+1}}{\operatorname{dist}(X,Y)^s}\left(\frac{\gamma\eta}{2+\gamma\eta}\right)^k.$$

---

[12] Es wird lediglich die Ungleichung (4.16e) benötigt.

Beweis. $y \in Y$ sei fest. Der Interpolationsfehler $\|\varkappa(\cdot,y) - \varkappa^{(k)}(\cdot,y)\|_{\infty,X}$ ist gemäß Lemma B.3.2 abschätzbar durch $(1 + C_{\text{stab}})$ multipliziert mit dem Bestapproximationsfehler. Für Letzteren wird in Lemma B.2.3 die Schranke (B.11b) bereitgestellt. Die Größen C_u, γ_u für $u = \varkappa(\cdot,y)$ aus (B.11a) ergeben sich aus (4.16e) als $C_u := C\,k^r \operatorname{dist}(y,X)^{-s}$ und $\gamma_u := \gamma \,/\operatorname{dist}(y,X)$. Einsetzen dieser Größen in (B.11b) zeigt die Behauptung. ∎

Die letzte Ungleichung des Satzes liefert über Lemma 4.1.4a wieder (4.14).

4.2.8 Interpolationsfehler für $d > 1$

Im mehrdimensionalen Fall $d > 1$ verwenden wir die *Tensorprodukt-Interpolation* im Quader $X = \prod_{i=1}^{d}[a_i, b_i]$. Der Interpolationsfehler beträgt

$$\left|\varkappa(x,y) - \varkappa^{(k)}(x,y)\right| \le \frac{1}{m!} C_{\text{stab}}^{d-1}(m) \sum_{i=1}^{d} \|\omega_i\|_{\infty,[a_i,b_i]} \left\|\partial_{x_i}^m f\right\|_{\infty,X} \tag{4.24}$$

$$\text{mit} \quad \omega_i(x_i) := \prod_{j=1}^{m} (x_i - x_{i,j}),$$

wobei $k = m^d$ (vgl. (B.22)). Zur Stabilitätskonstante $C_{\text{stab}}(m)$ vergleiche man (B.17) und (B.21).

Man beachte, dass der Separationsrang k und der Polynomgrad m nicht mehr wie für $d = 1$ identisch sind. Wegen $k = m^d$ verschlechtert sich der Separationsrang für eine fixierte Genauigkeit mit zunehmender Dimension d.

Satz 4.2.13. *a) $\varkappa(x,y)$ sei asymptotisch glatt*[13] *in $X \times Y \subset \mathbb{R}^d \times \mathbb{R}^d$. Dabei sei $X = \prod_{i=1}^{d}[a_{i.}, b_i]$. Die Tensorprodukt-Interpolation verwende den Grad $m-1$ in allen Koordinatenrichtungen x_i mit Stützstellen in $[a_{i.}, b_i]$ und produziere $\varkappa^{(k)}(x,y)$ ($k = m^d$). Für die Stabilitätskonstante gelte $C_{\text{stab}}(m) \le \mathcal{O}(const^m)$. Ferner sei $m + s \ge 0$ (s aus (4.16e)). Dann gilt die Abschätzung*

$$\left\|\varkappa(\cdot,y) - \varkappa^{(k)}(\cdot,y)\right\|_{\infty,X} \le c_1 \left[\frac{c_2' \cdot \operatorname{diam}_\infty(X)}{\operatorname{dist}(y,X)}\right]^m \quad \textit{für alle } y \in Y \backslash X \tag{4.25}$$

mit Konstanten c_1, c_2' unabhängig von m. Hierbei ist

$$\operatorname{diam}_\infty(X) = \max\{b_i - a_i : 1 \le i \le d\}$$

der Durchmesser bezüglich der Maximumnorm. Sind X, Y η-zulässig im Sinne von $\operatorname{diam}_\infty(X) \le \eta \operatorname{dist}(X,Y)$, so folgt (4.14).

b) Die Taylor-Entwicklung (4.10) vom Grad $m-1$ um $x_0 \in X$ liefert $k = k(m-1,d)$ Terme (vgl. (4.11)). Der Taylor-Rest genügt der Ungleichung

[13] Es wird lediglich die Ungleichung (4.16e) benötigt.

$$\left\| \varkappa(\cdot, y) - \varkappa^{(k)}(\cdot, y) \right\|_{\infty, X} \leq c_1 \left[\frac{c_2' \cdot \operatorname{diam}(X)}{\operatorname{dist}(y, X)} \right]^m \qquad \text{für alle } y \in Y \backslash X, \quad (4.26)$$

wobei jetzt diam(X) *mittels der Euklidischen Norm definiert ist. Sind* X, Y η*-zulässig im Sinne von (4.8a), so folgt (4.14).*

Beweis. a) Da in (4.24) nur Ableitungen in einer Koordinatenrichtung auftreten, wird die asymptotische Glattheit lediglich in der Form (4.16e) benötigt. Der Beweis von Lemma 4.2.9 kann analog auf den Fall $d > 1$ übertragen werden. Zu beachten ist nur der zusätzliche Faktor $C_{\text{stab}}^{d-1}(m)$ in (4.24), der die Wahl von c_2 beeinflusst.

b) Der Taylor-Rest $R_{m-1} = \frac{1}{m!} D_{x-x_0}^m \varkappa(x_0 + \vartheta\,(x - x_0), y)$ aus (B.7) lautet nach der Normierung $t := |x - x_0|^{-1} (x - x_0) \in \mathbb{R}^d$

$$\begin{aligned} |R_{m-1}| &= \frac{|x - x_0|^m}{m!} \left| D_t^m \varkappa(x_0 + \vartheta\,(x - x_0), y) \right| \\ &\leq C\, |x - x_0|^m\, \gamma^m |x_0 + \vartheta\,(x - x_0) - y|^{-m-s} \end{aligned}$$

und ist durch $\mathcal{O}\left([|x - x_0|\, \gamma / \operatorname{dist}(y, X)]^m\right)$ beschränkt. ∎

4.3 Weitere separable Entwicklungen

4.3.1 Andere Interpolationsverfahren *

Die Polynominterpolation ist wegen ihrer Einfachheit oft die erste Wahl, aber andere Interpolationsverfahren können ebensogut verwendet werden. Hierzu gehören zum Beispiel die *trigonometrische* Interpolation (vgl. [129]) oder die in §D.2 diskutierte *Sinc-Interpolation.*

Stückweise Interpolationen kommen weniger in Frage, da dort die Fehlerabschätzungen ungünstiger sind. Wenn allerdings die Kernfunktion $\varkappa$ nicht asymptotisch glatt, sondern nur stückweise glatt ist, wären stückweise Interpolationen wie in §4.3.3 beschrieben die beste Methode.

Auf Interpolation bzw. Approximation durch *Exponentialfunktionen* wird speziell in Abschnitt 4.3.4 hingewiesen.

4.3.2 Transformationen *

Eine weitere Möglichkeit ist, die Funktion $\varkappa(x, y)$ zuerst mittels $x = \varphi(t)$ geeignet zu transformieren: $\tilde{\varkappa}(t, y) := \varkappa(\varphi(t), y)$. Die Interpolation von $\tilde{\varkappa}(t, y)$ liefere die Darstellung

$$\tilde{\varkappa}(t, y) \approx \tilde{\varkappa}^{(k)}(t, y) = \sum_j \tilde{\varkappa}(t_j, y) L_j(t)$$

(t_j: Stützstellen, L_j: Lagrange-Funktionen[14]). Sei φ^{-1} die Umkehrfunktion zu φ. Dann schreibt sich die Näherung äquivalent in der Form

$$\varkappa(x,y) \approx \varkappa^{(k)}(x,y) = \sum_j \varkappa(\varphi(t_j),y) L_j(\varphi^{-1}(x)).$$

Das Resultat lässt sich als eine Interpolation mit Hilfe der Funktionen $L_j(\varphi^{-1}(\cdot))$ deuten. Diese Methode ist zum Beispiel interessant, wenn φ die Parametrisierung einer Kurve beschreibt.

4.3.3 Stückweise separable Entwicklung *

Der Bereich $X \times Y$, in dem die separable Entwicklung (4.1) bestimmt werden soll, kann auch disjunkt in Teilbereiche zerlegt werden, die jedoch alle die Produktform $X' \times Y''$ besitzen müssen. Separable Entwicklungen in den Teilbereichen können dann zu einer separablen Entwicklung im Gesamtbereich zusammengesetzt werden.

Beispielsweise wähle man eine disjunkte Zerlegung von X in $X_1 \dot\cup X_2$ und von Y in $Y_1 \dot\cup Y_2$. Für alle vier Kombinationen $X_i \times Y_j \subset X \times Y$ bestimme man jeweils eine separable Entwicklung

$$\varkappa^{(k,i,j)}(x,y) = \sum_{\nu=1}^{k} \varphi_\nu^{(k,i,j)}(x) \psi_\nu^{(k,i,j)}(y) \quad \text{für } x \in X_i,\ y \in Y_j \quad (1 \le i,j \le 2).$$

Dabei dürfen die jeweiligen Entwicklungen nach unterschiedlichen Methoden konstruiert sein. Wir setzen

$$\left.\begin{aligned} \varphi^{(4k)}_{1+4(\nu-1)+2(i-1)+j-1} &:= \varphi_\nu^{(k,i,j)} \cdot \chi_{X_i}, \\ \psi^{(4k)}_{1+4(\nu-1)+2(i-1)+j-1} &:= \psi_\nu^{(k,i,j)} \cdot \chi_{Y_j}, \end{aligned}\right. \qquad (1 \le i,j \le 2,\ 1 \le \nu \le k)$$

wobei χ_C die charakteristische Funktion der Menge C bezeichnet. Produkte mit χ_C seien außerhalb von C stets als null definiert, auch wenn der andere Faktor dort nicht definiert ist. Damit erhält man eine separable Entwicklung der Form (4.1):

$$\varkappa^{(4k)}(x,y) = \sum_{\nu=1}^{4k} \varphi_\nu^{(4k)}(x) \psi_\nu^{(4k)}(y) = \sum_{i,j=1}^{2} \sum_{\nu=1}^{k} \left(\varphi_\nu^{(k,i,j)} \chi_{X_i}\right)(x) \left(\psi_\nu^{(k,i,j)} \chi_{Y_j}\right)(y).$$

Die Zahl der Terme beträgt k multipliziert mit der Anzahl der Teilbereiche (hier 4). Man überzeugt sich leicht, dass für $(x,y) \in X_{i'} \times Y_{j'}$ alle Kombinationen i,j aus $\sum_{i,j=1}^{2}$ zu null führen bis auf $i = i', j = j'$, sodass $\varkappa^{(4k)}(x,y)$ wie vorher mit $\sum_{\nu=1}^{k} \varphi_\nu^{(k,i,j)}(x) \psi_\nu^{(k,i,j)}(y)$ übereinstimmt.

[14] L_j heißt Lagrange-Funktion, wenn sie im gewünschten Interpolationsraum liegt und $L_j(t_k) = \delta_{jk}$ (Kronecker-Symbol) erfüllt. Falls der Interpolationsraum durch Polynome gegeben ist, sind die L_j die Lagrange-Polynome.

Anmerkung 4.3.1. Beim stückweisen Vorgehen darf die Zerlegung des x-Bereiches nicht vom Argument y abhängig gemacht werden und umgekehrt. Wie im obigen Beispiel müssen die Teilbereiche kartesische Produkte $X_i \times Y_j$ sein. Es ist z.B. nicht möglich, das Quadrat $[0,1]^2$ in die beiden Dreiecke $\{(x,y) : 0 \le x \le y \le 1\}$ und $\{(x,y) : 0 \le y \le x \le 1\}$ zu zerlegen.

4.3.4 Kerne, die von $x - y$ abhängen

Viele der interessanten Kernfunktionen sind eine Funktion der Differenz $x-y$, d.h.

$$\varkappa(x,y) = s(x-y).$$

Wenn x und y in X bzw. Y variieren, gehört die Differenz $t = x - y$ zu

$$B_t := B_t(X,Y) := \{x - y : x \in X,\, y \in Y\}.$$

Falls man $s(\cdot)$ in B_t durch ein Polynom approximiert: $s(t) \approx P(t)$ (Taylor-Entwicklung, Interpolation usw.), ist $P(x-y)$ offenbar ein Polynom gleichen Grades in x und y. Wegen (4.4) ist damit eine separable Approximation (4.1) für $\varkappa(x,y) = s(x-y)$ gefunden, bei der $\varphi_\nu^{(k)}$ und $\psi_\nu^{(k)}$ Polynome sind.

Eine weitere Möglichkeit ist die Approximation von $s(t)$ durch eine b/a der Form $s^{(k)}(t) := \sum_{\nu=1}^{k} \omega_\nu \exp(-\alpha_\nu t)$ (vgl. §13.2.3.2, §D.4.2). Dann besitzt $\varkappa^{(k)}(x,y) := s^{(k)}(x-y)$ den gleichen Separationsrang k.

Zum Teil wendet man für verschiedene Bereiche von t verschiedene Entwicklungen an. Wegen Anmerkung 4.3.1 kann ein Bereich aber nicht implizit durch $\{(x,y) : \underline{t} \le x - y \le \overline{t}\}$ definiert werden, sondern muss die Gestalt $X \times Y$ besitzen. Umgekehrt ist zu beachten, dass auch für disjunkte Bereiche $X \times Y$ und $X' \times Y'$ die Mengen $B_t(X,Y)$ und $B_t(X',Y')$ überlappen können.

4.3.5 L-harmonische Funktionen *

Die in §4.2 behandelten Approximationen verwenden Polynome. Für die Wahl der Polynome spricht, dass diese für analytische Funktionen die optimale Approximationsordnung liefern.

In vielen Anwendungen sind die Kernfunktionen Fundamentallösungen elliptischer Gleichungen, das heißt, sie erfüllen $L_x \varkappa(x,y) = \delta(x-y)$ und $L_y^* \varkappa(x,y) = \delta(x-y)$. Dabei sind L ein elliptischer Differentialoperator (z.B. $L = \Delta = \sum_{i=1}^{d} \partial^2/\partial x_i^2$) und L^* der adjungierte Operator. Der untere Index in L_x bzw. L_y^* besagt, dass L auf die x- bzw. y-Variable angewandt wird. $\delta(\cdot)$ ist die Diracsche Deltafunktion. Wählt man disjunkte Bereiche X und Y, folgt $L_x \varkappa(x,y) = L_y^* \varkappa(x,y) = 0$ für $x \in X$ und $y \in Y$. Damit sind $\varkappa(\cdot,y)$ $L-$harmonisch und $\varkappa(x,\cdot)$ L^*-harmonisch im Sinne der folgenden

Definition 4.3.2. *Eine Funktion $u(\cdot)$ mit $Lu = 0$ heißt L-harmonisch*[15].

Für die Entwicklung $\varkappa^{(k)}(x,y) = \sum_{\nu=1}^{k} \varphi_\nu^{(k)}(x)\psi_\nu^{(k)}(y)$ kann man fordern, dass auch $\varkappa^{(k)}$ L-harmonisch in x und L^*-harmonisch in y seien:

$$L\varphi_\nu^{(k)} = 0, \quad L^*\psi_\nu^{(k)} = 0.$$

Für den Laplace-Operator Δ ergeben sich als Kandidaten die harmonischen Polynome. Im Falle $d = 2$ lauten die harmonischen Polynome in $x = (x_1, x_2)$:

$$\begin{array}{lll} \text{Grad} = 0: & 1 & \\ \text{Grad} = 1: & x_1 & x_2 \\ \text{Grad} = 2: & x_1^2 - x_2^2 & x_1 x_2 \\ \text{Grad} = 3: & x_1^3 - 3x_1 x_2^2 & x_2^3 - 3x_1^2 x_2 \\ \text{Grad} = 4: & x_1^4 - 6x_1^2 x_2^2 + x_2^4 & x_1^3 x_2 - x_1 x_2^3 \end{array}$$

Der offensichtliche Vorteil ist, dass die Anzahl der harmonischen Polynome bis zu einem Grad m nur $\mathcal{O}(m)$ beträgt (statt $\mathcal{O}(m^2)$ im allgemeinen Fall; vgl. Anmerkung 4.2.1). Bei Raumdimension d reduziert sich die Zahl von $\mathcal{O}(m^d)$ auf $\mathcal{O}(m^{d-1})$. Die Hinzunahme der nicht-harmonischen Polynome verbessert die Approximation an eine harmonische Funktion nicht.

Ansätze mit L-harmonischen Funktionen werden in Multipol-Verfahren verwendet (vgl. [122], Sauter-Schwab [125, §7.1.3.2]). Man beachte, dass für spezielle Differentialoperatoren L auch spezielle Funktionensysteme benötigt werden. Für L mit variablen Koeffizienten kennt man im Allgemeinen die L-harmonischen Funktionen nicht explizit.

4.3.6 Separable Entwicklungen mittels Kreuzapproximation *

Die Anwendung der Kreuzapproximation auf bivariate Funktionen wird in §9.4.4 erläutert werden. Sie liefert separable Entwicklungen, die in §9.4.5 für die sogenannte hybride Kreuzapproximation ausgenutzt werden.

4.3.7 Die optimale separable Entwicklung

Bei Matrizen ermöglicht die Singulärwertzerlegung die beste Approximation durch Rang-k-Matrizen (vgl. Satz 2.4.1). Im Anhang C.4 findet sich die Herleitung der Singulärwertzerlegung für kompakte Operatoren. Das Resultat ist die Darstellung

[15] Falls $\Delta u = 0$ für den Laplace-Operator $\Delta = \sum_{i=1}^{d} (\partial/\partial x_i)^2$ gilt, heißt u *harmonisch*. Der Name "L-harmonisch" ist eine Verallgemeinerung für andere Differentialoperatoren L als Δ. Die Bedingung $Lu = 0$ kann auch in der schwachen Form (Variationsformulierung) angegeben werden.

$$\varkappa(x,y) = \sum_{\nu=1}^{\infty} \sigma_\nu \, \varphi_\nu(x) \, \psi_\nu(y) \qquad (x \in X, \, y \in Y) \tag{4.27}$$

mit Singulärwerten $\sigma_1 \geq \sigma_2 \geq \ldots \geq \sigma_\nu \searrow 0$ und Funktionensystemen $\{\varphi_\nu : \nu \in \mathbb{N}\}$ und $\{\psi_\nu : \nu \in \mathbb{N}\}$, die jeweils Orthonormalsysteme in $L^2(X)$ bzw. $L^2(Y)$ darstellen (vgl. Satz C.4.1 und Anmerkung C.4.2b).

Wie im Matrixfall ergibt sich die beste k-Term-Approximation als die Teilsumme

$$\varkappa^{(k)}(x,y) = \sum_{\nu=1}^{k} \sigma_\nu \, \varphi_\nu(x) \, \psi_\nu(y) \qquad (x \in X, \, y \in Y), \tag{4.28}$$

die (4.1) mit $\varphi_\nu^{(k)} := \sigma_\nu \varphi_\nu$ und $\psi_\nu^{(k)} = \psi_\nu$ entspricht. Die Fehler sind gemäß (C.17) und (C.20)

$$\begin{aligned} \|\mathcal{K}_{XY} - \mathcal{K}_{XY}^{(k)}\|_{L^2(X) \leftarrow L^2(Y)} &= \sigma_{k+1}, \\ \|\varkappa - \varkappa^{(k)}\|_{L^2(X \times Y)} = \|\mathcal{K}_{XY} - \mathcal{K}_{XY}^{(k)}\|_{\mathrm{F}} &= \sqrt{\textstyle\sum_{\nu=k+1}^{\infty} \sigma_\nu^2}. \end{aligned} \tag{4.29}$$

Dabei sind $\mathcal{K}_{XY}$ und $\mathcal{K}_{XY}^{(k)}$ die Integraloperatoren mit den auf $X \times Y$ definierten Kernfunktionen $\varkappa$ und $\varkappa^{(k)}$:

$$\begin{aligned} (\mathcal{K}_{XY} u)(x) &:= \int_Y \varkappa(x,y) u(y) \mathrm{d}y, \\ (\mathcal{K}_{XY}^{(k)} u)(x) &:= \int_Y \varkappa^{(k)}(x,y) u(y) \mathrm{d}y \end{aligned} \qquad (x \in X) \tag{4.30}$$

(vgl. Fußnote 22 auf Seite 18). Es gibt kein $\varkappa^{(k)}$ von der Form (4.1), das in (4.29) bessere Abschätzungen erzielen kann (vgl. Satz C.4.6). Damit bestimmen allein die Singulärwerte σ_ν die bestmöglichen Fehler $\|\mathcal{K}_{XY} - \mathcal{K}_{XY}^{(k)}\|_{L^2(X) \leftarrow L^2(Y)}$ und $\|\varkappa - \varkappa^{(k)}\|_{L^2(X \times Y)}$.

Im Allgemeinen ist die Entwicklung (4.27) nicht zugänglich. Interessant ist aber bereits das asymptotische Verhalten der Singulärwerte σ_ν. Falls beispielsweise $|\sigma_\nu| \approx c_1' \exp(-c_2' \nu^\alpha)$ gilt, wäre eine separable Entwicklung mit dem Fehlerverhalten (4.5) (bei gleichem α) asymptotisch optimal.

4.4 Diskretisierung von Integraloperatoren mit separablen Kernfunktionen

4.4.1 Einführung: Separable Entwicklung und Galerkin-Diskretisierung

Zum Zwecke der Einführung nehmen wir die folgende Situation an:

1. Die quadratische Matrix $K \in \mathbb{R}^{I \times I}$ werde auf einen zulässigen Block $b = \tau \times \sigma$ $(\tau, \sigma \subset I)$ beschränkt.

2. Die Funktion $\varkappa(x,y)$ sei für $x,y \in \Gamma$ definiert. Gegeben Teilbereiche X und Y von Γ, betrachten wir im Folgenden die Beschränkung von $\varkappa(x,y)$ auf $X \times Y$ und die hierdurch definierten Integraloperatoren $\mathcal{K}_{XY}$ und $\mathcal{K}_{XY}^{(k)}$ aus (4.30).
3. Der Zusammenhang von K und $\varkappa(x,y)$ sei durch (1.28) gegeben: $K_{ij} = \int_\Gamma \int_\Gamma \varkappa(x,y)\phi_i(x)\phi_j(y)\mathrm{d}x\mathrm{d}y$ (ϕ_i für $i \in I$ sind die Basisfunktionen des Galerkin-Verfahrens, vgl. (1.22a)). Die Voraussetzung an die Indexteilmengen τ, σ ist, dass sie im folgenden Sinne zu X, Y passen:
$$\text{Träger}(\phi_i) \subset X \quad \text{für } i \in \tau \quad \text{und Träger}(\phi_j) \subset Y \quad \text{für } j \in \sigma. \tag{4.31}$$
Damit lässt sich der Integrationsbereich von $\Gamma \times \Gamma$ auf $X \times Y$ reduzieren:
$$K_{ij} = \int_X \int_Y \varkappa(x,y)\phi_i(x)\phi_j(y)\mathrm{d}x\mathrm{d}y \quad \text{für alle } i \in \tau,\ j \in \sigma. \tag{4.32}$$
4. Zu einem k sei eine Approximation $\varkappa^{(k)}(x,y) = \sum_{\nu=1}^k \varphi_\nu^{(k)}(x)\psi_\nu^{(k)}(y)$ gemäß (4.1) gegeben.

In (4.32) ersetzen wir $\varkappa$ durch $\varkappa^{(k)}$ und erhalten
$$K_{ij}^{(k)} := \int_X \int_Y \varkappa^{(k)}(x,y)\phi_i(x)\phi_j(y)\mathrm{d}x\mathrm{d}y \quad \text{für alle } i \in \tau,\ j \in \sigma. \tag{4.33}$$

Dies definiert den Matrixblock $K^{(k)}|_{\tau\times\sigma}$, vorausgesetzt dass die Mengen X, Y aus (4.31) die Zulässigkeitsbedingung aus §4.1.3 erfüllen[16].

Der Fehler $K^{(k)}|_{\tau\times\sigma} - K|_{\tau\times\sigma}$ hängt offenbar eng mit $\varkappa - \varkappa^{(k)}$ zusammen und wird in §4.5 diskutiert werden. Die folgende Feststellung ist einfach, aber fundamental.

Satz 4.4.1. *Wenn $\varkappa^{(k)}$ ein separabler Ausdruck der Form (4.1) ist, gehört $K^{(k)}|_{\tau\times\sigma}$ zu $\mathcal{R}(k,\tau,\sigma)$.*

Beweis. Für $i \in \tau$ und $j \in \sigma$ ist
$$\begin{aligned} K_{ij}^{(k)} &= \int_X \int_Y \varkappa^{(k)}(x,y)\phi_i(x)\phi_j(y)\mathrm{d}x\mathrm{d}y \\ &= \sum_{\nu=1}^k \int_X \int_Y \varphi_\nu^{(k)}(x)\psi_\nu^{(k)}(y)\phi_i(x)\phi_j(y)\mathrm{d}x\mathrm{d}y = \\ &= \sum_{\nu=1}^k \underbrace{\int_X \varphi_\nu^{(k)}(x)\phi_i(x)\mathrm{d}x}_{=:\, a_{i\nu}} \underbrace{\int_Y \psi_\nu^{(k)}(y)\phi_j(y)\mathrm{d}y}_{=:\, b_{j\nu}} = \sum_{\nu=1}^k a_{i\nu}b_{j\nu} \\ &= \left(AB^\top\right)_{i,j}. \end{aligned}$$

[16] Mit der später eingeführten Notation wird dies als $\tau\times\sigma \in P^+$ geschrieben. Es wird auch (kleine) Blöcke $b = \tau \times \sigma \in P^-$ geben, die nicht notwendigerweise zulässig sind und für die die exakten Matrixwerte $K^{(k)}|_b = K|_b$ verwendet werden.

Damit ist offenbar $K^{(k)}|_{\tau\times\sigma} = AB^\top$ eine Matrix aus $\mathcal{R}(k,\tau,\sigma)$. ∎

Somit ist anhand der Galerkin-Diskretisierung illustriert, wie man von der Existenz einer separablen Approximation vom Separationsrang k zu einer $\mathcal{R}(k,\tau,\sigma)$-Matrix geführt wird[17]. Diese Implikation ist nicht auf die Galerkin-Diskretisierung beschränkt, wie man in §4.4.2 sehen wird.

4.4.2 Separable Entwicklung und allgemeine Diskretisierungen *

Seien $K|_b$ die Untermatrix zum Indexblock $b = \tau \times \sigma$ und $\varkappa(\cdot,\cdot) : \Gamma \times \Gamma \to \mathbb{R}$ die Integralkernfunktion des Integraloperators $\mathcal{K}$ aus (1.25b), wobei Γ eine Oberfläche oder ein Teilbereich von $\mathbb{R}^d$ sein kann.

Wir betrachten die Funktion $\varkappa$ nur in dem Teilbereich

$$\varkappa : X \times Y \to \mathbb{R},$$

in dem die separable Entwicklung (4.1) gelte (hierzu wird im Allgemeinen vorausgesetzt, dass $X, Y \subset \Gamma$ einer der Zulässigkeitsbedingungen (4.8a-d) genügen). Die Beschränkung auf $X\times Y$ definiert den Integraloperator $\mathcal{K}_{XY}$ aus (4.30). $\mathcal{K}_{XY}$ kann als Abbildung zwischen den Hilbert[18]-Räumen $L^2(Y)$ und $L^2(X)$ angesehen werden kann (vgl. Definition C.3.7). Wir gehen im Folgenden von einer separablen Entwicklung $\varkappa^{(k)}$ gemäß (4.1) aus und definieren hierzu den Integraloperator $\mathcal{K}_{XY}^{(k)}$ wie in (4.30).

Gemäß (1.33a,b) lassen sich alle Diskretisierungen von $\mathcal{K}$ als $K = \Lambda_1 \mathcal{K} \Lambda_2^*$ schreiben, wobei $\Lambda_i : L^2(\Gamma) \to \mathbb{R}^n$ $(i = 1, 2)$ lineare Abbildungen sind. Die Komponenten $\Lambda_{1,j}$ von Λ_1 sind Funktionale. Die Beschränkung auf τ ergibt $\Lambda_1|_\tau := (\Lambda_{1,j})_{j\in\tau}$ (gleiche Notation wie in (1.12)). Analog sei $\Lambda_2|_\sigma$ definiert.

Wie in (4.31) setzen wir voraus, dass

$$\text{Träger}(\Lambda_{1,i}) \subset X \quad \text{für } i \in \tau, \qquad \text{Träger}(\Lambda_{2,j}) \subset Y \quad \text{für } j \in \sigma \tag{4.34}$$

(vgl. Definition C.3.2). Eine triviale Folge ist

$$K_{ij} = (\Lambda_1 \mathcal{K} \Lambda_2^*)_{ij} = \Lambda_{1,i} \mathcal{K} \Lambda_{2,j}^* = \Lambda_{1,i}\, \mathcal{K}_{XY}\, \Lambda_{2,j}^* \quad \text{für } i \in \tau,\ j \in \sigma, \tag{4.35a}$$

oder

$$K|_b = \Lambda_1|_\tau\, \mathcal{K}\, (\Lambda_2|_\sigma)^* = \Lambda_1|_\tau\, \mathcal{K}_{XY}\, (\Lambda_2|_\sigma)^* \quad \text{für } b = \tau \times \sigma. \tag{4.35b}$$

Approximation von $\varkappa$ durch $\varkappa^{(k)}$ liefert

$$K_{ij}^{(k)} := \Lambda_{1,i}\, \mathcal{K}_{XY}^{(k)}\, \Lambda_{2,j}^* \qquad \text{für } i \in \tau,\ j \in \sigma \tag{4.35c}$$

---

[17] Man beachte, dass der Rang kleiner ausfallen darf: Der Fall $\mathit{Rang}(K^{(k)}|_{\tau\times\sigma}) < k$ kann auch dann auftreten, wenn k in (4.1) minimal ist.

[18] David Hilbert, am 23. Januar 1862 in Königsberg (Preußen) geboren und am 14. Februar 1943 in Göttingen gestorben.

oder in kompakter Form[19]

$$K^{(k)}|_b = \Lambda_1|_\tau \mathcal{K}_{XY}^{(k)} (\Lambda_2|_\sigma)^* \qquad \text{mit } \begin{cases} \Lambda_1|_\tau = (\Lambda_{1,i})_{i\in\tau}, \\ \Lambda_2|_\sigma = (\Lambda_{1,j})_{j\in\sigma}. \end{cases} \tag{4.35d}$$

Mit Hilfe der Übung C.3.3 erhält man die

Anmerkung 4.4.2. a) *Galerkin:* Für die Abbildungen $\Lambda_1 = \Lambda_2$ des Galerkin-Verfahrens gilt

$$\text{Träger}(\Lambda_{1,j}) = \text{Träger}(\Lambda_{2,j}) = \text{Träger}(\phi_j) \tag{4.36a}$$

(ϕ_j: Basisfunktion aus (1.28)).

b) *Kollokation:* Für das Kollokationsverfahren in den Kollokationspunkten x_i ist

$$\text{Träger}(\Lambda_{1,i}) = \{x_i\} \qquad (x_i \text{ aus } (1.30)), \tag{4.36b}$$

während (4.36a) für Λ_2 zutrifft.

c) *Nystrøm:* Der Punktwert (4.36b) gilt auch für die beiden zum Nystrøm-Verfahren gehörenden Abbildungen Λ_1 und Λ_2.

d) Die Bedingungen (4.34) erfordern daher

Galerkin-Verfahren:
Träger$(\phi_i) \subset X$ für $i \in \tau$, Träger$(\phi_j) \subset Y$ für $j \in \sigma$, (4.37a)

Kollokationsverfahren:
$x_i \in X$ für $i \in \tau$, Träger$(\phi_j) \subset Y$ für $j \in \sigma$, (4.37b)

Nystrøm-Verfahren:
$x_i \in X$ für $i \in \tau$, $x_j \in Y$ für $j \in \sigma$. (4.37c)

Die Verallgemeinerung des Satzes 4.4.1 lautet wie folgt.

Satz 4.4.3. *Sei $b = \tau \times \sigma$ ein Indexblock.*

$$\Lambda_1|_\tau : L^2(X) \to \mathbb{R}^\tau \quad \textit{und} \quad \Lambda_2|_\sigma : L^2(Y) \to \mathbb{R}^\sigma$$

seien lineare Abbildungen mit der Trägereigenschaft (4.31). Der separable Ausdruck $\varkappa^{(k)}$ sei von der Form (4.1), und der zugehörige Integraloperator $\mathcal{K}_{XY}^{(k)}$ sei durch (4.30) definiert. Dann liefert

$$K^{(k)}|_b = (\Lambda_1|_\tau) \mathcal{K}_{XY}^{(k)} (\Lambda_2|_\sigma)^* = \sum_{\nu=1}^{k} \Lambda_1|_\tau(\varphi_\nu^{(k)}) \left(\Lambda_2|_\sigma(\psi_\nu^{(k)})\right)^\top \tag{4.38}$$
$$= \sum_{\nu=1}^{k} a_\nu b_\nu^\top$$

[19] Die Schreibweise $K^{(k)}|_b = \Lambda_1|_\tau \mathcal{K}^{(k)} (\Lambda_2|_\sigma)^*$ mit $\mathcal{K}^{(k)}$ statt $\mathcal{K}_{XY}^{(k)}$ wäre nicht korrekt, da $\mathcal{K}^{(k)}$ als Operator von $L^2(\Gamma)$ nach $L^2(\Gamma)$ nicht definiert ist. Nur wenn $\Gamma \times \Gamma$ in disjunkte Teilbereiche der Form $X \times Y$ zerlegt ist und auf allen Teilbereichen eine Approximation $\varkappa^{(k)}$ definiert ist, lässt sich $\mathcal{K}^{(k)}$ erklären.

mit $a_\nu = \Lambda_1|_\tau(\varphi_\nu^{(k)}) \in \mathbb{R}^\tau$ *und* $b_\nu = \Lambda_2|_\sigma(\psi_\nu^{(k)}) \in \mathbb{R}^\sigma$ *eine Darstellung als Rang-k-Matrix.*

Beweis. a) Wegen (4.31) sind die Funktionale $\Lambda_{1,i}(\varphi_\nu^{(k)})$ $(i \in \tau)$ und $\Lambda_{2,j}(\psi_\nu^{(k)})$ $(j \in \sigma)$ wohldefiniert und ergeben die Vektoren $a_\nu \in \mathbb{R}^\tau$ und $b_\nu \in \mathbb{R}^\sigma$.

b) Definitionsgemäß ist $b_\nu = \Lambda_2|_\sigma(\psi_\nu^{(k)}) \in \mathbb{R}^\sigma$, sodass für alle $u \in \mathbb{R}^\sigma$ gilt:

$$\begin{aligned} b_\nu^\top u &= (b_\nu, u)_{\mathbb{R}^\sigma} = \left(\Lambda_2|_\sigma \, \psi_\nu^{(k)}, u\right)_{\mathbb{R}^\sigma} = \left(\psi_\nu^{(k)}, (\Lambda_2|_\sigma)^* \, u\right)_{L^2(Y)} \\ &= \int_Y \psi_\nu^{(k)}(y) \; \left((\Lambda_2|_\sigma)^* \, u\right)(y) \, \mathrm{d}y. \end{aligned} \tag{4.39}$$

Für $x \in Y$ und $u \in \mathbb{R}^\sigma$ folgt

$$\begin{aligned} \left(\mathcal{K}_{XY}^{(k)}(\Lambda_2|_\sigma)^* u\right)(x) &= \int_Y \varkappa^{(k)}(x,y) \; \left((\Lambda_2|_\sigma)^* u\right)(y) \, \mathrm{d}y \\ &= \int_Y \left(\sum_{\nu=1}^k \varphi_\nu^{(k)}(x) \psi_\nu^{(k)}(y)\right) \left((\Lambda_2|_\sigma)^* u\right)(y) \, \mathrm{d}y \end{aligned}$$

$$= \sum_{\nu=1}^k \varphi_\nu^{(k)}(x) \int_Y \psi_\nu^{(k)}(y) \; \left((\Lambda_2|_\sigma)^* u\right)(y) \; \mathrm{d}y \underset{(4.39)}{=} \sum_{\nu=1}^k \varphi_\nu^{(k)}(x) \, b_\nu^\top u,$$

also $\left(\mathcal{K}_{XY}^{(k)} \, (\Lambda_2|_\sigma)^*\right)(x) = \sum_{\nu=1}^k \varphi_\nu^{(k)}(x) \; b_\nu^\top$. Anwendung von $\Lambda_1|_\tau$ liefert

$$\begin{aligned} K^{(k)}|_b &= \Lambda_1|_\tau \mathcal{K}_{XY}^{(k)} \, (\Lambda_2|_\sigma)^* = \Lambda_1|_\tau \left(\sum_{\nu=1}^k \varphi_\nu^{(k)} \; b_\nu^\top\right) \\ &= \sum_{\nu=1}^k \Lambda_1|_\tau(\varphi_\nu^{(k)}) \; b_\nu^\top = \sum_{\nu=1}^k a_\nu b_\nu^\top. \end{aligned}$$

■

4.5 Approximationsfehler *

4.5.1 Operatornormen

In diesem Abschnitt werden wir den Fehler $K|_b - K^{(k)}|_b$ eines Matrixblockes zu $b = \tau \times \sigma$ studieren, der durch die Approximation von $\varkappa$ durch $\varkappa^{(k)}$ hervorgerufen wird. Der Fehler der *Gesamtmatrix* $K^{(k)}$ wird später in §6.5.4 diskutiert werden, nachdem die Partition der Matrix in Teilblöcke festgelegt worden ist.

Drei mathematische Objekte können Gegenstand der Fehlerbetrachtung sein:

- der Fehler $K|_b - K^{(k)}|_b$ der Matrixblöcke,
- die Differenz $\mathcal{K}_{XY} - \mathcal{K}_{XY}^{(k)}$ der Operatoren oder
- die Differenz $\varkappa - \varkappa^{(k)}$ der Kernfunktionen,

wobei die letzten beiden Größen eineindeutig aufeinander bezogen sind. Für alle genannten Größen bieten sich mehrere Normen an. Eine bequeme Norm für $\mathcal{K}_{XY} - \mathcal{K}_{XY}^{(k)}$ ist die Hilbert-Schmidt[20]-Norm $\|\cdot\|_{\mathrm{F}}$ (vgl. (C.19)), denn es gilt der definitionsgemäße Zusammenhang

$$\|\mathcal{K}_{XY} - \mathcal{K}_{XY}^{(k)}\|_{\mathrm{F}} = \|\varkappa - \varkappa^{(k)}\|_{L^2(X\times Y)}. \tag{4.40a}$$

Naheliegender ist oft die Operatornorm von $\mathcal{L}(L^2(Y), L^2(X))$ (vgl. §C.3 zur Definition der Norm). Aufgrund der Ungleichung

$$\|\mathcal{K}_{XY} - \mathcal{K}_{XY}^{(k)}\|_{L^2(X)\leftarrow L^2(Y)} \le \|\mathcal{K}_{XY} - \mathcal{K}_{XY}^{(k)}\|_{\mathrm{F}} \tag{4.40b}$$

gelingt die Kombination mit (4.40a).

Diese auf L^2-Normen basierenden Abschätzungen sind für das Galerkin-Verfahren geeignet. Bei der Kollokation verlangt die Punktauswertung bezüglich x zumindest Stetigkeit in x, sodass $\|\mathcal{K} - \mathcal{K}^{(k)}\|_{C(X)\leftarrow L^2(Y)}$ naheliegt. Im Nystrøm-Fall ist Stetigkeit in beiden Variablen notwendig: $\|\mathcal{K} - \mathcal{K}^{(k)}\|_{C(X)\leftarrow C(Y)}$. Auch hier lassen sich leicht die Zusammenhänge zwischen $\mathcal{K}_{XY} - \mathcal{K}_{XY}^{(k)}$ und $\varkappa - \varkappa^{(k)}$ beschreiben, z.B. gilt

$$\|\mathcal{K}_{XY} - \mathcal{K}_{XY}^{(k)}\|_{C(X)\leftarrow L^2(Y)} = \sup_{x\in X} \|\varkappa(x,\cdot) - \varkappa^{(k)}(x,\cdot)\|_{L^2(Y)}. \tag{4.40c}$$

Auch diese Norm kann zur Abschätzung von $\|\cdot\|_{L^2(X)\leftarrow L^2(Y)}$ verwendet werden ($\mu(X)$: Maß von X):

$$\|\mathcal{K}_{XY} - \mathcal{K}_{XY}^{(k)}\|_{L^2(X)\leftarrow L^2(Y)} \le \sqrt{\mu(X)}\, \|\mathcal{K}_{XY} - \mathcal{K}_{XY}^{(k)}\|_{C(X)\leftarrow L^2(Y)}. \tag{4.40d}$$

4.5.2 Matrixnormen

Der interessante Zusammenhang ist der zwischen $K|_b - K^{(k)}|_b$ einerseits und $\mathcal{K}_{XY} - \mathcal{K}_{XY}^{(k)}$ bzw. $\varkappa - \varkappa^{(k)}$ andererseits. Wir werden uns hier auf das Galerkin-Verfahren konzentrieren, für das in §C.5.2 die Prolongation P, die Restriktion R und die Gramsche[21] (Masse-)Matrix M eingeführt werden. Für das Galerkin-Verfahren gilt gemäß (1.33b) und Anmerkung 4.4.2, dass die die Diskretisierung charakterisierenden Abbildungen Λ_1, Λ_2

$$R = \Lambda_1 = \Lambda_2, \qquad P = \Lambda_1^* = \Lambda_2^*$$

lauten (vgl. (C.24)). Für die Beschränkungen $R|_\tau$ notieren wir kürzer R_τ. Entsprechend ist $P_\sigma := P|_\sigma = R_\sigma^*$.

[20] Erhard Schmidt, geboren am 13 Januar 1876 in Dorpat (jetzt Tartu, Estland), gestorben am 6 Dezember 1959 in Berlin.

[21] Jörgen Pedersen Gram, geboren am 27. Juni 1850 in Nustrup (Dänemark), gestorben am 29. April 1916 in Kopenhagen.

Lemma 4.5.1. *R, $K|_b$ und $K^{(k)}|_b$ seien mittels der Galerkin-Diskretisierung definiert. a) Es gilt:*

$$\|R_\tau\|_2 := \|R_\tau\|_{\mathbb{R}^\tau \leftarrow L^2(X)} = \|M_\tau\|_2^{1/2}, \qquad \|R_\sigma\|_2 = \|M_\sigma\|_2^{1/2}, \tag{4.41a}$$

wobei $M_\tau := M|_{\tau\times\tau}$ die Beschränkung der Gramschen Matrix (1.24) ist. Entsprechend ist $M_\sigma = M|_{\sigma\times\sigma}$.
b) Bezüglich der Spektralnorm gilt

$$\left\| K|_b - K^{(k)}|_b \right\|_2 \le \|R_\tau\|_2 \, \|R_\sigma\|_2 \, \|\mathcal{K} - \mathcal{K}^{(k)}\|_{L^2(X)\leftarrow L^2(Y)}. \tag{4.41b}$$

c) Komponentenweise gilt

$$|K_{ij} - K_{ij}^{(k)}| \le \|\varkappa - \varkappa^{(k)}\|_{L^2(\text{Träger}(\phi_i)\times\text{Träger}(\phi_j))} \|\phi_i\|_{L^2(X)} \|\phi_j\|_{L^2(Y)}. \tag{4.41c}$$

d) Die Frobenius-Norm wird abgeschätzt durch

$$\left\| K|_b - K^{(k)}|_b \right\|_\mathrm{F} \le \|\varkappa - \varkappa^{(k)}\|_{L^2(X\times Y)} \, \|M_\tau\|_2^{1/2} \, \|M_\sigma\|_2^{1/2}. \tag{4.41d}$$

Beweis. a) Teil a) folgt aus Lemma C.5.1b.
b) Folgerung aus $K|_b - K^{(k)}|_b \underset{(C.33) \text{ und } (4.35b)}{=} R_\tau \mathcal{K} P_\sigma - R_\tau \mathcal{K}^{(k)} P_\sigma \underset{P_\sigma = (R_\sigma)^*}{=} R_\tau \left(\mathcal{K} - \mathcal{K}^{(k)}\right) (R_\sigma)^*$ und der Abschätzung der Faktoren.
c) Man wende die Schwarzsche[22] Ungleichung an auf

$$K_{ij} - K_{ij}^{(k)} = \int_{X\times Y} \left(\varkappa - \varkappa^{(k)}\right)(x,y)\phi_i(x)\phi_j(y)\mathrm{d}x\mathrm{d}y.$$

d) Die lineare Abbildung $\lambda : L^2(X\times Y) \to \mathbb{R}^b$ sei mittels

$$\lambda(g) = (\gamma_{ij})_{(i,j)\in b} \qquad \text{mit } \gamma_{ij} = \int_{X\times Y} g(x,y)\phi_i(x)\phi_j(y)\mathrm{d}x\mathrm{d}y$$

definiert, sodass $K_{ij} - K_{ij}^{(k)} = \lambda\left(\varkappa - \varkappa^{(k)}\right)$. Wie in a) gilt $\|\lambda\|_2^2 = \|\lambda\lambda^*\|_2$. $\lambda\lambda^*$ ist das Tensorprodukt $M_\tau \otimes M_\sigma$ und daher $\|\lambda\lambda^*\|_2 = \|M_\tau\|_2 \|M_\sigma\|_2$ (vgl. Übung 15.3.2). ■

Übung 4.5.2. Man zeige $\|M_\tau\|_2 \le \|\sum_{j\in\tau} \mu(\text{Träger}(\phi_j))|\phi_j|^2\|_{\infty,X}$, wobei μ das entsprechende Flächen-, Volumen- oder Oberflächenmaß und $\|\cdot\|_{\infty,X}$ die Maximumnorm in X sind.

[22] Hermann Amandus Schwarz, geboren am 25. Januar 1843 in Hermsdorf, gestorben am 30. November 1921 in Berlin.

4.5.3 Sachgerechte Normen

Die Normen $\|K|_b - K^{(k)}|_b\|_2$ oder $\|K|_b - K^{(k)}|_b\|_F$ sind nicht die besten Beschreibungen des Fehlers. Beispielsweise können Matrizen verschiedener Diskretisierungsarten verschieden skaliert sein (die Koeffizienten K_{ij} der Galerkin- und der Nystrøm-Diskretisierung unterscheiden sich um den Faktor h^{2d}, wobei h die Schrittweite sei und d die Dimension des Integrationsbereichs). Bei ungleichmäßigen Schrittweiten, beispielsweise bei lokaler Gitterverfeinerung, ist die Galerkin-Matrix in verschiedenen Bereichen unterschiedlich skaliert. Eine Standardmatrixnorm nimmt hierauf keine Rücksicht. Bessere Matrixnormen basieren auf der Norm $|||\cdot|||$ aus §C.5.3.

Die Galerkin-Diskretisierung kann mit Hilfe der orthogonalen Projektionen Π_τ, Π_σ, die auf den Ansatzraum $\mathrm{span}\{\phi_j : j \in \sigma\} \subset L^2(Y)$ bzw. den Testraum $\mathrm{span}\{\phi_j : j \in \tau\} \subset L^2(X)$ abbilden, definiert werden. Das nachfolgende Lemma stellt die Zusammenhänge zwischen $K|_b$, $\mathcal{K}_{XY}$, Π_τ, Π_σ, der Prolongation P_σ und den Massematrizen $M_\tau = P_\tau^* P_\tau$ und $M_\sigma = P_\sigma^* P_\sigma$ her. Die Aussage ergibt sich aus Lemma C.5.6. Man beachte den Zusammenhang von $P_\sigma = (\Lambda_2|_\sigma)^*$ mit $R_\tau = \Lambda_1|_\tau$ (Λ_i aus Anmerkung 4.4.2, R vom Beginn dieses Unterkapitels) mittels $R|_\tau = R_\tau$ und $P_\tau = R_\tau^*$.

Die Darstellung $K|_b = R_\tau^* \mathcal{K} P_\sigma$ und die Definition der Projektionen Π_τ, Π_σ ergeben das nächste Lemma.

Lemma 4.5.3. *In der Galerkin-Diskretisierung besteht zwischen $\mathcal{K}$ und K der Zusammenhang*

$$P_\tau M_\tau^{-1} K|_b M_\sigma^{-1} P_\sigma^* = \Pi_\tau \mathcal{K} \Pi_\sigma ,$$

wobei $P_\tau : \mathbb{R}^\tau \to L^2(X)$ mit $\mathbf{x} = (x_j)_{j\in\tau} \in \mathbb{R}^\tau \mapsto \sum_{j\in\tau} x_j\phi_j$ und $\Pi_\tau = P_\tau M_\tau^{-1} P_\tau^*$. Die Abbildungen Π_τ und Π_σ sind die orthogonalen Projektionen auf $\mathrm{span}\{\phi_j : j \in \tau\}$ *bzw.* $\mathrm{span}\{\phi_j : j \in \sigma\}$. *Ebenso gilt*

$$P_\tau M_\tau^{-1} K^{(k)}|_b M_\sigma^{-1} P_\sigma^* = \Pi_\tau \mathcal{K}^{(k)} \Pi_\sigma .$$

Die Norm $\|P_\tau M_\tau^{-1} K|_b M_\sigma^{-1} P_\sigma^*\|_{L^2(X)\leftarrow L^2(Y)}$ entspricht im Wesentlichen der Norm von $\mathcal{K}$ und ist insbesondere invariant gegenüber der Basiswahl, gegenüber Skalierungen der ϕ_j bzw. gegenüber unterschiedlichen Gittergrößen bei lokal verfeinerten Triangulationen. Deshalb ist diese Norm den vorhergehenden vorzuziehen. Dies legt die Verwendung der folgenden Operatornorm nahe (vgl. auch §C.5.3):

$$|||A||| := \|M_\tau^{-1/2}\, A\, M_\sigma^{-1/2}\|_2 \qquad \text{für } A \in \mathbb{R}^{\tau\times\sigma}. \tag{4.42}$$

Auf Grund von (C.29d) gilt die Identität

$$\|P_\tau M_\tau^{-1} K|_b M_\sigma^{-1} P_\sigma^*\|_{L^2(X)\leftarrow L^2(Y)} = \|M_\tau^{-1/2} K|_b M_\sigma^{-1/2}\|_2. \tag{4.43}$$

Satz 4.5.4. *Für die Galerkin-Diskretisierung gilt die Identität und Abschätzung*

$$|||K|_b - K^{(k)}|_b||| = \|\Pi_\tau \left(\mathcal{K} - \mathcal{K}^{(k)}\right) \Pi_\sigma\|_{L^2(X)\leftarrow L^2(Y)} \tag{4.44}$$
$$\leq \|\mathcal{K} - \mathcal{K}^{(k)}\|_{L^2(X_\tau)\leftarrow L^2(X_\sigma)} \leq \|\mathcal{K} - \mathcal{K}^{(k)}\|_{L^2(X)\leftarrow L^2(Y)}$$

mit $X_\tau \subset X$ *und* $X_\sigma \subset Y$ *aus (5.5a,b).*

Beweis. Analog zu (C.34) gilt

$$\Pi_\tau \left(\mathcal{K} - \mathcal{K}^{(k)}\right) \Pi_\sigma = P_\tau M_\tau^{-1} \left(K|_b - K^{(k)}|_b\right) M_\sigma^{-1} P_\sigma^*.$$

Die $\mathcal{L}(L^2(Y), L^2(X))$-Norm des letzten Ausdruckes ist gemäß (4.43) gleich $|||K|_b - K^{(k)}|_b|||$. Die letzte Ungleichung in (4.44) ist Folge von $\|\Pi_\tau\|_{L^2(X)\leftarrow L^2(X)} = \|\Pi_\sigma\|_{L^2(Y)\leftarrow L^2(Y)} = 1$. ■

Übung 4.5.5. Wie ist $|||\cdot|||$ für die Fälle der Kollokations- bzw. Nystrøm-Diskretisierung zu definieren?

Aus diesem und dem vorigen Abschnitt lassen sich die folgenden Schlüsse ziehen:

- Eine separable Approximation $\varkappa^{(k)}(x,y) = \sum_{\nu=1}^{k} \varphi_\nu^{(k)}(x)\psi_\nu^{(k)}(y)$ in $X \times Y$ führt auf eine Rang-k-Matrix $K^{(k)}|_b$ in $b = \tau \times \sigma$, wenn die Trägerbedingung aus (4.37a-c) zutrifft.
- Der Matrixfehler $K|_b - K^{(k)}|_b$ gemessen in der Norm $|||\cdot|||$ ist beschränkt durch den Operatornormfehler $\|\mathcal{K} - \mathcal{K}^{(k)}\|_{L^2(X)\leftarrow L^2(Y)}$.

Es bleibt die prinzipielle Aufgabe, Approximationen $\varkappa^{(k)}$ mit Separationsrang k zu finden, sodass $\|\mathcal{K} - \mathcal{K}^{(k)}\|_{L^2(X)\leftarrow L^2(Y)}$ möglichst klein ist. Die bestmögliche Approximation ergibt sich wieder durch die Singulärwertentwicklung (4.28). Konkrete Approximationen sind in §§4.2-4.3 konstruiert worden.

Im nachfolgenden Kapitel wird die Matrix in Unterblöcke partitioniert. Die obigen Fehlerabschätzungen für $K|_b - K^{(k)}|_b$ können für alle Blöcke b der Partition angewandt werden. Die Abschätzungen für die Gesamt-$\mathcal{H}$-Matrix findet sich dann in §6.5.4.

5

Matrixpartition

5.1 Einleitung

5.1.1 Ziele

Am einfachsten wäre es, wenn die *gesamte* Matrix $M \in \mathbb{R}^{I\times J}$ durch eine Rang-k-Matrix approximiert werden könnte. Da dies in der Praxis selten möglich ist, wurde schon in §1.7.1 angekündigt, dass stattdessen Untermatrizen $M|_b$ bei geeigneter Auswahl der Blöcke $b \subset I \times J$ durch Rang-k-Matrizen ersetzt werden. Im einführenden Beispiel von §3 wurde im Falle der Indexmenge $I = J = \{1, \ldots, n = 2^p\}$ eine Zerlegung der Matrix in $3n - 2$ Untermatrizen angegeben (vgl. (3.4)). Wir nennen dies eine *Blockpartition* der Matrix (kurz: "Partition"; genauer gesagt ist es eine Partition der zugrundeliegenden Indexpaarmenge $I \times J$). Die exakte Definition einer Blockpartition P von $I \times J$ wird in Definition 1.3.6 gegeben.

Im Folgenden sammeln wir Wünsche an eine solche Partition:

1. Die Partition P soll möglichst wenige Blöcke enthalten, da eine Erhöhung der Anzahl den Speicheraufwand wachsen lässt. Eine Anzahl $\#P = \mathcal{O}(\max\{\#I, \#J\})$ wie im einführenden Beispiel wäre wünschenswert.

Da alle Blöcke zusammen $\#I \cdot \#J$ Einträge enthalten, d.h. $\sum_{b \in P} \#b = \#I \cdot \#J$, ist eine möglichst kleine Blockanzahl mit der nächsten Forderung äquivalent:

2. Die Blöcke $b \in P$ der Partition P müssen möglichst groß sein. Zudem gibt es eine Mindestgröße, da die Ersetzung einer Untermatrix $M|_b$ mit $b = \tau \times \sigma$ durch eine Rang-k-Matrix nur Sinn macht, wenn $k < \min\{\#\tau, \#\sigma\}$; noch besser wäre $k \ll \min\{\#\tau, \#\sigma\}$.
3. Zu große Blöcke b enthalten Untermatrizen $M|_b$, deren Approximation durch eine Rang-k-Matrix vielleicht ein zu großes k verlangt. Daher müssen die Blöcke $b \in P$ der Partition P klein genug sein, sodass $M|_b$ noch durch eine Rang-k-Matrix mit relativ kleinem k gut approximierbar ist.

W. Hackbusch, *Hierarchische Matrizen*, DOI 10.1007/978-3-642-00222-9_5,

4. Die Blockstruktur der Blockpartition muss so geartet sein, dass die Matrixoperationen wie im einführenden Beispiel von §3 möglichst billig durchführbar sind.

Offensichtlich sind die 2. und 3. Bedingung gegenläufig. Die Wünsche nach geringen Speicherkosten und hoher Approximationsgenauigkeit sind nicht gleichzeitig realisierbar. Die richtige Balance wird mit Hilfe der Zulässigkeitsbedingung aus §5.2 erreicht werden.

Die 4. Bedingung wendet sich gegen eine Blockzerlegung wie z.B. in $M =$ 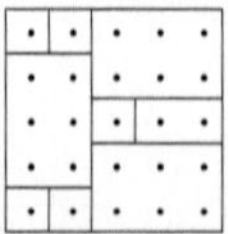 . Hier wäre eine Multiplikation $M \cdot M$ sehr erschwert, da die Zeilen- und Spaltenindex-Untermengen der Blöcke nicht richtig zusammenpassen. Eine geeignete Blockstruktur der Partition muss wie in §3 aus einer hierarchischen Konstruktion hervorgehen. Dies wird Gegenstand von §§5.3-5.4 sein.

§5.3 liefert eine Menge $T(I)$ von Blöcken (die sogenannten "Cluster"), die Teilmengen der Indexmenge I sind. Diese Blöcke können benutzt werden, um einen Vektor $x \in \mathbb{R}^I$ in einen Blockvektor zu zerlegen. Der "Clusterbaum" $T(I)$ wird Blöcke jeder Größenordnung enthalten, sodass sowohl grobe als auch feine Blockstrukturen zur Verfügung stehen.

Da die Matrixeinträge durch Indexpaare $(i, j) \in I \times J$ indiziert werden, braucht man für Matrizen den "Blockclusterbaum" $T(I \times J)$. Dieser wird in §5.5 eingeführt.

Im Folgenden werden wir eine Teilmenge (ein "Cluster") der allgemeinen Indexmenge I mit dem griechischen Buchstaben τ bezeichnen (τ wird Element des Baumes $T(I)$ sein). Für Paare von Clustern werden im Allgemeinen die Notationen τ und σ (z.B. in $\tau \times \sigma$) gewählt. Der Block $b = \tau \times \sigma$ ist Element des Blockclusterbaums $T(I \times J)$.

5.1.2 Eindimensionales Modellbeispiel

Zur Illustration der folgenden Konstruktionen wird eine eindimensionale Integralgleichung als Modellbeispiel verwendet:

$$u(x) + \int_0^1 \log|x - y| u(y) \mathrm{d}y = g(x) \qquad \text{für } x \in [0, 1]. \tag{5.1}$$

Das Intervall $B = [0, 1]$ wird äquidistant in $n = 2^p$ Teilintervalle

$$J_i = [(i-1)\,h, ih], \qquad 1 \le i \le n,$$

der Länge $h = 1/n$ unterteilt. Die stückweise konstanten Funktionen

$$\phi_i(x) = \begin{Bmatrix} 1 \text{ für } x \in J_i, \\ 0 \text{ sonst} \end{Bmatrix}$$

definieren den Unterraum $V_n = \operatorname{span}\{\phi_1, \ldots, \phi_n\}$. Dazu werden die Kollokationspunkte $\xi_i = \left(i - \frac{1}{2}\right) h$ gewählt. Die Indexmenge ist demnach

$$I = \{1, 2, \ldots, n\} \tag{5.2}$$

Das Kollokationsverfahren lautet:

$$\text{Man suche } u \in V_n \text{ mit} \qquad u(\xi_i) + \int_0^1 \log|\xi_i - y| u(y) \mathrm{d}y = g(\xi_i) \qquad \text{für } i \in I.$$

Macht man den Ansatz $u = \sum_{i \in I} x_i \phi_i$, erhält man für $\mathbf{x} = (x_j)_{j \in I} \in \mathbb{R}^I$ das Gleichungssystem

$$\mathbf{x} + K\mathbf{x} = \mathbf{g} \tag{5.3}$$

$$\text{mit } K_{ij} := \int_{(j-1)h}^{jh} \log|\xi_i - y| \mathrm{d}y, \quad \mathbf{g} = (g_i)_{i \in I}, \quad g_i := g(\xi_i)$$

(vgl. (1.29) und (1.30)). Um an die Notation $K = \Lambda_1 \mathcal{K} \Lambda_2^*$ aus (1.33a) anzuknüpfen, wählt man die Funktionale[1] $\Lambda_{1,i}$ und $\Lambda_{2,i}$ (Komponenten von Λ_1, Λ_2) als

$$\Lambda_{1,i}(u) = u(\xi_i), \qquad \Lambda_{2,j}(u) = \int_{(j-1)h}^{jh} u(y) \mathrm{d}y \qquad (i, j \in I).$$

Im Falle des Galerkin-Verfahrens wäre $\Lambda_{1,i}(u) = \int_{(i-1)h}^{ih} u(y) \mathrm{d}y$ von der gleichen Gestalt wie $\Lambda_{2,j}$. Die Approximation des Integrals durch eine 1-Punkt-Gauß-Quadratur liefert $\Lambda_{1,i}(u) = hu(\xi_i)$. Somit führt die Galerkin-Diskretisierung mit dieser Quadratur zu den Gleichungen aus (5.3) multipliziert mit dem Faktor h.

Für die Träger der Funktionale gilt

$$\text{Träger}(\Lambda_{1,i}) = \{\xi_i\}, \qquad \text{Träger}(\Lambda_{2,j}) = J_j = [(j-1) h, jh]. \tag{5.4}$$

Es wird sich herausstellen, dass für diese Matrix die Blockstruktur aus Abbildung 5.1 die am besten geeignete ist.

5.2 Zulässige Blöcke

5.2.1 Metrik der Cluster

Sei $\tau \subset I$ eine beliebige Teilmenge ("Cluster") der Indexmenge. Zu jedem $i \in \tau$ gehöre wie in (5.4) eine Teilmenge $X_i \subset \mathbb{R}^d$. X_i kann eine Punktmenge sein (z.B. $X_i = \{\xi_i\}$ wie links in (5.4)) oder eine Teilmenge mit positivem Volumen (z.B. $X_i = [(i-1) h, ih]$ wie rechts in (5.4)). Die Standardwahl im zweiten Fall ist

$$X_i = \text{Träger}(\phi_i), \tag{5.5a}$$

[1] Die Kollokation Λ_1 ist auf $V = L^2(B)$ nicht definierbar. Hier nutzt man jedoch aus, dass die rechte Seite $g \in L^2(B)$ in (5.1) zu einer Lösung $u \in H^1(B) \subset C(B)$ führt. Damit gilt $u \in C(B)$, und $\Lambda_1 : C(B) \to \mathbb{R}^n$ ist wohldefiniert.

wobei ϕ_i die Basisfunktion zu i ist.

Beispiel 5.2.1. In dem Beispiel aus §5.1.2 liegt eine quadratische Matrix vor, aber wegen der unterschiedlichen Träger in (5.4) sollte die Matrix K aus (5.3) als Element von $\mathbb{R}^{I\times J}$ betrachtet werden, wobei I und J zwar isomorph sind, aber als elementfremd behandelt werden. Dann sind $X_i = \{\xi_i\}$ für $i \in I$ und $X_j = [(j-1)\,h, jh]$ für $j \in J$ wohlunterscheidbar.

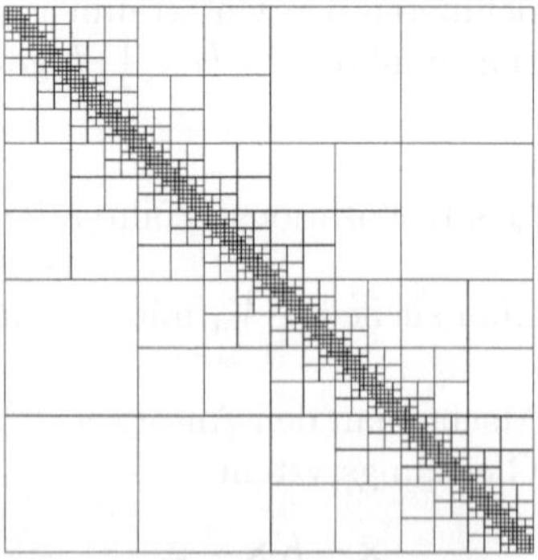

Abb. 5.1. Blockstruktur aus der Rekursion (5.15) für eine 128 × 128-Matrix

Für jede Teilmenge τ von I definieren wir

$$X_\tau := \bigcup_{i\in\tau} X_i \subset \mathbb{R}^d \qquad (\tau \subset I)\,. \tag{5.5b}$$

Wir nennen X_τ den Träger der Teilmenge τ.
Damit lassen sich der Durchmesser eines Clusters τ und der Abstand zweier Cluster τ und σ (bezüglich der Euklidischen Norm) definieren:

$$\operatorname{diam}(\tau) := \max\{\|x' - x''\| : x', x'' \in X_\tau\}, \qquad \tau \subset I, \tag{5.6a}$$

$$\operatorname{dist}(\tau,\sigma) := \min\{\|x - y\| : x \in X_\tau,\ y \in X_\sigma\}, \quad \tau \subset I,\ \sigma \subset J, \tag{5.6b}$$

wobei J eine zweite Indexmenge ist (eventuell mit $I = J$).

Selbst wenn $X_i = \{\xi_i\}$ einfache Punktmengen sind, kann die Berechnung von $\operatorname{diam}(\tau)$ aufwändig werden. Ein einfacher Fall liegt dagegen für Quader vor. Zur Vereinfachung werden daher wie im folgenden Lemma Quader als Obermengen gewählt.

Lemma 5.2.2. *a) Wenn $X_\tau \subset \mathbb{R}^d$ im Quader $Q_\tau = \prod_{i=1}^d [a_i, b_i]$ enthalten ist, gilt*

$$\operatorname{diam}(\tau) \le \operatorname{diam}(Q_\tau) = \sqrt{\sum\nolimits_{i=1}^d (b_i - a_i)^2} \tag{5.7a}$$

(analog gilt $\operatorname{diam}_\infty(\tau) \le \operatorname{diam}_\infty(Q_\tau) = \max_{i=1}^d (b_i - a_i)$ *bezüglich der Maximumnorm).*

b) Wenn $X_\tau \subset Q_\tau = \prod[a_i^\tau, b_i^\tau]$ und $X_\sigma \subset Q_\sigma = \prod[a_i^\sigma, b_i^\sigma]$, lässt sich die Distanz durch

$$\operatorname{dist}(\tau,\sigma) \ge \operatorname{dist}(Q_\tau, Q_\sigma) = \sqrt{\sum\nolimits_{i=1}^d \operatorname{dist}^2([a_i^\tau, b_i^\tau], [a_i^\sigma, b_i^\sigma])} \tag{5.7b}$$

abschätzen (analog gilt $\operatorname{dist}_\infty(\tau,\sigma) \ge \max_{i=1}^d \operatorname{dist}([a_i^\tau, b_i^\tau], [a_i^\sigma, b_i^\sigma])$ *bezüglich der Maximumnorm).*

c) Der kleinste Quader mit $X_\tau \subset Q_\tau$ heißt Minimalquader $Q_{\min}(X_\tau)$ ("bounding box"). Sei $X_j = \{\xi_j\}$ oder sei X_j (z.B. Quader, Tetraeder usw.) die konvexe Hülle mehrerer $\{\xi_j\}$. Die benötigten Punkte seien $(\xi_j^k)_{k=1,\ldots,K}$ mit $K = \mathcal{O}(\#\tau)$. Dann ist der Minimalquader mit $\mathcal{O}(\#\tau)$ Operationen berechenbar.

Beweis zu c). Die a_i, b_i in der Darstellung $Q_\tau = \prod_{i=1}^d [a_i, b_i]$ des Minimalquaders sind das Minimum bzw. Maximum der Komponenten $(\xi_j)_i$ bzw. $(\xi_j^k)_i$, $1 \le k \le K$, über alle $j \in \tau$. Diese Extrema werden mit $\mathcal{O}(\#\tau)$ Operationen berechnet. ■

Es sei bemerkt, dass die Definition der Quader von der Achsenorientierung abhängig ist. Die Definition geeigneter Quader $Q_\tau \supset X_\tau$ beliebiger Orientierung wäre möglich, würde aber die Berechnung wesentlich komplizierter gestalten. Die nächste Anmerkung soll darauf aufmerksam machen, dass Q_τ sich deutlich von Teilmengen des Integrationsbereiches B unterscheiden kann.

Anmerkung 5.2.3. Wenn der Integrationsbereich $B \subset \mathbb{R}^d$ eine $(d-1)$-dimensionale Mannigfaltigkeit darstellt, ist X_τ von der Dimension $d-1$, die Obermenge Q_τ aber von der Dimension d.

5.2.2 Zulässigkeit

Für Matrizen in $\mathbb{R}^{I \times J}$ sind die Blöcke durch das Produkt $\tau \times \sigma$ der Cluster $\tau \subset I$ und $\sigma \subset J$ charakterisiert. In Anlehnung an Definition 4.1.7 gilt die

Definition 5.2.4 (η-Zulässigkeit eines Blockes). *Sei $\eta > 0$. Zu den Clustern $\tau \subset I$ und $\sigma \subset J$ seien die Träger X_τ und X_σ assoziiert. Der Block $b = \tau \times \sigma$ heißt η-zulässig, wenn*

$$\min\{\operatorname{diam}(\tau), \operatorname{diam}(\sigma)\} \le \eta \operatorname{dist}(\tau, \sigma) \tag{5.8}$$

im Sinne von (5.6a,b).

Die Abbildung 5.2 entspricht der Abbildung 4.1 mit X und Y durch X_τ und X_σ ersetzt.

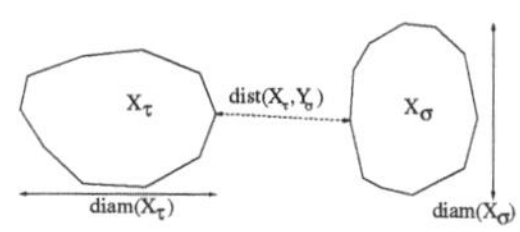

Abb. 5.2. Clusterträger X_τ und X_σ

Anmerkung 5.2.5. a) Wenn der spezielle Wert von η nicht explizit betont werden soll oder η aus dem Zusammenhang hervorgeht, wird nur von der *Zulässigkeit* von b gesprochen.

b) In Analogie zu (4.8d) und (4.8a,b) gibt es die folgenden Varianten der η-Zulässigkeit:

$$\max\{\operatorname{diam}(\tau), \operatorname{diam}(\sigma)\} \le \eta \operatorname{dist}(\tau, \sigma), \tag{5.9a}$$

$$\operatorname{diam}(\tau) \le \eta \operatorname{dist}(\tau, \sigma), \tag{5.9b}$$

$$\operatorname{diam}(\sigma) \le \eta \operatorname{dist}(\tau, \sigma). \tag{5.9c}$$

Da die exakte Berechnung von $\operatorname{diam}(\tau)$, $\operatorname{diam}(\sigma)$, $\operatorname{dist}(\tau, \sigma)$ sehr aufwändig wäre, ist die folgende Aussage hilfreich, die aus den Ungleichungen (5.7a,b) abgeleitet wird.

Lemma 5.2.6. *Sei $b = \tau \times \sigma$, und $X_\tau \subset Q_\tau$ und $X_\sigma \subset Q_\sigma$ gelte mit den (Minimal-)Quadern aus Lemma 5.2.2. Dann folgt die η-Zulässigkeitsbedingung (5.8) aus*

$$\min\{\operatorname{diam}(Q_\tau), \operatorname{diam}(Q_\sigma)\} \leq \eta \operatorname{dist}(Q_\tau, Q_\sigma). \tag{5.10}$$

Analog folgen (5.9a-c) aus den entsprechenden Ungleichungen für Q_τ und Q_σ.

Das Ziel der Charakterisierung eines zulässigen Blocks ist, hierdurch indirekt Blöcke zu identifizieren, die gut durch Rang-k-Matrizen approximiert werden können. Wie der nächste Satz zeigt, ist die Zulässigkeitsbedingung (5.8) auf asymptotisch glatte Kernfunktionen zugeschnitten.

$\mathcal{K}$ sei ein Integraloperator (1.25b) mit asymptotisch glatter Kernfunktion $\varkappa(x,y)$ in $X \times Y \subset \mathbb{R}^d \times \mathbb{R}^d$. Die Diskretisierung von $\mathcal{K}$ ergebe die Matrix $K \in \mathbb{R}^{I\times I}$. Für den η-zulässigen Block $b = \tau \times \sigma \subset I \times I$ gelte $X_\tau \subset X$ und $X_\sigma \subset Y$. Aufgrund der η-Zulässigkeit ist

$$\min\{\operatorname{diam}(X_\tau), \operatorname{diam}(X_\sigma)\} \leq \eta \operatorname{dist}(X_\tau, X_\sigma).$$

O.B.d.A.[2] sei das Minimum für $\operatorname{diam}(X_\tau)$ angenommen. Damit sind X_τ und X_σ η-zulässig im Sinne der Definition 4.1.7. Für die verschiedenen Konstruktionen separabler Entwicklungen $\varkappa^{(k)}$ sind in §4.2 Abschätzungen der Art

$$\|\varkappa - \varkappa^{(k)}\|_{\infty, X_\tau \times X_\sigma} \leq c_1 \left[\frac{c_2 \cdot \operatorname{diam}(X_\tau)}{\operatorname{dist}(X_\tau, X_\sigma)}\right]^m \leq c_1 \left(c_2\eta\right)^m \tag{5.11}$$

nachgewiesen worden, wobei $k = k(m-1,d) = \mathcal{O}(m^d)$ der Separationsrang ist. In (5.11) lässt sich der Exponent m auch als $\mathcal{O}(k^{1/d})$ ausdrücken.

Nach Satz 4.4.3 gehört zu $\varkappa^{(k)}$ der Matrixblock $K^{(k)}|_b \in \mathbb{R}^b$, der eine Rang-$k$-Matrix darstellt. Satz 4.5.4 garantiert die Fehlerabschätzung

$$|||K|_b - K^{(k)}|_b||| \leq \|\mathcal{K} - \mathcal{K}^{(k)}\|_{L^2(X_\tau)\leftarrow L^2(X_\sigma)} \qquad (b = \tau \times \sigma). \tag{5.12}$$

Da $\|\mathcal{K} - \mathcal{K}^{(k)}\|_{L^2(X_\tau)\leftarrow L^2(X_\sigma)} \leq \sqrt{\mu(X_\tau)\mu(X_\sigma)}\|\varkappa - \varkappa^{(k)}\|_{\infty, X_\tau\times X_\sigma}$ ($\mu(\cdot)$: Maß passend zum Integrationsgebiet) eine triviale Abschätzung ist, liefert die Kombination von (5.11) und (5.12) die Fehlerschranke

$$|||K|_b - K^{(k)}|_b||| \leq c_1 \sqrt{\mu(X_\tau)\mu(X_\sigma)}\,(c_2\eta)^m \qquad (k = k(m-1,d) = \mathcal{O}(m^d)).$$

Damit fällt der Fehler exponentiell mit m, vorausgesetzt dass $\eta < 1/c_2$. Die Beschränkung von η entfällt, wenn die verschärften Ungleichungen (4.17) oder (4.23) gelten, in denen statt $c_2\eta$ zum Beispiel $1/\left[1 + \frac{2\operatorname{dist}(X_\tau, X_\sigma)}{\gamma \operatorname{diam}(X_\tau)}\right] \leq 1/\left[1 + \frac{2}{\gamma\eta}\right] < 1$ auftritt.

[2] Sonst ist die Interpolation bzw. Taylor-Entwicklung bezüglich y vorzunehmen.

Satz 5.2.7. *$\mathcal{K}$ sei ein Integraloperator (1.25b) mit asymptotisch glatter Kernfunktion $\varkappa(x,y)$ in $\Gamma \times \Gamma \subset \mathbb{R}^d \times \mathbb{R}^d$. Die Diskretisierung von $\mathcal{K}$ ergebe die Matrix $K \in \mathbb{R}^{I\times I}$. Die obigen Konstruktionen mögen die Approximation $K^{(k)}|_b$ für einen η-zulässigen Block $b = \tau \times \sigma$ definieren. Dann gelten Ungleichungen der Form*

$$|||K|_b - K^{(k)}|_b||| \le c_1 \sqrt{\mu(X_\tau)\mu(X_\sigma)}\,(c_2\eta)^{c_3 k^{1/d}}.$$

5.2.3 Verallgemeinerte Zulässigkeit

Die Zulässigkeitsbedingung (5.8) ist die passende Beschreibung, wenn in einer Ungleichung wie (5.11) der Quotient $\operatorname{diam}(X_\tau)/\operatorname{dist}(X_\tau, X_\sigma)$ die kritische Größe ist. Für Kernfunktionen, deren Eigenschaften von den asymptotisch glatten Funktionen stark abweichen, sind aber auch andere Charakterisierungen denkbar.

Die Zulässigkeitsbedingung ist kein Selbstzweck, sondern nur ein bequemes Hilfsmittel, um *a priori* Informationen über die Approximierbarkeit eines Matrixblockes $M|_b$ durch $\mathcal{R}(k,b)$-Matrizen zu erhalten. Erhält man diese Informationen oder Zusatzinformationen auf andere Weise, sollte man dies in die Definition der Zulässigkeit einbauen. Ist z.B. nur eine einzige Matrix M als hierarchische Matrix darzustellen und ist bekannt, dass $M|_b = 0$ ein Nullblock ist, so sollte b als zulässig erklärt werden, damit keine unnötigen Blockzerlegungen auftreten. Dieser Fall tritt beispielsweise bei der LU-Zerlegung auf, bei der bestimmte Nullblöcke der schwach besetzten Ausgangsmatrix M während der LU-Zerlegung nicht aufgefüllt werden, sodass $L|_b = U|_b = 0$ für die Faktoren von $M = LU$ gilt (vgl. §9.2.6).

Für die weiteren Überlegungen kann die konkrete Zulässigkeitsbedingung (5.8) durch eine allgemeine Boolsche Funktion

$$Adm : \mathcal{P}(\mathbb{R}^d) \times \mathcal{P}(\mathbb{R}^d) \to \{true, false\} \tag{5.13a}$$

($\mathcal{P}(\mathbb{R}^d)$ ist die Potenzmenge: Menge der Teilmengen von $\mathbb{R}^d$) ersetzt werden, die die folgende *Monotonie-Eigenschaft* besitzen soll:

$$(X \subset X' \wedge Y \subset Y' \wedge Adm(X',Y') = true) \Rightarrow Adm(X,Y) = true, \tag{5.13b}$$

d.h. Untermengen zulässiger Mengen seien ebenfalls zulässig. Eventuell muss auch die *Symmetrie*

$$Adm(X,Y) \quad \Longleftrightarrow \quad Adm(Y,X) \tag{5.13c}$$

vorausgesetzt werden, die für (5.8) und (5.9a) zutrifft, nicht aber für (5.9b,c).

Anmerkung 5.2.8. Im Falle der Zulässigkeitsbedingung (5.8) wurde die Monotonie-Eigenschaft (5.13b) in Lemma 5.2.6 ausgenutzt. Mit (5.13b) ist es auch für die allgemeine Zulässigkeitsbedingung (5.13a) möglich, die Zulässigkeit anhand einfacherer Obermengen zu prüfen.

5.2.4 Erläuterung am Beispiel aus §5.1.2

Sei $h = 1/n$. Die Matrix $K = (K_{ij})_{i\in I, j\in J}$ aus (5.3) führt gemäß (5.4) auf die Trägermengen[3]

$$\begin{aligned} X_\tau &= \left\{(i - \tfrac{1}{2})h : i \in \tau\right\} \subset [0,1], \\ X_\sigma &= [\min_{j\in\sigma} (j-1)\,h, \max_{j\in\sigma} jh] \subset [0,1]. \end{aligned} \tag{5.14}$$

In §3 wurde in (3.3) für $n = 4$ die Blockmatrix 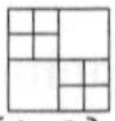 verwendet. Wir prüfen den oberen rechten Block $b = \tau \times \sigma$ mit $\tau = \{1,2\}$, $\sigma = \{3,4\}$. Die zugehörigen Trägermengen sind $X_\tau = \{1/8, 3/8\}$ und $X_\sigma = [1/2, 1]$, sodass $\min\{\mathrm{diam}(\tau), \mathrm{diam}(\sigma)\} = \mathrm{diam}(\tau) = 1/4$ und $\mathrm{dist}(\tau,\sigma) = 1/8$. Für beliebiges $n = 2^p$ ergibt sich für den oberen rechten Block $\min\{\mathrm{diam}(\tau), \mathrm{diam}(\sigma)\} = \mathrm{diam}(\tau) = \mathrm{diam}(\{h/2, 3h/2, \ldots, (\frac{n}{2} - \frac{1}{2})h\}) = 1/2 - h$ und $\mathrm{dist}(\tau,\sigma) = h/2$, sodass

$$\frac{\min\{\mathrm{diam}(\tau), \mathrm{diam}(\sigma)\}}{\mathrm{dist}(\tau,\sigma)} = \frac{1/2 - h}{h/2} = \frac{1}{h} - 2$$

nicht gleichmäßig durch ein η abgeschätzt werden kann. Damit erfüllt dieser Block *nicht* die Zulässigkeitsbedingung (5.8). Infolgedessen ist die Partition aus §3 nicht zulässig im Sinne der späteren Definition 5.5.6b.

Eine Abhilfe sieht wie folgt aus. Die Rekursion $\mathcal{H}_p = \begin{bmatrix} \mathcal{H}_{p-1} & \mathcal{R}_{p-1} \\ \mathcal{R}_{p-1} & \mathcal{H}_{p-1} \end{bmatrix}$ aus (3.2d) wird ersetzt durch

$$\mathcal{H}_p = \begin{bmatrix} \mathcal{H}_{p-1} & \mathcal{N}_{p-1} \\ \mathcal{N}^*_{p-1} & \mathcal{H}_{p-1} \end{bmatrix}, \; \mathcal{N}_p = \begin{bmatrix} \mathcal{R}_{p-1} & \mathcal{R}_{p-1} \\ \mathcal{N}_{p-1} & \mathcal{R}_{p-1} \end{bmatrix}, \; \mathcal{N}^*_p = \begin{bmatrix} \mathcal{R}_{p-1} & \mathcal{N}^*_{p-1} \\ \mathcal{R}_{p-1} & \mathcal{R}_{p-1} \end{bmatrix}. \tag{5.15}$$

Diese führt auf die Blockstruktur aus Abbildung 5.1 von Seite 86. Für den Block links von dem rechts oben liegenden Block in Abbildung 5.1 gilt $\tau = \{1, \ldots, 32\}$ und $\sigma = \{65, \ldots, 96\}$, sowie $\min\{\mathrm{diam}(\tau), \mathrm{diam}(\sigma)\} = \mathrm{diam}(\tau) = 1/4 - h$, $\mathrm{dist}(\tau,\sigma) = 1/4 + h/2$. Die Ungleichung

$$\min\{\mathrm{diam}(\tau), \mathrm{diam}(\sigma)\} \le \eta\, \mathrm{dist}(\tau,\sigma) \quad \text{mit } \eta = 1 \tag{5.16}$$

ist nicht nur für diesen Block erfüllt, sondern für alle Blöcke in Abbildung 5.1, ausgenommen die 1×1-Blöcke im Tridiagonalband. Damit sind alle Blöcke bis auf die genannten Ausnahmen η-zulässig mit $\eta = 1$.

Es ist leicht nachzuprüfen, dass auch Matrizen vom Format (5.15) Kosten der gleichen Größenordnung wie für (3.2d) verursachen (vgl. Hackbusch [69]). Damit bleiben die günstigen Eigenschaften hinsichtlich der formatierten Matrixoperationen erhalten.

Dass das Matrixformat (5.15) die Eigenschaft (5.16) für alle Blöcke außerhalb des Tridiagonalbandes besitzt, liegt an zwei Gegebenheiten:

---

[3] Damit die Darstellung für X_σ richtig ist, muss angenommen werden, dass σ alle Indizes $j_{\min} := \min\{j \in \sigma\}$, $j_{\min} + 1$, $j_{\min} + 2, \ldots$, $j_{\max} := \max\{j \in \sigma\}$ mit Träger in diesem Intervall enthält (vgl. (5.21)).

a) Das Matrixformat ist regelmäßig und die Schrittweite in §5.1.2 äquidistant.
b) Das Modellproblem ist eindimensional, sodass der Indexabstand im Wesentlichen proportional zum Abstand der Träger ist.

Da wir aber auch für nichtregelmäßige Diskretisierungen und höherdimensionale Probleme ein passendes Blockformat konstruieren wollen, brauchen wir Verfahren, die anhand der Diskretisierung die Blockzerlegung automatisch finden. Dies ist das Thema der beiden folgenden Unterkapitel.

5.3 Clusterbaum $T(I)$

Die konkrete Konstruktion eines Clusterbaums wird in §5.4 nachgeholt. In diesem Abschnitt wird nur der Rahmen in Form einer formalen Definition gegeben. Die grundlegenden Begriffe zu Bäumen (Wurzel, Söhne, Blätter, usw.) sind in Anhang A erklärt.

5.3.1 Definitionen

Wir gehen von einer (endlichen) Indexmenge I aus. Der Clusterbaum $T(I)$ ist erklärt als *Zerlegungsbaum* der Menge I im Sinne der Definition A.4.1. Dazu seien die Elemente von $T(I)$ mit τ notiert. $S(\tau)$ sei die Menge der Söhne von τ. Mit $\mathcal{L}(T(I))$ wird die Menge der Blätter bezeichnet: $\mathcal{L}(T(I)) = \{\tau : S(\tau) = \emptyset\}$. Die Bedingungen an $T(I)$ lauten dann

$$I \in T(I) \text{ ist die Wurzel des Baumes } T(I), \tag{5.17a}$$

$$\text{für alle } \tau \in T(I)\backslash\mathcal{L}(T(I)) \text{ ist } \bigcup_{\sigma\in S(\tau)} \sigma = \tau \text{ disjunkte Vereinigung} \tag{5.17b}$$

(vgl. §A.4). Anwendung von (5.17b) auf $\tau = I$ zeigt induktiv, dass $\tau \subset I$ für alle $\tau \in T(I)$ gilt (d.h. $T(I) \subset \mathcal{P}(I)$). Zusätzlich sei $\tau = \emptyset$ ausgeschlossen:

$$T(I) \subset \mathcal{P}(I)\backslash\{\emptyset\}. \tag{5.17c}$$

Da Teilmengen $\tau \subset I$ "Cluster" (von Indizes aus I) genannt werden, erklärt sich der Name "Clusterbaum".

Eventuell möchte man zu kleine bzw. hinreichend große Cluster kennzeichnen und führt deshalb die folgende Boolsche Funktion ein:

$$Grösse_{T(I)} : \mathcal{P}(I) \to \{true, false\} \text{ mit den Eigenschaften:}$$

$$\begin{aligned} &Grösse_{T(I)}(\tau) = true \text{ und } \tau' \supset \tau \;\Rightarrow\; Grösse_{T(I)}(\tau') = true, \\ &Grösse_{T(I)}(\tau) = false \quad \text{für alle } \tau \in \mathcal{L}(T(I)). \end{aligned} \tag{5.18}$$

Die erste Bedingung bedeutet: Ist τ hinreichend groß, so auch jede Obermenge. Die zweite Bedingung besagt, dass Blatt-Cluster hinreichend klein sein müssen. Eine Verschärfung der Bedingungen wird in Anmerkung 5.3.7 eingeführt.

Beispiel 5.3.1. Sei $n_{\min} \in \mathbb{N}$ fixiert. Die Standarddefinition von $Grösse_{T(I)}$ lautet

$$Grösse_{T(I)}(\tau) := (\#\tau > n_{\min})\,. \tag{5.19}$$

Sie genügt der Bedingung (5.18), vorausgesetzt die Blätter von $T(I)$ enthalten höchstens $n_{\min}$ Elemente.

Anmerkung 5.3.2. Die gewählte Beschreibung kann auf das folgende Problem führen. Falls ein $\tau \in T(I)$ nur *einen* Sohn besitzt, muss nach Eigenschaft (5.17b) für den Sohn $\sigma \in S(\tau)$ die Gleichheit $\tau = \sigma$ gelten, was im Widerspruch dazu steht, dass der Sohn und der Vater zwei verschiedene Elemente des Baumes sein müssen. Diese Schwierigkeit lässt sich auf mehrere Weisen vermeiden:

1) Man führt die präzise, aber umständlichere Schreibweise aus Definition A.4.1 ein, bei der man zwischen den Baumknoten $v \in T(I)$ und den Bezeichnungen (Clustern) $\mu(v) \in \mathcal{P}(I)\backslash\{\emptyset\}$ unterscheidet, oder

2) man ersetzt τ durch das Paar $(\tau, \ell) \in T^{(\ell)}(I)$, wobei ℓ die Stufe bezeichnet (vgl. (A.2)), oder

3) man verbietet den Konfliktfall durch die Vorschrift

$$\#S(\tau) \neq 1 \qquad \text{für alle } \tau \in T(I). \tag{5.17d}$$

Im Folgenden verwenden wir die einfachere Notation aus (5.17a-c). Falls (5.17d) nicht gilt, fällt es nicht schwer, je nach Zusammenhang $\tau \in T(I)$ als Baumelement bzw. als Cluster (eigentlich $\mu(\tau)$) zu interpretieren. Die Sohnfunktion $S(\tau)$ bezieht sich zum Beispiel stets auf τ als Baumelement.

Schließlich sei daran erinnert, dass zu jedem $\tau \in T(I)$ eine Trägermenge X_τ gehört. Die Definition (5.5b) zusammen mit (5.17b) liefert

$$X_\tau = \bigcup_{\sigma \in S(\tau)} X_\sigma \qquad \text{für } \tau \in T(I)\backslash\mathcal{L}(T(I)). \tag{5.20}$$

5.3.2 Beispiel

Im Modellbeispiel aus §5.1.2 ist $J = \{1, \ldots, n\}$. Für eine Zweierpotenz $n = 2^3$ bietet sich ein binärer Clusterbaum an:

$$\begin{array}{cccccccc|l}
\multicolumn{8}{c|}{J = \{1,2,3,4,5,6,7,8\}} & \text{Stufe 0} \\
\multicolumn{4}{c}{\{1,2,3,4\}} & \multicolumn{4}{c|}{\{5,6,7,8\}} & \text{Stufe 1} \\
\multicolumn{2}{c}{\{1,2\}} & \multicolumn{2}{c}{\{3,4\}} & \multicolumn{2}{c}{\{5,6\}} & \multicolumn{2}{c|}{\{7,8\}} & \text{Stufe 2} \\
\{1\} & \{2\} & \{3\} & \{4\} & \{5\} & \{6\} & \{7\} & \{8\} & \text{Stufe 3}
\end{array} \tag{5.21}$$

Die zugehörigen Träger X_τ (zweiter Fall in (5.14)) sind die Intervalle

$$\begin{array}{ccccccccl}
 & & & [0,1] & & & & & \text{Stufe 0}\\
 & [0,\frac12] & & & & [\frac12,1] & & & \text{Stufe 1}\\
[0,\frac14] & & [\frac14,\frac12] & & [\frac12,\frac34] & & [\frac34,1] & & \text{Stufe 2}\\
[0,\frac18]\ [\frac18,\frac14] & & [\frac14,\frac38]\ [\frac38,\frac12] & & [\frac12,\frac58]\ [\frac58,\frac34] & & [\frac34,\frac78]\ [\frac78,1] & & \text{Stufe 3}
\end{array}$$

Im Falle von $n = 2^L$ besteht der binäre Baum $T(J)$ aus den Clustern $\{\tau_i^\ell : 0 \le \ell \le L,\ 1 \le i \le 2^\ell\}$, wobei

$$\begin{aligned}&\tau_i^\ell = \left\{(i-1)\cdot 2^{L-\ell}+1, (i-1)\cdot 2^{L-\ell}+2, \ldots, i\cdot 2^{L-\ell}\right\}\\ &(0 \le \ell \le L,\ 1 \le i \le 2^\ell).\end{aligned} \tag{5.22}$$

J ist die Wurzel. Die Cluster der Stufe L bilden die Blätter. Da $\#\tau_i^L = 1$, erfüllen die Blätter die Bedingung (5.19) für jedes $n_{\min} \in \mathbb{N}$. Die Söhne von τ_i^ℓ $(\ell < L)$ sind $\tau_{2i-1}^{\ell+1}$ und $\tau_{2i}^{\ell+1}$. Die Träger und ihre Durchmesser bzw. Abstände sind

$$\begin{aligned}&X_\tau = [(i-1)\cdot 2^{-\ell}, i\cdot 2^{-\ell}] \qquad &&\text{für } \tau = \tau_i^\ell,\\ &\operatorname{diam}(\tau_i^\ell) = 2^{-\ell}, &&\operatorname{dist}(\tau_i^\ell, \tau_j^\ell) = 2^{-\ell}\max\{0, |i-j|-1\}.\end{aligned} \tag{5.23}$$

5.3.3 Blockzerlegung eines Vektors

Der Clusterbaum $T(I)$ kann genutzt werden, um einen Vektor $x \in \mathbb{R}^I$ als Blockvektor zu strukturieren. Dazu ist I als disjunkte Vereinigung von Clustern $\tau_i \in T(I)$ $(1 \le i \le p)$ darzustellen. Die Definition 1.3.2 einer *Partition* P ist dazu um die Bedingung $P \subset T(I)$ zu ergänzen. Im Folgenden wählen wir hierfür die Formulierung "$P \subset T(I)$ sei eine Partition (von I)".

Wählt man z.B. $\tau_1 = \{1\}$, $\tau_2 = \{2\}$, $\tau_3 = \{3,4\}$ und $\tau_4 = \{5,6,7,8\}$ aus (5.21), erhält man den Blockvektor

$$x^\top = \boxed{x_1}\boxed{x_2}\boxed{x_3\ \ x_4}\boxed{x_5\ \ x_6\ \ x_7\ \ x_8}$$

zur Partition $P = \{\tau_1, \tau_2, \tau_3, \tau_4\}$. Die wichtigen Merkmale sind: 1) Die Blöcke können verschieden groß sein. 2) Es sind nur Blöcke $\tau \in T(I)$ zugelassen. Wegen des zweiten Punktes sollte der Baum $T(I)$ Cluster der verschiedensten Größenordnungen anbieten.

Eine Partition lässt sich auch anders charakterisieren. Im Falle des gegebenen Beispiels betrachten wir den Teilbaum

$$\begin{array}{llll}
 & I = \{1,2,3,4,5,6,7,8\} & & \text{Stufe 0}\\
\{1,2,3,4\} & & \{5,6,7,8\} & \text{Stufe 1}\\
\{1,2\}\quad \{3,4\} & & & \text{Stufe 2}\\
\{1\}\quad \{2\} & & & \text{Stufe 3}
\end{array}$$

mit der gleichen Wurzel I (vgl. Anmerkung A.3.2). Seine Blätter stimmen mit der Partition P überein. Dies führt zu dem Isomorphismus, der in Lemma 5.3.5 beschrieben wird.

Notation 5.3.3 *Sei $T(I,P)$ der Teilbaum im Sinne der Anmerkung A.3.2, der aus allen Vorgängern $v \in T(I)$ von Clustern $\tau \in P$ besteht.*

Übung 5.3.4. Man zeige: a) Der Teilbaum $T(I,P)$ ist auch eindeutig beschrieben durch die Eigenschaften $I \in T(I,P) \subset T(I)$ und $\mathcal{L}(T(I,P)) = P$.

b) Erfüllt $T(I)$ die Bedingungen (5.17a-c) [und eventuell (5.17d)], so auch $T(I,P)$.

Das folgende Lemma besagt, dass jede Partition $P \subset T(I)$ als Blattmenge von $T(I,P)$ beschrieben werden kann. Umgekehrt führt jeder Teilbaum $T'(I) \subset T(I)$ (im Sinne der Anmerkung A.3.2) zu einer Partition $P := \mathcal{L}(T'(I))$ von I im Sinne von (1.11).

Lemma 5.3.5. *Ein Zerlegungsbaum $T(I)$ sei gegeben. Zwischen allen Partitionen $P \subset T(I)$ und allen Teilzerlegungsbäumen $T'(I) \subset T(I)$ (mit gleicher Wurzel I) besteht der Isomorphismus*

$$\Phi : P \mapsto T'(I) := T(I,P) \quad \text{und} \quad \Phi^{-1} : T'(I) \mapsto P := \mathcal{L}(T'(I)).$$

5.3.4 Speicherkosten für $T(I)$

Sei $n = \#I$. Dann gibt es höchstens n Blätter (im maximalen Fall wären diese wie in (5.21) einelementige Cluster). Für die Zahl der Baumknoten gilt im Falle von (5.17d)

$$\#T(I) \leq 2\#\mathcal{L}(T(I)) - 1 \leq 2n - 1$$

(vgl. Lemma A.3.4a). Damit sind $\mathcal{O}(n)$ Cluster zu verwalten. Dies führt mit der nachfolgenden Konstruktion 5.3.6 zu einem Speicheraufwand von $\mathcal{O}(n)$. Falls (5.17d) nicht gilt, kann $\#T(I)$ beliebig groß werden[4]. Falls die Baumtiefe gegeben ist, liefert Lemma A.3.4b eine Abschätzung.

Es bleibt die Aufgabe, jeden Cluster mit einem Speicheraufwand von $\mathcal{O}(1)$ zu verwaltet. Eine mögliche Implementierung wird nachfolgend beschrieben. Zunächst sind Anmerkungen zur Anordnung der Baumknoten (Cluster) vorauszuschicken. Zum Begriff des Vorgängers vergleiche man §A.2.

Sei T ein Baum mit der Eigenschaft, dass für alle $\tau \in T$ die Söhne aus $S(\tau)$ angeordnet sind (Schreibweise: $\tau' < \tau''$ für $\tau', \tau'' \in S(\tau)$, wenn τ' vor τ'' angeordnet ist). Damit wird die nachfolgende Anordnung des gesamten Baumes induziert. Für zwei Knoten $\tau, \sigma \in T$ mit $\tau \neq \sigma$ trifft genau einer der folgenden drei Fälle zu:

---

[4] Beispiel in der 2. Notation der Bemerkung 5.3.2: $L \in \mathbb{N}$ sei beliebig gewählt. Die Wurzel sei $(I,0)$, jeder Knoten (I,ℓ) habe $(I,\ell+1)$ als Sohn $(0 \leq \ell \leq L)$. Damit ist $\#T(I) = L + 1$.

(i) σ ist Vorgänger von τ. Dann gelte $\sigma < \tau$.
(ii) τ ist Vorgänger von σ. Dann gelte $\tau < \sigma$.
(iii) Es gibt $\rho \in T$ und $\tau', \sigma' \in S(\rho)$ mit $\tau' \neq \sigma'$, sodass τ' Vorgänger[5] von τ und σ' Vorgänger von σ (ρ ist der nächste gemeinsame Vorgänger von τ und σ, vgl. Abbildung 5.3). Hier wird die Anordnung der Sohnmenge $S(\rho)$ verwendet: Falls $\tau' < \sigma'$ [bzw. $\sigma' < \tau'$], wird $\tau < \sigma$ [bzw. $\sigma < \tau$] gesetzt.

Die Anordnung der Knoten von $T(I)$ induziert insbesondere eine Anordnung der Blätter in $\mathcal{L}(T(I))$. Die folgende Konstruktion definiert Anfangs- und Endindizes $\alpha(\tau)$ und $\beta(\tau)$ zu jedem $\tau \in T(I)$. Im Teil c) werden diese Indizes für alle Blätter und danach in d) induktiv für alle übrigen Cluster definiert.

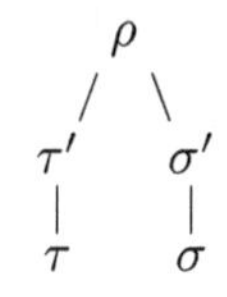

Abb. 5.3. zu (iii)

Konstruktion 5.3.6 *a) Die Indexmenge I braucht keine Anordnung zu besitzen. Falls I angeordnet ist, wird diese Anordnung im Folgenden ignoriert.*

b) Die Söhne $\sigma \in S(\tau)$ aller $\tau \in T(I)$ werden in beliebiger Weise angeordnet: $S(\tau) = \{\sigma_1, \ldots, \sigma_{\#S(\tau)}\}$. Damit ergibt sich ein angeordneter Baum (siehe oben); insbesondere sind die Blätter $\mathcal{L}(T(I))$ angeordnet. Diese werden als $\{\tau_1, \ldots, \tau_{\#\mathcal{L}(T(I))}\}$ geschrieben (innere Knoten von $T(I) \backslash \mathcal{L}(T(I))$ werden bei dieser Nummerierung ignoriert!).

c) Da $I = \bigcup_{i=1}^{\#\mathcal{L}(T(I))} \tau_i$ eine disjunkte Vereinigung ist (vgl. Lemma A.4.2a), brauchen nur noch die Indizes innerhalb der Teilmengen $\tau_i \subset I$ angeordnet werden, um zu einer Anordnung innerhalb von I zu kommen. Man nummeriere die Indizes der Elemente von $\tau_1, \ldots, \tau_{\#\mathcal{L}(T(I))}$ in beliebiger Weise durchgehend:

$$\tau_1 = \{i_\nu : \alpha(\tau_1) \leq \nu \leq \beta(\tau_1)\} \qquad \text{mit} \begin{cases} \alpha(\tau_1) := 1, \\ \beta(\tau_1) := \alpha(\tau_1) - 1 + \#\tau_1, \end{cases}$$

$$\tau_j = \{i_\nu : \alpha(\tau_j) \leq \nu \leq \beta(\tau_j)\} \qquad \text{mit} \begin{cases} \alpha(\tau_j) := \beta(\tau_{j-1}) + 1, \\ \beta(\tau_j) := \alpha(\tau_j) - 1 + \#\tau_j \\ \text{für } 2 \leq j \leq \#\mathcal{L}(T(I)). \end{cases}$$

Damit lassen sich alle Blätter τ_j durch die Paare $(\alpha(\tau_j), \beta(\tau_j)) \in \mathbb{N}^2$ eindeutig charakterisieren.

d) Die Darstellung der Cluster $\tau \in T(I) \backslash \mathcal{L}(T(I))$ geschieht rekursiv: Sind $\sigma_1, \ldots, \sigma_{\#S(\tau)}$ die Söhne aus $S(\tau)$, so besteht τ aus allen $\{i_\nu : \alpha(\tau) \leq \nu \leq \beta(\tau)\}$ mit $\alpha(\tau) := \alpha(\sigma_1)$ und $\beta(\tau) := \beta(\sigma_{\#S(\tau)})$, sodass das Paar $(\alpha(\tau), \beta(\tau))$ den Cluster τ eindeutig repräsentiert.

Insgesamt ist ein n-Tupel $\{i_1, \ldots, i_n\}$ und je ein Paar aus $\mathbb{N}^2$ pro $\tau \in T(I)$ abzuspeichern. Wegen $\#T(I) \leq \mathcal{O}(n)$ ist der Gesamtaufwand proportional zu $n = \#I$.

[5] Die Definition des Vorgängers schließt die Fälle $\tau' = \tau$ bzw. $\sigma' = \sigma$ ein.

Um die Kosten für die Abspeicherung von $T(I)$ und spätere Kosten für die Suche in $T(I)$ gering zu halten, sollte die Tiefe des Baumes auf das notwendige Minimum beschränkt werden. Hierauf bezieht sich die

Anmerkung 5.3.7. Falls es einen Cluster $\tau \in T(I) \backslash \mathcal{L}(T(I))$ mit $Grösse(\tau) = false$ gibt, gilt er als "klein" und wird in den späteren Anwendungen nicht mehr zerlegt. Daher sind Söhne aus $S(\tau)$ ohne Interesse. Folglich kann der Baum $T(I)$ durch den Teilbaum $T(I) \backslash \bigcup_{\tau' \in S(\tau)} T(\tau')$ ersetzt werden (zu $T(\tau')$ vgl. Anmerkung A.3.3). Nach einer entsprechenden Verkürzung des Baumes gilt die Äquivalenz:

$$\text{für alle } \tau \in T(I) \text{ gilt:} \qquad Grösse(\tau) = false \iff \tau \in \mathcal{L}(T(I)) \,. \tag{5.24}$$

Beweis. a) $\tau \in \mathcal{L}(T(I)) \Rightarrow Grösse(\tau) = false$: Diese Eigenschaft gilt gemäß (5.18) für $T(I)$ vor der Kürzung. Da $S(\tau)$ nur dann aus $T(I)$ entfernt wird, wenn $Grösse(\tau) = false$, bleibt diese Eigenschaft erhalten.
b) $Grösse(\tau) = false \Rightarrow \tau \in \mathcal{L}(T(I))$: Wäre $\tau \notin \mathcal{L}(T(I))$, könnte auch $S(\tau)$ noch entfernt werden. ∎

Die Anwendung der Anmerkung auf das Beispiel aus (5.21) bedeutet: Wenn $Grösse$ mittels (5.19) und $n_{\min} = 2$ definiert ist, müssen alle Cluster der Stufe 3 in (5.21) gestrichen werden.

5.4 Konstruktion des Clusterbaums $T(I)$

Dieses Kapitel ist für die praktische Implementierung essentiell, kann aber im ersten Durchgang überschlagen werden. Die nachfolgenden Definitionen sind von diesem Kapitel unabhängig.

5.4.1 Notwendige Daten

Gegeben seien

- I: nichtleere Indexmenge, deren Elemente nicht angeordnet sein müssen.
- Adm : eine Zulässigkeitsbedingung (5.13a,b) für Paare von Teilmengen von I. Letztere erfordert üblicherweise die folgenden geometrischen Daten:
- X_i : Teilmenge des $\mathbb{R}^d$ zugeordnet zu $i \in I$ (z.B. $X_i = \{\xi_i\}$). Hieraus wird X_τ erklärt (vgl. (5.5b)).
- $Grösse(\tau)$: Bewertungsfunktion; nur wenn $Grösse(\tau) = true$, soll τ in Teilcluster (die Söhne) zerlegt werden (vgl. (5.18)).

Man beachte, dass Adm nicht die spezielle Form (5.8), (5.9a-c) haben muss. Unter Umständen können die Geometriedaten X_i sogar entfallen (vgl. §9.2.9).

5.4.2 Geometriebasierte Konstruktion mittels Minimalquader

5.4.2.1 Knoten ξ_i

Der einfachste Fall der zugeordneten Teilmenge ist $X_i = \{\xi_i\}$. Falls X_i mehr als einen Punkt enthält, da X_i z.B. Träger einer Basisfunktion ist, wählt man einen Ersatzpunkt ξ_i ("Knotenpunkt" zu $i \in I$), wofür in Anmerkung 5.4.1b ein Vorschlag gemacht wird. Als (achsenparallelen) Minimalquader ("bounding box") zu einer Menge $X \subset \mathbb{R}^d$ definieren wir den kleinsten[6] Quader $Q = \prod_{i=1}^{d} [a_i, b_i]$ mit der Eigenschaft $Q \supset X$. Für den Minimalquader zu X verwenden wir die Schreibweise $Q_{\min}(X)$.

Anmerkung 5.4.1. a) Ist X konvexe Hülle der Punkte $\{x_1, \ldots, x_q\}$, so gilt $Q_{\min}(X) = Q_{\min}(\{x_1, \ldots, x_q\})$. Die Bestimmung von $Q_{\min}$ für eine endliche Punktmenge wird in (5.29) beschrieben werden.

b) Da man in der Praxis nur Minimalquader für Punktmengen bestimmen möchte, wird die Trägermenge X_i $(i \in I)$ in folgender Weise durch eine einelementige Menge $\hat{X}_i := \{\xi_i\}$ ersetzt. Für jedes $i \in I$ sei $Q_i := Q_{\min}(X_i)$ der Minimalquader zu X_i (vgl. Abbildung 5.4). Dann definiere man ξ_i als Mittelpunkt von Q_i. In diesem Falle gilt

$$\begin{aligned} Q_i \supset X_i, \; Q_i \supset \hat{X}_i = \{\xi_i\} \quad \text{und} \\ \max\{|\xi_i - x| : x \in X_i\} \le \tfrac{1}{2} \operatorname{diam} Q_i \le \tfrac{\sqrt{d}}{2} \operatorname{diam}(X_i). \end{aligned} \tag{5.25}$$

c) Eine andere, etwas aufwändigere Wahl wäre das Čebyšev-Zentrum ξ_i von X_i (vgl. Anmerkung 4.2.2).

Im Weiteren nehmen wir an, dass X_i und X_τ durch

$$\hat{X}_i = \{\xi_i\} \quad (i \in I), \qquad \hat{X}_\tau = \{\xi_i : i \in \tau\} \quad (\tau \subset I) \tag{5.26}$$

ersetzt werden (falls X_i schon einelementig ist, wird $\hat{X}_i := X_i$ gesetzt).

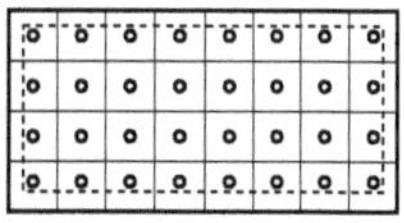

Abb. 5.4. Äußeres Rechteck: Minimalquader $Q_\tau \supset X_\tau$, Kreise: $\hat{X}_\tau$, inneres Rechteck: $\hat{Q}_\tau \supset \hat{X}_\tau$

Für unterschiedliche Indizes $i_1, \ldots, i_m$ kann der Knotenpunkt $\xi_{i_1} = \xi_{i_2} = \ldots$ mehrfach auftreten. Beispiele sind i) Finite-Element-Ansätze, die im gleichen Knotenpunkt Basisfunktionen sowohl für den Wert als auch für Ableitungen besitzen, oder ii) Systeme von Differentialgleichungen, bei denen Basisfunktionen im gleichen Punkt für verschiedene Komponenten des Systems auftreten. Sei m die maximale Anzahl übereinstimmender Knotenpunkte:

$$m := \max\left\{\#\{j \in I : \xi_j = x\} : x \in \mathbb{R}^d\right\}. \tag{5.27a}$$

Bei der geometrie-basierten Konstruktion werden Indizes nur aufgrund ihrer Knotenpunkte ξ_j bewertet, sodass Indizes mit übereinstimmenden ξ_j nicht

[6] Eine formale Definition ist z.B. $Q := \bigcap\{Q' \supset X : Q' \text{ achsenparalleler Quader}\}$.

getrennt werden können. Dies induziert die folgende Forderung an die Bewertungsfunktion *Grösse*:

$$\#\tau \le m \quad \Rightarrow \quad Grösse(\tau) = false. \tag{5.27b}$$

Im Standardfall (5.19) muss somit $n_{\min} \ge m$ gewählt werden.

Die folgenden Konstruktionen werden Cluster τ und zugehörige Quader $\hat{Q}_\tau$ erzeugen, sodass (vgl. Abbildung 5.4)

$$\hat{X}_\tau \subset \hat{Q}_\tau, \qquad \text{wobei } \hat{Q}_\tau = \begin{cases} Q^I_\tau \text{ gemäß §5.4.2.2 oder} \\ Q^{II}_\tau \text{ gemäß §5.4.2.3.} \end{cases} \tag{5.28}$$

Wir fassen zusammen:

X_i, X_τ : exakte Cluster, $\hat{X}_i, \hat{X}_\tau$: Ersatzcluster,
Q_i, Q_τ : Quader zu X_i, X_τ, $\hat{Q}_i, \hat{Q}_\tau$: Quader zu $\hat{X}_i, \hat{X}_\tau$.

Falls $X_i = \hat{X}_i$, treten keine weiteren Fragen auf. Andernfalls wird in §5.4.5 diskutiert, welche Ungenauigkeiten durch $\hat{X}_i$ erzeugt werden bzw. wie diese zu korrigieren sind.

5.4.2.2 Erste Variante: Regelmäßige Teilquader Q^I_τ

Der (achsenparallele) *Minimalquader* zu einem Cluster τ (Teilmenge von I) ergibt sich als Resultat von

```
function Minimalquader(τ);
begin for i = 1 to d do                         {d ist Dimension des ℝ^d}
    begin a[i] := min_{j∈τ} ξ_{j,i};
        b[i] := max_{j∈τ} ξ_{j,i}      {ξ_j ist das Element von X̂_j = {ξ_j}}     (5.29)
    end;
    Minimalquader := ∏_{i=1}^{d} [a[i], b[i]]
end;
```

Im Folgenden bezeichnen Q, $QS[1]$, $QS[2]$ achsenparallele Quader. Die folgende Prozedur zerlegt sowohl einen Quader Q in Teilquader $QS[1]$, $QS[2]$ als auch den Cluster τ in die Söhne $\sigma[1]$ und $\sigma[2]$. Für die Eingabeparameter Q, τ wird vorausgesetzt, dass $\xi_j \in Q$ für alle $j \in \tau$. Nach Ausführung der Prozedur gilt dann $\sigma[1] \dot\cup \sigma[2] = \tau$ und $\xi_j \in QS[i]$ für alle $j \in \sigma[i]$ $(i = 1, 2)$. Man beachte, dass die Halbierung des Quaders in Richtung der längsten Ausdehnung stattfindet (vgl. j aus Zeile 4 der nachfolgenden Prozedur).

$$\begin{array}{|l|}\hline
\textbf{procedure } \text{ZerlegungGeometrisch}(Q, QS, \tau, \sigma);\\
\{Q, \tau \text{ Eingabe, } QS[1:2], \sigma[1:2] \text{ Ausgabe}\}\\
\textbf{begin } \{\text{sei } Q = \prod_{i=1}^{d} [a_i, b_i] \text{ mit } a_i \le b_i\}\\
\quad \text{bestimme ein } j \text{ mit } b_j - a_j = \max_{1\le i\le d} b_i - a_i\\
\quad QS[1] := \prod_{i=1}^{j-1}[a_i,b_i] \times [a_j, a_j + \frac{1}{2}(b_j - a_j)] \times \prod_{i=j+1}^{d}[a_i,b_i];\\
\quad QS[2] := \prod_{i=1}^{j-1}[a_i,b_i] \times [a_j + \frac{1}{2}(b_j - a_j), b_j] \times \prod_{i=j+1}^{d}[a_i,b_i];\\
\quad \sigma[1] := \emptyset;\ \sigma[2] := \emptyset;\\
\quad \textbf{for all } j \in \tau \textbf{ do}\\
\quad \textbf{if } \xi_j \in QS[1] \textbf{ then } \sigma[1] := \sigma[1] \cup \{j\} \textbf{ else } \sigma[2] := \sigma[2] \cup \{j\}\\
\textbf{end};\\ \hline
\end{array} \tag{5.30}$$

Falls $\xi_j \in QS[1] \cap QS[2]$, ist die Zuordnung zu $\sigma[1]$ bzw. $\sigma[2]$ beliebig; o.B.d.A. wird hier $\sigma[1]$ gewählt.

Ein Baum ist durch die Angabe von V (Knotenmenge), $root(T)$ (Wurzel) und der Sohnabbildung S definiert (vgl. Definition A.2.1). Die Sohnmengen werden in der nachfolgenden Prozedur als Feld $S[\tau]$ über alle Indizes $\tau \in V$ beschrieben und definiert.

$$\begin{array}{|l|}\hline
\textbf{procedure } \text{SohnCluster}(\tau, Q, V, S);\\
\{\text{Eingabe: } \tau\text{: Cluster, } Q\text{: zugehöriger Quader,}\\
\ \text{Ausgabe: } V\text{: Clustermenge, } S\text{: Feld der Sohnmengen}\}\\
\textbf{begin } S[\tau] := \emptyset; \qquad\qquad \{S \text{ ist Sohnmenge}\}\\
\quad \textbf{if } \mathit{Grösse}(\tau) \textbf{ then}\\
\quad \textbf{begin } \text{ZerlegungGeometrisch}(Q, QS[1:2], \tau, \sigma[1:2]);\\
\qquad \textbf{for } i = 1, 2 \textbf{ do if } \sigma[i] \ne \emptyset \textbf{ then}\\
\qquad \textbf{begin } V := V \cup \{\sigma[i]\};\ S[\tau] := S[\tau] \cup \{\sigma[i]\};\\
\qquad\qquad \text{SohnCluster}(\sigma[i], QS[i], V, S)\\
\textbf{end end end};\\ \hline
\end{array} \tag{5.31}$$

Sei $I \ne \emptyset$. Der Baum $T(I) := (V, root(T), S)$ bestehend aus der Knotenmenge V, der Wurzel und der Sohnabbildung S wird definiert mittels

$$V := \{I\};\ Q := Q_{\min}(\hat{X}_I);\ root(T) := I;\ \text{SohnCluster}(I, Q, V, S); \tag{5.32}$$

Im Folgenden identifizieren wir $T(I)$ wieder mit V und schreiben z.B. $\tau \in T(I)$ statt $\tau \in V$. Der zu τ konstruierte Quader Q sei mit Q_τ^I bezeichnet. Aufgrund der Konstruktion (5.30) hat er die Eigenschaft $\xi_j \in Q_\tau^I$ für alle $j \in \tau$, d.h. $\hat{X}_\tau \subset Q_\tau^I$ wie in (5.28) verlangt.

Die Eigenschaften des Baumes $T(I)$ werden diskutiert in

Anmerkung 5.4.2. Vorausgesetzt sei (5.27b). Dann terminiert der Algorithmus und produziert einen Baum, wobei für alle Cluster $\tau \in T(I)$ die Anzahl der Söhne durch 2 beschränkt ist, aber $\#S(\tau) = 1$ nicht ausgeschlossen ist. Seien $\delta_{\min} := \min\{\|\xi_i - \xi_j\|_\infty : i, j \in I \text{ mit } \xi_i \ne \xi_j\}$ und $\delta_{\max} := \max\{\|\xi_i - \xi_j\|_\infty : i, j \in I\}$. Dann ist die Tiefe des Baumes beschränkt durch

$$\operatorname{depth}(T(I)) \le d \left\lceil \log_2 (\delta_{\max}/\delta_{\min}) \right\rceil . \tag{5.33}$$

Beweis. Für den Minimalquader Q zu I (vgl. (5.32)) gilt $\operatorname{diam}_\infty(Q) = \delta_{\max}$. Die Halbierung der Quader entlang der längsten Seite garantiert, dass jeder Quader nach d Schritten einen halbierten Durchmesser hat. Nach L Schritten haben alle Quader Q_τ^I einen Durchmesser $\operatorname{diam}_\infty(Q_\tau^I) = \delta_{\max}/2^{\lfloor L/d \rfloor}$. Für $L = d\,\lceil \log_2(\delta_{\max}/\delta_{\min}) \rceil$ ist $\delta_{\max}/2^{\lfloor L/d \rfloor} \le \delta_{\min}$, sodass nach Definition von $\delta_{\min}$ jeder Cluster τ identische Knotenpunkte enthalten muss und gemäß (5.27b) *Grösse*$(\tau) = \mathit{false}$ gilt. Damit induziert die Prozedur *SohnCluster* keinen weiteren rekursiven Aufruf. ■

Anmerkung 5.4.3. Die zu $\tau \in T(I)$ gehörigen Quader Q_τ^I entstehen nach Konstruktion durch eine regelmäßige Zerlegung. Insbesondere sind alle Quader Q_τ^I für Cluster $\tau \in T^{(\ell)}(I)$ der gleichen Stufe ℓ bis auf eine Translation identisch.

Auf der anderen Seite sind zwei ungünstige Eigenschaften anzumerken:
1) Die Q_τ^I sind im Allgemeinen nicht minimal.
2) Teilquader, die von *ZerlegungGeometrisch* erzeugt werden, entfallen, wenn diese keinen Knoten von τ enthalten. Dies ist der Grund, dass $\#S(\tau) = 1$ auftreten kann. Wegen der Bezeichnungsproblematik im Falle von $\#S(\tau) = 1$ sei auf Bemerkung 5.3.2 verwiesen.

5.4.2.3 Zweite Variante: Minimalquader Q_τ^{II}

Wenn man die identische Größe der Quader $\{Q_\tau^I : \tau \in T^{(\ell)}(I)\}$ nicht benötigt und stattdessen eher einen Baum kleinerer Tiefe bevorzugt, sollte man die Quader zu τ als Minimalquader definieren. Hierzu ersetzt man die Prozedur *ZerlegungGeometrisch* in *SohnCluster* durch die folgende:

```
procedure ZerlegungGeometrischMinimal(Q, QS, τ, σ);
begin ZerlegungGeometrisch(Q, QS, τ, σ);
      for i = 1, 2 do QS[i] := Minimalquader(σ[i])
end;
```
(5.34)

Die hierdurch erzeugten Quader seien als Q_τ^{II} bezeichnet. Die Abbildung 5.5 entspricht der Variante (5.34).

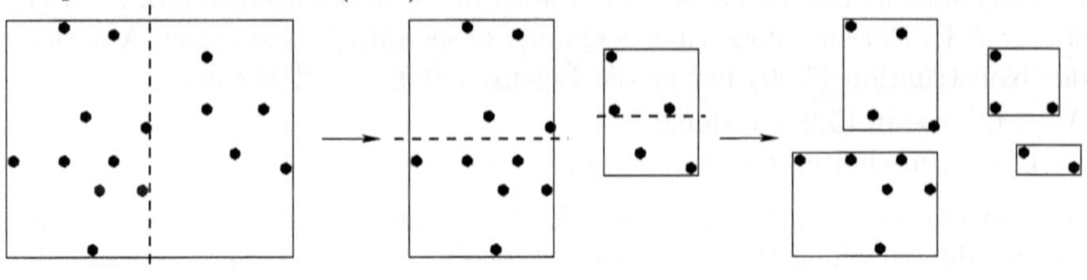

Abb. 5.5. Der linke Minimalquader, der die Knotenpunkte ξ_i enthält, wird entlang der x-Achse halbiert (Mitte). Im nächsten Schritt werden die neuen Minimalquader entlang der y-Richtung zerlegt (rechts).

Anmerkung 5.4.4. a) Im Falle von (5.34) ist $T(I)$ ein Binärbaum. Seine Tiefe ist nicht größer als die für $T(I)$ aus (5.33).
b) Die Quader Q_τ^{II} sind eindeutig durch die Knotenpunkte $\{\xi_i : i \in \tau\} = \hat{X}_\tau$ gegeben, da $Q_\tau^{II} = Q_{\min}(\hat{X}_\tau)$.
c) Die beiden Varianten aus §5.4.2.2 und §5.4.2.3 produzieren Bäume, die im Allgemeinen verschieden sind. Wie Abbildung 5.5 illustriert, sind die entstehenden Quader Q_τ^{II} im Allgemeinen von unterschiedlicher Gestalt und Größe.

Beweis. a) Sei $Q_\tau^{II} = \prod_{i=1}^d [a_i, b_i]$ der Minimalquader. Falls $a_i = b_i$ für alle i, wird τ zum Blatt (vgl. (5.27b)). Andernfalls sei i so, dass $b_i - a_i$ maximal ist. Sowohl zu a_i als auch zu b_i muss es nach Definition eines Minimalquaders Indizes j_a und j_b aus τ geben, sodass $\xi_{j_a,i} = a_i$ und $\xi_{j_b,i} = b_i$. Eine Halbierung erzeugt daher zwei Teilquader, denen nichtleere Söhne σ_1 und σ_2 entsprechen. Damit kommen nur die Fälle $\#S(\tau) = 0$ und $\#S(\tau) = 2$ vor. ∎

5.4.3 Kardinalitätsbasierte Konstruktion

Die nachfolgenden Aussagen gelten für den Fall $m = 1$ in (5.27a). Die Verallgemeinerung für $m > 1$ ist dem Leser überlassen.

Bei der vorherigen Konstruktion spielt die Verteilung der Anzahlen $\#\sigma[1]$ und $\#\sigma[2]$ keine Rolle. Es kann aber auch eine Zerlegung gewünscht werden, sodass $\#\sigma[1]$ und $\#\sigma[2]$ ähnlich groß sind (im optimalen Falle $|\#\sigma[1] - \#\sigma[2]| \le 1$). Hierzu ist die Prozedur *ZerlegungGeometrisch* in (5.31) durch die folgende zu ersetzen, wobei $\#\tau \ge 2$ vorausgesetzt ist:

procedure ZerlegungKardinalität(Q, QS, τ, σ);
$\{Q, \tau$ Eingabe, $QS[1:2], \sigma[1:2]$ Ausgabe$\}$
begin {Sei $Q = \prod_{i=1}^d [a_i, b_i]$ mit $a_i \le b_i$}
  bestimme ein j mit $b_j - a_j = \max_{1 \le i \le d} b_i - a_i$
  sortiere $\tau = \{i_1, \ldots, i_{\#\tau}\}$ derart, dass (5.35)
    für $1 \le k \le \ell \le \#\tau$ gilt: $\xi_{i_k,j} \le \xi_{i_\ell,j}$;
  $\sigma[1] := \{i_1, \ldots, i_{\lceil \#\tau/2 \rceil}\}$; $\sigma[2] := \{i_{\lceil \#\tau/2 \rceil + 1}, \ldots, i_{\#\tau}\}$;
  for $i = 1, 2$ **do** $QS[i] :=$ Minimalquader($\sigma[i]$)
end;

Der Vorteil der kardinalitätsbasierten Konstruktion liegt in der minimalen Baumtiefe (d.h. der Baum ist balanciert).

Anmerkung 5.4.5. Bei Verwendung von (5.35) beträgt die Baumtiefe $\mathrm{depth}(T(I)) \le \lceil \log_2(\#I) \rceil$.

5.4.4 Implementierung und Aufwand

Für die Implementierung des Baumes ist die Nummerierung aus Konstruktion 5.3.6 hilfreich. Diese kann parallel zur Erzeugung des Baumes durchgeführt werden:

1. I sei beim Start beliebig nummeriert,
2. wird τ in zwei Söhne σ_1, σ_2 zerlegt, so wird die Anordnung so geändert, dass alle $i \in \sigma_1$ vor jedem $j \in \sigma_2$ stehen,
3. bei Erreichen der Blätter ist die Nummerierung beendet.

Die Bestimmung des Minimalquaders zu τ kostet $\mathcal{O}(\#\tau)$. Ebenso ist der Aufwand für *ZerlegungGeometrisch*(Q, QS, τ, σ) proportional zu $\#\tau$. Damit ist der Gesamtaufwand $\mathcal{O}(\sum_{\tau\in T(I)} \#\tau)$, wobei

$$\sum_{\tau\in T(I)} \#\tau = \sum_{\tau\in\mathcal{L}(T(I))} \#\tau \cdot (\mathit{level}(\tau)+1) \le \#I \cdot (\operatorname{depth}(T(I))+1)\,.$$

Zum Beweis beachte man, dass jedes $\tau \in \mathcal{L}(T(I))$ als Teilmenge in $\mathit{level}(\tau)+1$ Vorgängern auftritt und dass $\sum_{\tau\in\mathcal{L}(T(I))} \#\tau = \#I$.

Im Falle von (5.35) kostet die Sortierung $\mathcal{O}(\#\tau \cdot \log(\#\tau))$ Operationen.

5.4.5 Auswertung der Zulässigkeitsbedingung

Die Zulässigkeitsbedingung (5.8) verwendet die Größen $\operatorname{diam}(\tau) = \operatorname{diam}(X_\tau)$ und $\operatorname{dist}(\tau, \sigma) = \operatorname{dist}(X_\tau, X_\sigma)$. In den obigen Konstruktionen werden die Mengen X_τ durch die einfacher zu verwaltenden Mengen $\hat{X}_\tau$ ersetzt. Während $\operatorname{diam}(\tau)$ und $\operatorname{dist}(\tau, \sigma)$ im Allgemeinen nicht billig berechnet werden können, können gemäß (5.7a,b) $\operatorname{diam}(Q)$ und $\operatorname{dist}(Q', Q'')$ für Quader Q, Q', Q'' leicht ausgewertet werden. Im Weiteren sind folgende Fälle zu unterscheiden.

1) Falls Quader $Q_\tau \supset X_\tau$ $(\tau \in T(I))$ als Obermengen vorliegen, kann die Zulässigkeitsbedingung anhand dieser Quader bestimmt werden (vgl. Lemma 5.2.6).
2) Wenn anstelle von X_τ die Ersatzmenge $\hat{X}_\tau$ aus (5.26) verwendet wird, gelten die Inklusionen $Q_\tau^I \supset \hat{X}_\tau$ (bei Konstruktion (5.32)) bzw. $Q_\tau^{II} \supset \hat{X}_\tau$ (bei Konstruktion (5.34)), aber im Allgemeinen nicht $\hat{Q}_\tau \supset X_\tau$, wobei $\hat{Q}_\tau$ je nach Konstruktion für Q_τ^I oder Q_τ^{II} steht.
   2a) Entweder ersetzt man die echte Zulässigkeitsbedingung (5.8) durch
   $$\begin{aligned} &\min\{\operatorname{diam}(\hat{Q}_\tau), \operatorname{diam}(\hat{Q}_\sigma)\} \le \eta \operatorname{dist}(\hat{Q}_\tau, \hat{Q}_\sigma) \\ &\text{mit } \hat{Q}_\tau := Q_\tau^I \text{ bzw. } \hat{Q}_\tau := Q_\tau^{II}. \end{aligned} \tag{5.36}$$
   Dann muss man beachten, dass diese Ungleichung im Allgemeinen nicht (5.8) impliziert.
   2b) Oder man führt eine stärkere Ersatz-Zulässigkeitsbedingung ein, die (5.8) impliziert.

Zunächst wird untersucht, wie groß der Fehler ist, wenn man die "falsche" Zulässigkeitsbedingung (5.36) verwendet.

Anmerkung 5.4.6. Sei $Q_i := Q_{\min}(X_i)$ wie in Anmerkung 5.4.1b. Dann gelten die Ungleichungen

$$\begin{aligned} \operatorname{diam}(\tau) &\le \operatorname{diam}(\hat{Q}_\tau) + \max\nolimits_{j\in\tau} \operatorname{diam}(Q_j), \\ \operatorname{dist}(\tau,\sigma) &\ge \operatorname{dist}(\hat{Q}_\tau, \hat{Q}_\sigma) - \max\nolimits_{j\in\tau\cup\sigma} \operatorname{diam}(Q_j) \end{aligned} \tag{5.37}$$

für alle $\hat{Q}_\tau \supset Q_{\min}(\hat{X}_\tau)$ (vgl. Anmerkung 5.4.4b), wie sie beispielsweise von (5.34) erzeugt werden. Eine mögliche Wahl von $\hat{Q}_\tau$ sind die mittels (5.31) konstruierten Quader $Q_\tau^I \supset \hat{X}_\tau$.

Beweis. Seien $x, y \in X_\tau$. Für geeignete $i, j \in \tau$ gilt $x \in X_i \subset Q_i$ und $y \in X_j \subset Q_j$. Mit Hilfe der Quadermittelpunkte schätzen wir ab:

$$\begin{aligned} |x-y| &\le |x-\xi_i| + |\xi_i - \xi_j| + |\xi_j - y| \\ &\le \frac{1}{2}\operatorname{diam}(Q_i) + |\xi_i - \xi_j| + \frac{1}{2}\operatorname{diam}(Q_j) \\ &\le \operatorname{diam}(Q_\tau^{II}) + \max_{j\in\tau} \operatorname{diam}(Q_j), \end{aligned}$$

da $\xi_i, \xi_j \in Q_\tau^{II}$. Entsprechend beweist man die Ungleichung für $\operatorname{dist}(\tau,\sigma)$. ∎

Die Abschätzung zeigt, dass $\operatorname{diam}(\tau)$ und $\operatorname{dist}(\tau,\sigma)$ jeweils höchstens um die Größenordnung $\operatorname{diam}(Q_j)$ falsch ausgewertet werden. Insbesondere für größere Cluster ist dies ein vernachlässigbarer Anteil, sodass die Ersetzung von (5.8) durch (5.36) nicht unvernünftig sein muss.

Im Weiteren werden wir dem obigen Punkt 2b folgen und nach einer Ersatzbedingung suchen, die (5.8) impliziert. Dazu definieren wir die Größen

$$\begin{aligned} \widetilde{\operatorname{diam}}(\tau) &:= \operatorname{diam}(\hat{Q}_\tau) + \max\nolimits_{j\in\tau} \operatorname{diam}(Q_j), \\ \widetilde{\operatorname{dist}}(\tau,\sigma) &:= \operatorname{dist}(\hat{Q}_\tau, \hat{Q}_\sigma) - \max\nolimits_{j\in\tau\cup\sigma} \operatorname{diam}(Q_j), \end{aligned} \tag{5.38}$$

wobei $\hat{Q}_\tau$ ein Quader mit $\hat{Q}_\tau \supset Q_{\min}(\hat{X}_i)$ sei und $\hat{X}_i$ in (5.26) definiert ist. Die *Ersatz-Zulässigkeitsbedingung* lautet

$$\min\{\widetilde{\operatorname{diam}}(\tau), \widetilde{\operatorname{diam}}(\sigma)\} \le \eta\, \widetilde{\operatorname{dist}}(\tau,\sigma). \tag{5.39}$$

Aus (5.37) und (5.39) folgt das

Lemma 5.4.7. *(5.39) impliziert die Standard-Zulässigkeitsbedingung (5.8).*

Damit kann der Algorithmus (5.53) mit der mittels (5.38) definierten Ersatz-Zulässigkeitsbedingung *Adm* durchgeführt werden. Die entstehende Partition ist zulässig im strengen Sinne von (5.8):

$$\min\{\operatorname{diam}(\tau), \operatorname{diam}(\sigma)\} \le \eta \operatorname{dist}(\tau,\sigma).$$

5.5 Blockclusterbaum $T(I \times J)$

Will man statt Vektoren $x \in \mathbb{R}^I$ Matrizen $M \in \mathbb{R}^{I\times J}$ partitionieren, so ist I durch die Indexmenge $I \times J$ zu ersetzen. Man beachte, dass eine Partition von $I\times J$ nicht beliebige Teilmengen, sondern nur solche mit einer Produktstruktur zulässt (vgl. Definition 1.3.6). Würde man die Konstruktion von §5.3 direkt übertragen ($I \times J$ statt I), ergäbe sich nach Konstruktion 5.3.6 ein Aufwand von $\#(I \times J) = \#I \cdot \#J$, der im Falle von $\#I, \#J = \mathcal{O}(n)$ viel zu groß ausfiele. Man kann aber die Abspeicherung des Blockclusterbaums $T(I \times J)$ völlig vermeiden, da die notwendigen Informationen bereits in $T(I)$ und $T(J)$ enthalten sind.

Wir geben zunächst die Beschreibung des stufentreuen Blockclusterbaums (vgl. §5.5.1). Hierdurch wird der Blockclusterbaum $T(I \times J)$ eindeutig durch die Clusterbäume $T(I)$ und $T(J)$ definiert. Mögliche Verallgemeinerungen werden in §5.5.3 behandelt.

5.5.1 Definition des stufentreuen Blockclusterbaums

Seien $T(I)$ und $T(J)$ Clusterbäume im Sinne von (5.17a-c). Außerdem mögen $Grösse_{T(I)}$ und $Grösse_{T(J)}$ die Bedingungen (5.18) und (5.24) erfüllen. Wir definieren $T(I \times J)$ mittels der Wurzel $I \times J \in T(I \times J)$ und der folgenden Rekursion, die die Sohnabbildung $S = S_{T(I\times J)}$ definiert:

Konstruktion 5.5.1 (stufentreue Blockclusterbaumkonstruktion)
1) Setze $I \times J$ als Wurzel.
2) Die Rekursion starte mit $b = \tau \times \sigma$ für $\tau = I$ und $\sigma = J$.
2a) Sei $b = \tau \times \sigma$; definiere die Sohnmenge als

$$S(b) := \begin{cases} \emptyset, & \text{falls } S_{T(I)}(\tau) = \emptyset \text{ oder } S_{T(J)}(\sigma) = \emptyset, \\ \{\tau' \times \sigma' : \tau' \in S_{T(I)}(\tau),\ \sigma' \in S_{T(J)}(\sigma)\} & \text{sonst.} \end{cases}$$

2b) Wende 2a) auf alle Söhne von b an, wenn diese existieren.

Die Eigenschaften des entstehenden Baumes $T(I \times J)$ sind zusammengefasst in

Satz 5.5.2. *a) Für alle $b \in T(I \times J)\backslash\mathcal{L}(T(I \times J))$ ist $b = \bigcup_{b'\in S(b)} b'$ eine disjunkte Vereinigung.*

b) Alle $b \in T(I \times J)$ haben die Gestalt $b = \tau \times \sigma$ mit $\tau \in T(I)$ und $\sigma \in T(J)$, für die außerdem gilt:

$$level(b) = level(\tau) = level(\sigma) \qquad (\text{“Stufentreue”}). \tag{5.40}$$

c) Definiert man

$$Grösse_{T(I\times J)}(\tau \times \sigma) :\Leftrightarrow \left(Grösse_{T(I)}(\tau) \text{ und } Grösse_{T(J)}(\sigma)\right), \tag{5.41a}$$

so erfüllt $Grösse_{T(I\times J)}$ *die zu (5.18) analogen Eigenschaften:*

$$\begin{array}{l} Grösse_{T(I\times J)} : T(I\times J) \to \{true, false\} \quad mit \\ \quad Grösse_{T(I)}(b) = true \text{ und } b' \supset b \;\Rightarrow\; Grösse_{T(I)}(b') = true, \\ \quad Grösse_{T(I)}(b) = false \quad \text{für alle } b \in \mathcal{L}(T(I\times J)), \end{array} \tag{5.41b}$$

wobei mit (5.24) auch die umgekehrte Implikation

$$b \in \mathcal{L}(T(I\times J)) \Rightarrow Grösse_{T(I)}(b) = false$$

gilt. Definition (5.41a) impliziert im Falle $I = J$ *die Symmetrie:*

$$Grösse_{T(I\times I)}(\tau\times\sigma) = Grösse_{T(I\times I)}(\sigma\times\tau).$$

d) Erfüllt einer der Bäume $T(I)$ *oder* $T(J)$ *die Bedingung (5.17d), so gilt Entsprechendes für* $T(I\times J)$, *nämlich* $\#S_{T(I\times J)}(b) \neq 1$.

e) Für die Baumtiefe gilt

$$\mathrm{depth}(T(I\times J)) = \min\{\mathrm{depth}(T(I)), \mathrm{depth}(T(J))\}.$$

f) Sind $T(I)$ *und* $T(J)$ *Binärbäume (was der Regelfall ist), so liefert die stufentreue Konstruktion 5.5.1 einen* quaternären *Baum (sogenannten "quadtree"): Jeder Block*  *wird in* 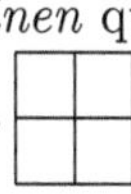 *zerlegt.*

Beweis. a) $\bigcup\{\tau'\times\sigma' : \tau' \in S_{T(I)}(\tau)\} = \tau\times\sigma'$ gilt wegen (5.17b). Entsprechend liefert die Vereinigung über $\sigma' \in S_{T(J)}(\sigma)$ den Block $b = \tau\times\sigma$. Damit gilt $\bigcup_{b'\in S(b)} b' = b$ im Sinne der disjunkte Vereinigung.

b) Aussage b) gilt für die Wurzel und vererbt sich auf die Nachfolger.

c) Zum Nachweis von (5.41b) beachte man, dass $b = \tau\times\sigma \in \mathcal{L}(T(I\times J))$ genau dann gilt, wenn entweder $\tau \in \mathcal{L}(T(I))$ oder $\sigma \in \mathcal{L}(T(J))$.

d) Man verwende $\#S(b) = \#S(\tau)\cdot\#S(\sigma)$ für $b = \tau\times\sigma$. ■

Wenn $Grösse_{T(I)}$ und $Grösse_{T(J)}$ wie in Beispiel 5.3.1 mit dem gleichen $n_{\min}$ definiert sind, ergibt sich die Standarddefinition

$$Grösse_{T(I\times J)}(\tau\times\sigma) := (\min\{\#\tau, \#\sigma\} > n_{\min})\,. \tag{5.42}$$

5.5.2 Verallgemeinerung der Definition

Auch wenn die Konstruktion des stufentreuen Blockclusterbaums in der Praxis der Regelfall ist, werden nachfolgend alternative Konstruktionen benannt werden, die etwas allgemeinere Eigenschaften ergeben.

Definition 5.5.3. *Der aus* $T(I)$ *und* $T(J)$ *erzeugte Blockclusterbaum* $T(I\times J)$ *soll die folgenden Eigenschaften besitzen, wobei* $S = S_{T(I\times J)}$ *die Sohnabbildung ist:*

$$\begin{aligned}
&T(I) \textit{ und } T(J) \textit{ seien Clusterbäume im Sinne von (5.17a-c),} && (5.43a)\\
&I \times J \textit{ sei Wurzel des Baumes } T(I \times J), && (5.43b)\\
&\textit{für alle } b \in T(I \times J)\backslash\mathcal{L}(T(I \times J)) \textit{ gelte:}\\
&\qquad \bigcup_{b' \in S(b)} b' = b \textit{ ist disjunkte Vereinigung,} && (5.43c)\\
&\textit{alle } b \in T(I \times J) \textit{ haben die Gestalt}\\
&\qquad b = \tau \times \sigma \textit{ mit } \tau \in T(I) \textit{ und } \sigma \in T(J), && (5.43d)\\
&\textit{für } b = \tau \times \sigma \in T(I \times J)\backslash\mathcal{L}(T(I \times J)),\ b' = \tau' \times \sigma' \in S(b) \textit{ gelte}\\
&\qquad \left(\tau' = \tau \textit{ oder } \tau' \in S_{T(I)}(\tau)\right) \textit{ und } \left(\sigma' = \sigma \textit{ oder } \sigma' \in S_{T(I)}(\sigma)\right), && (5.43e)\\
&\textit{eine Funktion } \textit{Grösse}_{T(I\times J)} : \mathcal{P}(I \times J) \to \{true, false\} \textit{ existiere mit}\\
&\qquad \textit{Grösse}_{T(I\times J)}(b) = true \quad \textit{und} && (5.43f)\\
&\qquad b' \supset b \quad \Rightarrow \quad \textit{Grösse}_{T(I\times J)}(b') = true,\\
&\textit{für alle } b \in \mathcal{L}(T(I \times J)) \textit{ gelte } \textit{Grösse}_{T(I\times J)}(b) = false, && (5.43g)\\
&\textit{für alle } b \in T(I \times J) \textit{ gelte } \#S(b) \neq 1. && (5.43h)
\end{aligned}$$

Dabei ist die letzte Bedingung (5.43h) wie zuvor (5.17d) keine strikte Bedingung (vgl. nachfolgende Anmerkung 5.5.4a).

Anmerkung 5.5.4. a) Ist (5.17d) weder für $T(I)$ noch $T(J)$ erfüllt, kann der Fall eintreten, dass (5.43e) notwendigerweise zu $b = S(b)$ und damit zu einer Verletzung von (5.43h) führt. Für einen Blockclusterbaum macht es aber wenig Sinn, auf diese Bedingung zu verzichten. Daher ist im Zweifelsfall die Verkürzung des Baumes gemäß Anmerkung A.4.4 durchzuführen.

b) Eine weitgehende Verallgemeinerung wäre die Streichung der Bedingung (5.43e). Wegen (5.43c) ließe sich dann noch folgern: $b = \tau \times \sigma \in T(I \times J)\backslash\mathcal{L}(T(I \times J))$ hat Söhne $b' = \tau' \times \sigma'$, wobei τ' Nachfolger von τ und σ' Nachfolger von σ sind.

c) Für die durch $b \mapsto S(b)$ beschriebene Blockzerlegung können im Wesentlichen nur die folgenden drei Fälle auftreten:

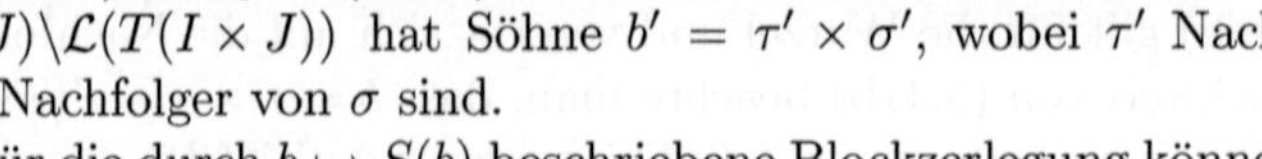 (5.44)

wobei die Zweiteilung in den Abbildungen die eventuell allgemeinere Aufteilung in $\#S(\tau) \geq 2$ bzw. $\#S(\sigma) \geq 2$ Teile darstellen möge. Wird Bedingung (5.43h) nicht gefordert, ist zusätzlich 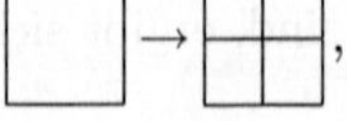 möglich.

d) Bedingung (5.43d) folgt aus (5.43b,e)

Die Bedingungen (5.43b,c,f,g) stimmen mit denen aus (5.17a,b) und (5.18) überein. Damit ist der Blockclusterbaum $T(I \times J)$ ein Clusterbaum zur Indexmenge $I \times J$ im Sinne der Definition aus §5.3.1.

Die Konsistenz zu $T(I)$ und $T(J)$ wird durch (5.43d) garantiert. Die Eigenschaft (5.43e) wird später bei der Matrix-Matrix-Multiplikation hilfreich sein (vgl. §7.4.2.5). Mit Hilfe von $Grösse_{T(I\times J)}$ können kleine Blöcke identifiziert werden. Bedingung (5.43g) sagt aus, dass die Blätter von $T(I \times J)$ "kleine" Blöcke sind (vgl. (5.42)).

Anmerkung 5.5.5. Der *stufentreue Fall*

$$b = \tau \times \sigma \in T^{(\ell)}(I \times J) \;\Rightarrow\; \tau \in T^{(\ell)}(I),\; \sigma \in T^{(\ell)}(J)$$

(vgl. Definition A.2.3) liegt genau dann vor, wenn $T(I \times J)$ wie in Konstruktion 5.5.1 gebildet ist.

5.5.3 Alternative Konstruktion von $T(I \times J)$ aus $T(I)$ und $T(J)$

Üblicherweise werden $T(I)$ und $T(J)$ als binäre Bäume konstruiert (vgl. §5.4). Gemäß Satz 5.5.2f ist der Blockclusterbaum $T(I \times J)$ aus Konstruktion 5.5.1 dann ein *quaternärer* Baum. Auch hier kann man es vorziehen, einen binären Baum zu bilden. Die entsprechende Variante der Konstruktion 5.5.1 besteht darin, einen Zwischenschritt einzufügen, in dem ein Block nur in Zeilen- oder Spaltenrichtung in zwei Blöcke zerlegt wird:

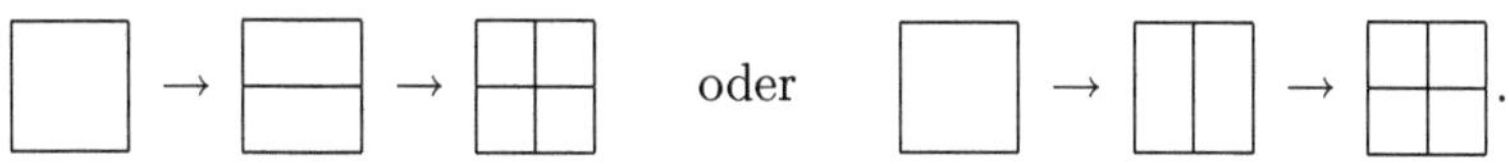

Für die Auswahl zwischen den beiden Möglichkeiten gibt es zwei prinzipielle Möglichkeiten:

1. Die Zerlegung wird von den individuellen Clustern τ und σ abhängig gemacht, z.B. wird der Cluster in Richtung der größeren Ausdehnung zerlegt,
2. die Zerlegungsvariante hängt nur von den Stufenzahlen $level(\tau)$ und $level(\sigma)$ ab. Beispielsweise entspricht

$$\begin{array}{l} \tau \text{ wird zerlegt, falls } level(\tau) = level(\sigma), \\ \sigma \text{ wird zerlegt, falls } level(\tau) = level(\sigma) + 1, \end{array} \tag{5.45a}$$

   dem zweiten Fall.

In allen Fällen wird die Baumtiefe gegenüber der stufentreuen Variante in etwa verdoppelt. Die Cluster τ, σ zu Blöcken $b = \tau \times \sigma$ aus $T^{(\ell)}(I \times J)$ gehören im Allgemeinen nicht zur Stufe ℓ. Der explizite Algorithmus zur Konstruktion des Blockclusterbaumes $T = T(I \times J)$ mit der Eigenschaft (5.45a) sieht wie folgt aus:

$$\begin{array}{|l|} \hline \text{1) Start: } \; T := \{I \times J\},\ \ell := 0 \\ \text{2) Rekursion für alle } b \in T^{(\ell)} \text{ mit } Grösse(b) = true\text{:} \\ \quad \text{2a}_1\text{) falls ``}\ell \text{ gerade'' } S_{T(I\times J)}(b) := \{\tau' \times \sigma : \tau' \in S_{T(I)}(\tau)\} \\ \quad \text{2a}_2\text{) falls ``}\ell \text{ ungerade'' } S_{T(I\times J)}(b) := \{\tau \times \sigma' : \sigma' \in S_{T(J)}(\sigma)\} \\ \quad \text{2b) } T := T \cup S_{T(I\times J)}(b) \\ \quad \text{2c) Abbruch, falls } S_{T(I\times J)}(b) = \emptyset \text{ für alle } b \in T^{(\ell)}. \\ \qquad \text{Sonst } \ell := \ell + 1 \text{ und Wiederholung.} \\ \hline \end{array} \tag{5.45b}$$

Man beachte, dass zum Beispiel $\{\tau' \times \sigma : \tau' \in S_{T(I)}(\tau)\}$ die leere Menge darstellt, wenn $S_{T(I)}(\tau) = \emptyset$. Die in Schritt 2c hinzukommenden Knoten gehören zu $T^{(\ell+1)}$. Wenn $T(I)$ und $T(J)$ binäre Bäume sind, ist auch $T(I \times J)$ binär.

Eine andere Modifikation betrifft den Fall "$S_{T(I)}(\tau)=\emptyset$ oder $S_{T(J)}(\sigma)=\emptyset$", der in Konstruktion 5.5.1 zu $S_{T(I\times J)}(b) = \emptyset$ führt. Stattdessen lässt sich definieren:

$$S_{T(I\times J)}(b) \tag{5.46}$$
$$= \begin{cases} \{\tau' \times \sigma : \tau' \in S_{T(I)}(\tau)\} & \text{falls } S_{T(I)}(\tau) \neq \emptyset \text{ und } S_{T(J)}(\sigma) = \emptyset, \\ \{\tau \times \sigma' : \sigma' \in S_{T(J)}(\sigma)\} & \text{falls } S_{T(I)}(\tau) = \emptyset \text{ und } S_{T(J)}(\sigma) \neq \emptyset, \\ \emptyset & \text{falls } S_{T(I)}(\tau) = \emptyset \text{ und } S_{T(J)}(\sigma) = \emptyset. \end{cases}$$

Alle genannten Modifikationen liefern einen Blockclusterbaum, der der Definition 5.5.3 genügt.

Die Definition (5.46) wird in §8 für die $\mathcal{H}^2$-Matrizen von Interesse sein, da dort die Blätter $b = \tau \times \sigma$ durch

$$\mathit{Grösse}(b) = \mathit{false} \quad \Leftrightarrow \quad \mathit{Grösse}(\tau) = \mathit{Grösse}(\sigma) = \mathit{false}, \tag{5.47}$$

d.h. im Standardfall durch

$$\max\{\#\tau, \#\sigma\} > n_{\min}$$

festzulegen sind. Daher muss z.B. im Falle $b = \tau \times \sigma$ mit $S(\tau) = \emptyset$, aber $\mathit{Grösse}(\sigma) = \mathit{true}$, σ noch weiter zerlegt werden, wie in (5.46) beschrieben.

5.5.4 Matrixpartition

Die Begriffe "Matrixpartition" und "Blockpartition" werden synonym verwendet und häufig zu "Partition" verkürzt.

Definition 5.5.6 (Matrixpartition, zulässige Partition). *Ein Blockclusterbaum $T(I \times J)$ sei gegeben. a) Dann heißt P eine* Partition *(von $I \times J$), falls*

$$\begin{aligned} & P \subset T(I \times J), && \textit{(Konsistenz zu } T(I \times J)) \\ & b, b' \in P \Rightarrow (b = b' \text{ oder } b \cap b' = \emptyset) && \textit{(Disjunktheit)} \\ & \dot{\bigcup}_{b\in P} b = I \times J && \textit{(disjunkte Überdeckungseigenschaft)} \end{aligned} \tag{5.48}$$

b) Sei eine Zulässigkeitsbedingung Adm gemäß (5.13a,b) gegeben. Wir schreiben $Adm(b) := Adm(\tau, \sigma)$ für $b = \tau \times \sigma$. Eine Partition P heißt zulässig (präzise: Adm-zulässig), falls

$$\left.\begin{array}{ll} \textit{entweder} & Adm(b) = \mathit{true} \\ \textit{oder} & \mathit{Grösse}_{T(I\times J)}(b) = \mathit{false} \end{array}\right. \quad \textit{für alle } b \in P. \tag{5.49}$$

Die Bedingung (5.49) besagt, dass alle Blöcke der Partition, die im Sinne der Funktion $Grösse_{T(I\times J)}$ hinreichend groß sind ($Grösse(b) = true$), auch zulässig sein müssen. Im Allgemeinen existiert keine Partition P, die nur aus *Adm*-zulässigen Blöcken besteht. Daher ist die Hinzunahme der Charakterisierung mittels $Grösse_{T(I\times J)}(b)$ notwendig. Man beachte, dass $P = \mathcal{L}(T(I \times J))$ eine zulässige Partition ist, da $Grösse_{T(I\times J)}(b) = false$ für alle $b \in \mathcal{L}(T(I \times J))$ (vgl. (5.43g)).

Zur kürzeren Schreibweise von (5.49) führen wir die Boolsche Funktion Adm^* ein:

$$Adm^*(b) := \big(Adm(b) \ \vee \ \neg\, Grösse_{T(I\times J)}(b)\big) \tag{5.50}$$

(d.h. $Adm^*(b) = true$, falls $Adm(b) = true$ oder $Grösse_{T(I\times J)}(b) = false$).

In Lemma 5.3.5 lässt sich I sofort durch $I \times J$ austauschen. Dies beweist das

Lemma 5.5.7. *Zu einer Partition $P \subset T(I \times J)$ sei $T(I \times J, P)$ als Teilbaum*

$$T(I \times J, P) := \{b \in T(I \times J) : \ b \text{ hat Nachfolger } b' \in P\} \tag{5.51}$$

definiert. Zwischen allen Partitionen $P \subset T(I \times J)$ und allen Teilbäumen $T'(I \times J) \subset T(I \times J)$ (mit gleicher Wurzel $I \times J$) besteht der folgende Isomorphismus:

$$\Phi : P \mapsto T'(I\times J) := T(I\times J, P) \quad \text{und} \quad \Phi^{-1} : T'(I\times J) \mapsto P := \mathcal{L}(T'(I\times J)).$$

Eine äquivalente Definition ist "$T(I \times J, P)$ besteht aus allen Vorgängern von Blöcken in P".

In den nachfolgenden Algorithmen werden sowohl P als auch $T(I \times J, P)$ verwendet. Im einfachsten Fall reicht eine Schleife über alle Blöcke von P. In anderen Fällen ist es günstiger, den Baum $T(I \times J, P)$ von der Wurzel her zu durchlaufen, um schließlich zu $b \in P$ als den Blättern von $T(I \times J, P)$ zu gelangen.

In §5.1.1 wurden verschiedene Ziele formuliert. Unter anderem sollte die Matrix möglichst wenige Blöcke enthalten. Dies führt auf die Aufgabe, eine zulässige Partition minimaler Kardinalität zu konstruieren.

Übung 5.5.8. Seien P_1 und P_2 zwei Partitionen $P \subset T(I \times J)$. Man beweise:

a) $T(I\times J, P_1) \cap T(I\times J, P_2)$ und $T(I\times J, P_1) \cup T(I\times J, P_2)$ mit entsprechend definierten Sohnmengen sind Teilbäume von $T(I\times J)$ zur gleichen Wurzel.

b) $\min\{P_1, P_2\} := \mathcal{L}\left(T(I \times J, P_1) \cap T(I \times J, P_2)\right)$ ist eine Partition mit den Eigenschaften:
   - i) Jeder Block $b \in \min\{P_1, P_2\}$ gehört zu P_1 oder P_2;
   - ii) $\forall\, b' \in P_1 \cup P_2\ \forall\, b \in \min\{P_1, P_2\} : b \cap b' \neq \emptyset \Rightarrow b' \subset b$ (d.h. $\min\{P_1, P_2\}$ ist gröber als P_1 und P_2);
   - iii) $\#\min\{P_1, P_2\} \leq \min\{\#P_1, \#P_2\}$.

c) $\max\{P_1, P_2\} := \mathcal{L}(T(I \times J, P_1) \cup T(I \times J, P_2))$ ist eine Partition mit den Eigenschaften:
   i) Jeder Block $b \in \max\{P_1, P_2\}$ gehört zu P_1 oder P_2;
   ii) $\forall\, b' \in P_1 \cup P_2\ \forall\, b \in \max\{P_1, P_2\} : b \cap b' \neq \emptyset \Rightarrow b' \supset b$ (d.h. $\max\{P_1, P_2\}$ ist feiner als P_1 oder P_2);
   iii) $\#\max\{P_1, P_2\} \geq \max\{\#P_1, \#P_2\}$.

d) Sind P_1 und P_2 *Adm*-zulässige Partitionen, so sind auch $\min\{P_1, P_2\}$ und $\max\{P_1, P_2\}$ *Adm*-zulässig (d.h. die *Adm*-zulässigen Partitionen bilden einen Verband).

e) Unter den *Adm*-zulässigen Partitionen gibt es eine eindeutige *Adm*-zulässige Partition $P_{\min}$ mit minimaler Kardinalität $\#P_{\min}$.

Das optimale $P_{\min}$ aus Übung 5.5.8e lässt sich sehr einfach berechnen durch den Aufruf

$$P_{\min} := minimale\_zul\ddot{a}ssige\_Partition(I \times J) \tag{5.52}$$

der folgenden rekursiven Funktion mit dem Wertebereich $\mathcal{P}(T(I \times J))$:

```
function minimale_zulässige_Partition(b);       {b ∈ T(I × J)}
var P;                             {P ∈ 𝒫(T(I × J) ist Mengenvariable}
begin P := ∅;
   if    Adm*(b) then P := {b}           {Adm* aus (5.50)}
   else for all b' ∈ S(b) do                                    (5.53)
         P := P ∪ minimale_zulässige_Partition(b');
   minimale_zulässige_Partition := P
end;
```

Man beachte, dass für Blätter $b \in \mathcal{L}(T(I \times J))$ der "else"-Fall nicht auftritt, da $(\neg\, Gr\ddot{o}sse_{T(I\times J)}(b)) = true$ in (5.50) auf Grund von (5.43g).

Übung 5.5.9. Man formuliere den Algorithmus (5.53) so um, dass der Teilbaum $T(I \times J, P_{\min})$ anstelle von $P_{\min}$ resultiert.

Anmerkung 5.5.10 (Aufwand der $P_{\min}$-Berechnung). Der Aufwand von (5.52) beträgt $\mathcal{O}(\#P_{\min})$ gemessen in der Zahl der Aufrufe von $Adm(b)$ und $Gr\ddot{o}sse_{T(I\times J)}(b)$.

Definition 5.5.11 (Nah- und Fernfeld). $P \subset T(I \times J)$ *sei eine zulässige Partition. Dann sind das "Nahfeld"* P^- *und das "Fernfeld"* P^+ *definiert durch*

$$P^- := \{b \in P : Gr\ddot{o}sse_{T(I\times J)}(b) = false\}, \qquad P^+ := P \backslash P^-. \tag{5.54}$$

Übung 5.5.12. Man zeige, dass alle $b \in P^+$ zulässig sind (aber $b \in P^-$ ist nicht notwendigerweise unzulässig).

Aufgrund der letzten Aussage wäre es auch möglich, das Fernfeld als $\hat{P}^+ := \{b \in P : Adm(b) = true\}$ und das Nahfeld als $\hat{P}^- := P \backslash \hat{P}^+$ zu definieren. Die kleinen, aber zulässigen Blöcke wäre dann in $\hat{P}^+$ statt in P^-. Wenn $Grösse_{T(I\times J)}$ so gewählt ist, dass für $b \in P^- \cap \hat{P}^+$ der Speicheraufwand einer $R(k)$-Matrix $M|_b$ ähnlich zu dem einer vollen Matrix aus $\mathbb{R}^b$ ist, hat die Behandlung als volle Matrix den Vorteil, dass kein Genauigkeitsverlust auftritt. Deshalb ist die Einteilung (5.54) im Zweifelsfall vorzuziehen.

5.5.5 Beispiele

Wie schon in §5.2.4 ausgeführt, verwendet das Modellbeispiel aus §3 eine Partition P, deren Blöcke nicht zulässig sind. Wenn $Grösse_{T(I\times I)}$ nicht für alle Blöcke den Wert $false$ liefert, folgt zumindest für hinreichend große Matrizen, dass P nicht Adm-zulässig im Sinne von Definition 5.5.6b ist.

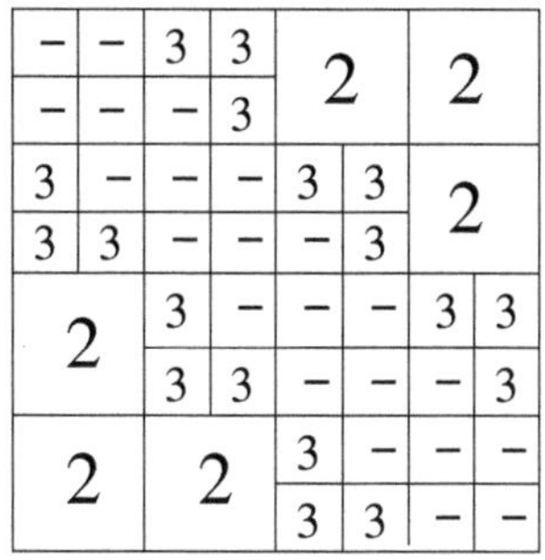

Abb. 5.6. Markierungen 2, 3: zulässige Blöcke der Stufe 2, 3; Markierung –: nichtzulässige 1×1-Blöcke aus P^-

In §5.2.4 wurde das Format (5.15) definiert. Im Folgenden gelte die rechte Seite in (5.14) nicht nur für X_σ, sondern auch für X_τ (Galerkin-Fall). Für $n = 8$ sieht diese Blockstruktur wie in Abbildung 5.6 aus. Verwendet man (5.8) mit $\eta = 1$ als Zulässigkeitsbedingung Adm, so sind alle mit "2" und "3" gekennzeichneten Blöcke zulässig. Zum Beispiel gilt für alle 1×1-Blöcke $b = \tau \times \sigma \in T^{(3)}(I \times I)$ (vgl. (A.2)) mit der Markierung "3", dass $\operatorname{diam}(\tau) = \operatorname{diam}(\sigma) = 2^{-3}$ und $\operatorname{dist}(\tau, \sigma) \geq 2^{-3}$. Entsprechend ist $\operatorname{diam}(\tau) = \operatorname{diam}(\sigma) = 2^{-2}$ und $\operatorname{dist}(\tau, \sigma) \geq 2^{-2}$ für die Blöcke "2". Für die Blöcke "–" ergibt sich der Abstand $\operatorname{dist}(\tau, \sigma) = 0$, da sich die Träger zu τ und σ entweder berühren oder übereinstimmen. Damit ist die η-Zulässigkeit (5.8) für kein $\eta > 0$ erfüllt.

Wählen wir $Grösse_{T(I\times J)}$ wie in (5.42) mit $n_{\min} := 1$, so gilt $Grösse_{T(I\times J)}(b) = false$ für alle 1×1-Blöcke. Damit ergibt (5.49), dass die obige Partition zulässig ist.

Übung 5.5.13. Adm sei mittels (5.8) mit $\eta = 1$ gewählt, während $Grösse_{T(I\times J)}$ wie in (5.42) mit $n_{\min} := 1$ definiert sei. Man zeige, dass für alle $n = 2^p$ die aus (5.15) entstehenden Partitionen die Zulässigkeitsbedingung (5.49) erfüllen.

Dass $n_{\min} = 1$ eine zu kleine Wahl ist, sieht man daran, dass eine 2×2-Rang-1-Matrix ebenso wie eine volle 2×2-Matrix vier Speichereinheiten benötigt. Die Wahl $n_{\min} = 2$ bedeutet, dass alle auftretenden 2×2-Untermatrizen als volle Matrizen behandelt werden und nicht in 1×1-Matrizen aufgespalten werden.

5.6 Alternative Clusterbaumkonstruktionen und Partitionen

Die bisherigen Konstruktionen ergaben binäre Clusterbäume $T(I)$. In §9.2.4 wird ein ternären Clusterbaum $T(I)$ beschrieben, der auf Anwendungen mit schwach besetzten Matrizen zugeschnitten ist.

Die Partition hängt wesentlich von der Zulässigkeitsbedingung ab. In §9.3 wird eine sogenannte schwache Zulässigkeit eingeführt, die gröbere Partitionen liefert.

6

Definition und Eigenschaften der hierarchischen Matrizen

Übersicht über die Inhalte der nachfolgenden Abschnitte:

- **§6.1**: Die Menge $\mathcal{H}(k,P)$ der hierarchischen Matrizen ($\mathcal{H}$-Matrizen) wird definiert. Geeignete Teilmatrizen erben die $\mathcal{H}$-Matrixstruktur.
- **§6.2**: Die $\mathcal{H}$-Matrixstruktur ist gegen Transformation mit Diagonalmatrizen und gegen Transposition invariant.
- **§6.3**: Der Speicheraufwand einer $n \times n$-$\mathcal{H}$-Matrix ist $\mathcal{O}(n \log^* n)$. Die genaue Abschätzung inklusive der Konstanten wird in §6.3.2 mithilfe der Größe C_{sp} aus (6.4b) ermöglicht.
- **§6.4**: In diesem technischen Kapitel wird gezeigt: Matrizen, die von einer Finite-Element-Diskretisierung stammen, führen auf eine Konstante C_{sp}, die nur von der Formregularität der finiten Elemente abhängt.
- **§6.5**: Es wird die Frage beantwortet, wie sich die Approximationsfehler der Teilmatrizen auf die Gesamtmatrix auswirken.
- **§6.6**: In der Definition von $\mathcal{H}(k,P)$ kann k als fest vorgegebener lokaler Rang verstanden werden. Für die Praxis interessanter ist eine adaptive Rangfestlegung.
- **§6.7**: Die *a-priori*-Wahl des lokalen Ranges k kann zu groß ausfallen. Deshalb ist in der Praxis eine weitere Rangverkleinerung ("Rekompression") empfehlenswert.
- **§6.8**: Hier wird beschrieben, wie Gleichungsnebenbedingungen, Positivitäts- oder Orthogonalitätsbedingungen berücksichtigt werden können.

6.1 Menge $\mathcal{H}(k,P)$ der hierarchischen Matrizen

In der folgenden Definition ist P eine beliebige Partition, obwohl wir später nur an zulässigen Partitionen interessiert sind. P^+ ist die Teilmenge von P mit $Grösse_{T(I\times J)}(b) = true$ (d.h. Teilmenge der hinreichend großen Cluster, vgl. Definition 5.5.11).

W. Hackbusch, *Hierarchische Matrizen*, DOI 10.1007/978-3-642-00222-9_6,

Definition 6.1.1 (hierarchische Matrix). *Seien I und J Indexmengen, $T(I \times J)$ ein Blockclusterbaum und P eine Partition. Ferner sei eine lokale Rangverteilung*

$$k : P \to \mathbb{N}_0 \tag{6.1}$$

gegeben. Dann besteht die Menge $\mathcal{H}(k, P) \subset \mathbb{R}^{I \times J}$ der hierarchischen Matrizen (zur Partition P und zur Rangverteilung k) aus allen $M \in \mathbb{R}^{I \times J}$ mit

$$Rang(M|_b) \le k(b) \qquad \text{für alle } b \in P^+. \tag{6.2}$$

Genauer soll für alle Blöcke $b \in P^+$ gelten, dass $M|_b \in \mathcal{R}(k(b), I, J)$ (vgl. Definition 2.2.3a), d.h. die Faktoren A_b, B_b der Darstellung $M|_b = A_b B_b^\top$ sind explizit gegeben. Die Matrixblöcke $M|_b$ mit $b \in P^-$ werden als volle Matrizen implementiert: $M|_b \in \mathcal{V}(b)$ (vgl. (2.2)).

Statt von "hierarchischen Matrizen" werden wir auch kurz von "$\mathcal{H}$-Matrizen" sprechen, die nicht mit den H-Matrizen (vgl. [66, Definition 6.6.7]) verwechselt werden sollten, die eine Verallgemeinerung der M-Matrizen sind. Wir werden von $\mathcal{H}(k, P)$ auch als dem $\mathcal{H}$-Matrixformat sprechen.

Die Notation $\mathcal{R}(k, I, J)$ gibt die Indexmengen I, J direkt als Parameter an. In der Notation $\mathcal{H}(k, P)$ sind I, J indirekt mittels $\bigcup_{b \in P} = I \times J$ enthalten und werden deshalb nicht noch einmal explizit erwähnt.

Die Implementierung der Speicherplatzanforderungen für die Faktoren A_b, B_b ist geeignet vorzunehmen, da sonst die Speicherverwaltung insbesondere bei parallelen Anwendungen ungünstige Laufzeiten ergeben kann (vgl. Kriemann [103]).

Anmerkung 6.1.2. a) Die Standardwahl von (6.1) ist eine Konstante $k \in \mathbb{N}_0$. Wir sprechen dann von hierarchischen Matrizen mit dem *lokalen Rang k*.

b) Häufig wird ein variables $k(b)$ verwendet. Wenn $k(b)$ nur von der Stufenzahl $\ell = level(b)$ abhängt (vgl. §8.6), schreiben wir k_ℓ statt $k(b)$.

Die Beschränkung einer hierarchischen Matrix auf einen Blockbereich $\tau \times \sigma \in T(I \times J, P)$ ist wieder eine hierarchische Matrix:

Übung 6.1.3. Sei $P \subset T(I \times J)$ eine Partition und $\tau \times \sigma \in T(I \times J, P)$ (vgl. Lemma 5.5.7). Die Partition

$$P|_{\tau \times \sigma} := P \cap \mathcal{P}(\tau \times \sigma) = \{b \in P : b \subset \tau \times \sigma\} \tag{6.3}$$

von $\tau \times \sigma$ sei als "Beschränkung" von P auf $T(\tau \times \sigma)$ (Teilbaum von $T(I \times J)$) definiert. Man zeige,

a) dass $P|_{\tau \times \sigma}$ eine Partition von $\tau \times \sigma$ ist, die zulässig ist, wenn P eine zulässige Partition ist, und

b) dass jedes $M \in \mathcal{H}(k, P)$ zu einer hierarchischen Untermatrix $M|_{\tau \times \sigma} \in \mathcal{H}(k, P|_{\tau \times \sigma})$ führt,

c) dass die Definition (6.3) für allgemeine Blöcke $\tau \times \sigma \subset I \times J$ genau dann eine Partition von $\tau \times \sigma$ darstellt, wenn $\tau \times \sigma$ konsistent zu P ist, das soll heißen: $\tau \times \sigma$ ist darstellbar als Vereinigung von Teilblöcken von P. Die Konsistenz impliziert, dass $\tau \in T(I)$ und $\sigma \in T(J)$.

d) Sei $\tau \times \sigma$ nicht konsistent im obigen Sinne. Man formuliere eine analoge Aussage $M|_{\tau\times\sigma} \in \mathcal{H}(k, P')$ mit geeignetem P'.

6.2 Elementare Eigenschaften

Anmerkung 6.2.1 (Diagonalinvarianz). a) Ist $M \in \mathcal{H}(k, P)$ $(P \subset T(I \times J))$ und haben $D_1 \in \mathbb{R}^{I\times I}$ und $D_2 \in \mathbb{R}^{J\times J}$ Diagonalgestalt, so gehören D_1M, MD_2 und D_1MD_2 ebenfalls zu $\mathcal{H}(k, P)$.

b) Man streiche in $T(I)$ alle kleinen, nicht in P auftretenden Cluster: $T'(I) := \{\tau \in T(I) : \text{es gibt ein } \tau^* \in T(I) \text{ und ein } \tau^* \times \sigma \in P \text{ mit } \tau^* \subset \tau\}$. Die Blattmenge $\pi := \mathcal{L}(T'(I))$ beschreibt eine Vektorpartition und $\pi \times \pi$ eine Tensor-Matrixpartition. Falls D_1 bezüglich $\pi \times \pi$ blockdiagonal ist (d.h. $D_1|_{\alpha\times\beta} = 0$ für alle $\alpha, \beta \in \pi$ mit $\alpha \neq \beta$), gilt die Aussage a) ebenfalls. Ebenso darf D_2 im analogen Sinne blockdiagonal sein.

Beweis. Es ist nur die triviale Eigenschaft nachzuprüfen, dass Rang-k-Matrizen und volle Matrizen nach Diagonalskalierung ihre Struktur beibehalten. Die Aussage für Blockdiagonalmatrizen ist eine einfache Verallgemeinerung. ∎

Man beachte, dass andere Struktureigenschaften wie z.B. die Toeplitz-Struktur durch Multiplikation mit einer Diagonalmatrix zerstört werden.

Anmerkung 6.2.2 (Invarianz gegen Transposition). Die Zulässigkeitsbedingung *Adm* und die Funktion *Grösse* seien symmetrisch (vgl. (5.13c) und Satz 5.5.2c). Ist $M \in \mathcal{H}(k, P)$ $(P \subset T(I \times J))$, so gilt $M^\top \in \mathcal{H}(k', P')$ mit der adjungierten Partition $P' := \{\sigma \times \tau : \tau \times \sigma \in P\} \subset T(J \times I)$ und $k'(\sigma \times \tau) := k(\tau \times \sigma)$.

Beweis. Symmetrie von *Adm* und *Grösse* sichert, dass P' die minimale zulässige Partition für $M^\top$ ist. ∎

Diese triviale Eigenschaft ist von Bedeutung für Varianten der Konjugierten-Gradienten-Verfahren, in denen auch die Matrix-Vektor-Multiplikation $M^\top x$ auftritt.

Bisher wurde noch nicht von der möglichen Symmetrie einer Matrix Gebrauch gemacht. Hierfür lässt sich der Speicheraufwand im Prinzip halbieren.

Anmerkung 6.2.3. Es sei vorausgesetzt, dass P symmetrisch sei, d.h. $P = P'$ mit P' aus der letzten Anmerkung. Ist dann $M \in \mathcal{H}(k, P)$ eine symmetrische Matrix, so brauchen für $b = \tau \times \sigma$ und $b' = \sigma \times \tau$ die Faktoren A_b, B_b von $M|_b = A_b B_b^\top$ und $M|_{b'} = (M|_b)^\top = B_b A_b^\top$ nur einmal gespeichert werden. Gleiches gilt für die vollen Matrixblöcke.

6.3 Schwachbesetztheit und Speicherbedarf

Im Folgenden wird die Größe C_{sp} eingeführt, die wesentlich in die Abschätzung des Speicherbedarfs einer $\mathcal{H}$-Matrix und der Kosten der später erklärten Matrixoperationen auftreten wird.

6.3.1 Definition

Der Index "sp" der Größe C_{sp} steht für "sparsity". Für schwach besetzte Matrizen aus §1.3.2.5 ist die maximale Anzahl $\max_{i\in I}\#\{j\in J : M_{ij}\neq 0\}$ der Nichtnullelemente pro Zeile ein mögliches Schwachbesetztheitsmaß, das als Faktor C in die Abschätzung $S\leq C\#I$ für den Speicherbedarf bzw. in $N_{MV}\leq 2C\#I$ für die Matrix-Vektor-Multiplikationskosten eingeht. Bei den hierarchischen Matrizen wird der Begriff "Schwachbesetztheit" in einem anderen Sinne angewandt.

Seien $T(I\times J)$ der Blockclusterbaum zu $T(I)$, $T(J)$ und P die Partition. Für $\sigma\in T(J)$ sollten nur wenige Blöcke $b\in P$ auftreten, die σ als Faktor enthalten. Die Größen

$$\begin{aligned} C_{\mathrm{sp,l}}(\tau,P) &:= \#\{\sigma\in T(J) : \tau\times\sigma\in P\} \quad &&\text{für } \tau\in T(I),\\ C_{\mathrm{sp,r}}(\sigma,P) &:= \#\{\tau\in T(I) : \tau\times\sigma\in P\} \quad &&\text{für } \sigma\in T(J) \end{aligned} \tag{6.4a}$$

beschreiben, wie häufig die Cluster τ und σ als Spalten- bzw. Zeilenblock in der Partition P auftreten. Sei

$$C_{\mathrm{sp}}(P) := \max\left\{\max_{\tau\in T(I)} C_{\mathrm{sp,l}}(\tau,P),\ \max_{\sigma\in T(J)} C_{\mathrm{sp,r}}(\sigma,P)\right\}. \tag{6.4b}$$

Die Größe $C_{\mathrm{sp}} = C_{\mathrm{sp}}(P)$ wurde von Grasedyck [50] eingeführt; ähnliche Größen findet man auch in [81, 86].

Allgemeiner kann man für jede Teilmenge $X\subset T(I\times J)$ die Größen

$$\begin{aligned} C_{\mathrm{sp,l}}(\tau,X) &:= \#\{\sigma\in T(J) : \tau\times\sigma\in X\} \quad &&\text{für } \tau\in T(I),\\ C_{\mathrm{sp,r}}(\sigma,X) &:= \#\{\tau\in T(I) : \tau\times\sigma\in X\} \quad &&\text{für } \sigma\in T(J),\\ C_{\mathrm{sp}}(X) &:= \max\left\{\max\nolimits_{\tau\in T(I)} C_{\mathrm{sp,l}}(\tau,X), \max\nolimits_{\sigma\in T(J)} C_{\mathrm{sp,r}}(\sigma,X)\right\} \end{aligned} \tag{6.5}$$

definieren. Dabei ist insbesondere der Fall $X = T(I\times J,P)$ (vgl. (5.51)), aber auch $X = P^{+}$ und $X = P^{-}$ von Interesse. Offenbar gilt

$$C_{\mathrm{sp}}(P^{\pm}) \leq C_{\mathrm{sp}}(P) \leq C_{\mathrm{sp}}(T(I\times J,P)). \tag{6.6}$$

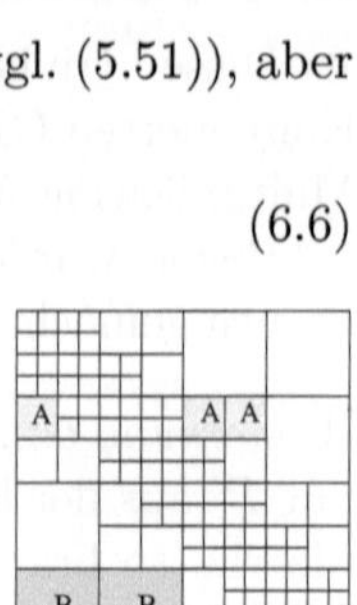

Die Partition aus Abbildung 5.1 gehört zum Blockclusterbaum $T(I\times I)$ mit $T(I)$ aus §5.3.2 zur Formatbeschreibung (5.15). Die rechte Skizze zeigt drei mit 'A' gekennzeichnete Blöcke $\tau\times\sigma$, die zum gleichen τ gehören, sodass $C_{\mathrm{sp,l}}(\tau,P^{+}) = C_{\mathrm{sp,l}}(\tau,P) = 3$. Die mit 'B' gekennzeichneten Blöcke $\tau\times\sigma$ gehören zu einem τ mit $C_{\mathrm{sp,l}}(\tau,P^{+}) = C_{\mathrm{sp,l}}(\tau,P) = 2$. Für die kleinsten Blöcke findet man bis auf die ersten und letzten beiden Zeilen, dass $C_{\mathrm{sp,l}}(\tau,P^{-}) = C_{\mathrm{sp,l}}(\tau,P) = 6$.

Übung 6.3.1. a) Für das Format aus (5.15) beweise man

$$C_{\mathrm{sp}}(T(I \times I, P)) = C_{\mathrm{sp}}(P) = C_{\mathrm{sp}}(P^-) = 6, \quad C_{\mathrm{sp}}(P^+) = 3$$

sowie im Falle von $\#I = 2^L$

$$\begin{array}{ll} C_{\mathrm{sp,l/r}}(\tau, P) = C_{\mathrm{sp,l/r}}(\tau, P^+) \leq 3, & \text{für } \tau \text{ mit } \mathit{level}(\tau) < L, \\ C_{\mathrm{sp,l/r}}(\tau, P^-) = 0 & \\ C_{\mathrm{sp,l/r}}(\tau, P^+) \leq 3, & \text{für } \tau \text{ mit } \mathit{level}(\tau) = L. \\ C_{\mathrm{sp,l/r}}(\tau, P) = C_{\mathrm{sp,l/r}}(\tau, P^-) = 6 & \end{array}$$

b) Für das einfachere Format aus §3.1 zeige man $C_{\mathrm{sp}}(T(I \times I, P)) = C_{\mathrm{sp}}(P) = C_{\mathrm{sp}}(P^-) = 2$ und $C_{\mathrm{sp}}(P^+) = 1$.

In der nachfolgenden Übung wird der Cluster τ in der rechten Seite von (6.4a) durch einen Vorgänger $\tau' \supset \tau$ ersetzt.

Übung 6.3.2. Seien $\tau \in T(I)$ und $\sigma \in T(J)$. Man zeige für beliebige Teilmengen $X \subset T(I \times J, P)$ (z.B. $X = P$ oder $X = T(I \times J, P)$), dass

$$\begin{aligned} C_{\mathrm{sp,l}}^{\subset}(\tau, X) &:= \#\{\sigma \in T(J) : \tau' \times \sigma \in X \text{ mit } \tau \subset \tau' \in T(I)\} \\ &\leq (\mathit{level}(\tau) + 1)\, C_{\mathrm{sp}}(P), \\ C_{\mathrm{sp,r}}^{\subset}(\sigma, X) &:= \#\{\tau \in T(I) : \tau \times \sigma' \in X \text{ mit } \sigma \subset \sigma' \in T(J)\} \\ &\leq (\mathit{level}(\sigma) + 1)\, C_{\mathrm{sp}}(P). \end{aligned} \tag{6.7}$$

Es sei an grad$(T(I))$ aus Definition A.2.4 erinnert.

Übung 6.3.3. $T(I \times J)$ sei stufentreu (vgl. Konstruktion 5.5.1). Ferner sei $T := T(I \times J, P)$. Dann gelten die Abschätzungen

$$\begin{aligned} C_{\mathrm{sp,l}}(T) &\leq \tilde{C}_{\mathrm{sp,l}}(T) := \mathrm{grad}(T(J)) \cdot \max_{\sigma \in T(J),\ \tau \times \sigma \in T \backslash P \text{ nicht } \mathit{Adm}\text{-zulässig}} \#\sigma, \\ C_{\mathrm{sp,r}}(T) &\leq \tilde{C}_{\mathrm{sp,r}}(T) := \mathrm{grad}(T(I)) \cdot \max_{\tau \in T(I),\ \tau \times \sigma \in T \backslash P \text{ nicht } \mathit{Adm}\text{-zulässig}} \#\tau, \\ C_{\mathrm{sp}}(T) &\leq \max\left\{\tilde{C}_{\mathrm{sp,l}}(T), \tilde{C}_{\mathrm{sp,r}}(T)\right\}. \end{aligned}$$

Beweis. Sei $\tau \in T^{(\ell)}(I)$. Falls $\ell = 0$, ist $\tilde{C}_{\mathrm{sp,l}}(\tau, T) = 1$. Für $\ell > 0$ sei τ' der Vater: $\tau \in S_{T(I)}(\tau')$. Zu jedem nicht *Adm*-zulässigen $\tau' \times \sigma' \in T$ gehören grad(σ) Elemente $\sigma \in T(J)$ aus $\{\sigma \in T(J) : \tau \times \sigma \in T\}$, somit ist

$$\begin{aligned} C_{\mathrm{sp,l}}(\tau, T) &= \#\{\sigma \in T(J) : \tau \times \sigma \in T\} \\ &\leq \mathrm{grad}(T(J)) \cdot \#\{\sigma' \in T(J) : \tau' \times \sigma' \in T \backslash P \text{ nicht } \mathit{Adm}\text{-zulässig}\}. \end{aligned}$$

Damit folgen die weiteren Abschätzungen. ∎

6.3.2 Speicherbedarf einer hierarchischen Matrix

Zunächst wird die Zahl der Blöcke abgeschätzt (diese Größe charakterisiert u.a. den Aufwand für die Verwaltung von P).

Lemma 6.3.4. *Die Zahl der Blöcke ist beschränkt durch*

$$\#P \leq (2\min\{\#I, \#J\} - 1)\, C_{\mathrm{sp}}(P)\,.$$

Beweis. a) Es ist

$$\#P = \sum_{\tau\times\sigma\in P} 1 = \sum_{\tau\in T(I)} \#\{\sigma \in T(J) : \tau\times\sigma\in P\} \leq \sum_{\tau\in T(I)} C_{\mathrm{sp}}(P)$$
$$\leq (2\#I - 1)\, C_{\mathrm{sp}}(P)\,.$$

Durch Vertauschen der Rollen von τ und σ lässt sich ebenso die Schranke $(2\#J - 1)\, C_{\mathrm{sp}}(P)$ zeigen.

b) In Teil a) wurde $\#T(I) \leq 2\#I - 1$ verwendet (vgl. (A.3a)). Dies erfordert die Annahme $\#S(v) \neq 1$. Falls diese Annahme falsch ist, ersetze man $T(I)$, $T(J)$ und $T(I,J)$ durch die reduzierten Bäume gemäß Anmerkung A.4.4. Da diese Modifikation nichts an P und $C_{\mathrm{sp}}(P)$ ändert, folgt die Behauptung. ∎

Anmerkung 6.3.5. Die Abschätzung von $\#T(I)$ durch $2\#I - 1$ kann verbessert werden, wenn die Blätter $\tau \in \mathcal{L}(T(I))$ zum Beispiel die Bedingung $\frac{1}{2}n_{\min} \leq \#\tau \leq n_{\min}$ erfüllen. Dann folgt $\#T(I) \leq (4\#I/n_{\min} - 1)$ und damit $\#P \leq (4\min\{\#I, \#J\}/n_{\min} - 1)\, C_{\mathrm{sp}}(P)$.

Als Nächstes wollen wir den Speicherbedarf $S_{\mathcal{H}}(k,P)$ für hierarchische Matrizen aus $\mathcal{H}(k,P)$ mit Partition P und lokalem Rang k (k ist hier als eine Konstante angenommen) abschätzen. Es sei daran erinnert, dass der Matrixblock $M|_b$ entweder eine Rang-k-Matrix aus $\mathcal{R}(k,\tau,\sigma)$ (falls $b = \tau\times\sigma \in P^+$) oder eine volle Matrix aus $\mathcal{V}(\tau\times\sigma)$ ist (falls $b = \tau\times\sigma\in P^-$). Eine Rang-$k$-Matrix aus $\mathcal{R}(k,\tau,\sigma)$ benötigt den Speicherbedarf $S_{\mathcal{R}}(\tau,\sigma,k) = k\,(\#\tau + \#\sigma)$ (vgl. Anmerkung 2.2.5), während volle Matrizen aus $\mathcal{V}(\tau\times\sigma)$ den Speicher $S_{\mathcal{V}}(\tau,\sigma) = \#\tau\#\sigma$ (vgl. §1.3.2.4) erfordern. Nachfolgend spalten wir $S_{\mathcal{H}}(k,P)$ noch einmal in $S_{\mathcal{H}}(k,P) = S_{\mathcal{H}}(k,P^+) + S_{\mathcal{H}}(P^-)$ für den Fern- und Nahfeldbereich auf. Die Abschätzung des Speicherbedarfs

$$S_{\mathcal{H}}(k,P) = S_{\mathcal{H}}(k,P^+) + S_{\mathcal{H}}(P^-) \quad \text{mit} \tag{6.8}$$
$$S_{\mathcal{H}}(k,P^+) = k \sum_{b=\tau\times\sigma\in P^+} (\#\tau + \#\sigma)\,, \qquad S_{\mathcal{H}}(P^-) = \sum_{b=\tau\times\sigma\in P^-} \#\tau\#\sigma$$

ist direkt mit dem Schwachbesetztheitsmaß $C_{\mathrm{sp}}(P)$ verbunden:

Lemma 6.3.6 (Speicherbedarf). *$n_{\min}$ erfülle die Bedingung (5.42). Dann beträgt der Speicheraufwand für Matrizen aus $\mathcal{H}(k,P)$*

$$\begin{aligned} & S_{\mathcal{H}}(k,P) && (6.9a)\\ & \leq C_{\mathrm{sp}}(P)\cdot\max\{n_{\min},k\}\cdot[(\operatorname{depth}(T(I))+1)\,\#I+(\operatorname{depth}(T(J))+1)\,\#J]\,. \end{aligned}$$

Falls die reduzierten Versionen der Bäume $T(I)$, $T(J)$ nach Anmerkung A.4.4 zu einer kleineren Tiefe führen, dürfen diese in (6.9a) eingesetzt werden. Die in (6.9a) auftretende Tiefe kann noch etwas reduziert werden: Es gilt

$$S_{\mathcal{H}}(k,P)\leq C_{\mathrm{sp}}(P)\cdot\max\{n_{\min},k\}\cdot(\#L_I\#I+\#L_J\#J)\,, \tag{6.9b}$$

wobei

$$\begin{aligned} L_I &:= \{\ell\in\mathbb{N}_0:\ \textit{es gibt } b=\tau\times\sigma\in P \textit{ mit } \tau\in T^{(\ell)}(I)\},\\ L_J &:= \{\ell\in\mathbb{N}_0:\ \textit{es gibt } b=\tau\times\sigma\in P \textit{ mit } \sigma\in T^{(\ell)}(J)\}. \end{aligned}$$

Beweis. $S_{\mathcal{H}}(k,P)$ ist die Summe des Speicherbedarfs aller Blöcke $b=\tau\times\sigma\in P$:

$$\begin{aligned} S_{\mathcal{H}}(k,P) &= \sum_{\tau\times\sigma\in P^+} S_{\mathcal{R}}(\tau,\sigma,k)+\sum_{\tau\times\sigma\in P^-} S_{\mathcal{V}}(\tau,\sigma)\\ &= k\sum_{\tau\times\sigma\in P^+}(\#\tau+\#\sigma)+\sum_{\tau\times\sigma\in P^-}\#\tau\cdot\#\sigma. \end{aligned}$$

Wegen (7.4) ist

$$\begin{aligned} \#\tau\#\sigma &= \min\{\#\tau,\#\sigma\}\max\{\#\tau,\#\sigma\}\\ &\leq \min\{\#\tau,\#\sigma\}(\#\tau+\#\sigma)\ \leq\ n_{\min}(\#\tau+\#\sigma)\,. \end{aligned}$$

Also

$$S_{\mathcal{H}}(k,P)\leq\max\{n_{\min},k\}\sum\nolimits_{\tau\times\sigma\in P}(\#\tau+\#\sigma)\,.$$

Nach Definition von $C_{\mathrm{sp,l}}(\tau,P)$ und $C_{\mathrm{sp}}(P)$ gilt

$$\begin{aligned} \sum_{\tau\times\sigma\in P}\#\tau &= \sum\nolimits^*_{\tau\in T(I)}\left(\#\tau\sum_{\sigma:\tau\times\sigma\in P}1\right)=\sum\nolimits^*_{\tau\in T(I)}\#\tau C_{\mathrm{sp,l}}(\tau,P)\\ &\leq C_{\mathrm{sp}}(P)\sum\nolimits^*_{\tau\in T(I)}\#\tau=C_{\mathrm{sp}}(P)\sum_{\ell\in L_I}\sum_{\tau\in T^{(\ell)}(I)}\#\tau\,, \end{aligned}$$

wobei die Summen $\sum^*_{\tau\in T(I)}$ nur über die τ zu führen sind, für die mindestens ein σ mit $\tau\times\sigma\in P$ existiert. Nach Korollar A.4.3b ist $\sum_{\tau\in T^{(\ell)}(I)}\#\tau\leq\#I$, sodass $\sum_{\tau\times\sigma\in P}\#\tau\leq C_{\mathrm{sp}}(P)\#L_I\#I$. Ebenso ist $\sum_{\tau\times\sigma\in P}\#\sigma\leq C_{\mathrm{sp}}(P)\#L_J\#J$. Zusammen ist die Behauptung (6.9b) bewiesen.

Da $L_I \subset \{0, \ldots, \operatorname{depth}(T(I))\}$, ist $\#L_I \leq \operatorname{depth}(T(I)) + 1$. Die analoge Ungleichung $\#L_J \leq \operatorname{depth}(T(J)) + 1$ zeigt (6.9a). ■

Für die Baumtiefen erwartet man $\operatorname{depth}(T(I)) = \mathcal{O}(\log \#I)$ und $\operatorname{depth}(T(J)) = \mathcal{O}(\log \#J)$ (dies folgt für balancierte Bäume). Damit ist der Speicherbedarf von der Größenordnung $\mathcal{O}((\#I + \#J) \log(\#I + \#J))$ wie in (3.5) im Falle des Modellproblems.

Die Größen $C_{\mathrm{sp,l}}(\tau, P)$ und $C_{\mathrm{sp,r}}(\sigma, P)$ sind, wie man an Übung 6.3.1 sieht, deutlich größer, wenn unzulässige Blöcke $\tau \times \sigma \in P$ auftreten. Deshalb lässt sich die Abschätzung verbessern, wenn man die Blöcke aus P^+ und P^- getrennt zählt. Der Beweis des folgenden Lemmas benutzt die gleiche Argumentation wie der Beweis zu Lemma 6.3.6.

Korollar 6.3.7. *Seien*

$$L_I^{\pm} := \{\ell \in N_0 : \text{ es gibt } b = \tau \times \sigma \in P^{\pm} \text{ mit } \tau \in T^{(\ell)}(I)\}$$

und $L_J^{\pm}$ analog definiert. Dann ist der Speicheraufwand für Matrizen aus $\mathcal{H}(k, P)$ abschätzbar durch

$$\begin{aligned} S_{\mathcal{H}}(k,P) \leq\ & C_{\mathrm{sp}}(P^+)\, k\, (\#L_I^+ \#I + \#L_J^+ \#J) \\ & + C_{\mathrm{sp}}(P^-)\, n_{\min}\, (\#L_I^- \#I + \#L_J^- \#J)\,. \end{aligned}$$

Im Modellfall von Übung 6.3.1 gilt $I = J$, $L_I^+ = \{1, \ldots, L-1\}$ und $L_I^- = \{L\}$, sodass $\#L_I^+ = \#L_J^+ = L - 1$ und $\#L_I^- = \#L_J^- = 1$ zusammen mit $n_{\min} = 1$ zu folgender Ungleichung mit $n = 2^L$ führt:

$$S_{\mathcal{H}}(k,P) \leq \left[2C_{\mathrm{sp}}(P^+)k\,(L-1) + 2C_{\mathrm{sp}}(P^-)\right] n = \left[6k\,(L-1) + 12\right] n.$$

Anmerkung 6.3.8. Im Falle der stufentreuen Konstruktion des Blockclusterbaumes (vgl. §5.5.1) treten nur Blöcke $b = \tau \times \sigma$ und damit auch nur Cluster τ und σ der Stufe $\leq \min\{\operatorname{depth}(T(I)), \operatorname{depth}(T(J))\}$ auf (siehe Satz 5.5.2e). Daher kann die eckige Klammer in (6.9a) durch $(\min\{\operatorname{depth}(T(I)), \operatorname{depth}(T(J))\} + 1)(\#I + \#J)$ ersetzt werden.

6.4 Abschätzung von C_{sp} *

Hier soll untersucht werden, wie die Größe C_{sp} ihrerseits abgeschätzt werden kann.

6.4.1 Erster Zugang

Eine erste, allgemeine Argumentation ist durch die Abbildung 6.1 illustriert. Die Cluster τ_1, τ_2, τ_3 sind durch Dreiecke dargestellt. ρ_1 ist der Čebyšev-Radius des Clusters τ_1. Damit der Block $\tau_1 \times \tau_2$ zulässig ist, muss der Abstand hinreichend groß sein. Sobald τ_2 außerhalb des Kreises mit dem Radius ρ_2 liegt, beträgt der Abstand mindestens $\rho_2 - \rho_1$. Für geeignetes ρ_2 ist die Zulässigkeit garantiert. Wenn der Abstand allerdings einen kritischen Wert übersteigt und τ_3 in den Bereich jenseits des Radius ρ_3 hineinreicht, besitzen (unter geeigneten Voraussetzungen) auch die Väter τ_1^* und τ_3^* von τ_1 und τ_3 einen hinreichenden Abstand, sodass der Block $\tau_1^* \times \tau_3^*$ zulässig ist.

Für die Bestimmung von $C_{\text{sp,l}}(\tau_1, P)$ sind nur die $\sigma = \tau_2$ wesentlich, die ganz im Kreisring $\{x : \rho_2 \le |x| \le \rho_3\}$ liegen. Außerdem müssen (bei der stufentreuen Konstruktion) die τ_2 die gleiche Stufenzahl wie τ_1 besitzen. Unterstellt man für die gleiche Stufenzahl eine vergleichbare Fläche, kann man das Argument anwenden, dass der Kreisring nur eine bestimmte Zahl von Clustern enthalten kann.

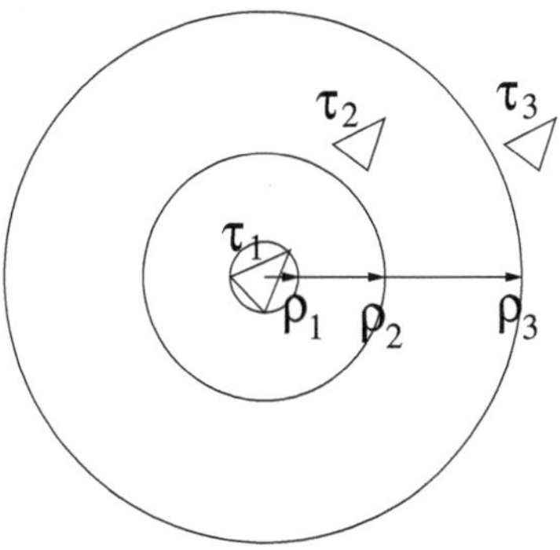

Abb. 6.1. Čebyšev-Kreis um τ_1, Radius ρ_2 für Zulässigkeit und Radius ρ_3 für Zulässigkeit der Eltern-cluster

Im Weiteren werden die Voraussetzungen präzisiert, die man für die Schlussfolgerung benötigt. Die Zulässigkeit *Adm* ist die übliche η-Zulässigkeit nach (5.8). Die stufentreue Konstruktion 5.5.1 sei vorausgesetzt.

Zum Argument der "vergleichbaren Flächen" sind zwei Fälle zu unterscheiden. Die Träger X_i einer Basisfunktion sind im Allgemeinen nicht disjunkt. Nur für stückweise konstante Basisfunktionen haben verschiedene X_i höchstens einen Durchschnitt vom Maß null. Andernfalls muss X_i zu einem kleineren Bereich $\check{X}_i$ reduziert werden, sodass $\check{X}_i \cap \check{X}_j$ das Maß null für $i \neq j$ besitzt. Im Falle von stückweise linearen finiten Elementen ϕ_i auf Dreiecken ist $\check{X}_i$ die Zelle um den Knotenpunkt ξ_i, die sich durch Verbinden der Dreiecksschwerpunkte und der Dreiecksseitenmitten ergibt (vgl. Abbildung 6.2). Wie man leicht sieht, können sich die Zellen $\check{X}_i$ höchstens am Rand überschneiden.

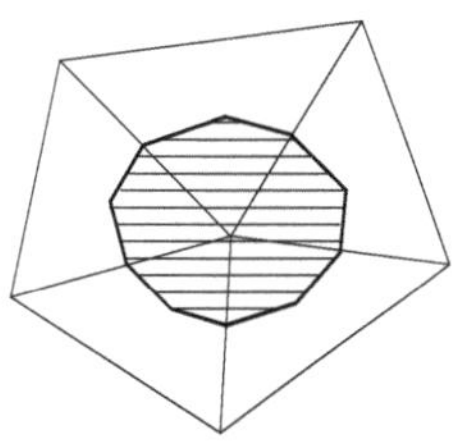

Abb. 6.2. Duale Zelle $\check{X}_i$ (schraffiert) um den Knotenpunkt ξ_i in der Mitte

Die genaue Voraussetzung lautet: Für alle $i \in I \cup J$ existiere eine Teilmenge $\check{X}_i \subset X_i \subset \mathbb{R}^d$, sodass gilt:

$$\check{X}_i \cap \check{X}_j \text{ hat Maß null für alle } i \neq j \text{ mit } i,j \in I \text{ oder } i,j \in J. \tag{6.10a}$$

Für $\tau \in T(I)$ sei $\check{X}_\tau := \bigcup_{i \in \tau} \check{X}_i$. Die Durchmesser und Volumina der $\check{X}_\tau$ seien im Wesentlichen durch die Stufenzahl festgelegt:

$$\left.\begin{array}{r}\operatorname{diam}(\check{X}_\tau) \le \operatorname{diam}(X_\tau) \le C_d 2^{-\ell} \\ 2^{-\ell d}/C_v \le \operatorname{vol}(\check{X}_\tau)\end{array}\right\} \quad \text{für } \tau \in T^{(\ell)}(I) \cup T^{(\ell)}(J), \tag{6.10b}$$

wobei das Volumen als d-dimensionales Maß zu verstehen ist.

Satz 6.4.1. *$P \subset T(I \times J)$ sei eine η-zulässige Partition. Die Bereiche $\check{X}_i \subset \mathbb{R}^d$ $(i \in I \cup J)$ bzw. $\check{X}_\tau$ $(\tau \in T(I))$ und $\check{X}_\sigma$ $(\sigma \in T(J))$ mögen (6.10a,b) erfüllen. Dann gilt*

$$C_{\text{sp}}(P) \leq \omega_d \left(1 - 2^{-d}\right) C_v \left(2\,(2 + \frac{1}{\eta})\, C_d\right)^d,$$

wobei ω_d das Volumen der d-dimensionalen Einheitskugel ist.

Beweis. a) ρ_1 sei der Čebyšev-Radius des Clusters $\tau \in T(I)$. Seien ρ_2 wie in Abbildung 6.1 und $K(\rho_2) := \{x \in \mathbb{R}^d : \|x - \xi_\tau\| < \rho_2\}$ die Kugel um das Čebyšev-Zentrum ξ_τ von $\tau \in T^{(\ell)}(I)$. Für ein $\sigma \in T^{(\ell)}(J)$ gelte $\check{X}_\sigma \cap K(\rho_2) = \emptyset$. Für den Abstand folgt $\operatorname{dist}(X_\tau, \check{X}_\sigma) \geq \rho_2 - \rho_1$. Da ein $\check{x} \in \check{X}_\sigma$ und ein $x \in X_\sigma$ den Abstand $\operatorname{diam}(X_\sigma) \leq C_d 2^{-\ell}$ besitzen können, folgt $\operatorname{dist}(X_\tau, X_\sigma) \geq \rho_2 - \rho_1 - C_d 2^{-\ell}$. Damit ist wegen $\rho_1 \leq \operatorname{diam}(\tau) \leq C_d 2^{-\ell}$

$$\frac{\operatorname{diam}(\tau)}{\operatorname{dist}(\tau,\sigma)} \leq \frac{C_d 2^{-\ell}}{\rho_2 - 2C_d 2^{-\ell}} \leq \eta.$$

Für die Wahl

$$\rho_2 := \left(2 + \frac{1}{\eta}\right) C_d 2^{-\ell}$$

folgt $\frac{\operatorname{diam}(\tau)}{\operatorname{dist}(\tau,\sigma)} \leq \eta$, d.h. alle außerhalb $K(\rho_2)$ gelegenen $\check{X}_\sigma$ führen zu η-zulässigen Blöcken $\tau \times \sigma$.

b) Sei $\tau^* \in T^{(\ell-1)}(I)$ der Vater von $\tau \in T^{(\ell)}(I)$. Entsprechend sei $\sigma^* \in T^{(\ell-1)}(J)$ mit $\sigma \in S_{T(J)}(\sigma^*) \in T^{(\ell)}(J)$. X_{τ^*} in $K(C_d 2^{1-\ell})$ enthalten. Falls $\check{X}_\sigma \cap K(\rho_3) \neq \emptyset$, gibt es einen Punkt $y \in \check{X}_\sigma \subset X_\sigma \subset X_{\sigma^*}$ in $K(\rho_3)$. Wegen $\operatorname{diam}(\sigma^*) \leq C_d 2^{1-\ell}$ erhält man für den Abstand

$$\operatorname{dist}(\tau^*, \sigma^*) \geq \rho_3 - 2C_d 2^{1-\ell}.$$

Für die Wahl $\rho_3 := 2\rho_2$ folgt

$$\frac{\operatorname{diam}(\tau^*)}{\operatorname{dist}(\tau^*,\sigma^*)} \leq \frac{C_d 2^{1-\ell}}{\rho_3 - 2C_d 2^{1-\ell}} \leq \eta,$$

d.h. der Block $\tau \times \sigma$ tritt nicht in der Partition P auf, da bereits $\tau^* \times \sigma^*$ η-zulässig ist.

c) Der Kreisring $K_{\text{Ring}} := K(\rho_3) \backslash K(\rho_2)$ hat das Volumen $\omega_d \left(\rho_3^d - \rho_2^d\right) = \omega_d \rho_2^d \left(2^d - 1\right)$. Eine Obermenge von $\{\sigma \in T(J) : \tau \times \sigma \in P\}$ ist nach a) und b) $\Sigma := \{\sigma \in T(J) : \check{X}_\sigma \subset K_{\text{Ring}}\}$. Da die $\check{X}_\sigma$ nach Voraussetzung disjunkt sind, folgt $\omega_d \rho_2^d \left(2^d - 1\right) = \operatorname{vol}(K_{\text{Ring}}) \geq \operatorname{vol}\left(\bigcup_{\sigma \in \Sigma} \check{X}_\sigma\right) = \sum_{\sigma \in \Sigma} \operatorname{vol} \check{X}_\sigma \geq \#\Sigma \cdot 2^{-\ell d}/C_v$, sodass

$$\#\Sigma \leq \omega_d \left(2^d - 1\right) C_v \left(2^\ell \rho_2\right)^d = \omega_d \left(2^d - 1\right) C_v \left((2 + \frac{1}{\eta}) C_d\right)^d$$

die Ungleichung $C_{sp,l}(\tau, P) \leq \#\Sigma$ [in analoger Weise $C_{sp,r}(\sigma, P) \leq \#\Sigma$] und so die Behauptung beweist. ■

Es wurde vorausgesetzt, dass die Träger X_i ein positives d-dimensionales Maß besitzen. Dies schließt Randelemente auf einer $(d-1)$-dimensionalen Mannigfaltigkeit aus. Eine analoge Argumentation für diesen Fall findet man in Hackbusch-Nowak [90].

6.4.2 Abschätzung zu Konstruktion (5.30)

In §6.4.1 wurden naheliegende Eigenschaften der Cluster vorausgesetzt. Allerdings wurde keine Konstruktion des Clusterbaumes gegeben, die diese Eigenschaften garantiert. In diesem Abschnitt wird der umgekehrte Weg beschritten. Es wird angenommen, dass ein Finite-Element-Problem vorliegt, zu dem mit Hilfe der Konstruktion (5.30) der Clusterbaum $T(I)$ konstruiert wird. Zudem ist $J = I$ angenommen.

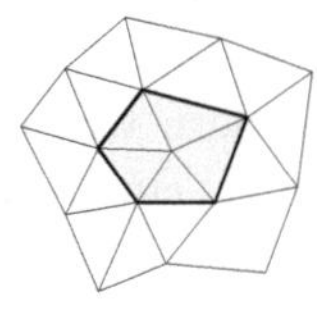

Abb. 6.3. Gitter mit hervorgehobenem Träger X_i

6.4.2.1 Voraussetzungen

Die Konstruktion (5.30) arbeitet mit den Ersatzpunkten ξ_i. Mit dem Test (5.39) auf Zulässigkeit ist eine stärkere Bedingung gegeben als durch die η-Zulässigkeit. Die Ersatz-Zulässigkeitsbedingung (5.39) erfordert eine weitere Voraussetzung, die besagt, dass in einer bestimmten Umgebung der Trägermenge X_i nur wenige X_j liegen. Die exakte Bedingung lautet: *Es gebe eine sogenannte Separationskonstante* C_{sep}, *sodass*

$$\{j \in I : \mathrm{dist}(X_i, X_j) \leq \mathrm{diam}(X_i)/C_{sep}\} \leq n_{\min} \qquad \text{für alle } i \in I. \tag{6.11}$$

Dabei ist $n_{\min}$ die Konstante aus der Definition (5.19) von $\mathit{Grösse}_{T(I)}$ und der Definition (5.42) von $\mathit{Grösse}_{T(I\times I)}$. Im Zweifelsfall ist $n_{\min}$ zu erhöhen, damit (6.11) erfüllt ist.

Mit Hilfe von C_{sep} werden wir C_{sp} abschätzen können. Zuvor soll aber untersucht werden, wie C_{sep} von anderen Problemparametern abhängt.

6.4.2.2 Diskussion von C_{sep} für Finite-Element-Gitter

Wir gehen von einer üblichen Finite-Element-Diskretisierung mit einer Triangulation (Gitter) $\mathcal{T}$ des Grundgebietes $\Omega \subset \mathbb{R}^2$ aus. Die Menge $\mathcal{T}$ besteht aus abgeschlossenen Dreiecken. Zwei Dreiecke t, t' heißen *benachbart*, falls $t \cap t' \neq \emptyset$. Im Allgemeinen verlangt man eine *zulässige Triangulation*, d.h. benachbarte Dreiecke aus $\mathcal{T}$ sind entweder gleich oder ihr Schnitt besteht aus einer (vollständigen) Seite beider Dreiecke oder einem gemeinsamen Eckpunkt (vgl. Abbildung 6.3).

Eine Standardvoraussetzung ist die *Formregularität*, d.h. der minimale Innenwinkel aller Dreiecke aus $\mathcal{T}$ sei durch einen positiven Winkel nach unten beschränkt:

$$\begin{array}{l}\text{Es gibt } \gamma_{\min} > 0, \text{ sodass } \gamma \geq \gamma_{\min} \\ \text{für alle Innenwinkel } \gamma \text{ der Dreiecke } t \in \mathcal{T}.\end{array} \tag{6.12a}$$

Eine äquivalente Forderung lautet: Der Durchmesser des größten *Innenkreises* von $t \in \mathcal{T}$ und der Durchmesser $\operatorname{diam}(t)$ haben ein in beide Richtungen beschränktes Verhältnis.

Der Träger X_i einer Finite-Element-Basisfunktion ϕ_i $(i \in I)$ ist eine Vereinigung von Dreiecken $t \in \mathcal{T}$. Abbildung 6.3 zeigt hervorgehoben den Träger einer stückweise linearen Basisfunktion zum Knotenpunkt x_0. Allgemein fordern wir, dass X_i zusammenhängend sei und dass die Zahl der Dreiecke in X_i eine Schranke K_1 besitze:

$$\begin{array}{l}X_i \text{ zusammenhängend und es gibt } K_1 \in \mathbb{N} \text{ mit} \\ \#\{t \in \mathcal{T} : t \subset X_i\} \leq K_1 \text{ für alle } i \in I.\end{array} \tag{6.12b}$$

Anmerkung 6.4.2. a) Es gelte (6.12a). Im Falle der stückweise linearen Basisfunktionen ist (6.12b) mit $K_1 = \lfloor 2\pi/\gamma_{\min} \rfloor$ erfüllt.

b) In seltenen Fällen könnte $\#\{t \in \mathcal{T} : t \subset X_i\}$ auch noch Dreiecke außerhalb des schraffierten Bereichs von Abbildung 6.3 enthalten, sodass sich K_1 erhöht. Die Existenz der Schranke K_1 in (6.12b) ist u.a. ein Grund für den Namen "*finite* Elemente".

c) Die Eigenschaft "zusammenhängend" kann ebensogut im Sinne der Nachbarschaftsbeziehung der Dreiecke $\{t \in \mathcal{T} : t \subset X_i\}$ interpretiert werden.

Eine weitere Forderung lautet:

$$\text{Es gibt ein } K_2 \in \mathbb{N} \text{ mit } \#\{i \in I : t \subset X_i\} \leq K_2 \text{ für alle } t \in \mathcal{T}, \tag{6.12c}$$

d.h. ein Dreieck kommt in höchstens K_2 Trägern X_i vor.

Anmerkung 6.4.3. a) Wenn es pro Eckpunktsknoten nur einen Freiheitsgrad gibt und die linearen Basisfunktionen verwendet werden, ist $K_2 = 3$.

b) Wenn ein Differentialgleichungssystem mit m Komponenten diskretisiert wird, kann die gleiche Basisfunktion für alle m Komponenten auftreten, sodass die identische Trägermenge X_i für m verschiedene $i \in I$ vorliegt und sich die Schranke K_2 entsprechend erhöht.

c) Bei Finite-Element-Ansätzen mit höheren Polynomgraden hängt K_2 auch vom Polynomgrad ab.

Ein besonderer Vorteil der Finite-Element-Methode ist die Flexibilität des Gitters für Zwecke der lokalen Gitterverfeinerung. Damit ist durchaus beabsichtigt, dass verschiedene Dreiecke aus $\mathcal{T}$ sehr verschiedene Größe haben können. Allerdings soll kein starker Größenunterschied zwischen benachbarten Dreiecken herrschen:

$$\text{Es gibt } K_3 > 0 \text{ mit } \begin{cases} 1/K_3 \leq \operatorname{diam}(t)/\operatorname{diam}(t') \leq K_3 \\ \text{für alle benachbarten } t, t' \in \mathcal{T}. \end{cases} \tag{6.12d}$$

Anmerkung 6.4.4. a) Wenn (6.12d) mit $K = K_3$ zutrifft, spricht man von einem K-Gitter. Es muss stets $K \geq 1$ gelten. $K = 1$ charakterisiert regelmäßige Gitter (alle Dreiecke haben gleichen Durchmesser).
b) Für eine zulässige Triangulation $\mathcal{T}$ mit der Formregularitätseigenschaft (6.12a) gilt (6.12d).

Der extreme Fall einer exponentiell abfallenden Schrittweitenfolge ist in Abbildung 6.4 wiedergegeben. Hier gilt $K_3 = 2$.

Zunächst sei die Schreibweise $A \lesssim B$ erklärt, die wir im nachfolgenden Beweis benutzen.

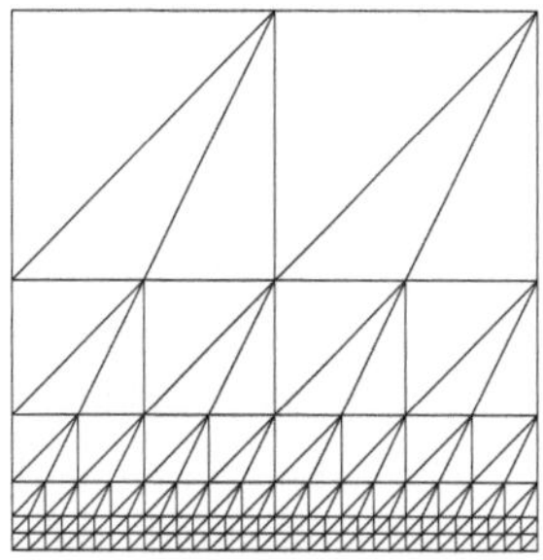

Abb. 6.4. Verfeinertes Finite-Element-Gitter mit $K_3 = 2$ in (6.12d)

Notation 6.4.5 *Die Schreibweise* $A \lesssim_{\alpha,\beta,\ldots} B$ *bedeutet, dass es eine nur von* $\alpha, \beta, \ldots$ *abhängige Konstanten* c *gibt, sodass* $A \leq cB$. *Die Ungleichung* $A \gtrsim_{\alpha,\beta,\ldots} B$ *ist gleichbedeutend zu* $B \lesssim_{\alpha,\beta,\ldots} A$. *Die Schreibweise* $A \sim_{\alpha,\beta,\ldots} B$ *bedeutet, dass sowohl* $A \lesssim_{\alpha,\beta,\ldots} B$ *als auch* $A \gtrsim_{\alpha,\beta,\ldots} B$ *gelten.*

Lemma 6.4.6. *Es gelte (6.12a,b,d). Dann folgt aus* $\operatorname{dist}(X_i, X_j) > 0$ *für ein* $\rho = \rho(K_1, K_3, \gamma_{\min}) > 0$ *die Ungleichung*

$$\operatorname{dist}(X_i, X_j) \geq \rho \operatorname{diam}(X_i) \qquad \textit{für alle } i, j \in I. \tag{6.13}$$

Beweis. a) Sei $t \subset X_i$ für ein $t \in \mathcal{T}$ und ein $i \in I$. Wegen (6.12b,d) gilt $\operatorname{diam}(t) \gtrsim_{K_1,K_3} \operatorname{diam}(X_i)$.

b) Sei $t' \in \mathcal{T}$ ein Nachbar von t. Die K-Gittereigenschaft (6.12d) beweist $\operatorname{diam}(t') \gtrsim_{K_3} \operatorname{diam}(t)$.

c) Sei $\lambda(t)$ die minimale Höhe eines Dreiecks t (vgl. Abbildung 6.5). Mit der Formregularität (6.12a) folgt $\lambda(t') \gtrsim_{\gamma_{\min}} \operatorname{diam}(t')$.

d) Wenn $\operatorname{dist}(X_i, X_j) > 0$, gibt es Punkte $x \in X_i$ und $y \in X_j$ mit $|x - y| = \operatorname{dist}(X_i, X_j)$. Dabei muss einer der Punkte x, y ein Eckpunkt eines Dreiecks t' sein, das weder in X_i noch X_j liegt, aber Nachbar eines $t \subset X_i \cup X_j$ ist. Die Strecke $\overline{xy}$ muss t' von diesem Eckpunkt bis zur gegenüberliegenden Seite durchqueren. Daher ist $|x - y| \geq \lambda(t')$.

e) Die Ungleichungskette $\operatorname{dist}(X_i, X_j) = |x - y| \geq \lambda(t') \gtrsim_{\gamma_{\min}} \operatorname{diam}(t') \gtrsim_{K_3} \operatorname{diam}(t) \gtrsim_{K_1,K_3} \operatorname{diam}(X_i)$ beweist $\operatorname{diam}(X_i) \leq c \operatorname{dist}(X_i, X_j)$ mit einer nur von $K_1, K_3, \gamma_{\min}$ abhängigen Konstanten c. Damit ist (6.13) mit $\rho := 1/c > 0$ erfüllt. ∎

Lemma 6.4.7. *Es gelte (6.12a-c). Dann gibt es ein* $N = N(K_1, K_2, \gamma_{\min}) \in \mathbb{N}$, *sodass*

$$\#\{j \in I : X_i \cap X_j \neq \emptyset\} \leq N \qquad \textit{für alle } i \in I. \tag{6.14}$$

Beweis. a) Seien $i \in I$ und $t \subset X_i$. Die Zahl der $j \in I$ mit $t \subset X_j$ ist durch K_2 beschränkt (vgl. (6.12c)). Die Zahl der möglichen $t \subset X_i$ ist nach (6.12b) durch

K_1 beschränkt. Es bleibt der Fall, dass sich X_i und X_j nur im Rand schneiden. Aus (6.12a) schließt man, dass auch $\#\{t \in \mathcal{T} : X_j \cap t \neq \emptyset\} \lesssim_{K_1,\gamma_{\min}} 1$. Mit $\#\{j \in I : X_i \cap X_j \neq \emptyset\} \lesssim_{K_1,K_2,\gamma_{\min}} 1$ ist die Behauptung bewiesen. ■

Damit kommen wir zur Hauptaussage:

Satz 6.4.8. *Es gelte (6.12a-d). Sei $C_{\mathrm{sep}} > 1/\rho$, wobei ρ aus (6.13) nur von $K_1, K_3, \gamma_{\min}$ abhängt. Wenn $n_{\min} \leq N$ für $N = N(K_1, K_2, \gamma_{\min})$ aus (6.14), ist die Bedingung (6.11) erfüllt.*

Beweis. Die Ungleichung $\operatorname{dist}(X_i, X_j) \leq \operatorname{diam}(X_i)/C_{\mathrm{sep}}$ hat zur Folge, dass $\operatorname{dist}(X_i, X_j) < \rho \operatorname{diam}(X_i)$. Aus Lemma 6.4.6 folgt $\operatorname{dist}(X_i, X_j) = 0$, d.h. $X_i \cap X_j \neq \emptyset$. Damit ist Lemma 6.4.7 anwendbar und zeigt zusammen mit $n_{\min} \leq N$ die Ungleichung (6.11). ■

Die Überlegungen dieses Abschnittes können sinngemäß auf $\Omega \subset \mathbb{R}^d$ für $d \neq 2$ übertragen werden.

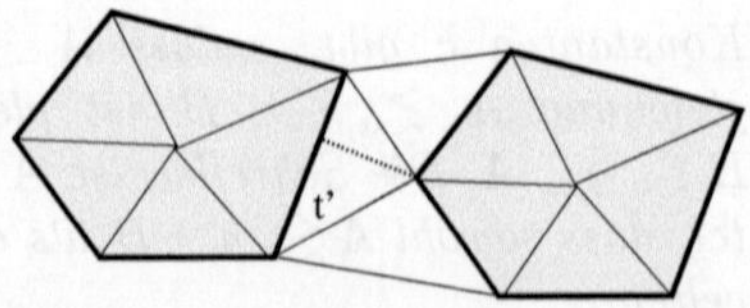

Abb. 6.5. Abstand zweier Trägermengen X_i, X_j. $\lambda(t')$ ist die kleinste Höhe des Dreiecks t'.

6.4.2.3 Abschätzungen mittels C_{sep}

Im Weiteren gehen wir von Situationen aus, in denen die Bedingung (6.11) mit einer Konstanten C_{sep} erfüllt ist. Ferner setzen wir voraus, dass die Partition zulässig im Sinne der Bedingung (5.39) mit der Größe $\eta > 0$ ist, wie es das Resultat der Konstruktion (5.30) ist. Zudem gehen wir von der Annahme aus, dass die Knotenpunkte ξ_i (Mittelpunkte aus $Q_i = Q_{\min}(X_i)$) aus Anmerkung 5.4.1 selbst zu X_i gehören:

$$\xi_i \in X_i \qquad \text{für alle } i \in I. \tag{6.15}$$

Eine unmittelbare Folge dieser Annahme ist $\hat{X}_\tau \subset X_\tau$ für alle $\tau \in T(I)$ (vgl. Anmerkung 5.4.1 zu $\hat{X}_\tau$).

Lemma 6.4.9 (C_{sp}-Abschätzung). *Es gelte (6.11) und (6.15). Der Baum $T(I)$ sei mit Hilfe der Konstruktion (5.30) erzeugt. Der Blockclusterbaum $T(I \times I)$ sei durch die stufentreue Konstruktion 5.5.1 entstanden, wobei die Blöcke der Partition P die Ersatz-Zulässigkeitsbedingung (5.39) mit einem $\eta > 0$ erfüllen. Dann gilt*

$$C_{\mathrm{sp}} \leq \left[4 + 8\sqrt{d}\left(2\frac{1 + C_{\mathrm{sep}}}{\eta} + C_{\mathrm{sep}}\right)\right]^d.$$

Beweis. Der Beweis findet sich in [56, Lemma 4.5], wobei η wegen einer anderen Skalierung durch $\eta/2$ zu ersetzen ist. ■

Es gibt allerdings Fälle, in denen eine *anisotrope* Verfeinerung optimal ist. Hier treten Dreiecke mit extrem kleinen Winkeln oder extrem gestreckte Rechtecke auf. Für Randelement-Anwendungen ist eine solche Situation in Graham-Grasedyck-Hackbusch-Sauter [49] beschrieben: Die übliche Zulässigkeitsbedingung führt zu einem nicht-konstanten C_{sp} und damit zu einem nicht-optimalen Aufwand, aber nach einer speziellen Behandlung der kritischen Matrixelemente lässt sich wieder eine fast lineare Komplexität erreichen.

6.4.3 Anmerkung zu Konstruktion (5.34)

Die Konstruktion (5.34) ist einerseits günstiger, da die Verwendung der Minimalquader zu einer gleichmäßigeren Halbierung der Cluster führt. Andererseits haben die Quader Q_τ^{II} im Gegensatz zu (5.30) keine regelmäßige Struktur (vgl. Anmerkung 5.4.4). Dies führt dazu, dass sich eine gleichmäßige Schranke für C_{sp} nicht beweisen lässt. Ein Gegenbeispiel ist in Abbildung 6.6 illustriert.

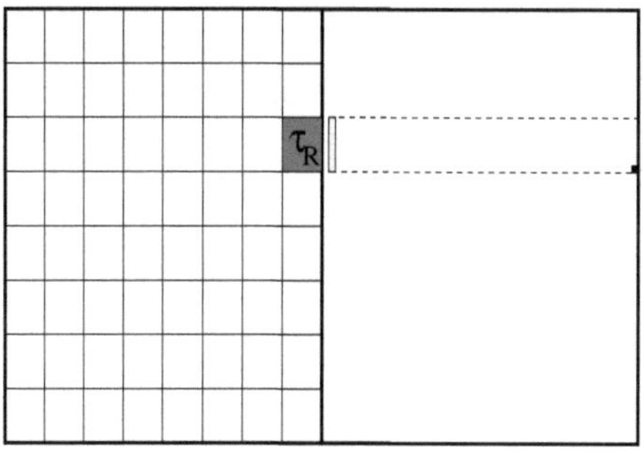

Abb. 6.6. Gegenbeispiel zu beschränktem C_{sp} im Falle der Konstruktion (5.34)

Sei der Startquader Q_I^{II} wie in der Abbildung 6.6. Auf der linken Seite ergebe sich eine regelmäßige Situation: Die rekursiv halbierten Quader seien zugleich die Minimalquader, sodass sich das hervorgehobene Rechteck $R = [-a, 0] \times [b, c]$ als Cluster τ_R der Stufe $\ell = 7$ ergibt. Die rechte Hälfte des Quaders Q_I^{II} enthalte nur einen Punkt ξ_i am rechten Rand[1], alle weiteren Indizes mögen in dem schmalen Rechteck $[d, d + \varepsilon] \times [b, c]$ mit $d := (c - b)\, 2^{2.5-\ell}$ und $0 \leq \varepsilon < d/\sqrt{2}$ liegen, das damit den Abstand d vom Rechteck R hat. Der Minimalquader der Stufe 1 ist das gestrichelte Rechteck. Nach einer weiteren Halbierung ergibt sich auf der Stufe 2 einerseits der Punkt ξ_i (wird Blatt in $T(I)$) und andererseits das Rechteck $[d, d + \varepsilon] \times [b, c]$. Alle weiteren Halbierungen verlaufen in waagerechter Richtung. Auf der Stufe $\ell = 7$ erhält man die Minimalquader

$$[d, d + \varepsilon] \times [b + \nu 2^{2-\ell} (c - b), b + (\nu + 1)\, 2^{2-\ell} (c - b)] \text{ für } \nu = 0, \ldots, 2^{\ell-2} - 1.$$

Die zugehörigen Cluster seien τ_ν. Ihre Durchmesser sind kleiner oder gleich $[(2^{2-\ell}(c - b))^2 + \varepsilon^2]^{1/2} \leq d$, während ihr Abstand von R gerade d beträgt. Für die Wahl $\eta = 1$ sind alle Blöcke $\tau_R \times \tau_\nu$ zulässig. Weil ihre Väter nicht zulässig sind, ergibt sich $C_{\mathrm{sp,l}}(\tau_R, P) = 2^{\ell-2}$. Da die Stufe $\ell = 7$ beliebig erhöht werden kann, kann $C_{\mathrm{sp,l}}$ beliebig groß werden.

---

[1] Damit Q_I^{II} ein Minimalquader ist, muss mindestens ein Punkt am rechten Rand liegen.

6.5 Fehlerabschätzungen

Die Approximationsfehler sind mit den Blöcken $M|_b$, $b \in P$, assoziiert. Hier wird diskutiert, wie sich diese lokalen Fehler zu einem globalen Fehler von M zusammensetzen. Dabei hängt das Resultat wesentlich von der Wahl der verwendeten Norm ab. Im Folgenden werden die Frobenius-Norm, die Spektralnorm und die spezielle Norm $|||\cdot|||$ aus §C.5.3 untersucht.

6.5.1 Frobenius-Norm

Die bequemste Norm im Umgang mit $\mathcal{H}$-Matrizen ist die Frobenius-Norm, denn es gilt

$$\|M\|_{\mathrm{F}} = \sqrt{\sum_{b\in P} \|M|_b\|_{\mathrm{F}}^2} \qquad \text{für alle } M \in \mathcal{H}(k,P).$$

Zur Frobenius-Norm von $M|_b$ vergleiche man Übung 2.2.7b.

6.5.2 Vorbereitende Lemmata

6.5.2.1 Problemstellung

Für die Spektralnorm und verwandte Normen gibt es keinen so einfachen Zusammenhang zwischen den lokalen Matrixblöcken $M|_b$ und der Gesamtmatrix $A \in \mathbb{R}^{I\times J}$. Die Resultate unterscheiden sich, je nachdem wie die Größenordnung der Normen $\|M|_b\|$ verteilt ist. Drei Fälle werden unterschieden:

1. Alle Normen $\|A|_b\|$ sind vergleichbar groß und werden durch ihr Maximum abgeschätzt (vgl. Lemma 6.5.7). Die resultierende Abschätzung für die Spektralnorm stammt von Grasedyck [50].
2. Die Normen nehmen mit zunehmender Stufenzahl ab: $\|A|_b\| \leq Cq^{\ell-1}$ für $b \in P \cap T^{(\ell)}(I\times J, P)$ (vgl. Lemma 6.5.6).
3. Die Normen sind derart, dass $\sum_{b\in P} \|A|_b\|^2$ gut abschätzbar (vgl. §6.5.2.2).

Da die Resultate für die Spektralnorm $\|\cdot\|_2$ als auch für $|||\cdot|||$ aus §4.5.3 angewandt werden sollen, wird zunächst ein allgemeinerer Rahmen gewählt. Jedem $\tau \in T(I)$ wird ein Hilbert-Raum $\mathcal{X}_\tau = \left(\mathbb{R}^\tau, \|\cdot\|_{\mathcal{X}_\tau}\right)$ zugeordnet, wobei die Norm $\|\cdot\|_{\mathcal{X}_\tau}$ von der üblichen Euklidischen Norm abweichen kann. Die Dualnorm zu $\|\cdot\|_{\mathcal{X}_\tau}$ ist

$$\|u_\tau\|_{\mathcal{X}_\tau'} := \sup\{|(u_\tau, v_\tau)| \,/\, \|v_\tau\|_{\mathcal{X}_\tau} : 0 \neq v_\tau \in \mathbb{R}^\tau\} \quad \text{für alle } u_\tau \in \mathbb{R}^\tau \tag{6.16a}$$

und führt zum Dualraum $\mathcal{X}_\tau' = \left(\mathbb{R}^\tau, \|\cdot\|_{\mathcal{X}_\tau'}\right)$. Aus $\mathcal{X}_\tau$ ergeben sich die Produkträume

$$\mathcal{X}_\ell := \prod\nolimits_{\tau\in T^{(\ell)}(I)} \mathcal{X}_\tau, \qquad \mathcal{X} := \prod\nolimits_{\tau\in T(I)} \mathcal{X}_\tau = \prod\nolimits_\ell \mathcal{X}_\ell \tag{6.16b}$$

mit den zugehörigen Normen

$$\left\|(u_\tau)_{\tau\in T^{(\ell)}(I)}\right\|_{\mathcal{X}_\ell} = \sqrt{\sum_{\tau\in T^{(\ell)}(I)} \|u_\tau\|_{\mathcal{X}_\tau}^2},$$

$$\left\|(u_\tau)_{\tau\in T(I)}\right\|_{\mathcal{X}_\ell} = \sqrt{\sum_{\ell=0}^{\operatorname{depth}(T(I\times J,P))} \|u_\ell\|_{\mathcal{X}_\ell}^2} = \sqrt{\sum_{\tau\in T(I)} \|u_\tau\|_{\mathcal{X}_\tau}^2}.$$

Die Dualräume $\mathcal{X}', \mathcal{X}'_\sigma$ und $\mathcal{X}'_\ell$ besitzen Dualnormen, die wie oben aus den komponentenweisen Dualnormen gebildet werden.

Analog seien zur Indexmenge J und zu $\sigma \in T(J)$ die Räume $\mathcal{Y}, \mathcal{Y}_\sigma, \mathcal{Y}_\ell$ und die entsprechenden Normen eingeführt.

Die Spezialfälle $\sigma = I$ und $\tau = J$ in $\mathcal{X}_\sigma$ und $\mathcal{Y}_\sigma$ ergeben die Räume $\mathcal{X}_I$ und $\mathcal{Y}_J$. Die Matrix $A \in \mathbb{R}^{I\times J}$ wird im Folgenden als Abbildung von $\mathcal{Y}_J$ nach $\mathcal{X}'_I$ aufgefasst.

Der Operator $\mathcal{A} : \mathcal{Y} \to \mathcal{X}'$ zur Matrix $A \in \mathbb{R}^{I\times J}$ bestehe aus den Komponenten

$$\mathcal{A}_b : \mathcal{Y}_\sigma \to \mathcal{X}'_\tau \quad \text{für } b = \tau\times\sigma \in T(I)\times T(J), \tag{6.16c}$$

$$\text{wobei } \mathcal{A}_b := \begin{cases} A|_b & \text{für } b \in P, \\ 0 & \text{für } b \notin P. \end{cases}$$

Man beachte, dass auch Blöcke $b = \tau \times \sigma$ auftreten, die nicht zu $T(I \times J)$ gehören, da $T(I) \times T(J) \supsetneqq T(I \times J)$. Diese sind jedoch null, da gemäß (6.16c) nichttriviale Einträge nur für $b \in P$ auftreten. Die Matrix $A : \mathcal{Y}_J \to \mathcal{X}'_I$ lässt sich aus $\mathcal{A}$ mittels

$$A = \left(S^I\right)^* \mathcal{A}\, S^J \qquad \text{mit } S^I : \mathcal{X}_I \to \mathcal{X},\ S^J : \mathcal{Y}_J \to \mathcal{Y} \tag{6.16d}$$

rekonstruieren, wobei

$$S^I = \begin{pmatrix} S_0^I \\ S_1^I \\ \vdots \end{pmatrix}, \quad S^J = \begin{pmatrix} S_0^J \\ S_1^J \\ \vdots \end{pmatrix}, \tag{6.16e}$$

$$\text{mit } \begin{cases} S^I u := \left(S_\ell^I u\right)_{\ell=0}^{\operatorname{depth}(T(I\times J,P))}, & S_\ell^I u := (u_\tau)_{\tau\in T^{(\ell)}(I)}, \\ S^J u := \left(S_\ell^J u\right)_{\ell=0}^{\operatorname{depth}(T(I\times J,P))}, & S_\ell^J u := (u_\sigma)_{\sigma\in T^{(\ell)}(J)}. \end{cases}$$

Anmerkung 6.5.1. Für stufentreue Blockclusterbäume ist $\mathcal{A}$ blockdiagonal:

$$\mathcal{A} = \operatorname{diag}\left\{\mathcal{A}_\ell : 0 \le \ell \le \operatorname{depth}(T(I\times J,P))\right\}. \tag{6.17a}$$

Dabei enthält $\mathcal{A}_\ell$ die Komponenten $\mathcal{A}_b$ für $b \in T^{(\ell)}(I) \times T^{(\ell)}(J)$. Es gilt

$$A = \sum_{\ell=0}^{\operatorname{depth}(T(I\times J,P))} A_\ell, \qquad \text{wobei } A_\ell := \left(S_\ell^I\right)^* \mathcal{A}_\ell S_\ell^J. \tag{6.17b}$$

Im Folgenden wird der Zusammenhang zwischen den Normen $\|A\|_{\mathcal{X}'_I\leftarrow\mathcal{Y}_J}$ und $\|\mathcal{A}_b\|_{\mathcal{X}'_\tau\leftarrow\mathcal{Y}_\sigma}$ diskutiert.

6.5.2.2 Fall 3

Zuerst sei der dritte Fall von Seite 128 untersucht, in dem die Abschätzung mit der Frobenius-artigen Norm $\sqrt{\sum_{b \in P} \|A|_b\|^2}$ durchgeführt werden soll. Zur Vereinfachung der Notation sei die Menge

$$\mathcal{L}(\tau) := \{\tau' \in \mathcal{L}(T(I)) : \tau' \subset \tau\} \tag{6.18}$$

aller Blätter von $T(I)$ eingeführt, die Nachfolger von τ sind. Entsprechend ist $\mathcal{L}(\sigma)$ für $\sigma \in T(J)$ eine Teilmenge von $\mathcal{L}(T(J))$.

Lemma 6.5.2. *Für alle $u \in \mathcal{X}_I$ und alle Komponenten u_τ von*

$$S^I u = (u_\tau)_{\tau \in T(I)}$$

sei

$$\frac{1}{C_0} \|u_\tau\|^2_{\mathcal{X}_\tau} \le \sum_{\tau' \in \mathcal{L}(\tau)} \|u_{\tau'}\|^2_{\mathcal{X}_{\tau'}} \le C_0 \|u_\tau\|^2_{\mathcal{X}_\tau} \qquad \text{für alle } \tau \in T(I) \tag{6.19}$$

vorausgesetzt. Entsprechendes gelte für die Komponenten u_σ von $S^J u$. Dann gilt

$$\|A\|_{\mathcal{X}'_I \leftarrow \mathcal{Y}_I} \le C_0^2 \sqrt{\sum_{b = \tau \times \sigma \in P} \|A|_b\|^2_{\mathcal{X}'_\tau \leftarrow \mathcal{Y}_\sigma}}. \tag{6.20}$$

Bevor wir das Lemma beweisen, sei zunächst der Fall der Euklidischen Norm diskutiert.

Anmerkung 6.5.3. Es sei vorausgesetzt, dass die Normen $\|\cdot\|_{\mathcal{X}_\tau}$ usw. mit der Euklidischen Norm übereinstimmen: $\|u_\tau\|^2_{\mathcal{X}_\tau} = \|u_\tau\|_2^2 = \sum_{i \in \tau} |u_{\tau,i}|^2$.

a) Es gilt $\|u_\tau\|_2^2 = \sum_{\tau' \in \mathcal{L}(\tau)} \|u_{\tau'}\|_2^2$, sodass die Ungleichung (6.19) mit $C_0 = 1$ erfüllt ist. Wegen der analogen Identität $\|u\|_2^2 = \sum_{\tau \in T^{(\ell)}(I)} \|u_\tau\|_2^2$ ist $\|S^I_\ell\|_2 = \|S^J_\ell\|_2 = 1$ für alle ℓ.

b) $\|\mathcal{A}_b\|_{\mathcal{X}'_\tau \leftarrow \mathcal{Y}_\sigma} = \|\mathcal{A}_b\|_2$ ist die Spektralnorm. Falls $\|A|_b\|_2$ relativ zu der Größe des Blockes b abgeschätzt werden kann, d.h.

$$\|A|_b\|_2 \le \varepsilon \sqrt{\#b / \#I \#J} \qquad \text{für alle } b \in P, \tag{6.21a}$$

folgt

$$\sum_{b \in P} \|A|_b\|_2^2 \le \varepsilon^2. \tag{6.21b}$$

Ungleichung (6.21a) ergibt sich beispielsweise aus der komponentenweisen Ungleichung $|A_{ij}| \le \varepsilon / \sqrt{\#I \#J}$.

c) X_τ und X_σ seien gemäß (5.5a,b) definiert. Gilt die Ungleichung

$$\|A|_b\|_2 \le \varepsilon \|\omega\|_{L^2(X_\tau \times X_\sigma)} \qquad (b = \tau \times \sigma \in P) \tag{6.21c}$$

für eine geeignete Funktion $\omega \in L^2(X \times Y)$, so folgt

$$\sqrt{\sum\nolimits_{b\in P} \|A|_b\|_2^2} \leq \varepsilon\sqrt{M_1 M_2}\,\|\omega\|_{L^2(X\times Y)} \tag{6.21d}$$

$$\text{mit}\quad \begin{cases} M_1 := \max_{x\in X} \#\{i \in I : x \text{ innerer Punkt von } X_i \subset X\}, \\ M_2 := \max_{y\in Y} \#\{i \in I : y \text{ innerer Punkt von } X_j \subset Y\}. \end{cases}$$

Die Zahlen M_1 und M_2 beschreiben den maximalen Überlapp der Träger X_i bzw. X_j und sind für formreguläre Finite-Element-Gitter stets beschränkt.

Beweis. Zu b) Die Definition einer Partition P impliziert $\sum_{b\in P} \#b = \#I\#J$. Hiermit folgt (6.21b) sofort aus (6.21a).

Zu c) Sei χ_τ die charakteristische Funktion zu X_τ. Dann gilt $\|\omega\|_{L^2(X_\tau\times X_\sigma)} = \|\chi_\tau\chi_\sigma\omega\|_{L^2(X\times Y)}$. Summation der Quadrate liefert

$$\begin{aligned}\sum_{b\in P} \|A|_b\|_2^2 &\leq \varepsilon^2 \sum_{b=\tau\times\sigma\in P} \|\chi_\tau(x)\chi_\sigma(y)\omega(x,y)\|_{L^2(X\times Y)}^2 \\ &= \varepsilon^2 \Big\| \sum_{b=\tau\times\sigma\in P} \chi_\tau(x)\chi_\sigma(y)\omega(x,y)\Big\|_{L^2(X\times Y)}^2.\end{aligned}$$

Mit $\chi_\tau \leq \sum_{i\in\tau} \chi_i$ (χ_i ist charakteristische Funktion zu X_i aus (5.5a)) folgt

$$\sum_{b\in P} \|A|_b\|_2^2 \leq \varepsilon^2 \iint\limits_{X\times Y} \sum_{b=\tau\times\sigma\in P} \sum_{i\in\tau}\sum_{j\in\sigma} \chi_i(x)\chi_j(y)\,|\omega(x,y)|^2 \,\mathrm{d}x\,\mathrm{d}y.$$

Wegen der Partitionseigenschaft von P stimmt die Summe $\sum_{b=\tau\times\sigma\in P}\sum_{i\in\tau}\sum_{j\in\sigma}$ überein mit

$$\sum_{i\in I}\sum_{j\in J} \chi_i(x)\chi_j(y)\,|\omega(x,y)|^2 = \Big[\sum_{i\in I}\chi_i(x)\Big]\Big[\sum_{j\in J}\chi_j(y)\Big]\,|\omega(x,y)|^2.$$

Die eckigen Klammern sind durch M_1 bzw. M_2 beschränkt, sodass $\sum_{b\in P} \|A|_b\|_2^2 \leq \varepsilon^2 M_1 M_2 \|\omega\|_{L^2(X\times Y)}^2$. ■

Aus den Beispielen (6.21a) und (6.21c) erkennt man, dass das Lemma 6.5.2 auf den Fall zugeschnitten ist, dass kleine Blöcke $b \in P$ auch kleine Fehler $\|A|_b\|_2$ besitzen. Enthalten alle Blöcke ähnliche Fehler, so enthält die Ungleichung $\sum_{b\in P} \|A|_b\|_2^2 \leq \#P \max \|A|_b\|_2^2$ einen Faktor $\#P$ der Größenordnung der Indexmengen $\#I, \#J$. Für diesen Fall sind die Abschätzungen des nachfolgenden Unterabschnittes günstiger.

Beweis zu Lemma 6.5.2. Die Norm $\|A\|_{\mathcal{X}_I'\leftarrow\mathcal{Y}_J}$ ist das Supremum des Euklidischen Skalarproduktes $|(Au,v)|$ über alle $u \in \mathcal{Y}_J$, $v \in \mathcal{X}_I$ mit $\|u\|_{\mathcal{Y}_J} = \|v\|_{\mathcal{X}_I} = 1$. Auf Grund der Darstellung $A = \left(S^I\right)^* \mathcal{A} S^J$ (vgl. (6.16d)) ist $\left((S^I)^*\mathcal{A}S^J u, v\right) = \left(\mathcal{A}S^J u, S^I v\right)$ zu untersuchen. Mit u_σ, v_τ aus (6.16e) folgt

$$\left(\mathcal{A}S^J u, S^I v\right) = \sum\nolimits_{b=\tau\times\sigma\in P} \left(\mathcal{A}_b u_\sigma, v_\tau\right)$$

(hier wurde ausgenutzt, dass $(\mathcal{A}_b u_\sigma, v_\tau) = 0$ für $b \notin P$ wegen $\mathcal{A}_b = 0$ gilt). Blockweise Abschätzung liefert

$$\left|\left(\mathcal{A}S^J u, S^I v\right)\right| \leq \sum_{b=\tau\times\sigma\in P} \left|(\mathcal{A}_b u_\sigma, v_\tau)\right| \leq \sum_{b=\tau\times\sigma\in P} \|\mathcal{A}_b\|_{\mathcal{X}_\tau'\leftarrow\mathcal{Y}_\sigma} \|u_\sigma\|_{\mathcal{Y}_\sigma} \|v_\tau\|_{\mathcal{X}_\tau}.$$

Die Schwarzsche Ungleichung ergibt

$$\left|\left(\mathcal{A}S^J u, S^I v\right)\right|^2 \leq \left(\sum_{b=\tau\times\sigma\in P} \|\mathcal{A}_b\|^2_{\mathcal{X}_\tau'\leftarrow\mathcal{Y}_\sigma}\right)\left(\sum_{b=\tau\times\sigma\in P} \|u_\sigma\|^2_{\mathcal{Y}_\sigma} \|v_\tau\|^2_{\mathcal{X}_\tau}\right). \tag{6.22a}$$

Mit der ersten Ungleichung in (6.19) lässt sich $\|u_\sigma\|^2_{\mathcal{Y}_\sigma} \leq C_0 \sum_{\sigma'\in\mathcal{L}(\sigma)} \|u_{\sigma'}\|^2_{\mathcal{Y}_{\sigma'}}$ ableiten. Entsprechend ist $\|v_\tau\|^2_{\mathcal{X}_\tau} \leq C_0 \sum_{\tau'\in\mathcal{L}(\tau)} \|v_{\tau'}\|^2_{\mathcal{X}_{\tau'}}$, sodass

$$\sum_{b=\tau\times\sigma\in P} \|u_\sigma\|^2_{\mathcal{Y}_\sigma} \|v_\tau\|^2_{\mathcal{X}_\tau} \leq C_0^2 \sum_{b=\tau\times\sigma\in P} \sum_{\sigma'\in\mathcal{L}(\sigma)} \sum_{\tau'\in\mathcal{L}(\tau)} \|u_{\sigma'}\|^2_{\mathcal{Y}_{\sigma'}} \|v_{\tau'}\|^2_{\mathcal{X}_{\tau'}}.$$

Induktion über den Baum $T(I \times J, P)$ beweist $\sum_{b=\tau\times\sigma\in P} \sum_{\sigma'\in\mathcal{L}(\sigma)} \sum_{\tau'\in\mathcal{L}(\tau)} = \sum_{\sigma'\in\mathcal{L}(T(J))} \sum_{\tau'\in\mathcal{L}(T(I))}$. Somit ist

$$\sum_{b=\tau\times\sigma\in P} \|u_\sigma\|^2_{\mathcal{Y}_\sigma} \|v_\tau\|^2_{\mathcal{X}_\tau} \leq C_0^2 \Big[\sum_{\sigma'\in\mathcal{L}(T(J))} \|u_{\sigma'}\|^2_{\mathcal{Y}_{\sigma'}}\Big]\Big[\sum_{\tau'\in\mathcal{L}(T(I))} \|v_{\tau'}\|^2_{\mathcal{X}_{\tau'}}\Big].$$

Die zweite Ungleichung aus (6.19) zeigt $\left[\sum_{\sigma'\in\mathcal{L}(T(J))} \|u_{\sigma'}\|^2_{\mathcal{Y}_{\sigma'}}\right] \leq C_0 \|u_J\|^2_{\mathcal{Y}_J}$ und liefert die entsprechende Ungleichung für den zweiten Klammerausdruck, sodass

$$\sum_{b=\tau\times\sigma\in P} \|u_\sigma\|^2_{\mathcal{Y}_\sigma} \|v_\tau\|^2_{\mathcal{X}_\tau} \leq C_0^4 \|u_J\|^2_{\mathcal{Y}_J} \|v_I\|^2_{\mathcal{X}_I} = C_0^4 \|u\|^2_{\mathcal{Y}_J} \|v\|^2_{\mathcal{X}_I}. \tag{6.22b}$$

Die letzte Gleichheit nutzt aus, dass $u_J = u$ für die Komponente u_J von $S^J u = (u_\tau)_{\tau\in T(J)}$ und analog $v_I = v$.

Kombination der Ungleichungen (6.22a,b) liefert

$$|(Au, v)| = \left|\left(\mathcal{A}S^J u, S^I v\right)\right| \leq C_0^2 \sqrt{\sum_{b=\tau\times\sigma\in P} \|\mathcal{A}_b\|^2_{\mathcal{X}_\tau'\leftarrow\mathcal{Y}_\sigma}} \|u\|_{\mathcal{Y}_J} \|v\|_{\mathcal{X}_I},$$

woraus die Behauptung (6.20) folgt. ∎

6.5.2.3 Fälle 1 und 2

Die Blockdiagonalstruktur von $\mathcal{A}$ erlaubte die Darstellung $A = S^*\mathcal{A}S = \sum_\ell S_\ell^* \mathcal{A}_\ell S_\ell$. Die weiteren Überlegung beruhen auf

$$\begin{aligned}\|A\|_{\mathcal{X}'_I\leftarrow\mathcal{Y}_J} &\le \sum_\ell \left\|(S^I_\ell)^*\mathcal{A}_\ell S^J_\ell\right\|_{\mathcal{X}'_I\leftarrow\mathcal{Y}_J} &(6.23\text{a})\\ &\le \sum_\ell \left\|(S^I_\ell)^*\right\|_{\mathcal{X}'_I\leftarrow\mathcal{X}'_\ell}\|\mathcal{A}_\ell\|_{\mathcal{X}'_\ell\leftarrow\mathcal{Y}_\ell}\left\|S^J_\ell\right\|_{\mathcal{Y}_\ell\leftarrow\mathcal{Y}_J}\\ &= \sum_\ell \|\mathcal{A}_\ell\|_{\mathcal{X}'_\ell\leftarrow\mathcal{Y}_\ell}\left\|S^I_\ell\right\|_{\mathcal{X}_\ell\leftarrow\mathcal{X}_I}\left\|S^J_\ell\right\|_{\mathcal{Y}_\ell\leftarrow\mathcal{Y}_J},\end{aligned}$$

indem $\|\mathcal{A}_\ell\|_{\mathcal{X}'_\ell\leftarrow\mathcal{Y}_\ell}$ abgeschätzt wird. Wie im Beweis von Lemma 6.5.2 ist $|(\mathcal{A}_\ell u_\ell, v_\ell)|$ zu untersuchen, wobei $u_\ell := S^J_\ell u = (u_\sigma)_{\sigma\in T^{(\ell)}(J)}$ und $v_\ell := S^I_\ell v = (v_\tau)_{\tau\in T^{(\ell)}(I)}$. Wie oben ist

$$\begin{aligned}|(\mathcal{A}_\ell u_\ell, v_\ell)| &\le \sum_{b=\tau\times\sigma\in T^{(\ell)}(I)\times T^{(\ell)}(J)} |(\mathcal{A}_b u_\sigma, v_\tau)| &(6.23\text{b})\\ &\le \sum_{b=\tau\times\sigma\in T^{(\ell)}(I)\times T^{(\ell)}(J)} \|\mathcal{A}_b\|_{\mathcal{X}'_\tau\leftarrow\mathcal{Y}_\sigma}\|u_\sigma\|_{\mathcal{Y}_\sigma}\|v_\tau\|_{\mathcal{X}_\tau}.\end{aligned}$$

Sei nun eine Matrix $\mathbf{A}\in\mathbb{R}^{T^{(\ell)}(I)\times T^{(\ell)}(J)}$ mittels $\mathbf{A}_{\tau,\sigma} := \|\mathcal{A}_{\tau\times\sigma}\|_{\mathcal{X}_\tau\leftarrow\mathcal{Y}_\sigma}$ definiert. Ferner seien die Vektoren $\mathbf{v}\in\mathbb{R}^{T^{(\ell)}(I)}$, $\mathbf{u}\in\mathbb{R}^{T^{(\ell)}(J)}$ komponentenweise als $\mathbf{u}_\sigma := \|u_\sigma\|_{\mathcal{Y}_\sigma}$ und $\mathbf{v}_\tau := \|v_\tau\|_{\mathcal{X}_\tau}$ erklärt. Dann lautet die rechte Seite in (6.23b) $\langle\mathbf{Au},\mathbf{v}\rangle$ mit dem Euklidischen Skalarprodukt des $\mathbb{R}^{T^{(\ell)}(I)}$.

Für die Abschätzung der Spektralnorm $\|\mathbf{A}\|_2$ verwenden wir Anmerkung C.1.3 g: $\|\mathbf{A}\|_2 \le \sqrt{\|\mathbf{A}\|_\infty\|\mathbf{A}^\top\|_\infty}$. Die Zeilensummen von $\mathbf{A}$ zu $\tau\in T^{(\ell)}(I)$ sind

$$\sum_{\sigma\in T^{(\ell)}(J)} \|\mathcal{A}_{\tau\times\sigma}\|_{\mathcal{X}'_\tau\leftarrow\mathcal{Y}_\sigma} = \sum_{\sigma\in T^{(\ell)}(J)\text{ mit } b=\tau\times\sigma\in P} \|\mathcal{A}_b\|_{\mathcal{X}'_\tau\leftarrow\mathcal{Y}_\sigma},$$

da $\mathcal{A}_b = 0$ für $b=\tau\times\sigma\notin P$. Die Zahl der Summanden ist gemäß (6.4a,b) $C_{\text{sp,l}}(\tau,P)\le C_{\text{sp},\ell}(P)$ für alle $\tau\in T^{(\ell)}(I)$, sodass $\|\mathbf{A}\|_\infty \le C_{\text{sp},\ell}(P)\alpha_\ell$ mit

$$\alpha_\ell := \max\left\{\|\mathcal{A}_b\|_{\mathcal{X}'_\tau\leftarrow\mathcal{Y}_\sigma} : b=\tau\times\sigma\in P\cap T^{(\ell)}(I\times I)\right\}, \tag{6.23c}$$

$$\begin{aligned}C_{\text{sp},\ell}(P) &:= C_{\text{sp}}(P\cap T^{(\ell)}(I\times J)) &(6.23\text{d})\\ &= \max\left\{\max_{\tau\in T^{(\ell)}(I)} C_{\text{sp,l}}(\tau,P),\ \max_{\sigma\in T^{(\ell)}(J)} C_{\text{sp,r}}(\sigma,P)\right\}.\end{aligned}$$

Analog lautet die Zeilensumme von $\mathbf{A}^\top$ zu $\sigma\in T^{(\ell)}(J)$

$$\sum_{\tau\in T^{(\ell)}(I)} \|\mathcal{A}_{\tau\times\sigma}\|_{\mathcal{X}'_\tau\leftarrow\mathcal{Y}_\sigma} = \sum_{\tau\in T^{(\ell)}(I)\text{ mit } b=\tau\times\sigma\in P} \|\mathcal{A}_b\|_{\mathcal{X}'_\tau\leftarrow\mathcal{Y}_\sigma}$$

und ist durch $C_{\text{sp,r}}(\sigma,P)\le C_{\text{sp},\ell}(P)$ für alle $\sigma\in T^{(\ell)}(I)$ beschränkt, sodass auch $\|\mathbf{A}^\top\|_\infty \le C_{\text{sp},\ell}(P)\alpha_\ell$. Zusammen folgt

$$\|\mathbf{A}\|_2 \le C_{\text{sp},\ell}(P)\alpha_\ell. \tag{6.23e}$$

Weiterhin ist $|\langle \mathbf{Au}, \mathbf{v} \rangle| \leq \|\mathbf{A}\|_2 \|\mathbf{u}\|_2 \|\mathbf{v}\|_2$. Nach Definition der $\mathbf{u}, \mathbf{v}$ und der Normen in $\mathcal{X}_\ell$ und $\mathcal{Y}_\ell$ ist

$$\|\mathbf{u}\|_2^2 = \sum\nolimits_\sigma |\mathbf{u}_\sigma|^2 = \sum\nolimits_\sigma \|u_\sigma\|_{\mathcal{Y}_\sigma}^2 = \|u_\ell\|_{\mathcal{Y}_\ell}^2 \quad \text{und} \quad \|\mathbf{v}\|_2^2 = \|v_\ell\|_{\mathcal{X}_\ell}^2. \tag{6.23f}$$

Kombination von (6.23b-e) zeigt

$$|(\mathcal{A}_\ell u_\ell, v_\ell)| \leq |\langle \mathbf{Au}, \mathbf{v} \rangle| \leq C_{\mathrm{sp},\ell}(P)\alpha_\ell \|u_\ell\|_{\mathcal{Y}_\ell} \|v_\ell\|_{\mathcal{X}_\ell} \quad \text{für alle } u_\ell \in \mathcal{Y}_\ell, v_\ell \in \mathcal{X}_\ell$$

und damit

$$\|\mathcal{A}_\ell\|_{\mathcal{X}'_\ell \leftarrow \mathcal{Y}_\ell} \leq C_{\mathrm{sp},\ell}(P)\alpha_\ell. \tag{6.23g}$$

Diese Ungleichung ist die Grundlage der folgenden Lemmata.

Der Fall $I \times J \in P$ (Matrix vom globalen Rang k) ist eher selten. Damit dieser Fall im Weiteren ausgeschlossen werden kann, sei er zuerst behandelt:

Anmerkung 6.5.4. Falls $I \times J \in P$, ist $b = I \times J$ der einige Block in P, sodass $\|A\|_{\mathcal{X}'_I \leftarrow \mathcal{Y}_J} = \sum_{b \in P} \|A|_b\|_{\mathcal{X}'_I \leftarrow \mathcal{Y}_J}$.

Lemma 6.5.5. *Der Blockclusterbaum sei stufentreu, ferner sei $I \times J \notin P$. Dann gilt*

$$\|A\|_{\mathcal{X}'_I \leftarrow \mathcal{Y}_J} \leq \sum_{\ell=0}^{\mathrm{depth}(T(I \times J, P))} C_{\mathrm{sp},\ell}(P) \cdot \max_{b \in P \cap T^{(\ell)}(I \times J)} \|A|_b\|_{\mathcal{X}'_\tau \leftarrow \mathcal{Y}_\sigma} \cdot \left\|S_\ell^I\right\|_{\mathcal{X}_\ell \leftarrow \mathcal{X}_I} \left\|S_\ell^J\right\|_{\mathcal{Y}_\ell \leftarrow \mathcal{Y}_J},$$

wobei $C_{\mathrm{sp},\ell}(P)$ das Schwachbesetztheitsmaß der Stufe ℓ ist (vgl. (6.23d) und §6.3).

Lemma 6.5.6. *Der Blockclusterbaum sei stufentreu, ferner sei $I \times J \notin P$. Die Abschätzung*

$$\|A|_b\|_{\mathcal{X}'_\tau \leftarrow \mathcal{Y}_\sigma} \leq C_{\mathcal{A}}\, q^{\ell-1} \quad \textit{für alle } b \in P \cap T^{(\ell)}(I \times I) \textit{ und geeignetes } q < 1$$

beschreibe, wie sich die Schranke für steigende Stufenzahl ℓ verbessert. Dann gilt

$$\|A\|_{\mathcal{X}'_I \leftarrow \mathcal{Y}_I} \leq \frac{C_{\mathrm{sp}}(P)\, C_{\mathcal{A}} \max_{1 \leq \ell \leq \mathrm{depth}(T(I \times I, P))} \left\{ \|S_\ell^I\|_{\mathcal{X}_\ell \leftarrow \mathcal{X}_I} \|S_\ell^J\|_{\mathcal{Y}_\ell \leftarrow \mathcal{Y}_J} \right\}}{1-q}$$

unabhängig von der Tiefe des Baumes $T(I \times J, P)$.

Beweis. Für $\ell = 0$ gibt es keinen Beitrag. Die übrigen Stufen liefern für $\|\mathcal{A}_\ell\|_{\mathcal{X}_\ell \leftarrow \mathcal{Y}_\ell} \|S_\ell^I\|_{\mathcal{X}_\ell \leftarrow \mathcal{X}_I} \|S_\ell^J\|_{\mathcal{Y}_\ell \leftarrow \mathcal{Y}_J}$ eine geometrische Summe. Es wird $C_{\mathrm{sp},\ell}(P) \leq C_{\mathrm{sp}}(P)$ verwendet. ■

Lemma 6.5.7. *Der Blockclusterbaum sei stufentreu, ferner sei $I \times J \notin P$. Dann gilt*

$$\|A\|_{\mathcal{X}'_I \leftarrow \mathcal{Y}_J} \leq C_{\mathrm{sp}}(P) \cdot \operatorname{depth}(T(I \times J, P)) \cdot \max_{b \in P} \|\mathcal{A}_b\|_{\mathcal{X}'_\tau \leftarrow \mathcal{Y}_\sigma}$$
$$\cdot \max_{1 \leq \ell \leq \operatorname{depth}(T(I \times J, P))} \|S_\ell^I\|_{\mathcal{X}_\ell \leftarrow \mathcal{X}_I} \|S_\ell^J\|_{\mathcal{Y}_\ell \leftarrow \mathcal{Y}_J}.$$

Beweis. Für die Stufe $\ell = 0$ gibt es keinen Beitrag. Die Summation der übrigen Stufen führt zum Faktor $\operatorname{depth}(T(I \times J, P))$. ∎

6.5.3 Spektralnorm

Lemma 6.5.8 (Spektralnormabschätzung [50], [56]). *$P \subset T(I \times J)$ sei eine stufentreue Partition. Dann gilt für alle Matrizen $A \in \mathbb{R}^{I \times J}$ die Ungleichung*

$$\|A\|_2 \leq \sum_{\ell=0}^{\operatorname{depth}(T(I \times J, P))} C_{\mathrm{sp},\ell}(P) \max_{b \in P \cap T^{(\ell)}(I \times J, P)} \|A|_b\|_2 \tag{6.24a}$$
$$\leq \max\{1, C_{\mathrm{sp}}(P) \cdot (\operatorname{depth}(T(I \times J, P)))\} \cdot \max_{b \in P} \|A|_b\|_2 \tag{6.24b}$$

zwischen der globalen und den blockweisen Spektralnormen, wobei $C_{\mathrm{sp},\ell}(P)$ wie in Lemma 6.5.5 definiert ist. Die Adaption der Abschätzungsvariante aus Lemma 6.5.6 ist offensichtlich.

Beweis. Die $\mathcal{X}_\tau$- und $\mathcal{Y}_\sigma$-Normen sind als Euklidische Norm zu wählen. Nach Anmerkung 6.5.3a ist $\|S_\ell^I\|_{\mathcal{X}_\ell \leftarrow \mathcal{X}_I} = \|S_\ell^J\|_{\mathcal{Y}_\ell \leftarrow \mathcal{Y}_J} = 1$. Der Wert 1 in $\max\{1, \ldots\}$ entspricht dem Sonderfall $I \times J \in P$ mit $\operatorname{depth}(T(I \times J, P)) = 0$, andernfalls sind Lemma 6.5.5 bzw. Lemma 6.5.7 anzuwenden und ergeben (6.24a,b). ∎

Der Faktor $\operatorname{depth}(T(I \times J, P))$ hat für $\#I, \#J = \mathcal{O}(n)$ die Größenordnung $\log(n)$. Dass die erste Ungleichung in (6.24a) scharf ist, zeigt das folgende Beispiel.

Übung 6.5.9. Sei P die Partition aus Abbildung 3.1 für das Modellformat $\mathcal{H}_p$ $(p > 0)$ aus §3. Dann gilt $C_{\mathrm{sp},0}(P) = 0$, $C_{\mathrm{sp},\ell}(P) = 1$ für $1 \leq \ell \leq p-1$ und $C_{\mathrm{sp},p}(P) = 2$ für $\ell = p$. Man definiere die Matrix $M_p \in \mathcal{H}_p$ rekursiv durch $M_0 = 1$ und

$$M_p = \begin{bmatrix} M_{p-1} & R_{p-1} \\ R_{p-1} & M_{p-1} \end{bmatrix} \qquad \text{mit } R_p = 2^{-p}\mathbf{1}\mathbf{1}^\top \in \mathcal{R}_p,$$

wobei $\mathbf{1}$ der nur aus Einsen bestehende Vektor ist, und zeige $M_p\mathbf{1} = (p+1)\,\mathbf{1}$. Man folgere

$$\|M_p\|_2 \geq p + 1 = \sum_{\ell=1}^{p-1} \max_{b \in P_\ell} \|M|_b\|_2 + 2 \max_{b \in P_\ell} \|M|_b\|_2$$
$$= \sum_{\ell=0}^{\operatorname{depth}(T(I \times I,P))} C_{\mathrm{sp},\ell}(P) \max_{b \in P_\ell} \|M|_b\|_2$$

für $P_\ell := P \cap T^{(\ell)}(I \times J, P)$. Hinweis: $\|M|_b\|_2 = 1$ für alle $b \in P$.

Die mögliche Anwendung von Lemma 6.5.2 ist bereits in der Anmerkung 6.5.3 gegeben worden:

Lemma 6.5.10. *a) Es sei* $\|A|_b\|_2 \leq \varepsilon\sqrt{\#b/\#I\#J}$ *für alle* $b \in P$ *vorausgesetzt. Dann gilt* $\|A\|_2 \leq \varepsilon$.

b) Sei $\omega \in L^2(X \times Y)$. *Es gelte* $\|A|_b\|_2 \leq \varepsilon \|\omega(\cdot,\cdot)\|_{L^2(X_\tau \times X_\sigma)}$ *für alle* $b \in P$. *Dann ist*

$$\|A\|_2 \leq \varepsilon M \|\omega(\cdot,\cdot)\|_{L^2(X \times Y)}$$

mit $M := M_1 M_2$, *wobei*

$$M_1 := \sqrt{\max_{x \in X} \#\{i \in I : x \text{ innerer Punkt von } X_i\}},$$
$$M_2 := \sqrt{\max_{y \in Y} \#\{j \in J : y \text{ innerer Punkt von } X_j\}}.$$

6.5.4 Norm $|||\cdot|||$

Die Fehleruntersuchungen in §4.5 haben gezeigt, dass die Frobenius- oder Spektralnormen $\|A\|$ weniger interessant sind, da sie von Skalierungen verschiedenster Art abhängen. Die gleichen Überlegungen wie in Lemma 4.5.3 und Satz 4.5.4 zeigen, dass stattdessen im Fall der Galerkin-Diskretisierung die Norm

$$|||A||| := \|P_I M_I^{-1} A M_J^{-1} R_J\|_{L^2(X) \leftarrow L^2(Y)} \underset{(\mathrm{C.29d})}{=} \|M_I^{-1/2} A M_J^{-1/2}\|_2 \quad (6.25)$$

angemessen ist. Dabei sind $P_I = P$ und $R_I = R = P^*$ die Abbildungen aus §C.5.2, $M_I = R_I P_I$ die Massematrix und $\|\cdot\|_2$ die Spektralnorm (die doppelte Verwendung von P für die Prolongation $P : \mathbb{R}^I \to L^2(X)$ und für die Partition $P \subset T(I \times J)$ sollte zu keinen Verwechslungen führen). Im Falle $I \neq J$ gibt es möglicherweise verschiedene Räume $L^2(X)$ und $L^2(Y)$. Entsprechend muss zwischen $P_I : \mathbb{R}^I \to L^2(X)$ und $P_J : \mathbb{R}^J \to L^2(Y)$ unterschieden werden.

Für die Anwendung der Lemmata aus §6.5.2 werden die Normen $\|\cdot\|_{\mathcal{X}_\tau}$ und $\|\cdot\|_{\mathcal{Y}_\sigma}$ wie folgt gewählt:

$$\begin{aligned} \|u\|_{\mathcal{X}_\tau} &:= \|P_\tau u\|_{L^2(X)} = \|M_\tau^{1/2} u\|_2 \quad \text{für } u \in \mathbb{R}^\tau, \\ \|u\|_{\mathcal{Y}_\sigma} &:= \|P_\sigma u\|_{L^2(X)} = \|M_\sigma^{1/2} u\|_2 \quad \text{für } u \in \mathbb{R}^\sigma. \end{aligned} \quad (6.26)$$

Diese Norm ist in §C.5.3 als $|||\cdot|||$ bezeichnet, hier wird sie allerdings separat für alle Cluster $\tau \in T(I)$ und $\sigma \in T(J)$ aufgestellt. Gemäß Lemma C.5.3 stimmt die Operatornorm $\|\cdot\|_{\mathcal{X}'_\tau \leftarrow \mathcal{Y}_\sigma}$ mit (6.25) überein, aber nun bezogen auf τ und σ statt I und J:

$$\|\mathcal{A}_b\|_{\mathcal{X}'_\tau \leftarrow \mathcal{Y}_\sigma} = \|M_\tau^{-1/2}\mathcal{A}_b M_\sigma^{-1/2}\|_2 = |||\mathcal{A}_b||| \qquad \text{für alle } \mathcal{A}_b \in \mathbb{R}^{\tau\times\sigma}. \tag{6.27}$$

Zur Interpretation von $|||\mathcal{A}_b|||$ muss man die Cluster τ, σ implizit aus dem Indexbereich des Blockes b ermitteln.

Lemma 6.5.11. *Unter der Voraussetzung (C.32b), die beispielsweise gemäß Lemma C.5.5 für stückweise konstante oder lineare finiten Elemente bei formregulärer Triangulation gilt, folgt*

$$\begin{aligned} \tfrac{1}{C_0}\|M_\tau^{1/2}u_\tau\|_2^2 &\le \textstyle\sum_{\tau'\in\mathcal{L}(\tau)} \|M_{\tau'}^{1/2}u_\tau|_{\tau'}\|_2^2 \\ &\le C_0\|M_\tau^{1/2}u_\tau\|_2^2 \quad \textit{für } \tau\in T(I) \textit{ und } u_\tau\in\mathbb{R}^\tau, \\ \tfrac{1}{C_0}\|M_\sigma^{1/2}u_\sigma\|_2^2 &\le \textstyle\sum_{\sigma'\in\mathcal{L}(\sigma)} \|M_{\sigma'}^{1/2}u_\sigma|_{\sigma'}\|_2^2 \\ &\le C_0\|M_\sigma^{1/2}u_\sigma\|_2^2 \quad \textit{für } \sigma\in T(J) \textit{ und } u_\sigma\in\mathbb{R}^\sigma \end{aligned} \tag{6.28a}$$

(zu $\mathcal{L}(\tau)$ und $\mathcal{L}(\sigma)$ vgl. (6.18)). Ungleichung (6.28a) impliziert

$$|||A||| = \|M_I^{-1/2}AM_J^{-1/2}\|_2 \le C_0^2\sqrt{\sum_{b=\tau\times\sigma\in P}\|M_\tau^{-1/2}A|_b M_\sigma^{-1/2}\|_2^2} \tag{6.28b}$$
$$= C_0^2\sqrt{\sum_{b\in P}|||A|_b|||^2}.$$

Beweis. Lemma 6.5.2 ist anzuwenden. Voraussetzung (6.19) ist mit (6.28a) identisch. Die Aussage (6.20) ist wegen (6.27) mit (6.28b) identisch. ∎

Satz 4.5.4 zeigte $|||K|_b - K^{(k)}|_b||| \le \|\mathcal{K} - \mathcal{K}^{(k)}\|_{L^2(X_\tau)\leftarrow L^2(X_\sigma)}$, was gemäß (4.40a,b) durch $\|\mathcal{K} - \mathcal{K}^{(k)}\|_{L^2(X_\tau)\leftarrow L^2(X_\sigma)} \le \|\varkappa - \varkappa^{(k)}\|_{L^2(X_\tau\times X_\sigma)}$ fortgesetzt werden kann. Dabei ist $\varkappa$ der (globale) Kern des Integraloperators $\mathcal{K}$, dessen Galerkin-Diskretisierung die Matrix K ergibt, während $\varkappa^{(k)}$ der Ersatzkern von $\mathcal{K}^{(k)} : L^2(X_\sigma) \to L^2(X_\tau)$ ist und den Matrixblock $K^{(k)}|_b$ definiert:

$$|||K|_b - K^{(k)}|_b||| \le \|\varkappa - \varkappa^{(k)}\|_{L^2(X_\tau\times X_\sigma)}.$$

Folgerung 6.5.12 *a) $K, \mathcal{K}, \varkappa$ und $K^{(k)}|_b, \mathcal{K}^{(k)}, \varkappa^{(k)}$ seien wie oben definiert. Die $\mathcal{H}$-Matrix $\tilde{K} \in \mathcal{H}(k,P)$ mit den Blöcken $\tilde{K}|_b := K^{(k)}|_b$ erfüllt die Ungleichung*

$$|||K - \tilde{K}||| \le C_0^2\sqrt{\sum_{b=\tau\times\sigma\in P}\|\varkappa - \varkappa^{(k)}\|_{L^2(X_\tau\times X_\sigma)}^2}.$$

b) Wählt man als Kriterium für die Wahl von $k = k_b$ die Fehlerschranke $\|\varkappa - \varkappa^{(k)}\|_{L^2(X_\tau\times X_\sigma)} \le \varepsilon\sqrt{\frac{\#\tau\#\sigma}{\#I\#J}}$, so folgt

$$|||K - \tilde{K}||| \leq C_0^2 \varepsilon.$$

c) Eine Alternative ist $\|\varkappa - \varkappa^{(k)}\|_{L^2(X_\tau \times X_\sigma)} \leq \varepsilon\sqrt{\mu(X_\tau)\mu(X_\sigma)}$ *(μ: Maß (Fläche, Volumen usw.)), was auf*

$$|||K - \tilde{K}||| \leq C_0^2 \sqrt{M_1 M_2\, \mu(X)\, \mu(Y)}$$

mit M_1, M_2 aus (6.21d) führt.

In (11.17c) tritt die Situation auf, dass eine Abschätzung der Form

$$|||K|_b - K^{(k)}|_b||| \leq \|\mathcal{K} - \mathcal{K}^{(k)}\|_{L^2(X_\tau)\leftarrow L^2(X_\sigma)} \leq \varepsilon \|\mathcal{K}\|_{L^2(X)\leftarrow L^2(Y)}$$

vorliegt. In diesem Fall ist die folgende Voraussetzung (6.29a) mit $C_A := \|\mathcal{K}\|_{L^2(X)\leftarrow L^2(Y)}$ erfüllt.

Satz 6.5.13. *Der Blockclusterbaum sei stufentreu, ferner sei $I \times J \notin P$. Es gelte (C.32b) mit der Äquivalenzkonstanten C (vgl. Lemma C.5.5). Dann implizieren die lokalen Fehlerschranken*

$$|||A|_b||| \leq C_A\, \varepsilon \tag{6.29a}$$

die Abschätzung

$$|||A||| \leq C^2 \cdot C_{\mathrm{sp}}\,(P) \cdot \mathrm{depth}(T(I \times J, P)) \cdot C_A\, \varepsilon. \tag{6.29b}$$

Beweis. Die Äquivalenz $M_I \sim \mathrm{diag}\{M_{I,ii} : i \in I\}$ aus (C.32b) impliziert nach Anmerkung C.5.4a $M_I \sim D_\pi$ für die Partition $\pi = T^{(\ell)}(I)$. Damit gilt $\sum_{\tau \in T^{(\ell)}(I)} |||u|_\tau|||^2 \leq C^2 |||u|||^2$. ■

6.6 Adaptive Rangbestimmung

Im Format $\mathcal{H}(k, P)$ ist die Rangverteilung $k : P \to \mathbb{N}_0$ eine Abbildung, sodass $k(b)$ in jedem Block einen anderen Wert annehmen darf (vgl. (6.1)). Häufig wird k als Konstante angenommen. Hintergrund dieser Wahl sind die Abschätzungen des Fehlers in Satz 5.2.7, wo eine Fehlerschranke ε mit einem festen $k = k(\varepsilon)$ erreichbar ist. Ein Beispiel, für das das Format $\mathcal{H}(k, P)$ mit variabler Rangverteilung vorteilhaft ist, ist die Inverse der Finite-Element-Massematrix (vgl. §11.1).

Die für die Implementierung entscheidende Frage ist nicht die, ob k konstant oder variabel ist, sondern ob k *a priori* bekannt ist oder erst *a posteriori* bestimmt wird. Im ersten Fall kann ein für alle Male der Speicherbereich für die Faktoren A und B pro Matrixblock $M|_b = AB^\top$ angefordert werden. Im zweiten Fall muss der Speicherbereich während der Rechnung geeignet vergrößert bzw. zu verkleinert werden.

Ein Kompromiss wird durch Anmerkung 2.2.4 gewiesen: Die obere Rangschranke k ist *a priori* fixiert, aber der aktuelle Rang $\ell \leq k$ kann *a posteriori* gewählt werden, vorausgesetzt er überschreitet k nicht.

Es mag im Allgemeinen nicht sinnvoll sein, eine Rangverteilung k zu fixieren und die Resultate der Matrixoperationen in $\mathcal{H}(k,P)$ zu erwarten. Vielmehr wird man zum Beispiel für Summanden $M_1 \in \mathcal{H}(k_1,P)$ und $M_2 \in \mathcal{H}(k_2,P)$ $(k_1,k_2 : P \to \mathbb{N}_0)$ eine Summe $M = M_1 \oplus M_2 \in \mathcal{H}(k,P)$ mit einer geeigneten Rangverteilung $k \leq k_1 + k_2 : P \to \mathbb{N}_0$ berechnen, die selbst (zusammen mit M) zu bestimmen ist (siehe unten). In diesem Falle kann man von einer *adaptiven Rangbestimmung* sprechen.

Bisher wurden die formatierten Operationen mit Hilfe der Kürzung

$$\mathcal{T}^{\mathcal{R}}_{k\leftarrow\ell} : \mathcal{R}(\ell,I,J) \to \mathcal{R}(k,I,J)$$

aus (2.10) bestimmt, wobei der Zielrang k fest vorgegeben war. Im Folgenden wird die Kontrolle des Ranges direkt über den Fehler stattfinden. Dazu sei ein Schwellwert $\varepsilon > 0$ gegeben. Die Kürzung $\mathcal{T}^{\mathcal{R}}_{k\leftarrow\ell}$ wird durch die nachfolgend definierte Kürzung $\mathcal{T}^{\mathcal{R}}_{\varepsilon} : \mathcal{R}(k,I,J) \to \mathcal{R}(I,J)$ ersetzt:

$$\begin{aligned}
&M \in \mathcal{R}(k,I,J) \text{ habe die Singulärwertzerlegung } M = U\Sigma V^\top \text{ mit}\\
&\Sigma = \operatorname{diag}\{\sigma_i\} \text{ und } \sigma_1 \geq \sigma_2 \geq \ldots \geq \sigma_k \geq 0,\ \sigma_i = 0 \text{ für } i > k.\\
&\text{Man setze } \Sigma_\varepsilon := \operatorname{diag}\{\sigma_{\varepsilon,i}\} \text{ mit } \sigma_{\varepsilon,i} := \begin{cases} \sigma_i \text{ falls } \sigma_i > \varepsilon, \\ 0 \quad \text{sonst} \end{cases}\\
&\text{und definiere } \mathcal{T}^{\mathcal{R}}_{\varepsilon}(M) := U\Sigma_\varepsilon V^\top.
\end{aligned} \tag{6.30}$$

Eine Variante lautet: Sei $\ell \in \mathbb{N}_0$ die kleinste Zahl mit $\sum_{i=\ell+1}^{k} \sigma_i^2 \leq \varepsilon^2$. Man setze

$$\begin{aligned}
\Sigma_\varepsilon &:= \operatorname{diag}\{\sigma_{\varepsilon,i}\} \text{ mit } \sigma_{\varepsilon,i} := \begin{cases} \sigma_i \text{ falls } i \leq \ell, \\ 0 \quad \text{sonst} \end{cases}\\
\text{und } \mathcal{T}^{\mathcal{R}}_{\varepsilon}(M) &:= U\Sigma_\varepsilon V^\top.
\end{aligned} \tag{6.31}$$

Anmerkung 6.6.1. Die Kürzung $\mathcal{T}^{\mathcal{R}}_{\varepsilon}$ aus (6.30) hat die Eigenschaft $\left\|\mathcal{T}^{\mathcal{R}}_{\varepsilon}(M) - M\right\|_2 \leq \varepsilon$; die Kürzung aus (6.31) führt auf $\left\|\mathcal{T}^{\mathcal{R}}_{\varepsilon}(M) - M\right\|_\mathrm{F} \leq \varepsilon$.

Anstelle eines absoluten Fehlers kann auch der relative Fehler

$$\|\mathcal{T}^{\mathcal{R}}_{\varepsilon\|M\|_2}(M) - M\|_2 \leq \varepsilon\,\|M\|_2$$

erzielt werden. Die Ungleichung $\sigma_i > \varepsilon\,\|M\|_2$ in (6.30) kann äquivalent als $\sigma_i > \varepsilon\sigma_1$ formuliert werden.

Im Weiteren bezeichne M wieder eine $\mathcal{H}$-Matrix aus $\mathcal{H}(k,P)$. Die Verwendung der Kürzung $\mathcal{T}^{\mathcal{R}}_{\varepsilon}$ bei allen Matrixoperationen führt auf Resultate $\tilde{M}$ in $\mathcal{H}(\tilde{k},P)$, wobei $\tilde{k} \leq k$ die adaptiv bestimmte Rangverteilung ist. Gegenüber den formatierten Operationen mit konstantem k ist die Hoffnung, dass der

Rang $\tilde{k}(b)$ für viele Blöcke b kleiner ist, als er für ein fest zu wählendes k ausfiele, bzw. dass große $\tilde{k}(b)$ nur für wenige Blöcke auftreten.

Bei der Implementierung ist zu bedenken, dass der Speicherbedarf für $M|_b$ nicht vorweg bekannt ist (die obere Schranke $\min\{\#\tau, \#\sigma\}$ von $k(\tau \times \sigma)$ im Falle einer Vollrangmatrix ist hier im Allgemeinen ungeeignet, da viel zu groß).

6.7 Rekompressionstechniken

Ist eine Matrix M im $\mathcal{H}$-Matrixformat $\mathcal{H}(k, P)$ gegeben, lassen sich die Daten weiter ausdünnen, ohne die Approximationsgüte wesentlich zu verschlechtern. Das Vorgehen in den nächsten Unterkapiteln kann man als eine Anpassung des Formates an eine gegebene bzw. berechnete Matrix verstehen.

6.7.1 Kompression durch $\mathcal{T}_\varepsilon^{\mathcal{H}}$

Eine naheliegende Kompression der Daten $M \in \mathcal{H}(k, P)$ erhält man als Resultat der Kürzung $\mathcal{T}_\varepsilon^{\mathcal{H}}$, die durch

$$\tilde{M} := \mathcal{T}_\varepsilon^{\mathcal{H}}(M) \qquad :\Leftrightarrow \qquad \tilde{M}|_b = \begin{cases} \mathcal{T}_\varepsilon^{\mathcal{R}}(M|_b) & \text{für } b \in P^+, \\ M|_b & \text{für } b \in P^-. \end{cases} \tag{6.32}$$

blockweise definiert ist. Diese “Bereinigung” kann innerhalb des $\mathcal{H}(k, P)$-Formates durchgeführt werden, wenn die Darstellung von $M|_b \in \mathcal{R}(k, \tau, \sigma)$ $(b = \tau \times \sigma)$ wie in Anmerkung 2.2.4 vorgenommen wird.

Im Falle von Integralgleichungen auf Oberflächen gibt es einen systematischen Grund, warum eine Kompression $\mathcal{T}_\varepsilon^{\mathcal{H}}$ erfolgreich ist: Die einfachste Methode für eine Kernapproximation ist die Tensorprodukt-Interpolation der Kernfunktion im $\mathbb{R}^d$. Entsprechend ergibt sich ein Rang $k = (p+1)^d$, wenn p der Polynomgrad der eindimensionalen Interpolation ist. Da die Integration über eine $(d-1)$-dimensionale Mannigfaltigkeit ausgeführt wird, wären an sich Interpolationen in dieser Mannigfaltigkeit ausreichend, was $k' = (p+1)^{d-1}$ ergäbe. Damit ist *a priori* bekannt, dass ein kleinerer Rang als $k = (p+1)^d$ für die gewünschte Genauigkeit ausreicht. Die Kompression $\mathcal{T}_\varepsilon^{\mathcal{H}}(M)$ findet den kleineren Rang in systematischer Weise.

Ein ähnliches Phänomen ergibt sich für die Approximation von Fundamentallösungen: Wie in §4.3.5 ausgeführt, werden nur die harmonischen Polynome für die Approximation von $1/|x-y|$ benötigt. Verwendet man trotzdem Ansätze mit allgemeinen Polynomen, filtert die Kompression $\mathcal{T}_\varepsilon^{\mathcal{H}}$ die unnötigen Ansatzfunktionen heraus.

Man beachte, dass es in den beiden genannten Fällen viel einfacher ist, mit allgemeinen Methoden zu approximieren und dann zu komprimieren als spezielle Funktionsentwicklungen herzuleiten und damit zu approximieren.

Es sei schon darauf hingewiesen, dass die $\mathcal{H}^2$-Matrizen aus §8 eine Realisierung der Kompression $\mathcal{T}_\varepsilon^{\mathcal{H}}$ erlauben, deren Kosten von den Rängen $k(b)$ und $\#P^+$ abhängen, nicht aber von der Größe der Blöcke b (vgl. Anmerkung 8.1.8.

6.7.2 Vergröberung der Blöcke

Bisher wurden die Partition $P \subset T(I \times J)$ beziehungsweise die Blöcke $b \in P$ unverändert gehalten. Für die folgende Diskussion geht man vom Teilbaum $T(I \times J, P)$ aus. Sei $b^* \in T(I \times J, P)$ ein Block, der nur Söhne $b \in P$ besitzt: $S(b^*) \subset P$.

Im Folgenden nehmen wir spezieller an, dass

$$S(b^*) \subset P^+ \qquad \text{und} \qquad M|_b \in \mathcal{R}(k(b), b) \quad \text{für } b \in S(b^*).$$

Dabei sei $k(b)$ optimal in dem Sinne, dass wegen $\mathcal{T}_\varepsilon^{\mathcal{R}}(M|_b) = M|_b$ keine Rangverbesserung mit der bisher besprochenen Kompression erreichbar ist. Offenbar lässt sich $M|_{b^*}$ exakt als Matrix in $\mathcal{R}(k^*, b^*)$ mit $k^* := \sum_{b \in S(b^*)} k(b)$ darstellen (vgl. §7.2.2). Auf $M|_{b^*}$ kann man eine Kürzung $\tilde{M}|_{b^*} = \mathcal{T}_\varepsilon^{\mathcal{R}}(M|_{b^*})$ anwenden, die einen Rang $\ell \le k^*$ ergeben möge: $\tilde{M}|_{b^*} \in \mathcal{R}(\ell, b^*)$. Es ist nun zu entscheiden, ob es günstiger ist,

(i) alle Untermatrizen $M|_b \in \mathcal{R}(k(b), b)$ für $b \in S(b^*)$ abzuspeichern, oder
(ii) nur $\tilde{M}|_{b^*}$ mit dem Rang ℓ.

Der Speicheraufwand in den Fällen (i) und (ii) beträgt

$$\begin{array}{ll} (i) & S_1 = \sum_{b=\tau\times\sigma\in S(b^*)} k(b)\,(\#\tau + \#\sigma) \qquad \text{bzw.} \\ (ii) & S_2 = \ell\,(\#\tau^* + \#\sigma^*)\,, \quad \text{wobei } b^* = \tau^* \times \sigma^*. \end{array} \tag{6.33}$$

Im stufentreuen Fall ist τ^* (bzw. σ^*) der Vater aller links vorkommenden τ (bzw. σ).

Eine mögliche Strategie ist, $\tilde{M}|_{b^*} = \mathcal{T}_\varepsilon^{\mathcal{R}}(M|_{b^*})$ mit dem zugehörigen Rang ℓ zu berechnen und nachzuprüfen, ob $S_2 < S_1$. In diesem Fall akzeptiert man die Vergröberung auf $\tilde{M}|_{b^*}$, ansonsten belässt man es bei den $M|_b \in \mathcal{R}(k(b), b)$ für $b \in S(b^*)$.

Übung 6.7.1. $T(I\times J)$ sei stufentreu konstruiert, $T(I)$ und $T(J)$ seien binäre Bäume. In (6.33) gelte $k(b) = k$ für alle $b \in S(b^*)$. Man zeige, dass in (6.33) $S_1 = 2k\,(\#\tau^* + \#\sigma^*)$ gilt, sodass sich der Vergleich $S_2 < S_1$ auf $\ell < 2k$ reduziert.

In Grasedyck [53] findet man numerische Beispiele zur Rekompression bei Randelement-Systemmatrizen.

6.8 Modifikationen des $\mathcal{H}$-Matrixformates

6.8.1 $\mathcal{H}$-Matrizen mit Gleichungsnebenbedingungen

Auch wenn die Diskretisierungen immer mit Diskretisierungsfehlern verbunden sind, kann es Situationen geben, in denen bestimmte Nebenbedingungen *exakt* gelten sollen. Zum Beispiel könnte gefordert werden, dass der "konstante" Vektor $\mathbf{1} = (1)_{i\in I}$ im Kern der Matrix M liegt: $M\mathbf{1} = 0$ oder dass $M^\top\mathbf{1} = 0$. Im Zusammenhang mit Problemen der Elastizitätsgleichungen sollen die Translationen und Drehungen ("Starrkörperbewegungen") im Kern der Matrix liegen.

Sei $M \in \mathbb{R}^{I\times J}$ eine Matrix mit den Eigenschaften

$$Ma^{(i)} = b^{(i)} \qquad \text{für } a^{(i)} \in \mathbb{R}^J,\ b^{(i)} \in \mathbb{R}^I \qquad (1 \le i \le m).$$

Wir suchen eine $\mathcal{H}$-Matrix $\tilde{M}$, die M approximiert, aber

$$\tilde{M}a^{(i)} = b^{(i)} \qquad \text{für } a^{(i)} \in \mathbb{R}^J,\ b^{(i)} \in \mathbb{R}^I \qquad (1 \le i \le m) \tag{6.34}$$

exakt erfüllt.

Lemma 6.8.1. *Die Matrix $\tilde{M}$ mit minimaler Frobenius-Norm, die zugleich die Nebenbedingungen (6.34) erfüllt, ist die Rang-m-Matrix*

$$\begin{aligned} \tilde{M} &= BG^{-1}A^\top \in \mathcal{R}(m,I,J) \quad \textit{mit} \\ B &= \left[b^{(1)}\ b^{(2)}\ \ldots\ b^{(m)}\right] \in \mathbb{R}^{I\times\{1,\ldots,m\}}, \\ A &= \left[a^{(1)}\ a^{(2)}\ \ldots\ a^{(m)}\right] \in \mathbb{R}^{J\times\{1,\ldots,m\}}, \\ G &= A^\top A. \end{aligned}$$

Beweis. Die Nebenbedingungen $\left(b^{(i)} - Ma^{(i)}\right)_j = 0$ $(j \in I)$ werden mittels Lagrange-Faktoren $\lambda_{i,j}$ an die zu minimierende Funktion $\|\tilde{M}\|_\mathrm{F}^2$ gebunden:

$$\text{minimiere} \quad \Phi(\tilde{M}, (\lambda_{i,j})_{1\le i\le m, j\in I}) := \|\tilde{M}\|_\mathrm{F}^2 + \sum_{i=1}^m \sum_{j\in I} \lambda_{i,j}\left(b^{(i)} - Ma^{(i)}\right)_j .$$

Die Ableitung nach $\tilde{M}_{\alpha,\beta}$ $(\alpha \in I, \beta \in J)$ liefert die Optimalitätsbedingung

$$\tilde{M}_{\alpha,\beta} = \sum_{i=1}^m \lambda_{i,\alpha} a_\beta^{(i)},$$

woraus $\tilde{M} = \Lambda A^\top$ mit $\Lambda_{i,\alpha} = \lambda_{i,\alpha}$ folgt. Andererseits müssen die Gleichungen (6.34) gelten, die sich zu $\tilde{M}A = B$ zusammenfassen lassen. Dies führt auf $\Lambda A^\top A = B$ und damit $\tilde{M} = BG^{-1}A^\top$. ∎

Von Lemma 6.8.1 kann man wie folgt Gebrauch machen:

1. Man berechne wie üblich eine $\mathcal{H}$-Matrixapproximation $M' \in \mathcal{H}(k,P)$ an $M \in \mathbb{R}^{I\times J}$.
2. Man berechne die Defekte $d^{(i)} := b^{(i)} - M'a^{(i)}$ für $1 \le i \le m$.
3. Man wende Lemma 6.8.1 mit $d^{(i)}$ statt $b^{(i)}$ an. Die Lösung sei mit δM statt $\tilde{M}$ bezeichnet.

4. $\tilde{M} := M' + \delta M$ gehört zu $\mathcal{H}(k+m, P)$ und erfüllt (6.34).

Zum Beweis der letzten Aussage beachte man

$$\tilde{M}a^{(i)} = M'a^{(i)} + \delta M\, a^{(i)} = \left(b^{(i)} - d^{(i)}\right) + d^{(i)} = b^{(i)}.$$

6.8.2 Positive Definitheit

Weil die in §7 zu definierenden Operationen nur approximativ sind, könnte ein Ergebnis, das bei exakter Rechnung positiv definit sein sollte, diese Eigenschaft verlieren. Da die Inexaktheit stets von Rangkürzungen herrührt, wird im Folgenden nur der Kürzungsprozess selbst untersucht.

Sei $A = A^\top$ eine positiv definite Matrix aus $\mathcal{H}(\ell, P)$, $P \subset I \times I$, deren Blöcke $M|_b$ mittels $\mathcal{T}^{\mathcal{R}}_{k\leftarrow\ell}$ (vgl. (2.10)) auf Rang k gebracht werden sollen. Wegen der symmetrischen Struktur muss gleichzeitig mit $M|_b$ für $b = \tau \times \sigma$ auch $M|_{b^*}$ für $b^* = \sigma \times \tau$ mit $\mathcal{T}^{\mathcal{R}}_{k\leftarrow\ell}$ gekürzt werden. Die Operation $M|_b \mapsto \mathcal{T}^{\mathcal{R}}_{k\leftarrow\ell} M|_b$ besteht in der Subtraktion von $\ell - k$ Rang-1-Matrizen $\sigma_i u_i v_i^\top$ $(k+1 \le i \le \ell)$, die aus der Singulärwertzerlegung stammen, und kann in der Form

$$\mathcal{T}^{\mathcal{R}}_{k\leftarrow\ell} M|_b = M|_b - CD^\top \qquad \text{mit} \qquad \begin{cases} C = [\sigma_{k+1}u_{k+1} \;\ldots \sigma_\ell u_\ell], \\ D = [v_{k+1} \;\ldots v_\ell] \end{cases}$$

geschrieben werden. Gleichzeitig wird $\mathcal{T}^{\mathcal{R}}_{k\leftarrow\ell} M|_{b^*} = M|_{b^*} - DC^\top$ durchgeführt. Diese doppelte Korrektur schreibt sich als

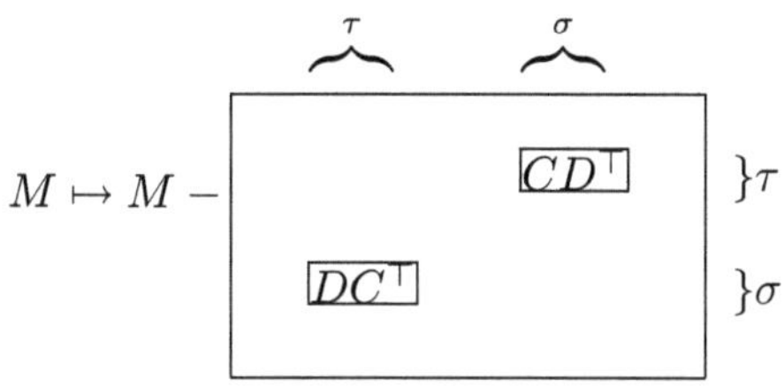

und kann die Positivdefinitheit zerstören. Stattdessen kann man

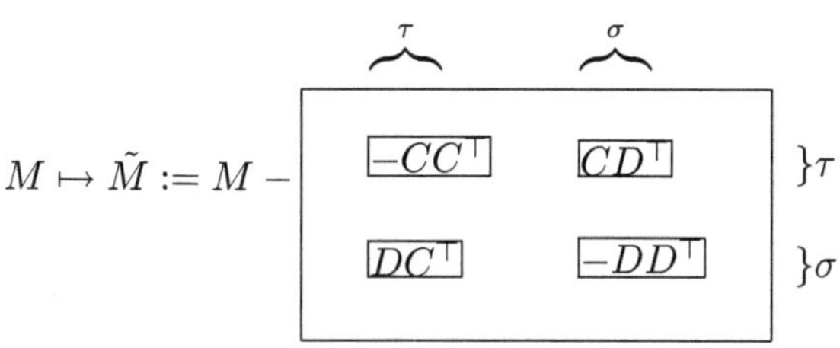

verwenden. Wegen $\begin{bmatrix} -CC^\top & CD^\top \\ DC^\top & -DD^\top \end{bmatrix} = -\begin{bmatrix} C \\ -D \end{bmatrix}\begin{bmatrix} C \\ -D \end{bmatrix}^\top$ wird eine nicht-positiv definite Matrix abgezogen, sodass $\tilde{M} \ge M$ im Sinne der Positivdefinitheit gilt. Die Addition $M|_{\tau\times\tau} + CC^\top$ kann ihrerseits eine Rangkürzung in $\tau \times \tau$ erfordern, falls $\tau \times \tau \notin P^-$. Diese Kürzung ist in gleicher Weise durchzuführen und führt auf einen rekursiven Prozess.

Eine ausführliche Beschreibung der Stabilisierung und ein numerisches Beispiel finden sich in Bebendorf-Hackbusch [13].

6.8.3 Positivität von Matrizen

Eine Matrix M heißt nichtnegativ (bzw. positiv), falls sie elementweise nichtnegativ (bzw. positiv) ist: $M_{ij} \geq 0$ (bzw. $M_{ij} > 0$). Wir notieren diese Eigenschaft mit $M \geq O$ (bzw. $M > O$). Ebenso schreiben wir $x \geq 0$ (bzw. $x > 0$) für Vektoren mit nichtnegativen (bzw. positiven) Komponenten.

Bei der Approximation durch eine $\mathcal{H}$-Matrix möchte man unter Umständen diese Vorzeichenbedingung erhalten. Offenbar reicht es bei diesen Überlegungen aus, jeden Matrixblock $M|_b$ $(b \in P)$ einzeln zu betrachten. Damit entsteht die folgende Frage:

- Die nichtnegative Matrix $M|_b$ sei durch eine Rang-k-Matrix $R = AB^\top \in \mathcal{R}(k,b)$ approximierbar: $\|M|_b - R\|_\mathrm{F} \leq \varepsilon \|M|_b\|_\mathrm{F}$. Wie erhält man eine nichtnegative Matrix $R^+ \in \mathcal{R}(k,b)$ mit ähnlicher Approximationsgüte, die $R^+ \geq O$ bzw. $R^+ > O$ erfüllt?

Lemma 6.8.2. *Sei $M|_b \geq O$ mit $b = \tau \times \sigma$. $R = AB^\top \in \mathcal{R}(k,b)$ sei die Bestapproximation zu $M|_b$ gemäß §2.4. Die ersten Spalten von A und B seien $a_1 = \sigma_1 u_1$ und $b_1 = v_1$ aus (2.5b). Dann gelten die folgenden Aussagen über die Vorzeichen von σ_1, a_1, b_1.*

(i) Es gilt $\sigma_1 \geq 0$ und $a_1 \geq 0$, $b_1 \geq 0$.

(ii) $M|_b > O$ impliziert $\sigma_1 > 0$ und $a_1 > 0$, $b_1 > 0$.

(iii) $\sigma_1 > 0$ gilt genau dann, wenn $M|_b \neq O$.

(iv) $a_1 > 0$ gilt genau dann, wenn es keine Partition $\tau = \tau_1 \dot\cup \tau_2$ gibt, sodass alle Zeilen $\{M_{i,\sigma} : i \in \tau_1\}$ senkrecht auf allen Zeilen $\{M_{i,\sigma} : i \in \tau_2\}$ stehen (vgl. Notation 1.3.9 zu $M_{i,\sigma}$).

(v) $b_1 > 0$ gilt genau dann, wenn es keine Partition $\sigma = \sigma_1 \dot\cup \sigma_2$ gibt, sodass alle Zeilen $\{M_{\tau,\ell} : \ell \in \sigma_1\}$ senkrecht auf allen Zeilen $\{M_{\tau,\ell} : \ell \in \sigma_2\}$ stehen.

Beweis. a) Seien $X := M|_b (M|_b)^\top$ und $Y := (M|_b)^\top M|_b$. Dann sind X, Y quadratische, nichtnegative Matrizen. σ_1^2 ist der größte Eigenwert von X wie Y. Der zugehörige Eigenvektor ist a_1 für X und b_1 für Y. Die Perron-Frobenius-Theorie sagt aus, dass eine irreduzible[2] Matrix einen (einfachen) positiven Eigenwert besitzt und der zugehörige Eigenvektor positiv ist (vgl. [66, Satz 6.3.1]). Ist die Matrix lediglich nichtnegativ, folgen noch die Ungleichungen aus Behauptung (i) (vgl. [66, Satz 6.3.10]).

b) Mit $M|_b > O$ sind auch $X > O$ und $Y > O$, sodass sie insbesondere irreduzibel sind und Aussage (ii) folgt.

---

[2] Eine Matrix $M \in \mathbb{R}^{I \times I}$ heißt *irreduzibel*, falls es keine Partition $I = I_1 \cup I_2$ gibt mit $I_1 \cap I_2 = \emptyset$, $I_1 \neq \emptyset$, $I_2 \neq \emptyset$ und $M|_{I_1 \times I_2} = O$.

c) Teil (iii) folgt aus $\|M|_b\|_2 = \sigma_1$ (vgl. Lemma C.2.1b).

d) Die Bedingungen in (iv) bzw. (v) sind äquivalent dazu, dass X bzw. Y irreduzibel sind. ■

Sei $R = AB^\top \in \mathcal{R}(k,b)$ die Approximation von $M|_b$, die aber nicht die gewünschte Eigenschaft $R \geq O$ besitzt: $\delta := -\min\{R_{ij} : (i,j) \in b\} > 0$. Im schlechtesten Falle gilt die Abschätzung

$$\delta \leq \|M|_b - R\|_\mathrm{F} \leq \varepsilon \, \|M|_b\|_\mathrm{F} \, .$$

Eine mögliche, den Rang erhaltende Korrektur besteht in der Änderung

$$a_1^+ := a_1 + x, \qquad b_1^+ := b_1 + y$$

der ersten Spalten von A und B mit positiven Vektoren $x \in \mathbb{R}^\tau$ und $y \in \mathbb{R}^\sigma$. Seien A^+ und B^+ die modifizierten Matrizen. Dann gilt

$$R^+ := A^+ B^{+\top} = R + \left(a_1 y^\top + x b_1^\top + x y^\top\right).$$

Falls $a_1 > 0$ und $b_1 > 0$ hinreichend von null getrennt sind, d.h.[3]

$$a_{1,j} \geq \sigma_1 \gamma, \quad b_{1,j} \geq \gamma \qquad \text{mit einem } \gamma > 0,$$

folgt für die Wahl $x = \kappa a_1$ und $y = \kappa b_1$ mit einem Faktor $\kappa > 0$, dass

$$\left(a_1 y^\top + x b_1^\top + x y^\top\right)_{ij} \geq \sigma_1 \kappa \, (2 + \kappa) \, \gamma^2 \qquad \text{für alle } (i,j) \in b.$$

Offenbar ist $R^+ \geq O$ gesichert, sobald

$$\sigma_1 \kappa \, (2+\kappa) \, \gamma^2 \geq \delta, \quad \text{d.h. } \kappa \geq \delta / (\sigma_1 \gamma^2 + \sqrt{\sigma_1 \gamma^2 \delta + \sigma_1^2 \gamma^4}).$$

Falls $\gamma = \mathcal{O}(1)$, hat die rechte Seite die Größenordnung $\mathcal{O}(\delta/\sigma_1) \leq \mathcal{O}(\varepsilon)$ wegen $\sigma_1 = \|M|_b\|_\mathrm{F}$. Aus $\kappa = \mathcal{O}(\varepsilon)$ folgt

$$\begin{aligned} \left\|M|_b - R^+\right\|_\mathrm{F} &\leq \|M|_b - R\|_\mathrm{F} + \left\|R - R^+\right\|_\mathrm{F} \\ &\leq \varepsilon \, \|M|_b\|_\mathrm{F} + \kappa \, (2+\kappa) \, \|a_1\|_2 \, \|b_1\|_2 \\ &\underset{\|a_1\|_2 = \sigma_1, \|b_1\|_2 = 1}{=} \varepsilon \, \|M|_b\|_\mathrm{F} + \kappa \, (2+\kappa) \, \sigma_1 = \mathcal{O}(\varepsilon) \, \|M|_b\|_\mathrm{F} \, . \end{aligned}$$

Dies zeigt die

Anmerkung 6.8.3. Falls $0 < \gamma = \mathcal{O}(1)$, führt die Wahl $x = \kappa a_1$ und $y = \kappa b_1$ mit geeignetem $\kappa = \mathcal{O}(\varepsilon)$ zu einer nichtnegativen Näherung $R^+ \in \mathcal{R}(k,b)$, sodass der Approximationsfehler von der gleichen Größenordnung ist.

Falls γ klein oder sogar null ist, kann $x = \kappa \sigma_1 \mathbf{1}$ und $y = \kappa \mathbf{1}$ gewählt werden, was $\left(a_1 y^\top + x b_1^\top + x y^\top\right)_{ij} \geq \kappa^2 \sigma_1$ garantiert. Wegen der Wahl $\kappa = \mathcal{O}(\sqrt{\varepsilon})$ erhält man im schlechtesten Falle die verschlechterte Näherung $\|M|_b - R^+\|_\mathrm{F} = \mathcal{O}(\sqrt{\varepsilon})$.

Im Zweifelsfall hat man nachzuprüfen, ob die Eigenschaft $R \geq O$ nur für wenige Komponenten nicht zutrifft. Dann können x und y relativ schwach besetzte Vektoren sein.

[3] Hier ist wegen der Wahl $a_1 = \sigma_1 u_1$ aus (2.5b) die Normierung $\|a_1\| = \sigma_1$ angenommen.

6.8.4 Orthogonalität von Matrizen

Sei $M \in \mathbb{R}^{I \times J}$ eine orthogonale Matrix: $M^\top M = I$ ($\#J \leq \#I$, vgl. Definition C.1.2). Eine $\mathcal{H}$-Matrixnäherung $M_\mathcal{H}$ wird im Allgemeinen zu $M_\mathcal{H}^\top M_\mathcal{H} \neq I$ führen, sodass eine nachträgliche Verbesserung der Orthogonalitätseigenschaft gewünscht ist. Der Korrekturalgorithmus lautet wie folgt:

1. Man berechne den Defekt $D := I - M_\mathcal{H}^\top \odot M_\mathcal{H}$ und breche ab, wenn $\|D\|$ klein genug ist.
2. Man ersetze $M_\mathcal{H}$ durch $M_\mathcal{H} \odot (I - \frac{1}{2}D)$ und wiederhole die Iteration bei Schritt 1.

Anmerkung 6.8.4. a) Bei exakter Multiplikation anstelle von $\odot$ konvergiert der Defekt lokal quadratisch gegen null. Für $\|D\| < 1$ ist globale Konvergenz gesichert.

b) Bei formatierter Multiplikation muss $\odot$ genauer sein als ε im Abbruchkriterium $\|D\| \leq \varepsilon$ aus Schritt 1.

Beweis. Die k-te Iterierte $M_\mathcal{H}$ sei als M_k bezeichnet und $D_k := I - M_k^\top M_k$ der zugehörige Defekt. Damit folgt $M_{k+1} := M_k\left(I + \frac{1}{2}D_k\right)$ und

$$M_{k+1}^\top M_{k+1} = I - D_{k+1} = \left(I + \frac{1}{2}D_k\right)^\top (I - D_k)\left(I + \frac{1}{2}D_k\right)$$
$$= I - \frac{3}{4}D_k^2 - \frac{1}{4}D_k^3,$$

sodass $\|D_{k+1}\| \leq \frac{3}{4}\|D_k\|^2 + \mathcal{O}(\|D_k\|^3)$. Mit $\|D_k\| < 1 \Rightarrow \|D_{k+1}\| < \|D_k\|$ erhält man Teil a). ∎

Entsprechend behandelt man den Fall einer rechteckigen Matrix mit $\#J > \#I$, für die $M^\top$ orthogonal ist.

Die obige Iteration $M_k \mapsto M_{k+1} = \Phi(M_k) := M_k\left(I + \frac{1}{2}\left(I - M_k^\top M_k\right)\right)$ ist ein Beispiel für eine quadratisch konvergente Fixpunktiteration. Derartige Fixpunktiterationen werden in §14.3.2 näher untersucht werden.

7

Formatierte Matrixoperationen für hierarchische Matrizen

Der wesentliche Fortschritt, der durch das Hilfsmittel der hierarchischen Matrizen erzielt wird, beruht auf der Möglichkeit, alle Matrixoperationen mit fast linearer Komplexität durchführen zu können. Deshalb spielt dieses Kapitel eine wichtige Rolle für die Implementierung. Da (abgesehen von der Matrix-Vektor-Multiplikation) die Resultate in Form einer $\mathcal{H}$-Matrix ausgegeben werden, sprechen wir von einer *formatierten Operation*. Diese werden in §§7.1-7.6 algorithmisch vorgestellt. Die Analyse des hierfür benötigten Rechenaufwandes findet sich in §7.8. Im Falle der Addition und Multiplikation gibt es auch die Option einer exakten Berechnung, da das exakte Resultat für geeignete Parameter eine $\mathcal{H}$-Matrix darstellt (vgl. Korollar 7.3.2 und Lemma 7.4.5). Zu parallelen Implementierungen, die hier nicht diskutiert werden, findet man Details in Kriemann [103, 102, 104] und Bebendorf-Kriemann [14].

Vorschau auf die nächsten Unterkapitel:

§7.1: Beschreibung der *Matrix-Vektor-Multiplikation*. Aufwandsbeschreibung in §7.8.1.

§7.2: Beschreibung der *Kürzungen und Konvertierungen*, die im Weiteren benötigt werden.

§7.3: Beschreibung der formatierten *Matrixaddition*. Hier wird die Kürzung $\mathcal{T}^{\mathcal{H}}_{k\leftarrow\ell}$ aus §7.2.1 benötigt. Aufwandsbeschreibung in §7.8.2.

§7.4: Beschreibung der formatierten *Matrix-Matrix-Multiplikation*. Hier werden weitere Konvertierungen aus §7.2 benötigt. Aufwandsbeschreibung in §7.8.3 (Satz 7.8.19b und Lemma 7.8.21).

§7.5: Beschreibung der formatierten *Matrix-Inversion*. Aufwandsbeschreibung in §7.8.4.

§7.6: Beschreibung der formatierten *LU*- bzw. *Cholesky-Zerlegung*. Aufwandsbeschreibung in §7.8.5.

§7.8: Diskussion des Aufwandes (siehe oben).

W. Hackbusch, *Hierarchische Matrizen*, DOI 10.1007/978-3-642-00222-9_7,

7.1 Matrix-Vektor-Multiplikation

Sei $P \subset T(I \times J)$ eine Partition. Der Algorithmus zur Matrix-Vektor-Multiplikation $y := Mx$ mit $M \in \mathcal{H}(k,P)$, $x \in \mathbb{R}^J$, $y \in \mathbb{R}^I$ wird in der additiven Form $y := y + Mx$ formuliert, sodass y im Zweifelsfall mit $y := 0$ zu initialisieren ist. Für $b = \tau \times \sigma$ berechnet $MVM(y, M, x, b)$ den Ausdruck $y|_\tau := y|_\tau + M|_b \cdot x|_\sigma$. Mit $b := I \times J$ folgt:

$$MVM(y, M, x, I \times J) \qquad \text{produziert } y := y + Mx\,. \tag{7.1}$$

Gemäß Lemma 5.5.7 ist P die Blattmenge des Baumes $T(I \times J, P)$, d.h. $P = \mathcal{L}(T(I \times J, P))$. Die folgende Rekursion läuft über die Nachfolger von b, bis ein Blatt aus P erreicht ist, was wegen $b \in T(I \times J, P)$ garantiert ist. Die Parameter $M, x, b = \tau \times \sigma$ sind Eingabeparameter, y ist Ein- und Ausgabeparameter. Dabei sind $M \in \mathcal{H}(k,P)$, $x \in \mathbb{R}^J$, $y \in \mathbb{R}^I$ und $b \in T(I \times J, P)$.

procedure $MVM(y, M, x, b)$;
if $b = \tau \times \sigma \in P$ **then** $y|_\tau := y|_\tau + M|_b \cdot x|_\sigma$ (7.2)
else for all $b' \in S(b)$ **do** $MVM(y, M, x, b')$;

Zu Zeile 2: Die Matrix-Vektor-Multiplikation $M|_b \cdot x|_\sigma$ mit dem Matrixblock $M|_b$ ist polymorph: für $b \in P^-$ ist $M|_b \cdot x|_\sigma$ die Matrix-Vektor-Multiplikation mit einer vollen Matrix, andernfalls mit einer Rang-k-Matrix. Im Gegensatz zu den folgenden Operationen ist die Matrix-Vektor-Multiplikation exakt bis auf Fehler der Gleitkomma-Arithmetik.

Übung 7.1.1. Man formuliere die Prozedur $VMM(y, M, x, b)$, die die Vektor-Matrix-Multiplikation $y^\top := y^\top + x^\top M$ für $x \in \mathbb{R}^I$ und $M \in \mathcal{H}(k,P) \cap \mathbb{R}^{I \times J}$ ausführt.

Übung 7.1.2. Wie kann die Berechnung eines Skalarproduktes $\langle y, Mx \rangle$ durchgeführt werden, ohne dass zuvor der Vektor Mx berechnet wird (vgl. Übung 7.8.2)?

7.2 Kürzungen und Konvertierungen

Die weiteren Operationen werden im Allgemeinen nur approximativ durchgeführt (vgl. Modellfall aus §3). Der Grund sind Kürzungen auf einen geringeren Rang oder die Konvertierung in ein gröberes Partitionsmuster.

7.2.1 Kürzungen $\mathcal{T}^{\mathcal{R}}_{k\leftarrow\ell}$, $\mathcal{T}^{\mathcal{R}}_{k}$ und $\mathcal{T}^{\mathcal{H}}_{k\leftarrow\ell}$

In Anmerkung 2.5.4 wurde bereits die "Kürzung" $\mathcal{T}^{\mathcal{R}}_{k\leftarrow\ell}$ einer Rang-ℓ-Matrix auf eine optimale Rang-k-Matrix definiert, wobei für $k \geq \ell$ die Identität vorliegt. Falls $M \in \mathcal{R}$ eine Niedrigrangmatrix mit nicht festgelegtem Rang ℓ ist, schreiben wir statt $\mathcal{T}_{k\leftarrow\ell}^{\mathcal{R}}$ nur $\mathcal{T}_k^{\mathcal{R}}$.

Es kann vorkommen, dass eine volle Matrix $M \in \mathcal{V}(b)$ in eine Rang-k-Matrix umgewandelt werden soll:

$$\begin{array}{ll} \mathcal{T}_k^{\mathcal{R}\leftarrow\mathcal{V}}: & \mathcal{V}(\tau\times\sigma) \to \mathcal{R}(k,\tau,\sigma), \\ \mathcal{T}_k^{\mathcal{R}\leftarrow\mathcal{V}}M & \text{ist Resultat der komprimierten Singulär-} \\ & \text{wertzerlegung aus Anmerkung 2.4.2.} \end{array} \tag{7.3}$$

Diese an sich teuere Operation wird nur auf die Nahfeld-Matrixblöcke $M|_b$ ($b = \tau\times\sigma \in P^-$) angewandt werden. Gemäß (5.42) können wir voraussetzen, dass $M|_b$ höchstens den Rang $n_{\min}$ besitzen kann:

$$b = \tau\times\sigma \in P^- \Leftrightarrow Grösse_{T(I\times J)}(b) = false \Leftrightarrow \min\{\#\tau, \#\sigma\} \le n_{\min}. \tag{7.4}$$

Hieraus folgt insbesondere, dass $\mathcal{T}_k^{\mathcal{R}\leftarrow\mathcal{V}}$ für $k \ge n_{\min}$ zwar das Format ändert, aber die Genauigkeit unverändert lässt.

Um nicht zwischen $b \in P^-$ und $b \in P^+$ unterscheiden zu müssen, führen wir die Kombination von $\mathcal{T}_k^{\mathcal{R}\leftarrow\mathcal{V}}$ und $\mathcal{T}_{k\leftarrow\ell}^{\mathcal{R}}$ aus (2.10) ein:

$$\mathcal{T}_k^{\mathcal{R}}: \mathcal{V}(\tau\times\sigma) \cup \bigcup\nolimits_{\ell\in\mathbb{N}_0} \mathcal{R}(\ell,\tau,\sigma) \to \mathcal{R}(k,\tau,\sigma), \tag{7.5}$$

$$\mathcal{T}_k^{\mathcal{R}}M := \begin{cases} \mathcal{T}_k^{\mathcal{R}\leftarrow\mathcal{V}}M & \text{falls } M \in \mathcal{V}(\tau\times\sigma), \\ \mathcal{T}_{k\leftarrow\ell}^{\mathcal{R}}M & \text{falls } M \in \mathcal{R}(\ell,\tau,\sigma). \end{cases}$$

Ausgangs- und Zielformat der Abbildungen $\mathcal{T}_{k\leftarrow\ell}^{\mathcal{R}}$, $\mathcal{T}_k^{\mathcal{R}\leftarrow\mathcal{V}}$, $\mathcal{T}_k^{\mathcal{R}}$ ist der gleiche Block: $\square \mapsto \square$.

Die Abbildung $\mathcal{T}_k^{\mathcal{R}}$ wird im Folgenden auf hierarchische Matrizen $M \in \mathcal{H}(\ell, P)$ übertragen (der obere Index $\mathcal{R}$ ändert sich dann in $\mathcal{H}$). Das Resultat von $\mathcal{T}_{k\leftarrow\ell}^{\mathcal{H}}M$ wird blockweise definiert. Gelegentlich wird von der kürzeren Notation $\mathcal{T}_k^{\mathcal{H}}$ statt $\mathcal{T}_{k\leftarrow\ell}^{\mathcal{H}}$ Gebrauch gemacht:

$$\mathcal{T}_k^{\mathcal{H}} = \mathcal{T}_{k\leftarrow\ell}^{\mathcal{H}} : \mathcal{H}(\ell,P) \to \mathcal{H}(k,P) \qquad (k,\ell \in \mathbb{N}_0), \tag{7.6}$$

$$(\mathcal{T}_{k\leftarrow\ell}^{\mathcal{H}}M)|_b = \begin{cases} \mathcal{T}_{k\leftarrow\ell}^{\mathcal{R}}(M|_b) & \text{falls } b \in P^+ \\ M|_b & \text{falls } b \in P^- \end{cases} \qquad \text{für } M \in \mathcal{H}(\ell,P).$$

Man beachte, dass Bild und Urbild hierarchische Matrizen zur *gleichen* Partition P sind. Nur der lokale Rang wird von ℓ in k geändert. Die Verallgemeinerung auf blockabhängige Ränge $k = k(b)$ ist ohne Schwierigkeiten möglich.

$\mathcal{T}_k^{\mathcal{H}}$ kann prinzipiell auch auf eine allgemeine Matrix $M \in \mathbb{R}^{I\times J}$ angewandt werden: Da $M|_b$ bei allgemeinen Matrizen auch für $b \in P^+$ eine volle Matrix ist, kann $\mathcal{T}_k^{\mathcal{R}\leftarrow\mathcal{V}}(M|_b)$ angewandt werden, was allerdings sehr teuer werden kann.

Lemma 7.2.1. *a) Sei* $M \in \mathbb{R}^{I\times J}$. $M' = \mathcal{T}_k^{\mathcal{H}}(M)$ *liefert das Minimum von* $\|M - M'\|_{\mathrm{F}}$ *über alle* $M' \in \mathcal{H}(k,P)$.

b) $\mathcal{T}_k^{\mathcal{H}}$ *ist eine Projektion auf* $\mathcal{H}(k,P)$, *die bezüglich des Skalarproduktes* $\langle M,N\rangle_{\mathrm{F}} := \sum_{i\in I,j\in J} M_{ij}N_{ij}$ *sogar orthogonal ist.*

7.2.2 Agglomeration

Im Folgenden wird die Umwandlung eines feiner unterteilten Blocks in eine Rang-k-Matrix auftreten, z.B. $\boxplus \mapsto \square$. Sei b der Block der Zielmatrix, während die Ausgangsmatrix in die Blöcke $b_i \in S(b)$ unterteilt ist: $\begin{bmatrix} M_1 & M_2 \\ M_3 & M_4 \end{bmatrix} \in \mathbb{R}^b$ mit $M_i \in \mathcal{R}(\ell, b_i)$. Mit dem Symbol $\cdot|^b$ wird die Erweiterung einer Teilmatrix zu einer Matrix in $\mathbb{R}^b$ bezeichnet (vgl. Definition 1.3.8):

$$M \in \mathbb{R}^{b'},\ b' \subset b \quad \mapsto \quad M|^b \in \mathbb{R}^b$$
$$\text{mit } \left(M|^b\right)_{i,j} = \begin{cases} M_{i,j} & \text{falls } (i,j) \in b', \\ 0 & \text{falls } (i,j) \in b \backslash b'. \end{cases} \tag{7.7}$$

Dies erlaubt die Schreibweise

$$M = \begin{bmatrix} M_1 & M_2 \\ M_3 & M_4 \end{bmatrix} = M_1|^b + M_2|^b + M_3|^b + M_4|^b. \tag{7.8}$$

Anmerkung 7.2.2. a) Aus $M \in \mathcal{R}(k, b')$ und $b' \subset b$ folgt wieder $M|^b \in \mathcal{R}(k, b)$.
b) Eine aus $\mathcal{R}(k_i, b_i)$-Matrizen zusammengesetzte Gesamtmatrix kann daher als Summe von $\mathcal{R}(k_i, b)$-Matrizen aufgefasst werden. Für die Kürzung der entstehenden Summe auf Rang k stehen gemäß §2.6.3 die genauere Kürzung $\mathcal{T}^{\mathcal{R}}_{k \leftarrow \sum k_i}$ und die vereinfachte paarweise Kürzung $\mathcal{T}^{\mathcal{R}}_{k,\mathrm{paarw}}$ zur Verfügung (vgl. Übung 2.6.4). Wegen der Identität (7.8) verwenden wir die gleichen Funktionsnamen $\mathcal{T}^{\mathcal{R}}_{k \leftarrow \sum k_i}(M)$ bzw. $\mathcal{T}^{\mathcal{R}}_{k,\mathrm{paarw}}(M)$ für die Kürzung der zusammengesetzten Matrix.
c) Die Darstellungsvariante aus §2.7.2 ist bei dieser Anwendung besonders günstig.

Übung 7.2.3. Die Beschränkung $M|_b$ ist eine lineare Abbildung $\mathbb{R}^{I \times J} \to \mathbb{R}^b$. Man zeige, dass die Abbildung $M' \in \mathbb{R}^b \mapsto M'|^b \in \mathbb{R}^{I \times J}$ zu der ersten bezüglich $\langle \cdot, \cdot \rangle_{\mathrm{F}}$ adjungiert ist.

7.2.3 Konvertierung $\mathcal{T}_k^{\mathcal{R} \leftarrow \mathcal{H}}$

Die linke Seite in (7.8) ist eine sehr einfache Form einer hierarchischen Matrix. Es sei an Übung 6.1.3 erinnert: Die Beschränkung einer hierarchischen Matrix auf $b \in T(I \times J)$ liefert die hierarchischen Matrizen aus $\mathcal{H}(\ell, P|_b)$, wobei

$$P|_b := P \cap \mathcal{P}(b) = \{b' \in P : b' \subset b\}$$

die Partition von b beschreibt. Im Folgenden soll $M \in \mathcal{H}(\ell, P|_b)$ mit Hilfe der Kürzung $\mathcal{T}_k^{\mathcal{R} \leftarrow \mathcal{H}}$ in eine Niedrigrangmatrix $\mathcal{T}_k^{\mathcal{R} \leftarrow \mathcal{H}} M \in \mathcal{R}(k, b)$ verwandelt werden. Da $M \in \mathcal{H}(\ell, P|_b)$ auch nur aus Niedrigrang- und vollen Teilmatrizen zusammengesetzt ist, ist $\mathcal{T}_k^{\mathcal{R} \leftarrow \mathcal{H}} M$ die Agglomeration aller $M|_{b'}$ über $b' \in P|_b$.

Die Summe über alle $(M|_{b'})|^b$ wird mit Hilfe des Blockclusterbaums $T(I \times J)$ rekursiv organisiert. Das folgende Beispiel skizziert das stufenweise Vorgehen:

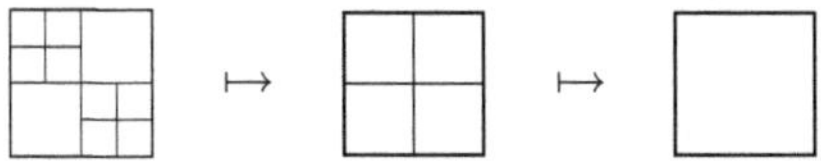

Zunächst werden alle Teilmatrizen der Ausgangsmatrix mittels $\mathcal{T}_k^{\mathcal{R}}$ in Rang-k-Matrizen umgeformt. Danach wird die eben beschriebene Agglomeration solange angewandt, bis das Zielformat erreicht ist (vgl. auch das Beispiel aus §2.6.4).

Der Aufruf *Konvertieren_von_H*$(M, b, T(I \times J, P), k)$ der nachfolgend angegebenen Prozedur mit Argumenten $b \in T(I \times J, P)$ und $M \in \mathcal{H}(\ell, P)$ wandelt nur den Matrixblock $M|_b$ um. Wegen $M \in \mathcal{H}(\ell, P)$ sind alle Teilmatrizen $M|_{b'}$ mit $b' \in P$ entweder volle Matrizen ($b' \in P^-$) oder Rang-ℓ-Matrizen ($b' \in P^+$). Die Prozedur *Konvertieren_von_H* schließt den Fall ein, dass $M|_b$ als volle Matrix dargestellt wird (*Grösse*(b) = *false*), wobei keine arithmetischen Operationen auftreten.

procedure *Konvertieren_von_H*(M, b, T, k);
$\{M \in \mathcal{H}(\ell, P),\ b \in T,\ T$: Blockclusterbaum, $k \in \mathbb{N}_0\}$
if $b \in \mathcal{L}(T)$ **then**
begin if *Grösse*$(b) = $ *true* **then** $M|_b := \mathcal{T}_k^{\mathcal{R}}(M|_b)$
  else $M|_b$ als $\mathcal{V}$-Matrix darstellen
end else
begin for all $b' \in S(b)$ **do** *Konvertieren_von_H*(M, b', T, k);
  if *Grösse*$(b) = $ *true* **then** $M|_b := \mathcal{T}_{k,\mathrm{paarw}}^{\mathcal{R}}(M|_b)$
  else $M|_b := \sum_{b' \in S(b)} (M|_{b'})|^b$ $\{M|_b,\ M|_{b'}$: volle Matrizen$\}$
end; (7.9)

In der vierten Zeile wird für *Grösse*(b) = *true* eine Rang-ℓ-Matrix $M|_b$ erwartet, die im Falle $\ell > k$ auf Rang k gekürzt wird. In Zeile 8 wird die *paarweise* Umwandlung in Rang k angewandt. Die exaktere, aber wesentlich teuere Alternative wäre die verlustlose Berechnung von $M|_b \in \mathcal{R}(k', b)$ mit $k' := \sum_{b' \in P|_b} Rang(M|_{b'})$ und anschließender Kürzung auf Rang k.

Bisher wurde $b \in T(I \times J, P)$ vorausgesetzt. Falls b ein nicht in $T(I \times J, P)$ vorkommender Block ist, bleibt Übung 6.1.3c anwendbar: Die Beschränkung von $M \in \mathcal{H}(\ell, P)$ mit $P \subset T(I \times J)$ auf b definiert eine hierarchische Matrix $M|_b \in \mathcal{H}(\ell, P|_b)$, wobei $P|_b := \{b' \cap b : b' \in P \text{ und } b' \cap b \neq \emptyset\}$. Der zugehörige Blockclusterbaum[1] T besteht aus allen $b' \cap b \neq \emptyset$ mit $b' \in T(I \times J)$. Die Prozedur *Konvertieren_von_H_nach_R* ist auch mit diesen Parametern b, T anwendbar.

Lemma 7.2.4. *Seien $R_{\mathrm{best}} \in \mathcal{R}(k, I, J)$ die Bestapproximation für ein minimales $\|M - R_{\mathrm{best}}\|_F$ und $R_k = \mathcal{T}_{k \leftarrow k}^{\mathcal{R} \leftarrow \mathcal{H}} M$. Dann gilt*

[1] Dass hierbei die Baumstruktur erhalten bleibt, ist Gegenstand der Übung 6.1.3c.

$$\|M - R_k\|_F \leq \left(1 + 2^{1+\text{depth}(T(I\times J,P))}\right) \|M - R_{\text{best}}\|_F .$$

Beweis. Siehe [56, Lemma 2.12]. Das Beweismuster findet sich in §2.6.4. ∎

7.2.4 Konvertierung $\mathcal{T}^{\mathcal{H}\leftarrow\mathcal{H}}_{P'\leftarrow P}$

Die folgende Art der Kürzung betrifft nicht (nur) den Rang, sondern auch die Feinheit der Partition. Ist $P \subset T(I \times J)$ eine Partition, so heißt jede Partition P' mit $P' \subset T(I \times J, P)$ *gröber* (echt gröber, falls auch $P' \neq P$; vgl. Definition 1.3.10). Zum Beispiel ist die Partition aus Abbildung 3.1 gröber als die aus Abbildung 5.1. Die Konvertierung $\mathcal{T}^{\mathcal{H}\leftarrow\mathcal{H}}_{P'\leftarrow P}$ von $\mathcal{H}(k,P)$ nach $\mathcal{H}(k',P')$ lautet

$$\begin{aligned} &M' := \mathcal{T}^{\mathcal{H}\leftarrow\mathcal{H}}_{P'\leftarrow P}(M) \\ &\text{mit } M'|_{b'} = \mathcal{T}^{\mathcal{R}\leftarrow\mathcal{H}}_{k'}(M|_{b'}) \text{ für alle } b' \in P' \quad (P' \text{ gröber als } P)\,. \end{aligned} \tag{7.10}$$

Falls $b' \in P'$ auch zu P gehört, reduziert sich $\mathcal{T}^{\mathcal{R}\leftarrow\mathcal{H}}_{k'}$ auf die Kürzung $\mathcal{T}^{\mathcal{R}}_{k'\leftarrow k}$.

In Ausnahmefällen möchte man $M \in \mathcal{H}(k,P)$ in ein völlig anderes Format $\mathcal{H}(k',P')$ konvertieren, das keine Vergröberung darstellt. Auch dies ist mit (7.10) möglich (siehe Absatz vor Lemma 7.2.4). Ein systematischer Zugang wird im nachfolgenden Abschnitt vorgestellt.

7.2.5 Konvertierung $\mathcal{T}^{\mathcal{H}\leftarrow\mathcal{H}}_{P'\leftarrow P}$ bei unterschiedlichen Blockclusterbäumen *

Ein Blockclusterbaum $T = T(I \times J)$ abgeleitet von den Clusterbäumen $T(I)$ und $T(J)$ hat verschiedene Bedingungen zu erfüllen (vgl. (5.43a-g)), ist aber durch diese nicht eindeutig definiert. Deshalb gibt es Situationen, in denen neben $T = T(I\times J)$ ein zweiter Clusterbaum $T' = T'(I\times J)$ vorliegt. Spezieller gehen wir von zwei Partitionen $P \subset T$ und $P' \subset T'$ aus und beschränken die Bäume auf die Teilbäume

$$P \subset T := T(I \times J, P), \qquad P' \subset T' := T'(I \times J, P')$$

(dies sei eine Neudefinition von T und T'). Man beachte, dass trotz unterschiedlicher Blockclusterbäume die Partitionen übereinstimmen können (Beispiel: T beschreibe die Zerlegung 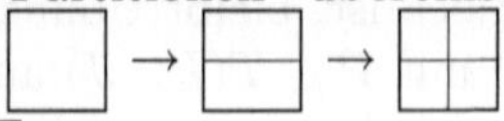, während T' zu 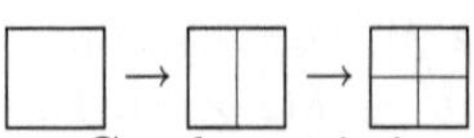 oder 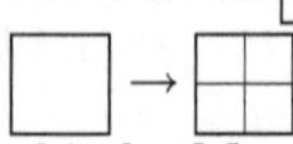 gehöre).

Gegeben sei eine hierarchische Matrix $M \in \mathcal{H}(k,P)$, gesucht ist die Umwandlung in $M' \in \mathcal{H}(k',P')$. Eine solche Aufgabe ergibt sich beispielsweise in §7.4.2.12. Man beachte, dass im Allgemeinen weder P gröber als P' noch P' gröber als P sein muss. Es gibt aber eine gröbste Partition P'', die feiner als P und P' ist. Wir werden den Blockclusterbaum $T = T(I \times J, P)$ unterhalb seiner Blattmenge $P = \mathcal{L}(T)$ so zu $T_{\text{erw}} = T_{\text{erw}}(I \times J)$ fortsetzen, dass

$P'' = \mathcal{L}(T_{\text{erw}})$. Ebenso wird T' zu $T'_{\text{erw}} = T'_{\text{erw}}(I \times J)$ mit $P'' = \mathcal{L}(T'_{\text{erw}})$ erweitert. Der entsprechende Algorithmus besteht aus der Rekursion (7.11a) zur Berechnung von T_{erw} und aus (7.11b) zur Berechnung von T'_{erw}. Diese Algorithmen starten mit T bzw. T', verändern diese und enden mit T_{erw} bzw. T'_{erw}:

while es gibt ein $b = \tau \times \sigma \in P := \mathcal{L}(T)$ mit $b \not\subset b'$ für alle $b' \in P'$ **do**
begin wähle $b' = \tau' \times \sigma' \in P'$ mit $b \cap b' \neq \emptyset$;
  if $\tau \supsetneqq \tau'$ **then** $S(b) := \{\tau^* \times \sigma : \tau^* \in S(\tau)\}$ (7.11a)
  else $S(b) := \{\tau \times \sigma^* : \sigma^* \in S(\sigma)\}$
end;

Falls die while-Bedingung in (7.11a) falsch ist, ist P feiner als P'. Ansonsten gibt es wegen der Überdeckungseigenschaft ein $b = \tau \times \sigma \in P$ und ein $b' = \tau' \times \sigma' \in P'$ mit $b \cap b' \neq \emptyset$. Da $b \not\subset b'$, muss entweder $\tau \supsetneqq \tau'$ oder $\sigma \supsetneqq \sigma'$ gelten. Im ersten Fall wird das Blatt $b \in T$ bezüglich der Komponente τ zerlegt (□ → ⊟), sonst bezüglich σ (□ → ◫). Die Rekursion wird beendet, wenn das aktuelle[2] $P := \mathcal{L}(T)$ feiner als P' ist. Das berechnete T wird T_{erw} genannt.

Die Berechnung von T'_{erw} erfolgt durch

while es gibt ein $b' = \tau' \times \sigma' \in P' := \mathcal{L}(T')$ mit $b' \notin P'' = \mathcal{L}(T_{\text{erw}})$ **do**
begin wähle $b = \tau \times \sigma \in P''$ mit $b \supset b'$;
  if $\tau \subsetneqq \tau'$ **then** $S(b') := \{\tau^* \times \sigma' : \tau^* \in S(\tau')\}$ (7.11b)
  else $S(b') := \{\tau' \times \sigma^* : \sigma^* \in S(\sigma')\}$
end;

Im positiven Fall liefert die while-Bedingung aus (7.11b) ein $b' \notin P'' = \mathcal{L}(T_{\text{erw}})$. Da P'' feiner als P' ist (und während der Rekursion auch feiner bleibt), ist $b' \notin P''$ äquivalent zu $b \subsetneqq b'$ für ein geeignetes $b = \tau \times \sigma \in P''$. Wie vorher muss entweder $\tau \subsetneqq \tau'$ oder $\sigma \subsetneqq \sigma'$ gelten. Entsprechend wird das Blatt $b' \in T'$ bezüglich τ oder σ zerlegt und T' entsprechend erweitert.

Die gesuchte Abbildung

$$\mathcal{T}^{\mathcal{H}\leftarrow\mathcal{H}}_{P'\leftarrow P} : M \in \mathcal{H}(k, P) \to M' \in \mathcal{H}(k', P')$$

ist das Produkt $\mathcal{T}^{\mathcal{H}\leftarrow\mathcal{H}}_{P'\leftarrow P''} \circ \mathcal{T}^{\mathcal{H}\leftarrow\mathcal{H}}_{P''\leftarrow P}$, wobei die Umwandlung

$$\mathcal{T}^{\mathcal{H}\leftarrow\mathcal{H}}_{P''\leftarrow P} : M \in \mathcal{H}(k, P) \to M' \in \mathcal{H}(k, P'')$$

verlustfrei ist, da P'' feiner als P ist und Matrixblöcke nur aufgespalten werden. Die zweite Abbildung $\mathcal{T}^{\mathcal{H}\leftarrow\mathcal{H}}_{P'\leftarrow P''}$ entspricht der Situation von §7.2.4 und wird wie in (7.10) durchgeführt.

[2] Man beachte, dass sich $P = \mathcal{L}(T)$ bzw. $P' = \mathcal{L}(T')$ innerhalb der while-Schleifen ändern, wenn neue Sohnmengen definiert werden.

7.3 Addition

Die Operationen zwischen Matrizen sind wie schon im Modellfall aus §3 nicht exakt, da Kürzungen auf das gegebene Format durchgeführt werden müssen. Analog zur Addition (2.13) von Rang-k-Matrizen definieren wir die *formatierte Addition* $\oplus_k$. Hier findet $\mathcal{T}^{\mathcal{H}}_{k'\leftarrow k}$ aus (7.6) eine direkte Anwendung.

Definition 7.3.1 (formatierte Matrix-Addition). *Seien lokale Ränge* $k, k_1, k_2 : P \to \mathbb{N}_0$ *und Matrizen* $M_1 \in \mathcal{H}(k_1, P)$ *und* $M_2 \in \mathcal{H}(k_2, P)$ *zur gleichen Partition* P *gegeben. Dann wird die formatierte Matrix-Addition* $\oplus_k$ *definiert mittels*

$$\begin{aligned} \oplus_k : \mathcal{H}(k_1, P) \times \mathcal{H}(k_2, P) &\to \mathcal{H}(k, P) \\ \text{mit } M_1 \oplus_k M_2 &:= \mathcal{T}^{\mathcal{H}}_{k\leftarrow k_1+k_2}(M_1 + M_2). \end{aligned} \tag{7.12}$$

Wenn $k(b) < k_1(b) + k_2(b)$ für ein $b \in P$, wird die $\oplus_k$-Addition im Allgemeinen einen Kürzungsfehler enthalten. Dies gilt insbesondere für den Standardfall $k_1 = k_2 = k$.

Die folgende Prozedur *Add*$(M, M1, M2, b, k)$, die für jeden Block $b \in T(I \times J, P)$ das Teilresultat

$$M|_b := M1|_b \oplus_k M2|_b$$

berechnet, zeigt die algorithmische Realisierung:

```
procedure Add(M, M1, M2, b, k);          {M|_b := M1|_b ⊕_k M2|_b}
{Ausgabe: M ∈ H(k_1, P),
  Eingabe: M1 ∈ H(k_1, P), M2 ∈ H(k_2, P),
           b ∈ T(I × J, P), k ∈ N_0}
if b ∉ P then for all b' ∈ S_{T(I×J)}(b) do Add(M, M1, M2, b', k)      (7.13)
else              {es gilt b ∈ P. k_1, k_2 lokale Ränge von M1, M2}
if b ∈ P⁺ then
  M|_b := T^R_{k(b)←k_1(b)+k_2(b)}(M1|_b + M2|_b)
else M|_b := M1|_b + M2|_b;  {Addition voller Matrizen, da b ∈ P⁻}
```

Zur Ausführung von $M := M_1 \oplus_k M_2$ ist *Add*$(M, M_1, M_2, I \times J, k)$ aufzurufen (d.h. $b = I \times J$).

Für $k \geq k_1 + k_2$ ist $\mathcal{T}^{\mathcal{R}}_{k(b)\leftarrow k_1(b)+k_2(b)}$ die Identität, d.h. die blockweise Addition ist dann exakt.

Korollar 7.3.2 (exakte Addition). *Die (exakte) Summe* $M_1 + M_2$ *von* $M_1 \in \mathcal{H}(k_1, P)$ *und* $M_2 \in \mathcal{H}(k_2, P)$ *ist in* $\mathcal{H}(k_1 + k_2, P)$ *darstellbar.*

Im Folgenden wird anstelle des Aufrufes von *Add* vereinfachend das Operationszeichen $\oplus_k$ verwendet. Falls der Rang k nicht festgelegt werden soll, wird nur $\oplus$ geschrieben.

7.4 Matrix-Matrix-Multiplikation

Die Matrix-Matrix-Multiplikation ist eine kompliziertere Operation. Um die Probleme zu verstehen, wird in §7.4.1 zunächst auf die charakteristischen Schwierigkeiten hingewiesen.

7.4.1 Komplikationen bei der Matrix-Matrix-Multiplikation

Das Grundprinzip der Multiplikation wurde bereits in §3.6 für das Modellproblem vorgestellt: Die Multiplikation $M := M' \cdot M''$ möchte man dadurch vornehmen, dass man das Produkt M (bzw. dessen Untermatrizen) rekursiv mit Hilfe der Produkte der Untermatrizen von M' und M'' erklärt. Im Modellfall waren M, M' und M'' in die vier Blöcke $\boxplus$ zerlegt, und man erhält die Darstellungen $M_{ij} = M'_{i1} \cdot M''_{1j} + M'_{i2} \cdot M''_{2j}$ für die vier Untermatrizen M_{ij} $(i,j = 1,2)$ von M. Die Rekursion endet, wenn keine Notwendigkeit für eine weitere Zerlegung vorliegt. Letzteres trifft zu, wenn einer der Faktoren das Format $\mathcal{R}$ oder $\mathcal{V}$ besitzt und das Produkt direkt bestimmt werden kann. Es bleibt die Aufgabe, die Teilprodukte aufzusummieren.

7.4.1.1 Schwierigkeit A: Niedrigrang- oder volle Matrizen sind weiter zu zerlegen

Wir bleiben beim Modellproblem und sehen uns den ersten Diagonalblock M_{11} an. Er ist die Summe $M'_{11} \cdot M''_{11} + M'_{12} \cdot M''_{21}$. Das erste Produkt $M'_{11} \cdot M''_{11}$ enthält zwei unterstrukturierte Matrizen, so dass die Rekursion fortgesetzt werden muss, d.h. der Block ist weiter in die vier Unterblöcke $\boxplus$ zu zerlegen. Das zweite Produkt $M'_{12} \cdot M''_{21}$ enthält zwei Faktoren aus $\mathcal{R}$, ist also direkt als Niedrigrangmatrix vom Format $\mathcal{R}$ auswertbar und benötigt keine weitere Blockzerlegung. Der Konflikt besteht also allgemein gesagt darin, dass mindestens ein Unterprodukt eine weitere Zerlegung und damit die Fortführung der Rekursion erfordert, während es ein anderes Teilprodukt gibt, das die Zerlegung nicht benötigt. In diesem Fall wird die weitere Zerlegung durchgeführt, was nach sich zieht, dass auch die Niedrigrangmatrix $M'_{12} \cdot M''_{21}$ weiter zerlegt werden muss.

Die Zerlegung von $R := M'_{12} \cdot M''_{21} \in \mathcal{R}$, wobei $M'_{12}, M''_{21} \in \mathcal{R}$ für beide Faktoren gilt, kann in zwei Weisen organisiert werden:

Methode 1) Das Produkt $R \in \mathcal{R}$ wird auf dem aktuellen Block ausgerechnet und das Resultat auf die Blöcke der Partition verteilt.

Methode 2) Die Faktoren $M'_{12}, M''_{21} \in \mathcal{R}$ werden als solche zerlegt, so dass auf den Unterblöcken in rekursiver Form wieder Produkte von $\mathcal{R}$-Matrizen auftreten.

Man überlegt sich, dass Methode 1 billiger ist.

Falls anders als im Modellfall in $R := M'_{12} \cdot M''_{21} \in \mathcal{R}$ nur einer der Faktoren zu $\mathcal{R}$ gehört und der andere Faktor unterstrukturiert ist, können beide Methoden auf das Gleiche hinauslaufen.

Eine weitere Überlegung ist notwendig, wenn einer der Faktoren als volle Matrix dargestellt ist (siehe §7.4.2.4).

7.4.1.2 Schwierigkeit B: feinere Unterteilungen als in Zielpartition

Als Beispiel diene die Zerlegung aus Abbildung 5.1: 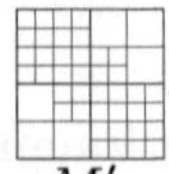. Die erste Zerlegung in vier Unterblöcke ergibt die Darstellung $M_{12} = M'_{11} \cdot M''_{12} + M'_{12} \cdot M''_{22}$, wobei die Faktoren die Gestalt 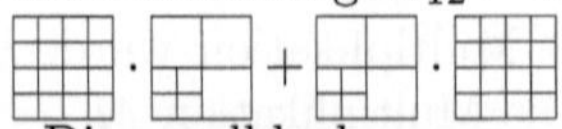 besitzen. Die weitere Rekursion liefert für den oberen Diagonalblock

$$M_{12,11} = M'_{11,11} \cdot M''_{12,11} + M'_{11,12} \cdot M''_{12,21} + M'_{12,11} \cdot M''_{22,11} + M'_{12,12} \cdot M''_{22,21}$$

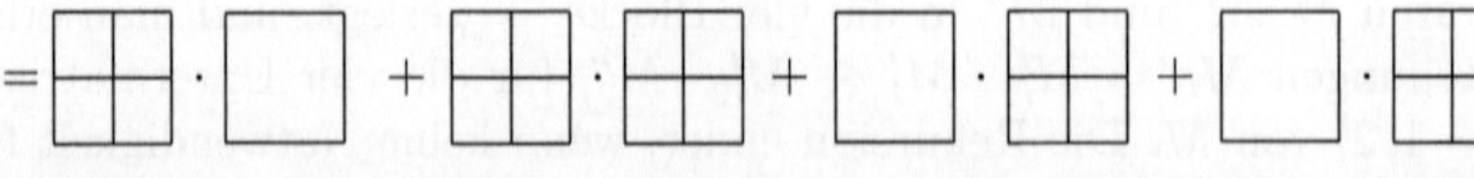

Drei der Faktoren liefern bereits $\mathcal{R}(k)$-Teilprodukte, wie es auch dem Zielformat entspricht. Die Auswertung von $M'_{11,12} \cdot M''_{12,21} =$ 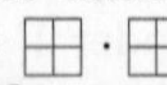 erfordert aber noch einen weiteren Rekursionsschritt. Damit wird $M_{12,11}$ zunächst im Format  berechnet und muss anschließend auf  vergröbert werden. Es sei angemerkt, dass es offenbar nicht ratsam ist, die anderen $\mathcal{R}(k)$-Produkte zunächst in das feinere Format zu zerlegen und danach wieder zu vergröbern. Stattdessen belässt man diese im Ausgangsformat und addiert alle Teilresultate, nachdem das Produkt $M'_{11,12} \cdot M''_{12,21}$ wieder vergröbert worden ist.

7.4.1.3 Schwierigkeit C: widersprechende Zerlegungswünsche

Seien M', M'' zwei Faktoren vom Format 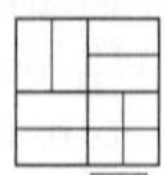. Wir wollen das Produkt $M := M' \cdot M''$ berechnen. Die erste Zerlegung 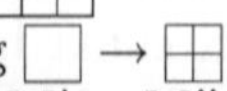 führt wieder auf den Ausdruck $M_{11} = M'_{11} \cdot M''_{11} + M'_{12} \cdot M''_{21}$. In $M'_{11} \cdot M''_{11}$ sind beide Faktoren zerlegbar in . Für den ersten Faktor M'_{11} kann diese Zerlegung nicht ausgenutzt werden, da der zweite Faktor M''_{11} nicht entsprechend zerlegt werden kann. Man belässt daher M'_{11} in der ursprünglichen Form und erhält für $M'_{11} \cdot M''_{11} =$ 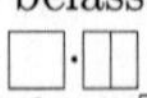 ein Resultat im Format . Die Faktoren in $M'_{12} \cdot M''_{21}$ haben die Blockstruktur  und sollten in analoger Weise zu 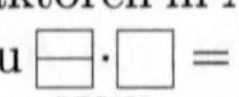 führen. Damit erhält man widersprechende Zerlegungswünsche. Will man das Produkt M wieder im ursprünglichen Format darstellen, sollte M_{11} die Struktur 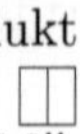 besitzen. Damit hat $M'_{11} \cdot M''_{11}$ bereits die gewünschte Form, aber in $M'_{12} \cdot M''_{21}$ muss man M''_{21} zwangsläufig in $M''_{21} = \left[M''_{21,l} \, M''_{21,r} \right] =$ 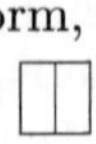 zerlegen, obwohl $M''_{21} = \begin{bmatrix} M''_{21,o} \\ M''_{21,u} \end{bmatrix}$ die gegebene Darstellung ist. Sind z.B. $M''_{21,o}, M''_{21,u} \in \mathcal{R}$, so hat man diese Niedrigrangmatrizen in $M''_{21,ol}$ und $M''_{21,or}$ zu zerlegen (analog für $M''_{21,u}$) und $M''_{21,l} := \begin{bmatrix} M''_{21,ol} \\ M''_{21,ul} \end{bmatrix}$, $M''_{21,r} := \begin{bmatrix} M''_{21,or} \\ M''_{21,ur} \end{bmatrix}$ zu bilden.

7.4.1.4 Schwierigkeit D: Wahl der Zielpartition

In den vorhergehenden Beispielen wurden verschiedene Partitionen P für quadratische Matrizen verwendet. Das Produkt von $M', M'' \in \mathcal{H}(k, P)$ wurde wieder in $\mathcal{H}(k, P)$ dargestellt. Es ist aber keineswegs selbstverständlich, dass P die richtige Partition für das Produkt ist. Als Gegenbeispiel verwenden wir die Partition P gemäß 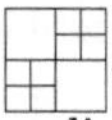, dies entspricht dem Modellformat aus §3.1, allerdings wird hier die Gegendiagonale zur Verfeinerung verwendet. Sei Q die Permutationsmatrix mit Einsen in der Gegendiagonale: $Q = Q^\top = Q^{-1}$. Man stellt fest, dass mit Q das Modellformat wieder erreicht wird: 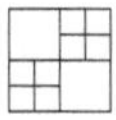 $Q =$ 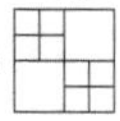 wie auch Q 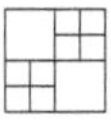 $=$ 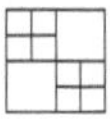. Damit ergibt sich für das Produkt

Das Produkt auf der rechten Seite möchte man aber eher im Format 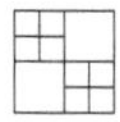 darstellen und nicht als 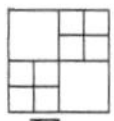.

Damit stellt sich die Frage, ob es für das Produkt eine besonders geeignete Partition gibt und wie man diese gegebenenfalls findet. Die Problematik der Zielpartition verstärkt sich noch, wenn die Faktoren $M' \in \mathbb{R}^{I \times J}$ und $M'' \in \mathbb{R}^{J \times K}$ rechteckige Matrizen sind und damit $M := M' \cdot M'' \in \mathbb{R}^{I \times K}$ ein drittes, völlig neues Format besitzt.

7.4.2 Algorithmus im konsistenten Fall

Die hier angesprochene Konsistenz wird in §7.4.2.11 definiert werden.

7.4.2.1 Notationen

Im Folgenden werden Abkürzungen benötigt, die die Eigenschaften der Blöcke $b \in T(I \times J)$ eines Blockclusterbaumes wiedergeben:

- $Typ(b) = W$ (in Worten: b ist vom Typ W) bedeutet, dass der Block b waagerecht unterteilt wird[3]:  $\to$ 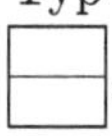, d.h.
$$S_{T(I\times J)}(b) = \left\{\tau' \times \sigma : \tau' \in S_{T(I)}(\tau)\right\}. \tag{7.14a}$$
- $Typ(b) = S$ bedeutet, dass der Block b senkrecht unterteilt wird[3]: 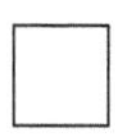 $\to$ 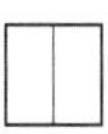, d.h.
$$S_{T(I\times J)}(b) = \left\{\tau' \times \sigma' : \sigma' \in S_{T(J)}(\sigma)\right\}. \tag{7.14b}$$

[3] Die Illustration gilt nur für den Fall von zwei Söhnen.

- $Typ(b) = K$ bedeutet, dass der Block b in beiden Richtungen (kreuzartig) unterteilt wird[4]: 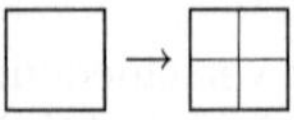, d.h.

$$S_{T(I\times J)}(b) = \left\{\tau' \times \sigma' : \tau' \in S_{T(I)}(\tau),\ \sigma' \in S_{T(J)}(\sigma)\right\}. \tag{7.14c}$$

- $Typ(b) = R$ bedeutet $M|_b \in \mathcal{R}(b)$ bzw. gleichbedeutend $Grösse(b) = true$.
- $Typ(b) = V$ bedeutet $M|_b \in \mathcal{V}(b)$ bzw. gleichbedeutend $Grösse(b) = false$.

Hierbei ist ohne Beschränkung der Allgemeinheit angenommen, dass die Blockclusterbäume T' und T'' die Bedingung (5.43h) erfüllen, andernfalls wäre die Reduktion gemäß Anmerkung A.4.4 durchzuführen.

Im Weiteren wird angenommen, dass die logische Funktion *Grösse* für die beteiligten Cluster- und Blockclusterbäume mittels (5.19) bzw. (5.42) mit gleichem $n_{\min}$ definiert ist.

Bei der Addition zweier Matrizen aus $\mathcal{H}(k, P)$ liegen beide im gleichen Format vor und auch das Resultat hat dieses Format. Anders ist es bei der Matrix-Matrix-Multiplikation $M = M'M''$. Die Faktoren $M' \in \mathbb{R}^{I\times J}$ und $M'' \in \mathbb{R}^{J\times K}$ gehören im Allgemeinen zu verschiedenen Formaten und für das Produkt $M \in \mathbb{R}^{I\times K}$ gibt es noch ein drittes Format (oder dieses ist erst noch zu bestimmen).

Wir verwenden im Weiteren die Notationen

$$\begin{array}{ll} I,\, J,\, K & \text{Indexmengen,} \\ T(I),\, T(J),\, T(K) & \text{Clusterbäume,} \\ T' := T(I\times J),\, T'' := T(J\times K),\, T := T(I\times K) & \text{Blockclusterbäume,} \\ P' \subset T',\, P'' \subset T'',\, P \subset T & \text{Partitionen,} \\ M' \in \mathbb{R}^{I\times J},\, M'' \in \mathbb{R}^{J\times K},\, M \in \mathbb{R}^{I\times K} & \text{Matrizen.} \end{array} \tag{7.15}$$

Für die Cluster verwenden wir je nach der Indexmenge verschiedene griechische Buchstaben: τ, σ, ρ für $\tau \in T(I)$, $\sigma \in T(J)$, $\rho \in T(K)$. Der Baum $T = T(I \times K)$ bzw. die zugehörige Partition P wird erst in §7.4.2.12 in Erscheinung treten. Übergangsweise wird ein *induzierter Blockclusterbaum* $T_{\text{ind}} = T_{\text{ind}}(I \times K)$ erzeugt. Die angedeuteten Schwierigkeiten rühren unter Anderem daher, dass $T_{\text{ind}} \neq T$ gelten kann, oder – was noch wichtiger ist – die entstehenden Partitionen P_{ind} und P verschieden sein können. Die Definition von T_{ind} geschieht simultan mit der Durchführung der Multiplikation (vgl. Aufruf von (7.19) in *MM_Allg*). Am Anfang besteht $T_{\text{ind}} = \{I \times K\}$ nur aus der Wurzel.

Im Folgenden werden Produkte der Form $M'|_{b'} \cdot M''|_{b''}$ zu untersuchen sein, die aus $M' \cdot M''$ bei rekursiver Aufspaltung entstehen. Die Komponenten von $b' \in T'$ und $b'' \in T''$ werden stets mit $b' = \tau \times \sigma$ und $b'' = \sigma \times \rho$ bezeichnet (übereinstimmendes σ!). Hieraus wird $b := \tau \times \rho$ gebildet.

[4] Die Illustration gilt nur für den Fall von zwei Söhnen.

7.4.2.2 Die Tupel Σ^P, Σ^R, Σ^V

Das Tupel

$$\Sigma^P = \left(\Sigma_b^P\right)_{b\in T_{\mathrm{ind}}}$$

enthält für alle $b = \tau\times\rho \in T_{\mathrm{ind}}$ Teilmengen $\Sigma_b^P \subset T(J)$. Dabei zeigt $\sigma \in \Sigma_b^P$ an, dass eine Multiplikation

$$M'|_{\tau\times\sigma} \cdot M''|_{\sigma\times\rho} \tag{7.16}$$

ausgeführt werden muss (der obere Index "P" in Σ^P bedeutet "Produkte"). Am Anfang steht nur die Multiplikation $M'\cdot M'' = M'|_{I\times J}\cdot M''|_{J\times K}$ an, d.h. der Anfangszustand von Σ^P ist durch die Komponenten

$$\Sigma_{I\times K}^P = \{J\}, \quad \Sigma_b^P = \emptyset \text{ sonst}$$

gegeben. Die Multiplikationsaufgabe ist erst beendet, wenn $\Sigma_b^P = \emptyset$ für alle $b \in T_{\mathrm{ind}}$ gilt.

Bei der Multiplikation entstehen Zwischenresultate in Form von $\mathcal{R}(b)$- und $\mathcal{V}(b)$-Matrizen für einige Blöcke $b \in T_{\mathrm{ind}}$. Die Tupel

$$\Sigma^R = \left(\Sigma_b^R\right)_{b\in T_{\mathrm{ind}}} \quad \text{und} \quad \Sigma^V = \left(\Sigma_b^V\right)_{b\in T_{\mathrm{ind}}}$$

enthalten Listen[5] $\Sigma_b^R = (R_1,\ldots)$ und $\Sigma_b^V = (V_1,\ldots)$ von Niedrigrangmatrizen $R_1,\ldots \in \mathcal{R}(b)$ bzw. vollen Matrizen $V_1,\ldots \in \mathcal{V}(b)$, wobei diese Listen auch leer sein können. Die Summation über die Listenelemente sei als $\sum_{R_{b,i}\in\Sigma_b^R} R_{b,i}$ bzw. $\sum_{V_{b,i}\in\Sigma_b^V} V_{b,i}$ geschrieben. Zu Beginn der Multiplikation seien alle Listen Σ_b^R und Σ_b^V leer (Notation: $\Sigma_b^R = \Sigma_b^V = \emptyset$).

Es sei angemerkt, dass die $\mathcal{R}(b)$-Matrizen $R_1, R_2, \ldots$, die als Zwischenresultate auftreten, *nicht* addiert, sondern nur aufgesammelt werden. Der Grund ist, dass der Block b nicht zulässig zu sein braucht und daher unklar ist, ob eine formatierte Addition mit Rangkürzung sinnvoll ist. Anders können die vollen Matrizen $V_1,\ldots \in \mathcal{V}(b)$ gehandhabt werden, da hier die Addition exakt ist. Bei sofortiger Aufsummation gäbe es für Σ_b^V nur zwei Möglichkeiten: entweder ist Σ_b^V die leere Liste oder sie enthält genau eine Komponente $V_1 \in \mathcal{V}(b)$.

Die Startwerte von $\Sigma^P, \Sigma^R, \Sigma^V$ ergeben

$$M'\cdot M'' = \tag{7.17}$$

$$\sum_{b=\tau\times\rho\in T_{\mathrm{ind}}} \left(\sum_{\sigma\in\Sigma_b^P} M'|_{\tau\times\sigma}\cdot M''|_{\sigma\times\rho} + \sum_{R_{b,i}\in\Sigma_b^R} R_{b,i} + \sum_{V_{b,i}\in\Sigma_b^V} V_{b,i} \right)\Bigg|^{I\times K}$$

(die erste Summe enthält einen Summanden, die weiteren Summen sind leer). Die folgenden Schritte müssen die Gesamtsumme invariant lassen. Ist $\sigma \in \Sigma_b^P$, so wird versucht, die Teilaufgabe (7.16) zu "lösen", indem entweder

[5] Σ_b^R und Σ_b^V können nicht als Mengen angesehen werden, da zwei gleiche Komponenten auftreten könnten.

- das Produkt als $\mathcal{R}(b)$- oder $\mathcal{V}(b)$-Matrix geschrieben wird (dann wechselt dieser Anteil in (7.17) von der ersten Summe in die zweite oder dritte) oder
- das Produkt in kleinere Teilprodukte zerlegt wird (dann bleiben die Anteile in der ersten Summe, aber wechseln von Σ_b^P nach $\Sigma_{b'}^P$ zu kleineren Blöcken b').

7.4.2.3 Produkte mit $\mathcal{R}$-Matrizen

Seien $b = \tau \times \rho \in T_{\text{ind}}$ und $\sigma \in \Sigma_b^P$. Die Teilaufgabe (7.16) kann als $\mathcal{R}(b)$-Matrix ausgewertet werden, falls $M'|_{\tau\times\sigma} \in \mathcal{R}(\tau\times\sigma)$ oder $M''|_{\sigma\times\rho} \in \mathcal{R}(\sigma\times\rho)$. Dies gilt genau dann, wenn $\tau \times \sigma \in P'^{+}$ bzw. $\sigma \times \rho \in P''^{+}$.

Im Falle von $\sigma \times \rho \in P''^{+}$ wertet der folgende Algorithmus das Produkt $M'|_{\tau\times\sigma} \cdot M''|_{\sigma\times\rho}$ als $\mathcal{R}(k,\tau,\rho)$-Matrix aus und fügt es zur Liste $\Sigma_{\tau\times\rho}^R$ hinzu. *MVM* ist die Matrix-Vektor-Multiplikation (vgl. (7.2)).

procedure $\mathit{MM\_R\_R2}(M', M'', \tau, \sigma, \rho, \Sigma^P, \Sigma^R)$;
begin {sei $M''|_{\sigma\times\rho} = AB^\top$ mit $A = [a_{\sigma,1} \cdots a_{\sigma,k}]$, vgl. Notation 1.3.9}
  for $\nu := 1$ **to** k **do begin** $a'_{\tau,\nu} := 0$; $\mathit{MVM}(a'_{\tau,\nu}, M', a_{\sigma,\nu}, \tau\times\sigma)$ **end**;
  $A' := [a'_{\tau,1} \cdots a'_{\tau,k}]$;
  {$A'B^\top \in \mathcal{R}(k,\tau,\rho)$: gesuchte Darstellung von $M'|_{\tau\times\sigma} \cdot M''|_{\sigma\times\rho}$}
  $\Sigma_{\tau\times\rho}^P := \Sigma_{\tau\times\rho}^P \backslash \{\sigma\}$; Liste $\Sigma_{\tau\times\rho}^R$ um $A'B^\top$ erweitern
end;

In der Bezeichnung *MM_R_R2* soll das erste "R" den Zieltyp andeuten, während "R2" bedeutet, dass der zweite Faktor $M''|_{\sigma\times\rho}$ vom Typ $\mathcal{R}(b)$ ist.

Analog kann die Prozedur

procedure $\mathit{MM\_R\_R1}(M', M'', \tau, \sigma, \rho, \Sigma^P, \Sigma^R)$;

formuliert werden, bei der der erste Faktor $M'|_{\tau\times\sigma} \in \mathcal{R}(k,\tau,\sigma)$ eine Niedrigrangmatrix sein muss.

7.4.2.4 Produkte mit $\mathcal{V}$-Matrizen

Seien $b = \tau \times \rho$, $b' = \tau \times \sigma$ und $b'' = \sigma \times \rho$. Wenn der zweite Faktor $M''|_{b''}$ zu $\mathcal{V}(b'')$ gehört (d.h. wenn $\mathit{Grösse}(b'') = \mathit{false}$) und das Produkt als volle Matrix dargestellt werden kann (d.h. $\mathit{Grösse}(b) = \mathit{false}$), lautet die Multiplikationsprozedur

procedure $\mathit{MM\_V\_V2}(M', M'', \tau, \sigma, \rho, \Sigma^P, \Sigma^V)$;
{$M'|_{\tau\times\sigma} \cdot M''|_{\sigma\times\rho}$ wird als $\mathcal{V}$-Matrix ausgewertet und der Liste Σ_b^V angefügt}
begin {sei a_i ($i \in \rho$) die i-te Spalte von $M''|_{\sigma\times\rho}$}
  for all $i \in \rho$ **do begin** $Z_{\tau,i} := 0$; $\mathit{MVM}(Z_{\tau,i}, M', M''_{\sigma,i}, \tau\times\sigma)$ **end**;
  $\Sigma_{\tau\times\rho}^P := \Sigma_{\tau\times\rho}^P \backslash \{\sigma\}$; Liste $\Sigma_{\tau\times\rho}^V$ um $Z|_{\tau\times\rho} \in \mathcal{V}(\tau\times\rho)$ erweitern
end;

In Zeile 4 ist $M''_{\sigma,i}$ die i-te Spalte (vgl. Notation 1.3.9). Das Produkt mit $M'|_{\tau\times\sigma}$ wird in $Z_{\tau,i}$ $(i \in \rho)$ abgelegt.

Es kann der Fall auftreten, dass einer der Faktoren $M'|_{b'}$ oder $M''|_{b''}$ eine $\mathcal{V}$-Matrix ist, jedoch das Produkt wegen $Grösse(b) = true$ nicht als volle Matrix dargestellt werden soll. Hier ist der einfachste[6] Ausweg, den $\mathcal{V}$-Faktor in eine $\mathcal{R}$-Matrix umzuwandeln (vgl. (7.3)) und *MM_R_R2* anzuwenden. Die folgende Prozedur setzt $M''|_{\sigma\times\rho} \in \mathcal{V}(\sigma,\rho)$ voraus, wertet $M'|_{\tau\times\sigma} \cdot M''|_{\sigma\times\rho}$ als $\mathcal{R}$- oder $\mathcal{V}$-Matrix aus und fügt es der entsprechenden Liste an.

procedure $MM\_V2(M', M'', \tau, \sigma, \rho, \Sigma^P, \Sigma^R, \Sigma^V)$;
if $Grösse(\tau \times \rho) = false$ **then** $MM\_V\_V2(M', M'', \tau, \sigma, \rho, \Sigma^P, \Sigma^V)$
else $MM\_R\_R2(M', \mathcal{T}_{\#\sigma}^{\mathcal{R}\leftarrow\mathcal{V}}(M''|_{\sigma\times\rho}), \tau, \sigma, \rho, \Sigma^P, \Sigma^R)$;

In Zeile 2 darf das Produkt als volle Matrix dargestellt werden. In Zeile 3 ist dies nicht möglich, und $\mathcal{T}_{\#\sigma}^{\mathcal{R}\leftarrow\mathcal{V}}$ aus (7.5) wandelt $M''|_{\sigma\times\rho}$ in eine $\mathcal{R}(\#\sigma,\tau,\sigma)$-Matrix um.

Die entsprechende Prozedur

procedure $MM\_V1(M', M'', \tau, \sigma, \rho, \Sigma^P, \Sigma^R, \Sigma^V)$;

bei der der erste Faktor eine volle Matrix ist, sei wieder dem Leser überlassen.

7.4.2.5 Erweiterung von T_{ind}

Wenn die Multiplikationsaufgabe $M'|_{\tau\times\sigma} \cdot M''|_{\sigma\times\rho}$ in neue Teilaufgaben zerlegt werden kann, führt dies bis auf den Fall in §7.4.2.6 zu einer Zerlegung des Blockes $b = \tau \times \rho$. Dementsprechend ist zu b eine passende Sohnmenge $S_{T_{\mathrm{ind}}}(b)$ zu definieren. Hierfür gibt es die drei Möglichkeiten

$$S_{T_{\mathrm{ind}}}(\tau \times \rho) = \{\tau' \times \rho : \tau' \in S(\tau)\}, \tag{7.18a}$$
$$S_{T_{\mathrm{ind}}}(\tau \times \rho) = \{\tau \times \rho' : \rho' \in S(\rho)\}, \tag{7.18b}$$
$$S_{T_{\mathrm{ind}}}(\tau \times \rho) = \{\tau' \times \rho' : \tau' \in S(\tau), \rho' \in S(\rho)\}. \tag{7.18c}$$

Die folgende Prozedur definiert $S_{T_{\mathrm{ind}}}(b)$, falls b noch als Blatt erklärt ist. Außerdem werden zu neu eingerichteten Blöcken $b' \in S_{T_{\mathrm{ind}}}(b)$ die Komponenten von $\Sigma^P, \Sigma^R, \Sigma^V$ als leer definiert. Der Parameter Typ hat Werte aus $\{S, W, K\}$.

procedure $MM\_Tind(\tau, \rho, \Sigma^P, \Sigma^R, \Sigma^V, Typ)$;
if $S_{T_{\mathrm{ind}}}(\tau \times \rho) = \emptyset$ **then**
begin definiere $S_{T_{\mathrm{ind}}}(\tau \times \rho)$ gemäß $\begin{cases} \text{(7.18a) falls } Typ = W \\ \text{(7.18b) falls } Typ = S \\ \text{(7.18c) falls } Typ = K \end{cases}$; (7.19)
  for all $b_s \in S_{T_{\mathrm{ind}}}(\tau \times \rho)$ **do** $\Sigma^P_{b_s} := \Sigma^R_{b_s} := \Sigma^V_{b_s} := \emptyset$
end;

[6] Es muss nicht der billigste Ausweg sein. Sobald die Sohnmenge $S_{T_{\mathrm{ind}}}(\tau \times \rho)$ bekannt ist, könnten die Matrizen weiter aufgespalten werden.

7.4.2.6 Interne Aufspaltung

Das folgende Vorgehen setzt voraus, dass

$$\mathit{Typ}(\tau \times \sigma) = S \quad \text{und} \quad \mathit{Typ}(\sigma \times \rho) = W. \tag{7.20}$$

Im Falle von $\#\sigma = 2$ ist diese Situation durch 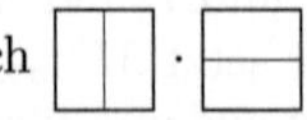 veranschaulicht. Wegen

$$M'|_{\tau\times\sigma} \cdot M''|_{\sigma\times\rho} = \sum_{\sigma'\in S(\sigma)} M'|_{\tau\times\sigma'} \cdot M''|_{\sigma'\times\rho} \tag{7.21}$$

kann das Produkt in $\#\sigma$ Produkte im gleichen Block $b = \tau \times \rho$ aufgespalten werden. Die Prozedur braucht nur Σ_b^P zu aktualisieren:

procedure $\mathit{MM\_SW}(M', M'', \tau, \sigma, \rho, \Sigma^P)$;
begin $\Sigma_b^P := \Sigma_b^P \backslash \{\sigma\}$; $\Sigma_b^P := \Sigma_b^P \cup S(\sigma)$ **end**;

Hierbei sind (7.20) und $b = \tau \times \rho$ vorausgesetzt.

7.4.2.7 W-Aufspaltung

Das folgende Vorgehen setzt voraus, dass eine der folgenden zwei Bedingungen zutrifft:

$$\mathit{Typ}(\tau \times \sigma) = W, \tag{7.22a}$$

$$\mathit{Typ}(\tau \times \sigma) = K \quad \text{und} \quad \mathit{Typ}(\sigma \times \rho) = W \tag{7.22b}$$

(im Falle von (7.22a) spielt die Struktur von $M''|_{\sigma'\times\rho}$ keine Rolle). Für $\#\tau = 2$ sind diese Situationen durch 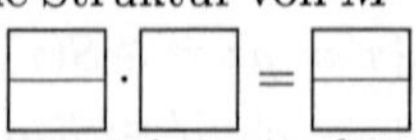 und 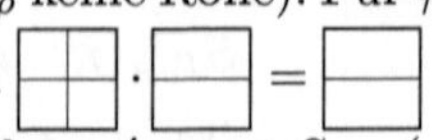 veranschaulicht. Es entstehen Untermatrizen zu den Blöcken $\tau' \times \rho \in S_{T_{\mathrm{ind}}}(\tau \times \rho)$, wobei im Zweifelsfall der Baum T_{ind} gemäß (7.18a) zu erweitern ist. Die Teilmatrizen sind die Produkte

$$(M'|_{b'} \cdot M''|_{b''})\,|_{\tau'\times\rho} = \begin{cases} M'|_{\tau'\times\sigma} \cdot M''|_{\sigma\times\rho} & \text{falls (7.22a)}, \\ \sum_{\sigma'\in S(\sigma)} M'|_{\tau'\times\sigma'} \cdot M''|_{\sigma'\times\rho} & \text{falls (7.22b)}. \end{cases}$$

Man beachte, dass diese Produkte nicht ausgewertet werden, sondern nur als neue Multiplikationsaufgaben registriert werden. Mit $\Sigma_b^P := \Sigma_b^P \backslash \{\sigma\}$ wird die Multiplikation $M'|_{b'} \cdot M''|_{b''}$ als erledigt verbucht, während im Fall (7.22a) durch $\Sigma_{b_s}^P := \Sigma_{b_s}^P \cup \{\sigma\}$ neue Multiplikationsaufgaben für alle $b_s \in S_{T_{\mathrm{ind}}}(b)$ angezeigt werden. Im Falle von (7.22b) ist $\Sigma_{b_s}^P := \Sigma_{b_s}^P \cup S(\sigma)$ zu setzen. Dies geschieht durch

procedure $\mathit{MM\_W}(M', M'', \tau, \sigma, \rho, \Sigma^P, \Sigma^R, \Sigma^V)$;
if (7.22a) **then** $\mathit{MM\_Allg}(M', M'', \tau, \sigma, \rho, \Sigma^P, \Sigma^R, \Sigma^V, W, \{\sigma\})$
else $\mathit{MM\_Allg}(M', M'', \tau, \sigma, \rho, \Sigma^P, \Sigma^R, \Sigma^V, W, S(\sigma))$;

wobei

```
procedure MM_Allg(M', M'', τ, σ, ρ, Σ^P, Σ^R, Σ^V, Typ, Neu);
begin MM_Tind(τ, ρ, Σ^P, Σ^R, Σ^V, Typ);
    Σ^P_b := Σ^P_b\{σ}; for all b_s ∈ S_{T_ind}(b) do Σ^P_{b_s} := Σ^P_{b_s} ∪ Neu
end;
```

Hierbei ist Typ wie in (7.19) erklärt, und die Mengenvariable Neu ist entweder $\{\sigma\}$ oder $S(\sigma)$.

7.4.2.8 S-Aufspaltung

Analog wird hier eine der Bedingungen (7.23a) oder (7.23b) vorausgesetzt:

$$Typ(\sigma \times \rho) = S, \tag{7.23a}$$
$$Typ(\tau \times \sigma) = S \quad \text{und} \quad Typ(\sigma \times \rho) = K. \tag{7.23b}$$

Im Falle von $\#\rho = 2$ sind diese Situationen durch 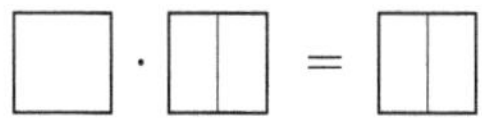

und 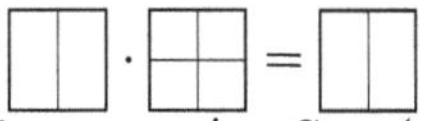 veranschaulicht. Es entstehen Untermatrizen zu den Blöcken $\tau \times \rho' \in S_{T_{\text{ind}}}(\tau \times \rho)$. Die Teilmatrizen sind die Produkte

$$(M'|_{b'} \cdot M''|_{b''})\,|_{\tau \times \rho'} = \begin{cases} M'|_{\tau\times\sigma} \cdot M''|_{\sigma\times\rho'}. & \text{falls (7.23a)}, \\ \sum_{\sigma' \in S(\sigma)} M'|_{\tau\times\sigma'} \cdot M''|_{\sigma'\times\rho'} & \text{falls (7.23b)}. \end{cases}$$

Die analoge Prozedur lautet

```
procedure MM_S(M', M'', τ, σ, ρ, Σ^P, Σ^R, Σ^V);
if (7.23a) then MM_Allg(M', M'', τ, σ, ρ, Σ^P, Σ^R, Σ^V, S, {σ})
else MM_Allg(M', M'', τ, σ, ρ, Σ^P, Σ^R, Σ^V, S, S(σ));
```

7.4.2.9 K-Aufspaltung

Eine Aufteilung von $b = \tau \times \rho$ in beiden Richtungen kann unter zwei verschiedenen Bedingungen entstehen:

$$Typ(\tau \times \sigma) = Typ(\sigma \times \rho) = K, \tag{7.24a}$$
$$Typ(\tau \times \sigma) = W \quad \text{und} \quad Typ(\sigma \times \rho) = S. \tag{7.24b}$$

In beiden Fällen ist das Produkt in Söhne von (7.18c) zerlegbar:

$$(M'|_{b'} \cdot M''|_{b''})\,|_{\tau' \times \rho'} = \begin{cases} \sum_{\sigma' \in S(\sigma)} M'|_{\tau'\times\sigma'} \cdot M''|_{\sigma'\times\rho'} & \text{falls (7.24a)}, \\ M'|_{\tau'\times\sigma} \cdot M''|_{\sigma\times\rho'} & \text{falls (7.24b)}. \end{cases}$$

Die entsprechende Prozedur ist

```
procedure MM_K(M', M'', τ, σ, ρ, Σ^P, Σ^R, Σ^V);
if (7.24b) then MM_Allg(M', M'', τ, σ, ρ, Σ^P, Σ^R, Σ^V, K, {σ})
else MM_Allg(M', M'', τ, σ, ρ, Σ^P, Σ^R, Σ^V, K, S(σ));
```

7.4.2.10 Gesamtalgorithmus für Phase 1

Gegeben einen Block $b = \tau \times \rho$, wird man zunächst versuchen, die durch Σ_b^P beschriebenen Aufgaben nach den sofort auswertbaren Fällen (§§7.4.2.3-7.4.2.4) und nach der Anwendbarkeit der internen Aufspaltung (§7.4.2.6) abzusuchen. Dies geschieht durch

procedure *MM_Reduktion*$(M', M'', \tau, \rho, \Sigma^P, \Sigma^R, \Sigma^V)$;
for all $\sigma \in \Sigma_b^P$ **do**
if $Typ(\tau \times \sigma) = R$ **then** *MM_R_R1*$(M', M'', \tau, \sigma, \rho, \Sigma^P, \Sigma^R)$ **else**
if $Typ(\sigma \times \rho) = R$ **then** *MM_R_R2*$(M', M'', \tau, \sigma, \rho, \Sigma^P, \Sigma^R)$ **else**
if $Typ(\tau \times \sigma) = V$ **then** *MM_V1*$(M', M'', \tau, \sigma, \rho, \Sigma^P, \Sigma^R, \Sigma^V)$ **else**
if $Typ(\sigma \times \rho) = V$ **then** *MM_V2*$(M', M'', \tau, \sigma, \rho, \Sigma^P, \Sigma^R, \Sigma^V)$ **else**
if (7.20) **then** *MM_SW*$(M', M'', \tau, \sigma, \rho, \Sigma^P)$;

(7.25)

Hierbei ist die Schleife über die $\sigma \in \Sigma_b^P$ so zu interpretieren, dass die eventuell durch *MM_SW* neu erzeugten Elemente von Σ_b^P auch durchlaufen werden. Damit ist gesichert, dass nach Ausführung von *MM_Reduktion* keiner der fünf Fälle aus den Zeilen 3-7 für ein $\sigma \in \Sigma_b^P$ zutreffen kann.

Falls $\Sigma_b^P = \emptyset$, ist die Multiplikationsaufgabe für den Block $b = \tau \times \rho$ ausgeführt. In der nachfolgenden Prozedur führt $\Sigma_b^P = \emptyset$ zu leeren Schleifen, sodass keine Aktion mehr erfolgt.

Falls $\Sigma_b^P \neq \emptyset$, besteht die Schwierigkeit darin, dass die Aufspaltung von b für *alle* $\sigma \in \Sigma_b^P$ in der *gleichen* Art vorzunehmen ist.

procedure *MM_Phase1*$(M', M'', \tau, \rho, \Sigma^P, \Sigma^R, \Sigma^V)$;
begin *MM_Reduktion*$(M', M'', \tau, \rho, \Sigma^P, \Sigma^R, \Sigma^V)$;
  if (7.27a) **then** *MM_K*$(M', M'', \tau, \sigma, \rho, \Sigma^P, \Sigma^R, \Sigma^V)$ **else**
  if (7.27b) **then** *MM_W*$(M', M'', \tau, \sigma, \rho, \Sigma^P, \Sigma^R, \Sigma^V)$ **else**
  if (7.27c) **then** *MM_S*$(M', M'', \tau, \sigma, \rho, \Sigma^P, \Sigma^R, \Sigma^V)$ (7.26)
  else Abbruch {nicht-konsistenter Fall};
  for all $\tau' \times \rho' \in S_{T_{\mathrm{ind}}}(\tau \times \rho)$ **do**
    MM_Phase1$(M', M'', \tau', \rho', \Sigma^P, \Sigma^R, \Sigma^V)$
end;

Simultane Zerlegbarkeit nach Typ K, W bzw. S liegt vor, wenn die entsprechenden Kriterien gegeben sind:

$$\forall \sigma \in \Sigma_{\tau\times\rho}^P : \left\{ \begin{array}{l} Typ(\tau \times \sigma) = Typ(\sigma \times \rho) = K \text{ oder} \\ (Typ(\tau \times \sigma) = W \text{ und } Typ(\sigma \times \rho) = S) \end{array} \right\}, \tag{7.27a}$$

$$\forall \sigma \in \Sigma_{\tau\times\rho}^P : \left\{ \begin{array}{l} Typ(\tau \times \sigma) = W \text{ oder} \\ (Typ(\tau \times \sigma) = K \text{ und } Typ(\sigma \times \rho) = W) \end{array} \right\}, \tag{7.27b}$$

$$\forall \sigma \in \Sigma_{\tau\times\rho}^P : \left\{ \begin{array}{l} Typ(\sigma \times \rho) = S \text{ oder} \\ (Typ(\tau \times \sigma) = S \text{ und } Typ(\sigma \times \rho) = K) \end{array} \right\}. \tag{7.27c}$$

(vgl. (7.24a,b), (7.22a,b), (7.23a,b)). Die Voraussetzungen (7.27b) und (7.27c) können zugleich zutreffen.

Wenn eine Sohnmenge $S_{T_{\mathrm{ind}}}(b)$ definiert wird, wird mindestens einer der Blöcke b' oder b'' zerlegt. Deshalb ist nach spätestens

$$\operatorname{depth}(T(I \times J, P')) + \operatorname{depth}(T(J \times K, P''))$$

Schritten ein Blatt erreicht. Dies beweist die folgende Aussage a).

Anmerkung 7.4.1. a) Die Tiefe des erzeugten Blockclusterbaumes T_{ind} ist durch $\operatorname{depth}(T(I \times J, P')) + \operatorname{depth}(T(J \times K, P''))$ beschränkt.

b) T_{ind} erfüllt nicht die Bedingung (5.43g): Sobald in einem Blatt von T_{ind} alle Produkte $M'|_{b'} \cdot M''|_{b''}$ zu $\sigma \in \Sigma_b^P$ als $\mathcal{R}(b)$-Matrizen ausgewertet werden können, liegt in b keine Multiplikationsaufgabe vor, die zur Konstruktion von $S(b)$ verwendet werden könnte.

7.4.2.11 Hinreichende Bedingungen für Konsistenz der Blockclusterbäume

Die Blockclusterbäume T' und T'' seien *konsistent* genannt, wenn der Algorithmus (7.26) zu keinem Abbruch führt. Hinreichend ist die Stufentreue.

Lemma 7.4.2. *Sind die Blockclusterbäume T' und T'' stufentreu (vgl. (5.40)), so sind sie konsistent. Der induzierte Baum T_{ind} ist ebenfalls stufentreu.*

Der stufentreue Fall ist dabei eine Spezialvariante der folgenden Eigenschaft: der Blockclusterbaum $T(I \times J)$ sei auf jeder Stufe gleichartig zerlegt:

$$\begin{aligned}&\text{für alle } \ell \geq 0 \text{ gelte:}\\ &\#\left(\{Typ(b) : b \in T^{(\ell)}(I \times J) \backslash \mathcal{L}(T(I \times J)\} \setminus \{V, R\}\right) \leq 1\end{aligned} \tag{7.28}$$

(vgl. (A.2) zur Notation $T^{(\ell)}$). Dies bedeutet, dass alle Blöcke einer Stufe ℓ, wenn sie nicht $\mathcal{V}$- oder $\mathcal{R}$-Matrizen sind, nur zu einem der Typen W, S, K gehören dürfen. Im stufentreuen Fall ist dies der Typ K. Beispielsweise führt die Konstruktion (5.45a,b) zur Eigenschaft (7.28).

Im folgenden Lemma sollen T' und T'' die Bedingung (7.28) unabhängig voneinander erfüllen, d.h. $b' \in T'^{(\ell)}$ und $b'' \in T''^{(\ell)}$ dürfen von unterschiedlichem Typ sein.

Lemma 7.4.3. *Erfüllen die Blockclusterbäume T' und T'' (7.28), so sind sie konsistent.*

Beweis. Sei $b := \tau \times \rho$. Alle Blöcke aus $\{b' = \tau \times \sigma : \sigma \in \Sigma_b^P,\, Typ(b') \notin \{V, R\}\}$ mögen den gleichen Typ besitzen und ebenso alle Blöcken aus

$$\{b'' = \sigma \times \rho : \sigma \in \Sigma_b^P,\, Typ(b'') \notin \{V, R\}\}.$$

Die Fälle mit $\mathcal{V}$- oder $\mathcal{R}$-Faktoren werden durch die Auswertung in (7.25) eliminiert. Für die verbleibenden $\sigma \in \Sigma_b^P$ werden identische Aufteilungen vorgenommen, sodass die neuen Aufgaben wieder die Induktionsvoraussetzung erfüllen. Der Induktionsanfang ergibt sich daraus, dass $\Sigma_{I \times K}^P$ nur einen Block enthält. ∎

Übung 7.4.4. a) Erfüllen T' und T'' (7.28), so auch der induzierte Blockclusterbaum T_{ind}.

b) Sind T' und T'' gemäß (5.45a) definiert, so erfüllt auch T_{ind} diese Bedingung.

7.4.2.12 Phase 2

Es sei daran erinnert, dass das (approximative) Produkt $M \approx M' \cdot M''$ mittels $P \subset \mathcal{L}(T), T = T(I \times K)$ strukturiert werden soll, d.h. es ist $M \in \mathcal{H}(k, P)$ zu erzeugen. Nach Konstruktion von T_{ind} enthalten alle Blätter in $P_{\mathrm{ind}} = \mathcal{L}(T_{\mathrm{ind}})$ $\mathcal{R}$- oder $\mathcal{V}$-Matrizen, also Einträge der Listen Σ^R, Σ^V (allerdings können auch Einträge zu internen Knoten $b \in T_{\mathrm{ind}} \backslash P_{\mathrm{ind}}$ auftreten). Da die induzierte Partition P_{ind} und die gewünschte Zielpartition P im Allgemeinen verschieden sind, ist eine Konvertierung gemäß §7.2.5 notwendig. Mittels (7.11a) wird T_{ind} so zu $T_{\mathrm{ind,erw}}$ erweitert, dass $\mathcal{L}(T_{\mathrm{ind,erw}})$ die gröbste Partition ist, die feiner als P_{ind} und P ist. Ferner liefert (7.11b) eine Erweiterung T_{erw} von $T(I \times K, P)$, sodass $\mathcal{L}(T_{\mathrm{erw}}) = \mathcal{L}(T_{\mathrm{ind,erw}})$. Für die hilfsweise auftretenden Blöcke $b \in T_{\mathrm{erw}} \backslash T(I \times K, P)$ werden Matrixblöcke $M|_b$ je nach Wert von *Grösse*(b) im $\mathcal{R}$- oder $\mathcal{V}$-Format dargestellt.

Im ersten Schritt werden alle in Σ_b^R, Σ_b^V gesammelten $\mathcal{R}$- oder $\mathcal{V}$-Matrizen in die Blätter von $\mathcal{L}(T_{\mathrm{ind,erw}})$ transportiert und dort addiert (Zeilen 6,7). Der anschließende Transport in die Blätter von P ist die Agglomeration mittels *Konvertieren_von_H* aus (7.9).

procedure *MM_Phase2*$(M, P, \Sigma^R, \Sigma^V)$;
begin $Z := 0$;
  for all $b \in T_{\mathrm{ind}}$ **do** $\left\{\begin{array}{l}\Sigma_b^R \text{ enthalte } R_1, \ldots, R_{m_R(b)} \in \mathcal{R}(b), \\ \Sigma_b^V \text{ enthalte } V_1, \ldots, V_{m_V(b)} \in \mathcal{V}(b)\end{array}\right\}$
  begin if $m_R(b) + m_V(b) > 0$ **then**
    for all $b^* \in \mathcal{L}(T_{\mathrm{ind,erw}})$ mit $b^* \subset b$ **do**
    begin for $i := 1$ **to** $m_R(b)$ **do** $Z|_{b^*} := Z|_{b^*} \oplus R_i|_{b^*}$;
      for $i := 1$ **to** $m_V(b)$ **do** $Z|_{b^*} := Z|_{b^*} \oplus V_i|_{b^*}$
  end end; {Transport auf $\mathcal{L}(T_{\mathrm{ind,erw}})$ durchgeführt}
  for all $b \in P$ **do** *Konvertieren_von_H*$(Z, b, T_{\mathrm{erw}}, k(b))$};
  $M|_b := M|_b \oplus Z|_b$
end;

Die Addition $\oplus$ (in den Zeilen 6,7,10) ist entweder die formatierte $\mathcal{R}(k)$-Summation (*Grösse*(b) = *true*) mit dem Rang $k = k(b)$ oder die exakte Summation (*Grösse*(b) = *false*).

Man beachte, dass die $\mathcal{R}(k)$-Addition erst in den Blöcken $b^* \in \mathcal{L}(T_{\mathrm{ind,erw}})$ stattfindet (*Grösse*(b) = *true* vorausgesetzt). Da die Partition $\mathcal{L}(T_{\mathrm{ind,erw}})$ feiner als P ist, sind diese Blöcke zulässig, sodass die formatierte Addition Sinn macht.

Falls $b \in P_{\mathrm{ind}}$ auch zu $T(I \times K, P)$ gehört, wird die Addition gleich im Zielblock durchgeführt.

7.4.3 Algorithmus im stufentreuen Fall

7.4.3.1 Spezielle Eigenschaften im stufentreuen Fall

Hier wird angenommen, dass alle Blockclusterbäume $T' := T(I \times J)$, $T'' := T(J \times K)$ und $T := T(I \times K)$ aus (7.15) stufentreu seien. Damit haben alle Blöcke, die keine Blätter sind, den Typ K. Nach Lemma 7.4.2 ist auch T_{ind} stufentreu. Letzteres bedeutet $T_{\text{ind}} \subset T(I \times K)$, sodass – anders als im allgemeinen Fall – keine Blöcke $b \in T_{\text{ind}}$ auftreten können, die nicht in den Blockclusterbaum T passen. Dies vereinfacht die Phase 2 aus §7.4.2.12 erheblich. Die Konvertierung in Phase 2 muss nur noch berücksichtigen, dass die Partitionen $P_{\text{ind}} = \mathcal{L}(T_{\text{ind}})$ und $P \subset T(I \times K)$ im Allgemeinen verschieden sind. Für jedes $b \in P_{\text{ind}}$ können zwei Fälle auftreten:

- $b \in T(I \times K, P)$: in diesem Fall gilt $b = \bigcup_i b_i$ für geeignete $b_i \in P$. Zwischenresultate b sind daher auf alle b_i zu beschränken und dort aufzuaddieren.
- $b \in T \backslash T(I \times K, P)$: es gibt ein $b^* \in P$ mit $b \subsetneqq b^*$. Dieses $b^* \in P$ ist die Vereinigung $b^* = \bigcup_i b_i$ für geeignete $b_i \in P_{\text{ind}}$ (b ist eines der b_i). Zwischenresultate auf b_i müssen mittels Agglomeration in b^* zusammengeführt werden.

Wegen der wesentlich vereinfachten Phase 2 wird diese in den Multiplikationsalgorithmus (7.32) integriert.

7.4.3.2 Multiplikationsalgorithmus für $\tau \times \rho \in P$

Zunächst wird die Durchführung von

$$M|_{\tau\times\rho} \leftarrow M|_{\tau\times\rho} + M'|_{\tau\times\sigma} M''|_{\sigma\times\rho} \qquad \text{für } \tau\times\rho \in P \tag{7.29}$$

beschrieben. Falls $\tau \times \rho \in P^+$, ist die Approximation

$$\mathcal{T}^{\mathcal{R}}_{k,\text{paarw}}\left(M|_{\tau\times\rho} + M'|_{\tau\times\sigma} M''|_{\sigma\times\rho}\right) \in \mathcal{R}(k,\tau,\rho)$$

gesucht. Hierfür wird $M|_{\tau\times\rho} \oplus_k M'|_{\tau\times\sigma} \odot_k M''|_{\sigma\times\rho}$ geschrieben ($\odot_k$: formatierte Multiplikation). Falls $\tau \times \rho \in P^-$, wird das Resultat ungekürzt als volle Matrix berechnet. Aufgabe (7.29) wird durch den Aufruf $MMR(M, M', M'', \tau, \sigma, \rho)$ gelöst. Dabei sind die Faktoren M' und M'' Eingabeparameter (nur die Teile $M'|_{\tau\times\sigma}$ und $M''|_{\sigma\times\rho}$ sind relevant). M ist Ein- und Ausgabeparameter, wobei auch hier nur die Untermatrix $M|_{\tau\times\rho} \in \mathcal{R}(k,\tau,\rho) \cup \mathcal{V}(\tau,\rho)$ von Interesse ist. Die Clusterparameter τ, σ, ρ müssen $\tau \times \sigma \in T(I \times J, P')$ und $\sigma \times \rho \in T(J \times K, P'')$ erfüllen. Für $\tau \times \rho$ ist lediglich $\tau \times \rho \subset b \in P$ für ein geeignetes $b \in T(I \times J, P)$ vorausgesetzt, wobei im Allgemeinen die Gleichheit $\tau \times \rho = b \in P$ mit $\tau \times \rho$ aus (7.29) beim ersten Aufruf, aber nicht mehr für die rekursiv erzeugten Aufrufe gilt (vgl. aber Folgerung 7.8.7b).

1 **procedure** $MMR(M, M', M'', \tau, \sigma, \rho)$; (7.30)
$\{M|_{\tau\times\rho} \leftarrow M|_{\tau\times\rho} \oplus_k M'|_{\tau\times\sigma} \odot_k M''|_{\sigma\times\rho}$,
Resultat in $\left\{ \begin{matrix} \mathcal{R}(k,\tau,\rho) \text{ falls } \tau\times\rho \subset b \in P^+, \\ \mathcal{V}(\tau\times\rho) \text{ falls } \tau\times\rho \subset b \in P^-. \end{matrix} \right\} \}$
begin
2 **if** $\tau\times\sigma \in P'$ **or** $\sigma\times\rho \in P''$ **then** $\{\tau\times\rho\subset b\in P$ ist vorausgesetzt$\}$
3 **begin** $Z := M'|_{\tau\times\sigma} M''|_{\sigma\times\rho}$; {Zwischenresultat $Z \in \mathbb{R}^{\tau\times\rho}$}
4 **if** $\tau\times\rho \subset b \in P^+$ **then** $Z := \mathcal{T}_k^{\mathcal{R}}(Z)$ {für ein geeignetes $b\in T$}
5 **end else** {im **else**-Fall gilt $\tau\times\sigma \notin P'$ und $\sigma\times\rho \notin P''$}
6 **begin** $Z|_{\tau\times\rho} := 0$;
7a **for all** $\tau' \in S(\tau), \sigma' \in S(\sigma), \rho' \in S(\rho)$
7b **do** $MMR(Z, M', M'', \tau', \sigma', \rho')$
8 **end**;
9 **if** $\tau\times\rho \subset b \in P^-$ **then** $M|_{\tau\times\rho} := M|_{\tau\times\rho} + Z$
10 **else** $M|_{\tau\times\rho} := \mathcal{T}_{k\leftarrow 2k}^{\mathcal{R}}(M|_{\tau\times\rho} + Z)$
end;

Zeile 2: Da $\tau\times\sigma \in T(I\times J, P')$ und $\sigma\times\rho \in T(J\times K, P'')$ vorausgesetzt wird, sind die Cluster $\tau\times\sigma$ und $\sigma\times\rho$ entweder unzulässig (d.h. echt gröber als Cluster aus P' bzw. P'') oder gehören zu einer der Partitionen. Der letzte Fall wird in den Zeilen 2-5 behandelt.

Zeile 3: Die Hilfsgröße $Z := M'|_{\tau\times\sigma} M''|_{\sigma\times\rho}$ ist eine Matrix vom Rang $\leq \max\{k', k'', n_{\min}\}$.

Zeile 4: Die Bedingung $\tau\times\rho \subset b \in P^+$ lässt sich auch ausdrücken als "$\tau\times\rho$ ist *Adm*-zulässig" (vgl. (5.13b)).

Zeile 5: Im **else**-Fall müssen $\tau\times\sigma$ und $\sigma\times\rho$ weiter zerlegt werden, da sie unzulässig sind.

Zeilen 7a,b: Die Söhne τ', σ', ρ' haben wieder die gleiche Stufenzahl. Ferner gilt $\tau'\times\sigma' \in S(\tau\times\sigma) \subset T(I\times J, P')$, $\sigma'\times\rho' \in S(\sigma\times\rho) \subset T(J\times K, P'')$, da im vorliegenden Fall die Blöcke keine Blätter sind. Die Zerlegung aller Cluster τ, σ, ρ in ihre Söhne entspricht der Behandlung in §7.4.2.9 im Falle von (7.24a).

Zeile 9: Im Standardfall (5.42) kann $\tau\times\rho \subset b \in P^-$ nur mit der Gleichheit $\tau\times\rho = b \in P^-$ auftreten. (Beweis: Sonst wäre $\tau \in S(\tau^*)$, $\sigma \in S(\sigma^*)$, $\rho \in S(\rho^*)$ und $\tau^*\times\rho^* \subset b \in P^-$. Da $\min\{\#\tau^*, \#\rho^*\} \leq n_{\min}$, sei zum Beispiel $\#\tau^* \leq n_{\min}$ angenommen. Dies impliziert $\tau^*\times\sigma^* \in P'^-$, sodass kein Aufruf mit den Söhnen τ, σ, ρ auftreten kann.)

7.4.3.3 Vollständiger Multiplikationsalgorithmus

Die Notationen aus (7.15) werden verwendet. Die Multiplikation wird rekursiv über die Multiplikation (und Aufaddition) der Untermatrizen definiert. Seien $M' \in \mathcal{H}(k', P')$, $M'' \in \mathcal{H}(k'', P'')$ und $M \in \mathcal{H}(k, P)$. Das formatierte Produkt wird in der Form $M := M \oplus_k M' \odot_k M''$ geschrieben, d.h. das eigentliche Produkt wird einem Startwert M (z.B. $M := 0$) aufaddiert. Der Aufruf

$$MM(M, M', M'', I, J, K) \qquad \text{produziert } M := M \oplus_k M' \odot_k M'', \qquad (7.31)$$

wobei MM die Prozedur (7.32) ist. Hierbei sind die Faktoren M', M'' Eingabeparameter, während M Ein- und Ausgabeparameter ist. Die Parameter τ, σ, ρ müssen $\tau \times \sigma \in T(I \times J, P')$, $\sigma \times \rho \in T(J \times K, P'')$, $\tau \times \rho \in T(I \times K, P)$ erfüllen.

1	**procedure** $MM(M, M', M'', \tau, \sigma, \rho)$;	(7.32)
2	**if** $\tau \times \sigma \notin P'$ **and** $\sigma \times \rho \notin P''$ **and** $\tau \times \rho \notin P$ **then**	
3a	**for all** $\tau' \in S_{T(I)}(\tau)$, $\sigma' \in S_{T(J)}(\sigma)$, $\rho' \in S_{T(K)}(\rho)$ **do**	
3b	$MM(M, M', M'', \tau', \sigma', \rho')$	
4	**else if** $\tau \times \rho \notin P$ **then**	$\{\tau \times \sigma \in P'$ oder $\sigma \times \rho \in P''$ gelten$\}$
5a	**begin** $Z := M'\vert_{\tau\times\sigma} M''\vert_{\sigma\times\rho}$;	
5b	$M\vert_{\tau\times\rho} := \mathcal{T}^{\mathcal{H}}_{k \leftarrow k+\max\{k',k'',n_{\min}\}}(M\vert_{\tau\times\rho} + Z)$	
6	**end else** $MMR(M, M', M'', \tau, \sigma, \rho)$;	$\{\tau \times \rho \in P\}$

Zeile 1: Die Matrizen M, M' und M'' werden im Allgemeinen die Größe $I \times K$, $I \times J$ und $J \times K$ haben. Gelesen bzw. überschrieben werden aber nur die Teile $M|_{\tau\times\rho}, M'|_{\tau\times\sigma}$ und $M''|_{\sigma\times\rho}$.

Zeilen 2-3: Hier wird der Fall behandelt, dass alle Blöcke $\tau \times \sigma$, $\sigma \times \rho$ und $\tau \times \rho$ gröber als die entsprechenden Partitionen P, P' und P'' sind.

Zeile 3: Anstelle von $M|_{\tau\times\rho} := M|_{\tau\times\rho} + M'|_{\tau\times\sigma}M''|_{\sigma\times\rho}$ wird $M|_{\tau'\times\rho'} := M|_{\tau'\times\rho'} + M'|_{\tau'\times\sigma'}M''|_{\sigma'\times\rho'}$ über alle Söhne durchgeführt.

Zeile 4: Im **else**-Fall zusammen mit $\tau \times \rho \notin P$ gilt $\tau \times \sigma \in P'$ oder $\sigma \times \rho \in P''$.

Zeile 5: In diesem Fall ist der Block $\tau \times \rho$ noch unterteilt, aber entweder $\tau \times \sigma \in P'$ oder $\sigma \times \rho \in P''$. Sei zum Beispiel $\sigma \times \rho \in P''$ angenommen. Hier gibt es zwei Unterfälle: Ist $\sigma \times \rho \in P''^{+}$, so ist $M''|_{\sigma\times\rho} \in \mathcal{R}(k'', \sigma, \rho)$ und damit auch $Z := M'|_{\tau\times\sigma}M''|_{\sigma\times\rho} \in \mathcal{R}(k'', \tau, \rho)$. Ist $\sigma \times \rho \in P''^{-}$, so ist $M''|_{\sigma\times\rho}$ eine volle Matrix. Wegen (5.42) ist $\#\sigma \le n_{\min}$ oder $\#\rho \le n_{\min}$ und impliziert $Z \in \mathcal{R}(n_{\min}, \tau, \rho)$. Gilt dagegen $\tau \times \sigma \in P'$, ergibt sich analog $Z \in \mathcal{R}(k', \tau, \rho)$ oder $Z \in \mathcal{R}(n_{\min}, \tau, \rho)$. Insgesamt folgt $Z \in \mathcal{R}(\max\{k', k'', n_{\min}\}, \tau, \rho)$. Z kann als eine Matrix aus $\mathcal{H}(\max\{k', k'', n_{\min}\}, \tau, \rho)$ geschrieben werden. Die Summe $M|_{\tau\times\rho} + Z \in \mathcal{H}(k + \max\{k', k'', n_{\min}\}, \tau \times \rho)$ wird im Sinne des schnellen Kürzens sofort mittels $\mathcal{T}^{\mathcal{H}}_{k \leftarrow k+\max\{k',k'',n_{\min}\}}$ auf den lokalen Rang k reduziert.

Zeile 6: Der verbleibende **else**-Fall entspricht $\tau \times \rho \in P$, d.h. $M|_{\tau\times\rho} + M'|_{\tau\times\sigma}M''|_{\sigma\times\rho}$ ist als Matrix im Format $\mathcal{R}(k, \tau, \rho)$ darzustellen. Dies geschieht mit der Prozedur MMR aus (7.30).

Sei $M := M' \cdot M''$ das *exakte* Produkt mit Faktoren $M' \in \mathcal{H}(k', P)$ und $M'' \in \mathcal{H}(k'', P)$, wobei $P \subset T(I \times I)$ eine gemeinsame Partition ist (d.h. $I = J = K$). Das folgende Lemma zeigt in Analogie zu Korollar 7.3.2, dass $M \in \mathcal{H}(k, P)$ für hinreichend großes k gilt (vgl. [56, Theorem 2.24]). Die auftretenden Größen C_{id}, C_{U} werden erst später in §7.8.3 definiert werden.

Lemma 7.4.5 (exakte Multiplikation). *Seien $M' \in \mathcal{H}(k', P)$ und $M'' \in \mathcal{H}(k'', P)$ mit der Partition $P \subset T(I \times I)$, wobei der Blockclusterbaum $T(I \times I)$*

stufentreu sei. $n_{\min}$ *sei die charakteristische Größe aus (5.42). Dann gehört das exakte Produkt* $M' \cdot M''$ *zu* $\mathcal{H}(k, P)$ *mit*

$$\begin{aligned} k &:= C_{\mathrm{id}} C_{\mathrm{U}} \max\{k', k'', n_{\min}\} \qquad (7.33) \\ &\leq C_{\mathrm{id}} C_{\mathrm{sp}} \left(\operatorname{depth}(T(I)) + 1\right) \max\{k', k'', n_{\min}\}. \end{aligned}$$

Dabei wird $C_{\mathrm{id}} = C_{\mathrm{id}}(P_{\mathrm{ind}})$ *in der späteren Definition 7.8.14 eingeführt.* C_{U} *ist in (7.46b) definiert und kann z.B. durch* $C_{\mathrm{sp}} \cdot (\operatorname{depth}(T(I)) + 1)$ *abgeschätzt werden.* $C_{\mathrm{sp}} := C_{\mathrm{sp}}(P_{\mathrm{ind}})$ *bezieht sich auf die induzierte Partition (vgl. §7.8.3.2).*

Beweis. Gemäß Satz 7.8.19a gilt

$$M' \cdot M'' \in \mathcal{H}(k^*, P_{\mathrm{ind}}) \qquad \text{mit} \quad k^* = C_{\mathrm{U}} \max\{k', k'', n_{\min}\}.$$

Die Produktpartition P_{ind} kann feiner als P sein. Genauer kann ein Block $b \in P$ Beiträge $(M' \cdot M'')|_{b'}$ aus höchstens C_{id} Blöcken $b' \in P_{\mathrm{ind}}$ enthalten. Damit kann sich der lokale Rang beim Übergang von P_{ind} zur Partition P höchstens um den Faktor C_{id} erhöhen. ■

7.5 Matrix-Inversion

Die nachfolgenden Algorithmen produzieren $\mathcal{H}$-Matrix-Approximationen der Inversen. Ob diese überhaupt durch $\mathcal{H}$-Matrizen approximiert werden kann, ist eine theoretischen Frage, die in Kriterium 9.5.3 und Lemma 9.5.4 für positiv definite, wohlkonditionierte Matrizen (z.B. die Finite-Element-Massematrix, §11.1) und in Satz 11.2.8 für Inversen von Finite-Element-Systemmatrizen beantwortet wird.

7.5.1 Rekursiver Algorithmus

Sei $T(I)$ ein binärer Baum (d.h. $\#S(\tau) = 2$ für alle $\tau \in T(I) \backslash \mathcal{L}(T(I))$). Die Darstellung (3.10) zeigt, dass die Inversion von $M = \begin{bmatrix} M_{11} & M_{12} \\ M_{21} & M_{22} \end{bmatrix}$ über

$$M^{-1} = \begin{bmatrix} M_{11}^{-1} + M_{11}^{-1} M_{12} S^{-1} M_{21} M_{11}^{-1} & -M_{11}^{-1} M_{12} S^{-1} \\ -S^{-1} M_{21} M_{11}^{-1} & S^{-1} \end{bmatrix}$$

rekursiv berechnet werden kann. Neben der selbstverständlichen Voraussetzung "M regulär" braucht man "M_{11} regulär" (was bei der üblichen Gauß-Elimination mittels Pivotisierung erzwungen wird).

Falls M positiv definit ist, folgt bekanntlich die Regularität aller Hauptuntermatrizen, sodass die obigen Voraussetzungen erfüllt sind. Andernfalls ist die Partition so zu wählen, dass die Regularität gesichert ist.

Der folgende Algorithmus folgt der Darstellung (3.10), ist aber nicht auf binäre Bäume $T(I)$ beschränkt. Die formatierte Inverse $\mathcal{H}(k,P) \ni A := Inv(M) \approx M^{-1}$ ergibt sich mittels

$$A := 0\,;\ \mathit{Inverse}(M, I, A);$$
$$\{\text{bildet } M \text{ in } A := \mathit{Inverse}(M) \text{ ab, } M \text{ wird überschrieben}\}$$

mit der untenstehenden Prozedur[7] *Inverse*. Hierin werden die Söhne $S_{T(I)}(\tau)$ als $\{\tau[1], \ldots, \tau[t]\}$ $(t = t(\tau) = \#S_{T(I)}(\tau))$ durchnummeriert. Die Symbole $\ominus$ und $\odot$ bezeichnen die formatierte Substraktion und Multiplikation.

1 **procedure** $\mathit{Inverse}(M, \tau, R)$;
2 **if** $\tau \times \tau \in P$ **then** $R|_{\tau\times\tau} := (M|_{\tau\times\tau})^{-1}$ **else**
3 **begin for** $\ell = 1, \ldots, t(\tau)$ **do**
4   **begin** $\mathit{Inverse}(M, \tau[\ell], R)$;
5   **for** $j = 1, \ldots, \ell - 1$ **do** $R|_{\tau[\ell]\times\tau[j]} := R|_{\tau[\ell]\times\tau[\ell]} \odot R|_{\tau[\ell]\times\tau[j]}$;
6   **for** $j = \ell + 1, \ldots, t(\tau)$ **do** $M|_{\tau[\ell]\times\tau[j]} := R|_{\tau[\ell]\times\tau[\ell]} \odot M|_{\tau[\ell]\times\tau[j]}$;
7   **for** $i = \ell + 1, \ldots, t(\tau)$ **do**
8a   **begin for** $j = 1, \ldots, \ell$ **do**
8b $R|_{\tau[i]\times\tau[j]} := R|_{\tau[i]\times\tau[j]} \ominus M|_{\tau[i]\times\tau[\ell]} \odot R|_{\tau[\ell]\times\tau[j]}$;
9a   **for** $j = \ell + 1, \ldots, t(\tau)$ **do**
9b $M|_{\tau[i]\times\tau[j]} := M|_{\tau[i]\times\tau[j]} \ominus M|_{\tau[i]\times\tau[\ell]} \odot M|_{\tau[\ell]\times\tau[j]}$
10   **end end;**
11   **for** $\ell = t(\tau), \ldots, 1$ **do**
12   **for** $i = \ell - 1, \ldots, 1$ **do for** $j = 1, \ldots, t(\tau)$ **do**
13         $R|_{\tau[i]\times\tau[j]} := R|_{\tau[i]\times\tau[j]} \ominus M|_{\tau[i]\times\tau[\ell]} \odot R|_{\tau[\ell]\times\tau[j]}$
14 **end;**

Zeile 1: $M \in \mathcal{H}(k,P)$ ist Eingabe; $R|_{\tau\times\tau} := Inv\,(M|_{\tau\times\tau})$ ist Ausgabe, wobei $\tau \in T(I)$.

Zeile 2: Da $\tau \times \tau$ ein Diagonalblock ist und $M|_{\tau\times\tau}$ vollen Rang haben muss, wird implizit angenommen, dass nicht nur $\tau \times \tau \in P$, sondern auch $\tau \times \tau \in P^-$ gilt und $M|_{\tau\times\tau}$ daher als volle Untermatrix vorliegt. Als solche wird sie mit Standardverfahren invertiert.

Zeilen 3-14: Der Rest des Algorithmus behandelt den Fall $\tau \times \tau \notin P$. $t(\tau)$ ist die Zahl der Söhne von τ. Nachfolgend ist die Block-Gauß-Elimination auf eine Blockmatrix bestehend aus $t(\tau) \times t(\tau)$ Blöcken anzuwenden.

Zeilen 3-10: Die ℓ-Schleife dient der Elimination der Blöcke im unteren Dreiecksteil. In *Zeile 4* wird der Diagonal-Unterblock $M|_{\tau[\ell]\times\tau[\ell]}$ invertiert (Resultat auf $R|_{\tau[\ell]\times\tau[\ell]}$). In den *Zeilen 5+6* wird die ℓ-te Blockzeile mit $R|_{\tau[\ell]\times\tau[\ell]} = (M|_{\tau[\ell]\times\tau[\ell]})^{-1}$ multipliziert. Insbesondere lautet der neue R-Wert im Diagonalblock $R|_{\tau[\ell]\times\tau[\ell]} = I$ (dieser Wert wird aber weder berechnet noch abgespeichert. Deshalb kommt $j = \ell$ in der Schleife nicht vor). Die *Zeilen 7-9* dienen der Elimination der ℓ-ten Blockspalte.

Zeilen 11-13: Elimination der Blöcke im oberen Dreiecksteil.

[7] Eine präzisere Beschreibung findet sich im Prinzip in [56]. Wegen der dortigen Druckfehler sei auch auf den Report [55] verwiesen.

7.5.2 Alternativer Algorithmus mittels Gebietszerlegung

Im Falle einer schwach besetzten Matrix M kann man Überlegungen aus dem Bereich der Gebietszerlegungen anwenden. Man erhält dann eine andere Partitionierung der Matrix, die ausführlich in §9.2 dargestellt ist. Die Anwendung auf die Invertierung lässt sich zum Teil parallel gestalten (Details in §9.2.5). Der obige Algorithmus besitzt einen prinzipiellen Nachteil bei der Implementierung auf einem Parallelrechner. Die Invertierungen $\mathit{Inverse}(M,\tau[\ell],R)$ für $\ell = 1,\ldots,\#S(\tau)$ aus Zeile 4 müssen im Allgemeinen sequentiell stattfinden, da die Berechnungen für ℓ die Untermatrizen $M|_{\tau[j]\times\tau[j]}$ für $j > \ell$ verändern.

7.5.3 Newton-Verfahren

Die Inverse $X := M^{-1}$ lässt sich als Lösung der nichtlinearen Gleichung $f(X) := M - X^{-1} = 0$ auffassen. Wie für jede differenzierbare, nichtlineare Gleichung $f(X) = 0$ ist das Newton[8]-Verfahren als Lösungsmethode anwendbar. Die Ableitung $f'(X) : \mathbb{R}^{I\times I} \to \mathbb{R}^{I\times I}$ lautet

$$f'(X)Y = X^{-1}YX^{-1} \qquad \text{für alle } Y \in \mathbb{R}^{I\times I}.$$

Die Newton-Iteration lautet $X^{(m+1)} = X^{(m)} - Y$, wobei Y die Lösung von $f'(X^{(m)})Y = f(X^{(m)})$ ist. Mit der obigen Darstellung von $f'(X)$ ergibt sich die Lösung $Y = X^{(m)}MX^{(m)} - X^{(m)}$. Damit lautet das Newton-Verfahren[9] (das für diesen Spezialfall auch Schulz-Verfahren[10] genannt wird)

$$X^{(m+1)} = X^{(m)} - \left(X^{(m)}MX^{(m)} - X^{(m)}\right) = 2X^{(m)} - X^{(m)}MX^{(m)}. \tag{7.34}$$

Übung 7.5.1. Seien M invertierbar und $X^{(0)}$ ein Startwert mit der Fehlerschranke $\|M\|\,\|X^{(0)} - M^{-1}\| =: q < 1$, wobei $\|\cdot\|$ eine submultiplikative Matrixnorm ist. Man zeige die quadratische Konvergenz

$$\|X^{(m)} - M^{-1}\| \le \|M^{-1}\|q^{2^m}.$$

Im positiv definiten Fall $M^{-1} > X^{(0)} > 0$ zeige man globale Konvergenz und $X^{(m)} > 0$ für alle $m \ge 0$. Hinweis: Für $F_m := I - M^{1/2}X^{(m)}M^{1/2} > 0$ weise man $F_{m+1} = F_m^2$ nach.

---

[8] Sir Isaac Newton, geboren am 4. Jan. 1643 in Woolsthorpe in Lincolnshire, gestorben am 31. März 1727 in London.

[9] Man sollte $X^{(m+1)} = 2X^{(m)} - X^{(m)}MX^{(m)}$ eher nicht in der Reihenfolge $(2X^{(m)}) - (X^{(m)}MX^{(m)})$ berechnen. Besser ist es, zuerst den auslöschungsanfälligen Anteil, also das Residuum $Z := X^{(m)}M - I$ zu berechnen. Dann ist $X^{(m+1)} = (I - Z)X^{(m)}$.

[10] In dem Artikel [127] von G. Schulz wird der Algorithmus als "neues Iterationsverfahren" vorgestellt und die Übereinstimmung mit dem Newton-Verfahren nicht erwähnt.

Für die praktische Durchführung ist (7.34) eher nicht zu empfehlen. Wenn keine speziellen Gegebenheiten ausgenutzt werden können, kostet (7.34) *zwei* Matrix-Matrix-Multiplikationen. Die Kosten der Inversion entsprechen aber nur denen *einer* Matrix-Matrix-Multiplikation.

7.6 LU- bzw. Cholesky-Zerlegung

Eine Standardmethode zur Auflösung des Gleichungssystems $Ax = b$ ist die Zerlegung von A in das Produkt $A = LU$ von Dreiecksmatrizen. Selbst wenn LU nur eine Näherung von A darstellt, erhält man ein Iterationsverfahren (Details in §9.1), dessen Konvergenzgeschwindigkeit mit der Approximationsgüte zunimmt.

Zur Definition der LU- und Cholesky-Zerlegungen vergleiche man (1.5a) und (1.5b). Im Prinzip stellt sich zuerst die Frage, ob die LU-Faktoren der Zerlegung wieder durch $\mathcal{H}$-Matrizen approximierbar sind. In §9.2 wird gezeigt werden, dass unter geeigneten Voraussetzungen (Schwachbesetztheit) diese Eigenschaft aus der $\mathcal{H}$-Matrix-Approximierbarkeit der Inversen folgt.

7.6.1 Format der Dreiecksmatrizen

Dreiecksmatrizen sind nur definierbar, wenn eine Anordnung der Indizes aus I vorgegeben ist. Ferner muss diese Anordnung zu der Zerlegung im Clusterbaum $T(I)$ konsistent sein, d.h. $I = \{i_1, \ldots, i_{\#I}\}$ ist die Anordnung und

$$\begin{aligned}&\text{für alle } \tau \in T(I) \text{ gibt es } \alpha(\tau), \beta(\tau) \in \{1, \ldots, \#I\},\\ &\text{sodass } \tau = \{i_{\alpha(\tau)}, i_{\alpha(\tau)+1}, \ldots, i_{\beta(\tau)}\}.\end{aligned} \tag{7.35}$$

Hieraus ergibt sich die Anordnung der Cluster gleicher Stufe. Sind $\tau', \tau'' \in T^{(\ell)}(I)$ zwei verschiedene Cluster, so gilt nach (7.35) entweder $i < j$ für alle $i \in \tau'$ und $j \in \tau''$ oder $i > j$ für alle $i \in \tau'$ und $j \in \tau''$. Dies definiert die eindeutige Anordnungsrelation $\tau' < \tau''$ bzw. $\tau' > \tau''$.

Die hier vorausgesetzten Anordnungseigenschaften stimmen mit denen überein, die in §5.3.4 erzeugt werden, um die Speicherkosten für $T(I)$ minimal zu halten. Die intern erzeugte Anordnung kann daher zur LU-Zerlegung verwandt werden.

Die einfachste Annahme über das Format hierarchischer Dreiecksmatrizen L und U der LU-Zerlegung ist die Überlagerung beider Eigenschaften:

$$L, U \in \mathcal{H}(k, P), \qquad \begin{cases} L_{i_\alpha i_\beta} = 0 \text{ für } \alpha < \beta, \\ L_{i_\alpha i_\alpha} = 1 \text{ für } 1 \le \alpha \le \#I, \\ U_{i_\alpha i_\beta} = 0 \text{ für } \alpha > \beta. \end{cases} \tag{7.36a}$$

Für die Lösbarkeit ist zudem $U_{i_\alpha i_\alpha} \neq 0$ zu garantieren. Ein stufentreuer Blockclusterbaum wird vorausgesetzt (damit die Komponenten der Blöcke zu gleichen Stufen gehören und somit vergleichbar sind). Auf der Blockebene bedeutet diese Bedingung

$$\begin{aligned} L|_b &= O \text{ für } b = \tau \times \sigma \text{ mit } \tau < \sigma, \\ U|_b &= O \text{ für } b = \tau \times \sigma \text{ mit } \tau > \sigma, \end{aligned} \tag{7.36b}$$

während für die Diagonalblöcke $b = \tau \times \tau$ die Matrixblöcke $L|_b$ normierte untere Dreiecksmatrizen und $U|_b$ obere Dreiecksmatrizen sind.

Im Falle der *Cholesky-Zerlegung* braucht nur ein Faktor L verwaltet zu werden, für den statt $L_{i_\alpha i_\alpha} = 1$ nur $L_{i_\alpha i_\alpha} > 0$ vorausgesetzt wird.

Die Dreiecksmatrizen können auch durch *Block-Dreiecksmatrizen* ersetzt werden:

$$\begin{aligned} &\text{Außerdiagonalblöcke:} \\ &\quad L|_{\tau\times\sigma} = O \text{ für } \tau < \sigma \text{ und } U|_{\tau\times\sigma} = O \text{ für } \tau > \sigma, \\ &\text{Diagonalblöcke:} \\ &\quad L|_{\tau\times\tau} = I \text{ und } U|_{\tau\times\tau} \in \mathcal{V}(\tau\times\tau) \text{ für } \tau\times\tau \in P. \end{aligned} \tag{7.37}$$

Der Vorteil der Block-Dreieckszerlegung besteht darin, dass sie wohldefiniert sein kann, obwohl die einfache LU-Zerlegung wegen Pivotproblemen nicht existiert oder numerisch bedenklich ist.

7.6.2 Auflösung von $LUx = b$

Sinn der LU-Zerlegung ist die Lösung von $Ax = b$ mit $A = LU$ mittels der beiden Schritte $Ly = b$ und $Ux = y$. Die Gleichung $Ly = b$ löst man durch *Vorwärts-* und $Ux = y$ durch *Rückwärtseinsetzen.* Diese Schritte können leicht für hierarchische Matrizen formuliert werden und werden exakt durchgeführt. Die Prozedur *Vorwärtseinsetzen*(L, τ, y, b) liefert die Lösung $y|_\tau$ von $L|_{\tau\times\tau} y|_\tau = b|_\tau$. Zur Lösung von $Ly = b$ ist *Vorwärtseinsetzen*(L, I, y, b) mit $\tau = I$ aufzurufen, wobei der Eingabevektor b überschrieben wird (die Parameterwahl $y = b$ ist möglich).

1 **procedure** *Vorwärtseinsetzen*(L, τ, y, b);
2 **if** $\tau \times \tau \in P$ **then**
3   **for** $j := \alpha(\tau)$ **to** $\beta(\tau)$ **do**
4   **begin** $y_j := b_j$; **for** $i := j{+}1$ **to** $\beta(\tau)$ **do** $b_i := b_i - L_{ij} y_j$ **end**
5 **else for** $j := 1$ **to** $\#S(\tau)$ **do**
6 **begin** *Vorwärtseinsetzen*$(L, \tau[j], y, b)$;
7   **for** $i := j + 1$ **to** $\#S(\tau)$ **do** $b|_{\tau[i]} := b|_{\tau[i]} - L|_{\tau[i]\times\tau[j]} \cdot y|_{\tau[j]}$
8 **end;** (7.38a)

In *Zeile 1* der Prozedur sind L, τ, b Eingabe- und y Ausgabeparameter. Der Parameter τ muss zu $T(I \times I, P)$ gehören, während $y, b \in \mathbb{R}^I$ und L (7.36a) mit $P \subset T(I \times I)$ erfüllen.

Zeilen 2-4: Wie beim Inversionsalgorithmus erklärt, kann $\tau \times \tau \in P$ zu $\tau \times \tau \in P^-$ verstärkt werden. Daher wird $L|_{\tau\times\tau}$ als volle Matrix behandelt.

Entsprechend wird das übliche, komponentenweise Vorwärtseinsetzen durchgeführt.

Zeile 3: Die Größen $\alpha(\tau)$ und $\beta(\tau)$ stammen aus (7.35).

Zeilen 5-8: $L|_{\tau\times\tau}$ wird als Blockmatrix mit den Unterblöcken $\tau[i] \times \tau[j] \in S(\tau \times \tau)$ behandelt. Dabei ist $\tau[1], \ldots, \tau[\#S(\tau)]$ eine Aufzählung der Söhne von τ.

In *Zeile 7* ist die Matrixvektormultiplikation *MVM* aus (7.2) aufzurufen, wobei entweder y durch $-y$ zu ersetzen ist oder eine Variante *MVM_Minus*$(y, M, x, I \times J)$ zu formulieren ist, die $y := y - Mx$ statt $y := y + Mx$ produziert.

Die Prozedur *Rückwärtseinsetzen* zur Lösung von $Ux = y$ lautet analog. U, τ, y sind Eingabe- und x Ausgabeparameter. y wird überschrieben.

```
procedure Rückwärtseinsetzen(U, τ, x, y);
if τ × τ ∈ P then for j := β(τ) downto α(τ) do
  begin x_j := y_j/U_jj;
        for i := α(τ) to j − 1 do y_i := y_i − U_ij x_j
  end
else for j := #S(τ) downto 1 do
    begin Rückwärtseinsetzen(U, τ[j], x, y);
        for i := 1 to j − 1 do y|τ[i] := y|τ[i] − U|τ[i]×τ[j] · x|τ[j]
    end;
```
(7.38b)

Die Gesamt-LU-Auflösung lautet damit

```
procedure Löse_LU(L, U, I, x, b);   {L, U, I, b Ein-, x Ausgabe}
begin x := b; Vorwärtseinsetzen(L, I, x, x);
      Rückwärtseinsetzen(U, I, x, x)
end;
```
(7.38c)

wobei hier der Eingabevektor b nicht überschrieben wird.

Die Formulierung der Block-Version (7.37) ist dem Leser als Übung überlassen. Da die Diagonalmatrizen $U|_{\tau\times\tau}$ mit $\tau \times \tau \in P$ invertiert werden müssen, ist es empfehlenswert, diese Invertierung sofort bei der Konstruktion von U durchzuführen und beim Rückwärtseinsetzen nur mit der auf $U|_{\tau\times\tau}$ abgelegten Inversen zu multiplizieren.

Die Formulierung der Cholesky-Variante ist ebenfalls dem Leser überlassen. Im Cholesky-Fall ist die Prozedur *Vorwärtseinsetzen* zu modifizieren, da L nicht normiert ist. Ferner ist *Rückwärtseinsetzen*(U, τ, x, y) so zu ändern, dass anstelle der oberen Dreiecksmatrix $U = L^\top$ direkt L verwendet wird. Die modifizierten Prozeduren seien

VorwärtseinsetzenC(L, τ, y, b) und *RückwärtseinsetzenC*(L, τ, x, y).

Dann geschieht die Cholesky-Auflösung von $LL^\top x = b$ durch

procedure *Löse_LLT*(L, I, x, b); $\{L, U, I, b$ Ein-, x Ausgabe$\}$
begin $x := b$; *VorwärtseinsetzenC*(L, I, x, x);
  RückwärtseinsetzenC(L, I, x, x)
end; (7.38d)

Schließlich wird noch ein Algorithmus zur Auflösung von $x^\top U = y^\top$ benötigt. Die Gleichung ist identisch zu $Lx = y$ mit $L := U^\top$, wobei in diesem Falle die untere Dreiecksmatrix L nicht normiert ist. Die zugehörige Prozedur

procedure *VorwärtseinsetzenT*(U, τ, x, y); $\{$Lösung von $x^\top U = y^\top\}$

ist dem Leser überlassen.

7.6.3 Matrixwertige Lösung von $LX = Z$ und $XU = Z$

$X, Z \in \mathcal{H}(k, P')$ seien hierarchische Matrizen zu einer Partition $P' \subset T(I \times J)$, wobei $T(I \times J)$ stufentreu sei. Die Indexmenge I stimme mit der aus $L \in \mathcal{H}(k, P)$ und $P \subset T(I \times I)$ überein. Zu lösen ist die Gleichung

$$LX = Z$$

in $\mathbb{R}^{I \times J}$, die $\#J$ simultane skalare Gleichungen der Form $Lx = z$ repräsentiert. Die Prozedur *Vorwärts_M* löst $L|_{\tau\times\tau} X|_{\tau\times\sigma} = Z|_{\tau\times\sigma}$ für die Blöcke $\tau \times \tau \in T(I \times I, P)$ und $\tau \times \sigma \in T(I \times J, P')$. Das Gleichungssystem $LX = Z$ in $I \times J$ wird mittels *Vorwärts_M*(L, X, Z, I, J) gelöst. Zur Schreibweise $X_{\tau,j}$ usw. für die Matrizenspalten vergleiche man Notation 1.3.9.

1 **procedure** *Vorwärts_M*(L, Y, R, τ, σ);
2 **if** $\tau \times \sigma \in P^-$ **then** $\{$spaltenweises Vorwärtseinsetzen$\}$
3   **for all** $j \in \sigma$ **do** *Vorwärtseinsetzen*$(L, \tau, X_{\tau,j}, Z_{\tau,j})$
4 **else if** $\tau \times \sigma \in P^+$ **then**
5 **begin** $\{$sei $Z|_{\tau\times\sigma} = AB^\top$ gemäß (2.1) mit $A \in \mathbb{R}^{\tau\times\{1,\ldots,k\}}\}$
6   **for** $j = 1$ **to** k **do** *Vorwärtseinsetzen*$(L, \tau, A'_{\tau,j}, A_{\tau,j})$;
7   $X|_{\tau\times\sigma} :=$ Rang-k-Darstellung $A'B^\top$ (7.39a)
8 **end**
9 **else for** $i = 1$ **to** $\#S(\tau)$ **do for** $\sigma' \in S(\sigma)$ **do**
10 **begin** *Vorwärts_M*$(L, X, Z, \tau[i], \sigma')$;
11   **for** $j = i + 1$ **to** $\#S(\tau)$ **do**
12     $Z|_{\tau[j]\times\sigma'} := Z|_{\tau[j]\times\sigma'} \ominus L|_{\tau[j]\times\tau[i]} \odot X|_{\tau[i]\times\sigma'}$
13 **end**;

Zeile 1: Die Matrizen L, Z und die Cluster τ, σ sind Eingabeparameter, während X Ausgabeparameter ist.

Zeilen 2-3: Falls $Z|_{\tau\times\sigma}$ eine volle Matrix ist, wird (7.38a) auf jede der $\#\sigma$ Spalten angewandt.

Zeilen 4-8: Falls $Z|_{\tau\times\sigma}$ eine Rang-k-Matrix $AB^\top$ ist, liefert das Vorwärtseinsetzen (7.38a) angewandt auf die k Spalten von A die Matrix A' und (A', B) bilden die Rang-k-Darstellung des Resultats $X|_{\tau\times\sigma} = A'B^\top$.

Zeilen 9-13: Es bleibt der Fall $\tau \times \sigma \in T(I \times I, P)\backslash P$, der hier für den Standardfall $\#S(\sigma) = 2$ erklärt sei. Das Problem $L|_{\tau\times\tau}X|_{\tau\times\sigma} = Z|_{\tau\times\sigma}$ hat die Blockstruktur

$$\begin{bmatrix} L_{11} & 0 \\ L_{21} & L_{22} \end{bmatrix} \begin{bmatrix} X_{11} & X_{12} \\ X_{21} & X_{22} \end{bmatrix} = \begin{bmatrix} Z_{11} & Z_{12} \\ Z_{21} & Z_{22} \end{bmatrix}$$
$$\text{mit } L_{ij} = L|_{\tau[i]\times\tau[j]},\ X_{ij} = X|_{\tau[i]\times\sigma[j]},\ Z_{ij} = Z|_{\tau[i]\times\sigma[j]}.$$

Die Gleichungen $L_{11}X_{11} = Z_{11}$ und $L_{11}X_{12} = Z_{12}$ der ersten Blockzeile werden mit dem Aufruf von *Vorwärts_M* in Zeile 10 gelöst, während die Gleichungen $L_{21}X_{11} + L_{22}X_{21} = Z_{21}$ und $L_{21}X_{12} + L_{22}X_{22} = Z_{22}$ der zweiten Blockzeile in die Form $L_{22}X_{21} = Z'_{21} := Z_{21} - L_{21}X_{11}$ usw. gebracht werden (Zeilen 11-12), um für $i = 2$ in Zeile 10 nach Y_{21}, Y_{22} gelöst werden zu können.

Zur Lösung der Gleichung $XU = Z$ mit einer unteren hierarchischen Dreiecksmatrix U und der unbekannten Matrix X auf der linken Seite verwendet man

```
procedure VorwärtsT_M(U, X, Z, τ, σ);
if τ × σ ∈ P⁻ then
      for all i ∈ τ do VorwärtseinsetzenT(U, σ, X_{i,σ}, Z_{i,σ})
else if τ × σ ∈ P⁺ then
begin {sei Z|_{τ×σ} = AB^⊤ gemäß (2.1) mit B ∈ ℝ^{{1,...,k}×σ}}
      for j = 1 to k do VorwärtseinsetzenT(U, σ, B'_{i,σ}, B_{i,σ});
      X|_{τ×σ} := Rang-k-Darstellung AB'^⊤
end else
for j = 1 to #S(σ) do for τ' ∈ S(τ) do
begin VorwärtsT_M(U, X, Z, τ', σ[j]); for i = 1 to j − 1 do
            Z|_{τ'×σ[i]} := Z|_{τ'×σ[i]} ⊖ X|_{τ'×σ[i]} ⊙ U|_{σ[i]×σ[j]}
end;
```
(7.39b)

Die Varianten im Cholesky-Fall sind dem Leser überlassen.

7.6.4 Erzeugung der LU- bzw. Cholesky-Zerlegung

Es bleibt die Erzeugung der hierarchischen LU-Faktoren in $A = LU$ zu beschreiben (siehe auch §3.8). Es sei zur Vereinfachung der Beschreibung angenommen, dass $\#S(I) = 2$. Dann besitzen die Matrizen in $A = LU$ die Struktur $\begin{bmatrix} A_{11} & A_{12} \\ A_{21} & A_{22} \end{bmatrix} = \begin{bmatrix} L_{11} & O \\ L_{21} & L_{22} \end{bmatrix} \begin{bmatrix} U_{11} & U_{12} \\ O & U_{22} \end{bmatrix}$. Dies führt auf die vier Unteraufgaben

(i) Berechne L_{11} und U_{11} als Faktoren der LU-Zerlegung von A_{11}.
(ii) Berechne U_{12} aus $L_{11}U_{12} = A_{12}$.
(iii) Berechne L_{21} aus $L_{21}U_{11} = A_{21}$.
(iv) Berechne L_{22} und U_{22} als LU-Zerlegung von $L_{22}U_{22} = A_{22} - L_{21}U_{12}$.

Aufgabe (ii) wird durch *Vorwärts_M*$(L_{11}, U_{12}, A_{12}, \tau_1, \tau_2)$ gelöst, während für (iii) die Prozedur *VorwärtsT_M* aus (7.39b) zu verwenden ist. Die rechte Seite in $L_{22}U_{22} = A_{22} - L_{21}U_{12}$ kann mit der üblichen formatierten Multiplikation $\odot$ berechnet werden, wobei eine spezielle Prozedur, die die Präsenz der Nullen in den jeweiligen Hälften berücksichtigt, effizienter wäre. Es bleibt die Aufgabe, die Faktoren der beiden LU-Zerlegungen $L_{11}U_{11} = \ldots$ und $L_{22}U_{22} = \ldots$ zu bestimmen. Dies definiert eine Rekursion, die an den Blättern durch die übliche LU-Zerlegung voller Matrizen definiert ist.

Der Aufruf *LU-Zerlegung*(L, U, A, I) liefert die gewünschten LU-Faktoren von A. Dabei löst die Prozedur *LU-Zerlegung*(L, U, A, τ) das Teilproblem $L|_{\tau\times\tau}U|_{\tau\times\tau} = A|_{\tau\times\tau}$ für $\tau \in T(I \times I, P)$.

1 **procedure** *LU-Zerlegung*(L, U, A, τ);
2 **if** $\tau \times \tau \in P$ **then**
3 berechne $L|_{\tau\times\tau}$ und $U|_{\tau\times\tau}$ als LU-Faktoren von $A|_{\tau\times\tau}$
4 **else for** $i = 1$ **to** $\#S(\tau)$ **do**
5 **begin** *LU-Zerlegung*$(L, U, A, \tau[i])$;
6 **for** $j = i+1$ **to** $\#S(\tau)$ **do** (7.40)
7 **begin** *VorwärtsT_M*$(U, L, A, \tau[j], \tau[i])$;
8 *Vorwärts_M*$(L, U, A, \tau[i], \tau[j])$;
9 **for** $k = i+1$ **to** $\#S(\tau)$ **do**
10 $A|_{\tau[j]\times\tau[k]} := A|_{\tau[j]\times\tau[k]} \ominus L|_{\tau[j]\times\tau[i]} \odot U|_{\tau[i]\times\tau[k]}$
11 **end end**;

Zeilen 2-3: Da $\tau\times\tau \in P^-$, sind $A|_{\tau\times\tau}$, $L|_{\tau\times\tau}$ und $U|_{\tau\times\tau}$ als volle Matrizen dargestellt.

Zeilen 4-11: Die i-Schleife erfordert die Anordnung der Sohncluster $S(\tau) = \{\tau[1], \ldots, \tau[\#S(\tau)]\}$.

Zeile 7: Berechnung von $L|_{\tau[j]\times\tau[i]}$.

Zeile 8: Berechnung von $U|_{\tau[i]\times\tau[j]}$.

Die Formulierung der Cholesky-Zerlegungsprozedur ist dem Leser überlassen.

7.7 Hadamard-Produkt

Das komponentenweise durchgeführte Hadamard-Produkt zweier Matrizen kommt gelegentlich vor. Seien $P \subset T(I \times I)$ und $M' \in \mathcal{H}(k', P)$ und $M'' \in \mathcal{H}(k'', P)$. Wie die Addition ist das Hadamard-Produkt blockweise durchführbar:

$$(M' \circ M'')|_b = M'|_b \circ M''|_b \qquad \text{für alle } b \in P.$$

Für $b \in P^-$ werden die vollen Matrizen $M'|_b, M''|_b$ elementweise multipliziert. Für $b \in P^+$ entsteht das Hadamard-Produkt $M'|_b \circ M''|_b$ zweier $\mathcal{R}$-Matrizen. Gemäß Übung 2.3.2 gilt für das exakte Resultat $M'|_b \circ M''|_b \in \mathcal{R}(k'k'', b)$. Dies beweist die

Anmerkung 7.7.1. Seien $M' \in \mathcal{H}(k', P)$ und $M'' \in \mathcal{H}(k'', P)$. Dann gehört das (exakte) Hadamard-Produkt $M' \circ M''$ zu $\mathcal{H}(k'k'', P)$. Nach entsprechender Kürzung mit $T^{\mathcal{H}}_{k \leftarrow k'k''}$ erhält man die Näherung in $\mathcal{H}(k, P)$.

7.8 Aufwand der Algorithmen

7.8.1 Matrix-Vektor-Multiplikation

Im Falle des vollen Matrixformats benötigt die Matrix-Vektor-Multiplikation eine Multiplikation und eine Addition pro Matrixeintrag, d.h. die Kosten der Matrix-Vektor-Multiplikation betragen das Doppelte des Speicheraufwandes. Ähnliches gilt für die hierarchischen Matrizen, deren Speicheraufwand in Lemma 6.3.6 abgeschätzt wurde.

Lemma 7.8.1. *Die Anzahl N_{MV} der arithmetischen Operationen für eine Matrix-Vektor-Multiplikation mit einer Matrix aus $\mathcal{H}(k, P)$ ist abschätzbar durch den Speicheraufwand $S_{\mathcal{H}}(k, P)$ (vgl. Lemma 6.3.6):*

$$S_{\mathcal{H}}(k, P) \leq N_{\mathrm{MV}} \leq 2S_{\mathcal{H}}(k, P). \tag{7.41}$$

Beweis. a) Die Matrix-Vektor-Multiplikation $y := Mx$ erfordert die Matrix-Vektor-Multiplikation $M|_b\, x|_\sigma$ für alle $b = \tau \times \sigma \in P$ und zusätzlich $\#\tau$ Additionen, um $M|_b\, x|_\sigma$ in $y|_\tau = \sum_{b=\tau\times\sigma\in P} M|_b\, x|_\sigma$ aufzuaddieren.

b) Wenn $b \in P^-$, ist $M|_b \in \mathcal{V}(b)$ eine volle Matrix. In diesem Fall ist $S = \#\tau\#\sigma$ der Speicherbedarf und $N_{\mathrm{MV}} = 2\#\tau\#\sigma - \#\tau$. Offenbar gelten die Ungleichungen $S \leq N_{\mathrm{MV}}$ und $N_{\mathrm{MV}} + \#\tau \leq 2S$.

c) Wenn $b \in P^+$, ist $M|_b$ eine Rang-k-Matrix, für die $N_{\mathrm{MV}} = 2k\,(\#\tau + \#\sigma) - \#\tau - k$ und der Speicherbedarf $S = k\,(\#\tau + \#\sigma)$ gelten (vgl. Anmerkungen 2.3.1a und 2.2.5). Wieder ist $S \leq N_{\mathrm{MV}}$ und $N_{\mathrm{MV}} + \#\tau \leq 2S$.

d) Summation aller Ungleichung liefert das gewünschte Resultat (7.41). ∎

Falls man das Skalarprodukt $\langle y, Mx\rangle$ als $\langle y, z\rangle$ mit $z := Mx$ berechnet, kommen zum Aufwand der z-Berechnung noch $2n - 1$ Operationen im Fall einer $n \times n$-Matrix M hinzu. Dies kann vermieden werden, wenn in Übung 7.1.2 der richtige Algorithmus gefunden ist.

Übung 7.8.2. Der in Übung 7.1.2 gesuchte optimale Algorithmus führt auf $\leq 2S_{\mathcal{H}}(k, P)$ Operationen für die Berechnung des Skalarproduktes $\langle y, Mx\rangle$.

7.8.2 Matrix-Addition

Der Aufwand der Kürzung $\mathcal{T}^{\mathcal{H}}_{k \leftarrow \ell}$ ergibt sich als Summe der Kosten für $\mathcal{T}^{\mathcal{R}}_{k \leftarrow \ell}(M|_b)$ über alle $b \in P^+$ (vgl. Anmerkung 2.5.4).

Lemma 7.8.3. *Sei $k < \ell$. Der Aufwand von $M \mapsto \mathcal{T}_{k\leftarrow\ell}^{\mathcal{H}} M$ beträgt*

$$N_{\mathcal{T}^{\mathcal{H}}}(\ell) \leq \sum_{b=\tau\times\sigma\in P^+} \left[6\ell^2 \left(\#\tau + \#\sigma\right) + 22\ell^3\right] \leq 6\ell S_{\mathcal{H}}(\ell, P^+) + 22\ell^3 \# P^+, \quad (7.42)$$

wobei die Schranken $S_{\mathcal{H}}(\ell, P^+) \leq S_{\mathcal{H}}(\ell, P)$ und $\#P^+ \leq \#P$ in Lemmata 6.3.6 und 6.3.4 abgeschätzt sind.

Lemma 7.8.4. *a) Die formatierte Addition $\oplus_k : \mathcal{H}(k_1, P) \times \mathcal{H}(k_2, P) \to \mathcal{H}(k, P)$ kostet*

$$\begin{aligned} N_{H+H} =\; & N_{\mathcal{T}^{\mathcal{H}}}(k_1 + k_2) + \textstyle\sum_{b\in P} \#b && \text{für } k < k_1 + k_2 \\ & \leq 6\left(k_1 + k_2\right) S_{\mathcal{H}}(k_1 + k_2, P) + 22\left(k_1 + k_2\right)^3 \#P^+, \\ N_{H+H} =\; & \textstyle\sum_{b\in P} \#b \leq S_{\mathcal{H}}(P^-) && \text{für } k \geq k_1 + k_2. \end{aligned}$$

b) Im Standardfall $k = k_1 = k_2$ lauten die Kosten

$$\begin{aligned} N_{H+H} &= N_{\mathcal{T}^{\mathcal{H}}}(2k) + \sum_{b\in P^-} \#b \leq 24k S_{\mathcal{H}}(k, P^+) + 176k^3 \#P^+ + \sum_{b\in P^-} \#b \\ &\leq 24k S_{\mathcal{H}}(k, P) + 176k^3 \#P^+ \end{aligned} \quad (7.43)$$

Beweis. a) Die Addition $M_1|_b + M_2|_b$ für $b \in P^+$ ist kostenlos (vgl. Anmerkung 2.3.1b), die anschließende, nur für $k < k_1 + k_2$ benötigte Kürzung ist in (7.42) abgeschätzt. Im Nahfeld $b \in P^-$ ist $M_1|_b + M_2|_b$ die Addition voller Matrizen und erfordert $\sum_{b\in P^-} \#b$ Additionen. Da $\sum_{b\in P^-} \#b = S_{\mathcal{H}}(P^-) \leq 6\left(k_1 + k_2\right) S_{\mathcal{H}}(P^-)$ und $S_{\mathcal{H}}(k_1 + k_2, P^+) + S_{\mathcal{H}}(P^-) = S_{\mathcal{H}}(k_1 + k_2, P)$, folgt Teil a.

b) Wir verwenden die Abschätzung $6\left(k_1 + k_2\right) S_{\mathcal{H}}(k_1 + k_2, P) = 12k S_{\mathcal{H}}(2k, P) \leq 24k S_{\mathcal{H}}(k, P)$. ∎

7.8.3 Matrix-Matrix-Multiplikation

Die wesentlichen Aussagen beschränken sich auf den Fall der stufentreuen Blockclusterbäume und sind in Grasedyck-Hackbusch [56] zu finden. Wichtige Informationen liefert der induzierte Blockclusterbaum T_{ind} mit der Partition $P_{\text{ind}} = \mathcal{L}(T_{\text{ind}})$, der in §7.8.3.2 untersucht wird. In $\mathcal{H}(k, P_{\text{ind}})$ lässt sich für geeignetes k das *exakte* Produkt darstellen und der Berechnungsaufwand abschätzen (vgl. Satz 7.8.19).

Bei einer Darstellung des Produktes in $\mathcal{H}(k, P_{\text{ind}})$ mit kleinerem k tritt zusätzlich die Kürzung $\mathcal{T}_{k\leftarrow\ell}^{\mathcal{H}}$ auf (vgl. Korollar 7.8.20).

Der Standardfall der Matrix-Multiplikation ist $I = J = K$ mit $P := P' = P''$. Das Zielformat ist wieder $\mathcal{H}(k, P)$, wobei P häufig etwas gröber als die induzierte Partition P_{ind} ist. Hierfür fallen weitere Kosten für die Konvertierung mittels $\mathcal{T}_{k\leftarrow k}^{\mathcal{R}\leftarrow\mathcal{H}}$ an (vgl. §7.8.3.1). Für die Abschätzung wird die Größe C_{id} benötigt, die in §7.8.3.4 eingeführt wird.

7.8.3.1 Kosten für $\mathcal{T}_{k\leftarrow k}^{\mathcal{R}\leftarrow\mathcal{H}}$

Lemma 7.8.5. *Seien $n_{\min} \leq k$ ($n_{\min}$ aus (5.42)), $M \in \mathcal{H}(k,P)$ für eine Partition $P \subset T(I \times J)$, $C_{\mathrm{sp}}(P)$ aus (6.4b) und $s := \max_{b\in T(I\times J,P)} \#S(b)$ (Standard: $s \leq 4$). Die Kosten der Umwandlung $M \mapsto \mathcal{T}_{k\leftarrow k}^{\mathcal{R}\leftarrow\mathcal{H}} M \in \mathcal{R}(k,I,J)$ sind abschätzbar durch*

$$6C_{\mathrm{sp}}(P)s^2k^2\left(1+\operatorname{depth}(T(I\times J))\right)(\#I+\#J)+22s^3k^3\#T(I\times J,P).$$

Dabei ist anstelle der schnellen (paarweisen) Kürzung $\mathcal{T}_{k,\mathrm{paarw}}^{\mathcal{R}}$ die genauere Kürzung $\mathcal{T}_{k\leftarrow k\cdot\#S(b)}^{\mathcal{R}}$ unterstellt.

Beweis. Für alle $b \in P^-$ ist die komprimierte Singulärwertzerlegung durchzuführen (Aufwand in Anmerkung 2.5.1). Für alle $b \in T(I \times J,P)\backslash P$ entsteht der Aufwand $N_{\mathcal{T}^{\mathcal{R}}}(k)$ aus (2.9). Die Summe ist

$$\begin{aligned}
&\sum_{b\in P^-} 21n_{\min}^3 + \sum_{\tau\times\sigma\in T(I\times J,P)\backslash P}\left(6s^2k^2\left(\#\tau+\#\sigma\right)+22s^3k^3\right)\\
&\leq \sum_{\tau\times\sigma\in T(I\times J,P)\backslash P}\left(6s^2k^2\left(\#\tau+\#\sigma\right)+22s^3k^3\right)\\
&\leq \left(1+\operatorname{depth}(T(I\times J))\right)C_{\mathrm{sp}}(P)6s^2k^2\left(\#I+\#J\right)+22s^3k^3\#T(I\times J,P),
\end{aligned}$$

wobei $\operatorname{depth}(T(I\times J,P)\backslash P) \leq \operatorname{depth}(T(I\times J))$ und $\#T(I\times J,P)\backslash P \leq \#T(I\times J,P)$ verwendet wurde. ∎

7.8.3.2 Induzierte Partition P_{ind}

Andere Namen für den induzierten Blockclusterbaum T_{ind} und die Partition $P_{\mathrm{ind}} = \mathcal{L}(T_{\mathrm{ind}})$ sind *Produkt-Blockclusterbaum* $T'\cdot T''$ und *Produktpartition*[11] (vgl. Grasedyck-Hackbusch [56]).

Anmerkung 7.8.6. Die Blockclusterbäume $T' = T(I\times J)$ und $T'' = T(J\times K)$ seien konsistent (vgl. §7.4.2.11) und $T_{\mathrm{ind}} = T'\cdot T''$ der induzierte Produkt-Blockclusterbaum.

a) Zu jedem $\tau\times\rho \in T_{\mathrm{ind}}$ gibt es mindestens einen Cluster $\sigma \in T(J)$, sodass $\tau\times\sigma \in T(I\times J,P')$ und $\sigma\times\rho \in T(J\times K,P'')$ (zu P', P'' vgl. (7.15)).

b) Im Falle von $\tau\times\rho \in P_{\mathrm{ind}}$ gilt $\tau\times\sigma \in P'$ oder $\sigma\times\rho \in P''$ für alle $\sigma \in T(J)$ mit $\tau\times\sigma \in T(I\times J,P')$ und $\sigma\times\rho \in T(J\times K,P'')$. Insbesondere gibt es mindestens ein $\sigma \in T(J)$ mit dieser Eigenschaft.

[11] Die Notation $P'\cdot P''$ für die Produktpartition aus $P' \subset T(I\times J)$ und $P'' \subset T(J\times K)$ macht nur Sinn, wenn die Partitionen P', P'' eindeutig den induzierten Baum T_{ind} definieren. Dies ist z.B. unter der Annahme richtig, dass alle Bäume stufentreu sind.

Beweis. a) Ein Blockcluster $\tau \times \rho$ wird in der Konstruktion von §7.4.2 nur eingeführt, wenn ein Teilprodukt $M'|_{\tau\times\sigma} \cdot M''|_{\sigma\times\rho}$ vorliegt. Hierbei gilt nicht nur $\tau \times \sigma \in T'$ und $\sigma \times \rho \in T''$, sondern auch $\tau \times \sigma \in T(I \times J, P')$ und $\sigma \times \rho \in T(J \times K, P'')$, da die Zerlegung bei Blättern endet (vgl. §§7.4.2.3-7.4.2.4).

b) Genau dann, wenn für alle $\sigma \in T(J)$ aus Teil a) stets eine der Matrizen aus $M'|_{\tau\times\sigma} \cdot M''|_{\sigma\times\rho}$ zu $\mathcal{R}$ oder $\mathcal{V}$ gehört, wird $\tau \times \rho$ nicht weiter zerlegt und gehört daher zu $P_{\text{ind}} = \mathcal{L}(T_{\text{ind}})$. ■

Folgerung 7.8.7 *Seien T' und T'' stufentreu. Ferner sei $P := P_{\text{ind}}$ gesetzt. Dann vereinfacht sich der Multiplikationsalgorithmus:*

*a) Der zweite **if**-Fall aus Zeile 4 der Prozedur MM in (7.32) tritt nie auf. Falls die Bedingung in Zeile 2 nicht zutrifft, gilt der **else**-Fall von Zeile 6 (Aufruf von MMR). Damit wird die Konvertierung $\mathcal{T}_{k\leftarrow\ell}^{\mathcal{H}}$ nicht benötigt!*

*b) Die Prozedur MMR aus (7.30) ist nicht rekursiv. Da nach Voraussetzung beim ersten Aufruf $\tau \times \rho \in P$ gilt, trifft die **if**-Bedingung der Zeile 2 zu und die Rekursion im **else**-Teil der Zeilen 6-8 wird nie aufgerufen.*

Übung 7.8.8. Man zeige für den stufentreuen Fall:

$$T_{\text{ind}} = \{\tau \times \rho \in T(I \times K) : \text{ es gibt } \sigma \in T(J) \text{ mit } \\ \tau \times \sigma \in T(I \times J, P'),\ \sigma \times \rho \in T(J \times K, P'')\}.$$

Die mittels C_{sp} quantifizierte Schwachbesetztheit überträgt sich von den Partitionen P' und P'' auf die Produktpartition P_{ind}, wie die folgenden Ungleichungen zeigen. Die Voraussetzung der Stufentreue wird hier nicht gebraucht. Die Notationen entsprechen (7.15).

Lemma 7.8.9. *Es gelten die Abschätzungen*

$$C_{\text{sp}}(P_{\text{ind}}) \tag{7.44a}$$
$$\leq C_{\text{sp}}(P')\, C_{\text{sp}}(T(J \times K, P'')\backslash P'') + C_{\text{sp}}(T(I \times J, P'))\, C_{\text{sp}}(P''),$$
$$C_{\text{sp}}(P_{\text{ind}}) \tag{7.44b}$$
$$\leq C_{\text{sp}}(T_{\text{ind}}) \leq C_{\text{sp}}(T(I \times J, P'))\, C_{\text{sp}}(T(J \times K, P'')).$$

Genauer gilt

$$C_{\text{sp,l}}(\tau, P_{\text{ind}}) \leq C_{\text{sp,l}}(\tau, P') \cdot C_{\text{sp}}(T(J \times K, P'')\backslash P'') \\ + C_{\text{sp,l}}(\tau, T(I \times J)) \cdot C_{\text{sp}}(P'') \quad \textit{für alle } \tau \in T(I), \tag{7.44c}$$
$$C_{\text{sp,r}}(\rho, P_{\text{ind}} \leq C_{\text{sp}}(P') \cdot C_{\text{sp,r}}(\rho, T(J \times K, P'')\backslash P'') \\ + C_{\text{sp}}(T(I \times J)) \cdot C_{\text{sp,r}}(\rho, P'') \quad \textit{für alle } \tau \in T(I). \tag{7.44d}$$

Beweis. Zuerst sei $C_{\text{sp,l}}(\tau, P_{\text{ind}}) = \#\{\rho \in T(K) : \tau \times \rho \in P_{\text{ind}}\}$ untersucht. Zu τ gibt es $C_{\text{sp,l}}(\tau, P')$ Blockcluster $\tau \times \sigma \in P'$, und zu jedem $\sigma \in T(J)$ gehören $C_{\text{sp,l}}(\sigma, T(J \times K, P'')) \leq C_{\text{sp}}(P'')$ Blockcluster $\sigma \times \rho \in T(J \times K, P'')$. Damit existieren höchstens $C_{\mathrm{sp,l}}(\tau, P')\cdot C_{\mathrm{sp,l}}(\sigma, T(J \times K, P''))$ Blockcluster $\tau\times\rho$ mit $\tau \times \sigma \in P'$. Zur Alternative $\sigma \times \rho \in P''$ gibt es $\leq C_{\mathrm{sp,l}}(\tau, T(I \times J)) \cdot C_{\mathrm{sp}}(P'')$ Möglichkeiten. Da hier die Fälle mit $\tau \times \sigma \in P'$ *und* $\sigma \times \rho \in P''$ doppelt gezählt sind, kann $C_{\mathrm{sp}}(T(J \times K, P''))$ durch $C_{\mathrm{sp}}(T(J \times K, P'')\backslash P'')$ ersetzt werden. Damit ist (7.44c) bewiesen. (7.44d) wird analog gezeigt.

Maximierung über τ liefert (7.44a).

Die Inklusion $P_{\mathrm{ind}} \subset T_{\mathrm{ind}}$ liefert die erste Ungleichung in (7.44b). Die folgende ergibt sich mit ähnlicher Argumentation wie oben. ∎

7.8.3.3 Beispiele zu P_{ind}

Um eine Vorstellung zu erhalten, wie die Produktpartition bei verschiedenen Ausgangspartitionen aussieht, werden im Weiteren Beispiele angegeben, deren Überprüfung dem Leser als Übung überlassen ist. Wir beschränken uns auf den Fall $I = J = K$.

Beispiel 7.8.10. Sei $P \subset T(I \times I)$ die Partition des Modellformates $\mathcal{H}_p$ aus §3.1, wie sie in Abbildung 3.1 wiedergegeben ist. Dann stimmt die Produktpartition P_{ind} mit der Partition P der Faktoren überein.

Ist $M = M_1 \odot M_2$ $(M, M_1, M_2 \in \mathcal{H}_p)$ gemäß Beispiel 7.8.10, so erhält man mit einer Permutationsmatrix Q die Produktdarstellung $M = (M_1 Q) \odot (Q^\top M_2)$. Beschreibt Q die Umkehrung der Indexanordnung, so haben $M_1 Q$ und $Q^\top M_2$ das Format des nächsten Beispiels.

Beispiel 7.8.11. P_{ind} kann völlig anders als P ausfallen:

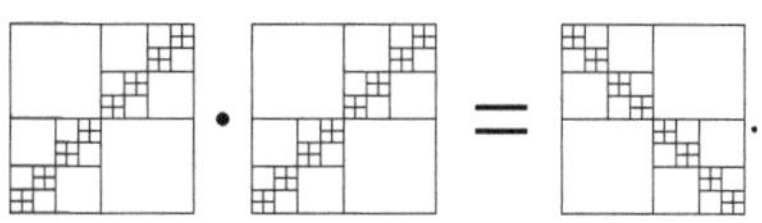

Beispiel 7.8.12. Das Produkt kann sogar einfacher (gröber) als die Faktoren sein:

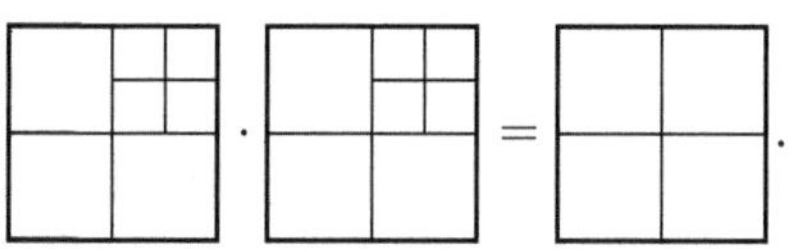

Das folgende Beispiel entspricht dem Standardfall.

Beispiel 7.8.13. Ein zweites Modellformat $\mathcal{H}_p$ wurde in (5.15) definiert. Die zugehörige Partition P ist in Abbildung 5.1 illustriert. Die Produktpartition P_{ind} ist geringfügig feiner als P:

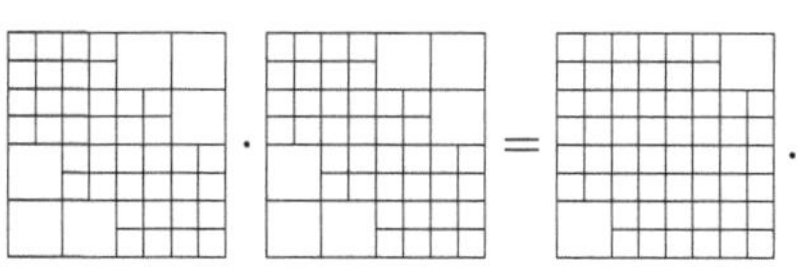

Die Größen von $C_{\mathrm{sp}}(P') = C_{\mathrm{sp}}(P'')$ (wegen $P' = P''$) und $C_{\mathrm{sp}}(P_{\mathrm{ind}})$ für die obigen Beispiele sind

Beispiel	7.8.10	7.8.11	7.8.12	7.8.13
$C_{\mathrm{sp}}(T') = C_{\mathrm{sp}}(P')$	2	2	2	6
$C_{\mathrm{sp}}(T_{\mathrm{ind}}) = C_{\mathrm{sp}}(P_{\mathrm{ind}})$	2	2	2	8

In allen Fällen sind die Ungleichungen (7.44a,b) sehr pessimistisch.

7.8.3.4 Die Größe C_{id}

Die Wunschsituation ist die von Beispiel 7.8.10: Die Produktpartition P_{ind} stimmt mit P überein ("Identität"). Typisch für die praktischen Fälle ist jedoch Beispiel 7.8.13: Die Produktpartition P_{ind} ist ein wenig feiner als P. Zur Quantifizierung der Abweichung wird die Größe $C_{\mathrm{id}}(P)$ eingeführt: $C_{\mathrm{id}} = 1$ entspricht dem Fall, dass $P_{\mathrm{ind}} = P$ oder P_{ind} sogar gröber als P ist, während $C_{\mathrm{id}} > 1$ anzeigt, dass P_{ind} partiell feiner als P ist.

Definition 7.8.14 (C_{id}). *Sei $P \subset T(I \times K)$. Die Blockclusterbäume $T(I \times J)$ und $T(J \times K)$ seien stufentreu. Für $\tau \times \rho \in P$ sei*

$$C_{\mathrm{id}}(\tau \times \rho) := \# \left\{ \begin{array}{l} \tau' \times \rho' \in T(I \times I, P) : \tau' \text{ und } \rho' \text{ sind} \\ \text{Nachfolger von } \tau \text{ bzw. } \rho, \text{ es gibt } \sigma' \in T(I) \\ \text{mit } \tau' \times \sigma',\ \sigma' \times \rho' \in T(I \times I, P). \end{array} \right\}, \tag{7.45a}$$

$$C_{\mathrm{id}}(P) := \max\{1, \max\{C_{\mathrm{id}}(\tau \times \rho) : \tau \times \rho \in P\}\}. \tag{7.45b}$$

Wenn der Bezug auf P zweifelsfrei ist, wird nur C_{id} anstelle von $C_{\mathrm{id}}(P)$ geschrieben.

Die Definition 7.8.14 erwähnt T_{ind} nicht explizit, aber wegen der Darstellung aus Übung 7.8.8 ist (7.45a) identisch mit

$$C_{\mathrm{id}}(\tau \times \rho) := \# \{\tau' \times \rho' \in T_{\mathrm{ind}} : \tau' \times \rho' \subset \tau \times \rho\}.$$

Wenn $P_{\mathrm{ind}} = P$ wie in Beispiel 7.8.10, ist $C_{\mathrm{id}} = 1$, da $\tau' \times \rho' = \tau \times \rho$ einziges Element der Menge in (7.45a) ist. Wenn P_{ind} gröber als P ist (siehe Beispiel 7.8.12), ist ebenfalls $C_{\mathrm{id}}(P) = 1$ (aber $C_{\mathrm{id}}(\tau \times \rho) = 0$ für die kleineren, nicht in P_{ind} vorhandenen Blöcke).

In Beispiel 7.8.13 gibt es einen Block $\tau \times \rho \in P$, der in der Produktpartition P_{ind} in vier Unterblöcke zerlegt wird. Entsprechend gilt in diesem Fall $C_{\mathrm{id}} = 5$ (vier Söhne aus $S_{T(I\times I)}(\tau \times \rho)$ plus $\tau \times \rho$ selbst).

Mit Hilfe der Größe C_{sep} aus (6.11) lässt sich C_{id} abschätzen, wie in [56, Lemma 4.5] bewiesen wird.

Lemma 7.8.15 (C_{id}-Abschätzung). *Seien $I = J = K$. Der Clusterbaum $T(I)$ sei wie in §5.4.2.2 konstruiert. $h_{\max}$ sei die maximale Kantenlänge des Ausgangsminimalquaders $Q_{\min}(\hat{X}_I)$ (vgl. (5.32)). $T(I \times I)$ sei der stufentreue Blockclusterbaum. Dann gilt die Abschätzung*

$$C_{\mathrm{id}} \le \left[(4 + 2\eta)\left(1 + C_{\mathrm{sep}}\right)\right]^{2d}.$$

7.8.3.5 Exakte Multiplikation

Die Blockclusterbäume seien stufentreu. Wir gehen von $M' \in \mathcal{H}(k', P')$ und $M'' \in \mathcal{H}(k'', P'')$ aus und bilden das Produkt in $\mathcal{H}(k, P_{\text{ind}})$. Ausgehend von $M|_{\tau\times\rho} = M'|_{\tau\times J} M''|_{J\times\rho}$ wird J so zerlegt, dass $M|_{\tau\times\rho} = \sum_\sigma M'|_{\tau\times\sigma} M''|_{\sigma\times\rho}$ eine minimale Anzahl von Summanden hat, wobei entweder $\tau\times\sigma \subset b' \in P'$ oder $\sigma\times\rho \subset b'' \in P''$. Dann folgt, dass der Rang von $M|_{\tau\times\rho}$ beschränkt ist durch $\max\{k', k'', n_{\max}\}$ multipliziert mit der Anzahl der σ. Die Anzahl kann auch mit Hilfe des Tupels Σ^R beschrieben werden: $\sum_{\tau\times\rho\subset b\in T_{\text{ind}}} \#\Sigma_b^R$.

Übung 7.8.16 ([56, Lemma 2.19]). Die Blockclusterbäume $T(I\times J)$, $T(J\times K)$ und $T(I\times K)$ seien stufentreu. Man zeige: Die im obigen Sinne minimale Zerlegung von J ist gegeben durch

$$J = \bigcup_{j=0}^{level(\tau\times\rho)} \bigcup_{\sigma\in U(\tau\times\rho,j)} \sigma \qquad \text{(disjunkte Vereinigung)},$$

wobei

$$U(\tau\times\rho, j) := \left\{ \begin{array}{c} \sigma \in T^{(j)}(J) : V^j(\tau)\times\sigma \in T(I\times J, P') \text{ und} \\ \sigma \times V^j(\rho) \in T(J\times K, P'') \text{ und} \\ \left(V^j(\tau)\times\sigma \in P' \text{ oder } \sigma\times V^j(\rho) \in P''\right) \end{array} \right\}$$

und $V^j(\tau) \in T^{(j)}(I)$ den eindeutig bestimmten Vorgänger von $\tau \in T^{(i)}(I)$ auf der Stufe $j \le i$ bezeichnet.

Anmerkung 7.8.17. Die Kardinalität $\#U(\tau\times\rho, j)$ für $\tau\times\rho \in P$ kann abgeschätzt werden durch

$$\begin{aligned} C_{\mathrm{U},j}(\tau\times\rho) &:= \#U(\tau\times\rho, j) && (7.46\text{a}) \\ &\le \min\left\{C_{\text{sp}}\left(T(I\times J, P')\right), C_{\text{sp}}\left(T(J\times K, P'')\right), C_{\text{sp}}(P') + C_{\text{sp}}(P')\right\}. \end{aligned}$$

Beweis. Es ist $\#U(\tau\times\rho, j) \le \#\left\{\sigma \in T^{(j)}(J) : V^j(\tau)\times\sigma \in T(I\times J, P')\right\} \le C_{\text{sp}}\left(T(I\times J, P')\right)$. Die Schranke $C_{\text{sp}}\left(T(J\times K, P'')\right)$ folgt analog. Mit

$$\begin{aligned} \#U(\tau\times\rho, j) &\le \#\left\{\sigma \in T^{(j)}(J) : V^j(\tau)\times\sigma \in P' \text{ oder } \sigma\times V^j(\rho) \in P''\right\} \\ &= \#\left\{\sigma \in T^{(j)}(J) : V^j(\tau)\times\sigma \in P'\right\} \\ &\quad + \#\left\{\sigma \in T^{(j)}(J) : \sigma\times V^j(\rho) \in P''\right\} \\ &= C_{\text{sp,l}}(V^j(\tau), P') + C_{\text{sp,r}}\left(V^j(\rho), P''\right) \le C_{\text{sp}}(P') + C_{\text{sp}}\left(P''\right) \end{aligned}$$

folgt die dritte Schranke. ∎

Sei $U(\tau\times\rho) := \bigcup_{j=0}^{level(\tau\times\rho)} U(\tau\times\rho, j)$. Die Zahl der Summanden in $M|_{\tau\times\rho} = \sum_\sigma M'|_{\tau\times\sigma} M''|_{\sigma\times\rho}$ beträgt $\#U(\tau\times\rho)$ und ist durch

$$C_{\mathrm{U}}(\tau \times \rho) := \#U(\tau \times \rho) \le C_{\mathrm{U}} := \max_{\tau \times \rho \in P} C_{\mathrm{U}}(\tau \times \rho) \tag{7.46b}$$

beschränkt. Neben

$$\begin{aligned} C_{\mathrm{U}}(\tau \times \rho) &\le \sum\nolimits_{j=0}^{level(\tau\times\rho)} C_{\mathrm{U},j}(\tau \times \rho) \qquad (7.46c)\\ &\le (level(\tau \times \rho) + 1) \min \begin{Bmatrix} C_{\mathrm{sp}}(T(I \times J, P')), \\ C_{\mathrm{sp}}(T(J \times K, P'')), \\ C_{\mathrm{sp}}(P') + C_{\mathrm{sp}}(P') \end{Bmatrix} \\ &\le (\mathrm{depth}(T(I \times K, P)) + 1) \min \begin{Bmatrix} C_{\mathrm{sp}}(T(I \times J, P')), \\ C_{\mathrm{sp}}(T(J \times K, P'')), \\ C_{\mathrm{sp}}(P') + C_{\mathrm{sp}}(P') \end{Bmatrix} \end{aligned}$$

gilt die Abschätzung der folgenden

Übung 7.8.18. Man zeige: a)

$$C_{\mathrm{U}}(\tau \times \rho) \le \min \begin{Bmatrix} C^{\subset}_{\mathrm{sp,l}}(\tau, P') + C^{\subset}_{\mathrm{sp,r}}(\rho, P''), \\ C^{\subset}_{\mathrm{sp,l}}(\tau, T(I \times J, P')), C^{\subset}_{\mathrm{sp,r}}(\rho, T(I \times K, P'')) \end{Bmatrix} \tag{7.46d}$$

und wende die Abschätzungen aus (6.7) an.

b) $\mathrm{depth}(T(I \times K, P_{\mathrm{ind}})) \le \min\{\mathrm{depth}(T(I \times J), \mathrm{depth}(T(J \times K)\}$.

Satz 7.8.19 (exaktes $\mathcal{H}$-Matrix-Produkt). *a) Seien $M' \in \mathcal{H}(k', P')$ und $M'' \in \mathcal{H}(k'', P'')$, wobei $P' \subset T(I \times J)$ und $P'' \subset T(J \times K)$ die Partitionen sind. Die Blockclusterbäume seien stufentreu. $n_{\min}$ sei die Größe aus (5.42). Dann liegt das (exakte) Produkt $M = M'M''$ in $\mathcal{H}(k, P_{\mathrm{ind}})$ mit*

$$k = C_{\mathrm{U}} \max\{k', k'', n_{\min}\}, \tag{7.47}$$

wobei C_{U} aus (7.46b) stammt und mit (7.46a,c,d) abgeschätzt werden kann.

b) Der zugehörige arithmetische Aufwand beträgt

$$N_{H\cdot H}(P', P'') \le 2C_{\mathrm{U}} C_{\mathrm{sp}}(P' \cdot P'')) \cdot \max \begin{Bmatrix} \max\{k', n_{\min}\} S_{\mathcal{H}}(k'', P''), \\ \max\{k'', n_{\min}\} S_{\mathcal{H}}(k', P') \end{Bmatrix}, \tag{7.48}$$

wobei $C_{\mathrm{sp}}(P_{\mathrm{ind}})$ in (7.44a,b) abgeschätzt ist.

Beweis. a) Sei $\tau \times \rho \in P_{\mathrm{ind}}$. $M|_{\tau\times\rho} = \sum_{j=0}^{level(\tau\times\rho)} \sum_{\sigma \in U(\tau\times\rho,j)} M'|_{\tau\times\sigma} M''|_{\sigma\times\rho}$ enthält $\le C_{\mathrm{U}}$ Summanden. Wenn $\tau\times\sigma \subset b' \in P'$, ist $Rang(M'|_{\tau\times\sigma}M''|_{\sigma\times\rho}) \le Rang(M'|_{\tau\times\sigma}) \le \max\{k', n_{\min}\}$. Andernfalls gilt $\sigma \times \rho \subset b'' \in P''$ und $Rang(M'|_{\tau\times\sigma}M''|_{\sigma\times\rho}) \le Rang(M''|_{\sigma\times\rho}) \le \max\{k'', n_{\min}\}$. Zusammen folgt $Rang(M) \le k$.

b) Sei $\sigma \times \rho \subset b'' \in P''$ angenommen, d.h. $M''|_{\sigma\times\rho} \in \mathcal{R}(k'', \sigma, \rho)$ oder $M''|_{\sigma\times\rho}$ ist eine volle Matrix mit $\#\sigma \le n_{\min}$ oder $\#\rho \le n_{\min}$.

Fall 1: $\#\sigma \le n_{\min}$. Es ist bereits $M'|_{\tau\times\sigma}M''|_{\sigma\times\rho} \in \mathcal{R}(n_{\min}, \tau, \rho)$, da die Faktorisierung $AB^{\top}$ mit $A = M'|_{\tau\times\sigma}$ und $B^{\top} = M''|_{\sigma\times\rho}$ vorliegt. Es treten keine arithmetische Kosten auf.

Fall 2: $\#\rho \le n_{\min}$. Das Resultat wird eine volle Matrix $\mathbb{R}^{\tau\times\rho}$. Wir nehmen den aufwändigsten Fall $M'|_{\tau\times\sigma} \in \mathcal{H}(k', P'|_{\tau\times\sigma})$ an (vgl. Übung 6.1.3 zur Notation $P'|_{\tau\times\sigma}$). Die Matrix-Vektor-Multiplikationen von $M'|_{\tau\times\sigma}$ mit den $\#\rho$ Spalten von $M''|_{\sigma\times\rho}$ kosten $\le n_{\min}N_{MV} \le 2n_{\min}S_{\mathcal{H}}(k', P'|_{\tau\times\sigma})$ Operationen (vgl. (7.41)).

Fall 3: $M''|_{\sigma\times\rho} \in \mathcal{R}(k'', \sigma, \rho)$ mit $M''|_{\sigma\times\rho} = AB^\top$. Die k'' Spalten von A sind mit $M'|_{\tau\times\sigma}$ zu multiplizieren. Wie in Fall 2 erhält man die Schranke $\le k''N_{MV} \le 2k''S_{\mathcal{H}}(k', P'|_{\tau\times\sigma})$.

Insgesamt ist $2\tilde{k}''S_{\mathcal{H}}(k', P'|_{\tau\times\sigma})$ eine obere Kostenschranke, wobei $\tilde{k}'' := \max\{k'', n_{\min}\}$. $M'|_{\tau\times\sigma}M''|_{\sigma\times\rho}$ ist entweder eine volle Matrix (Fall 2) oder eine Rang-$\tilde{k}''$-Matrix.

Wenn $\tau\times\sigma \subset b' \in P'$, erhält man analog die Schranke $2\tilde{k}'S_{\mathcal{H}}(k'', P''|_{\sigma\times\rho})$ für die Kosten und $\tilde{k}' := \max\{k', n_{\min}\}$ für den Rang.

c) Summation über alle $\sigma \in U(\tau\times\rho, j)$, $0 \le j \le level(\tau\times\rho)$, liefert den arithmetischen Aufwand

$$\begin{aligned}\text{Kosten für } M|_{\tau\times\rho} &\le 2 \sum_{j,\sigma\in U(\tau\times\rho,j)} \max\left\{\begin{array}{l}\tilde{k}''S_{\mathcal{H}}(k', P(\tau\times\sigma)),\\ \tilde{k}'S_{\mathcal{H}}(k'', P(\sigma\times\rho))\end{array}\right\}\\ &\le 2C_{\mathrm{U}}\max\{\tilde{k}''S_{\mathcal{H}}(k', P(\tau\times J)), \tilde{k}'S_{\mathcal{H}}(k'', P(J\times\rho))\}.\end{aligned}$$

Diese Kosten sind noch über $\tau\times\rho \in P_{\mathrm{ind}}$ aufzusummieren. Es ist

$$\begin{aligned}\sum_{\tau\times\rho\in P} S_{\mathcal{H}}(k', P(\tau\times J)) &\le C_{\mathrm{sp,l}}(\tau, P_{\mathrm{ind}}) \sum_{\tau\in T(I)} S_{\mathcal{H}}(k', P(\tau\times J))\\ &\le C_{\mathrm{sp}}(P_{\mathrm{ind}}) \sum_{\ell=0}^{\mathrm{depth}(T(I))} \sum_{\tau\in T^{(\ell)}(I)} S_{\mathcal{H}}(k', P(\tau\times J))\\ &= C_{\mathrm{sp}}(P_{\mathrm{ind}})\,(\mathrm{depth}(T(I))+1)\,S_{\mathcal{H}}(k', P(I\times J))\\ &= C_{\mathrm{sp}}(P_{\mathrm{ind}})\,(\mathrm{depth}(T(I))+1)\,S_{\mathcal{H}}(k', P),\end{aligned}$$

sodass (7.48) folgt. ∎

Korollar 7.8.20. *a) Falls das Produkt $M' \odot M''$ in $\mathcal{H}(\tilde{k}, P_{\mathrm{ind}})$ mit einem $\tilde{k} < k$ (k aus (7.47)) berechnet werden soll, ist auf das exakte Produkt die Kürzung $\mathcal{T}^{\mathcal{H}}_{\tilde{k}\leftarrow k}$ aus (7.6) anzuwenden. Die zusätzlichen Kosten betragen nach Lemma 7.8.3 $N_{\mathcal{T}^{\mathcal{H}}}(k) \le 6kS_{\mathcal{H}}(k, P^+_{\mathrm{ind}}) + 22k^3\#P^+_{\mathrm{ind}}$.*

b) Das Vorgehen nach Teil a) berechnet die Bestapproximation pro Block. Billiger ist es, schon bei der Aufsummation der Summanden von $M|_{\tau\times\rho} = \sum_\sigma M'|_{\tau\times\sigma}M''|_{\sigma\times\rho}$ die paarweise Kürzung $\mathcal{T}^{\mathcal{R}}_{\tilde{k},\mathrm{paarw}}$ durchzuführen.

7.8.3.6 Aufwand der formatierten Multiplikation

Der Standardfall der Matrixmultiplikation ist $I = J = K$ mit $P := P' = P''$. Diese Partition ist auch das Zielformat $\mathcal{H}(k, P)$ des Produktes, obwohl im

Allgemeinen P gröber als die Produktpartition P_{ind} ist. Um von P_{ind} auf das Format P zu konvertieren, ist die Konvertierung $\mathcal{T}_{k\leftarrow k}^{\mathcal{R}\leftarrow\mathcal{H}}$ anzuwenden, die in §7.8.3.1 hinsichtlich ihrer Kosten abgeschätzt wurde (in Lemma 7.8.5 ist $I \times J$ jeweils durch einen Block $\tau \times \rho$ zu ersetzen). Für $C_{\mathrm{id}}(P) = 1$ reduziert sich $\mathcal{T}_{k\leftarrow k}^{\mathcal{R}\leftarrow\mathcal{H}}$ auf die Identität, mit steigendem C_{id} steigt auch der Aufwand der Konvertierung.

Für den Aufwand von $M := M + M' \odot M''$ mittels der Prozedur *MM* wird in [56, Theorem 2.24] für den Standardfall $I = J = K$ bewiesen:

Lemma 7.8.21 (Aufwand der formatierten Multiplikation). *Seien die Matrizen $M \in \mathcal{H}(k,P)$, $M' \in \mathcal{H}(k',P)$, $M'' \in \mathcal{H}(k'',P)$ mit gemeinsamer Partition $P \subset T(I \times I)$ gegeben, wobei zur Vereinfachung $n_{\min} \leq \min\{k',k''\}$ angenommen sei. Die Berechnung von*

$$M \leftarrow M + M' \odot M''$$

mittels der Prozedur MM *kostet $N_{\mathrm{MM}}(P,k',k'')$ Operationen, wobei*

$$\begin{aligned} &N_{\mathrm{MM}}(P,k',k'') &\text{(7.49a)}\\ &\leq 56 C_{\mathrm{sp}}^2 \max\{C_{\mathrm{id}}, C_{\mathrm{sp}}\} \max\{k',k''\} \left(\mathrm{depth}(T(I \times I, P) + 1\right)^2 \# I\\ &\quad + 184 C_{\mathrm{id}} C_{\mathrm{sp}} \max\{k',k''\}^3 \left(\mathrm{depth}(T(I \times I, P) + 1\right) \# P. \end{aligned}$$

Hierbei ist die paarweise Kürzung zugrundegelegt. Die Berechnung der Bestapproximation des Produktes in $\mathcal{H}(k,P)$ kostet

$$\begin{aligned} &N_{\mathrm{MM,best}}(P,k',k'') &\text{(7.49b)}\\ &\leq 43 C_{\mathrm{id}}^3 C_{\mathrm{sp}}^3 \max\{k',k''\}^3 \left(\mathrm{depth}(T(I \times I, P) + 1\right)^3 \max\{\# I, \# P\}. \end{aligned}$$

Zur Diskussion des asymptotischen Verhaltens verwende man $\# I = n$, $\mathrm{depth}(T(I \times I, P) = \mathcal{O}(\log n)$ (vgl. Anmerkung 5.4.5) und $\# P = \mathcal{O}(n)$ (vgl. Lemma 6.3.4). Dann erhält man mit $k := \max\{k', k'', n_{\min}\}$

$$N_{\mathrm{MM}}(P,k',k'') \leq \mathcal{O}\left(kn \log(n) \left(\log(n) + k^2\right)\right) \qquad (7.50)$$

$$\text{bzw.} \quad N_{\mathrm{MM,best}}(P,k',k'') \leq \mathcal{O}(k^3 n \log^3(n)).$$

7.8.4 Matrix-Inversion

Lemma 7.8.22. *Die Zahl $N_{\mathrm{inv}}(k,P)$ der für die Durchführung von $Inverse(M,I,R)$ aus §7.5.1 benötigten Operationen ist durch $N_{\mathrm{MM}}(P,k,k)$ beschränkt (vgl. Lemma 7.8.21).*

Beweis. Der Beweis (vgl. [56, Theorem 2.29]) wird durch Induktion über die Stufenzahl geführt und beginnt bei $\tau \times \tau \in P$, wo das entsprechende Resultat für volle Matrizen verwendet wird. Sei nun $\tau \times \tau \notin P$, wobei die Induktionsbehauptung für alle $\tau[i] \times \tau[i]$ $(1 \leq i \leq \# S(\tau))$ gelte. Matrixmultiplikationen (meist zusammen mit einer Addition) treten für die Blöcke

$A|_{\tau[i]\times\tau[\ell]} \odot B|_{\tau[\ell]\times\tau[j]}$ auf $(A, B$ stehen für M oder $R)$. Dabei verteilen sich die Indextripel (i, ℓ, j) wie folgt: Zeile 5: $i = \ell > j$, Zeile 6: $i = \ell < j$, Zeilen 8,9: $i > \ell$, Zeile 12: $i < \ell$. Die verbleibenden Tripel (ℓ, ℓ, ℓ) werden den Aufrufen $Inverse(M, \tau[\ell], R)$ zugeordnet, deren Kosten nach Induktionsbehauptung durch die einer Matrixmultiplikation beschränkt sind. Damit folgt die Behauptung auch für $\tau \times \tau \notin P$. Mit $\tau = I$ ergibt sich die Behauptung. ■

7.8.5 LU- bzw. Cholesky-Zerlegung

7.8.5.1 Speicherbedarf

Da $L|_b$ für jeden Diagonalblock $b = \tau \times \tau$ zusammen mit $U|_b$ als volle Matrix auf b gespeichert werden kann, benötigen die Dreiecksmatrizen $L, U \in \mathcal{H}(k, P)$ der LU-Zerlegung zusammen den gleichen Speicherplatz wie eine einzige Matrix aus $\mathcal{H}(k, P)$. Gleiches gilt für die Cholesky-Zerlegung bzw. die Blockvariante (7.37):

$$S_{\mathrm{LU}}(k, P) = S_{\mathrm{Cholesky}}(k, P) = S_{\mathcal{H}}(k, P) \tag{7.51}$$

(zu $S_{\mathcal{H}}(k, P)$ vgl. Lemma 6.3.6).

7.8.5.2 Auflösung von $LUx = y$

Wie in Lemma 7.8.1 zeigt man, dass der Aufwand für *Vorwärtseinsetzen*(L, I, y, b) mit dem doppelten Speicherbedarf von L abgeschätzt werden kann; ebenso der Aufwand für *Rückwärtseinsetzen*(U, τ, x, y) durch den doppelten Speicherbedarf von U. Zusammen mit (7.51) erhält man

$$N_{\mathrm{LU}}(k, P), N_{\mathrm{Cholesky}}(k, P) \le 2S_{\mathcal{H}}(k, P).$$

7.8.5.3 Matrixwertige Lösung von $LX = Z$ und $XU = Z$

Im vollen Matrixformat zu $\mathbb{R}^{\tau\times\tau}$ ist die Auflösung von $LX = Z$ zusammen mit der Auflösung von $XU = Z$ billiger als die Multiplikation $A \cdot B$. Hiermit lässt sich der Aufwand der Zeilen 2-3 in (7.39a) und den entsprechenden Zeilen der Prozedur *VorwärtsT_M* abschätzen. Gleiches lässt sich für die Rang-k-Multiplikation in den Zeilen 5-6 von *Vorwärts_M* und entsprechenden Stellen in *VorwärtsT_M* zeigen. Zeilen 9-10 in *Vorwärts_M* und die analogen Zeilen in *VorwärtsT_M* enthalten weniger Operationen $\ominus, \odot$ als bei der allgemeinen Multiplikation auftreten. Damit folgt

$$N_{\mathrm{Vorwärts\_M}}(k, P), N_{\mathrm{VorwärtsT\_M}}(k, P) \le \frac{1}{2} N_{\mathrm{MM}}(P, k, k) \tag{7.52}$$

mit $N_{\mathrm{MM}}(P, k, k)$ aus (7.49a).

7.8.5.4 Erzeugung der LU- bzw. Cholesky-Zerlegung

Lemma 7.8.23. *Die Erzeugung der LU-Zerlegung mittels der Prozedur aus (7.40) braucht nicht mehr Operationen als die Matrix-Matrix-Multiplikation:*

$$N_{\text{LU-Zerlegung}}(k,P) \leq N_{\text{MM}}(P,k,k).$$

Beweis. Der Induktionsbeweis ähnelt dem der Inversion (Lemma 7.8.22). Den Tripeln (j,i,k) mit $i \leq j, k \leq \#S(\tau)$ werden folgende Fälle zugeordnet:

a) für $j = i = k$ Aufruf von *LU-Zerlegung* in Zeile 6,
b) für $j > i = k$ Aufruf von *VorwärtsT_M* in Zeile 8,
c) für $j = i < k$ Aufruf von *Vorwärts_M* in Zeile 9,
d) für $i < j, k$ die Matrixmultiplikation $L|_{\tau[j]\times\tau[i]} \odot U|_{\tau[i]\times\tau[k]}$ in Zeile 10.

Gemäß Induktionsvoraussetzungen und (7.52) sind alle Operationskosten beschränkt durch die der Matrixmultiplikation, womit die Behauptung folgt. ∎

Die Abschätzung des Lemmas ist viel zu pessimistisch, da nicht berücksichtigt wurde, dass für die Indexkombinationen mit $\min\{j,k\} < i$ keine Operationen anfallen. Geht man davon aus, dass alle Produkte $A|_{\tau[j]\times\tau[i]} \cdot B|_{\tau[i]\times\tau[k]}$ der Matrixmultiplikation gleich teuer sind, ergibt sich

$$N_{\text{LU-Zerlegung}}(k,P) \lesssim \frac{1}{3} N_{\text{MM}}(P,k,k).$$

In vielen Fällen kommt hinzu, dass bei schwach besetzten Matrizen A die Faktoren L und U in ihren Dreieckshälften zahlreiche Nullblöcke enthalten. Zur systematischen Ausnutzung dieser Schwachbesetztheit sei auf §9.2 verwiesen.

8

$\mathcal{H}^2$-Matrizen

Die Kombination der $\mathcal{H}$-Matrizen mit einer zweiten Hierarchie-Struktur führt zu den $\mathcal{H}^2$-Matrizen. Sie erlauben eine deutliche Reduktion beim Speicherbedarf und den Kosten der Matrixoperationen. In vielen Fällen kann der logarithmische Faktor vermieden werden.

Vorschau auf die nächsten Unterkapitel:

§§8.1-8.2: Es werden zunächst Vorversionen der $\mathcal{H}^2$-Matrizen behandelt.

§8.3 enthält die endgültige Definition einer $\mathcal{H}^2$-Matrix, die spezielle Schachtelungsbedingungen für Vektorräume $\mathcal{V}_\tau$ und $\mathcal{W}_\sigma$ erfordert. Ferner wird die spezielle Darstellung der Daten und ihr Speicherbedarf beschrieben. Schließlich beschreibt §8.3.4 die Projektion auf das $\mathcal{H}^2$-Format.

§8.4: Es werden hinreichende Bedingungen für die erwähnten Schachtelungsbedingungen diskutiert.

§8.5: Beschreibung der Matrix-Vektor-Multiplikation mit $\mathcal{H}^2$-Matrizen und des zugehörigen Aufwandes.

§8.6: Bei geeigneter Rangverteilung wird rein linearer Aufwand bewiesen.

§8.7: Adaptive Bestimmung der $\mathcal{H}^2$-Räume $\mathcal{V}_\tau$ und $\mathcal{W}_\sigma$.

§8.8: Multiplikation von $\mathcal{H}^2$-Matrizen.

§8.9: Numerischer Vergleich von $\mathcal{H}$- und $\mathcal{H}^2$-Matrizen.

Bezüge auf $\mathcal{H}^2$-Matrizen finden sich auch in §9.3.3.

8.1 Erster Schritt: $M|_b \in \mathcal{V}_b \otimes \mathcal{W}_b$

Niedrigrangmatrizen $\mathcal{R}(k,\tau,\sigma)$ haben den Nachteil, dass Summen aus der Menge herausführen, was den Übergang zur formatierten Addition erfordert (§2.6). Ein Ausweg ist die Verwendung von Tensorprodukträumen, die Vektor-Unterräume in $\mathcal{R}(k,\tau,\sigma)$ beschreiben.

Im allgemeinen Fall einer rechteckigen Matrix $M \in \mathbb{R}^{I\times J}$ benötigt man die folgenden Daten:

W. Hackbusch, *Hierarchische Matrizen*, DOI 10.1007/978-3-642-00222-9_8,

- Clusterbäume $T(I)$, $T(J)$, Blockclusterbaum $T(I \times J)$, Partition $P \subset T(I \times J)$, wobei P in $P^+ \dot{\cup} P^-$ zerfällt (P^+ enthält die zulässigen Blöcke);
- zu allen Blöcken $b = \tau \times \sigma \in P^+$ fixiere man zwei Vektorräume $\mathcal{V}_b$ und $\mathcal{W}_b$ und wähle eine Basis:

$$\begin{array}{lll} \mathcal{V}_b \subset \mathbb{R}^\tau & \text{mit } \dim \mathcal{V}_b = k_{b,V}, & \text{Basis } \{v_1^b, \ldots, v_{k_{b,V}}^b\}, \\ \mathcal{W}_b \subset \mathbb{R}^\sigma & \text{mit } \dim \mathcal{W}_b = k_{b,W}, & \text{Basis } \{w_1^b, \ldots, w_{k_{b,W}}^b\}, \end{array} \tag{8.1}$$

wobei die Dimension eventuell nach oben durch $k_{b,V}, k_{b,W} \leq k$ beschränkt sein kann.

Im Folgenden halten wir den Block $b = \tau \times \sigma \in P^+$ fest und ersetzen die Schreibweise v_i^b, w_j^b durch die kürzere v_i, w_j. Die aus v_i und w_j gebildete Rang-1-Matrix ist $v_i w_j^\top \in \mathbb{R}^b$. Der hierdurch aufgespannte Vektorraum ist das Tensorprodukt[1]

$$\mathcal{V}_b \otimes \mathcal{W}_b = \operatorname{span}\{v_i w_j^\top : 1 \leq i \leq k_{b,V},\ 1 \leq j \leq k_{b,W}\}.$$

Lemma 8.1.1. *$\mathcal{V}$ und $\mathcal{W}$ seien endlichdimensionale Vektorräume* [*wobei im Spezialfall $\mathcal{V} = \mathcal{V}_b$ und $\mathcal{W} = \mathcal{W}_b$ aus (8.1) gelte*].

a) Die Dimension von $\mathcal{V} \otimes \mathcal{W}$ beträgt $(\dim \mathcal{V}) \cdot (\dim \mathcal{W})$ [*im Spezialfall* $\dim \mathcal{V}_b \otimes \mathcal{W}_b = k_{b,V} \cdot k_{b,W}$].

b) Für alle $M \in \mathcal{V} \otimes \mathcal{W}$ gilt $Rang(M) \leq \min\{\dim \mathcal{V}, \dim \mathcal{W}\}$ [*bzw. $Rang(M) \leq \min\{k_{b,V}, k_{b,W}\}$*], *sodass*

$$\mathcal{V} \otimes \mathcal{W} \subset \mathcal{R}(k) \qquad \text{für } k := \min\{\dim \mathcal{V}, \dim \mathcal{W}\}. \tag{8.2}$$

c) Zur Beschreibung einer Matrix $M \in \mathcal{V} \otimes \mathcal{W}$ benötigt man neben den Basiselementen $\{v_1, \ldots, v_{\dim \mathcal{V}}\}$, $\{w_1, \ldots, w_{\dim \mathcal{W}}\}$ die $(\dim \mathcal{V}) \cdot (\dim \mathcal{W})$ [*bzw. $k_{b,V} \cdot k_{b,W}$*] *Koeffizienten K_{ij} in*

$$M = \sum_{i=1}^{\dim \mathcal{V}} \sum_{j=1}^{\dim \mathcal{W}} v_i\, K_{ij}\, w_j^\top. \tag{8.3}$$

Definition 8.1.2 (uniforme $\mathcal{H}$-Matrizen). *$P \subset T(I \times J)$ sei Partition. Zu $b \in P^+$ seien Vektorräume $\mathcal{V}_b$ und $\mathcal{W}_b$ gegeben. $\mathcal{H}(P, \{\mathcal{V}_b, \mathcal{W}_b\}_{b \in P^+}) \subset \mathbb{R}^{I \times J}$ stellt die Menge aller $M \in \mathbb{R}^{I \times J}$ mit der Eigenschaft*

$$M|_b \in \mathcal{V}_b \otimes \mathcal{W}_b \qquad \text{für alle } b \in P^+$$

dar. Untermatrizen $\{M|_b : b \in P^+\}$ werden mittels (8.3) dargestellt, während für $\{M|_b : b \in P^-\}$ die volle Matrixdarstellung verwendet wird.

In [69] werden die Elemente von $\mathcal{H}(P, \{\mathcal{V}_b, \mathcal{W}_b\}_{b \in P^+})$ als *uniforme $\mathcal{H}$-Matrizen* bezeichnet. Da Lemma 8.1.1b die Inklusion $\mathcal{V}_b \otimes \mathcal{W}_b \subset \mathcal{R}(k, \tau, \sigma)$ für $b = \tau \times \sigma \in P^+$ beweist, folgt die

[1] Allgemeineres zu Tensor-Vektorräumen findet sich in §15.1.

Anmerkung 8.1.3. Jede Matrix aus $\mathcal{H}(P, \{\mathcal{V}_b, \mathcal{W}_b\}_{b\in P^+})$ ist eine übliche $\mathcal{H}$-Matrix, wobei die Rangabschätzung in (6.2) mit $k(b) = \min\{k_{b,V}, k_{b,W}\}$ gegeben ist. Falls es eine gleichmäßige Schranke $k_{b,V}, k_{b,W} \leq k$ gibt, liegt ein fester lokaler Rang $\leq k$ vor (vgl. Anmerkung 6.1.2a).

Im Prinzip gilt auch die umgekehrte Richtung: Eine übliche $\mathcal{H}$-Matrix lässt sich als uniforme $\mathcal{H}$-Matrix interpretieren, wenn man die Räume $\{\mathcal{V}_b, \mathcal{W}_b\}_{b\in P}$ angepasst wählen darf. Hierzu geht man von der Darstellung $M|_b = \sum_{i=1}^{k} a_i b_i^\top$ aus, setzt $\mathcal{V}_b := \operatorname{span}\{a_i : 1 \leq i \leq k\}$, $\mathcal{W}_b := \operatorname{span}\{b_i : 1 \leq i \leq k\}$ und $v_i^b := a_i$, $w_j^b := b_i$ (vgl. Anmerkung 8.1.7). Der Sinn der Definition von $\mathcal{H}(k, P, \{\mathcal{V}_b, \mathcal{W}_b\}_{b\in P})$ besteht allerdings darin, dass mehrere Matrizen die *gleichen* Räume $\{\mathcal{V}_b, \mathcal{W}_b\}_{b\in P^+})$ verwenden, da sich dann zum Beispiel die Addition vereinfacht.

Anmerkung 8.1.4. Die Summe zweier $\mathcal{H}$-Matrizen aus $\mathcal{H}(P, \{\mathcal{V}_b, \mathcal{W}_b\}_{b\in P})$ liegt wieder in der Menge $\mathcal{H}(P, \{\mathcal{V}_b, \mathcal{W}_b\}_{b\in P})$. Das heißt, $\mathcal{H}(P, \{\mathcal{V}_b, \mathcal{W}_b\}_{b\in P})$ ist ein Vektorraum und die Kürzung der formatierten Addition $\oplus_k$ aus Definition 7.3.1 entfällt. Der Vorteil ist ein doppelter:
a) die Addition ist exakt,
b) die (relativ teuere) Singulärwertzerlegung entfällt.

Anmerkung 8.1.5. Wenn $I = J$, liegt es nahe, gleiche Räume $\mathcal{V}_b = \mathcal{W}_b$ zu wählen. Da es aber Gründe geben kann, den Bildbereich von M anders als den von $M^\top$ zu approximieren, ist auch für $I = J$ die Wahl unterschiedlicher $\mathcal{V}_b \neq \mathcal{W}_b$ denkbar.

Bei der Diskussion des Speicherbedarfes sind zwei Größen zu unterscheiden:

- Die Abspeicherung der Basen $\{v_1^b, \ldots, v_{k_{b,V}}^b\}$, $\{w_1^b, \ldots, w_{k_{b,W}}^b\}$ für $b \in P^+$ erfordert den gleichen Speicherplatz wie eine übliche $\mathcal{H}$-Matrix (dort wird die gleiche Anzahl von Vektoren zur Darstellung von $M|_b \subset \mathcal{R}(k, \tau, \sigma)$ für $k_{b,V}, k_{b,W} \leq k$ benötigt). Allerdings tritt dieser Aufwand jetzt nur einmal auf unabhängig von der Anzahl der zu behandelnden Matrizen.
- Pro Matrix aus $\mathcal{H}(P, \{\mathcal{V}_b, \mathcal{W}_b\}_{b\in P^+})$ sind die vollen Matrixblöcke $M|_b$ für $b \in P^-$ und die $k_{b,V} \times k_{b,W}$-Matrizen $K_b = (K_{ij})$ aus (8.3) für $b \in P^+$ abzuspeichern. Der individuelle Aufwand beträgt somit

$$S^{\text{Matrix}} = \sum\nolimits_{b\in P^+} k_{b,V} k_{b,W} + \sum\nolimits_{b\in P^-} \#b. \tag{8.4}$$

Wir diskutieren abschließend die Größe S^{Matrix} für den Modellfall aus §3, allerdings hier mit allgemeinem lokalen Rang k. Im Modellfall gilt $I = J$ und $\#I = n$. Der Einfachheit halber wählen wir $P = P^+$, d.h. auch die 1×1-Matrizen werden als Elemente von $\mathcal{V}_b \otimes \mathcal{W}_b$ mit eindimensionalen Vektorräumen $\mathcal{V}_b$ und $\mathcal{W}_b$ betrachtet. Ferner sei $k_{b,V} = k_{b,W} =: k_b \leq k$ vorausgesetzt. Da nach (3.4) $\#P = 3n - 2$ gilt, würde man $S = \mathcal{O}(nk^2)$ vermuten. Das nächste Lemma zeigt, dass sich k^2 durch k verbessern lässt. Der Grund sind die vielen kleinen Blöcke, für die der Rang nicht den Wert k annehmen kann, sondern durch die Blockgröße beschränkt ist.

Lemma 8.1.6. *P sei das einfache Modellformat aus Kapitel 3. Dann lautet der Speicherbedarf von $M \in \mathcal{H}(k, P, \{\mathcal{V}_b, \mathcal{W}_b\}_{b\in P})$ mit $k_{b,V}, k_{b,W} \le k \in \mathbb{N}$*

$$S^{\mathrm{Matrix}} = \sum\nolimits_{b\in P} k_{b,V} k_{b,W} < 3\,nk.$$

Beweis. a) Neben $k_{b,V}, k_{b,W} \le k$ für $b = \tau \times \sigma$ gilt[2] $k_{b,V} \le \min\{\#\tau, k\}$ und $k_{b,W} \le \min\{\#\sigma, k\}$ wegen (8.2) mit $\dim \mathcal{V} \le \#\tau$, $\dim \mathcal{W} \le \#\sigma$. Im Modellfall gilt $\#\tau = \#\sigma = 2^{p-\ell}$ $(p := \log_2(n))$ für $b = \tau \times \sigma \in P^{(\ell)} := P \cap T^{(\ell)}(I \times I)$. Da die Schranken $\min\{\#\tau, k\}$ und $k_{b,W} \le \min\{\#\sigma, k\}$ nur von der Stufenzahl abhängen, schreiben wir hierfür k_ℓ, wobei $k_\ell := \min\{2^{p-\ell}, k\}$.

b) (3.4) beschreibt die Gesamtanzahl $\#P = 3n - 2$. Aufgeteilt nach Stufen erhält man für $P = \bigcup_{\ell=0}^{p} P^{(\ell)}$ die Anzahlen

$$\#P^{(0)} = 0, \qquad \#P^{(\ell)} = 2^\ell \quad \text{für } 1 \le \ell \le p-1, \qquad \#P^{(p)} = 2^{p+1} = 2n.$$

c) Für die Abschätzung von

$$\sum\nolimits_{b\in P} k_{b,V} \cdot k_{b,W} \le \sum\nolimits_{\ell=0}^{p} \#P^{(\ell)} \cdot \left(\min\{2^{p-\ell}, k\}\right)^2$$

wird die Summe zerlegt. Sei $\varkappa := \log_2(k)$. Für $1 \le \ell \le \lfloor p - \varkappa \rfloor$ gilt $\min\{2^{p-\ell}, k\} = k$ und damit

$$\sum\nolimits_{\ell=0}^{\lfloor p-\varkappa\rfloor} \#P^{(\ell)} \cdot \left(\min\{2^{p-\ell}, k\}\right)^2 = \sum\nolimits_{\ell=1}^{\lfloor p-\varkappa\rfloor} 2^\ell k^2 = 2\left(2^{\lfloor p-\varkappa\rfloor} - 1\right) k^2.$$

Für $\lfloor p - \varkappa \rfloor + 1 \le \ell \le p$ ist $\min\{2^{p-\ell}, k\} = 2^{p-\ell}$ und

$$\begin{aligned}\sum\nolimits_{\ell=\lfloor p-\varkappa\rfloor+1}^{p} \#P^{(\ell)} \cdot \left(\min\{2^{p-\ell}, k\}\right)^2 &= \sum\nolimits_{\ell=\lfloor p-\varkappa\rfloor+1}^{p-1} 2^\ell \left(2^{p-\ell}\right)^2 + 2n \\ &= 2^{p-\lfloor p-\varkappa\rfloor} n.\end{aligned}$$

Zusammen ergibt sich $S = 2\left(2^{\lfloor p-\varkappa\rfloor} - 1\right) k^2 + 2^{p-\lfloor p-\varkappa\rfloor} n$. Der abgerundete Wert ist $\lfloor p - \varkappa \rfloor = p - \varkappa - \theta$ mit $\theta \in [0, 1)$ und erlaubt die Darstellung

$$\begin{aligned}S &= 2\left(2^{p-\varkappa-\theta} - 1\right) k^2 + 2^{\varkappa+\theta} n = 2\left(\frac{n}{k} 2^{-\theta} - 1\right) k^2 + 2^\theta kn \\ &= \left(\frac{2}{2^\theta} + 2^\theta\right) kn - 2k^2 < \left(\frac{2}{2^\theta} + 2^\theta\right) kn \le 3nk.\end{aligned}$$

■

In (8.1) wurde $\{v_1^b, \ldots, v_{k_{b,V}}^b\}$ als Basis von $\mathcal{V}_b$ eingeführt (entsprechend für w_j^b). Dies führt zu der minimalen Anzahl $k_{b,V}$. Wenn man auf diese Eigenschaft zugunsten einer einfacheren Bestimmung der v_i^b und w_j^b verzichtet, gelangt man zu folgender Verallgemeinerung.

[2] Hier ist wesentlich, dass die v_i^b und w_j^b aus (8.1) je eine Basis bilden. Bei einem Erzeugendensystem wäre $k_{b,V} \le \#\tau$, $k_{b,W} \le \#\sigma$ eine naheliegende Forderung.

Anmerkung 8.1.7 (Erzeugendensystem). Allgemeiner kann man von einer Darstellung (8.3) ausgehen, wobei die v_i^b bzw. w_j^b Erzeugendensysteme bilden:

$$\mathcal{V}_b = \operatorname{span}\{v_1^b, \ldots, v_{k_V}^b\}, \qquad \mathcal{W}_b = \operatorname{span}\{w_1^b, \ldots, w_{k_W}^b\}.$$

Im Folgenden werden wir der Einfachheit halber von der Basis $\{v_1^b, \ldots, v_{k_V}^b\}$ bzw. der Basis $\{w_1^b, \ldots, w_{k_W}^b\}$ sprechen, auch wenn es sich eigentlich um Erzeugendensysteme handelt.

Die aus v_i^b als Spalten konstruierte Matrix bezeichnen wir als V_b; ebenso ist W_b definiert:

$$\left.\begin{aligned} V_b &= \begin{bmatrix} v_1^b & v_2^b & \ldots & v_{k_{b,V}}^b \end{bmatrix} \in \mathbb{R}^{\tau\times\{1,\ldots,k_{b,V}\}}, \\ W_b &= \begin{bmatrix} w_1^b & w_2^b & \ldots & w_{k_{b,W}}^b \end{bmatrix} \in \mathbb{R}^{\tau\times\{1,\ldots,k_{b,W}\}} \end{aligned}\right\} \quad \text{für } b = \tau\times\sigma.$$

Dann schreibt sich die Darstellung $M|_b = \sum_{i,j} v_i^b K_{ij} (w_j^b)^\top$ aus (8.3) auch als

$$M|_b = V_b K_b W_b^\top \qquad \text{für } b \in P^+. \tag{8.5}$$

Falls die Matrizen V_b und W_b in Abhängigkeit von M gewählt werden, entspricht dies der Darstellung (2.17).

Die Darstellung (8.5) erlaubt eine preiswertere Berechnung der Rekompression aus §6.7.1, d.h. der Auswertung von $\mathcal{T}_{k\leftarrow\ell}^{\mathcal{R}} M|_b$.

Anmerkung 8.1.8. Die Basen $\{v_1^b, \ldots, v_{k_V}^b\}$ und $\{w_1^b, \ldots, w_{k_W}^b\}$ seien orthonormal gewählt, sodass V_b und W_b orthogonale Matrizen sind. Sei $U\Sigma V^\top$ die Singulärwertzerlegung von K_b. Dann stellt $U'\Sigma V'^\top$ mit $U' := V_b U$ und $V' := W_b V$ die komprimierte Singulärwertzerlegung von $M|_b$ aus (8.5) dar. Die Kosten der Singulärwertzerlegung hängen nur von den Dimensionen $k_{b,V}$ und $k_{b,W}$, nicht jedoch von $\#\tau$ oder $\#\sigma$ ab.

Selbst wenn die Basen nicht orthogonal sind, aber $\|U\|_2, \|V\|_2 = \mathcal{O}(1)$ erfüllen, kann die Singulärwertzerlegung auf K_b beschränkt werden.

8.2 Zweiter Schritt: $M|_{\tau\times\sigma} \in \mathcal{V}_\tau \otimes \mathcal{W}_\sigma$

Bisher gab es für jeden Block $b \in P$ eigene Vektorräume $\mathcal{V}_b$ und $\mathcal{W}_b$. Für verschiedene $b = \tau\times\sigma$ mit gleichem $\tau \in T(I)$ (es gibt $C_{\mathrm{sp,l}}(\tau, P^+)$ derartige Blöcke) könnten im Prinzip völlig unterschiedliche Räume $\mathcal{V}_b$ verwendet werden. Die späteren Anwendungen legen es aber nahe, dass der Bildraum der $M|_b$ mit einem gemeinsamen, nur von $\tau \in T(I)$ abhängigen Raum $\mathcal{V}_\tau$ beschrieben werden kann. Analog fordern wir im Folgenden, dass auch $\mathcal{W}_b = \mathcal{W}_\sigma$ nur vom Cluster $\sigma \in T(J)$ abhängt. Die Voraussetzung ist daher:

- zu allen Clustern[3] $\tau \in T(I)$ fixiere man einen Vektorraum
$$\mathcal{V}_\tau \subset \mathbb{R}^\tau \qquad \begin{cases} \text{mit der Dimension } \dim \mathcal{V}_\tau = k_V(\tau) \\ \text{und einer Basis } \{v_1^\tau, \ldots, v_{k_V(\tau)}^\tau\}, \end{cases} \tag{8.6a}$$
wobei $k_V(\tau) \le k$ die Dimension nach oben beschränke;
- analog gebe es zu allen Clustern $\sigma \in T(J)$ einen Vektorraum
$$\mathcal{W}_\sigma \subset \mathbb{R}^\sigma \qquad \begin{cases} \text{mit der Dimension } \dim \mathcal{W}_\sigma = k_W(\sigma) \\ \text{und einer Basis } \{w_1^\sigma, \ldots, w_{k_W(\sigma)}^\sigma\} \end{cases} \tag{8.6b}$$
und $k_W(\sigma) \le k$.

Definition 8.2.1. *Zu einer Partition $P \subset T(I \times J)$ und Vektorräumen $\mathcal{V}_\tau$ ($\tau \in T(I)$) und $\mathcal{W}_\sigma$ ($\sigma \in T(J)$) sei $\mathcal{H}(P, \{\mathcal{V}_\tau\}_{\tau\in T(I)}, \{\mathcal{W}_\sigma\}_{\sigma\in T(J)}) \subset \mathbb{R}^{I\times J}$ die Menge aller $M \in \mathbb{R}^{I\times J}$ mit der Eigenschaft*
$$M|_b \in \mathcal{V}_\tau \otimes \mathcal{W}_\sigma \qquad \textit{für alle } b = \tau \times \sigma \in P^+. \tag{8.7}$$
Untermatrizen $\{M|_b : b \in P^+\}$ werden mittels (8.3) dargestellt, d.h.
$$M|_b = V_\tau K_b W_\sigma \qquad \textit{(vgl. (8.5))} \tag{8.8}$$
mit
$$V_\tau = \left[v_1^\tau, \ldots, v_{k_V(\tau)}^\tau\right], \qquad W_\sigma = \left[w_1^\sigma, \ldots, w_{k_W(\sigma)}^\sigma\right]$$
und $K_b \in R^{\{1,\ldots,k_V(\tau)\}\times\{1,\ldots,k_W(\sigma)\}}$, während für $\{M|_b : b \in P^-\}$ volle Matrizen verwendet werden.

Offenbar gilt $\mathcal{H}(P, \{\mathcal{V}_\tau\}_{\tau\in T(I)}, \{\mathcal{W}_\sigma\}_{\sigma\in T(J)}) = \mathcal{H}(P, \{\mathcal{V}_b, \mathcal{W}_b\}_{b\in P^+})$ für die spezielle Wahl $\mathcal{V}_b := \mathcal{V}_\tau$ und $\mathcal{W}_b := \mathcal{W}_\sigma$ ($b = \tau \times \sigma$). Das neue Format hat zwei Vorteile:

Anmerkung 8.2.2. a) Die einmaligen Speicherkosten für die Basen sind reduziert: Anstelle aller $\{\mathcal{V}_b, \mathcal{W}_b\}_{b\in P^+}$ sind lediglich $\{\mathcal{V}_\tau\}_{\tau\in T(I)}$, $\{\mathcal{W}_\sigma\}_{\sigma\in T(J)}$ zu speichern.

b) Bei der Matrixvektormultiplikation Mx kann die Zahl der arithmetischen Operationen reduziert werden: Statt $v_\tau := \sum_{\sigma:\tau\times\sigma\in P^+} (M|_{\tau\times\sigma})(x|_\sigma)$ für jeden Summanden über $(M|_{\tau\times\sigma})(x|_\sigma) = V_b \left(K_b \left(W_b^\top (x|_\sigma)\right)\right)$ ($b = \tau \times \sigma$) zu berechnen, kann V_τ ausgeklammert werden:
$$v_\tau = V_\tau \left(\sum_{\sigma:\tau\times\sigma\in P^+} (K|_{\tau\times\sigma}) \left(W_\sigma^\top x|_\sigma\right) \right).$$
Die Zwischenresultate $y_\sigma := \left(W_\sigma^\top x|_\sigma\right)$ können auch für andere $v_{\tau'}$ mit $\tau' \times \sigma \in P^+$ verwendet werden.

[3] Clustern τ, σ mit $C_{\mathrm{sp,l}}(\tau, P^+) = 0$ bzw. $C_{\mathrm{sp,r}}(\sigma, P^+) = 0$ können ausgenommen werden, da es hierzu keine Blöcke $b \in P^+$ gibt.

8.3 Definition der $\mathcal{H}^2$-Matrizen

8.3.1 Definition

Ebenso wie für Vektoren und Matrizen verwenden wir die Restriktionsbezeichnung $\cdot|_*$ für Vektorräume: Sind $\mathcal{U}$ ein Teilvektorraum von $\mathbb{R}^I$ und $\tau \subset I$ eine Teilmenge, so sei $\mathcal{U}|_\tau$ der Teilraum

$$\mathcal{U}|_\tau := \{v|_\tau : v \in \mathcal{U}\} \subset \mathbb{R}^\tau.$$

In §8.2 wurde argumentiert, dass alle Beiträge von $M|_{\tau\times\sigma}$ für festes τ in dem gleichen Bildraum $\mathcal{V}_\tau$ liegen sollten. Ist $\tau' \subset \tau$ (z.B. $\tau' \in S_{T(I)}(\tau)$), sollte auch $M|_{\tau'\times\sigma}$ im Bildraum $\mathcal{V}_{\tau'}$ liegen. Dies führt zur Bedingung

$$\mathcal{V}_\tau|_{\tau'} \subset \mathcal{V}_{\tau'} \qquad \text{für alle } \tau' \in S(\tau), \tag{8.9a}$$

was bedeutet, dass die Vektorräume *geschachtelt* sind. Analog gelte

$$\mathcal{W}_\sigma|_{\sigma'} \subset \mathcal{W}_{\sigma'} \qquad \text{für alle } \sigma' \in S(\sigma). \tag{8.9b}$$

Die Bedingungen (8.9a,b) stellen eine zweite Hierarchie-Eigenschaft ("Schachtelungseigenschaft") dar, die zu dem Namen $\mathcal{H}^2$-Matrizen führt.

Definition 8.3.1 ($\mathcal{H}^2$-Matrizen). *$\{\mathcal{V}_\tau\}_{\tau\in T(I)}$ und $\{\mathcal{W}_\sigma\}_{\sigma\in T(J)}$ seien Unterräume gemäß (8.6a,b) mit der zusätzlichen Eigenschaft (8.9a,b). Dann wird die Menge $\mathcal{H}(P, \{\mathcal{V}_\tau\}_{\tau\in T(I)}, \{\mathcal{W}_\sigma\}_{\sigma\in T(J)})$ als*

$$\mathcal{H}^2(P, \{\mathcal{V}_\tau\}_{\tau\in T(I)}, \{\mathcal{W}_\sigma\}_{\sigma\in T(J)}) \subset \mathbb{R}^{I\times J}$$

bezeichnet. Wenn die Angabe von $\{\mathcal{V}_\tau\}_{\tau\in T(I)}$ und $\{\mathcal{W}_\sigma\}_{\sigma\in T(J)}$ entbehrlich ist, wird die Kurznotation $\mathcal{H}^2(P)$ gewählt.

Wenn alle Dimensionen $k_V(\tau)$ und $k_W(\sigma)$ durch $k \in \mathbb{N}_0$ beschränkt sind, wird diese Schranke auch mit der Schreibweise

$$\mathcal{H}^2(k, P, \{\mathcal{V}_\tau\}_{\tau\in T(I)}, \{\mathcal{W}_\sigma\}_{\sigma\in T(J)})$$

oder kürzer $\mathcal{H}^2(k, P)$ ausgedrückt.

8.3.2 Transformationen

Wie in §8.1 seien Matrizen V_τ und W_σ mit

$$\begin{aligned} \mathcal{V}_\tau &= \operatorname{span}\{v_1^\tau, \ldots, v_{k_V(\tau)}^\tau\}, & V_\tau &= \left[v_1^\tau \;\; v_2^\tau \;\ldots\; v_{k_V(\tau)}^\tau\right], \\ \mathcal{W}_\sigma &= \operatorname{span}\{w_1^\sigma, \ldots, w_{k_W(\sigma)}^\sigma\}, & W_\sigma &= \left[w_1^\sigma \;\; w_1^\sigma \;\ldots\; w_{k_W(\sigma)}^\sigma\right] \end{aligned} \tag{8.10}$$

definiert.

Anmerkung 8.3.2. a) Die Eigenschaft (8.10) schreibt sich auch als $Bild(V_\tau) = \mathcal{V}_\tau$ und $Bild(W_\sigma) = \mathcal{W}_\sigma$.

b) Wenn es für die nachfolgenden Anwendungen nützlich ist, dürfen die Basen $\{v_1^\tau, \ldots, v_{k_V(\tau)}^\tau\}$ und $\{w_1^\sigma, \ldots, w_{k_W(\sigma)}^\sigma\}$ als Orthonormalbasen angenommen werden.

Beispielsweise unterstützen Orthonormalbasen die Rekompressionsberechnung aus Anmerkung 8.1.8.

Sei $\tau \in T(I) \backslash \mathcal{L}(T(I))$ und $\tau' \in S(\tau)$. Die Eigenschaft (8.9a) besagt, dass alle $v_j^\tau|_{\tau'}$ als Linearkombination der $\{v_1^{\tau'}, \ldots, v_{k_V(\tau')}^{\tau'}\}$ geschrieben werden können: $v_j^\tau|_{\tau'} = \sum_i v_i^{\tau'} t_{ij}$. Es gibt daher eine Matrix $T_{\tau'}^V = (t_{ij}) \in \mathbb{R}^{\{1,\ldots,k_V(\tau)\} \times \{1,\ldots,k_V(\tau')\}}$, sodass

$$V_\tau|_{\tau' \times \{1,\ldots,k_V(\tau)\}} = V_{\tau'} T_{\tau'}^V \qquad \text{für alle } \tau' \in S(\tau).$$

Hieraus lässt sich V_τ zusammensetzen ($\tau', \tau'', \ldots$ sind die Söhne von τ):

$$V_\tau = \begin{bmatrix} V_\tau|_{\tau' \times \{1,\ldots,k_V(\tau)\}} \\ V_\tau|_{\tau'' \times \{1,\ldots,k_V(\tau)\}} \\ \vdots \end{bmatrix} = \sum_{\tau' \in S(\tau)} \left(V_{\tau'} T_{\tau'}^V \right) |^{\tau \times \{1,\ldots,k_V(\tau)\}} \tag{8.11a}$$

für alle $\tau \in T(I) \backslash \mathcal{L}(T(I))$.

Anmerkung 8.3.3. In (8.11a) bezeichnet $\bullet|^{\tau \times \{1,\ldots,k_V(\tau)\}}$ die Erweiterung auf $\mathbb{R}^{\tau \times \{1,\ldots,k_V(\tau)\}}$ (vgl. (7.7)). Nachfolgend werden wir diese Erweiterung aus Bequemlichkeit nicht notieren und

$$V_\tau = \sum_{\tau' \in S(\tau)} V_{\tau'} T_{\tau'}^V \qquad \text{für alle } \tau \in T(I) \backslash \mathcal{L}(T(I)) \tag{8.11a'}$$

schreiben, d.h. wir unterscheiden nicht zwischen dem Matrixblock $V_{\tau'} \in \mathbb{R}^{\tau' \times \{1,\ldots,k_V(\tau')\}}$ und der mit null erweiterten Matrix $V_{\tau'}|^{\tau \times \{1,\ldots,k_V(\tau)\}} \in \mathbb{R}^{\tau \times \{1,\ldots,k_V(\tau')\}}$.

Ebenso erhält man für W_σ, dass es Transformationsmatrizen $T_{\sigma'}^W$ gibt mit

$$\begin{aligned} W_\sigma &= \sum_{\sigma' \in S(\sigma)} \left(W_{\sigma'} T_{\sigma'}^W \right) |^{\sigma \times \{1,\ldots,k_W(\sigma)\}} \qquad (8.11\text{b}) \\ &= \sum_{\sigma' \in S(\sigma)} W_{\sigma'} T_{\sigma'}^W \qquad \text{für alle } \sigma \in T(J) \backslash \mathcal{L}(T(J)), \end{aligned}$$

wobei die zweite Zeile der Schreibweise (8.11a') entspricht.

Anmerkung 8.3.4. Da nur die Vektorräume $\{\mathcal{V}_\tau\}_{\tau \in T(I)}$ und $\{\mathcal{W}_\sigma\}_{\sigma \in T(J)}$ festliegen, dürfen alle Basen V_τ und W_σ in

$$\hat{V}_\tau := V_\tau (S_\tau^V)^{-1} \quad \text{und} \quad \hat{W}_\sigma := W_\sigma (S_\sigma^W)^{-1}$$

geändert werden, wobei S_τ^V und S_σ^W reguläre quadratische Matrizen der Größe $k_V(\tau)$ bzw. $k_W(\sigma)$ seien. Dies ändert die Transformationen in

$$\hat{T}_{\tau'}^V = S_{\tau'}^V T_{\tau'}^V (S_\tau^V)^{-1}, \qquad \hat{T}_{\sigma'}^W = S_{\sigma'}^W T_{\sigma'}^W (S_\sigma^W)^{-1}$$

und die Koeffizientenmatrizen K_b $(b = \tau \times \sigma)$ aus $M|_b = V_\tau K_b W_\sigma^\top$ in $\hat{K}_b = S_\tau^V K_b (S_\sigma^W)^\top$.

8.3.3 Speicherbedarf

Da die Matrizen V_τ für $\tau \in T(I)\backslash\mathcal{L}(T(I))$ mittels (8.11a) rekursiv aus $V_{\tau'}$ konstruiert werden können, reicht es, anstelle von $\{V_\tau\}_{\tau\in T(I)}$ diese Matrizen nur für die Blattcluster $\{V_\tau\}_{\tau\in\mathcal{L}(T(I))}$ sowie die Transformationsmatrizen $\{T_\tau^V\}_{\tau\in T(I)\backslash\{I\}}$ abzuspeichern. Analog werden $\{W_\sigma\}_{\sigma\in\mathcal{L}(T(J))}$ und $\{T_\sigma^W\}_{\sigma\in T(J)\backslash\{J\}}$ benötigt. Es sei wiederholt, dass die entsprechenden Speicherkosten $S_{\mathcal{H}^2}^{\text{Basis}}$ nur einmal auftreten unabhängig von der Anzahl der Matrizen.

Lemma 8.3.5. *a) Der Speicherbedarf für* $\{V_\tau\}_{\tau\in\mathcal{L}(T(I))}$, $\{T_\tau^V\}_{\tau\in T(I)\backslash\{I\}}$, $\{W_\sigma\}_{\sigma\in\mathcal{L}(T(J))}$ *und* $\{T_\sigma^W\}_{\sigma\in T(J)\backslash\{J\}}$ *beträgt*

$$\begin{aligned} S_{\mathcal{H}^2}^{\text{Basis}} = & \sum_{\tau\in\mathcal{L}(T(I))} \#\tau \cdot k_V(\tau) + \sum_{\tau\in T(I)\backslash\{I\}} k_V(\text{Vater}(\tau)) \cdot k_V(\tau) \\ & + \sum_{\sigma\in\mathcal{L}(T(J))} \#\sigma \cdot k_W(\sigma) + \sum_{\sigma\in T(J)\backslash\{J\}} k_W(\text{Vater}(\sigma)) \cdot k_W(\sigma). \end{aligned} \tag{8.12}$$

b) Seien

$$\begin{aligned} k &:= \max\{\max_{\tau\in T(I)} k_V(\tau), \max_{\sigma\in T(J)} k_W(\sigma)\}, \\ k_L &:= \max\{\max_{\tau\in\mathcal{L}(T(I))} k_V(\tau), \max_{\sigma\in\mathcal{L}(T(J))} k_W(\sigma)\} \end{aligned}$$

(man beachte $k_L \leq n_{\min}$ *unter der Bedingung (7.4)). Dann gilt die Abschätzung*

$$S_{\mathcal{H}^2}^{\text{Basis}} \leq (\#I + \#J)\, k_L + 2k^2\, (\#\mathcal{L}(T(I)) + \#\mathcal{L}(T(J)) - 2). \tag{8.13}$$

Beweis. In der ersten und dritten Summe aus (8.12) wird $\sum_{\tau\in\mathcal{L}(T(I))} \#\tau = \#I$ und $\sum_{\sigma\in\mathcal{L}(T(J))} \#\sigma = \#J$ verwendet. In der zweiten Summe wird die Anzahl der Terme durch $\#T(I) - 1 \leq 2\#\mathcal{L}(T(I)) - 2$ abgeschätzt (vgl. (A.3a)). Die letzte Summe in (8.12) ist analog zu behandeln. ∎

Zur Einschätzung der rechten Seite in (8.13) sei angenommen, dass alle Blattcluster $\tau \in \mathcal{L}(T(I))$ und $\sigma \in \mathcal{L}(T(J))$ die Größe $\#\tau = \#\sigma = n_{\min}$ besitzen und die maximale Dimension $k_L = n_{\min}$ vorliegt. Wegen $\#I = \sum_{\tau\in\mathcal{L}(T(I))} \#\tau = \#\mathcal{L}(T(I)) \cdot n_{\min}$ erhält man $\#\mathcal{L}(T(I)) = \#I/n_{\min}$

und analog $\#\mathcal{L}(T(J)) = \#J/n_{\min}$. Damit ist die rechte Seite in (8.13) kleiner als $(\#I + \#J)\left(n_{\min} + 2k^2/n_{\min}\right)$. Die Schranke wird minimal für die Wahl $n_{\min} \approx \sqrt{2}k$ und liefert

$$S_{\mathcal{H}^2}^{\text{Basis}} \leq 2\sqrt{2}\,(\#I + \#J)\,k.$$

Man beachte die Analogie dieser Schranke zur Abschätzung in Lemma 8.1.6 für den Spezialfall aus §3.

Für jede individuelle $\mathcal{H}^2$-Matrix entsteht der Speicheraufwand $S_{\mathcal{H}^2}^{\text{Matrix}}$ aus (8.4).

8.3.4 Projektion auf $\mathcal{H}^2$-Format

Das Format $\mathcal{H}^2(P, \{\mathcal{V}_\tau\}_{\tau\in T(I)}, \{\mathcal{W}_\sigma\}_{\sigma\in T(J)})$ mit seinen Unterräumen sei gegeben. Als Basen der Räume $\mathcal{V}_\tau$ und $\mathcal{W}_\sigma$ wählen wir Orthonormalbasen (vgl. Anmerkung 8.3.2b). Ist $\{v_1^\tau, \ldots, v_{k_V(\tau)}^\tau\}$ eine Orthonormalbasis von $\mathcal{V}_\tau$, so ist die zugehörige Matrix $V_\tau = [v_1^\tau \;\; v_2^\tau \;\ldots\; v_{k_V(\tau)}^\tau]$ aus (8.10) orthogonal. Für das Produkt $V_\tau V_\tau^\top$ gelten die folgenden Aussagen.

Anmerkung 8.3.6. a) Unter den obigen Voraussetzungen ist $V_\tau V_\tau^\top$ als Abbildung $\mathbb{R}^\tau \to \mathbb{R}^\tau$ die orthogonale Projektion auf $\mathcal{V}_\tau$ bezüglich des Euklidischen Skalarproduktes.

b) Sei $b = \tau \times \sigma$ mit beliebiger Indexmenge σ gegeben. Dann ist $\Pi_\tau := V_\tau V_\tau^\top$ auch eine lineare Abbildung von $\mathbb{R}^{\tau\times\sigma}$ in sich vermöge $\Pi_\tau(A) = V_\tau V_\tau^\top A$. Diese Abbildung ist die orthogonale Projektion auf den Unterraum

$$\left\{A \in \mathbb{R}^{\tau\times\sigma} : \mathit{Bild}(A) \subset \mathcal{V}_\tau\right\}$$

bezüglich des Frobenius-Skalarproduktes, d.h. Π_τ ist Projektion und $\langle \Pi_\tau(A), B\rangle_{\mathrm{F}} = \langle A, \Pi_\tau(B)\rangle_{\mathrm{F}}$ (vgl. (C.2)).

c) Im Falle der entsprechenden Projektion $\hat{\Pi}_\sigma := W_\sigma W_\sigma^\top$ auf $\mathcal{W}_\sigma$ gilt Teil a) wortwörtlich, während die Abbildung $\mathbb{R}^{\tau\times\sigma} \to \mathbb{R}^{\tau\times\sigma}$ aus Teil b) die Form $\hat{\Pi}_\sigma(A) = AW_\sigma W_\sigma^\top$ besitzt.

Beweis. Teil a) ist wegen der Orthogonalität der Matrix V_τ trivial.

Seien $M_{\tau,j}$ $(j \in \sigma)$ die Spalten von $M \in \mathbb{R}^{\tau\times\sigma}$. Da $\langle M', M''\rangle_{\mathrm{F}} = \sum_{j\in\sigma} \langle M'_{\tau,j}, M''_{\tau,j}\rangle$, wobei auf der rechten Seite das übliche Euklidische Skalarprodukt von $\mathbb{R}^\tau$ steht, folgt nach Teil a)

$$\begin{aligned}
\langle \Pi_\tau(A), B\rangle_{\mathrm{F}} &= \sum_{j\in\sigma} \left\langle (\Pi_\tau(A))_{\tau,j}, B_{\tau,j}\right\rangle = \sum_{j\in\sigma} \left\langle \left(V_\tau V_\tau^\top A\right)_{\tau,j}, B_{\tau,j}\right\rangle \\
&= \sum_{j\in\sigma} \langle V_\tau V_\tau^\top A_{\tau,j}, B_{\tau,j}\rangle = \sum_{j\in\sigma} \langle A_{\tau,j}, V_\tau V_\tau^\top B_{\tau,j}\rangle \\
&= \sum_{j\in\sigma} \left\langle A_{\tau,j}, (\Pi_\tau(B))_{\tau,j}\right\rangle = \langle A, \Pi_\tau(B)\rangle_{\mathrm{F}}.
\end{aligned}$$

Im Falle von c) verwendet man für die zu b) analoge Aussage die Matrixzeilen. ∎

Seien $\hat{\Pi}_\tau$ und $\hat{\Pi}_\sigma$ die oben definierten Projektionen. Die Produkte $\hat{\Pi}_\tau \hat{\Pi}_\sigma$ und $\hat{\Pi}_\sigma \hat{\Pi}_\tau$ stimmen überein und definieren

$$\Pi_{\tau\times\sigma} : \mathbb{R}^{\tau\times\sigma} \to \mathbb{R}^{\tau\times\sigma} \quad \text{mit} \quad \Pi_{\tau\times\sigma}(A) = V_\tau V_\tau^\top A W_\sigma W_\sigma^\top. \tag{8.14}$$

Definition 8.3.7 (Projektion auf $\mathcal{H}^2$-Format). *Die Abbildung $\Pi_{\mathcal{H}^2} = \Pi_{\mathcal{H}^2(P,\{\mathcal{V}_\tau\}_{\tau\in T(I)},\{\mathcal{W}_\sigma\}_{\sigma\in T(J)})}$ von $\mathbb{R}^{I\times J}$ in sich ist blockweise definiert:*

$$\Pi_{\mathcal{H}^2}(A)|_{\tau\times\sigma} = \begin{cases} \Pi_{\tau\times\sigma}(A|_{\tau\times\sigma}) & \text{für } \tau\times\sigma \in P^+, \\ A|_{\tau\times\sigma} & \text{für } \tau\times\sigma \in P^-. \end{cases}$$

Lemma 8.3.8. *a) $\Pi_{\mathcal{H}^2}$ hat die Produktdarstellung*

$$\Pi_{\mathcal{H}^2} = \prod\nolimits_{\tau\times\sigma\in P^+} (\Pi_{\tau\times\sigma})\,|^{I\times J}, \tag{8.15}$$

wobei die Erweiterung $(\Pi_{\tau\times\sigma})\,|^{I\times J} : \mathbb{R}^{I\times J} \to \mathbb{R}^{I\times J}$ durch (8.14) auf $\mathbb{R}^{\tau\times\sigma}$ und die Identität $\left((\Pi_{\tau\times\sigma})\,|^{I\times J}(A)\right)|_b = A|_b$ für $b \in P\backslash(\tau\times\sigma)$ definiert ist.

b) Die Reihenfolge in der Produktbildung (8.15) ist beliebig.

c) $\Pi_{\mathcal{H}^2}$ ist orthogonale Projektion bezüglich des Frobenius-Skalarproduktes. Damit gilt insbesondere

$$\|A - \Pi_{\mathcal{H}^2}(A)\|_\mathrm{F} = \min_{X\in\mathcal{H}^2(P,\{\mathcal{V}_\tau\}_{\tau\in T(I)},\{\mathcal{W}_\sigma\}_{\sigma\in T(J)})} \|A - X\|_\mathrm{F}\,.$$

Auf Grund der letzten Aussage lässt sich im Prinzip jede Matrix $A \in \mathbb{R}^{I\times J}$ in die beste Approximation $\Pi_{\mathcal{H}^2}(A) \in \mathcal{H}^2(P,\{\mathcal{V}_\tau\}_{\tau\in T(I)},\{\mathcal{W}_\sigma\}_{\sigma\in T(J)})$ abbilden. Für Matrizen in voller Darstellung erfordert dies jedoch einen Aufwand von $\mathcal{O}(\#I\cdot\#J)$. Anders ist die Situation bei $\mathcal{H}$-Matrizen.

Anmerkung 8.3.9. Sei $M \in \mathcal{H}(k,P)$ eine übliche hierarchische Matrix. Ferner sei $\mathcal{H}^2(P,\{\mathcal{V}_\tau\}_{\tau\in T(I)},\{\mathcal{W}_\sigma\}_{\sigma\in T(J)})$ ein $\mathcal{H}^2$-Format mit gleicher Partition P. Die Projektion $\Pi_{\mathcal{H}^2}$ von A in die $\mathcal{H}^2$-Bestapproximation erfordert für alle $b = \tau\times\sigma \in P^+$, dass die Darstellung $M|_b = A_b B_b^\top$ (vgl. Definition 6.1.1) in $\Pi_{\mathcal{H}^2}(M)|_b = V_\tau K_b W_\sigma^\top$ gewandelt wird, wozu

$$K_b := V_\tau^\top A_b\, B_b^\top W_\sigma$$

zu berechnen ist. Der Berechnungsaufwand für $V_\tau^\top A_b \in \mathbb{R}^{k_V(\tau)\times k(b)}$ und $W_\sigma^\top B_b \in \mathbb{R}^{k_W(\sigma)\times k(b)}$ beträgt $2\#\tau\cdot k(b)\cdot k_V(\tau)$ bzw. $2\#\sigma\cdot k(b)\cdot k_W(\sigma)$. Die Multiplikation beider Matrizen zu K_b erfordert nochmals $2k(b)k_V(\tau)k_W(\sigma)$ Operationen. Zusammen ergibt sich der Aufwand

$$2\sum_{b=\tau\times\sigma\in P^+} k(b)\cdot\left(\#\tau\cdot k_V(\tau) + \#\sigma\cdot k_W(\sigma) + k_V(\tau)k_W(\sigma)\right).$$

8.4 Hinreichende Bedingungen für geschachtelte Basen

8.4.1 Allgemeiner Fall

Im Falle der Integralgleichungen wurde die Kernfunktion $\varkappa(x,y)$ durch eine separable Entwicklung $\varkappa^{(k)}(x,y) = \sum_{\nu=1}^{k} \varphi_\nu^{(k)}(x)\, \psi_\nu^{(k)}(y)$ ersetzt (vgl. (4.1)). Die Funktionen spannen die Vektorräume

$$\mathcal{V}^\varkappa := \operatorname{span}\{\varphi_\nu^{(k)} : 1 \le \nu \le k\}, \qquad \mathcal{W}^\varkappa := \operatorname{span}\{\psi_\nu^{(k)} : 1 \le \nu \le k\}$$

auf. Für jeden Block $b = \tau \times \sigma \in P^+$ sei eine eigene Entwicklung $\varkappa^{(k)}(x,y)$ angenommen, wobei die Funktionen $\varphi_\nu^{(k)}$ [bzw. $\psi_\nu^{(k)}$] in X_τ [bzw. X_σ] gemäß (5.5a,b) definiert seien. Demgemäß ist in der Notation der obigen Vektorräume der Index b hinzuzusetzen: $\mathcal{V}_b^\varkappa$ und $\mathcal{W}_b^\varkappa$.

Wie in §8.2 kann die Annahme gemacht werden, dass $\mathcal{V}_b^\varkappa$ nur von τ und $\mathcal{W}_b^\varkappa$ nur von σ abhängt, sodass $\mathcal{V}_\tau^\varkappa$ und $\mathcal{W}_\sigma^\varkappa$ geschrieben werden kann. Die präzisen Dimensionsannahmen sind

$$\mathcal{V}_\tau^\varkappa = \operatorname{span}\{\varphi_\nu^{(\tau)} : 1 \le \nu \le k_\tau^V\}, \quad \mathcal{W}_\sigma^\varkappa := \operatorname{span}\{\psi_\nu^{(\sigma)} : 1 \le \nu \le k_\sigma^W\}. \tag{8.16}$$

Schließlich kann die Schachtelungsbedingung (8.9a,b) übertragen werden:

$$\begin{aligned} \mathcal{V}_\tau^\varkappa|_{X_{\tau'}} &\subset \mathcal{V}_{\tau'}^\varkappa \quad \text{für alle } \tau' = S_{T(I)}(\tau), \\ \mathcal{W}_\sigma^\varkappa|_{X_{\sigma'}} &\subset \mathcal{W}_{\sigma'}^\varkappa \quad \text{für alle } \sigma' = S_{T(J)}(\sigma). \end{aligned} \tag{8.17}$$

Die hier eingeführten Räume $\mathcal{V}_\tau^\varkappa$ und $\mathcal{W}_\sigma^\varkappa$ enthalten Funktionen. Der Zusammenhang mit den vorherigen Vektorräumen $\mathcal{V}_\tau$ und $\mathcal{W}_\sigma$ wird im folgenden Lemma hergestellt.

Lemma 8.4.1. *Die Diskretisierung sei mittels der Abbildungen $\Lambda_1|_\tau$ und $\Lambda_2|_\sigma$ aus (4.38) gegeben. Dann impliziert die Schachtelungsbedingung (8.17) die zweite Hierarchiestruktur (8.9a,b) für $\mathcal{V}_\tau$ und $\mathcal{W}_\sigma$ mit Dimensionsschranken $k_V(\tau) \le k_\tau^V$ und $k_W(\sigma) \le k_\sigma^W$.*

Beweis. Gemäß (4.38) gilt $M|_b = \sum_{\nu=1}^{k} \left(\Lambda_1(\varphi_\nu^{(\tau)})\right)\Big|_\tau \left(\Lambda_2(\psi_\nu^{(\sigma)})\right)\Big|_\sigma^\top$, sodass $M|_b \in \mathcal{V}_\tau \otimes \mathcal{W}_\sigma$ mit

$$\begin{aligned} \mathcal{V}_\tau &= \operatorname{span}\left\{ \left(\Lambda_1(\varphi_\nu^{(\tau)})\right)\Big|_\tau : 1 \le \nu \le k_\tau^V \right\}, \\ \mathcal{W}_\sigma &= \operatorname{span}\left\{ \left(\Lambda_2(\psi_\nu^{(\sigma)})\right)\Big|_\sigma : 1 \le \nu \le k_\sigma^W \right\}. \end{aligned}$$

Dies beweist $k_V(\tau) = \dim \mathcal{V}_\tau \le k_\tau^V$ und $k_W(\sigma) \le k_\sigma^W$.

Für $\tau' = S_{T(I)}(\tau)$ zeigt die Charakterisierung von $\mathcal{V}_\tau$, dass

$$\mathcal{V}_\tau|_{\tau'} = \operatorname{span}\left\{ \Lambda_1(\varphi_\nu^{(\tau)})\Big|_{\tau'} : 1 \le \nu \le k_\tau^V \right\}.$$

(8.17) impliziert $\mathrm{span}\{\varphi_\nu^{(\tau)}|_{X_{\tau'}} : 1 \le \nu \le k_\tau^V\} \subset \mathcal{V}_{\tau'}^{\varkappa}$. Damit ist jedes $\varphi_\nu^{(\tau)}|_{X_{\tau'}}$ eine Linearkombination der $\varphi_\mu^{(\tau')}$, d.h. $\varphi_\nu^{(\tau)}|_{X_{\tau'}} = \sum_\mu \alpha_\mu \varphi_\mu^{(\tau')}$. Da der Träger von $\Lambda_1|_{\tau'}$ durch $X_{\tau'}$ gegeben ist, folgt

$$\left(\Lambda_1(\varphi_\nu^{(\tau)})\right)\Big|_{\tau'} = \left(\Lambda_1\left(\sum_\mu \alpha_\mu \varphi_\mu^{(\tau')}\right)\right)\Bigg|_{\tau'} = \sum_\mu \alpha_\mu \left(\Lambda_1\left(\varphi_\mu^{(\tau')}\right)\right)\Big|_{\tau'} \in \mathcal{V}_{\tau'}.$$

Damit ist $\mathcal{V}_\tau|_{\tau'} \subset \mathcal{V}_{\tau'}$ bewiesen. $\mathcal{W}_\sigma^{\varkappa}|_{X_{\sigma'}} \subset \mathcal{W}_{\sigma'}^{\varkappa}$ schließt man analog. ■

Beispiel 8.4.2. Die Träger X_τ seien eingebettet in den $\mathbb{R}^d$. Taylor-Entwicklung in beiden Variablen x, y oder Polynominterpolation in beiden Variablen führt auf Polynomräume $\mathcal{V}_\tau^{\varkappa}$. Genauer sei $\mathcal{V}_\tau^{\varkappa}$ einer der Räume

$$\mathrm{span}\{x^\nu|_{X_\tau} : |\nu| \le k^V\} \quad \text{oder} \quad \mathrm{span}\{x^\nu|_{X_\tau} : \nu_i \le k_i^V \text{ für } 1 \le i \le d\},$$

wobei der Gesamtpolynomgrad k^V bzw. der partielle Polynomgrad k_i^V nicht von τ abhänge. Dann ist (8.17) erfüllt. Die gleiche Aussage gilt für $\mathcal{W}_\sigma^{\varkappa}$.

Beweis. Beschränkungen von Polynomen ergeben wieder Polynome des gleichen Grades. Dies beweist die Schachtelungseigenschaft (8.17). ■

Der Fall der Polynominterpolation in beiden Variablen wird anschließend vorgeführt.

8.4.2 Beispiel: Approximation von Integraloperatoren durch Interpolation

Der Integraloperator sei $(\mathcal{K}u)(x) = \int_\Gamma \varkappa(x,y)u(y)\mathrm{d}y$ (vgl. (1.25b)). Das Galerkin-Verfahren führt auf die Matrixelemente

$$K_{ij} = \int_\Gamma \int_\Gamma \varkappa(x,y)\phi_i(x)\phi_j(y)\mathrm{d}x\mathrm{d}y,$$

wobei ϕ_i die Basiselemente sind (vgl. (1.28)). Zur Vereinfachung der Darstellung sei angenommen, dass $\Gamma \subset \mathbb{R}$ ein Intervall sei.

Sei $b = \tau \times \sigma \in P^+$ ein zulässiger Block. Die Polynominterpolation in X_τ ist durch

$$f \in C(X_\tau) \mapsto P_f(x) := \sum_{\nu=1}^{k} f(x_\tau^{(\nu)}) L_\nu^\tau(x)$$

gegeben, wobei $x_\tau^{(\nu)} \in X_\tau$ disjunkte Stützstellen und $L_\nu^\tau(x)$ Lagrange-Polynome vom Grad $k-1$ sind: $L_\nu^\tau(x_\tau^{(\mu)}) = \delta_{\nu\mu}$ (vgl. §B.3.1.1). Die Interpolation der Kernfunktion $\varkappa(x,y)$ wird bezüglich x und y durchgeführt, wobei die Stützstellen $x_\sigma^{(\mu)}$ und die Lagrange-Polynome L_μ^σ zu σ gehören:

$$\varkappa(x,y) \approx \sum_{\nu=1}^{k}\sum_{\mu=1}^{k} \varkappa(x_\tau^{(\nu)}, x_\sigma^{(\mu)})\, L_\nu^\tau(x)\, L_\mu^\sigma(y) \qquad \text{in } (x,y) \in X_\tau \times X_\sigma \subset \Gamma \times \Gamma.$$

Einsetzen in die Darstellung $K_{ij} = \int_\Gamma \int_\Gamma \varkappa(x,y)\phi_i(x)\phi_j(y)\mathrm{d}x\mathrm{d}y$ liefert die Approximation

$$M_{ij} = \sum_{\nu=1}^{k}\sum_{\mu=1}^{k} \varkappa(x_\tau^{(\nu)}, x_\sigma^{(\mu)}) \int_{X_\tau} L_\nu^\tau(x)\phi_i(x)\mathrm{d}x \int_{X_\sigma} L_\mu^\sigma(y)\phi_j(y)\mathrm{d}y \qquad (8.18)$$

für $(i,j) \in b = \tau \times \sigma \in P^+$.

Lemma 8.4.3. *Die Untermatrix* $M|_b = (M_{ij})_{(i,j)\in b}$ *aus (8.18) hat die Darstellung* $M|_b = V_\tau K_b W_\sigma^\top$ *mit*

$$K_b := \left(\varkappa(x_\tau^{(\nu)}, x_\sigma^{(\mu)})\right)_{(\nu,\mu)\in\{1,\dots,k\}\times\{1,\dots,k\}},$$

$$V_\tau := \left(\int_{X_\tau} L_\nu^\tau(x)\phi_i(x)\mathrm{d}x\right)_{(i,\nu)\in\tau\times\{1,\dots,k\}},$$

$$W_\sigma := \left(\int_{X_\sigma} L_\mu^\sigma(y)\phi_j(y)\mathrm{d}y\right)_{(j,\mu)\in\sigma\times\{1,\dots,k\}}.$$

Da die Polynome wie in Beispiel 8.4.2 die Schachtelungsbedingung (8.17) erfüllen, liefert Lemma 8.4.1 die gesuchten Eigenschaften von $\mathcal{V}_\tau$ und $\mathcal{W}_\sigma$.

In Börm-Hackbusch [78] findet sich zu diesem Ansatz eine Abschätzung des Diskretisierungsfehlers.

8.5 Matrix-Vektor-Multiplikation mit $\mathcal{H}^2$-Matrizen

Die Matrix-Vektor-Multiplikation $y \mapsto y + Mx$ für $M \in \mathcal{H}^2(P)$ wird in drei Schritten durchgeführt. Im ersten Schritt ("Vorwärtstransformation") wird x bzw. seine Restriktionen $x|_\sigma$ mittels $W_\sigma^\top$ transformiert. Die resultierenden Vektoren $\hat{x}|_\sigma$ werden im zweiten Schritt ("Multiplikationsphase") mit den Koeffizientenmatrizen K_b ($b = \tau\times\sigma$) multipliziert. Die entstehenden Vektoren $\hat{y}_\tau$ müssen im dritten Schritt ("Rücktransformation") mit V_τ multipliziert und aufaddiert werden. Die vollen Matrixblöcke $M|_b$ ($b \in P^-$) werden gesondert behandelt.

8.5.1 Vorwärtstransformation

Im Prinzip ist $\hat{x}_\sigma := W_\sigma^\top x|_\sigma \in \mathbb{R}^{\{1,\dots,k_W(\sigma)\}}$ für alle $\sigma \in T(J)$ zu berechnen. Dies geschieht in direkter Form nur für Blattcluster $\sigma \in \mathcal{L}(T(J))$, da nur für diese σ die Matrix W_σ vorhanden ist (vgl. §8.3.3). Für $\sigma \in T(J)\backslash\mathcal{L}(T(J))$ wird das Produkt indirekt mit Hilfe der Transformationsmatrizen durchgeführt:

$$\hat{x}_\sigma = W_\sigma^\top x|_\sigma \underset{(8.11\text{b})}{=} \sum_{\sigma'\in S_{T(J)}(\sigma)} \left(T_{\sigma'}^W\right)^\top W_{\sigma'}^\top x|_{\sigma'} = \sum_{\sigma'\in S_{T(J)}(\sigma)} \left(T_{\sigma'}^W\right)^\top \hat{x}_{\sigma'}$$

für $\sigma \in T(J)\backslash\mathcal{L}(T(J))$.

Der Aufruf der Prozedur (8.19) durch *Vorwärtstransformation*$(\hat{x}, x, J)$ bestimmt im ersten Argument $\hat{x} = \{\hat{x}_\sigma : \sigma \in T(J)\}$ die Kollektion aller $\hat{x}_\sigma \in \mathbb{R}^{\{1,\ldots,k_W(\sigma)\}}$ aus dem Eingabevektor $x \in \mathbb{R}^J$:

procedure *Vorwärtstransformation*$(\hat{x}, x, \sigma)$;
if $\sigma \in \mathcal{L}(T(J))$ **then** $\hat{x}_\sigma := W_\sigma^\top x|_\sigma$ **else**
begin $\hat{x}_\sigma := 0$;
  for all $\sigma' \in S_{T(J)}(\sigma)$ **do**
  begin *Vorwärtstransformation*$(\hat{x}, x, \sigma')$;
    $\hat{x}_\sigma := \hat{x}_\sigma + \left(T_{\sigma'}^W\right)^\top \hat{x}_{\sigma'}$
end end; (8.19)

Der Aufwand lässt sich mittels des Speicheraufwandes angeben, der in §8.3.3 abgeschätzt wurde.

Lemma 8.5.1. *Der Aufruf von* Vorwärtstransformation$(\hat{x}, x, J)$ *benötigt* N_{Vorw} *Additionen und Multiplikationen, wobei* N_{Vorw} *der Speicherbedarf für* $\{W_\sigma\}_{\sigma\in\mathcal{L}(T(J))}$ *und* $\{T_\sigma^W\}_{\sigma\in T(J)\backslash\{J\}}$ *ist.*

Beweis. Mit jeder dieser Matrizen wird genau eine Matrix-Vektor-Multiplikation durchgeführt. ■

8.5.2 Multiplikationsphase

Im zweiten Schritt sind die Produkte $S_{\tau\times\sigma}\hat{x}_\sigma$ für alle $\tau\times\sigma \in P^+$ auszurechnen und aufzusummieren:

$$\hat{y}_\tau := \sum_{\sigma\in T(J):\,\tau\times\sigma\in P^+} K_{\tau\times\sigma}\hat{x}_\sigma \qquad \text{für alle } \tau \in T(I). \tag{8.20}$$

Man beachte, dass $\hat{y}_\tau \in \mathbb{R}^\tau$ *nicht* die Beschränkung eines Vektors $\hat{y}$ auf τ bedeutet.

Lemma 8.5.2. *a) Der Aufwand der Multiplikationsphase beträgt* N_{Mult} *Additionen und Multiplikationen, wobei* N_{Mult} *der Speicherbedarf für die Koeffizientenmatrizen* $\{K_{\tau\times\sigma}\}_{\tau\times\sigma\in P^+}$ *ist.*

b) Wenn $k_W(\sigma) = k_V(\tau) = k$*, kostet die Berechnung eines* $\hat{y}_\tau$ *gemäß (8.20)* $2C_{\mathrm{sp,l}}(\tau, P^+)k^2 - k$ *Operationen.*

Beweis. a) Wieder wird genau eine Matrix-Vektor-Multiplikation mit jeder Matrix $K_{\tau\times\sigma}$ durchgeführt.

b) Die Zahl der Summanden in (8.20) ist $C_{\mathrm{sp,l}}(\tau, P^+)$. Da $S_{\tau\times\sigma} \in \mathbb{R}^{\{1,\ldots,k\}\times\{1,\ldots,k\}}$ und $\hat{x}_\sigma \in \mathbb{R}^{\{1,\ldots,k\}}$, kostet die Matrix-Vektor-Multiplikation $S_{\tau\times\sigma}\hat{x}_\sigma$ jeweils $k\,(2k-1)$ Operationen. Die Summation der Resultate erfordert $k\,(C_{\mathrm{sp,l}}(\tau, P^+) - 1)$ Additionen. ■

8.5.3 Rücktransformation

Das Resultat von (8.20) lautet $\hat{y} := \{\hat{y}_\tau : \tau \in T(I)\}$ und ist ein Eingabeparameter der Prozedur (8.21). Der Aufruf *Rücktransformation*$(y, \hat{y}, I)$ liefert $y \mapsto y + M^+x$, wobei $M^+|_b = M|_b$ für $b \in P^+$ und $M^+|_b = 0$ für $b \in P^-$.

$$\begin{array}{|l|}\hline \textbf{procedure } \textit{Rücktransformation}(y, \hat{y}, \tau); \\ \textbf{if } \tau \in \mathcal{L}(T(I)) \textbf{ then } y|_\tau := V_\tau \hat{y}_\tau \textbf{ else} \\ \textbf{for all } \tau' \in S_{T(I)}(\tau) \textbf{ do} \\ \textbf{begin } y|_\tau := y|_\tau + T^V_{\tau'} y|_{\tau'}; \textit{Rücktransformation}(y, \hat{y}, \tau') \textbf{ end}; \\ \hline \end{array} \tag{8.21}$$

Die Rücktransformation ist adjungiert zur Vorwärtstransformation. Analog zum vorherigen Lemma 8.5.1 beweist man das

Lemma 8.5.3. *Der Aufruf von* Rücktransformation$(y, \hat{y}, I)$ *benötigt* $N_{\text{Rückw}}$ *Additionen und Multiplikationen, wobei* $N_{\text{Rückw}}$ *der Speicherbedarf für* $\{V_\tau\}_{\tau \in \mathcal{L}(T(I))}$ *und* $\{T^V_\tau\}_{\tau \in T(I) \setminus \{I\}}$ *ist.*

8.5.4 Gesamtalgorithmus

Bisher wurde nur der den zulässigen Blöcken $b \in P^+$ entsprechende Anteil M^+ der Matrix M berücksichtigt. Der Rest besteht aus den vollen Matrixblöcken $\{M|_b : b \in P^-\}$. Die Prozedur der $\mathcal{H}^2$-Matrixvektormultiplikation lautet damit insgesamt wie folgt:

$$\begin{array}{|l|}\hline \textbf{procedure } \mathit{MVM}_{\mathcal{H}^2}(y, M, x); \\ \textbf{var } \hat{x}, \hat{y}; \\ \textbf{begin } \textit{Vorwärtstransformation}(\hat{x}, x, J); \\ \qquad \textbf{for all } \tau \in T(I) \textbf{ do } \hat{y}_\tau := 0; \\ \qquad \textbf{for all } b = \tau \times \sigma \in P^+ \textbf{ do } \hat{y}_\tau := \hat{y}_\tau + K_{\tau\times\sigma}\hat{x}_\sigma; \\ \qquad y := 0; \textit{Rücktransformation}(y, \hat{y}, I); \\ \qquad \textbf{for all } b = \tau \times \sigma \in P^- \textbf{ do } y|_\tau := y|_\tau + M|_{\tau\times\sigma} x|_\sigma \\ \textbf{end}; \\ \hline \end{array} \tag{8.22}$$

Lemma 8.5.4 (Aufwand). *Die* $\mathcal{H}^2$*-Matrix-Vektor-Multiplikation (8.22) benötigt* N_{MVM} *Additionen und Multiplikationen, wobei* N_{MVM} *der Speicherbedarf für* $\{V_\tau\}_{\tau \in \mathcal{L}(T(I))}$, $\{T^V_\tau\}_{\tau \in T(I)\setminus\{I\}}$, $\{W_\sigma\}_{\sigma \in \mathcal{L}(T(J))}$, $\{T^W_\sigma\}_{\sigma \in T(J)\setminus\{J\}}$, $\{K_{\tau\times\sigma}\}_{\tau\times\sigma \in P^+}$ *und* $\{M|_{\tau\times\sigma}\}_{\tau\times\sigma\in P^-}$ *ist.*

Wie in §8.3.3 erklärt, erhält man unter Standardbedingungen einen Gesamtaufwand $\mathcal{O}((\#I + \#J)k)$. Man beachte, dass der logarithmische Faktor hier fehlt, der in Lemma 7.8.1 (mit Rückbezug auf Lemma 6.3.6) in Form der Baumtiefe auftritt (vgl. (6.9a)).

8.6 $\mathcal{H}^2$-Matrizen mit linearem Aufwand

Die oben erwähnte Komplexität $\mathcal{O}((\#I + \#J)k)$ enthält als einen Faktor den lokalen Rang k, der häufig als $\mathcal{O}(\log n)$ zu wählen ist, wenn $\#I, \#J = \mathcal{O}(n)$. Im Folgenden wird eine Variante diskutiert, bei der der Faktor k entfällt, sodass der Aufwand linear in n ist. Der Algorithmus wurde zuerst in Hackbusch-Khoromskij-Sauter [86] vorgestellt, und die erste Analyse findet sich in Sauter [124]. Im Folgenden wird die Idee nur skizziert und auf die Details in Börm [18, §4.7] verwiesen.

Zur Vereinfachung der Darstellung sei der Fall der quadratischen Matrix angenommen: $I = J$ und $n := \#I = \#J = 2^L$. Der Clusterbaum $T(I)$ wird stufenweise in $T^{(\ell)}(I)$ zerlegt mit $\#\tau = 2^{L-\ell}$ für $\tau \in T^{(\ell)}(I)$. Der Blockclusterbaum sei stufentreu definiert, d.h. $T^{(\ell)}(I \times I)$ enthalte nur Blöcke $b = \tau \times \sigma$ mit $\tau, \sigma \in T^{(\ell)}(I)$. Wenn $n_{\min} = 1$, liegt ein vollständig balancierter Baum mit $\mathcal{L}(T(I)) = T^{(L)}(I)$ und $L = \operatorname{depth}(T(I)) = \log_2 n$ vor.

Die darzustellende Matrix sei eine BEM-Diskretisierung eines Integraloperators mit dem Kern $\varkappa(\cdot,\cdot) : \mathbb{R}^2 \to \mathbb{R}$. Das übliche Vorgehen ist die Ersetzung von $\varkappa$ durch separable Entwicklungen mittels Interpolation (vgl. 4.4). Dabei wurde stets der gleiche Polynomgrad für alle zulässigen Blöcke verwendet. Jetzt verwende man dagegen für kleine Cluster niedrige Polynomgrade bei die Approximation von $\varkappa$, aber höhere Grade für große Cluster[4]. Genauer wird der Grad $p = p(\ell)$ als Funktion der Stufe gewählt:

$$p(\ell) := p_0 + (L - \ell)\,\delta \qquad \text{(zum Beispiel mit } \delta := 1\text{)}. \tag{8.23}$$

Für große Blöcke $b \in T(I \times I)$ (d.h. $\ell \approx 0$) erhält man den Grad $p = \mathcal{O}(L) = \mathcal{O}(\log n)$, während für kleine Blöcke ($\ell \approx L$) $p = \mathcal{O}(1)$ gilt. Unter geeigneten Bedingungen sind die entstehenden Fehler von der gleichen Größenordnung wie der Diskretisierungsfehler.

Gemäß Lemma 8.4.1 ist $k_V(\tau) \le k_\tau \le p(\ell) + 1$ für alle $\tau \in T^{(\ell)}(I)$. Der Speicheraufwand $S_{\mathcal{H}^2}^{\text{Basis}}$ gemäß (8.12) enthält die Summanden

$$\sum_{\tau \in \mathcal{L}(T(I))} \#\tau \cdot k_V(\tau) = \sum_{\sigma \in \mathcal{L}(T(J))} \#\sigma \cdot k_W(\sigma) \le (p(L) + 1)\, n \underset{(8.23)}{=} \mathcal{O}(n).$$

Unter der Modellannahme $\#T^{(\ell)}(I) = \mathcal{O}(2^\ell)$ ist

$$\begin{aligned}\sum_{\tau \in T^{(\ell)}(I)} k_V(\mathrm{Vater}(\tau)) \cdot k_V(\tau) &\le (p(\ell - 1) + 1)\,(p(\ell) + 1)\; \mathcal{O}(2^\ell) \\ &\underset{(8.23)}{=} \mathcal{O}\left(2^\ell \left(1 + (L - \ell)^2\right)\right)\end{aligned}$$

mit gleicher Abschätzung für $\sum_{\sigma \in T(J)\setminus\{J\}} k_W(\mathrm{Vater}(\sigma)) \cdot k_W(\sigma)$. Damit ist

[4] Dies entspricht dem Vorgehen bei der sogenannten hp-Finite-Element-Diskretisierung (vgl. [67, §8.6.3 in 3. Auflage]). In Korollar 9.3.2 wird eine Rangverteilung von der Form (8.23) in natürlicher Weise entstehen.

$$S_{\mathcal{H}^2}^{\mathrm{Basis}} = \mathcal{O}(n) + \sum_{\ell=0}^{L-1} \mathcal{O}\left(2^\ell \left(1 + (L-\ell)^2\right)\right) = \mathcal{O}(n) + \mathcal{O}\left(2^L\right) = \mathcal{O}(n).$$

Man prüfe nach, dass analog der Speicheraufwand für $\{K_{\tau\times\sigma}\}_{\tau\times\sigma\in P^+}$ und $\{M|_{\tau\times\sigma}\}_{\tau\times\sigma\in P^-}$ durch

$$\sum_{\tau\times\sigma\in P^-} \#\tau\#\sigma + \sum_{\tau\times\sigma\in P^+} k_V(\tau)k_V(\sigma) = n + \sum_{\ell=1}^{L-1} 2^\ell \mathcal{O}\left((p(\ell)+1)^2\right)$$
$$= n + \sum_{\ell=1}^{L-1} 2^\ell \mathcal{O}\left((L-\ell)^2\right) = \mathcal{O}(n)$$

abschätzbar ist. Aus Lemma 8.5.4 folgt somit der Aufwand $\mathcal{O}(n)$ für die Matrix-Vektor-Multiplikation.

Die Steuerung der Rangverteilung $k : P^+ \to \mathbb{N}_0$ im allgemeinen Fall wird in der Dissertation [112] diskutiert.

Bei der Diskussion des Approximationsfehlers tritt die Schwierigkeit auf, dass die Überlegungen aus §8.4 nicht anwendbar sind. Die Räume $\mathcal{V}_\tau^\varkappa$ und $\mathcal{W}_\sigma^\varkappa$ aus (8.16) sind Polynomräume, zum Beispiel im eindimensionalen Fall

$$\mathcal{V}_\tau^\varkappa = \mathcal{W}_\sigma^\varkappa = \mathcal{P}_{p(\ell)} := \mathrm{span}\{x^\nu : 0 \le \nu \le p(\ell)\}$$
$$\text{für alle } \tau \in T^{(\ell)}(I),\ \sigma \in T^{(\ell)}(J).$$

Sei $\tau' \in S(\tau)$. Bei *konstantem* Grad $p(\ell) = p$ konnte man die charakteristische Bedingung $\mathcal{V}_\tau^\varkappa|_{X_{\tau'}} \subset \mathcal{V}_{\tau'}^\varkappa$ (vgl. (8.17)) folgern, da die Einschränkung von Polynomen vom Grad $\le p$ auf $X_{\tau'}$ wieder Polynome vom Grad $\le p$ sind. Nun ist aber nach der Definition (8.23) $p(\ell+1) < p(\ell)$, wobei $\tau \in T^{(\ell)}(I)$ und $\tau' \in T^{(\ell+1)}(I)$. Die Einschränkung der Polynome vom Grad $\le p(\ell)$ auf $X_{\tau'}$ liefert keine Polynome vom Grad $\le p(\ell+1)$.

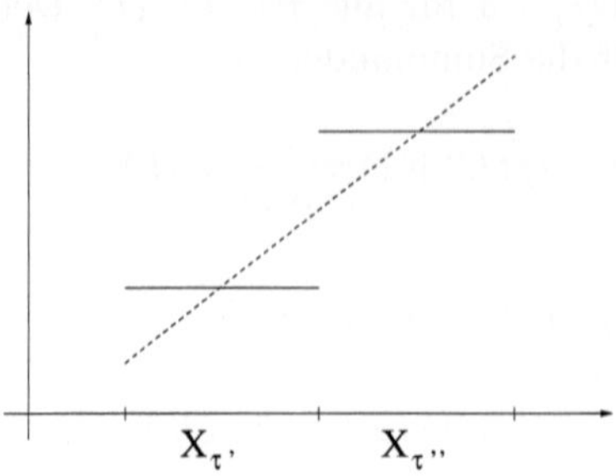

Abb. 8.1. Ersetzung einer linearen Funktion durch eine stückweise konstante Funktion

Damit trotzdem die Schachtelungsbedingung (8.17) gilt, muss man $\mathcal{V}_\tau^\varkappa$ mittels stückweiser Polynome definieren. Zur Illustration sei die Konstruktion für $p(\ell) := L - \ell$ (d.h. $p_0 = 0$ und $\delta = 1$ in (8.23)) und die untersten Stufen L, $L-1$, $L-2$ vorgeführt.

Für die kleinsten Cluster $\tau \in T^{(L)}(I)$ sind $\mathcal{V}_\tau^\varkappa$ die Räume der konstanten Funktionen auf X_τ. Für $\ell = L-1$ werden die linearen Funktionen (gestrichelte Linie in Abbildung 8.1) durch stückweise konstante Funktionen ersetzt. Für die Söhne $\tau', \tau'' \in S(\tau)$ gilt damit $\mathcal{V}_\tau^\varkappa|_{X_{\tau'}} = \mathcal{V}_{\tau'}^\varkappa$ und $\mathcal{V}_\tau^\varkappa|_{X_{\tau''}} = \mathcal{V}_{\tau''}^\varkappa$.

Für $\ell = L-2$ sollte $\mathcal{V}_\tau^\varkappa$ eigentlich die quadratischen Polynome enthalten. Das quadratische Monom x^2 wird zunächst durch die stückweise

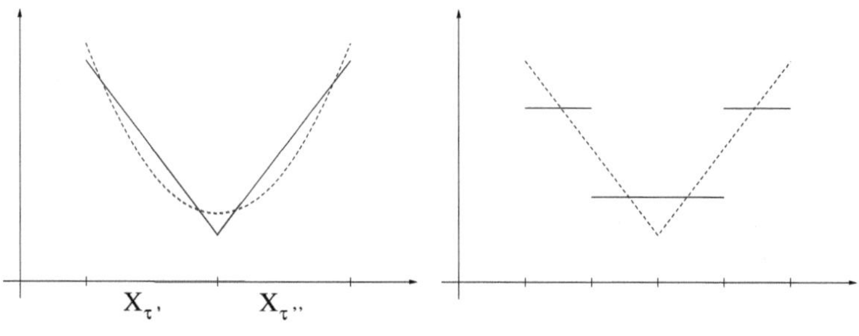

Abb. 8.2. Links: Ersatz einer quadratischen durch eine stückweise lineare Funktion. Rechts: Ersatz der stückweise linearen Funktion durch eine stückweise konstante Funktion.

lineare Funktion auf $X_{\tau'}$ und $X_{\tau''}$ $(\tau', \tau'' \in S(\tau))$ ersetzt (vgl. Abbildung 8.2 links). Anschließend werden die linearen Funktionen auf $X_{\tau'}$ und $X_{\tau''}$ wie im Falle $\ell = L - 1$ durch stückweise konstante Funktionen ersetzt (vgl. Abbildung 8.2 rechts), was die Schachtelung $\mathcal{V}_\tau^\varkappa|_{X_{\tau'}} \subset \mathcal{V}_{\tau'}^\varkappa$ sicherstellt. Damit ist $\mathcal{V}_\tau^\varkappa$ ein dreidimensionaler Raum, der von Approximationen der Monome x^ν $(0 \le \nu \le 2)$ aufgespannt wird, wobei die Approximationen stückweise aus konstanten Teilstücken bestehen.

Die Approximationseigenschaften dieser angepassten Funktionenräume werden in [28] und [18, §4.7] analysiert.

8.7 Adaptive Bestimmung der $\mathcal{H}^2$-Räume $\mathcal{V}_\tau$ und $\mathcal{W}_\sigma$

Die günstigeren Eigenschaften der $\mathcal{H}^2$-Matrizen erfordern auf der anderen Seite, dass die (geschachtelten) Räume $\{\mathcal{V}_\tau\}_{\tau\in T(I)}$ und $\{\mathcal{W}_\sigma\}_{\sigma\in T(J)}$ geeignet festgelegt werden müssen. Im Falle der Diskretisierung mittels Polynominterpolation konnte $\mathcal{V}_\tau$ in §8.4.2 als Bild der Matrix

$$V_\tau := \left(\int_{X_\tau} L_\nu^\tau(x)\phi_i(x)\mathrm{d}x \right)_{(i,\nu)\in\tau\times\{1,\dots,k\}}$$

bestimmt werden. Es sind aber auch andere Fälle denkbar:

(a) Eine $\mathcal{H}$-Matrix $M_\mathcal{H}$ sei gegeben. Lässt sich $M_\mathcal{H}$ durch eine $\mathcal{H}^2$-Matrix $M_{\mathcal{H}^2}$ approximieren? Wie sehen geeignete Räume $\{\mathcal{V}_\tau\}_{\tau\in T(I)}$, $\{\mathcal{W}_\sigma\}_{\sigma\in T(J)}$ aus?

(b) Eine allgemeine (voll besetzte) Matrix $M \in \mathbb{R}^{I\times J}$ sei gegeben sowie eine Fehlerschranke $\varepsilon > 0$. Lässt sich eine $\mathcal{H}^2$-Matrix $M_{\mathcal{H}^2}$ finden, sodass $\|M - M_{\mathcal{H}^2}\| \le \varepsilon$? Wie konstruiert man die zugehörigen Räume $\{\mathcal{V}_\tau\}_{\tau\in T(I)}$ und $\{\mathcal{W}_\sigma\}_{\sigma\in T(J)}$?

Wir werden zuerst die Aufgabe (b) lösen. Aufgabe (a) ist ein Spezialfall von (b), wobei allerdings die Komplexität der Verfahren zu berücksichtigen ist. Im Falle von Aufgabe (b) ist der Aufwand mindestens $\#I \cdot \#J$, da im Allgemeinen *alle* Matrixelemente M_{ij} berücksichtigt werden müssen (andernfalls ist $\|M - M_{\mathcal{H}^2}\| \leq \varepsilon$ nicht garantierbar). Im Falle der Aufgabe (a) soll der Aufwand dagegen geringer ausfallen und etwa dem Speicheraufwand von $M_{\mathcal{H}}$ entsprechen.

Die Konstruktion der $\{\mathcal{V}_\tau\}_{\tau\in T(I)}$ startet von den Blättern und verwendet $\mathcal{V}_{\tau'}$ $(\tau' \in S(\tau))$ zur Auswahl von $\mathcal{V}_\tau$. Dabei wird von der folgenden Beobachtung Gebrauch gemacht. Die Fortsetzung $u|^\tau \in \mathbb{R}^\tau$ von $u \in \mathcal{V}_{\tau'} \subset \mathbb{R}^{\tau'}$ ist in Definition 1.3.3 als Einbettung $\mathbb{R}^{\tau'} \hookrightarrow \mathbb{R}^\tau$ definiert worden. Wir setzen

$$\mathcal{V}_{\tau'}|^\tau := \{v|^\tau : v \in \mathcal{V}_{\tau'}\}.$$

Die Schachtelungsbedingung (8.9a): $\mathcal{V}_\tau|_{\tau'} \subset \mathcal{V}_{\tau'}$ für $\tau' \in S(\tau)$ ist äquivalent zu

$$\mathcal{V}_\tau \subset \hat{\mathcal{V}}_\tau := \sum_{\tau'\in S(\tau)} \mathcal{V}_{\tau'}|^\tau \qquad \text{für alle } \tau \in T(I)\backslash\mathcal{L}(T(I)). \tag{8.24}$$

Sind die $\mathcal{V}_{\tau'}$ gegeben, kann man $\hat{\mathcal{V}}_\tau$ konstruieren. Seine Dimension ist nur um den Faktor $\#S(\tau)$ (in der Regel $\#S(\tau) = 2$) größer als die maximale Dimension der $\mathcal{V}_{\tau'}$ und damit im Allgemeinen deutlich kleiner als $\#\tau$. Es bleibt die Aufgabe, den Raum $\hat{\mathcal{V}}_\tau$ auf einen echten Unterraum $\mathcal{V}_\tau$ zu verkleinern, ohne wesentliche Informationen zu verlieren.

Die folgenden Konstruktionen vereinfachen sich, wenn die Basis von $\mathcal{V}_\tau$ orthonormal gewählt wird (vgl. Anmerkung 8.3.2b). Wie in §8.3.4 werden eine Orthonormalbasis $\{v_1^\tau, \ldots, v_{k_V(\tau)}^\tau\}$ von $\mathcal{V}_\tau$ und die zugehörige orthogonale Matrix $V_\tau = \begin{bmatrix} v_1^\tau & v_2^\tau & \ldots & v_{k_V(\tau)}^\tau \end{bmatrix}$ verwendet. Die orthogonale Matrix zu $\hat{\mathcal{V}}_\tau$ aus (8.24) wird mit $\hat{V}_\tau$ bezeichnet. Während bei fest vorgegebenem Raum $\mathcal{V}_\tau$ anschließend eine Orthonormalbasis und die Matrix V_τ gewählt werden, ist hier die Reihenfolge umgekehrt. Wir werden V_τ konstruieren und damit $\mathcal{V}_\tau = Bild(V_\tau)$ definieren.

Konstruktion der $\mathcal{V}_\tau$ für Blätter $\tau \in \mathcal{L}(T(I))$. Da $\#\tau$ klein ist (nach Konstruktion $\leq n_{\min}$), setzen wir die maximale Dimension $\#\tau$ an:

$$\mathcal{V}_\tau := \mathbb{R}^\tau \qquad \text{für alle } \tau \in \mathcal{L}(T(I)).$$

Konstruktion der $\mathcal{V}_\tau$ für Vorgänger $\tau \in T(I)\backslash\mathcal{L}(T(I))$. Der Raum $\mathcal{V}_\tau$ muss den Bildbereich der Untermatrix $M|_{E(\tau)}$ approximieren, wobei

$$E(\tau) := (\tau \times J) \backslash \bigcup_{b=\tau'\times\sigma'\in P:\ \tau'\subsetneqq\tau} b$$

den Einflussbereich beschreibt. Die Blöcke $b = \tau' \times \sigma' \in P$ mit $\tau' \subsetneqq \tau$ sind auszunehmen, da entweder (für $b \in P^+$) $M|_b$ durch die schon konstruierten Räume $\mathcal{V}_{\tau'}$ dargestellt oder (für $b \in P^-$) $M|_b$ als volle Matrix repräsentiert wird. Der Bereich $E(\tau)$ ist in Abbildung 8.3 für die Partitionierung aus

§3.1 illustriert. Man beachte, dass der Indexbereich $E(\tau)$ in der Vereinigung $\bigcup_{\tau'\in S(\tau)} E(\tau')$ enthalten ist.

Es gilt $\mathit{Bild}(M|_{E(\tau)}) \subset \hat{\mathcal{V}}_\tau$ mit $\hat{\mathcal{V}}_\tau$ aus (8.24). Sei $\hat{V}_\tau \in \mathbb{R}^{\tau\times\{1,\ldots,\dim\hat{\mathcal{V}}_\tau\}}$ eine orthogonale Matrix mit $\mathit{Bild}(\hat{V}_\tau) = \hat{\mathcal{V}}_\tau$. Die Untermatrix $M|_{E(\tau)}$ erlaubt die Darstellung $M|_{E(\tau)} = \hat{V}_\tau Z_\tau^\top$ mit einer Matrix $Z_\tau \in \mathbb{R}^{J(\tau)\times\{1,\ldots,\dim\hat{\mathcal{V}}_\tau\}}$, wobei $J(\tau) \subset J$ durch $E(\tau) = \tau \times J(\tau)$ definiert ist. Die Gramsche Matrix zu $M|_{E(\tau)}$ ist

$$M|_{E(\tau)} \left(M|_{E(\tau)}\right)^\top = \hat{V}_\tau Z_\tau^\top Z_\tau \hat{V}_\tau^\top.$$

Zu $Z_\tau^\top Z_\tau \in \mathbb{R}^{\{1,\ldots,\dim\hat{\mathcal{V}}_\tau\}\times\{1,\ldots,\dim\hat{\mathcal{V}}_\tau\}}$ berechnet man die Singulärwertzerlegung (zugleich Diagonalisierung)

$$Z_\tau^\top Z_\tau = Q\hat{D}_\tau Q^\top \text{ mit } \hat{D}_\tau = \operatorname{diag}\{\sigma_{\tau,1},\sigma_{\tau,2},\ldots\} \text{ und } \sigma_{\tau,1} \geq \sigma_{\tau,2} \geq \ldots$$

Damit ist

$$M|_{E(\tau)} \left(M|_{E(\tau)}\right)^\top = \hat{V}_\tau Q\hat{D}_\tau \left(\hat{V}_\tau Q\right)^\top = \hat{V}_\tau'\hat{D}_\tau \left(\hat{V}_\tau'\right)^\top$$

mit der orthogonalen Matrix $\hat{V}_\tau' := \hat{V}_\tau Q$. Kürzung von $\hat{D}_\tau$ auf $\hat{D}_{\tau,m_\tau}$ mit $\hat{D}_{\tau,m_\tau} = \operatorname{diag}\{\sigma_{\tau,1},\ldots,\sigma_{\tau,m_\tau},0,\ldots\}$ und $m_\tau \leq \dim\hat{\mathcal{V}}_\tau$, liefert

$$\tilde{M}|_{E(\tau)} := \hat{V}_\tau'\hat{D}_{\tau,m}^{1/2} = V_\tau D_{\tau,m}^{1/2} \approx M|_{E(\tau)} \quad \text{mit}$$
$$D_{\tau,m} = \operatorname{diag}\{\sigma_{\tau,1},\ldots,\sigma_{\tau,m_\tau}\} \text{ und } V_\tau := \left(\hat{V}_{\tau,ij}'\right)_{i\in\tau,j=\{1,\ldots,m_\tau\}}$$

(V_τ ist die Beschränkung von $\hat{V}_\tau'$ auf die ersten m_τ Spalten). Damit ist der Unterraum $\mathcal{V}_\tau :=\mathit{Bild}(V_\tau)$ mit der Dimension m_τ gefunden. Die Untermatrix $M|_{E(\tau)}$ wird durch die Projektion $\tilde{M}|_{E(\tau)} := V_\tau V_\tau^\top M|_{E(\tau)}$ ersetzt (vgl. Anmerkung 8.3.6b) und die Konstruktion mit dem Vorgänger $\mathit{Vater}(\tau)$ fortgesetzt, bis die Wurzel $\tau = I$ erreicht ist. Für spätere Zwecke schreiben wir die Abbildung $M \mapsto \tilde{M}$ als $\Pi_{E(\tau)}$, d.h.

$$\left(\Pi_{E(\tau)}M\right)|_b = \begin{cases} \left(V_\tau V_\tau^\top M|_{E(\tau)}\right)|_b & \text{für } b \cap E(\tau) \neq \emptyset, \\ M|_b & \text{sonst.} \end{cases} \tag{8.25}$$

Die Auswahl von m_τ hängt mit der gewünschten Genauigkeit zusammen.

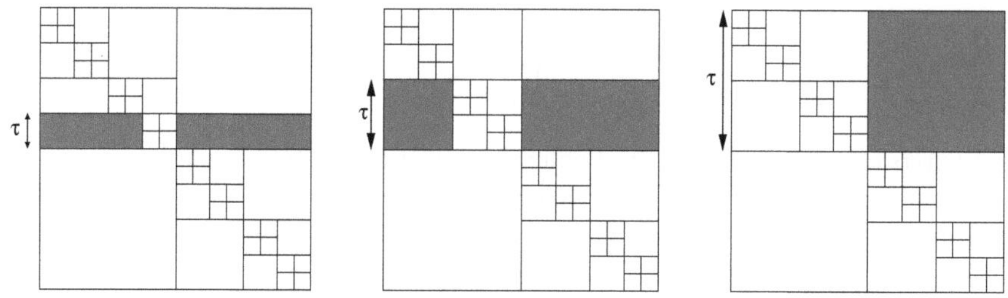

Abb. 8.3. Einflussbereich $E(\tau)$ für verschiedene Cluster τ

Lemma 8.7.1. *Zahlen $\varepsilon_\tau > 0$ seien vorgegeben. Zu jedem $\tau \in T(I)$ sei m_τ so gewählt, dass*

$$\sum_{i>m_\tau} \sigma_{\tau,i}^2 \le \varepsilon_\tau^2$$

für die Singulärwerte $\sigma_{\tau,i}$ aus der Matrix $\hat{D}_{\tau,m_\tau}$ gilt. Dann liefert das obige Verfahren eine Matrix M' mit $\mathrm{Bild}(M'|_{E(\tau)}) \subset \mathcal{V}_\tau$ *und* $\dim \mathcal{V}_\tau = m_\tau$*, sodass*

$$\|M - M'\|_\mathrm{F}^2 \le \sum_{\tau\in T(I)} \varepsilon_\tau^2. \tag{8.26}$$

Beweis. Die Konstruktion von $\mathcal{V}_\tau$ führt zur Korrektur von $M|_{E(\tau)}$ in $\tilde{M}|_{E(\tau)} := V_\tau V_\tau^\top M|_{E(\tau)}$. Die Korrektur $M - \tilde{M}$ steht im Sinne des Frobenius-Skalarproduktes senkrecht auf allen vorhergehenden Matrizen. Damit addieren sich die Fehlerquadrate (Pythagoras), und (8.26) folgt. ∎

Analoges Vorgehen mit $(M')^\top$ und Zahlen $\varepsilon_\tau' > 0$ liefert die Matrix

$$M'' \in \mathcal{H}^2(P, \{\mathcal{V}_\tau\}_{\tau\in T(I)}, \{\mathcal{W}_\sigma\}_{\sigma\in T(J)})$$

und die Räume $\mathcal{W}_\sigma$ mit *Bild*$((M')^\top|_{E(\sigma)}) \subset \mathcal{W}_\sigma$ und $\dim \mathcal{W}_\sigma = m_\sigma'$. Die entsprechende Fehlerabschätzung

$$\|M' - M''\|_\mathrm{F}^2 = \|(M')^\top - (M'')^\top\|_\mathrm{F}^2 \le \sum_{\sigma\in T(J)} (\varepsilon_\sigma')^2$$

führt auf

$$\|M - M''\|_\mathrm{F}^2 \le \sum_{\tau\in T(I)} \varepsilon_\tau^2 + \sum_{\sigma\in T(J)} (\varepsilon_\sigma')^2. \tag{8.27}$$

Zur adaptiven Wahl der Unterräume bei gegebener Genauigkeit ε wählt man ε_τ und ε_σ' mit

$$\sum_{\tau\in T(I)} \varepsilon_\tau^2 + \sum_{\sigma\in T(J)} (\varepsilon_\sigma')^2 = \varepsilon^2.$$

Die vorhergehende Ungleichung sichert $\|M - M''\|_\mathrm{F} \le \varepsilon$.

Alternativ kann man ein festes $m_\tau = m_\sigma' = k$ wählen. Mit

$$\varepsilon_\tau := \sqrt{\sum_{i>m_\tau} \sigma_{\tau,i}^2}$$

und entsprechenden ε_σ' gilt die Fehlerabschätzung (8.27) ebenfalls.

Details zum Algorithmus, zur Komplexität und den Abschätzungen findet man in Börm-Hackbusch [79]. Dort wird zudem der Fall diskutiert, dass eine $\mathcal{H}$-Matrix in das $\mathcal{H}^2$-Format konvertiert wird.

8.8 Matrix-Matrix-Multiplikation von $\mathcal{H}^2$-Matrizen

Während die Tensorstruktur der Räume $\mathcal{V}_\tau \otimes \mathcal{W}_\sigma$ bei der Addition sehr hilfreich ist, führt sie bei der Multiplikation auf starke Komplikationen. Zunächst sind zwei Arten von $\mathcal{H}^2$-Multiplikationen zu unterscheiden. Im ersten Fall sind für die Zielmatrix die Räume $\mathcal{V}_\tau$ und $\mathcal{W}_\sigma$ *a priori* bekannt, im zweiten Fall werden sie *a posteriori* bestimmt.

8.8.1 Multiplikation bei gegebenem $\mathcal{H}^2$-Format

Zu einer Matrix C soll das Produkt $A \cdot B$ addiert werden:

$$C \leftarrow C + A \odot B. \tag{8.28a}$$

Dabei dürfen alle auftretenden Matrizen unterschiedliches Format besitzen:

$$A \in \mathbb{R}^{I\times J}, \qquad B \in \mathbb{R}^{J\times K}, \qquad C \in \mathbb{R}^{I\times K}. \tag{8.28b}$$

A und B seien $\mathcal{H}^2$-Matrizen mit zum Format passenden Räumen $\{\mathcal{V}_\tau^A\}_{\tau\in T(I)}$, $\{\mathcal{W}_\sigma^A\}_{\sigma\in T(J)}$ bzw. $\{\mathcal{V}_\tau^B\}_{\tau\in T(J)}$, $\{\mathcal{W}_\sigma^B\}_{\sigma\in T(K)}$. Die auf C vorliegenden Startdaten und das Endresultat sollen im $\mathcal{H}^2$-Format mit den Räumen $\{\mathcal{V}_\tau^C\}_{\tau\in T(I)}$ und $\{\mathcal{W}_\sigma^C\}_{\sigma\in T(K)}$ dargestellt werden:

$$A \in \mathcal{H}^2(P_A, \{\mathcal{V}_\tau^A\}_{\tau\in T(I)}, \{\mathcal{W}_\sigma^A\}_{\sigma\in T(J)}), \tag{8.28c}$$
$$B \in \mathcal{H}^2(P_B, \{\mathcal{V}_\tau^B\}_{\tau\in T(J)}, \{\mathcal{W}_\sigma^B\}_{\sigma\in T(K)}), \tag{8.28d}$$
$$C \in \mathcal{H}^2(P_C, \{\mathcal{V}_\tau^C\}_{\tau\in T(I)}, \{\mathcal{W}_\sigma^C\}_{\sigma\in T(K)}). \tag{8.28e}$$

Dabei gilt möglicherweise (aber nicht notwendigerweise) $\mathcal{V}_\tau^A = \mathcal{V}_\tau^C$ und $\mathcal{W}_\sigma^B = \mathcal{W}_\sigma^C$. P_A, P_B und P_C sind die Partitionen zu den Blockclusterbäumen $T(I \times J)$, $T(J \times K)$ und $T(I \times K)$.

Zu $\{\mathcal{V}_\tau^C\}_{\tau\in T(I)}$ und $\{\mathcal{W}_\sigma^C\}_{\sigma\in T(K)}$ wird in Definition 8.3.7 die Projektion $\Pi_{\mathcal{H}^2}^C$ definiert. Die formatierte Multiplikation $\odot$ in (8.28a) ist durch

$$A \odot B := \Pi_{\mathcal{H}^2}^C(A \cdot B)$$

erklärt, wobei im Argument das exakte Produkt $A \cdot B$ steht. Konkret ist für alle $b = \tau \times \sigma \in P^+$ das Produkt

$$V_\tau^C \, V_\tau^{C\top} \, (AB)\,|_b \, W_\sigma^C \, W_\sigma^{C\top}$$

zu bestimmen. Die Auswertung von $(AB)\,|_b$ war bereits für übliche $\mathcal{H}$-Matrizen kompliziert (vgl. §7.4). Gleiches gilt für die Durchführung von $A \odot B$.

Der $\mathcal{H}^2$-Matrix-Matrix-Multiplikations-Algorithmus geht auf Börm [18, §7.7] zurück und kann dort nachgelesen werden. Erstaunlicherweise lässt sich lineare Komplexität *ohne logarithmischen Faktor* beweisen (vgl. [18, Theorem 7.17]).

Satz 8.8.1. *Die beteiligten $\mathcal{H}^2$-Formate mögen wie in (8.23) einen stufenabhängigen Rang besitzen. Dann benötigt der in Börm [18, §7.7] beschriebene Algorithmus zur Ausführung von (8.28a) den Aufwand $\mathcal{O}(\#I + \#J + \#K)$.*

Damit ergibt sich $\mathcal{O}(n)$ für $I = J = K$ mit $\#I = n$.

In Lemma 7.4.5 wurde bei der $\mathcal{H}$-Matrixmultiplikation ein Rang k bestimmt, sodass das Produkt von $M' \in \mathcal{H}(k', P)$ und $M'' \in \mathcal{H}(k'', P)$ *exakt* in $\mathcal{H}(k, P)$ liegt. Entsprechend kann man fragen, wie der Blockclusterbaum $T(I \times K)$ und die Räume $\{\mathcal{V}_\tau^C\}_{\tau \in T(I)}, \{\mathcal{W}_\sigma^C\}_{\sigma \in T(K)}$ aussehen müssen, damit das exakte Produkt AB in $\mathcal{H}^2(P_C, \{\mathcal{V}_\tau^C\}_{\tau \in T(I)}, \{\mathcal{W}_\sigma^C\}_{\sigma \in T(K)})$ liegt (damit ist auch die Addition $C + AB$ exakt). Die Antwort auf diese Frage findet sich in Börm [18, Theorem 7.27].

8.8.2 Multiplikation bei gesuchtem $\mathcal{H}^2$-Format

Gegeben seien $\mathcal{H}^2$-Formate (8.28c,d). In vielen Fällen liegen für das Produkt AB keine Räume $\{\mathcal{V}_\tau^C\}_{\tau \in T(I)}$ und $\{\mathcal{W}_\sigma^C\}_{\sigma \in T(K)}$ vor, die für das $\mathcal{H}^2$-Format (8.28e) benötigt werden[5]. Warum der Vorschlag $\mathcal{V}_\tau^C := \mathcal{V}_\tau^A$ und $\mathcal{W}_\sigma^C := \mathcal{W}_\sigma^B$ nicht ausreichend ist, zeigt das folgende Beispiel.

Beispiel 8.8.2. Lemma 9.2.2b wird zeigen, dass Finite-Element-Matrizen wegen ihrer speziellen Schwachbesetztheitsstruktur für die trivialen Räume

$$\mathcal{V}_\tau^A = \{0\} \qquad \text{und} \qquad \mathcal{W}_\sigma^A = \{0\}$$

zu $\mathcal{H}^2(P_A, \{\mathcal{V}_\tau^A\}_{\tau \in T(I)}, \{\mathcal{W}_\sigma^A\}_{\sigma \in T(J)})$ gehören. Das Produkt AB mit einer weiteren $\mathcal{H}^2$-Matrix B ist im allgemeinen nicht mehr schwach besetzt. Da die Verwendung von $\mathcal{V}_\tau^C := \mathcal{V}_\tau^A = \{0\}$ bedeutet, dass alle Blöcke $(AB)|_b$ für $b \in P_C^+$ durch Nullblöcke ersetzt würden, ist $\mathcal{V}_\tau^C := \mathcal{V}_\tau^A$ offenbar keine gute Wahl.

Im Prinzip könnte man $C + AB$ exakt berechnen und dann wie in §8.7 die $\mathcal{H}^2$-Räume $\mathcal{V}_\tau^C$ und $\mathcal{W}_\sigma^C$ adaptiv bestimmen.

Ein zweiter Weg könnte über die üblichen $\mathcal{H}$-Matrizen führen: Wegen Anmerkung 8.1.3 ist jede $\mathcal{H}^2$-Matrix auch eine $\mathcal{H}$-Matrix. Man könnte A, B, C als $\mathcal{H}$-Matrizen interpretieren und in der $\mathcal{H}$-Arithmetik $C \oplus A \odot B$ durchführen. Die resultierende $\mathcal{H}$-Matrix würde dann gemäß §8.7 in eine $\mathcal{H}^2$-Matrix mit geeigneten $\mathcal{V}_\tau^C, \mathcal{W}_\sigma^C$-Räumen konvertiert. Gegen die Anwendung der Multiplikation im $\mathcal{H}$-Format spricht, dass man die $\mathcal{H}^2$-Struktur eingeführt hat, um die Arithmetik zu vereinfachen (vgl. Anmerkung 8.1.4).

Es bietet sich ein Ausweg an, der zwischen dem $\mathcal{H}$- und $\mathcal{H}^2$-Format liegt.

---

[5] Eine ähnliche Frage stellt sich für die Inverse einer $\mathcal{H}^2$-Matrix. Dass die Unterraumfamilien von $A \in \mathcal{H}^2(P, \{\mathcal{V}_\tau\}_{\tau \in T(I)}, \{\mathcal{W}_\sigma\}_{\sigma \in T(J)})$ nicht mit den optimalen von A^{-1} übereinstimmen müssen, zeigt Lemma 9.3.8.

Definition 8.8.3 (Semiuniforme Matrizen). *P sei eine Partition zu $T(I \times J)$. $\{\mathcal{V}_\tau\}_{\tau \in T(I)}$ und $\{\mathcal{W}_\sigma\}_{\sigma \in T(J)}$ seien die $\mathcal{H}^2$-Räume aus (8.9a,b).*

a) Linksuniforme Matrizen $M \in \mathcal{H}^2_{\text{links}}(P, \{\mathcal{V}_\tau\}_{\tau \in T(I)})$ sind durch die Eigenschaft

$$\mathit{Bild}(M|_b) \subset \mathcal{V}_\tau \qquad \text{für alle } b = \tau \times \sigma \in P^+$$

charakterisiert. Die Matrixblöcke $M|_b$ werden für $b \in P^+$ durch $M|_b = V_\tau B^\top$ mit V_τ gemäß (8.10) und einer allgemeinen Matrix $B \in \mathbb{R}^{J \times \{1,\ldots,k_V(\tau)\}}$ dargestellt.

b) Rechtsuniforme Matrizen $M \in \mathcal{H}^2_{\text{rechts}}(P, \{\mathcal{W}_\sigma\}_{\sigma \in T(J)})$ sind durch die Eigenschaft

$$\mathit{Bild}((M|_b)^\top) \subset \mathcal{W}_\sigma \qquad \text{für alle } b = \tau \times \sigma \in P^+$$

charakterisiert. Matrixblöcke $M|_b$ werden für $b \in P^+$ durch $M|_b = A\,(W_\sigma)^\top$ mit W_σ gemäß (8.10) und einer allgemeinen Matrix $A \in \mathbb{R}^{I \times \{1,\ldots,k_W(\sigma)\}}$ dargestellt.

c) Semiuniforme Matrizen aus $\mathcal{H}^2_{\text{semi}}(P, \{\mathcal{V}_\tau\}_{\tau \in T(I)}, \{\mathcal{W}_\sigma\}_{\sigma \in T(J)})$ sind Summen von links- und rechtsuniformen Anteilen.

Für $\mathcal{H}$-Matrizen konnte bei der Multiplikation die Idealeigenschaft ausgenutzt werden: Produkte von $\mathcal{R}(k)$-Matrizen mit beliebigen anderen ergeben wieder das Format $\mathcal{R}(k)$ (vgl. Anmerkung 2.3.1d). Diese Vereinfachung trifft auf $\mathcal{H}^2$-Matrizen nicht zu. Hier lässt sich aber das semiuniforme Format ausnutzen. Teilprodukte von $A \cdot B$ haben zum Beispiel die Form $A|_{\tau \times \varkappa} \cdot B|_{\varkappa \times \sigma}$, wobei $\tau \times \varkappa \in P_A$, aber vielleicht $\varkappa \times \sigma \notin P_B$. Da

$$\mathit{Bild}(A|_{\tau \times \varkappa} \cdot B|_{\varkappa \times \sigma}) \subset \mathit{Bild}(A|_{\tau \times \varkappa}) \subset \mathcal{V}_\tau,$$

hat das exakte Produkt die Darstellung $A|_{\tau \times \varkappa} \cdot B|_{\varkappa \times \sigma} = V_\tau Z^\top$ für ein geeignetes $Z \in \mathbb{R}^{J \times \{1,\ldots,k_V(\tau)\}}$, d.h. das Produkt gehört zum linksuniformen Anteil. Analog gehört $A|_{\tau \times \varkappa} \cdot B|_{\varkappa \times \sigma}$ zum rechtsuniformen Anteil, wenn $\varkappa \times \sigma \in P_B$.

Die Matrixmultiplikation mit adaptiver Wahl der $\mathcal{H}^2$-Räume wird daher in Börm [18, §8] so durchgeführt, dass das Produkt als semiuniforme Matrix in $\mathcal{H}^2_{\text{semi}}(P, \{\mathcal{V}_\tau\}_{\tau \in T(I)}, \{\mathcal{W}_\sigma\}_{\sigma \in T(J)})$ berechnet wird, das Resultat als (gekürzte) $\mathcal{H}$-Matrix interpretiert und dann gemäß §8.7 in eine $\mathcal{H}^2$-Matrix mit geeigneten $\mathcal{V}_\tau^C, \mathcal{W}_\sigma^C$-Räumen konvertiert wird.

Die Komplexitätsabschätzungen in Börm [18, Lemma 8.14] enthalten die Baumtiefen und damit wieder einen logarithmischen Faktor: $\mathcal{O}(n \log n)$.

8.9 Numerisches Beispiel

Die folgenden Resultate stammen aus Börm [18, §8.5]. Zum Test der Matrixmultiplikation wird die Matrix M als Diskretisierung des Einfachschichtoperators gewählt (vgl. §10.1.2). Mit dieser als $\mathcal{H}^2$-Matrix dargestellten, vollen

Matrix wird die Matrixmultiplikation $M \cdot M$ durchgeführt. Für das $\mathcal{H}^2$-Produkt gibt es zwei Varianten. Die Spalte "a priori" zeigt die Rechenzeiten (in sec) für die Multiplikation bei gegebenem $\mathcal{H}^2$-Format (vgl. §8.8.1), die Spalte "a posteriori" entspricht dem adaptiven Algorithmus aus §8.8.2. Zum Vergleich wird M als $\mathcal{H}$-Matrix interpretiert und die Multiplikationszeiten der $\mathcal{H}$-Arithmetik in Spalte "$\mathcal{H}$-Arithmetik" gezeigt. Die Größe der Matrix $M \in \mathbb{R}^{I \times I}$ nimmt verschiedene Werte $n = \#I$ an.

n	a priori	a posteriori	$\mathcal{H}$-Arithmetik
768	0.7	0.7	0.7
3072	32.1	32.6	153.0
12288	70.6	276.6	824.8
49152	235.4	1343.7	6591.3
196608	807.8	6513.3	29741.6

Man entnimmt diesen Zahlen die Überlegenheit der $\mathcal{H}^2$-Arithmetik gegenüber der $\mathcal{H}$-Arithmetik. Die Variante mit fester Basiswahl ist dabei noch einmal deutlich schneller als die adaptive Variante.

Zur parallelen Implementierung der $\mathcal{H}^2$-Matrixmethode auf Clustern mit verteiltem Speicher findet man Hinweise in Börm-Bendoraityte [22].

9

Verschiedene Ergänzungen

9.1 Konstruktion schneller Iterationsverfahren

Solange man hinreichend genau berechnete $\mathcal{H}$-Matrixapproximationen verwendet, erscheint die $\mathcal{H}$-Matrix-Technik als eine direkte Methode mit dem Unterschied, dass die Fehler nicht durch die Maschinengenauigkeit, sondern durch die Genauigkeit der $\mathcal{H}$-Matrix-Berechnung charakterisiert sind.

Der Übergang von direkten und iterativen Verfahren ist fließend. Selbst die Gauß-Elimination wurde in Gestalt der "Nachiteration" in eine iterative Form gebracht, allerdings in Zeiten, als die Computerarithmetik standardmäßig noch die einfache Genauigkeit verwendete.

Jede konsistente, lineare Iteration[1] zur Lösung des Gleichungssystems $Ax = b$ hat die Gestalt

$$x^{m+1} = x^m - N\,(Ax^m - b) \tag{9.1}$$

(vgl. [66, (3.2.4)]) mit einer Matrix $N \in \mathbb{R}^{I\times I}$. Umgekehrt definiert jede Matrix $N \in \mathbb{R}^{I\times I}$ über (9.1) eine konsistente, lineare Iteration. Die Kunst der Konstruktion von (9.1) liegt darin, passend zu A ein N zu finden, sodass die Iteration nicht nur gegen x konvergiert, sondern auch eine möglichst schnelle Konvergenzgeschwindigkeit aufweist und billig durchzuführen ist. Asymptotisch ist die Konvergenzgeschwindigkeit durch den Spektralradius $\rho(I-NA)$ gegeben (vgl. (13.1b) zu ρ und [66, Satz 3.2.7] zur Konvergenzaussage). Die optimale Geschwindigkeit ist $\rho(O) = 0$ für die Wahl $N := A^{-1}$.

Während übliche Methoden keinen Zugang zu A^{-1} haben, ist die Situation bei der $\mathcal{H}$-Matrix-Technik umgekehrt. Das Resultat der Inversenberechnung (vgl. §7.5) ist eine sogar recht gute approximative Inverse $N \approx A^{-1}$. Noch günstiger ist es, die approximative Inverse in der Form $N = (LU)^{-1}$ mit der $\mathcal{H}$-LU-Zerlegung $A \approx LU$ (vgl. §7.6 und §9.2.7) zu konstruieren. Man beachte,

[1] Eine *konsistente* Iteration liegt vor, wenn die Lösung x von $Ax = b$ ein Fixpunkt der Iteration ist. Eine Iteration ist *linear*, falls x^{m+1} linear von x^m und b abhängt.

W. Hackbusch, *Hierarchische Matrizen*, DOI 10.1007/978-3-642-00222-9_9,

dass die Anwendung $(LU)^{-1} x^{(m)} = U^{-1} \left(L^{-1} x^{(m)}\right)$ exakt und billig mit der Vorwärts- und Rückwärtssubstitution aus §3.8.1 und §3.8.2 durchführbar ist. Eine Invertierung von L oder U ist unnötig.

Die Approximation $N \approx A^{-1}$ kann z.B. durch eine Normabschätzung

$$\|I - NA\|_2 \le \varepsilon < 1 \tag{9.2a}$$

präzisiert werden. Ungleichung (9.2a) ist hinreichend für die Spektralnormabschätzung

$$\rho(I - NA) \le \varepsilon < 1. \tag{9.2b}$$

Die letzte Ungleichung beweist nicht nur Konvergenz, sondern auch die Rate ε. Ist etwa $\varepsilon = 0.1$, gewinnt man in der Iteration (9.1) pro Schritt asymptotisch eine Dezimalstelle. Dies gilt schon als schnelle Konvergenz, während N noch als grobe Näherung der Inversen gelten würde.

Eine Alternative zu (9.2a) ist

$$\|I - A^{1/2} N A^{1/2}\|_2 \le \varepsilon < 1 \tag{9.2c}$$

für positiv definite A. Dies ist äquivalent zu der Energienorm-Abschätzung $\left\|A^{-1} - N\right\|_A \le \varepsilon$ ($\|\cdot\|_A$ ist die zur Vektornorm $\|x\|_A := \|A^{1/2} x\|_2$ gehörige Matrixnorm). Auch (9.2c) impliziert (9.2b).

Gelten (9.2a) oder (9.2c), so hat man nicht nur eine asymptotische Konvergenzaussage, sondern für jeden Iterationsschritt gilt die Fehlerabschätzung

$$\left\|x^{m+1} - x\right\| \le \varepsilon \left\|x^m - x\right\| \qquad \text{für } \|\cdot\| = \|\cdot\|_2 \quad \text{bzw.} \quad \|\cdot\| = \|\cdot\|_A .$$

Diese Kontraktionsaussagen sind gerade dann wichtig, wenn nur wenige Iterationsschritte ausgeführt werden sollen.

Bei der Bestimmung der approximativen Inverse N ist Folgendes abzuwägen:

- *Relativ ungenaue Approximation (moderates $\varepsilon < 1$):* In diesem Fall kommt man mit kleinerem lokalen Rang der $\mathcal{H}$-Matrixdarstellung aus, was Speicheraufwand und Rechenkosten spart. Dafür sind mehrere Schritte des Iterationsverfahrens (9.1) auszuführen. Letzteres ist aber von geringerem Gewicht, da die Ausführung der Matrix-Vektor-Multiplikationen Ax^m und Nd für $d := Ax^m - b$ wesentlich schneller ist als die Inversion bzw. LU-Zerlegung, die für N benötigt wird.
- *Relativ genaue Approximation (kleines $\varepsilon \ll 1$):* Der lokale Rang der $\mathcal{H}$-Matrixdarstellung wird logarithmisch mit $1/\varepsilon$ steigen, dafür erhält man ein Iterationsverfahren, von dem nur ein oder zwei Schritte ausgeführt werden müssen.

Die üblichen Iterationsverfahren verwenden für positiv definite A zum Beispiel $N := B^{-1}$ mit Matrizen B, die zu A spektraläquivalent sind, d.h.

$$\frac{1}{c}\langle Ax,x\rangle \le \langle Bx,x\rangle \le c\,\langle Ax,x\rangle \qquad \text{für alle } x \in \mathbb{R}^I \tag{9.3}$$

für eine Konstante $c > 0$.

Übung 9.1.1. Man zeige, dass (9.2c) die Spektraläquivalenz (9.3) für $B = N^{-1}$ mit $c := \frac{1}{1-\varepsilon} \approx 1 + \varepsilon$ impliziert.

Während diese Übung zeigt, dass die approximative Inverse zu einer spektraläquivalenten Matrix führt, ist die Umkehrung falsch. Beispielsweise erfüllt $B := cA$ für jedes $c > 1$ die Ungleichung (9.3), während $B^{-1} = \frac{1}{c}A^{-1}$ kaum als approximative Inverse bezeichnet werden kann. Im Prinzip sollte es daher auch andere $\mathcal{H}$-Matrix-Kandidaten für N geben als die approximative Inverse. Allerdings ist die Lösung der folgenden Aufgabe noch völlig offen.

Aufgabe 9.1.2. Gegeben sei eine $\mathcal{H}$-Matrix $A \in \mathbb{R}^{I\times I}$ (eventuell als positiv definit angenommen). Man bestimme eine $\mathcal{H}$-Matrix $N \in \mathbb{R}^{I\times I}$ mit möglichst geringem lokalen Rang, sodass $B := N^{-1}$ die Spektraläquivalenz (9.3) erfüllt.

Die Spektraläquivalenz kann aber auf andere Weise ins Spiel kommen. Bei der Lösung von nichtlinearen Problemen oder parabolischen Differentialgleichungen entsteht die Situation[2], dass man im Laufe der Berechnungen Gleichungssysteme $A^{(\nu)}x^{(\nu)} = b^{(\nu)}$ mit unterschiedlichen Matrizen $A^{(\nu)}$ zu lösen hat, die aber im Allgemeinen noch spektraläquivalent sind. Dann reicht es, für $A^{(0)}$ eine approximative Inverse N zu berechnen und für $A^{(1)}, A^{(2)}, \ldots$ dieses N in der Iteration (9.1) mit $A = A^{(\nu)}$ zu verwenden.

9.2 Modifizierte Clusterbäume für schwach besetzte Matrizen

9.2.1 Problembeschreibung

Moderne direkte Gleichungslöser für schwach besetzte Matrizen versuchen in ausgefeilter Weise, den Auffüllungseffekt während der LU-Zerlegung möglichst gering zu halten. Formal bedeutet dies in der Regel, eine Permutation P zu finden, sodass die LU-Zerlegung (ohne Pivotisierung) von $PAP^\top$ günstiger als die für A ist[3]. Eine seit langem angewandte Methode ist die Minimierung der Bandbreite, da Auffüllung der LU-Faktoren nur innerhalb des Bandes stattfindet.

---

[2] Im nichtlinearen Fall führt z.B. das Newton-Verfahren zu verschiedenen Linearisierungen $A^{(\nu)}$, wobei ν der Index der Newton-Iteration ist. Im parabolischen Fall treten Matrizen $A(t)$ auf, die von der Zeit t abhängen. Für $t = 0, \Delta t, 2\Delta t, \ldots$ ergeben sich die Matrizen $A^{(\nu)} = A(\nu\Delta t)$.

[3] Es sei daran erinnert, dass die LU-Zerlegung von der Anordnung der Indizes abhängt. Ändert man die Anordnung mittels einer Permutation P, erhält man eine andere LU-Zerlegung.

Ähnliches soll im Folgenden für die LU-Zerlegung mittels $\mathcal{H}$-Arithmetik versucht werden. Die präzisen Bedingungen an die (Besetztheitsstruktur der) Matrix werden in §9.2.3 erläutert. Die Anordnung für die LU-Zerlegung (und damit die Permutationsmatrix P) ist durch den Clusterbaum $T(I)$ festgelegt. Alternative Permutationen erfordern somit alternative Clusterbäume. Ein solcher wird in §9.2.4 eingeführt.

Auch wenn die LU-Zerlegung die Hauptanwendung ist, wurden die nachfolgenden Methoden zunächst für die Parallelisierung der Inversion entwickelt, wie in §9.2.5 beschrieben wird. Auf die Möglichkeit, die Schwachbesetztheit erfolgreich auszunutzen, wurde zuerst von Lintner in [110] und seiner Dissertation [109] hingewiesen. Die nachfolgenden LU-Varianten gehen auf die Arbeiten Grasedyck-Kriemann-Le Borne [61, 60] zurück und haben sich als eine sehr schnelle Lösungsmethode herausgestellt.

9.2.2 Finite-Element-Matrizen

Der Name "finite Elemente" bezeichnet die Tatsache, dass der Definitionsbereich[4] Ω durch ein Gitter $\mathcal{T}$ bestehend aus offenen "finiten Elementen" $t \in \mathcal{T}$ disjunkt zerlegt ist:

$$\overline{\dot{\bigcup}_{t\in\mathcal{T}} t} = \overline{\Omega}$$

und dass die Finite-Element-Basis $\{\phi_i : i \in I\}$ von V_n Träger der Form $\text{Träger}(\phi_i) = \bigcup_{t\in\mathcal{T}_i} \bar{t}$ mit $\mathcal{T}_i \subset \mathcal{T}$ besitzt, wobei die Zahl $\#\mathcal{T}_i$ unabhängig von n klein sein soll (vgl. Abbildung 11.1). Genauer sollen die Zahlen[5]

$$\begin{aligned} C_{\text{schw}}(i) &:= \# \left\{ \begin{matrix} j \in I : \text{Träger}(\phi_i) \text{ und Träger}(\phi_j) \\ \text{haben gemeinsamen inneren Punkt} \end{matrix} \right\} \text{ für } i \in I, \\ C_{\text{schw}} &:= \max\nolimits_{i\in I} C_{\text{schw}}(i) \end{aligned}$$

unabhängig von n durch eine feste Konstante beschränkt sein.

Beispiel 9.2.1. a) Für stückweise *konstante* Basisfunktionen ist $C_{\text{schw}}(i) = 1$, da $\text{Träger}(\phi_i) =: t_i \in \mathcal{T}$. Jeder Index i entspricht eineindeutig einem finiten Element t_i aus $\mathcal{T}$.

b) Im Falle stückweise *linearer* Basisfunktionen eines zweidimensionalen Dreiecksgitters oder dreidimensionalen Tetraedergitters entspricht jeder Index $i \in I$ einem Eckpunkt $x_i \in \overline{\Omega}$ eines Dreiecks (Tetraeders), und $C_{\text{schw}}(i)$ ist die Zahl der Elemente, die x_i als einen der Eckpunkte besitzen. Damit $C_{\text{schw}}(i) \le const$ gilt, muss zum Beispiel die *Formregularität* (6.12a) vorausgesetzt werden.

---

[4] Gelegentlich muss der Definitionsbereich Ω durch eine Approximation $\tilde{\Omega}$ ersetzt werden (z.B. bei krumm berandeten Gebieten oder gekrümmten Mannigfaltigkeiten).

[5] Der Fall, dass die abgeschlossenen Mengen $\text{Träger}(\phi_i)$ und $\text{Träger}(\phi_j)$ Randpunkte gemeinsam haben, wird in $C_{\text{schw}}(i)$ nicht gezählt.

Matrizen, die bei der Finite-Element-Methode auftreten, sind spezielle schwach besetzte Matrizen. Im Vorgriff auf §11 wird hier auf eine triviale, aber wichtige Eigenschaft hingewiesen. Alle im FEM-Zusammenhang auftretenden Integrale haben die Form

$$M_{ij} = \int_{\Omega} w(x)\ (D_1\phi_i)(x)\ (D_2\phi_j)(x)\ \mathrm{d}x,$$

wobei D_1 und D_2 mögliche Ableitungsoperatoren sind. Da aber die Inklusion Träger$(D_k\phi_i) \subset$ Träger(ϕ_i) gilt und sich wegen der Finite-Element-Eigenschaft nur wenige Träger überschneiden, ist die Anzahl $\#\{j \in I : M_{ij} \neq 0\}$ der Nichtnullelemente pro Zeile unabhängig von der Größe der Matrix beschränkt, d.h. M ist im klassischen Sinne *schwach besetzt.*

Lemma 9.2.2. *a) Sei $\mathcal{H}(k,P) \in \mathbb{R}^{I\times I}$ ein beliebiges $\mathcal{H}$-Matrixformat, wobei die in P eingehende Zulässigkeitsbedingung durch eine der Ungleichungen (5.8) oder (5.9a-c) mit $\eta > 0$ gegeben ist. Ferner sei* dist(τ,σ) *mittels (5.5a,b) und (5.6b) definiert. Dann ist jede Finite-Element-Matrix (exakt) in $\mathcal{H}(k,P)$ enthalten.*

b) Die Finite-Element-Matrix gehört ferner für alle Räume $\{\mathcal{V}_\tau\}_{\tau\in T(I)}$ und $\{\mathcal{W}_\sigma\}_{\sigma\in T(J)}$ zu $\mathcal{H}^2(P,\{\mathcal{V}_\tau\}_{\tau\in T(I)},\{\mathcal{W}_\sigma\}_{\sigma\in T(J)})$. Insbesondere ist es eine $\mathcal{H}^2$-Matrix für die triviale Wahl $\mathcal{V}_\tau = \{0\}$ und $\mathcal{W}_\sigma = \{0\}$.

c) Die Aussage gilt allgemeiner für jede Partition P mit der folgenden Implikation:

$$b = \tau\times\sigma \in P^+ \quad \Longrightarrow$$

für alle $i \in \tau$ und $j \in \sigma$ haben Träger(ϕ_i) und Träger(ϕ_j) keinen gemeinsamen inneren Punkt.

Beweis. i) Die Zulässigkeitsbedingungen in Teil a) implizieren für $i \in \tau$ und $j \in \sigma$ $(b = \tau\times\sigma \in P^+)$, dass dist$(\tau,\sigma) > 0$. Definitionsgemäß gilt dann

$$\operatorname{dist}(X_i, X_j) = \operatorname{dist}(\text{Träger}(\phi_i), \text{Träger}(\phi_j)) > 0,$$

d.h. Träger(ϕ_i) und Träger(ϕ_j) sind disjunkt und besitzen daher auch keinen gemeinsamen inneren Punkt. Damit ist Teil ii) anwendbar.

ii) Für alle $(i,j) \in b = \tau\times\sigma \in P^+$ hat $M_{ij} = \int_\Omega w(D_1\phi_i)(D_2\phi_j)\mathrm{d}x$ einen Integranden, der fast überall verschwindet, sodass $M_{ij} = 0$. Dies beweist $M|_b = O$ für alle $b \in P^+$. Wegen $Rang(M|_b) = 0 \le k$ ist dieser Teil der Matrix exakt in $\mathcal{H}(k,P)$ darstellbar. Für $b \in P^-$ wird die verlustlose Darstellung als volle Matrix verwendet, sodass insgesamt $M \in \mathcal{H}(k,P)$ folgt. Da $M|_b = O \in \mathcal{V}_\tau \times \mathcal{W}_\sigma$ für alle $\mathcal{V}_\tau$ und $\mathcal{W}_\sigma$, folgt auch Teil b). ∎

Die Darstellung einer Finite-Element-Matrix M im schwach besetzten Format (vgl. §1.3.2.5) ist im Allgemeinen die günstigste, und die Eigenschaft $M \in \mathcal{H}(k,P)$ soll nicht bedeuten, dass hier vorgeschlagen würde, M

stattdessen im $\mathcal{H}$-Matrixformat zu speichern. Aber wenn M als Eingabeparameter einer $\mathcal{H}$-Matrixoperation (z.B. Inversion oder LU-Zerlegung) verwendet werden soll, ist dies nach Lemma 9.2.2 problemlos möglich. Die Konvertierung einer schwach besetzten Matrix in das $\mathcal{H}$-Format besteht aus

a) $M|_b := O$ für $b \in P^+$ und
b) Übertragung des Matrixblocks $M|_b$ für $b \in P^-$ als volle Matrix.

Für Teil a) ist die Modifikation des Rang-k-Formates gemäß Anmerkung 2.2.4 hilfreich. Der Teil b) ist für die Wahl $n_{\min} = 1$ trivial: alle Nicht-Null-Elemente aus M werden in einen 1×1-Block $M|_b$ $(b \in P^-)$ übertragen. Im Falle von $n_{\min} > 1$ ist die volle Matrix $M|_b$ mit weiteren Nullen aufzufüllen, die in der schwach besetzten Darstellung unterdrückt werden.

9.2.3 Separierbarkeit der Matrix

Die in der Überschrift genannte Eigenschaft, schwach besetzt zu sein, ist noch nicht ganz ausreichend. Genauer wird an die Matrizen die folgende Bedingung gestellt:

$$\text{Die Indexmenge } I \text{ sei disjunkt zerlegbar in } I = I_1 \dot\cup I_2 \dot\cup I_s \tag{9.4a}$$
$$\text{mit } \#I_1 \approx \#I_2, \tag{9.4b}$$
$$\text{und } \#I_s \ll \#I, \tag{9.4c}$$

sodass die zu zerlegende Matrix A, nachdem man die Indizes in der Reihenfolge I_1, I_2, I_s sortiert hat, die Blockgestalt

$A \quad =$ 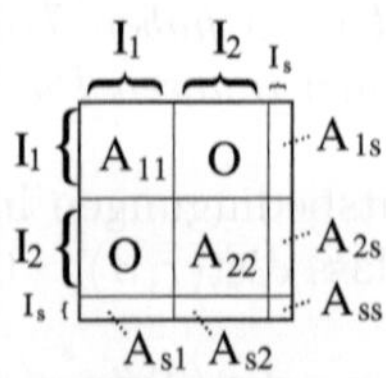

(9.4d)

aufweist. Die Indexmenge I_s sei *Separator* genannt, da $A|_{(I\backslash I_s)\times(I\backslash I_s)}$ in die Diagonalblockmatrizen A_{11} und A_{22} zerfällt; die Außerdiagonalblöcke A_{12} und A_{21} enthalten nur Nullen.

Die Bedingung (9.4b) stellt zum einen sicher, dass A_{11} und A_{22} von ähnlicher Größenordnung sind, zum anderen, dass die Nullblöcke groß sind (wäre $\#I_1 = 1$, bilden A_{12}, A_{21} nur eine Zeile bzw. Spalte).

Bedingung (9.4c) sagt aus, dass der Separator vergleichsweise klein ist. Quantifizierungen werden noch folgen.

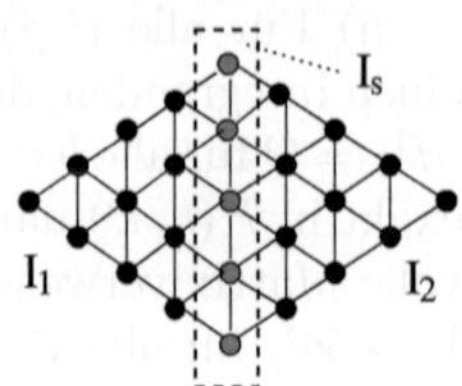

Abb. 9.1. Matrixgraph mit Zerlegung

Die Forderungen (9.4a,d) können anhand des Matrixgraphen $G(A)$ (vgl. Definition A.1.1) einfach formuliert werden. I ist die Knotenmenge. Es gebe eine (kleine) Untermenge I_s, sodass der Graph nach Streichen aller zu I_s gehörenden Knoten und Kanten in zwei unverbundene Teilgraphen zu den Knotenmengen I_1 und I_2 zerfällt (vgl. Abbildung 9.1).

Die letzte Formulierung liefert sofort eine hinreichende Bedingung für (9.4a-d). Wenn $G(A)$ ein planarer Graph ist, reicht ein linearer Graph wie in Abbildung 9.1 als Separator. Planare Graphen entstehen zum Beispiel bei der Diskretisierung von zweidimensionalen Randwertaufgaben mit Differenzenverfahren oder stückweise linearen finiten Elementen. Ist $n = \#I$ die Problemgröße, erwartet man für den Separator nach geeigneter Wahl $\#I_s = \mathcal{O}(\sqrt{n})$ und $\#I_1, \#I_2 \approx n/2$. Im Falle der finiten Elemente im Gebiet $\Omega \subset \mathbb{R}^2$ bestimmt man eine Kurve $\gamma \subset \overline{\Omega}$ mit Endpunkten auf $\Gamma = \partial\Omega$, die aus Seiten der Dreiecke der Finite-Element-Triangulation besteht (vgl. Abbildung 9.2). Die Indizes $i \in I_s$ sind den Knotenpunkten in γ zugeordnet. Die Knoten links (rechts) von γ werden zu I_1 (I_2) zusammengefasst. Sind $i_1 \in I_1$ und $i_2 \in I_2$, so liegen die Träger der Basisfunktionen ϕ_{i_1} und ϕ_{i_2} auf verschiedenen Seiten von γ und können sich höchstens mit ihren Rändern überlappen. Damit folgt $A_{i_1 i_2} = 0$, wie in (9.4d) gefordert. Sollte der Träger der Basisfunktionen breiter sein[6], muss auch der Separator breiter gewählt werden.

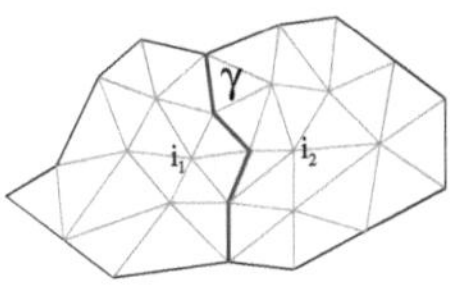

Abb. 9.2. Gebietszerlegung mittels γ

Im d-dimensionalen Fall $\Omega \subset \mathbb{R}^d$ ist γ als eine $(d-1)$-dimensionale Mannigfaltigkeit zu wählen, die aus Seitenflächen ($d = 3$) der finiten Elemente besteht und $\partial\gamma \subset \partial\Omega$ erfüllt. Dann bilden die in γ enthaltenen Knotenpunkte den Separator I_s. Die zu erwartenden Größenordnungen sind nun $\#I_s = \mathcal{O}(n^{(d-1)/d})$ und $\#I_1, \#I_2 \approx n/2$. Mit steigender Dimension d verschlechtert sich das Verhältnis $\#I_s/\#I = \mathcal{O}(n^{-1/d})$.

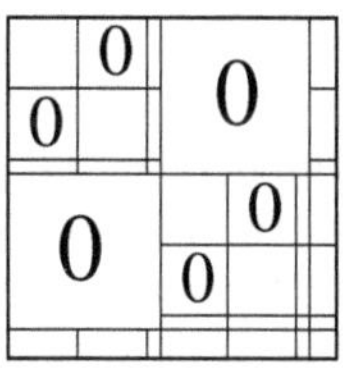

Abb. 9.3. Zweifache Zerlegung

Die Beispiele der Randwertaufgaben in Ω machen deutlich, dass das Verfahren iteriert werden kann: γ trennt Ω in Teilgebiete Ω_1 und Ω_2, und die Untermatrizen A_{11} und A_{22} aus (9.4d) gehören zu Randwertaufgaben in diesen Teilbereichen, sind also von gleicher Natur wie die Originalmatrix.

Letzteres führt zur abschließenden Voraussetzung:

$$\text{Die Teilmatrizen } A_{ii} := A|_{I_i \times I_i}\ (i = 1,2) \text{ sollen wieder (9.4a-e) erfüllen oder hinreichend klein sein.} \tag{9.4e}$$

Die Forderung gewährleistet, dass die Zerlegung rekursiv fortgesetzt werden kann (Abbildung 9.3 zeigt das Resultat nach einer weiteren Zerlegung). Die

[6] Der Träger eines eindimensionalen kubischen B-Splines enthält vier Intervalle, reicht also über die Nachbarknoten bis zu den übernächsten Knoten. In einem quadratischen Gitter könnte man Tensorprodukte dieser B-Splines bilden.

Bedingung $\#I_s \ll \#I$ ist selbstverständlich keine präzise Bedingung. Insbesondere verliert das Zeichen $\ll$ jede Bedeutung, wenn $\#I$ nicht mehr groß ist. In diesem Fall bricht die Rekursion ab, da in (9.4e) "hinreichend kleine" Teilmatrizen auftreten.

Die Zerlegung (9.4a) findet sich schon bei dem *dissection*-Verfahren von George [45]. Sie entspricht aber auch der (iterierten Form der) Gebietszerlegung.

9.2.4 Konstruktion des Clusterbaums

Die Zerlegung der Indexmenge I in die drei Teilmengen aus (9.4a) kann relativ leicht durchgeführt werden. Eine Variante der Zerlegung aus §5.4.2 lautet wie folgt. Seien den Indizes $i \in I$ wieder Knotenpunkte $\xi_i \in \mathbb{R}^d$ zugeordnet. Die Zerlegung des (Minimal-)Quaders liefere die Binärzerlegung von I in $\hat{I}_1$ und $\hat{I}_2$. Die erste Menge $I_1 := \hat{I}_1$ wird übernommen, die zweite jedoch noch zerlegt:

$$I_s := \{i \in \hat{I}_2 : \text{es gibt } A_{ij} \neq 0 \text{ oder } A_{ji} \neq 0 \text{ für ein } j \in I_1\},$$
$$I_2 := \hat{I}_2 \backslash I_s.$$

Offenbar erfüllt die Zerlegung (I_1, I_2, I_s) die Bedingung (9.4a). Allerdings kann der Zerlegungsalgorithmus noch verbessert werden, um $\#I_s$ möglichst klein zu machen (Bedingung (9.4c)) und I_1, I_2 von ähnlicher Kardinalität zu erhalten (Bedingung (9.4b)).

Prinzipiell könnte man diese Zerlegung rekursiv fortsetzen und erhielte so einen ternären Baum $T(I)$. Es stellt sich aber heraus, dass dieses Vorgehen nicht optimal ist. Der Grund ist der unterschiedliche Charakter der drei Teilmengen I_1, I_2 und I_s. Zur Illustration wird im Folgenden der zweidimensionale Fall $\Omega \subset \mathbb{R}^2$ zugrundegelegt. Die ersten beiden Mengen I_1 und I_2 entsprechen den (zweidimensionalen) Teilgebieten Ω_1 und Ω_2 (vgl. Abbildung 9.2). Dagegen gehören die Indizes von I_s zu Knoten der (eindimensionalen) Kurve γ. Jeder Zerlegungsschritt halbiert die zugehörige Knotenmengen $\{\xi_i : i \in I_\alpha\}$, $\alpha \in \{1, 2, s\}$, in der Raumrichtung größer Ausdehnung. Wie im Beweis von Anmerkung 5.4.2 erwähnt, sorgt das Verfahren dafür, dass ein d-dimensionaler Ausgangsquader nach d Zerlegungsschritt (bezüglich des Durchmessers) in etwa halbiert ist. Dies bedeutet: Die Durchmesser von Indexmengen, die zu Teilgebieten von Ω gehören, werden im Schnitt um $1/\sqrt{2}$ pro Zerlegungsstufe verkleinert; die Durchmesser von Indexmengen, die zu Trennlinien γ gehören, werden dagegen im Schnitt um $1/2$ verkleinert. Auf der Stufe ℓ enthält $T^{(\ell)}(I)$ somit Indexmengen von zunehmendem Größenunterschied. Da später Blöcke $\sigma \times \tau$ aus Clustern τ, σ der gleichen Stufe konstruiert werden ("Stufentreue"), sind diese in einer Richtung (Zeile oder Spalte) unnötig verfeinert.

Die folgende Modifikation (hier für $d = 2$ erklärt und illustriert) vermeidet die systematische Verzerrung der Größenordnungen. Die Clustermenge $T(I)$ wird in "zweidimensionale" Cluster $T_d(I)$ und "eindimensionale" Cluster $T_{d-1}(I)$ unterteilt. Ihre Definition ist:

a) $I \in T_d(I)$,
b) ist $\tau \in T_d(I)$, so gehören die Söhne τ_1, τ_2 zu $T_d(I)$, während der dritte Sohn τ_s zu $T_{d-1}(I)$ gehört,
c) alle Nachfolger von $\tau \in T_{d-1}(I)$ gehören zu $T_{d-1}(I)$.

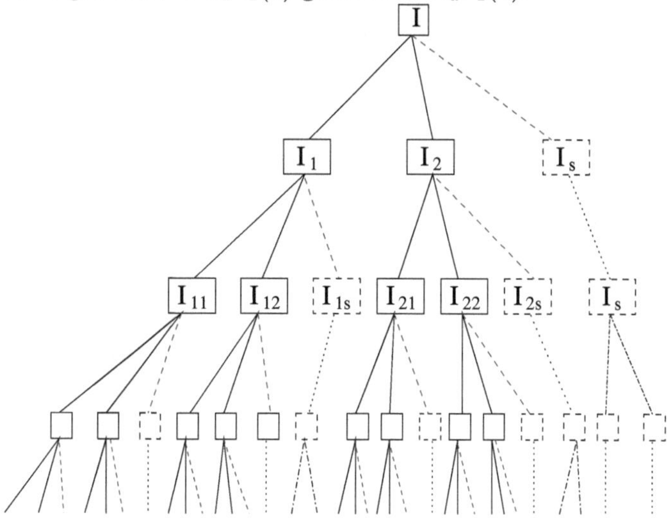

Abb. 9.4. Clusterbaum $T(I)$

In Abbildung 9.4 entsprechen Rechtecke mit gestrichelten Seiten Clustern aus $T_{d-1}(I)$, die anderen Rechtecke entsprechen $T_{d-1}(I)$.

Die Zerlegungsregeln lauten:

a) Ein Cluster $\tau \in T_d(I)$ wird stets ternär zerlegt. Da im Falle einer LU-Zerlegung eine Anordnung der Söhne von τ erforderlich ist, sei diese wie folgt festgelegt: Zuerst kommen die Söhne $\tau_1, \tau_2 \in S(\tau) \cap T_d(I)$ in beliebiger Reihenfolge (Kantenkennzeichnung in Abbildung 9.4 mit durchgezogener Linie), danach der Sohn $\tau_s \in S(\tau) \cap T_{d-1}(I)$ (gestrichelte Linie).
b) Die Behandlung eines Clusters $\tau \in T_{d-1}(I)$ hängt von seinem Abstand zum nächsten $T_d(I)$-Vorfahr ab. Hierzu sei

$$\alpha(\tau) := \min\{\mathit{level}(\tau) - \mathit{level}(\tau') : \tau' \in T_d(I) \text{ Vorfahr von } \tau\}$$

eingeführt.

ba) Für ungerades $\alpha(\tau)$ wird nicht geteilt[7] (punktierte Kante in Abbildung 9.4).
bb) Für gerades $\alpha(\tau)$ wird τ wie bisher gemäß §5.4 binär[8] geteilt (strichpunktierte Kanten in Abbildung 9.4).

---

[7] Zur Problematik der Baumnotation vergleiche man Bemerkung 5.3.2.

[8] Da in Blöcken mit $T_{d=1}(I)$-Komponente (wie z.B. A_{1s} aus (9.4d)) Auffüllung stattfinden wird, ist eine ternäre Aufspaltung nicht sinnvoll.

Diese Regeln garantieren, dass alle Cluster aus $T^{(\ell)}(I)$ Nachfolger auf der Stufe $\ell + 2$ haben, deren Durchmesser in etwa halbiert sind. Für $d = 3$ sind diese Regeln geeignet abzuändern.

Der zugehörige Blockclusterbaum[9] $T(I \times I)$ sei stufentreu konstruiert. Die Blockpartition bis zur Stufe $\ell = 2$ ist in Abbildung 9.3 zu sehen.

9.2.5 Anwendung auf Invertierung

Bei einer Implementierung auf einem Parallelrechner besitzt der Invertierungsalgorithmus aus §7.5.1 einen prinzipiellen Nachteil. Die Invertierung von $M|_{\tau\times\tau}$ kann erst erfolgen, wenn die $\#S_{T(I)}(\tau)$ Invertierungen in den Blöcken $\tau' \times \tau'$ $(\tau' \in S_{T(I)}(\tau))$ abgearbeitet sind. Dies verhindert eine Parallelisierung[10]. Bei der Zerlegung (9.4d) sind zwar auch erst die Diagonalblöcke A_{11} und A_{22} zu invertieren, bevor das Schur-Komplement auf $I_s \times I_s$ gebildet und invertiert werden kann, aber zum einen können die Inversen von A_{11} und A_{22} völlig parallel berechnet werden und zum anderen sind die Berechnungen auf $I_s \times I_s$ wegen der Bedingung (9.4c) wesentlich billiger als die A_{11}- und A_{22}-Invertierungen.

Der Algorithmus ist weiterhin sequentiell in der Stufenzahl: Die Invertierung von $M|_{\tau\times\tau}$ kann erst erfolgen, wenn die Invertierungen zu $\tau' \times \tau'$ $(\tau' = S(\tau))$ beendet sind.

Näheres zu dieser Methode findet sich in Hackbusch [70] und Hackbusch-Khoromskij-Kriemann [85]. Parallele $\mathcal{H}$-Matrix-Implementierungen werden allgemein von Kriemann [103, 104] diskutiert.

9.2.6 Zulässigkeitsbedingung

Bei der Berechnung der Inversen füllen sich alle Nullblöcke auf, da im Allgemeinen A^{-1} keine Nullen enthält. Die folgenden Modifikationen beziehen sich daher nur auf Matrixoperationen, die die Nullblockstruktur (9.4d) erhalten. Hierzu gehört auch die LU-Zerlegung (siehe Anmerkung 9.2.3).

Die Nullblöcke aus (9.4d) sind durch

$$\tau' \times \tau'' \text{ mit } \tau' \neq \tau'' \text{ und } \tau', \tau'' \in S(\tau) \cap T_d(I) \text{ für ein } \tau \in T_d(I) \tag{9.5}$$

charakterisiert. Die Blöcke $b = \tau' \times \tau''$ sind nicht zulässig im Sinne der Definition 5.2.4, da sich die Trägermengen $X_{\tau'}$ und $X_{\tau''}$ in der Trennlinie γ berühren und somit $\mathrm{dist}(\tau', \tau'') = 0$ gilt. Trotzdem ist macht es keinen Sinn, b weiter zu zerlegen. Deshalb wird die Zulässigkeitsbedingung $Adm^*(\cdot)$ aus (5.50) modifiziert:

[9] Da hier LU-Zerlegungen durchgeführt werden sollen, ist nur der quadratische Fall $I = J$ von Interesse.

[10] Unbenommen ist die Parallelisierung der auftretenden Matrix-Matrix-Multiplikationen und -Additionen.

$$Adm^{**}(\tau' \times \tau'') := (Adm^*(\tau' \times \tau'') \text{ oder } \tau' \times \tau'' \text{ erfüllt } (9.5)).$$

Die Partition $P := minimale\_zulässige\_Partition(I \times I) \subset T(I \times I)$ ist in (5.52) definiert, wobei in (5.53) Adm^* durch die neue Zulässigkeitsbedingung Adm^{**} ersetzt sei. Bisher wurde P in die Nah- und Fernanteile zerlegt: $P = P^- \dot\cup P^+$. Jetzt bietet sich eine dreifache Zerlegung an:

$$P = P^0 \dot\cup P^- \dot\cup P^+ \qquad \text{mit } P^0 := \{b \in P \text{ erfüllt } (9.5)\},$$

während $P \backslash P^0$ wie bisher in $P^- \dot\cup P^+$ zerlegt wird.

9.2.7 LU-Zerlegung

Der Algorithmus aus §7.6 kann unverändert angewandt werden. Der Vorteil des neuen Clusterbaums $T(I)$ ergibt sich aus der folgenden Aussage.

Anmerkung 9.2.3. $A \in \mathcal{H}(k, P)$ erfülle $A|_b = O$ für alle $b \in P^0$. Dann liefert die approximative LU-Zerlegung gemäß (7.40) Faktoren $L, U \in \mathcal{H}(k, P)$, die ebenfalls $L|_b = U|_b = O$ für $b \in P^0$ erfüllen.

Für zweidimensionale Probleme, d.h. Diskretisierungen von Randwertaufgaben in $\Omega \subset \mathbb{R}^2$, lässt sich noch eine weitere Vereinfachung vornehmen, die Blöcke $\tau \times \sigma$ mit $\tau \in T_{d-1}(I)$ oder $\sigma \in T_{d-1}(I)$ betrifft. Sei zunächst angenommen, dass beide Cluster τ, σ zum "eindimensionalen" Teil $T_{d-1}(I)$ gehören. Der Abstand $\operatorname{dist}(\tau, \sigma)$ kann in den folgenden Fällen null sein oder zumindest sehr klein werden:

a) $\tau = \sigma$,
b) τ und σ gehören zu Teilen derselben separierenden Kurve γ (siehe Abbildung 9.5, links),
c) τ ist Teil von γ und σ Teil einer separierenden Kurve γ' im Teilgebiet (siehe Abbildung 9.5, Mitte).

Im gemischten Fall $\tau \in T_d(I)$ und $\sigma \in T_{d-1}(I)$ tritt $\operatorname{dist}(\tau, \sigma) = 0$ in den folgenden Fällen auf:

d) τ gehört zu einem Teilgebiet Ω_τ und σ zu einem Separator γ_σ mit $\gamma_\sigma \subset \partial\Omega_\tau$.
e) τ und τ' sind die Söhne von τ^V. Das Teilgebiet Ω_{τ^V} ist zerlegt in Ω_τ und $\Omega_{\tau'}$. σ gehört zum Separator von $\Omega_{\tau'}$ (siehe Abbildung 9.5, rechts).

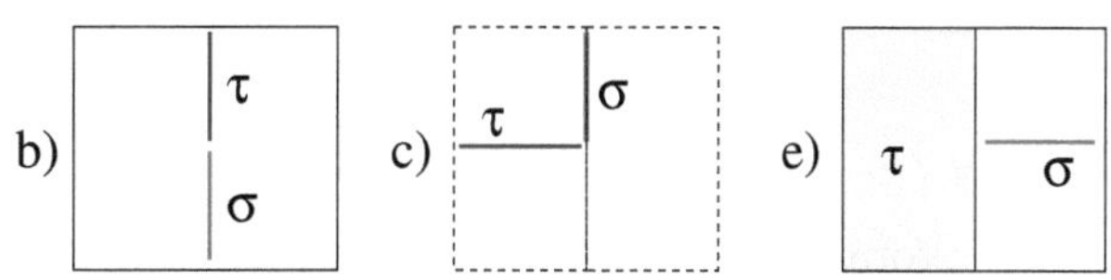

Abb. 9.5. schwach zulässige Fälle

In den Fällen a) und d) gibt es viele Indexpaare (i, j) mit $i \in \tau$ und $j \in \sigma$ und $\operatorname{dist}(X_i, X_j) = 0$. Dagegen berühren sich die Träger zu τ und σ in den Fällen b), c), e) nur für ein Indexpaar. Dies entspricht der Situation, die in §9.3 näher analysiert wird. Wie dort an einfacheren Modellfällen ausgeführt, ist der Block $\tau \times \sigma$ "schwach zulässig". Er kann Element der Partition P werden und braucht daher nicht weiter unterteilt zu werden.

Wenn man nicht von der schwachen Zulässigkeit Gebrauch machen will, kann man zunächst die übliche Zulässigkeit verwenden und dann über den Rekompressionsschritt aus §6.7.2 zu einer gröberen Partition übergehen. Hier stellt sich oft heraus, dass die schwach zulässigen Blöcke Resultat der Vergröberung sind (vgl. Grasedyck [53, Fig. 6]).

Umfangreiche numerische Resultate und Vergleiche mit anderen Verfahren finden sich in Grasedyck-Hackbusch-Kriemann [59].

9.2.8 $\mathcal{H}$-Matrixeigenschaften der LU-Faktoren

Während die Inverse einer Diskretisierungsmatrix noch Eigenschaften mit dem Schwartz-Kern des inversen Differentialoperators teilt, ist es zunächst unklar, was die Eigenschaften der LU-Faktoren sind, ob sie insbesondere durch das $\mathcal{H}$-Matrixformat approximiert werden können. Bebendorf [9] stellte über die nachfolgend erklärten Schur-Komplemente eine Verbindung zwischen der inversen Matrix und den LU-Faktoren her. Die Anwendung auf den Clusterbaum aus §9.2.4 wurde kurz danach in Grasedyck-Kriemann-Le Borne [60] ausgearbeitet. Die hier gegebene Darstellung folgt der letztgenannten Arbeit.

In §5.3.4 wurde die interne Anordnung der Indizes und Cluster von $T(I)$ diskutiert. Es sei an folgende Notationen erinnert: $i < j$ (bzw. $j > i$) ist die Anordnungsrelation in $I \times I$. Zu Teilmengen $\tau, \sigma \subset I$ sei definiert:

$$\min(\tau) := \arg\min\{i \in \tau\}, \quad \max(\tau) := \arg\max\{i \in \tau\},$$
$$\min(\tau,\sigma) := \min\{\min(\tau), \min(\sigma)\}.$$

In üblicher Weise können Intervalle gebildet werden: Für $i, j \in I$ seien

$$[i,j] := \{\nu \in I : i \le \nu \le j\}, \quad [i,j) := \{\nu \in I : i \le \nu < j\}.$$

Nach Konstruktion der Anordnung in §5.3.4 gilt für alle Cluster $\tau \in T(I)$ die Intervalleigenschaft $\tau = [\min(\tau), \max(\tau)]$.

Die Schur-Komplemente beziehen sich hier auf eine feste Matrix $A \in \mathbb{R}^{I \times I}$.

Voraussetzung 9.2.4 *a) Für alle Intervalle $\rho := [\min(I), i]$ $(i \in I)$ sei die Hauptuntermatrix $A|_{\rho\times\rho}$ invertierbar.*

b) Es gebe eine Funktion $k(\varepsilon)$ mit Werten in $\mathbb{N}_0$, sodass zu jedem ρ aus Teil a) und alle $\varepsilon > 0$ eine approximative Inverse $B_{\rho,\mathcal{H}}(\varepsilon) \in \mathcal{H}(k(\varepsilon), P|_{\rho\times\rho})$ mit

$$\left\| (A|_{\rho\times\rho})^{-1} - B_{\rho,\mathcal{H}}(\varepsilon) \right\|_2 \le \varepsilon \tag{9.6}$$

existiert (zu $P|_{\rho\times\rho}$ vergleiche man (6.3)).

Die Voraussetzung aus Teil a) ist hinreichend und notwendig für die Existenz einer LU-Zerlegung.

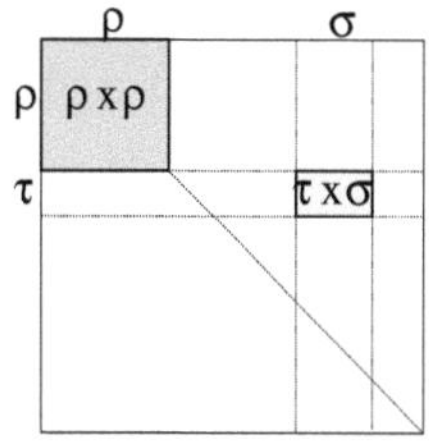

Abb. 9.6. Blöcke $\tau \times \sigma$ und $\rho \times \rho$

Die Überlegungen aus §11 werden für die Inverse von Finite-Element-Matrizen eine Ungleichung der Form (9.6) ergeben. Für die Inverse der Masse-Matrix liefert §11.1 eine entsprechende Abschätzung. Eine typische Größenordnungen von $k(\varepsilon)$ ist $\mathcal{O}(\log^2 \#I \log^{d-1}(1/\varepsilon))$, wobei d die Raumdimension des zugrundeliegenden Gebietes ist. Die Resultate aus §11 sind etwas pessimistischer: $d-1$ ist durch $d+1$ ersetzt und es kommt durch die Beweistechnik bedingt ein Finite-Element-Konsistenzfehler hinzu. Da diese Approximationsresultate nicht vom Gebiet abhängen, gelten sie nicht nur für das Gesamtgebiet, sondern auch für Teilgebiete. Die Hauptuntermatrizen $A|_{\rho\times\rho}$ lassen sich als Finite-Element-Matrizen zur gleichen Bilinearform aber beschränkt auf ein Teilgebiet interpretieren.

Definition 9.2.5. *Es gelte Voraussetzung 9.2.4a. Für beliebige Cluster $\tau, \sigma \in T(I)$ wird das zugehörige Schur-Komplement definiert durch*

$$S(\tau,\sigma) := A|_{\tau\times\sigma} - A|_{\tau\times\rho} \left(A|_{\rho\times\rho}\right)^{-1} A|_{\rho\times\sigma} \quad \mathit{mit}\ \rho := [\min(I), \min(\tau,\sigma)).$$

Abbildung 9.6 illustriert die Lage der Blöcke $\tau \times \sigma$ und $\rho \times \rho$. Die bisher aufgetretenen Schur-Komplemente entsprachen dem Sonderfall $\tau = \sigma$. Falls $\rho = \emptyset$, entfällt der Teil $A|_{\tau\times\rho} \left(A|_{\rho\times\rho}\right)^{-1} A|_{\rho\times\sigma}$. So gilt insbesondere

$$S(I,I) = A. \tag{9.7}$$

Lemma 9.2.6. *Zu jedem Block $b = \tau \times \sigma \in T(I \times I, P)$ und jedem $\varepsilon > 0$ existiert eine Matrix $S_{\mathcal{H}}(\tau,\sigma) \in \mathcal{H}(k_S(\varepsilon), P|_b)$ mit*

$$\|S(\tau,\sigma) - S_{\mathcal{H}}(\tau,\sigma)\|_2 \le \|A\|_2^2\, \varepsilon,$$

wobei $k_S(\varepsilon) = \mathcal{O}(depth(T(I \times I, P)^2 k(\varepsilon))$ mit $k(\varepsilon)$ aus Voraussetzung 9.2.4b.

Beweis. Wir verwenden die Definition $S_{\mathcal{H}}(\tau,\sigma) := A|_{\tau\times\sigma} - A|_{\tau\times\rho} B_{\rho,\mathcal{H}}(\varepsilon) A|_{\rho\times\sigma}$ mit $B_{\rho,\mathcal{H}}(\varepsilon)$ aus (9.6) anstelle von $\left(A|_{\rho\times\rho}\right)^{-1}$. Die Multiplikation wird exakt durchgeführt und erhöht deshalb den lokalen Rang um den Faktor $\mathcal{O}(depth(T(I \times I, P)^2)$ (vgl. Satz 7.8.19 und [60, Theorem 1]). ∎

Das nächste Lemma behandelt den Fall $\tau = \sigma$. Es sei an die Menge $T_d(I)$ der Gebietscluster und die Menge $T_{d-1}(I)$ der Separatoren(teilmengen) aus §9.2.6 erinnert.

Lemma 9.2.7 ([60]). *Die LU-Zerlegung des Schur-Komplements sei bezeichnet mit $S(\tau,\tau) = L(\tau,\tau)U(\tau,\tau)$. a) Für $\tau \in T(I) \cap T_d(I)$ ist $S(\tau,\tau) = A|_{\tau\times\tau}$. Falls $\tau \notin \mathcal{L}(T(I))$ gilt die Blockzerlegung*

$$S(\tau,\tau) = A|_{\tau\times\tau} = \begin{bmatrix} A|_{\tau_1\times\tau_1} & O & A|_{\tau_1\times\tau_3} \\ O & A|_{\tau_2\times\tau_2} & A|_{\tau_2\times\tau_3} \\ A|_{\tau_3\times\tau_1} & A|_{\tau_3\times\tau_2} & A|_{\tau_3\times\tau_3} \end{bmatrix},$$

$$L(\tau,\tau) = \begin{bmatrix} L(\tau_1,\tau_1) & O & O \\ O & L(\tau_2,\tau_2) & O \\ A|_{\tau_3\times\tau_1}U(\tau_1,\tau_1)^{-1} & A|_{\tau_3\times\tau_2}U(\tau_2,\tau_2)^{-1} & L(\tau_3,\tau_3) \end{bmatrix},$$

$$U(\tau,\tau) = \begin{bmatrix} U(\tau_1,\tau_1) & O & L(\tau_1,\tau_1)^{-1}A|_{\tau_1\times\tau_3} \\ O & U(\tau_2,\tau_2) & L(\tau_2,\tau_2)^{-1}A|_{\tau_2\times\tau_3} \\ O & O & U(\tau_3,\tau_3) \end{bmatrix},$$

wobei $\tau_1, \tau_2 \in T(I) \cap T_d(I)$ *und* $\tau_3 \in T(I) \cap T_{d-1}(I)$ *die drei Söhne von* τ *sind.*

b) Für $\tau \in T(I) \cap T_{d-1}(I)$ *mit zwei Söhnen* $\tau_1, \tau_2 \in T(I) \cap T_{d-1}(I)$ *gilt die Rekursionsformel*

$$S(\tau,\tau) = \begin{bmatrix} S(\tau_1,\tau_1) & S(\tau_1,\tau_2) \\ S(\tau_2,\tau_1) & S(\tau_2,\tau_2) - S(\tau_2,\tau_1)S(\tau_1,\tau_1)^{-1}S(\tau_1,\tau_2) \end{bmatrix},$$

$$L(\tau,\tau) = \begin{bmatrix} L(\tau_1,\tau_1) & O \\ S(\tau_2,\tau_1)U(\tau_1,\tau_1)^{-1} & L(\tau_2,\tau_2) \end{bmatrix},$$

$$U(\tau,\tau) = \begin{bmatrix} U(\tau_1,\tau_1) & L(\tau_1,\tau_1)^{-1}S(\tau_1,\tau_2) \\ O & U(\tau_2,\tau_2) \end{bmatrix}.$$

Die Rekursion aus Lemma 9.2.7 für $L(\tau,\tau)$ und $U(\tau,\tau)$ kann von den Blättern $\tau \in \mathcal{L}(T(I))$ bis zur Wurzel I angewandt werden. Wegen (9.7) sind $L = L(I,I)$ und $U = U(I,I)$ die gesuchten LU-Faktoren von $A = LU$.

Für die $\mathcal{H}$-Matrixdarstellung wird das Format $\mathcal{H}(k_{LU}, P)$ im Falle der Gesamtmatrizen $L_\mathcal{H}$, $U_\mathcal{H}$ und das Format $\mathcal{H}(k_{LU}, P|_{\tau\times\tau})$ für die Teilmatrizen $L_\mathcal{H}(\tau,\tau)$ und $U_\mathcal{H}(\tau,\tau)$ $(\tau \in T(I))$ verwendet. Für die theoretische Untersuchung wird die optimale Kürzung der exakten Matrizen verwendet:

$$L_\mathcal{H}(\tau,\tau) := \mathcal{T}^\mathcal{H}_{k_{LU}}(L(\tau,\tau)), \qquad U_\mathcal{H}(\tau,\tau) := \mathcal{T}^\mathcal{H}_{k_{LU}}(U(\tau,\tau)),$$

wobei $\mathcal{T}^\mathcal{H}_k$ in (7.6) definiert ist. Zur Abschätzung von $\|L(\tau,\tau) - L_\mathcal{H}(\tau,\tau)\|_2$ und $\|U(\tau,\tau) - U_\mathcal{H}(\tau,\tau)\|_2$ wird die obige Rekursion verwendet, wobei für die dort auftretenden Schur-Komplemente Lemma 9.2.6 eingesetzt wird. Der in [60, Theorem 1] durchgeführte Induktionsbeweis ergibt schließlich für $L = L(I,I)$ und $U = U(I,I)$ Approximationen $L_\mathcal{H}$ und $U_\mathcal{H}$ mit folgender Fehlerschranke:

Satz 9.2.8. *Es gelte Voraussetzung 9.2.4. Dann gilt*

$$\|L - L_\mathcal{H}\|_2 \le c_U \, depth(T(I \times I, P)) \, \|A\|_2^2 \, \varepsilon,$$
$$\|U - U_\mathcal{H}\|_2 \le c_L \, depth(T(I \times I, P)) \, \|A\|_2^2 \, \varepsilon,$$

wobei $c_U := \max_{\tau\in T(I)} \left\|U(\tau,\tau)^{-1}\right\|_2$ *und* $c_L := \max_{\tau\in T(I)} \left\|L(\tau,\tau)^{-1}\right\|_2$.

Die individuellen Fehlerabschätzungen für $L_{\mathcal{H}}$ und $U_{\mathcal{H}}$ sind stärkere Bedingungen, als man sie wirklich benötigt. Da $L_{\mathcal{H}}$ und $U_{\mathcal{H}}$ nur in der Form des Produktes $L_{\mathcal{H}}U_{\mathcal{H}}$ auftreten, ist eigentlich nur die Abschätzung von $\|A - L_{\mathcal{H}}U_{\mathcal{H}}\| = \|LU - L_{\mathcal{H}}U_{\mathcal{H}}\|$ relevant.

9.2.9 Geometriefreie Konstruktion der Partition

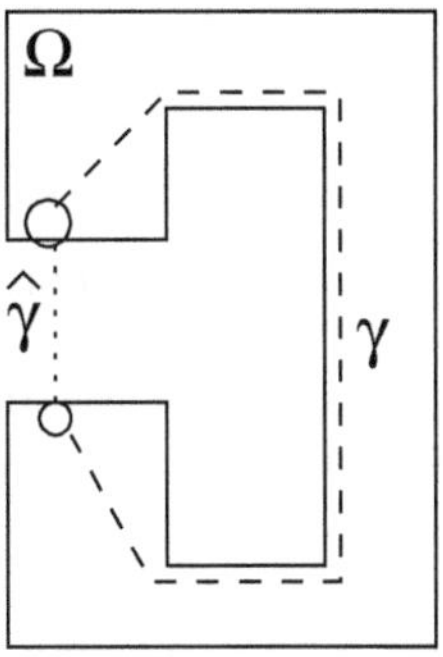

Abb. 9.7. Pfade für nichtkonvexes Gebiet

Die Zulässigkeitsbedingung Adm nach Definition 5.2.4 benötigt die geometrischen Durchmesser und Abstände der Cluster. Zur Vereinfachung wurden in §5.4.2 die Cluster durch Quader ersetzt, es waren aber weiterhin die Knotenpunkte $\xi_i \in \mathbb{R}^d$ als Geometriedaten essentiell.

Auch wenn die Geometriedaten bei der Aufstellung der schwach besetzten Matrix verwendet werden, brauchen die Daten bei späteren Programmschritten (z.B. LU-Zerlegung) nicht mehr verfügbar zu sein. Es stellt sich deshalb die Frage, ob die hierarchischen Strukturen (Cluster-, Blockclusterbaum und Partition) ohne geometrischen Zusatzinformationen nur aus den Daten des Gleichungssystems konstruiert werden können.

Die vergleichbare Situation hat bei Mehrgittermethoden zur Variante der "algebraischen Mehrgitterverfahren" geführt, wobei "algebraisch" bedeutet, dass nur das lineare algebraische Gleichungssystem als Eingabe dient[11].

Im Falle einer schwach besetzten Matrix M gibt es einen (schwachen) Zusammenhang zwischen der geometrischen Situation und dem Matrixgraphen $G(M)$ (vgl. Definition A.1.1). Mit Hilfe des Matrixgraphen kann der Abstand $\delta(i,j)$ zwischen den Knoten $i,j \in I$ definiert werden (vgl. (A.1)). Der Abstand $\delta(i,j)$ entspricht der Länge eines Pfades $\gamma = (i = i_0, i_1, \ldots, i_\ell = j)$ im Graphen $G(M)$. Da jedem $i_k \in \gamma$ ein Knotenpunkt $\xi_k \in \mathbb{R}^d$ zugeordnet ist, entspricht γ einem geometrischen Pfad $\hat{\gamma} \subset \mathbb{R}^d$, der ξ_i mit ξ_j verbindet. Damit kann $\hat{\gamma}$ als Streckenzug $\overline{\xi_{i_0}\xi_{i_1}} \cup \overline{\xi_{i_1}\xi_{i_2}} \cup \ldots \cup \overline{\xi_{i_{\ell-1}}\xi_{i_\ell}}$ definiert werden.

In uniformen Gittern haben alle Strecken $\overline{\xi_{i_\nu}\xi_{i_{\nu+1}}}$ eine Größe, die der Gitterweite h entspricht. Daher hat $\hat{\gamma}$ in etwa die Länge ℓh. Somit folgt

$$\mathit{Länge}(\hat{\gamma}) \approx \mathit{Länge}(\gamma) \cdot h$$

als Beziehung zwischen der geometrische Pfadlänge und der Graphenpfadlänge in $G(M)$. In der späteren Anmerkung 11.1.2 wird die Ungleichung

[11] Der Terminus "algebraisches Mehrgitterverfahren" wird verschieden verwendet. Gelegentlich wird er benutzt, wenn nur *ein* Gitter mit allen geometrischen Gitterdaten vorliegt, aber nicht die für das *Mehr*gitterverfahren typischen gröberen Gitter. Diese Situation ist bei hierarchischen Matrizen stets gegeben. Hier geht es um die strengere Auslegung, dass auch die geometrischen Daten des feinen Gitters nicht zur Verfügung stehen.

Länge$(\hat{\gamma}) \leq$ *Länge*$(\gamma) \cdot h$ gezeigt werden. Für stark verfeinerte Gitter gehen die beiden Abstandsbegriffe auseinander.

Wenn das zugrundeliegende Gebiet $\Omega \subset \mathbb{R}^d$ konvex ist, lässt sich auch die umgekehrte Ungleichung *Länge*$(\gamma) \cdot h \leq const \cdot$ *Länge*$(\hat{\gamma})$ rechtfertigen. In nichtkonvexen Gebieten ist diese Aussage offenbar falsch (vgl. Abbildung 9.7), allerdings erweist sich für das abgebildeten Randwertproblem, dass die minimale Länge des im Gebiet vorlaufenden Pfades γ die Gegebenheiten besser beschreibt[12].

Wir setzen nun

$$\operatorname{diam}(\tau) := 1 + \max\{\delta(i,j) : i,j \in \tau\}, \tag{9.8a}$$
$$\operatorname{dist}(\tau,\sigma) := \min\{\delta(i,j) : i \in \tau, j \in \sigma\}. \tag{9.8b}$$

Die Addition von 1 in $\operatorname{diam}(\tau)$ ist dadurch gerechtfertigt, dass für $i = j$ (d.h. $\delta(i,j) = 0$) nur ein Knotenpunkt ξ_i vorliegt, der aber den Träger der Finite-Element-Basisfunktion ϕ_i repräsentiert, dessen Durchmesser h ist.

Mit den Größen (9.8a,b) lässt sich die Zulässigkeitsbedingung (5.8) oder jene aus (5.9a-c) definieren. Man beachte, dass die Skalierung mit einer Schrittweite h irrelevant ist, da nur der Quotient von diam und dist eingeht.

In der Arbeit Grasedyck-Kriemann-Le Borne [62] finden sich die Details zum Umgang mit der Graph-Metrik, zur Konstruktion der Gebietszerlegung, d.h. des Clusterbaumes aus §9.2.4, und zur hierarchischen LU-Zerlegung. Die dort präsentierten Testbeispiele zeigen, dass die geometriefreien Verfahren, die nur auf den Matrixgraph-Daten beruhen, verlässlich gute Resultate liefern.

Geometriefreie Verfahren für Sattelpunktsysteme werden in Le Borne et al. [108] behandelt.

9.3 Schwache Zulässigkeit

9.3.1 Definition und Abschätzungen

Die übliche η-Zulässigkeitsbedingung aus Definition 5.2.4 wird im Folgenden als die *starke* Zulässigkeitsbedingung bezeichnet. Sie führt im Falle des 1D-Modellproblems aus §5.1.2 zu der Partition aus Abbildung 5.1 (auf Seite 86). Auf der anderen Seite gibt es die einfachere Partition aus den einführenden Kapitel 3.1. Das dortige Modellformat $\mathcal{H}_p$ ist in Abbildung 3.1 (auf Seite 43) wiedergegeben.

[12] Man beachte hier einen entscheidenden Unterschied zwischen a) den schwach besetzten Systemen, die Randwertaufgaben diskretisieren, und b) Randelementmatrizen. Im letzten Falle ist der Euklidische Abstand entscheidend, da er die Stärke der Singularität beschreibt. Der geodätische Abstand auf der Oberfläche ist unerheblich. Im ersten Fall ist dagegen der geodätische Abstand innerhalb des Gebietes maßgebend.

Man erkennt den wesentlichen Unterschied, wenn man jeweils das obere rechte Viertel der Matrixformate vergleicht. Im einfacheren Modellformat $\mathcal{H}_p$ befindet sich dort nur ein einziger Block , während dieser in Abbildung 5.1 gemäß der üblichen Zulässigkeitsbedingung zur Diagonale hin weiter unterteilt ist, wie Abbildung 9.8 zeigt.

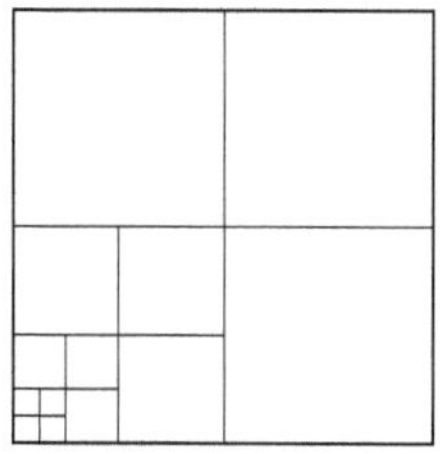

Abb. 9.8. Partition bei starker Zulässigkeit

Eine Zulässigkeitsbedingung, die im Falle des 1D-Modellproblems aus §5.1.2 das Modellformat $\mathcal{H}_p$ reproduziert, ist

$$Adm_{\text{schwach}}(X,Y) := \begin{cases} true & \text{falls } X \cap Y \text{ leer oder vom Maß null,} \\ false & \text{falls } X \cap Y \text{ positives Maß hat,} \end{cases} \tag{9.9}$$

wobei X und Y Teilintervalle von $[0,1]$ sind. Die durch (9.9) definierte Zulässigkeitsbedingung sei jetzt als *schwache Zulässigkeit* bezeichnet. Sie erfüllt die Bedingungen (5.13a-c), die in §5.2.3 an verallgemeinerte Zulässigkeitsbedingungen gestellt werden. Sei $P_{\text{schwach}} \subset T(I \times I)$ die Partition, die mit der schwachen Zulässigkeitsbedingung erzeugt wird, während $P = P_{\text{stark}}$ die übliche Partition bezeichne. Matrizen vom Modellformat $\mathcal{H}_p$ gehören dann zu $\mathcal{H}(k, P_{\text{schwach}})$, wobei in §5.1.2 $k = 1$ gewählt worden war.

Offenbar gehört jedes $M \in \mathcal{H}(k, P_{\text{schwach}})$ auch zu $\mathcal{H}(k, P_{\text{stark}})$. Für die umgekehrte Richtung gilt die

Anmerkung 9.3.1. Seien $T(I)$ ein binärer Clusterbaum und M eine Matrix mit $M \in \mathcal{H}(k, P_{\text{stark}})$ für ein $k \in \mathbb{N}$. Dann gilt $M \in \mathcal{H}(k', P_{\text{schwach}})$ für den vergrößerten Rang

$$k' := 4 + 3k \cdot (\operatorname{depth}(T(I \times I, P_{\text{schwach}})) - 1). \tag{9.10}$$

Im Falle des Modellformates $\mathcal{H}_p$ mit $n_{\min} = 1$ ist $\operatorname{depth}(T(I \times I, P_{\text{schwach}})) = p - 1$, wobei $p = \log_2 \#I$.

Beweis. Der schlechteste Fall ist in Abbildung 9.8 illustriert. Der zugehörige Block zerfällt in je drei Teilblöcke aus $T^{(\ell)}(I \times I, P_{\text{schwach}}))$ für $\ell = 2, \ldots, p-1$. Auf der Stufe $\ell = p$ treten vier 1×1-Teilblöcke (vom Rang 1) auf. Die Agglomeration aller $1 + 3kp$ Blöcke kann den Rang höchstens um diesen Faktor vergrößern (vgl. Definition 1.3.8). Im Falle eines allgemeinen binären Clusterbaumes ist $p - 1$ durch $\operatorname{depth}(T(I \times I, P_{\text{schwach}}))$ zu ersetzen. ∎

Die Frage, ob eine Darstellung in $\mathcal{H}(k', P_{\text{schwach}})$ oder $\mathcal{H}(k, P_{\text{stark}})$ hinsichtlich des Speicherbedarfs günstiger ist, lässt sich einfach beantworten (zur Vereinfachung gehen wir vom Modellformat $\mathcal{H}_p$ mit $n = 2^p = \#I$ aus). $M \in \mathcal{H}(k, P_{\text{stark}})$ benötigt $24k - 8 + (6 - 18k)\, n + 6kn \log_2 n$ Speichereinheiten, während $\mathcal{H}(k', P_{\text{schwach}})$ zu $(2 - 2k')\, n + 2k'n \log_2 n$ führt. Asymptotisch verhält sich der Aufwand wie $3k$ zu k'. Wenn wie in (9.10) $k' \approx 3kp$ gilt, scheint die Darstellung in $\mathcal{H}(k', P_{\text{schwach}})$ ungünstig zu sein. Allerdings ist der lokale Rang in (9.10) zu pessimistisch angegeben. Der lokale Rang verbessert sich, wenn er blockweise variieren darf (ein analoger Ansatz findet sich in §8.6).

Korollar 9.3.2. *Seien $T(I)$ wie in Anmerkung 9.3.1 und $M \in \mathcal{H}(k, P_{\text{stark}})$. Dann gilt $M \in \mathcal{H}(k'', P_{\text{schwach}})$ mit der lokalen Rangverteilung*

$$k''(b) = k''_\ell := 4 + 3k\,(p - 1 - \ell)$$
$$\text{für } b \in P^{(\ell)}_{\text{schwach}} := P_{\text{schwach}} \cap T^{(\ell)}(I \times I, P_{\text{schwach}})).$$

Beweis. Der im obigen Beweis herangezogene Block aus Abbildung 9.8 gehört zur Stufe $\ell = 1$. Für allgemeines ℓ zerfällt der Block in je drei Teilblöcke aus $T^{(\lambda)}(I \times I, P_{\text{schwach}}))$ für $\lambda = \ell + 1, \ldots, p - 1$. ∎

Der Speicheraufwand für das Format aus Korollar 9.3.2 ist halbiert, er beträgt $\approx k'n \log_2 n$ mit k' aus (9.10).

Eine weitere Verbesserung ergibt sich, wenn man der folgenden Frage nachgeht: Gegeben sei ein Integraloperator $\mathcal{K}$ mit asymptotisch glattem Kern diskretisiert durch die Matrix K. Ferner sei eine Genauigkeit $\varepsilon > 0$ vorgegeben. Die besten Approximationen $K_{\text{stark},k} \in \mathcal{H}(k, P_{\text{stark}})$ und $K_{\text{schwach},k} \in \mathcal{H}(k, P_{\text{schwach}})$ (bezüglich einer Matrixnorm $\|\cdot\|$) seien

$$K^{\text{best}}_{\text{stark},k} := \arg\min \{\|M - K\| : M \in \mathcal{H}(k, P_{\text{stark}})\},$$
$$K^{\text{best}}_{\text{schwach},k} := \arg\min \{\|M - K\| : M \in \mathcal{H}(k, P_{\text{schwach}})\}.$$

Im Falle der Frobenius-Norm $\|\cdot\| = \|\cdot\|_F$ lassen sich die optimalen Approximationen durch die Anwendung von $T_k^{\mathcal{H}}$ aus (7.6) erreichen (jeweils bezogen auf die Partitionen P_{stark} und P_{schwach}).

Seien $k_{\text{stark}} = k_{\text{stark}}(\varepsilon)$ und $k_{\text{schwach}} = k_{\text{schwach}}(\varepsilon)$ die minimalen lokalen Ränge, die notwendig sind, um die Genauigkeit ε zu erreichen:

$$k_{\text{stark}}(\varepsilon) := \arg\min \left\{k \in \mathbb{N} : \left\|K - K^{\text{best}}_{\text{stark},k}\right\| \le \varepsilon\right\},$$
$$k_{\text{schwach}}(\varepsilon) := \arg\min \left\{k \in \mathbb{N} : \left\|K - K^{\text{best}}_{\text{schwach},k}\right\| \le \varepsilon\right\}.$$

Definitionsgemäß ist $k_{\text{stark/schwach}}$ konstant für alle Blöcke $b \in P^+_{\text{stark/schwach}}$. Die Aussage der Anmerkung 9.3.1 ergibt die Abschätzung

$$k_{\text{schwach}}(\varepsilon) \le 4 + 3k_{\text{stark}}(\varepsilon) \cdot (\text{depth}(T(I \times I, P_{\text{schwach}})) - 1). \tag{9.11}$$

9.3.2 Beispiel $k(x, y) = \log |x - y|$

Dank der asymptotischen Glattheit von $k(x, y)$ liefert Anmerkung 4.1.5 die Asymptotik

$$k_{\text{stark}}(\varepsilon) = \mathcal{O}(\log \frac{1}{\varepsilon}) \tag{9.12a}$$

(es liegt der eindimensionale Fall $d = 1$ vor). Mit Ungleichung (9.11) und $\operatorname{depth}(T(I \times I, P_{\text{schwach}}) = \mathcal{O}(\log n)$ ergibt sich

$$k_{\text{schwach}}(\varepsilon) \leq \mathcal{O}\left(\log\left(\tfrac{1}{\varepsilon}\right)\log n\right). \tag{9.12b}$$

Eine Approximation von $k(x,y)$ in $b \in P^{+}_{\text{schwach}}$ ist problematisch. Sei zum Beispiel $b = \tau \times \sigma$ mit $X_\tau = [0,1/2]$ und $X_\sigma = [1/2,1]$ (stückweise konstante Ansatzfunktionen vorausgesetzt). Für $x \in X_\tau$ und $y \in X_\sigma$ hat $k(x,y) = \log|x-y|$ eine Singularität bei $x = y = 1/2$. Folglich sind globale Polynomapproximationen nicht zielführend. Dagegen lassen sich mit hp-adaptiven Polynomapproximationen sowie mit der Sinc-Interpolation aus §D.2 separable Entwicklungen angeben, die zu

$$k_{\text{schwach}}(\varepsilon) \leq \mathcal{O}\left(\log^2\left(\tfrac{1}{\varepsilon}\right)\right) \tag{9.12c}$$

führen. Eine andere Variante der Sinc-Interpolation führt zu

$$k_{\text{schwach}}(\varepsilon) \leq \mathcal{O}\left(\log\left(\tfrac{1}{\varepsilon}\right)\log\left(\tfrac{1}{h}\right)\right) = \mathcal{O}\left(\log\left(\tfrac{1}{\varepsilon}\right)\log n\right). \tag{9.12d}$$

Will man bis auf den Diskretisierungsfehler genau approximieren, ist

$$\log\left(\tfrac{1}{\varepsilon}\right) = \mathcal{O}(\log n)$$

gefordert, sodass beide Schranken die identische Asymptotik $\mathcal{O}(\log^2 n)$ besitzen.

Numerische Experimente (siehe [84]) zeigen jedoch nicht das Verhalten (9.12b,c), sondern eher $k_{\text{schwach}}(\varepsilon) \approx \mathcal{O}\big(\log\left(\tfrac{1}{\varepsilon}\right)\big)$ wie in (9.12a). Es lässt sich auch das ungefähre Verhältnis von k_{schwach} und k_{stark} angeben:

$$k_{\text{schwach}}(\varepsilon) \approx c \cdot k_{\text{stark}}(\varepsilon), \tag{9.12e}$$

wobei c eine Konstante zwischen 2 und 3.5 zu sein scheint.

Es ist noch eine offene Frage, wie die Lücke zwischen den theoretischen Schranken und den numerisch beobachteten Resultaten zu schließen ist.

9.3.3 Zusammenhang mit der Matrixfamilie $\mathcal{M}_{k,\tau}$

Die Menge $\mathcal{M}_{k,\tau}$ wurde in Definition 3.9.5 eingeführt.

Anmerkung 9.3.3. Sei $k \in \mathbb{N}_0$. Die Eigenschaft $A \in \mathcal{M}_{k,\tau}$ für alle Cluster $\tau \in T(I)\backslash\{I\}$ impliziert $A \in \mathcal{H}(k, P_{\text{schwach}})$.

Beweis. Seien τ', τ'' die Söhne von I. Dann stimmt $A|_{\tau'\times\tau''}$ mit der Untermatrix A_{12} aus (3.12) überein, was $Rang\,(A|_{\tau'\times\tau''}) \leq k$ beweist. Gleiches gilt für $A|_{\tau''\times\tau'}$. Die weiteren Blöcke von P_{schwach} gehören zu Hauptuntermatrizen $A|_{\tau'\times\tau'}$ für $\tau' \in T(I)\backslash\{I\}$. Seien τ^* und τ^{**} die Söhne von τ'. Da $\tau^* \times \tau^{**} \in P_{\text{schwach}}$, ist $Rang(A|_{\tau^*\times\tau^{**}}) \leq k$ zu beweisen. Dies folgt aus $Rang(A|_{\tau^*\times\tau^{**}}) \underset{\tau^{**}\subset I\backslash\tau^*}{\leq} Rang(A|_{\tau^*\times(I\backslash\tau^*)}) \underset{A\in\mathcal{M}_{k,\tau^*}}{\leq} k.$ ∎

Die direkte Umkehrung der Implikation aus Anmerkung 9.3.3 ist nicht richtig. Sie gilt aber, wenn in $\mathcal{M}_{k,\tau}$ der Rang k geeignet erhöht wird.

Lemma 9.3.4. *Sei* $A \in \mathcal{H}(k, P_{\text{schwach}})$ *für ein* $k \in \mathbb{N}_0$. *Dann folgt* $A \in \mathcal{M}_{\ell \cdot k, \tau}$ *für alle Cluster* $\tau \in T^{(\ell)}(I)$ *der Stufe* ℓ *(vgl. (A.2)).*

Beweis. Seien $\tau \in T^{(\ell)}(I)$ und $\tau' = I \backslash \tau$. Der Block $\tau \times \tau'$ schneidet ℓ Blöcke $b \in \mathcal{P}_W$, für die nach Voraussetzung $Rang(A|_b) \leq k$ gilt. Daher ist der Rang von $A|_{\tau \times \tau'}$ durch $\ell \cdot k$ beschränkt. Analoges gilt für $A|_{\tau' \times \tau}$. ∎

Gemäß Definition 6.1.1 ist der Parameter k in $\mathcal{H}(k, P_{\text{schwach}})$ im Allgemeinen eine Funktion $k : P_{\text{schwach}} \to \mathbb{N}_0$. Das nächste Folgerung beruht auf den Lemmata 3.9.7b und 9.3.4 und verwendet eine geringfügige Verallgemeinerung von Anmerkung 9.3.3 auf eine variable Rangverteilung.

Folgerung 9.3.5 *Sei* A *regulär mit* $A \in \mathcal{H}(k, P_{\text{schwach}})$ *für konstantes* $k \in \mathbb{N}_0$. *Dann gilt* $A^{-1} \in \mathcal{M}_{\ell \cdot k, \tau}$ *für alle Cluster* $\tau \in T^{(\ell)}(I)$, *was*

$$A^{-1} \in \mathcal{H}(k', P_{\text{schwach}}) \text{ mit } k'(b) = \ell k \text{ für } b \in T^{(\ell)}(I \times I) \cap P_{\text{schwach}}$$

nach sich zieht.

Die Anmerkung 9.3.3 lässt sich in verstärkter Form für $\mathcal{H}^2$-Matrizen formulieren.

Anmerkung 9.3.6. Sei $A \in \mathcal{M}_{k,\tau}$ für alle Cluster $\tau \in T(I)$. Dann gilt $A \in \mathcal{H}^2(k, P_{\text{schwach}})$ (vgl. Definition 8.3.1) mit Unterräumen $\mathcal{V}_\tau$ wie im Beweis konstruiert.

Beweis. a) Es sei daran erinnert, dass die Aussage $B \in \mathcal{V}_\tau \otimes \mathcal{W}_\sigma$ äquivalent zu $Bild(B) \subset V_\tau$ und $Bild(B^\top) \subset W_\sigma$ ist.

b) Für $\tau \in T(I)$ definiere man die Räume

$$\mathcal{V}_\tau := Bild(A|_{\tau \times \tau'}) \qquad \text{und} \quad W_\tau := Bild((A|_{\tau' \times \tau})^\top),$$

wobei $\tau' := I \backslash \tau$ das Komplement von τ ist. Es gilt $\dim \mathcal{V}_\tau = Rang(A|_{\tau \times \tau'}) \leq k$ und $\dim \mathcal{W}_\tau \leq k$. Sei $\dot{\tau}$ ein Sohn von τ mit dem Komplement $\dot{\tau}' = I \backslash \dot{\tau}$. Es folgt $\mathcal{V}_\tau|_{\dot{\tau}} = Bild(A|_{\tau \times \tau'})|_{\dot{\tau}} = Bild(A|_{\dot{\tau} \times \tau'})$. Da $\dot{\tau} \subset \tau$ die Inklusion $\tau' \subset \dot{\tau}'$ impliziert, folgt $\mathcal{V}_\tau|_{\dot{\tau}} \subset Bild(A|_{\dot{\tau} \times \dot{\tau}'}) = \mathcal{V}_{\dot{\tau}}$. Analog gilt $\mathcal{W}_\tau|_{\dot{\tau}} \subset \mathcal{W}_{\dot{\tau}}$. Damit sind die charakteristischen $\mathcal{H}^2$-Eigenschaften (8.9a,b) der Räume $\mathcal{V}_\tau$ und $\mathcal{W}_\tau$ nachgewiesen.

c) Seien $b = \tau \times \sigma \in P_{\text{schwach}}$, $\tau' := I \backslash \tau$ und $\sigma' := I \backslash \sigma$. Aus $\sigma \subset \tau'$ folgt $Bild(A|_b) \subset Bild(A|_{\tau \times \tau'}) = \mathcal{V}_\tau$. Analog ergibt sich $Bild((A|_b)^\top) \subset \mathcal{W}_\sigma$, was $A|_b \in \mathcal{V}_\tau \otimes \mathcal{W}_\sigma$ beweist (siehe Teil a) und damit $A \in \mathcal{H}^2(k, P_{\text{schwach}})$. ∎

Im Gegensatz zu Anmerkung 9.3.3 gilt jetzt auch die Umkehrung der Aussage.

Anmerkung 9.3.7. $A \in \mathcal{H}^2(k, P_{\text{schwach}})$ impliziert $A \in \mathcal{M}_{k,\tau}$ für alle Cluster $\tau \in T(I)$.

Beweis. Für alle $\tau \in T(I)$ ist der Block $\tau \times (I \backslash \tau)$ eine (disjunkte) Vereinigung von Blöcken $b_i = \tau \times \sigma_i \subset \tau_i \times \sigma_i \in P_{\text{schwach}}$. Wegen der $\mathcal{H}^2$-Eigenschaft (8.9a) folgt

$$\mathcal{V}_{\tau_i}|_\tau \otimes \mathcal{W}_{\sigma_i} \subset \mathcal{V}_\tau \otimes \mathcal{W}_{\sigma_i}.$$

Also sind die Bilder aller $A|_{b_i}$ in $\mathcal{V}_\tau$ enthalten. Für die Summe der Bildräume folgt damit $Rang(A|_{\tau \times (I \backslash \tau)}) \leq \dim \mathcal{V}_\tau \leq k$. ■

Die Kombination der Anmerkungen 9.3.7 und 9.3.6 führt auf ein Resultat über die Inverse.

Lemma 9.3.8. *Sei $\mathcal{H}^2(k, P_{\text{schwach}})$ das $\mathcal{H}^2$-Format bezüglich der Unterraumfamilien*

$$\{\mathcal{V}_\tau = Bild(A|_{\tau \times \tau'}),\ \mathcal{W}_\tau = Bild((A|_{\tau' \times \tau})^\top) : \tau \in T(I)\},$$

wobei $\tau' := I \backslash \tau$. Es sei angenommen, dass alle Hauptuntermatrizen $A|_{\tau \times \tau}$ invertierbar sind. Dann gilt $A^{-1} \in \mathcal{H}^2(k, P_{\text{schwach}})$ bezüglich der Unterraumfamilien

$$\{\hat{\mathcal{V}}_\tau := (A|_{\tau \times \tau})^{-1} \mathcal{V}_\tau,\ \hat{\mathcal{W}}_\tau := (A|_{\tau \times \tau})^{-\top} \mathcal{W}_\tau : \tau \in T(I)\}.$$

Beweis. a) Sei $\tau \in T(I)$. Der Block $A^{-1}|_{\tau \times \tau'}$ der Inversen hat nach (3.10) die Form $-A_{11}^{-1} A_{12} S^{-1}$ mit

$$A_{11} = A|_{\tau \times \tau},\ A_{12} = A|_{\tau \times \tau'},\ A_{22} = A|_{\tau' \times \tau'} \text{ und } S = A_{22} - A_{21} A_{11}^{-1} A_{12}.$$

Wegen

$$\begin{aligned} Bild(A^{-1}|_{\tau \times \tau'}) &= Bild(A_{11}^{-1} A_{12} S^{-1}) \subset Bild(A_{11}^{-1} A_{12}) = A_{11}^{-1} Bild(A_{12}) \\ &= (A|_{\tau \times \tau})^{-1} Bild(A|_{\tau \times \tau'}) = (A|_{\tau \times \tau})^{-1} \mathcal{V}_\tau = \hat{\mathcal{V}}_\tau \end{aligned}$$

sind die Bilder der Blöcke in den entsprechenden Räumen enthalten.

b) Seien $\tau_1, \tau_2 \in S(\tau)$ die Söhne von τ. Zum Nachweis der $\mathcal{H}^2$-Struktur ist die Schachtelungsbedingung $\hat{\mathcal{V}}_\tau|_{\tau_1} \subset \hat{\mathcal{V}}_{\tau_1}$ zu zeigen. Wir setzen nun $A_{ij} = A|_{\tau_i \times \tau_j}$ für $1 \leq i, j \leq 2$. Die erste Blockzeile von $(A|_{\tau \times \tau})^{-1}$ lautet dann $\left[A_{11}^{-1} + A_{11}^{-1} A_{12} S^{-1} A_{21} A_{11}^{-1} \ \ -A_{11}^{-1} A_{12} S^{-1} \right]$. Wir schließen daraus

$$\hat{\mathcal{V}}_\tau|_{\tau_1} = \left((A|_{\tau \times \tau})^{-1} \mathcal{V}_\tau \right)|_{\tau_1} \subset \left(A_{11}^{-1} + A_{11}^{-1} A_{12} \cdots \right) \mathcal{V}_\tau|_{\tau_1} + A_{11}^{-1} A_{12} S^{-1} \mathcal{V}_\tau|_{\tau_2}.$$

Die $\mathcal{H}^2$-Eigenschaft von $\mathcal{V}_\tau$ impliziert $A_{11}^{-1} \mathcal{V}_\tau|_{\tau_1} \subset A_{11}^{-1} \mathcal{V}_{\tau_1} = \hat{\mathcal{V}}_{\tau_1}$. Die restlichen Terme liegen in $Bild(A_{11}^{-1} A_{12}) = \hat{\mathcal{V}}_{\tau_1}$ (siehe Teil a). ■

Die Anmerkungen 9.3.7, 9.3.6 und Lemma 9.3.8 lassen sich leicht auf $\mathcal{H}^2(\mathbf{k}, P_{\text{schwach}})$ für einen stufenabhängigen Rang $\mathbf{k} = (k_\ell)_{\ell=1}^L$ verallgemeinern.

9.4 Kreuzapproximation

9.4.1 Basisverfahren und theoretische Aussagen

Sei $M \in \mathbb{R}^{\tau\times\sigma}$ eine Matrix, die durch eine (globale) Rang-k-Matrix approximiert werden soll. Da insbesondere an größere Dimensionen $\#\tau$ und $\#\sigma$ gedacht ist, sind Alternativen zur Singulärwertzerlegung gesucht. Aus Gründen des Speichers und der Berechnungskosten können wir nicht davon ausgehen, dass M mit ihren $\#\tau \cdot \#\sigma$ Koeffizienten explizit vorliegt. Ein Ausweg ist die zweite Version der Funktionsdarstellung aus §1.3.2.12: Eine Funktion $\mu(i,j)$ liefere die Matrixkomponente $\mu(i,j) = M_{ij}$ für Indexpaare $i \in \tau$ und $j \in \sigma$. Jeder Funktionsaufruf bedeutet im Falle einer Integralgleichungsmatrix (1.28) eine möglicherweise aufwändige Quadratur. Somit möchte man die Zahl der Funktionsaufrufe $\mu(i,j)$ gering halten. Man muss also notwendigerweise auf der Basis einer *unvollständigen Kenntnis* von M die Approximierende R bestimmen.

Dies führt auf die folgende grundsätzliche Frage:

- Sei $M \in \mathbb{R}^{\tau\times\sigma}$. Lässt sich eine gute Approximation durch eine Rang-k-Matrix R bestimmen, die durch eine geringe Anzahl von Komponenten M_{ij} definiert ist?

Wie im Einführungskapitel §8.1 zu $\mathcal{H}^2$-Matrizen wird eine Approximation im Tensorraum $\mathcal{V} \otimes \mathcal{W}$ gesucht, wobei die Vektorräume $\mathcal{V}$ und $\mathcal{W}$ mit Hilfe von M konstruiert werden:

$$\tau^* \subset \tau, \quad \sigma^* \subset \sigma, \qquad \mathcal{V} := Bild(M|_{\tau\times\sigma^*}), \quad \mathcal{W} := Bild\left((M|_{\tau^*\times\sigma})^\top\right).$$

τ^* und σ^* sollen kleine Teilmengen sein, wobei insbesondere an $\#\tau^* = \#\sigma^* = k$ gedacht ist. Die Spalten $j \in \sigma^*$ von M spannen $\mathcal{V}$ auf, die Zeilen $i \in \tau^*$ spannen $\mathcal{W}$ auf. Gemäß (8.3) hat jede Matrix aus $\mathcal{V} \otimes \mathcal{W}$ die Form

$$R := M|_{\tau\times\sigma^*} \cdot K \cdot M|_{\tau^*\times\sigma} \qquad \text{mit } K \in \mathbb{R}^{\sigma^*\times\tau^*} \tag{9.13}$$

(K: Koeffizientenmatrix). Unter der Annahme $\#\tau^*, \#\sigma^* \le k$ folgt $R \in \mathcal{R}(k,\tau,\sigma)$. Dass der Ansatz (9.13) im Prinzip erfolgreich ist, zeigt das folgende Approximationsresultat.

Satz 9.4.1 ([47, Corollary 3.1]). *Seien $k \in \mathbb{N}$, $M \in \mathbb{R}^{\tau\times\sigma}$ und $R_{\text{best}} := \mathcal{T}_k^R M$ die Bestapproximation in $\mathcal{R}(k,\tau,\sigma)$. Dann gilt*

$$\min_{\substack{R \text{ aus } (9.13) \\ \text{mit } \#\tau^*,\#\sigma^* \le k}} \|M - R\|_2 \le \left(1 + 2\sqrt{k}\left(\sqrt{\#\tau} + \sqrt{\#\sigma}\right)\right) \|M - R_{\text{best}}\|_2 .$$

Praktisch ist dieses Resultat nicht verwertbar, da die Minimierung auf der linken Seite über alle R aus (9.13) ein sehr schwieriges Problem darstellt. Außerdem ist Wahl von R von *allen* Koeffizienten von M abhängig. Sie gibt daher keine Antwort auf die obige Frage. Ein ähnliches Resultat enthält der nächste Satz, in dem die Matrix K aus (9.13) sowie die Indexteilmengen τ^* und σ^* genauer charakterisiert werden.

Satz 9.4.2 ([48]). *Seien $M \in \mathbb{R}^{\tau\times\sigma}$ und $k \in \mathbb{N}$ mit $k \leq \min\{\#\tau, \#\sigma\}$. Die Teilmengen $\tau^* \subset \tau$ und $\sigma^* \subset \sigma$ mit $\#\tau^* = \#\sigma^* = k$ seien so gewählt, dass $|\det M|_{\tau^*\times\sigma^*}| = \max\{|\det M|_{\tau'\times\sigma'}| : \#\tau' = \#\sigma' = k\}$. $\|\cdot\|_C$ bezeichne die Maximumnorm $\|A\|_C := \max\{|A_{ij}| : i \in \tau,\ j \in \sigma\}$. Dann gilt*

$$\left\| M - M|_{\tau\times\sigma^*} \cdot (M|_{\tau^*\times\sigma^*})^{-1} \cdot M|_{\tau^*\times\sigma} \right\|_C \leq (k+1) \|M - R_{\text{best}}\|_2$$

für $R_{\text{best}} := \mathcal{T}_k^R M$, falls $\det M|_{\tau^*\times\sigma^*} \neq 0$. Falls $\det M|_{\tau^*\times\sigma^*} = 0$, ist $Rank(M) < k$.

Man beachte, dass die Approximierende aus Satz 9.4.2 die Form (9.13) mit $K := (M|_{\tau^*\times\sigma^*})^{-1}$ besitzt (vgl. (9.15)).

9.4.2 Praktische Durchführung der Kreuzapproximation

Ein Spezialfall der Approximation ist die Interpolation. Unter Interpolation in den Zeilen $i \in \tau^*$ und Spalten $j \in \sigma^*$ wird folgende Eigenschaft verstanden:

$$(M - R)_{ij} = 0 \qquad \text{für } i \in \tau^* \text{ oder } j \in \sigma^*. \tag{9.14}$$

Falls $\#\tau^* = \#\sigma^* = 1$, stellen die Indexpaare $\{(i,j) : i \in \tau^* \text{ oder } j \in \sigma^*\}$ ein "Kreuz" dar, das dem folgenden Verfahren den Namen "*Kreuzapproximation*" gegeben hat.

Sei k vorgegeben. Die Teilmengen τ^* und σ^* werden iterativ definiert:

1. Start: $\ell := 0$, $R_0 := 0$, $\tau^* := \sigma^* := \emptyset$.
2. Iteration: $\ell := \ell + 1$,
3. suche einen geeigneten Spaltenindex $j_\ell \in \sigma\backslash\sigma^*$, setze $\sigma^* := \sigma^* \cup \{j_\ell\}$ und bestimme die zugehörigen Matrixkomponenten M_{i,j_ℓ} für alle $i \in \tau$,
4. suche einen geeigneten Zeilenindex $i_\ell \in \tau\backslash\tau^*$ mit $(M - R_{\ell-1})_{i_\ell,j_\ell} \neq 0$, setze $\tau^* := \tau^* \cup \{i_\ell\}$ und bestimme die zugehörigen Matrixkomponenten $M_{i_\ell,j}$ für alle $j \in \sigma$,
5. setze $R_\ell := R_{\ell-1} + \alpha a b^\top$ mit

$$\begin{aligned} a_i &:= (M - R_{\ell-1})_{i,j_\ell} && (i \in \tau), \\ b_j &:= (M - R_{\ell-1})_{i_\ell,j} && (j \in \sigma), \\ \alpha &:= 1/(M - R_{\ell-1})_{i_\ell,j_\ell}. \end{aligned}$$

Falls $\ell < k$, wiederhole man die Iteration bei 2. Andernfalls ist $R := R_k$ die vorgeschlagene Approximation.

Was in den Schritten 3 und 4 "geeignet" bedeuten soll, wird noch zu interpretieren sein.

Die entscheidenden Kosten sind die Auswertungen der M-Koeffizienten in den Schritten 3 und 4, weil die Bestimmung der Komponenten von $R_{\ell-1}$ in Schritt 5 vernachlässigbar billig ist.

Die Konstruktion in Schritt 5 liefert ein R_ℓ, das M in der i_ℓ-ten Zeile und j_ℓ-ten Spalte interpoliert. Die Interpolationseigenschaft bleibt während der Iteration erhalten, sodass (9.14) folgt. Da bei jedem Schritt 5 der Rang höchstens um eins erhöht wird, ist $R_\ell \in \mathcal{R}(\ell,\tau,\sigma)$ offensichtlich.

Es gilt aber nicht nur $Rang(R_\ell) \le \ell$, sondern die Gleichheit $Rang(R_\ell) = \ell$, wenn im Schritt 5 $a \neq 0$ und $b \neq 0$ gilt. Einen wesentlichen Beweisschritt hierfür enthält die

Übung 9.4.3. Seien M, $R_1 = \alpha a b^\top$ und i_1, j_1 wie im obigen Algorithmus. Man zeige: Wenn $a \neq 0$ und $b \neq 0$, so gilt $Rang(M - R_1) \le Rang(M) - 1$. Hinweis: Sei e der j_1-te Einheitsvektor. Man zeige $e \notin Bild(M)^\perp = Kern(M^\top)$ und $Bild(M - R_1)^\perp \supset \operatorname{span}\{Bild(M)^\perp, e\}$ und verwende Anmerkung 2.1.1d.

Gilt in allen Iterationsschritten $a \neq 0$ und $b \neq 0$, folgt $Rang(M - R_\ell) \le Rang(M) - \ell$. Dies impliziert $Rang(R_\ell) \ge \ell$, sodass zusammen mit der vorherigen Ungleichung $Rang(R_\ell) \le \ell$ die Gleichheiten

$$Rang(R_\ell) = \ell, \quad Rang(M - R_\ell) = Rang(M) - \ell$$

folgen. Unter diesen Voraussetzungen ist $M|_{\tau^* \times \sigma^*}$ regulär.

Da (9.14) auch in der Form $(M - R)|_{\tau^* \times \sigma} = O$ und $(M - R)|_{\tau \times \sigma^*} = O$ geschrieben werden kann, sieht man leicht, dass R die Darstellung (9.13) mit

$$K = \left(M|_{\tau^* \times \sigma^*}\right)^{-1} \tag{9.15}$$

besitzt.

Zunächst geben wir ein positives Resultat an: Falls $Rang(M) = k$ gilt, rekonstruiert der Algorithmus die Bestapproximation $M = R_k$.

Anmerkung 9.4.4. M habe exakt den Rang k. Ein Spaltenindex werde als "geeignet" bezeichnet, wenn die Spalte von $M - R_{\ell-1}$ nicht den Nullvektor ergibt. Dann gilt: Der Algorithmus ist durchführbar und endet nach k Schritten mit $M = R_k$.

Beweis. Wegen $Rang(M - R_\ell) = Rang(M) - \ell = k - \ell > 0$ für $\ell \le k$ ist $M - R_{\ell-1} \neq O$ und erlaubt die Wahl von $a \neq 0$ und $b \neq 0$ in Schritt 5. Für $\ell = k$ zeigt $Rang(M - R_\ell) = 0$, dass $R = R_k = M$. ■

Falls die Indexteilmengen τ^* und σ^* *a priori* gegeben sind, können die Indizes i_ℓ (j_ℓ) diese Mengen in beliebiger Reihenfolge durchlaufen. Die Darstellung (9.13) mit (9.15) zeigt, dass das Resultat von der Reihenfolge unabhängig ist. Im Allgemeinen möchte man die Indexmengen jedoch erst im Laufe des Algorithmus festlegen.

Wahl des Spaltenindex j_ℓ:

Damit $j_\ell \in \sigma\backslash\{j_1, \ldots, j_{\ell-1}\}$ geeignet ist, muss in der j_ℓ-ten Spalte von $M - R_{\ell-1}$, die in Schritt 3 berechnet wird, ein Nichtnullelement vorkommen. Falls eine Nullspalte gefunden wurde, ist ein neues j_ℓ zu suchen. Falls es für kein j_ℓ eine Nichtnullspalte gibt, ist $M = R_{\ell-1}$, sodass $R_{\ell-1}$ bereits die optimale Approximation darstellt.

Für $\ell = 1$ kann j_1 zum Beispiel zufällig gewählt werden. Eine mögliche deterministische Wahl kann geometrisch begründet sein: Der Träger X_{j_1} möge nahe am Zentrum der dem Cluster τ zugeordneten Menge X_τ liegen.

Für $\ell \geq 2$ kann j_ℓ wieder zufällig gewählt werden. Da aber die Information aus dem vorherigen Schritt zur Verfügung steht, liegt eine andere Auswahlregel näher: Von $M - R_{\ell-2}$ ist die $i_{\ell-1}$-te Zeile bekannt. Man wähle j_ℓ so, dass

$$|\,(M - R_{\ell-2})_{i_{\ell-1},j_\ell}\,| = \max_{j\in\sigma} |\,(M - R_{\ell-2})_{i_{\ell-1},j}\,|. \tag{9.16a}$$

Wahl des Zeilenindex i_ℓ:

Neben einer zufälligen Wahl kommt die zum letzten Fall analoge Regel in Betracht. Die Standardwahl ist der betragsmäßig größte Eintrag der j_ℓ-ten Spalte von $M - R_{\ell-1}$, d.h. i_ℓ erfülle

$$|\,(M - R_{\ell-1})_{i_\ell,j_\ell}\,| = \max_{i\in\tau} |\,(M - R_{\ell-1})_{i,j_\ell}\,|. \tag{9.16b}$$

9.4.3 Adaptive Kreuzapproximation

Falls man die Rangschranke k nicht *a priori* festlegt, benötigt man ein *Abbruchkriterium.* Dazu wählt man ein $\varepsilon > 0$ und testet zum Beispiel, ob die im letzten (ℓ-ten) Schritt erhaltenen Vektoren $a^{(\ell)}$ und $b^{(\ell)}$ die Ungleichung

$$\|a^{(\ell)}\|_2\|b^{(\ell)}\|_2 \leq \varepsilon_{\mathrm{rel}}\|a^{(1)}\|_2\|b^{(1)}\|_2 \tag{9.17a}$$

($a^{(1)}$, $b^{(1)}$ sind die im ersten Schritt erhaltenen Vektoren) oder

$$\|a^{(\ell)}\|_2\|b^{(\ell)}\|_2 \leq \varepsilon_{\mathrm{abs}} \tag{9.17b}$$

erfüllen. Unter den Annahmen, dass der Restfehler $M - R_\ell$ kleiner als $M - R_{\ell-1}$ ist und $M - R_{\ell-1} \approx R_\ell - R_{\ell-1}$, folgt

$$\begin{aligned}\|M - R_\ell\|_2 &\lesssim \|M - R_{\ell-1}\|_2 \approx \|R_\ell - R_{\ell-1}\|_2 = \|R_\ell - R_{\ell-1}\|_2 \\ &= \|a^{(\ell)}b^{(\ell)\top}\|_2 = \|a^{(\ell)}\|_2\|b^{(\ell)}\|_2.\end{aligned}$$

Im Falle von (9.17b) vermutet man $\|M - R_\ell\|_2 \lesssim \varepsilon_{\mathrm{abs}}$. Unter der weiteren Annahme $\|M\|_2 \approx \|R_1\|_2$ folgt mit (9.17b) die relative Fehlerschätzung $\|M - R_\ell\|_2 \lesssim \varepsilon_{\mathrm{rel}}\|M\|_2$.

In [6], [15] und [14] finden sich weitere Kriterien. In diesen Fällen wird der Rang k adaptiv (zu ε) bestimmt. Der Name *adaptive Kreuzapproximation* wird häufig durch ACA abgekürzt.

Hinsichtlich der Implementierung ist die folgende Anmerkung sehr wichtig.

Anmerkung 9.4.5. Im Falle von Matrizen zu Integraloperatoren reicht die Implementierung einer Prozedur (Funktion) μ, die zu einem Indexpaar i, j den Matrixeintrag $\mu(i,j) = M_{ij}$ berechnet (diese Implementierung ist nichttrivial, da Teilmengen X_i und X_j der Mannigfaltigkeit Γ und die zugehörige Quadratur des Integrals (1.28) zu realisieren sind). Ist die Matrix M mittels dieser Prozedur μ gegeben, ist das weitere Vorgehen "blackbox"-artig.

Im alternativen Fall der $\mathcal{H}$-Matrixkonstruktion durch separable Entwicklungen der Kernfunktion wird diese Prozedur ebenfalls benötigt, da sie für die Nahfeldkomponenten $(i,j) \in b \in P^-$ verwendet wird. Daneben braucht man aber weitere Prozeduren, die die Integrale (4.33) realisieren. Dies ist nur mit zusätzlichen[13] Informationen über die Basisfunktionen, die Kernfunktion und den Integrationsbereich Γ möglich.

Nach den bisherigen positiven Resultaten ist nun auf negative Aussagen hinzuweisen, die in der Natur der partiellen Information liegen.

Anmerkung 9.4.6. Auch bei geänderter Auswahl der Zeilen- und Spaltenindizes kann im Allgemeinen weder eine Fehlerabschätzung $\|M - R_{\ell-1}\| < \varepsilon \|M\|$ garantiert werden, noch wird eine Rang-k-Matrix M nach k Schritten (wie in Anmerkung 9.4.4) rekonstruiert.

Der scheinbare Widerspruch zu Anmerkung 9.4.4 ergibt sich aus der Tatsache, dass in Anmerkung 9.4.4 per Definition eine Nichtnullspalte ausgewählt wird. Dies ist aber kein konstruktives Kriterium, wie das folgende Gegenbeispiel zeigt, das zugleich den Beweis der Anmerkung 9.4.6 ergibt.

Beispiel 9.4.7. Sei $M \in \mathbb{R}^{\tau\times\sigma}$ die Rang-1-Matrix mit $M_{ij} = 1$ für $i = i_0$ und $j = j_0$ und $M_{ij} = 0$ sonst. Deterministische Auswahlkriterien werden die Nicht-Null-Spalte für geeignete j_0 nicht bzw. erst im $\#\sigma$-ten Schritt finden[14]. Auch Zufallsverfahren führen auf einen Erwartungswert $\mathcal{O}(\#\sigma)$ für die Zahl der auszuwertenden Spalten.

Dieses Gegenbeispiel ist nicht typisch für die von Integraloperatoren erzeugten Matrizen. Im Falle des Doppelschichtpotientials können aber Matrixblöcke der Form

$$M = \begin{bmatrix} 0 & A \\ B & 0 \end{bmatrix} \tag{9.18}$$

auftreten, wobei die Nullen dadurch entstehen, dass die Indexpaare in der gleichen ebenen Flächenkomponente einer Oberfläche Γ liegen, denn der Doppelschichtkern enthält einen Faktor $\langle n, x-y\rangle$ (n: Normalenrichtung), der im genannten Falle verschwindet (vgl. §10.1.3).

[13] Insbesondere der letzte Punkt kann zu Implementierungsschwierigkeiten führen, wenn fremde Software eine nur schwer zugängliche Information über die Approximation von Γ enthält.

[14] Zu jedem deterministischen Kriterium lassen sich i_0, j_0 so wählen, dass sie erst im $\#\sigma$-ten Schritt gefunden werden.

Beispiel 9.4.8. Im Falle der Matrix M aus (9.18) und der Auswahlkriterien (9.16a,b) wird bestenfalls ein R_k bestimmt, dass nur A bzw. nur B approximiert. Genauer gilt: Liegt der erste Index j_1 im zweiten Teil, werden nur Daten von A berücksichtigt, andernfalls nur die Daten von B.

Beweis. Liegt j_1 im zweiten Teil, enthält die Spalte neben den Daten aus A nur Nullen. In der Definition von i_1 gemäß (9.16b) liegt das Maximum wieder im ersten Zeilenbereich usw. ∎

Was die Sinnhaftigkeit der Indexwahl von j_ℓ bzw. i_ℓ mittels der *maximalen* Komponenten betrifft, liegt hier die gleiche Problematik wie bei der Gauß-Elimination vor. Beim Gleichungssystem $Mx = b$ mit $M = \begin{bmatrix} \varepsilon & 1 \\ 1 & 2 \end{bmatrix}$ ($\varepsilon > 0$ klein) sollte sicherlich $M_{21} = 1$ als erstes Pivotelement der Elimination gewählt werden. Diese Pivotwahl sollte sich nicht ändern, wenn das Gleichungssystem mit $D = \operatorname{diag}\{1/\varepsilon, \varepsilon\}$ skaliert wird: $DMx = Db$, da sich das Rundungsfehlerverhalten mit der Skalierung nicht ändert. Aber die übliche Spaltenpivotwahl angewandt auf $DM = \begin{bmatrix} 1 & 1/\varepsilon \\ \varepsilon & 2\varepsilon \end{bmatrix}$ wählt M_{11} als Pivotelement. Die Skalierung mag in diesem Beispiel etwas künstlich wirken, aber in Randelementanwendungen entstehen Matrizen, deren Einträge hinsichtlich ihrer Größe in der Regel von der lokalen Schrittweite abhängen. Bei lokalen Verfeinerungen sind daher die entsprechenden Zeilen und Spalten systematisch herunterskaliert, was zu einer nichtoptimalen Auswahl der j_ℓ bzw. i_ℓ führen kann.

Im Falle der Gauß-Elimination steht als Alternative noch die volle Pivotwahl zur Verfügung. Diese Möglichkeit entfällt bei der Kreuzapproximation, da man hierfür die Kenntnis *aller* Matrixelemente benötigt.

Insgesamt lässt sich feststellen, dass das ACA-Verfahren blackbox-artig angewandt werden kann, dass aber verlässliche Fehleraussagen (und damit die Richtigkeit des adaptiven Vorgehens) im Allgemeinen nicht mit Sicherheit erwartet werden können. Diese erfordern analytische Annahmen, die sich am besten in die Form kleiden lassen, dass die Matrix M Koeffizienten der Form $M_{ij} = f(x_i, x_j)$ besitzt mit entsprechenden Annahmen an die Funktion f.

9.4.4 Erzeugung separabler Entwicklungen mittels Kreuzapproximation

In §9.4 wurde das ACA-Verfahren auf Matrizen angewendet. Das Verfahren kann aber auch auf Funktionen $\varkappa(x, y)$ angewandt werden, um separable Entwicklungen $\varkappa^{(k)}(x, y)$ zu erzeugen.

Sei

$$E_0(x, y) := \varkappa(x, y) \in C(X \times Y). \tag{9.19a}$$

Das Verfahren verwendet eine Auswahl von Stützstellen x_i, y_i ($1 \le i \le k$). Beginnend mit E_0 berechnet man rekursiv

$$E_i(x,y) := E_{i-1}(x,y) - \frac{E_{i-1}(x_i,y)E_{i-1}(x,y_i)}{E_{i-1}(x_i,y_i)} \qquad (i=1,\ldots,k). \tag{9.19b}$$

Offenbar sind x_i und y_i so zu wählen, dass $E_{i-1}(x_i,y_i) \neq 0$.

Die Bezeichnung E_i deutet darauf hin, dass es sich um den Fehler handelt, d.h. die gewünschte Approximation $\varkappa^{(k)}(x,y)$ lautet

$$\varkappa^{(k)}(x,y) := \varkappa(x,y) - E_k(x,y) = \sum_{i=1}^{k} \frac{E_{i-1}(x,y_i)E_{i-1}(x_i,y)}{E_{i-1}(x_i,y_i)}, \tag{9.19c}$$

wie man sofort aus (9.19a,b) ableitet.

Lemma 9.4.9. *Es gelte $E_{i-1}(x_i,y_i) \neq 0$ für $i=1,\ldots,k$. Dann ist $\varkappa^{(k)}$ aus (9.19c) eine separable Funktion, die sich auch als*

$$\varkappa^{(k)}(x,y) = \sum_{i,j=1}^{k} \alpha_{ij}^{(k)}\, \varkappa(x,y_i)\varkappa(x_j,y) \tag{9.20a}$$

schreiben lässt. Es gilt die Interpolationseigenschaft

$$\begin{array}{ll} \varkappa^{(k)}(x_i,y) = \varkappa(x_i,y) \quad \text{und} \quad \varkappa^{(k)}(x,y_i) = \varkappa(x,y_i) \\ \text{für alle } i=1,\ldots,k \quad \text{und } x \in X,\ y \in Y. \end{array} \tag{9.20b}$$

Beweis. a) Die rechte Seite in (9.19c) beweist die Separabilität.

b) Zum Beweis von (9.20a) wird Induktion für die äquivalente Aussage

$$E_i(x,y) = \varkappa(x,y) - \sum_{\nu,\mu=1}^{i} \alpha_{\nu\mu}^{(i)}\, \varkappa(x,y_\nu)\, \varkappa(x_\mu,y) \qquad (0 \le i \le k) \tag{9.20c}$$

verwendet, die definitionsgemäß für $i=0$ gilt. Einsetzen der Darstellung (9.20c) mit $i-1$ (anstelle von i) in die Definition (9.19b) liefert

$$\begin{aligned} E_i(x,y) &= E_{i-1}(x,y) - \frac{E_{i-1}(x,y_i)E_{i-1}(x_i,y)}{E_{i-1}(x_i,y_i)} \\ &= \varkappa(x,y) - \sum_{\nu,\mu=1}^{i-1} \alpha_{\nu\mu}^{(i-1)}\, \varkappa(x,y_\nu)\, \varkappa(x_\mu,y) - \frac{\varkappa(x,y_i)\varkappa(x_i,y)}{E_{i-1}(x_i,y_i)} \\ &+ \frac{\left(\sum_{\nu,\mu=1}^{i-1} \alpha_{\nu\mu}^{(i-1)}\, \varkappa(x_i,y_\nu)\, \varkappa(x_\mu,y)\right) \varkappa(x,y_i)}{E_{i-1}(x_i,y_i)} \\ &+ \frac{\varkappa(x_i,y) \left(\sum_{\nu,\mu=1}^{i-1} \alpha_{\nu\mu}^{(i-1)}\, \varkappa(x,y_\nu)\, \varkappa(x_\mu,y_i)\right)}{E_{i-1}(x_i,y_i)} \\ &- \frac{\left(\sum_{\nu,\mu=1}^{i-1} \alpha_{\nu\mu}^{(i-1)}\, \varkappa(x_i,y_\nu)\, \varkappa(x_\mu,y)\right) \left(\sum_{\nu,\mu=1}^{i-1} \alpha_{\nu\mu}^{(i-1)}\, \varkappa(x,y_\nu)\, \varkappa(x_\mu,y_i)\right)}{E_{i-1}(x_i,y_i)}. \end{aligned}$$

Offenbar ist die rechte Seite von der gleichen Form wie in (9.20c) und definiert die Koeffizienten $\alpha_{\nu\mu}^{(i)}$.

c) Die Interpolationseigenschaft (9.20b) ist äquivalent zu $E_i(x_\nu, y) = E_i(x, y_\nu) = 0$ für $1 \leq \nu \leq i$. Der Induktionsbeginn ist die leere Aussage. Die Induktionsbehauptung für E_{i-1} beweist über (9.19b), dass $E_i(x_\nu, y) = E_i(x, y_\nu) = 0$ für $1 \leq \nu \leq i-1$. Für $\nu = i$ ergibt die Konstruktion (9.19b), dass $E_i(x_i, y) = E_{i-1}(x_i, y) - \frac{E_{i-1}(x_i,y)E_{i-1}(x_i,y_i)}{E_{i-1}(x_i,y_i)} = E_{i-1}(x_i, y) - E_{i-1}(x_i, y) = 0$ und analog $E_i(x, y_i) = 0$. ■

Am einfachsten ist es, die Stützstellen x_i und y_i *a priori* vorzugeben, wobei die Wahl ähnlich wie zum Beispiel bei der Polynominterpolation vorgenommen werden kann. Eine Übertragung der adaptiven Wahl (9.16a) und (9.16b) ist nicht wortwörtlich möglich, da die Maxima über Mengen unendlicher Kardinalität zu bilden wären. Denkbar wäre es, die x- und y-Werte auf ein Gitter zu beschränken und dann analog zum ACA-Verfahren vorzugehen.

Der Aufwand des Verfahrens (9.19a-c) ist im Wesentlichen durch die Zahl k^2 der $\varkappa$-Funktionsauswertungen bestimmt. Bei einem adaptiven Vorgehen mit weiteren Funktionsauswertung steigt die Anzahl entsprechend.

Das hier beschriebene Verfahren ist die implizite Grundlage für die Konvergenzbeweise der Algorithmen aus §9.4 und ist entsprechend in den dort zitierten Arbeiten analysiert worden. Später wurden sie z.B. in [33, 32] wiederentdeckt ("Newton-Geddes-Verfahren") und zur numerisch-symbolischen Quadratur von $\iint \varkappa(x, y)\mathrm{d}x\mathrm{d}y$ verwendet.

9.4.5 Die hybride Kreuzapproximation

Die separable Approximation (9.20a) wird nun auf Integraloperatoren angewandt. Die Systemmatrix ist gemäß (1.28) durch

$$M_{ij} = \int_\Gamma \int_\Gamma \varkappa(x, y)\phi_i(x)\phi_j(y)\mathrm{d}\Gamma_x \mathrm{d}\Gamma_y$$

gegeben. Die Beschränkung auf $(i, j) \in \tau \times \sigma = b$ für einen zulässigen Block $b \in P$ erlaubt, die Integration auf $\int_{X_\tau} \int_{X_\sigma}$ zu beschränken. Die Träger X_τ und X_σ sind in Quadern Q_τ und Q_σ enthalten (vgl. §5.4.2). Man beachte hier die Anmerkung 5.2.3: Während X_τ und X_σ auf der $(d-1)$-dimensionalen Integrationsoberfläche liegen, sind Q_τ und Q_σ d-dimensionale Quader. In Q_τ und Q_σ lassen sich leicht jeweils m^d Interpolationspunkte $x_\mu \in Q_\tau$ und $y_\nu \in Q_\sigma$ auswählen (z.B. Čebyšev-Knoten, vgl. §4.2.2). Ersetzung der Kernfunktion $\varkappa(x, y)$ durch $\varkappa^{(k)}(x, y)$ aus (9.20a) mit $k = m^d$ liefert

$$\begin{aligned}\tilde{M}_{ij} &= \int_\Gamma \int_\Gamma \varkappa^{(k)}(x, y)\phi_i(x)\phi_j(y)\mathrm{d}\Gamma_x \mathrm{d}\Gamma_y \\ &= \sum_{\nu,\mu \in \{1,\dots,m-1\}^d} \alpha_{\nu,\mu}^{(k)} \int_\Gamma \varkappa(x, y_\nu)\phi_i(x)\mathrm{d}\Gamma_x \int_\Gamma \varkappa(x_\mu, y)\phi_j(y)\mathrm{d}\Gamma_y\end{aligned}$$

und damit die Darstellung $\tilde{M}|_b = \sum_{\nu,\mu} v_\nu \, K_{\nu,\mu} \, w_\mu^\top$ aus (8.3) mit

$$(v_\nu)_i = \int_\Gamma \varkappa(x, y_\nu)\phi_i(x)\mathrm{d}\Gamma_x, \quad (w_\mu)_j = \int_\Gamma \varkappa(x_\mu, y)\phi_j(y)\mathrm{d}\Gamma_y, \quad K_{\nu,\mu} = \alpha_{\nu,\mu}^{(k)}.$$

Da hier die Kreuzapproximationstechnik mit der üblichen Integralapproximation durch separable Kerne kombiniert wird, wurde für dies Vorgehen der Name "hybride Kreuzapproximation" und das Kürzel HCA eingeführt (vgl. Börm-Grasedyck [25]). Die speziellen Vorteile aus Anmerkung 9.4.5 sind nicht mehr gegeben, da die Γ-Quadraturen zusätzlich zu implementieren sind. Dafür sind gesicherte Fehleraussagen möglich.

Der Aufwand zur Bestimmung von $\varkappa^{(k)}$ wurde in §9.4.4 mit $k^2 = m^{2d}$ $\varkappa$-Auswertungen angegeben. Quadraturverfahren zur Approximation von $(v_\nu)_i$ und $(w_\mu)_j$ erfordern weitere Auswertungen.

9.5 Kriterien für Approximierbarkeit in $\mathcal{H}(k, P)$

Damit eine Matrix $M \in \mathbb{R}^{\tau\times\sigma}$ sinnvoll durch eine $\mathcal{H}$-Matrix $M_k \in \mathcal{H}(k, P)$ approximiert werden kann, ist zunächst zu klären, wie klein der Fehler $\|M - \mathcal{T}_k^{\mathcal{H}}(M)\|_\mathrm{F}$ der Bestapproximation $\mathcal{T}_k^{\mathcal{H}}(M)$ ist (vgl. Lemma 7.2.1). Die erhoffte Genauigkeit ist eine exponentielle Asymptotik $\|M - \mathcal{T}_k^{\mathcal{H}}(M)\|_\mathrm{F} = \mathcal{O}(\exp(-ck^\alpha)$. Eine zweite Frage ist die konkrete Konstruktion einer Matrix $M_\mathcal{H} \in \mathcal{H}(k, P)$, die eine ähnliche Genauigkeit erzielt.

Im nachfolgenden Kapitel zu den Randelementmatrizen bilden die separablen Entwicklungen aus §4 den Schlüssel für eine exponentielle Fehlerschranke.

Bei Finite-Element-Matrizen verwendet man zur Abschätzung des Projektionsfehlers $\|M - \mathcal{T}_k^{\mathcal{H}}(M)\|_\mathrm{F}$ analytische Eigenschaften der Greenschen[15] Funktion (vgl. §11).

Eine einfache *algebraische* Eigenschaft wird in dem folgenden, hinreichenden Kriterium verwendet. Hierbei wird die Abstandsfunktion $\delta(\cdot,\cdot)$ der Knoten im Matrixgraphen $G(M)$ verwendet (vgl. Definition A.1.1 und (A.1)).

Kriterium 9.5.1 *Die Partition $P \subset T(I \times I)$ sei mit Hilfe einer Zulässigkeitsbedingung (5.9a) definiert, in der die Metrik*

$$\begin{aligned} \operatorname{diam}(\tau) &:= 1 + \max\{\delta(i,j) : i,j \in \tau\}, \\ \operatorname{dist}(\tau,\sigma) &:= \min\{\delta(i,j) : i \in \tau, j \in \sigma\} \end{aligned} \tag{9.21a}$$

verwendet wird. Für geeignete positive Konstanten c_1, α gelte die Ungleichung

$$\operatorname{diam}(\tau) \geq c_1 \, (\#\tau)^\alpha \qquad \textit{für alle } \tau \in T(I). \tag{9.21b}$$

Sei $M \in \mathbb{R}^{I\times I}$ eine Matrix mit der Eigenschaft

---

[15] George Green, geboren im Juli 1793 in Sneinton, Nottingham, gestorben am 31. Mai 1841 ebenda.

$$|M_{ij}| \le c_2\, q^{\delta(i,j)} \qquad \textit{für alle } i,j \in I, \textit{ wobei } q < 1. \tag{9.21c}$$

Dann erfüllt die mittels

$$M_k|_b := \begin{cases} M|_b & \textit{für } b = \tau\times\sigma \in P \textit{ mit } \#\tau\#\sigma \le k^2, \\ O & \textit{für } b = \tau\times\sigma \in P \textit{ mit } \#\tau\#\sigma > k^2, \end{cases} \tag{9.21d}$$

blockweise definierte $\mathcal{H}$-Matrix $M_k \in \mathcal{H}(k,P)$ die Fehlerabschätzung

$$\|M - M_k\|_2 \le C_{\rm sp}(P)\, c_2\, (1 + \operatorname{depth}(T(I\times I, P))) \cdot \mathcal{O}(r^{k^\alpha}) \tag{9.21e}$$

mit $r < q^{c_1/\eta}$ (η ist der Faktor aus der Zulässigkeitsbedingung (5.9a)). Die Genauigkeit $\varepsilon > 0$ wird mit $k = \mathcal{O}(\log^{1/\alpha}\frac{1}{\varepsilon})$ erreicht.

Beweis. a) Da $Rang(M_k|_b) \le \min\{\#\tau,\#\sigma\} \le \sqrt{\#\tau\#\sigma} \le k$ für alle $b \in P$, gehört M_k zu $\mathcal{H}(k,P)$. Sei $E = M - M_k$ die Fehlermatrix. Für $\min\{\#\tau,\#\sigma\} \le k$ ist $E|_b = O$. Lemma 6.5.8 erlaubt daher eine Abschätzung von $\|E\|_2$, sobald die lokalen Spektralnormen von $E|_b = M|_b$ im Falle von $\#\tau\#\sigma > k^2$ bestimmt sind.

b) Für $\#\tau\#\sigma > k^2$ und $i \in \tau$, $j \in \sigma$ soll die Fehlerkomponente $E_{ij} = M_{ij}$ abgeschätzt werden. Die Zulässigkeitsbedingung (5.9a) impliziert

$$\delta(i,j) \ge \operatorname{dist}(\tau,\sigma) \ge \max\{\operatorname{diam}(\tau), \operatorname{diam}(\sigma)\}/\eta \qquad (i\in\tau, j\in\sigma).$$

Mit (9.21b) für τ und σ folgt $\delta(i,j) \ge c_1\,(\#\tau)^\alpha/\eta$ ebenso wie die Ungleichung $\delta(i,j) \ge c_1\,(\#\sigma)^\alpha/\eta$. Die Kombination beider Aussagen liefert $\delta(i,j) \ge c_1\,(\#\tau\#\sigma)^{\alpha/2}/\eta$ und somit

$$|E_{ij}| = |M_{ij}| \le c_2\, q^{c_1(\#\tau\#\sigma)^{\alpha/2}/\eta}.$$

Eine grobe Abschätzung der Spektralnorm ergibt

$$\|E|_b\|_2 \le \sqrt{\#\tau\#\sigma}\max_{i\in\tau,\, j\in\sigma}|E_{ij}| \le c_2\sqrt{\#\tau\#\sigma}\, q^{c_1(\#\tau\#\sigma)^{\alpha/2}/\eta}.$$

Die rechte Seite kann vereinfacht werden: Sei $k_{\min} \le k$. Für eine geeignete Konstante $c_1' = c_1'(k_{\min}) > c_1$ gilt die Ungleichung $\ell\, q^{c_1\ell^{\alpha/2}/\eta} \le q^{c_1'\ell^{\alpha/2}/\eta}$ für alle $\ell > k_{\min}$, sodass

$$\|E|_b\|_2 \le c_2\, q^{c_1(\#\tau\#\sigma)^{\alpha/2}/\eta} \underset{\#\tau\#\sigma > k^2}{<} c_2\, q^{c_1' k^\alpha/\eta}.$$

Lemma 6.5.8 zeigt $\|E\|_2 \le C_{\rm sp}(P)\,(1 + \operatorname{depth}(T(I\times J,P)))\, c_2\, q^{c_1' k^\alpha/\eta}$. Die Ungleichungen $c_1' > c_1$ und $r := q^{c_1'/\eta} < q^{c_1/\eta}$ sind äquivalent und ergeben (9.21e). ∎

Die Ungleichung (9.21b) charakterisiert die *Dimension* $d := 1/\alpha$ des Graphen. Wäre $G(M)$ Teilmenge des Graphen mit den Knoten $\mathbb{Z}^d$ und den

Kanten zwischen den Nachbarn $\nu, \mu \in \mathbb{Z}^d$ mit $\|\nu - \mu\|_2 = 1$, ergäbe sich $\#\tau \le \operatorname{diam}(\tau)^d$, also $\alpha = 1/d$.

Falls c_2 eine Konstante ist, wird $c_2\mathcal{O}(r^{k^\alpha})$ zu $\mathcal{O}(r^{k^\alpha})$. Auch wenn $c_2 = \mathcal{O}(h^{-\beta})$ schrittweitenabhängig ist, kann dieser Faktor aufgrund des exponentiellen Abfalls von $\mathcal{O}(r^{k^\alpha})$ durch eine geeignete Wahl von k kompensiert werden (vgl. Lemma 4.1.4).

Anmerkung 9.5.2. a) Eine Bandmatrix mit fester Bandbreite erfüllt stets die Eigenschaft (9.21c).

b) Die bei der Diskretisierung lokaler Operatoren (z.B. Differentialoperatoren) entstehenden schwach besetzten Matrizen besitzen im Allgemeinen die Eigenschaft, dass $M_{ij} = 0$ für $\delta(i,j) \ge \delta_0 > 0$. Dann ist (9.21c) erfüllt.

c) Eine weitere, auf den Beweis von Kriterium 9.5.1 zugeschnittene Zulässigkeitsbedingung ist die Ungleichung

$$\sqrt{\operatorname{diam}(\tau) \cdot \operatorname{diam}(\sigma)} \le \eta \operatorname{dist}(\tau, \sigma),$$

die einen Kompromiss zwischen (5.8) und (5.9a) darstellt.

Eine Variante des Kriteriums, die die Zulässigkeitsbedingung (5.9a) mit den üblichen dist- und diam-Funktionen verwendet, folgt. Die Voraussetzungen (9.22a,b) werden im Finite-Elemente-Kontext in Lemmata 11.1.4 und 11.1.3 bewiesen werden.

Kriterium 9.5.3 *$P \subset T(I \times I)$ sei eine Partition mit (5.9a), und* diam, dist *seien gemäß (5.6a,b) definiert. Für geeignete positive Konstanten C_1, d und einen Skalierungsparameter $h > 0$ seien die Ungleichungen*

$$\operatorname{diam}(X_\tau)^d \ge C_1 h^d \#\tau \qquad \text{für alle } \tau \in T(I) \tag{9.22a}$$

vorausgesetzt. $M \in \mathbb{R}^{I \times I}$ sei eine Matrix mit der Eigenschaft

$$|M_{ij}| \le c_2\, q^{\operatorname{dist}(X_i, X_j)/h} \qquad \text{für alle } i, j \in I, \text{ wobei } q < 1. \tag{9.22b}$$

Dann führt die Wahl (9.21d) auf $M_k \in \mathcal{H}(k, P)$ mit der Fehlerabschätzung

$$\|M - M_k\|_2 \le C_{\mathrm{sp}}(P)\, c_2\, (1 + \operatorname{depth}(T(I \times I, P))) \cdot \mathcal{O}(r^{k^{1/d}}) \tag{9.22c}$$

für $r < q^{C_1/\eta} < 1$.

Beweis. Die Ungleichung

$$\frac{\operatorname{dist}(X_i, X_j)}{h} \underset{i \in \tau, j \in \sigma}{\ge} \frac{\operatorname{dist}(X_\tau, X_\sigma)}{h} \ge \frac{\sqrt{\operatorname{diam}(X_\tau) \operatorname{diam}(X_\sigma)}}{h\eta}$$
$$\ge \frac{C_1 h \sqrt[2d]{\#\tau \#\sigma}}{h\eta} > \frac{C_1 \sqrt[d]{k}}{\eta}$$

erlaubt den gleichen Schluss wie in Kriterium 9.5.1. ∎

Für Inversen von positiv definiten und wohlkonditionierten Matrizen lässt sich allgemein das folgende Lemma beweisen.

Lemma 9.5.4. *Sei* $M \in \mathbb{R}^{I \times I}$ *eine positiv definite Matrix mit dem Spektrum* $\sigma(M) \subset [a, b]$, *wobei* $0 < a \leq b$. *Zu* $i, j \in I$ *bezeichne* $\delta(i, j)$ *den Abstand der Knoten* i, j *im Matrixgraphen* $G(M)$. *Dann gilt für alle* $i \neq j$, *dass*

$$|(M^{-1})_{ij}| \leq \hat{c}\, q^{\delta(i,j)} \quad \textit{mit } \hat{c} = \frac{(1+\sqrt{r})^2}{2ar}, \; q = \frac{\sqrt{r}-1}{\sqrt{r}+1}, \; r = \frac{b}{a}. \tag{9.23}$$

Beweis. a) Da M und somit auch $M^{-1} - p(M)$ für jedes Polynom p symmetrische Matrizen sind, folgt

$$\|M^{-1} - p(M)\|_2 \underset{\text{Anm. C.1.3}}{=} \rho(M^{-1} - p(M)) \underset{\textit{Übung}\ 13.1.9}{=} \max_{x \in \sigma(M)} |x^{-1} - p(x)|.$$

b) Für jedes $k \in \mathbb{N}_0$ gibt es ein Polynom p_k vom Grad $\leq k$ (vgl. [114, §4.3]), sodass

$$\|x^{-1} - p_k(x)\|_{\infty,[a,b]} \leq \hat{c}\, q^{k+1},$$

wobei die Größen $\hat{c}$ und q wie in (9.23) erklärt sind. Für das Polynom p_k folgt $\|M^{-1} - p_k(M)\|_2 \leq \hat{c}\, q^{k+1}$ wegen $\sigma(M) \subset [a, b]$.

c) Falls M reduzibel ist und $\delta(i, j) = \infty$ für ein Paar $i, j \in I$ zutrifft, gilt $(M^{-1})_{ij} = 0$. Da $q < 1$, ist $q^{\delta(i,j)}$ in (9.23) für $\delta(i, j) = \infty$ als null zu interpretieren. Im Weiteren sei $\delta(i, j) < \infty$ angenommen.

d) Zu $i \neq j$ sei $k := \delta(i, j) - 1$ gesetzt, und p_k sei das Polynom aus Teil b). Aus Anmerkung A.1.2c folgt, dass $(p_k(M))_{ij} = 0$ für alle $i, j \in I$ mit $\delta(i, j) > k \geq \mathrm{Grad}(p_k)$. Aus $\|M^{-1} - p_k(M)\|_2 \leq \hat{c}\, q^{k+1}$ folgt nach Übung C.1.1

$$|(M^{-1})_{ij}| = |(M^{-1})_{ij} - p_k(M)_{ij}| \leq \|M^{-1} - p_k(M)\|_2 \leq \hat{c}\, q^{k+1} = \hat{c}\, q^{\delta(i,j)},$$

womit die Behauptung bewiesen ist. ∎

9.6 Änderung der Matrizen bei Gitterverfeinerung

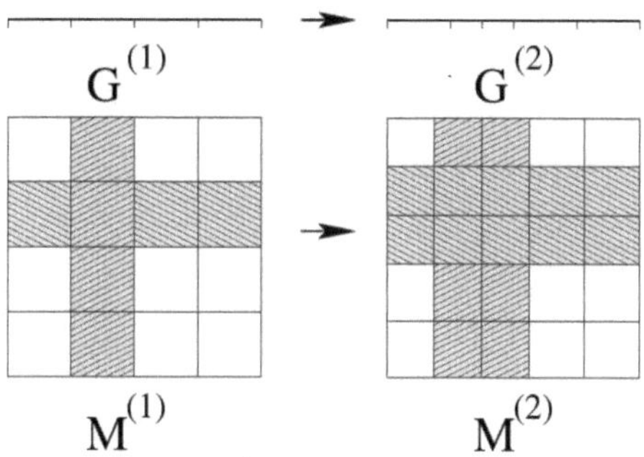

Abb. 9.9. Gitterverfeinerung, zugehörige Matrizen

Diskretisierungsverfahren arbeiten häufig adaptiv, d.h. es gibt nicht nur ein diskretes Gleichungssystem $Mx = b$, sondern eine Folge $M^{(1)}x^{(1)} = b^{(1)}$, $M^{(2)}x^{(2)} = b^{(2)}$, ... von Diskretisierungen zu jeweils verfeinerten Gittern. Fehlerschätzungen zu $x^{(m-1)}$ werden dazu benutzt, den Galerkin-Unterraum für den m-ten Schritt geeignet zu ändern.

Bei Integralgleichungsdiskretisierungen ist die Matrixerzeugung der teuerste Teil der Rechnungen. Deshalb wäre es ungünstig, wenn für jede der Matrizen $M^{(m)}$ dieser Aufwand erneut aufträte. Dies lässt sich vermeiden, wenn die Gitterverfeinerung von lokaler Art ist, wie es häufig aufgrund lokaler Singularitäten passiert.

Zur Illustration verwenden wir ein einfaches eindimensionales Problem. Die erste Matrix $M^{(1)}$ gehöre zu einem stückweise konstanten Ansatz auf dem Gitter $G^{(1)}$ (oben in Abbildung 9.9). Das zweite Gitter $G^{(2)}$ geht aus einer Halbierung des zweiten Teilintervalles von $G^{(1)}$ hervor. $M^{(1)}$ ist eine 4×4-Matrix, $M^{(2)}$ hat die Größe 5×5. Man überlegt sich leicht, dass sich beide Matrizen nur in dem schraffierten Bereich unterscheiden, die anderen Einträge brauchen bei der Bestimmung von $M^{(2)}$ nicht neu ausgerechnet zu werden. Formal bedeutet dies im allgemeinen Fall: $I^{(1)}$ und $I^{(2)}$ sind zwei Indexmengen mit nichtleerem Durchschnitt. Zu $i \in I^{(1)} \cap I^{(2)}$ gehören die gleichen Basisfunktionen ϕ_i, und es gilt $M_{ij}^{(1)} = M_{ij}^{(2)}$ für alle $i, j \in I^{(1)} \cap I^{(2)}$.

Diese einfache Überlegung gilt jedoch nur für die Darstellung als volle Matrix. Für Matrizen vom Format $\mathcal{H}(k, P)$ stellen sich folgende Fragen:

- Wie ändert sich der Clusterbaum? Was haben $T(I^{(1)})$ und $T(I^{(2)})$ gemeinsam?
- Wie ändert sich die Partition? Inwieweit stimmen $P^{(1)}$ und $P^{(2)}$ überein?
- Wenn ein Block $b \in P^{(1)}$ von einer Verfeinerung betroffen ist, braucht dies nur Teile von $M^{(1)}|_b$ berühren. Muss $M^{(2)}|_b$ völlig neu berechnet werden?

Bei $\mathcal{H}^2$-Matrizen kommt ein weiteres Problem hierzu:

- Wie ändern sich die Räume $\mathcal{V}_\tau$ und $\mathcal{W}_\sigma$ bei einer Verfeinerung eines Teils von τ bzw. σ?

Die Antworten hierzu werden in der Dissertation [37] gegeben.

10

Anwendungen auf diskretisierte Integraloperatoren

Es wurde schon betont, dass die Diskretisierung von Integraloperatoren auf voll besetzte Matrizen führt. In den Unterkapiteln §§10.1-10.3 werden die Integraloperatoren behandelt, die sich aus der Umformulierung von elliptischen Randwertaufgaben ergeben. Danach wird kurz auf allgemeine Fredholmsche[1] und Volterrasche[2] Integraloperatoren eingegangen.

Die Integralgleichungsmethode erlaubt die Formulierung elliptischer Randwertaufgaben mit Hilfe von Integralgleichungen. Während Integralgleichungen und ihre Diskretisierungen schon in §1.5.2 erklärt wurden, werden in §10.1 die typischen Integralkerne vorgestellt.

Die Randelementmethode (BEM: *boundary element method*) verlangt sofort nach einer Lösung des Generierungs- und Speicherungsproblems. Eine Abspeicherung der vollständigen Systemmatrix würde n^2 Speicherplätze ($n = \#I$) kosten. Die Generierung aller Matrixeinträge kostete mindestens $\mathcal{O}(n^2)$ Operationen, wenn jede der auftretenden Quadraturen (im Schnitt) nur $\mathcal{O}(1)$ Operationen verlangt. Dementsprechend behandelt der Abschnitt §10.3 die zur Verfügung stehenden Methoden der Matrixgenerierung.

10.1 Typische Integraloperatoren für elliptische Randwertaufgaben

Details zu den hier nur skizzierten Ableitungen der Integralgleichungen findet man in [68], Sauter-Schwab [125] und Hsiao-Wendland [94].

---

[1] Erik Ivar Fredholm, geboren am 7. April 1866 in Stockholm, gestorben am 17. August 1927 in Danderyd (Schweden).

[2] Vito Volterra, geboren am 3. Mai 1860 in Ancona, gestorben am 11. Oktober 1940 in Rom.

W. Hackbusch, *Hierarchische Matrizen*, DOI 10.1007/978-3-642-00222-9_10,

10.1.1 Randwertproblem und Fundamentallösung

Zu lösen sei ein elliptisches Randwertproblem mit verschwindender rechter Seite:

$$\mathcal{L}u = 0 \qquad \text{in } \Omega \subset \mathbb{R}^d. \tag{10.1}$$

Zum Fall $\mathcal{L}u = f \neq 0$ sei auf §10.2 verwiesen. Hierbei darf das Gebiet Ω beschränkt oder unbeschränkt sein. Hat der Differentialoperator $\mathcal{L}$ *konstante Koeffizienten*, kann man die Fundamentallösung $s(x,y)$ explizit angeben, die durch $\mathcal{L}_x s(x,y) = \delta(x-y)$ definiert ist, wobei der x-Index in $\mathcal{L}_x = \mathcal{L}$ die Anwendung auf die x-Variable andeutet und δ die Dirac-Funktion ist. Beispiele für $\mathcal{L}$ und s sind das Laplace-Problem,

$$\mathcal{L} = \Delta, \quad s(x,y) = \begin{cases} \frac{1}{2\pi} \log|x-y| & \text{für } d = 2 \text{ (d.h. } x,y \in \mathbb{R}^2), \\ \frac{1}{4\pi|x-y|} & \text{für } d = 3 \text{ (d.h. } x,y \in \mathbb{R}^3), \end{cases} \tag{10.2}$$

und das Helmholtz[3]-Problem

$$\mathcal{L} = \Delta + a^2, \qquad s(x,y) = \frac{\exp(ia|x-y|)}{4\pi|x-y|}. \tag{10.3}$$

Für die Lamé[4]-Gleichungen findet man die matrixwertige Fundamentallösung in Wendland [133]. In allen Beispielen ist $|x-y|$ die übliche Euklidische Norm des Vektors $x - y \in \mathbb{R}^d$.

Die Integralgleichungsmethode verwendet Integraloperatoren

$$(\mathcal{K}f)(x) := \int_\Gamma \varkappa(x,y) f(y) \mathrm{d}\Gamma_y \qquad (\text{vgl.}(1.25\text{b})),$$

deren Kerne entweder mit den Fundamentallösungen übereinstimmen oder Ableitungen hiervon sind. Der Vorteil der Methode besteht in der Tatsache, dass das Gebiet Ω durch seinen Rand $\Gamma = \partial\Omega$ ersetzt wird. Zum einen reduziert dies die Raumdimension um 1, zum anderen werden hierdurch erst unbeschränkte Gebiete Ω zugänglich.

10.1.2 Einfach-Schicht-Potential für das Dirichlet-Problem

Sei $\varkappa = s$ mit s aus (10.2), d.h.

$$(\mathcal{K}f)(x) = \frac{1}{4\pi} \int_\Gamma \frac{f(y)}{|x-y|} \mathrm{d}\Gamma_y$$

[3] Hermann Ludwig Ferdinand von Helmholtz, geboren am 31. August 1821 in Potsdam, gestorben am 8. September 1894 in Berlin.

[4] Gabriel Lamé, geboren am 22. Juli 1795 in Tours, gestorben am 1. Mai 1870 in Paris.

im 3D-Fall. Dann ist $\Phi(x) := (\mathcal{K}f)(x)$ für alle $x \in \mathbb{R}^d$ definiert und erfüllt $\Delta\Phi = 0$ in $\mathbb{R}^d \backslash \Gamma$. Die Dirichlet[5]-Randbedingung

$$\Phi = g \qquad \text{auf } \Gamma \tag{10.4}$$

erzwingt man dadurch, dass f die Integralgleichung

$$\mathcal{K}f = g \qquad \text{für alle } x \in \Gamma, \quad \text{d.h.} \tag{10.5}$$

$$\int_\Gamma \frac{f(y)}{|x-y|} \mathrm{d}\Gamma_y = 4\pi g(x) \quad \text{für alle } x \in \Gamma$$

erfüllen soll. Somit ist eine diskrete Version der Integralgleichung $\mathcal{K}f = g$ zu lösen. Hat man die Lösung f, kann man das Potential $\Phi = \mathcal{K}f$ definieren, das die Differentialgleichung (10.1) wie auch die Randwerte (10.4) erfüllt und an gewünschten Stellen ausgewertet werden kann.

10.1.3 Direkte Methode, Doppelschicht-Operator

Die Lösungsmethode aus §10.1.2 ist indirekt: (10.5) liefert die Funktion f, die erst nach Einsetzen in das Potential $\Phi = \mathcal{K}f$ das Laplace-Problem löst. Im nächsten Beispiel sei das Laplace-Problem $\Delta u = 0$ im (beschränkten) Innengebiet Ω mit Neumann[6]-Randdaten $\frac{\partial u}{\partial n} = \phi$ zu lösen. Ein direkter Zugang ist[7]

$$\frac{1}{2}u(x) + \int_\Gamma \varkappa(x,y)u(y)\mathrm{d}\Gamma_y = g(x) \quad \text{für alle } x \in \Gamma \tag{10.6}$$

$$\text{mit} \quad \varkappa := \frac{\partial s}{\partial n_y} \text{ und } g(x) := \int_\Gamma s(x,y)\phi(y)\mathrm{d}\Gamma_y,$$

da sofort die Dirichlet-Randwerte u(x) für x$\in \Gamma$ der Lösung von Δu=0 resultieren. $s(x,y)$ ist die Fundamentallösung aus (10.2). $\varkappa(x,y) = \frac{\partial s(x,y)}{\partial n_y}$ ist der *Doppelschicht-Kern* und $\mathcal{K}u$ mit

$$(\mathcal{K}u)(x) = \int_\Gamma \frac{\partial s(x,y)}{\partial n_y} u(y)\mathrm{d}\Gamma_y$$

der *Doppelschicht-Operator.*

Der zum Doppelschicht-Operator adjungierte Operator ist

$$(\mathcal{K}^*u)(x) = \int_\Gamma \frac{\partial s(x,y)}{\partial n_x} u(y)\mathrm{d}\Gamma_y.$$

Hier wird im Kern nach x statt y abgeleitet.

[5] Johann Peter Gustav Lejeune Dirichlet, am 13. Februar 1805 in Düren (damals Frankreich) geboren, am 5. Mai 1859 in Göttingen gestorben.

[6] János von Neumann, geboren am 28. Dezember 1903 in Budapest, gestorben am 8. Febr. 1957 in Washington D.C. Studienbeginn 1921 in Berlin (Chemie).

[7] Die Gleichung (10.6) gilt in *fast allen* $x \in \Gamma$. In Ecken- und Kantenpunkten ist der Raumwinkel zu berücksichtigen.

10.1.4 Hypersingulärer Operator

Eine weitere Ableitung $\frac{\partial}{\partial n_x}\frac{\partial}{\partial n_y}s(x,y)$ erzeugt eine auf Γ nicht integrierbare Singularität. Daher ist

$$(\mathcal{W}f)(x) := \int_\Gamma \frac{\partial}{\partial n_x}\frac{\partial}{\partial n_y}s(x,y)f(y)\mathrm{d}\Gamma_y \tag{10.7}$$

im Sinne von Hadamard zu interpretieren (vgl. [68, §7.5]). Eine alternative explizite Darstellung wird in Sauter-Schwab [125, §3.3.4] gegeben.

10.1.5 Calderón-Projektion

In den vorhergehenden Unterkapiteln sind zu einer Fundamentallösung $s(x,y)$ eingeführt worden: 1) der Einfachschicht-Integraloperator, der traditionell mit $\mathcal{V}$ abgekürzt wird, 2) der Doppelschicht-Integraloperator $\mathcal{K}$ und seine adjungierte Version $\mathcal{K}^*$ und 3) der hypersinguläre Integraloperator $\mathcal{W}$ aus (10.7):

$$(\mathcal{V}f)(x) := \int_\Gamma s(x,y)f(y)\mathrm{d}\Gamma_y\,,$$
$$(\mathcal{K}f)(x) := \int_\Gamma \frac{\partial s(x,y)}{\partial n_y}u(y)\mathrm{d}\Gamma_y\,, \quad (\mathcal{K}^*f)(x) := \int_\Gamma \frac{\partial s(x,y)}{\partial n_x}u(y)\mathrm{d}\Gamma_y\,.$$

Für einen selbstadjungierten Differentialoperator wie $\mathcal{L} = \Delta$ ist s symmetrisch: $s(x,y) = s(y,x)$. Damit sind $\mathcal{V}$ und $\mathcal{W}$ symmetrische Operatoren, nicht jedoch $\mathcal{K}$ bzw. $\mathcal{K}^*$.

Der Calderón[8]-Operator $\mathcal{C}$ für das Innenraumproblem lautet

$$\begin{bmatrix} u_0 \\ u_1 \end{bmatrix} = \underbrace{\begin{bmatrix} \mathcal{V} & \frac{1}{2}I - \mathcal{K} \\ \frac{1}{2}I + \mathcal{K}^* & \mathcal{W} \end{bmatrix}}_{=:\mathcal{C}} \begin{bmatrix} u_1 \\ u_0 \end{bmatrix}$$

(vgl. [125, §3.6]). Dabei sind $u_0 = u|_\Gamma$ die Dirichlet-Werte von u auf Γ, während u_1 die Neumann-Daten (allgemeiner die konormale Ableitung) am Rand des Innengebiets sind. Der Calderón-Operator erlaubt, aus gegebenen Dirichlet-Werten die Neumann-Daten zu ermitteln oder umgekehrt. Die erste Zeile der obigen Gleichung ist mit (10.6) identisch.

In technischen Anwendungen liegen oft gemischte Randbedingungen vor: auf einem Teil $\Gamma_0 \subset \Gamma$ ist der Dirichlet-Wert u_0 gegeben, auf dem Rest $\Gamma_1 = \Gamma\backslash\Gamma_0$ die Neumann-Daten. Dann führt eine Aufteilung der Integration $\int_\Gamma$ in $\int_{\Gamma_0} + \int_{\Gamma_1}$ zu den Gleichungen

[8] Alberto Pedro Calderón, geboren am 14. Sept. 1920 in Mendoza (Argentinien), gestorben am 16. April 1998 in Chicago.

$$\begin{aligned}
\tfrac{1}{2}u_0(x) &+ \int_{\Gamma_0} \varkappa_K(x,y)u_0(y)\mathrm{d}\Gamma_y - \int_{\Gamma_1} \varkappa_V(x,y)u_1(y)\mathrm{d}\Gamma_y \\
&= \int_{\Gamma_0} \varkappa_V(x,y)u_1(y)\mathrm{d}\Gamma_y - \int_{\Gamma_1} \varkappa_K(x,y)u_0(y)\mathrm{d}\Gamma_y \qquad \text{für } x \in \Gamma_0, \\
\tfrac{1}{2}u_1(x) &- \int_{\Gamma_0} \varkappa_W(x,y)u_0(y)\mathrm{d}\Gamma_y - \int_{\Gamma_1} \varkappa_K(y,x)u_1(y)\mathrm{d}\Gamma_y \\
&= \int_{\Gamma_1} \varkappa_W(x,y)u_0(y)\mathrm{d}\Gamma_y + \int_{\Gamma_0} \varkappa_K(y,x)u_1(y)\mathrm{d}\Gamma_y \qquad \text{für } x \in \Gamma_1,
\end{aligned}$$

wobei die rechten Seiten bekannt sind, während auf der linken Seite die gesuchten Daten stehen. Dabei bezeichnet $\varkappa_K$ den Kern von $\mathcal{K}$ usw.

10.2 Newton-Potential

In §10.1 wurde ausgenutzt, dass die homogene Differentialgleichung $\mathcal{L}u = 0$ vorliegt und die Inhomogenität nur durch die Randwerte gegeben ist. Der Fall $\mathcal{L}v = f$ in Ω mit $f \neq 0$ kann wie folgt gelöst werden:

1. Man bestimme eine Lösung von $\mathcal{L}v = f$ in Ω mit beliebigen Randdaten.
2. Anschließend suche man eine Korrektur w, die $\mathcal{L}w = 0$ in Ω und $Bw = \phi - Bv$ auf Γ (B ist der Randoperator).

Dann ist $u := v + w$ Lösung von $\mathcal{L}u = f$ in Ω und $Bu = \phi$ auf Γ. Den ersten Teil kann man mit dem *Newton-Potential* behandeln:

$$v = \mathcal{K}f \qquad \text{mit } (\mathcal{K}v)(x) := \int_\Omega s(x,y)f(y)\mathrm{d}y \qquad \text{für alle } x \in \Omega. \tag{10.8}$$

Dabei ist s wieder die Fundamentallösung[9] von $\mathcal{L}$ (vgl. §10.1.1). $\mathcal{K}$ ist kein Einfachschichtoperator, da die Integration in (10.8) über das Volumen Ω durchgeführt wird.

In Zusammenhängen, wo $\mathcal{L} = \Delta$ das elektrische Potential und f die elektrische Ladungsverteilung beschreiben, nennt man (10.8) auch das *Coulomb-Potential.*

Die Fundamentallösung des Laplace-Operators hängt nur von der Differenz $x - y$ ab: $s(x,y) = s(x-y)$. Damit beschreibt $\mathcal{K}$ eine Faltung. Eine schnelle approximative Faltung für $\Omega = \mathbb{R}^d$ wird in [77] beschrieben (vgl. §10.7).

10.3 Randelementdiskretisierung und Erzeugung der Systemmatrix in hierarchischer Form

Die Galerkin-Diskretisierung eines Integraloperators wurde bereits in §1.5.2 vorgeführt. Die hierbei verwendeten finiten Elemente werden in diesem Zusammenhang "Randelemente" genannt. Statt von der Finite-Element-Methode spricht man hier von der Randelementmethode (BEM). Die bei

---

[9] Würde man statt der Fundamentallösung $s(x,y)$ die Greensche Funktion $g(x,y)$ nehmen, wären auch schon die homogenen Randbedingungen $Bu = 0$ erfüllt, da die Greensche Funktion definitionsgemäß $B_x g(x,y) = 0$ erfüllt.

der Diskretisierung auftretenden Randelementmatrizen sind in (1.28) für die Galerkin-Diskretisierung beschrieben:

$$K_{ij} = \int_\Gamma \int_\Gamma \varkappa(x,y)\phi_i(x)\phi_j(y)\mathrm{d}\Gamma_x\mathrm{d}\Gamma_y \qquad (i,j \in I)$$

(zum Kollokations- und Nystrøm-Verfahren vergleiche man (1.30) und (1.32)). Zur Fragen bezüglich der Diskretisierung sei auf [125] verwiesen.

Die Generierung der Randelementmatrix $K \in \mathbb{R}^{I\times I}$ in der obigen Form muss auf jeden Fall vermieden werden, da dies n^2 Integralauswertungen und einen Speicherbedarf von n^2 erfordert ($n := \#I$). Stattdessen ist die $\mathcal{H}$-Matrix $K_\mathcal{H} \approx K$ direkt (d.h. ohne den Umweg über die volle Matrix K) zu erzeugen.

Mittels der Techniken aus §5.4 wird zunächst ein Clusterbaum $T(I)$ und daraus gemäß §5.5 der Blockclusterbaum $T(I \times I)$ mit der Partition P konstruiert. Für P wird im Allgemeinen die übliche Zulässigkeitsbedingung verwendet (vgl. Definition 5.2.4). Falls Γ eine Kurve darstellt, kann auch die schwache Zulässigkeitsbedingung aus §9.3 eingesetzt werden.

Das Nahfeld besteht aus allen Indexpaaren $(i,j) \in b \in P^-$, die zu nichtzulässigen Blöcken gehören. Da diese Blöcke im vollen Matrixformat dargestellt werden, benötigt man für diese (i,j) die obigen Werte K_{ij}. Falls noch keine Implementierung vorliegt, ist die Integration durch eine hinreichend genaue Quadratur zu approximieren (vgl. [125]). Da die Zahl der Nahfeldkomponenten $\mathcal{O}(n)$ beträgt, führt auch die Verwendung von Quadraturverfahren mit $\mathcal{O}(\log^* n)$ Quadraturpunkten zu einem fast linearen Aufwand $\mathcal{O}(n \log^* n)$.

Es bleibt die Bestimmung der Komponenten im Fernfeld, d.h. von $K_\mathcal{H}|_b$ für die zulässigen Blöcke $b \in P^+$. Zwei Strategien bieten sich an.

Kreuzapproximation: Es sei angenommen, dass eine Implementierung zur Auswertung von K_{ij} für ein Indexpaar (i,j) existiert[10]. Dann bietet sich die Kreuzapproximation aus §9.4 an. Die adaptive Anwendung nach §9.4.3 ermöglicht es, mit heuristischer Sicherheit eine Rang-k-Matrix $K_\mathcal{H}|_b \in \mathcal{R}(k)$ mit $k = k(b)$ so zu bestimmen, dass der entstehende Fehler die gewünschte Genauigkeit (z.B. Diskretisierungsfehler) besitzt. Anschließend kann eine Rekompression nach §6.7.1 folgen. Falls für die Kreuzapproximation eine höhere als die Endgenauigkeit gewählt wird, kann die Rekompression nah an das Optimum führen, das entstände, wenn man den exakten Matrixblock $K|_b$ mittels Singulärwertzerlegung auf die gewünschte Genauigkeit kürzt.

Kernapproximation: Man wählt eine der Methoden, den Kern des Integraloperator separabel zu approximieren. Unter diesen ist die (Tensorprodukt-)Interpolation die im Allgemeinen bequemste. Dabei ist es gelegentlich vorteilhaft, eine Funktion zu interpolieren, deren Ableitungen die gewünschte Kernfunktion darstellen (vgl. §4.2.2). Eine Alternative ist

[10] Bei eventuell von außen gegebener Implementierung von K_{ij} können die folgenden Schritte durchgeführt werden, ohne den Kern des Integraloperators kennen zu müssen. Dies schließt die Nahfeldkomponenten ein.

die hybride Kreuzapproximation aus §9.4.5. Auch hier bietet es sich an, anschließend eine Rekompression durchzuführen, um den lokalen Rang $k = k(b)$ so klein wie möglich zu halten.

In beiden Fällen kann auch versucht werden, die Partition gemäß §6.7.2 zu vergröbern.

Anstelle einer $\mathcal{H}$-Matrix $K_{\mathcal{H}}$ kann auch eine $\mathcal{H}^2$-Matrix $K_{\mathcal{H}^2}$ konstruiert werden. Die *direkte Konstruktion* ist im Nahfeldanteil identisch zum bisherigen Vorgehen und folgt im Fernfeld der Beschreibung aus §8.4.2. Die indirekte Methode besteht darin, zunächst wie oben eine $\mathcal{H}$-Matrix $K_{\mathcal{H}}$ zu erzeugen und dann §8.7 folgend $K_{\mathcal{H}}$ in eine $\mathcal{H}^2$-Matrix zu konvertieren.

Neben den verschiedenen Integraloperatoren tritt bei Integralgleichungen der zweiten Art noch die Identität auf. Ihre Diskretisierung liefert die Massematrix (1.24) auf. Diese ist schwach besetzt und hat nur im Nahfeld Nicht-Null-Einträge. Damit ist die Diskretisierung von $\lambda I + \mathcal{K}$ ohne weiteren Approximationsfehler als $\mathcal{H}$- oder $\mathcal{H}^2$-Matrix darstellbar.

10.4 Helmholtz-Gleichung für hohe Frequenzen

Die Helmholtz-Gleichung (10.3) enthält die Konstante $a > 0$, die die Rolle der Frequenz spielt. Sie definiert die Wellenlänge $\lambda := 2\pi/a$. Wenn $\lambda \geq \mathrm{diam}(\Gamma)$, spricht man vom niederfrequenten Fall. $\lambda \ll \mathrm{diam}(\Gamma)$ charakterisiert den hochfrequenten Fall, dazwischen befinden sich die moderaten Frequenzen.

Der Darstellung der Fundamentallösung s in (10.3) entnimmt man, dass sie nicht nur singulär ist bei $x = y$, sondern im hochfrequenten Fall wegen des Faktors $\exp(ia\,|x-y|)$ hochoszillierend ist.

Wählt man einen zulässigen Block $b = \tau \times \sigma \in P^+$, so stellt man fest, dass der Rang $k(\varepsilon)$, der notwendig ist, um eine Approximation der Genauigkeit ε zu erreichen (vgl. (2.6)), mit a ansteigt. Daher steigt der Speicher- und Rechenaufwand einer $\mathcal{H}$-Matrixdarstellung, wenn $a \to \infty$.

Für eine präzisere Diskussion muss man die Größe des Blockes beachten, die durch $d(b) := \max\{\mathrm{diam}(\tau), \mathrm{diam}(\sigma)\}$ gegeben ist. Für die Niedrigrangapproximation von $M|_b$ ist das Verhältnis $d(b)/\lambda$ maßgebend. Solange nicht $d(b)/\lambda \gg 1$ auftritt, ist eine Rang-k-Approximation mit akzeptablem k möglich. Die Menge der zulässigen Blöcke zerfällt daher in $P^+ = P^+_{\mathrm{klein}} \dot\cup P^+_{\mathrm{gross}}$, wobei $b \in P^+_{\mathrm{gross}}$ durch $d(b)/\lambda \gg 1$ charakterisiert. Blöcke $b \in P^+_{\mathrm{klein}}$ können in üblicher Weise behandelt werden, nur für $b \in P^+_{\mathrm{gross}}$ treten Probleme auf. Man beachte in diesem Zusammenhang, dass es sehr viel mehr kleine als große Blöcke gibt.

In [3] wird die Systemmatrix M für die hochfrequente Helmholtz-Gleichung als Summe $M_{\mathcal{H}} + M_{\mathcal{H}^2}$ dargestellt, wobei $M_{\mathcal{H}}$ die üblichen Niedrigrangapproximationen in den Blöcken $b \in P^+_{\mathrm{klein}}$ sowie die vollen Matrixblöcke für $b \in P^-$ enthält, während $M_{\mathcal{H}}|_b = O$ für $b \in P^+_{\mathrm{gross}}$ gilt. In den Blöcken $b \in P^+_{\mathrm{gross}}$ wird für den Kern eine Multipolentwicklung von Amini-Profit [2] verwendet, die im Prinzip eine $\mathcal{H}^2$-Struktur definiert.

Für $b = \tau \times \sigma \in P^+_{\text{gross}}$ hat die Approximation von $M|_b$ die Gestalt $M_{\mathcal{H}^2}|_b = V_\tau K_b W_\sigma^\top$ (vgl. (8.8)), wobei die Matrixgröße von K_b nicht wie üblich klein ist, sondern ein Produkt von einfach durchführbaren Transformationen und einer Diagonalmatrix ist. Für $b \in P^+_{\text{klein}} \cup P^-$ wird $M_{\mathcal{H}^2}|_b = O$ definiert. Insgesamt benötigt $M_\mathcal{H} + M_{\mathcal{H}^2}$ fast linearen Speicheraufwand und die Kosten der Matrixvektormultiplikation ist von gleicher Höhe. Allerdings unterstützt die spezielle Struktur von $M_{\mathcal{H}^2}$ die übrigen Matrix-Operationen nicht.

Bei der Anwendung der Multipolentwicklung ist zu beachten, dass sie im nieder- oder moderat frequenten Fall zwar konvergent, aber instabil[11] ist. Daher ist es entscheidend, dass die Blöcke $M|_b$ mit $b \in P^+_{\text{klein}}$, für die $d(b)/\lambda \gg 1$ nicht gilt, nicht auf die Multipolentwicklung angewiesen sind.

10.5 Allgemeine Fredholm-Integraloperatoren

Bisher wurden als Integralkerne Fundamentallösung elliptischer Differentialgleichungen oder ihre Ableitungen verwendet. Tritt ein Kern $\varkappa(x,y)$ anderer Art auf, stellt sich für das diskretisierte Problem die Frage nach der richtigen Partition völlig neu. Die Zulässigkeitsbedingung (5.8) ist nur für den oben genannten Fall zugeschnitten und geht von einer Singularität bei $x = y$ auf. Ein allgemeiner Kern $\varkappa$ kann andere Singularitäten oder überhaupt keine enthalten. Daher lässt sich kein genereller Rat erteilen. Vielmehr müssen für andere Kerne erst Zulässigkeitsbedingungen *Adm* entwickelt werden, die garantieren, dass Blöcke mit $Adm(b) = true$ bei gleicher Rang-k-Approximation ähnliche Approximationsfehler ergeben.

10.6 Anwendungen auf Volterra-Integraloperatoren

10.6.1 Diskretisierungen von Volterra-Integraloperatoren

Ein typischer linearer Volterra-Integraloperator besitzt die Form

$$(\mathcal{K}u)(x) = \int_0^x \varkappa(x,y)u(y)\mathrm{d}y \qquad \text{für } 0 \le x \le 1, \tag{10.9a}$$

wobei hier der Definitionsbereich der Variablen x auf $[0,1]$ normiert sei. Wesentlich ist die Variabilität der Integralgrenzen. Eine Verallgemeinerung ist

[11] Ein einfaches Beispiel für eine konvergente Summe mit Instabilitätsproblemen ist die Teilsumme $\sum_{\nu=0}^{k} (-20)^\nu / \nu!$, da der Versuch, die kleine Zahl $e^{-20} \approx 2 \times 10^{-9}$ mit großen Summanden wechselnden Vorzeichens auszurechnen, am Auslöschungsproblem scheitert.

$$(\mathcal{K}u)(x) = \int_{a(x)}^{b(x)} \varkappa(x,y)u(y)\mathrm{d}y \qquad \text{für } 0 \le x \le 1, \tag{10.9b}$$

wobei $0 \le a(x) \le b(x) \le 1$.

Der Kern $\varkappa(x,y)$ kann glatt sein oder wie bei der Abelschen[12] Integralgleichung mit $\varkappa(x,y) = 1/\sqrt{x-y}$ schwach singulär sein.

Anmerkung 10.6.1. Ein Volterra-Integraloperator der Form (10.9a,b) kann als Fredholm-Operator $\int_0^1 \bar{\varkappa}(x,y)u(y)\mathrm{d}y$ aufgefasst werden, wobei

$$\bar{\varkappa}(x,y) := \begin{cases} \varkappa(x,y) & \text{für } 0 \le y \le x \le 1 \\ & \text{bzw. } 0 \le a(x) \le y \le b(x) \le 1, \\ 0 & \text{sonst.} \end{cases} \tag{10.10}$$

Sei $0 = x_0 < x_1 < \ldots < x_N = 1$ eine Intervallzerlegung von $[0,1]$. Die Approximationen von $u(x_i)$ seien als u_i bezeichnet. Eine einfache Nystrøm-artige Diskretisierung von (10.9a), die jedes Teilintegral $\int_{x_{j-1}}^{x_j} \varkappa(x,y)u(y)\mathrm{d}y$ durch die Trapezregel ersetzt, liefert für $(\mathcal{K}u)(x_i)$ die Näherung

$$\sum_{j=1}^{i} \frac{x_j - x_{j-1}}{2} \left(\varkappa(x_i,x_{j-1})u_{j-1} + \varkappa(x_i,x_j)u_j\right).$$

Dies ergibt die Diskretisierungsmatrix

$$K = (K_{ij})_{i,j=0,\ldots,N} \tag{10.11a}$$

$$\text{mit } K_{ij} = \begin{cases} \frac{x_1-x_0}{2}\varkappa(x_i,x_0) & \text{für } j = 0 \text{ und } i > 0, \\ \frac{x_{j+1}-x_{j-1}}{2}\varkappa(x_i,x_j) & \text{für } 1 \le i \le j-1, \\ \frac{x_j-x_{j-1}}{2}\varkappa(x_i,x_j) & \text{für } 1 \le i = j, \\ 0 & \text{für } i = 0 \text{ oder } j > i. \end{cases}$$

Bei der Verwendung der tangentialen Trapezformel

$$\int_{x_{j-1}}^{x_j} \varkappa(x,y)u(y)\mathrm{d}y \approx (x_j - x_{j-1})\,\varkappa(x,x_{j-1/2})u(x_{j-1/2})$$

mit $x_{j-1/2} := (x_j + x_{j-1})/2$ erhält man für $(\mathcal{K}u)(x_{i-1/2})$ die Approximation $\sum_{j=1}^{i} K_{ij}U_j$ mit $U_j \approx u(x_{j-1/2})$ und $1 \le i \le N$. Die Matrixelemente lauten

$$K = (K_{ij})_{i,j=1,\ldots,N} \qquad \text{mit} \tag{10.11b}$$

$$K_{ij} = \begin{cases} (x_j - x_{j-1})\,\varkappa(x_{i-1/2},x_{j-1/2}) & \text{für } 1 \le i \le j \le N, \\ 0 & \text{für } 1 \le j < i \le N. \end{cases}$$

[12] Niels Henrik Abel, geboren am 5. August 1802 auf der Insel Finnøy, gestorben am 6. April 1829 in Froland, Norwegen.

In beiden Fällen ergibt sich eine *untere Dreiecksmatrix* K. Umgekehrt können die Volterra-Integraloperatoren als die kontinuierlichen Analoga der Dreiecksmatrizen angesehen werden.

Für die *Galerkin-Diskretisierung* geht man am einfachsten von der Anmerkung 10.6.1 aus und erhält

$$K_{ij} = \int_0^1 \int_0^1 \phi_j(x) \bar{\varkappa}(x,y) \phi_i(y) \mathrm{d}x \mathrm{d}y \qquad (i,j \in I)$$

wie in (1.28). Die Auswertung des Doppelintegrals entfällt, wenn $\bar{\varkappa} = 0$ auf $\text{Träger}(\phi_j) \times \text{Träger}(\phi_i)$ gilt. Es ist zu beachten, dass die Matrix nicht notwendigerweise eine untere Dreiecksmatrix ist.

Anmerkung 10.6.2. (i) Für stückweise konstante Basisfunktionen ϕ_i mit Träger in $[x_{i-1}, x_i]$ und den Fall (10.9a) ergibt sich die untere Dreiecksmatrix mit

$$K_{ij} = \begin{cases} \int_{x_{i-1}}^{x_i} \int_{x_{j-1}}^{x_j} \varkappa(x,y) \mathrm{d}x \mathrm{d}y & \text{für } i < j, \\ \int_{x_{i-1}}^{x_i} \left(\int_{x_{i-1}}^{x} \varkappa(x,y) \mathrm{d}y \right) \mathrm{d}x & \text{für } i = j, \\ 0 & \text{sonst.} \end{cases}$$

(ii) Für stückweise lineare Basisfunktionen ergibt sich eine untere Hessenberg[13]-Matrix: $K_{ij} = 0$ gilt nur für $i > j+1$.

10.6.2 Implementierung als Standard-$\mathcal{H}$-Matrix

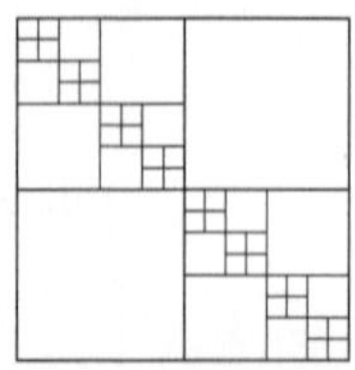

Abb. 10.1. Partition bei Singularität in $x = y$

Durch die Fortsetzung (10.10) mit null außerhalb des ursprünglichen Definitionsbereiches ist $\bar{\varkappa}$ eine Kernfunktion mit Singularität (Unstetigkeit) bei $x = y$ (im Falle (10.9a)) bzw. bei $y = a(x)$ und $y = b(x)$ (im Falle (10.9b)). Zumindest im ersten Fall lässt sich die Matrix K wie im Standardfall behandeln. Wenn $\varkappa$ in $0 \leq y \leq x \leq 1$ hinreichend glatt ist, ist die schwache Zulässigkeitsbedingung aus §9.3 ausreichend. Falls $\varkappa$ wie im Fall der Abelschen Integralgleichung schwach singulär ist, sind sowohl die schwache wie die übliche Zulässigkeitsbedingung anwendbar.

Für eine Singularität (Unstetigkeit) bei $y = b(x)$ lässt sich im Prinzip der übliche Cluster- und Blockclusterbaum aufstellen. Für Kerne, die auf $0 \leq a(x) \leq y \leq b(x) \leq 1$ glatt sind, lautet die Zulässigkeitsbedingung

$$b = \tau \times \sigma \quad \text{zulässig, falls} \\ \begin{cases} X_\tau \times X_\sigma \subset \{(x,y) : 0 \leq a(x) \leq y \leq b(x) \leq 1\} & \text{oder} \\ X_\tau \times X_\sigma \cap \{(x,y) : 0 \leq a(x) < y < b(x) \leq 1\} = \emptyset. \end{cases}$$

[13] Karl Adolf Hessenberg, geboren am 8. Sept. 1904 in Frankfurt, gestorben am 22. Febr. 1959. Nicht zu verwechseln mit dem Mathematiker Gerhard Hessenberg (1874-1925).

Im ersten Fall lässt sich $\varkappa$ in $X_\tau \times X_\sigma$ separabel entwickeln (hier ist die Glattheit des Kernes vorausgesetzt), im zweiten Fall gilt $K|_b = 0$.

Wenn nicht alle Matrixoperationen unterstützt werden sollen, sondern nur die Matrixvektormultiplikation durchzuführen ist, lässt sich die Darstellung *wesentlich vereinfachen*, wie in §10.6.4 erklärt wird.

10.6.3 Niedrigrangdarstellung von Profilmatrizen

Bei der Definition von schwach besetzten Matrizen benutzt man ein Muster $M \subset I \times I$, das diejenigen Indexpositionen enthält, die von null verschiedene Matrixeinträge enthalten dürfen: Eine Matrix $A \in \mathbb{R}^{I \times I}$ hat das *Besetzungsmuster* M, wenn $A_{ij} = 0$ für alle $(i,j) \in (I \times I) \backslash M$.

Die zugehörige Projektion Π_M von $\mathbb{R}^{I\times I}$ in die Menge der Matrizen mit Besetzungsmuster M lautet

$$\Pi_M A \in \mathbb{R}^{I\times I} \quad \text{mit} \quad (\Pi_M A)_{ij} := \begin{cases} A_{ij} & \text{für } (i,j) \in M, \\ 0 & \text{sonst.} \end{cases} \tag{10.12}$$

Offenbar hat A das Besetzungsmuster M genau dann, wenn $\Pi_M A = A$.

Definition 10.6.3 (Profilmatrix). *Die Indexmenge I sei angeordnet (o.B.d.A. gelte $I = \{1, \ldots, n\}$). $A \in \mathbb{R}^{I\times I}$ heißt* Profilmatrix, *wenn es (Profil-)Funktionen $\alpha, \beta : I \to I$ gibt, sodass A das Besetzungsmuster M besitzt, wobei*

$$M := \{(i,j) : i \in I \text{ und } \alpha(i) \le j \le \beta(i)\}.$$

A heißt Matrix mit monotonem Profil (oder monotone Profilmatrix), falls die Funktionen α und β schwach monoton sind.

Die wichtigsten Anwendungsfälle sind festgehalten in

Anmerkung 10.6.4. a) Eine untere Dreiecksmatrix ist eine monotone Profilmatrix mit $\alpha(i) = 1$, $\beta(i) = i$.

b) Übliche Diskretisierungen des Volterra-Operators (10.9b) führen auf monotone Profilmatrizen, falls die Grenzen $a(x)$ und $b(x)$ schwach monoton sind.

Sei $R \in \mathcal{R}(k,I,I)$ eine Rang-k-Matrix (vgl. Definition 2.2.3a). Die Projektion $\Pi_M R$ ist im Allgemeinen keine Rang-k-Matrix mehr. Beispielsweise wird die Rang-1-Matrix $R = \mathbf{1}\mathbf{1}^\top$ (d.h. $R_{ij} = 1$ für alle i,j) durch die Projektion auf das Muster der unteren Dreiecksmatrix in

$$A := \Pi_M R = \begin{bmatrix} 1 & 0 & \cdots & 0 \\ 1 & 1 & \cdots & 0 \\ \vdots & \vdots & \ddots & \vdots \\ 1 & 1 & 1 & 1 \end{bmatrix}$$

abgebildet. Offenbar ist A invertierbar, hat also den Rang n. Umgekehrt schließt man: auch wenn die Profilmatrix A keine Niedrigrangmatrix ist, kann sie eventuell als Bild $\varPi_M R$ einer Niedrigrangmatrix $R \in \mathcal{R}(k, I, I)$ dargestellt werden.

Eine unmittelbare Anwendung liefert die

Anmerkung 10.6.5. Sei K die untere Dreiecksmatrix (10.11b). Ferner erlaube die Kernfunktion $\varkappa$ die separable Approximation

$$\varkappa(x,y) \approx \varkappa^{(k)}(x,y) = \sum_{\nu=1}^{k} \varphi_\nu^{(k)}(x)\psi_\nu^{(k)}(y) \qquad \text{für } 0 \le y \le x \le 1.$$

Dann wird K durch die untere Dreiecksmatrix $\tilde{K}$ mit

$$\tilde{K}_{ij} = (x_j - x_{j-1})\,\varkappa^{(k)}(x_{i-1/2}, x_{j-1/2})$$

approximiert. $\tilde{K}$ kann als Projektion $\varPi_M R$ einer Rang-k-Matrix $R \in \mathcal{R}(k, I, I)$ auf das untere Dreiecksmuster dargestellt werden. Der notwendige Speicherbedarf ist daher mit $2nk$ beschrieben.

Beweis. Seien $a_\nu := \left(\varphi_\nu^{(k)}(x_{i-1/2})\right)_{i=1}^{n}$, $b_\nu := \left((x_j - x_{j-1})\,\psi_\nu^{(k)}(x_{j-1/2})\right)_{j=1}^{n}$. Die gesuchte Matrix R lautet $\sum_{\nu=1}^{k} a_\nu b_\nu^\top$. ∎

Im Falle einer allgemeinen Profilmatrix sind außerdem die Profilfunktionen α und β in Form der Vektoren $(\alpha(i))_{i=1}^n$ und $(\beta(i))_{i=1}^n$ zu speichern.

10.6.4 Matrix-Vektor-Multiplikation

Hier verwenden wir die Darstellung

$$A = \varPi_M B,$$

wobei B keine Rücksicht auf die Profilgrenzen nimmt. B ist entweder eine globale Niedrigrangmatrix (§10.6.4.1) oder eine einfachere hierarchische Matrix (§10.6.4.2). Im Falle einer Singularität bei $x = y = 0$ kann B zum Beispiel eine Blockpartition wie in Abbildung 10.2 besitzen. Man beachte, dass die Blockzerlegung Diagonalblöcke vorsieht, die wie in §10.6.4.1 Niedrigrangmatrizen sind und anders als in Abbildung 10.1 die Profilstruktur ignorieren.

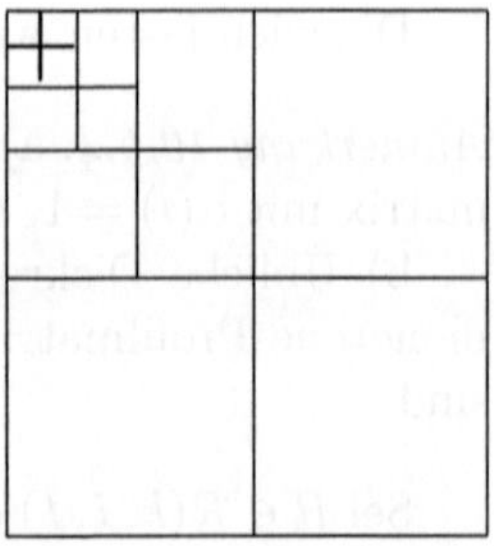

Abb. 10.2. Partitionierung bei Singularität in $x=y=0$

10.6.4.1 Der Niedrigrangfall

Zunächst nehmen wir an, dass $A = \varPi_M R$ eine Profilmatrix ist, die sich mit einer Niedrigrangmatrix $R \in \mathcal{R}(k, I, I)$ darstellen lässt. In den Versionen der

Matrixvektormultiplikation wird angenommen, dass die Profilfunktionen α, β schwach monoton *steigend* sind. Andere Fälle werden anschließend diskutiert.

Zur Einführung sei der Fall einer unteren Dreiecksmatrix ($\alpha(i) = 1$, $\beta(i) = i$, vgl. Anmerkung 10.6.4a) diskutiert, wobei $A = \Pi_M R$ mit einer Rang-1-Matrix $R = ab^\top$ gilt. Das Resultat $y := Ax$ ergibt sich aus

$$
\boxed{\begin{array}{ll}
\sigma := 0; & \\
\textbf{for } i := 1 \textbf{ to } n \textbf{ do} & \\
\textbf{begin } \sigma := \sigma + b_i x_i; & \{\text{es gilt } \sigma = \sum_{j=1}^{i} b_j x_j\} \\
\qquad y_i := a_i \sigma & \{\text{es gilt } y_i = (Ax)_i\} \\
\textbf{end}; &
\end{array}} \tag{10.13}
$$

Der Rechenaufwand beträgt $2n$ Multiplikationen und $n-1$ Additionen und stimmt mit dem Aufwand zur Multiplikation Rx überein.

Als Nächstes wird eine Matrix $A = \Pi_M R$ mit $R = ab^\top$ und schwach monoton *steigenden* Profilfunktionen α, β vorausgesetzt. Der Algorithmus zur Matrixvektormultiplikation $y := Ax$ lautet wie folgt:

$$
\boxed{\begin{array}{ll}
\alpha_{\text{alt}} := 1;\ \beta_{\text{alt}} := 0;\ \sigma := 0; & \\
\textbf{for } i := 1 \textbf{ to } n \textbf{ do} & \\
\textbf{begin } \sigma := \sigma - \sum\limits_{j=\alpha_{\text{alt}}}^{\alpha(i)-1} b_j x_j + \sum\limits_{j=\beta_{\text{alt}}+1}^{\beta(i)} b_j x_j; & \{\text{es gilt } \sigma = \sum\limits_{j=\alpha(i)}^{\beta(i)} b_j x_j\} \\
\qquad \alpha_{\text{alt}} := \alpha(i);\ \beta_{\text{alt}} := \beta(i);\ y_i := a_i \sigma & \{\text{es gilt } y_i = (Ax)_i\} \\
\textbf{end}; &
\end{array}} \tag{10.14}
$$

Hierbei gilt die Konvention, dass die Summen $\sum_{j=\alpha_{\text{alt}}}^{\alpha(i)-1}$ und $\sum_{j=\beta_{\text{alt}}+1}^{\beta(i)}$ leer (d.h. gleich null) sind, wenn der Endindex kleiner als der Anfangsindex ist. Für alle i zusammen benötigen die Summen $\sum_{j=\alpha_{\text{alt}}}^{\alpha(i)-1} b_j x_j$ genau

$$\alpha(n) - 1 \leq n \text{ Multiplikationen und } \alpha(n) - 2 \leq n \text{ Additionen.}$$

Entsprechend kosten die Summen $\sum_{j=\beta_{\text{alt}}+1}^{\beta(i)} b_j x_j$

$$\beta(n) - 1 \leq n \text{ Multiplikationen und } \beta(n) - 2 \leq n \text{ Additionen.}$$

Insgesamt ergeben sich höchstens $3n$ Multiplikationen und $2n$ Additionen.

Übung 10.6.6. Man formuliere entsprechende Algorithmen für die Fälle

(i) α schwach monoton steigend, β schwach monoton fallend,
(ii) α schwach monoton fallend, β schwach monoton steigend,
(iii) α, β schwach monoton fallend.

Man zeige, dass sich in den Fällen (i) und (ii) der Algorithmus so schreiben lässt, dass der Aufwand durch $2n$ Additionen und Multiplikationen beschränkt ist.

Im nicht-monotonen Fall gibt es zwei Realisierungsmöglichkeiten. Die erste ist dem Algorithmus (10.14) nachempfunden und verwendet für den Fall $\alpha(i) = 1$ $(i \in I)$ und nicht-monotones β die Erneuerungsformel

$$\sigma := \begin{cases} \sigma + \sum_{j=\beta_{\text{alt}}+1}^{\beta(i)} b_j x_j & \text{falls } \beta(i) > \beta_{\text{alt}}, \\ \sigma & \text{falls } \beta(i) = \beta_{\text{alt}}, \\ \sigma - \sum_{j=\beta(i)+1}^{\beta_{\text{alt}}} b_j x_j & \text{falls } \beta(i) < \beta_{\text{alt}}. \end{cases}$$

Die hierfür benötigte Zahl von Additionen und Multiplikationen ist durch die Totalvariation von β gegeben: $\sum_{i=1}^{n} |\beta(i) - \beta(i-1)|$, wobei $\beta(0) := 0$ gesetzt ist. Analoge zusätzliche Korrekturen treten auf, wenn α nicht-monoton ist.

Da die Totalvariation im Extremfall n^2 nahekommt, kann die obige Variante ineffizient werden. Der folgende Algorithmus hat in allen Fällen optimale Komplexität hinsichtlich der Matrix-Vektor-Multiplikationskosten, benötigt aber noch einen Hilfsvektor $\sigma \in \mathbb{R}^{\{0,\ldots,n\}}$ mit $\sigma_i := \sum_{j=1}^{i} b_j x_j$.

Berechnung von $y := Ax$ mit $A = \Pi_M R$ und $R = ab^\top$:

$\sigma_0 := 0$; **for** $i := 1$ **to** n **do** $\sigma_i := \sigma_{i-1} + b_i x_i$;
for $i := 1$ **to** n **do** $y_i := a_i \left(\sigma_{\beta(i)} - \sigma_{\alpha(i)-1}\right)$;

Hierfür werden $2n$ Additionen und Multiplikationen benötigt. Falls wie bei der unteren Dreiecksmatrix $\alpha(i) = 1$ gilt, entfällt sogar die Subtraktion von $\sigma_{\alpha(i)-1}$, da $\sigma_{\alpha(i)-1} = \sigma_0 = 0$, und die Zahl der Additionen reduziert sich auf n.

Bisher war R als Rang-1-Matrix angenommen. Der allgemeine Fall $R = \sum_{\nu=1}^{k} a_\nu b_\nu^\top \in \mathcal{R}(k, I, I)$ mit $k > 1$ ergibt sich durch Anwendung der obigen Algorithmen auf jeden Summanden $a_\nu b_\nu^\top$.

10.6.4.2 Multiplikation mit einer hierarchischen Profilmatrix

Die Blöcke $b = \tau \times \sigma \in P$ einer hierarchischen Matrix können in drei disjunkte Klassen unterteilt werden:

1. b liegt außerhalb des Profilbereiches, d.h. $j \notin [\alpha(i), \beta(i)]$ für alle $(i,j) \in b$. Dann ist $A|_b = 0$, und der Block bleibt bei der Matrixvektormultiplikation unberücksichtigt.
2. b liegt innerhalb des Profilbereiches, d.h. $j \in [\alpha(i), \beta(i)]$ für alle $(i,j) \in b$. Dann wird die Matrixvektormultiplikation $A|_b \cdot x|_\sigma$ wie üblich durchgeführt (vgl. §7.1).
3. Andernfalls enthält der Block b die Matrix $R_b \in \mathcal{R}(k, b)$, die mittels $A|_b = \Pi_M R_b$ den wirklichen Matrixblock darstellt. Die Multiplikation $A|_b \cdot x|_\sigma$ verwendet einen der Algorithmen aus §10.6.4.1.

Da sich auch im dritten Fall der Rechenaufwand nicht von dem Aufwand unterscheidet, der im üblichen Falle auftritt, ist der Gesamtaufwand wie in §7.8.1.

Wenn die Kernfunktion $\varkappa(x,y)$ (definiert in $0 \le y \le x \le 1$) wie im obigen Beispiel nur bei $x = y = 0$ eine Singularität besitzt, sieht die Blockpartition P wie in Abbildung 10.2 aus, wobei das Profil das der unteren Dreiecksmatrix ist. Die Blöcke in der oberen Dreieckshälfte entsprechen dem Fall 1, die in der unteren Dreieckshälfte dem Fall 2, während die Diagonalblöcke dem Fall 3 zuzuordnen sind.

10.7 Faltungsintegrale

Eindimensionale Integrale vom Faltungstyp lauten

$$\int_0^x f(y)g(x-y)\mathrm{d}y \tag{10.15a}$$

oder

$$\int_{\mathbb{R}} f(y)g(x-y)\mathrm{d}y. \tag{10.15b}$$

Die erste Darstellung (10.15a) folgt aus (10.15b) unter der Bedingung $f(t) = g(t) = 0$ für $t < 0$. Der Fall (10.15b) lässt sich mehrdimensional in $\mathbb{R}^d$ verallgemeinern.

Man kann hier $\kappa(x,y) = g(x-y)$ als Kern betrachten, was den Funktionen f und g unterschiedliche Rollen zuteilen würde. Dagegen ist die Situation symmetrisch: es gilt $f * g = g * f$, wobei das Faltungsprodukt $f * g$ durch (10.15a) bzw. (10.15b) definiert ist. Entsprechend kommen hier auch andere Verfahren zum Einsatz. Für allgemeine f und g sei auf [76] verwiesen. Selbst wenn g der Kern des Newton-Potentials $g(x-y) = 1/|x-y|$ ($x, y \in \mathbb{R}^d$, vgl. §10.2) ist, sind andere Methoden anwendbar (vgl. [77]). Beispiele für das Auftreten der Faltung mit dem Coulomb-Potential in $\mathbb{R}^3$ findet man etwa in der Quantenchemie bei den Hartree-Fock- und Kohn-Sham-Gleichungen (vgl. Khoromskij [98]).

Eine spezielle Mischung einer Integraloperatoranwendung mit einer Faltung tritt bei den Populationsbilanzgleichungen auf. Diese beschreiben die Dichten von Partikeln, die mindestens eine Eigenschaftskoordinate (z.B. Partikelvolumen) besitzen. Hier tritt ein quadratischer Integraloperator auf, der die Agglomeration von Partikeln beschreibt (vgl. Ramkrishna [118, §3.3.2]):

$$Q(f)(x) = \int_0^x \kappa(x-y,y)f(y)f(x-y)\mathrm{d}y. \tag{10.16}$$

x ist die Eigenschaftskoordinate, die in einem Intervall $[0, x_{\max}]$ variiert[14]. Im Falle von $\kappa = 1$ ist $\int_0^x \kappa(x-y,y)f(y)f(x-y)\mathrm{d}y = (f * f)(x)$ die Faltung von f mit sich selbst.

[14] In der Populationsbilanzgleichung hängt f außerdem von den Zeit- und Raumkoordinaten ab, die aber in (10.16) fixiert sind.

Hier kann zunächst für κ eine separable Approximation eingesetzt werden:

$$\kappa(x,y) \approx \sum_{\nu=1}^{k} \alpha_\nu(x)\beta_\nu(y).$$

Die separable Näherung anstelle von κ ergibt die Gestalt

$$\begin{aligned}
&\sum_{\nu=1}^{k} \alpha_\nu(x-y)\beta_\nu(y)f(y)f(x-y)\mathrm{d}y \\
&= \sum_{\nu=1}^{k} \beta_\nu(y)f(y)\alpha_\nu(x-y)f(x-y)\mathrm{d}y \\
&= \sum_{\nu=1}^{k} \int_0^x \varphi_\nu(y)\psi_\nu(x-y)\mathrm{d}y
\end{aligned}$$

mit

$$\varphi_\nu := \beta_\nu f \quad \text{und} \quad \psi_\nu := \alpha_\nu f.$$

Damit ist das Problem auf Faltungen reduziert (vgl. [74], [75]).

11

Anwendungen auf Finite-Element-Matrizen

Im Einführungsteil wurde die Finite-Element-Diskretisierung mit der Basis $\{\phi_1, \ldots, \phi_n\}$ von V_n eingeführt. Entsprechend der später verwendeten Notation sei jetzt $\{\phi_i : i \in I\}$ geschrieben, wobei $n = \#I$.

In §9.2.2 wurde gezeigt, dass die bei dieser Diskretisierung entstehenden Matrizen (im Folgenden "Finite-Element-Matrizen" genannt) nicht nur schwach besetzt sind, sondern für die Standardpartition P auch schon in der Menge $\mathcal{H}(k, P)$ für alle $k \in \mathbb{N}_0$ liegen. Damit kann jede Finite-Element-Matrizen unverändert als hierarchische Matrix angesehen werden. Insbesondere kann sie als Eingabeparameter für die Invertierungs- oder LU-Algorithmen dienen.

Zunächst wird die Massematrix diskutiert, die u.a. bei der Finite-Element-Diskretisierung von Eigenwertaufgaben auftritt. Mit den Mitteln aus §9.5 wird gezeigt, dass die Inverse der Massematrix wieder im $\mathcal{H}$-Format darstellbar ist. Dies Resultat wird benötigt, um in §11.2.5 die Inverse der Finite-Element-Matrix zu diskutieren (vgl. Satz 11.2.8).

11.1 Inverse der Massematrix

Die Massematrix (Gram-Matrix) $M \in \mathbb{R}^{I \times I}$ mit $M_{ij} = \int_\Omega \phi_i(x)\phi_j(x)\mathrm{d}x$ ist die Finite-Element-Approximation der Identität im Finite-Element-Raum V_n (vgl. (1.24)). Aus Lemma C.5.1 stammt die Darstellung

$$M = RP$$

mit der Prolongation

$$P : \mathbb{R}^n \to V_n, \quad \mathbf{v} = (v_j)_{j \in I} \mapsto v = \sum_{j \in I} v_j \phi_j$$

und der Restriktion

W. Hackbusch, *Hierarchische Matrizen*, DOI 10.1007/978-3-642-00222-9_11,

$$R := P^* : V_n \to \mathbb{R}^I, \quad (Rv)_j = \int_\Omega v(x)\phi_j(x)\mathrm{d}x.$$

M ist positiv definit, und die extremen Eigenwerte $\mu_{\min}$ und $\mu_{\max}$ ergeben die besten Schranken in der Ungleichung $\sqrt{\mu_{\min}}\,\|\mathbf{v}\|_2 \le \|P\mathbf{v}\|_2 \le \sqrt{\mu_{\max}}\,\|\mathbf{v}\|_2$ ($\mathbf{v} \in \mathbb{R}^I$) (vgl. Lemma C.5.1). Wenn die finiten Elemente $t \in \mathcal{T}$ sämtlich vergleichbare Größe haben, d.h.

$$\mathrm{diam}(t)/\,\mathrm{diam}(t') \le C_q \qquad \text{für alle } t, t' \in \mathcal{T},$$

heißt $\mathcal{T}$ *quasi-uniform.*

Lemma 11.1.1. *Wenn $\mathcal{T}$ quasi-uniform und formregulär ist (vgl. (6.12a)), sind die Normen $\|P\mathbf{v}\|_2/\mathrm{vol}(\Omega)$ und $\|\mathbf{v}\|_2/\sqrt{n}$ ($\mathbf{v} \in \mathbb{R}^I$) äquivalent mit einer von $n = \#I$ unabhängigen Konstanten. Damit ist insbesondere die Kondition $\mathrm{cond}(M) = \mu_{\max}/\mu_{\min}$ unabhängig von $n = \#I$ beschränkt.*[1]

Beweis. Man vergleiche z.B. [67, Bemerkung 8.8.4]. ∎

Für positiv definite, wohlkonditionierte Matrizen lässt sich allgemein das nachfolgende Lemma 11.1.3 beweisen. Zu den hier benötigten Begriffen des Matrixgraphen und des Abstandes δ vergleiche man Definition A.1.1 und (A.1).

Für stückweise lineare Elemente und die nachfolgenden Schlüsse sei die Elementgröße durch

$$h := \text{maximale Seitenlänge der Elemente } t \in \mathcal{T} \tag{11.1}$$

beschrieben. Wir gehen im Weiteren davon aus, dass

- jeder Index $i \in I$ eineindeutig einem Knoten $\xi_i \in \mathbb{R}^d$ zugeordnet ist (zum Fall, dass verschiedene i, j dem gleichen Knoten $\xi_i = \xi_j$ entsprechen, vergleiche man Seite 97),
- der Träger X_i von ϕ_i besteht aus allen Dreiecken der Triangulation $\mathcal{T}$, die den Knotenpunkt ξ_i als Eckpunkt besitzen (vgl. Abbildung 11.1).

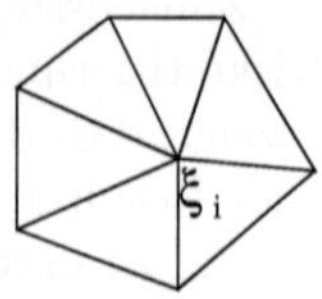

Abb. 11.1. Träger X_i einer Basisfunktion

Die letzte Bedingung legt die Wahl von ξ_i fest.

Anmerkung 11.1.2. a) Wird der Knotenpunkt $x_i \in X_i$ wie oben gewählt, ist h eine obere Schranke des Radius von X_i:

$$\max\{\|\xi_i - x\|_2 : x \in X_i\} = \mathrm{dist}(\xi_i, \mathbb{R}^d \backslash X_i) \le h.$$

b) Sei $\{i = i_0, i_1, \ldots, i_\delta = j\}$ ein Pfad in $G(M)$ von i nach j der Länge $\delta \in \mathbb{N}_0$. Dann gilt für die entsprechenden Knotenpunkte $\|\xi_i - \xi_j\|_2 \le \delta h$. Ferner ist $\delta \ge 2 + \mathrm{dist}(X_i, X_j)/h$, wenn $\mathrm{dist}(X_i, X_j) > 0$ oder $X_i \cap X_j$ das Maß null besitzt.

[1] Beide Werte $\mu_{\min}$ und $\mu_{\max}$ sind schrittweitenabhängig (vgl. (C.27)), nicht aber ihr Quotient.

Beweis. a) Die Menge $\{\|\xi_i - x\|_2 : x \in X_i\}$ nimmt ihre Maxima in den Eckpunkten an. Zu jedem Eckpunkt x' von X_i gibt es aber ein Dreieck $t \in \mathcal{T}$, sodass die Strecke $\overline{\xi_i x'}$ mit einer Seite von t übereinstimmt. Somit gilt $\|\xi_i - x'\|_2 \le h$.

b) Wenn (i_m, i_{m+1}) eine Kante in $G(M)$ beschreibt, muss $M_{i_m,i_{m+1}} \neq 0$ gelten. Damit müssen sich die Träger X_{i_m} und $X_{i_{m+1}}$ in inneren Punkten überschneiden. Dieser Fall tritt nur auf, wenn der Knotenpunkt $\xi_{i_{m+1}}$ einer der Eckpunkte von X_{i_m} ist oder mit ξ_{i_m} übereinstimmt. Folglich gilt $\|\xi_{i_m} - \xi_{i_{m+1}}\|_2 \le h$. Für einen Pfad der Länge δ folgt mit der Dreiecksungleichung entsprechend $\|\xi_i - \xi_j\|_2 \le \delta h$.

c) Sei $\delta \ge 2$. Wegen $\xi_{i_1} \in X_i$ und $\xi_{i_{\delta-1}} \in X_j$ ist $\operatorname{dist}(X_i, X_j) \le \|\xi_{i_1} - \xi_{i_{\delta-1}}\|_2 \le (\delta - 2)\, h$, woraus die weitere Behauptung folgt. ∎

Die Massematrix ist positiv definit, und definitionsgemäß sind die Normen und die extremen Eigenwerte durch $\mu_{\min} = \|M^{-1}\|_2^{-1}$ und $\mu_{\max} = \|M\|_2$ verbunden. In der Ungleichung (9.22b) des Kriteriums 9.5.3 wird eine Konstante c_2 benötigt, die im folgenden Lemma charakterisiert wird.

Lemma 11.1.3. *Seien $\mu_{\min}$ und $\mu_{\max}$ die extremen Eigenwerte der Massematrix M. Mit h aus (11.1) ist*

$$|(M^{-1})_{ij}| \le C\,\|M^{-1}\|_2\, q^{1+\operatorname{dist}(X_i,X_j)/h} \quad \textit{für alle } i,j \in I \textit{ mit } \delta(i,j) \ge 2,$$

wobei $C := \frac{r-1}{2r}$ und $q := \frac{\sqrt{r}-1}{\sqrt{r}+1} \in (0,1)$ mit $r := \operatorname{cond}(M) = \mu_{\max}/\mu_{\min}$. Damit gilt die Ungleichung (9.22b) mit $c_2 := C\,\|M^{-1}\|_2\, q$. Bedingungen, unter denen $r = \operatorname{cond}(M)$ unabhängig von der Problemgröße n beschränkt ist, sind in Lemma 11.1.1 angegeben.

Beweis. Lemma 9.5.4 liefert $|(M^{-1})_{ij}| \le \hat{c}\, q^{\delta(i,j)}$ mit Konstanten, die in (9.23) angegeben sind. Aus

$$\begin{aligned}
\hat{c}\, q^{\delta(i,j)} &= \frac{(1+\sqrt{r})^2}{2ar} q^{\delta(i,j)} = C \frac{(1+\sqrt{r})^2}{a\,(r-1)} q^{\delta(i,j)} \underset{\delta(i,j) \ge 2 + \operatorname{dist}(X_i,X_j)/h}{\le} \\
&\le C \frac{(1+\sqrt{r})^2 q}{a\,(\sqrt{r}-1)\,(\sqrt{r}+1)}\, q^{1+\operatorname{dist}(X_i,X_j)/h} \\
&= C \frac{1}{\mu_{\min}}\, q^{1+\operatorname{dist}(X_i,X_j)/h} = C\,\|M^{-1}\|_2\, q^{1+\operatorname{dist}(X_i,X_j)/h}
\end{aligned}$$

folgt die Behauptung. ∎

Die Ungleichung

$$\operatorname{vol}(X_i) \ge c_v h^d \tag{11.2}$$

ist eine Folge der Formregularität und Quasiuniformität des Finite-Element-Gitters. Die Träger X_i können überlappen, aber unter der Annahme der Formregularität ist die Zahl der Überlappungen beschränkt. Dies wird in der folgenden Ungleichung ausgedrückt: Es gibt eine Konstante $c_M > 0$, sodass

$$c_M \operatorname{vol}(X_\tau) \geq \sum_{i\in\tau} \operatorname{vol}(X_i). \tag{11.3}$$

Lemma 11.1.4. *Aus (11.2) und (11.3) folgt die in (9.22a) verlangte Ungleichung*

$$\operatorname{diam}(X_\tau)^d \geq C_1 h^d \#\tau \qquad \text{mit } C_1 := \frac{c_v}{\omega_d c_M},$$

wobei ω_d das Volumen der d-dimensionalen Einheitskugel ist.

Beweis. X_τ ist in einer Kugel mit dem Radius $\operatorname{diam}(X_\tau)$ enthalten, sodass $(\operatorname{diam}(X_\tau))^d \geq \operatorname{vol}(X_\tau)/\omega_d$. Andererseits erhält man aus (11.3) und (11.2), dass $\operatorname{vol}(X_\tau) \geq \frac{1}{c_M}\sum_{i\in\tau}\operatorname{vol}(X_i) \geq \frac{c_v}{c_M} h^d \#\tau$. ∎

Satz 11.1.5. *Als Zulässigkeitsbedingung sei (5.9a) mit (5.5a) angenommen. Das Finite-Element-Gitter sei formregulär und quasiuniform (insbesondere gelte (11.2), (11.3) und $\operatorname{cond}(M) = \mathcal{O}(1)$, vgl. Lemma 11.1.1). $T(I\times I)$ sei stufentreu.*[2] *Dann existiert für alle $\varepsilon > 0$ eine Matrix $N_\mathcal{H} \in \mathcal{H}(P, k_\varepsilon)$, die die Inverse der Massematrix approximiert:*

$$\|M^{-1} - N_\mathcal{H}\|_2 \leq \varepsilon \|M^{-1}\|_2 \tag{11.4}$$

$$\text{mit } k_\varepsilon = \mathcal{O}(\log^d(\tfrac{L}{\varepsilon})) \text{ und } L = 1 + \operatorname{depth}(T(I\times I, P)).$$

Beweis. In Kriterium 9.5.3 (mit M ersetzt durch M^{-1}) ist (9.22a) mit $C_1 := \frac{c_v}{\omega_d c_M}$ (vgl. Lemma 11.1.4) und (9.22b) mit $c_2 := C\,\|M^{-1}\|_2\, q$ (vgl. Lemma 11.1.3) erfüllt. Die dort bewiesene Fehlerabschätzung lautet damit

$$\|M^{-1} - N_\mathcal{H}\|_2 \leq \|M^{-1}\|_2 \cdot C_{\mathrm{sp}}(P)\,(1 + \operatorname{depth}(T(I\times I, P))) \cdot const \cdot \rho^{k^{1/d}} \tag{11.4'}$$

mit n-unabhängigen Größen $C_{\mathrm{sp}}(P)$, *const* und $\rho < q^{C_1/\eta}$ (η aus (5.9a)). Damit folgt (11.4) für $k = k_\varepsilon = \mathcal{O}(\log^d(\frac{L}{\varepsilon}))$ mit $L = 1 + \operatorname{depth}(T(I\times I, P))$. ∎

Die Ungleichung (11.4) beschreibt den relativen Fehler bezüglich der Spektralnorm. Im Weiteren wird die Norm von $P(M^{-1} - N_\mathcal{H})R : L^2(\Omega) \to L^2(\Omega)$ interessant sein.

Korollar 11.1.6. *Unter den Voraussetzungen*[3] *von Satz 11.1.5 gilt die Ungleichung*

$$\|M^{1/2}(M^{-1} - N_\mathcal{H})M^{1/2}\|_2 = \|P(M^{-1} - N_\mathcal{H})R\|_{L^2(\Omega)\leftarrow L^2(\Omega)} \tag{11.5a}$$

$$\leq C_{\mathrm{sp}}(P)\,(1 + \operatorname{depth}(T(I\times I, P))) \cdot const' \cdot \rho^{k^{1/d}} \tag{11.5b}$$

wie in (11.4'), wobei $const' := const \cdot \operatorname{cond}(M)$ mit const aus (11.4'). Wie in Satz 11.1.5 existiert für alle $\varepsilon > 0$ eine Matrix $N_\mathcal{H} \in \mathcal{H}(P, k_\varepsilon)$, sodass

$$\|M^{1/2}(M^{-1} - N_\mathcal{H})M^{1/2}\|_2 \leq \varepsilon \text{ mit } k_\varepsilon = \mathcal{O}(\log^d(\tfrac{1+\operatorname{depth}(T(I\times I,P))}{\varepsilon})). \tag{11.5c}$$

[2] Diese Voraussetzung wird in Lemma 6.5.8 benötigt.

[3] Es reichen die Ungleichung (11.4) und die Bedingung $\operatorname{cond}(M) = \mathcal{O}(1)$.

Beweis. Die Gleichheit in (11.5a) folgt aus (C.29d). Ferner ist

$$\begin{aligned}&\|M^{1/2}(M^{-1} - N_{\mathcal{H}})M^{1/2}\|_2 \le \|M^{1/2}\|_2\|M^{-1} - N_{\mathcal{H}}\|_2\|M^{1/2}\|_2\\ &= \|M^{-1} - N_{\mathcal{H}}\|_2\|M^{1/2}\|_2^2 = \|M^{-1} - N_{\mathcal{H}}\|_2\|M\|_2.\end{aligned}$$

Mit (11.4') erreicht man

$$\begin{aligned}&\|M^{1/2}(M^{-1} - N_{\mathcal{H}})M^{1/2}\|_2\\ &\le \|M^{-1}\|_2\|M\|_2 \cdot C_{\mathrm{sp}}(P)\,(1 + \mathrm{depth}(T(I \times I, P))) \cdot \mathit{const} \cdot \rho^{k^{1/d}}.\end{aligned}$$

Da $\|M^{-1}\|_2\|M\|_2 = \mathrm{cond}(M) = \mathcal{O}(1)$, folgt die Behauptung. ∎

11.2 Der Green-Operator und seine Galerkin-Diskretisierung

11.2.1 Das elliptische Problem

Der im Folgenden untersuchte Differentialoperator ist

$$Lu = -\operatorname{div}(C(x)\operatorname{grad} u) \qquad \text{in } \Omega, \tag{11.6}$$

wobei $\Omega \subset \mathbb{R}^d$ ein beschränktes Lipschitz[4]-Gebiet sei.

Die Randwertaufgabe lautet

$$\begin{aligned} Lu &= f && \text{in } \Omega,\\ u &= 0 && \text{auf } \Gamma := \partial\Omega. \end{aligned} \tag{11.7}$$

Hierbei ist hervorzuheben, dass wir für die $d \times d$-Koeffizientenmatrix *keine Regularität* außer der Beschränktheit $C(\cdot) \in L^\infty(\Omega)$ annehmen wollen. Die gleichmäßige Elliptizität wird durch die Ungleichungen

$$0 < \lambda_{\min} \le \lambda \le \lambda_{\max} \text{ für alle Eigenwerte } \lambda \in \sigma(C(x)) \text{ und fast alle } x \in \Omega \tag{11.8}$$

beschrieben. Das Verhältnis

$$\kappa_C = \lambda_{\max}/\lambda_{\min} \tag{11.9}$$

ist eine obere Schranke aller Spektralkonditionen $\mathrm{cond}_2\, C(x)$. Man beachte aber, dass die Extrema $\lambda_{\min}$ und $\lambda_{\max}$ nicht für das gleiche $x \in \Omega$ angenommen werden müssen.

Die Variationsformulierung (1.20a) lautet hier

$$\begin{aligned} &a(u,v) = \textstyle\int_\Omega f(x)v(x)\mathrm{d}x =: f(v)\\ &\text{mit} \quad a(u,v) := \textstyle\int_\Omega \langle C(x)\operatorname{grad} u(x), \operatorname{grad} v(x)\rangle\, \mathrm{d}x. \end{aligned} \tag{11.10}$$

---

[4] Rudolf Otto Sigismund Lipschitz, geboren am 14. Mai 1832 in Königsberg, gestorben am 7. Okt. 1903 in Bonn.

Nach Festlegung der Basis in (C.22) für den Unterraum $V_n \subset V = H_0^1(\Omega)$ ist die Finite-Elemente-Matrix A gemäß (C.33) durch $A_{ij} = a(\phi_j, \phi_i)$ definiert.

Abschließend sei vermerkt, dass die folgenden Aussagen auch dann gelten, wenn L weitere Terme erster und nullter Ordnung mit L^∞-Koeffizienten enthält (vgl. Bebendorf [8]). Elliptische *Systeme* – insbesondere die Lamé-Gleichungen – sind in der Dissertation [126] untersucht worden. Zum Verhalten der $\mathcal{H}$-Matrixmethode bei dominanter Konvektion vergleiche man Le Borne [107] und Grasedyck-Le Borne [63].

11.2.2 Die Green-Funktion

Für alle $x, y \in \Omega$ ist die Green-Funktion $G(x,y)$ als Lösung von $LG(\cdot,y) = \delta_y$ mit $G(\cdot,y)|_\Gamma = 0$ definiert (L und die Beschränkung auf Γ beziehen sich auf die erste Variable $\cdot$), wobei δ_y die Dirac-Distribution bei $y \in \Omega$ ist. Die Green-Funktion ist der Schwartz[5]-Kern der Inversen L^{-1}, d.h. die Lösung von (11.7) lässt sich schreiben als

$$u(x) = \int_\Omega G(x,y)\, f(y)\, \mathrm{d}y.$$

Für $L = -\Delta$ (d.h. $C(x) = I$) ist die Greensche Funktion in Ω analytisch. Da hier die Koeffizientenmatrix $C(x)$ nur beschränkt ist, braucht G nicht einmal stetig differenzierbar zu sein. Die Existenz der Greensche Funktion ist für $d \geq 3$ von Grüter-Widman [65] bewiesen. Zudem ist die Abschätzung

$$|G(x,y)| \leq \frac{C_G}{\lambda_{\min}} |x-y|^{2-d} \qquad \begin{pmatrix} C_G = C_G(\kappa_C) \text{ mit } \kappa_C \text{ aus (11.9),} \\ \lambda_{\min} \text{ aus (11.8)} \end{pmatrix} \tag{11.11a}$$

gezeigt. Für $d = 2$ findet sich der Existenzbeweis bei Doltzmann-Müller [38], wobei in diesem Falle

$$|G(x,y)| \leq \frac{C_G}{\lambda_{\min}} \log|x-y| \tag{11.11b}$$

gilt.

11.2.3 Der Green-Operator $\mathcal{G}$

Auf Grund von (11.11a,b) ist der Integraloperator

$$\left(L^{-1}f\right)(x) = \left(\mathcal{G}f\right)(x) := \int_\Omega G(x,y) f(y) \mathrm{d}y \qquad (x \in \Omega) \tag{11.12}$$

wohldefiniert. Dieser Green-Operator ist allerdings praktisch nicht zugänglich, da die Greensche Funktion G im Allgemeinen nicht explizit bekannt ist. Wir verwenden $\mathcal{G}$ aber hier nur für theoretische Überlegungen.

[5] Laurent Schwartz, geboren am 5. März 1915 in Paris, gestorben am 4. Juli 2002.

Lemma 11.2.1. *Unter den obigen Voraussetzungen (d.h. L gleichmäßig elliptisch mit unterer Schranke $\lambda_{\min}$, Ω beschränkt*[6]*, Dirichlet-Nullrandbedingung) gilt $\mathcal{G} \in \mathcal{L}\left(L^2(\Omega), L^2(\Omega)\right)$. Genauer lautet die Schranke*

$$\|\mathcal{G}\|_{L^2(\Omega)\leftarrow L^2(\Omega)} \leq \operatorname{diam}(\Omega)^2/\lambda_{\min}. \tag{11.13}$$

Beweis. Sei $u = \mathcal{G}f \in H_0^1(\Omega)$ mit $f \in L^2(\Omega)$. Aus (11.8) folgt $a(u,u) \geq \lambda_{\min}\|\nabla u\|_{L^2(\Omega)}^2$. Für ein beschränktes Gebiet Ω und Funktionen $u \in H_0^1(\Omega)$ gilt die Abschätzung $\|u\|_{L^2(\Omega)}^2 \leq \operatorname{diam}(\Omega)^2\|\nabla u\|_{L^2(\Omega)}^2$, sodass

$$\|u\|_{L^2(\Omega)}^2 \leq \operatorname{diam}(\Omega)^2\|\nabla u\|_{L^2(\Omega)}^2 \leq \frac{\operatorname{diam}(\Omega)^2}{\lambda_{\min}}a(u,u).$$

Andererseits ist $a(u,u) = (f,u)_{L^2(\Omega)} \leq \|f\|_{L^2(\Omega)}\|u\|_{L^2(\Omega)}$, woraus nach Division durch $\|u\|_{L^2(\Omega)}$ die behauptete Ungleichung folgt. ∎

Es sei angemerkt, dass man im Allgemeinen $\|\mathcal{G}\|_{L^2(\Omega)\leftarrow L^2(\Omega)}$ nicht durch die Hilbert-Schmidt-Norm $\|\mathcal{G}\|_{\mathrm{F}} = \|G\|_{L^2(\Omega\times\Omega)}$ (vgl. (C.19)) ersetzen darf, da G mit der Singularität (11.11a) für $d \geq 4$ nicht mehr in $\Omega \times \Omega$ quadratintegrabel ist.

11.2.4 Galerkin-Diskretisierung von $\mathcal{G}$ und der Zusammenhang mit A^{-1}

Die Galerkin-Diskretisierungsmatrix zu $\mathcal{G}$ aus (11.12) ist $B := R\mathcal{G}P$ mit den Komponenten

$$B_{ij} := \int_\Omega\int_\Omega \phi_i(x)G(x,y)\phi_j(y)\mathrm{d}x\mathrm{d}y \qquad (i,j \in \mathcal{I}), \tag{11.14}$$

wobei für ϕ_i die Finite-Element-Basis verwendet wird.

Zwei unterschiedliche Finite-Element-Fehlerabschätzungen können aufgestellt werden. Die $L^2(\Omega)$-orthogonale Projektion lautet

$$Q_h := PM^{-1}R : L^2(\Omega) \to V_h, \quad \text{d.h.}$$
$$(Q_h u, v_h)_{L^2} = (u, v_h)_{L^2} \quad \text{für alle } u \in V \text{ und } v_h \in V_h$$

(M ist die Massematrix). Der zugehörige Fehler ist

$$e_h^Q(u) := \|u - Q_h u\|_{L^2(\Omega)}.$$

Andererseits ist die Finite-Element-Approximation verbunden mit der *Ritz*[7]*-Projektion*

[6] Es reicht, dass Ω in *einer* Raumrichtung beschränkt ist, d.h. nach geeigneter Drehung und Verschiebung gelte $\Omega \subset \{x \in \mathbb{R}^d : 0 \leq x_1 \leq \delta\}$. Dann kann im Weiteren $\operatorname{diam}(\Omega)$ durch die Streifenbreite δ ersetzt werden.

[7] Walter Ritz, geboren am 22. Februar 1878 in Sion (Sitten), gestorben am 7. Juli 1909 in Göttingen.

$$Q_{\mathrm{Ritz},h} = PA^{-1}RL : V \to V_h$$

(vgl. [67, §8.2.3]). Ist $u \in V$ die Lösung des Variationsproblems $a(u,v) = f(v)$ (vgl. (11.10)), so ist $u_h = Q_{\mathrm{Ritz},h}u$ die Finite-Element-Lösung. Der Finite-Element-Fehler ist

$$e_h^P(u) := \|u - Q_{\mathrm{Ritz},h}u\|_{L^2(\Omega)}.$$

Da die $L^2(\Omega)$-orthogonale Projektion die optimale ist, d.h. $e_h^Q(u) \le e_h^P(u)$, reicht der Fehler e_h^P für eine Abschätzung. Die schwächste Form der Finite-Element-Konvergenz lautet

$$e_h^P(u) \le \varepsilon_h \|f\|_{L^2(\Omega)} \qquad \text{für alle } u = \mathcal{G}f,\ f \in L^2(\Omega), \tag{11.15}$$

wobei $\varepsilon_h \to 0$ für $h \to 0$, d.h., $\varepsilon_h = o(1)$, wie in Lemma C.5.8 beweisen wird. Nur unter weiteren Glattheitsbedingungen an die Koeffizientenmatrix C (vgl. (11.6)) und unter Regularitätsannahmen kann man ein besseres Verhalten $\varepsilon_h = \mathcal{O}(h^\sigma)$ mit $\sigma \in (0,2]$ erwarten.

Das folgende Lemma zeigt, dass $M^{-1}BM^{-1}$ eine Näherung für A^{-1} darstellt.

Lemma 11.2.2. *ε_h sei die Größe aus (11.15). Dann gilt mit der Norm $|||\cdot|||$ aus (6.25) die Abschätzung*

$$|||MA^{-1}M - B||| = \|PA^{-1}R - PM^{-1}BM^{-1}R\|_{L^2(\Omega)\leftarrow L^2(\Omega)} \le 2\varepsilon_h. \tag{11.16}$$

Beweis. $|||MA^{-1}M - B||| = \|PA^{-1}R - PM^{-1}BM^{-1}R\|_{L^2(\Omega)\leftarrow L^2(\Omega)}$ folgt aus der Definition (6.25). Wegen $B = R\mathcal{G}P$ ist

$$PM^{-1}BM^{-1}R = PM^{-1}R\mathcal{G}PM^{-1}R = Q_h\mathcal{G}Q_h.$$

Wir haben $\left(PA^{-1}R - Q_h\mathcal{G}Q_h\right)f$ für $f \in L^2(\Omega)$ abzuschätzen. Da $Rf = 0$ für $f \in V_h^\perp$, reicht es, $f \in V_h$ zu verwenden. $u_h := PA^{-1}Rf$ ist die Finite-Element-Lösung zu $Lu = f$, während $Q_h\mathcal{G}Q_hf = Q_h\mathcal{G}f = Q_hu$ die $L^2(\Omega)$-Projektion der Lösung u von $Lu = f$ auf V_h darstellt. Mit der Ritz-Projektion $Q_{\mathrm{Ritz},h}$ schreibt sich der Ausdruck als

$$\begin{aligned}\left(PA^{-1}R - Q_h\mathcal{G}Q_h\right)f &= u_h - Q_hu = Q_{\mathrm{Ritz},h}u - Q_hu \\ &= (u - Q_hu) - (u - Q_{\mathrm{Ritz},h}u)\end{aligned}$$

und lässt sich mit

$$\|\left(PA^{-1}R - Q_h\mathcal{G}Q_h\right)f\|_{L^2(\Omega)} \le e_h^Q(u) + e_h^P(u) \le 2e_h^P(u) \le 2\varepsilon_h\|f\|_{L^2(\Omega)}$$

abschätzen. Damit ist die behauptete Ungleichung (11.16) bewiesen. ■

Korollar 11.2.3. *Eine äquivalente Formulierung der obigen Norm ist*

$$|||MA^{-1}M - B||| = \|M^{1/2}A^{-1}M^{1/2} - M^{-1/2}BM^{-1/2}\|_2.$$

Eine Folgerung ist die Ungleichung

$$\|A^{-1} - M^{-1}BM^{-1}\|_2 \le |||MA^{-1}M - B|||\,\|M^{-1}\|_2 \le 2\,\|M^{-1}\|_2\,\varepsilon_h.$$

Beweis. Zum ersten Teil vergleiche man (6.25). Der zweite Teil folgt aus

$$\begin{aligned}&\|A^{-1} - M^{-1}BM^{-1}\|_2\\&= \|M^{-1/2}\left(M^{1/2}A^{-1}M^{1/2} - M^{-1/2}BM^{-1/2}\right)M^{-1/2}\|_2\\&\le \|M^{-1/2}\|_2\|M^{1/2}A^{-1}M^{1/2} - M^{-1/2}BM^{-1/2}\|_2\|M^{-1/2}\|_2\end{aligned}$$

und $\|M^{-1/2}\|_2^2 = \|M^{-1}\|_2$ sowie (11.16). ∎

Es sei festgehalten, dass B ebenso wie $\mathcal{G}$ beschränkt ist, denn wegen $|||B||| = \|Q_h\mathcal{G}Q_h\|_{L^2(\Omega)\leftarrow L^2(\Omega)}$ gilt die

Anmerkung 11.2.4. Es ist $|||B||| \le \|\mathcal{G}\|_{L^2(\Omega)\leftarrow L^2(\Omega)}$.

Die weiteren Überlegungen sehen wie folgt aus. In §11.3 wird gezeigt, dass B durch eine $\mathcal{H}$-Matrix $B_\mathcal{H}$ gut approximiert werden kann. Nach Satz 11.1.5 ist bekannt, dass die Massematrix-Inverse M^{-1} eine $\mathcal{H}$-Matrixapproximation $N_\mathcal{H}$ besitzt. Gemäß Lemma 7.4.5 ergibt das Produkt $N_\mathcal{H}B_\mathcal{H}N_\mathcal{H}$ wieder eine $\mathcal{H}$-Matrix, die $M^{-1}BM^{-1}$ approximiert. Da zusätzliche Fehler von der Größe des Diskretisierungsfehlers ε_h akzeptierbar sind, sind $\mathcal{H}$-Matrix-Näherungen von $M^{-1}BM^{-1}$ auch gute Approximationen von A^{-1} (vgl. (11.16)).

11.2.5 Folgerungen aus separabler Approximation der Greenschen Funktion

Wir greifen dem Abschnitt §11.3 voraus und nehmen an, dass die Greensche Funktion eine separable Approximation erlaubt:

$$G(x,y) \approx G_k(x,y) = \sum_{i=1}^{k} u_i^{(k)}(x)v_i^{(k)}(y) \qquad \text{für } x \in X,\ y \in Y, \tag{11.17a}$$

wobei $X, Y \subset \Omega$ die übliche Zulässigkeitsbedingung

$$\min\{\operatorname{diam}(X), \operatorname{diam}(Y)\} \le \eta \operatorname{dist}(X,Y) \tag{11.17b}$$

erfüllen. Ferner falle der Approximationsfehler exponentiell, d.h. für die Integraloperatoren $\mathcal{G}_{XY}, \mathcal{G}_{k,XY} \in \mathcal{L}\left(L^2(Y), L^2(X)\right)$, die für $x \in X$ mittels

$$\left(\mathcal{G}_{XY}f\right)(x) := \int_Y G(x,y)f(y)\mathrm{d}y, \quad \left(\mathcal{G}_{k,XY}f\right)(x) := \int_Y G_k(x,y)f(y)\mathrm{d}y$$

definiert sind, gelte

$$\begin{aligned}&\|\mathcal{G}_{XY} - \mathcal{G}_{k,XY}\|_{L^2(X)\leftarrow L^2(Y)} \le \varepsilon\|\mathcal{G}\|_{L^2(\Omega)\leftarrow L^2(\Omega)}\\&\text{mit } \varepsilon = \varepsilon(k) \le C_1\exp(-c_2k^{c_3}),\ c_1, c_2, c_3 > 0\end{aligned} \tag{11.17c}$$

für alle $k \in \mathbb{N}$. Wir werden (11.17c) mit den Konstanten

$$c_1 \approx 1,\ c_2 \approx c_\eta^{d/(d+1)},\ c_3 = \frac{1}{d+1} \quad (c_\eta = \beta_0 e \text{ mit } \beta_0 \text{ aus (11.35d)}) \tag{11.17d}$$

zeigen[8]. Der Beweis benutzt allerdings eine weitere Annahme: Wenn das Minimum in (11.17b) von $\mathrm{diam}(X)$ [bzw. $\mathrm{diam}(Y)$] angenommen wird, sei X [bzw. Y] konvex. In der Praxis ist dies keine Einschränkung, da nach Konstruktion der Partition $P \subset T(I \times I)$ die Zulässigkeit der (Minimal-)Quader verwendet wird (vgl. Lemma 5.2.6) und diese konvex sind. Die Verifizierung von (11.17a-d) findet sich im Anschluss an den Beweis von Lemma 11.3.10.

Die Matrix B aus (11.14) wird offenbar durch $B_k \in \mathcal{H}(k,P)$ approximiert, wobei für $B_k|_b$ die Kernfunktion G in (11.14) durch die in diesem Block b zutreffende Approximation G_k aus (11.17a) ersetzt wird. Sei $b = \tau \times \sigma$. In diesem Fall sind X und Y durch X_τ und X_σ zu ersetzen (vgl. (5.5b)). Gemäß Satz 4.5.4 gilt

$$|||B|_b - B_k|_b||| \le \|\mathcal{G}_{X_\tau X_\sigma} - \mathcal{G}_{k,X_\tau X_\sigma}\|_{L^2(X_\tau)\leftarrow L^2(X_\sigma)}.$$

Mit (11.17c) folgt

$$|||B|_b - B_k|_b||| \le \varepsilon \|\mathcal{G}\|_{L^2(\Omega)\leftarrow L^2(\Omega)} \qquad \text{für alle } b \in P^+,$$

während im Nahfeld $B_k|_b := B|_b$ $(b \in P^-)$ gesetzt wird. Der Gesamtfehler beträgt nach Satz 6.5.13

$$|||B - B_k||| \le \mathcal{O}(\varepsilon \cdot C_{\mathrm{sp}}(P)\,\mathrm{depth}(T(I)))\ \|\mathcal{G}\|_{L^2(\Omega)\leftarrow L^2(\Omega)}.$$

Die Kombination dieser Ungleichung mit $C_{\mathrm{sp}}(P) = \mathcal{O}(1)$ (vgl. Lemma 6.4.9) und $\|\mathcal{G}\|_{L^2(\Omega)\leftarrow L^2(\Omega)} = \mathcal{O}(1)$ (vgl. (11.13)) zeigt

$$|||B - B_k||| \le \mathcal{O}(\varepsilon \cdot \mathrm{depth}(T(I))).$$

Damit ist das folgende Lemma bewiesen:

Lemma 11.2.5. *Die Voraussetzungen aus §11.2.1 mögen gelten und die Finite-Element-Triangulation sei formregulär. Die Partition $P \subset T(I \times I)$ sei mit der Zulässigkeitsbedingung (5.8) angewandt auf die Minimalquader definiert. Dann gilt für die oben definierte Matrix $B_k \in \mathcal{H}(k,P)$ die Fehlerabschätzung*

$$|||B - B_k||| \le \mathcal{O}(\varepsilon \cdot \mathrm{depth}(T(I))) \qquad \textit{mit } \varepsilon = \varepsilon(k) \le \exp(-c_2 k^{1/(d+1)})$$

für alle $k \in \mathbb{N}$ und mit der Konstanten c_2 aus (11.17d).

Anmerkung 11.2.6. a) Es sei daran erinnert, dass bei der üblichen Konstruktion des Clusterbaums $\mathrm{depth}(T(I)) = \mathcal{O}(\log \# I)$ gilt.

---

8 Dieser Wert von c_3 ist nicht optimal. Die Abschätzung sollte auch für $c_3 = \frac{1}{d-1}$ gelten.

b) Im Folgenden setzen wir $k_{\varepsilon,B} \geq \mathcal{O}\Big(\log^{d+1} \frac{\operatorname{depth}(T(I))}{\varepsilon}\Big)$, sodass

$$|||B - B_k||| \leq \varepsilon \qquad \text{für } k = k_{\varepsilon,B}. \tag{11.18}$$

c) Zusammen mit $|||B||| \leq \|\mathcal{G}\|_{L^2(\Omega)\leftarrow L^2(\Omega)} = \mathcal{O}(1)$ aus Anmerkung 11.2.4 und Lemma 11.2.1 ergibt sich für $\varepsilon \leq \mathcal{O}(1)$ somit

$$|||B_k||| \leq \mathcal{O}(1). \tag{11.19}$$

Da nach Lemma 11.2.2 $A^{-1} \approx M^{-1}BM^{-1}$ und $M^{-1} \approx N_{\mathcal{H}}$ (vgl. Satz 11.1.5) sowie $B \approx B_k$, verwenden wir

$$H := N_{\mathcal{H}} B_{k_{\varepsilon,B}} N_{\mathcal{H}} \tag{11.20}$$

als Approximanden der inversen Finite-Element-Matrix A^{-1}.

Lemma 11.2.7. *Zu $\varepsilon > 0$ seien $N_{\mathcal{H}} \in \mathcal{H}(k_\varepsilon, P)$ gemäß Satz 11.1.5 und $B_{k_{\varepsilon,B}} \in \mathcal{H}(k_{\varepsilon,B}, P)$ gemäß Lemma 11.2.5 gewählt. Dann ist das (exakte) Produkt H aus (11.20) eine hierarchische Matrix aus $\mathcal{H}(k_{\varepsilon,H}, P)$ mit*

$$k_{\varepsilon,H} = C_{\mathrm{U}}^2 \max\{k_\varepsilon, k_{\varepsilon,B}, n_{\min}\}, \tag{11.21}$$

wobei C_{U} in (7.46b) definiert und in (7.46c) abgeschätzt ist: $C_{\mathrm{U}} = \mathcal{O}(\log \#I)$.

Beweis. Für das exakte Produkt $N_{\mathcal{H}} B_{k_{\varepsilon,B}}$ gilt nach Satz 11.1.5, dass

$$N_{\mathcal{H}} B_{k_{\varepsilon,B}} \in \mathcal{H}(k_{NB}, P) \qquad \text{mit } k_{NB} = C_{\mathrm{U}} \max\{k_\varepsilon, k_{\varepsilon,B}, n_{\min}\}.$$

Die zweite Produktbildung $H = \left(N_{\mathcal{H}} B_{k_{\varepsilon,B}}\right) N_{\mathcal{H}}$ führt auf

$$k_{\varepsilon,H} = C_{\mathrm{U}} \max\{k_{NB}, k_\varepsilon, n_{\min}\}.$$

Da $C_{\mathrm{U}} \geq 1$, schließt man über $\max\{k_\varepsilon, n_{\min}\} \leq k_{NB}$ auf (11.21). ∎

Die sachgemäße Norm für den Fehler $A^{-1} - H$ ist

$$\begin{aligned} \|P\left(A^{-1} - H\right) R\|_{L^2(\Omega)\leftarrow L^2(\Omega)} &= \|M^{1/2}\left(A^{-1} - H\right) M^{1/2}\|_2 \\ &= |||MA^{-1}M - B||| \end{aligned} \tag{11.22a}$$

(vgl. (C.29d)). Mehrfache Verwendung der Dreiecksungleichung liefert

$$\begin{aligned} &\|P\left(A^{-1} - H\right) R\|_{L^2(\Omega)\leftarrow L^2(\Omega)} \\ &\quad \leq \|P\left(A^{-1} - M^{-1}BM^{-1}\right) R\|_{L^2(\Omega)\leftarrow L^2(\Omega)} \\ &\qquad + \|PM^{-1}\left(B - B_{k_{\varepsilon,B}}\right) M^{-1}R\|_{L^2(\Omega)\leftarrow L^2(\Omega)} \\ &\qquad + \|PM^{-1}B_{k_{\varepsilon,B}}\left(M^{-1} - N_{\mathcal{H}}\right) R\|_{L^2(\Omega)\leftarrow L^2(\Omega)} \\ &\qquad + \|P\left(M^{-1} - N_{\mathcal{H}}\right) B_{k_{\varepsilon,B}} N_{\mathcal{H}} R\|_{L^2(\Omega)\leftarrow L^2(\Omega)}. \end{aligned} \tag{11.22b}$$

Der erste Summand in (11.22b) ist in (11.16) durch die dort definierte Schranke ε_h abgeschätzt:

$$\|P\left(A^{-1} - M^{-1}BM^{-1}\right)R\|_{L^2(\Omega)\leftarrow L^2(\Omega)} \le 2\varepsilon_h. \tag{11.22c}$$

Der zweite Summand in (11.22b) kann wegen

$$\|PM^{-1}\left(B - B_{k_\varepsilon,B}\right)M^{-1}R\|_{L^2(\Omega)\leftarrow L^2(\Omega)} = |||B - B_{k_\varepsilon,B}|||$$

mittels Lemma 11.2.5 und (11.18) behandelt werden:

$$\|PM^{-1}\left(B - B_{k_\varepsilon,B}\right)M^{-1}R\|_{L^2(\Omega)\leftarrow L^2(\Omega)} \le \varepsilon. \tag{11.22d}$$

Der dritte Summand in (11.22b) wird aufgespalten in die Faktoren

$$\begin{aligned}
&\|PM^{-1}B_{k_\varepsilon,B}\left(M^{-1} - N_{\mathcal{H}}\right)R\|_{L^2(\Omega)\leftarrow L^2(\Omega)} \qquad\qquad (11.22e)\\
&\quad = \|\left[PM^{-1}B_{k_\varepsilon,B}M^{-1/2}\right]\left[M^{1/2}\left(M^{-1} - N_{\mathcal{H}}\right)R\right]\|_{L^2(\Omega)\leftarrow L^2(\Omega)}\\
&\quad \le \|PM^{-1}B_{k_\varepsilon,B}M^{-1/2}\|_{L^2(\Omega)\leftarrow\mathbb{R}^I}\|M^{1/2}\left(M^{-1} - N_{\mathcal{H}}\right)R\|_{\mathbb{R}^I\leftarrow L^2(\Omega)}\\
&\quad = |||B_{k_\varepsilon,B}|||\|M^{1/2}(M^{-1} - N_{\mathcal{H}})M^{1/2}\|_2\\
&\quad \le \mathcal{O}(1)\cdot\varepsilon = \mathcal{O}(\varepsilon),
\end{aligned}$$

wobei die vorletzte Zeile (C.29b-d) verwendet und die letzte Ungleichung aus (11.19) und (11.5c) folgt.

Der vierte Summand in (11.22b) wird analog behandelt:

$$\begin{aligned}
&\|P\left(M^{-1} - N_{\mathcal{H}}\right)B_{k_\varepsilon,B}N_{\mathcal{H}}R\|_{L^2(\Omega)\leftarrow L^2(\Omega)}\\
&\quad = \|\left[P\left(M^{-1} - N_{\mathcal{H}}\right)M^{1/2}\right]\left[M^{-1/2}B_{k_\varepsilon,B}N_{\mathcal{H}}R\right]\|_{L^2(\Omega)\leftarrow L^2(\Omega)}\\
&\quad \le \|P\left(M^{-1} - N_{\mathcal{H}}\right)M^{1/2}\|_{L^2(\Omega)\leftarrow\mathbb{R}^I}\|M^{-1/2}B_{k_\varepsilon,B}N_{\mathcal{H}}R\|_{\mathbb{R}^I\leftarrow L^2(\Omega)}\\
&\quad = \|M^{1/2}(M^{-1} - N_{\mathcal{H}})M^{1/2}\|_2\|PM^{-1}B_{k_\varepsilon,B}N_{\mathcal{H}}R\|_{L^2(\Omega)\leftarrow L^2(\Omega)}\\
&\quad = \varepsilon\|PM^{-1}B_{k_\varepsilon,B}N_{\mathcal{H}}R\|_{L^2(\Omega)\leftarrow L^2(\Omega)}\\
&\quad \le \varepsilon(\|PM^{-1}B_{k_\varepsilon,B}M^{-1}R\|_{L^2(\Omega)\leftarrow L^2(\Omega)}\\
&\qquad + \|PM^{-1}B_{k_\varepsilon,B}\left(M^{-1} - N_{\mathcal{H}}\right)R\|_{L^2(\Omega)\leftarrow L^2(\Omega)}).
\end{aligned}$$

Die vierte Zeile macht von (C.29b) Gebrauch. Der erste Normausdruck der letzten Zeile ist $\|PM^{-1}B_{k_\varepsilon,B}M^{-1}R\|_{L^2(\Omega)\leftarrow L^2(\Omega)} = |||B_k||| \le \mathcal{O}(1)$, der zweite wird in (11.22e) mit $\mathcal{O}(\varepsilon)$ abgeschätzt, sodass

$$\|P\left(M^{-1} - N_{\mathcal{H}}\right)B_{k_\varepsilon,B}N_{\mathcal{H}}R\|_{L^2(\Omega)\leftarrow L^2(\Omega)} \le \mathcal{O}(\varepsilon). \tag{11.22f}$$

Die Kombination von (11.22a-f) liefert das Endresultat:

Satz 11.2.8. *Vorausgesetzt seien die Annahmen aus §11.1, §11.2.1 sowie* $\operatorname{depth}(T(I)) = \mathcal{O}(\#I)$. *Der lokale Rang* $k_\varepsilon = \mathcal{O}(\log^d(\#I/\varepsilon))$ *von* $N_{\mathcal{H}} \in \mathcal{H}(k_\varepsilon, P)$

sowie $k_{\varepsilon,B} = \mathcal{O}(\log^{d+1}(\#I/\varepsilon))$ *von* $B_{k_{\varepsilon,B}} \in \mathcal{H}(k_{\varepsilon,B}, P)$ *zu vorgegebenem* $\varepsilon \in (0,1)$ *liefert mit* $H = N_{\mathcal{H}} B_{k_{\varepsilon,B}} N_{\mathcal{H}} \in \mathcal{H}(k_{\varepsilon,H}, P)$ *eine Approximation der inversen Finite-Element-Matrix* A^{-1} *mit dem Fehler*

$$\|P\left(A^{-1} - H\right) R\|_{L^2(\Omega)\leftarrow L^2(\Omega)} \leq \mathcal{O}(\varepsilon + \varepsilon_h), \tag{11.23}$$

wobei

$$\begin{aligned} k_{\varepsilon,H} &= C_{\mathrm{U}}^2 \max\{k_\varepsilon, k_{\varepsilon,B}, n_{\min}\} = \mathcal{O}\left(\log^2(\#I) k_{\varepsilon,B}\right) \\ &= \mathcal{O}\left(\log^{d+3}(\#I) + \log^2(\#I) \log^{d+1}(1/\varepsilon)\right), \end{aligned}$$

während ε_h *der Finite-Element-Konsistenzfehler aus (11.15) ist.*

Die naheliegende Wahl von ε ist $\varepsilon = \varepsilon_h$. Da bestenfalls $\varepsilon_h = \mathcal{O}(h^\alpha) = \mathcal{O}(\#I^{-\alpha/d})$ ($\alpha > 0$: Konsistenzordnung), stimmen $\log(\#I)$ und $\log(1/\varepsilon)$ in der Größenordnung überein und ergeben

$$\|P\left(A^{-1} - H\right) R\|_{L^2(\Omega)\leftarrow L^2(\Omega)} \leq \mathcal{O}(h^\alpha)$$

für ein $H \in \mathcal{H}(k_{\varepsilon_h,H}, P)$ mit $k_{\varepsilon_h,H} = \mathcal{O}\left(\log^{d+3}(\#I)\right)$.

Da die rechte Seite $\mathcal{O}(\varepsilon + \varepsilon_h)$ von (11.23) nicht kleiner als $\mathcal{O}(\varepsilon_h)$ werden kann, beweist die Abschätzung keine exponentielle Konvergenz für $\varepsilon \to 0$. Dies ist ein Artefakt des Beweises. Der Grund ist die Wahl von H, das aus einer anderen Diskretisierung stammt. Die numerischen Resultate zeigen eindeutig, dass unabhängig von ε_h der Bestapproximationsfehler $\min\{\|P\left(A^{-1} - M\right) R\|_{L^2(\Omega)\leftarrow L^2(\Omega)} : M \in \mathcal{H}(k, P)\}$ exponentiell mit $k \to \infty$ fällt.

11.3 Analysis der Greenschen Funktion

Das Ziel dieses Abschnittes ist es, für die Greensche Funktion eine separable Approximation der Form (11.17a), d.h.

$$G(x,y) \approx G^{(k)}(x,y) = \sum_{i=1}^{k} u_i(x) v_i(y) \qquad \text{in } X \times Y$$

zu zeigen, wobei $X, Y \subset \Omega$ eine Zulässigkeitsbedingung erfüllen.

Die Greensche Funktion G ist in $\Omega \times \Omega$ definiert. Sobald $X \subset \Omega$ und $Y \subset \Omega$ disjunkt sind, ist die Beschränkung von G auf $X \times Y$ *L-harmonisch*, d.h. G erfüllt die homogene Differentialgleichung $LG = 0$. Der Unterraum der L-harmonischen Funktionen wird anschließend in §11.3.1 diskutiert. Danach werden Approximationseigenschaften in diesem Unterräume diskutiert.

11.3.1 L-harmonische Funktionen und innere Regularität

$\Omega \subset \mathbb{R}^d$ ist das Definitionsgebiet des Differentialoperators L (vgl. (11.6), (11.7)). Im Folgenden soll der Raum $Z(D)$ der L-harmonischen Funktionen definiert werden. Sei dazu $D \subset \mathbb{R}^d$ ein Gebiet mit $\Omega \cap D \neq \emptyset$. Aus technischen Gründen[9] darf D zum Teil im Komplement von Ω liegen. In $D \backslash \Omega$ werden die Funktionen jedoch als Nullfunktion definiert. Darüberhin aus sollen $u \in Z(D)$ in $D \cap \Omega$ L-harmonisch und lokal zu H^1 gehören. Vor der präzisen Definition seien zunächst einige Anmerkungen angefügt:

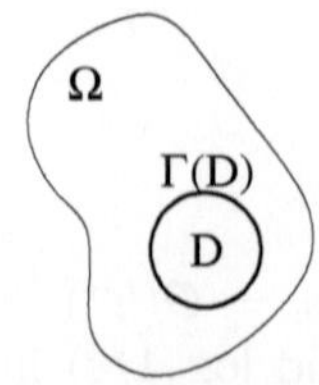

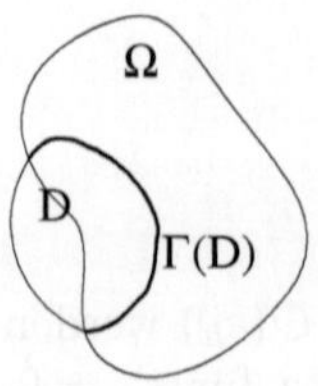

Abb. 11.2. Gebiete Ω, D, Γ_D

Eine Funktion, die $Lu = 0$ in einem Teilgebiet erfüllt, nennt man dort *L-harmonisch.* Insbesondere ist die Greensche Funktion $G(x, y)$ bezüglich beider Argumente x, y L-harmonisch[10], wenn $x \neq y$. Die hier geeignete schwache Formulierung, die von der Bilinearform aus (11.10) Gebrauch macht, findet sich in (11.25c).

Wenn $x \in \Omega \cap \partial D$, ist $u := G(x, \cdot)$ zwar L-harmonisch in D (da $x \notin D$), aber u gehört wegen der Singularität der Greenschen Funktion nicht zu $H^1(D)$. Deshalb wird nur die *lokale* H^1-Eigenschaft gefordert: $u \in H^1(K)$ für alle Gebiete $K \subset D$, die einen positiven Abstand von

$$\Gamma(D) := \Omega \cap \partial D \tag{11.24}$$

besitzen (vgl. Abbildung 11.2 und (11.25b)).

Für die späteren Konstruktionen ist es hilfreich, dass D über Ω hinausreichen darf. Wegen der Nullrandbedingung $G(x, y) = 0$ für $x \in \Omega$ und $y \in \partial\Omega$, gehört die Fortsetzung von $G(x, \cdot)$ mittels null in $D \backslash \Omega$ wieder lokal zu H^1. Bedingung (11.25a) ist eine leere Aussage, wenn $D \subset \Omega$ (oberer Fall in Abbildung 11.2).

Definition 11.3.1. *Seien $\Omega, D \subset \mathbb{R}^d$ und $\Gamma(D)$ aus (11.24). Dann sei $Z(D)$ der Raum aller $u \in L^2(D)$ mit den Eigenschaften*

$$u|_{D \backslash \Omega} = 0, \tag{11.25a}$$

$$u \in H^1(K) \qquad \textit{für alle } K \subset D \textit{ mit } \operatorname{dist}(K, \Gamma(D)) > 0, \tag{11.25b}$$

$$a(u, \varphi) = 0 \qquad \textit{für alle } \varphi \in C_0^\infty(D \cap \Omega). \tag{11.25c}$$

Anmerkung 11.3.2. Seien $Z(D)$ und $Z(D')$ die Unterräume zu $D' \subset D$. Für alle $u \in Z(D)$ gehört die Beschränkung $u|_{D'}$ zu $Z(D')$, was kurz in der Form

---

[9] Unter dieser Annahme kann D konvex gewählt werden, während $\Omega \cap D$ dies nicht zu sein braucht. Daher brauchen wir nicht vorauszusetzen, dass Ω konvex ist.

[10] Im Allgemeinen ist $G(x, y)$ L-harmonisch bezüglich $x \in \Omega \backslash \{y\}$, während es L^*-harmonisch bezüglich $y \in \Omega \backslash \{x\}$ ist, wobei L^* den zu L adjungierten Differentialoperator bezeichnet. Im Falle von (11.6) ist L jedoch selbstadjungiert: $L = L^*$. Die Verallgemeinerung auf den unsymmetrischen Fall würde aber keine Schwierigkeiten bereiten.

$Z(D)|_{D'} \subset Z(D')$ notiert werden kann. Falls $\operatorname{dist}(D', \Gamma(D)) > 0$, gilt sogar $Z(D)|_{D'} \subset Z(D') \cap H^1(D')$ (vgl. (11.25b)).

Als *innere Regularität* bezeichnet man die charakteristische Eigenschaft homogener Lösungen elliptischer Differentialgleichungen, in inneren Teilgebieten bessere Regularität als im Globalen aufzuweisen (vgl. [67, §9.1.6]). Hier wird speziell verwendet, dass für jede Funktion $u \in Z(D)$ in einem kleineren Gebiet K die Gradientennorm $\|\nabla u\|_{L^2(K\cap\Omega)}$ mittels $\|u\|_{L^2(D\cap\Omega)}$ abgeschätzt werden kann. Dank der Nullfortsetzung in $D\backslash\Omega$ (vgl. (11.25a)) dürfen auch die Normen $\|\nabla u\|_{L^2(K)}$ und $\|u\|_{L^2(D)}$ verwendet werden.

Lemma 11.3.3. *Seien Ω, D, $Z(D)$, $\Gamma(D)$ und $K \subset D$ mit* $\operatorname{dist}(K, \Gamma(D)) > 0$ *wie in Definition 11.3.1. $\kappa_C = \lambda_{\max}/\lambda_{\min}$ ist die Größe aus (11.8)). Dann gilt die sogenannte Cacciopoli-Ungleichung*

$$\|\nabla u\|_{L^2(K\cap\Omega)} \le \frac{2\sqrt{\kappa_C}}{\operatorname{dist}(K, \Gamma(D))}\|u\|_{L^2(D\cap\Omega)} \qquad \textit{für alle } u \in Z(D). \tag{11.26}$$

Beweis. Die Abschneidefunktion $\eta \in C^1(D)$ erfülle $0 \le \eta \le 1$ in D, $\eta = 1$ in K und $\eta = 0$ in einer Umgebung von $\Gamma(D)$ sowie $|\nabla\eta| \le 2/\delta$ in $D \cap \Omega$, wobei die Abkürzung

$$\delta := \operatorname{dist}(K, \Gamma(D))$$

verwandt wurde. Da $K' := \text{Träger}(\eta) \subset D$ die Bedingung $\operatorname{dist}(K', \Gamma(D)) > 0$ erfüllt, folgert man aus (11.25b), dass $u \in H^1(K')$. Die Funktion $\varphi := \eta^2 u \in H_0^1(D\cap\Omega)$ ist somit eine zulässige Testfunktion in der Variationsformulierung $a(u, \varphi) = 0$:

$$\begin{aligned} 0 &= \int_{D\cap\Omega} (\nabla u)^\top C(x) \nabla(\eta^2 u) dx \qquad (11.27) \\ &= 2\int_{D\cap\Omega} \eta u (\nabla u)^\top C(x)(\nabla\eta) dx + \int_{D\cap\Omega} \eta^2 (\nabla u)^\top C(x)(\nabla u) dx. \end{aligned}$$

Die Ungleichungskette

$$\begin{aligned} \int_{D\cap\Omega} \eta^2 \|C^{1/2}(x)\nabla u\|^2 \mathrm{d}x &= \int_{D\cap\Omega} \eta^2 (\nabla u)^\top C(x)(\nabla u)\mathrm{d}x \\ &\underset{(11.27)}{=} 2\left|\int_{D\cap\Omega} \eta u(\nabla u)^\top C(x)(\nabla\eta)\mathrm{d}x\right| \\ &\le 2\int_{D\cap\Omega} \eta\,|u|\,\|C^{1/2}(x)\nabla\eta\|\,\|C^{1/2}(x)\nabla u\|\,\mathrm{d}x \\ &\underset{\|C\|\le\lambda_{\max} \text{ wegen (11.8)},\ |\nabla\eta|\le 2/\delta}{\le} 4\frac{\sqrt{\lambda_{\max}}}{\delta}\int_{D\cap\Omega} |u|\,\eta\,\|C^{1/2}(x)\nabla u\|\,\mathrm{d}x \\ &\underset{\text{Schwarzsche Ungleichung}}{\le} 4\frac{\sqrt{\lambda_{\max}}}{\delta}\sqrt{\int_{D\cap\Omega} \eta^2\|C^{1/2}(x)\nabla u\|^2\mathrm{d}x}\ \|u\|_{L^2(D\cap\Omega)} \end{aligned}$$

kann durch $\sqrt{\int_{D\cap\Omega}\eta^2\|C^{1/2}(x)\nabla u\|^2 \mathrm{d}x} = \|\eta\, C^{1/2}(x)\nabla u\|_{L^2(D\cap\Omega)}$ dividiert werden:

$$\|\eta\, C^{1/2}(x)\nabla u\|_{L^2(D\cap\Omega)} \leq 4\frac{\sqrt{\lambda_{\max}}}{\delta}\|u\|_{L^2(D\cap\Omega)}.$$

Wegen $\eta = 1$ in K folgt

$$\begin{aligned}\|\nabla u\|_{L^2(K\cap\Omega)} &= \|\eta\nabla u\|_{L^2(K\cap\Omega)} \leq \|\eta\nabla u\|_{L^2(D\cap\Omega)} \\ &\underset{(11.8)}{\leq} \lambda_{\min}^{-1/2}\|\eta C^{1/2}(x)\nabla u\|_{L^2(D\cap\Omega)}.\end{aligned}$$

Zusammengenommen folgt die Behauptung mit (11.26) mit dem Faktor 4 statt 2. Die Bedingung $|\nabla\eta| \leq 2/\delta$ kann durch $|\nabla\eta| \leq (1+\varepsilon)/\delta$ für jedes $\varepsilon > 0$ ersetzt werden. Damit gilt (11.26) mit dem Faktor $2(1+\varepsilon)$ für alle $\varepsilon > 0$, also auch für 2. ∎

Lemma 11.3.4. *Der Teilraum $Z(D)$ ist in $L^2(D)$ abgeschlossen.*

Beweis. Die Folge $\{u_k\}_{k\in\mathbb{N}} \subset Z(D)$ konvergiere in $L^2(D)$ gegen u. Für u sind die Eigenschaft (11.25a-c) nachzuweisen.

a) Da $u_k|_{D\setminus\Omega} = 0$, folgt auch $u|_{D\setminus\Omega} = 0$, d.h. (11.25a).

b) Sei $K \subset D$ mit $\operatorname{dist}(K, \Gamma(D)) > 0$. Da $\|u_k\|_{L^2(D)}$ gleichmäßig beschränkt ist, ist nach Lemma 11.3.3 auch $\{\nabla u_k\}_{k\in\mathbb{N}}$ auf K und damit die Norm $\|u_k\|_{H^1(K)}$ gleichmäßig beschränkt. Erneute Anwendung von Lemma 11.3.3 auf $u_k - u_\ell$ zeigt $\|u_k - u_\ell\|_{H^1(K)} \leq C\|u_k - u_\ell\|_{L^2(D)} \to 0$. Da $H^1(K)$ vollständig ist, folgt $u \in H^1(K)$, d.h. (11.25b).

c) Sei $\varphi \in C_0^\infty(D\cap\Omega)$. Gemäß (11.25c) gilt $a(u_k, \varphi) = 0$. Nach Definition von $C_0^\infty(D\cap\Omega)$ liegt $K := \text{Träger}(\varphi)$ im Inneren von $D\cap\Omega$. Damit gehört das Funktional $a(\cdot, \varphi)$ zu $(H^1(K))'$ und die Konvergenz $u_k|_K \to u|_K$ in $H^1(K)$ aus Teil b) beweist $a(u, \varphi) = 0$, womit (11.25c) auch für u gilt. ∎

11.3.2 Approximation durch endlich-dimensionale Unterräume

Das nächste Lemma garantiert die Existenz eines Unterraumes $V_k \subset Z(D)$ der Dimension $k \in \mathbb{N}$, mit dem alle $u \in Z \cap H^1(D)$ mit explizit beschriebener Güte approximiert werden können. Der konkrete Raum $Z(D)$ der L-harmonischen Funktionen kann im Lemma durch jeden abgeschlossener Unterraum des $L^2(D)$ ersetzt werden.

Lemma 11.3.5. *Sei $D \subset \mathbb{R}^d$ ein konvexes Gebiet. Dann existiert für alle $k \in \mathbb{N}$ ein Unterraum $V_k \subset Z(D)$ der Dimension $\dim V_k \leq k$ mit*[11]

$$\begin{gathered}\operatorname{dist}_{L^2(D)}(u, V_k) \leq c_{\text{appr}}\frac{\operatorname{diam}(D)}{\sqrt[d]{k}}\|\nabla u\|_{L^2(D)} \\ \text{für alle } u \in Z\cap H^1(D), \quad \text{wobei } c_{\text{appr}} := \frac{2\sqrt{d}}{\pi}.\end{gathered} \tag{11.28}$$

[11] Alle Abstände und Durchmesser werden in der Euklidischen Norm des $\mathbb{R}^d$ gemessen, wenn nicht explizit anders angegeben.

Beweis. a) D ist in einem Würfel Q der Kantenlänge $\operatorname{diam}(D)$ enthalten. Sei z die Würfelmitte:

$$D \subset Q = \{x \in \mathbb{R}^d : \|x - z\|_\infty < \frac{1}{2} \operatorname{diam}(D)\}.$$

b) Zuerst sei $k = \ell^d$ angenommen. Wir unterteilen den Würfel Q gleichmäßig in k Unterwürfel Q_i der Kantenlänge $\operatorname{diam}(D)/\ell$ und setzen $D_i = D \cap Q_i$ $(i = 1, \ldots, k)$. Die D_i sind wieder konvex und ihr Durchmesser ist durch $\operatorname{diam}(D_i) \leq \frac{\sqrt{d}}{\ell} \operatorname{diam}(D)$ abschätzbar. Der Unterraum

$$W_k = \{v \in L^2(D) : v \text{ konstant auf } D_i \text{ für alle } i = 1, \ldots, k\}$$

hat die Dimension $\dim W_k \leq k$. Die Poincaré[12]-Ungleichung[13] zeigt für $u \in H^1(D)$, dass

$$\int_{D_i} |u - \bar{u}_i|^2 dx \leq \Big(\frac{\operatorname{diam}(D_i)}{\pi}\Big)^2 \int_{D_i} |\nabla u|^2 dx \leq \Big(\frac{\sqrt{d}\operatorname{diam}(D)}{\pi\ell}\Big)^2 \int_{D_i} |\nabla u|^2 dx,$$

wobei $\bar{u}_i = \frac{1}{\operatorname{vol}(D_i)} \int_{D_i} u\,dx$ der Mittelwert von u in D_i ist. Summation über alle i liefert

$$\operatorname{dist}_{L^2(D)}(u, W_k) \leq \|u - \bar{u}\|_{L^2(D)} \leq \frac{\sqrt{d}}{\pi\ell} \operatorname{diam}(D) \, \|\nabla u\|_{L^2(D)},$$

wobei $\bar{u}$ die stückweise konstante Funktion aus W_k mit $\bar{u}|_{D_i} = \bar{u}_i$ ist.

c) Für allgemeines $k \in \mathbb{N}$ setze man $\ell := \lfloor \sqrt[d]{k} \rfloor \in \mathbb{N}$, d.h. $\ell^d \leq k < (\ell + 1)^d$. Wir wenden Teil a) mit $k' := \ell^d$ an und definieren $W_k := W_{k'}$, sodass $\dim W_k = \dim W_{k'} \leq k' \leq k$. Wegen $\frac{1}{\ell} \leq \frac{2}{\ell+1} < \frac{2}{\sqrt[d]{k}}$ erhalten wir

$$\operatorname{dist}_{L^2(D)}(u, W_k) \leq c_{\text{appr}} \frac{\operatorname{diam}(D)}{\sqrt[d]{k}} \, \|\nabla u\|_{L^2(D)}$$

mit der Konstanten $c_{\text{appr}} := 2\sqrt{d}/\pi$.

d) Sei $\Pi : L^2(D) \to Z(D)$ die $L^2(D)$-orthogonale Projektion auf $Z(D)$. Ferner wird $V_k = \Pi(W_k)$ definiert. Da Π als Projektion die Norm 1 besitzt und $u \in Z$, folgt die Behauptung aus $\|u - \Pi\bar{u}\|_{L^2(D)} = \|\Pi(u - \bar{u})\|_{L^2(D)} \leq \|u - \bar{u}\|_{L^2(D)}$ für alle $\bar{u} \in W_k$. ■

Hier wurde der Einfachheit halber ausgenutzt, dass D_i konvex ist. Die Poincaré-Ungleichung gilt auch, wenn die Einbettung $H^1(D_i) \hookrightarrow L^2(D_i)$ kompakt ist (was zum Beispiel gilt, wenn D_i eine gleichmäßige Kegelbedingung erfüllt). Allerdings ist dann die Poincaré-Konstante von D_i abhängig, und man hat Bedingungen zu stellen, die die *gleichmäßige* Beschränktheit aller Poincaré-Konstanten sichern.

[12] Jules Henri Poincaré, geboren am 29. April 1854 in Nancy, Lorraine, gestorben am 17. Juli 1912 in Paris.

[13] An dieser Stelle wird die Konvexität von D_i und damit indirekt die von D benötigt. Der korrigierte Beweis der Poincaré-Ungleichung für konvexe Gebiete findet sich in [7].

11.3.3 Hauptresultat

In der folgenden Konstruktion gehen wir von einem konvexen Gebiet K mit $K \cap \Omega \neq \emptyset$ aus. Die Verbreiterung von K um $r \in (0, \delta]$ ist definiert als

$$K(r) := \{x \in \mathbb{R}^d : \operatorname{dist}(x, K) < r\}, \tag{11.29}$$

wobei $K(0) := K$ für $r = 0$ gesetzt sei. Man sieht leicht, dass

$$\begin{aligned} &\operatorname{dist}(K(r_2), \partial K(r_1)) = r_1 - r_2 && \text{für } r_1 \geq r_2 \geq 0, \\ &\operatorname{diam}(K(r)) \leq \operatorname{diam}(K) + 2r && \text{für } r \geq 0. \end{aligned} \tag{11.30}$$

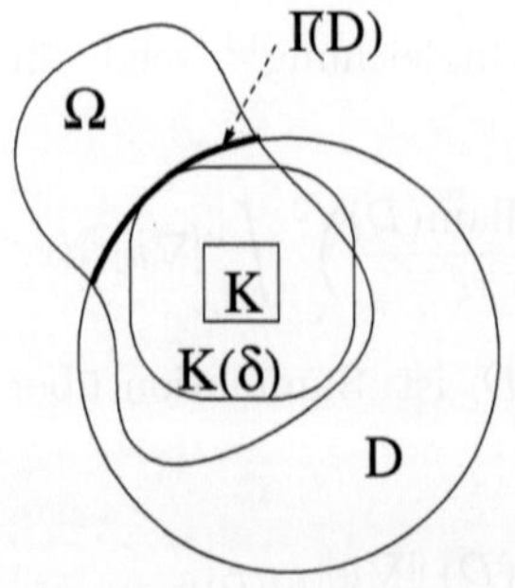

Abb. 11.3. Die Gebiete Ω, $K \subset K(\delta) \subset D$ und $\Gamma(D)$

D sei eine Obermenge von K mit

$$\delta := \operatorname{dist}(K, \Gamma(D)) > 0. \tag{11.31}$$

Offenbar ist $K(\delta) \cap \Omega \subset D \cap \Omega$. Im Komplement $\mathbb{R}^d \backslash \Omega$, wo alle Funktionen als null definiert sind, kann D aber ohne Beschränkung der Allgemeinheit so vergrößert werden, dass $K(\delta) \subset D$ gilt.

Das folgende Lemma beschreibt die Approximierbarkeit aller $u \in Z(D)$ mittels eines Unterraumes $W \subset Z(K)$, sodass der Approximationsfehler exponentiell mit der Dimension $\dim W$ fällt (d.h. die Dimension steigt nur logarithmisch mit dem inversen Approximationsfehler).

Lemma 11.3.6. *Seien Ω, D, $Z(D)$, $\Gamma(D)$ und $K \subset D$ mit* $\operatorname{dist}(K, \Gamma(D)) > 0$ *wie in Definition 11.3.1. Ferner sei K ein konvexes Gebiet mit*

$$\operatorname{diam}(K) \leq \eta \operatorname{dist}(K, \Gamma(D)).$$

Dann existiert für alle $\varepsilon < 1$ ein Unterraum $W = W_\varepsilon \subset Z(K)$ mit der Approximationseigenschaft

$$\operatorname{dist}_{L^2(K)}(u, W) \leq \varepsilon \, \|u\|_{L^2(D\cap\Omega)} \qquad \textit{für alle } u \in Z(D) \tag{11.32}$$

und der Dimension

$$\dim W \leq c_\eta^d \lceil \log \frac{1}{\varepsilon} \rceil^{d+1} + \lceil \log \frac{1}{\varepsilon} \rceil \qquad \textit{mit } c_\eta = 2\,\mathrm{e}\, c_{\mathrm{appr}} \sqrt{\kappa_C}\; (\eta + 2)\,. \tag{11.33}$$

Beweis. a) Mit K sind auch alle $K(r)$ aus (11.29) konvexe Gebiete, die sich mit wachsendem r vergrößern: $K(r_1) \supset K(r_2)$ für $r_1 \geq r_2$. Das kleinste Gebiet ist $K(0) = K$, während $K(\delta)$ das maximale Gebiet mit $K(\delta) \subset D$ ist.

b) Wir fixieren ein $p \in \mathbb{N}$, das in Teil f) konkretisiert wird, und führen Radien $r_0 > r_1 > \ldots > r_p = 0$ mittels

$$r_j := (1 - \frac{j}{p})\, \delta \qquad (0 \leq j \leq p) \tag{11.34}$$

ein. Wir setzen

$$K_j := K(r_j), \quad Z_j := Z(K_j) \qquad \text{(vgl. Definition 11.3.1)}$$

und vermerken, dass $K = K_p \subset K_{p-1} \subset \ldots \subset K_1 \subset K_0 \subset D$.

c) Sei $j \in \{1, \ldots, p\}$. Anwendung von Lemma 11.3.3 mit den Gebieten K_{j-1}, K_j anstelle von D, K liefert

$$\|\nabla v\|_{L^2(K_j)} \leq \frac{2\sqrt{\kappa_C}}{\operatorname{dist}(K_j, \Gamma(K_{j-1}))} \|v\|_{L^2(K_{j-1})} \qquad \text{für alle } v \in Z_{j-1},$$

wobei $\Gamma(K_{j-1})$ der Definition (11.24) folgt. Wegen $\operatorname{dist}(K_j, \Gamma(K_{j-1})) \geq \operatorname{dist}(K_j, \partial K_{j-1}) = r_{j-1} - r_j = \delta/p$ (vgl. (11.30)) folgt

$$\|\nabla v\|_{L^2(K_j)} \leq \frac{2p\sqrt{\kappa_C}}{\delta} \|v\|_{L^2(K_{j-1})} \qquad \text{für alle } v \in Z_{j-1}. \tag{11.35a}$$

d) Wir wenden Lemma 11.3.5 mit K_j anstelle von D und mit $k := \lceil (\beta p)^d \rceil$ an, wobei der Faktor β später in (11.35d) festgelegt werden wird. Gemäß Lemma 11.3.5 gibt es einen Unterraum $V_j \subset Z_j$ der Dimension $\dim V_j \leq k$, sodass

$$\operatorname{dist}_{L^2(K_j)}(v, V_j) \leq c_{\text{appr}} \frac{\operatorname{diam}(K_j)}{\sqrt[d]{k}} \|\nabla v\|_{L^2(K_j)} \quad \text{für alle } v \in Z_j \cap H^1(K_j).$$

Über die Ungleichungen $\sqrt[d]{k} \geq \beta p$ und $\operatorname{diam}(K_j) = \operatorname{diam}(K) + 2r_j \leq \operatorname{diam}(K) + 2\delta$ (vgl. (11.30)) folgt

$$\begin{aligned} &\operatorname{dist}_{L^2(K_j)}(v, V_j) \leq c_{\text{appr}} \frac{\operatorname{diam}(K) + 2\delta}{\beta p} \|\nabla v\|_{L^2(K_j)} \\ &\text{für alle } v \in Z_j \cap H^1(K_j). \end{aligned} \tag{11.35b}$$

Nach Anmerkung 11.3.2 gehört jedes $v \in Z_{j-1}$ nach Beschränkung auf K_j zu $Z_j \cap H^1(K_j)$. Kombination der Abschätzungen (11.35a,b) zusammen mit $\operatorname{diam}(K) \leq \eta\delta$ zeigt

$$\begin{aligned} &\operatorname{dist}_{L^2(K_j)}(v, V_j) \leq (\eta + 2) \frac{2c_{\text{appr}}\sqrt{\kappa_C}}{\beta} \|v\|_{L^2(K_{j-1})} \\ &\text{für alle } v \in Z_{j-1}. \end{aligned} \tag{11.35c}$$

Damit der Faktor $(\eta + 2) \frac{2c_{\text{appr}}\sqrt{\kappa_C}}{\beta}$ mit $\varepsilon^{1/p}$ übereinstimmt, wählen wir

$$\beta := \beta_0 \varepsilon^{-1/p} \quad \text{mit } \beta_0 := 2c_{\text{appr}}\sqrt{\kappa_C}\,(\eta + 2)\,. \tag{11.35d}$$

Ungleichung (11.35c) wird so zu

$$\operatorname{dist}_{L^2(K_j)}(v, V_j) \leq \varepsilon^{1/p} \|v\|_{L^2(K_{j-1})} \qquad \text{für alle } v \in Z_{j-1}. \tag{11.35e}$$

Die Definition von $\operatorname{dist}_{L^2(K_j)}(v, V_j)$ erlaubt eine andere Formulierung von (11.35e): Für alle $v_{j-1} \in Z_{j-1}$ existiert eine Approximation $u_j \in V_j$, sodass der Fehler $v_j := v_{j-1} - u_j$ in K_j definiert ist und

$$\|v_j|_{K_j}\|_{L^2(K_j)} \le \varepsilon^{1/p} \|v_{j-1}\|_{L^2(K_{j-1})}$$

erfüllt. Insbesondere gilt $v_{j-1} = u_j + v_j$ in K_j.

e) Die letzte Formulierung wird nun für $j = 1$ angewandt. Für jede Approximation $u =: v_0 \in Z_0$ gibt es nach (11.35e) ein $u_1 \in V_1 \subset Z_1$, sodass $u|_{K_1} = v_0|_{K_1} = u_1 + v_1$ und

$$\|v_1\|_{L^2(K_1)} \le \varepsilon^{1/p} \|v_0\|_{L^2(K_0)}.$$

Zu $v_1 \in Z_1$ existiert analog ein $u_2 \in V_2 \subset Z_2$, sodass $v_1|_{K_2} = u_2 + v_2$ und $\|v_2\|_{L^2(K_2)} \le \varepsilon^{1/p} \|v_1\|_{L^2(K_1)}$. Die Kombination mit der vorigen Identität $u|_{K_1} = u_1 + v_1$ liefert wegen $K_2 \subset K_1$ die Darstellung $u|_{K_2} = u_1 + u_2 + v_2$. Durch Induktion konstruiert man $u_j \in V_j$ für $j = 1, \ldots, p$, sodass wegen $K_p = K$

$$u|_K = v_p + \sum_{j=1}^{p} u_j|_K \qquad \text{mit } \|v_p\|_{L^2(K)} \le \varepsilon \, \|u\|_{L^2(K)}.$$

Da $u_j|_K \in V_j|_K$, ist

$$W := \operatorname{span}\{V_j|_K : j = 1, \ldots, p\}$$

der gesuchte Approximationsunterraum, der

$$\operatorname{dist}_{L^2(D_2)}(u, W) \le \varepsilon \|u\|_{L^2(K_0)} \underset{K_0 \subset D}{\le} \varepsilon \|u\|_{L^2(D)} \underset{u|_{D\setminus\Omega}=0}{=} \varepsilon \|u\|_{L^2(D\cap\Omega)}$$

garantiert.

f) Die Dimension von W ist beschränkt durch

$$\sum_{j=1}^{p} \dim V_j = p \lceil (\beta p)^d \rceil \le p + \beta^d p^{d+1}.$$

Die Wahl $p := \lceil \log \frac{1}{\varepsilon} \rceil$ ergibt wegen $\varepsilon^{-1/p} = \mathrm{e}^{(\log \frac{1}{\varepsilon})/p} \le \mathrm{e}^1$ die Dimensionsabschätzung

$$\dim W \le \lceil \log \frac{1}{\varepsilon} \rceil + \beta_0^d \mathrm{e}^d \lceil \log \frac{1}{\varepsilon} \rceil^{d+1}. \tag{11.35f}$$

Zusammen mit $c_\eta := \beta_0 \mathrm{e}$ folgt die Behauptung. ∎

Anmerkung 11.3.7. Lemma 11.3.6 beschreibt die Dimension $k := \dim W$ in Abhängigkeit vom Verbesserungsfaktor ε. Die Umkehrung zeigt den exponentiellen Abfall

$$\varepsilon = \varepsilon(k) \approx \exp\left(-c\sqrt[d+1]{k}\right) \qquad \text{mit } c \approx (c_\eta)^{-d/(d+1)}$$

(die Gleichheit $c = (c_\eta)^{-d/(d+1)}$ gilt, wenn in der rechten Seite von (11.35f) der Term $\lceil \log \frac{1}{\varepsilon} \rceil$ von niedrigerer Ordnung fehlt, während $\varepsilon(k) \leq \exp\left(-c\sqrt[d+1]{k}\right)$ zutrifft, wenn $\lceil \log \frac{1}{\varepsilon} \rceil$ durch $\log \frac{1}{\varepsilon}$ ersetzt ist).

Für $x \in X \subset \Omega \subset \mathbb{R}^d$ ist die Greensche Funktion $G(x,\cdot)$ L-harmonisch in $\Omega\backslash\overline{X}$, d.h. $G(x,\cdot) \in Z(\Omega\backslash\overline{X})$ und sogar $G(x,\cdot) \in Z(\mathbb{R}^d\backslash\overline{X})$ wegen der Nullfortsetzung.

Satz 11.3.8. *Seien $X \subset \Omega \subset \mathbb{R}^d$ und $K \subset \mathbb{R}^d$ zwei disjunkte Gebiete mit $K \cap \Omega \neq \emptyset$. Ferner sei K konvex mit*

$$\operatorname{diam}(K) \leq \eta \operatorname{dist}(X, K).$$

Dann existiert zu jedem $\varepsilon \in (0,1)$ eine separable Approximation

$$G_k(x,y) = \sum_{i=1}^{k} u_i(x) v_i(y) \qquad \textit{mit } k \leq k_\varepsilon = c_\eta^d \lceil \log \tfrac{1}{\varepsilon} \rceil^{d+1} + \lceil \log \tfrac{1}{\varepsilon} \rceil$$

(c_η in (11.33) definiert), die

$$\|G(x,\cdot) - G_k(x,\cdot)\|_{L^2(K)} \leq \varepsilon \|G(x,\cdot)\|_{L^2(D\cap\Omega)} \qquad \textit{für alle } x \in X \tag{11.36}$$

erfüllt, wobei $D := \{y \in \mathbb{R}^d : \operatorname{dist}(y,K) < \operatorname{dist}(X,K)\}$.

Beweis. Da $\operatorname{diam}(K) \leq \eta \operatorname{dist}(X,K) = \eta \operatorname{dist}(X, \partial D) \leq \eta \operatorname{dist}(X, \Gamma(D))$, lässt sich Lemma 11.3.6 anwenden. Sei $\{v_1, \ldots, v_k\}$ eine Basis des dort erwähnten Unterraumes $W \subset Z(K)$ mit $k = \dim W \leq c_\eta^d \lceil \log \frac{1}{\varepsilon} \rceil^{d+1} + \lceil \log \frac{1}{\varepsilon} \rceil$. Für alle $x \in X$ liegt die Funktion $g_x := G(x,\cdot)$ wegen $X \cap D = \emptyset$ in $Z(D)$. Gemäß (11.32) gilt $g_x = g_x^W + r_x$ mit $g_x^W \in W$ und $\|r_x\|_{L^2(K)} \leq \varepsilon \|g_x\|_{L^2(D\cap\Omega)}$. Die Approximation g_x^W hat eine Darstellung

$$g_x^W = \sum_{i=1}^{k} u_i(x) v_i \tag{11.37}$$

mit Koeffizienten $u_i(x)$, die von x abhängen. Da x in X variiert, sind die u_i auf X definierte Funktionen. Die Funktion $G_k(x,y) := \sum_{i=1}^{k} u_i(x) v_i(y)$ erfüllt die Abschätzung (11.36). ∎

Anmerkung 11.3.9. Ohne Beschränkung der Allgemeinheit kann $\{v_1, \ldots, v_k\}$ im obigen Beweis als eine *Orthogonalbasis* von W gewählt werden. Dann ergeben sich die Koeffizienten $u_i(x)$ in (11.37) als das Skalarprodukt $(G(x,\cdot), v_i)_{L^2(K\cap\Omega)}$. Dies beweist, dass die Funktionen u_i die Differentialgleichung

$$Lu_i = \begin{cases} v_i \text{ in } K \cap \Omega, \\ 0 \text{ sonst} \end{cases}$$

mit homogenen Dirichlet-Randwerten erfüllen. Insbesondere sind die u_i L-harmonisch in $\Omega\backslash K$. Man beachte, dass die u_i nicht von der Wahl des Gebietes X abhängen.

Lemma 11.3.10. *Seien X, K, D und ε wie in Satz 11.3.8. Mit $\mathcal{G}_{XK}$, $\mathcal{G}_{XD}$ und $\mathcal{G}_{k,XK}$ seien die Integraloperatoren*

$$\begin{aligned} (\mathcal{G}_{XK}f)(x) &= \textstyle\int_{K\cap\Omega} G(x,y)f(y)\mathrm{d}y \qquad && \text{für } x \in X, \\ (\mathcal{G}_{XD}f)(x) &= \textstyle\int_{D\cap\Omega} G(x,y)f(y)\mathrm{d}y && \text{für } x \in X, \\ (\mathcal{G}_{k,XK})(x) &= \textstyle\int_{K\cap\Omega} G_k(x,y)f(y)\mathrm{d}y && \text{für } x \in X, \end{aligned}$$

während $\mathcal{G}$ der Operator aus (11.12) ist. Dann gilt

$$\begin{aligned} \|\mathcal{G}_{XK} - \mathcal{G}_{k,XK}\|_{L^2(X)\leftarrow L^2(K\cap\Omega)} &\leq \varepsilon\|\mathcal{G}_{XD}\|_{L^2(X)\leftarrow L^2(D\cap\Omega)} \\ &\leq \varepsilon\|\mathcal{G}\|_{L^2(\Omega)\leftarrow L^2(\Omega)}. \end{aligned} \tag{11.38}$$

Beweis. Sei $\varphi \in L^2(X)$ eine beliebige Testfunktion. Hierzu wird

$$\Phi(y) := \int_X G(x,y)\varphi(x)\mathrm{d}x \qquad \text{für } y \in D \cap \Omega$$

gebildet. Da $\Phi \in Z(D)$ gilt, besteht wieder die Ungleichung

$$\|\Phi - \Phi_k\|_{L^2(K\cap\Omega)} \leq \varepsilon\|\Phi\|_{L^2(D\cap\Omega)} \tag{11.39}$$

(Beweis wie in Satz 11.3.8 mit gleichem Unterraum W). Da Φ_k die Projektion von Φ auf den Unterraum W ist, folgt

$$\Phi_k(y) = \int_X G_k(x,y)\varphi(x)\mathrm{d}x = \sum_{i=1}^{k}\left(\int_X u_i(x)\varphi(x)\mathrm{d}x\right)v_i(y).$$

Für alle $\psi \in L^2(K \cap \Omega)$ gilt

$$\begin{aligned} &(\varphi, (\mathcal{G}_{XY} - \mathcal{G}_{k,XY})\,\psi)_{L^2(X)} \\ &= \int_{K\cap\Omega}\int_X (G(x,y) - G_k(x,y))\,\varphi(x)\psi(y)\mathrm{d}x\mathrm{d}y = (\Phi - \Phi_k, \psi)_{L^2(K\cap\Omega)} \\ &\leq \|\Phi - \Phi_k\|_{L^2(K\cap\Omega)}\,\|\psi\|_{L^2(K\cap\Omega)} \underset{(11.39)}{\leq} \varepsilon\|\Phi\|_{L^2(D\cap\Omega)}\,\|\psi\|_{L^2(K\cap\Omega)}. \end{aligned}$$

Φ kann auch als $\mathcal{G}^*_{XD}\varphi$ geschrieben werden, sodass

$$\begin{aligned} \|\Phi\|_{L^2(D\cap\Omega)} &\leq \|\mathcal{G}^*_{XD}\|_{L^2(D\cap\Omega)\leftarrow L^2(X)}\,\|\varphi\|_{L^2(X)} \\ &= \|\mathcal{G}_{XD}\|_{L^2(X)\leftarrow L^2(D\cap\Omega)}\,\|\varphi\|_{L^2(X)} \end{aligned}$$

die erste Ungleichung in (11.38) zeigt. Die zweite Ungleichung gilt, da $\mathcal{G}_{XD}$ eine Beschränkung von $\mathcal{G}$ darstellt. ∎

Wir wollen nun zeigen, dass die Annahmen in (11.17a-d) gelten. Die Approximation (11.17a) entspricht der Darstellung in Satz 11.3.8, wobei die Notation in (11.17a) anzeigt, dass die Funktionen u_i, v_i von der Dimension k abhängen.

Wenn in (11.17b) das Minimum von $\mathrm{diam}(Y)$ angenommen wird, darf $Y = K$ gesetzt werden, und die in (11.17c) behauptete Ungleichung folgt nun aus (11.38). Sollte jedoch $\mathrm{diam}(X) \leq \eta\,\mathrm{dist}(X,Y)$ mit konvexem X gelten, lässt sich die gleiche Abschätzung beweisen, indem man $G(\cdot,y) \in Z(X)$ bezüglich des ersten Argumentes verwendet.

Die Größen der Konstanten in (11.17d) ergeben sich aus Anmerkung 11.3.7.

Die Abschätzungen in diesem Abschnitt, z.B. in (11.32), verwenden die L^2-Norm. Der Grund ist die linke Seite in (11.28), die den L^2-Abstand benutzt. Der Beweis von Lemma 11.3.6 kombiniert (11.28) und (11.26), was die Rekursion (11.35e) der L^2-Normen liefert. Man kann die Ungleichungen (11.28) und (11.26) auch in umgekehrter Reihenfolge kombinieren. Das Resultat ist eine Ungleichung über die Normen $\|\nabla v\|_{L^2(K_j)}$, d.h. im Wesentlichen eine Beziehung der H^1-Normen. Entsprechend erhält man Approximationsaussagen in der H^1-Norm, die in [26, §5] ausgeführt sind.

Eine mögliche Ursache für nichtglatte Koeffizienten sind springende Koeffizienten. Für iterative Verfahren können große Sprünge ein Grund für schlechte Konvergenz sein (vgl. zum Beispiel [1]). Es sei darauf hingeweisen, dass die obigen theoretischen Abschätzungen von der Höhe der Sprünge abhängen. Sie gehen primär in die Zahl κ_C aus (11.9), und diese erscheint als Wurzel in der Größe c_η aus (11.33). Die numerischen Experimente verhalten allerdings wesentlich stabiler gegen großes κ_C.

11.3.4 Anwendung auf die Randelementmethode

Da in der Randelementmethode die Fundamentallösung S mit der definierenden Eigenschaft

$$L_x S(x,y) = \delta(x-y) \qquad \text{für alle } x, y \in \mathbb{R}^d$$

eine zentrale Rolle spielen, ist es von Interesse, den Satz 11.3.8 auf S anzuwenden. Das folgende Korollar garantiert, dass BEM-Matrizen erfolgreich im $\mathcal{H}$-Format dargestellt werden können.

Korollar 11.3.11. *Die Existenz einer Fundamentallösung S für L sei vorausgesetzt. Seien $X, Y \subset \mathbb{R}^d$ zwei Gebiete, wobei Y konvex sei und*

$$\mathrm{diam}(Y) \leq \eta\,\mathrm{dist}(X,Y)$$

erfüllt. Dann gibt es zu jedem $\varepsilon > 0$ eine separable Approximation

$$S_k(x,y) = \sum_{i=1}^{k} u_i(x)v_i(y) \quad mit\ k \le k_\varepsilon = c_\eta^d \lceil \log \tfrac{1}{\varepsilon} \rceil^{d+1} + \lceil \log \tfrac{1}{\varepsilon} \rceil$$

(c_η wie in (11.33)), sodass

$$\|S(x,\cdot) - S_k(x,\cdot)\|_{L^2(Y)} \le \varepsilon \|S(x,\cdot)\|_{L^2(D)} \qquad \text{für alle } x \in X$$

mit $D := \{x \in \mathbb{R}^d : \mathrm{dist}(x,Y) < \mathrm{dist}(X,Y)\}$.

11.3.5 FEM-BEM-Kopplung

Die Finite- und Randelementmethode können in vielfältiger Weise gekoppelt werden. Beispielsweise kann eine (eventuell sogar nichtlineare) elliptische Differentialgleichung in einem Innengebiet mit einer Randelementmethode für den Außenraum kombiniert werden. Das entstehende Problem ist in den $\mathcal{O}(h^{-d})$ Innengebietsgitterpunkten schwach besetzt, nur die $\mathcal{O}(h^{1-d})$ Randknoten führen zu einer vollen Teilmatrix. Da beide Teile gleichermaßen in das Konzept der hierarchischen Matrixtechnik passen, kann das Gesamtproblem als $\mathcal{H}$-Matrix behandelt werden vorausgesetzt, dass der lineare Fall vorliegt. Eine Alternative insbesondere im nichtlinearen Fall ist die iterative Lösung des Innenproblems mit Invertierung der Randgleichungen.

Eine völlig andere Kombination der Finite- und Randelement-Ideen findet sich in der randkonzentrierten Finite-Element-Methode (vgl. Khoromskij-Melenk [100] und Eibner-Melenk [39]). Der Konstruktion nach ist es eine *hp*-Finite-Element-Methode, de facto verhält es sich wie eine Randelementmethode, da die Zahl der Freiheitsgrade durch die Diskretisierung auf dem Rand bestimmt wird. Schließlich können im Rahmen einer Gebietszerlegung randkonzentrierte finite Elemente mit der Randelementmethode kombiniert werden (vgl. Langer-Pechstein [106]).

12

Inversion mit partieller Auswertung

Es liegt an der Begrifflichkeit der Linearen Algebra, dass man beim linearen Gleichungssystem $Ax = b$ nur an den (vollständigen) Lösungsvektor $x \in \mathbb{R}^I$ und bei der Invertierung von A nur an die (vollständige) Matrix $A^{-1} \in \mathbb{R}^{I\times I}$ denkt.

Wenn eine Randwertaufgabe $Lu = f$ in Ω mit zugehörigen Randbedingungen zu lösen ist, möchte man $u(\xi)$ nicht an den unendlich vielen Punkten $\xi \in \Omega$ auswerten. Dass eine Diskretisierung in einem recht feinen Gitter mit vielen Knotenpunkten ξ_i durchgeführt wird, kann an den Genauigkeitsanforderungen liegen. Ob man wirklich daran interessiert ist, anschließend *alle* $u(\xi_i)$ als Ausgabe zu erhalten, ist eine ganz andere Frage. Häufig ist man nur an einer Reihe von Funktionalen der Lösung interessiert. Beispiele sind Randdaten $\partial u/\partial n$ auf $\Gamma = \partial\Omega$ bei gegebenen Dirichlet-Daten oder auch nur ein Integral $\int_{\Gamma_0} \partial u/\partial n \mathrm{d}\Gamma$ über $\Gamma_0 \subset \Gamma$, das den Fluss über Γ_0 beschreibt, oder u in einem einzigen Punkt $\xi_0 \in \Omega$ oder in einer Reihe von Punkten.

Eine spezielle Fragestellung liegt bei Randwertaufgaben mit *stark oszillierenden* Koeffizienten $a(\cdot)$ vor: $L = \operatorname{div} a(\cdot) \operatorname{grad}$. Da die Lösung entsprechend oszilliert, ist man im Allgemeinen nicht an der komplizierten Lösung mit allen ihren Details interessiert, sondern an lokalen Mittelwerten $\bar{u}$. Im Falle periodischer Koeffizienten $a(\cdot)$ setzt man Homogenisierungstechniken ein, die zu Approximationen von $\bar{u}$ führen. Wenn die Voraussetzungen für diese Techniken nicht gegeben sind, ist eine numerische Homogenisierung von Interesse. Ein Modellfall könnte wie folgt aussehen: $a(\cdot)$ ist eine gegebene, stark oszillierende Funktion für den Koeffizienten von L. Um die Oszillationen aufzulösen, sei eine (recht kleine) Schrittweite h notwendig. Das zugehörige Gleichungssystem $A_h\mathbf{x}_h = \mathbf{b}_h$ könnte man lösen, ist aber nicht an $\mathbf{x}_h$, sondern an einer geglätteten Darstellung $\mathbf{x}_H = R\mathbf{x}_h$ zu einer gröberen Schrittweite H interessiert[1]. Damit ist

[1] Im Falle von Galerkin-Verfahren könnte V_H eine Triangulation zur Schrittweite H und $V_h \supset V_H$ eine Verfeinerung bis zur Schrittweite h sein. In diesem Fall

W. Hackbusch, *Hierarchische Matrizen*, DOI 10.1007/978-3-642-00222-9_12,

$$\mathbf{x}_H = RA_h^{-1}\mathbf{b}_h$$

zu lösen. Man kann noch einen Schritt weitergehen: Es gibt im Allgemeinen keinen Grund, die rechte Seite f der Differentialgleichung mit der Feinheit h aufzulösen, hierfür mag die Schrittweite H ausreichen, was $\mathbf{b}_H$ ergäbe. Eine Prolongation $\mathbf{b}_h = P\mathbf{b}_H$ eingesetzt in die vorherige Gleichung führt zur nächsten Aufgabe:

$$\mathbf{x}_H = RA_h^{-1}P\mathbf{b}_H.$$

Die Eigenschaften des nachfolgend beschriebenen Verfahrens sind:

- Es gibt eine erste Berechnungsphase, in der die Matrizen zu gewissen Abbildungen Φ_ω bestimmt werden. Der zugehörige Speicher- und Rechenaufwand hängt fast linear von der Gesamtdimension ab. Für feine Schrittweiten h entsteht daher ein hoher Aufwand, aber wegen der zugrundeliegenden Gebietszerlegung sind alle Aufgaben der gleichen Stufe völlig unabhängig und können parallel berechnet werden.
- In einer zweiten Berechnungsphase kann zu jeder rechten Seite die Lösung berechnet werden. Wenn diese Auswertung nur partiell stattfindet und bei einer gröberen Schrittweite $H \gg h$ endet, reduziert sich der Speicheraufwand für die Φ_ω-Matrizen und die Rechenzeit für die Lösungsbestimmung. Auch hier sind alle Aufgaben der gleichen Stufe parallel berechenbar. Die partielle Auswertung ändert die Genauigkeit des Resultates nicht, d.h. es liegt *keine* Grobgitterdiskretisierung vor.
- Bei mehreren Gleichungssystemen mit gleicher Matrix aber unterschiedlichen rechten Seiten, ist die erste Berechnungsphase nur einmal durchzuführen.
- Eine Familie lokaler Funktionale der Lösung ist leicht berechenbar.

Numerische Beispiele zu diesem Verfahren im räumlich zweidimensionalen Falle findet man in der Dissertation [111].

In §12.1 wird das Grundschema der Lösungsdarstellung beschrieben. Die dort verwendeten Abbildungen Φ_ω enthalten partielle Informationen aus A_h^{-1} und müssen geeignet konstruiert werden. Das zugehörige Verfahren wird in §12.4.1 dargelegt. Es entspricht der erste Berechnungsphase von oben. Die zweite Berechnungsphase ist die Auswertung, die in §12.4.2 erläutert wird. Die eigentliche partielle Auswertung findet sich in §12.6.

12.1 Baum der Gebietszerlegung und zugehörige Spurabbildungen

Zunächst soll anhand der *exakten* Randwertaufgabe die grundlegende Konstruktion erläutert werden. Die Startsituation ist durch die Differential-

gelten $u_h \in V_h$ und $u_H \in V_H$, und $\mathbf{x}_H = R_{H\leftarrow h}\mathbf{x}_h$ ist die kanonische Restriktion der Finite-Element-Koeffizienten $\mathbf{x}_H$ und $\mathbf{x}_h$ zu u_H und u_h, wie sie in Mehrgitterverfahren verwendet wird (vgl. [72, §3.6]).

gleichung

$$Lu_\Omega = f_\Omega \qquad \text{in } \Omega \subset \mathbb{R}^d \tag{12.1a}$$

mit den Randwerten[2]

$$u_\Omega|_{\partial\Omega} = g_{\partial\Omega} \qquad \text{auf } \partial\Omega \tag{12.1b}$$

gegeben.

Sei $\gamma(\Omega) \subset \Omega$ eine offene d-dimensionale Mannigfaltigkeit, die Ω in zwei Teilgebiete ω_1 und ω_2 mit

$$\partial\omega_1 \cap \partial\omega_2 = \overline{\gamma(\Omega)}$$

zerlegt (erster Schritt in Abbildung 12.1). $\gamma(\Omega)$ wird im Folgenden *interner Rand* genannt. Die Beschränkung der Lösung von (12.1a,b) auf $\gamma(\Omega)$ ist die Spur $u_\Omega|_{\gamma(\Omega)}$.

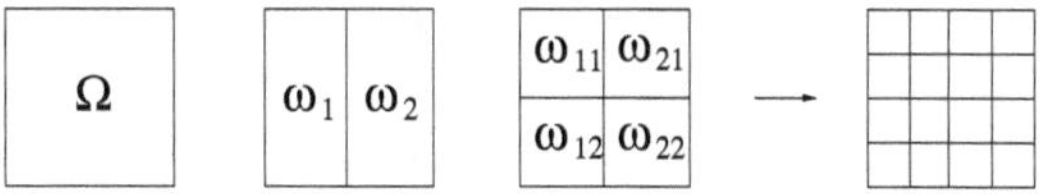

Abb. 12.1. Folge von Gebietszerlegungen

Da u_Ω von der rechten Seite f_Ω und den Randwerten g_Γ abhängt, ist hierdurch eine Abbildung

$$\Phi_\Omega : (f_\Omega, g_{\partial\Omega}) \mapsto u_\Omega|_{\gamma(\Omega)}$$

definiert. Ω bildet die Wurzel des Gebietszerlegungsbaums G_Ω aus Abbildung 12.2. Die Knoten des Baums G_Ω (Teilgebiete von Ω) werden im Folgenden mit ω bzw. ω_1, ω_2 usw. notiert.

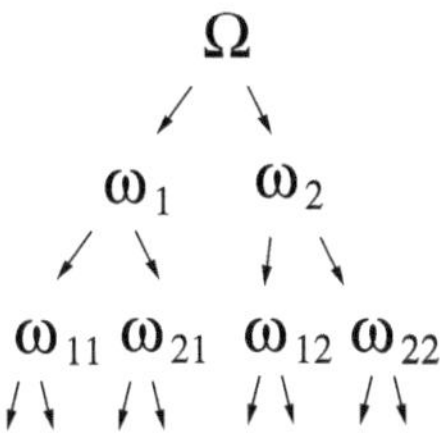

Abb. 12.2. Gebietszerlegungsbaum G_Ω

ω_1 und ω_2 seien die Söhne von $\Omega \in G_\Omega$. Für jeden Sohn ω_i gilt Folgendes. Die Differentialgleichung (12.1a) kann auf ω_i beschränkt werden:

$$Lu_{\omega_i} = f_{\omega_i} \qquad \text{in } \omega_i \ (i = 1, 2).$$

Der Rand $\partial\omega_i$ setzt sich disjunkt aus $\partial\omega_i \cap \partial\Omega$ und $\gamma(\omega)$ zusammen. Die Randwerte

$$u_{\omega_i}|_{\partial\omega_i} = g_{\partial\omega_i} \qquad \text{auf } \partial\omega_i$$

liegen für die Teilmenge $\partial\omega_i \cap \partial\Omega$ direkt vor, wo $g_{\partial\omega_i}|_{\partial\omega_i\cap\partial\Omega} = g_{\partial\Omega}|_{\partial\omega_i\cap\partial\Omega}$ mit $g_{\partial\Omega}$ aus (12.1b) gilt, während auf $\gamma(\Omega)$ die Randdaten durch

$$g_{\omega_i}|_{\gamma(\omega)} = \Phi_\omega\left(f_\omega, g_{\partial\omega}\right)$$

definiert sind.

[2] Der Typ der Randbedingungen ist für die Methode nicht wesentlich. Im Falle anderer Randbedingungen werden die Randbedingungen in den später auftretenden Teilgebieten ω gemischt sein: auf $\partial\omega \cap \Omega$ vom Dirichlet-Typ, auf $\partial\omega \cap \partial\Omega$ der obige Typ.

Damit kann das Verfahren in den Teilgebieten ω_i $(i = 1,2)$ fortgesetzt werden: Jedes ω_i wird durch einen internen Rand $\gamma(\omega_i)$ in zwei Teile $\omega_{i,1}$ und $\omega_{i,2}$ zerlegt (vgl. mittlerer Teil der Abbildung 12.1). Ferner beschreibt die Abbildung

$$\Phi_{\omega_i} : (f_{\omega_i}, g_{\partial\omega_i}) \mapsto u_{\omega_i}|_{\gamma(\omega_i)}$$

die Spur der Lösung auf $\gamma(\omega_i)$.

Nach mehrfacher Anwendung erhält man eine feinere Zerlegung von Ω wie rechts in Abbildung 12.1 (illustriert für eine regelmäßige Zerlegung) sowie den Gebietszerlegungsbaum aus Abbildung 12.2.

Der Gebietszerlegungsbaum G_Ω wird aus praktischen Gründen als *Binär*baum konstruiert. Im kontinuierlichen Fall könnte die Zerlegung unbegrenzt fortgesetzt werden ($\mathcal{L}(G_\Omega) = \emptyset$). Wegen $\overline{\bigcup_{\omega \in G_\Omega} \partial\omega} = \overline{\Omega}$ definieren die Spuren $u|_{\partial\omega}$ dann die gesamte Lösung u in Ω.

Im diskreten Fall wird die Lösung nach endlichen vielen Schritten erreicht, wie im nächsten Abschnitt diskutiert.

12.2 Diskrete Variante - Übersicht

Im Folgenden wird die Finite-Element-Diskretisierung zugrundegelegt (das Verfahren ist aber auch bei anderen Diskretisierungsverfahren anwendbar). Details zur Diskretisierung finden sich in §12.3.1.

Die Gebietszerlegung aus §12.1 muss in diesem Fall mit der Finite-Element-Triangulation $\mathcal{T}(\Omega)$ *konsistent* sein, d.h. alle Teilgebiete $\omega \in G_\Omega$ sind Vereinigungen von Dreiecken[3] aus $\mathcal{T}(\Omega)$. Eine äquivalente Beschreibung ist, dass alle inneren Ränder $\gamma(\omega)$ auf Kanten von Dreiecken aus $\mathcal{T}(\Omega)$ verlaufen. Die Zerlegung kann so lange fortgesetzt werden, bis die offenbar nicht weiter zerlegbaren Dreiecke $\omega \in \mathcal{T}(\Omega)$ als Teilgebiet erreicht sind. In Weiteren sei angenommen, dass die Blätter des Gebietszerlegungsbaums G_Ω die Dreiecke von $\mathcal{T}(\Omega)$ sind:

$$\mathcal{L}(G_\Omega) = \mathcal{T}(\Omega). \tag{12.2}$$

Zu jedem Teilgebiet $\omega \in G_\Omega$, das kein Blatt ist, wird eine Abbildung

$$\Phi_\omega : (\mathbf{r}_h(\omega), \mathbf{r}_h(\partial\omega)) \mapsto \mathbf{x}_h|_{\gamma(\omega)}$$

konstruiert werden, die aus den inneren Knotenwerten $\mathbf{r}_h(\omega)$ der rechten Seite $f|_\omega$ und aus dem Komponenten $\mathbf{r}_h(\partial\omega)$ der Randdaten $u_h|_{\partial\omega}$ die Koeffizienten $\mathbf{x}_h|_{\gamma(\omega)}$ der Spur $u_h|_{\gamma(\omega)}$ der diskreten Finite-Element-Lösung u_h auf $\gamma(\omega)$ produziert. Details zum zugrundeliegenden Gleichungssystem und zu Φ_ω folgen in §12.3.1 und §12.3.3.

[3] Die finiten Elemente werden als "Dreiecke" bezeichnet, da dies den 2D-Abbildungen in diesem Abschnitt entspricht. Das Verfahren ist aber unabhängig von der Art der Elemente und der Raumdimension.

Die Diskretisierung des Randwertproblems in Ω liefert die Daten $\mathbf{r}_h(\Omega)$ und $\mathbf{r}_h(\partial\Omega)$ für die Wurzel $\Omega \in G_\Omega$. Nach Anwendung von Φ_Ω liegen die Daten $\mathbf{r}_h(\omega)$ und $\mathbf{r}_h(\partial\omega)$ für die Söhne $\omega \in S(\Omega)$ von Ω vor. Weitere rekursive Anwendung von Φ_ω (vgl. Algorithmus in §12.4.2) liefert schließlich die Knotenwerte für alle Dreiecke aus $\mathcal{T}(\Omega)$ und somit alle Koeffizienten der Lösung u_h. Daher produziert der Algorithmus die (vollständige) Lösung des Gleichungssystems. In diesem Sinne führt der Algorithmus die (vollständige) Gleichungslösung durch.

In einer Vorbereitungsphase müssen die Abbildungen Φ_ω berechnet werden. Der zugehörige Algorithmus ist in §12.3.7 beschrieben. Hierzu benötigt man hilfsweise die Abbildungen Ψ_ω, die in §12.3.6 definiert werden.

12.3 Details

12.3.1 Finite-Element-Diskretisierung und Matrixformulierung

Die Finite-Element-Diskretisierung in Ω basiert auf einer Triangulation $\mathcal{T}(\Omega)$. Die zusätzliche *Konsistenzeigenschaft* des Gebietszerlegungsbaums G_Ω lautet: für alle $\omega \in G_\Omega$ gibt es eine Teilmenge $\mathcal{T}(\omega) \subset \mathcal{T}(\Omega)$, sodass $\omega = \bigcup_{t\in\mathcal{T}(\omega)} t$. Der innere Rand $\gamma(\omega)$ besteht notwendigerweise aus Randteilen der finiten Elemente. Aus praktischen Gründen sollte ω durch $\gamma(\omega)$ in ähnlich große Teile ω_1 und ω_2 zerlegt werden, dabei sollte $\gamma(\omega)$ aber möglichst kleine Länge haben bzw. eine minimale Anzahl von Knotenpunkten enthalten. Die Blätter des Baumes G_Ω seien die Dreiecke aus $\mathcal{T}(\Omega)$, d.h. die Gebietszerlegung wird solange wie möglich fortgesetzt (vgl. (12.2)).

Im Weiteren sei die Finite-Element-Diskretisierung in einem Teilgebiet $\omega \in G_\Omega$ näher beschrieben. Man beachte, dass die oben beschriebene Teilmenge $\mathcal{T}(\omega)$ die Triangulation von ω darstellt. Für die Triangulation $\mathcal{T}(\omega)$ beschreibe $V_h \subset H_0^1(\omega)$ den Finite-Element-Raum mit homogenen Randwerten auf $\partial\omega$. Der Raum $\bar{V}_h \supset V_h$ mit $\bar{V}_h \subset H^1(\omega)$ enthalte zusätzlich die finiten Elemente zu Randknoten. Die gesuchte Finite-Element-Lösung $u_h \in \bar{V}_h$ von (12.1a,b) habe die Variationsformulierung[4,5]

$$\begin{aligned} a_\omega(u_h, v_h) &= f_\omega(v_h) && \text{für alle } v_h \in V_h, \\ \int_{\partial\omega} u_h w_h \mathrm{d}\Gamma &= \int_{\partial\omega} g w_h \mathrm{d}\Gamma && \text{für alle } w_h \in \bar{V}_h. \end{aligned} \tag{12.3}$$

Die zweite Gleichung[6] besagt, dass $u_h|_{\partial\omega} = g_h$ die $L^2(\partial\omega)$-orthogonale Projektion von g auf $\bar{V}_h|_{\partial\omega}$ ist:

[4] Die Notation a_Ω und f_Ω mit dem Index Ω betont den Integrationsbereich, der im Folgenden variabel sein wird.

[5] Für glatte g kann die $L^2(\Gamma)$-orthogonale Projektion durch die Interpolation $w_h(x_j) = g(x_j)$ in Randknoten $x_j \in \Gamma$ ersetzt werden.

[6] Die Variation über $w_h \in \bar{V}_h$ kann ebenso durch die über $w_h \in \bar{V}_h \backslash V_h$ ersetzt werden, da für $w_h \in V_h$ beide Seiten der Gleichung verschwinden.

$$\int_{\partial\omega} g_h w_h \mathrm{d}\Gamma = \int_{\partial\omega} g w_h \mathrm{d}\Gamma.$$

Für echte Teilgebiete $\omega \neq \Omega$ werden die Randwerte g bereits im Raum $\bar{V}_h|_{\partial\omega} = \{w|_{\partial\omega} : w \in \bar{V}_h\}$ vorliegen, sodass die Gleichheit $u_h = g$ auf $\partial\omega$ gilt. Nur für $\omega = \Omega$ ist einmalig die Projektion von $g \in L^2(\partial\Omega)$ auf $u_h|_{\partial\Omega}$ durchzuführen.

Die Koeffizienten der Finite-Element-Funktion u_h seien mit $x_{h,i}$ bezeichnet: $\mathbf{x}_h = (x_{h,i})_{i\in I}$ mit

$$u_h = \sum_{i\in I} x_{h,i}\phi_i \tag{12.4}$$

(vgl. (1.22a)). Die zugehörige Indexmenge $I = I(\overline{\omega})$ besteht aus allen Knotenpunkten der Triangulation $\mathcal{T}(\omega)$ einschließlich der Randknoten. Die disjunkte Zerlegung in innere und Randknoten sei mit

$$I(\overline{\omega}) = I(\omega) \,\dot{\cup}\, I(\partial\omega) \tag{12.5a}$$

beschrieben.

Das der Variationsformulierung (12.3) entsprechende Gleichungssystem wird mit dem Teilgebiet $\omega \in G_\Omega$ als explizitem Argument bezeichnet:

$$A_h(\overline{\omega})\,\mathbf{x}_h(\overline{\omega}) = \mathbf{r}_h(\overline{\omega}).$$

Die rechte Seite $\mathbf{r}_h(\overline{\omega}) = (r_{h,j}(\overline{\omega}))_{j\in I(\overline{\omega})}$ enthält die Blöcke $\mathbf{r}_h(\omega)$ und $\mathbf{r}_h(\partial\omega)$. Die Komponenten von $\mathbf{r}_h(\omega) = (r_{h,j}(\omega))_{j\in I(\omega)}$ repräsentieren die Daten von f_ω (rechte Seite der Differentialgleichung) mittels

$$r_{h,j}(\omega) = f_\omega(\phi_j) = \int_\omega f_\omega \phi_j \mathrm{d}x \qquad \text{für } j \in I(\omega), \tag{12.5b}$$

während die Komponenten von $\mathbf{r}_h(\partial\omega) = (r_{h,j}(\partial\omega))_{j\in I(\partial\omega)}$ die Randdaten darstellen:

$$u_h|_{\partial\omega} = \left.\sum_{j\in I(\partial\omega)} r_{h,j}(\partial\omega)\,\phi_j\right|_{\partial\omega}. \tag{12.5c}$$

Sei $A_h = A_h(\overline{\omega})$ die Diskretisierungsmatrix zu (12.3). Entsprechend der Zerlegung (12.5a) hat $A_h(\overline{\omega})$ die Gestalt

$$A_h(\overline{\omega}) = \begin{bmatrix} A^{\omega,\omega} & A^{\omega,\partial\omega} \\ O & I \end{bmatrix}. \tag{12.5d}$$

Die erste Gleichung in (12.3) liefert die Darstellung

$$\begin{aligned} A_{ij}^{\omega,\omega} &= a(\phi_j,\phi_i) \quad \text{für } i,j \in I(\omega) \qquad \text{(vgl. (1.22c))}, \\ A_{ij}^{\omega,\partial\omega} &= a(\phi_j,\phi_i) \quad \text{für } i \in I(\omega),\ j \in I(\partial\omega), \end{aligned} \tag{12.5e}$$

wobei $\{\phi_i : i \in I(\omega)\}$ eine Basis von V_h und $\{\phi_i : i \in I(\overline{\omega})\}$ eine Basis von $\bar{V}_h$ seien.

Da $\mathbf{r}_h(\partial\omega)$ bereits die Koeffizienten von $u_h|_{\partial\omega}$ explizit darstellt (vgl. (12.5c)), ergeben sich die einfachen Blöcke $\begin{bmatrix} O & I \end{bmatrix}$ in der zweiten Blockzeile. Somit liegt ein block-gestaffeltes System vor: Zuerst sind die Randwerte $\mathbf{r}_h(\partial\omega)$ einzusetzen, danach lässt sich die erste Gleichung nach den inneren Knotenwerten $r_h(\omega)$ auflösen.

12.3.2 Zerlegung der Indexmenge

Jedes Teilgebiet $\omega \in G_\Omega$ wird durch den inneren Rand $\gamma(\omega)$ in die Teilgebiete ω_1 und ω_2, die Söhne von ω, zerlegt. Die Indexmengen zu diesen drei Teilgebieten sind $I(\overline{\omega})$, $I(\overline{\omega_1})$ und $I(\overline{\omega_2})$. Jede dieser Indexmengen zerfällt in die disjunkten Teilmengen der inneren und Randknoten:

$$I(\overline{\omega}) = I(\omega) \mathbin{\dot\cup} I(\partial\omega), \quad I(\overline{\omega_1}) = I(\omega_1) \mathbin{\dot\cup} I(\partial\omega_1), \quad I(\overline{\omega_2}) = I(\omega_2) \mathbin{\dot\cup} I(\partial\omega_2).$$

Der innere Rand $\gamma(\omega)$ besteht aus Rändern der Dreiecke von $\mathcal{T}(\omega)$. Entsprechend bezeichnet $I(\gamma(\omega))$ die Indexmenge zu den Finite-Element-Knoten in $\gamma(\omega)$. Da $\gamma(\omega)$ als offen definiert wurde, sind $I(\gamma(\omega))$ und $I(\partial\omega)$ durchschnittsfrei. Damit ist $I(\gamma(\omega))$ eine echte Teilmenge von $I(\overline{\omega_1}) \cap I(\overline{\omega_2})$:

$$I(\gamma(\omega)) := (I(\overline{\omega_1}) \cap I(\overline{\omega_2})) \setminus I(\partial\omega).$$

Zur Illustration stelle

$$\begin{array}{ccccccc} a & a & a & s & b & b & b \\ a & 1 & 1 & \gamma & 2 & 2 & b \\ a & 1 & 1 & \gamma & 2 & 2 & b \\ a & a & a & s & b & b & b \end{array} \tag{12.6}$$

ein Gitter dar, dessen Knotenpunkte mit $a, b, \gamma, s, 1, 2$ bezeichnet seien. Die mit γ und s gekennzeichneten Knoten mögen den trennenden inneren Rand $\overline{\gamma(\omega)}$ darstellen. $I(\overline{\omega})$ besteht aus sämtlichen Knoten. Die anderen Indexmengen sind wie folgt charakterisiert (obere Zeile: Indexmenge, untere: zugehörige Knotenbezeichnungen):

$I(\omega)$	$I(\partial\omega)$	$I(\gamma(\omega))$	$I(\omega_1)$	$I(\omega_2)$	$I(\overline{\omega_1})$	$I(\overline{\omega_2})$	$I(\partial\omega_1)$	$I(\partial\omega_2)$
$1, \gamma, 2$	a, s, b	γ	1	2	$a, 1, s, \gamma$	$b, 2, s, \gamma$	$1, s, \gamma$	$2, s, \gamma$

Will man die Situation aus (9.4a-c) herstellen, wo $I = I(\overline{\omega})$ disjunkt in $I_1 \dot\cup I_2 \dot\cup I_s$ zerlegt wird, so ist zu definieren:

$$\begin{aligned} I_s &:= I(\overline{\omega_1}) \cap I(\overline{\omega_2}) && (\text{Knoten } s, \gamma), \\ I_1 &:= I(\overline{\omega_1}) \setminus I_s && (\text{Knoten } a, 1), \\ I_2 &:= I(\overline{\omega_2}) \setminus I_s && (\text{Knoten } b, 2). \end{aligned}$$

12.3.3 Die Abbildung Φ_ω

Sei $\omega \in G_\Omega$ kein Blatt. Damit gehört zu ω ein innerer Rand $\gamma(\omega)$, der die Zerlegung bestimmt. In §12.1 wurde Φ_ω als die Abbildung der rechten Seite und der Randdaten in die Spur $u|_{\gamma(\omega)}$ definiert. Im Falle der Finite-Element-Diskretisierung verwenden wir das gleiche Symbol Φ_ω, ersetzen aber die Funktionen durch die darstellenden Koeffizienten. Der Vektor $\mathbf{r}_h(\omega)$ ersetzt die rechte Seite f_ω (vgl. (12.5b)) und $\mathbf{r}_h(\partial\omega)$ die Randwerte $u_h|_{\partial\omega}$ (vgl. (12.5c)). Die Spur $u_h|_{\gamma(\omega)}$ wird durch die Koeffizienten $\mathbf{x}_h|_{I(\gamma(\omega))} = (x_{h,i})_{i\in I(\gamma(\omega))}$ dargestellt (vgl. (12.4)). Das Gleichungssystem (12.5d) liefert die Lösungsdarstellung $\mathbf{x}_h = (A^{\omega,\omega})^{-1}(\mathbf{r}_h(\omega) - A^{\omega,\partial\omega}\mathbf{r}_h(\partial\omega))$ für den Gesamtlösungsvektor $\mathbf{x}_h \in \mathbb{R}^{I(\overline{\omega})}$. Die partielle Auswertung auf $I(\gamma(\omega))$ liefert

$$\begin{aligned} &\Phi_\omega(\mathbf{r}_h(\overline{\omega})) \qquad (12.7)\\ &= \Phi_\omega(\mathbf{r}_h(\omega), \mathbf{r}_h(\partial\omega)) := (A^{\omega,\omega})^{-1}(\mathbf{r}_h(\omega) - A^{\omega,\partial\omega}\mathbf{r}_h(\partial\omega))\Big|_{I(\gamma(\omega))}. \end{aligned}$$

Man beachte, dass (12.7) die Abbildung definiert, aber nicht ihre praktische Konstruktion darstellen soll (diese folgt in §12.3.7).

Im Folgenden wird die Verfügbarkeit von Φ_ω angenommen. Entscheidend ist, dass für jedes Teilgebiet ω_i $(i = 1, 2)$ von ω vollständige Dirichlet-Randdaten auf $\partial\omega_i$ vorliegen. Die Indexmenge $I(\overline{\omega_i})$ zerfällt disjunkt in $I(\partial\omega_i) \cap I(\partial\omega)$ und $I(\gamma(\omega))$. Auf $I(\partial\omega_i) \cap I(\partial\omega)$ stimmen die Knotenwerte mit den Daten von $I(\partial\omega)$ überein, auf $I(\gamma(\omega))$ sind sie durch $\Phi_\omega(\mathbf{r}_h(\overline{\omega}))$ gegeben.

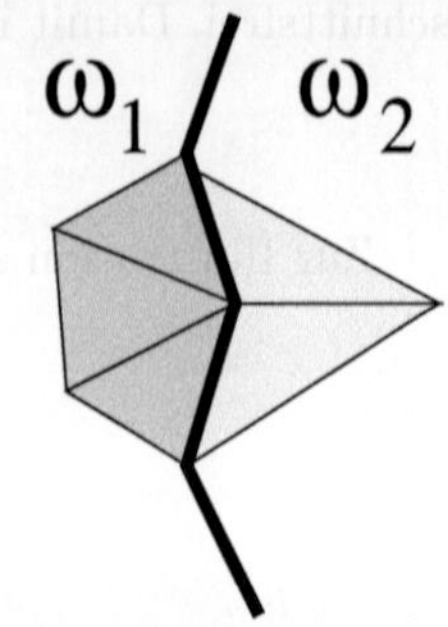

Abb. 12.3. Bei der Integration im Knotenpunkt x_i verwendete Dreiecke

Die Finite-Element-Diskretisierung in ω_i beruht auf der Triangulation $\mathcal{T}(\omega_i)$, die alle in ω_i enthaltenen Elemente umfasst. Die Diskretisierungsmatrix in ω_i $(i = 1, 2)$ ist $A_h(\overline{\omega_i})$. Sie ist wiederum durch (12.5d-e) gegeben, wobei jetzt die Bilinearform $a = a_{\omega_i}$ nur die Integration über ω_i (statt ω, vgl. Abbildung 12.3) verwendet und das Randintegral über

$$\gamma_i := \partial\omega_i = (\partial\omega \cap \overline{\omega_i}) \cup \gamma(\omega)$$

statt $\partial\omega$ erstreckt wird. Der Zusammenhang der Matrizen $A_h(\overline{\omega})$, $A_h(\overline{\omega_1})$ und $A_h(\overline{\omega_2})$ wird in §12.3.5 näher erläutert. Hierzu sind zuvor die Matrizen zu definieren, die bei natürlichen Randbedingungen entstehen.

12.3.4 Natürliche Randbedingung

Ersetzt man die Dirichlet-Bedingung durch die natürliche Randbedingung (vgl. [67, §7.4]), erhält man die später benötigte Matrix $A_h^{\mathrm{nat}}(\overline{\omega})$ mit den Einträgen

$$A_{i,j}^{\text{nat}}(\overline{\omega}) = a(\phi_j, \phi_i) \qquad \text{für alle } i, j \in I(\overline{\omega}). \tag{12.8}$$

Die Blockzerlegung $A_h^{\text{nat}}(\overline{\omega}) = \begin{bmatrix} A^{\text{nat},\omega,\omega} & A^{\text{nat},\omega,\partial\omega} \\ A^{\text{nat},\partial\omega,\omega} & A^{\text{nat},\partial\omega,\partial\omega} \end{bmatrix}$ liefert in der ersten Zeile die gleichen Blöcke $A^{\omega,\omega} = A^{\text{nat},\omega,\omega}$ und $A^{\omega,\partial\omega} = A^{\text{nat},\omega,\partial\omega}$ wie (12.5d), aber andere Einträge in der zweiten Blockzeile für $(i,j) \in I(\partial\omega) \times I(\overline{\omega})$.

12.3.5 Zusammenhang der Matrizen

Seien die Matrizen A_h und A_h^{nat} für $\overline{\omega}$, $\overline{\omega_1}$ und $\overline{\omega_2}$ wie oben definiert.

Anmerkung 12.3.1. Der Indexbereich $\alpha \in I(\omega)$ entspricht der ersten Blockzeile in (12.5d). Hierfür gilt:

$$(A_h(\overline{\omega}))_{\alpha,\beta} =$$
$$\begin{cases} (A_h(\overline{\omega_i}))_{\alpha,\beta} & \text{für } \alpha \in I(\omega_i), \quad \beta \in I(\overline{\omega_i}), \quad i = 1,2, \\ (A_h^{\text{nat}}(\omega_1))_{\alpha,\beta} + (A_h^{\text{nat}}(\omega_2))_{\alpha,\beta} & \text{für } \alpha \in I(\gamma(\omega)), \ \beta \in I(\partial\omega_1) \cap I(\partial\omega_2), \\ 0 & \text{für } \alpha \in I(\omega_i), \quad \beta \in I(\overline{\omega_j}), \quad i \neq j. \end{cases}$$

Im mittleren Fall treten Integrationen auf, die sowohl Teile von ω_1 als auch von ω_2 umfassen (vgl. Abbildung 12.3). Der Fall $\alpha \in I(\partial\omega)$ (zweite Blockzeile in (12.5d)) ist wegen der trivialen Struktur ausgelassen.

Beweis. 1) Für $\alpha \in I(\omega_i)$ und $\beta \in I(\overline{\omega_i})$ liegt der Durchschnitt der Träger der Basisfunktionen ϕ_α und ϕ_β ganz in $\overline{\omega_i} \subset \overline{\omega}$. Damit stimmen $a_\omega(\phi_\beta, \phi_\alpha)$ und $a_{\omega_i}(\phi_\beta, \phi_\alpha)$ überein.

2) Für $\alpha, \beta \in I(\gamma(\omega)) \subset I(\partial\omega_1) \cap I(\partial\omega_2)$ liegt der Durchschnitt der Träger von ϕ_α und ϕ_β teils in ω_1 und teils ω_2, sodass die Summe zu bilden ist: $a_\omega(\phi_\beta, \phi_\alpha) = a_{\omega_1}(\phi_\beta, \phi_\alpha) + a_{\omega_2}(\phi_\beta, \phi_\alpha)$.

3) Für $\alpha \in I(\omega_i)$ und $\beta \in I(\overline{\omega_j})$ $(i \neq j)$ sind die Träger von ϕ_α und ϕ_β disjunkt. ∎

12.3.6 Die Abbildung Ψ_ω

Zwar ist die Abbildung Φ_ω in (12.7) definiert, ihre konstruktive Berechnung steht aber noch aus. Zu diesem Zweck wird eine weitere Abbildung

$$\Psi_\omega : \mathbb{R}^{I(\overline{\omega})} = \mathbb{R}^{I(\omega)} \times \mathbb{R}^{I(\partial\omega)} \to \mathbb{R}^{I(\partial\omega)}$$

eingeführt. Ψ_ω wird auf eine rechte Seite $\mathbf{r}_h(\overline{\omega}) = (\mathbf{r}_h(\omega), \mathbf{r}_h(\partial\omega)) \in \mathbb{R}^{I(\overline{\omega})}$ mit $\mathbf{r}_h(\omega) \in \mathbb{R}^{I(\omega)}$ und $\mathbf{r}_h(\partial\omega) \in \mathbb{R}^{I(\partial\omega)}$ angewandt. Es sei daran erinnert, dass $\mathbf{r}_h(\omega)$ die Knotenwerte der rechten Seite f_ω enthält, während $\mathbf{r}_h(\partial\omega)$ die Randwerte der Lösung $\mathbf{x}_h(\overline{\omega}) = \left(\mathbf{x}_h|_{I(\omega)}, \mathbf{x}_h|_{I(\partial\omega)}\right) \in \mathbb{R}^{I(\overline{\omega})}$ sind, d.h.

$$\mathbf{x}_h|_{I(\partial\omega)} = \mathbf{r}_h(\partial\omega).$$

Gemäß Zerlegung (12.5d) sind die inneren Koeffizienten $\mathbf{x}_h|_{I(\omega)}$ Lösung von $A^{\omega,\omega}\mathbf{x}_h|_{I(\omega)} + A^{\omega,\partial\omega}\mathbf{x}_h|_{I(\partial\omega)} = \mathbf{r}_h(\omega)$, sodass

$$\mathbf{x}_h|_{I(\omega)} = (A^{\omega,\omega})^{-1}\left(\mathbf{r}_h(\omega) - A^{\omega,\partial\omega}\mathbf{r}_h(\partial\omega)\right)$$

folgt (vergleiche (12.7) zur weiteren Beschränkung auf $\gamma(\omega)$).

Zu Randknotenindizes $i \in I(\partial\omega)$ definieren wir nun die i-te Komponente von $\Psi_\omega(\mathbf{r}_h(\overline{\omega}))$ mit Hilfe der Finite-Element-Lösung $u_h = \sum_{j\in I(\overline{\omega})} x_{h,j}\phi_j$:

$$\left(\Psi_\omega(\mathbf{r}_h(\overline{\omega}))\right)_i := a_\omega(u_h, \phi_i) = \sum_{j\in I(\overline{\omega})} x_{h,j}\, a_\omega(\phi_j, \phi_i) \quad \text{für } i \in I(\partial\omega). \tag{12.9}$$

Man beachte, dass $a_\omega(\cdot,\cdot)$ die Bilinearform aus (12.3) mit der auf ω beschränkten Integration ist[7].

Die Koeffizienten $a_\omega(\phi_j, \phi_i)$ aus der letzten Gleichung stellen den Teil

$$\begin{aligned} A^{\mathrm{nat},\partial\omega} &= \left(A^{\mathrm{nat},\partial\omega,\partial\omega}, A^{\mathrm{nat},\partial\omega,\omega}\right) \qquad \text{mit} \\ A^{\mathrm{nat},\partial\omega,\partial\omega} &:= \left(A^{\mathrm{nat}}_{i,j}\right)_{i,j\in I(\partial\omega)}, \; A^{\mathrm{nat},\partial\omega,\omega} := \left(A^{\mathrm{nat}}_{i,j}\right)_{i\in I(\partial\omega), j\in I(\omega)} \end{aligned}$$

der Matrix $A^{\mathrm{nat}} = A^{\mathrm{nat}}(\overline{\omega})$ aus (12.8) dar, sodass $\Psi_\omega(\mathbf{r}_h(\overline{\omega})) = A^{\mathrm{nat},\partial\omega}\mathbf{x}_h$. Setzt man für $\mathbf{x}_h$ die vorhergehenden Gleichungen ein, entsteht die Blockdarstellung

$$\begin{aligned} \Psi_\omega &= \left(\Psi_\omega^\omega, \Psi_\omega^{\partial\omega}\right) \qquad \text{mit} \\ \Psi_\omega^\omega &:= A^{\mathrm{nat},\partial\omega,\omega}\left(A^{\omega,\omega}\right)^{-1}, \\ \Psi_\omega^{\partial\omega} &:= A^{\mathrm{nat},\partial\omega,\partial\omega} - A^{\mathrm{nat},\partial\omega,\omega}\left(A^{\omega,\omega}\right)^{-1} A^{\omega,\partial\omega}. \end{aligned} \tag{12.10}$$

Anmerkung 12.3.2. ω sei ein Dreieck der Triangulation $\mathcal{T}(\Omega)$ und damit ein Blatt des Gebietszerlegungsbaums G_Ω. Für ein solches ω ist die Abbildung Ψ_ω leicht bestimmbar, da $\#I(\overline{\omega}) = 3$.

Im Weiteren werden wir die Konstruktion von Ψ_ω von den Blättern des Baumes G_Ω bis zu der Wurzel Ω durchführen.

12.3.7 Konstruktion von Φ_ω aus Ψ_{ω_1} und Ψ_{ω_2}

Seien ω_1 und ω_2 die Söhne von ω im Gebietszerlegungsbaum. Zu ω_1 und ω_2 seien die Abbildungen Ψ_{ω_1} und Ψ_{ω_2} bekannt. Die Abbildung Ψ_ω wird gesucht. Das Argument der linearen Abbildung Ψ_ω ist $\mathbf{r}_h(\overline{\omega})$. Zu den Daten $\mathbf{r}_h(\overline{\omega}) = (\mathbf{r}_h(\omega), \mathbf{r}_h(\partial\omega))$ wird in den nachfolgenden Schritten 1a-1c eine diskrete Randwertaufgabe in ω_1 gebildet.

[7] Ersetzt man ω durch die Söhne ω_1 und ω_2 des Gebietszerlegungsbaumes G_Ω, so entsteht für $i \in I_s$ die Situation aus Abbildung 12.3: $\left(\Psi_{\omega_1}(\mathbf{r}_h)\right)_i$ und $\left(\Psi_{\omega_2}(\mathbf{r}_h)\right)_i$ ergeben sich aus einem Integral über die Dreiecke auf der linken bzw. rechten Seite der Trennlinie.

1a) *Randdaten auf* $\partial\omega_1$*:* $\mathbf{r}_h(\partial\omega)$ stimmt mit den Randdaten $\mathbf{x}_h(\overline{\omega})|_{I(\partial\omega)}$ überein. Dies definiert die Randdaten $\mathbf{x}_h(\overline{\omega_1})|_{I(\partial\omega)\cap I(\partial\omega_1)}$. Die Indexmenge der Randknoten ist $I(\partial\omega_1) \subset I(\overline{\omega_1})$. Sie lässt sich disjunkt zerlegen in $I(\partial\omega) \cap I(\partial\omega_1)$ und $I(\gamma(\omega))$ (dies sind die Knoten mit der Bezeichnung γ in §12.3.2). Die verbleibenden Randdaten $\mathbf{x}_\gamma := \mathbf{x}_h(\overline{\omega_1})|_{I(\gamma(\omega))}$ müssen noch bestimmt werden.

1b) *Innere Daten auf* ω_1*:* Die Beschränkung von $\mathbf{r}_h(\omega)$ auf die Indexmenge $I(\omega_1)$ liefert $\mathbf{r}_h(\omega_1)$.

1c) *Diskretes Randwertproblem:* Der Vektor $\mathbf{x}^{(1)} := \mathbf{x}_h(\overline{\omega_1})$ im ersten Teilgebiet werde als $\left(\mathbf{x}_\omega^{(1)}, \mathbf{x}_{\partial\omega}^{(1)}, \mathbf{x}_\gamma^{(1)}\right)$ geschrieben, wobei die Blockzerlegung

$$\mathbf{x}_\omega^{(1)} = \mathbf{x}_h(\overline{\omega_1})|_{I(\omega_1)}, \quad \mathbf{x}_{\partial\omega}^{(1)} = \mathbf{x}_h(\overline{\omega_1})|_{I(\partial\omega)\cap I(\partial\omega_1)}, \quad \mathbf{x}_\gamma^{(1)} = \mathbf{x}_h(\overline{\omega_1})|_{I(\gamma(\omega))}$$

verwendet wird. Bei vorgegebenen Randdaten $(\mathbf{x}_{\partial\omega}^{(1)}, \mathbf{x}_\gamma^{(1)})$ lautet das Gleichungssystem für die inneren Knoten $\mathbf{x}_\omega^{(1)}$ wie folgt:

$$A^{(1),\omega,\omega}\mathbf{x}_\omega^{(1)} = \mathbf{r}_h(\omega_1) - A^{(1),\omega,\partial\omega}\mathbf{x}_{\partial\omega}^{(1)} - A^{(1),\omega,\gamma}\mathbf{x}_\gamma^{(1)} \tag{12.11a}$$

$$\begin{aligned} \text{mit } A^{(1),\omega,\omega} &:= \left((A_h(\overline{\omega_1}))_{ij}\right)_{i,j\in I(\omega_1)}, \\ A^{(1),\omega,\partial\omega} &:= \left((A_h(\overline{\omega_1}))_{ij}\right)_{i\in I(\omega_1),\, j\in I(\partial\omega)\cap I(\partial\omega_1)}, \\ A^{(1),\omega,\gamma} &:= \left((A_h(\overline{\omega_1}))_{ij}\right)_{i\in I(\omega_1), j\in I_\sigma}. \end{aligned}$$

2) Analoges Vorgehen im zweiten Teilgebiet ω_2 liefert

$$A^{(2),\omega,\omega}\mathbf{x}_\omega^{(2)} = \mathbf{r}_h(\omega_2) - A^{(2),\omega,\partial\omega}\mathbf{x}_{\partial\omega}^{(2)} - A^{(2),\omega,\gamma}\mathbf{x}_\gamma^{(2)} \tag{12.11b}$$

mit entsprechenden Definitionen der Blockmatrizen.

3) *Gleichung für* $\mathbf{x}_\gamma$*:* Die Komponenten des Vektors $\mathbf{x}^{(1)} := \mathbf{x}_h(\overline{\omega_1})$ sind für Indizes $j \in I(\overline{\omega_1})$ definiert, jene von $\mathbf{x}^{(2)} := \mathbf{x}_h(\overline{\omega_2})$ für Indizes $j \in I(\overline{\omega_2})$. Die Definitionsbereiche überlappen sich in $I_s := I(\overline{\omega_1}) \cap I(\overline{\omega_2})$. Für $j \in I_s \cap I(\partial\omega) = I_s \backslash I(\gamma(\omega))$ gilt $x_j^{(1)} = x_{\partial\omega,j}^{(1)} = (\mathbf{r}_h(\partial\omega))_j = x_{\partial\omega,j}^{(2)} = x_j^{(2)}$ (vgl. 1a). Für $j \in I(\gamma(\omega))$ wird die entsprechende Identität gefordert, die die Übereinstimmung der Randwerte am inneren Rand beschreibt:

$$\mathbf{x}_\gamma^{(1)} := \mathbf{x}_\gamma^{(2)} := \mathbf{x}_\gamma \in \mathbb{R}^{I(\gamma(\omega))}. \tag{12.11c}$$

Unter dieser Bedingung definieren $\mathbf{x}^{(1)}$ und $\mathbf{x}^{(2)}$ eindeutig den Gesamtvektor $\mathbf{x}_h(\overline{\omega}) \in \mathbb{R}^{I(\overline{\omega})}$ mittels

$$x_{h,j}(\overline{\omega}) := \begin{cases} x_j^{(1)} & \text{für } j \in I(\overline{\omega_1}), \\ x_j^{(2)} & \text{für } j \in I(\overline{\omega_2}), \end{cases} \tag{12.11d}$$

da für $j \in I(\overline{\omega_1}) \cap I(\overline{\omega_2})$ nun $x_j^{(1)} = x_j^{(2)}$ gilt. Umgekehrt definiert jedes $\mathbf{x}_h(\overline{\omega}) \in \mathbb{R}^{I(\overline{\omega})}$ Vektoren $\mathbf{x}^{(i)} := \mathbf{x}_h(\overline{\omega})|_{I(\overline{\omega_i})}$ $(i = 1, 2)$, die der Konsistenzbedingung (12.11c) genügen.

Beliebige $\mathbf{x}_\gamma \in \mathbb{R}^{I(\gamma(\omega))}$ bestimmen über (12.11a,b) $\mathbf{x}^{(1)}$ und $\mathbf{x}^{(2)}$. Diese definieren gemäß (12.11d) $\mathbf{x}_h(\overline{\omega})$ und damit $u_h := \sum_{j\in I(\overline{\omega})} x_{h,j}(\overline{\omega})\,\phi_j$. Zur Bestimmung von $\mathbf{x}_\gamma$ werden die Gleichungen

$$a_\omega(u_h,\phi_j) = f(\phi_j) \qquad \text{für alle } j \in I(\gamma(\omega)) \tag{12.11e}$$

verwendet. Die linke Seite kann in

$$a_\omega(u_h,\phi_j) = a_{\omega_1}(u_h,\phi_j) + a_{\omega_2}(u_h,\phi_j) \tag{12.11f}$$

umgeschrieben werden (da $j \in I(\gamma(\omega))$ Index eines Knotens auf dem inneren Rand ist, trifft die Situation aus Abbildung 12.3 zu). Definitionsgemäß ist

$$\begin{aligned} a_{\omega_1}(u_h,\phi_j) &= \left(\Psi_{\omega_1}(\mathbf{r}_h(\overline{\omega_1}))\right)_j, \\ a_{\omega_2}(u_h,\phi_j) &= \left(\Psi_{\omega_2}(\mathbf{r}_h(\overline{\omega_2}))\right)_j \end{aligned} \qquad \text{für } j \in I(\gamma(\omega)).$$

Die rechte Seite von (12.11e) hat den Wert $f(\phi_j) = (\mathbf{r}_h(\omega))_j$. Die Beschränkung des Wertebereiches $\mathbb{R}^{I(\partial\omega_1)}$ von $\Psi_{\omega_1}(\mathbf{r}_h(\overline{\omega_1}))$ auf $\mathbb{R}^{I(\gamma(\omega))}$ ergibt $\Psi_{\omega_1}(\mathbf{r}_h(\overline{\omega_1}))|_{I(\gamma(\omega))}$. Die Daten $\mathbf{r}_h(\overline{\omega_1}) \in \mathbb{R}^{I(\overline{\omega_1})}$ lassen sich blockzerlegen in $\left(\mathbf{r}_h(\overline{\omega_1})|_{I(\overline{\omega_1})\backslash I(\gamma(\omega))}, \mathbf{x}_\gamma\right)$, da die internen Randwerte $\mathbf{r}_h(\overline{\omega_1})|_{I(\gamma(\omega))} = \mathbf{x}_\gamma$ fixiert wurden. Die lineare Abbildung $\Psi_{\omega_1}(\mathbf{r}_h(\overline{\omega_1}))|_{I(\gamma(\omega))}$ ist daher von der Form

$$\Psi_{\omega_1}(\mathbf{r}_h(\overline{\omega_1}))|_{I(\gamma(\omega))} = \Psi_{1\gamma}\mathbf{x}_\gamma + \Psi_{1\omega}\mathbf{r}_h(\overline{\omega_1})|_{I(\overline{\omega_1})\backslash I(\gamma(\omega))} \tag{12.11g}$$

mit geeigneten Matrizen $\Psi_{1\gamma}$ und $\Psi_{1\omega}$. Der Vektor $\mathbf{r}_h(\overline{\omega_1})|_{I(\overline{\omega_1})\backslash I(\gamma(\omega))}$ enthält sowohl Randdaten $\mathbf{r}_h(\partial\omega_1)|_{I(\partial\omega_1)\backslash I(\gamma(\omega))}$ als auch die Daten $\mathbf{r}_h(\overline{\omega_1})|_{I(\omega_1)} = \mathbf{r}_h(\omega_1)$.
$\Psi_{\omega_2}(\mathbf{r}_h(\overline{\omega_2}))|_{I(\gamma(\omega))}$ lässt sich analog zerlegen in

$$\Psi_{\omega_2}(\mathbf{r}_h(\overline{\omega_2}))|_{I(\gamma(\omega))} = \Psi_{2\gamma}\mathbf{x}_\gamma + \Psi_{2\omega}\mathbf{r}_h(\overline{\omega_2})|_{I(\overline{\omega_2})\backslash I(\gamma(\omega))}. \tag{12.11h}$$

Die Gleichungen (12.11e,f) zusammen mit $f(\phi_j) = (\mathbf{r}_h(\omega))_j$ ergeben

$$\Psi_{\omega_1}(\mathbf{r}_h(\overline{\omega_1}))|_{I(\gamma(\omega))} + \Psi_{\omega_2}(\mathbf{r}_h(\overline{\omega_2}))|_{I(\gamma(\omega))} = \mathbf{r}_h(\omega)|_{I(\gamma(\omega))}.$$

Damit führen (12.11g,h) auf

$$\begin{aligned} &(\Psi_{1\gamma} + \Psi_{2\gamma})\,\mathbf{x}_\gamma \\ &= \mathbf{r}_h(\omega)|_{I(\gamma(\omega))} - \Psi_{1\omega}\mathbf{r}_h(\overline{\omega_1})|_{I(\overline{\omega_1})\backslash I(\gamma(\omega))} - \Psi_{2\omega}\mathbf{r}_h(\overline{\omega_2})|_{I(\overline{\omega_2})\backslash I(\gamma(\omega))}. \end{aligned}$$

Invertierung liefert die Darstellung der Spurwerte auf $I(\gamma(\omega))$:

$$\begin{aligned} \mathbf{x}_\gamma &= (\Psi_{1\gamma} + \Psi_{2\gamma})^{-1} \begin{pmatrix} \mathbf{r}_h(\omega)|_{I(\gamma(\omega))} - \Psi_{1\omega}\mathbf{r}_h(\overline{\omega_1})|_{I(\overline{\omega_1})\backslash I(\gamma(\omega))} \\ -\Psi_{2\omega}\mathbf{r}_h(\overline{\omega_2})|_{I(\overline{\omega_2})\backslash I(\gamma(\omega))} \end{pmatrix} \\ &=: \Phi_\omega(\mathbf{r}_h(\overline{\omega})). \end{aligned} \tag{12.11i}$$

Anmerkung 12.3.3. Die Matrixdarstellung von Φ_ω ist im Wesentlichen durch die Matrixblöcke

$$\begin{aligned}(\Psi_{1\gamma}+\Psi_{2\gamma})^{-1} &\in \mathbb{R}^{I(\gamma(\omega))\times I(\gamma(\omega))},\\ -(\Psi_{1\gamma}+\Psi_{2\gamma})^{-1}\,\Psi_{1\omega} &\in \mathbb{R}^{I(\overline{\omega_1})\backslash I(\gamma(\omega))\times I(\gamma(\omega))},\\ -(\Psi_{1\gamma}+\Psi_{2\gamma})^{-1}\,\Psi_{2\omega} &\in \mathbb{R}^{I(\overline{\omega_2})\backslash I(\gamma(\omega))\times I(\gamma(\omega))}\end{aligned}$$

gegeben. Man beachte aber, dass sich die Indexmengen $I(\overline{\omega_1})\backslash I(\gamma(\omega))$ und $I(\overline{\omega_2})\backslash I(\gamma(\omega))$ überlappen (die gemeinsamen Indizes entsprechen der Kennzeichnung s in (12.6)). Daher addieren sich die Blockbeiträge im gemeinsamen Indexbereich $(I(\overline{\omega_1})\cap I(\overline{\omega_2}))\backslash I(\gamma(\omega))\times I(\gamma(\omega))$.

Lemma 12.3.4. *Die rechte Seite in (12.11i) definiert die gesuchte Spurabbildung $\Phi_\omega : \mathbf{r}_h(\overline{\omega}) \mapsto \mathbf{x}_\gamma$. Hierzu beachte man, dass alle benötigten Daten $\mathbf{r}_h(\omega)|_{I(\gamma(\omega))}$, $\mathbf{r}_h(\overline{\omega_1})|_{I(\overline{\omega_1})\backslash I(\gamma(\omega))}$ und $\mathbf{r}_h(\overline{\omega_2})|_{I(\overline{\omega_2})\backslash I(\gamma(\omega))}$ in $\mathbf{r}_h(\overline{\omega})$ enthalten sind.*

Beweis. Sei $\mathbf{x}_\gamma$ durch (12.11i) definiert. In Schritt 3) wurden $\mathbf{x}^{(1)}$ und $\mathbf{x}^{(2)}$ mittels (12.11a,b) bestimmt. Über (12.11d) ist $u_h := \sum_{j\in I(\overline{\omega})} x_{h,j}(\overline{\omega})\,\phi_j$ definiert. Die Gleichungen (12.11a,b) sind äquivalent zu $a_\omega(u_h,\phi_j)=f(\phi_j)$ für $j\in I(\omega_1)$ und $j\in I(\omega_2)$. Die Definition von $\mathbf{x}_\gamma$ sichert $a_\omega(u_h,\phi_j)=f(\phi_j)$ für $j\in I(\gamma(\omega))$. Da $I(\omega_1)\dot\cup I(\omega_2)\dot\cup I(\gamma(\omega))=I(\omega)$, erfüllt u_h die Finite-Element-Gleichung $a_\omega(u_h,v_h)=f_\omega(v_h)$ $(v_h\in V_h)$ in ω. Die Randwerte von u_h sind durch die Knotenwerte $\mathbf{r}_h(\partial\omega)$ gegeben. Da $\mathbf{x}_\gamma$ die Knotenwerte von $u_h|_{\gamma(\omega)}$ sind, ist die Behauptung bewiesen. ∎

12.3.8 Konstruktion von Ψ_ω aus Ψ_{ω_1} und Ψ_{ω_2}

Sei $\omega\in G_\Omega$ ein Gebiet mit den Söhnen (Teilgebieten) ω_1 und ω_2. Wir definieren die Abbildungen T_{ω_1} und T_{ω_2} mittels

$$\begin{aligned}T_{\omega_1}:\mathbf{r}_h(\overline{\omega})\mapsto\mathbf{r}_h(\overline{\omega_1}),\quad T_{\omega_2}:\mathbf{r}_h(\overline{\omega})&\mapsto\mathbf{r}_h(\overline{\omega_2})\qquad\text{mit}\\ \mathbf{r}_h(\overline{\omega_1})|_{I(\overline{\omega_1})\backslash I(\gamma(\omega))} &:= \mathbf{r}_h(\overline{\omega})|_{I(\overline{\omega_1})\backslash I(\gamma(\omega))},\\ \mathbf{r}_h(\overline{\omega_2})|_{I(\overline{\omega_2})\backslash I(\gamma(\omega))} &:= \mathbf{r}_h(\overline{\omega})|_{I(\overline{\omega_2})\backslash I(\gamma(\omega))},\\ \mathbf{r}_h(\overline{\omega_1})|_{I(\gamma(\omega))} := \mathbf{r}_h(\overline{\omega_2})|_{I(\gamma(\omega))} &:= \Phi_\omega(\mathbf{r}_h(\overline{\omega})).\end{aligned}$$

Lemma 12.3.5. *Seien ω_1 und ω_2 die Söhne von ω im Gebietszerlegungsbaum G_Ω. Dann ergibt sich Ψ_ω aus Ψ_{ω_1} und Ψ_{ω_2} mittels*

$$(\Psi_\omega(\mathbf{r}_h(\overline{\omega})))_j = \tag{12.12}$$
$$\begin{cases}(\Psi_{\omega_1}(T_{\omega_1}(\mathbf{r}_h(\overline{\omega}))))_j & \text{für } j\in I(\partial\omega)\backslash I(\overline{\omega_2}),\\ (\Psi_{\omega_2}(T_{\omega_2}(\mathbf{r}_h(\overline{\omega}))))_j & \text{für } j\in I(\partial\omega)\backslash I(\overline{\omega_1}),\\ (\Psi_{\omega_1}(T_{\omega_1}(\mathbf{r}_h(\overline{\omega}))))_j+(\Psi_{\omega_2}(T_{\omega_2}(\mathbf{r}_h(\overline{\omega}))))_j & \text{für } j\in I(\overline{\omega_1})\cap I(\overline{\omega_2}).\end{cases}$$

Den drei Fällen in (12.12) entsprechen die folgenden Knotenbezeichnungen aus (12.6): i) $I(\partial\omega)\backslash I(\overline{\omega_2})$ hat die Kennzeichnungen $a,1$; ii) $I(\partial\omega)\backslash I(\overline{\omega_1})$: $b,2$; iii) $I(\overline{\omega_1})\cap I(\overline{\omega_2})$: γ,s.

Beweis. a) Nach Definition (12.9) sind Ψ_ω und Ψ_{ω_i} als $a_\omega(u_h, \phi_j)$ bzw. $a_{\omega_i}(u_h, \phi_j)$ $(i = 1, 2)$ definiert, wobei u_h in beiden Fällen übereinstimmt und die Finite-Element-Lösung zu den Daten aus $\mathbf{r}_h(\overline{\omega})$ ist. Es gilt der Zusammenhang

$$a_\omega(u_h, \phi_j) = a_{\omega_1}(u_h, \phi_j) + a_{\omega_2}(u_h, \phi_j).$$

Für Randknotenindizes $j \in I(\overline{\omega_1}) \cap I(\overline{\omega_2})$ entspricht diese Identität dem dritten Fall in (12.12).

b) Für $j \in I(\partial\omega)\backslash I(\overline{\omega_2})$ liegt der Träger von ϕ_j in $\overline{\omega_1}$ liegt, sodass $a_{\omega_2}(u_h, \phi_j) = 0$ und der erste Fall in (12.12) folgt. Analog folgt der zweite Fall für $j \in I(\partial\omega)\backslash I(\overline{\omega_1})$. ∎

12.4 Basisalgorithmus

In der Definitionsphase werden die Abbildungen Φ_ω für alle Gebiete $\omega \in G_\Omega\backslash\mathcal{L}(G_\Omega)$ des Gebietszerlegungsbaums konstruiert, die nicht Blätter sind. Die Abbildungen Ψ_ω für $\omega \in G_\Omega\backslash\{\Omega\}$ werden nur zwischenzeitlich bestimmt. Danach kann die Auswertungsphase für Daten $\mathbf{r}_h(\overline{\Omega})$ ein- oder mehrmals ausgeführt werden.

12.4.1 Definitionsphase

Der Algorithmus verläuft induktiv von den Blättern von G_Ω bis zur Wurzel.

- Der *Start* besteht in der Bestimmung von

  $$\Psi_\omega \qquad \text{für alle } \omega \in \mathcal{L}(G_\Omega).$$

  Da $\mathcal{L}(G_\Omega) = \mathcal{T}(\Omega)$ vorausgesetzt wurde, trifft Anmerkung 12.3.2 zu: Ψ_ω ist einfach bestimmbar. Bei finiten Elementen ohne innere Knoten (Standardfall) ist $\Psi_\omega = I$ die Identitätsmatrix, da alle Argumentdaten $\mathbf{r}_h(\overline{\omega})$ Randdaten sind.
- *Induktion* (von den Sohngebieten ω_1, ω_2 zum Vater ω): Ψ_{ω_1} und Ψ_{ω_2} seien als bekannt angenommen. Gemäß §12.3.7 wird Φ_ω konstruiert. Unter Verwendung von Φ_ω kann dann gemäß §12.3.8 Ψ_ω berechnet werden. Nach der Bestimmung von Ψ_ω werden Ψ_{ω_1} und Ψ_{ω_2} nicht mehr gebraucht. In einer konkreten Implementierung kann somit der Speicherplatz wieder freigegeben werden.

Für die algorithmische Durchführung ist es vorteilhaft, den Baum G_Ω in seine Stufen $G_\Omega^{(\ell)}$, $0 \le \ell \le \mathit{depth}(G_\Omega)$, zu zerlegen (vgl. Definition A.2.3):

```
for ℓ := depth(G_Ω) − 1 downto 0 do
begin for all ω∈G_Ω^(ℓ+1)∩L(G_Ω) do berechne Ψ_ω explizit; {vgl. Anm. 12.3.2}
   for all ω ∈ G_Ω^(ℓ)\L(G_Ω) do
   begin {ω_1, ω_2} := S_{G_Ω}(ω);   {S_{G_Ω} ist die Sohnabbildung; vgl. §A.2}
      bestimme die Matrix zu Φ_ω gemäß Anmerkung 12.3.3;
      if ℓ > 0 then bestimme die Matrix zu Ψ_ω gemäß Lemma 12.3.5;
      lösche die Matrizen zu Ψ_{ω_1} und Ψ_{ω_2} (Speicherplatzfreigabe)
end end;
```
(12.13)

Nach Durchführung der Schleife sind alle Φ_ω für $\omega \in G_\Omega\backslash\mathcal{L}(G_\Omega)$ bestimmt, aber keine Ψ_ω mehr gespeichert.

Anmerkung 12.4.1. Da alle Matrixoperationen in der exakten Arithmetik beschrieben sind, ist das Verfahren (12.13) zwar wohldefiniert, aber rechenkostenintensiv. Die inversen Matrizen in (12.10) und (12.11i) führen zu voll besetzten Darstellungsmatrizen für Φ_ω und Ψ_ω.

12.4.2 Auswertungsphase

Geht man vom Randwertproblem (12.1a,b) aus, sind zunächst aus f_Ω und g_Γ die Werte von $\mathbf{r}_h(\overline{\Omega}) = (\mathbf{r}_h(\Omega), \mathbf{r}_h(\partial\Omega))$ zu bestimmen. Für den ersten Blockteil gilt $(\mathbf{r}_h(\Omega))_j = \int_\Omega f_\Omega \phi_j \mathrm{d}x$ $(j \in I(\Omega))$. Zur Berechnung von $\mathbf{r}_h(\partial\Omega)$ ist die $L^2(\partial\Omega)$-orthogonale Projektion von g_Γ auf den Ansatzraum durchzuführen (zweite Zeile in (12.3)). Mit $\mathbf{r}_h(\overline{\Omega})$ ist die rechte Seite des Gleichungssystems $A_h(\overline{\Omega})\mathbf{x}_h(\overline{\Omega}) = \mathbf{r}_h(\overline{\Omega})$ bestimmt.

Die bisherige Formulierung geht von Eingabedaten $\mathbf{r}_h(\overline{\omega})$ aus und bestimmt daraus die Ausgabedaten $\mathbf{x}_h(\overline{\omega})$. Wegen der Identität $\mathbf{r}_h(\overline{\omega})|_{I(\partial\omega)} = \mathbf{x}_h(\overline{\omega})|_{I(\partial\omega)}$ liegt es näher, nur $\mathbf{r}_h(\omega)$ (ohne $\mathbf{r}_h(\partial\omega)$) zu verwenden und den Vektor $\mathbf{x}_h(\overline{\omega})$ als Ein- und Ausgabevektor zu verwenden, der die nötigen Randdaten schon auf $\partial\omega$ enthält.

In der folgenden Prozedur können die beiden letzten Argumente $\mathbf{r}, \mathbf{x}$ als Vektoren $\mathbf{r} = \mathbf{r}_h(\Omega) \in \mathbb{R}^{I(\Omega)}$ bzw. $\mathbf{x} = \mathbf{x}_h(\overline{\Omega}) \in \mathbb{R}^{I(\overline{\Omega})}$ im *Gesamtgebiet* Ω aufgefasst werden, wobei allerdings nur die Bereiche $\mathbf{r}_h(\omega) = \mathbf{r}|_{I(\omega)}$ und $\mathbf{x}_h(\overline{\omega}) = \mathbf{x}|_{I(\overline{\omega})}$ verwendet werden. $\mathbf{r}|_{I(\omega)}$ ist lediglich Eingabe. Im Falle von $\mathbf{x}$ ist $\mathbf{x}|_{I(\partial\omega)}$ die Randwert-Eingabe, während $\mathbf{x}|_{I(\gamma(\omega))}$ die Ausgabe ist. Der Aufruf $\Phi_\omega(\mathbf{r}_h(\omega), \mathbf{r}_h(\partial\omega))$ wird damit zu $\Phi_\omega\left(\mathbf{r}|_{I(\omega)}, \mathbf{x}|_{I(\partial\omega)}\right)$. Das erste Argument ω der Prozedur *Spur* muss aus $G_\Omega\backslash\mathcal{L}(G_\Omega)$ stammen.

```
procedure Spur(ω, r, x); {ω ∈ G_Ω\L(G_Ω), r ∈ ℝ^I(Ω), x ∈ ℝ^I(Ω̄)}
x|_I(γ(ω)) := Φ_ω (r|_I(ω), x|_I(∂ω));
```
(12.14)

Um die Lösung $\mathbf{x}_h(\overline{\omega})$ in ω vollständig zu erhalten, ist *Spur* rekursiv aufzurufen:

$$\boxed{\begin{array}{l}\textbf{procedure } \textit{vollständigeAuswertung}(\omega,\mathbf{r},\mathbf{x});\\ \{\text{Eingabe: Randwerte auf } \mathbf{x}|_{I(\partial\omega)} \text{ und rechte Seite auf } \mathbf{r}|_{I(\omega)}\}\\ \textbf{begin } \textit{Spur}(\omega,\mathbf{r},\mathbf{x});\ \{\mathbf{r}|_{I(\gamma(\omega))} := \mathbf{x}|_{I(\gamma(\omega))};\}\\ \quad \textbf{for } \omega' \in S_{G_\Omega}(\omega) \textbf{ do } \textit{vollständigeAuswertung}(\omega',\mathbf{r},\mathbf{x});\\ \textbf{end;}\end{array}} \tag{12.15}$$

Die Rekursion in (12.15) bricht ab, wenn $\omega \in G_\Omega$ ein Blatt und damit die Sohnmenge $S_{G_\Omega}(\omega)$ leer ist. Damit die Auswertung wirklich vollständig ist, muss die oben gemachte Annahme $\mathcal{L}(G_\Omega) = \mathcal{T}(\Omega)$ gelten. In diesem Fall sind alle Dreiecksknoten[8] in $\overline{\omega}$ bestimmt. Die eingeklammerte Anweisung $\mathbf{r}|_{I(\gamma(\omega))} := \mathbf{x}|_{I(\gamma(\omega))}$ sorgt dafür, dass $\mathbf{r}|_{I(\partial\omega')}$ für $\omega' \in S_{G_\Omega}(\omega)$ die Randdaten trägt. Da diese aber mittels $\mathbf{x}|_{I(\gamma(\omega))}$ übergeben werden, ist die Anweisung entbehrlich.

Der Aufruf *vollständigeAuswertung*$(\Omega, \mathbf{r}_h(\Omega), \mathbf{x}_h(\overline{\Omega}))$ liefert die Lösung $\mathbf{x}_h(\overline{\Omega})$ des diskreten Randwertproblems in Ω.

12.4.3 Homogene Differentialgleichung

Die lineare Abbildung Φ_ω wird in (12.7) mit zwei Argumenten geschrieben: $\Phi_\omega(\mathbf{r}_h(\omega), \mathbf{x}_h(\partial\omega))$. Damit gibt es zwei Matrizen $\Phi_\omega^\omega \in \mathbb{R}^{I(\gamma(\omega))\times I(\omega)}$ und $\Phi_\omega^{\partial\omega} \in \mathbb{R}^{I(\gamma(\omega))\times I(\partial\omega)}$ mit

$$\Phi_\omega(\mathbf{r}_h(\omega), \mathbf{x}_h(\partial\omega)) = \Phi_\omega^\omega \mathbf{r}_h(\omega) + \Phi_\omega^{\partial\omega} \mathbf{x}_h(\partial\omega),$$

die in Algorithmus (12.13) bestimmt werden müssen. Da im Allgemeinen $\#I(\omega) \gg \#I(\partial\omega)$, hat Φ_ω^ω ein wesentlich größeres Format als $\Phi_\omega^{\partial\omega}$.

Ein nicht uninteressanter Spezialfall einer Randwertaufgabe ist die homogene Differentialgleichung $Lu_\Omega = 0$ in Ω. Mit $f_\Omega = 0$ ist dann auch $\mathbf{r}_h(\Omega) = 0$, was zu $\mathbf{r}_h(\omega) = 0$ in allen Teilgebieten führt. In diesem Fall kann offenbar die Berechnung von Φ_ω^ω entfallen. Auch bei der Berechnung von Ψ_ω sind entsprechende Vereinfachungen möglich: $\Psi_\omega : \mathbb{R}^{I(\overline{\omega})} = \mathbb{R}^{I(\omega)} \times \mathbb{R}^{I(\partial\omega)} \to \mathbb{R}^{I(\partial\omega)}$ kann auf $\Psi_\omega : \mathbb{R}^{I(\partial\omega)} \to \mathbb{R}^{I(\partial\omega)}$ reduziert werden.

12.5 Verwendung hierarchischer Matrizen

Wie in Anmerkung 12.4.1 notiert, sind die Abbildungen Ψ_ω und Φ_ω voll besetzt. Das beschriebene Verfahren ist daher abgesehen von kleinen

[8] Dies gilt nur für Finite-Element-Knoten, die auf dem Elementrand liegen. Sollten Ansätze mit inneren Knoten (sogenannte Blasenfunktionen) verwendet werden, so sind in den Elementen noch kleine Gleichungssysteme bezüglich der inneren Freiheitsgrade zu lösen. Da diese Gleichungssysteme aber schon vorweg aufgelöst werden können, darf man ohne Beschränkung der Allgemeinheit davon ausgehen, dass nur Knoten auf den Elementrändern vorliegen.

Dimensionen nicht praktikabel. Jedoch können Ψ_ω und Φ_ω als hierarchische Matrizen behandelt und alle Berechnungsschritte mit Hilfe der $\mathcal{H}$-Matrixarithmetik durchgeführt werden.

Obwohl die Definition von Ψ_ω und Φ_ω den üblichen Konstruktionen folgt, ist auf Besonderheiten hinzuweisen. Sowohl Ψ_ω als auch Φ_ω zerfallen in $\Psi_\omega^\omega, \Phi_\omega^\omega \in \mathbb{R}^{I(\omega)\times I(\partial\omega)}$ und $\Psi_\omega^{\partial\omega}, \Phi_\omega^{\partial\omega} \in \mathbb{R}^{I(\gamma(\omega))\times I(\partial\omega)}$.

- Matrizen aus $\mathbb{R}^{I(\omega)\times I(\partial\omega)}$ haben rechteckiges Format. Knoten aus dem Inneren von ω haben einen festen Abstand zum Rand $\partial\omega$. Daher werden Blöcke aus dem Inneren von ω gemäß der üblichen Zulässigkeitsbedingung nur bis zu einem Durchmesser verfeinert, der dem Abstand zum Rand entspricht. Die Verfeinerung, die man von der Diagonale üblicher quadratischer Matrizen gewohnt ist, betrifft nur Blöcke mit Knotenpunkten aus $\partial\omega$.
- Matrizen aus $\mathbb{R}^{I(\gamma(\omega))\times I(\partial\omega)}$ benötigen eine relativ schwache Blockzerlegung. Der Grund ist, dass die Ränder $\gamma(\omega)$ und $\partial\omega$ wenig Berührungspunkte haben.
  - $d = 2$: Im zweidimensionalen Fall ($\Omega \subset \mathbb{R}^2$) sind $\gamma(\omega)$ und $\partial\omega$ zwei eindimensionale Kurven, die sich in nur zwei Punkten berühren. Dies entspricht der Situation, die in §9.3 behandelt wurde ("schwache Zulässigkeitsbedingung"). Man kann auf die Blockzerlegung ganz verzichten und *globale* Niedrigrang-Approximationen für $\Psi_\omega^{\partial\omega}$ und $\Phi_\omega^{\partial\omega}$ verwenden.
  - $d \geq 3$: $\gamma(\omega)$ und $\partial\omega$ sind nun Mannigfaltigkeiten der Dimension $d-1$ und schneiden sich in einer Untermannigfaltigkeit der Dimension $d-2$. Blockverfeinerungen treten nur in der Nähe der letztgenannten Untermannigfaltigkeit auf.

Anmerkung 12.5.1. Der Speicheraufwand für Ψ_ω und Φ_ω kann mit

$$\mathcal{O}(k\#\omega\log(\#\omega))$$

angesetzt werden (k: Schranke für den Rang; $\#\omega$: Zahl der Knotenpunkte in ω). Somit ist der Gesamtspeicheraufwand proportional zu

$$k\sum_{\omega\in G_\Omega}\#\omega\log(\#\omega) \leq k\log(\#\Omega)\sum_{\omega\in G_\Omega}\#\omega \leq k\#\Omega L_{G_\Omega}\log(\#\Omega),$$

wobei L_{G_Ω} die maximale Stufenzahl des Gebietszerlegungsbaumes ist: $G_\Omega = \bigcup_{0\leq\ell\leq L_{G_\Omega}} G_\Omega^{(\ell)}$.

Der (möglicherweise große) Faktor $\#\Omega$ ergibt sich für die Teilmatrizen $\Psi_\omega^\omega, \Phi_\omega^\omega : \mathbb{R}^{I(\omega)\times I(\partial\omega)}$ (summiert über alle $\omega \in G_\Omega^{(\ell)}$). Die Matrizen $\Psi_\omega^{\partial\omega}, \Phi_\omega^{\partial\omega} \in \mathbb{R}^{I(\gamma(\omega))\times I(\partial\omega)}$ sind wesentlich kleiner. Da die Mannigfaltigkeiten $\gamma(\omega)$ und $\partial\omega$ eine Dimension weniger besitzen, erwartet man $\#\gamma(\omega) \sim \#\partial\omega \sim (\#\omega)^{(d-1)/d}$. Da aber die Vereinigung aller $\partial\omega$ für $\omega \in G_\Omega$ das gesamte Gitter überdeckt, ist der Speicherplatz mindestens proportional zu $\#\Omega$.

Bei der Wahl der Clusterbäume gibt es zwei unterschiedliche Optionen.

1. Für jedes $\omega \in G$ erstellt man für ω und $\partial\omega$ separat Clusterbäume nach den Methoden aus §5.4 und erzeugt daraus die Blockclusterbäume für die Matrizen Ψ_ω^ω, Φ_ω^ω, $\Psi_\omega^{\partial\omega}$ und $\Phi_\omega^{\partial\omega}$.
2. Der Clusterbaum $T = T(\overline{\Omega})$ wird nur für $\overline{\Omega}$ konstruiert. Für alle Teilmengen ω oder $\partial\omega$ von $\overline{\Omega}$ konstruiert man den zugehörigen Clusterbaum wie in §A.4 als Teilbaum (vgl. Anmerkung A.4.5).

Die erste Variante hat den Nachteil, dass die Clusterbäume zu ω und den zu den Söhnen $\omega_1, \omega_2 \in S(\omega)$ sowie die daraus abgeleiteten Blockclusterbäume nicht kompatibel sind. Vor den Matrixoperationen ist deshalb eine Konvertierung gemäß §7.2.5 erforderlich.

Bei der zweiten Variante folgt die Kompatibilität aus der Konstruktion und vereinfacht die Matrixoperationen. Nachteil dieser Methode ist allerdings, dass die Cluster wesentlich kleiner ausfallen können als bei der ersten Variante, insbesondere kleiner als zur Erfüllung der Zulässigkeitsbedingung erforderlich.

12.6 Partielle Auswertung

Die partielle Auswertung wird in §12.6.1 beschrieben. Als eine mögliche Begründung sei wieder auf die Homogenisierung verwiesen. Es sei angenommen, dass die Differentialgleichung Koeffizienten mit kleinskaligem Verhalten besitzt. Die Bilinearform $a_\omega(u_h, v_h)$ sei zum Beispiel

$$a_\Omega(u_h, v_h) = \int_\Omega \langle A(x) \operatorname{grad} u_h, \operatorname{grad} v_h \rangle \,\mathrm{d}x \tag{12.16}$$

($A(x) \in \mathbb{R}^{d\times d}$, $\langle\cdot,\cdot\rangle$ $\mathbb{R}^d$-Skalarprodukt, d: Raumdimension, d.h. $\Omega \subset \mathbb{R}^d$), wobei die matrixwertige Funktion $A(x)$ hochoszillierend, springend oder in anderer Weise nicht-glatt ist. Eine weitere Möglichkeit ist, dass (unabhängig von Verhalten von $A(x)$) das Gebiet Ω kompliziert ist, z.B. viele Löcher verschiedener Größenordnungen besitzt. Um derartige Probleme mit Finite-Element-Verfahren vernünftig zu diskretisieren, muss man eine feine Gitterauflösung verwenden. Im Falle hochoszillierender Koeffizienten sollte die Schrittweite so klein sein, dass die Variation in einem Element hinreichend klein wird, im Falle einer komplizierten Geometrie benötigt man eine feine Triangulation, um die Ränder des Gebietes beispielsweise mit isoparametrischen[9] Elementen zu approximieren.

Auch wenn die Diskretisierung eine feine Gitterauflösung erfordert, ist man nicht notwendigerweise daran interessiert, die Finite-Element-Lösung u_h ebenso fein aufzulösen. Oszillationen oder Sprünge der Koeffizienten werden Oszillationen oder Knicke in der Lösung u_h produzieren, aber häufig interessiert nur der gemittelte Verlauf und nicht die Details. Im Falle von periodisch oszillierenden Koeffizienten $A(x/\varepsilon)$ der Frequenz $1/\varepsilon$

[9] Zu isoparametrischen finiten Elementen vgl. [67, §8.5.3].

kennt man sogenannte Homogenisierungsverfahren, die zu einer "homogenisierter" Bilinearform führen. Da ihre Koeffizienten glatter sind, kann das homogenisierte Problem mit einer wesentlich gröberen Schrittweite als das Ursprungsproblem gelöst werden. Zur Berechnung der homogenisierten Koeffizienten ist das Originalproblem allerdings in einer Periodizitätszelle zu lösen. Da im Allgemeinen nur eine numerische Lösung möglich ist, muss man auch hier annehmen, dass das periodische Problem mit einer hinreichend kleinen Schrittweite $h \ll 1/\varepsilon$ vernünftig diskretisierbar ist.

12.6.1 Basisverfahren

Das Standard-Homogenisierungsverfahren ist in unregelmäßigeren Situationen nicht mehr anwendbar. Stattdessen soll die *partielle* Auswertung der Inversen ausgenutzt werden. Zu diesem Zweck wird der Baum der Gebietszerlegungen G_Ω in einen groben Anteil G_Ω^{grob} und einen feinen Anteil G_Ω^{fein} geteilt:

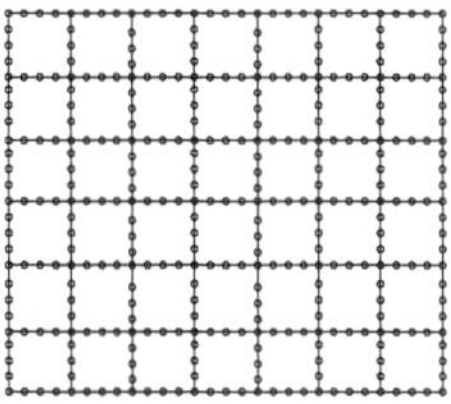

Abb. 12.4. Knotenpunkte nach partieller Auswertung

$$G_\Omega = G_\Omega^{\text{grob}} \dot{\cup} G_\Omega^{\text{fein}},$$

wobei $G_\Omega^{\text{grob}} \neq \emptyset$ ein Unterbaum von G_Ω mit gleicher Wurzel Ω ist, während $G_\Omega^{\text{fein}} = G_\Omega \backslash G_\Omega^{\text{grob}}$ den Rest darstellt.

Für eine gegebene Schrittweite $H \in (0, \operatorname{diam}(\Omega)]$ lautet ein mögliches Kriterium zur Bestimmung des groben Anteiles

$$G_\Omega^{\text{grob}} = G_{\Omega,H}^{\text{grob}} := \{\omega \in G_\Omega : \operatorname{diam}(\omega) \geq H\}. \tag{12.17}$$

Das Basisverfahren besteht wieder aus zwei Teilen:

1. Definitionsphase wie in §12.4.1: Anwendung von (12.13).
2. Die Auswertungsphase beschränkt sich auf G_Ω^{grob}. Die Prozedur aus (12.15) erhält einen weiteren Parameter G (Unterbaum von G_Ω mit gleicher Wurzel[10]). Der erste Parameter ω muss zu $G \backslash \mathcal{L}(G)$ gehören:

```
procedure partielleAuswertung(ω, G, r, x);
{Eingabe: Randwerte auf x|I(∂ω) und rechte Seite auf r|I(ω)}
begin Spur(ω, r, x); {r|I(γ(ω)) := x|I(γ(ω));}
    for ω' ∈ S_G(ω) do partielleAuswertung(ω', r, x)
end;
```
(12.18)

Da hier die Sohnmenge $S_G(\omega)$ zu G auftritt, bricht die Rekursion an den Blättern von G ab.

[10] Das Resultat von *vollständigeAuswertung*$(\omega, \mathbf{r}, \mathbf{x})$ ist äquivalent zum Aufruf *partielleAuswertung*$(\omega, G_\Omega, \mathbf{r}, \mathbf{x})$.

Der Aufwand im ersten Schritt ist noch der gleiche, aber da die Auswertungsphase mehrmals mit verschiedenen Argumenten $\mathbf{r}$, $\mathbf{x}$ aufgerufen werden kann, ist es hilfreich, dass der Aufwand der Auswertungsphase reduziert ist. Wichtig ist auch die Reduktion des Speicherbedarfs, wie in der folgenden Anmerkung beschrieben.

Anmerkung 12.6.1. a) Für die partielle Auswertung im Teilbaum G sind nur die zugehörigen Abbildungen

$$\Phi_\omega \qquad \text{für } \omega \in G \backslash \mathcal{L}(G)$$

abzuspeichern.

b) Trotz dieser reduzierten Daten erhält man in allen Knotenpunkten in

$$\partial G := \bigcup_{\omega \in G} \partial\omega$$

unveränderte Resultate.

c) Verwendet man die Definition (12.17) für $G = G^{\mathrm{grob}}_{\Omega,H}$, so beschreibt $\partial G^{\mathrm{grob}}_{\Omega,H}$ ein Gitter der Schrittweite[11] $\leq H$. Abbildung 12.4 zeigt die mögliche Konstellation der Knotenpunkte: auf den Rändern haben sie den Feingitterabstand, während die Teilgebiete von der Größe H sind.

12.6.2 Realisierung mit hierarchischen Matrizen

Die Aussage a) der vorhergehenden Anmerkung kann mit der Anmerkung 12.5.1 kombiniert werden. Der Speicherbedarf ist proportional zu $k\#\Omega \log(\#\Omega) L_G$, wobei L_G die Stufenzahl im Teilbaum G ist. Unter den Annahmen $\mathrm{diam}(\Omega) = \mathcal{O}(1)$ und einer volumenhalbierenden Gebietszerlegungsstrategie haben Teilgebiete $\omega \in G^{\mathrm{grob},(\ell)}_{\Omega,H}$ das (d-dimensionale) Volumen $\mathcal{O}(2^{-\ell})$. Dem Durchmesser H entspricht das Volumen H^d, das auf der Stufe $L_G = \mathcal{O}(d \log(1/H))$ erreicht wird. Für diesen Modellfall ergibt sich somit der Speicherbedarf

$$\mathcal{O}(dk \log(1/H) \#\Omega \log(\#\Omega)).$$

Der Speicherbedarf der “kleineren” Matrizen $\Psi^{\partial\omega}_\omega$, $\Phi^{\partial\omega}_\omega \in \mathbb{R}^{I(\gamma(\omega)) \times I(\partial\omega)}$ ($\omega \in G_\Omega$), der im Falle homogener Randwerte als einziger entsteht (vgl. §12.4.3), summiert sich nun zu

$$\mathcal{O}(dkH^{-1}h^{1-d} \log(1/h)).$$

[11] Für alle $x \in \Omega$ enthält der abgeschlossene Kreis um x mit Radius $H/2$ mindestens einen Punkt aus $\partial G^{\mathrm{grob}}_{\Omega,H}$.

12.6.3 Vergröberung des Ansatzraumes für die rechte Seite

Die feine Schrittweite h ist durch das kleinskalige Verhalten von $A(x)$ in (12.16) bzw. durch die komplizierte Geometrie begründet. Im Allgemeinen ist die rechte Seite f jedoch mit gröberer Schrittweite $H \gg h$ approximierbar. Wir haben daher im Folgenden zwischen den Gittern ω_h und ω_H zu unterscheiden, wobei $\#\omega_h/\#\omega_H \sim (H/h)^{-d}$ angenommen wird. Der Speicherbedarf einer Matrix $\Psi^{\omega}_{\omega}, \Phi^{\omega}_{\omega} : \mathbb{R}^{I(\omega_H)\times I(\partial\omega_h)}$ ist bis auf logarithmische Faktoren proportional zu $\#\partial\omega_h + \#\omega_H$. Summation über alle $\omega \in G$ ergibt $\sum_{\omega\in G^{(\ell)}} (\#\partial\omega_h + \#\omega_H) \sim H^{-1}h^{1-d} + H^{-d} \sim H^{-1}h^{1-d}$. Insgesamt ergibt sich

$$\mathcal{O}(k \log(1/H)H^{-1}h^{1-d}).$$

Die Matrizen $\Psi^{\partial\omega}_{\omega}, \Phi^{\partial\omega}_{\omega} \in \mathbb{R}^{I(\gamma(\omega))\times I(\partial\omega)}$ und ihr Speicherbedarf ändern sich nicht, da für die Randwerte $\omega = \omega_h$ gilt.

12.6.4 Berechnung von Funktionalen

Die partielle Auswertung nach §12.6.1 liefert in den Finite-Element-Knoten von $\partial G^{\text{grob}}_{\Omega} = \bigcup_{\omega\in G^{\text{grob}}_{\Omega}} \partial\omega$ noch die Originalwerte (bis auf die Kürzungsfehler infolge der $\mathcal{H}$-Matrixarithmetik). Sinnvoller kann es sein, Mittelwerte in der Umgebung der Knoten zu ermitteln. Diese Mittelwerte sind ein Beispiel für ein lineares Funktional

$$J(u_h) = \sum_{\alpha\in I_J} J_\alpha x_{h,\alpha}. \tag{12.19}$$

$x_{h,\alpha}$ sind die Koeffizienten von u_h, vgl. (12.4). Mit $I_J \subset I(\overline{\Omega})$ ist die Trägermenge von J bezeichnet, d.h. $J_\alpha \neq 0$ für $\alpha \in I_J$.

Indem man die Summe $\sum_{\alpha\in I_J}$ auf die Teilmengen $I(\overline{\omega})$ zu $\omega \in G^{\text{grob}}_{\Omega}$ beschränkt, erhält man Funktionale $J_\omega(u_h)$. Damit die Additivität

$$J_\omega(u_h) = \sum_{\omega'\in S_{G^{\text{grob}}_{\Omega}}(\omega)} J_{\omega'}(u_h) \tag{12.20}$$

über die Sohn-Teilgebiete gilt, muss bei ihrer Definition auf die Überlappung der Randknoten acht gegeben werden. Eine mögliche rekursive Definition ihrer Koeffizienten ist: $J_{\alpha,\Omega} := J_\alpha$ für die Wurzel $\Omega \in G^{\text{grob}}_{\Omega}$. Für $\omega \in G^{\text{grob}}_{\Omega}$ sei $\{\omega_1, \omega_2\} = S_{G^{\text{grob}}_{\Omega}}(\omega)$ die Sohnmenge. Dann führt die Festlegung

$$J_{\alpha,\omega_1} := \begin{Bmatrix} J_{\alpha,\omega} \text{für } \alpha \in I(\overline{\omega_1}) \\ 0 \quad \text{sonst} \end{Bmatrix}, \quad J_{\alpha,\omega_2} := \begin{Bmatrix} J_{\alpha,\omega} \text{für } \alpha \in I(\overline{\omega_2})\backslash I(\overline{\omega_1}) \\ 0 \quad \text{sonst} \end{Bmatrix}$$

auf die Eigenschaft (12.20).

Im nächsten Schritt ist J_ω als Funktion von $\mathbf{r}_h(\overline{\omega})$ darzustellen:

$$\mathcal{J}_\omega(\mathbf{r}_h(\overline{\omega})) := J_\omega\left(u_h(\mathbf{r}_h(\overline{\omega}))\right).$$

Konkret sind die zugehörigen Matrizen J_ω^ω und $J_\omega^{\partial\omega}$ aus

$$\mathcal{J}_\omega(\mathbf{r}_h(\overline{\omega})) = J_\omega^\omega \mathbf{r}_h(\omega) + J_\omega^{\partial\omega}\mathbf{r}_h(\partial\omega)$$

zu bestimmen. Dies geschieht während der Definitionsphase aus §12.4.1 in der Rekursion (12.13) von den Blättern zu der Wurzel. Für $\omega \in \mathcal{L}(G_\Omega^{\mathrm{grob}})$ lässt sich aus $\mathbf{r}_h(\overline{\omega})$ die zugehörige Lösung $\mathbf{x}_h(\overline{\omega})$ und damit J_ω direkt ermitteln. Sei nun $\{\omega_1, \omega_2\} = S_{G_\Omega^{\mathrm{grob}}}(\omega)$ die Sohnmenge von $\omega \in G_\Omega^{\mathrm{grob}} \backslash \mathcal{L}(G_\Omega^{\mathrm{grob}})$, und $\mathcal{J}_{\omega_1}$ und $\mathcal{J}_{\omega_2}$ seien bekannt. Das Argument $\mathbf{r}_h(\overline{\omega_i})$ von $\mathcal{J}_{\omega_i}$ $(i = 1, 2)$ kann in $(\mathbf{r}_h(\omega_i),\ \mathbf{r}_h(\partial\omega_i\backslash\gamma(\omega)),\ \mathbf{r}_h(\gamma(\omega)))$ aufgespaltet werden:

$$\mathcal{J}_{\omega_i}(\mathbf{r}_h(\overline{\omega_i})) = \mathcal{J}_{\omega_i}\left(\mathbf{r}_h(\omega_i),\ \mathbf{r}_h(\partial\omega_i\backslash\gamma(\omega)),\ \mathbf{r}_h(\gamma(\omega))\right).$$

Die Daten $\mathbf{r}_h(\gamma(\omega))$ sind die Randwerte $\mathbf{x}_h|_{\gamma(\omega)}$, die sich aus $\mathbf{r}_h(\overline{\omega})$ mittels Φ_ω ergeben. Zusammen mit der Additivität (12.20) erhält man

$$\mathcal{J}_\omega(\mathbf{r}_h(\overline{\omega})) = \sum_{i=1,2} \mathcal{J}_{\omega_i}\left(\mathbf{r}_h(\omega_i),\ \mathbf{r}_h(\partial\omega_i\backslash\gamma(\omega)),\ \Phi_\omega(\mathbf{r}_h(\overline{\omega}))\right)$$

als Bestimmungsgleichung für die Matrizen J_ω^ω und $J_\omega^{\partial\omega}$.

Anmerkung 12.6.2. a) In der praktischen Realisierung werden J_ω^ω und $J_\omega^{\partial\omega}$ als hierarchische Matrizen dargestellt.

b) Sobald $\mathcal{J}_\omega$ berechnet ist, können die Daten zu $\mathcal{J}_{\omega_i}$ für $\omega_i \in S_{G_\Omega}(\omega)$ gelöscht werden.

c) Sobald $\omega \in G_\Omega$ den Träger von J enthält, d.h. $I_J \subset I(\overline{\omega})$, kann die Rekursion abgebrochen werden[12]. Nach der Bestimmung von $\mathbf{x}_h(\partial\omega)$ sind die Daten $\mathbf{r}_h(\overline{\omega}) = (\mathbf{r}_h(\omega), \mathbf{r}_h(\partial\omega))$ wegen $\mathbf{r}_h(\partial\omega) = \mathbf{x}_h(\partial\omega)$ bekannt und können bei der Auswertung von $\mathcal{J}_\omega(\mathbf{r}_h(\overline{\omega}))$ verwendet werden.

[12] Bei einer Fortsetzung zu größeren Teilgebieten bzw. zu Ω könnte der Speicheraufwand steigen.

13

Matrixfunktionen

Unter den Matrixfunktionen ist die Matrix-Exponentialfunktion e^M das prominenteste Beispiel. Sie tritt als Lösung $u(t) = \mathrm{e}^{tM}u_0$ des gewöhnlichen Differentialgleichungssystems $u'(t) = Mu(t)$ mit Anfangswert $u(0) = u_0$ auf. Sie wird ein wichtiger Baustein in §15 sein. Die Matrixfunktionen werden in §13.1 definiert. Für ihre Konstruktion stehen verschiedene Methoden zur Verfügung, die in §13.2 erläutert werden. Da die Resultate der Matrixfunktionen im Allgemeinen vollbesetzte Matrizen sind, ist es essentiell, dass der (exakte) Matrixfunktionswert als $\mathcal{H}$-Matrix behandelt werden kann. Dies ist Gegenstand von §13.3.

In diesem Kapitel werden wir die komplexen Zahlen als zugrundeliegenden Körper verwenden, da auch im Falle reeller Matrizen komplexe Eigenwerte und komplexe Pfadintegrale auftreten können.

Es sei angemerkt, dass sich die meisten der folgenden Aussagen auch auf allgemeine Operatoren übertragen lassen. Eine sehr empfehlenswerte Einführung in die Theorie und praktische Handhabung der Matrixfunktionen findet man bei Higham [93].

13.1 Definitionen

Unter Matrixfunktionen[1] versteht man im Allgemeinen die Übertragung reeller oder komplexer (skalarer) Funktionen auf solche mit Matrizen als Argument und Bild. Hier lassen sich mehrere Möglichkeiten der Übertragung unterscheiden, die in den nächsten drei Abschnitten diskutiert werden. Zuvor seien noch zwei Begriffe eingeführt.

Definition 13.1.1 (Spektrum, Spektralradius). *Für eine quadratische Matrix* $M \in \mathbb{C}^{I\times I}$ *bezeichnet*

$$\sigma(M) := \{\lambda \in \mathbb{C} : \lambda \textit{ Eigenwert von } M\} \tag{13.1a}$$

[1] Dies ist ein speziellerer Begriff als der einer matrixwertigen Funktion.

W. Hackbusch, *Hierarchische Matrizen*, DOI 10.1007/978-3-642-00222-9_13,

das Spektrum von M. Ihr Spektralradius ist

$$\rho(M) := \max\{|\lambda| : \lambda \in \sigma(M)\}. \tag{13.1b}$$

13.1.1 Funktionserweiterung mittels Diagonalmatrizen

In der Funktionsbeschreibung

$$f : D \to B \qquad (D \subset \mathbb{C} \text{ Definitionsbereich, } B \subset \mathbb{C} \text{ Bildbereich}) \tag{13.2}$$

dürfen D und B auf Teilmengen von $\mathbb{R}$ beschränkt sein.

Sei Δ eine Diagonalmatrix $\operatorname{diag}\{\lambda_i : i \in I\}$ mit der Eigenschaft $\lambda_i \in D$ (da λ_i zugleich die Eigenwerte von Δ sind, schreibt sich diese Bedingung als $\sigma(\Delta) \subset D$). Dann ist die Verallgemeinerung der Funktion $x \mapsto f(x)$ zur Abbildung

$$F : \Delta = \operatorname{diag}\{\lambda_i : i \in I\} \in \mathbb{C}^{I\times I} \mapsto \operatorname{diag}\{f(\lambda_i) : i \in I\} \in \mathbb{C}^{I\times I} \tag{13.3a}$$

naheliegend (F bildet Diagonalmatrizen in sich ab). Traditionell schreibt man wieder f statt F, d.h. $f(\Delta) = \operatorname{diag}\{f(\lambda_i) : i \in I\}$. Man beachte, dass hierfür nur benötigt wird, dass f auf den diskreten Werten λ_i definiert ist. Annahmen über Stetigkeit oder weitergehende Glattheit von f sind für diesen Zweck unnötig.

Sei nun $M \in \mathbb{C}^{I\times I}$ eine diagonalisierbare Matrix: $M = T^{-1}\Delta T$. Dann definiert man

$$f(M) := T^{-1} f(\Delta) T \qquad (\text{für } M = T^{-1}\Delta T). \tag{13.3b}$$

Obwohl die Darstellung $M = T^{-1}\Delta T$ nicht in jedem Falle T und Δ eindeutig festlegt, überlegt man sich, dass (13.3a,b) einen eindeutigen Wert $f(M) \in \mathbb{C}^{I\times I}$ definiert. Damit erhält man die

Anmerkung 13.1.2. Für jede diagonalisierbare Matrix $M \in \mathbb{C}^{I\times I}$ mit $\sigma(M) \subset D$ (D Definitionsbereich der Funktion f) ist $f(M)$ mittels (13.3a,b) wohldefiniert.

Es wurde schon darauf hingewiesen, dass die Funktion f nicht glatt zu sein braucht. Eine einfache, unstetige Funktion, die später noch verwendet wird, ist Gegenstand von

Beispiel 13.1.3. Die Signum-Funktion $\operatorname{sign}(\cdot)$ sei für komplexe Argumente mittels

$$\operatorname{sign}(z) = \operatorname{sign}(x) = \left\{\begin{array}{c} +1 \text{ für } x > 0 \\ 0 \text{ für } x = 0 \\ -1 \text{ für } x < 0 \end{array}\right\} \qquad (z = x + iy \in \mathbb{C},\ x = \Re e\, z)$$

definiert. Damit ist $\operatorname{sign}(M)$ für jede diagonalisierbare Matrix definiert.

Übung 13.1.4. Seien f und g auf $\sigma(M)$ und φ auf $g(\sigma(M))$ definiert. Ferner seien $h_1 := f + g$, $h_2 := fg$ und $h_3 := \varphi \circ g$ (d.h. $h_3(z) = \varphi(g(z))$). Man zeige, dass sich diese Kompositionen auf die Matrixaddition und -multiplikation übertragen:

$$h_1(M) = f(M) + g(M), \quad h_2(M) = f(M)g(M), \quad h_3(M) = \varphi(g(M)).$$

Die Beschränkung auf diagonalisierbare Matrizen liegt in der Natur der Definition. Für ein Jordan[2]-Kästchen $J = \begin{bmatrix} \lambda & 1 \\ 0 & \lambda \end{bmatrix}$ liefert dieser Ansatz keine Interpretation.

13.1.2 Potenzreihen

Die Funktion f aus (13.2) sei nun als analytisch angenommen, wobei $D \subset \mathbb{C}$ ein Gebiet ist (d.h. offen und zusammenhängend). In jedem Punkt $z_0 \in D$ ist f in eine Potenzreihe entwickelbar:

$$f(z) = \sum_{\nu=0}^{\infty} c_\nu \, (z - z_0)^\nu \, . \tag{13.4}$$

Für eine beliebige Matrix M versuchen wir, $f(M)$ mittels

$$f(M) := \sum_{\nu=0}^{\infty} c_\nu \, (M - z_0 I)^\nu \tag{13.5}$$

zu definieren (I: Einheitsmatrix).

Lemma 13.1.5. *a) Die Potenzreihe (13.4) besitze den Konvergenzradius $r > 0$. Dann ist (13.5) für Matrizen mit $\rho(M - z_0 I) < r$ wohldefiniert.*
b) Ist M zudem diagonalisierbar, ergeben (13.4) und (13.3b) gleiche Resultate.

Beweis. a) Der kritische Punkt ist der Nachweis der Konvergenz auf der rechten Seite von (13.5). Für jede submultiplikative Matrixnorm $\|\cdot\|$ erhält man die Majorante $\sum_{\nu=0}^{\infty} |c_\nu| \, \|M - z_0 I\|^\nu$. Für jedes $\hat{r}$ im offenen Intervall $(\rho(M - z_0 I), r)$ lässt sich eine Matrixnorm finden, sodass $\|M - z_0 I\| \le \hat{r}$ (vgl. [66, Lemma 2.9.7]) Da aber $\sum_{\nu=0}^{\infty} |c_\nu| \, \hat{r}^\nu < \infty$, ist eine konvergente Majorante gefunden, die die Konvergenz der Reihe (13.5) impliziert.

b) $f(\Delta) = \operatorname{diag}\{f(\lambda_i) : i \in I\}$ ergibt sich nach Einsetzen einer Diagonalmatrix in (13.5). Da $(M - z_0 I)^\nu = T^{-1} (\Delta - z_0 I)^\nu \, T$ für $M = T^{-1} \Delta T$, folgt auch (13.3b) für f aus (13.5). ∎

Man beachte, dass bei dieser Konstruktion für ein geeignetes z_0 das gesamte Spektrum von $M - z_0 I$ im Konvergenzkreis $K_r(z_0) = \{z : |z - z_0| < r\}$

---

[2] Marie Ennemond Camille Jordan, geboren am 5. Januar 1838 in La Croix-Rousse, Lyon, gestorben am 22. Januar 1922 in Paris.

liegen muss. Es reicht nicht, dass alle Eigenwerte λ_i im Analytizitätsgebiet von f liegen.

Anders als im vorigen Abschnitt ist (13.5) auch für ein Jordan-Kästchen definiert. Das Resultat ist Gegenstand der

Übung 13.1.6. a) Sei $M = \begin{bmatrix} \lambda & 1 \\ 0 & \lambda \end{bmatrix}$ mit $|\lambda - z_0| < r$ (r: Konvergenzradius der Reihe (13.5)). Man zeige $f(M) = \begin{bmatrix} f(\lambda) & f'(\lambda) \\ 0 & f(\lambda) \end{bmatrix}$.

b) Unter den gleichen Voraussetzungen zeige man allgemein, dass ein $k \times k$-Jordan-Kästchen zu $f(M)$ mit $f(M)_{ij} = 0$ für $j < i$ und $f(M)_{ij} = f^{(j-i)}(\lambda)/(j-i)!$ führt.

13.1.3 Cauchy-Integraldarstellung

Wir nehmen wie vorhin an, dass f im Gebiet $D \subset \mathbb{C}$ holomorph ist. Dann gilt die Cauchy[3]-Integraldarstellung

$$f(z) = \frac{1}{2\pi i} \oint_{\mathcal{C}} \frac{f(\zeta)\mathrm{d}\zeta}{\zeta - z} \qquad (z \in \Omega \subset D,\ \mathcal{C} = \partial\Omega), \tag{13.6}$$

wobei der Rand $\mathcal{C} = \partial\Omega$ im mathematisch positiven Sinne durchlaufen wird und Ω ein beschränktes, einfach zusammenhängendes Gebiet ist. Falls Ω mehrfach zusammenhängend ist (wie in Abbildung 13.1), besteht $\mathcal{C} = \partial\Omega$ aus disjunkten Kurven. Schließlich darf $\Omega = \bigcup_i \Omega_i$ eine Vereinigung disjunkter Gebiete sein. Dann ist $\oint_{\mathcal{C}} = \sum_i \oint_{\mathcal{C}_i}$, wobei $\mathcal{C}_i$ die Ränder von Ω_i sind. Im Folgenden ist stets vorausgesetzt, dass der Rand $\mathcal{C}$ in der richtigen Richtung durchlaufen wird.

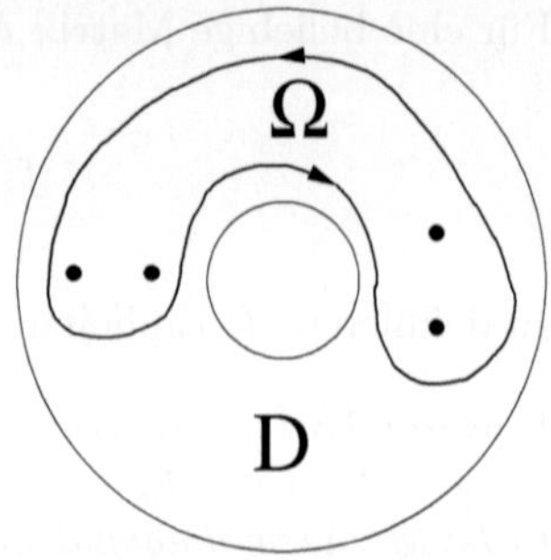

Abb. 13.1. Ein Kreisring als Definitionsbereich D und eine Integrationskurve $\mathcal{C}$ als Rand von Ω. $\sigma(M)$ besteht aus vier Punkten.

Anmerkung 13.1.7. Unbeschränkte Gebiete Ω in (13.6) sind möglich, wenn sich $\oint_{\mathcal{C}} = \oint_{\partial\Omega}$ als Grenzwert der Kurvenintegrale $\oint_{\mathcal{C}_R} = \oint_{\partial\Omega_R}$ mit $\Omega_R := \{z \in \Omega : |z| < R\}$ ergibt.

Lemma 13.1.8. *Zu einer Matrix M sei $\Omega \subset D$ so gewählt, dass $\sigma(M) \subset \Omega$. Sei $\mathcal{C} = \partial\Omega$. Dann ist*

$$f(M) := \frac{1}{2\pi i} \oint_{\mathcal{C}} (\zeta I - M)^{-1} f(\zeta)\mathrm{d}\zeta \tag{13.7}$$

[3] Augustin Louis Cauchy, geboren am 21. August 1789 in Paris, gestorben am 23. Mai 1857 in Sceaux (bei Paris).

die Dunford[4]-Cauchy-Darstellung der Matrixfunktion. Sie ist wohldefiniert und stimmt im diagonalisierbaren Fall mit den Matrixfunktionen aus §§13.1.1-13.1.2 überein, wenn diese definiert sind. Ferner stimmt sie im allgemeinen Fall mit (13.5) überein, wenn diese definiert ist.

Beweis. a) Wegen $\sigma(M) \subset \Omega$ liegen keine Eigenwerte von M auf $\mathcal{C}$. Damit ist $(\zeta I - M)^{-1}$ für alle $\zeta \in \mathcal{C}$ gleichmäßig beschränkt und das Integral (13.7) existiert.

b) Für Diagonalmatrizen stimmen (13.7) und $f(\Delta) = \operatorname{diag}\{f(\lambda_i) : i \in I\}$ überein. Da auch (13.7) die Transformationsregel $f(T^{-1}\Delta T) := T^{-1}f(\Delta)T$ erfüllt, stimmen (13.7) und (13.3b) für diagonalisierbare M überein.

c) Für $M = \begin{bmatrix} \lambda & 1 \\ 0 & \lambda \end{bmatrix}$ ist $(\zeta I - M)^{-1} = \begin{bmatrix} 1/(\zeta-\lambda) & 1/(\zeta-\lambda)^2 \\ 0 & 1/(\zeta-\lambda) \end{bmatrix}$. Wegen $\frac{1}{2\pi i}\oint_{\mathcal{C}} (\zeta-\lambda)^{-2} f(\zeta)\mathrm{d}\zeta = f'(\lambda)$ stimmt das Ergebnis mit dem aus Übung 13.1.6 überein. ∎

Die Abbildung 13.1 zeigt vier Eigenwerte im Definitionsbereich D. Es ist nicht möglich, einen Kreis in D zu finden, der das gesamte Spektrum $\sigma(M)$ enthält. Damit ist die Definition aus §13.1.2 nicht anwendbar. Es lässt sich aber eine geeignete Integrationskurve $\mathcal{C} = \partial\Omega$ für die Dunford-Cauchy-Darstellung finden.

Übung 13.1.9. Die Matrixfunktion sei definiert. Man zeige

$$\sigma(f(M)) = \{f(\lambda) : \lambda \in \sigma(M)\}, \qquad \rho(f(M)) = \max\{|f(\lambda)| : \lambda \in \sigma(M)\}.$$

13.1.4 Spezialfälle

Neben diesen drei Definitionsmöglichkeiten kann man für spezielle Funktionen ihre spezifischen Eigenschaften ausnutzen. Da beispielsweise die Exponentialfunktion mittels $\lim_{n\to\infty}(1 + x/n)^n$ definiert werden kann und Potenzen von Matrizen erklärt sind, ließe sich die (numerisch weniger brauchbare) Definition $\exp(M) := \lim_{n\to\infty}\left(1 + \frac{1}{n}M\right)^n$ geben. Die Matrix-Exponentialfunktion wird in §13.2.2 genauer behandelt werden.

Die Funktion $f(x) = 1/x$ ist mit (13.3b) zu der Matrixfunktion $M \mapsto M^{-1}$ erweiterbar. Eine andere Darstellung dieser Matrixfunktion wird in §13.2.3 behandelt.

13.2 Konstruktionen spezieller Funktionen

13.2.1 Approximation von Matrixfunktionen

Eine Matrixfunktionen $f(M)$ ist im Allgemeinen nicht exakt darstellbar (schon skalare Funktionen wie $\exp(x)$ müssen approximiert werden!). Im

[4] Nelson Dunford, geboren 12. Dez. 1906 in St. Louis (Missouri, USA), gestorben 7. September 1986 in Sarasota (Florida).

Folgenden geht es um Techniken, die es erlauben, Fehlerabschätzungen aus dem skalaren Fall auf den Matrixfall zu übertragen. Die approximierenden Funktionen $\tilde{f}$ könnten z.B. Polynome oder rationale Funktionen sein.

Die Definition von $f(M)$ durch (13.3b) führt direkt auf den folgenden Satz, der die Maximumnorm $\|f - \tilde{f}\|_{\infty,\sigma(M)}$ und die Spektralkondition $\mathrm{cond}_2(T) = \|T\|_2 \|T^{-1}\|_2$ benutzt. Dabei wird für jede Teilmenge X des Definitionsbereiches einer Funktion g definiert:

$$\|g\|_{\infty,X} := \max\{|g(z)| : z \in X\}. \tag{13.8}$$

Satz 13.2.1. *Sei $M = T^{-1}\Delta T$ diagonalisierbar. f und $\tilde{f}$ seien auf $\sigma(M)$ definiert. Dann gilt in der Spektralnorm*

$$\|f(M) - \tilde{f}(M)\|_2 \leq \mathrm{cond}_2(T) \cdot \|f - \tilde{f}\|_{\infty,\sigma(M)}.$$

Beweis. In $f(M) - \tilde{f}(M) = T^{-1}f(\Delta)T - T^{-1}\tilde{f}(\Delta)T = T^{-1}[f(\Delta) - \tilde{f}(\Delta)]T$ wird die Diagonalmatrix $D = f(\Delta) - \tilde{f}(\Delta)$ durch $\|D\|_2 = \max_i |D_{ii}|$ abgeschätzt. ∎

Falls M nicht diagonalisierbar ist, braucht man für eine entsprechende Abschätzung auch mindestens die erste Ableitung $\|f' - \tilde{f}'\|_{\infty,\sigma(M)}$ (vgl. Übung 13.1.6).

Im Falle symmetrischer Matrizen entfällt der Faktor $\mathrm{cond}_2(T)$ wegen $\|T\|_2 = \|T^{-1}\|_2 = 1$, da T orthogonal ist. Ansonsten sind T und seine Norm aber selten bekannt. Einen Ausweg bietet der folgende Zugang.

Sei Ω ein Gebiet, das das Spektrum von M enthält: $\Omega \supset \sigma(M)$. Mit $\Omega^c := \mathbb{C}\backslash\Omega$ sei das Komplement von Ω bezeichnet. Für $\zeta \in \Omega^c$ ist die *Resolvente*

$$R(\zeta; M) := (\zeta I - M)^{-1} \qquad (\zeta \in \Omega^c)$$

definiert. Da $(\zeta I - M)^{-1} \to O$ (Nullmatrix) für $|\zeta| \to \infty$, ist $\|R(\zeta; M)\|_2$ auf Ω^c gleichmäßig beschränkt.

In der Literatur werden verschiedene Familien von Matrizen (bzw. Operatoren) beschrieben, die wie folgt durch den Komplementbereich Ω^c und eine Schrankenfunktion $\varphi : \Omega^c \to (0, \infty)$ charakterisiert sind:

$$\|R(\zeta; M)\|_2 \leq \varphi(\zeta) \qquad \text{für } \zeta \in \Omega^c. \tag{13.9}$$

Beispiel 13.2.2. a) In [44, (2.6)] wird allgemein $\Omega = \{\zeta = x + iy : x > f_S(y)\}$ und $\varphi(\zeta) = f_R(\zeta)$ definiert und speziell die Parabel $f_S(y) = ay^2 + b$ mit der Schranke $f_R(\zeta) = M/(1 + \sqrt{|\zeta|}\,)$ gewählt.

b) Für die Parabel $f_S(y) = ay^2 + b$ und die Schranke $f_R(\zeta) = M/(1 + \sqrt{|\zeta|}\,)$ ergeben sich die *stark P-positiven Operatoren* (vgl. [42], [43]).

c) Operatoren die (13.9) für $\Omega = \{\zeta : \Re e\,\zeta \geq 0\}$ und $\varphi(\zeta) = -1/\Re e\,\zeta$ erfüllen, heißen *m-akkretiv* (vgl. [96, S. 279]). Gibt es ein $\delta > 0$, sodass (13.9) für $\Omega = \{\zeta : \Re e\,\zeta > 0\}$ und $\varphi(\zeta) = 1/(\delta - \Re e\,\zeta)$ gilt, heißt M *strikt m-akkretiv* ([96, S. 281]).

Am Beispiel der stark P-positiven Operatoren sei der Beweis der Eigenschaft (13.9) vorgeführt.

Lemma 13.2.3. *Seien* $\Omega = \left\{z = x + iy \in C\colon x > 0,\, y^2 < x\right\}$ *ein Parabelgebiet und* M *eine Matrix mit einem Spektrum* $\sigma(M) \subset \Omega$. *Dann gibt es eine Konstante* C, *sodass*

$$\| (zI - M)^{-1} \|_2 \le \frac{C}{1 + \sqrt{|z|}} \qquad \text{für alle } z \in \mathbb{C}\backslash\Omega. \tag{13.10}$$

Beweis. a) Sei M eine Diagonalmatrix. Dann ist

$$\| (zI - M)^{-1} \|_2 = \| \operatorname{diag}\{z - \lambda : \lambda \in \sigma(M)\}^{-1} \|_2 = 1/\min_{\lambda\in\sigma(M)} |z - \lambda|\,.$$

Die Funktion $(1 + \sqrt{|z|}\,)/\min_{\lambda\in\sigma(M)} |z - \lambda|$ ist für $z \in \mathbb{C}\backslash\Omega$ stetig und strebt für $|z| \to \infty$ gegen null. Damit existiert ein endliches Maximum M.

b) Ist M diagonalisierbar: $M = T^{-1}\Delta T$, so folgt mit $\| (zI - M)^{-1} \|_2 \le \|T^{-1}\|_2 \| (zI - \Delta)^{-1} \|_2 \|T\|_2$ und Teil a) wieder eine z-unabhängige Schranke.

c) Für die Jordan-Normalform schließe man analog. ∎

Satz 13.2.4. *Seien* f *und* $\tilde f$ *holomorph in* $\overline{\Omega}$, $\mathcal{C} = \partial\Omega$ *und* $\sigma(M) \subset \Omega$. *Dann gilt*

$$\|f(M) - \tilde f(M)\|_2 \le \frac{1}{2\pi} \oint_{\mathcal{C}} |f(\zeta) - \tilde f(\zeta)|\, \varphi(\zeta)\, |\mathrm{d}\zeta|$$

mit φ *aus (13.9).*

Beweis. Wir gehen von $f(M) - \tilde f(M) = \frac{1}{2\pi i} \oint_{\mathcal{C}} (\zeta I - M)^{-1} [f(\zeta) - \tilde f(\zeta)]\mathrm{d}\zeta$ aus (vgl. (13.7)) und schätzen mit

$$\|f(M) - \tilde f(M)\|_2 \le \frac{1}{2\pi} \oint_{\mathcal{C}} \|R(\zeta; M)\|_2 |f(\zeta) - \tilde f(\zeta)| |\mathrm{d}\zeta|$$

ab. Wegen $\mathcal{C} \subset \Omega^c$ ist (13.9) anwendbar. ∎

13.2.2 Matrix-Exponentialfunktion

Auf die wichtige Rolle, die die Matrix-Exponentialfunktion $\exp(M)$ spielt, wurde schon hingewiesen. Da exp eine ganze Funktion ist, lassen sich alle Definitionsmöglichkeiten und weitere Funktionaleigenschaften für die konkrete Konstruktion verwenden. Dass die konkrete Berechnung aber Schwierigkeiten bereiten kann, zeigt der lesenswerte Artikel [116] über "19 dubiose Weisen", $\exp(M)$ zu berechnen.

13.2.2.1 Definition mittels Potenzreihe

Die Potenzreihe der Exponentialfunktion legt die Näherung

$$E_n := \sum_{\nu=0}^{n-1} \frac{1}{\nu!} M^\nu \approx \exp(M) \tag{13.11}$$

nahe[5]. Zwar gilt für alle M, dass $E_n \to \exp(M)$, aber man sollte diese Näherung nur für Matrizen anwenden, die in einer geeigneten Matrixnorm z.B. durch $\|M\| \leq 1$ beschränkt sind. Unter der Voraussetzung $\|M\| \leq 1$ ist

$$\begin{aligned} \|E_n - \exp(M)\| &\leq \sum\nolimits_{\nu=n}^{\infty} \frac{1}{\nu!} \|M\|^\nu \\ &\leq \sum_{\nu=n}^{\infty} \frac{1}{\nu!} = \frac{c_n}{n!} \qquad \text{mit } c_n \in (1, 1.72) \text{ für } n \geq 1 \end{aligned}$$

(das asymptotische Verhalten ist $c_n \sim 1 + 1/n$). Das Horner[6]-Schema zur Auswertung von (13.11) lautet

$$A_n := I; \quad \textbf{for } \nu := n-1 \textbf{ to } 1 \textbf{ do } A_\nu := \frac{1}{\nu} A_{\nu+1} M + I; \quad E_n := A_0;$$

und erfordert $n - 2$ Matrixmultiplikationen mit M (die Multiplikation mit $A_n = I$ ist trivial).

13.2.2.2 Halbierungsregel

Für die Exponentialfunktion kann man die Funktionalgleichung $e^{x+y} = e^x e^y$ ausnutzen.

Übung 13.2.5. Für vertauschbare Matrizen A und B gilt die Identität $\exp(A + B) = \exp(A)\exp(B)$.

Für die Wahl $A = B = \frac{1}{2}M$ führt das Resultat der Übung auf

$$\exp(M) = \exp(\tfrac{1}{2}M)^2. \tag{13.12}$$

Wenn man voraussetzt, dass die Quadrierung einer Matrix handhabbar ist (wie im Falle von $\mathcal{H}$-Matrizen), ist der folgende rekursive Algorithmus eine gute Wahl:

---

[5] Für die Exponentialfunktion gilt, dass Matrizen M mit Eigenwerten mit negativem Realteil zu $\exp(M)$ mit Eigenwerten vom Betrag < 1 führen. Gelegentlich möchte man die gleiche Eigenschaft für Approximationen. In diesem Fall kann die Taylor-Approximation (13.11) durch eine Padé-Approximation ersetzt werden.

[6] William George Horner, geboren 1786 in Bristol, gestorben 1837 in Bath.

function *MatrixExponentialFunktion*(M); **if** $\|M\| \leq 1$ **then** *MatrixExponentialFunktion*:= E_n aus (13.11) **else** *MatrixExponentialFunktion* :=*sqr(MatrixExponentialFunktion*$(0.5 \cdot M)$);	(13.13)

Hierbei ist $sqr(M) := M^2$. Die Norm $\|\cdot\|$ muss submultiplikativ sein.

Die Zahl der Rekursionsschritte in (13.13) beträgt $\lceil \log_2(\|M\|) \rceil$. Der Aufwand wird diskutiert in

Anmerkung 13.2.6. Für eine beliebige Matrix M besteht der Aufwand der Auswertung von (13.13) in $\lceil \log_2(\|M\|) \rceil$ Matrixmultiplikationen (Auswertung von *sqr*) und der Berechnung von (13.11). Diese ist von der gewünschten Genauigkeit $\varepsilon > 0$ abhängig. Für $\varepsilon \approx 1/n!$ sind n Matrixmultiplikationen erforderlich.

Häufig benötigt man $\exp(t_j M)$ für verschiedene $0 \leq t_1 < t_2 < \ldots$. Im Prinzip kann man (13.13) für alle Argumente $t_j M$ aufrufen. Günstiger ist der folgende Zugang:

1. Man berechne $\exp(t_1 M)$.
2. Rekursion über j: Sei $\exp(t_j M)$ bekannt. Man berechne die Hilfsmatrix $M_j \approx \exp((t_{j+1} - t_j) M)$ und danach das Produkt $\exp(t_j M) \cdot M_j \approx \exp(t_{j+1} M)$. Man wiederhole Schritt 2 mit $j \leftarrow j + 1$.

Der Vorteil besteht in der Tatsache, dass $(t_{j+1} - t_j) M$ eine kleinere Norm als $t_{j+1} M$ besitzt und damit (13.13) weniger Halbierungsschritte erfordert.

13.2.2.3 Dunford-Cauchy-Integral

Während die Halbierungsregel für die konkrete Berechnung gut geeignet ist, verrät die Rekursion wenig über die Struktureigenschaften von $\exp(M)$. Im Folgenden wird zur Vereinfachung angenommen, dass M positiv definit ist, d.h. M ist symmetrisch und $\sigma(M) \subset (0, \infty)$. Gemäß §13.1.3 gilt

$$\exp(-M) = \frac{1}{2\pi i} \oint_{\mathcal{C}} (\zeta I - M)^{-1} \mathrm{e}^{-\zeta} \mathrm{d}\zeta, \tag{13.14}$$

wenn $\mathcal{C} = \partial\Omega$, $\Omega \supset \sigma(M)$ und Ω einfach zusammenhängend. Da das Spektrum $\sigma(M) \subset (0, \|M\|]$ erfüllt, kann für Ω zum Beispiel das folgende Gebiet (Parabelsegment) verwendet werden:

$$\Omega = \left\{ \zeta \in \mathbb{C} : \; 0 \leq \Re e \, \zeta \leq \|M\| + 1, \; |\Im m \, \zeta| \leq \sqrt{\Re e \, \zeta} \right\}.$$

Der Rand $\mathcal{C} := \partial\Omega$ von Ω besteht aus dem Parabelteil $\mathcal{C}_\mathrm{P} : \zeta(s) = x(s) + iy(s)$ mit $x(s) := s^2$ und $y(s) := -s$ für $s \in [-s_0, s_0]$ mit $s_0 := \sqrt{\|M\| + 1}$ und der senkrechten Strecke $\mathcal{C}_\mathrm{S}$: $\zeta(s) = x(s) + iy(s)$ mit $x(s) := s_0^2$, $y(s) := s$ für $s \in [-s_0, s_0]$ (vgl. Abbildung 13.2). Ebensogut kann man s_0 durch einen größeren Wert ersetzen. Man stellt fest, dass $\oint_{\mathcal{C}_\mathrm{P}} (\zeta I - M)^{-1} \mathrm{e}^{-\zeta} \mathrm{d}\zeta$ für $s_0 \to \infty$ konvergiert und $\lim_{s_0 \to \infty} \oint_{\mathcal{C}_\mathrm{S}} (\zeta I - M)^{-1} \mathrm{e}^{-\zeta} \mathrm{d}\zeta = 0$. Deshalb gilt (13.14) auch mit der vollständigen Parabel

$$\{\zeta(s) = x(s) + iy(s) : x(s) := s^2,\ y(s) := -s \quad \text{für } s \in \mathbb{R}\}$$

als Integrationskurve $\mathcal{C}$. Nach Substitution der Parameterdarstellung $\zeta(s) = s^2 - is$ erhält man

$$\mathrm{e}^{-M} = \frac{1}{2\pi i} \int_{-\infty}^{\infty} (\zeta(s) I - M)^{-1} \, \mathrm{e}^{-\zeta(s)} \frac{\mathrm{d}\zeta(s)}{\mathrm{d}s} \mathrm{d}s \tag{13.15}$$

$$= \frac{1}{2\pi i} \int_{-\infty}^{\infty} \underbrace{\left(\left(s^2 - is \right) I - M \right)^{-1} \mathrm{e}^{-s^2 + is} \, (2s - i) \, \mathrm{d}s}_{=:F(s)}.$$

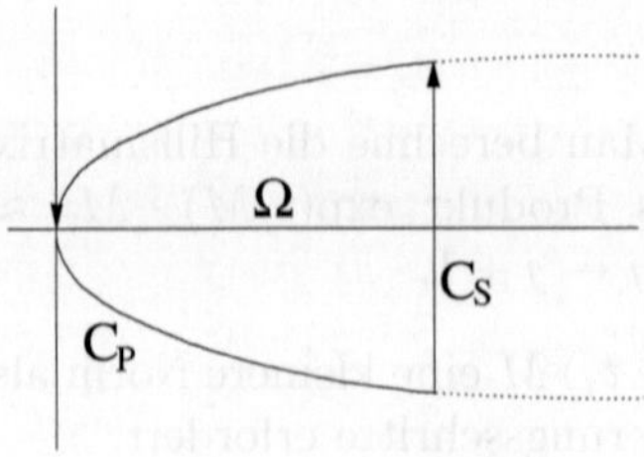

Abb. 13.2. Integrationskurve: Rand des Parabelsegments Ω, $\mathcal{C}_P$: Parabelstück, $\mathcal{C}_S$: Strecke

Das Integral $\frac{1}{2\pi i} \int_{-\infty}^{\infty} F(s) \mathrm{d}s$ kann durch eine Sinc-Quadratur approximiert werden (Näheres in §D.4) und liefert einen Ausdruck der Form

$$T_N(F, \mathfrak{h}) := \frac{\mathfrak{h}}{2\pi i} \sum_{\nu=-N}^{N} F(\nu \mathfrak{h}),$$

wobei $\mathfrak{h} > 0$ eine Schrittweite ist, die hier in der Größenordnung $\mathfrak{h} = \mathcal{O}((N+1)^{-2/3})$ gewählt werden sollte. Die Fehlerabschätzung aus Satz D.4.3b zeigt

$$\left| \mathrm{e}^{-M} - \frac{\mathfrak{h}}{2\pi i} \sum_{\nu=-N}^{N} F(\nu \mathfrak{h}) \right| = \left| \frac{1}{2\pi i} \int_{-\infty}^{\infty} F(s) \mathrm{d}s - \frac{\mathfrak{h}}{2\pi i} \sum_{\nu=-N}^{N} F(\nu \mathfrak{h}) \right|$$
$$\leq \mathcal{O}\left(\exp(-cN^{2/3}) \right), \tag{13.16}$$

wobei die Abschätzung von $\left(\left(s^2 - is \right) I - M \right)^{-1}$ mit Hilfe von (13.10) durchgeführt wird.

Folgerung 13.2.7 *Will man* e^{-M} *mit der Genauigkeit* $\varepsilon > 0$ *annähern, so folgt aus (13.16), dass* N *in der Größenordnung* $\mathcal{O}(\log^{3/2} \frac{1}{\varepsilon})$ *zu wählen ist.*

Die matrixwertige Funktion $F(s)$ aus (13.15) führt auf

$$\frac{\mathfrak{h}}{2\pi i} F(\nu \mathfrak{h}) = \omega_\nu \left(z_\nu I - M \right)^{-1} \qquad \text{mit} \begin{cases} \omega_\nu = \mathfrak{h} \dfrac{2\nu\mathfrak{h} - i}{2\pi i} \mathrm{e}^{-z_\nu}, \\ z_\nu = (\nu \mathfrak{h})^2 - i\nu\mathfrak{h}, \end{cases}$$

sodass das Quadraturresultat die Summe

$$T_N(F,\mathfrak{h}) = \sum_{\nu=-N}^{N} \omega_\nu \, (z_\nu I - M)^{-1} \tag{13.17a}$$

von $2N+1$ Resolventen $(z_\nu I - M)^{-1}$ liefert. Zwar sind ω_ν und z_ν komplex, aber wegen

$$\omega_\nu = \overline{\omega_{-\nu}}, \quad z_\nu = \overline{z_{-\nu}} \qquad \text{für } -N \le \nu \le N$$

sind für reellwertige M die Approximation $T_N(F,\mathfrak{h})$ ebenso wie e^{-M} reell. Die Summe (13.17a) reduziert sich auf

$$\mathrm{e}^{-M} \approx T_N(F,\mathfrak{h}) = \omega_0 \, (z_0 I - M)^{-1} + 2\,\Re\mathrm{e} \sum_{\nu=1}^{N} \omega_\nu \, (z_\nu I - M)^{-1}. \tag{13.17b}$$

Folgerung 13.2.8 *Wenn von M bekannt ist, dass die Inversen $(z_\nu I - M)^{-1}$ mit hinreichender Genauigkeit im $\mathcal{H}$-Matrixformat $\mathcal{H}(k,p)$ approximiert werden können, folgt aus (13.17b), dass eine entsprechend gute Approximation von* $\exp(-M)$ *in $\mathcal{H}((N+1)\,k,p)$ existiert.*

Wenn Kurvenintegrale $\oint_{\mathcal{C}} (\zeta I - M)^{-1} f(\zeta)\mathrm{d}\zeta$ formuliert werden, ist die Kurve $\mathcal{C}$ so zu wählen, dass der Integrand nicht singulär wird. Das heißt insbesondere, dass $\mathcal{C}$ keine Eigenwerte von M durchläuft. Trotzdem kann es unvermeidlich sein, dass die Kurve Eigenwerten nahe kommt. Hier stellt sich die Frage nach der Stabilität $\mathcal{H}$-Matrix-Resolventen $(\zeta I - M)^{-1}$ für Quadraturpunkte ζ nahe am Spektrum $\sigma(M)$. Diese Frage wird in Espig-Hackbusch [41] untersucht und auch mit numerischen Tests belegt. Es zeigt sich, dass die $\mathcal{H}$-Matrixinverse von $\zeta I - M$ sehr robust gegen die Annäherung von ζ an $\sigma(M)$ ist. Eine einfache theoretische Erklärung bietet das folgende Lemma an.

Lemma 13.2.9. *Sei $0 \neq \lambda \in \sigma(M)$ ein einfacher Eigenwert mit dem (Rechts-)Eigenvektor e aus $Me = \lambda e$ und dem Linkseigenvektor f aus $f^\top M = \lambda f^\top$ (falls M symmetrisch ist, gilt $e = f$), wobei die Skalierung $\langle f, e\rangle = 1$ gelten möge. Dann lässt sich M spektral zerlegen in $M = M_0 + \lambda e f^\top$, wobei M_0 das Spektrum $(\sigma(M) \cup \{0\}) \backslash \{\lambda\}$ besitzt, sodass $(\zeta I - M_0)^{-1}$ in der Umgebung von λ wohldefiniert und stabil berechenbar ist. Die Resolvente $(\zeta I - M)^{-1}$ hat die Darstellung*

$$(\zeta I - M)^{-1} = (\zeta I - M_0)^{-1} + \frac{\lambda}{\zeta\,(\zeta - \lambda)} e f^\top.$$

Der für $\zeta \to \lambda$ divergierende Teil $\frac{\lambda}{\zeta(\zeta-\lambda)} e f^\top$ ist eine Rang-1-Matrix. Wenn der "harmlose" Anteil $(\zeta I - M_0)^{-1}$ im Format $\mathcal{H}(k,P)$ hinreichend gut approximiert wird, so ist $(\zeta I - M)^{-1}$ in $\mathcal{H}(k+1,P)$ für alle $\zeta \neq \lambda$ mit gleicher Genauigkeit darstellbar.

Die Voraussetzung $0 \neq \lambda$ ist nicht essentiell. Falls $\lambda = 0 \in \sigma(M)$ in der Nähe von $\mathcal{C}$ liegt, kann z.B. die Zerlegung $M = M_1 - ef^\top$ (e, f Rechts- und Linkseigenvektoren zu $\lambda = 0$) und $(\zeta I - M)^{-1} = (\zeta I - M_1)^{-1} + \frac{1}{\zeta(1-\zeta)} ef^\top$ verwendet werden. Bei mehrfachen Eigenwerten $\lambda \in \sigma(M)$ ist der Rang 1 durch einen entsprechend höheren zu ersetzen.

13.2.2.4 Approximation von $\exp(-tM)$

Gelegentlich möchte man die Funktion $\exp(-tM)$ für z.B. positiv definites M und alle $t > 0$ approximieren. Hierfür ist es günstig, die Cauchy-Formel nicht für tM anstelle von M, sondern in der Form

$$\exp(-tM) = \frac{1}{2\pi i} \oint_{\mathcal{C}} (\zeta I - M)^{-1} \mathrm{e}^{-t\zeta} \mathrm{d}\zeta$$

zu verwenden. Die analoge Quadratur führt auf

$$\exp(-tM) \approx \sum_{\nu=-N}^{N} \omega_\nu(t) \, (z_\nu I - M)^{-1}, \quad \omega_\nu(t) := \mathfrak{h} \frac{2\nu\mathfrak{h} - i}{2\pi i} \mathrm{e}^{-t((\nu\mathfrak{h})^2 - i\nu\mathfrak{h})}$$

und gleichen Stützstellen z_ν wie in §13.2.2.3. Der Vorteil besteht darin, dass die t-Abhängigkeit im Gewicht ω_ν steckt, während die teueren Resolventen $(z_\nu I - M)^{-1}$ unabhängig von t sind. Es ist daher relativ einfach, $\exp(-tM)$ für viele t auszuwerten. Die Fehlerabschätzung findet sich in [43, §2.4] und liefert nur für $t \geq t_0 > 0$ die gewünschte exponentielle Konvergenz bezüglich der Stützstellenanzahl N. Für $0 \leq t \leq t_0$ werden andere Approximationsverfahren benötigt (z.B. mittels Potenzreihen wie in §13.2.2.1).

13.2.3 Inverse Funktion $1/z$

Die Matrixversion der Funktion $f(x) = 1/x$ ist $f(M) = M^{-1}$, falls $0 \notin \sigma(M)$. In §13.2.2.3 wurde die Matrix-Exponentialfunktion $\exp(M)$ mittels der Resolventen $(z_\nu I - M)^{-1}$ – der Matrixfunktion zu $f(x) = 1/(z_\nu - x)$ – approximiert. Jetzt wird der umgekehrte Weg beschritten: Die Inverse M^{-1} wird mit Hilfe der Größen $\exp(-tM)$ dargestellt. Der Sinn dieser Darstellung wird in §15.5.2 offenbar werden.

13.2.3.1 Integraldarstellung von $1/z$

Für $z \in \mathbb{C}$ mit $\Re e\, z > 0$ gilt die Identität

$$\frac{1}{z} = \int_0^\infty \mathrm{e}^{-zt} \mathrm{d}t. \tag{13.18a}$$

Lemma 13.2.10. *Für die Matrix* $M \in \mathbb{C}^{I\times I}$ *gelte* $\sigma(M) \subset \{z \in \mathbb{C} : \Re\mathrm{e}\, z > 0\}$. *Dann hat* M^{-1} *die Darstellung*

$$M^{-1} = \int_0^\infty \mathrm{e}^{-Mt}\mathrm{d}t. \tag{13.18b}$$

Beweis. Multiplikation mit M liefert $\int_0^\infty M\mathrm{e}^{-Mt}\mathrm{d}t = -\int_0^\infty \frac{\mathrm{d}}{\mathrm{d}t}\left(\mathrm{e}^{-Mt}\right)\mathrm{d}t = -\mathrm{e}^{-Mt}\Big|_0^\infty = I$. ∎

Ist $\lambda_{\min} = \min\{\lambda \in \sigma(M)\}$ der minimale Eigenwert einer Matrix mit positivem Spektrum, so kann die Matrix durch $M' := \frac{1}{\lambda_{\min}} M$ ersetzt werden: $M^{-1} = \frac{1}{\lambda_{\min}} M'^{-1}$, wobei (13.18b) auf M' angewandt wird. Dies zeigt:

Anmerkung 13.2.11. Hat M ein positives Spektrum, so kann in (13.18b) ohne Beschränkung der Allgemeinheit vorausgesetzt werden, dass alle Eigenwert ≥ 1 sind. Entsprechend ist die Diskussion von (13.18a) für $z \geq 1$ ausreichend.

13.2.3.2 Approximative Darstellung von $1/z$ durch Exponentialfunktionen

Im Folgenden suchen wir Approximationen der rechten Seite in (13.18b) durch eine Summe der Form

$$\int_0^\infty \mathrm{e}^{-Mt}\mathrm{d}t \approx \sum_{\nu=1}^{k} \omega_\nu \mathrm{e}^{-Mt_\nu}. \tag{13.19}$$

Diese Ersetzung ist eng verbunden mit der Approximation von $\frac{1}{x}$ durch eine Summe $\sum_{\nu=1}^{k} \omega_\nu \mathrm{e}^{-xt_\nu}$ von Exponentialfunktionen. Hierfür werden zwei Ansätze diskutiert:

1. Erzeugung mittels Quadratur,
2. direkte Approximation.

Im Anhang D.4.3 wird die *Sinc-Quadratur* für zwei Integrale untersucht, die sich durch geeignete Substitutionen aus (13.18a) ergeben. Im ersten Fall (§D.4.3.1) erhält man eine Näherung der Form

$$E_k(x) = \sum_{\nu=1}^{k} \omega_\nu \mathrm{e}^{-xt_\nu} \tag{13.20}$$

mit der *gleichmäßigen* Fehlerabschätzung

$$\left| E_k(x) - \frac{1}{x} \right| \leq \mathcal{O}\left(\mathrm{e}^{-\sqrt{\pi d k}}\right) \qquad \text{mit } d < \pi/2 \quad \text{für alle } x \geq 1$$

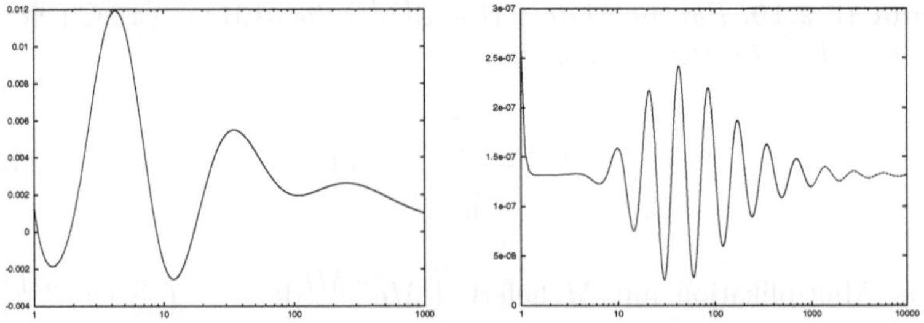

Abb. 13.3. Graph der Funktion $E_k(x;R) - \frac{1}{x}$ für $x \geq 1$ (links $k = 5$, rechts $k = 45$) mit E_k mittels Sinc-Quadratur

(in §D.4.3.1 wird ein ungerades k und $N = \frac{k-1}{2}$ wie in (13.17a) verwendet). Abbildung 13.3 zeigt den Fehler auf der linken Seite für $k = 5$ ($N = 2$, $\mathfrak{h} = \pi/\sqrt{N}$) und rechts für $k = 45$ ($N = 22$, $\mathfrak{h} = 1.05\cdot\pi/\sqrt{N}$). Die zugehörigen Fehlerschranken sind 1.193_{10}-2 und 2.63_{10}-7.

Im Fall der zweiten Substitution (in §D.4.3.2) lässt sich ein besseres asymptotisches Verhalten bezüglich $k \to \infty$ zeigen, dafür ist die Abschätzung x-abhängig:

$$\left| E_k(x) - \frac{1}{x} \right| \leq \mathcal{O}\left(\mathrm{e}^{-\pi d(x) k / \log(\pi d(x) k)} \right) \qquad \text{mit } d(x) = \mathcal{O}(1/\log x)$$

(vgl. Satz D.4.13). Die numerischen Resultate bestätigen den Faktor $k/\log(k)$, aber das Verhalten bezüglich x erscheint günstiger als durch $d(x) = \mathcal{O}(1/\log x)$ beschrieben.

Die *direkte Approximation* durch Exponentialsummen bestimmt den Ausdruck $E_k(x;R)$ aus (13.20), indem die Maximumnorm

$$\left\| E_k(x;R) - \frac{1}{x} \right\|_{\infty,R} := \max\left\{ \left| E_k(x;R) - \frac{1}{x} \right| : 1 \leq x \leq R \right\} \tag{13.21}$$

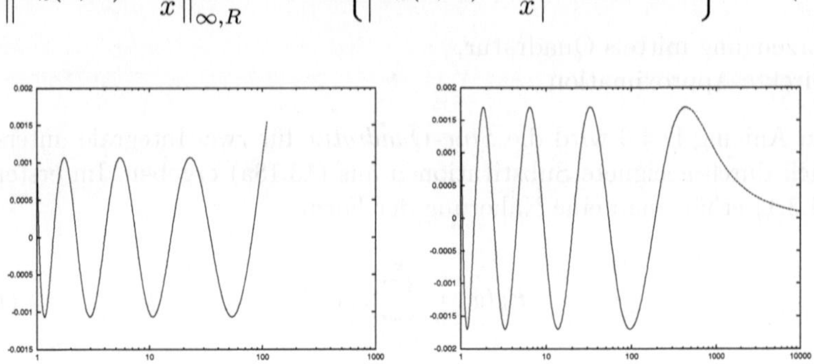

Abb. 13.4. Graph der Funktion $E_4(x;R) - \frac{1}{x}$ für $x \geq 1$ bei direkter Approximation. Links $R = 100$ mit dem Fehler 1.066_{10}-3 in $[1,100]$. Rechts $R = R_4 = 436.06$ mit dem Fehler 1.700_{10}-3 in $[1,\infty)$.

	$k=5$	$k=7$	$k=10$	$k=12$	$k=15$
$R=10$	4.243E-6	2.344E-8	9.021E-12	4.654E-14	1.708E-17
$R=100$	2.274E-4	9.841E-6	8.303E-08	3.357E-09	2.667E-11
$R=1000$	6.385E-4	7.153E-5	2.389E-06	2.412E-07	7.555E-09
$R=\infty$	6.428E-4	1.163E-4	1.312E-05	3.630E-06	6.311E-07

Tabelle 13.1. Minimale Fehler $\left\|E_k(x;R)-\frac{1}{x}\right\|_{\infty,R}$

bezüglich der Parameter ω_ν, t_ν $(1 \le \nu \le k)$ minimiert wird. Abbildung 13.4 zeigt den Fehler $E_k(x;R)-\frac{1}{x}$ für $k=4$. Das linke Diagramm entspricht dem Fall $R=100$. Der rechte Graph zeigt einen Grenzfall: Für hinreichend großes $R=R_k$ (hier $R_4=436.06$) gilt die Fehlerschranke für alle $x \in [1,\infty)$. Man sieht, dass die Bestapproximation aus (13.21) mit $k=4$ deutlich deutlich kleinere Fehlermaxima als die Sinc-Quadratur für $k=5$ liefert.

Die für verschiedene Werte von k und R erreichbaren Genauigkeiten (minimale Fehler $\left\|E_k(x;R)-\frac{1}{x}\right\|_{\infty,R}$ für optimale Koeffizienten ω_ν, t_ν) sind in der Tabelle 13.1 skizziert. In [73] findet man weitere Resultate sowie die Web-Seite für die Koeffizienten der optimalen $E_k(x;R)$.

13.2.3.3 Abschätzung der Matrixapproximation

Die Matrix M sei diagonalisierbar mit $\sigma(M) \subset (0,\infty)$. Die Maximumnorm $\left\|E_k(x)-\frac{1}{x}\right\|_{\infty,R}$ kann im Folgenden durch die günstigere Schranke

$$\left\|E_k(x)-\frac{1}{x}\right\|_{\infty,\sigma(M)} := \max\left\{\left|E_k(x)-\frac{1}{x}\right| : x \in \sigma(M)\right\}$$

ersetzt werden. $E_k(M)$ bezeichnet die Matrixfunktion $\sum_{\nu=1}^{k}\omega_\nu \mathrm{e}^{-Mt_\nu}$.

Satz 13.2.12. *M sei diagonalisierbar mit $M=T^{-1}\Delta T$ und $\sigma(M)\subset(0,\infty)$. Dann gilt*[7]

$$\left\|E_k(M)-M^{-1}\right\| \le \|T\|\,\|T^{-1}\|\,\left\|\tfrac{1}{x}-E_k(x)\right\|_{\infty,\sigma(M)}.$$

Beweis. Man schätze in $E_k(M)-M^{-1}=T^{-1}\left(E_k(\Delta)-\Delta^{-1}\right)T$ jeden einzelnen Faktor ab. ∎

Numerische Tests der direkten Approximation $E_k(x;R_k)-\frac{1}{x}$ zeigen ein Fehlerverhalten $\exp\{c_1-c_2\sqrt{k}\}$ mit c_1 in der Größenordnung 11 bis 15 und c_2 bei 4 bis 4.5.

[7] Die Norm muss submultiplikativ sein und $\|\mathrm{diag}\{x_i : i \in I\}\| \le \max\{|x_i| : i \in I\}$ erfüllen.

13.2.4 Anwendung von Newton-artigen Verfahren

Für die Berechnung spezieller Funktionen $f(z)$ eignet sich das Newton-Verfahren. Beispielsweise kann die Quadratwurzel $f(z) = \sqrt{z}$ als Grenzwert von $y_{m+1} := \frac{1}{2}(y_m + z/y_m)$ berechnet werden. Wir werden hierauf im nächsten Kapitel (§14) zurückkommen.

13.3 $\mathcal{H}$-Matrix-Approximation

13.3.1 Matrix-Exponentialfunktion

Die Berechnung durch $\mathcal{H}$-Matrizen könnte von den Darstellungen (13.17a,b) Gebrauch machen und alle Resolventen $(z_\nu I - M)^{-1}$ mittels der formatierten Inversion approximieren.

Anmerkung 13.3.1. a) Falls alle approximativen Resolventen $(z_\nu I - M)^{-1} \in \mathcal{H}(k, P)$ den lokalen Rang k benötigen, lässt sich die exakte Summe (13.17b) mit dem lokalen Rang $k\,(N+1)$ darstellen. Da nach Folgerung 13.2.7 $N = \mathcal{O}(\log^{3/2} \frac{1}{\varepsilon})$ gilt, erhöht sich der Speicher- und Berechnungsaufwand gegenüber der bisherigen Operationen nur um einen logarithmischen Faktor.

b) Auch wenn man e^M in anderer Weise berechnet, zeigt Teil a) die Darstellbarkeit in $\mathcal{H}(k\,(N+1)\,, P)$.

Der zweite Teil der Anmerkung ist auf die Berechnung nach §13.2.2.2 anwendbar. Der Algorithmus (13.13) erfordert die Quadrierung einer Matrix, die durch die formatierte Multiplikation in $\mathcal{H}(k', P)$ ersetzt werden kann, wobei $k' = k\,(N+1)$ ausreichend ist.

13.3.2 Approximation nichtglatter Matrixfunktionen

Während $\exp(x)$, $\sqrt{x}$ und $1/x$ (die beiden letzten im positiven Bereich) glatte Funktionen sind, gibt es auch interessante unstetige Funktionen. Für die Signumfunktion aus Beispiel 13.1.3 wird im nachfolgenden Kapitel eine Iteration beschrieben werden, die dank der $\mathcal{H}$-Matrix-Arithmetik durchführbar ist (vgl. (14.7)). Eine andere unstetige Funktion ist

$$\varphi_{a,b}(x) = \begin{cases} x & \text{für } x \in (a,b], \\ 0 & \text{sonst,} \end{cases}$$

wobei $[a, b)$ ein vorgegebenes Intervall sei. Die interessante Eigenschaft besteht zum Beispiel darin, dass eine Matrix M mit reellem Spektrum in $(-A, A)$ in seinen negativen Teil $\varphi_{-A,0}(M)$ und den positiven Teil $\varphi_{0,A}(M)$ zerlegt werden kann: $M = \varphi_{-A,0}(M) + \varphi_{0,A}(M)$. Ist man an den Eigenwerten von M im Intervall $(a, b]$ interessiert, reicht es, $\varphi_{a,b}(M)$ zu untersuchen.

In Kreß-Hackbusch [89] wird $\varphi_{a,b}$ durch eine rationale Funktion approximiert. Dabei ist der Grad der Zähler- und Nennerpolynome zwar sehr groß, nicht aber die Zahl der auszuführenden arithmetischen Operationen. Die $\mathcal{H}$-Matrix-Arithmetik erlaubt nun, $\varphi_{a,b}(M)$ zu approximieren.

14

Matrixgleichungen

Die übliche Numerik der partiellen Differentialgleichungen ist geprägt von der Idee, alle Lösungsprozeduren auf die Matrix-*Vektor*-Multiplikation als Basisoperation zurückzuführen. Auf der einen Seite wird dies von schwach besetzten Matrizen unterstützt (vgl. §1.3.2.5), auf der anderen Seite sucht man schnelle Iterationsverfahren (zum Beispiel Mehrgitterverfahren, [72], [66, §12]), um mit wenigen Iterationsschritten auszukommen. Damit geht man der Inversen als Lösung der Matrixgleichung $AX = I$ aus dem Weg.

Es gibt aber interessante Matrizen, die Lösung einer linearen oder nichtlinearen Matrixgleichung sind, und sich einer Lösung über die Matrixvektormultiplikation entziehen. Hierzu gehören die linearen Ljapunow- und Sylvester-Gleichungen sowie die quadratische Riccati-Gleichung, die u.a. in Problemen der optimalen Kontrolle partieller Differentialgleichungen auftritt.

Die $\mathcal{H}$-Matrixarithmetik macht es möglich, auch diese Gleichungen effizient zu lösen. Damit macht man nicht nur von den weitergehenden Matrixoperationen und matrixwertigen Funktionen Gebrauch. Entscheidend ist die Tatsache, dass die Lösung X durch eine $\mathcal{H}$-Matrix $X_{\mathcal{H}}$ ersetzt wird. Sei $X \in \mathbb{R}^{I\times I}$ mit $n = \#I$. Fasst man die Gleichung

$$f(X) = 0$$

als ein System von n^2 Gleichung für die n^2 Komponenten von X auf, hätte ein optimales Lösungsverfahren die Komplexität[1] $\mathcal{O}(n^2)$, da dies *linear* in der Anzahl der Unbekannten ist (vgl. Anmerkung 1.2.1). Erst wenn statt X eine $\mathcal{H}$-Matrix $X_{\mathcal{H}}$ mit $\mathcal{O}(n \log^q n)$ Daten bestimmt wird, kann ein Lösungsalgorithmus fast linear in n werden.

[1] Wie zum Beispiel das Mehrgitterverfahren [123].

W. Hackbusch, *Hierarchische Matrizen*, DOI 10.1007/978-3-642-00222-9_14,

14.1 Ljapunow- und Sylvester-Gleichung

14.1.1 Definition und Lösbarkeit

Die Ljapunow-Gleichung hat die Gestalt

$$AX + XA^{\top} = C, \tag{14.1}$$

wobei alle Matrizen vom Format $\mathbb{R}^{I \times I}$ seien. Die Matrizen A und C sind gegeben, während X die gesuchte Lösung ist. Offenbar ist dies eine lineare Gleichung für die n^2 Koeffizienten von X, wobei $n := \#I$. Im Falle $C = C^{\top}$ zeigt die Transposition von (14.1), dass auch $X^{\top}$ eine Lösung ist. Wenn (14.1) eindeutig lösbar ist, hat es damit eine symmetrische Lösung $X = X^{\top}$. Die Frage der eindeutigen Lösbarkeit wird sich aus der Diskussion der allgemeineren Sylvester-Gleichung ergeben (vgl. Anmerkung 14.1.2b).

Die Sylvester-Gleichung

$$AX + XB = C \tag{14.2}$$

macht keine Symmetrie-Annahmen: $A, B, C \in \mathbb{R}^{I \times I}$ sind allgemeine, gegebene Matrizen, während $X \in \mathbb{R}^{I \times I}$ gesucht ist.

Lemma 14.1.1. *Die Sylvester-Gleichung (14.2) hat genau dann für alle $C \in \mathbb{R}^{I \times I}$ eine eindeutige Lösung, wenn $\sigma(A) \cap \sigma(-B) = \emptyset$ (vgl. (13.1a)).*

Beweis. Dass $\sigma(A) \cap \sigma(-B) = \emptyset$ notwendig ist, zeigt die nächste Anmerkung 14.1.2a. Die andere Richtung folgt aus dem späteren Lemma 14.1.4. ■

Anmerkung 14.1.2. a) Sind A, B diagonalisierbar, d.h. $A = S\Delta_A S^{-1}$ und $B = T\Delta_B T^{-1}$ mit $\Delta_A = \operatorname{diag}\{\alpha_i : i \in I\}$ und $\Delta_B = \operatorname{diag}\{\beta_i : i \in I\}$, so lässt sich (14.2) transformieren in $\Delta_A Y + Y\Delta_B = C'$ mit $Y := S^{-1}XT$ und $C' := S^{-1}CT$. Komponentenweise Betrachtung führt auf die Lösung $Y_{ij} = C'_{ij}/(\alpha_i + \beta_j)$. Die Division durch $\alpha_i + \beta_j$ ist offenbar genau dann möglich, wenn $\sigma(A) \cap \sigma(-B) = \emptyset$.

b) Die Ljapunow-Gleichung ist der Spezialfall $B := A^{\top}$. Für positiv definite A ist offenbar $\sigma(A) \cap \sigma(-B) = \emptyset$ erfüllt und sichert die Lösbarkeit von (14.1).

c) Die Eigenwerte von A und B mögen positiven Realteil haben. Dann kann die Lösung von (14.2) explizit durch

$$X = \int_0^{\infty} \mathrm{e}^{-tA} C \mathrm{e}^{-tB} \mathrm{d}t \tag{14.3}$$

beschrieben werden.

Beweis zu c). Unter den gemachten Voraussetzungen fallen die Faktoren e^{-tA} und e^{-tB} für $t \to \infty$ exponentiell, sodass das uneigentliche Integral existiert. Partielle Integration liefert

$$\begin{aligned} AX + XB &= \int_0^\infty \left(A\mathrm{e}^{-tA} C \mathrm{e}^{-tB} + \mathrm{e}^{-tA} C \mathrm{e}^{-tB} B \right) \mathrm{d}t \\ &= - \int_0^\infty \frac{\mathrm{d}}{\mathrm{d}t} \left(\mathrm{e}^{-tA} C \mathrm{e}^{tB} \right) \mathrm{d}t = - \left. \mathrm{e}^{-tA} C \mathrm{e}^{tB} \right|_0^\infty = C \end{aligned}$$

und damit die gewünschte Gleichung. ∎

Die Darstellung (14.3) liefert bereits eine Lösungsmöglichkeit. Seien eine Quadraturformel

$$X \approx \sum_{\kappa=1}^{M} \mathrm{e}^{-t_\kappa A} C \mathrm{e}^{-t_\kappa B}$$

und die Approximationen $\mathrm{e}^{-tM} \approx T_N(F, \mathfrak{h}) = \sum_{\nu=-N}^{N} \omega_\nu(t) \left(z_\nu I - M \right)^{-1}$ von e^{-tM} aus §13.2.2.4 mit den t-abhängigen Gewichten $\omega_\nu(t)$ gegeben. Einsetzen für $M = A$ und $M = B$ ergibt

$$X \approx \sum_{\nu,\mu=-N}^{N} \left(\sum_{\kappa=1}^{M} \omega_\nu(t_\kappa) \omega_\mu(t_\kappa) \right) \left(z_\nu I - A \right)^{-1} C \left(z_\mu I - B \right)^{-1}.$$

Da die Approximation für e^{-tM} nur für $t \geq t_0 > 0$ die gewünschte Genauigkeit hat, kann die obige Quadratur nur für das Integral $\int_{t_0}^{\infty}$ eingesetzt werden, für $\int_0^{t_0}$ sind andere Approximationen (z.B. Taylor-Entwicklungen) einzusetzen.

Die bisherigen Approximationen deuten auf ein interessantes Resultat:

Anmerkung 14.1.3. Wenn die Matrix C den Rang k besitzt, so ist X approximierbar durch Matrizen vom Rang $\mathcal{O}(kN^2)$, wobei N logarithmisch von der Genauigkeit ε abhängt. Damit ist es eine gute Strategie, die Lösung X der Sylvester-Gleichung (14.2) im *globalen* Niedrigrangformat zu suchen[2] (vgl. Penzl [117], Grasedyck [51], Baur [5]).

Wenn C komplizierter ist und bereits durch eine $\mathcal{H}$-Matrix dargestellt ist, bleibt nur die Darstellung von X im $\mathcal{H}$-Format (vgl. [51]).

14.1.2 Andere Lösungsverfahren

Die Dunford-Cauchy-Darstellung aus Lemma 13.1.8 existiert auch für die Lösung der Sylvester-Gleichung.

Lemma 14.1.4. *Für die Matrizen A und B in der Sylvester-Gleichung (14.2) gelte $\sigma(A) \cap \sigma(-B) = \emptyset$. Dann gibt es ein Gebiet $\Omega \subset \mathbb{C}$, sodass $\sigma(A) \subset \Omega$ und $\sigma(-B) \subset \mathbb{C} \backslash \overline{\Omega}$. Sei C die im mathematisch positiven Sinne durchlaufene Randkurve von Ω. Dann hat die Lösung der Sylvester-Gleichung die Gestalt*

$$X = \frac{1}{2\pi i} \int_C \left(\zeta I - A \right)^{-1} C \left(\zeta I + B \right)^{-1} \mathrm{d}\zeta. \tag{14.4}$$

[2] Für den Sonderfall $A = 0$ lautet die Sylvester-Gleichung $XB = C$ und hat die Lösung $X = CB^{-1}$. Hier gilt strikt $Rang(X) \leq Rang(C)$.

Beweis. Das Integral in (14.4) existiert, da $\mathcal{C}$ keine Eigenwerte von A oder $-B$ enthält. X aus (14.4) wird in die Sylvester-Gleichung (14.2) eingesetzt:

$$\begin{aligned}
&AX + XB \\
&= \frac{1}{2\pi i}\int_{\mathcal{C}} \left[A\,(\zeta I - A)^{-1}\,C\,(\zeta I + B)^{-1} + (\zeta I - A)^{-1}\,C\,(\zeta I + B)^{-1}\,B\right] \mathrm{d}\zeta \\
&= \frac{1}{2\pi i}\int_{\mathcal{C}} \begin{bmatrix} (A - \zeta I)\,(\zeta I - A)^{-1}\,C\,(\zeta I + B)^{-1} \\ + (\zeta I - A)^{-1}\,C\,(\zeta I + B)^{-1}\,(B + \zeta I) \end{bmatrix} \mathrm{d}\zeta \\
&= \frac{1}{2\pi i}\int_{\mathcal{C}} \left[-C\,(\zeta I + B)^{-1} + (\zeta I - A)^{-1}\,C\right] \mathrm{d}\zeta = C.
\end{aligned}$$

In Zeile 3 wurde $\zeta\,(\zeta I - A)^{-1}\,C\,(\zeta I + B)^{-1}$ vom ersten Summanden des Integranden abgezogen und zum zweiten addiert. In der vierten Zeile wurde ausgenutzt, dass $\int_{\mathcal{C}} (\zeta I + B)^{-1}\,\mathrm{d}\zeta = 0$, da die Singularitäten außerhalb von Ω liegen, während umgekehrt $\frac{1}{2\pi i}\int_{\mathcal{C}} (\zeta I - A)^{-1}\,\mathrm{d}\zeta = I$. ∎

Die Darstellung (14.4) kann wie in §13.2.2.3 zum Nachweis benutzt werden, dass die Sylvester-Lösung X gut durch eine hierarchische Matrix approximiert werden kann.

Da die Ljapunow-Gleichung ein Spezialfall der nachfolgend behandelten Riccati-Gleichung ist, sind die dortigen Verfahren auch hier anwendbar.

Eine Kombination der Niedrigrangapproximationen mit der Mehrgitteriteration wird in Grasedyck-Hackbusch [57] beschrieben.

Ähnlich behandelbar wie die Ljapunow-Gleichung ist die Stein-Gleichung

$$X - A^{\mathrm{H}} X A = C$$

(vgl. Lancaster-Rodman [105, S. 104]).

14.2 Riccati-Gleichung

14.2.1 Definition und Eigenschaften

Die matrixwertige Riccati-Gleichung lautet

$$AX + XA^{\top} - XBX = C. \tag{14.5}$$

Wieder ist $X \in \mathbb{R}^{I\times I}$ gesucht, während $A, B, C \in \mathbb{R}^{I\times I}$ gegeben sind. Für symmetrische Matrizen B und C erwartet man eine symmetrische Lösung X. Über die algebraische Riccati-Gleichung gibt die Monographie von Lancaster-Rodman [105] umfassend Auskunft.

Bei autonomen linear-quadratischen Problemen der optimale Kontrolle sind *Rang*(B) die Dimension der Kontrolle und *Rang*(C) die Zahl der Beobachtungsfunktionale. Bei entsprechenden Aufgaben ist daher damit zu rechnen, dass beide Ränge und damit auch

$$Rang(C + XBX) \leq Rang(C) + Rang(B)$$

relativ klein sind. Wenn daher X eine Lösung von (14.5) ist, so löst sie auch die Ljapunow-Gleichung

$$AX + XA^{\top} = C' \qquad \text{mit } C' := C + XBX.$$

Nach Anmerkung 14.1.3 ist X unter diesen Umständen gut durch globale Rang-k-Matrizen approximierbar.

14.2.2 Lösung mittels der Signumfunktion

Da die Riccati-Gleichung nichtlinear ist, kann man das Newton-Verfahren zur iterativen Lösung in Betracht ziehen. Die pro Iteration zu lösenden linearen Probleme sind dann Ljapunow-Gleichungen (vgl. Grasedyck et al. [58]).

Hier soll jedoch auf eine Lösungskonstruktion eingegangen werden, die auf Roberts [121] zurückgeht und die Signumfunktion verwendet. Die Signumfunktion wurde bereits in Beispiel 13.1.3 für diagonalisierbare Matrizen definiert. Eine Definition für allgemeine Matrizen ohne Eigenwerte auf der imaginären Achse lautet wie folgt: $M \in \mathbb{C}^{I \times I}$ erfülle

$$\Re e(\lambda) \neq 0 \qquad \text{für alle } \lambda \in \sigma(M). \tag{14.6}$$

Dann ist die matrixwertige Signumfunktion erklärt durch

$$\operatorname{sign}(M) := \frac{1}{\pi i} \oint_{C} (\xi I - M)^{-1} \mathrm{d}\xi - I,$$

wobei die geschlossene Kurve C alle Eigenwerte $\lambda \in \sigma(M)$ mit $\Re e(\lambda) > 0$ umschließe, während Eigenwerte mit $\Re e(\lambda) < 0$ außerhalb liegen.

Lemma 14.2.1. *Sei A eine Matrix mit der Eigenschaft (14.6). Dann konvergiert die Iteration*

$$A_0 := A, \qquad A_{i+1} := \frac{1}{2}(A_i + A_i^{-1}) \tag{14.7}$$

lokal quadratisch gegen die Signumfunktion: $\lim A_i = \operatorname{sign} A$.

Quantitative Konvergenzaussagen der Iteration (14.7) werden in [58] beschrieben und bewiesen.

Das Lösungsverfahren für die Riccati-Gleichung beruht auf der folgenden Darstellung.

Satz 14.2.2 ([121]). *Sei $A \in \mathbb{R}^{I \times I}$ eine Stabilitätsmatrix, d.h. $\Re e(\lambda) < 0$ für alle $\lambda \in \sigma(M)$. Seien $B, C \in \mathbb{R}^{I \times I}$ positiv semidefinit. Dann erfüllt die positiv semidefinite Lösung X von (14.5)*

$$\begin{bmatrix} N_{11} \\ N_{21} \end{bmatrix} X = - \begin{bmatrix} N_{12} \\ N_{22} \end{bmatrix}, \tag{14.8}$$

wobei die Matrizen $N_{11}, N_{12}, N_{21}, N_{22} \in \mathbb{R}^{I \times I}$ *sich aus*

$$\begin{bmatrix} N_{11} & N_{12} \\ N_{21} & N_{22} \end{bmatrix} := \operatorname{sign}\left(\begin{bmatrix} A & -C \\ B & -A^\top \end{bmatrix} \right) - \begin{bmatrix} I & 0 \\ 0 & I \end{bmatrix}$$

ergeben. Ferner hat $\begin{bmatrix} N_{11} \\ N_{21} \end{bmatrix}$ *vollen Rang* n.

Das obige Verfahren erlaubt die Berechnung der N_{ij}. Da $\begin{bmatrix} N_{11} \\ N_{21} \end{bmatrix}$ vollen Rang besitzt, ist die (konsistente) Gleichung (14.8) lösbar. Präzise Angaben zur praktischen Durchführung finden sich in [58] (vgl. auch [5]).

Die Kombination der $\mathcal{H}$-Matrixtechnik mit der Mehrgitteriteration wird in Grasedyck [54] beschrieben.

14.3 Newton-artige Verfahren zur Lösung nichtlinearer Matrixgleichungen

Im Prinzip kann eine allgemeine nichtlineare Gleichung $f(X) = O$ mithilfe des Newton-Verfahrens oder ähnlich schneller Verfahren iterativ gelöst werden. Bei der Berechnung der Ableitung f' ist aber zu beachten, dass Matrizen hinsichtlich der Multiplikation nicht kommutativ sind, sodass f' eine komplizierte lineare Abbildung von X sein kann.

14.3.1 Beispiel der Quadratwurzel einer Matrix

Sei A eine positiv definite Matrix. Gesucht ist die eindeutige positive definite Lösung X von $X^2 = A$. Anwendung des Newton-Verfahrens auf

$$f(X) := X^2 - A = O$$

liefert die Iteration $X_{\nu-1} \mapsto X_\nu := X_{\nu-1} + \varDelta$, wobei $\varDelta$ Lösung der Ljapunow-Gleichung

$$X_{\nu-1}\varDelta_\nu + \varDelta_\nu X_{\nu-1} = A - X_{\nu-1}^2 \tag{14.9}$$

ist. Zum Beweis setzt man $X = X_{\nu-1} + \varDelta$ in die Gleichung ein und entwickelt: $f(X_{\nu-1} + \varDelta) = X_{\nu-1}^2 + \varDelta X_{\nu-1} + X_{\nu-1}\varDelta + \varDelta^2 - A \overset{!}{=} O$. Vernachlässigung von $\varDelta^2$ führt zum obigen Resultat. Da im Allgemeinen $\varDelta X_{\nu-1} \neq X_{\nu-1}\varDelta$, erhält man eine Ljapunow-Gleichung als zu lösendes lineares Problem. Die Iteration verläuft in der Menge der positiv definiten Matrizen, wenn der Startwert X_0 geeignet gewählt ist.

Ein naheliegender Startwert ist $X_0 := A$. Hierfür und für jedes andere positiv definite und mit A vertauschbare X_0 lässt sich nachweisen, dass auch alle folgenden Iteranden X_ν mit A vertauschen. Damit vereinfacht sich (14.9) zur wesentlich einfacher auswertbaren Iteration

$$X_\nu := \frac{1}{2}(X_{\nu-1} + X_{\nu-1}^{-1}A). \tag{14.10}$$

In diesem Falle verläuft die Iteration in der Mannigfaltigkeit $\mathcal{M}$ der mit A vertauschenden, positiv definiten Matrizen.

Bei der numerischen Umsetzung der obigen Iterationen mittels $\mathcal{H}$-Matrizen ist ein wichtiger Unterschied zu beachten. Die Iteration (14.9) ist stabil gegen hinreichend kleine Störungen von X_0 oder von späteren Iteranden X_ν, wie sie aufgrund der $\mathcal{H}$-Matrixarithmetik auftreten. Für die Iteration (14.10) ist der gleiche Aussage falsch, da Störungen von X_ν im Allgemeinen aus der Mannigfaltigkeit $\mathcal{M}$ herausführen. Selbst wenn die Störung von $X_{\nu-1}$ noch symmetrisch ist (aber $X_{\nu-1} \notin \mathcal{M}$), muss der folgende Iterand X_ν nicht mehr symmetrisch sein.

Eine stabile Variante, die ähnlich einfach wie (14.10) ist, aber nicht in einer Untermannigfaltigkeit verläuft, ist bei Higham [93] beschrieben. Die Iteration

$$Y_0 := A, \quad Z_0 = I, \quad Y_{\nu+1} := \frac{1}{2}(Y_\nu + Z_\nu^{-1}), \quad Z_{\nu+1} := \frac{1}{2}(Z_\nu + Y_\nu^{-1})$$

konvergiert quadratisch gegen die Wurzel bzw. deren Inverse: $Y_\nu \to A^{1/2}$ und $Z_\nu \to A^{-1/2}$.

14.3.2 Einfluss der Kürzung bei Fixpunktiterationen

Das Newton-Verfahren ist ein Beispiel einer Fixpunktiteration

$$X_\nu = \Phi(X_{\nu-1}), \qquad \nu = 1, 2, \ldots . \tag{14.11}$$

Im Newton-Fall ist (14.11) lokal quadratisch konvergent. Diese Konvergenzaussage gilt aber nur bei exakt durchgeführter Arithmetik. Sobald zum Beispiel die Matrixoperationen mittels der $\mathcal{H}$-Matrixarithmetik angenähert werden, entstehen Abweichungen. Es stellt sich die Frage, welche Konvergenzaussagen noch gültig sind. Diese Problematik wird nachfolgend behandelt, wobei Hackbusch-Khoromskij-Tyrtyshnikov [88] gefolgt wird, wo sich auch die Beweise der Aussagen finden.

Wir gehen von einer Fixpunktiteration aus, die lokal mit einer Ordnung $\alpha > 1$ gegen eine Lösung

$$\lim_{\nu\to\infty} X_\nu = X^* \tag{14.12}$$

konvergiere. Die Elemente X_ν und X^* werden in einem normierten Raum V mit der Norm $\|\cdot\|$ betrachtet. Die folgende Aussage beschreibt das Verhalten bei exakter Arithmetik.

Lemma 14.3.1 ([88]). *Es gebe Konstanten $c_\Phi, \varepsilon_\Phi > 0$ und $\alpha > 1$ mit*

$$\|\Phi(X) - X^*\| \le c_\Phi \|X - X^*\|^\alpha \quad \textit{für alle } X \in V \textit{ mit } \|X - X^*\| \le \varepsilon_\Phi.$$

Man setze $\varepsilon := \min(\varepsilon_\Phi, 1/c)$ und $c := \sqrt[\alpha-1]{c_\Phi}$. Dann trifft (14.12) für alle Startwerte X_0 mit $\|X_0 - X^*\| < \varepsilon$ zu. Ferner gilt die Fehlerabschätzung

$$\|X_\nu - X^*\| \le \frac{1}{c}\left(c \|X_0 - X^*\|\right)^{\alpha^\nu} \qquad (\nu = 0, 1, 2, \ldots).$$

Nun führen wir die "gerundete Iteration" ein. Dazu sei $S \subset V$ die Untermenge der in einem Datenformat darstellbaren Elemente. Ferner sei $R : V \to S$ der sogenannte *Rundungsoperator* von V auf S. Im Allgemeinen ist R nichtlinear. Eine naheliegende Eigenschaft ist, dass exakt darstellbare Elemente nicht geändert werden:

$$R(X) = X \qquad \text{für alle } X \in S. \tag{14.13}$$

Beispiel 14.3.2. a) $V = \mathbb{R}$, S: Menge der Maschinenzahlen, R: Rundung auf die nächste Maschinenzahl.

b) $V = \mathbb{R}^{I\times I}$, $S = \mathcal{R}(k, I, I)$ Rang-k-Matrizen für fixiertes k, R: Rangreduktion mittels Singulärwertzerlegung (vgl. Satz 2.4.1).

c) $V = \mathbb{R}^{I\times I}$, $S = \mathcal{H}(k, P)$, $P \subset T(I\times I)$, R: blockweise wie in b) definiert.

Die "gerundete Iteration" hat die folgendermaßen definierten Iteranden:

$$Y_0 := R(X_0), \qquad Y_\nu := R(\Phi(Y_{\nu-1})) \quad (\nu = 1, 2, \ldots). \tag{14.14}$$

Die Aussagen über die Folgen $\{Y_\nu\}$ unterscheiden sich, je nachdem ob die Lösung X^* (exakt) zur Untermenge S gehört oder nicht. Der erste Fall führt auf den

Satz 14.3.3 ([88]). *Sei $X^* \in S$. Zusätzlich zu den Voraussetzungen von Lemma 14.3.1 gebe es eine Konstante c_R, sodass*

$$\|X - R(X)\| \le c_R \|X - X^*\| \quad \textit{für alle } X \in V \textit{ mit } \|X - X^*\| \le \varepsilon_\Phi. \tag{14.15}$$

Dann existiert $\delta > 0$, sodass die gerundete Iteration (14.14) für jeden Startwert $Y_0 = R(Y_0)$, der $\|Y_0 - B\| < \delta$ erfüllt, in folgender Weise gegen X^* konvergiert:

$$\|Y_\nu - X^*\| \le c_{R\Phi} \|Y_{\nu-1} - X^*\|^\alpha \quad \textit{mit } c_{R\Phi} := (c_R + 1)c_\Phi. \tag{14.16}$$

Ungleichung (14.15) beschreibt die Quasioptimalität der Rundung R. Für die optimale Rundung

$$R_{\text{opt}}(X) := \arg\min\{\|X - Y\| : Y \in S\}$$

würde (14.15) mit $c_R = 1$ gelten. Aus (14.16) schließt man wie in Lemma 14.3.1 auf $\|Y_\nu - X^*\| \le C^{-1}\left(C \|Y_0 - X^*\|\right)^{\alpha^\nu}$ mit entsprechendem C.

Im Allgemeinen wird die gesuchte Lösung nicht zu S gehören, sie wird aber in hinreichender Nähe von $R(X^*) \in S$ angenommen. Die entsprechende Ungleichung

$$\|X^* - R(X^*)\| \le \varepsilon_{RX}$$

ergibt sich als Spezialfall $X = X^*$ der nachfolgenden Voraussetzung (14.18). Das Resultat ist von der Gleitkomma-Arithmetik bekannt: Zunächst verhält sich die Iteration wie bei exakter Arithmetik. Wenn sich der Approximationsfehler aber der Maschinengenauigkeit nähert, stagniert die Iteration. Der folgende Satz präzisiert diese Aussage.

Satz 14.3.4 ([88]). *Die Größe ε_{RX} sei hinreichend klein:*

$$\varepsilon_{RX} < \frac{\eta}{2} \qquad \text{mit } \eta := \min\left\{\varepsilon_\Phi, 1/\sqrt[\alpha-1]{2c_{R\Phi}}\right\}, \tag{14.17}$$

wobei ε_Φ die betrachtete Umgebung von X^* charakterisiert (vgl. (14.18)) und $c_{R\Phi}$ aus (14.16) stammt. Zusätzlich zu den Voraussetzungen von Lemma 14.3.1 gelte

$$\|X - R(X)\| \le c_R \|X - X^*\| + \varepsilon_{RX} \quad \text{für alle } X \in V \text{ mit } \|X - X^*\| \le \varepsilon_\Phi. \tag{14.18}$$

Der Startwert erfülle $\|Y_0 - X^*\| < \eta$, und die Iteranden Y_ν seien mittels der gerundeten Iteration (14.14) erklärt. Sei m das minimale $\nu \in \mathbb{N}$ mit

$$\|Y_{\nu-1} - X^*\|^\alpha \le \frac{\varepsilon_{RX}}{c_{R\Phi}}. \tag{14.19}$$

Dann fallen die Fehler $\|Y_\nu - X^*\|$ strikt monoton für $1 \le \nu < m$, während die Iteranden für $\nu \ge m$ in einer $2\varepsilon_{RX}$-Umgebung der exakten Lösung stagnieren:

$$\|Y_\nu - X^*\| \le \begin{cases} 2c_{R\Phi} \|Y_{\nu-1} - X^*\|^\alpha & \text{für } \nu \le m-1, \\ 2\varepsilon_{RX} & \text{für } \nu \ge m. \end{cases} \tag{14.20}$$

Die Voraussetzung $\alpha > 1$ schließt Fixpunktiterationen mit linearer Konvergenz aus. Verallgemeinerungen auf $\alpha = 1$ sind möglich, wenn $c_\Phi < 1$ so klein ist, dass noch $c_{R\Phi} = (c_R + 1)c_\Phi < 1$ gilt.

Die Ungleichung (14.15) ergibt sich im Wesentlichen aus der Lipschitz-Stetigkeit des Rundungsoperators R.

Anmerkung 14.3.5 ([88]). Sei R Lipschitz-stetig bei $X^* \in S$. Dann folgt (14.15) aus (14.13). Insbesondere sind alle beschränkten linearen Operatoren Lipschitz-stetig.

Die Rundungsoperatoren aus Beispiel 14.3.2b,c erfüllen die Lipschitz-Abschätzung mit $c_{\text{Lip}} = 1$.

15

Tensorprodukte

Tensoren sind wie voll besetzte Matrizen mathematische Objekte mit einer derartig großen Datenmenge, sodass naive Darstellungsweisen scheitern. Datenschwache Darstellungen bzw. Approximationen sind ein aktuelles Forschungsthema, das aber über den Rahmen dieser Monographie hinausgeht. Hier stehen die Techniken im Vordergrund, bei denen hierarchische Matrizen eine Rolle spielen.

Zunächst wird in §15.1 der Tensor-Vektorraum am endlichdimensionalen Beispiel $\mathbf{V} = \mathbb{R}^{I_1} \otimes \cdots \otimes \mathbb{R}^{I_d}$ eingeführt. In einem nächsten Schritt gelangt man zu einer weiteren Tensorstruktur, dem Kronecker-Produkt von Matrizen (vgl. §15.3). Auf die besonderen Unterschiede zwischen Tensoren der Stufe $d = 2$ (Matrizen) und $d > 2$ wird in §15.4 und §15.5 eingegangen.

Die eigentliche Aufgabe ist die datenschwache Darstellung von Tensoren. Hierzu wird in §15.2.1 die k-Term-Darstellung eingeführt. Für Kronecker-Produkte lassen sich die k-Term-Darstellungsweise und das Format der hierarchischen Matrizen zur HKT-Darstellung verbinden (vgl. §15.3.3).

Anwendungen zur HKT-Darstellung finden sich in §15.4.4.2 ($d = 2$) und §15.5.2 für den Fall $d > 2$.

15.1 Tensor-Vektorraum

15.1.1 Notationen

Seien V^i $(1 \leq i \leq d)$ Vektorräume, wobei $d \geq 1$. Zur allgemeinen Definition des Tensor-Vektorraumes[1]

$$\mathbf{V} := V^1 \otimes V^2 \otimes \cdots \otimes V^d$$

[1] Im Folgenden werden Tensoren, Tensorräume usw. durch fette Buchstaben gekennzeichnet. Der obere Index wie in V^i nummeriert die Faktoren. Falls der obere Index mit einem Exponenten verwechselt werden kann, wird auch die geklammerte Schreibweise $^{(i)}$ verwendet.

W. Hackbusch, *Hierarchische Matrizen*, DOI 10.1007/978-3-642-00222-9_15,

sei zum Beispiel auf Greub [64] verwiesen. Ein Standardbeispiel für V^i sind die Vektorräume $V^i = \mathbb{R}^{I_i}$ mit Indexmengen I_i $(1 \le i \le d)$. Dann wird der Tensorraum $\mathbf{V} = \mathbb{R}^{I_1} \otimes \cdots \otimes \mathbb{R}^{I_d} = \bigotimes_{i=1}^d V^i$ mit dem isomorphen Raum $\mathbb{R}^I$ identifiziert (in Zeichen: $\mathbb{R}^{I_1} \otimes \cdots \otimes \mathbb{R}^{I_d} \cong \mathbb{R}^I$), wobei

$$I = I_1 \times \ldots \times I_d$$

das Mengenprodukt der Indexmengen ist. Die zusätzliche Eigenschaft von $\mathbf{V}$ ist die Möglichkeit, Tensorprodukte $v^1 \otimes \cdots \otimes v^d$ von Vektoren $v^i \in V^i$ zu bilden. Dabei ist $\mathbf{v} = v^1 \otimes \cdots \otimes v^d = \bigotimes_{i=1}^d v^i \in \mathbb{R}^I$ der Vektor mit den Komponenten

$$\mathbf{v}_m = \prod\nolimits_{i=1}^d v^i_{m_i} \in \mathbb{R} \quad \text{für } m = (m_1, \ldots, m_d) \in I.$$

Offenbar ist das Produkt multilinear in allen Faktoren:

$$\begin{aligned} &v^1 \otimes \cdots \otimes \left(\alpha v^i + \beta w^i\right) \otimes \cdots \otimes v^d \\ &= \alpha \left(v^1 \otimes \cdots \otimes v^i \otimes \cdots \otimes v^d\right) + \beta \left(v^1 \otimes \cdots \otimes w^i \otimes \cdots \otimes v^d\right). \end{aligned}$$

Wegen $\#I = \prod_{i=1}^d \#I_i$ gilt $\dim \mathbf{V} = \prod_{i=1}^d \dim V^i$. Diese Dimensionsformel macht deutlich, dass man hochdimensionale Vektorräume mit Hilfe von niederdimensionalen beschreiben kann. Man beachte aber, dass ein allgemeiner Vektor $\mathbf{v} \in \mathbf{V}$ im Allgemeinen nicht als *ein* Produkt $v^1 \otimes \cdots \otimes v^d$ geschrieben werden kann. Die Darstellung durch eine Summe (von höchstens $\dim \mathbf{V} / \max_i \dim V_i$) Tensorprodukten ist aber stets möglich, da definitionsgemäß

$$\mathbf{V} = \operatorname{span}\{v^1 \otimes \cdots \otimes v^d : v^i \in V^i\}. \tag{15.1}$$

Wenn ein $\mathbf{v} \in \mathbf{V}$ als Summe von einfachen Tensorprodukten formuliert wird, kann man nach der kleinsten Zahl der Summanden fragen. Dies führt auf die folgende Definition.

Definition 15.1.1 (Tensorrang). *Der Tensorrang von* $\mathbf{v} \in \mathbf{V}$ *ist die Zahl*[2]

$$Tensorrang(\mathbf{v}) := \min \left\{ k \in \mathbb{N}_0 : \mathbf{v} = \sum_{\nu=1}^k \bigotimes_{i=1}^d v^{i,\nu},\ v^{i,\nu} \in V^i \right\}.$$

Die Verwendung des Wortes “Rang” in Anlehnung an den Matrixrang ist gerechtfertigt, wie sich in Anmerkung 15.4.1a zeigen wird.

[2] Für $k = 0$ wird die Konvention der leeren Summe verwendet, d.h. das Nullelement $\mathbf{v} = 0$ hat den Tensorrang 0.

15.1.2 Hilbert-Raum-Struktur

Seien V^i Hilbert-Räume mit dem Skalarprodukt $\langle\cdot,\cdot\rangle_{V^i}$ und der zugehörigen Norm $\|\cdot\|_{V^i}$. Das induzierte Skalarprodukt in $\mathbf{V} = \bigotimes_{i=1}^d V^i$ ist für zwei einfache Tensorprodukte mittels

$$\left\langle v^1 \otimes \cdots \otimes v^d, w^1 \otimes \cdots \otimes w^d \right\rangle := \prod\nolimits_{i=1}^{d} \left\langle v^i, w^i \right\rangle_{V^i} \tag{15.2a}$$

definiert und kann linear auf ganz $\mathbf{V}$ fortgesetzt werden. Die Norm auf $\mathbf{V}$ ist durch $\|\mathbf{v}\| = \sqrt{\langle v, v\rangle}$ erklärt. Insbesondere gilt

$$\left\|v^1 \otimes \cdots \otimes v^d\right\| = \prod\nolimits_{i=1}^{d} \left\|v^i\right\|_{V^i}. \tag{15.2b}$$

Im Falle von $V^i = \mathbb{R}^{I_i}$ ist das Euklidische Skalarprodukt die Standardwahl und wird als $\langle\cdot,\cdot\rangle$ notiert. Analog sei $\|\cdot\|$ für die Euklidische Norm in $\mathbb{R}^{I_i}$ geschrieben. Die oben definierten Größen werden im Folgenden als das *Euklidische Skalarprodukt* in $\mathbb{R}^{I_1} \otimes \cdots \otimes \mathbb{R}^{I_d}$ bzw. die *Euklidische Norm* bezeichnet.

15.1.3 Datenkomplexität

Wie bei Vektoren und Matrizen spricht man auch hier von der *vollen Darstellung* eines Tensors $\mathbf{v} \in \mathbf{V}$, wenn alle Komponenten $\mathbf{v}_m$, $m \in I = I_1 \times \ldots \times I_d$, abgespeichert werden. Da wir von einer sehr großen Dimension $\#I$ ausgehen, ist die volle Darstellung im Allgemeinen nicht realisierbar.

Der Grund für die Größe von $\#I$ kann ein vielfältiger sein. Sei zur Vereinfachung $\#I_i = n$ für alle i angenommen. $\#I = n^d$ ist groß, wenn (a) d klein $(1 \leq d \leq 3)$ und n groß oder (b) $n \geq 2$ und d groß oder (c) n und d groß sind. Insbesondere der Fall großer Werte von d ist gefürchtet, da $\#I$ *exponentiell* mit d wächst (sogenannter “Fluch der Dimension”).

Hieraus ergibt sich die Aufgabe, Tensoren $\mathbf{v}$ günstiger darzustellen. Da dies im Allgemeinen nicht exakt möglich ist, sind datenschwache *Approximationen* gefordert. Insbesondere ist für höhere d darauf zu achten, dass der Speicher- bzw. Rechenaufwand nicht mehr exponentiell mit d wächst. Optimal wären Approximationen mit Kosten $\mathcal{O}(d \cdot n)$ (statt n^d). Einige Resultate führen auf $\mathcal{O}(d \cdot n \cdot \log^d(n))$, was zwar immer noch exponentiell in d wächst, aber für moderate d akzeptabel ist.

15.2 Approximation im Tensorraum

15.2.1 k-Term-Darstellung

Aufgrund von (15.1) wissen wir, dass jedes $\mathbf{v} \in \mathbf{V}$ als Summe von Tensorprodukten geschrieben werden kann. Es wird im Folgenden eine Darstellung (und später eine Approximation) der Form[3]

$$\mathbf{v} := \sum_{\nu=1}^{k} v^{1,\nu} \otimes \cdots \otimes v^{d,\nu} \tag{15.3}$$

mit geeigneten Vektoren $v^{i,\nu} \in V^i$ $(1 \le i \le d,\ 1 \le \nu \le k)$ gesucht. Die rechte Seite definiert die Menge

$$\mathcal{T}_k := \left\{ \sum_{\nu=1}^{k} \bigotimes\nolimits_{i=1}^{d} v^{i,\nu} : v^{i,\nu} \in V^i,\ 1 \le i \le d,\ 1 \le \nu \le k) \right\} \subset \mathbf{V}. \tag{15.4}$$

Eine andere Charakterisierung von $\mathcal{T}_k$ ist $\{\mathbf{v} \in \mathbf{V} : \mathit{Tensorrang}(\mathbf{v}) \le k\}$. Die Notation $\mathcal{T}_k$ entspricht $\mathcal{R}(k)$ für Matrizen M mit $\mathit{Rang}(M) \le k$.

Anmerkung 15.2.1. a) Der Speicherbedarf für $\mathbf{v} \in \mathcal{T}_k$ beträgt $k \cdot \sum_{i=1}^{d} \dim V^i$, da alle $v^{i,\nu} \in V^i$ $(1 \le i \le d, 1 \le \nu \le k)$ zu speichern sind.

b) Seien $\mathbf{v} = \sum_{\nu=1}^{k_v} \bigotimes_{i=1}^{d} v^{i,\nu}$ und $\mathbf{w} = \sum_{\nu=1}^{k_w} \bigotimes_{i=1}^{d} w^{i,\nu}$. Die Berechnung des Skalarproduktes $\langle \mathbf{v}, \mathbf{w} \rangle$ (vgl. (15.2a)) kostet $2k_v k_w \sum_{i=1}^{d} \dim V^i$ Operationen.

Bei der letzten Aussage ist beachtenswert, dass die Dimension d nur linear eingeht. Das Skalarprodukt wird insbesondere für die Berechnung der Norm benötigt.

15.2.2 *k*-Term-Approximation

Die *Approximationsaufgabe* lautet daher:

$$\begin{aligned} &\text{Gegeben } \mathbf{v} \in \mathbf{V} \text{ und } k \in \mathbb{N}_0, \\ &\text{suche } \mathbf{u} \in \mathcal{T}_k, \text{ sodass } \|\mathbf{v} - \mathbf{u}\| \text{ möglichst klein wird.} \end{aligned} \tag{15.5}$$

Die Norm wird im Allgemeinen die Euklidische Norm sein. Das Infimum[4] aller Fehlernormen sei $\varepsilon(k)$. Wegen der in der Fußnote angedeuteten Schwierigkeiten, empfiehlt es sich, die Approximationsaufgabe zu modifizieren (vgl. Folgerung 15.5.2).

Eine Variante, bei der sich die Rollen von k und $\varepsilon(k)$ umgekehren, lautet:

$$\begin{aligned} &\text{Gegeben } \mathbf{v} \in \mathbf{V} \text{ und } \varepsilon > 0, \\ &\text{suche } \mathbf{u} \in \mathcal{T}_k \text{ mit } \|\mathbf{v} - \mathbf{u}\| \le \varepsilon \text{ für minimales } k. \end{aligned} \tag{15.6}$$

[3] In einigen Anwendungsbereichen wird die Darstellung (15.3) auch *kanonische Darstellung* genannt und mit der abschreckenden Bezeichnung CANDECOMP/ PARAFAC oder kürzer CP belegt (vgl. [91]).

[4] Wie Beispiel 15.5.1 zeigen wird, braucht kein Minimum zu existieren.

15.2.3 Darstellung mit Tensorprodukten von Unterräumen

In der vorigen Approximation ist $\mathcal{T}_k$ eine Untermenge von $\mathbf{V}$, aber kein Unterraum. Der Vollständigkeit halber sei eine alternative Darstellungsweise erwähnt, die Tensorprodukte von Unterräumen verwendet.

Seien $U^i \subset V^i$ $(1 \le i \le d)$ Unterräume, die entweder *a priori* gegeben sind oder selbst in optimaler Form gesucht werden. Die U^i bilden das Unterraumprodukt

$$\mathbf{U} := \bigotimes_{i=1}^{d} U^i := \operatorname{span}\left\{\bigotimes_{i=1}^{d} u^i : u^i \in U^i\right\}. \tag{15.7}$$

$\mathbf{U}$ ist Unterraum von $\mathbf{V}$ mit $\dim \mathbf{U} = \prod_{i=1}^{d} \dim U^i$.

Für konkrete Darstellungen werden Basen $\{u^{i,\nu} : 1 \le \nu \le \dim U^i\}$ von U^i benötigt. Jeder Vektor $\mathbf{u} \in \mathbf{U}$ hat eine eindeutige Darstellung[5]

$$\mathbf{u} = \sum_{m=(m_1,\dots,m_d)\in J} a_m\, u^{1,m_1} \otimes \cdots \otimes u^{d,m_2} \tag{15.8}$$

mit $J := J_1 \times \ldots \times J_d$, $J_i := \{1, 2, \ldots, \dim U_i\} \subset \mathbb{N}$, da die $u^{1,\nu} \otimes \cdots \otimes u^{d,\nu}$ eine Basis in $\mathbf{U}$ bilden. Die Koeffizienten a_m bilden selbst wieder einen Tensor

$$\mathbf{a} := (a_m)_{m\in J} \in \mathbb{R}^J$$

des Tensorraumes $\mathbb{R}^{J_1} \otimes \cdots \otimes \mathbb{R}^{J_d} \cong \mathbb{R}^J = \mathbb{R}^{J_1\times\ldots\times J_d}$.

Anmerkung 15.2.2. a) Der Speicherbedarf für die Charakterisierung von $\mathbf{U}$ beträgt $\sum_{i=1}^{d} \dim U^i \cdot \dim V^i$ (Zahl der Komponenten aller $u^{i,\nu}$).

b) Der Speicherbedarf für den Tensor $\mathbf{a} := (a_m)_{m\in J}$ ist $\prod_{i=1}^{d} \dim U^i$.

c) Wie in §8.1 gilt: Werden mehrere Tensoren im gleichen Unterraum $\mathbf{U}$ behandelt, tritt der Speicherbedarf aus a) nur einmal auf, während der aus b) für jeden Tensor benötigt wird.

15.3 Kronecker-Produkte von Matrizen

15.3.1 Definitionen

Zu zwei Tensorräumen $\mathbf{V} = \bigotimes_{i=1}^{d} V^i$ und $\mathbf{W} = \bigotimes_{i=1}^{d} W^i$ seien d lineare Abbildungen[6] $M^{(i)} : V^i \to W^i$ $(1 \le i \le d)$ gegeben. Die Vorschrift

$$v^1 \otimes \cdots \otimes v^d \in \mathbf{V} \;\mapsto\; M^{(1)}v^1 \otimes \cdots \otimes M^{(d)}v^d \in \mathbf{W}$$

definiert eine lineare Abbildung zwischen $\mathbf{V}$ und $\mathbf{W}$, die als

[5] (15.8) wird auch Tucker-Darstellung genannt (cf. [130]) und mit dem (vektorwertigen) Rang $(\dim V^1, \ldots, \dim V^d)$ verbunden.

[6] Zur Notation beachte man die Fußnote 1 auf Seite 339.

$$\mathbf{M} = M^{(1)} \otimes \cdots \otimes M^{(d)} = \bigotimes_{i=1}^{d} M^{(i)}$$

notiert wird. Die Operation $\otimes$ bezeichnet wieder das Tensorprodukt, diesmal aber im Tensorraum $\bigotimes_{i=1}^{d} \mathcal{L}(V^i, W^i)$, wobei $\mathcal{L}(V^i, W^i)$ den Vektorraum der linearen Abbildungen von V^i nach W^i bezeichnet (vgl. §C.3)

Für $V^i = \mathbb{R}^{I_i}$ und $W^i = \mathbb{R}^{J_i}$ identifizieren wir Abbildungen $M^{(i)} : V^i \to W^i$ mit Matrizen $M^{(i)} \in \mathbb{R}^{I_i \times J_i}$. $\mathbf{M} = M^{(1)} \otimes \cdots \otimes M^{(d)}$ ist dann eine Matrix aus $\mathbb{R}^{I \times J}$ mit $I = I_1 \times \ldots \times I_d$ und $J = J_1 \times \ldots \times J_d$. Das Produkt $\mathbf{M} = M^{(1)} \otimes \cdots \otimes M^{(d)}$ wird als *Kronecker*[7]*-Produkt* bezeichnet und hat die komponentenweise Darstellung

$$\mathbf{M}_{(i_1,\ldots,i_d),(j_1,\ldots,j_d)} := \prod_{\nu=1}^{d} M^{(\nu)}_{i_\nu, j_\nu}.$$

Im Falle von zwei Faktoren ($d = 2$) und einer lexikographischen Anordnung der Indizes $(i_1, i_2) \in I = I_1 \times I_2$ mit $I_1 = \{1, \ldots, n_1\}$, $I_2 = \{1, \ldots, n_2\}$, $J_1 = \{1, \ldots, m_1\}$ und $J_2 = \{1, \ldots, m_2\}$ gilt die Blockdarstellung

$$A \otimes B = \begin{bmatrix} a_{11}B & a_{12}B & \ldots & a_{1,m_1}B \\ a_{21}B & a_{22}B & \ldots & a_{2,m_1}B \\ \vdots & \vdots & \ddots & \vdots \\ a_{n_1,1}B & a_{n_1,2}B & \ldots & a_{n_1,m_1}B \end{bmatrix} \quad \text{für } A \in \mathbb{R}^{I_1 \times J_1},\ B \in \mathbb{R}^{I_2 \times J_2}.$$

Ersetzt man die Indexmengen durch ihre Kardinalität, so führen Faktoren $A \in \mathbb{R}^{n_1 \times m_1}$, $B \in \mathbb{R}^{n_2 \times m_2}$ zum Kronecker-Produkt $A \otimes B$ in $\mathbb{R}^{n_1 n_2 \times m_1 m_2}$.

Die folgende Übung fasst die Rechenregeln für Kronecker-Matrixprodukte zusammen.

Übung 15.3.1. Man überprüfe die Multilinearität

$$\begin{aligned} & M^{(1)} \otimes \cdots \otimes \left(\alpha M_I^{(i)} + \beta M_{II}^{(i)}\right) \otimes \cdots \otimes M^{(d)} \\ & = \alpha \left(M^{(1)} \otimes \cdots \otimes M_I^{(i)} \otimes \cdots \otimes M^{(d)}\right) \\ & \quad + \beta \left(M^{(1)} \otimes \cdots \otimes M_{II}^{(i)} \otimes \cdots \otimes M^{(d)}\right) \qquad (\alpha, \beta \in \mathbb{R}) \end{aligned} \tag{15.9a}$$

sowie die Algebra-Eigenschaften

$$\left(A^{(1)} \otimes \cdots \otimes A^{(d)}\right) \cdot \left(B^{(1)} \otimes \cdots \otimes B^{(d)}\right) = \left(A^{(1)} \cdot B^{(1)}\right) \otimes \cdots \otimes \left(A^{(d)} \cdot B^{(d)}\right), \tag{15.9b}$$

$$I \otimes \cdots \otimes I = \mathbf{I}, \qquad M^{(1)} \otimes \cdots \otimes O \otimes \cdots \otimes M^{(d)} = \mathbf{O}, \tag{15.9c}$$

wobei I, $\mathbf{I}$ und O, $\mathbf{O}$ die Einheits- bzw. Nullmatrizen der jeweiligen Dimension sind und "$\cdot$" die übliche Matrixmultiplikation bezeichnet.

---

[7] Leopold Kronecker, geboren am 7. Dez. 1823 in Liegnitz (Preussen, jetzt Legnica, Polen), gestorben am 29. Dezember 1891 in Berlin.

Übung 15.3.2. In Analogie zu (15.2b) beweise man für $\mathbf{M} = \bigotimes_{i=1}^d M^{(i)}$ die Spektralnorm $\|\mathbf{M}\|_2 = \prod_{i=1}^d \|M^{(i)}\|_2$.

Die Interpretation von Kronecker-Produkten als Tensorprodukt im Tensorraum $\mathcal{L}(\mathbf{V}, \mathbf{W}) = \bigotimes_{i=1}^d \mathcal{L}(V^i, W^i)$ beweist die folgende Anmerkung.

Anmerkung 15.3.3 (Kronecker-Rang). Jede Abbildung $\mathbf{M}$ von $\mathbf{V} = \mathbb{R}^I$ nach $\mathbf{W} = \mathbb{R}^J$ mit $I = I_1 \times \ldots \times I_d$ und $J = J_1 \times \ldots \times J_d$ kann als Summe $\mathbf{M} = \sum_{\nu=1}^k \bigotimes_{i=1}^d M^{(i,\nu)}$ von Kronecker-Produkten geschrieben werden. Die minimale Zahl k der Summanden ist der *Tensorrang*($\mathbf{M}$) im Tensorraum $\bigotimes_{i=1}^d \mathcal{L}(V^i, W^i)$ (vgl. Definition 15.1.1) und wird hier als *Kronecker-Rang* bezeichnet.

Man beachte, dass der Kronecker-Rang einer Matrix etwas völlig anderes als der übliche Matrixrang ist, z.B. hat die Identität $\mathbf{I} = I \otimes \cdots \otimes I$ den Kronecker-Rang 1, aber vollen Matrixrang.

15.3.2 Anwendung auf die Exponentialfunktion

Für eine spätere Anwendung halten wir die folgenden Eigenschaften fest.

Lemma 15.3.4. *a) In* $\mathbf{A} = \bigotimes_{i=1}^d A^{(i)}$ *und* $\mathbf{B} = \bigotimes_{i=1}^d B^{(i)}$ *gelte die Vertauschbarkeit* $A^{(i)}B^{(i)} = B^{(i)}A^{(i)}$ *für alle* $1 \leq i \leq d$. *Dann sind auch* $\mathbf{A}$ *und* $\mathbf{B}$ *vertauschbar:* $\mathbf{AB} = \mathbf{BA}$.

b) Die Matrizen $\mathbf{M}_i$ $(1 \leq i \leq d)$ *seien die Kronecker-Produkte*

$$\mathbf{M}_i = I \otimes \cdots \otimes M^{(i)} \otimes \cdots \otimes I.$$

Dann sind die Matrizen $\mathbf{M}_i$ *vertauschbar, und die Matrix-Exponentialfunktion erfüllt für alle* $t \in \mathbb{C}$

$$\exp(t\mathbf{M}_i) = I \otimes \cdots \otimes \exp\left(tM^{(i)}\right) \otimes \cdots \otimes I, \tag{15.10a}$$

$$\exp\left(t\sum_{i=1}^d \mathbf{M}_i\right) = \prod_{i=1}^d \exp(t\mathbf{M}_i) = \bigotimes_{i=1}^d \exp\left(tM^{(i)}\right), \tag{15.10b}$$

wobei $\prod_{i=1}^d$ *das übliche Matrixprodukt ist.*

Beweis. a) (15.9b) zeigt $\mathbf{AB} = \bigotimes_{i=1}^d \left(A^{(i)} \cdot B^{(i)}\right) = \bigotimes_{i=1}^d \left(B^{(i)} \cdot A^{(i)}\right) = \mathbf{BA}$.

b) Da $M^{(i)}$ mit I und sich selbst vertauschbar ist, trifft die Voraussetzung von Teil a) zu und beweist $\mathbf{M}_i\mathbf{M}_j = \mathbf{M}_j\mathbf{M}_i$.

Für ein allgemeines Produkt $\mathbf{M} = M^{(1)} \otimes \cdots \otimes M^{(d)}$ folgt mit (15.9b), dass $\exp(\mathbf{M}) = \sum_{\nu=0}^\infty \frac{1}{\nu!}\mathbf{M}^\nu = \sum_{\nu=0}^\infty \frac{1}{\nu!} \bigotimes_{j=1}^d \left(M^{(j)}\right)^\nu$. Für das spezielle $\mathbf{M} = t\mathbf{M}_i = I \otimes \cdots \otimes \left(tM^{(i)}\right) \otimes \cdots \otimes I$ ist

$$\mathbf{M}^\nu = I^\nu \otimes \cdots \otimes \left(tM^{(j)}\right)^\nu \otimes \cdots \otimes I^\nu = I \otimes \cdots \otimes \left(tM^{(j)}\right)^\nu \otimes \cdots \otimes I.$$

Die Regel (15.9a) zeigt $\sum_{\nu=0}^{\infty}\frac{1}{\nu!}\mathbf{M}^{\nu} = I\otimes\cdots\otimes\sum_{\nu=0}^{\infty}\frac{1}{\nu!}\left(tM^{(j)}\right)^{\nu}\otimes\cdots\otimes I$, sodass (15.10a) bewiesen ist.

Da die $\mathbf{M}_i$ vertauschbar sind, erlaubt Übung 13.2.5 die Aussage $\exp\left(t\sum_{i=1}^{d}\mathbf{M}_i\right) = \prod_{i=1}^{d}\exp\left(t\mathbf{M}_i\right)$, wobei die Reihenfolge der Produktbildung irrelevant ist. Mit der Darstellung (15.10a) für jeden Faktor gelangt man zur letzten Gleichheit in (15.10b). ∎

15.3.3 Hierarchische Kronecker-Tensorproduktdarstellung

M hat eine **h**ierarchische **K**ronecker-**T**ensorproduktdarstellung (abgekürzt HKT-Darstellung) mit k Termen liegt vor, falls

$$\mathbf{M} = \sum_{\nu=1}^{k}\bigotimes_{i=1}^{d} M_{\nu}^{(i)} \qquad \text{mit hierarchischen Matrizen } M_{\nu}^{(i)}$$

(vgl. Hackbusch-Khoromskij-Tyrtyshnikov [87], Hackbusch-Khoromskij [82, 83]). Geht man vom Speicherbedarf $\mathcal{O}(n\log^* n)$ für A_ν, B_ν aus, so lauten die Kosten für die Matrixvektormultiplikation wie folgt. Im obigen Fall a) war $V_\nu = A_\nu U B_\nu^{\top}$ auszurechnen. $Z := A_\nu U$ enthält n einfache Matrixvektormultiplikationen: Kosten$=\mathcal{O}(n^2\log^* n)$. Der gleiche Aufwand entsteht bei $V_\nu = ZB_\nu^{\top}$. Damit ergibt sich $\mathcal{O}(kn^2\log^* n)$. Im Falle b) beträgt der Aufwand $\mathcal{O}(k\ell n\log^* n)$.

Die entscheidende Frage im Zusammenhang mit der HKT-Darstellung ist, ob sich die Faktoren A_ν, B_ν in $\mathbf{M}_k = \sum_{\nu=1}^{k} A_\nu\otimes B_\nu$ gut durch hierarchische Matrizen approximieren lassen. Das nachfolgende Beispiel bezieht sich auf eine Matrix, die einen Integraloperator diskretisiert. Ein zweites Beispiel in §15.5.2 wird die Inverse eines diskreten Differentialoperators untersuchen.

15.4 Der Fall $d = 2$

Bei der Behandlung von Tensoren gibt es entscheidende Unterschiede zwischen $d = 2$ und $d > 2$. Für $d = 2$ lassen sich Bestapproximationen durch Singulärwertzerlegung beschreiben. Für $d > 2$ ändern sich die mathematischen Eigenschaften, insbesondere steht die Singulärwertzerlegung nicht mehr zur Verfügung.

15.4.1 Tensoren

Seien $V^1 = \mathbb{R}^{I_1}$ und $V^2 = \mathbb{R}^{I_2}$. Der Tensorraum $V^1\otimes V^2$ ist isomorph zum Vektorraum der *Matrizen* in $\mathbb{R}^{I_1\times I_2}$. Der Isomorphismus $\Phi : \mathbb{R}^{I_1}\otimes\mathbb{R}^{I_2}\to\mathbb{R}^{I_1\times I_2}$ wird beschrieben durch

$$\Phi : \mathbf{v} = \left(\mathbf{v}_\alpha\right)_{\alpha\in I_1\times I_2}\in\mathbb{R}^{I_1}\otimes\mathbb{R}^{I_2}\mapsto M = \left(M_{i,j}\right)_{i\in I_1, j\in I_2}\in\mathbb{R}^{I_1\times I_2},$$
$$\text{wobei } \mathbf{v}_{(i,j)} = M_{i,j}. \tag{15.11}$$

Insbesondere wird ein einfaches Produkt $a \otimes b$ in die Rang-1-Matrix $ab^\top$ abgebildet. Trotz der Isomorphie gibt es Unterschiede zwischen einem Vektor $\mathbf{v}$ und einer Matrix M. Letztere ist nicht nur Element eines Vektorraumes, sondern auch einer Algebra (zusätzliche Matrixmultiplikation). Die Isomorphie Φ^{-1} erlaubt nun im Spezialfall $d = 2$, alle Aussagen über Matrizen auf Tensoren zu übertragen.

Die Abbildung Φ^{-1} wird auch mit $\mathbf{v} = \mathrm{vec}(M)$ beschrieben (vgl. [105]).

Anmerkung 15.4.1. Dem Tensor $\mathbf{u}$ sei die Matrix $M = \Phi(\mathbf{u})$ zugeordnet, d.h. $\mathbf{u} = M$ im Sinne der Identifizierung. a) Dann gilt $Tensorrang(\mathbf{u}) = Rang(M)$, wobei "*Rang*" der übliche Matrixrang ist.
b) Bei der Verwendung von Normen gilt die Isometrie

$$\|\mathbf{u}\| = \|M\|_\mathrm{F} \tag{15.12}$$

(links: Euklidische Norm, rechts: Frobenius-Norm).

Die zuvor definierten k-Term- und Tensor-Unterraum-Darstellungen stellen sich als äquivalent heraus.

Anmerkung 15.4.2. a) Zu jedem Tensor $\mathbf{u} \in \mathbf{V}$ mit $Tensorrang(\mathbf{u}) = k$ ($\Rightarrow$ $\mathbf{u} \in \mathcal{T}_k$ in k-Term-Darstellung repräsentierbar) gibt es einen Tensor-Unterraum $\mathbf{U} = U^1 \otimes U^2$ mit $\dim U^i = k$, sodass $\mathbf{u} \in \mathbf{U}$ (d.h. $\mathbf{u}$ besitzt die Tensor-Unterraum-Darstellung (15.8)). Die Unterräume U^1 und U^2 sind die kleinsten Unterräume mit $\mathbf{u} \in U^1 \otimes U^2$ und lassen sich einfach mit Hilfe der zugeordneten Matrix $M = \Phi(\mathbf{u})$ beschreiben:

$$U^1 = Bild(M), \qquad U^2 = Bild(M^\top). \tag{15.13}$$

b) Zu jedem $\mathbf{u} \in \mathbf{U} = U^1 \otimes U^2$ gibt es eine k-Term-Darstellung

$$\sum_{\nu=1}^{k} a^\nu \otimes b^\nu \qquad \text{mit } k := Tensorrang(\mathbf{u}) = \min\{\dim U^1, \dim U^2\}$$

und Orthogonalsystemen $\{a^1, \ldots, a^k\}$ und $\{b^1, \ldots, b^k\}$.

c) Zum Zwecke der Approximation kann $M = \Phi(\mathbf{u})$ mittels Singulärwertzerlegung optimal durch $M_k \in \mathcal{R}(k)$ mit $\|M - M_k\|_\mathrm{F} \le \varepsilon$ ersetzt werden. Dann ist $\mathbf{u}_k := \Phi^{-1}(M_k) \in \mathcal{T}_k$ die Approximation kleinsten Tensorranges k, die $\|\mathbf{u} - \mathbf{u}_k\| \le \varepsilon$ erfüllt.

Beweis. a) Wären die Vektoren a^ν in $\mathbf{u} = \sum_{\nu=1}^{k} a^\nu \otimes b^\nu$ linear abhängig, ließe sich eine $(k-1)$-Term-Darstellung finden. Also hat $U^1 = \mathrm{span}\{a^1, \ldots, a^k\}$ die Dimension k.

b) Man wende die komprimierte Singulärwertzerlegung (2.5a) auf $M = \Phi(\mathbf{u})$ an.

c) Teil c) folgt aus der Isometrie (15.12). ∎

15.4.2 Kronecker-Matrixprodukte

Offenbar ist es günstig, eine hochdimensionale Matrix (z.B. in $\mathbb{R}^{(n_1 n_2)\times(m_1 m_2)}$) mit Hilfe niederdimensionaler Faktoren aus $\mathbb{R}^{n_\nu \times m_\nu}$ auszudrücken. Man möchte eine Darstellung oder Approximation von $\mathbf{M}$ durch

$$\mathbf{M}_k = \sum\nolimits_{\nu=1}^{k} A_\nu \otimes B_\nu \tag{15.14}$$

mit nicht zu großem k erreichen. Gemäß Anmerkung 15.3.3 ist die kleinstmögliche Anzahl der Summanden durch den *Kronecker-Rang* beschrieben. Die sich daraus ergebende Aufgabe lautet wie folgt.

Seien $I = I_1 \times I_2$, $J = J_1 \times J_2$ und $\mathbf{M} \in \mathbb{R}^{I\times J}$ gegeben. Man suche für $k \in \mathbb{N}_0$ eine Approximation

$$\mathbf{M} = \mathbf{M}_k + \mathbf{R}_k \quad \text{mit} \tag{15.15}$$
$$\mathbf{M}_k = \sum\nolimits_{\nu=1}^{k} A_\nu \otimes B_\nu, \; A_\nu \in \mathbb{R}^{I_1\times J_1}, \; B_\nu \in \mathbb{R}^{I_2\times J_2},$$

wobei der Rest $\mathbf{R}_k$ möglichst klein sein soll. Wenn in einer geeigneten Norm $\|\mathbf{R}_k\| \le \varepsilon$ gewünscht ist, wird der kleinstmögliche Kronecker-Rang mit $k(\varepsilon)$ bezeichnet.

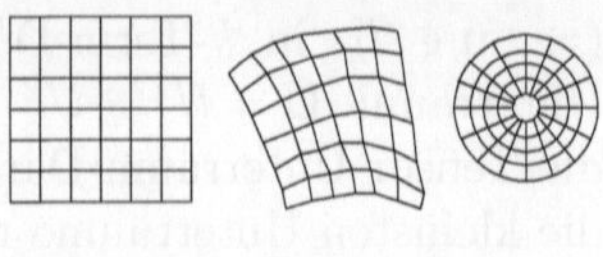

Abb. 15.1. Tensorgitter mit Indexmengen der Gestalt $I = I_1 \times I_2$

Produktmengen $I = I_1 \times I_2$ treten beispielsweise bei Vektoren auf, deren Komponenten auf einem "Tensorgitter" definiert sind. Wie man der Abbildung 15.1 entnimmt, braucht das Gitter nicht regelmäßig zu sein.

$I = I_1 \times I_2$ ist das gleiche Indexmengenprodukt, dass für Matrizen auftritt, die Abbildungen von $\mathbb{R}^{I_2}$ nach $\mathbb{R}^{I_1}$ beschreiben. Dies führt zum Isomorphismus $\Phi : \mathbb{R}^{I_1} \otimes \mathbb{R}^{I_2} \to \mathbb{R}^{I_1\times I_2}$ aus (15.11).

Φ beschreibt die Isomorphie zwischen dem Tensor $a \otimes b$ und der Rang-1-Matrix $ab^\top$. Eine analoge Isomorphie besteht auf einer höherdimensionalen Ebene zwischen $A \otimes B$ und $\mathbf{ab}^\top$ mit geeignet definierten Vektoren $\mathbf{a}, \mathbf{b}$. Dazu gehen wir von den Indexmengen

$$I = I_1 \times I_2, \qquad J = J_1 \times J_2$$

aus und definieren zusätzlich die Paarmengen

$$K := I_1 \times J_1, \qquad L := I_2 \times J_2.$$

Die folgende Abbildung Ψ stellt eine Verbindung zwischen verschiedenen Matrizenräumen dar:

$$\Psi : \mathbb{R}^{I\times J} \to \mathbb{R}^{K\times L}, \text{ wobei } \hat{\mathbf{M}} = \Psi(\mathbf{M}) \text{ mit Komponenten} \tag{15.16}$$
$$\hat{\mathbf{M}}_{(i_1,j_1),(i_2,j_2)} = \mathbf{M}_{(i_1,i_2),(j_1,j_2)} \quad \begin{pmatrix} i = (i_1,i_2) \in I, \\ j = (j_1,j_2) \in J \end{pmatrix}$$

(man beachte die unterschiedliche Anordnung der Indizes j_1 und i_2!). Die Abbildung Ψ ist offenbar bijektiv und linear (d.h. $\Psi(\alpha\mathbf{M} + \beta\mathbf{N}) = \alpha\Psi(\mathbf{M}) + \beta\Psi(\mathbf{N})$), damit ist Ψ ein Isomorphismus.

Lemma 15.4.3. *a) Sei* $\mathbf{M} = A \otimes B \in \mathbb{R}^{I\times J}$. *Dann gilt*

$$\Psi(\mathbf{M}) = \mathbf{a}\mathbf{b}^\top \qquad \text{für} \quad \mathbf{a} := \Phi^{-1}(A) \in \mathbb{R}^K,\ \mathbf{b} := \Phi^{-1}(B) \in \mathbb{R}^L,$$

wobei Φ *der Isomorphismus aus (15.11) ist.*

b) Ψ *ist isometrisch bezüglich der Frobenius-Norm:* $\|\Psi(\mathbf{M})\|_\mathrm{F} = \|\mathbf{M}\|_\mathrm{F}$.

Beweis. a) Im Falle von $\mathbf{M} = A \otimes B$ gilt $\mathbf{M}_{(i_1,i_2),(j_1,j_2)} = A_{i_1,i_2}B_{j_1,j_2}$. Daher hat $\hat{\mathbf{M}} = \Psi(\mathbf{M})$ die Komponenten $\hat{\mathbf{M}}_{(i_1,j_1),(i_2,j_2)} = A_{i_1,i_2}B_{j_1,j_2} = a_{(i_1,i_2)}b_{(j_1,j_2)}$, d.h. $\hat{\mathbf{M}}_{\alpha,\beta} = a_\alpha b_\beta$ für $\alpha \in K$ und $\beta \in L$. Dies zeigt $\hat{\mathbf{M}} = \mathbf{a}\mathbf{b}^\top$.

b) Da die Matrizen $\mathbf{M}$ und $\hat{\mathbf{M}}$ die gleichen Einträge besitzen (nur anders angeordnet), stimmen ihre Frobenius-Normen überein. ∎

Damit lässt sich die k-Term-Approximation von $\mathbf{M}$ auf die Frage nach Rang-k-Approximationen zurückführen:

Satz 15.4.4. *Eine Approximation von* $\mathbf{M} \in \mathbb{R}^{I\times J}$ *durch* $\mathbf{M}_k = \sum_{\nu=1}^k A_\nu \otimes B_\nu$ *ist genau dann durchführbar, wenn* $\hat{\mathbf{M}} = \Psi(\mathbf{M})$ *durch eine Rang-k-Matrix* $\hat{\mathbf{M}}_k = \sum_{\nu=1}^k \mathbf{a}_\nu \mathbf{b}_\nu^\top$ *approximierbar ist. Die Faktoren sind* $A_\nu = \Phi(\mathbf{a}_\nu)$ *und* $B_\nu = \Phi(\mathbf{b}_\nu)$. *Die Fehler sind identisch:* $\|\mathbf{M} - \mathbf{M}_k\|_\mathrm{F} = \|\hat{\mathbf{M}} - \hat{\mathbf{M}}_k\|_\mathrm{F}$.

Beweis. Offenbar ist $\Psi(\mathbf{M}_k) = \hat{\mathbf{M}}_k$ mit $\mathbf{a}_\nu := \Phi^{-1}(A_\nu)$, $\mathbf{b}_\nu := \Phi^{-1}(B_\nu)$. Die Isometrie zeigt die Übereinstimmung der Frobenius-Normen von $\mathbf{M} - \mathbf{M}_k$ und $\hat{\mathbf{M}} - \hat{\mathbf{M}}_k$. ∎

Damit ist die Approximation von $\mathbf{M}$ durch $\mathbf{M}_k$ mit Kronecker-Rang k (vgl. (15.15)) prinzipiell berechenbar: Man wende die Singulärwertzerlegung oder die Kreuzapproximation (vgl. §9.4) auf $\hat{\mathbf{M}} = \Psi(\mathbf{M})$ an. Zu gegebener Genauigkeit ε oder zu gegebenem Rang k erhält man $\hat{\mathbf{M}}_k = \sum_{\nu=1}^k \mathbf{a}_\nu \mathbf{b}_\nu^\top$. Über $A_\nu = \Phi(\mathbf{a}_\nu)$ und $B_\nu = \Phi(\mathbf{b}_\nu)$ ergibt sich die gewünschte Lösung $\mathbf{M}_k$. Ersetzt man die Singulärwertzerlegung von $\hat{\mathbf{M}}$ durch approximative Methoden, erhält man $\mathbf{M}_k$ mit schwächeren Genauigkeitsaussagen.

15.4.3 Komplexitätsbetrachtungen

Wie in (15.15) sei eine Matrix $\mathbf{M} \in \mathbb{R}^{I\times J}$ durch $\mathbf{M}_k = \sum_{\nu=1}^k A_\nu \otimes B_\nu$ approximiert. Zunächst gehen wir davon aus, dass die Matrizen $A_\nu \in \mathbb{R}^{I_1\times J_1}$ und $B_\nu \in \mathbb{R}^{I_2\times J_2}$ als volle Matrizen dargestellt sind. Dann lautet der *Speicherbedarf* für $\mathbf{M}_k$

$$k \cdot (\#I_1 \cdot \#J_1 + \#I_2 \cdot \#J_2)\,,$$

was immerhin eine wesentliche Verbesserung gegenüber dem Speicheraufwand $\#I_1 \cdot \#J_1 \cdot \#I_2 \cdot \#J_2$ für $\mathbf{M}$ darstellt. Für den Spezialfall $\#I_1 = \#I_2 = \#J_1 = \#J_2 = n$ lauten diese Zahlen $2kn^2$ bzw. n^4.

Für die *Matrix-Vektor-Multiplikation* $\mathbf{M}\mathbf{u}$ von $\mathbf{M} \in \mathbb{R}^{I\times J}$ mit $\mathbf{u} \in \mathbb{R}^J$ sind zwei verschiedene Fälle zu untersuchen:

a) $\mathbf{u} \in \mathbb{R}^J$ ist ein allgemeiner Tensor,
b) $\mathbf{u} = \sum_{\nu=1}^{\ell} u^{1,\nu} \otimes u^{2,\nu}$ ist in Tensorproduktform mittels $u^{1,\nu} \in \mathbb{R}^{J_1}$ und $u^{2,\nu} \in \mathbb{R}^{J_2}$ gegeben.

Fall a). Bei der Verwendung der vollen Matrix $\mathbf{M}$ kostet die Berechnung von $\mathbf{v} := \mathbf{Mu} \in \mathbb{R}^I$ im Wesentlichen $2\#I_1 \cdot \#J_1 \cdot \#I_2 \cdot \#J_2 \left(= 2n^4\right)$ Operationen.

Im Falle von $\mathbf{M} = \sum_{\nu=1}^{k} A_\nu \otimes B_\nu$ sei zuerst das Produkt $\mathbf{v} := (A \otimes B)\,\mathbf{u}$ (Indizes ν weggelassen) untersucht. Die komponentenweise Darstellung ist

$$\mathbf{v}_{(i_1,i_2)} = \sum_{j_1,j_2} A_{i_1,j_1} B_{i_2,j_2} \mathbf{u}_{(j_1,j_2)}.$$

Die Verwendung der zugeordneten Matrizen $V := \Phi(\mathbf{v})$, $U := \Phi(\mathbf{u})$ führt zu $V = AUB^\top$, d.h. es sind zwei volle Matrixmultiplikationen durchzuführen (Kosten: $2\#I_1 \cdot \#J_1 \cdot \#J_2 + 2\#J_1 \cdot \#J_2 \cdot \#I_2 (= 4n^3)$). Für $\mathbf{M}$ tritt dieser Aufwand k-fach auf: $2k \cdot \#J_1 \cdot \#J_2 \cdot (\#I_1 + \#I_2)$. Die Multiplikationskosten $\mathcal{O}(n^3)$ sind somit eine Ordnung größer als die Speicherkosten $\mathcal{O}(n^2)$.

Fall b). Wegen $(A_\nu \otimes B_\nu)\,\mathbf{u} = \sum_{\nu=1}^{\ell} A_\nu u^{1,\nu} \otimes B_\nu u^{2,\nu}$ treten nur Matrixvektormultiplikationen mit den kleineren Faktoren A_ν, B_ν auf. Der Aufwand beträgt $2k\ell\,(\#I_1 \cdot \#J_1 + \#I_2 \cdot \#J_2)$ und entspricht bis auf den Faktor 2ℓ den Speicherkosten.

15.4.4 HKT-Darstellung

15.4.4.1 Komplexität

Im eben diskutierten Fall b sind die Speicher- und Matrixvektormultiplikationskosten quadratisch, da die A_ν und B_ν als volle Matrizen vorausgesetzt sind. Die HKT-Darstellung aus §15.3.3 führt zu einer deutlichen Verbesserung.

Anmerkung 15.4.5. $\mathbf{M} = \sum_{\nu=1}^{k} A_\nu \otimes B_\nu \in R^{(I_1 \times I_2)\times(J_1 \times J_2)}$ sei eine HKT-Darstellung mit hierarchischen Matrizen A_ν und B_ν. Entsprechend lautet der Speicherbedarf $\mathcal{O}(kn\log n)$, wenn die Kardinalitäten von I_1, I_2, J_1 und J_2 von der Ordnung n sind. Die Multiplikation mit $\mathbf{u} = \sum_{\nu=1}^{\ell} u^{1,\nu} \otimes u^{2,\nu}$ erfordert $k\ell$ Matrixvektormultiplikationen im $\mathcal{H}$-Matrixformat, also insgesamt $\mathcal{O}(k\ell n\log n)$.

15.4.4.2 Beispiel

Sei das Produkt $\Gamma := [0,1] \times [0,1]$ der Integrationsbereich des Integraloperators $\mathcal{K} : L^2(\Gamma) \to L^2(\Gamma)$ mit der (künstlich definierten) Kernfunktion

$$\varkappa(x,y) = \frac{g(x,y)}{\sqrt{|x_1 - y_1|\,|x_2 - y_2|}},$$

wobei g als hinreichend glatte Funktion vorausgesetzt sei. Entsprechend führt eine Entwicklung von g zu einer Trennung der Variablen (x_1, y_1) einerseits und (x_2, y_2) andererseits:

$$\varkappa(x,y) \approx \varkappa_k(x,y) = \sum_{\ell=1}^{k} \frac{\alpha_\ell(x_1,y_1)}{\sqrt{|x_1-y_1|}} \cdot \frac{\beta_\ell(x_2,y_2)}{\sqrt{|x_2-y_2|}}.$$

Eine Galerkin-Diskretisierung mit Produktform-Basisfunkionen $\phi_\nu(x) = \phi_{\nu_1}(x_1)\phi_{\nu_2}(x_2)$ $(\nu \in I = I_1 \times I_2)$ führt zu einer Systemmatrix $K \in \mathbb{R}^{I\times I}$ mit Koeffizienten

$$\begin{aligned} K_{\nu\mu} &= \iiiint \varkappa_k(x,y)\phi_{\nu_1}(x_1)\phi_{\nu_2}(x_2)\phi_{\mu_1}(y_1)\phi_{\mu_2}(y_2)\mathrm{d}x_1\mathrm{d}x_2\mathrm{d}y_1\mathrm{d}y_2 \\ &= \sum_{\ell=1}^{k} \iint \frac{\alpha_\ell(x_1,y_1)}{\sqrt{|x_1-y_1|}}\phi_{\nu_1}(x_1)\phi_{\mu_1}(y_1)\mathrm{d}x_1\mathrm{d}y_1 \cdot \\ &\qquad \iint \frac{\beta_\ell(x_2,y_2)}{\sqrt{|x_2-y_2|}}\phi_{\nu_2}(x_2)\phi_{\mu_2}(y_2)\mathrm{d}x_2\mathrm{d}y_2 \\ &= \sum_{\ell=1}^{k} A^{(\ell)}_{\nu_1,\mu_1} \cdot B^{(\ell)}_{\nu_2,\mu_2}. \end{aligned}$$

Die durch die Doppelintegrale definierten Koeffizienten $A^{(\ell)}_{\nu_1,\mu_1}, B^{(\ell)}_{\nu_2,\mu_2}$ bilden die Matrizen $A^{(\ell)} \in \mathbb{R}^{I_1\times I_1}$ und $B^{(\ell)} \in \mathbb{R}^{I_2\times I_2}$ der Kronecker-Darstellung

$$K = \sum_{\ell=1}^{k} A^{(\ell)} \otimes B^{(\ell)}.$$

Man beachte, dass die Umsortierung der Variablen von x_1, x_2, y_1, y_2 in x_1, y_1, x_2, y_2 der Abbildung Ψ aus (15.16) entspricht.

Die Matrizen $A^{(\ell)}, B^{(\ell)}$ sind vollbesetzt. Die Kerne $\frac{\alpha_\ell(x_1,y_1)}{\sqrt{|x_1-y_1|}}$ bzw. $\frac{\beta_\ell(x_2,y_2)}{\sqrt{|x_2-y_2|}}$ mit glatten Funktionen α_ℓ und β_ℓ sind asymptotisch glatte Funktionen, sodass eine gute Approximation von $A^{(\ell)}, B^{(\ell)}$ durch hierarchische Matrizen $A^{(\ell)}_{\mathcal{H}}$ und $B^{(\ell)}_{\mathcal{H}}$ möglich ist. Hierdurch wird die HKT-Darstellung definiert:

$$K_{\mathcal{H}} := \sum_{\ell=1}^{k} A^{(\ell)}_{\mathcal{H}} \otimes B^{(\ell)}_{\mathcal{H}}.$$

15.5 Der Fall $d > 2$

15.5.1 Spezielle Eigenschaften

Für $d > 2$ treten neue Eigenschaften auf, die den Umgang mit Tensoren erschweren.

Für Matrizen (und damit für $d = 2$) erfüllt eine konvergente Matrixfolge $\{M_n\}$ die Ungleichung

$$Rang(\lim M_n) \leq \liminf Rang(M_n) \tag{15.17}$$

(vgl. Übung 2.1.2). Hiervon wurde zum Beispiel im Beweis von Lemma 3.9.7 Gebrauch gemacht. Eine weitere Eigenschaft für $d = 2$ ist das folgende *Stabilitätsresultat*: Wenn $M \in \mathcal{R}(k, I, J)$, so gibt es eine Darstellung $M = \sum_{i=1}^{k} a^{(i)} \left(b^{(i)}\right)^{\top}$ mit

$$\sum_{i=1}^{k} \left\| a^{(i)} (b^{(i)})^{\top} \right\|_{\mathrm{F}}^{2} \leq \|M\|_{\mathrm{F}}^{2} \quad \text{und} \quad \left\| a^{(i)} (b^{(i)})^{\top} \right\|_{2} \leq \|M\|_{2} \,. \tag{15.18}$$

Für $d > 2$ lässt sich die Ungleichung (15.17) nicht auf den Tensorrang übertragen. Auch das Stabilitätsresultat (15.18) gilt nicht mehr, sodass die k-Term-Approximationsaufgabe (15.5) instabil werden kann. Beide Aussagen folgen aus dem folgenden Beispiel, das für $d = 3$ formuliert wird, sich aber trivial auf alle $d \geq 3$ erweitern lassen.

Beispiel 15.5.1. Sei $\mathbf{V} = V \otimes V \otimes V$. Die Vektoren $v, w \in V$ seien linear unabhängig. Man setze

$$\begin{aligned} \mathbf{v} &:= v \otimes w \otimes w + w \otimes v \otimes w + w \otimes w \otimes v, \\ \mathbf{v}_n &:= (v + nw) \otimes \left(\tfrac{1}{n} v + w\right) \otimes w + w \otimes w \otimes (v - nw) \quad \text{für } n \in \mathbb{N}. \end{aligned}$$

Auf Grund der Identität $\mathbf{v} - \mathbf{v}_n = -\frac{1}{n} v \otimes v \otimes w$ gilt $\lim \mathbf{v}_n = \mathbf{v}$ für $n \to \infty$. Damit folgt

$$3 = Tensorrang(\mathbf{v}) = Tensorrang(\lim \mathbf{v}_n) > Tensorrang(\mathbf{v}_n) = 2$$

im Gegensatz zu (15.17)[8]. Außerdem zeigt

---

[8] Die Behauptung $Tensorrang(\mathbf{v}) = 3$ ist noch zu beweisen. Sei dazu die lineare Abbildung $\Phi : V \otimes V \otimes V \to V \otimes V$ erklärt durch

$$\Phi\left(\sum\nolimits_{\nu} a_\nu \otimes b_\nu \otimes c_\nu\right) := \sum\nolimits_{\nu} \langle c_\nu, \varphi \rangle \, a_\nu \otimes b_\nu$$

mit einem Vektor $\varphi \in V$ (V ist hier als Hilbert-Raum vorausgesetzt). Falls $Tensorrang(\mathbf{v}) \leq 2$, hätte $\mathbf{v}$ die Darstellung $\mathbf{v} = a \otimes b \otimes c + a' \otimes b' \otimes c'$.

a) Sei zunächst angenommen, dass c und c' linear abhängig sind. Da v, w linear unabhängig sind, gibt es ein $\varphi \in V$ mit $\langle c, \varphi \rangle = \langle c', \varphi \rangle = 0$ und $\langle v, \varphi \rangle \neq 0$ oder $\langle w, \varphi \rangle \neq 0$. Dann folgt der Widerspruch aus $\Phi(\mathbf{v}) = 0$ wegen $\langle c, \varphi \rangle = \langle c', \varphi \rangle = 0$ und

$$\Phi(\mathbf{v}) = \langle w, \varphi \rangle \, (v \otimes w + w \otimes v) + \langle v, \varphi \rangle \, w \otimes w \neq 0, \tag{*}$$

da $v \otimes w + w \otimes v$ und $w \otimes w$ linear unabhängig sind.

b) Seien c und c' als linear unabhängig angenommen. Einer dieser Vektoren muss linear unabhängig von w sein, o.B.d.A. sei dies c'. Dann gibt ein $\varphi \in V$ mit $\langle c', \varphi \rangle = 0$ und $\langle w, \varphi \rangle \neq 0$. Damit folgt einerseits $\Phi(\mathbf{v}) = \langle c, \varphi \rangle \, a \otimes b$, also $Rang(\Phi(\mathbf{v})) \leq 1$. Andererseits ist (*) wieder gültig und zeigt $Rang(\Phi(\mathbf{v})) = 2$.

$$\| (v + nw) \otimes \left(\tfrac{1}{n}v + w\right) \otimes w\| \to \infty, \quad \|w \otimes w \otimes (v - nw)\| \to \infty$$

die Instabilität.

Folgerung 15.5.2 *Wegen der Instabilität aus Beispiel 15.5.1 muss die Approximationsaufgabe (15.5) modifiziert werden. Beispielsweise kann bei der Fehlerminimierung von* $\|\mathbf{v} - \mathbf{u}\|$ *über* $\mathbf{u} = \sum_{\nu=1}^{k} \bigotimes_{i=1}^{d} v^{i,\nu} \in \mathcal{T}_k$ *die Nebenbedingung* $\sum_{\nu=1}^{k} \| \bigotimes_{i=1}^{d} v^{i,\nu}\|^2 \leq C \|\mathbf{u}\|^2$ *ergänzt werden.*

Eine typische Aufgabe, die u.a. wegen der Rangerhöhung infolge der verschiedenen Tensoroperationen erforderlich ist, ist die Rekompression. In (2.10) wurde der Operator $\mathcal{T}_{k\leftarrow\ell}^{\mathcal{R}} : \mathcal{R}(\ell, I, J) \to \mathcal{R}(k, I, J)$ definiert, der für $\ell > k$ Rank-ℓ-Matrizen optimal in Rank-k-Matrizen kürzt. Für Tensoren braucht man eine entsprechende Kürzung von $\mathcal{T}_\ell$ nach $\mathcal{T}_k$. Unter Berücksichtigung von Folgerung 15.5.2 ist ein solches Verfahren in der Dissertation [40] entwickelt worden, allerdings ist festzuhalten, dass diese Optimierung wesentlich komplizierter und auch kostenaufwändiger als $\mathcal{T}_{k\leftarrow\ell}^{\mathcal{R}}$ ist.

Das Problem, die optimale k-Term-Darstellung zu bestimmen, entfällt, wenn für eine Aufgabe *explizit* eine gute k-Term-Darstellung konstruiert werden kann. Ein solches Beispiel folgt in §15.5.2.

15.5.2 Inverse eines separablen Differentialoperators

Ein Differentialoperator L in $x_1, \ldots, x_d$ heißt *separabel*, wenn $L = \sum_{i=1}^{d} L_i$ und L_i nur auf die Variable x_i wirkt und auch die Koeffizienten von L_i nur von x_i abhängen. Außerdem sei das Grundgebiet ein d-dimensionaler Quader. Unter dieser Voraussetzung kann ein regelmäßiges Gitter gewählt werden, sodass sich die Indexmenge I als Produkt $\prod_{i=1}^{d} I_i$ schreiben lässt, wobei I_i die Indizes in der i-ten Koordinatenrichtung enthält.

Bei geeigneter Diskretisierung hat die Systemmatrix die Gestalt[9]

$$\mathbf{M} = \sum_{i=1}^{d} I \otimes \cdots \otimes M^{(i)} \otimes \cdots \otimes I, \qquad M^{(i)} \in \mathbb{R}^{I_i \times I_i} \tag{15.19}$$

(Faktor $M^{(i)}$ an i-ter Stelle). Wir setzen voraus, dass $M^{(i)}$ positiv definit[10] ist mit kleinstem Eigenwert $\lambda_{\min}^{(i)}$. Da das Spektrum von $\mathbf{M}$ aus allen Summen $\sum_{i=1}^{d} \lambda^{(i)}$ mit $\lambda^{(i)} \in \sigma(M^{(i)})$ besteht, ist $\lambda_{\min} := \sum_{i=1}^{d} \lambda_{\min}^{(i)}$ der kleinste Eigenwert von $\mathbf{M}$. $\lambda_{\min}^{(i)}$ approximiert den kleinsten Eigenwert von L_i, sodass $\lambda_{\min}^{(i)} = \mathcal{O}(1)$. Im anisotropen Fall könnten einige $\lambda_{\min}^{(i)}$ klein ausfallen; in jedem Falle darf aber o.B.d.A. für die $\lambda_{\min}$ (nach geeigneter Skalierung von L)

---

[9] Im Falle des Galerkin-Verfahrens treten anstelle der Einheitsmatrizen I die Massematrizen auf. Auch dieser Fall ist behandelbar (vgl. [52]).

[10] Im nichtsymmetrischen Fall können komplexe Eigenwerte auftreten. Dann sind Exponentialsummen E_k zu wählen, die auch dort noch $1/x$ approximieren.

$$\lambda_{\min} \geq 1$$

angenommen werden.

In (13.21) wurden Bestapproximationen E_k als Exponentialsummen

$$E_k(x) = \sum_{\nu=1}^{k} \omega_\nu \mathrm{e}^{-xt_\nu}$$

definiert, die die Funktion $1/x$ in $[1, R]$ oder $[1, \infty)$ optimal bezüglich der Maximumnorm approximieren. Der Fehler

$$\varepsilon_k := \sup\{|E_k(x) - 1/x| : 1 \leq x < \infty\}$$

ist für einige k in Tabelle 13.1 angegeben. Ein Fehler $\varepsilon_k \approx 10^{-5}$ wird beispielsweise für $k = 10$ erreicht.

Nach obiger Annahme gilt[11] $\sigma(\mathbf{M}) \subset [1, \infty)$. Gemäß Satz 13.2.12 gilt

$$\|E_k(\mathbf{M}) - \mathbf{M}^{-1}\| \leq \varepsilon_k$$

(hierbei wurde ausgenutzt, dass im positiv definiten Fall die Transformation T aus Satz 13.2.12 unitär ist, d.h. $\|T\| \, \|T^{-1}\| = 1$).

Zur Auswertung $E_k(\mathbf{M}) = \sum_{\nu=1}^{k} \omega_\nu \exp(-t_\nu \mathbf{M})$ liefert Lemma 15.3.4b

$$\exp(-t_\nu \mathbf{M}) = \bigotimes_{i=1}^{d} \exp\left(-t_\nu M^{(i)}\right)$$

mit $M^{(i)}$ aus (15.19). Für die schwach besetzte Matrix $M^{(i)} \in \mathbb{R}^{I_i \times I_i}$ wendet man den Algorithmus[12] am Ende von §13.2.2.2 zur Berechnung der $\mathcal{H}$-Matrixapproximationen $\exp_\mathcal{H}(-t_\nu M^{(i)})$ von $\exp(-t_\nu M^{(i)})$ an und erhält

$$\mathbf{M}^{-1} \approx \sum_{\nu=1}^{k} \omega_\nu \bigotimes_{i=1}^{d} \exp_\mathcal{H}\left(-t_\nu M^{(i)}\right).$$

Die rechte Seite entspricht der *HKT-Darstellung.*

Der Berechnungsaufwand ist $\mathcal{O}(k \sum_{i=1}^{d} \#I_i \log^* \#I_i)$. Für $\#I_i = n$ $(1 \leq i \leq d)$ ist dies $\mathcal{O}(kdn \log^* n)$ und hängt von d nur noch linear ab.

Damit ist es möglich, auch Fälle mit großen n und d zu behandeln. In Grasedyck [52] findet sich ein Beispiel mit $n = 1024$ und $d \approx 1000$. Man beachte, dass in diesem Fall $\mathbf{M}^{-1} \in \mathbb{R}^{N \times N}$ mit $N \approx 10^{3000}$ gilt.

---

[11] Um die optimale Inklusion $\sigma(\mathbf{M}) \subset [\lambda_{\min}, \lambda_{\max}]$ auszunutzen, müssten die extremen Eigenwerte explizit bekannt sein.

[12] Alternativ könnte die Methode aus §13.2.2.4 angewandt werden.

A

Graphen und Bäume

A.1 Graphen

Sei V eine nichtleere, endliche Menge ("vertex set"). Eine Paarmenge (V, E) mit der Eigenschaft $E \subset V \times V$ heißt *(gerichteter) Graph* mit den *Knoten* $v \in V$ und den *Kanten* $e \in E$. Ist e das Paar (v, w), so liegt eine Kante von v nach w vor.

Ein *Pfad* in (V, E) ist eine endliche Folge $(v_0, v_1, \ldots, v_m)$, falls $m \in \mathbb{N}$ und $(v_{i-1}, v_i) \in E$ für alle $1 \leq i \leq m$. Man spricht dann von einem Pfad, der $v_0 \in V$ mit $v_m \in V$ verbindet oder kurz einem Pfad von v_0 nach v_m. m ist die *Pfadlänge*.

Der (gerichtete und daher unsymmetrische) Abstand $\delta(v, w)$ zweier Knoten $v, w \in V$ sei definiert als

$$\delta(v,w) := \begin{cases} 0 & \text{falls } v = w, \\ \infty & \text{falls kein Pfad von } v \text{ nach } w \text{ existiert,} \\ \text{minimale Pfadlänge über alle Pfade von } v \text{ nach } w. \end{cases} \tag{A.1}$$

Zur Bestimmung des Abstandes und zu weiteren Algorithmen mit Graphen sei auf Grasedyck-Kriemann-Le Borne [62] verwiesen.

Ein Graph heißt *zusammenhängend*, wenn für beliebige $v, w \in V$, $v \neq w$, entweder ein Pfad von v nach w oder von w nach v existiert.

Ein Pfad $(v_0, v_1, \ldots, v_m)$ heißt *Zyklus*, falls $v_0 = v_m$. Ein Graph, der keinen Zyklus enthält, heißt *azyklisch*.

Definition A.1.1 (Matrixgraph). *Sei $M \in \mathbb{R}^{I \times I}$. Der zur Matrix M gehörige Matrixgraph $G(M)$ ist gegeben durch*

$$V = I, \qquad E = \{(i,j) \in I \times I : M_{ij} \neq 0\}.$$

Anmerkung A.1.2. a) Aus $M_1, M_2 \in \mathbb{R}^{I \times I}$ sei das Produkt $M := M_1 M_2$ gebildet. Dann ist $G(M)$ enthalten in $G := G(M_1) \cdot G(M_2)$, wobei das Produkt der Graphen $G(M_k) = (I, E_k)$ $(k = 1, 2)$ wie folgt definiert ist:

$$(I, E_1) \cdot (I, E_2) = (I, E_G) \quad \text{mit}$$
$$E_G := \{(i,j) \in I \times I : \text{es gibt ein } \ell \in I \text{ mit } (i,\ell) \in E_1, (\ell, j) \in E_2\}.$$

Die Gleichheit $G(M) = G$ anstelle von $G(M) \subset G$ gilt unter anderem für Matrizen M_1, M_2 mit nichtnegativen Einträgen.

b) Für die Summe $M = M_1 + M_2$ gilt

$$G(M) \subset G(M_1) \cup G(M_2).$$

c) Seien $M \in \mathbb{R}^{I \times I}$ und $q \in \mathbb{N}_0$. Für den Graphen von M^q gilt

$$G(M^q) \subset (I, E_q) \text{ mit } E_q := \left\{ \begin{array}{l} (i,j) \in I \times I : \text{es gibt einen Pfad} \\ \text{in } G(M) \text{ von } i \text{ nach } j \text{ der Länge } q \end{array} \right\}.$$

Ebenso gilt für alle Polynome p vom Grad $\leq q$, dass

$$G(p(M)) \subset \bigcup_{k=0}^{q} (I, E_k) = \left\{ \begin{array}{l} (i,j) \in I \times I : \text{es gibt einen Pfad in} \\ G(M) \text{ von } i \text{ nach } j \text{ der Länge } \leq q \end{array} \right\}.$$

Beweis. a) Sei $G(M) = (I, E)$. Wegen $M_{ij} = \sum_{\ell \in I} M_{1,i\ell} M_{2,\ell j}$ gelten die Implikationen

$$(i,j) \in E \Leftrightarrow M_{ij} \neq 0 \Rightarrow \exists \ell \in I : M_{1,i\ell} \neq 0 \wedge M_{2,\ell j} \neq 0 \Leftrightarrow (i,j) \in E_G;$$

also $E \subset E_G$ bzw. $G(M) \subset G$.

Im Falle von $M_{1,i\ell}, M_{2,\ell j} \geq 0$ reicht die Eigenschaft $M_{1,i\ell} \neq 0 \wedge M_{2,\ell j} \neq 0$ für ein ℓ (d.h. in diesem Fall $M_{1,i\ell} > 0$ und $M_{2,\ell j} > 0$), damit

$$M_{ij} = \sum_{\ell \in I} M_{1,i\ell} M_{2,\ell j} > 0.$$

b) $M_{ij} = M_{1,ij} + M_{2,ij} \neq 0 \Rightarrow M_{1,ij} \neq 0 \vee M_{2,ij} \neq 0 \Leftrightarrow (i,j) \in E_1 \cup E_2$, d.h. $G(M) \subset G(M_1) \cup G(M_2)$.

c) Die Aussage $G(M^q) \subset (I, E_q)$ folgt direkt für $q = 0, 1$. Sei $q \geq 2$. Wenn im Falle a) $M_1 = M_2$ und damit $E_1 = E_2$ gilt, schreibt sich E_G als $\{(i,j) \in I \times I : \text{es gibt einen Pfad in } G(M_1) \text{ von } i \text{ nach } j \text{ der Länge } 2\}$. Die Verallgemeinerung von 2 auf q ist offensichtlich.

$p(M)$ ist die Summe von $\alpha_k M^k$ über $0 \leq k \leq q$. Kombination von $G(M^q) \subset (I, E_q)$ und Teil b) zeigt die Behauptung. ∎

Die nachfolgend diskutierten Bäume kann man als azyklische, zusammenhängende Graphen definieren. Wir wählen eine andere Einführung, die die Verwendung von E vermeidet.

A.2 Bäume

Sei V eine nichtleere, endliche Menge ("vertex set"). S sei eine Abbildung von V in die Potenzmenge $\mathcal{P}(V)$. Dann lassen sich die folgenden Begriffe einführen:

1) Sind $v \in V$ und $w \in S(v)$, so heißt w *Sohn* von v. Umgekehrt heißt w *Vater* von v.
2) Eine beliebige Folge $(v_0, v_1, \ldots, v_k) \in V^{k+1}$ $(k \in \mathbb{N}_0)$ heißt *Pfad*, falls für alle[1] $0 \le i < k$ der Knoten v_{i+1} Sohn von v_i ist. Dabei heißt k die *Pfadlänge*.
3) Ist $(v_0, v_1, \ldots, v_k)$ ein Pfad, so heißt v_k *Nachfolger*[2] von v_0. Umgekehrt heißt v_0 *Vorgänger* von v_k.

Bäume werden im Folgenden mit dem Buchstaben T ("tree") bezeichnet.

Definition A.2.1 (Baum, Wurzel, Blätter). *Gegeben seien eine nichtleere, endliche "Knotenmenge" V und die "Sohnabbildung" $S : V \to \mathcal{P}(V)$. Die Struktur $T = (V, S)$ heißt* Baum, *falls die Eigenschaften (i)-(iii) gelten:*

(i) Es gibt genau ein Element $r \in V$, das nicht Sohn ist (d.h. $\bigcup_{v\in V} S(v) = V\backslash\{r\}$). Dieser Knoten heißt Wurzel *des Baumes und wird mit $root(T)$ bezeichnet.*

(ii) Alle $v \in V$ sind Nachfolger von r.

(iii) Alle $v \in V\backslash\{r\}$ haben genau einen Vater.

Die Menge $\mathcal{L}(T) := \{v \in V : S(v) = \emptyset\}$ ist die Menge der Blätter *von T.*

Im Folgenden identifizieren wir T mit V. Im Zweifelsfall schreiben wir S_T für die Sohnabbildung in T.

Anmerkung A.2.2. T sei ein Baum. a) Zu jedem $v \in T\backslash\{r\}$ gibt es genau einen Pfad von r nach v.
b) Es gibt keine Zyklen in T. Dabei heißt ein Pfad $(v_0, v_1, \ldots, v_k)$ *Zyklus*, wenn $v_0 = v_k$ und $k > 0$.

Beweis. a) Sei $(v_0, v_1, \ldots, v_k)$ ein Pfad mit $r = v_0$, $v = v_k$. Wegen Eigenschaft (iii) ist der Vater v_{k-1} von v_k eindeutig festgelegt. Per Induktion erhält man, dass auch alle Vorgänger eindeutig bestimmt sind. Damit kann höchstens ein in v endender Pfad existieren. Dank (ii) gibt es mindestens einen solchen Pfad.

b) Sei $(v_0, v_1, \ldots, v_k)$ ein Zyklus. Da alle v_i $(0 \le i \le k)$ einen Vater (nämlich $v_{i-1 \bmod k}$) haben, kann gemäß (i) r nicht zum Zyklus gehören. Es gibt aber einen Pfad $(w_0 = r, w_1, \ldots, w_\ell = v_0)$ von r zu v_0 (vgl. (ii)). Sei w das erste Element des Pfades, das zu $\{v_0, v_1, \ldots, v_k\}$ gehört: $w = w_n = v_m$ für geeignete n, m. Dann hat w zwei Väter $w_{n-1} \ne v_{m-1 \bmod k}$ im Widerspruch zu (iii). ∎

Definition A.2.3 (Stufenzahl, Baumtiefe). *Der Wurzel $r = root(T)$ wird die Stufe 0 zugeordnet. Jedem $v \in T\backslash\{r\}$ wird die Länge des Pfades von r nach v als* Stufenzahl *zugewiesen (nach Anmerkung A.2.2a ist der Pfad eindeutig). Die Stufenzahl von $v \in T$ wird mit $level(v)$ bezeichnet. Die* Baumtiefe *ist*

$$\mathrm{depth}(T) := \max\{level(v) : v \in T\}.$$

[1] Dies ist eine leere Bedingung, falls $k = 0$.
[2] Man beachte, dass jeder Knoten sein eigener Nachfolger und Vorgänger ist (Fall $k = 0$).

Gelegentlich wird der Baum stufenweise zerlegt: $T = \dot{\bigcup}_{\ell=0}^{\mathrm{depth}(T)} T^{(\ell)}$, wobei

$$T^{(\ell)} := \{v \in T : level(v) = \ell\} \qquad \text{für } 0 \le \ell \le \mathrm{depth}(T). \tag{A.2}$$

Definition A.2.4 (Grad). *Der Grad eines Knotens* $v \in T$ *ist* $\mathrm{grad}(v) = \#S(v)$. *Ferner wird* $\mathrm{grad}(T(I)) := \max_{v \in T(I)} \mathrm{grad}(v)$ *definiert.*

A.3 Teilbäume

Definition A.3.1 (Teilbaum). *T und T' seien zwei Bäume mit den Sohnabbildungen S bzw. S'. T' heißt* Teilbaum *von T, falls für alle $v \in T'$ gilt, dass $v \in T$ und $S'(v) \subset S(v)$.*

Zwei spezielle Arten von Teilbäumen sind hier von besonderem Interesse.

Anmerkung A.3.2 (vollständiger Teilbaum mit gleicher Wurzel). $T' \subset T$ sei Teilbaum mit den zusätzlichen Eigenschaften a) $root(T) \in T'$ (äquivalent zu $root(T) = root(T')$) und b) für alle $v \in T'$ erfülle die Sohnabbildung entweder $S'(v) = \emptyset$ oder $S'(v) = S(v)$. Wir nennen T' einen "vollständigen Teilbaum mit gleicher Wurzel".

Die Vollständigkeit bezieht sich auf die Eigenschaft, dass $S'(v)$ keine echte Teilmenge zwischen $\emptyset$ und $S(v)$ sein darf. Für den Zerlegungsbaum aus Definition A.4.1 wird die Bedingung b) der Anmerkung A.3.2 sofort aus der Grundbedingung $S'(v) \subset S(v)$ folgen, sodass wir im Weiteren nur noch vom "Teilbaum mit gleicher Wurzel" sprechen werden.

Anmerkung A.3.3 (Teilbaum zu $v \in T$). T sei ein Baum mit der Sohnabbildung $S = S_T$ und $v \in T$. Sei $T(v) \subset T$ die Menge, die aus allen Nachfolgern von v besteht. $S_{T(v)}$ sei die Beschränkung von S auf $T(v)$. Dann ist $T(v)$ mit $S_{T(v)}$ ein Baum und Teilbaum von T.

Im Folgenden wird der Zusammenhang zwischen der Kardinalität $\#T$ des Baumes und der Anzahl $\#\mathcal{L}(T)$ seiner Blätter untersucht.

Lemma A.3.4. *a) Für alle $v \in T \backslash \mathcal{L}(T)$ gelte $\#S(v) \ge 2$. Dann gilt*[3]

$$\#T \le 2\,\#\mathcal{L}(T) - 1. \tag{A.3a}$$

b) Im allgemeineren Fall $\#S(v) \ge 1$ für $v \in T \backslash \mathcal{L}(T)$ gilt noch[4]

$$\#T \le 1 + \mathrm{depth}(T) \cdot \#\mathcal{L}(T). \tag{A.3b}$$

[3] Die Gleichheit in (A.3a) gilt für einen binären Baum, d.h. wenn $\#S(v) = 2$ für alle $v \in T \backslash \mathcal{L}(T)$.

[4] Die Gleichheit in (A.3b) gilt für einen Baum mit $\#S(v) = 1$ für alle Knoten $v \in T \backslash (\mathcal{L}(T) \cup \{root(T)\})$.

Beweis. i) Für (A.3a) wird Induktion über $\#T$ verwendet. Im Falle $\#T = 1$ ist $T = \mathcal{L}(T) = \{r\}$ und $\#T = 1 = 2 \cdot 1 - 1 = 2\,\#\mathcal{L}(T) - 1$. Die Behauptung gelte für Bäume der Kardinalität $n-1$. Sei $\#T = n > 1$ und $r = root(T)$. Die Menge T zerfällt disjunkt in $\{r\}$ und die Teilbäume $T(v)$ $(v \in S(r))$ aus Anmerkung A.3.3. Die Eigenschaft aus Lemma A.3.4a überträgt sich auf $T(v)$, sodass nach Induktionsannahme $\#T(v) \le 2\,\#\mathcal{L}(T(v)) - 1$. Da $\mathcal{L}(T) = \bigcup_{v \in S(r)} \mathcal{L}(T(v))$ eine disjunkte Vereinigung ist, folgt

$$\sum_{v \in S(r)} \#T(v) \le 2\,\#\mathcal{L}(T) - \#S(r) \le 2\,\#\mathcal{L}(T) - 2.$$

Zusammen erhalten wir $\#T = 1 + \sum_{v \in S(r)} \#T(v) \le 2\,\#\mathcal{L}(T) - 1$.

ii) Im Falle b) gehen wir wie in i) vor, wobei jetzt

$$\#T(v) \le 1 + \operatorname{depth}(T(v)) \cdot \#\mathcal{L}(T(v))$$

gilt. Es folgt nun

$$\#T = 1 + \sum_{v \in S(r)} \#T(v) \le 1 + \sum_{v \in S(r)} \operatorname{depth}(T) \cdot \#\mathcal{L}(T(v)) = 1 + \operatorname{depth}(T) \cdot \#\mathcal{L}(T)$$

wegen $\operatorname{depth}(T(v)) \le \operatorname{depth}(T) - 1$. ∎

A.4 Bäume zu Mengenzerlegungen

Wir sprechen von einem *bezeichneten Baum* T, wenn es eine Bezeichnungsabbildung $\mu : T \to B$ gibt. Im Folgenden wird der Baum die Zerlegung einer Menge I in Teilmengen beschreiben. Die Teilmengen werden als Bezeichnung gewählt, sodass μ in die Potenzmenge $B = \mathcal{P}(I)$ abbildet.

Definition A.4.1 (Zerlegungsbaum). *Sei I eine Menge. Ein Baum T mit $\mu : T \to \mathcal{P}(I) \backslash \{\emptyset\}$ heißt* Zerlegungsbaum *zu I, falls gilt:*

(i) $\mu(root(T)) = I$,
(ii) *für alle $v \in T$ und $s, s' \in S(v)$ mit $s \neq s'$ gilt $\mu(s) \cap \mu(s') = \emptyset$,*
(iii) *für alle $v \in T \backslash \mathcal{L}(T)$ gilt $\dot{\bigcup}_{s \in S(v)} \mu(s) = \mu(v)$.*

Die Eigenschaften (ii) und (iii) besagen, dass die Teilmenge $\mu(v) \subset I$ in disjunkte Teilmengen $\mu(v_i)$ mit $\dot{\bigcup}_i \mu(v_i) = \mu(v)$ zerlegt wird, wobei v_i die Söhne zu v seien. Die Wurzel repräsentiert die Gesamtmenge.

Lemma A.4.2. *T sei ein Zerlegungsbaum zu I. Dann gilt:*

a) $\{\mu(v) : v \in \mathcal{L}(T)\}$ ist eine disjunkte Zerlegung von I, d.h. die Teilmengen $\mu(v)$ sind disjunkt und ihre Vereinigung liefert I.

b) Der Teilbaum $T(v)$ aus Anmerkung A.3.3 ist ein Zerlegungsbaum zu $\mu(v)$.

Beweis. Teil b) ist offensichtlich: Bedingung (i) aus Definition A.4.1 lautet $\mu(root(T(v))) = \mu(v)$, während (ii) und (iii) beschränkt auf $T(v)$ gültig bleiben.

Teil a) wird durch Induktion über die Größe $\#T$ des Baumes bewiesen. Für $\#T = 1$ besteht die Zerlegung nur aus $\{I\}$. Die Behauptung gelte für Bäume der Größe $\le n-1$, und es sei $\#T = n$. Für die Teilbäume $T(s)$, $s \in S(root(T))$, beschreiben $\{\mu(v) : v \in \mathcal{L}(T(s))\}$ gemäß Induktionsannahme disjunkte Zerlegungen von $\mu(s)$. Da nach (ii) und (iii) $\{\mu(s) : s \in S(root(T))\}$ seinerseits eine disjunkte Zerlegung von I ist, folgt die Behauptung aus $\mathcal{L}(T) = \bigcup_{s\in S(root(T))} \mathcal{L}(T(s))$. ∎

Korollar A.4.3. *a) Sei T gemäß (A.2) stufenweise in $T^{(\ell)}$ zerlegt. Dann ist*

$$I = \{\mu(v) : v \in T^{(\ell)}\} \,\dot\cup\, \dot{\bigcup_{k=0}^{\ell-1}} \left\{\mu(v) : v \in \mathcal{L}(T^{(k)})\right\}$$

eine disjunkte Zerlegung von I.

b) Insbesondere ist $\sum_{v\in T^{(\ell)}} \#\mu(v) \le \#I$.

Beweis. $T' := \dot\bigcup_{k=0}^{\ell} T^{(k)}$ ist ein Teilbaum mit der gleichen Wurzel $\mu(root(T')) = \mu(root(T)) = I$ und mit $\mathcal{L}(T') = T^{(\ell)} \,\dot\cup\, \dot\bigcup_{k=0}^{\ell-1} \mathcal{L}(T^{(k)})$. Teil b) folgt aus $\{\mu(v) : v \in T^{(\ell)}\} \subset I$. ∎

Wenn $\#S(v) \neq 1$ für alle $v \in T$ gilt, ist die Bezeichnungsabbildung μ injektiv. Daher kann man die Knotenmenge T durch die Bezeichnungen $\mu(T)$ ersetzen. Eine zusätzliche Bezeichnung mittels μ erübrigt sich. Sobald aber $\#S(v) = 1$ auftritt, muss $\mu(v) = \mu(s)$ für $s \in S(v)$ gelten, d.h. μ ist nicht injektiv.

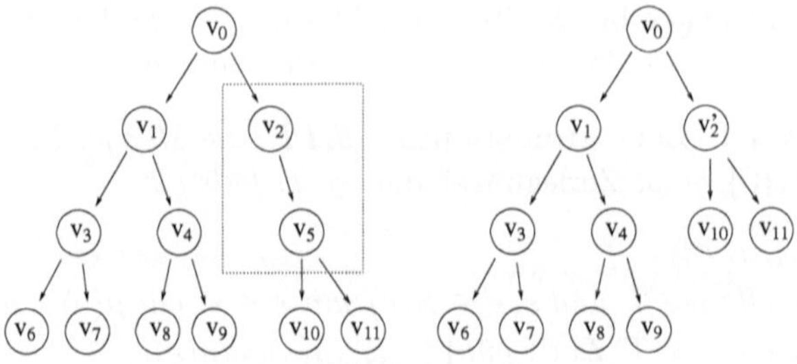

Abb. A.1. Baum T (links) und reduzierter Baum T_{red} (rechts) mit $\mu(v_2) = \mu(v_5) = \mu(v_2')$

Anmerkung A.4.4 (reduzierter Baum). Wenn $\#S(v) = 1$ auftritt, aber die Knoten des Baumes nur mittels $\mu(v)$ benötigt werden, kann man von T zum reduzierten Baum T_{red} übergehen. Sei $(v_0, v_1, \ldots, v_k)$ ein maximaler Pfad mit $S(v_{i-1}) = \{v_i\}$ (und daher $\mu(v_{i-1}) = \mu(v_i)$) für $1 \le i \le k$. Die Knoten $\{v_0, v_1, \ldots, v_k\}$ von T werden in T_{red} zu einem einzigen Knoten v_0' zusammengezogen, wobei $\mu(v_0') := \mu(v_0)$ und $S(v_0') = S(v_k)$ definiert wird.

Der entstehende Baum T_{red} erfüllt dann $\#S(v) \neq 1$ für alle $v \in T_{\text{red}}$ (vgl. Abbildung A.1). Man beachte, dass die Sohnmengen $S_T(v_k)$ und $S_{T_{\text{red}}}(v_0')$ übereinstimmen, aber unterschiedlichen Stufen angehören.

Sei $T = T(I)$ ein Zerlegungsbaum zur Menge I. Dieser kann verwendet werden, um in einfacher Weise Zerlegungsbäume $T(I')$ für beliebige Teilmengen $I' \subset I$ zu konstruieren. $T(I')$ ist im Wesentlichen der Schnitt von $T(I)$ mit I'. Zur Beschreibung verwendet wir als Zwischenschritt den Baum T^* mit den gleichen Knoten und Sohnabbildungen wie $T(I)$, aber mit der neuen Bezeichnung $\mu^*(v) := \mu(v) \cap I'$. Man stellt fest, dass T^* die Bedingungen (i), (ii) und (iii) der Definition A.4.1 an einen Zerlegungsbaum zur Menge I' erfüllt. Allerdings gehört μ^* nur zu $\mathcal{P}(I')$ und nicht wie gefordert zu $\mathcal{P}(I')\backslash\{\emptyset\}$. Deshalb streicht man im zweiten Schritt alle Knoten $v \in T^*$ mit $\mu^*(v) = \emptyset$ und reduziert die Sohnmenge des Vaters entsprechend. Dies definiert $T(I')$.

Anmerkung A.4.5. a) Falls in der obigen Konstruktion I' mit $\mu(v)$ für ein $v \in T(I)$ übereinstimmt, ist $T(I')$ identisch zum Teilbaum $T(v)$ aus Lemma A.4.2b.

b) Auch wenn $\#S(v) \neq 1$ für $v \in T(I)$, gilt diese Eigenschaft im Allgemeinen nicht für $T(I')$.

B

Polynome

B.1 Multiindizes

B.1.1 Notation

Sei $\mathbb{N}_0 = \mathbb{N} \cup \{0\}$. Indizes $\nu \in \mathbb{N}_0$ treten bei der ν-fachen Ableitung oder als Exponent in x^ν auf.

Multiindizes sind d-Tupel $\nu \in \mathbb{N}_0^d$ mit $d \in \mathbb{N}$, wobei im Falle $d = 1$ der Multiindex zum üblichen Index wird. Die folgenden Notationen sind üblich:

$$|\nu| = \sum_{i=1}^{d} \nu_i\,, \quad \nu! = \prod_{i=1}^{d} \nu_i!\,, \quad x^\nu = \prod_{i=1}^{d} x_i^{\nu_i} \quad (x \in \mathbb{R}^d \text{ oder } x \in \mathbb{C}^d) \tag{B.1}$$

Die Formulierung (B.1) erlaubt es, Polynome bzw. Potenzreihen in x_i als

$$\sum_\nu c_\nu x^\nu \tag{B.2}$$

zu schreiben, wobei für einen *totalen* [bzw. *partiellen*] Polynomgrad p über alle $\nu \in \mathbb{N}_0^d$ mit $|\nu| \leq p$ [bzw. $\nu_i \leq p$ für $1 \leq i \leq d$] summiert wird. Bei Potenzreihen wird über alle $\nu \in \mathbb{N}_0^d$ summiert.

Für Funktionen von $x \in \mathbb{R}^d$ wird die $|\nu|$-fache gemischte Ableitung wie folgt notiert:

$$\partial_x^\nu = \prod_{i=1}^{d} \left(\frac{\partial}{\partial x_i}\right)^{\nu_i}. \tag{B.3}$$

B.1.2 Formelsammlung

Die Ableitungen von Monomen sind

$$\partial_x^\nu x^\mu = \frac{\mu!}{(\mu-\nu)!} x^{\mu-\nu} \text{ für } \nu \leq \mu, \qquad \text{insbesondere } \partial_x^\nu x^\nu = \nu!\,, \tag{B.4}$$

wobei $\nu \leq \mu$ komponentenweise zu verstehen ist: $\mu - \nu \in \mathbb{N}_0^d$.

Die binomische Formel $(x_1 + x_2)^p = \sum_{\nu=1}^{p} \binom{p}{\nu} x_1^\nu x_2^{p-\nu}$ verallgemeinert sich für d Summanden zu

$$\left(\sum_{i=1}^{d} x_i \right)^p = \sum_{|\nu|=p} \frac{p!}{\nu!} x^\nu \qquad (p \in \mathbb{N}_0), \tag{B.5}$$

wobei die Summe über alle $\nu \in \mathbb{N}_0^d$ mit $|\nu| = p$ geführt wird.

Die Taylor-Reihe einer in allen Variablen analytischen Funktion lautet

$$f(x) = \sum_{\nu \in \mathbb{N}_0^d} \frac{(x - x_0)^\nu}{\nu!} \partial_x^\nu f(x_0). \tag{B.6}$$

Die endliche Taylor-Summe mit Restglied ist

$$f(x) = \sum_{|\nu| \leq p} \frac{(x - x_0)^\nu}{\nu!} \partial_x^\nu f(x_0) + R_p \tag{B.7}$$

$$\text{mit } R_p = \frac{1}{(p+1)!} D_{x-x_0}^{p+1} f(x_0 + \vartheta (x - x_0)),$$

wobei $\vartheta \in (0,1)$ ein geeigneter Zwischenwert ist und

$$D_h = \sum_{i=1}^{d} h_i \frac{\partial}{\partial x_i} \tag{B.8}$$

die Ableitung in Richtung $h \in \mathbb{R}^d$ ist. Man beachte, dass h nicht notwendigerweise die Länge 1 besitzt.

B.2 Polynomapproximation

Der Raum der stetigen Funktionen definiert auf D wird mit $C(D)$ bezeichnet. Die zugehörige Norm ist die Maximum- bzw. Supremumsnorm, die mit $\|\cdot\|_\infty$, $\|\cdot\|_{\infty,D}$ oder $\|\cdot\|_{C(D)}$ bezeichnet wird.

Der Weierstraßsche[1] Approximationssatz garantiert die Approximierbarkeit stetiger Funktionen auf einem Kompaktum bezüglich der Maximumnorm. Für die in der Numerik notwendigen quantitativen Aussagen braucht man weitere Bedingungen an die Glattheit. Die weitestgehende Annahme ist, dass die Funktion in einem Bereich analytisch ist. Als ein solcher Bereich wird im Folgenden eine Ellipse gewählt.

$$E_{a,b} := \left\{ z \in \mathbb{C} : z = x + iy, \ \frac{x^2}{a^2} + \frac{y^2}{b^2} \leq 1 \right\}$$

[1] Karl Theodor Wilhelm Weierstraß, geboren am 31. Oktober 1815 in Ostenfelde, gestorben am 19. Februar 1897 in Berlin.

ist die Ellipse mit den Halbachsen a und b. Speziell ist

$$\mathcal{E}_\rho := E_{\frac{1}{2}(\rho+1/\rho),\frac{1}{2}(\rho-1/\rho)} \qquad \text{für } \rho > 1$$

die eindeutige Ellipse mit den Brennpunkten ± 1 und der Halbachsensumme ρ. Das Innere von $\mathcal{E}_\rho$ wird mit $\mathring{\mathcal{E}}_\rho$ bezeichnet. Man beachte, dass wegen $\rho > 1$ das Intervall $[-1,1]$ in $\mathring{\mathcal{E}}_\rho$ enthalten ist. Da im Folgenden die zu approximierende Funktion in $\mathring{\mathcal{E}}_\rho$ holomorph sein soll, heißt $\mathcal{E}_\rho$ auch *Regularitätsellipse.*

Das Hauptergebnis ist der folgende Satz von Bernstein[2], der z.B. in [36, Sec. 8, Chap. 7] bewiesen ist.

Satz B.2.1 (Bernstein). *Sei $\rho > 1$. f sei in $\mathring{\mathcal{E}}_\rho$ analytisch und gleichmäßig beschränkt (d.h. $f \in L^\infty(\mathring{\mathcal{E}}_\rho)$). Dann gibt es zu jedem $p \in \mathbb{N}_0$ ein Polynom P_p vom Grad $\leq p$, sodass*

$$\|f - P_p\|_{\infty,[-1,1]} \leq \frac{2\rho^{-p}}{\rho - 1} \|f\|_{\infty,\mathring{\mathcal{E}}_\rho}. \tag{B.9}$$

Dabei bezeichnet $\|f\|_{\infty,K} := \sup_{z\in K} |f(z)|$ die Supremumsnorm auf K.

Ein beliebiges reelles Intervall $[x_1, x_2]$ mit $x_1 < x_2$ wird durch $\Phi(z) := -1 + \frac{2}{x_2 - x_1}(z - x_1)$ auf $[-1,1]$ abgebildet. Wir setzen

$$\begin{aligned} &\mathcal{E}_\rho([x_1,x_2]) := \Phi^{-1}\mathcal{E}_\rho \\ &= \left\{ z \in \mathbb{C} : \ z = x + iy, \ \frac{\left(x - \frac{x_1+x_2}{2}\right)^2}{(\rho + 1/\rho)^2} + \frac{y^2}{(\rho - 1/\rho)^2} \leq \left(\frac{x_2 - x_1}{4}\right)^2 \right\}. \end{aligned}$$

Eine einfache Folgerung aus Satz B.2.1 lautet wie folgt.

Korollar B.2.2. *Die auf $J = [x_1, x_2]$ definierte Funktion f lasse sich holomorph auf $\mathring{\mathcal{E}}_\rho(J)$ fortsetzen mit $M := \sup\{|f(z)| : z \in \mathring{\mathcal{E}}_\rho([x_1, x_2])\}$. Dann gibt es zu jedem $p \in \mathbb{N}_0$ ein Polynom P_p vom Grad $\leq p$, sodass*

$$\|f - P_p\|_{\infty,J} \leq \frac{2\rho^{-p}}{\rho - 1} M. \tag{B.10}$$

Die nächste Aussage verlangt eine Eigenschaft von f, die in Anhang E als asymptotische Glattheit diskutiert werden wird.

Lemma B.2.3. *$J \subset R$ sei ein abgeschlossenes Intervall der Länge* $\operatorname{diam}(J)$. *Es gebe Konstanten $C, \gamma \geq 0$ mit*

$$\left\| \frac{\mathrm{d}^n}{\mathrm{d}x^n} u \right\|_{\infty,J} \leq C_u n! \gamma_u^n \qquad \textit{für alle } n \in \mathbb{N}_0. \tag{B.11a}$$

---

[2] Sergei Natanowitsch Bernstein, geboren am 22. Februar 1880 in Odessa, gestorben am 26. Oktober 1968 in Moskau.

Dann gibt es zu jedem $p \in \mathbb{N}_0$ ein Polynom P_p vom Grad $\leq p$, sodass

$$\|f - P_p\|_{\infty,J} \leq 4eC_u \left(1 + \gamma_u \operatorname{diam}(J)\right) (p+1) \left(1 + \frac{2}{\gamma_u \operatorname{diam}(J)}\right)^{-(p+1)}. \tag{B.11b}$$

Beweis. In Melenk-Börm-Löhndorf [115]. ∎

B.3 Polynominterpolation

B.3.1 Eindimensionale Interpolation

B.3.1.1 Lagrange-Darstellung

Zunächst sei an die allgemeine Polynominterpolation im Intervall $[a,b]$ erinnert. Gegeben sei eine mindestens in $[a,b]$ stetige Funktion f. Seien $p+1$ verschiedene Stützstellen $(x_i)_{i=0}^p$ in $[a,b]$ gewählt. Die zugehörigen Lagrange-Polynome sind

$$L_i(x) = \prod_{j \in \{0,\ldots,p\} \backslash \{i\}} \frac{x - x_j}{x_i - x_j}. \tag{B.12}$$

Die Polynominterpolierende von f lautet dann

$$\mathcal{I}^p f := \sum_{i=0}^p f(x_i) L_i. \tag{B.13}$$

Die Interpolationsabbildung $\mathcal{I}^p$ von $C([a,b])$ in den Unterraum der Polynome vom Grad $\leq p$ ist eine Projektion.

B.3.1.2 Fehlerabschätzung

Seien $f \in C^{p+1}([a,b])$ und $x \in [a,b]$. Dann gibt es einen Zwischenwert $\xi \in [a,b]$, sodass[3]

$$f(x) - (\mathcal{I}^p f)(x) = \frac{1}{(p+1)!} \prod_{i=0}^p (x - x_i)\ f^{(p+1)}(\xi) \tag{B.14}$$

(vgl. [129, Abschnitt 2.1.4]). Mit $C_\omega(\mathcal{I}^p) := \max\left\{\prod_{i=0}^p |x - x_i| : x \in [a,b]\right\}$ folgt damit die Fehlerabschätzung in der Maximumnorm über $[a,b]$:

$$\|f - \mathcal{I}^p f\|_\infty \leq \frac{1}{(p+1)!} C_\omega(\mathcal{I}^p) \left\| f^{(p+1)} \right\|_\infty. \tag{B.15}$$

[3] Falls der Fehler $f(x) - (\mathcal{I}^p f)(x)$ für x außerhalb von $[a,b]$ benötigt wird (Extrapolation), ist (B.14) anzuwenden mit $\xi \in [\min\{x, x_1, \ldots, x_n\}, \max\{x, x_1, \ldots, x_n\}]$.

Anmerkung B.3.1. Eine Interpolation in einem Referenzintervall $[a,b]$ kann kanonisch auf ein Intervall $[A,B]$ übertragen werden. Sei dazu $\Xi : [a,b] \to [A,B]$ die affine Abbildung $\Xi(x) = A + \frac{(B-A)(x-a)}{b-a}$. Gilt (B.15) auf $[a,b]$ mit $C_\omega = C_\omega(\mathcal{I}^p)$, so folgt für die Interpolation von $f \in C([A,B])$ in den Stützstellen $\xi_i = \Xi(x_i)$, dass

$$\begin{aligned}\left\| f - \mathcal{I}^p_{[A,B]} f \right\|_\infty &= \left\| f \circ \Xi - \mathcal{I}^p_{[a,b]} (f \circ \Xi) \right\|_\infty \\ &\le \frac{1}{(p+1)!} C_\omega(\mathcal{I}^p) \left\| (f \circ \Xi)^{(p+1)} \right\|_\infty \\ &= \frac{1}{(p+1)!} \left(\frac{B-A}{b-a} \right)^{p+1} C_\omega(\mathcal{I}^p) \left\| f^{(p+1)} \right\|_\infty\end{aligned}$$

d.h. die Konstante $C_\omega(\mathcal{I}^p)$ transformiert sich gemäß

$$C_\omega(\mathcal{I}^p_{[A,B]}) = C_\omega(\mathcal{I}^p_{[a,b]}) \left(\frac{B-A}{b-a} \right)^{p+1}. \tag{B.16}$$

Im Falle der Taylor-Entwicklung $f(x) \approx \sum_{k=0}^{p} \frac{1}{k!} f^{(k)}(x_0)\,(x-x_0)^k$ ist der Entwicklungspunkt x_0 eine $(p+1)$-fache Stützstelle (Spezialfall der Hermite-Interpolation). Entsprechend gilt (B.14) mit $\prod_{i=0}^{p}(x-x_i)$ ersetzt durch $(x-x_0)^{p+1}$. Wird x_0 als der Mittelpunkt des Intervalles $[a,b]$ gewählt, folgt (B.15) mit

$$C_\omega(\mathcal{I}^p) = \left(\frac{b-a}{2} \right)^{p+1}.$$

B.3.1.3 Stabilität

Neben der Fehlerabschätzung interessiert noch die sogenannte *Stabilitätskonstante*

$$C_{\text{stab}}(\mathcal{I}^p) := \|\mathcal{I}^p\|_{C(B) \leftarrow C(B)} = \sup_{f \in C(B) \text{ und } \|f\|_\infty = 1} \|\mathcal{I}^p f\|_\infty \tag{B.17}$$

(vgl. [71, §3.4]), wobei $B \subset R^d$ ein kompakter Bereich ist. $C_{\text{stab}}(\mathcal{I}^p)$ ist die bestmögliche Konstante in der Abschätzung

$$\|\mathcal{I}^p f\|_{\infty,B} \le C_{\text{stab}}(\mathcal{I}^p)\, \|f\|_{\infty,B} \qquad \text{für alle } f \in C(B). \tag{B.18}$$

Die Größe $C_{\text{stab}}(\mathcal{I}^p)$ ist gegen eine affine Transformation auf einen anderen Bereich invariant.

Die Stabilität erlaubt Bestapproximationsresultate $\min\{\|f - P_p\|_{\infty,B} : P_p$ Polynom vom Grad[4] $\le p\}$ auf die Interpolation zu übertragen:

---

[4] Der Polynomgrad p von $P = \sum_\nu a_\nu x^\nu$ kann sowohl mittels $|\nu| \le p$ als auch durch $\max_{1 \le i \le d} \nu_i \le p$ definiert werden, wenn auch die Polynominterpolaton $\mathcal{I}^p$ im gleichen Sinne den totalen bzw. partiellen Grad p verwendet.

Lemma B.3.2. *Für alle $f \in C(B)$ gilt*

$$\|f - \mathcal{I}^p f\|_{\infty,B} \leq [1 + C_{\text{stab}}(\mathcal{I}^p)] \min_{P_p \text{ Polynom vom Grad} \leq p} \|f - P_p\|_{\infty,B} \,.$$

Beweis. Sei P_p das minimierende Polynom. Da $\mathcal{I}^p(P_p) = P_p$, folgt

$$f - \mathcal{I}^p(f) = (f - P_p) - (\mathcal{I}^p(f) - \mathcal{I}^p(P_p)) = (f - P_p) - \mathcal{I}^p(f - P_p),$$

was zu

$$\begin{aligned} \|f - \mathcal{I}^p(f)\|_{\infty,J} &\leq (1 + C_{\text{stab}}(\mathcal{I}^p)) \|f - P_p\|_{\infty,J} \\ &= [1 + C_{\text{stab}}(\mathcal{I}^p)] \min\{\|f - P_p\|_{\infty,B}\} \end{aligned}$$

führt. ∎

Die Kombination der Stabilitätsabschätzung mit der Bestapproximation aus Korollar B.2.2 erlaubt eine ableitungsfreie Abschätzung des Interpolationsfehlers.

Satz B.3.3. *Die auf $J = [a, b]$ definierte Funktion f lasse sich holomorph auf $\mathring{\mathcal{E}}_\rho(J)$ fortsetzen mit*

$$M := \sup\{|f(z)| : z \in \mathring{\mathcal{E}}_\rho(J)\}.$$

Die auf J definiert Interpolation $\mathcal{I}^p$ besitze die Stabilitätskonstante $C_{\text{stab}}(\mathcal{I}^p)$. Dann gilt

$$\|f - \mathcal{I}^p(f)\|_{\infty,J} \leq [1 + C_{\text{stab}}(\mathcal{I}^p)] \frac{2\rho^{-p}}{\rho - 1} M. \tag{B.19}$$

B.3.1.4 Čebyšev-Interpolation

In $[a, b] = [-1, 1]$ lauten die Čebyšev-Knoten

$$x_i = \cos\left(\frac{i + 1/2}{p + 1}\pi\right), \qquad i = 0, \ldots, p$$

(Nullstellen des Čebyšev-Polynoms T_{p+1} vom Grad $p + 1$). Folglich ist $\prod_{i=0}^{p}(x - x_i) = 2^{-p-1} T_{p+1}(x)$ und

$$C_\omega(\mathcal{I}^p_{\text{Čebyšev}}) = 2^{-p-1}. \tag{B.20}$$

Transformation der Čebyšev-Knoten auf ein allgemeines Intervall $[a, b]$ führt gemäß (B.16) auf

$$C_\omega(\mathcal{I}^p_{\text{Čebyšev},[a,b]}) = \left(\frac{b - a}{4}\right)^{p+1}. \tag{B.20*}$$

Außerdem ist die Stabilitätseigenschaft optimal (vgl. [120]):

$$C_{\text{stab}}(\mathcal{I}^p_{\text{Čebyšev}}) \leq 1 + \frac{2}{\pi} \log(p + 1). \tag{B.21}$$

B.3.2 Tensorprodukt-Interpolation

Sei d die räumliche Dimension und $B := [a_1, b_1] \times \ldots \times [a_d, b_d]$ ein d-dimensionaler Quader. Auf jedem Intervall $[a_i, b_i]$ wird eine Interpolation $\mathcal{I}_i^p$ mit Polynomgrad p definiert. Da die Variablen nun $x_1, \ldots, x_d$ heißen, werden die Stützstellen von $\mathcal{I}_i^p$ in $x_{i,0}, \ldots, x_{i,p}$ umbenannt. Entsprechend sind $L_{i,0}, \ldots, L_{i,p}$ die Lagrange-Polynome in x_i.

Sei $f \in C(B)$. Die Interpolation $\mathcal{I}_1^p f$ betrifft nur die Variable x_1. Die Gesamtinterpolation ist

$$\mathcal{I}_B^p = \mathcal{I}_d^p \cdots \mathcal{I}_2^p \mathcal{I}_1^p,$$

wobei die Reihenfolge beliebig ist. Das Bild von $\mathcal{I}_B^p$ ist ein Polynom $\sum a_\nu x^\nu$ (vgl. (B.2)), wobei die Summe über alle $\nu \in \{0, 1, \ldots, p\}^d$ verläuft. Die mehrdimensionale Lagrange-Darstellung lautet

$$\mathcal{I}_B^p f = \sum_{i_1,\ldots,i_d=0}^{p} f(x_{1,i_1}, \ldots, x_{1,i_d})\, L_{1,i_1}(x_1) \cdot \cdots \cdot L_{d,i_d}(x_d),$$

wobei $L_{k,i}(x_k)$ $(0 \le i \le p)$ die eindimensionalen Lagrange-Polynome zu den Stützstellen $x_{k,0}, \ldots, x_{k,p}$ sind.

Lemma B.3.4. *Für den Interpolationsfehler gilt*

$$\|f - \mathcal{I}_B^p f\|_{\infty,B} \le \frac{1}{(p+1)!} \sum_{k=1}^{d} \left(\prod_{j=1}^{k-1} C_{\mathrm{stab}}(\mathcal{I}_j^p) \right) C_\omega(\mathcal{I}_k^p) \left\| \frac{\partial^{p+1}}{\partial x_i^{p+1}} f \right\|_{\infty,B}. \tag{B.22}$$

Beweis. Für jedes $k \in \{1, \ldots, d\}$ ist $\mathcal{I}_k^p : C(B) \to C(B)$ die Interpolationsabbildung mit

$$(\mathcal{I}_k^p f)(x_1, \ldots, x_k, \ldots, x_d) = \sum_{i=0}^{p} f(x_1, \ldots, x_{k,i}, \ldots, x_d)\, L_{k,i}(x_j).$$

Fehlerabschätzung (B.15) und Stabilitätsaussage (B.18) liefern

$$\|f - \mathcal{I}_k^p f\|_{\infty,B} \le \frac{1}{(p+1)!} C_\omega(\mathcal{I}_k^p) \|\partial_j^{p+1} f\|_{\infty,B},$$
$$\|\mathcal{I}_k^p f\|_{\infty,B} \le C_{\mathrm{stab}}(\mathcal{I}_k^p) \|f\|_{\infty,B},$$

wobei ∂_k^{p+1} eine Kurzform für $\frac{\partial^{p+1}}{\partial x_k^{p+1}}$ ist. Für das Produkt $\mathcal{I}_B^p = \mathcal{I}_d^p \cdots \mathcal{I}_2^p \mathcal{I}_1^p$ erhält man hiermit

$$\|f - \mathcal{I}_B^p f\|_{\infty,B} = \left\| f - \prod_{j=1}^{d} \mathcal{I}_j^p f \right\|_{\infty,B} = \left\| \sum_{k=1}^{d} \left(\prod_{j=1}^{k-1} \mathcal{I}_j^p f - \prod_{j=1}^{k} \mathcal{I}_j^p f \right) \right\|_{\infty,B}$$

$$= \left\| \sum_{k=1}^{d} \left(\left(\prod_{j=1}^{k-1} \mathcal{I}_j^p \right) (f - \mathcal{I}_k^p f) \right) \right\|_{\infty,B} \leq \sum_{k=1}^{d} \left\| \left(\prod_{j=1}^{k-1} \mathcal{I}_j^p \right) (f - \mathcal{I}_k^p f) \right\|_{\infty,B}$$

$$\leq \sum_{k=1}^{d} \left(\prod_{j=1}^{k-1} C_{\mathrm{stab}}(\mathcal{I}_j^p) \right) \|f - \mathcal{I}_k^p f\|_{\infty,B}$$

$$\leq \sum_{k=1}^{d} \left(\prod_{j=1}^{k-1} C_{\mathrm{stab}}(\mathcal{I}_j^p) \right) \frac{1}{(p+1)!} C_\omega(\mathcal{I}_k^p) \, \|\partial_k^{p+1} f\|_{\infty,B},$$

womit (B.22) gezeigt ist. ■

Wählt man die eindimensionalen Interpolationen mit Hilfe der (auf $[a_i, b_i]$ transformierten) Čebyšev-Knoten, so ist $C_{\mathrm{stab}}(\mathcal{I}_j^p) = \mathcal{O}(\log(p+1))$ (vgl. (B.21)) und $C_\omega(\mathcal{I}_i^p) = \left(\frac{b_i - a_i}{4}\right)^{p+1}$ (vgl. Anmerkung B.3.1). Zusammen erhält man

$$\left\| f - \mathcal{I}_{B,\text{Čebyšev}}^p f \right\|_{\infty,B} \tag{B.23}$$
$$\leq \frac{const}{(p+1)!} \log^{d-1}(p+1) \sum_{i=1}^{d} \left(\frac{b_i - a_i}{4} \right)^{p+1} \left\| \frac{\partial^{p+1}}{\partial x_i^{p+1}} f \right\|_{\infty}.$$

C

Lineare Algebra, Funktionalanalysis, Singulärwertzerlegung

C.1 Matrixnormen

Zuerst sei an die Standarddefinitionen von Matrixnormen erinnert. Wenn man die Matrix $M \in \mathbb{R}^{I \times J}$ als einen Vektor über der Indexmenge $I \times J$ auffasst, lässt sich die Euklidische Vektornorm definieren, die hier *Frobenius-Norm* heißt:

$$\|M\|_\mathrm{F} = \sqrt{\sum_{i\in I, j\in J} |M_{i,j}|^2} \qquad \text{für } M \in \mathbb{R}^{I\times J} \tag{C.1}$$

(weitere Namen für $\|\cdot\|_\mathrm{F}$ sind *Schur-Norm* und *Hilbert-Schmidt-Norm*). Der normierte Raum $(\mathbb{R}^{I\times J}, \|\cdot\|_\mathrm{F})$ ist ein Hilbert-Raum mit dem Skalarprodukt

$$\langle A, B\rangle_\mathrm{F} := \sum_{i\in I, j\in J} A_{i,j}B_{i,j} = \mathit{Spur}(AB^\top), \tag{C.2}$$

da $\langle M, M\rangle_\mathrm{F} = \|M\|_\mathrm{F}^2$. Im Falle von $B \in \mathbb{C}^{I\times J}$ ist in (C.2) $\sum A_{i,j}\overline{B_{i,j}} = \mathit{Spur}(AB^\mathrm{H})$ zu setzen.

Sind $\|x\|_X$ und $\|y\|_Y$ Vektornormen für $x \in \mathbb{R}^I$ bzw. $y \in \mathbb{R}^J$, so gehört hierzu die *zugeordnete Matrixnorm*

$$\|M\| := \|M\|_{X\leftarrow Y} := \sup\left\{\frac{\|My\|_X}{\|y\|_Y} : 0 \neq y \in \mathbb{R}^J\right\} \qquad \text{für } M \in \mathbb{R}^{I\times J}. \tag{C.3}$$

Für die spezielle Wahl der *Euklidischen Vektornorm*

$$\|u\|_2 := \sqrt{\sum_{i\in K} |u_i|^2} \qquad \text{für } u \in \mathbb{R}^K \tag{C.4}$$

anstelle der Normen $\|\cdot\|_X$ und $\|\cdot\|_Y$ erhält man als zugeordnete Matrixnorm $\|M\|_{X\leftarrow Y}$ die *Spektralnorm* $\|M\|_2$.

Übung C.1.1. Für $M \in \mathbb{R}^{I\times J}$ und $i \in I, j \in J$ zeige man $|M_{ij}| \leq \|M\|_2$.

Im Falle quadratischer Matrizen ist der Begriff der "orthogonalen Matrix" üblich, wenn er auch etwas missverständlich, da eigentlich von ortho*normalen* Matrizen gesprochen werden müsste. Noch kritischer ist der Begriff im Falle von rechteckigen Matrizen anzusehen, da hier nur die Spalten (nicht die Zeilen) orthonormal sind.

Definition C.1.2. *a) Eine (rechteckige) Matrix $U \in \mathbb{R}^{I\times J}$ heißt* orthogonal, *wenn $U^\top U = I \in \mathbb{R}^{J\times J}$ (d.h. die* Spalten *von U bilden ein Orthonormalsystem).*

b) Im Fall komplexer und quadratischer Matrizen heißt U unitär, falls $U^{\mathrm{H}}U = I$.

Man beachte, dass für eine orthogonale Matrix stets $\#I \geq \#J$ gelten muss. Für quadratische Matrizen ($\#I = \#J$) impliziert $U^\top U = I$ auch $UU^\top = I$, d.h. auch die Zeilen von U bilden ein Orthonormalsystem.

Anmerkung C.1.3. a) Die Spektralnorm $\|M\|_2$ ist der größte Eigenwert von $M^\top M$ wie auch von $MM^\top$.

b) Die folgenden Abschätzungen sind die im allgemeinen Fall bestmöglichen:

$$\|M\|_2 \leq \|M\|_{\mathrm{F}} \leq \sqrt{\mathit{Rang}(M)}\,\|M\|_2 \leq \sqrt{\min\{\#I,\#J\}}\,\|M\|_2 \qquad \text{für } M \in \mathbb{R}^{I\times J}. \tag{C.5}$$

c) Sind $U \in \mathbb{R}^{I\times I}$ und $V \in \mathbb{R}^{J\times J}$ orthogonale Matrizen, so besitzen $M, UM, MV^\top, UMV^\top$ die gleichen Spektralnormen wie auch die gleichen Frobenius-Normen.

d) $\|M\|_{\mathrm{F}}^2 = \mathit{Spur}(M^\top M)$, wobei die *Spur einer Matrix* $A \in \mathbb{R}^{I\times I}$ durch $\mathit{Spur}(A) := \sum_{i\in I} a_{ii}$ definiert ist.

e) $\rho(M) \leq \|M\|$ für jede zugeordnete Matrixnorm.

f) $\rho(M) = \|M\|_2$ für alle normalen Matrizen ($M \in \mathbb{C}^{I\times I}$ ist normal, falls $M^{\mathrm{H}}M = MM^{\mathrm{H}}$). Spezialfälle von normalen Matrizen sind Hermitesche Matrizen ($M = M^{\mathrm{H}}$) bzw. reelle symmetrische Matrizen ($M = M^\top \in \mathbb{R}^{I\times I}$).

g) $\|M\|_2 \leq \sqrt{\|M\|_\infty \|M^\top\|_\infty}$ mit der *Zeilensummennorm*

$$\|M\|_\infty = \max\Big\{\sum_{j\in J} |a_{ij}| : i \in I\Big\}.$$

Schließlich sei an eine Charakterisierung der Eigenwerte einer positiv semidefiniten Matrix erinnert.

Lemma C.1.4. *$A \in \mathbb{R}^{I\times I}$ sei eine symmetrische, positiv semidefinite Matrix, d.h. $\langle Ax, x\rangle \geq 0$ für alle x.*

a) Dann erlaubt A die Darstellung $A = U\Lambda U^\top$ mit einer orthogonalen Matrix $U \in \mathbb{R}^{I\times\{1,\ldots,\#I\}}$ und einer Diagonalmatrix $\Lambda \in \mathbb{R}^{\{1,\ldots,\#I\}\times\{1,\ldots,\#I\}}$ mit nichtnegativen Eigenwerten $\lambda_i = \Lambda_{ii}$. O.B.d.A. können die Eigenwerte als geordnet angenommen werden: $\lambda_1 \geq \lambda_2 \geq \ldots$.

b) Seien $\lambda_1 \geq \lambda_2 \geq \ldots$ die Eigenwerte aus a). Für alle $1 \leq k \leq \#I$ gilt die Charakterisierung

$$\lambda_k = \min_{\substack{\mathcal{V} \subset \mathbb{R}^I \text{ Unterraum} \\ \text{mit } \dim \mathcal{V} \leq k-1}} \max_{\substack{x \in \mathbb{R}^I \text{ mit} \\ \|x\|_2 = 1 \text{ und } x \perp \mathcal{V}}} \langle Ax, x \rangle . \tag{C.6}$$

Beweis zu b). Da $\langle Ax, x \rangle = \langle \Lambda y, y \rangle$ für $y = U^\top x$, kann die Behauptung auch in der Form

$$\lambda_k = \min_{\mathcal{W},\ \dim \mathcal{W} \leq k-1} \max \left\{ \langle \Lambda y, y \rangle : y \in \mathbb{R}^I \text{ mit } \|y\|_2 = 1,\ y \perp \mathcal{W} \right\}$$

mit Unterräumen $\mathcal{W} := U^\top \mathcal{V}$ geschrieben werden. Sei $\mathcal{W}$ mit $\dim \mathcal{W} \leq k-1$ gegeben. Wir wählen $y \in \mathbb{R}^I$ mit $y_i = 0$ für alle $i > k$. Diese y bilden einen k-dimensionalen Unterraum $\mathcal{Y}$. Da $\dim \mathcal{W} \leq k-1$, gibt es mindestens ein $0 \neq y \in \mathcal{Y}$ mit $\|y\|_2 = 1$, $y \perp \mathcal{W}$. Offenbar gilt $\langle \Lambda y, y \rangle = \sum_{i=1}^k \lambda_i y_i^2 \geq \sum_{i=1}^k \lambda_k y_i^2 \geq \lambda_k$. Mit der Wahl $\mathcal{W} = \{ w \in \mathbb{R}^I : w_i = 0 : k \leq i \leq \#I \}$ erhält man die Gleichheit $\langle \Lambda y, y \rangle = \lambda_k$. ■

C.2 Singulärwertzerlegung von Matrizen

Die Singulärwertzerlegung (Abkürzung: *SVD* für das englische "singular value decomposition") ist die Verallgemeinerung der Diagonalisierung quadratischer Matrizen. Die hier betrachteten Matrizen dürfen das rechteckige Format $\mathbb{R}^{I \times J}$ besitzen, was den quadratischen Fall $I = J$ einschließt.

Lemma C.2.1 (Singulärwertzerlegung). *a) Sei $M \in \mathbb{R}^{I \times J}$ eine beliebige Matrix. Dann gibt es orthogonale Matrizen $U \in \mathbb{R}^{I \times \{1,\ldots,\#I\}}$ und $V \in \mathbb{R}^{J \times \{1,\ldots,\#J\}}$ und eine diagonale Rechtecksmatrix $\Sigma \in \mathbb{R}^{I \times I}$,*

$$\Sigma = \begin{bmatrix} \sigma_1 & 0 & \ldots & 0 & 0 \ldots 0 \\ 0 & \sigma_2 & \ddots & 0 & 0 \quad\ 0 \\ \vdots & \ddots & \ddots & \vdots & \vdots \quad\ \vdots \\ 0 & \ldots & 0 & \sigma_{\#I} & 0 \ldots 0 \end{bmatrix} \quad \left(\begin{array}{l} \textit{Illustration} \\ \textit{für den Fall} \\ \#I \leq \#J \end{array} \right), \tag{C.7a}$$

mit sogenannten Singulärwerten[1] $\sigma_1 \geq \sigma_2 \geq \ldots \geq \sigma_i = \Sigma_{ii} \geq \ldots \geq 0$ $(1 \leq i \leq \min\{\#I, \#J\})$, *sodass*

$$M = U \Sigma V^\top . \tag{C.7b}$$

b) Die Spektralnorm von M hat den Wert $\|M\|_2 = \sigma_1$.
c) Die Frobenius-Norm von M hat den Wert

$$\|M\|_F = \sqrt{\sum_{i=1}^{\min\{\#I,\#J\}} \sigma_i^2} . \tag{C.7c}$$

[1] Für Indizes $\ell > \min\{\#I, \#J\}$ werden formal die Singulärwerte als $\sigma_\ell := 0$ definiert.

Beweis. i) Sei o.B.d.A. $\#I \leq \#J$ angenommen und $A := MM^\top \in \mathbb{R}^{I\times I}$ gesetzt. Als symmetrische und sogar positiv semidefinite Matrix ist A zerlegbar in $A = UDU^\top$ ($U \in \mathbb{R}^{I\times\{1,\ldots,\#I\}}$ orthogonal, $D = \mathrm{diag}\{d_1,\ldots,d_{\#I}\}$), wobei die (nichtnegativen) Eigenwerte o.B.d.A. sortiert seien: $d_1 \geq d_2 \geq \ldots \geq 0$. Setzen wir $\sigma_i := \sqrt{d_i}$ in (C.7a), so gilt $D = \Sigma\Sigma^\top$. Für $W := M^\top U = [w_1,\ldots,w_{\#I}] \in \mathbb{R}^{J\times\{1,\ldots,\#I\}}$ erhält man

$$D = U^\top AU = U^\top MM^\top U = W^\top W.$$

Damit sind die Spalten w_i paarweise orthogonal mit $\langle w_i, w_i\rangle = d_i = \sigma_i^2$. Die Matrix $V \in \mathbb{R}^{J\times\{1,\ldots,\#J\}}$ soll orthogonal sein und

$$W = V\Sigma^\top, \qquad \text{d.h. } w_i = \sigma_i v_i \quad (1 \leq i \leq \#I)$$

erfüllen. Sei $i^* := \max\{i : \sigma_i > 0\}$. Für $1 \leq i \leq i^*$ ergeben sich die v_i eindeutig als die normierten Vektoren $v_i := \frac{1}{\sigma_i} w_i$. Für $i^* + 1 \leq i \leq \#I$, folgt $w_i = 0$ aus $\langle w_i, w_i\rangle = \sigma_i^2$, sodass $w_i = \sigma_i v_i$ für jede Wahl von v_i richtig ist. Wählt man also $\{v_i : i^* + 1 \leq i \leq \#J\}$ als beliebige orthonormale Ergänzung der $\{v_i : 1 \leq i \leq i^*\}$, erhält man eine orthogonale Matrix $V = [v_1,\ldots,v_{\#I}]$, die $W = V\Sigma^\top$ erfüllt. Nach Definition von W ist $M = UW^\top = M = U\Sigma V^\top$, was (C.7b) beweist.

ii) Mit Anmerkung C.1.3c folgt $\|M\|_2 = \|\Sigma\|_2$ und $\|M\|_\mathrm{F} = \|\Sigma\|_\mathrm{F}$, was direkt die Teile b), c) beweist. ■

Korollar C.2.2. *u_i und v_i seien die Spalten von U und V (sie bilden jeweils ein Orthonormalsystem!). Dann ist $M = U\Sigma V^\top$ aus (C.7b) identisch mit*

$$M = \sum_{i=1}^{\min\{\#I,\#J\}} \sigma_i\, u_i\, v_i^\top. \tag{C.8}$$

Lemma C.2.3. *a) Seien $M, R \in \mathbb{R}^{I\times J}$ mit $k := Rang(R)$. Die Singulärwerte von M bzw. $M - R$ seien als $\sigma_i(M)$ bzw. $\sigma_i(M - R)$ bezeichnet. Dann gilt*[2]

$$\sigma_i(M-R) \geq \sigma_{k+i}(M) \qquad \text{für alle } 1 \leq i \leq \min\{\#I,\#J\}.$$

b) Sei $M = U\Sigma V^\top$ die Singulärwertzerlegung von $M \in \mathbb{R}^{I\times J}$ und

$$R := U\Sigma_k V^\top \quad \text{mit } (\Sigma_k)_{ij} = \begin{cases} \sigma_i \text{ für } i = j \leq \min\{k,\#I,\#J\}, \\ 0 \text{ sonst,} \end{cases} \tag{C.9a}$$

(Σ_k entsteht aus Σ, indem man alle $\sigma_i = \Sigma_{ii}$ für $i > k$ durch null ersetzt werden). Der dabei auftretende Fehler ist

$$\|M-R\|_2 = \sigma_{k+1} \qquad \text{bzw.} \qquad \|M-R\|_\mathrm{F} = \sqrt{\sum\nolimits_{i=k+1}^{\min\{\#I,\#J\}} \sigma_i^2}. \tag{C.9b}$$

[2] Vergleiche Fußnote 1 auf Seite 373.

Beweis. i) Im Falle $k+i \geq \min\{\#I, \#J\}$ mit $\sigma_{k+i}(M) = 0$ ist nichts zu beweisen. Sei $k+i < \min\{\#I, \#J\}$ angenommen.

ii) Zuerst sei der Fall $i = 1$ untersucht. $\lambda_{k+1}(MM^\top) := \sigma_{k+1}^2(M)$ ist der $k+1$-te Eigenwert von $A = MM^\top$ (vgl. Beweis zu Lemma C.2.1). Gemäß der Minimierung in (C.6) gilt

$$\sigma_{k+1}^2(M) \leq \max\left\{\langle Ax, x\rangle : x \in \mathbb{R}^I \text{ mit } \|x\|_2 = 1,\ x \perp \mathcal{V}\right\}$$

für einen festen Unterraum $\mathcal{V}$ der Dimension $\leq k$. Wir wählen $\mathcal{V} := Kern(R^\top)^\perp$. Da $x \perp \mathcal{V}$ zu $x \in Kern(R^\top)$ äquivalent ist, folgt

$$\begin{aligned}\langle Ax, x\rangle &= \langle MM^\top x, x\rangle = \langle M^\top x, M^\top x\rangle = \left\langle (M-R)^\top x, (M-R)^\top x\right\rangle \\ &= \left\langle (M-R)(M-R)^\top x, x\right\rangle.\end{aligned}$$

Anwendung von (C.6) auf den ersten Eigenwert $\lambda_1 = \lambda_1((M-R)(M-R)^\top)$ von $(M-R)(M-R)^\top$ zeigt

$$\begin{aligned}&\max\left\{\langle Ax, x\rangle : x \in \mathbb{R}^I \text{ mit } \|x\|_2 = 1,\ x \perp \mathcal{V}\right\} \\ &\quad = \max\left\{\left\langle (M-R)(M-R)^\top x, x\right\rangle : \|x\|_2 = 1,\ x \perp \mathcal{V}\right\} \\ &\quad \leq \max\left\{\left\langle (M-R)(M-R)^\top x, x\right\rangle : x \in \mathbb{R}^I \text{ mit } \|x\|_2 = 1\right\} \\ &\quad = \lambda_1((M-R)(M-R)^\top)\end{aligned}$$

(beim ersten Eigenwert ist $x \perp \mathcal{V}$ mit $\dim \mathcal{V} = 0$ eine leere Bedingung). Da wieder $\lambda_1((M-R)(M-R)^\top) = \sigma_1^2(M-R)$ gilt, ist $\sigma_{k+1}^2(M) \leq \sigma_1^2(M-R)$ beweisen, also Teil a) für $i = 1$.

iii) Im Falle von $i > 1$ wird $\mathcal{V} := Kern(R^\top)^\perp + \mathcal{W}$ gewählt, wobei $\mathcal{W}$ mit $\dim \mathcal{W} \leq i-1$ beliebig ist. Analog zu Teil ii) erhält man die Schranke

$$\max\left\{\left\langle (M-R)(M-R)^\top x, x\right\rangle : x \in \mathbb{R}^I \text{ mit } \|x\|_2 = 1,\ x \perp \mathcal{W}\right\}.$$

Minimierung über alle $\mathcal{W}$ liefert $\lambda_i((M-R)(M-R)^\top) = \sigma_i^2(M-R)$.

iv) Die Wahl aus (C.9a) eliminiert offenbar die Singulärwerte σ_1 bis σ_k, sodass $\sigma_i(M-R) = \sigma_{k+i}(M)$ für alle $i \geq 1$. ∎

Folgerung C.2.4 (beste Rang-k-Matrix) *Zu $M \in \mathbb{R}^{I\times J}$ sei R wie in (C.9a) konstruiert. Dann ist R die Lösung der beiden Minimierungsaufgaben*

$$\min_{Rang(R)\leq k} \|M-R\|_2 \qquad \text{und} \qquad \min_{Rang(R)\leq k} \|M-R\|_{\mathrm{F}}, \tag{C.10}$$

wobei die Minima in (C.9b) angegeben sind. Das minimierende Element R ist genau dann eindeutig, wenn $\sigma_k > \sigma_{k+1}$.

Beweis. i) Da $\|M-R'\|_2 = \sigma_1(M-R')$ und $\|M-R'\|_\mathrm{F}^2 = \sum_{i>0}\sigma_i^2(M-R')$ (vgl. Lemma C.2.1b,c), folgt aus Lemma C.2.3a, dass $\|M-R'\|_2 \geq \sigma_{k+1}(M)$ und $\|M-R'\|_\mathrm{F}^2 \geq \sum_{i>k}\sigma_i^2(M)$ für R' mit $Rang(R') \leq k$. Da bei $R'=R$ die Gleichheit gilt, ist R Lösung der Minimierungsaufgaben.

ii) Im Falle $\sigma_k = \sigma_{k+1}$ erhält man eine andere Singulärwertzerlegung, wenn man in U und V die k-ten und $(k+1)$-ten Spalten vertauscht. Entsprechend resultiert ein anderes R. ∎

Multiplikation einer Matrix mit einer nichtexpandierenden Matrix kann die Singulärwerte nur verkleinern:

Lemma C.2.5. *Seien $M \in \mathbb{R}^{I\times J}$, $A \in \mathbb{R}^{I'\times I}$, $B \in \mathbb{R}^{J\times J'}$ mit $\|A\|_2 \leq 1$ und $\|B\|_2 \leq 1$. Die Singulärwerte von M und $M' := AMB \in \mathbb{R}^{I'\times J'}$ seien σ_k und σ_k'. Dann gilt*[3] *$\sigma_k' \leq \sigma_k$ für alle $k \geq 1$.*

Beweis. Zu M sei R gemäß (C.9a) definiert. Wir setzen $R' := ARB$ und schließen aus Folgerung C.2.4, dass $\sigma_k' \leq \|M'-R'\|_2 = \|A\,(M-R)\,B\|_2 \leq \|A\|_2\,\|M-R\|_2\,\|B\|_2 \leq \|M-R\|_2 = \sigma_k$. ∎

Die Abbildung, die $M \in \mathbb{R}^{I\times J}$ in R aus (C.10) abbildet, sei mit $R = \mathcal{T}_k^{\mathcal{R}}(M)$ bezeichnet[4]. Die Abbildung $\mathcal{T}_k^{\mathcal{R}}$ ist nicht stetig: wird die Komponente $\sigma_{k+1}u_{k+1}v_{k+1}^\top$ von M vergrößert, springt $\mathcal{T}_k^{\mathcal{R}}(M)$ um $\sigma_k\left(u_{k+1}v_{k+1}^\top - u_kv_k^\top\right)$.

Offenbar sind Rang-k-Matrizen Fixpunkte von $\mathcal{T}_k^{\mathcal{R}}$: $\mathcal{T}_k^{\mathcal{R}}(R) = R$ für alle $R \in \mathcal{R}(k,I,J)$. Von speziellem Interesse ist das Störungsverhalten von $\mathcal{T}_k^{\mathcal{R}}(R+\delta)$ bei $R \in \mathcal{R}(k,I,J)$.

Lemma C.2.6. *Sei $A = R+\delta$ mit $R \in \mathcal{R}(k,I,J)$ und $\delta \in \mathbb{R}^{I\times J}$. Dann gilt*[5]

$$\left\|\mathcal{T}_k^{\mathcal{R}}(R+\delta) - R\right\|_\mathrm{F} \leq 2\,\|\delta\|_\mathrm{F}\,.$$

Beweis. Die Bestapproximationseigenschaft lautet $\left\|A - \mathcal{T}_k^{\mathcal{R}}(A)\right\|_\mathrm{F} \leq \|A-B\|_\mathrm{F}$ für alle $B \in \mathcal{R}(k,I,J)$. Die Wahl $B = R \in \mathcal{R}(k,I,J)$ liefert $\left\|A - \mathcal{T}_k^{\mathcal{R}}(A)\right\|_\mathrm{F} \leq \|A-R\|_\mathrm{F}$. Mit der Dreiecksungleichung

$$\left\|\mathcal{T}_k^{\mathcal{R}}(A) - R\right\|_\mathrm{F} \leq \left\|\mathcal{T}_k^{\mathcal{R}}(A) - A\right\|_\mathrm{F} + \|A-R\|_\mathrm{F} \leq 2\,\|A-R\|_\mathrm{F} = 2\,\|\delta\|_\mathrm{F}$$

folgt die Behauptung. ∎

---

[3] Vergleiche Fußnote 1 auf Seite 373.

[4] Falls R nicht eindeutig bestimmt ist, wird eine Lösung ausgesucht.

[5] Vielleicht ist der Faktor 2 nicht optimal. Der Faktor kann aber nicht besser als $\sqrt{5/2} = 1.58\ldots$ sein, wie das folgende Beispiel zeigt (Mitteilung von L. Grasedyck). Seien $k=2$, $R = \mathrm{diag}\{1-\varepsilon, 1/2, 0\}$ für ein $\varepsilon \in (0,1/2)$ und $\delta = \mathrm{diag}\{-1/2, 0, 1/2\}$, sodass $A := R+\delta = \mathrm{diag}\{1/2-\varepsilon, 1/2, 1/2\}$. Offenbar ist $\mathcal{T}_2^{\mathcal{R}}(A) = \mathrm{diag}\{0, 1/2, 1/2\}$ und $\left\|\mathcal{T}_2^{\mathcal{R}}(A) - R\right\|_\mathrm{F} = \|\mathrm{diag}\{\varepsilon-1, 0, 1/2\}\|_\mathrm{F} = \sqrt{5/4} - \mathcal{O}(\varepsilon)$. Da $\|\delta\|_\mathrm{F} = 1/\sqrt{2}$, folgt für C in $\left\|\mathcal{T}_k^{\mathcal{R}}(R+\delta) - R\right\|_\mathrm{F} \leq C\,\|\delta\|_\mathrm{F}$ die Ungleichung $C \geq \sqrt{5/2}$.

C.3 Hilbert-Räume, L^2-Operatoren

Zunächst sei an einige Notationen im Zusammenhang mit Hilbert-Räumen erinnert (vgl. [67, §6]).

Anmerkung C.3.1. Im Weiteren werden die folgenden Eigenschaften von unendlich dimensionalen Hilbert-Räumen benutzt:

a) Zu einem Hilbert-Raum gehört ein Skalarprodukt $\langle \cdot, \cdot \rangle_H : H \times H \to \mathbb{R}$.

b) Die zugehörige Norm ist $\|u\|_H := \sqrt{\langle u, u \rangle_H}$.

c) Eine Menge $\{\varphi_\nu : \nu \in \mathbb{N}\}$ heißt Orthonormalsystem, falls $\langle \varphi_\nu, \varphi_\mu \rangle_H = \delta_{\nu\mu}$ (Kronecker-Symbol). Es wird (vollständiges) Orthonormalsystem von H genannt, falls es kein $0 \neq u \in H$ gibt, sodass $\langle u, \varphi_\nu \rangle = 0$ für alle $\nu \in \mathbb{N}$.

d) Der Dualraum H' ist die Menge der Funktionale auf H, d.h. $H' = \{\phi : H \to \mathbb{R} : \phi \text{ linear}\}$. Zu $u \in H$ gehört das Funktional $u^* \in H'$, das über $u^*(v) := \langle v, u \rangle_H$ definiert ist.

Zu Teilmengen $B_1 \subset \mathbb{R}^{n_1}$ und $B_2 \subset \mathbb{R}^{n_2}$ seien $L^2(B_1)$ und $L^2(B_2)$ die Hilbert-Räume der auf B_i quadratintegrierbaren Funktion, d.h. $f \in L^2(B_i)$ ist messbar mit dem Skalarprodukt[6]

$$\langle u, v \rangle_{L^2(B_i)} = \int_{B_i} u(x)v(x)\mathrm{d}x.$$

Falls B_i eine Oberfläche oder andere Mannigfaltigkeit ist, muss $\int_{B_i} \dots \mathrm{d}x$ entsprechend als Oberflächenintegral gedeutet werden. Die L^2-Norm lautet gemäß Anmerkung C.3.1b

$$\|f\|_{L^2(B_i)} := \int_{B_i} |f(x)|^2 \,\mathrm{d}x.$$

Gemäß Anmerkung C.3.1d gehört zu der Funktion $u \in L^2(B_i)$ das *Funktional* u^*, das durch

$$u^*(v) = \langle u, v \rangle_{L^2(B_i)} \tag{C.11}$$

definiert ist.

Definition C.3.2 (Träger eines Funktionals). *Sei λ ein Funktional auf einem Banach*[7]*-Raum B über $\Omega \subset \mathbb{R}^d$. Dann wird* Träger$(\lambda)$, *der Träger von λ, durch $\bigcap\{X \subset \Omega : \lambda(f)$ hängt für alle $f \in B$ nur von $f|_\Omega$ ab$\}$ definiert.*

Übung C.3.3. a) Seien $u \in L^2(B)$ und u^* durch (C.11) definiert. Dann ist Träger(u^*) = Träger(u).

b) Sei δ_x das Dirac-Funktional bei $x \in \Omega$. Dann ist Träger$(\delta_x) = \{x\}$.

---

[6] Falls die Funktionen vektorwertig sind: $u(x), v(x) \in V$ mit Skalarprodukt $\langle \cdot, \cdot \rangle_V$, ist das Integral $\int_{B_i} u(x)v(x)\mathrm{d}x$ durch $\int_{B_i} \langle u(x), v(x) \rangle_V \,\mathrm{d}x$ zu ersetzen.

[7] Stefan Banach, geboren am 30. März 1892 in Ostrowsko (bei Krakau), gestorben am 31. August 1945 in Lemberg (Lwow).

Notation C.3.4 *Da wir im Folgenden nur die Hilbert-Räume $H_i = L^2(B_i)$ betrachten*[8]*, kann der Index $_{L^2(B_i)}$ bei der Norm und dem Skalarprodukt durch $\|\cdot\|_2$, $\langle\cdot,\cdot\rangle_2$ ersetzt werden oder ganz weggelassen werden.*

Ein linearer Operator $\mathcal{A} : L^2(B_2) \to L^2(B_1)$ ist beschränkt, falls es eine Konstante $C_\mathcal{A}$ gibt, sodass

$$\|\mathcal{A}v\| \le C_\mathcal{A} \|v\| \qquad \text{für alle } v \in L^2(B_2) \tag{C.12}$$

(die Beschränktheit ist mit der Stetigkeit von $\mathcal{K} : L^2(B_2) \to L^2(B_1)$ identisch). Die Menge der linearen und beschränkten Operatoren von $L^2(B_2)$ nach $L^2(B_1)$ wird durch

$$\mathcal{L}(L^2(B_2), L^2(B_1))$$

bezeichnet. $\mathcal{L}(L^2(B_2), L^2(B_1))$ ist Banach-Raum mit der *Operatornorm*

$$\begin{aligned}\|\mathcal{A}\|_{L^2(B_1)\leftarrow L^2(B_2)} &= \sup\{\|\mathcal{A}v\| \,/\, \|v\| : 0 \ne v \in L^2(B_2)\} \\ &= \min\{C_\mathcal{A} : \text{(C.12) gilt mit } C_\mathcal{A}\}\end{aligned}$$

für $\mathcal{A} \in \mathcal{L}(L^2(B_2), L^2(B_1))$. Auch hier kürzen wir die Schreibweise ab: Wenn keine Verwechslung möglich ist, sei

$$\|\cdot\|_2 = \|\cdot\|_{L^2(B_1)\leftarrow L^2(B_2)}\,. \tag{C.13}$$

Definition C.3.5. *Ein Operator $\mathcal{K} \in \mathcal{L}(L^2(B_2), L^2(B_1))$ heißt* kompakt, *falls gilt: Die Einheitskugel $S := \{v \in L^2(B_2) : \|v\| \le 1\}$ werde durch $\mathcal{K}$ in $S' := \mathcal{K}S := \{\mathcal{K}v : v \in S\} \subset L^2(B_1)$ abgebildet und der Abschluss $\overline{S'}$ sei eine in $L^2(B_1)$ kompakte Teilmenge (d.h. jede Folge $u_\nu \in \overline{S'}$ habe eine konvergente Teilfolge; vgl. [134, §II.3]).*

Anmerkung C.3.6. a) Die zu $\mathcal{A} \in \mathcal{L}(L^2(B_2), L^2(B_1))$ *adjungierte Abbildung* ist $\mathcal{A}^* \in \mathcal{L}(L^2(B_1), L^2(B_2))$ und eindeutig durch $\langle \mathcal{A}^*u, v\rangle = \langle u, \mathcal{A}v\rangle$ für alle $u \in L^2(B_1), v \in L^2(B_2)$ definiert.

b) $\|\mathcal{A}\|^2_{L^2(B_1)\leftarrow L^2(B_2)}$ ist maximaler Eigenwert von

$$\mathcal{A}^*\mathcal{A} \in \mathcal{L}(L^2(B_2), L^2(B_2))$$

(ebenso der maximale Eigenwert von $\mathcal{A}\mathcal{A}^* \in \mathcal{L}(L^2(B_1), L^2(B_1))$. Ferner gilt

$$\|\mathcal{A}\|_2^2 = \|\mathcal{A}^*\mathcal{A}\|_2 = \|\mathcal{A}\mathcal{A}^*\|_2\,. \tag{C.14}$$

c) Die Aussagen a), b) bleiben gültig, wenn einer der Hilbert-Räume $L^2(B_i)$ durch den n-dimensionalen Hilbert-Raum $\mathbb{R}^n$ (versehen mit der Euklidischen Norm) ersetzt wird.

---

[8] Gelegentlich treten (abgeschlossene) Unterräume von $L^2(B)$ auf. Ein Beispiel ist $L^2_0(B) := \{f \in L^2(B) : \int_B f\mathrm{d}x = 0\}$. Dies ändert die Norm aber nicht.

Definition C.3.7. *Gegeben eine* Kernfunktion $\varkappa(\cdot,\cdot) : B_1 \times B_2 \to \mathbb{R}$, *wird der zugehörige* Integraloperator $\mathcal{K}$ *durch*

$$(\mathcal{K}v)(x) := \int_{B_i} \varkappa(x,y)v(y)\mathrm{d}y \qquad (x \in B_1) \tag{C.15}$$

definiert. Falls $\mathcal{K}$ für alle $v \in L^2(B_1)$ definiert ist und beschränkt nach $L^2(B_2)$ abbildet, gehört $\mathcal{K}$ zu $\mathcal{L}(L^2(B_2), L^2(B_1))$.

Unter geeigneten Bedingungen an $\varkappa(x,y)$ ist $\mathcal{K}$ kompakt (vgl. [68, Satz 3.2.6]).

Übung C.3.8. $\mathcal{K} \in \mathcal{L}(L^2(B_2), L^2(B_1))$ sei mittels $\varkappa(x,y)$ wie in (C.15) definiert. Man zeige, dass $\mathcal{K}^* \in \mathcal{L}(L^2(B_1), L^2(B_2))$ in gleicher Weise aus $\varkappa(y,x)$ (Argumente sind vertauscht!) entsteht.

C.4 Singulärwertzerlegung kompakter Operatoren

C.4.1 Singulärwertzerlegung

Das Hauptresultat dieses Abschnittes ersetzt die endliche Singulärwertzerlegung (C.8) durch eine unendliche.

Satz C.4.1. *$\mathcal{K} \in \mathcal{L}(L^2(B_2), L^2(B_1))$ sei kompakt. Dann gibt es Singulärwerte $\sigma_1 \geq \sigma_2 \geq \ldots$ mit $\sigma_\nu \searrow 0$ und Orthonormalsysteme $\{\varphi_\nu : \nu \in \mathbb{N}\}$ und $\{\psi_\nu : \nu \in \mathbb{N}\}$, sodass*

$$\mathcal{K} = \sum_{\nu=1}^{\infty} \sigma_\nu \varphi_\nu \psi_\nu^*, \tag{C.16}$$

wobei die Summe im Sinne von

$$\|\mathcal{K} - \mathcal{K}^{(k)}\|_2 = \sigma_{k+1} \searrow 0 \quad \textit{mit } \mathcal{K}^{(k)} := \sum_{\nu=1}^{k} \sigma_\nu \varphi_\nu \psi_\nu^* \tag{C.17}$$

konvergiert (zu ψ_ν^* vergleiche man die Anmerkung C.3.1d oder (C.11)).

Beweis. Man setze $\mathcal{T} := \mathcal{K}^*\mathcal{K} : L^2(B_2) \to L^2(B_2)$. Als Produkt kompakter Operatoren ist $\mathcal{T} \in \mathcal{L}(L^2(B_2), L^2(B_2))$ kompakt. Die Riesz[9]-Schauder[10]-Theorie (vgl. [67, Satz 6.4.12], [68, Satz 1.3.8]) besagt, dass $\mathcal{T}$ Eigenwerte λ_ν besitzt, die sich nur in null häufen: $\lambda_\nu \to 0$. Wegen der Symmetrie existieren auch zugehörige Eigenfunktionen ψ_ν, die sich orthonormal wählen lassen,

[9] Frigyes Riesz, geboren am 22. Januar 1880 in Györ, gestorben am 28. Februar 1956 in Budapest (nicht zu verwechseln mit seinem Bruder Marcel, der ebenfalls Mathematiker war).

[10] Juliusz Pawel Schauder, geboren am 21. Sept. 1899 in Lvov (Galizien, Österreich), gestorben im Sept. 1943 in Lvov.

sodass ein Orthonormalsystem $\{\psi_\nu : \nu \in \mathbb{N}\}$ definiert ist. Da $\mathcal{T}$ positiv semidefinit ist ($\langle \mathcal{T}u, u\rangle \geq 0$ für alle u), folgt $\lambda_\nu \geq 0$ für die Eigenwerte, sodass sich $\sigma_\nu := \sqrt[+]{\lambda_\nu}$ als die nichtnegativen Wurzeln einführen lassen. Schließlich setzen wir $\varphi_\nu := \mathcal{K}\psi_\nu / \|\mathcal{K}\psi_\nu\| = \frac{1}{\sigma_\nu}\mathcal{K}\psi_\nu$ (die letzte Gleichheit folgt aus $\|\mathcal{K}\psi_\nu\|^2 = \langle \mathcal{K}\psi_\nu, \mathcal{K}\psi_\nu\rangle = \langle \psi_\nu, \mathcal{K}^*\mathcal{K}\psi_\nu\rangle = \langle \psi_\nu, \mathcal{T}\psi_\nu\rangle = \lambda_\nu \langle \psi_\nu, \psi_\nu\rangle = \lambda_\nu$). Die φ_ν sind bereits auf eins normiert. Dass sie ein Orthonormalsystem bilden, folgt aus $\langle \varphi_\nu, \varphi_\mu\rangle = \langle \mathcal{K}\psi_\nu, \mathcal{K}\psi_\mu\rangle = \langle \psi_\nu, \mathcal{K}^*\mathcal{K}\psi_\mu\rangle = \lambda_\mu \langle \psi_\nu, \psi_\mu\rangle = 0$ für $\nu \neq \mu$.

Neben $\mathcal{K}\psi_\nu = \sigma_\nu\varphi_\nu$ (vgl. Definition von φ_ν) gilt auch $\mathcal{K}^{(k)}\psi_\nu = \sigma_\nu\varphi_\nu$ für $\nu \leq k$, da $\psi_\mu^*\psi_\nu = \langle \psi_\nu, \psi_\mu^*\rangle = \delta_{\nu\mu}$ und

$$\left(\sum_{\mu=1}^{k} \sigma_\mu\varphi_\mu\psi_\mu^*\right)\psi_\nu = \sum_{\mu=1}^{k} \sigma_\mu\varphi_\mu\delta_{\nu\mu} = \sigma_\nu\varphi_\nu.$$

Damit gilt $\left(\mathcal{K} - \mathcal{K}^{(k)}\right)\psi_\nu = 0$ für $\nu \leq k$, während $\left(\mathcal{K} - \mathcal{K}^{(k)}\right)\psi_\nu = \mathcal{K}\psi_\nu$ für $\nu > k$. Hieraus schließt man, dass $\left(\mathcal{K} - \mathcal{K}^{(k)}\right)^*\left(\mathcal{K} - \mathcal{K}^{(k)}\right)$ die Eigenwerte $\sigma_{k+1}^2 \geq \sigma_{k+2}^2 \geq \ldots$ besitzt. Die Norm ist nach Anmerkung C.3.6b

$$\|\mathcal{K} - \mathcal{K}^{(k)}\|_2 = \sigma_{k+1}.$$

Wegen $\sigma_\nu \searrow 0$, folgt die Konvergenz. ∎

Die Teilsumme $\mathcal{K}^{(k)} := \sum_{\nu=1}^{k} \sigma_\nu\varphi_\nu\psi_\nu^*$ ist ein Integraloperator:

Anmerkung C.4.2. a) Sei $\mathcal{K}^{(k)} := \sum_{\nu=1}^{k} \sigma_\nu\varphi_\nu\psi_\nu^*$ mit $\varphi_\nu \in L^2(B_1)$ und $\psi_\nu \in L^2(B_2)$ gegeben (Orthogonalität wird hier nicht benötigt). Dann ist $\mathcal{K}^{(k)}$ der Integraloperator

$$\left(\mathcal{K}^{(k)}v\right)(x) = \int_{B_2} \varkappa^{(k)}(x,y)v(y)\mathrm{d}y \qquad (x \in B_1) \tag{C.18a}$$

zur Kernfunktion

$$\varkappa^{(k)}(x,y) = \sum_{\nu=1}^{k} \sigma_\nu\varphi_\nu(x)\psi_\nu(y) \qquad (x \in B_1,\ y \in B_2). \tag{C.18b}$$

b) Die Konvergenz $\|\mathcal{K} - \mathcal{K}^{(k)}\|_2 \searrow 0$ aus (C.17) beschreibt eine schwache Form der Konvergenz von $\varkappa_k$ gegen

$$\varkappa(x,y) := \sum_{\nu=1}^{\infty} \sigma_\nu\varphi_\nu(x)\psi_\nu(y).$$

Beweis. Folgt aus $\left(\left(\sum_{\nu=1}^{k} \sigma_\nu\varphi_\nu\psi_\nu^*\right)v\right)(x) = \sum_{\nu=1}^{k} \sigma_\nu\varphi_\nu(x) \cdot \psi_\nu^*(v) = \sum_{\nu=1}^{k} \sigma_\nu\varphi_\nu(x) \int_{B_2} \psi_\nu(y)v(y)\mathrm{d}y = \int_{B_2} \sum_{\nu=1}^{k} \sigma_\nu\varphi_\nu(x)\psi_\nu(y)v(y)\mathrm{d}y.$ ∎

Aus (C.17) sieht man, dass die Konvergenzgeschwindigkeit durch die Nullfolge $(\sigma_k)_{k\in\mathbb{N}}$ festgelegt ist. Die Voraussetzung "$\mathcal{K}$ ist kompakt" ist äquivalent zur schwächsten Annahme, dass $(\sigma_k)_{k\in\mathbb{N}}$ überhaupt eine Nullfolge ist, wie das folgende Lemma zeigt.

Lemma C.4.3. *Sei $\mathcal{K}$ mittels (C.16) mit Orthonormalsystemen $\{\varphi_\nu : \nu \in \mathbb{N}\}$, $\{\psi_\nu : \nu \in \mathbb{N}\}$ definiert. Dann ist die Eigenschaft $\sigma_\nu \to 0$ hinreichend und notwendig für die Kompaktheit von $\mathcal{K} \in \mathcal{L}(L^2(B_2), L^2(B_1))$.*

Beweis. Satz C.4.1 zeigt, dass $\sigma_\nu \to 0$ notwendig ist. Wird umgekehrt $\sigma_\nu \to 0$ vorausgesetzt, folgt $\|\mathcal{K} - \mathcal{K}^{(k)}\|_2 \to 0$. Da $\mathcal{K}^{(k)}$ ein k-dimensionales und damit *endlich*-dimensionales Bild besitzt, ist $\mathcal{K}^{(k)}$ kompakt. Da Grenzwerte kompakter Operatoren wieder kompakt sind, ist die Kompaktheit von $\mathcal{K} = \lim_{k\to\infty} \mathcal{K}^{(k)}$ beweisen. Also ist $\sigma_\nu \to 0$ auch hinreichend. ∎

C.4.2 Hilbert-Schmidt-Operatoren

Die Frobenius-Norm für Matrizen hat ihre Entsprechung für Integraloperatoren, wobei wir die Notation $\|\cdot\|_\mathrm{F}$ direkt übernehmen:

Definition C.4.4. *Ein Integraloperator (C.15) heißt* Hilbert-Schmidt-Operator, *falls die Kernfunktion $\varkappa$ zu einer endlichen Norm*

$$\|\mathcal{K}\|_\mathrm{F} := \sqrt{\int_{B_2}\int_{B_1} |\varkappa(x,y)|^2 \,\mathrm{d}x\mathrm{d}y} \tag{C.19}$$

führt, d.h. $\varkappa \in L^2(B_1 \times B_2)$.

Indem man die L^2-Orthonormalität der Funktionen φ_ν bzw. ψ_ν verwendet, gelangt man zu

Anmerkung C.4.5. a) Seien $H_i = L^2(B_i)$ $(i = 1, 2)$ und $\mathcal{K}, \mathcal{K}^{(k)}$ durch (C.16) bzw. (C.17) definiert. Dann gilt

$$\begin{gathered}\|\mathcal{K}\|_\mathrm{F} = \sqrt{\textstyle\sum_{\nu=1}^\infty \sigma_\nu^2}, \qquad \left\|\mathcal{K}^{(k)}\right\|_\mathrm{F} = \sqrt{\textstyle\sum_{\nu=1}^k \sigma_\nu^2}, \\ \left\|\mathcal{K} - \mathcal{K}^{(k)}\right\|_\mathrm{F} = \sqrt{\textstyle\sum_{\nu=k+1}^\infty \sigma_\nu^2}.\end{gathered} \tag{C.20}$$

b) Aus $\|\mathcal{K}\|_\mathrm{F} < \infty$ folgt, dass σ_ν mindestens mit der Ordnung $\sigma_\nu = o(1/\sqrt{\nu})$ gegen null konvergiert.

c) Es gilt stets $\|\cdot\|_2 \le \|\cdot\|_\mathrm{F}$. Die Normen $\left\|\mathcal{K} - \mathcal{K}^{(k)}\right\|_2$ und $\left\|\mathcal{K} - \mathcal{K}^{(k)}\right\|_\mathrm{F}$ stimmen in ihrer Größenordnung umso besser überein, je schneller σ_ν gegen null geht. Falls zum Beispiel das Quotientenkriterium $\sigma_{\nu+1}/\sigma_\nu \le q < 1$ zutrifft, folgert man

$$\sqrt{\sum_{\nu=k+1}^\infty \sigma_\nu^2} \le \sigma_{k+1}\sqrt{\sum_{\nu=0}^\infty q^{2\nu}} = \sigma_{k+1}/\sqrt{1-q^2},$$

sodass $\left\|\mathcal{K} - \mathcal{K}^{(k)}\right\|_2 \le \left\|\mathcal{K} - \mathcal{K}^{(k)}\right\|_\mathrm{F} \le \left\|\mathcal{K} - \mathcal{K}^{(k)}\right\|_2/\sqrt{1-q^2}$.

Bei Hilbert-Schmidt-Operatoren wird die Operatornorm mittels der Kernfunktion ausgedrückt. Dies erlaubt, die Approximation von $\varkappa(x,y)$ durch $\varkappa^{(k)}(x,y)$ direkt auf der Ebene der Funktionen zu formulieren. Die rechte Seite in (C.19) ist die $L^2(B_1 \times B_2)$-Norm von $\varkappa$. (C.20) ist daher äquivalent zu

$$\|\varkappa\|_{L^2(B_1\times B_2)} = \sqrt{\textstyle\sum_{\nu=1}^{\infty}\sigma_\nu^2}, \qquad \left\|\varkappa^{(k)}\right\|_{L^2(B_1\times B_2)} = \sqrt{\textstyle\sum_{\nu=1}^{k}\sigma_\nu^2},$$
$$\left\|\varkappa - \varkappa^{(k)}\right\|_{L^2(B_1\times B_2)} = \sqrt{\textstyle\sum_{\nu=k+1}^{\infty}\sigma_\nu^2}.$$

In Analogie zu Satz 2.4.1 gilt auch hier die Optimalität von $\mathcal{K}^{(k)}$:

Satz C.4.6 (Bestapproximation). *Sei* $\tilde{\varkappa}^{(k)}(x,y) = \sum_{\nu=1}^{k}\varphi_\nu^{(k)}(x)\psi_\nu^{(k)}(y)$ *mit* $\varphi_\nu^{(k)} \in L^2(B_1)$, $\psi_\nu^{(k)} \in L^2(B_2)$ *eine beliebige Summe von k separablen Termen; der erzeugte Operator sei* $\tilde{\mathcal{K}}^{(k)}$. *Dann gilt*

$$\|\mathcal{K} - \tilde{\mathcal{K}}^{(k)}\|_2 \geq \sigma_{k+1},$$

wobei σ_ν *die Singulärwerte von* $\mathcal{K}$ *sind. Falls* $\varkappa(x,y)$ *und* $\varkappa^{(k)}(x,y)$ *zu* $L^2(B_1 \times B_2)$ *gehören, gilt zudem*

$$\|\varkappa - \varkappa^{(k)}\|_{L^2(B_1\times B_2)} \geq \sqrt{\sum_{\nu=k+1}^{\infty}\sigma_\nu^2}.$$

Beweis. Um Satz 2.4.1 anzuwenden, bietet sich der folgende Übergang zu endlich-dimensionalen Aufgaben an.

Sei $P_n : L^2(B_1) \to \mathcal{U}_n := \operatorname{span}\{\varphi_1,\ldots,\varphi_n\} \subset L^2(B_1)$ die orthogonale Projektion auf $\mathcal{U}_n$. Entsprechend sei

$$Q_n : L^2(B_2) \to \mathcal{V}_n := \operatorname{span}\{\psi_1,\ldots,\psi_n\} \subset L^2(B_2)$$

die orthogonale Projektion auf $\mathcal{V}_n$. Anstelle von $\mathcal{K}$ und $\tilde{\mathcal{K}}^{(k)}$ betrachten wir $\mathcal{K}_n := P_n\mathcal{K}Q_n$ und $\tilde{\mathcal{K}}_n^{(k)} := P_n\tilde{\mathcal{K}}^{(k)}Q_n$. Man überzeugt sich schnell von den folgenden Aussagen:

i) Zu $\mathcal{K}_n$ gehört die Kernfunktion $\varkappa_n$ aus Korollar C.5.7.

ii) $\tilde{\mathcal{K}}_n^{(k)}$ wird von der Kernfunktion $\tilde{\varkappa}_n^{(k)}$ erzeugt:

$$\tilde{\varkappa}_n^{(k)}(x,y) = \sum_{\nu=1}^{k}\left(P_n\varphi_\nu^{(k)}\right)(x)\left(Q_n\psi_\nu^{(k)}\right)(y).$$

iii) $\mathcal{K}_n, \tilde{\mathcal{K}}_n^{(k)}$ sind lineare Abbildungen in n-dimensionalen Vektorräumen. Zu den Basen $(\varphi_1,\ldots,\varphi_n)$ bzw. $(\psi_1,\ldots,\psi_n)$ gehören die Matrizen $K_n, \tilde{K}_n^{(k)}$. Nach i) ist $K_n = \operatorname{diag}\{\sigma_1,\ldots,\sigma_n\}$, d.h. $\sigma_1,\ldots,\sigma_n$ sind auch die diskreten Singulärwerte. Da $Rang(\tilde{K}_n^{(k)}) \leq \dim Bild\,(\tilde{\mathcal{K}}^{(k)}) \leq k$, liefert Satz 2.4.1 die

Aussagen $\|K_n - \tilde{K}_n^{(k)}\|_2 \geq \sigma_{k+1}$ $(k < n)$ und $\|K_n - \tilde{K}_n^{(k)}\|_{\mathrm{F}} \geq \sqrt{\sum_{i=k+1}^{n} \sigma_i^2}$. Die Orthonormalität der φ- und ψ-Basen zeigt $\|K_n - \tilde{K}_n^{(k)}\|_2 = \|\mathcal{K}_n - \tilde{\mathcal{K}}_n^{(k)}\|_2$ und $\|K_n - \tilde{K}_n^{(k)}\|_{\mathrm{F}} = \|\varkappa_n - \tilde{\varkappa}_n^{(k)}\|_{L^2(B_1 \times B_2)}$.

iv) Für $n \to \infty$ gelten die Grenzübergänge $\mathcal{K}_n \to \mathcal{K}$, $\tilde{\mathcal{K}}_n^{(k)} \to \tilde{\mathcal{K}}^{(k)}$ in $\mathcal{L}(L^2(B_2), L^2(B_1))$ und $\varkappa_n \to \varkappa$, $\tilde{\varkappa}_n^{(k)} \to \tilde{\varkappa}^{(k)}$ in $L^2(B_1 \times B_2)$. Damit folgt die Aussage des Satzes. ■

C.5 Abbildungen zu Galerkin-Unterräumen

C.5.1 Orthogonale Projektion

Der in §1.5.1 eingeführte Hilbert-Raum V ist im allgemeinen mit einer Norm $\|\cdot\|_V$ versehen, die stärker als die L^2-Norm ist. Wir können aber von

$$V \subset L^2(B)$$

für einen geeigneten Bereich $B \subset \mathbb{R}^d$ ausgehen[11]. Es ist vorausgesetzt, dass $(V, \|\cdot\|_V)$ stetig in $L^2(B)$ eingebettet ist (vgl. [67, (6.1.5)]).

$\Pi \in \mathcal{L}(L^2(B), L^2(B))$ ist eine *Projektion*, falls $\Pi^2 = \Pi$. Ferner ist Π ist eine *orthogonale Projektion*, falls überdies Π selbstadjungiert ist: $\Pi = \Pi^*$. Die orthogonale Projektion auf einen Unterraum W ist durch

$$\inf\{\|u - v\|_2 : v \in W\} = \|u - \Pi u\|_2 \qquad \text{für alle } u \in L^2(B).$$

charakterisiert, was $Bild(\Pi) = W$ impliziert. Wenn $Bild(\Pi) \neq \{0\}$, gilt für die Operatornorm

$$\|\Pi\|_2 = 1. \tag{C.21}$$

C.5.2 Unterraumbasis, Prolongation, Restriktion, Massematrix

Ein n-dimensionaler Unterraum $V_n \subset V$ ("Finite-Element-Unterraum" bzw. "Rand-Element-Unterraum") sei mittels seiner Basis gegeben:

$$V_n = \mathrm{span}\{\phi_j : j \in I\} \subset V, \tag{C.22}$$

wobei $n = \#I$. Funktionen aus V_n werden in der Form $v = \sum_j v_j \phi_j$ dargestellt. Dies definiert die "Prolongation"

$$P : \mathbb{R}^I \to V_n, \quad \mathbf{v} = (v_j)_{j \in I} \mapsto v = \sum_{j \in I} v_j \phi_j.$$

[11] Im Falle vektorwertiger Differentialgleichungen wäre $L^2(B)$ durch $\left(L^2(B)\right)^m$ zu ersetzen. Die nachfolgenden Ausführungen bleiben richtig, wenn das Skalarprodukt $\langle f, g\rangle = \int_B fg dx$ durch $\int_B \langle f, g\rangle_{\mathbb{R}^m} dx$ ersetzt wird.

Da $P : \mathbb{R}^I \to V_n$ eine Bijektion ist, gibt es Schranken $0 < c_1 \leq c_2$ mit

$$c_1 \|\mathbf{v}\|_2 \leq \|P\mathbf{v}\|_2 \leq c_2 \|\mathbf{v}\|_2 \qquad \text{für alle } \mathbf{v} \in \mathbb{R}^I \tag{C.23}$$

(man beachte $\|\mathbf{v}\|_2 = \|\mathbf{v}\|_{\mathbb{R}^I}$ und $\|P\mathbf{v}\|_2 = \|P\mathbf{v}\|_{L^2(B)}$).

Die Adjungierte ("Restriktion")

$$R := P^* : V_n \to \mathbb{R}^I \tag{C.24}$$

hat die konkrete Darstellung

$$Rv = \mathbf{w} \qquad \text{mit } \mathbf{w} = (w_j)_{j\in I}, \quad w_j = \int_B v(x)\phi_j(x)\mathrm{d}x$$

(vgl. Anmerkung 1.5.2).

Lemma C.5.1. *a) Das Produkt $M := RP$ ist die* Gramsche Matrix

$$M \in \mathbb{R}^{I\times I}, \quad M_{ij} = \int_B \phi_i(x)\phi_j(x)\mathrm{d}x, \tag{C.25}$$

und wird im Finite-Element-Zusammenhang auch Massematrix *genannt. M ist positiv definit, sodass $M^{1/2}$ definiert ist.*

b) Die Norm $\|P\|_2 = \|R\|_2 = \|M\|_2^{1/2} = \|M^{1/2}\|_2$ ist die kleinstmögliche Konstante c_2 in (C.23), d.h. c_2^2 kann in (C.23) durch den größten Eigenwert von M ersetzt werden.

c) Die größtmögliche Konstante c_1 in (C.23) ist

$$\|M^{-1}\|_2^{-1/2} = \|M^{-1/2}\|_2^{-1},$$

d.h. c_1^2 kann in (C.23) durch den kleinsten Eigenwert von M ersetzt werden.

d) Die orthogonale Projektion Π auf V_n ist gegeben durch

$$\Pi = RM^{-1}P. \tag{C.26}$$

Im Allgemeinen sind die Konstanten c_1, c_2 aus (C.23) h-abhängig. Wenn B eine d-dimensionale Mannigfaltigkeit ist und die Träger der Basisfunktion ϕ_j den Durchmesser $\mathcal{O}(h)$ besitzen, gilt offenbar $M_{ij} = \mathcal{O}(h^d)$, vorausgesetzt die Basisfunktionen sind wie üblich durch $\|\phi_j\|_\infty = \mathcal{O}(1)$ skaliert (eine Skalierung $\|\phi_j\|_\infty = \mathcal{O}(h^{-d/2})$ würde $M_{ij} = \mathcal{O}(1)$ nach sich ziehen). Die Standardwahl $\|\mathbf{v}\|_2 = \sqrt{\sum_j |v_j|^2}$ der Euklidischen Norm in $\mathbb{R}^n$ führt dann auf

$$c_1, c_2 = \mathcal{O}(h^{d/2}). \tag{C.27}$$

Eine *alternative* Wahl der Norm ist

$$\|v\|_2 := h^{d/2}\sqrt{\sum_j |v_j|^2}.$$

Sie führt indirekt die obige Skalierung ein. Entsprechend liefert sie h-unabhängige Schranken c_1, c_2 in (C.23). Die Normänderung des Pivotraumes $\mathbb{R}^n$ ändert aber auch die Definition der Adjungierten $R = P^*$. In der neuen Norm entspricht P^* dem Ausdruck $h^{-d}P^*$ in der alten Fassung. Folglich gilt jetzt nicht mehr $M = RP$, sondern $M = h^{-d}RP$. Wegen dieser Komplikationen werden wir stets die klassische Euklidische Norm $\|\mathbf{v}\|_2 = \sqrt{\sum_j |v_j|^2}$ verwenden.

Man beachte aber, dass sich die h-Abhängigkeit in (C.27) bei gleichmäßiger Schrittweite herauskürzt, wenn man den Quotienten c_2/c_1 betrachtet, der als die Kondition der Matrix $M^{1/2}$ interpretierbar ist (vgl. Lemma C.5.1b,c).

C.5.3 Norm $|||\cdot|||$

Da die Finite-Element-Koeffizienten $\mathbf{u} \in \mathbb{R}^I$ nur Mittel zum Zweck der Darstellung der Funktion $P\mathbf{u} = \sum_{j\in I} u_j\phi_j$ sind, ist es naheliegend, die Norm

$$|||\mathbf{u}||| := \|P\mathbf{u}\|_{L^2(B)} = \|M^{1/2}\mathbf{u}\|_2 \tag{C.28}$$

zu definieren. Die letzte Gleichheit ist Gegenstand des folgenden Lemmas.

Lemma C.5.2. *Es gilt der folgende Zusammenhang zwischen der $L^2(B)$-Norm und der diskreten Norm:*

$$\|P\mathbf{v}\|_{L^2(B)} = \|M^{1/2}\mathbf{v}\|_2 \qquad \textit{für alle } \mathbf{v} \in \mathbb{R}^I. \tag{C.29a}$$

Für alle Matrizen $X \in \mathbb{R}^{I\times I}$ gelten die Identitäten

$$\|PX\|_{L^2(B)\leftarrow\mathbb{R}^I} = \|M^{1/2}X\|_2, \tag{C.29b}$$

$$\|XR\|_{\mathbb{R}^I\leftarrow L^2(B)} = \|XM^{1/2}\|_2, \tag{C.29c}$$

$$\|PXR\|_{L^2(B)\leftarrow L^2(B)} = \|M^{1/2}XM^{1/2}\|_2. \tag{C.29d}$$

Dabei bezeichnet $\mathbb{R}^I$ z.B. in $\|\cdot\|_{L^2(B)\leftarrow\mathbb{R}^I}$ den Vaum $\mathbb{R}^I$ versehen mit der Euklidischen Norm $\|\cdot\|_2$.

Beweis. a) $\|P\mathbf{v}\|^2_{L^2(B)} = (P\mathbf{v}, P\mathbf{v})_{L^2(B)} \underset{R=P^*}{=} (RP\mathbf{v}, \mathbf{v})_{\mathbb{R}^I} = (M\mathbf{v}, \mathbf{v})_{\mathbb{R}^I} = (M^{1/2}\mathbf{v}, M^{1/2}\mathbf{v})_{\mathbb{R}^I} = \|M^{1/2}X\|_2^2$ beweist (C.29a).

b) Nach Definition der Operatornorm ist

$$\|PX\|_{L^2(B)\leftarrow\mathbb{R}^I} = \sup_{\mathbf{v}\in\mathbb{R}^I\setminus\{0\}} \|PX\mathbf{v}\|_{L^2(B)}/\|\mathbf{v}\|_2$$
$$\underset{(C.29a)}{=} \sup_{\mathbf{v}\in\mathbb{R}^I\setminus\{0\}} \|M^{1/2}X\mathbf{v}\|_2/\|\mathbf{v}\|_2 = \|M^{1/2}X\|_2.$$

c) Man wende (C.29b) auf $X^\top$ statt X an: $\|PX^\top\|_{L^2(B)\leftarrow\mathbb{R}^I} = \|M^{1/2}X^\top\|_2$. Der zu $PX^\top : \mathbb{R}^I \to L^2(B)$ adjungierte Operator ist XR

und hat die gleiche Norm: $\left\|PX^\top\right\|_{L^2(B)\leftarrow\mathbb{R}^I} = \|XR\|_{\mathbb{R}^I\leftarrow L^2(B)}$. Analog gilt $\|M^{1/2}X^\top\|_2 = \|XM^{1/2}\|_2$, sodass (C.29c) folgt.

d) Die Identitäten

$$\|PXR\|_{L^2(B)\leftarrow L^2(B)} = \sup_{f\in L^2(B)\backslash\{0\}} \|PXRf\|_{L^2(B)} / \|f\|_{L^2(B)}$$

$$\underset{\text{(C.29a) mit } \mathbf{v}=XRf}{=} \sup_{f\in L^2(B)\backslash\{0\}} \frac{\|M^{1/2}XRf\|_{L^2(B)}}{\|f\|_{L^2(B)}} = \|M^{1/2}XR\|_{\mathbb{R}^I\leftarrow L^2(B)}$$

zeigt man wie in Teil b). ■

$V_I = \left(\mathbb{R}^I, |||\cdot|||\right)$ sei der Vaum $\mathbb{R}^I$ mit der Norm $|||\cdot|||$ und dem Skalarprodukt $\langle\mathbf{u},\mathbf{v}\rangle_{V_I} = (M\mathbf{u},\mathbf{v})$. Hier bedeute $(\cdot,\cdot)$ das übliche Euklidische Skalarprodukt.

Die zu $|||\cdot|||$ duale Norm ist

$$|||\mathbf{v}|||' := \|M^{-1/2}\mathbf{v}\|_2, \tag{C.30}$$

da $|||\mathbf{v}|||' = \sup\{|(\mathbf{u},\mathbf{v})| / |||\mathbf{u}||| : \mathbf{u} \neq 0\}$. Die Dualnorm liefert den dualen Vaum

$$V_I' = \left(\mathbb{R}^I, |||\cdot|||'\right).$$

Wenn der Bezug zur Indexmenge I deutlich gemacht werden soll, wird im Folgenden M_I statt M für die Massematrix aus (C.25) geschrieben. Falls die Norm $|||\cdot|||$ zu mehreren Indexmengen auftritt, wird der Index mit angegeben: $|||\cdot|||_I$.

Anmerkung C.5.3. Jede Matrix $A \in \mathbb{R}^{I\times J}$ kann als lineare Abbildung von V_J nach V_I' angesehen werden. Die zugehörige Operatornorm ist

$$|||A||| := \|M_I^{-1/2}AM_J^{-1/2}\|_2. \tag{C.31a}$$

Ferner gilt

$$|||A||| = \sup_{\mathbf{u},\mathbf{v}\neq 0} \frac{|(A\mathbf{u},\mathbf{v})|}{|||\mathbf{u}||| |||\mathbf{v}|||}. \tag{C.31b}$$

Beweis. a) Die Definition der Operatornorm ist $|||A||| = \sup_{\mathbf{u}\neq 0}\left\{|||A\mathbf{u}|||'/|||\mathbf{u}|||\right\}$ mit

$$\frac{|||A\mathbf{u}|||'}{|||\mathbf{u}|||} = \frac{\|M_I^{-1/2}A\mathbf{u}\|_2}{\|M_J^{1/2}\mathbf{u}\|_2} = \frac{\|M_I^{-1/2}AM_J^{-1/2}\mathbf{v}\|_2}{\|\mathbf{v}\|_2} \qquad \text{für } \mathbf{v} = M_J^{1/2}\mathbf{u}.$$

Das Supremum über den letzten Ausdruck liefert $\|M_I^{-1/2}AM_J^{-1/2}\|_2$.

b) Das Supremum in (C.31b) über $\mathbf{v}$ definiert die Dualnorm $|||A\mathbf{u}|||'/|||\mathbf{u}|||$. Der Rest folgt aus der Operatornorm-Charakterisierung in Teil a). ■

Für Matrixblöcke $A|_b \in \mathbb{R}^{\tau\times\sigma}$ mit $b = \tau\times\sigma$ sind die zugehörigen Massematrizen M_τ bzw. M_σ zu verwenden:

$$|||A|_b||| = \|M_\tau^{-1/2} A|_b M_\sigma^{1/2}\|_2. \tag{C.31c}$$

Es sei darauf hingewiesen, dass M_τ die Beschränkung von M_I auf $\tau \times \tau$ ist:

$$M_\tau = M_I|_{\tau\times\tau}.$$

Sei $\pi \subset T(I)$ eine Partition von I (vgl. Definition 1.3.2). Für die Euklidische Norm gilt die Gleichheit

$$\|\mathbf{u}\|_2^2 = \sum_{\tau\in\pi} \|\mathbf{u}|_\tau\|_2^2 \qquad \text{für alle } \mathbf{u} \in \mathbb{R}^I.$$

Für die Norm $|||\cdot|||$ aus (C.28) trifft die Gleichheit im Allgemeinen nicht zu. Stattdessen wird die Äquivalenz dieser Ausdrücke verlangt: Es gebe eine Konstante C, sodass

$$\frac{1}{C}|||\mathbf{u}|||_I^2 \le \sum_{\tau\in\pi} |||\mathbf{u}|_\tau|||_\tau^2 \le C|||\mathbf{u}|||_I^2 \qquad \text{für alle } \mathbf{u} \in \mathbb{R}^I. \tag{C.32a}$$

Mit der Blockdiagonalmatrix $D_\pi := \operatorname{diag}\{M_\tau : \tau \in \pi\}$ ist (C.32) gleichbedeutend mit den Ungleichungen[12] $\frac{1}{C}M_I \le D_\pi \le CM_I$. Diese beidseitige Abschätzung wird auch als Spektraläquivalenz bezeichnet und als $M_I \sim D_\pi$ geschrieben.

Eine spezielle Partition ist $\pi = \{\{i\} : i \in I\}$. In diesem Fall ist D_π eine echte Diagonalmatrix mit den Diagonaleinträgen $D_{\pi,ii} = M_{\{i\}} = \|\phi_i\|_{L^2(B)}^2$. Sie kann auch als $D_\pi = \operatorname{diag}\{M_{I,ii} : i \in I\}$ geschrieben werden, wobei letzteres der Diagonalanteil von M_I ist. Ungleichung (C.32) wird dann zu

$$M_I \sim \operatorname{diag}\{M_{I,ii} : i \in I\} \tag{C.32b}$$

und bedeutet, dass $|||\cdot|||$ zu einer mit $\operatorname{diag}\{M_{I,ii} : i \in I\}$ gewichteten Euklidischen Norm äquivalent ist.

Im Falle unendlicher Basen ist (C.32b) die charakterisierende Eigenschaft einer (mit $\operatorname{diag}\{M_{I,ii} : i \in I\}$ gewichteten) Riesz-Basis.

Anmerkung C.5.4. a) Aus (C.32b) folgt (C.32a) für jede andere Partition π von I.

b) Sei $\pi \subset T(I)$. Zu $\sigma \in T(I)$ sei $\pi_\sigma := \{\sigma \cap \tau : \tau \in \pi\}\backslash\{\emptyset\}$ definiert. Dann ist $\pi_\sigma \subset T(I)$ eine Partition von σ, und (C.32a) überträgt sich mit der gleichen Konstanten auf σ:

$$\frac{1}{C}|||\mathbf{u}|||_\sigma^2 \le \sum_{\tau\in\pi_\sigma} |||\mathbf{u}|_\tau|||_\tau^2 \le C|||\mathbf{u}|||_\sigma^2 \qquad \text{für alle } \mathbf{u} \in \mathbb{R}^\sigma. \tag{C.32c}$$

[12] $A \le B$ gilt für zwei symmetrische Matrizen, falls $(A\mathbf{u}, \mathbf{u}) \le (B\mathbf{u}, \mathbf{u})$ für alle $\mathbf{u}$.

Beweis. Zu b) Beschränkt man die Ungleichungen (C.32a) auf $\mathbf{u} \in \mathbb{R}^I$ mit $u_i = 0$ für $i \notin \sigma$, so sind sie zu (C.32c) äquivalent.

Zu a) Die Aussage von Teil b) auf (C.32b) angewandt liefert $M_\tau \sim \mathrm{diag}\{M_{I,ii} : i \in \tau\}$ für alle $\tau \in \pi$. Setzt man beide Seiten zu einer $I \times I$-(Block-)Diagonalmatrix zusammen, so folgt (mit unveränderter Konstante) $D_\pi = \mathrm{diag}\{M_\tau : \tau \in \pi\} \sim \mathrm{diag}\{M_{I,ii} : i \in I\}$, was mit (C.32a) übereinstimmt. ∎

In [34, Remark 3.3] findet sich das folgende Resultat[13]:

Lemma C.5.5. *$\{\phi_i : i \in I\}$ sei die stückweise konstante oder lineare Finite-Element-Basis mit $\phi_i(x_i) = 1$ zu einer formregulären Triangulation. Dann gilt die Normäquivalenz (C.32b).*

C.5.4 Bilinearformen, Diskretisierung

In (1.20a) und (1.26) wurde die Variationsformulierung "$u \in V$ gesucht mit $a(u, v) = f(v)$ für alle $v \in V$" eingeführt, wobei $a(\cdot,\cdot) : V \times V \to \mathbb{R}$ eine beschränkte Bilinearform ist. Zu jeder derartiger Bilinearform gehört ein Operator $\mathcal{A} : V \to V'$, sodass $a(u, v) = \langle \mathcal{A}u, v\rangle_{V' \times V}$.

Die Diskretisierung lautete in (1.21): "Gesucht ist $u_n \in V_n$ mit $a(u_n, v) = f(v)$ für alle $v \in V_n$". Indem man $u_n = P\mathbf{u}$ und $v = P\mathbf{v}$ mit $\mathbf{u}, \mathbf{v} \in \mathbb{R}^n$ einführt, ist die Galerkin-Diskretisierung äquivalent zum Gleichungssystem

$$A\mathbf{u} = \mathbf{f} \qquad \text{mit } A = R\mathcal{A}P, \quad \mathbf{f} = Rf \quad \text{und} \quad A_{ij} = a(\phi_j, \phi_i) \tag{C.33}$$

(vgl. (1.33a) mit $R = \Lambda_1$, $P = R^* = \Lambda_2^*$).

Lemma C.5.6. *In der Galerkin-Diskretisierung besteht zwischen $\mathcal{A}$ und A der Zusammenhang*

$$PM^{-1}AM^{-1}R = \Pi\, \mathcal{A}\, \Pi =: \mathcal{A}_n \qquad (\Pi \text{ aus (C.26)}). \tag{C.34}$$

Beweis. Multiplikation von $A = R\mathcal{A}P$ aus (C.33) mit PM^{-1} von links und $M^{-1}R$ von rechts zeigt (C.34) wegen (C.26). ∎

Korollar C.5.7. *Wenn die Darstellung (C.16) gilt, folgt*

$$\mathcal{K}_n := \Pi\, \mathcal{K}\, \Pi = \sum_{\nu=1}^{\infty} \sigma_\nu \, (\Pi\varphi_\nu)\, (\Pi\psi_\nu)^*,$$

d.h. $\mathcal{K}_n$ hat die Kernfunktion $\varkappa_n(x, y) := \sum_{\nu=1}^{\infty} \sigma_\nu \, (\Pi\varphi_\nu)(x)\, (\Pi\psi_\nu)(y)$.

---

[13] In [34] wird im d-dimensionale Fall die Diagonalmatrix $D := \mathrm{diag}\{h_i^d : i \in I\}$ anstelle von $\mathrm{diag}\{M_I\}$ verwendet. Dabei ist h_i die Gitterweite beim Knotenpunkt x_i. Da $D \sim \mathrm{diag}\{M_I\}$, ist die Aussage des Lemmas identisch.

Eine Familie von Diskretisierungen $\{\mathcal{A}_n\}_{n\in\mathbb{N}'}$ für eine Teilmenge $\mathbb{N}' \subset \mathbb{N}$ heißt *stabil*, falls

$$\sup_n \|\mathcal{A}_n^{-1}\|_{V_n\leftarrow V_n'} < \infty \qquad (V_n \text{ ist mit der Norm von } V \text{ versehen})$$

(vgl. [71, §6.4]).

Die Ritz-Projektion $Q_{\mathrm{Ritz}} : V \to V_n$ ist die Abbildung, die der Lösung $u \in V$ von (1.20a) die diskrete Galerkin-Lösung $u_n \in V_n$ (1.21) zuordnet. Die explizite Darstellung lautet

$$Q_{\mathrm{Ritz}} = PA^{-1}R\mathcal{A}.$$

Wenn die Abhängigkeit von n ausgedrückt werden soll, schreiben wir auch $Q_{\mathrm{Ritz},n}$.

Wenn $\{V_n\}_{n\in\mathbb{N}'}$ eine Familie von Unterräumen $V_n \subset V$ ist, Stabilität vorliegt und

$$\lim_{n\to\infty} \operatorname{dist}(u, V_n) = 0 \text{ für alle } u \in V \tag{C.35}$$

($\operatorname{dist}(u, V_n) := \inf_{v\in V_n} \|u - v\|_V$) gilt, erhält man Konvergenz $u_n \to u$. Allerdings kann diese Konvergenz beliebig langsam sein. Eine Aussage der Form $\|I - Q_{\mathrm{Ritz},n}\|_{V\leftarrow V} \to 0$ ist hieraus nicht ableitbar.

Die üblichen Konvergenzaussagen verlangen, dass die Lösung u in einem "besseren" Raum $W \subset V$ liegt, um dann eine Konvergenzordnung $\|I - Q_{\mathrm{Ritz},n}\|_{V\leftarrow W} \leq \mathcal{O}(n^{-\alpha})$ für geeignetes α nachzuweisen. Im Falle von $V = H^1(\Omega)$ bzw. $H_0^1(\Omega)$ kann zum Beispiel $W = H^{1+\varepsilon}(\Omega) \cap V$ für ein $\varepsilon > 0$ gewählt werden. Zum Nachweis von $u \in W$ braucht man geeignete Regularitätsaussagen, die eine entsprechende Glattheit der Koeffizienten des Differentialoperators erfordern (vgl. Hackbusch [67, §9]).

Aber auch ohne Regularitätsannahmen lässt sich eine Aussage der Form $\|I - Q_{\mathrm{Ritz},n}\| \to 0$ nachweisen:

Lemma C.5.8. *Die Bilinearform $a : V \times V \to \mathbb{R}$ sei beschränkt, die Unterräume $V_n \subset V$ erfüllen (C.35), die Diskretisierung $\{\mathcal{A}_n\}_{n\in\mathbb{N}'}$ sei stabil und die Einbettung $V \hookrightarrow L^2(\Omega)$ sei stetig, dicht und kompakt. Dann gilt*

$$\|\mathcal{A}^{-1} - PA^{-1}R\|_{L^2(\Omega)\leftarrow L^2(\Omega)} \leq \varepsilon_n \qquad \textit{mit } \varepsilon_n \to 0 \textit{ für } n \to \infty.$$

Die Aussage kann auch als $\|(I - Q_{\mathrm{Ritz},n})\,u\|_{L^2(\Omega)} \leq \varepsilon_n \|f\|_{L^2(\Omega)}$ mit $\mathcal{A}u = f$ formuliert werden.

Beweis. a) Wegen der Einbettungseigenschaft von $V \hookrightarrow L^2(\Omega)$ ist auch $L^2(\Omega) \hookrightarrow V'$ eine stetige, dichte und kompakte Einbettung (vgl. Hackbusch [67, Lemmata 6.3.9 und 6.4.5b]).

b) Sei $e_n(u) := (I - Q_{\mathrm{Ritz},n})\,u$ für $u \in V$. Das Cea-Lemma zeigt $\|e_n(u)\|_V \leq C_1 \operatorname{dist}(u, V_n)$ (vgl. Hackbusch [67, Satz 8.2.1]). Mit (C.35) und Teil a) folgt somit auch $\|e_n(u)\|_{L^2(\Omega)} \to 0$ für alle $u \in V$.

c) Die Stabilität von $\{\mathcal{A}_n\}_{n\in\mathbb{N}'}$ zusammen mit (C.35) beweist $\mathcal{A}^{-1} \in \mathcal{L}(V', V)$ (vgl. Hackbusch [67, Satz 8.2.2]).

d) Sei $U := \{\mathcal{A}^{-1}f \in V : \|f\|_{L^2(\Omega)} \leq 1\}$ definiert. Wenn $E : L^2(\Omega) \hookrightarrow V'$ die Einbettung bezeichnet, ist U das Bild der Einheitskugel

$$\{f \in L^2(\Omega) : \|f\|_{L^2(\Omega)} \leq 1\}$$

unter der Abbildung $\mathcal{A}^{-1}E$. Da $\mathcal{A}^{-1}$ beschränkt (vgl. Teil c) und E kompakt ist (vgl. Teil a), ist U eine präkompakte Teilmenge von V.

e) Wir wollen nun die gleichmäßige Konvergenz

$$\varepsilon_n := \sup\{\|e_n(u)\|_{L^2(\Omega)} : u \in U\} \to 0$$

zeigen. Zum indirekten Beweis sei angenommen, dass $\eta > 0$ und eine Folge $u^{(n)} \in U$ existieren, sodass

$$\|e_n(u^{(n)})\|_{L^2(\Omega)} \geq \eta > 0 \qquad \text{für alle } n \in \mathbb{N}'.$$

Wegen der Präkompaktheit von U gibt es daher eine Teilfolge $u^{(n)} \in U$ mit $u^{(n)} \to u^* \in V$ für $n = n_k \to \infty$. Da $e_n(u^{(n)}) = e_n(u^{(n)} - u^*) + e_h^P(u^*)$, folgt $\|e_n(u^{(n)})\|_{L^2(\Omega)} \leq \|e_n(u^{(n)} - u^*)\|_{L^2(\Omega)} + \|e_n(u^*)\|_{L^2(\Omega)}$. Für den ersten Summanden verwendet man

$$\begin{aligned}\|e_n(u^{(n)} - u^*)\|_{L^2(\Omega)} &\leq C_0\|e_n(u^{(n)} - u^*)\|_V \leq C_0C_1 \operatorname{dist}(u^{(n)} - u^*, V_n)\\ &\leq C_0C_1\|u^{(n)} - u^*\|_V \to 0,\end{aligned}$$

für den zweiten $\|e_n(u^*)\|_{L^2(\Omega)} \leq C_0\|e_n(u^*)\|_V \leq C_0C_1 \operatorname{dist}(u^*, V_n) \to 0$. Damit ist der Widerspruch $\|e_n(u^{(n)})\|_{L^2(\Omega)} \to 0$ aufgedeckt. ∎

D

Sinc-Interpolation und -Quadratur

Wir folgen hier weitgehend den Darstellungen der Monographie von Stenger [128].

D.1 Elementare Funktionen

Die folgende Abschätzung der Exponentialfunktion wird häufig verwendet werden:

$$e^x \geq 1 + x \qquad \text{für alle } x \in \mathbb{R}. \tag{D.1}$$

Weiterhin sei an die *Hyperbelfunktionen* erinnert:

$$\sinh(x) = \frac{e^x - e^{-x}}{2}, \quad \cosh(x) = \frac{e^x + e^{-x}}{2}, \tag{D.2}$$

die *ganze* Funktionen sind, d.h. in $\mathbb{C}$ holomorph sind. Die Umkehrfunktionen sind die *Area-Funktionen*, die auch durch den natürlichen Logarithmus ausgedrückt werden können:

$$\operatorname{arsinh}(y) = \log\left(y + \sqrt{y^2+1}\right), \quad \operatorname{arcosh}(y) = \log\left(y + \sqrt{y^2-1}\right). \tag{D.3}$$

Übung D.1.1. Man zeige: a) $y = \sinh(x) \Leftrightarrow x = \operatorname{arsinh}(y)$ für alle $y \in \mathbb{R}$ (damit auch für alle $x \in \mathbb{R}$).

b) $y = \cosh(x) \Leftrightarrow x = \operatorname{arcosh}(y)$ für alle $y \geq 1$ (und damit für alle $x \geq 0$).

c) $\cosh(x + iy) = \cosh(x)\cos(y) + i\sinh(x)\sin(y)$, $\sinh(x + iy) = \sinh(x)\cos(y) + i\cosh(x)\sin(y)$ für $x, y \in \mathbb{R}$.

d) $\sin(x + iy) = \sin(x)\cosh(y) + i\cos(x)\sinh(y)$ für $x, y \in \mathbb{R}$.

e) Die Ungleichungen $|\sin(x+iy)|^2 \geq \sinh^2(y)$, $|\sinh(x+iy)|^2 \geq \sinh^2(x)$ und $|\cosh(x+iy)|^2 \geq \sinh^2(x)$ gelten für $x, y \in \mathbb{R}$.

Die *Sinc-Funktion*

$$\operatorname{sinc}(x) := \frac{\sin(\pi x)}{\pi x} \tag{D.4}$$

ist die Fourier-Transformierte der charakteristischen Funktion $\chi = \chi_{[-\pi,\pi]}$:

$$\widehat{\chi}(\xi) = \frac{1}{2\pi}\int_{-\infty}^{\infty} \chi(x)\mathrm{e}^{-ix\xi}\mathrm{d}x = \frac{1}{2\pi}\int_{-\pi}^{\pi} \mathrm{e}^{-ix\xi}\mathrm{d}x = \mathrm{sinc}(\xi).$$

D.2 Interpolation

Zunächst wird die Interpolation definiert und es werden Konvergenzsätze formuliert. In §D.3 wird erklärt, wie hieraus eine separable Entwicklung folgt. Außerdem wird gezeigt, wie die Funktionen umgestaltet werden, damit sie den Voraussetzungen genügen.

D.2.1 Definitionen

Wir führen eine Schrittweite $\mathfrak{h} > 0$ ein und definieren die skalierten und verschobenen Sinc-Funktionen:

$$S(k,\mathfrak{h})(x) := \mathrm{sinc}\left(\frac{x}{\mathfrak{h}} - k\right) = \frac{\sin\left[\pi\left(x - k\mathfrak{h}\right)/\mathfrak{h}\right]}{\pi\left(x - k\mathfrak{h}\right)/\mathfrak{h}} \qquad (\mathfrak{h} > 0,\ k \in \mathbb{Z}). \tag{D.5}$$

Man beachte, dass $S(k,\mathfrak{h})$ eine Funktion in x ist und $k,\mathfrak{h}$ zwei Parameter darstellen.

Übung D.2.1. Man zeige: a) $S(k,\mathfrak{h})$ ist eine ganze Funktion.
b) Es gilt $S(k,\mathfrak{h})(\ell\mathfrak{h}) = \delta_{k,\ell}$ (Kronecker-Symbol) für alle $\ell \in \mathbb{Z}$.
c) Die Funktionen $S(k,\mathfrak{h})$ sind orthonormal: $\int_{\mathbb{R}} S(k,\mathfrak{h})(x)\, S(\ell,\mathfrak{h})(x)\,\mathrm{d}x = \delta_{k,\ell}$ für alle $k,\ell \in \mathbb{Z}$.

Wegen der Eigenschaft b) in Übung D.2.1 können die $S(k,\mathfrak{h})$ als Lagrange-Funktionen zu den unendlichen vielen Stützstellen $\{k\mathfrak{h} : k \in \mathbb{Z}\}$ angesehen werden. Dies führt zur

Definition D.2.2 (Sinc-Interpolation). *Seien $f \in C(\mathbb{R})$ und $N \in \mathbb{N}_0$. Die Interpolierende in den $2N+1$ Punkten $\{k\mathfrak{h} : k \in \mathbb{Z},\ |k| \le N\}$ wird mit*

$$C_N(f,\mathfrak{h}) := \sum_{k=-N}^{N} f(k\mathfrak{h})S(k,\mathfrak{h}) \tag{D.6a}$$

bezeichnet. Falls der Grenzwert für $N \to \infty$ existiert, schreiben wir

$$C(f,\mathfrak{h}) := \sum_{k=-\infty}^{\infty} f(k\mathfrak{h})S(k,\mathfrak{h}). \tag{D.6b}$$

Die zugehörigen Interpolationsfehler sind

$$E_N(f,\mathfrak{h}) := f - C_N(f,\mathfrak{h}), \qquad E(f,\mathfrak{h}) := f - C(f,\mathfrak{h}). \tag{D.6c}$$

Für Funktionen f mit sehr starken Analytizitätsbedingungen stimmen f und die Interpolierende $C(f,\mathfrak{h})$ überein (vgl. [128, (1.10.3)]). Im Allgemeinen bleibt aber ein Fehler $E(f,\mathfrak{h})$, der in Satz D.2.5 abgeschätzt wird. Die Geschwindigkeit, mit der $f(x)$ für $\mathbb{R} \ni x \to \pm\infty$ gegen null fällt, erlaubt eine Fehlerabschätzung von $C(f,\mathfrak{h}) - C_N(f,\mathfrak{h})$ (vgl. Lemma D.2.7), sodass insgesamt $E_N(f,\mathfrak{h})$ abgeschätzt werden kann.

Anders als in der Definition D.2.2 soll f nicht nur auf $\mathbb{R}$ definiert sein, sondern muss sich analytisch fortsetzen lassen. Die zugehörigen Funktionsmengen werden charakterisiert in

Definition D.2.3. *Sei $\mathfrak{D} \subset \mathbb{C}$ ein Gebiet.*

a) $\mathbf{Hol}(\mathfrak{D}) := \{f : f$ *ist holomorph in* $\mathfrak{D}\}$.

b) Sei $\mathfrak{D}' \subset \mathfrak{D}$ beschränkt mit $\partial\mathfrak{D}' \subset \mathfrak{D}$. Falls der Grenzwert von $\int_{\partial\mathfrak{D}'} |f(z)|\,|\mathrm{d}z|$ für $\mathfrak{D}' \to \mathfrak{D}$ existiert, wird dieser mit

$$N(f,\mathfrak{D}) = \int_{\partial\mathfrak{D}} |f(z)|\,|\mathrm{d}z| \tag{D.7}$$

bezeichnet.

c) $\mathbf{H}^1(\mathfrak{D}) := \{f \in \mathbf{Hol}(\mathfrak{D}) : N(f,\mathfrak{D}) < \infty\}$.

D.2.2 Stabilität der Sinc-Interpolation

Wie in (B.18) interessiert die Abschätzung

$$\|C_N(f,\mathfrak{h})\|_\infty \le C_{\mathrm{stab}}(N)\,\|f\|_\infty \qquad \text{für alle } f \in C(\mathbb{R}). \tag{D.8a}$$

Die folgende Abschätzung findet sich in [128, Seite 142].

Lemma D.2.4. *Die Stabilitätskonstante in (D.8a) lautet*

$$\begin{aligned} C_{\mathrm{stab}}(N) &= \max_{x\in\mathbb{R}} \sum_{k=-N}^{N} |S(k,\mathfrak{h})(x)| \le \frac{2}{\pi}\left(\frac{3}{2} + \gamma + \log(N+1)\right) \\ &\le \frac{2}{\pi}\left(3 + \log(N)\right), \end{aligned}$$

wobei $\gamma = 0.577\ldots$ die Eulersche[1] *Konstante ist.*

Die Stabilitätskonstante 1 erhält man bezüglich der L^2-Norm:

$$\|C_N(f,\mathfrak{h})\|_{L^2(\mathbb{R})} \le \sqrt{\sum\nolimits_{|k|\le N} |f(k\mathfrak{h})|^2} \qquad \text{für alle } f \in C(\mathbb{R}), \tag{D.8b}$$

wobei auf der rechten Seite die diskrete ℓ_2-Norm verwendet wird (vgl. Übung D.2.1c).

[1] Leonhard Euler, geboren am 15. April 1707 in Basel, gestorben am 18. September 1783 in St. Petersburg.

D.2.3 Abschätzungen im Streifen $\mathfrak{D}_d$

Im Weiteren verwenden wir den offenen achsenparallelen Streifen mit Imaginärteil $< d$:

$$\mathfrak{D}_d := \{z = x + iy \in \mathbb{C} : x \in \mathbb{R},\ -d < y < d\} \qquad (d > 0). \tag{D.9}$$

Für $\mathfrak{D} = \mathfrak{D}_d$ kann man $\mathfrak{D}' = \mathfrak{D}'_{d,n} = \{z = x + iy : |x| < n,\ |y| < d - \frac{1}{n}\} \to \mathfrak{D}_d$ $(n \to \infty)$ in Definition D.2.3b wählen. Damit muss insbesondere $\int_{-d}^{d} |f(x + iy)|\, \mathrm{d}y \to 0$ für $|x| \to \infty$ gelten. Die Integrale $\int_{\partial\mathfrak{D}_d} \ldots \mathrm{d}z$ bzw. $\int_{\partial\mathfrak{D}_d} |\ldots|\, |\mathrm{d}z|$ stellen damit die folgenden Grenzwerte dar:

$$\begin{aligned}\int_{\partial\mathfrak{D}_d} F(z)\mathrm{d}z &= \lim\nolimits_{\delta\nearrow d} \int_{-\infty}^{\infty} \{F(x - i\delta) - F(x + i\delta)\}\, \mathrm{d}x,\\ \int_{\partial\mathfrak{D}_d} |F(z)|\, |\mathrm{d}z| &= \lim\nolimits_{\delta\nearrow d} \int_{-\infty}^{\infty} \{|F(x - i\delta)| + |F(x + i\delta)|\}\, \mathrm{d}x.\end{aligned} \tag{D.10}$$

Der Interpolationsfehler lässt sich dank des Residuensatzes wie folgt darstellen (vgl. [128, Thm 3.1.2]):

Satz D.2.5 (Interpolationsfehler). *Seien $d > 0$ und $f \in \mathbf{H}^1(\mathfrak{D}_d)$. Dann gilt*

$$E(f, \mathfrak{h})(z) = \frac{\sin(\pi z/\mathfrak{h})}{2\pi i} \int_{\partial\mathfrak{D}_d} \frac{f(\zeta)}{(\zeta - z)\sin(\pi\zeta/\mathfrak{h})} \mathrm{d}\zeta \quad \text{für alle } z \in \mathfrak{D}_d. \tag{D.11}$$

Die Integration $\int_{\partial\mathfrak{D}_d}$ kann durch $\int_{\partial\mathfrak{D}}$ für jedes $\mathfrak{D}$ mit $\mathbb{R} \subset \mathfrak{D} \subset \mathfrak{D}_d$ ersetzt werden. Der Fehler $E(f, \mathfrak{h})$ kann in der Supremumsnorm

$$\|E(f, \mathfrak{h})\|_\infty := \sup_{x\in\mathbb{R}} |E(f, \mathfrak{h})(x)|$$

oder in der L^2-Norm

$$\|E(f, \mathfrak{h})\|_2 := \left(\int_{\mathbb{R}} |E(f, \mathfrak{h})(x)|^2\, \mathrm{d}x\right)^{1/2}$$

abgeschätzt werden (vgl. [128, (3.1.12)]):

Lemma D.2.6 (Interpolationsfehler-Abschätzung). *Für $f \in \mathbf{H}^1(\mathfrak{D}_d)$ gelten die Ungleichungen*

$$\|E(f, \mathfrak{h})\|_\infty \le \frac{N(f, \mathfrak{D}_d)}{2\pi d \sinh(\pi d/\mathfrak{h})}, \quad \|E(f, \mathfrak{h})\|_2 \le \frac{N(f, \mathfrak{D}_d)}{2\sqrt{\pi d}\, \sinh(\pi d/\mathfrak{h})}. \tag{D.12a}$$

Der Beweis verwendet Übung D.1.1d,e. Der Nenner $\sinh(\pi d/\mathfrak{h})$ entspricht dem Exponentialausdruck

$$\frac{1}{\sinh(\pi d/\mathfrak{h})} = 2\left[1 - \exp\frac{-2\pi d}{\mathfrak{h}}\right] \exp\frac{-\pi d}{\mathfrak{h}} = (2 - o(1)) \exp\frac{-\pi d}{\mathfrak{h}} \tag{D.12b}$$

($o(1)$ ist Nullfolge bezüglich $\mathfrak{h} \searrow 0$). Das exponentielle Wachstum von sinh sorgt dafür, dass die rechte Seite in (D.12a) klein werden kann.

Lemma D.2.7. *$f \in \mathbf{H}^1(\mathfrak{D}_d)$ erfülle für geeignete $c \geq 0$ und $\alpha > 0$ die Abschätzung*

$$|f(x)| \leq c \cdot \mathrm{e}^{-\alpha|x|} \qquad \text{für alle } x \in \mathbb{R}. \tag{D.13}$$

Dann gilt für den Rest $E(f,\mathfrak{h}) - E_N(f,\mathfrak{h}) = \sum_{|k|>N} f(k\mathfrak{h})S(k,\mathfrak{h})$ die Abschätzung

$$\|E(f,\mathfrak{h}) - E_N(f,\mathfrak{h})\|_p \leq \frac{2c}{\alpha\mathfrak{h}^{\sigma(p)}}\mathrm{e}^{-\alpha N\mathfrak{h}} \;\; \text{mit } \sigma(p) = \begin{cases} 1 & (p=\infty), \\ 1/2 & (p=2). \end{cases} \tag{D.14}$$

Beweis. Da $E(f,\mathfrak{h}) - E_N(f,\mathfrak{h}) = \sum_{|k|>N} f(k\mathfrak{h})S(k,\mathfrak{h})$ und $\|S(k,\mathfrak{h})\|_\infty \leq 1$, ist $\sum_{|k|>N} |f(k\mathfrak{h})|$ mit Hilfe von (D.13) abzuschätzen. Für $p = 2$ kann $\left|\int_\mathbb{R} S(n,\mathfrak{h})(x)S(m,\mathfrak{h})(x)\mathrm{d}x\right| \leq \mathfrak{h}$ ausgenutzt werden (vgl. [128, (3.1.36)]): $\|E(f,\mathfrak{h}) - E_N(f,\mathfrak{h})\|_2^2 \leq \mathfrak{h}\sum_{|n|,|m|>N} |f(n\mathfrak{h})f(m\mathfrak{h})| = 4\mathfrak{h}(\sum_{k>N} |f(k\mathfrak{h})|)^2$. ∎

Um eine möglichst kleine Schranke für

$$\|E_N(f,\mathfrak{h})\|_p \leq \|E(f,\mathfrak{h})\|_p + \|E(f,\mathfrak{h}) - E_N(f,\mathfrak{h})\|_p \qquad (p = 2, \infty)$$

zu finden, sollte $\mathfrak{h}$ so gewählt werden, dass beide Summanden ähnlich sind (vgl. [128, Thm 3.1.7]):

Satz D.2.8 (Abschätzung von $E_N(f,h)$). *Für $f \in \mathbf{H}^1(\mathfrak{D}_d)$ gelte (D.13). Die Schrittweite $\mathfrak{h}$ sei als*

$$\mathfrak{h} := \mathfrak{h}_N := \sqrt{\frac{\pi d}{\alpha N}} \tag{D.15}$$

gewählt. Dann ist der Interpolationsfehler abschätzbar durch

$$\|E_N(f,\mathfrak{h})\|_p \tag{D.16}$$
$$\leq \exp\{-\sqrt{\pi\alpha d N}\} \cdot \begin{cases} \left(\frac{N(f,\mathfrak{D}_d)}{\pi[1-\exp(-\pi\alpha d N)]\sqrt{Nd}} + \frac{2c}{\sqrt{\pi\alpha}}\right)\sqrt{N/d} & (p=\infty), \\ \left(\frac{N(f,\mathfrak{D}_d)}{\sqrt{\pi}[1-\exp(-\pi\alpha d N)]\sqrt[4]{Nd}} + \frac{2c}{\sqrt[4]{\alpha^3\pi}}\right)\sqrt[4]{N/d} & (p=2). \end{cases}$$

Beweis. 1) Sei $p = \infty$. (D.12a,b) und (D.14) liefern für $\mathfrak{h}$ aus (D.15) die Schranke $C\exp\{-\sqrt{\pi\alpha d N}\}$ mit

$$C := \frac{N(f,\mathfrak{D}_d)\mathrm{e}^{\sqrt{\alpha N\pi d}}}{2\pi d\,\sinh(\sqrt{\alpha N\pi d})} + 2c\sqrt{\frac{N}{\pi d\alpha}}$$
$$= \left(\frac{N(f,\mathfrak{D}_d)}{\pi d\,[1-\exp(-\pi\alpha d N)]\,\sqrt{Nd}} + \frac{2c}{\sqrt{\pi\alpha}}\right)\sqrt{N/d}.$$

2) $p = 2$ führt auf

$$\frac{N(f,\mathfrak{D}_d)}{2\sqrt{\pi d}\sinh(\pi d/\mathfrak{h})} + \frac{2c}{\alpha\sqrt{\mathfrak{h}}}\mathrm{e}^{-\alpha N\mathfrak{h}} = \left(\frac{N(f,\mathfrak{D}_d)}{\sqrt{\pi}[1-\exp(-\pi\alpha d N)]\sqrt[4]{Nd}} + \frac{2c}{\sqrt[4]{\alpha^3\pi}}\right)\mathrm{e}^{-\sqrt{\pi\alpha d N}}\sqrt[4]{\frac{N}{d}}.$$

∎

Der zweite Faktor auf der rechten Seite von (D.16) nach der geschweiften Klammer wächst wie $\mathcal{O}(N^{\sigma(p)/2})$ bezüglich $N \to \infty$. Den Abfall des Fehlers (D.16) kann man vereinfacht als

$$\|E_N(f,\mathfrak{h}_N)\|_p \le \mathcal{O}\left(\exp\{-C\sqrt{N}\}\right) \qquad \text{für } C < \sqrt{\pi\alpha d} \tag{D.17}$$

mit $\mathfrak{h}_N$ aus (D.15) charakterisieren (vgl. Lemma 4.1.4a).

Beispiel D.2.9. Sei $d > 0$. $f(x) := \exp\{-\sqrt{d^2+x^2}\}$ ist eine Funktion, die (D.13) mit $c := \alpha := 1$ erfüllt. Da die komplexe Wurzelfunktion $\sqrt{d^2+z^2}$ bei $\pm id$ Polstellen besitzt, ist $\mathfrak{D}_d$ der größte Streifen, in den f analytisch fortsetzbar ist. Gemäß (D.16) folgt

$$\|E_N(f,\mathfrak{h})\|_\infty \le \left(2\sqrt{N/(\pi d)} + \mathcal{O}(1)\right)\exp\{-\sqrt{\pi d N}\}.$$

Korollar D.2.10. *Die Abschätzung (D.17) lässt sich auch folgendermaßen ausdrücken. Seien eine Fehlerschranke* $\varepsilon > 0$ *vorgegeben und* $N_\varepsilon := \min\{N \in \mathbb{N}_0 : \|E_N(f,\mathfrak{h}_N)\|_p \le \varepsilon\}$ *definiert. Dann gilt*

$$N_\varepsilon \ge \frac{\log^2(1/\varepsilon)}{C^2} + \mathcal{O}(\log\frac{1}{\varepsilon}). \tag{D.18}$$

Ein schnellerer Abfall als in (D.13) liegt vor, falls

$$|f(x)| \le c\cdot \mathrm{e}^{-\alpha|x|^\gamma} \qquad \text{für alle } x\in\mathbb{R} \text{ und ein } \gamma > 1. \tag{D.19}$$

Anstelle von (D.14) erhält man

$$\|E(f,\mathfrak{h}) - E_N(f,\mathfrak{h})\|_\infty \le \frac{2c}{\alpha N^{\gamma-1}\mathfrak{h}^\gamma}\exp(-\alpha\,(N\mathfrak{h})^\gamma), \tag{D.20}$$

wenn man die Abschätzung

$$\begin{aligned}\sum_{|k|>N} |f(k\mathfrak{h})| &= 2\sum_{k=N+1}^{\infty} c\cdot \mathrm{e}^{-\alpha|k\mathfrak{h}|^\gamma} \le \frac{2c}{\mathfrak{h}}\int_{N\mathfrak{h}}^{\infty}\exp\left(-\alpha s^\gamma\right)ds \\ &\le \frac{2c}{\mathfrak{h}}\int_{N\mathfrak{h}}^{\infty}\exp\left(-\alpha\,|N\mathfrak{h}|^{\gamma-1}s\right)ds\end{aligned}$$

verwendet. Der Abgleich von $\mathcal{O}(\exp\frac{-\pi d}{\mathfrak{h}})$ und $\mathcal{O}(\exp(-\alpha\,(N\mathfrak{h})^\gamma)$ führt auf die optimale Schrittweite

$$\mathfrak{h} := \mathfrak{h}_N := \left(\frac{\pi d}{\alpha}\right)^{1/(\gamma+1)} N^{-\dfrac{\gamma}{\gamma+1}} \tag{D.21}$$

Die Addition von (D.12a) und (D.20) für die Schrittweite aus (D.21) führt zu folgendem Resultat.

Satz D.2.11. *Für $f \in \mathbf{H}^1(\mathfrak{D}_d)$ gelte (D.19) mit $\gamma > 1$. Die Schrittweite $\mathfrak{h}$ sei wie in (D.21) gewählt. Dann ist der Interpolationsfehler abschätzbar durch*

$$\|E_N(f, \mathfrak{h}_N)\|_\infty \leq \mathcal{O}\left(\exp\left(-C\,N^{\frac{\gamma}{\gamma+1}}\right)\right) \text{ für alle } 0 < C < \alpha^{\frac{1}{\gamma+1}} (\pi d)^{\frac{\gamma}{\gamma+1}}. \tag{D.22}$$

N_ε aus Korollar D.2.10 hat das asymptotische Verhalten

$$N_\varepsilon \geq \left(\frac{\log(1/\varepsilon)}{C}\right)^{(\gamma+1)/\gamma} (1 + o(1)). \tag{D.23}$$

D.2.4 Abschätzungen durch $e^{-CN/\log N}$

In vielen Fällen möchte man den Faktor $\log^2(1/\varepsilon)$ aus (D.18) bzw. $\log^{(\gamma+1)/\gamma}(1/\varepsilon)$ aus (D.23) lieber durch $\log(1/\varepsilon)$ ersetzt sehen. Dann müsste der Exponentialterm in (D.17) $\exp\{-CN\}$ lauten. Um in die Nähe dieser Asymptotik zu kommen, muss (D.13) durch die doppelt exponentielle Abfallrate

$$|f(x)| \leq c_1 \cdot \exp\{-c_2 e^{c_3|x|}\} \qquad \text{für alle } x \in \mathbb{R} \tag{D.24}$$

ersetzt werden. Anstelle von Lemma D.2.7 verwendet man nun

Lemma D.2.12. *$f \in \mathbf{H}^1(\mathfrak{D}_d)$ erfülle für geeignete Konstanten $c_1, c_2, c_3 > 0$ die Bedingung (D.24). Dann gilt für den Rest $E(f, \mathfrak{h}) - E_N(f, \mathfrak{h}) = \sum_{|k|>N} f(k\mathfrak{h}) S(k, \mathfrak{h})$ die Abschätzung*

$$\|E(f, \mathfrak{h}) - E_N(f, \mathfrak{h})\|_p \leq \frac{2c_1}{c_2 c_3} \exp\{-c_2 e^{c_3 N\mathfrak{h}}\} \frac{e^{-c_3 N\mathfrak{h}}}{\mathfrak{h}^{\sigma(p)}} \tag{D.25}$$

$$\text{mit } \sigma(p) = \begin{cases} 1 & \text{falls } p = \infty, \\ 1/2 & \text{falls } p = 2. \end{cases}$$

Beweis. Sei zunächst $p = \infty$ angenommen. Wie im Beweis von Lemma D.2.7 ist $\sum_{|k|>N} |f(k\mathfrak{h})|$ abzuschätzen:

$$\sum_{|k|>N} |f(k\mathfrak{h})| \leq 2c_1 \sum_{k=N+1}^{\infty} \exp\{-c_2 e^{c_3 k\mathfrak{h}}\}$$

$$= 2c_1 \exp\{-c_2 e^{c_3 N\mathfrak{h}}\} \sum_{k=N+1}^{\infty} \exp\left\{c_2 e^{c_3 N\mathfrak{h}} \left(1 - e^{c_3(k-N)\mathfrak{h}}\right)\right\}.$$

Anwendung von (D.1) auf $e^{c_3 m\mathfrak{h}}$ mit $m := k - N$ und auf $\exp\{c_2 e^{c_3 N\mathfrak{h}} c_3 \mathfrak{h}\}$ zeigt

$$\sum_{|k|>N} |f(k\mathfrak{h})| \le 2c_1 \exp\{-c_2 e^{c_3 N\mathfrak{h}}\} \sum_{m=1}^{\infty} \exp\left\{-c_2 e^{c_3 N\mathfrak{h}} c_3 m\mathfrak{h}\right\}$$
$$= \frac{2c_1 \exp\{-c_2 e^{c_3 N\mathfrak{h}}\}}{\exp\{c_2 e^{c_3 N\mathfrak{h}} c_3\mathfrak{h}\} - 1} \le 2c_1 \exp\{-c_2 e^{c_3 N\mathfrak{h}}\}/\{c_2 e^{c_3 N\mathfrak{h}} c_3\mathfrak{h}\}$$
$$= \frac{2c_1}{c_2 c_3} \exp\{-c_2 e^{c_3 N\mathfrak{h}}\} \frac{e^{-c_3 N\mathfrak{h}}}{\mathfrak{h}}.$$

Für $p = 2$ ist $\|E(f,\mathfrak{h}) - E_N(f,\mathfrak{h})\|_2 \le 2\sqrt{\mathfrak{h}} \sum_{k>N} |f(k\mathfrak{h})|$ (vgl. Beweis zu Lemma D.2.7). ■

Die Fehler $\|E(f,\mathfrak{h})\|$ (aus (D.12a)) und $\|E(f,\mathfrak{h}) - E_N(f,\mathfrak{h})\|$ (aus (D.25)) sind in etwa ausgewogen, wenn

$$\mathfrak{h} := \mathfrak{h}_N := \frac{\log N}{c_3 N}. \tag{D.26}$$

Satz D.2.13. *Für $f \in \mathbf{H}^1(\mathfrak{D}_d)$ gelte (D.24). Mit der Schrittweite aus (D.26) und $\sigma(p)$ aus (D.25) gilt*

$$\|E_N(f,\mathfrak{h})\|_p \le \frac{N(f,\mathfrak{D}_d)}{\pi d} \exp\left(\frac{-\pi d c_3 N}{\log N}\right) + \frac{2c_1}{c_2 \log N} e^{-c_2 N} \tag{D.27}$$
$$= C_p \exp\left(\frac{-\pi d c_3 N}{\log N}\right) \quad \text{mit } C_p = \frac{N(f,\mathfrak{D}_d)}{2\,(\pi d)^{\sigma(p)}} (1 + o(1)) \text{ für } N \to \infty.$$

Beweis. Der Beitrag von $E(f,\mathfrak{h})$ ist $\frac{N(f,\mathfrak{D}_d)}{2\pi d \sinh(\pi d\, c_3 N/\log N)}$ mit der Asymptotik $(\frac{N(f,\mathfrak{D}_d)}{\pi d} - o(1)) \exp\left(\frac{-\pi d c_3 N}{\log N}\right)$ (vgl. (D.12b)). Der zweite Term (D.25) hat die Schranke $\frac{2c_1}{c_2 c_3} \exp\{-c_2 e^{\log N}\} \frac{e^{-\log N}}{(\log N)/(c_3 N)} = \frac{2c_1}{c_2} e^{-c_2 N} \frac{1}{\log N}$, die schneller als $\exp\{-\pi d\, c_3 N/\log N\}$ gegen null fällt. Analoges gilt für $p = 2$. ■

Bei asymptotischen Aussagen muss man vorsichtig sein, da alle in der Praxis auftretenden Parameter im vorasymptotischen Bereich liegen können und damit nicht von der Asymptotik erfasst werden. Ein solcher Fall liegt beim Vergleich von $\exp(-\alpha N)$ und $\exp(-\beta N/\log N)$ mit $\alpha, \beta > 0$ vor. Asymptotisch ist $\exp(-\alpha N) \lesssim \exp(-\beta N/\log N)$, da

$$\lim_{N\to\infty} \frac{\exp(-\alpha N)}{\exp(-\beta N/\log N)} = \lim_{N\to\infty} \exp\left((\frac{\beta}{\log N} - \alpha)N\right) = 0.$$

Falls $\alpha \ll \beta$, wird $\exp(-\alpha N)$ jedoch erst dann kleiner als $\exp(-\beta N/\log N)$, wenn $N > \exp(\beta/\alpha)$. Wegen $\beta/\alpha \gg 1$ kann $\exp(\beta/\alpha)$ so groß sein, dass kein praktisch auftretendes N die notwendige Ungleichung erfüllt. Deshalb ist die Wahl (D.26) zu überdenken, falls c_2 deutlich kleiner als $\pi d c_3$ ist.

Anmerkung D.2.14. Falls $\pi d c_3$ von der Größenordnung 1 ist, aber $0 < c_2 \ll 1$, so wähle man γ so, dass $\gamma c_2 N^{\gamma-1} \log N = 1$ (in erster Näherung $\gamma = -\frac{\log c_2}{\log N}$). Danach setzt man

$$\mathfrak{h} := \mathfrak{h}_N := \frac{\gamma \log N}{c_3 N}. \tag{D.28}$$

Dann ist $\mathrm{e}^{\frac{-\pi d}{\mathfrak{h}}} = \exp\left(\frac{-\pi d c_3 N}{\gamma \log N}\right)$ und $\exp(-c_2 \mathrm{e}^{c_3 N \mathfrak{h}}) = \exp(-c_2 \mathrm{e}^{\gamma \log N}) = \exp(-c_2 N^{\gamma-1} N) = \exp(-\frac{N}{\gamma \log N})$.

Korollar D.2.15. *$\varepsilon > 0$ und N_ε seien wie in Korollar D.2.10. Aus (D.27) folgt*

$$N_\varepsilon \geq C_\varepsilon \left(\log \frac{1}{\varepsilon}\right) \cdot \log\left(\log \frac{1}{\varepsilon}\right) \quad \textit{mit } C_\varepsilon = \frac{1 + o(1)}{\pi d\, c_3} \quad \textit{bzgl. } \varepsilon \to 0. \tag{D.29}$$

D.2.5 Approximation der Ableitung

Wir untersuchen hier die erste Ableitung; höhere Ableitungen lassen sich analog behandeln (vgl. [128, Thm 3.5.1]).

Satz D.2.16. *Sei $f \in \mathbf{H}^1(\mathfrak{D}_d)$. Dann gilt für $E'(f, \mathfrak{h})(x) := \frac{\mathrm{d}}{\mathrm{d}x} f - \frac{\mathrm{d}}{\mathrm{d}x} C(f, \mathfrak{h})$ die Fehlerabschätzung*

$$\|E'(f, \mathfrak{h})\|_\infty \leq \frac{\pi d + \mathfrak{h}}{2\pi \mathfrak{h} d^2} \frac{N(f, \mathfrak{D}_d)}{\sinh(\pi d/\mathfrak{h})}.$$

Der Vorfaktor bringt eine Verschlechterung um den Faktor $\mathcal{O}(1/\mathfrak{h})$ mit sich. Das gleiche gilt für die Abschätzung von $\|E'(f, \mathfrak{h}) - E'_N(f, \mathfrak{h})\|_\infty$, da statt $\|S(k, \mathfrak{h})\|_\infty \leq 1$ nun $\frac{\mathrm{d}}{\mathrm{d}z} S(k, \mathfrak{h})(z)$ abzuschätzen ist und $\|S'(k, \mathfrak{h})\|_\infty \leq \frac{\pi}{\mathfrak{h}} \left\| \frac{\mathrm{d}}{\mathrm{d}y} \frac{\sin y}{y} \right\|_\infty < \frac{1.371}{\mathfrak{h}}$ gilt.

D.2.6 Meromorphes *f*

Sei f holomorph in $\mathfrak{D}_d$ bis auf eine einfache Polstelle bei $\zeta = \zeta_0 \in \mathfrak{D}_d$: $f \in \mathbf{H}^1(\mathfrak{D}_{d,\zeta_0})$ mit $\mathfrak{D}_{d,\zeta_0} := \mathfrak{D}_d \backslash \{\zeta_0\}$. Der Rand von $\mathfrak{D}_{d,\zeta_0}$ besteht aus $\partial\mathfrak{D}_d$ und $\partial K_\varepsilon(\zeta_0)$ (Kreis mit hinreichend kleinem Radius $\varepsilon > 0$ um ζ_0): $\int_{\partial\mathfrak{D}_{d,\zeta_0}} = \int_{\partial\mathfrak{D}_d} - \int_{\partial K_\varepsilon(\zeta_0)}$. Bei einer einfachen Polstelle gilt $\int_{\partial K_\varepsilon(\zeta_0)} \varphi(\zeta) f(\zeta) \mathrm{d}\zeta = 2\pi i \varphi(\zeta) \mathrm{Res}_{\zeta=\zeta_0}(f)$, wobei φ holomorph in ζ_0 sei. Insgesamt folgt für alle $z \in \mathfrak{D}_{d,\zeta_0}$:

$$E(f, \mathfrak{h})(z) = \frac{\sin(\pi z/\mathfrak{h})}{2\pi i} \int_{\partial\mathfrak{D}_d} \frac{f(\zeta)}{(\zeta - z)\sin(\pi\zeta/\mathfrak{h})} \mathrm{d}\zeta - \frac{\sin(\pi z/\mathfrak{h})}{(\zeta_0 - z)\sin(\pi\zeta_0/\mathfrak{h})} \operatorname*{Res}_{\zeta=\zeta_0}(f). \tag{D.30}$$

Die Abschätzung (D.14) für $E(f, \mathfrak{h}) - E_N(f, \mathfrak{h})$ ist durch die Präsenz einer Polstelle nicht betroffen, denn wegen der Voraussetzung (D.13) kann die Polstelle ζ_0 nicht auf $\mathbb{R}$ liegen. Entscheidend für die Abschätzung des zusätzlichen Terms in (D.30) ist der Imaginärteil von ζ_0. Mit Übung D.1.1e gilt für $z \in \mathbb{R}$

$$\left|\frac{\sin(\pi z/\mathfrak{h})}{(\zeta_0 - z)\sin(\pi\zeta_0/\mathfrak{h})}\mathrm{Res}_{\zeta=\zeta_0}(f)\right| \le \left|\frac{\mathrm{Res}_{\zeta=\zeta_0}(f)}{\Im m\, y \sinh(\pi \Im m\, y/\mathfrak{h})}\right|.$$

Entsprechendes gilt für meromorphe Funktionen mit mehreren einfachen Polstellen.

Falls f die Komposition $f = F \circ \phi$ ist, wobei ϕ holomorph in ζ_0 ist und F einen einfachen Pol in $z_0 = \phi(\zeta_0)$ besitzt. so ist

$$\mathrm{Res}_{\zeta=\zeta_0}(f) = \mathrm{Res}_{\zeta=\zeta_0}(F \circ \phi) = \frac{\mathrm{Res}_{z=z_0}(F)}{\phi'(\zeta_0)}. \tag{D.31}$$

D.2.7 Andere Singularitäten

Im Falle von Logarithmusfunktionen oder nichtganzzahligen Potenzen ist nicht nur die Singularität ζ_0 von $\mathfrak{D}_d$ auszunehmen, sondern auch eine offene Kurve $\mathfrak{C}$ von ζ_0 zum Rand $\partial\mathfrak{D}_d$, sodass f auf $\mathfrak{D}_d \backslash \mathfrak{C}$ holomorph ist. Der Rand von $\mathfrak{D}_d \backslash \mathfrak{C}$ besteht aus $\partial\mathfrak{D}_d$ und zwei Wegen, die den beiden Seiten von $\mathfrak{C}$ entsprechen. Sei $[f](\zeta)$ für $\zeta \in \mathfrak{C}$ der Sprung von f über $\mathfrak{C}$. Dann gilt

$$\begin{aligned} E(f,\mathfrak{h})(z) =& \frac{\sin(\pi z/\mathfrak{h})}{2\pi i}\int_{\partial\mathfrak{D}_d}\frac{f(\zeta)\mathrm{d}\zeta}{(\zeta - z)\sin(\pi\zeta/\mathfrak{h})} \\ &+ \frac{\sin(\pi z/\mathfrak{h})}{2\pi i}\int_{\mathfrak{C}}\frac{[f](\zeta)\mathrm{d}\zeta}{(\zeta - z)\sin(\pi\zeta/\mathfrak{h})} \qquad \text{für } z \in \mathfrak{D}_d \backslash \mathfrak{C}. \end{aligned} \tag{D.32}$$

Für $f(\zeta) = \log(\zeta - \zeta_0)$ ist $[f](\zeta) = 2\pi i$, während sich für $f(\zeta) = \sqrt{\zeta - \zeta_0}$ der Sprung $[f](\zeta) = 2f(\zeta)$ ergibt.

D.3 Separable Sinc-Entwicklungen

D.3.1 Direkte Interpolation

Sei $\varkappa(x, y)$ eine Funktion mit Argumenten in $x \in \mathbb{R}$ und $y \in Y \subset \mathbb{R}^m$. Wie jedes lineare Interpolationsverfahren führt auch die Sinc-Interpolation $C_N(f, \mathfrak{h})$ aus (D.6a) auf eine separable Entwicklung

$$\varkappa(x, y) \approx C_N(\varkappa(\cdot, y), \mathfrak{h})(x) = \sum_{\ell=-N}^{N} \varkappa(\ell\mathfrak{h}, y) S(\ell, \mathfrak{h})(x),$$

die $\varkappa^{(k)}(x, y)$ aus (4.1) mit $k = 2N + 1$, $\varphi_\nu^{(k)}(x) := S(\nu - 1 - N, \mathfrak{h})(x)$ und $\psi_\nu^{(k)}(y) = \varkappa((\nu - 1 - N)\,\mathfrak{h}, y)$ für $1 \le \nu \le k$ entspricht. Für den Fehler liefern (D.16) oder (D.27) exponentiell fallende Abschätzungen.

Die Voraussetzungen an $\varkappa$ sind in gewisser Weise ähnlich zu jenen für die Polynominterpolation. Dort ist die holomorphe Fortsetzung auf die Bernstein-Ellipse hilfreich (Satz B.2.1), hier muss $\varkappa(\cdot, y)$ in den Streifen $\mathfrak{D}_d$ holomorph fortsetzbar sein.

Übung D.3.1. Die Funktion $\varkappa(x,y) = \mathrm{e}^{-yx^2}$ für $x \in \mathbb{R}$ und $y \in Y := [a,b]$ mit $0 < a \le b < \infty$ gehört für alle $d > 0$ zu $\mathbf{H}^1(\mathfrak{D}_d)$. Man beachte bei der Verwendung der Abschätzung (D.12a) aber, dass die Norm $N(\varkappa(\cdot,y),\mathfrak{D}_d)$ wie $\exp(yd^2)$ von y und d abhängt. Was ist die optimale Wahl von d? Wie ist $\mathfrak{h}$ zu wählen? Wie lautet der Gesamtfehler?

D.3.2 Transformation und Skalierung

Häufig wird nicht $\varkappa(\cdot,y)$ selbst, sondern eine transformierte Funktion $\varkappa(\phi(\cdot),y)$ mit Sinc-Funktionen interpoliert. Diese Transformation ist unvermeidbar, wenn das erste Argument von $\varkappa$ nur in einem echten Teilintervall $X \subset \mathbb{R}$ definiert ist. Selbst wenn $X = \mathbb{R}$, kann eine Transformation das Abfallverhalten für $|x| \to \infty$ verbessern. Die Voraussetzungen sind

- $\varkappa(x,y)$ sei für $x \in X \subset \mathbb{R}$ und $y \in Y \subset \mathbb{R}^m$ definiert, wobei nur die Beschränkung von $\varkappa(\cdot,y)$ auf $X_0 \subset X$ von Interesse ist.
- ϕ sei eine eineindeutige Abbildung von $\mathbb{R}$ auf X.
- $\tilde{\varkappa}(\xi,y) := \varkappa(\phi(\xi),y)$ sei eine Funktion, die für ein geeignetes $d > 0$ bezüglich $\xi \in \mathbb{R}$ holomorph auf $\mathfrak{D}_d$ mit $N(\tilde{\varkappa}(\cdot,y),\mathfrak{D}_d) < \infty$ fortsetzbar ist.
- Für $x \in \mathbb{R}$ liege ein Abfallverhalten gemäß (D.13), (D.19) oder (D.24) vor.

Dann liefern (D.16), (D.22) bzw. (D.27) exponentiell fallende Fehlerabschätzungen für

$$\tilde{\varkappa}(\xi,y) \approx C_N(\tilde{\varkappa}(\cdot,y),\mathfrak{h})(\xi) = \sum_{\ell=-N}^{N} \tilde{\varkappa}(\ell\mathfrak{h},y)\, S(\ell,\mathfrak{h})(\xi).$$

Mit der Umkehrabbildung $\phi^{-1}(\cdot)$ folgt die Interpolation[2]

$$\varkappa(x,y) \approx \sum_{\ell=-N}^{N} \varkappa(\phi(\ell\mathfrak{h}),y)\, S(\ell,\mathfrak{h})(\phi^{-1}(x)) \tag{D.33}$$

mit den transformierten Sinc-Funktionen $S(\ell,\mathfrak{h})(\phi^{-1}(\cdot))$. Mit (D.33) ist wieder die *separable Entwicklung* (4.1) erreicht, hier mit

$$k = 2N+1, \qquad \left\{ \begin{array}{l} \varphi_\nu^{(k)}(x) = S(\nu-1-N,\mathfrak{h})(\phi^{-1}(x)) \\ \psi_\nu^{(k)}(y) = \varkappa(\phi((\nu-1-N)\,\mathfrak{h}),y) \end{array} \right\} \text{ für } 1 \le \nu \le k.$$

Anmerkung D.3.2. Wenn ϕ eine gerade Funktion ist, stimmen die Stützstellen $\phi(\ell\mathfrak{h})$ und $\phi(-\ell\mathfrak{h})$ überein. Damit reduziert sich die Zahl der Terme in (D.33) von $2N+1$ auf $N+1$.

---

[2] Die neuen Stützstellen sind $\phi(\ell\mathfrak{h})$ für $-N \le \ell \le N$.

Falls $\tilde{\varkappa}(\xi, y)$ für $|\xi| \to \infty$ nicht schnell genug abfällt oder überhaupt nicht gegen null konvergiert, muss man dies durch eine Skalierung von $\varkappa(x,y)$ mit einem rasch abfallenden Vorfaktor erzwingen. Das heißt, dass anstelle von $\varkappa(x,y)$ die Funktion $\omega(x)\varkappa(x,y)$ ($\omega(x) > 0$ für alle $x \in X_0$) bzw. ihre transformierte Version $\omega(\phi(\xi))\varkappa(\phi(\xi), y)$ interpoliert wird. Letztere liefert

$$\omega(\phi(\xi))\varkappa(\phi(\xi), y) \approx \sum_{\ell=-N}^{N} \omega(\phi(\ell\mathfrak{h}))\, \varkappa(\phi(\ell\mathfrak{h}), y)\, S(\ell, \mathfrak{h})(\xi) \quad \text{bzw.}$$

$$\omega(x)\varkappa(x,y) \approx \sum_{\ell=-N}^{N} \omega(\phi(\ell\mathfrak{h}))\, \varkappa(\phi(\ell\mathfrak{h}), y)\, S(\ell, \mathfrak{h})(\phi^{-1}(x)). \tag{D.34}$$

Die (punktweise) Fehlerabschätzung für (D.34) ist durch $\omega(x)$ zu dividieren, um die Abschätzung für die separable Entwicklung

$$\varkappa(x,y) \approx \sum_{\ell=-N}^{N} \omega(\phi(\ell\mathfrak{h}))\, \varkappa(\phi(\ell\mathfrak{h}, y))\, \frac{S(\ell, \mathfrak{h})(\phi^{-1}(x))}{\omega(x)} \qquad \text{für } x \in X_0 \tag{D.35}$$

zu erhalten. Anmerkung D.3.2 gilt entsprechend für (D.35).

Sei

$$f(\zeta, y) := \omega(\phi(\zeta))\varkappa(\phi(\zeta), y). \tag{D.36}$$

Wenn f Singularitäten ζ_0 enthält (vgl. §§D.2.6-D.2.7), sind diese im Allgemeinen von y abhängig: $\zeta_0 = \zeta_0(y)$. Entsprechend ist der Fehler $E(f(\cdot, y), \mathfrak{h})(z)$ y-abhängig. Wir setzen voraus, dass $|E(f(\cdot, y), \mathfrak{h})(\xi)|$ für $\xi \in X_0$ *gleichmäßig* durch eine Schranke $\bar{E}(y, \mathfrak{h})$ abgeschätzt werden kann:

$$|E(f(\cdot, y), \mathfrak{h})(x)| \le \bar{E}(y, \mathfrak{h}) \qquad \text{für } x \in X_0.$$

Nach Rücktransformation und Division durch den Vorfaktor ω lautet die Fehlerschranke

$$\varepsilon_1(y; \mathfrak{h})(x) := \bar{E}(y, \mathfrak{h})/\omega(x)\,.$$

Lemma D.3.3. *Zu den Integraloperatoren K und $\tilde{K}$ mögen die Kerne $\varkappa(x,y)$ und $\varkappa(x,y) + \delta(x,y)$ gehören, wobei $|\delta(x,y)| \le E(y, \mathfrak{h})/\omega(x)$. Dann gilt*

$$\|K - \tilde{K}\|_{L^2(X) \leftarrow L^2(Y)} \le \|E(y, \mathfrak{h})\|_{L^2(Y)} \|1/\omega\|_{L^2(X)}.$$

Beweis. Für jedes $u \in L^2(Y)$ ist

$$\begin{aligned} |((K - \tilde{K})u)(x)| &= \left| \int_Y \delta(x,y)u(y)\mathrm{d}y \right| \le \left| \int_Y E(y, \mathfrak{h})u(y)\mathrm{d}y \right| /\omega(x) \\ &\le \|E(y, \mathfrak{h})\|_{L^2(Y)} \|u\|_{L^2(Y)}/\omega(x) \end{aligned}$$

und damit $\|(K - \tilde{K})u\|_{L^2(X)} \le \|1/\omega\|_{L^2(X)} \|E(y, \mathfrak{h})\|_{L^2(Y)} \|u\|_{L^2(Y)}$. ∎

D.3.3 Eine spezielle Transformation

Im Folgenden werden die Skalierung $\omega(x)$ und die Transformation ϕ speziell gewählt, um ein doppelt exponentielles Abfallverhalten zu erzeugen. Der Definitionsbereich X wird zur Vereinfachung als $X = (0,1]$ gewählt, wobei $X_0 = (a,1]$ mit geeignetem $a > 0$ der wesentliche Definitionsbereich ist. Sei

$$\psi(\zeta) = \cosh(\sinh(\zeta)) : \mathfrak{D}_d \to \mathbb{C} \qquad \text{mit } d < \pi/2 \tag{D.37}$$

Da $\sinh(\zeta)$ für $\zeta \in \mathfrak{D}_d$ nicht die Werte $i\ell\pi/2$ ($\ell \in \mathbb{Z}_{\text{ungerade}}$), d.h. die Nullstellen von cos annehmen kann, ist $\psi(\zeta) \neq 0$. Es gilt sogar die Aussage der

Übung D.3.4. Sei $\zeta \in \mathfrak{D}_d$ für $d < \pi/2$. Man zeige, dass die Werte $\cosh(\sinh(\zeta))$ nicht in $[-C', C'']$ mit $C' = \cosh\left(\cot(d)(\pi^2 - \sin^2(d))^{1/2}\right) > 1$ und $C'' = \cos(\sin(d)) \in (0,1)$ liegen. *Hinweis:* Man beweise der Reihe nach:
a) $\cos\eta > 0$ und $\sin\eta > 0$ für $\eta = \Im m\,\zeta$ mit $\zeta \in \overline{\mathfrak{D}_d}$.
b) Der Schnitt von $\mathfrak{A} := \{\sinh(\zeta) : \zeta \in \mathfrak{D}_d\}$ mit der imaginären Achse ist

$$\mathfrak{A} \cap \{\zeta \in \mathbb{C} : \Re e\,\zeta = 0\} = \{z = iy : y \in (-\sin d, \sin d)\}.$$

c) Der Schnitt mit den Geraden $\Im m\,\zeta = k\pi$ ($k \in \mathbb{Z}$, $k \neq 0$) ist

$$\mathfrak{A} \cap \{\zeta \in \mathbb{C} : \Im m\,\zeta = k\pi\} = \{\zeta = x + ik\pi : x \in (-\infty, -a_k) \cup (a_k, \infty)\}$$

mit $a_k := \cot(d)\sqrt{(k\pi)^2 - \sin^2(d)}$.
d) Man löse die Bedingung $\Im m\,\zeta = k\pi$ für $\zeta = \xi + i\eta$, d.h. $\cosh(\xi)\sin\eta = k\pi$, nach ξ auf:

$$\xi(\eta) = \operatorname{arcosh}(k\pi/\sin\eta).$$

e) $\xi'(\eta) = -\frac{1}{\sqrt{\xi^2-1}}\frac{k\pi}{\sin^2(\eta)}\cos\eta < 0$.
f) Minimum des Realteils $\sinh(\xi)\cos(\eta)$ für $\eta = d$ bei $a_k = \sinh(\xi(d))\cos d$.
g) $\sinh(\xi(d)) = \sqrt{(k\pi/\sin d))^2 - 1}$.

Wegen $\psi(\zeta) \neq 0$ können wir die Transformation ϕ als

$$\phi(\zeta) = \frac{1}{\psi(\zeta)} : \mathfrak{D}_d \to \mathbb{C} \qquad \text{mit } d < \pi/2 \tag{D.38}$$

definieren (vgl. Keinert [97]).

Bezüglich des Abfalls von ϕ für $\zeta \to \pm\infty$ erhält man:

Übung D.3.5. Sei $\zeta \in \mathfrak{D}_d$ mit $d < \frac{\pi}{2}$. Man zeige
a) $\phi(\zeta) = \phi(-\zeta)$,
b) $|\phi(\zeta)| \leq 2\mathrm{e}^{-2\cos(\Im m\,\zeta)\mathrm{e}^{|\Re e\,\zeta|}}$.

Als Skalierung wird im Folgenden gewählt:

$$\omega(x) = x^\alpha \qquad \text{für ein } \alpha > 0. \tag{D.39}$$

Anmerkung D.3.6. a) Wenn $f(\cdot,y)$ in $x=0$ Hölder[3]-stetig ist mit $f(0,y)=0$, enthält f bereits einen Faktor x^α, sodass eine Skalierung entfallen kann.

b) Seien $\alpha\in\mathbb{R}$ und $d<\pi/2$. Dann ist $\phi^\alpha(\zeta)$ holomorph in $\mathfrak{D}_d$. Ist daher $f(\cdot,y)$ für alle $y\in Y$ holomorph in $\mathbb{C}\backslash\{0\}$, so auch $g(\zeta,y):=\phi^\alpha(\zeta)f(\phi(\zeta),y)$.

zu b. Da $\phi(\zeta)\neq 0$ für alle $\zeta\in\mathfrak{D}_d$ gilt und keine Kurve in $\mathfrak{D}_d$ einen Wert ζ' mit $\phi(\zeta')=0$ im Inneren enthält, ist $\phi^\alpha(\zeta)$ holomorph. Negative Werte $\phi(\zeta')<0$ treten für $\Im m\,\zeta=k\pi$, $k\in\mathbb{Z}_{\text{ungerade}}$ auf und liegen außerhalb von $\mathfrak{D}_d$. Somit ist $f(\phi(\cdot),y)$ holomorph in $\mathfrak{D}_d$. ∎

Die Sinc-Interpolation wird auf $g(\zeta,y)=\phi^\alpha(\zeta)f(\phi(\zeta),y)$ angewandt. Lemma D.2.6 zeigt die Abschätzung $\|E(g(\cdot,y),\mathfrak{h})\|_\infty\le\frac{N(g(\cdot,y),\mathfrak{D}_d)}{2\pi d\,\sinh(\pi d/\mathfrak{h})}$. Um eine in y gleichmäßige Schranke zu erreichen, ist

$$N(g(\cdot,y),\mathfrak{D}_d)\le C_{1,d}\qquad\text{für alle } y\in Y \tag{D.40a}$$

vorauszusetzen. Hierbei ist das doppelt exponentielle Abfallverhalten des Vorfaktors $\phi^\alpha(\zeta)$ auf dem Rand von $\mathfrak{D}_d$ interessant: $|\phi^\alpha(\zeta)|\le C\exp\{-c_2\mathrm{e}^{|\Re e\,\zeta|}\}$ mit $c_2=\alpha\cos(\sin(d))>0$, wie aus Übung D.3.5b hervorgeht.

Das Verhalten von ϕ^α im Reellen ist $\phi^\alpha(x)=2\exp(-2\alpha\mathrm{e}^{|x|})$, wobei $\alpha>0$ vorausgesetzt sei. Damit auch $\phi^\alpha(\zeta)f(\phi(\zeta),y)$ ein ähnliches Verhalten besitzt, reicht

$$|f(\phi(x),y)|\le C_{2,\varepsilon}\exp(\varepsilon\mathrm{e}^{|x|})\qquad\text{für alle }\varepsilon>0,\ x\in\mathbb{R},\ y\in Y \tag{D.40b}$$

aus, um $|g(x,y)|\lesssim C_{2,\alpha-\alpha'}\exp(-\alpha'\mathrm{e}^{|x|})$ für alle $\alpha'\in(0,\alpha)$ zu garantieren.

Satz D.3.7. *Seien $\alpha>0$ und $d\in(0,\pi/2)$. $f(\cdot,y)$ sei für alle $y\in Y$ holomorph in $\mathbb{C}\backslash\{0\}$ und erfülle (D.40a,b). Die Sinc-Interpolation werde mit $\mathfrak{h}=\mathfrak{h}_N=\frac{\log N}{N}$ auf $g(\zeta,y)=\phi^\alpha(\zeta)f(\phi(\zeta),y)$ angewandt. Dann ist der Fehler $E_N(g(\cdot,y),\mathfrak{h}_N)$ gleichmäßig durch*

$$\begin{aligned}\|E_N(g(\cdot,y),\mathfrak{h}_N)\|_\infty &\le\frac{C_{1,d}}{\pi d}\exp\left(\frac{-\pi dN}{\log N}\right)+C\frac{C_{2,\alpha-\alpha'}}{\alpha'\log N}\mathrm{e}^{-\alpha' N}\\ &=(1+o(1))\,\frac{C_{1,d}}{\pi d}\exp\left(\frac{-\pi dN}{\log N}\right)\end{aligned}$$

beschränkt, wobei $\alpha'\in(0,\alpha)$ beliebig, C eine Konstante, $C_{1,d}$ aus (D.40a) und $C_{2,\alpha-\alpha'}$ aus (D.40b).

Beweis. Folgt direkt aus Satz D.2.13. ∎

D.3.4 Beispiel $1/(x+y)$

Die zur Verfügung stehenden Techniken sollen nun auf $1/(x+y)$ angewandt werden. Es wird sich zeigen, dass die verschiedenen Varianten keine bessere Asymptotik als $\mathcal{O}(\mathrm{e}^{-C\sqrt{N}})$ erreichen.

---

[3] Otto Ludwig Hölder, geboren am 22. Dez. 1859 in Stuttgart, gestorben am 29. August 1937 in Leipzig.

D.3.4.1 Approximation auf $[1, \infty)$

Die Funktion $\varkappa(x,y) = 1/(x+y)$ ist in $x, y \in [1, \infty)$ wohldefiniert. Wir substituieren $x = \cosh(\zeta)$. Die Funktion

$$f(\zeta, y) = \frac{1}{y + \cosh(\zeta)}$$

(als Funktion von ζ) gehört zu $\mathbf{H}^1(\mathfrak{D}_d)$ für $d < \pi$, und $N(f, \mathfrak{D}_d)$ ist bezüglich $y \in [1, \infty)$ gleichmäßig beschränkt. Das asymptotische Verhalten auf $\mathbb{R}$ ist

$$|f(\zeta, y)| \leq 1/\cosh(\zeta) \leq 2\mathrm{e}^{-|\zeta|},$$

d.h. (D.13) gilt mit $c = 2$ und $\alpha = 1$. Nach Satz D.2.8 führt die Schrittweite $\mathfrak{h} = \sqrt{\frac{\pi d}{N}}$ zum Interpolationsfehler

$$\begin{aligned} \|E_N(f, \mathfrak{h})\|_\infty &\leq \exp\{-\sqrt{\pi d N}\} \cdot \left(\frac{N(f, \mathfrak{D}_d)}{\pi d \left[1 - \exp(-\pi d N)\right]} + \frac{4\sqrt{N}}{\sqrt{\pi d}} \right) \\ &\leq \mathcal{O}(\mathrm{e}^{-C\sqrt{N}}) \qquad \text{mit } C < \pi. \end{aligned}$$

Zu beachten ist, dass diese Abschätzung *gleichmäßig* für $y \in [1, \infty)$ gültig ist.

Übung D.3.8. Man verwende die Identität $\frac{1}{x+y} = \xi\eta\frac{1}{\xi+\eta}$ für $\xi := 1/x$ und $\eta := 1/y$, um eine separable Approximation in $(0, 1]$ zu beschreiben.

D.3.4.2 Approximation auf $(0, \infty)$

Wir substituieren mit $x = \exp(\zeta)$ und skalieren mit x^α für ein $\alpha \in (0, 1/2)$ Die Funktion

$$f(\zeta, y) = \frac{\exp(\alpha\zeta)}{y + \exp(\zeta)}$$

(als Funktion von ζ) gehört zu $\mathbf{H}^1(\mathfrak{D}_d)$ für $d < \pi$. Anders als in §D.3.4.1 ist $N(f(\cdot, y), \mathfrak{D}_d)$ aber y-abhängig beschränkt:

$$N(f(\cdot, y), \mathfrak{D}_d) \leq \mathcal{O}(y^{\alpha-1}),$$

da auf der linken Hälfte des Randes das Integral

$$\int_{-\infty}^{0} \frac{\exp(\alpha\zeta)}{y + \exp(\zeta)} d\zeta = y^{\alpha-1} \int_0^{1/y} \frac{s^{\alpha-1} ds}{1+s}$$

auftritt. In symmetrischer Weise erscheint die Gewichtung bezüglich x mit $\omega(x) = x^\alpha$ (vgl. (D.36)). Man beachte, dass sowohl $y^{\alpha-1}$ als auch x^α in endlichen Intervallen $[0, A]$ quadratintegrabel sind (vgl. Lemma D.3.3).

D.3.4.3 Versuch einer doppelt exponentiellen Substitution

Die Funktion $\varkappa(x,y) = 1/(x+y)$ wird bezüglich y auf $Y := [1, A]$ beschränkt. Zudem soll die Approximation nur für $x \in X_0 = [1, A]$ durchgeführt werden. In den Anwendungen wird $1/A$ die Diskretisierungsschrittweite h oder ein festes Vielfaches sein. Da h im Allgemeinen mit der Problemdimension über $\log \frac{1}{h} = \mathcal{O}(\log n)$ zusammenhängt, sei festgehalten, dass A mit der Matrixgröße wächst:

$$A = \mathcal{O}(\log n).$$

Wir verwenden die Transformation $\psi(\zeta)$ aus (D.37) ohne Skalierung (d.h. $\omega = 1$ in (D.39)):

$$g(\zeta, y) = \varkappa(\psi(\zeta), y) = \frac{1}{y + \cosh(\sinh(\zeta))}.$$

Der doppelt exponentielle Abfall für reelle $\zeta \to \pm\infty$ garantiert eine besonders gute Abschätzung von $E(f, \mathfrak{h}) - E_N(f, \mathfrak{h})$ (vgl. (D.25)). Die Schwierigkeit liegt aber im Bereich der komplexen $\zeta \in \mathfrak{D}_d$ $(d < \frac{\pi}{2})$. Anders als in §D.3.4.1 ist $g(\cdot, y)$ nicht in $\mathfrak{D}_d$ holomorph, sondern hat Polstellen, ist also *meromorph*. Daher ist die Analyse aus §D.2.6 anzuwenden: Der Fehler $E(f, \mathfrak{h})$ muss mit Hilfe von (D.30) abgeschätzt werden.

Der Parameter $y \in Y$ sei im Folgenden fest. Offenbar hat $\varkappa(\cdot, y)$ eine einfache Polstelle bei

$$x_0 = -y \qquad (y \in Y) \qquad \text{mit } \mathrm{Res}_{x=x_0}(\varkappa(\cdot, y)) = 1$$

außerhalb von $[1, A]$. Für festes $y \in Y = [1, A]$ sind die Singularitäten von $g(\cdot, y)$ zu untersuchen, d.h. die Lösungen von $y + \psi(\zeta) = 0$. Im Reellen ist $\psi(\mathbb{R}) = X = [1, \infty)$, aber der negative Wert $\psi(\zeta) = x_0 = -y$ tritt für komplexe $\zeta_\ell^\pm$ mit

$$\sinh(\zeta_\ell^\pm) = \pm\sigma + i\ell\pi, \qquad \sigma = \operatorname{arcosh}(y) \text{ und } \ell \in \mathbb{Z}_{\text{ungerade}}, \tag{D.41}$$

auf, da dann $\psi(\zeta_\ell^\pm) = \cosh(\sigma + i\ell\pi) = \cosh(\sigma)\cos(\ell\pi) + i\sinh(\sigma)\sin(\ell\pi)] = -\cosh(\sigma) = -y$. Man rechnet nach, dass

$$\begin{aligned} \zeta_\ell^- &= -\zeta_{-\ell}^+, \qquad \sigma \approx \log(2y) \quad \text{für große } y \in Y \text{ und} \\ \zeta_\ell^+ &= \xi_\ell + i\eta_\ell, \qquad \xi_\ell \approx \log(2\sqrt{\sigma^2 + \ell^2\pi^2}), \qquad \eta_\ell \approx \arctan(\tfrac{\ell\pi}{\sigma}). \end{aligned}$$

Anmerkung D.3.9. Damit $\zeta_\ell^\pm \in \mathfrak{D}_d$ ist, muss $|\eta_\ell| < d < \frac{\pi}{2}$ gelten. Dies beschränkt die $\ell \in \mathbb{Z}_{\text{ungerade}}$ auf $|\ell| \lesssim \frac{\sigma}{\pi}\tan(d)$. Man beachte, dass $\tan(d) \in (0, \infty)$ wegen $d < \frac{\pi}{2}$ wohldefiniert ist (vgl. (D.37)).

Anmerkung D.3.10. Zur Untersuchung von $N(g(\cdot, y), \mathfrak{D}_d)$ ist (wegen der Symmetrien) nur das Integral $\int_0^\infty \frac{d\xi}{\psi(\xi + id) + y}$ abzuschätzen. Da $d < \frac{\pi}{2}$ abhängig von y gewählt werden darf, sei d derart, dass die Implikation $|\phi(\xi + id)| = y \Rightarrow \phi(\xi + id) = y$ gilt (Details im Beweis). Dann ist $N(g(\cdot, y), \mathfrak{D}_d) = \mathcal{O}(1)$. Damit besitzt der erste Term $\frac{\sin(\pi z/\mathfrak{h})}{2\pi i} \int_{\partial\mathfrak{D}_d} \frac{f(\zeta)}{(\zeta - z)\sin(\pi\zeta/\mathfrak{h})} d\zeta$ aus (D.30) die Schranke $\mathcal{O}(\exp\frac{-\pi d}{\mathfrak{h}})$.

Beweis. a) Sei $\zeta = \xi + id$ derart, dass $\sinh(\zeta) = \sigma + i\pi\ell$ mit einem $\ell \in \mathbb{Z}_{\text{gerade}}$. Nach Übung D.1.1c führt diese Bedingung auf die Gleichungen

$$\sinh(\xi)\cos(d) = \sigma \quad \text{und} \quad \cosh(\xi)\sin(d) = \pi\ell \text{ mit } \ell \in \mathbb{Z}_{\text{gerade}}.$$

Wegen $\sigma^2 + \cos^2(d) = \left(\sinh^2(\xi) + 1\right)\cos^2(d) = \cosh^2(\xi)\cos^2(d) = \tan^2(d)[\cosh^2(\xi)\sin^2(d)]$ hat d die Gleichung $\sqrt{\sigma^2 + \cos^2(d)}\tan(d) = \pi\ell$ mit $\ell \in \mathbb{Z}_{\text{gerade}}$ zu erfüllen, während sich ξ zu $\xi = \operatorname{arsinh}(\sigma/\cos(d))$ ergibt. Dann hat $\psi(\operatorname{arsinh}(\sigma/\cos(d)) + id) = y$ das gewünschte Vorzeichen. Nach Wahl von d gilt für den Nenner $|\psi(\xi + id) + y| \lesssim |\psi(\xi + id)| + y$. Also ist $\left|\int_0^\infty \frac{\mathrm{d}\xi}{\psi(\xi+id)+y}\right| \le \mathcal{O}(1)$.
b) Die Schranke $\mathcal{O}(\exp\frac{-\pi d}{\mathfrak{h}})$ folgt nach (D.12b). ∎

Aus Symmetriegründen reicht es, die Residuen bei $\zeta = \zeta_\ell^+$ für $\ell \in \mathbb{Z}_{\text{ungerade}}$ mit $\ell \lesssim \frac{\sigma}{\pi}\tan(d)$ zu untersuchen. Da $\psi(\zeta) = x_0 = -y$, folgt aus der Transformationsregel (D.31) und $\operatorname{Res}_{x=x_0}(\varkappa(\cdot, y)) = 1$ das

Lemma D.3.11. *Für $z \in \mathbb{R}$ und $y > 0$ ist der zweite Term aus (D.30) abschätzbar durch*

$$\left|\frac{\sin(\pi z/\mathfrak{h})\operatorname{Res}_{\zeta=\zeta_\ell^+}(g)}{\left(\zeta_\ell^+ - z\right)\sin(\pi\zeta_\ell^+/\mathfrak{h})}\right| \le \frac{1}{|\eta_\ell|\,|\sinh(\pi\eta_\ell/\mathfrak{h})|\,\sqrt{y^2-1}\,|\cosh(\zeta_\ell^+)|} = \mathcal{O}\left(\frac{1}{|\ell|\,y}\exp(\frac{-\pi^2 d\,|\ell|}{\sigma\mathfrak{h}})\right). \tag{D.42}$$

Summation über alle $\ell \in \mathbb{Z}_{\text{ungerade}}$ mit $\ell \lesssim \frac{\sigma}{\pi}\tan(d)$ liefert die Schranke $\mathcal{O}\left(\frac{1}{y}\exp(\frac{-\pi^2 d}{\sigma\mathfrak{h}})\right)$.

Beweis. Die Transformationsregel (D.31) und $\operatorname{Res}_{x=x_0}(\varkappa(\cdot, y)) = 1$ ergeben $\left|\operatorname{Res}_{\zeta=\zeta_\ell^+}(1/(\psi(\zeta)+y))\right| = 1/\left|\psi'(\zeta_\ell^+)\right|$. Die Ableitung ist

$$\psi'(\zeta_\ell^+) = \sinh(\sinh(\zeta_\ell^+)) \cdot \cosh(\zeta_\ell^+) = -\sqrt{\psi^2(\zeta_\ell^+) - 1} \cdot \cosh(\zeta_\ell^+),$$

sodass sich der Wert $\left|\psi'(\zeta_\ell^+)\right| = \sqrt{y^2-1} \cdot \left|\cosh(\zeta_\ell^+)\right| = \mathcal{O}(y\sigma)$ mit σ aus (D.41) ergibt. Zusammen mit $\eta_\ell \approx \arctan(\frac{\ell\pi}{\sigma}) \approx \frac{\ell\pi}{\sigma}$ folgt die Behauptung. ∎

Nimmt man die Abschätzung (D.25) für $E(f,\mathfrak{h}) - E_N(f,\mathfrak{h})$ und die Abschätzungen aus Anmerkung D.3.10 und dem vorigen Lemma für $E(f,\mathfrak{h})$ zusammen, lautet die Fehlerordnung

$$\mathcal{O}\left(\exp(-\frac{1}{2}\exp(N\mathfrak{h}))\right) + \mathcal{O}\left(\exp\frac{-\pi d}{\mathfrak{h}}\right) + \mathcal{O}\left(\frac{1}{y}\exp\frac{-\pi^2 d}{\sigma\mathfrak{h}}\right).$$

Für die Wahl $\mathfrak{h} := \frac{\log N}{N}$ gemäß (D.26) werden die ersten beiden Ausdrücke zu $\mathcal{O}\left(\exp(\frac{-\pi d N}{\log N})\right)$, während der letzte Term $\mathcal{O}\left(\frac{1}{y}\exp(\frac{-\pi^2 d N}{\sigma\log N}\right)$ y-abhängig ist, wobei $\sigma \approx \log(2y)$ zu beachten ist. Die Funktion $\frac{1}{y}\exp\left(-c/\ln(2y)\right)$ nimmt ihr Maximum $2\mathrm{e}^{-2\sqrt{c}}$ in $y = \frac{1}{2}\exp\left(\sqrt{c}\right)$ an, wobei $c = \frac{-\pi^2 dN}{\log N}$ einzusetzen ist. Hieraus lassen sich unterschiedliche Schlüsse ziehen.

1. Betrachtet man die reine Asymptotik $N \to \infty$, so liegt $\frac{1}{2}\exp\left(\sqrt{\frac{-\pi^2 dN}{\log N}}\right)$ für fast alle N außerhalb von $Y = [1, A]$. Das Randmaximum bei $y = A$ liefert $\mathcal{O}\left(\frac{1}{y}\exp(\frac{-\pi^2 dN}{\sigma \log N}\right) \le \mathcal{O}\left(\frac{1}{A}\exp(\frac{-\pi^2 dN}{(\log A)(\log N)}\right) = \mathcal{O}\left(\exp(\frac{-\pi^2 dN}{(\log A)(\log N)}\right)$ und damit eine Gesamtfehlerasymptotik $\mathcal{O}\left(\exp(-\frac{CN}{\log N}\right)$ mit $C = \min\{\pi d, \frac{-\pi^2 d}{\log A}\}$, wobei $d < \frac{\pi}{2}$.
2. Wenn $A = \mathcal{O}(\log n)$ und $N \approx \mathcal{O}(\log \frac{1}{\varepsilon})$ für eine Genauigkeit ε mit $\log \frac{1}{\varepsilon} \approx \log n$ gilt, liegt $\frac{1}{2}\exp\left(\sqrt{\frac{-\pi^2 dN}{\log N}}\right)$ im Intervall $[1, A]$. Das Maximum $\mathcal{O}\left(\exp(-2\sqrt{\frac{-\pi^2 dN}{\log N}}\right)$ zeigt dann nur noch das Verhalten $\mathcal{O}\left(\exp(-C\sqrt{N}\right)$, das in §D.3.4.1 sogar für $[1, \infty)$ statt $[1, A]$ erreicht wurde.

D.3.5 Beispiel $\log(x + y)$

D.3.5.1 Approximation auf $(0, \infty)$

Es wird $x = \exp(\zeta)$ substituiert und mit $1/\cosh(\alpha\zeta)$ skaliert, um einen exponentiellen Abfall für $\zeta \to \pm\infty$ zu erzeugen:

$$f(\zeta, y) := \frac{\log\left(y + \exp(\zeta)\right)}{\cosh(\alpha\zeta)} \qquad \text{mit } 0 < \alpha < 1/2. \tag{D.43a}$$

Die Skalierung entspricht der Gewichtsfunktions $\omega(x) = 2/\left(x^{\alpha} + x^{-\alpha}\right)$. Für alle $0 < y < \infty$ ist $f(\cdot, y)$ in $\mathfrak{D}_d$ mit $d = \pi$ holomorph und $N(f(\cdot, y), \mathfrak{D}_d)$, aber y-abhängig:

$$N(f(\cdot, y), \mathfrak{D}_d) \le \mathcal{O}\left(\log(2 + y)\right) \quad \text{gleichmäßig bezüglich } y \in (0, \infty). \tag{D.43b}$$

Eine Alternative zu (D.43a) ist

$$f(\zeta, y) := \left[\log\left(y + \exp(\zeta)\right) - \log(y)\right]\exp(-\alpha\zeta).$$

Da der zusätzliche Term $\log(y)\exp(-\alpha\zeta)$ bereits separiert ist, liefert eine separable Approximation von $f(\zeta, y)$ auch die von $\log\left(y + \exp(\zeta)\right)\exp(-\zeta/2)$. Für $\zeta \to \infty$ verhält sich f wie $\zeta\exp(-\zeta/2)$, während für $\zeta \to -\infty$ die Asymptotik $\log\left(1 + \exp(\zeta)/y\right)\exp(-\zeta/2) \approx \exp(\zeta/2)/y$ gilt. Man rechnet nach, dass sich $N(f(\cdot, y), \mathfrak{D}_d)$ wie

$$N(f(\cdot, y), \mathfrak{D}_d) \le \mathcal{O}\left(y^{-\alpha}\right) \qquad \text{gleichmäßig bezüglich } y \in (0, \infty)$$

verhält.

Die Konvergenz des Fehlers als Funktion von der Zahl der Interpolationspunkte ergibt sich wie in §D.3.4.1 als $\mathcal{O}(N(f(\cdot, y), \mathfrak{D}_d)\exp(-C\sqrt{N})$.

D.3.5.2 Versuche mit schnellerem Abfallverhalten

Substitutionen mit $\phi(\zeta) = \exp(-\zeta^\gamma)$ oder $\phi(\zeta) = \cosh(\sinh(\zeta))$ und geeigneten Skalierungen sichern einen schnelleren Abfall auf der reellen Achse. Dafür treten Singularitäten in $\mathfrak{D}_d$ auf. Man könnte dies dadurch vermeiden, dass man d hinreichend klein wählt. Damit ruiniert man jedoch die Fehlerabschätzung $\mathcal{O}(\exp \frac{-\pi d}{\mathfrak{h}})$ von $E(f, \mathfrak{h})$. Es bleibt die Möglichkeit, die Singularitäten speziell zu behandeln. Da logarithmische Singularitäten keine Polstellen sind, ist §D.2.7 anzuwenden. Leider führt das zweite Integral aus (D.32) zu einer Größenordnung $\mathcal{O}(\exp(-C\sqrt{N})$.

D.4 Sinc-Quadratur

D.4.1 Quadraturverfahren und Analyse

Die Sinc-Interpolation $f \approx C_N(f, \mathfrak{h})$ (vgl. (D.6a)) führt direkt zur Sinc-Quadratur mittels

$$\int_a^b f(x)\mathrm{d}x \approx \int_a^b C_N(f, \mathfrak{h})(x)\mathrm{d}x = \sum_{k=-N}^{N} f(k\mathfrak{h}) \int_a^b S(k, \mathfrak{h})(x)\mathrm{d}x.$$

Von besonderem Interesse ist die Integration über $\mathbb{R}$ (d.h. $a = -\infty$, $b = \infty$). Wegen $\int_{-\infty}^{\infty} \frac{\sin(\pi x)}{\pi x}\mathrm{d}x = 1$ ergibt sich die Quadraturformel

$$\int_{-\infty}^{\infty} f(x)\mathrm{d}x \approx T(f, \mathfrak{h}) := \mathfrak{h} \sum_{k=-\infty}^{\infty} f(k\mathfrak{h}), \tag{D.44}$$

die als unendliche *Trapezformel* interpretiert werden kann. $T(f, \mathfrak{h})$ wird durch den endlichen Ausdruck

$$T_N(f, \mathfrak{h}) := \mathfrak{h} \sum_{k=-N}^{N} f(k\mathfrak{h}) \tag{D.45}$$

approximiert. Die zugehörigen Fehler seien als $\eta(f, \mathfrak{h})$ und $\eta_N(f, \mathfrak{h})$ bezeichnet:

$$\eta(f, \mathfrak{h}) = \int_{-\infty}^{\infty} f(x)\mathrm{d}x - T(f, \mathfrak{h}), \qquad \eta_N(f, \mathfrak{h}) = \int_{-\infty}^{\infty} f(x)\mathrm{d}x - T_N(f, \mathfrak{h}). \tag{D.46}$$

Die Beweise der nächsten Aussagen finden sich in [128, p. 144f].

Satz D.4.1 (Quadraturfehler). *Sei $f \in \mathbf{H}^1(\mathfrak{D}_d)$. Dann hat der Quadraturfehler $\eta(f, \mathfrak{h})$ die Darstellung*

$$\eta(f, \mathfrak{h}) = \frac{i}{2} \int_{-\infty}^{\infty} \left\{ \frac{f(t - id) \exp(-\pi\,(d + it)\,/\mathfrak{h})}{\sin(\pi\,(t - id)\,/\mathfrak{h})} - \frac{f(t + id) \exp(-\pi\,(d - it)\,/\mathfrak{h})}{\sin(\pi\,(t + id)\,/\mathfrak{h})} \right\} \mathrm{d}t. \tag{D.47}$$

Die Abschätzung von $\eta(f,\mathfrak{h})$ im folgenden Lemma verwendet die Norm $N(f,\mathfrak{D}_d)$ aus (D.7):

Lemma D.4.2 (Quadraturfehler-Abschätzung). *Unter der Voraussetzung $f \in \mathbf{H}^1(\mathfrak{D}_d)$ gilt*

$$|\eta(f,\mathfrak{h})| \le \frac{\exp(-\pi d/\mathfrak{h})}{2\sinh(\pi d/\mathfrak{h})} N(f,\mathfrak{D}_d) \le N(f,\mathfrak{D}_d)\exp(-2\pi d/\mathfrak{h}). \tag{D.48}$$

Die Differenz $\eta_N(f,\mathfrak{h}) - \eta(f,\mathfrak{h}) = \mathfrak{h}\sum_{|k|>N}|f(k\mathfrak{h})|$ hängt von der Geschwindigkeit des Funktionsabfall ab: Unter der Voraussetzung (D.13) des exponentiellen Abfalls folgt $|\eta_N(f,\mathfrak{h}) - \eta(f,\mathfrak{h})| \le \frac{2c}{\alpha}\mathrm{e}^{-\alpha N\mathfrak{h}}$ (gleiche Abschätzung wie in (D.14) für $p=\infty$). Entsprechend liefert der doppelt exponentielle Abfall (D.24) die Schranke $\frac{2c_1}{c_2c_3}\exp\{-c_2\mathrm{e}^{c_3N\mathfrak{h}} - c_3N\mathfrak{h}\}$ (vgl. (D.25)). Für den Fehler $|\eta_N(f,\mathfrak{h})|$ abgeschätzt als Summe von $|\eta(f,\mathfrak{h})|$ und $|\eta_N(f,\mathfrak{h}) - \eta(f,\mathfrak{h})|$ empfiehlt sich die folgende Wahl von $\mathfrak{h}$.

Satz D.4.3 ($\eta_N(f,\mathfrak{h})$-Abschätzung). *Sei $f \in \mathbf{H}^1(\mathfrak{D}_d)$.*

a) Im Falle des exponentiellen Abfalls (D.13) ist

$$\mathfrak{h} := \sqrt{\frac{2\pi d}{\alpha N}} \tag{D.49a}$$

die optimale Schrittweite und liefert die Fehlerabschätzung

$$|\eta_N(f,\mathfrak{h})| \le \left(\frac{N(f,\mathfrak{D}_d)}{1-\exp(-\sqrt{2\pi d\alpha N})} + \frac{2c}{\alpha}\right)\mathrm{e}^{-\sqrt{2\pi d\alpha N}} \tag{D.49b}$$

(α, c aus (D.13)).

b) Im Falle des stärkeren Abfalls (D.19) ist

$$\mathfrak{h} := \left(\frac{2\pi d}{\alpha}\right)^{1/(\gamma+1)} N^{\gamma/(\gamma+1)} \tag{D.50a}$$

die optimale Schrittweite und liefert die Fehlerabschätzung

$$\begin{aligned}|\eta_N(f,\mathfrak{h})| &\le \left(\frac{N(f,\mathfrak{D}_d)}{2} + \frac{c}{\pi d}\left(\frac{2\pi d}{\alpha}\right)^{\frac{1}{\gamma+1}} N^{\frac{1}{\gamma+1}}\right)\mathrm{e}^{-\frac{(2\pi d)^{\gamma/(\gamma+1)}}{\alpha^{1/(\gamma+1)}}N^{\gamma/(\gamma+1)}} \\ &\le \mathcal{O}\left(\exp\left(-CN^{\gamma/(\gamma+1)}\right)\right) \qquad \textit{mit } C < 2\pi d/\sqrt[\gamma+1]{2\pi d\alpha},\end{aligned} \tag{D.50b}$$

(α, γ, c aus (D.19)).

c) Im Falle des doppelt exponentiellen Abfalls (D.24) ist

$$\mathfrak{h} := \frac{\log(2\pi d c_3 N/c_2)}{c_3 N} \qquad (c_1, c_2, c_3 \textit{ aus (D.24)}) \tag{D.51a}$$

die optimale Schrittweite und liefert die Fehlerabschätzung

$$|\eta_N(f,\mathfrak{h})| \le N(f,\mathfrak{D}_d)\,\mathrm{e}^{-2\pi d c_3 N/\log(2\pi d c_3 N)}\,(1+o(1)). \tag{D.51b}$$

Beweis. 1) Für den Ausdruck in (D.48) gilt $\frac{\exp(-\pi d/\mathfrak{h})}{2\sinh(\pi d/\mathfrak{h})} = \frac{\exp(-2\pi d/\mathfrak{h})}{1-\exp(-2\pi d/\mathfrak{h})} = \exp(-2\pi d/\mathfrak{h}) + \mathcal{O}(\exp(-4\pi d/\mathfrak{h}))$.

2) Teil a) ergibt sich aus (D.48) mit $\exp(-2\pi d/\mathfrak{h}) = \exp(-\sqrt{2\pi d\alpha N})$ und der Abschätzung $|\eta_N(f,\mathfrak{h}) - \eta(f,\mathfrak{h})| \le \frac{2c}{\alpha}\mathrm{e}^{-\alpha N\mathfrak{h}} \le \frac{2c}{\alpha}\mathrm{e}^{-\sqrt{2\pi d\alpha N}}$.

3) $|\eta_N(f,\mathfrak{h}) - \eta(f,\mathfrak{h})| \le \sum_{|k|>N} |f(k\mathfrak{h})|$ hat die rechte Seite aus (D.20) als Schranke. Durch Abgleich der Exponenten in $\mathcal{O}(\exp\frac{-2\pi d}{\mathfrak{h}})$ und $\mathcal{O}(\exp(-\alpha\,(N\mathfrak{h})^\gamma)$ folgt (D.50a) und daraus (D.50b).

4) In Teil c) verwendet man $\exp(-2\pi d/\mathfrak{h}) = \exp(-2\pi dc_3N/\log(2\pi dc_3N))$ für $\eta(f,\mathfrak{h})$ und die Abschätzung

$$|\eta_N(f,\mathfrak{h}) - \eta(f,\mathfrak{h})| \le \frac{2c_1}{c_2c_3}\exp(-c_2\mathrm{e}^{c_3N\mathfrak{h}} - c_3N\mathfrak{h})$$
$$= \frac{2c_1}{c_2c_3}\exp(-2\pi dc_3N - \log(2\pi dc_3N/c_2)) = \frac{c_1}{\pi dc_3^2N}\exp(-2\pi dc_3N)$$

(analog zu (D.25)), deren rechte Seite stärker als $\mathrm{e}^{-2\pi dc_3N/\log(2\pi dc_3N)}$ fällt. ∎

D.4.2 Separable Entwicklungen mittels Quadratur

Im Folgenden werden verschiedene Integrale diskutiert, die den Wert $1/r$ (oder andere Funktionen $\varphi(r)$) ergeben. Wichtig ist dabei, dass der Integrand von der Form

$$\varphi(r) = \int_{-\infty}^{\infty} \mathrm{e}^{rF(t)}G(t)\mathrm{d}t \tag{D.52a}$$

ist. Falls die Sinc-Quadratur erfolgreich auf das Integral angewandt werden kann, erhält man $\varphi(r) \approx \sum_\nu \mathrm{e}^{rF(\nu\mathfrak{h})}G(\nu\mathfrak{h})$. Setzt man nun $r = x + y$, ergibt sich die separable Entwicklung

$$\varphi(x+y) \approx \sum\nolimits_\nu G(\nu\mathfrak{h})\mathrm{e}^{xF(\nu\mathfrak{h})}\mathrm{e}^{yF(\nu\mathfrak{h})}. \tag{D.52b}$$

Anmerkung D.4.4. Diese Technik lässt sich auf den *multivariaten* Fall verallgemeinern: Mit $r = \sum_{i=1}^d x_i$ erhält man eine separable Entwicklung $\varphi(\sum_{i=1}^d x_i) \approx \sum_\nu G(\nu\mathfrak{h}) \prod_{i=1}^d \mathrm{e}^{x_iF(\nu\mathfrak{h})}$ in d Variablen. Beachtenswert ist bei diesem Zugang, dass die Zahl der Terme (der Separationsrang) unabhängig von d ist.

Anmerkung D.4.5. Sei $\varphi(r) = 1/r$. Das Argument kann o.B.d.A. auf $r \ge 1$ skaliert werden, darf in den folgenden Überlegungen angenommen werden, dass der Parameter r in

$$1 \le r \le R \tag{D.53}$$

variiert, wobei in den Randintegral-Anwendungen $R = \mathcal{O}(n)$ (n: Matrixgröße) zu erwarten ist.

D.4.3 Beispiel: Integrand $\exp(-rt)$

D.4.3.1 Quadratur mit einfach exponentiellem Abfall

Das Integral

$$\frac{1}{r} = \int_0^\infty \mathrm{e}^{-rt}\mathrm{d}t \qquad \text{für } r > 0 \tag{D.54a}$$

ist zunächst so zu substituieren, dass sich die Integration über $\mathbb{R}$ erstreckt. Eine Möglichkeit ist $t = \log(1+\mathrm{e}^x)$. Wegen $\frac{\mathrm{d}t}{\mathrm{d}x} = \mathrm{e}^x / (1+\mathrm{e}^x) = 1/(1+\mathrm{e}^{-x})$ folgt

$$\frac{1}{r} = \int_{-\infty}^\infty \mathrm{e}^{-r\log(1+\mathrm{e}^x)} \frac{\mathrm{d}x}{1+\mathrm{e}^{-x}} \qquad \text{für } r > 0 \tag{D.54b}$$

Übung D.4.6. Sei $d \le \pi/2$. Man zeige: a) Das Verhalten des Integranden ist $\mathcal{O}(\mathrm{e}^{-r\Re e\, x})$ für $\Re e\, x \ge 0$ $(x \in \mathfrak{D}_d)$ und $\mathcal{O}(\mathrm{e}^{-|\Re e\, x|})$ für $\Re e\, x \le 0$.
b) Der Integrand von (D.54b) ist in $\mathfrak{D}_d$ holomorph mit $N(f, \mathfrak{D}_d) = \mathcal{O}(1+1/r)$.
c) Der Integrand ist sogar in $\mathfrak{D}_d$ für $d < \pi$ holomorph, aber dann wächst $N(f, \mathfrak{D}_d)$ exponentiell mit r.

Aus Teil a) der vorstehenden Übung erhält man das Verhalten (D.13) mit $\alpha = \min\{1, r\}$. Mit (D.53) sichert man $\alpha = 1$. Entsprechend erhält man gemäß (D.49b) die in $r \ge 1$ *gleichmäßige* Fehlerabschätzung

$$|\eta_N(f,\mathfrak{h})| \le C\mathrm{e}^{-\sqrt{2\pi d N}}. \tag{D.55}$$

Die absoluten Fehler $|\eta_N(f,\mathfrak{h})|$ sind für verschiedene $r \ge 1$ und verschiedene N in Tabelle D.1 wiedergegeben. Man beachtet, dass die relativen Fehler (nach Multiplikation mit r) ungünstiger aussehen. Berechnet man die Faktoren $N/\log^2(1/|\eta_N(f,\mathfrak{h})|)$ (Aufwand pro Genauigkeit), so ergibt sich für den gesamten Parameterbereich aus Tabelle D.1 ein Wert um 0.08, der sogar besser als $\pi^{-2} \approx 0.10$ ist, was sich aus (D.55) für $d = \pi/2$ ergäbe. In jedem Falle wird das exponentielle Fehlerverhalten mit einem Exponenten $\mathcal{O}(\sqrt{N})$ numerisch bestätigt.

D.4.3.2 Quadratur mit doppelt exponentiellem Abfall

Um einen doppelt exponentiellen Abfall zu erzeugen, wird in (D.54b) $x = \sinh s$ substituiert:

$$\frac{1}{r} = \int_{-\infty}^\infty \mathrm{e}^{-r\log(1+\mathrm{e}^{\sinh s})} \frac{\cosh s}{1+\mathrm{e}^{-\sinh s}}\mathrm{d}s \qquad \text{für } r > 0. \tag{D.56a}$$

mit dem Integranden

$$F(s) := \mathrm{e}^{-r\log(1+\mathrm{e}^{\sinh s})} \frac{\cosh s}{1+\mathrm{e}^{-\sinh s}}. \tag{D.56b}$$

N\r	1	10	100	1000	1E4	1E6	1E8	1E10	1E12
5	1.62-04	5.25-04	3.18-04	1.37-04	8.85-05	1.00-06	1.00-08	1.00-10	1.00-12
10	1.58-05	1.75-05	1.78-05	1.00-05	8.36-06	1.00-06	1.00-08	1.00-10	1.00-12
20	2.09-07	3.25-07	3.43-07	1.23-07	1.05-07	1.00-07	1.00-08	1.00-10	1.00-12
30	6.75-09	6.26-09	1.40-08	4.73-09	3.43-09	3.37-09	2.88-09	1.00-10	1.00-12
40	3.65-10	2.27-10	1.41-09	1.39-10	1.55-10	1.82-10	1.80-10	8.45-11	1.00-12
50	2.76-11	1.43-11	1.48-10	2.12-11	1.65-11	1.38-11	1.38-11	1.29-11	1.00-12
60	2.66-12	1.31-12	2.34-11	6.60-12	1.69-12	1.33-12	1.33-12	1.32-12	7.40-13
80	4.21-14	2.04-14	4.69-13	1.75-13	5.22-15	2.09-14	2.07-14	2.08-14	2.05-14
100	1.11-15	5.22-16	1.57-14	1.58-15	1.93-16	5.26-16	5.14-16	4.82-16	5.34-16
120	2.22-16	3.61-17	9.79-16	2.30-16	1.16-16	3.36-18	2.77-17	6.16-18	1.98-17

Tabelle D.1. Absolute Quadraturfehler der Sinc-Quadratur von (D.54b) für $h = 3.5/\sqrt{N}$

Übung D.4.7. Man zeige: a) Für $s \to +\infty$ ist der Integrand $F(s) \approx \frac{1}{2}\exp(s - r\mathrm{e}^{\sinh s}) \approx \exp(-\frac{r}{2}\mathrm{e}^{s})$ doppelt exponentiell abfallend.

b) Für $s \to -\infty$ verhält sich $\mathrm{e}^{-r\log(1+\mathrm{e}^{\sinh s})}$ wie $\exp(-\frac{r}{2}\mathrm{e}^{-|s|}) \to 1$, aber der zweite Faktor $\frac{\cosh s}{1+\mathrm{e}^{-\sinh s}} = \mathcal{O}(\exp(-s+\frac{1}{2}\mathrm{e}^{s})) \approx \mathcal{O}(\exp(\frac{1}{2}\mathrm{e}^{-|s|}))$ sichert den doppelt exponentiellen Abfall.

c) F ist in $\mathfrak{D}_d$ mit $d \leq \pi/2$ holomorph.

Das asymptotische Verhalten garantiert, dass F aus (D.56b) zu $\mathbf{H}^1(\mathfrak{D}_d)$ gehört. Allerdings kann die Abschätzung (D.51b) durch $N(F,\mathfrak{D}_d) = \mathcal{O}(\mathrm{e}^r)$ ruiniert werden. Die Ursache ist, dass $\log(1+\mathrm{e}^{\sinh s})$ für $s = x+iy \in \mathfrak{D}_d$ mit $x < 0$ und $y = d$ negativ werden kann und damit $\mathrm{e}^{-r\log(1+\mathrm{e}^{\sinh s})} = \mathcal{O}(\mathrm{e}^r)$. Im Folgenden wird $F(s)$ in den vier Abschnitten

$$\mathfrak{D}_i := \{s \in \mathfrak{D}_d : \Re e\, s \in I_i\} \quad \text{mit} \quad \begin{cases} I_1 := (-\infty, x_0(r)], & I_3 := [0, x_1], \\ I_2 := [x_0(r), 0], & I_4 := [x_1, \infty) \end{cases} \tag{D.57}$$

separat abgeschätzt, wobei $x_0(r) < 0$ und $x_1 > 0$ noch definiert werden. Wir werden zeigen, dass $\Re e\ \log(1+\mathrm{e}^{\sinh s}) \geq 0$ in $I_3 \cup I_4$ mit festem $d > 0$ erreicht werden kann, während hierfür in I_2 ein r-abhängiges $d = \mathcal{O}(1/\log(r))$ benötigt wird. In I_1 kann $\log(1+\mathrm{e}^{\sinh s})$ beliebige Vorzeichen haben, aber dann ist der Exponent $r\left|\log(1+\mathrm{e}^{\sinh s})\right| \leq \mathcal{O}(1)$ für alle $r \geq 1$, $x \leq x_0(r)$.

Lemma D.4.8. *Seien $d < \pi/2$ und $x_1 := \operatorname{arsinh}(\frac{1}{\cos d})$. Für alle $s = x+iy \in \mathfrak{D}_d$ mit $x \in I_4$ gilt*

$$|F(s)| \leq \left.\frac{\cosh(x)}{1-\mathrm{e}^{-X}}\mathrm{e}^{-r\log(\mathrm{e}^X - 1)}\right|_{X=\sinh(x)\cos(y)} \tag{D.58a}$$

$$\lesssim \frac{1}{2}\mathrm{e}^{x - r\sinh(x)\cos(y)} \lesssim \frac{1}{2}\mathrm{e}^{x - r\frac{\cos(d)}{2}\mathrm{e}^{|x|}}.$$

Beweis. a) Für $u = X + iY$ gilt $\Re e \log(1 + e^u) = \frac{1}{2}\log(|1 + e^u|^2) = \frac{1}{2}\log(1 + 2e^X \cos(Y) + e^{2X})$.

b) Die Komponenten von $\sinh(s) = X + iY$ sind

$$X = \sinh(x)\cos(y), \quad Y = \cosh(x)\sin(y) \qquad \text{für } s = x + iy \in \mathfrak{D}_d. \tag{D.59}$$

$x > \operatorname{arsinh}(\frac{1}{\cos d})$ impliziert $X > 1$. Der ungünstigste Fall für den Ausdruck aus a) tritt für $\cos(Y) = -1$, d.h. für hinreichend große x auf und liefert $\Re e \log(1 + e^{X+iY}) \ge \log(e^X - 1) > \log(e - 1) > 0.5$. Damit ist $|e^{-r\log(1+e^{\sinh s})}| \le e^{-r\log(e^X-1)} < 1$. Schließlich beweist $\frac{1}{|1+e^{-\sinh s}|} \le \frac{1}{|1-e^{-X}|}$ Ungleichung (D.58a). ∎

Lemma D.4.9. *Seien $d \le 0.93 < \pi/2$ und x_1 wie in Lemma D.4.8. Für alle $s = x + iy \in \mathfrak{D}_d$ mit $x \in I_3$ gilt*

$$|F(s)| \le \sqrt{2}. \tag{D.58b}$$

Beweis. $0 \le x \le x_1 = \operatorname{arsinh}(\frac{1}{\cos d})$ impliziert $0 \le \sinh x \le \frac{1}{\cos d}$. Aus $\cosh(x) = \sqrt{1 + \sinh^2 x}$ schließt man auf $Y = \cosh(x)\sin(y) \le \tan(d)\sqrt{1 + \cos^2 d}$ (X, Y aus (D.59)). Die Beschränkung $d \le 0.93$ garantiert $Y \in (-\pi/2, \pi/2)$ und daher $\Re e\, e^{X+iY} \ge 0$. Die Ungleichungen $\Re e\left(-r\log(1 + e^{\sinh(s)})\right) < 0$ und $\left|1 + e^{-\sinh(s)}\right| > 1$ zeigen $|F(s)| \le |\cosh(s)| \le \cosh(x) \le \frac{|Y|}{\sin d} = \sqrt{1 + \cos^2 d}/\cos d = \sqrt{1 + \cos^{-2} d} \le \sqrt{2}$. ∎

Anmerkung D.4.10. Die numerische Rechnung zeigt, dass der Realteil des Faktors $\log(1+e^{\sinh(x+id)})$ im Exponenten für alle $x \ge 0$ positiv ist, wenn $d \le 1.33$.

Der kritische Fall liegt für $x \in I_2$ vor, da d hier durch $d \le d(r) = \mathcal{O}(1/\log(r))$ beschränkt werden muss.

Lemma D.4.11. *Der I_2 definierende Wert $x_0(r)$ aus (D.57) sei*[4]

$$x_0(r) := -\operatorname{arsinh}\left(\frac{\log(3r)}{\cos(d(r))}\right) = -\mathcal{O}(\log\log(3r)) < 0 \qquad \textit{mit}$$

$$A := \frac{1}{2}\left(1 + \frac{\pi^2}{4} + \log^2(3r)\right), \quad B := \frac{\pi^2}{4}\Big/\left(A + \sqrt{A^2 + \frac{\pi^2}{4}}\right), \tag{D.58c}$$

$$d(r) := \arcsin(\sqrt{B}).$$

Für alle $s = x + iy \in \mathfrak{D}_{d(r)}$ mit $x \in I_2 = [x_0(r), 0]$ gilt

$$|F(s)| \le \frac{1}{2}e^{-x + \sinh(x)\cos(y)} \le \frac{1}{2}\,e^{|x| - \frac{\cos(d(r))}{2}e^{|x|}}. \tag{D.58d}$$

[4] Die numerischen Werte von $x_0(r)$ sind $x_0(1) = -1.2068$, $x_0(10) = -2.0235$, $x_0(10^3) = -2.7957$, $x_0(10^6) = -3.4021$, $x_0(10^9) = -3.7792$.

Beweis. Die Wahl von $x_0(r)$ ergibt $\cosh(x_0) = \sqrt{1+\sinh^2(x_0)} = \sqrt{1+\left(\frac{\log(3r)}{\cos(d)}\right)^2}$. Damit wird die Bedingung $|Y| = |\cosh(x_0)\sin(d)| \le \frac{\pi}{2}$ zu

$$\sin^2(d) + \tan^2(d)\log^2(3r) \le \frac{\pi^2}{4}.$$

Dank $\tan^2(d) = \frac{\sin^2(d)}{1-\sin^2(d)}$ erhält man eine quadratische Gleichung in $\sin^2(d)$, deren Lösung durch B gegeben wird.

Für $x \in I_2$ gilt $|\cosh(s)| \le \cosh(x_0(r)) \le \pi/(2\sin d(r))$ und $|Y| \le \frac{\pi}{2}$ (x, y, X, Y aus (D.59)). Hieraus folgt $\Re e\left(-r\log(1+\mathrm{e}^{\sinh(s)})\right) < 0$ und daher $|F(s)| \le \left|\cosh(s)/\left(1+\mathrm{e}^{-\sinh(s)}\right)\right| \le \frac{1}{2}\mathrm{e}^{-x}/\left(1+\mathrm{e}^{-X}\right) \le \frac{1}{2}\mathrm{e}^{-x+\sinh(x)\cos(y)} \le \frac{1}{2}\mathrm{e}^{-x+\sinh(x)\cos(d(r))}$. ■

Im folgenden Lemma tritt zwar $d(r)$ auf, aber d ist nur durch $d < \pi/2$ beschränkt.

Lemma D.4.12. *Sei $d < \pi/2$. Für alle $s = x + id \in \mathfrak{D}_d$ mit $x \in I_1$ und für alle $r \ge 1$ gilt*

$$|F(s)| \le \frac{\sqrt{3}}{1-3^{-\cos(d)/\cos(d(r))}}\frac{1}{2}\mathrm{e}^{-x+\sinh(x)\cos(d)} \le C\,\mathrm{e}^{|x|-\frac{\cos(d)}{2}\mathrm{e}^{|x|}}. \tag{D.58e}$$

Beweis. $x \le x_0(r)$ führt auf $X \le -\frac{\log(3r)}{\cos(d(r))}\cos(d) \le -\log(3r)$, sodass wie in Beweisteil a) zu Lemma D.4.8

$$\Re e\left(-r\log(1+\mathrm{e}^{\sinh(w)})\right) = -\frac{r}{2}\log(1+2\mathrm{e}^X\cos(Y)+\mathrm{e}^{2X})$$
$$= -\frac{r}{2}\log(1+\mathrm{e}^X\left(2\cos(Y)+\mathrm{e}^X\right)) \le -\frac{r}{2}\log(1-2\mathrm{e}^X) \le -\frac{r}{2}\log(1-\frac{2}{3r}).$$

Die Funktion $-\frac{r}{2}\log(1-\frac{2}{3r})$ ist bezüglich r monoton abnehmend, sodass $-\frac{r}{2}\log(1-\frac{2}{3r}) \le \frac{\log 3}{2}$ für $r \ge 1$. Dies ergibt die Schranke $\exp(\frac{\log 3}{2}) = \sqrt{3}$ in (D.58e). Mit

$$\begin{aligned}
1/|1+\mathrm{e}^{-\sinh(s)}| &\le 1/|1-\mathrm{e}^{-X}| = \mathrm{e}^X/(1-\mathrm{e}^X) \\
&\underset{X=\sinh(x)\cos(d)\le\sinh(x_0(r))\cos(d)}{\le} \mathrm{e}^X/(1-\mathrm{e}^{\sinh(x_0(r))\cos(d)}) \\
&\underset{x_0(r)=-\operatorname{arsinh}(\frac{\log(3r)}{\cos(d(r))})}{=} \mathrm{e}^X/(1-\mathrm{e}^{-\frac{\log(3r)}{\cos(d(r))}\cos(d)}) \\
&\underset{r\ge1}{\le} \mathrm{e}^X/(1-3^{-\cos(d)/\cos(d(r))})
\end{aligned}$$

und $\mathrm{e}^X = \mathrm{e}^{\sinh(x)\cos(d)}$ erhalten wir (D.58e). ■

Insgesamt erhalten wir den

Satz D.4.13. *Seien $r \in [1,R]$ und $d \le d(R) = \mathcal{O}(1/\log R)$ gemäß (D.58c). Dann hat F aus (D.56b) eine gleichmäßig bezüglich r beschränkte Norm $N(F,\mathfrak{D}_d)$. Das asymptotische Verhalten wird durch (D.24) mit $c_1 = \mathcal{O}(1)$, $c_2 = \frac{\cos(d)}{2} \approx \frac{1}{2}$ und $c_3 = 1$ beschrieben. Die empfohlene Schrittweite aus (D.51a) ist daher $\mathfrak{h} = \frac{\log(4\pi d(R)N)}{N}$ und liefert die in $r \in [1,R]$ gleichmäßige Fehlerabschätzung*

$$|\eta_N(f,\mathfrak{h})| \le \mathcal{O}(\mathrm{e}^{-2\pi d(R)N/\log(2\pi d(R)N)}). \tag{D.60}$$

Eine Quadratur mit der Genauigkeit ε erfordert demnach $N = \mathcal{O}(\log\frac{1}{\varepsilon}\cdot\log R)$.

Tabelle D.2 zeigt $|\eta_N(f,\mathfrak{h})|$ für die Wahl $\mathfrak{h} = 6/N$.

$N\backslash r$	1	10	100	1000	1E4	1E5	1E6	1E8	1E10
5	1.38-04	1.91-02	8.41-03	5.86-04	9.97-05	9.75-06	7.51-07	7.00-08	1.00-10
10	1.30-06	1.21-04	1.98-05	5.36-04	7.26-05	6.76-06	8.76-07	3.00-08	9.99-11
20	8.14-14	5.02-10	2.60-06	2.09-05	5.27-06	3.67-06	4.98-07	1.02-08	1.60-11
30	*0*	6.43-16	4.33-09	1.94-07	1.59-06	6.96-07	1.69-07	4.22-09	2.95-11
40	*0*	*0*	1.35-12	1.42-08	2.41-07	9.45-08	5.32-08	1.86-09	3.54-11
50	*0*	*0*	7.27-17	7.03-10	2.28-08	1.46-08	9.65-09	7.20-10	1.33-11
60	*0*	*0*	*0*	8.27-12	1.94-09	3.11-09	7.93-10	1.73-10	3.66-12
80	*0*	*0*	*0*	5.18-16	8.13-12	1.45-10	1.45-10	1.45-11	5.52-13
100	*0*	*0*	*0*	*0*	3.07-14	1.27-12	1.13-11	2.88-12	3.01-13
120	*0*	*0*	*0*	*0*	1.21-17	6.51-14	5.75-13	8.91-13	8.04-14
	0.24	0.29	0.49	0.67	0.77	0.84	0.87	0.91	0.95

Tabelle D.2. Absolute Quadraturfehler der Sinc-Quadratur von (D.56b) für $\mathfrak{h} = 6/N$

D.4.4 Beispiel: Integrand $\exp(-r^2t^2)$

Aus $\int_{-\infty}^{\infty}\exp(-t^2)\mathrm{d}t = \sqrt{\pi}$ folgt die Identität

$$\frac{1}{r} = \frac{1}{\sqrt{\pi}}\int_{-\infty}^{\infty}\exp(-r^2t^2)\mathrm{d}t.$$

D.4.4.1 Naive Quadratur

Die direkte Anwendung der Sinc-Quadratur ist im Prinzip für alle festen $r > 0$ möglich: Der Integrand $f(t,r) = \exp(-r^2t^2)$ gehört für alle $r, d > 0$ zu $\mathbf{H}^1(\mathfrak{D}_d)$, da $N(f(\cdot,r),\mathfrak{D}_d) < \infty$. Allerdings ist $N(f(\cdot,r),\mathfrak{D}_d)$ nicht gleichmäßig in r beschränkt. Für $t = x + id$ ist $|\mathrm{e}^{-r^2t^2}| = \exp(-r^2(x^2-d^2))$. Für $-d \le x \le d$ ist der Exponent positiv, und man folgert $N(f,\mathfrak{D}d) \approx \mathcal{O}(\mathrm{e}^{r^2d^2})$. Damit ist die Sinc-Quadratur des Integranden $\exp(-r^2t^2)$ nur für $r = \mathcal{O}(1)$ brauchbar.

Das gleiche Problem ergibt sich, wenn man $t = \sinh(s)$ zwecks doppelt exponentiellen Abfalls substituiert.

D.4.4.2 Quadratur mit einfach exponentiellem Abfall

Stattdessen verwende man die Darstellung $\frac{1}{r} = \frac{2}{\sqrt{\pi}} \int_0^\infty \exp(-r^2t^2)\mathrm{d}t$ und wende auf $\int_0^\infty \exp(-r^2t^2)\mathrm{d}t$ die gleiche Prozedur wie in §D.4.3.1 an. Wie in §D.4.3.1 erhält man r-unabhängige Konvergenz $|\eta_N(f, \mathfrak{h})| \leq \mathcal{O}(\mathrm{e}^{-\sqrt{2\pi dN}})$.

D.4.4.3 Quadratur mit doppelt exponentiellem Abfall

Auf $\int_0^\infty \exp(-r^2t^2)\mathrm{d}t$ wende man die Substitution $t = \log(1 + \mathrm{e}^{\sinh s})$ aus §D.4.3.2 an. Wieder ist die kritische Frage, wie $d = d(r)$ zu wählen ist, sodass sich $N(F, \mathfrak{D}_{d(r)})$ für den entstehenden Integranden $F(s,r)$ gleichmäßig in $r \geq 1$ abschätzen lässt. Anstelle der entsprechenden Aussagen von Lemmata D.4.8 und D.4.9 geben wir die

Anmerkung D.4.14. Die numerische Rechnung zeigt, dass der Realteil des Faktors $\log^2(1 + \mathrm{e}^{\sinh(x+id)})$ im Exponenten für alle $x \geq 0$ positiv ist, wenn $d \leq 0.79$.

Für x aus dem Intervall I_2 muss d wieder r-abhängig gewählt werden, damit $\log^2(1 + \mathrm{e}^{\sinh(x+id)})$ erst dann einen negativen Realteil aufweist, wenn $r\Re\mathrm{e}\log^2(1 + \mathrm{e}^{\sinh(x+id)}) = \mathcal{O}(1)$. Da die Analyse für $\log^2$ unübersichtlicher als für $\log(1 + \mathrm{e}^{\sinh(x+id)})$ ist, wird die Asymptotik $\log^2(1 + \mathrm{e}^{\sinh(x+id)}) \approx \mathrm{e}^{2\sinh(x+id)}$ für hinreichend kleine x (d.h. $x < 0$ und $|x|$ hinreichend groß) verwendet.

Man wähle $x_0(r)$ und $d(r)$ wie in (D.58c), aber mit $\frac{\pi^2}{16}$ statt $\frac{\pi^2}{4}$. Analog zum Beweis von Lemma D.4.11 erhält man $|Y| \leq \frac{\pi}{4}$ für Y aus $\sinh(x + id) = X + iY$. Damit folgt $\Re\mathrm{e}\, \mathrm{e}^{2\sinh(x+id)} \geq 0$ für $x \in I_2$, d.h. für $x \geq x_0(r) = -\mathcal{O}(1/\log r)$. In I_1 folgt wie in Lemma D.4.12, dass $r\Re\mathrm{e}\log^2(1+\mathrm{e}^{\sinh(x+id)}) = \mathcal{O}(1)$.

Wegen der Ersetzung von $\log^2(1+\mathrm{e}^{\sinh(x+id)})$ durch $\mathrm{e}^{2\sinh(x+id)}$ für $x \in I_2$ ist die obige Argumentation kein vollständiger Beweis und wir fügen die folgende Anmerkung an.

Anmerkung D.4.15. Seien $x_0(r) < 0$ und $d(r)$ wie oben definiert. Die numerische Überprüfung der Funktion $\log^2(1 + \mathrm{e}^{\sinh(x+id(r))})$ zeigt, dass ihr Realteil für alle $x \in [x_0(r), 0]$ und alle $r \geq 1$ positiv ist. Genauer stellt sich Folgendes heraus. Sei $\xi(r) := \min\{x : \Re\mathrm{e}\log^2(1 + \mathrm{e}^{\sinh(t+id(r))}) \geq 0 \text{ für alle } x \leq t \leq 0\}$. Dann erfüllt $\xi(r)$ nicht nur $\xi(r) \leq x_0(r)$, sondern für moderate r ist $\xi(r)$ deutlich kleiner als $x_0(r)$, während man für $r \to \infty$ beobachtet, dass $\xi(r) \to x_0(r)$.

E

Asymptotisch glatte Funktionen

Die Definition asymptotisch glatter Funktionen ist in Definition 4.2.5 gegeben.

E.1 Beispiel $|x-y|^{-a}$

Eine wichtige Kernfunktion ist $s(x,y) = |x-y|^{-1}$, wobei $x, y \in \mathbb{R}^d$ und $|\cdot|$ die Euklidische Norm sind. Allgemeiner werden wir

$$s(x,y) = |x-y|^{-a} = \left(\sum_{i=1}^{d} (x_i - y_i)^2\right)^{-a/2} \qquad (x, y \in \mathbb{R}^d,\ x \neq y) \tag{E.1}$$

für $a > 0$ untersuchen.

E.1.1 Richtungsableitungen

Für die Abschätzung des Interpolationsfehlers aus (B.22) oder den Taylor-Rest ist die mehrfache Richtungsableitung maßgebend. Hierfür geben wir eine asymptotisch exakte Abschätzung an:

Satz E.1.1. *Seien $a > 0$ und $h \in \mathbb{R}^d$ mit $|h| = 1$. Mit $D_{h,x}$ sei die Richtungsableitung (B.8) bezeichnet. Dann gilt*

$$\left|D_{h,x}^k s(x,y)\right| \leq k! \frac{k^{a-1} + \mathcal{O}(k^{a-2})}{\Gamma(a)} |x-y|^{-k-a} \tag{E.2}$$

$$\text{für alle } x, y \in \mathbb{R}^d,\ x \neq y \text{ und alle } k \in \mathbb{N}.$$

Gleiches gilt für die Richtungsableitung $D_{h,y}$ bezüglich der Variablen y, da $D_{h,y}s(x,y) = -D_{h,x}s(x,y)$. $\Gamma(\cdot)$ ist die Gamma-Funktion.

Beweis. 1) Die Richtungsableitung $D^k_{h,x}s(x,y)$ lässt sich auch in der Form

$$\frac{\mathrm{d}^k}{\mathrm{d}t^k}s(x+th,y)\bigg|_{t=0} = \frac{\mathrm{d}^k}{\mathrm{d}t^k}\left|x+th-y\right|^{-a}\bigg|_{t=0} \tag{E.3}$$

schreiben. Substitution $w := x-y$ liefert $\frac{\mathrm{d}^k}{\mathrm{d}t^k}\left|w+th\right|^{-a}\Big|_{t=0}$. Setzt man $w = \lambda v$ mit $\lambda = |w|$ (folglich $|v| = 1$), so ist $\frac{\mathrm{d}^k}{\mathrm{d}t^k}\left|w+th\right|^{-a} = \frac{\mathrm{d}^k}{\mathrm{d}t^k}\left|\lambda v+th\right|^{-a} = \lambda^{-a}\frac{\mathrm{d}^k}{\mathrm{d}t^k}\left|v+\frac{t}{\lambda}h\right|^{-a} = \lambda^{-a-k}\frac{\mathrm{d}^k}{\mathrm{d}s^k}\left|v+sh\right|^{-a}\Big|_{s=t/\lambda}$. Damit reicht es für den Nachweis von (E.2), diese Ungleichung für $y = 0$ und $|x| = 1$ zu zeigen.

Da die Euklidische Norm gegen orthogonale Transformationen Q invariant ist, gilt $D^k_h\left|x\right|^{-a} = \frac{\mathrm{d}^k}{\mathrm{d}t^k}\left|x+th\right|^{-a} = \frac{\mathrm{d}^k}{\mathrm{d}t^k}\left|Qx+tQh\right|^{-a} = D^k_{Qh}\left|Qx\right|^{-a}$. Somit reicht es, den Spezialfall $Qx = e_1 := (1,0,\ldots,0)^\top$ zu untersuchen. $s(x+th,y) = s(e_1+th,0) = \left|e_1+th\right|^{-a}$ nimmt die folgende Form an:

$$s(x+th,y) = \left[(1+th_1)^2 + t^2\sum_{i=2}^{d}h_i^2\right]^{-a/2}. \tag{E.4}$$

2) Für negative Exponenten $-\alpha$ ($\alpha > 0$) lautet die binomische Formel

$$(1-x)^{-\alpha} = \sum_{n=0}^{\infty} A_n^{(\alpha)}x^n \qquad \text{für } |x| < 1, \tag{E.5}$$

$$\text{wobei } A_n^{(\alpha)} := \frac{\alpha\,(\alpha+1)\cdots(\alpha+n-1)}{n!} = \frac{\Gamma\,(n+\alpha)}{\Gamma\,(n+1)\,\Gamma\,(\alpha)}$$

(vgl. [135, Seite 112]). Quadriert man die Reihe und beachtet $\left[(1-x)^{-\alpha}\right]^2 = (1-x)^{-2\alpha}$, so folgt nach Koeffizientenvergleich

$$\sum_{\nu=0}^{n} A_\nu^{(\alpha)}A_{n-\nu}^{(\alpha)} = A_n^{(2\alpha)}. \tag{E.6}$$

3) Wir setzen

$$f_\zeta(z) := (1-\zeta z)^{-\alpha}\left(1-\bar{\zeta}z\right)^{-\alpha} \tag{E.7a}$$
$$\text{mit } \zeta := \xi + i\eta \in \mathbb{C},\ \xi,\eta\in\mathbb{R},\ \xi^2+\eta^2 = 1.$$

Da $|\zeta| = 1$, gelten für $|z| < 1$ die Darstellungen $(1-\zeta z)^{-\alpha} = \sum_{n=0}^{\infty} A_n^{(\alpha)}(\zeta z)^n$ und $\left(1-\bar{\zeta}z\right)^{-\alpha} = \sum_{n=0}^{\infty} A_n^{(\alpha)}\left(\bar{\zeta}z\right)^n$. Multiplikation liefert

$$f_\zeta(z) = \sum_{n=0}^{\infty} B_n^{(2\alpha,\zeta)}z^n \quad \text{mit } B_n^{(2\alpha,\zeta)} = \sum_{\nu=0}^{n} A_\nu^{(\alpha)}A_{n-\nu}^{(\alpha)}\zeta^\nu\bar{\zeta}^{n-\nu}. \tag{E.7b}$$

Wegen $|\zeta| = |\bar{\zeta}| = 1$ und $A_\nu^{(\alpha)} > 0$, folgt $\left|B_n^{(2\alpha,\zeta)}\right| \leq \sum_{\nu=0}^{n} A_\nu^{(\alpha)} A_{n-\nu}^{(\alpha)} = A_n^{(2\alpha)}$ (vgl. (E.6)):

$$\left|B_n^{(2\alpha,\zeta)}\right| \leq A_n^{(2\alpha)} \qquad \text{für alle } \zeta \in \mathbb{C},\ |\zeta| = 1. \tag{E.7c}$$

4) Die Funktion aus (E.4) hat die Form $\left[(1+t\xi)^2 + (t\eta)^2\right]^{-a/2}$, wobei $\xi := h_1$ und $\eta = \sqrt{\sum_{i=2}^{d} h_i^2}$. Wegen $|h| = 1$ ist $\xi^2 + \eta^2 = 1$, und die quadratische Funktion in der eckigen Klammer wird zu

$$1 + 2t\xi + t^2 = (1-\zeta t)\left(1-\bar{\zeta}t\right) \quad \text{mit } \zeta := -\xi + i\eta.$$

Für $\left(1+2t\xi+t^2\right)^{-a/2} = (1-\zeta t)^{-a/2}\left(1-\bar{\zeta}t\right)^{-a/2} = f_\zeta(t)$ liefern (E.7a-c) die Reihe $\sum_{n=0}^{\infty} B_n^{(a,\zeta)} t^n$ mit $|B_n^{(\alpha,\zeta)}| \leq A_n^{(a)}$. Die k-fache Richtungsableitung $D_h^k |x|^{-a}$ in $x = e_1$ hat den Wert $(D_h^k |x|^{-a})|_{x=e_1} = k! B_k^{(a,\zeta)}$. Zusammen mit den Argumenten aus Schritt 1) ist somit bewiesen, dass

$$\left|D_{h,x}^k |x-y|^{-a}\right| \leq k! A_k^{(a)} |x-y|^{-a-k} \tag{E.8}$$
$$\text{für alle } x, y \in \mathbb{R}^d,\ x \neq y \text{ und alle } k \in \mathbb{N}.$$

5) Es sei an die Stirlingsche[1] Formel

$$\Gamma(x) = \left(\frac{x-1}{\mathrm{e}}\right)^{x-1} \sqrt{2\pi(x-1)}\left(1 + \mathcal{O}(\frac{1}{x})\right) \qquad \text{für } x \to \infty$$

erinnert (vgl. [135, p. 600]). Da $A_k^{(a)} = \frac{\Gamma(a+k)}{\Gamma(1+k)\Gamma(a)}$, folgt hieraus

$$A_k^{(a)} = \left(\frac{1}{\Gamma(a)} + \mathcal{O}(\frac{1}{k})\right) k^{a-1} \qquad \text{für } k \to \infty$$

und beweist zusammen mit (E.8) die Behauptung. ∎

Die Abschätzung (E.2) ist die bestmögliche, da $x = -h = e_1$ zu $\eta = 0$ in (E.7a) führt. Damit stimmt $f_\zeta(z) = (1-t)^{-a}$ mit $\sum A_k^{(a)} t^k$ überein und (E.2) ist die Asymptotik von $\sum A_k^{(a)} t^k$.

Satz E.1.1 ist auf den Fall $a > 0$ in (E.1) beschränkt, da der Beweis explizit von dieser Vorzeicheneigenschaft Gebrauch macht. Aber auch $\log|x-y|$ (entspricht $a = 0$) oder $\sqrt{|x-y|}$ ($a = 1/2$) sind interessante Funktionen, deren Ableitungsverhalten im Folgenden ergänzt werden soll.

Korollar E.1.2. *Sei $h \in \mathbb{R}^d$ mit $|h| = 1$. Für alle $x, y \in \mathbb{R}^d$, $x \neq y$, lauten die Richtungsableitungen*

$$\left|D_{h,x}^k \log|x-y|\right| \leq \begin{cases} |x-y|^{-k} & \textit{für } k = 1, 2, \\ 2k!\left(1 + \mathcal{O}(\frac{1}{k})\right)|x-y|^{-k} & \textit{für } k \geq 3. \end{cases} \tag{E.9}$$

[1] James Stirling, geboren im Mai 1692 in Garden (Schottland), gestorben am 5. Dezember 1770 in Edinburgh.

Beweis. 1) Wie oben kann o.B.d.A. $y = 0$ und $x = e_1$ angenommen werden. Außerdem skaliert sich $D^k_{h,x} \log|x-y| = \frac{\mathrm{d}^k}{\mathrm{d}t^k} \log|x+th-y|\Big|_{t=0}$ wie $|x-y|^{-k}$.

2) Die erste Ableitung ist $\frac{\mathrm{d}}{\mathrm{d}t} \log|e_1+th| = (t+h_1)\,|e_1+th|^{-2}$. Ihr Wert für $t=0$ ist $|h_1| \le 1$. Zusammen mit 1) folgt $|D_{h,x} \log|x-y|| \le |x-y|^{-1}$.

3) Die zweite Ableitung ist

$$\frac{\mathrm{d}^2}{\mathrm{d}t^2} \log|e_1+th| = |e_1+th|^{-2} - 2\,(t+h_1)^2\,|e_1+th|^{-4}.$$

Ihr Absolutbetrag bei $t = 0$ ist $\left|1-2h_1^2\right| \le 1$. Zusammen mit 1) folgt $\left|D^2_{h,x} \log|x-y|\right| \le |x-y|^{-2}$.

4) Die höheren Ableitungen für $k > 2$ sind

$$\frac{\mathrm{d}^k}{\mathrm{d}t^k} \log|e_1+th| = (t+h_1)\,\frac{\mathrm{d}^{k-1}}{\mathrm{d}t^{k-1}}\,|e_1+th|^{-2} + (k-1)\,\frac{\mathrm{d}^{k-2}}{\mathrm{d}t^{k-2}}\,|e_1+th|^{-2}.$$

Da $k-2 \in \mathbb{N}$, kann Satz E.1.1 mit $a = 2$ angewandt werden:

$$\left|\frac{\mathrm{d}^k}{\mathrm{d}t^k} \log|e_1+th|\Big|_{t=0}\right| \\ \le |h_1|\,(k-1)!\,\frac{(k-1)+\mathcal{O}(1)}{\Gamma(2)} + (k-1)\,(k-2)!\,\frac{(k-2)+\mathcal{O}(1)}{\Gamma(2)}.$$

Wegen $\Gamma(2) = 1$, $(k-1)+\mathcal{O}(1) = k+\mathcal{O}(1)$ und $(k-2)+\mathcal{O}(1) = k+\mathcal{O}(1)$, folgt $\left|\frac{\mathrm{d}^k}{\mathrm{d}t^k} \log|e_1+th|\Big|_{t=0}\right| \le 2k!\,(1+\mathcal{O}(1/k))$. Mit der Skalierung aus 1) ergibt sich die Behauptung (E.9). ■

Korollar E.1.3. *Seien $\alpha \in (0,2)$ und $h \in \mathbb{R}^d$ mit $|h| = 1$. Für alle $x, y \in \mathbb{R}^d$, $x \neq y$, lauten die Richtungsableitungen*

$$\left|D^k_{h,x}\,|x-y|^\alpha\right| \le \begin{cases} \alpha\,|x-y|^{\alpha-k} & \text{für } k = 1,2, \\ 2\alpha k!\,\frac{k^{-\alpha}+\mathcal{O}(k^{-\alpha-1})}{\Gamma(2-\alpha)}\,|x-y|^{\alpha-k} & \text{für } k \ge 3. \end{cases} \tag{E.10}$$

Beweis. 1) Wieder sei $y = 0$ und $x = e_1$ angenommen. $D^k_{h,x}\,|x-y|^\alpha = \frac{\mathrm{d}^k}{\mathrm{d}t^k}\,|x-y|^\alpha\Big|_{t=0}$ skaliert sich wie $|x-y|^{\alpha-k}$.

2) Die erste Ableitung ist $\frac{\mathrm{d}}{\mathrm{d}t}\,|e_1+th|^\alpha = \alpha\,(t+h_1)\,|e_1+th|^{\alpha-2}$. Ihr Wert für $t=0$ ist $\alpha\,|h_1| \le \alpha$. Zusammen mit 1) folgt $|D_{h,x}\,|x-y|^\alpha| \le \alpha\,|x-y|^{\alpha-1}$.

3) Die höheren Ableitungen für $k \ge 1$ sind

$$\frac{\mathrm{d}^k}{\mathrm{d}t^k}\,|e_1+th|^\alpha = \alpha\,(t+h_1)\,\frac{\mathrm{d}^{k-1}}{\mathrm{d}t^{k-1}}\,|e_1+th|^{\alpha-2} + \alpha\,(k-1)\,\frac{\mathrm{d}^{k-2}}{\mathrm{d}t^{k-2}}\,|e_1+th|^{\alpha-2}.$$

Für $k = 2$ ist $\left|\frac{\mathrm{d}^2}{\mathrm{d}t^2}\,|e_1+th|^\alpha\Big|_{t=0}\right| \le \left|h_1^2\alpha\,(\alpha-2)+\alpha\right| \le \alpha$, sodass $\left|D^2_{h,x}\,|x-y|^\alpha\right| \le \alpha\,|x-y|^{\alpha-2}$.

4) Wegen $k-2 \in \mathbb{N}$, kann Satz E.1.1 mit $a = 2-\alpha > 0$ angewandt werden:

$$\left| \frac{\mathrm{d}^k}{\mathrm{d}t^k} |e_1 + th|^\alpha \bigg|_{t=0} \right| \le \alpha\,|h_1|\,(k-1)!\frac{(k-1)^{1-\alpha} + \mathcal{O}(k^{-\alpha})}{\Gamma(2-\alpha)}$$

$$+\,\alpha\,(k-1)\,(k-2)!\frac{(k-2)^{1-\alpha} + \mathcal{O}(k^{-\alpha})}{\Gamma(2-\alpha)}$$

$$\le 2\alpha k!\frac{k^{-\alpha} + \mathcal{O}(k^{-\alpha-1})}{\Gamma(2-\alpha)}.$$

Mit der Skalierung aus 1) ergibt sich die Behauptung (E.10). ■

E.1.2 Gemischte Ableitungen

Satz E.1.4. *Für $s(x,y)$ aus (E.1) gilt*

$$|\partial_x^\nu s(x,y)| \le \nu!\gamma^{a/2+|\nu|}\,|x-y|^{-k-a} \tag{E.11}$$
$$\textit{für alle } x,y \in \mathbb{R}^d,\ x \ne y \textit{ und alle } \nu \in \mathbb{N}^d$$

mit einer geeigneten Konstante γ. Entsprechend gilt

$$\left|\partial_x^\nu \partial_y^\mu s(x,y)\right| \le (v+\mu)!\gamma^{a/2+|\nu|+|\mu|}\,|x-y|^{-|\nu|-|\mu|-a}.$$

Beweis. 1) Wir nehmen x als normiert an: $\sum_{i=1}^d x_i^2 = 1$. Die partiellen Ableitungen von $|x|^{-a}$ kann man mit der Cauchy-Integralformel abschätzen: Ist $f(z)$ holomorph in $\Omega \subset \mathbb{C}$, so ist

$$f^{(p)}(z_0) = \frac{p!}{2\pi i}\oint \frac{f(z)\mathrm{d}z}{(z-z_0)^{p+1}},$$

wobei $\oint = \int_\Gamma$ ein Kurvenintegral mit positiver Orientierung über $\Gamma = \partial\Omega$ sei und $z_0 \in \Omega$ gelte. Mit $\zeta := z - z_0$ erhält man $f^{(p)}(z_0) = \frac{p!}{2\pi i}\oint \frac{f(z_0+\zeta)}{\zeta^{p+1}}\mathrm{d}\zeta$.

In $|x|^{-a} = \left(\sum_{i=1}^d x_i^2\right)^{-a/2}$ werden alle $x_1, \ldots, x_d$ als komplexe Variablen behandelt. Wir definieren

$$A(x,\rho) := \left\{ z = \sum\nolimits_{i=1}^d (x_i + \zeta_i)^2 :\ \zeta_i \in \mathbb{C},\ |\zeta_i| \le \rho \right\} \qquad \text{für } \rho \in [0,1),$$
$$M(x,\rho) := \min\{|z| : z \in A(x,\rho)\}, \qquad M(\rho) := \min\{M(x,\rho) : |x| = 1\}.$$

Wegen $\sum_{i=1}^d x_i^2 = 1$ folgt $A(x,0) = \{1\}$ und $M(0) = 1$. Da $M(\cdot)$ stetig und monoton fallend ist, gibt es genau ein $\rho_0 \in (0,1)$ mit[2] $M(\rho_0) = \rho_0$. Wegen

[2] Für $d = 1$ ist $M(\rho) = (1-\rho)^2$. Numerische Rechnungen zeigen, dass für $d = 2, 3$ das Minimum bezüglich x in $M(x,\rho) = M(\rho) = \rho$ für $x_i = 1/\sqrt{d}$ angenommen wird. Dies führt auf die Gleichung $d(1/\sqrt{d} - \rho)^2 = \rho$ mit den Lösungen $\rho = \frac{1}{2d}\left(1 + 2\sqrt{d} - \sqrt{1+4\sqrt{d}}\right)$, d.h. $\rho_0 = 0.38197$ $(d=1)$, $\rho_0 = 0.31208$ $(d=2)$, $\rho_0 = 0.27473$ $(d=3)$.

$\rho_0 > 0$ gehört 0 nicht zu $A(x,\rho)$ (es gilt sogar $\Re e(z) \geq \rho_0$ für alle $z \in A(x,\rho_0)$). Damit ist die Funktion $[\sum_{i=1}^{d}(x_i+\zeta_i)^2]^{-a/2}$ holomorph bezüglich aller ζ_i mit $|\zeta_i| \leq \rho_0$. Damit gilt

$$\partial_x^\nu |x|^{-a} = \frac{\nu!}{(2\pi i)^d} \oint \cdots \oint \frac{\left(\sum_{i=1}^{d}(x_i+\zeta_i)^2\right)^{-a/2}}{\prod_{i=1}^{d}\zeta_i^{\nu_i+1}} \mathrm{d}\zeta_1 \cdots \mathrm{d}\zeta_d$$

mit ζ_i-Kurvenintegralen über die Kreise $|\zeta_i| = \rho_0$ und liefert die Abschätzung

$$\left|\partial_x^\nu |x|^{-a}\right| \leq \nu! \frac{M(x,\rho_0)^{-a/2}}{\rho_0^{|\nu|}} \underset{M(x,\rho_0)\geq M(\rho_0)=\rho_0}{\leq} \nu!\,\rho_0^{-a/2-|\nu|}.$$

2) Die Skalierung $x \mapsto tx$ führt dank der Kettenregel zu $\left|\partial_x^\nu |x|^{-a}\right| \leq v!\rho_0^{-a/2-|\nu|}|x|^{-a-|\nu|}$ für alle $x \neq 0$. Substitution $x \mapsto x-y$ liefert (E.11) mit $\gamma := 1/\rho_0$.

3) $\partial_x^\nu \partial_y^\mu s(x,y) = (-1)^\mu \partial_x^{\nu+\mu} s(x,y)$ beweist die letzte Aussage. ∎

E.1.3 Analytizität

Auf Grund der folgenden Eigenschaft lassen sich asymptotisch glatte Funktion in jeder Koordinate komplex fortsetzen.

Lemma E.1.5. *Eine asymptotisch glatte Funktion ist analytisch bezüglich x und y in $\{(x,y) \in B \times B, x \neq y\}$.*

Beweis. Seien $x, y \in B$, $x \neq y$, fest gewählt. Die Funktion $f(h) := \varkappa(x+h,y)$ hat die Ableitungen

$$\partial_x^\alpha f|_{h=0} = \partial_x^\alpha \varkappa(x,y).$$

Die Taylor-Reihe $\sum_{\alpha\in\mathbb{N}_0^d} \frac{1}{\alpha!}\partial_x^\alpha \varkappa(x,y) h^\alpha$ für f konvergiert, da für h mit $\frac{\gamma|h|}{|x-y|} < 1$ eine konvergente Majorante existiert:

$$\begin{aligned}
\sum_{\alpha\in\mathbb{N}_0^d} \frac{1}{\alpha!}\left|\partial_x^\alpha \varkappa(x,y)\right| |h^\alpha| &\underset{(4.16c)}{\leq} C|x-y|^{-s} \sum_{\alpha\in\mathbb{N}_0^d} |\alpha|^r \left(\frac{\gamma}{|x-y|}\right)^{|\alpha|} |h^\alpha| \\
&= C|x-y|^{-s} \sum_{n=0}^{\infty} n^r \left(\frac{\gamma}{|x-y|}\right)^n \sum_{|\alpha|=n} |h^\alpha| \\
&\underset{(E.16b)}{\leq} CC_d|x-y|^{-s} \sum_{n=0}^{\infty} n^r \left(\frac{\gamma|h|}{|x-y|}\right)^n.
\end{aligned}$$

Analog zeigt die Untersuchung von $\varkappa(x,y+h)$, dass $\varkappa$ analytisch in y ist. ∎

E.2 Asymptotische Glattheit weiterer Funktionen

In diesem Abschnitt wird die asymptotische Glattheit einer univariaten Funktion $f(t)$ auf die asymptotische Glattheit von $F(x,y) := f(|x-y|)$ für den multivariaten Fall $x,y \in \mathbb{R}^d$ übertragen.

Sei f auf $X\backslash\{0\} \subset \mathbb{R}$ definiert, wobei X eine Umgebung von null enthalte:

$$X \supset (-d_f, d_f) \qquad \text{für ein } d_f > 0. \tag{E.12a}$$

Bei $x = 0$ darf f eine Singularität besitzen. Da die univariate Funktion f Anlass zur Funktion $\varkappa(x,y) := f(x-y)$ gibt, heiße f asymptotisch glatt, wenn $\varkappa$ die Bedingungen aus Definition 4.2.5 erfüllt. Übertragen auf f lauten diese Bedingungen:

$$\left| \left(\frac{d}{dt}\right)^{\nu} f(t) \right| \leq c_{\mathrm{as}}(\nu) |t|^{-\nu-s} \qquad \text{für } t \in X\backslash\{0\},\ \nu \in \mathbb{N}, \tag{E.12b}$$

mit einem $s \in \mathbb{R}$ und

$$c_{\mathrm{as}}(\nu) = C\,\nu!\,\nu^{p}\,\gamma^{\nu} \qquad (\nu \in \mathbb{N}) \tag{E.12c}$$

gilt, wobei C, p, γ geeignete Konstanten sind.

Indem das Argument t durch die Euklidische Norm $|x-y|$ mit $x,y \in \mathbb{R}^d$ ersetzt wird, erhält man die Funktion

$$F(x,y) := f(|x-y|), \tag{E.13}$$

deren asymptotische Glattheit im folgenden Satz festgestellt wird.

Satz E.2.1. *Die Funktion f sei asymptotisch glatt im Sinne von (E.12a-c). Dann ist F aus (E.13) asymptotisch glatt. Genauer gilt: Für alle $\hat{\gamma} > 1$ gibt ein $C_{\hat{\gamma}}$, sodass für alle Richtungsableitungen gilt:*

$$\left| D^k F(x,y) \right| \leq C_{\hat{\gamma}} k! \hat{\gamma}^k \left| x-y \right|^{-k-s} \qquad (0 \neq |x-y| < d_f).$$

Der Beweis benötigt das folgende Lemma.

Lemma E.2.2. *Seien $A, B \in [-1,1]$ mit $A^2 + B^2 = 1$ und $z \in \mathbb{C}$ mit $|z| \leq 1$. Dann gilt*

$$\left| \sqrt{(A+z)^2 + B^2} - 1 \right| \leq |z|.$$

Beweis. 1) Die komplexe Funktion $f(z) := \frac{\sqrt{(A+z)^2+B^2}-1}{z}$ hat wegen $A^2 + B^2 = 1$ eine hebbare Singularität bei $z = 0$ und ist somit in $|z| < 1$ holomorph. Das Maximum von $|f(z)|$ muss auf dem Rand $|z| = 1$ angenommen werden. Dort hat z die Darstellung $z = c + is$ mit $c^2 + s^2 = 1$. Der Radikand lässt sich hierfür faktorisieren als

$$(A+c+is)^2+B^2=2\,(A+c)\,(c+is)\,.$$

Wir unterscheiden nun die Fälle $A+c \geq 0$ und $A+c \leq 0$.

2a) Sei $A+c \geq 0$. Die Wurzel lautet

$$\begin{aligned}\sqrt{(A+z)^2+B^2} &= \sqrt{A+c}\left(\sqrt{\sqrt{c^2+s^2}+c}+i\sqrt{\sqrt{c^2+s^2}-c}\right)\\ &= \sqrt{A+c}\,(\sqrt{1+c}+i\sqrt{1-c})\,,\end{aligned}$$

sodass $|f(z)|^2$ übereinstimmt mit

$$\left(\sqrt{A+c}\sqrt{1+c}-1\right)^2+(A+c)\,(1-c)=2\,(A+c)-2\sqrt{A+c}\sqrt{c+1}+1.$$

Die Ableitung der rechten Seite nach c ist $2-\frac{\sqrt{A+c}}{\sqrt{c+1}}-\frac{\sqrt{c+1}}{\sqrt{A+c}} \leq 0$. Das Maximum wird beim kleinsten c, das ist $c=-A$, angenommen. Dort ist $|f(z)|^2=1$.

2b) Sei nun $A+c \leq 0$. Es ergibt sich analog, dass

$$|f(z)|^2=2\,(-A-c)+2\sqrt{-A-c}\sqrt{1-c}+1.$$

Die Ableitung nach c ist $-\frac{\sqrt{-A-c}}{\sqrt{1-c}}-\frac{\sqrt{1-c}}{\sqrt{-A-c}}-2<0$. Das Maximum wird beim größten c, das ist $c=-A$, angenommen. Dort ist wieder $|f(z)|^2=1$.

3) Insgesamt folgt $|f(z)| \leq 1$ in $|z| \leq 1$, was die Behauptung beweist. ∎

Beweis von Satz E.2.1. Da $|\cdot|$ gegen Euklidische Bewegungen invariant ist, kann das Koordinatensystem o.B.d.A. so gedreht werden, dass die Richtungsableitung mit $\frac{d}{dx_1}$ übereinstimmt. Ableitungen (bezüglich x_1) von $F(\cdot,y)$ bei $x=x^*$ stimmen mit den Ableitungen (bezüglich x_1) von $F(\cdot,y-x^*)$ bei $x=0$ überein. Daher reicht es, Ableitungen $\frac{d^\nu}{dx_1^\nu}F(\cdot,y)$ bei $x=0$ und $y \neq 0$ zu untersuchen.

Zu $y \in \mathbb{R}^d$ definieren wir

$$\rho := |y| = \sqrt{y_1^2+\delta^2} \qquad \text{mit} \quad \delta := \sqrt{\sum\nolimits_{k=2}^{d} y_k^2}. \tag{E.14}$$

Wir halten y fest, wobei wir o.B.d.A. $y_1 \geq 0$ annehmen, und untersuchen die Funktion

$$\varphi(z) := f\left(\sqrt{(z-y_1)^2+\delta^2}\right)$$

als *komplexe* Funktion des Arguments $z \in \mathbb{C}$ in einer Umgebung von null. Dies ist möglich, da f nach Lemma E.1.5 eine holomorphe Fortsetzung besitzt. Genauer ist f holomorph im komplexen offenen Kreis $K_{t/\gamma}(t)$ um $t \in X\backslash\{0\} \subset \mathbb{R}$ mit Radius t/γ.

Wir suchen nun einen Kreis $K_R(0)$ um null mit Radius $R>0$, sodass φ holomorph in $K_R(0)$ ist. Offenbar ist $R \leq \rho$ mit ρ aus (E.14), da $\sqrt{(z-y_1)^2+\delta^2}$ Singularitäten bei $z=y_1 \pm i\delta$ besitzt. Wir wählen

$R = \min\{\rho, \rho/\gamma\}$ und untersuchen φ in der Umgebung von ρ. Die Differenz $\sqrt{(y_1+z)^2+\delta^2}-\rho$ schreibt sich als

$$\rho \cdot \left(\sqrt{\left(\tfrac{y_1}{\rho}+\tfrac{z}{\rho}\right)^2+\left(\tfrac{\delta}{\rho}\right)^2}-1 \right).$$

Anwendung von Lemma E.2.2 auf den Klammerausdruck liefert

$$\left| \sqrt{(y_1+z)^2+\delta^2}-\rho \right| \le |z| \qquad \text{für } |z| \le \rho. \tag{E.15}$$

Insbesondere folgt für $r < R$, dass für alle $\xi \in \overline{K_r(\rho)}$ mit $\rho = |y|$ gilt:

$$\begin{aligned} |f(|y|+\xi)| &= \left| \sum_{\nu=0}^{\infty} \frac{1}{\nu!} f^{(\nu)}(\rho)\,|\xi|^{\nu} \right| \underset{\text{(E.12b,c)}}{\le} \sum_{\nu=0}^{\infty} C\,\nu^p\,\gamma^{\nu}\,\rho^{-\nu-s}\,|\xi|^{\nu} \\ &\underset{|\xi|\le r<\rho}{\le} C\rho^{-s} \sum_{\nu=0}^{\infty} \nu^p\,(\gamma r/\rho)^{\nu}. \end{aligned}$$

Wegen $\gamma r < \gamma R \le \rho$ ist die letzte Reihe konvergent, wobei der Wert von r abhängig ist. Dies liefert die Ungleichung

$$|f(|x-y|)| \le C'\rho^{-s} \qquad \text{für alle } x \in \mathbb{C}\times\mathbb{R}^{d-1} \text{ mit } \big|\,|x-y|-|y|\,\big| \le r.$$

Für $|x_1| = r < R \le \rho$ zeigt (E.15), dass $\big||x-y|-|y|\big| \le r$ erfüllt ist. Mit dem Cauchy-Integral folgt die Darstellung der mehrfachen Ableitungen $\left(\frac{\partial}{\partial x_1}\right)^k F(x,y) = \frac{k!}{2\pi i}\oint_{|x_1|=r} \frac{f(|x-y|)}{x_1^{k+1}}\mathrm{d}x_1$ und somit die Abschätzung

$$\left|D^k F(x,y)\right| \le C'\rho^{-s}k!r^{-k} \qquad \text{mit } \rho = |x-y|$$

Für jedes $\hat{\gamma} > 1$ kann $r = \rho/\hat{\gamma}$ gewählt werden: $\left|D^k F(x,y)\right| \le C_{\hat{\gamma}} k! \hat{\gamma}^k |x-y|^{-k-s}$, was den Satz beweist. ∎

E.3 Allgemeine Eigenschaften asymptotisch glatter Funktionen

In diesem Abschnitt wird gezeigt, dass 1) die Abschätzungen (4.16a,b) entsprechende für Richtungsableitungen produzieren (Satz E.3.3), 2) holomorphe Funktionen und Summen asymptotisch glatter Funktionen asymptotisch glatt sind, wenn B beschränkt ist (§E.3.3), 3) Produkte asymptotisch glatter Funktionen asymptotisch glatt sind (Satz E.3.6) und dies 4) auch auf Faltungsprodukte zutrifft (Satz E.3.7).

E.3.1 Hilfsabschätzungen

Zunächst untersuchen wir die Funktion

$$\varphi_{d,m}(x) = \sum_{|\nu|=m} x^\nu \qquad (d \in \mathbb{N},\ m \in \mathbb{N}_0,\ x \in \mathbb{R}^d) \tag{E.16a}$$

und ihre Abschätzung durch

$$|\varphi_{d,m}(x)| \le C_d\, |x|^m \qquad (x \in \mathbb{R}^d). \tag{E.16b}$$

Lemma E.3.1. *Die Abschätzung (E.16b) gilt mit* $C_d := \left(\frac{3}{2}\right)^{d-1}$. *Asymptotisch gilt*

$$|\varphi_{d,m}(x)| \le \left(1 + \frac{d-1}{2m} + \mathcal{O}(\frac{1}{m^2})\right) |x|^m \qquad \text{für } m \to \infty, \tag{E.16c}$$

wobei das maximierende Argument $x^* = (x_1, x_2, \ldots, x_d)$ *(nach geeigneter Permutation der Komponenten* x_i*) die Gestalt* $x_1 = 1 - \frac{d-1}{2m^2} + \mathcal{O}(\frac{1}{m^4})$ *und* $x_2 = \ldots = x_d = \frac{1}{m} + \mathcal{O}(\frac{1}{m^2})$ *besitzt. Die beste Schranke* C_d *lautet für die wichtigsten Dimensionen* $C_1 = 1$, $C_2 = \frac{3}{2}$ *(angenommen für* $m = 2$, $x_1 = x_2 = 1/\sqrt{2}$*) und* $C_3 = 1.97692$ *(nach numerischer Überprüfung angenommen für* $m = 2$, $x_1 = 0.45541$, $x_2 = x_3 = 0.62952$*).*

Beweis. 1) Die Zahl der $\nu \in \mathbb{N}_0^d$ mit $|\nu| \le m$ ist $\binom{m+d}{d}$ (vgl. (4.11)). Die Differenz liefert $\binom{m+d}{d} - \binom{m+d-1}{d} = \binom{m+d-1}{m}$, also

$$\#\{\nu \in \mathbb{N}_0^d : |\nu| = m\} = \binom{m+d-1}{m}. \tag{E.16d}$$

Die Funktion $\varphi_{d,m}(x) = \sum_{|\nu|=m} x^\nu$ besitzt daher für das Argument x mit $x_1 = x_2 = \ldots = x_d = \xi$ den Wert $\varphi_{d,m}(x) = \binom{m+d-1}{m}\xi^m$. Man beachte, dass $\varphi_{d,m}(x)$ symmetrisch in x ist, d.h. für Permutationen $\hat{x} = \left(x_{\pi(1)}, \ldots, x_{\pi(d)}\right)$ der Argumente gilt $\varphi_{d,m}(x) = \varphi_{d,m}(\hat{x})$.

Zu $x \in \mathbb{R}^d$ sei x^+ als der Vektor $(|x_i|)_{i=1}^d$ definiert. Da $|x| = |x^+|$ und $|\varphi_{d,m}(x)| \le \varphi_{d,m}(x^+)$, brauchen wir bei der Maximierung nur Komponenten $x_i \ge 0$ zuzulassen. Im Weiteren verwenden wir Induktion über d.

2) Der Fall $d = 1$ ist trivial. Für $d = 2$ ist $\varphi_{2,m}(x) = \sum_{\nu=0}^m x_1^\nu x_2^{m-\nu}$. Bis $m \le 4$ wird das Maximum $M_{2,m} := \max\{\varphi_{2,m}(x) : |x| = 1\}$ bei $x_1^* = x_2^* = 1/\sqrt{2}$ angenommen und beträgt $(m+1)\, 2^{-m/2} \le 3/2$. Ab $m \ge 5$ wird das Maximum bei $x_1^* = \frac{1}{m-1} + \mathcal{O}(\frac{1}{m^3})$ und $x_2^* = \sqrt{1 - x_1^{*2}}$ erreicht und beträgt $M_{2,m} = 1 + \frac{1}{2}x_1^* + \mathcal{O}(x_1^{*2}) < 1.1513 < 3/2$.

3) $d - 1 \mapsto d$: Der Vektor $x = x^+$ wird als (x_1, x') mit $x' = (x_2, \ldots, x_d)$ geschrieben. Die Induktionsannahme $\varphi_{d-1,m-\ell}(x') \le \left(\frac{3}{2}\right)^{d-2} |x'|^{m-\ell}$ liefert

$$\sum_{|\nu|=m} x^\nu = \sum_{\nu_1=0}^{m} (x_1)^{\nu_1} \sum_{|\nu'|=m-\nu_1} (x')^{\nu'} = \sum_{\ell=0}^{m} x_1^\ell \varphi_{d-1,m-\ell}(x') \tag{E.16e}$$
$$\leq \left(\frac{3}{2}\right)^{d-2} \sum_{\ell=0}^{m} x_1^\ell \left|x'\right|^{m-\ell} = \left(\frac{3}{2}\right)^{d-2} \varphi_{2,m}(y)$$

mit $y = (x_1, |x'|)$ (man beachte, dass $|y| = |x|$). Die Abschätzung $\varphi_{2,m}(y) \leq \frac{3}{2} |y|^m = \frac{3}{2} |x|^m$ nach Teil 2) liefert die Behauptung.

4) Macht man den allgemeinen Ansatz $\xi = K/m$ und

$$x_1 = \sqrt{1-(d-1)\,\xi^2} = 1 - \frac{d-1}{2m^2}K^2 + \mathcal{O}(\frac{1}{m^4}),$$

so ist $(x_1)^m = 1 - \frac{d-1}{2m}K^2 + \mathcal{O}(\frac{1}{m^2}) \approx 1$ und $(x_1)^{m-1} = (x_1)^m + \mathcal{O}(\frac{1}{m^2}) \approx 1$. Die Summe in (E.16e) lautet

$$\varphi_{d,m}(x) = (x_1)^m \varphi_{d-1,0}(x') + (x_1)^{m-1} \varphi_{d-1,1}(x') + \mathcal{O}(|x'|^2)$$
$$= (x_1)^m + (x_1)^{m-1} \varphi_{d-1,1}(x') + \mathcal{O}(|x'|^2).$$

Wegen $|x'|^2 = 1 - x_1^2 = (d-1)\,\xi^2 \ll 1$ sind die angeschriebenen zwei Terme die führenden. Der erste ist unabhängig von x'; der zweite wird für $x_2 = \ldots = x_d = \xi$ maximal: $\varphi_{d-1,1}(\xi,\ldots,\xi) = (d-1)\,\xi$ (vgl. Teil 1)). Für diese x_i folgt $\varphi_{d,m}(x) = \left(1 - \frac{d-1}{2m}K^2\right)\left(1 + (d-1)\,\frac{K}{m}\right) + \mathcal{O}(\frac{1}{m^2})$. Das Maximum $1 + \frac{d-1}{2m} + \mathcal{O}(\frac{1}{m^2})$ ergibt sich für $K = 1$. ∎

Übung E.3.2. $\varkappa$ sei asymptotisch glatt in B. Transformiert man die Variablen $x, y \in B$ mit einer orthogonalen Transformation $\hat{x} = Tx$, $\hat{y} = Ty$, so ist auch $\hat{\varkappa}(\hat{x}, \hat{y}) := \varkappa(T^{-1}\hat{x}, T^{-1}\hat{y})$ asymptotisch glatt in TB.

E.3.2 Abschätzung für Richtungsableitungen

In der Definition 4.2.5 wurde die Eigenschaft der asymptotischen Glattheit mit Hilfe der Schranken für $|\partial_x^\alpha \partial_y^\beta \varkappa(x,y)|$ charakterisiert. Wir zeigen nun, dass die Abschätzungen (4.16e), (4.16f) für die Richtungsableitungen hieraus folgen.

Satz E.3.3. *Die Ungleichung (4.16a,b) gelte mit den Konstanten s, C, r, γ. Dann gilt die Abschätzung $|D_{t,x}^p \varkappa(x,y)| \leq C'\, p!\, p^{r'} \gamma'^p\, |x-y|^{-p-s'}$ aus (4.16e) für die Richtungsableitung mit den Konstanten $s' = s$, $C' = CC_d$, $r' = r$, $\gamma' = \gamma$, wobei der zusätzliche Faktor C_d aus (E.16b) stammt.*

Beweis. Seien $x, y \in B$, $x \neq y$, fest gewählt. Gemäß Beweis zu Lemma E.1.5 hat $f(h) := \varkappa(x+h, y)$ die Taylor-Reihe $\sum_{\alpha\in\mathbb{N}_0^d} a_\alpha h^\alpha$ mit $a_\alpha = \frac{1}{\alpha!}\partial_x^\alpha \varkappa(x,y)$. Wir substituieren h durch th mit $|h| = 1$ und erhalten

$$\varkappa(x+th, y) = \sum_{k=0}^{\infty} b_k t^k \qquad \text{mit } b_k := \sum_{|\nu|=k} a_\nu h^\nu.$$

Die Richtungsableitung $D^p_{h,x}\varkappa(x,y)$ lautet $p!b_p$ und kann wegen $|h|=1$ wie in Lemma E.1.5 durch

$$\begin{aligned}p!\,|b_p| &\le p! \sum_{|\alpha|=p} C\,|\alpha|^r\,\gamma^{|\alpha|}|x-y|^{-|\alpha|-s}\,|h^\alpha| \\ &= p!Cp^r\,\gamma^p|x-y|^{-p-s}\sum_{|\alpha|=p}|h^\alpha| \le p!\,CC_d\,p^r\,\gamma^p|x-y|^{-|\alpha|-s}\end{aligned}$$

abgeschätzt werden. ■

Man beachte aber, dass die direkte Bestimmung der Schranke für $D^p_{h,x}s(x,y)$ gemäß Satz E.1.1 eine schärfere Asymptotik liefert als die Übertragung des Resultates von Satz E.1.4.

E.3.3 Aussagen für beschränkte Gebiete

Auf einem beschränkten Gebiet B gilt $|x-y|\le K_B$ für alle $x,y\in B$. Dies erlaubt die folgenden Aussagen.

Anmerkung E.3.4. Sei $B\subset C$, wobei $C\subset\mathbb{R}^d$ abgeschlossen ist. Funktionen $\varkappa(x,y)$, die bezüglich jeder Variablen x_i und y_i in C holomorph sind, sind asymptotisch glatt in B.

Beweis. Sei $\rho:=\operatorname{dist}(B,\partial C)>0$. Für feste $x,y\in B$ erlaubt $\varkappa(x+h,y+k)$ die Potenzentwicklung $\sum_{\alpha,\beta}a_{\alpha,\beta}h^\alpha k^\beta$ und muss für $|h|^2+|k|^2<\rho^2$ konvergieren. Damit gilt $|a_{\alpha,\beta}|\le C\gamma^{|\alpha+\beta|}$ für $\gamma>1/\rho$. Entsprechend gilt die Abschätzung (4.16a) mit $c_{\mathrm{as}}(\alpha+\beta)=\alpha!\beta!C\gamma^{|\alpha+\beta|}$. Die Multiplikation mit $1=|x-y|^{|\alpha|+|\beta|}|x-y|^{-|\alpha|-|\beta|}\le K_B^{|\alpha|+|\beta|}|x-y|^{-|\alpha|-|\beta|}$ zeigt die Ungleichung

$$c_{\mathrm{as}}(\alpha+\beta)\le\alpha!\beta!\Gamma^{|\alpha+\beta|}|x-y|^{-|\alpha|-|\beta|}$$

mit $\Gamma=\gamma K_B$, sodass $\varkappa$ asymptotisch glatt ist. ■

Anmerkung E.3.5. Die Summe von zwei auf B asymptotisch glatten Funktionen ist wieder asymptotisch glatt.

Beweis. Gilt (4.16a) mit einer Konstanten s, so auch mit $s'>s$ und anderer Konstante, da $|x-y|^{-s}=|x-y|^{-s'}|x-y|^{s'-s}\le K_B^{s'-s}|x-y|^{-s'}$. Sind also zwei asymptotisch glatte Funktionen $\varkappa,\sigma$ mit Konstanten $s_\varkappa$ und s_σ gegeben, so gelten entsprechende Abschätzungen mit gemeinsamem $s:=\max(s_\varkappa,s_\sigma)$. Geht man nun auch bezüglich der anderen Konstanten r,γ zum Maximum bzw. bei C zur Summe über, erhält man die Ungleichung (4.16a,b) für die Summe $\varkappa+\sigma$. ■

Man beachte, dass die analogen Aussagen auf unbeschränkten Gebieten B falsch sind.

E.3.4 Produkte asymptotisch glatter Funktionen

Die folgenden Aussagen gelten für beliebige Gebiete B.

Satz E.3.6. *a) Ist $\varkappa$ asymptotisch glatt in B, so auch jedes Vielfache $\lambda\varkappa$ ($\lambda \in \mathbb{R}$).*

b) Sind $\varkappa$ und σ asymptotisch glatt in B, so auch das Produkt $\varkappa \cdot \sigma$.

Beweis. Da Teil a) trivial ist, folgt der Beweis zu b). Wir beschränken uns aus Gründen der Übersichtlichkeit auf den Nachweis der Abschätzung (4.16c) für das Produkt $\chi := \varkappa \cdot \sigma$. Die Koeffizienten in $\varkappa(x+h,y) = \sum_\alpha a_\alpha h^\alpha$ und $\sigma(x+h,y) = \sum_\alpha b_\alpha h^\alpha$ sind $a_\alpha = \frac{1}{\alpha!}\partial_x^\alpha \varkappa(x,y)$ bzw. $b_\alpha = \frac{1}{\alpha!}\partial_x^\alpha \sigma(x,y)$ und genügen daher den Abschätzungen

$$|a_\alpha| \le C_\varkappa \, |\alpha|^{r_\varkappa} \, \gamma_\varkappa^{|\alpha|} \, |x-y|^{-|\alpha|-s_\varkappa}, \qquad |b_\alpha| \le C_\sigma \, |\alpha|^{r_\sigma} \, \gamma_\sigma^{|\alpha|} \, |x-y|^{-|\alpha|-s_\sigma}.$$

Das Produkt $\chi(x+h,y)$ hat damit die Entwicklung $\sum_\alpha c_\alpha h^\alpha$ mit $c_\nu = \sum_{0\le\alpha\le\nu} a_\alpha b_{\nu-\alpha}$. Einsetzen der vorigen Ungleichungen liefert

$$|c_\nu| \le \sum_{0\le\alpha\le\nu} C_\varkappa \, |\alpha|^{r_\varkappa} \, \gamma_\varkappa^{|\alpha|} \, |x-y|^{-|\alpha|-s_\varkappa} \, C_\sigma \, |\nu-\alpha|^{r_\sigma} \, \gamma_\sigma^{|\nu-\alpha|} \, |x-y|^{-|\nu-\alpha|-s_\sigma}.$$

Mit $C := C_\varkappa C_\sigma$, $\gamma := \max\{\gamma_\varkappa, \gamma_\sigma\}$, $r := r_\varkappa + r_\sigma$, $s := s_\varkappa + s_\sigma$ erhält man die grobe Abschätzung $|c_\nu| \le C \, |\nu|^r \, \gamma^{|\nu|} \, |x-y|^{-|\nu|-s} \sum_{0\le\alpha\le\nu} 1$. Die letzte Summe ist $\prod_{i=1}^d (\nu_i + 1) \le (\frac{|\nu|}{d} + 1)^d$. Mit einer entsprechenden Änderung von C und r erhält man $|c_\nu| \le C \, |\nu|^r \, \gamma^{|\nu|} |x-y|^{-|\nu|-s}$. Da $c_\alpha = \frac{1}{\alpha!}\partial_x^\alpha \chi(x,y)$, ist (4.16c) für das Produkt χ nachgewiesen. ∎

Auf Grund von Satz E.3.6 bilden die asymptotisch glatten Funktionen eine multiplikative Gruppe. Nimmt man das Resultat aus §E.3.3 hinzu, entsteht für beschränktes B sogar ein Ring.

Während sich Satz E.3.6 auf das punktweise Produkt von $\varkappa$ und σ bezieht, folgt nun ein Faltungsprodukt, das dem Produkt der entsprechenden Integraloperatoren entspricht. Sind die Operatoren K und L durch $(Ku)(x) = \int_B \varkappa(x,y)u(y)\mathrm{d}y$ und $(Lu)(x) = \int_B \sigma(x,y)u(y)\mathrm{d}y$ definiert, so gehört zu $M := KL$ der Kern

$$\chi(x,z) = \int_B \varkappa(x,y)\sigma(y,z)\mathrm{d}y. \tag{E.17}$$

Für asymptotisch glatte Kerne $\varkappa$ und σ soll untersucht werden, ob auch χ asymptotisch glatt ist. Ohne weitere Voraussetzungen ist dies nicht möglich, da die Ableitung $\partial_x^\alpha \chi$ offenbar nicht als $\int_B \partial_x^\alpha \varkappa(x,y)\sigma(y,z)\mathrm{d}y$ geschrieben werden darf, weil für hinreichend großes α die Singularität bei $x = y$ nicht mehr integrierbar ist. Wir nehmen deshalb an, dass $\varkappa$ und σ nur von der Differenz ihrer Argumente abhängen:

$$\varkappa(x,y) = \varkappa_1(x-y), \quad \sigma(y,z) = \sigma_1(y-z).$$

Unter dieser Voraussetzung gilt

$$\partial_x^\alpha \varkappa(x,y) = (-1)^{|\alpha|} \partial_y^\alpha \varkappa(x,y), \quad \partial_z^\alpha \sigma(y,z) = (-1)^{|\alpha|} \partial_y^\alpha \sigma(y,z). \tag{E.18}$$

Um den Beweis zu vereinfachen[3], nehmen wir $B = \mathbb{R}^d$ an. Damit das Integral (E.17) über $\mathbb{R}^d$ existiert, sind Bedingungen an $s_\varkappa$ und s_σ notwendig, die bei beschränktem B entfallen könnten[4].

Satz E.3.7. *Seien $\varkappa$ und σ asymptotisch glatt in $B = \mathbb{R}^d$ mit $s_\varkappa + s_\sigma > d$. Es gelte (E.18). Dann ist auch der Kern χ aus (E.17) asymptotisch glatt.*

Beweis. 1) $x \neq z \in B$ seien fest gewählt. Das Koordinatensystem wird verschoben, sodass $(x+z)/2$ der Ursprung wird, und anschließend so gedreht, dass

$$x = (-\varepsilon, 0, \ldots, 0)^\top \text{ und } z = (\varepsilon, 0, \ldots, 0)^\top \text{ mit } 2\varepsilon = |x - z|. \tag{E.19}$$

Wegen Übung E.3.2 können wir o.B.d.A. (E.19) annehmen.

2) Wir führen neue Koordinaten $x = \varepsilon\hat{x}$, $y = \varepsilon\hat{y}$, $z = \varepsilon\hat{z}$ ein und definieren $\hat{\varkappa}(\hat{x},\hat{y}) := \varkappa(\varepsilon\hat{x},\varepsilon\hat{z})$, $\hat{\sigma}(\hat{y},\hat{z}) := \sigma(\varepsilon\hat{y},\varepsilon\hat{z})$, $\hat{\chi}(\hat{x},\hat{z}) := \varepsilon^{-d}\chi(\varepsilon\hat{x},\varepsilon\hat{z})$. Der letzte Faktor ε^{-d} ergibt sich wegen der Substitution $y = \varepsilon\hat{y}$ in (E.17), denn es soll wieder

$$\hat{\chi}(\hat{x},\hat{z}) = \int_{\mathbb{R}^d} \hat{\varkappa}(\hat{x},\hat{y})\hat{\sigma}(\hat{y},\hat{z})\mathrm{d}\hat{y} \tag{E.20}$$

gelten. Die asymptotische Glattheit von $\varkappa$ übersetzt auf $\hat{\varkappa}$ lautet

$$\left|\partial_{\hat{x}}^\alpha \partial_{\hat{y}}^\beta \hat{\varkappa}(\hat{x},\hat{y})\right| \leq C_\varkappa \alpha! \gamma_\varkappa^{|\alpha|+|\beta|} |\hat{x} - \hat{y}|^{-|\alpha|-|\beta|-s_\varkappa} \varepsilon^{-s_\varkappa}. \tag{E.21}$$

In Teil 4) werden wir zeigen, dass $\hat{\chi}$ partielle Ableitungen $\partial_{\hat{x}}^\alpha \partial_{\hat{z}}^\beta \hat{\chi}$ nach $\hat{x}$ und $\hat{z}$ besitzt, die durch $\mathcal{O}\left(\alpha!\beta!\gamma^{|\alpha|+|\beta|}\varepsilon^{-s_\varkappa-s_\sigma}\right)$ beschränkt sind. Nach der Kettenregel folgt hieraus, dass

$$\begin{aligned}\partial_x^\alpha \partial_z^\beta \chi &= \mathcal{O}\left(\alpha!\beta!\gamma^{|\alpha|+|\beta|}\varepsilon^{d-|\alpha|-|\beta|-s_\varkappa-s_\sigma}\right) \\ &= \mathcal{O}\left(\alpha!\,\beta!\,(2\gamma)^{|\alpha|+|\beta|}\,|x-z|^{d-|\alpha|-|\beta|-s_\varkappa-s_\sigma}\right)\end{aligned}$$

und damit χ asymptotisch glatt ist.

3) Wir spalten $B = \mathbb{R}^d$ in $B_- := \{\hat{x} \in \mathbb{R}^d : \hat{x}_1 \leq 0\}$ und $B_+ := \{\hat{x} \in \mathbb{R}^d : \hat{x}_1 \geq 0\}$ auf. Entsprechend ist $\hat{\chi} = \hat{\chi}_- + \hat{\chi}_+$, wobei

$$\hat{\chi}_\pm(\hat{x},\hat{z}) = \int_{B_\pm} \hat{\varkappa}(\hat{x},\hat{y})\,\hat{\sigma}(\hat{y},\hat{z})\,\mathrm{d}\hat{y}.$$

---

[3] Bei beschränktem B tritt in (E.23) ein zusätzliches Randintegral auf.

[4] Eventuell gelten die Abschätzungen der asymptotischen Glattheit dann nur für Ableitungen einer genügend hohen Ordnung.

Aus Symmetriegründen können wir uns auf die Untersuchung von $\hat{\chi}_-$ beschränken. Der Ableitungsoperator $\partial_{\hat{z}}^{\beta}$ kann mit $\int_{B_-}$ vertauscht werden, da die Singularität von $\hat{\sigma}$ bei

$$e := (1, 0, \ldots, 0)^{\top} \tag{E.22}$$

außerhalb von B_- liegt. Für Ableitungen $\partial_{\hat{x}}^{\alpha}$ mit $\alpha_1 = 0$ nutzen wir die Darstellung

$$\partial_{\hat{x}}^{\alpha} \hat{\chi}_-(\hat{x}, \hat{z}) = \int_{B_-} \hat{\varkappa}(\hat{x}, \hat{y}) \partial_{\hat{y}}^{\alpha} \hat{\sigma}(\hat{y}, \hat{z}) \mathrm{d}\hat{y} \qquad (\alpha_1 = 0),$$

die formal aus

$$\int_{B_-} \partial_{\hat{x}}^{\alpha} \hat{\varkappa}(\hat{x}, \hat{y}) \hat{\sigma}(\hat{y}, \hat{z}) \mathrm{d}\hat{y} \underset{(\mathrm{E}.18)}{=} (-1)^{|\alpha|} \int_{B_-} \partial_{\hat{y}}^{\alpha} \hat{\varkappa}(\hat{x}, \hat{y}) \hat{\sigma}(\hat{y}, \hat{z}) \mathrm{d}\hat{y}$$
$$\underset{\text{part. Int.}}{=} \int_{B_-} \hat{\varkappa}(\hat{x}, \hat{y}) \partial_{\hat{y}}^{\alpha} \hat{\sigma}(\hat{y}, \hat{z}) \mathrm{d}\hat{y}$$

folgt (für den richtigen Beweis verwende man Differenzenquotienten und gehe zum Grenzwert über). Zusammen erhalten wir

$$\partial_{\hat{x}}^{\alpha} \partial_{\hat{z}}^{\beta} \hat{\chi}_-(\hat{x}, \hat{z}) = \int_{B_-} \hat{\varkappa}(\hat{x}, \hat{y}) \partial_{\hat{y}}^{\alpha} \partial_{\hat{z}}^{\beta} \hat{\sigma}(\hat{y}, \hat{z}) \mathrm{d}\hat{y} \qquad (\alpha_1 = 0).$$

Bei Ableitungen nach $\hat{x}_1$ tritt bei der partiellen Integration ein Randterm auf:

$$\begin{aligned} \partial_{\hat{x}_1}^{\alpha_1} \partial_{\hat{x}}^{\alpha} \partial_{\hat{z}}^{\beta} \hat{\chi}_-(\hat{x}, \hat{z}) = & \int_{B_-} \hat{\varkappa}(\hat{x}, \hat{y}) \partial_{\hat{y}_1}^{\alpha_1} \partial_{\hat{y}}^{\alpha} \partial_{\hat{z}}^{\beta} \sigma(\hat{y}, \hat{z}) \mathrm{d}\hat{y} \\ & - \sum_{\nu=0}^{\alpha_1 - 1} \int_{\Gamma} \left(\partial_{\hat{x}_1}^{\nu} \hat{\varkappa}(\hat{x}, \hat{y}) \right) \partial_{\hat{x}_1}^{\alpha_1 - 1 - \nu} \partial_{\hat{y}}^{\alpha} \partial_{\hat{z}}^{\beta} \hat{\sigma}(\hat{y}, \hat{z}) \mathrm{d}\hat{y}'. \end{aligned} \tag{E.23}$$

Dabei ist $\Gamma = \partial B_{\pm} = \{\hat{y} \in \mathbb{R}^d : \hat{y}_1 = 0\}$ und mit $\hat{y}'$ wird $(\hat{y}_2, \ldots, \hat{y}_d)$ abgekürzt. Der Multiindex α ist $(0, \alpha_2, \ldots, \alpha_d)$, da die α_1-Komponente separat behandelt wird.

4) Die Abschätzung von $\hat{\varkappa}(\hat{x}, \hat{y})$ lautet $C_{\varkappa} |\hat{x} - \hat{y}|^{-s_{\varkappa}} \varepsilon^{-s_{\varkappa}}$ (vgl. (E.21)); für $\partial_{\hat{y}_1}^{\alpha_1} \partial_{\hat{y}}^{\alpha} \partial_{\hat{z}}^{\beta} \hat{\sigma}(\hat{y}, \hat{z})$ erhält man entsprechend $C_{\sigma} \alpha! \beta! \gamma_{\varkappa}^{|\alpha|+|\beta|} |\hat{y} - \hat{z}|^{-|\alpha|-|\beta|-s_{\sigma}} / \varepsilon^{s_{\sigma}}$, wobei hier $\alpha = (\alpha_1, \alpha_2, \ldots, \alpha_d)$ einschließlich α_1 verwendet wird. Damit ist der Integrand von $\int_{B_-} \hat{\varkappa}(\hat{x}, \hat{y}) \partial_{\hat{y}_1}^{\alpha_1} \partial_{\hat{y}}^{\alpha} \partial_{\hat{z}}^{\beta} \hat{\sigma}(\hat{y}, \hat{z}) \mathrm{d}\hat{y}$ durch

$$C_{\varkappa} C_{\sigma} \alpha! \beta! \gamma_{\varkappa}^{|\alpha|+|\beta|} \varepsilon^{-s_{\varkappa} - s_{\sigma}} |\hat{x} - \hat{y}|^{-s_{\varkappa}} |\hat{y} - \hat{z}|^{-|\alpha|-|\beta|-s_{\sigma}}$$

beschränkt. Nimmt man die $\hat{y}$-unabhängigen Faktoren heraus, bleibt

$$\int_{B_-} |\hat{y} + e|^{-s_{\varkappa}} |\hat{y} - e|^{-|\alpha|-|\beta|-s_{\sigma}} \mathrm{d}\hat{y} \tag{E.24}$$

abzuschätzen, wobei $\hat{x}$ und $\hat{z}$ mittels e aus (E.22) ausgedrückt sind.

Wir zerlegen B_- in $B_1 \dot\cup B_2 \dot\cup B_3$, wobei

$$B_1 := \{\hat{y} \in B_- : |\hat{y}| \geq 2\},\ B_2 := \{\hat{y} \in B_- : |\hat{y}| \leq 1\},\ B_3 := B_- \setminus (B_1 \cup B_2)\,.$$

In B_1 gilt $|\hat{y}+e| \approx |\hat{y}| \approx |\hat{y}-e|$, d.h. der Quotient von je zwei dieser Ausdrücke ist gleichmäßig beschränkt in B_1. Damit kann (E.24) bis auf einen Faktor $K^{-|\alpha|-|\beta|-s_\varkappa-s_\sigma}$ durch $\int_{B_-} |\hat{y}|^{-|\alpha|-|\beta|-s_\varkappa-s_\sigma} \mathrm{d}\hat{y}$ abgeschätzt werden. Für das letzte Integral verwende man Polarkoordinaten:

$$const \cdot \int_2^\infty r^{d-1} r^{-|\alpha|-|\beta|-s_\varkappa-s_\sigma} \mathrm{d}r \leq const' \quad \text{für alle } \alpha, \beta,$$

da $d - s_\varkappa - s_\sigma < 0$ vorausgesetzt war.

In B_2 wird $|\hat{y}-e| \geq \frac{1+|\hat{y}+e|}{2}$ verwendet:

$$\begin{aligned}&\int_{B_2} |\hat{y}+e|^{-s_\varkappa} |\hat{y}-e|^{-|\alpha|-|\beta|-s_\sigma} \mathrm{d}\hat{y} \\ &\leq 2^{|\alpha|+|\beta|+s_\sigma} \int_{B_2} |\hat{y}+e|^{-s_\varkappa} (1+|\hat{y}+e|)^{-|\alpha|-|\beta|-s_\sigma} \mathrm{d}\hat{y}.\end{aligned}$$

Polarkoordinaten mit $-e$ als Zentrum führen auf

$$const \cdot \int_0^1 r^{d-1} r^{-s_\varkappa} (1+r)^{-|\alpha|-|\beta|-s_\sigma} \mathrm{d}r = const'.$$

In B_3 gilt schließlich $|\hat{y}+e| \approx |\hat{y}-e| \approx 1$.

Das Integral über Γ wird mit $|\hat{y}+e| \approx |\hat{y}-e| \approx 1+|\hat{y}|$ behandelt und liefert nach Einführung der Polarkoordinaten die Schranke

$$\begin{aligned}&const \cdot K^{1-|\alpha|-|\beta|-s_\varkappa-s_\sigma} \int_0^\infty r^{d-2} (1+r)^{1-|\alpha|-|\beta|-s_\varkappa-s_\sigma} \mathrm{d}r \\ &= \mathcal{O}(K^{1-|\alpha|-|\beta|-s_\varkappa-s_\sigma}).\end{aligned}$$

Zusammen mit den Vorfaktoren $C_\varkappa C_\sigma \, \alpha!\, \beta!\, \gamma_\varkappa^{|\alpha|+|\beta|} \varepsilon^{-s_\varkappa-s_\sigma}$ erhält man daher die Ungleichung $\left|\partial_{\hat{x}}^\alpha \partial_{\hat{z}}^\beta \hat{\chi}(\hat{x},\hat{z})\right| \leq C\, \alpha!\, \beta!\, \gamma^{|\alpha|+|\beta|} \varepsilon^{-s_\varkappa-s_\sigma}$ mit neuem C und γ. ∎

Literaturverzeichnis

1. Aksoylu, B., Graham, I. G., Klie, H., Scheichl, R.: *Towards a rigorously justified algebraic preconditioner for high-contrast diffusion problems.* Comput. Visual. Sci., **11**, 319-331 (2008)
2. Amini, S., Profit, A. T. J.: *Analysis of a diagonal form of the fast multipole algorithm for scattering theory.* BIT, **39**, 585-602 (1999)
3. Banjai, L., Hackbusch, W.: *$\mathcal{H}$- and $\mathcal{H}^2$-matrices for low and high frequency Helmholtz equation.* IMA J. Numer. Anal., **28**, 46-79 (2008)
4. Bartels, R. H., Stewart, G. W.: *Solution of the matrix equation $AX+XB=C$.* Comm. ACM, **15**, 820-826 (1972)
5. Baur, U.: *Control-oriented model reduction for parabolic systems.* Dissertation, Technische Universität, Berlin (2008)
6. Bebendorf, M.: *Effiziente numerische Lösung von Randintegralgleichungen unter Verwendung von Niedrigrang-Matrizen.* Dissertation, Universität des Saarlandes, Saarbrücken (2000)
7. Bebendorf, M.: *A note on the Poincaré inequality for convex domains.* J. Anal. Appl., **22**, 751-756 (2003)
8. Bebendorf, M.: *Efficient inversion of the Galerkin matrix of general second order elliptic operators with non-smooth coefficients.* Math. Comp., **74**, 1179-1199 (2005)
9. Bebendorf, M.: *Why approximate LU decompositions of finite element discretizations of elliptic operators can be computed with almost linear complexity.* SIAM J. Numer. Anal., **45**, 1472-1494 (2007)
10. Bebendorf, M.: *Hierarchical matrices - a mean to efficiently solve elliptic boundary value problems.* Habilitationsarbeit, Universität Leipzig (2007)
11. Bebendorf, M.: *Hierarchical matrices.* Lect. Notes Comput. Sci. Eng. 63, Springer-Verlag, Berlin (2008)
12. Bebendorf, M., Hackbusch, W.: *Existence of $\mathcal{H}$-matrix approximants to the inverse FE-matrix of elliptic operators with L^∞-coefficients.* Numer. Math., **95**, 1-28 (2003)
13. Bebendorf, M., Hackbusch, W.: *Stabilised rounded addition of hierarchical matrices.* Numer. Lin. Alg., **14**, 407-423 (2007)
14. Bebendorf, M., Kriemann, R.: *Fast parallel solution of boundary element systems.* Comput. Visual. Sci., **8**, 121-135 (2005)

15. Bebendorf, M., Rjasanow, S.: *Adaptive low-rank approximation of collocation matrices.* Computing, **70**, 1-24 (2003)
* - Bendoraityte, J., *siehe* Börm [22][5]
16. Benoît: *Note sur une méthode de résolution des équations normales provenant de l'application de la méthode des moindres carrés à un système d'équations linéaires en nombre inférieur à celui des inconnues (procédé du commandant Cholesky).* Bulletin géodésique, **7**, 67-77 (1924)
17. Börm, S.: *$\mathcal{H}^2$-matrices – multilevel methods for the approximation of integral operators.* Comput. Visual. Sci., **7**, 173-181 (2004)
18. Börm, S.: *$\mathcal{H}^2$-matrices – an efficient tool for the treatment of dense matrices.* Habilitationsarbeit, Universität zu Kiel (2006)
19. Börm, S.: *$\mathcal{H}^2$-matrix arithmetics in linear complexity.* Computing, **77**, 1-28 (2006)
20. Börm, S.: *Data-sparse approximation of non-local operators by $\mathcal{H}^2$-matrices.* Lin. Alg. Appl., **422**, 380-403 (2007)
21. Börm, S.: *Adaptive variable-rank approximation of general dense matrices.* SIAM J. Sci. Comput. **30**, 148–168 (2007)
* - Börm, S., *siehe* Hackbusch [79], Melenk [115]
22. Börm, S., Bendoraityte, J.: *Distributed $\mathcal{H}^2$-matrices for non-local operators.* Comput. Visual. Sci., **11**, 237-249 (2008)
23. Börm, S., Garcke, J.: *Approximating Gaussian processes with $\mathcal{H}^2$-matrices.* In Fürnkranz, J. et al. (Hrsg.) Machine Learning ECML 2007, Seiten 42–53, Springer, Berlin (2007)
24. Börm, S., Grasedyck, L.: *Low-rank approximation of integral operators by interpolation.* Computing, **72**, 325-332 (2004)
25. Börm, S., Grasedyck, L.: *Hybrid cross approximation of integral operators.* Numer. Math., **101**, 221-249 (2005)
26. Börm, S., Grasedyck, L., Hackbusch, W.: *Hierarchical matrices.* Lecture Notes 21, Max-Planck-Institut für Mathematik, Leipzig (2003) (erneuert März 2008, siehe http://www.mis.mpg.de/publications/other-series/ln/lecturenote-2103.html)
27. Börm, S., Grasedyck, L., Hackbusch, W.: *Introduction to hierarchical matrices with applications.* Eng. Anal. Boundary Elements, **27**, 405-422 (2003)
28. Börm, S., Löhndorf, M., Melenk, J. M.: *Approximation of integral operators by variable-order interpolation.* Numer. Math., **99**, 605-643 (2005)
29. Braess, D.: *Nonlinear approximation theory.* Springer-Verlag, Berlin (1986)
30. Braess, D.: *Finite Elemente.* Vierte Auflage, Springer-Verlag, Berlin (2007)
31. Braess, D., Hackbusch, W.: *Approximation of $1/x$ by exponential sums in* $[1,\infty)$. IMA J. Numer. Anal., **25**, 685-697 (2005)
32. Carvajal, O. A.: *A hybrid symbolic-numeric method for multiple integration based on tensor-product series approximations.* PhD-Arbeit, University of Waterloo, Kanada (2004)
33. Chapman, F. W.: *Generalized orthogonal series for natural tensor product interpolation.* PhD-Arbeit, University of Waterloo, Kanada (2003)
34. Dahmen, W., Faermann, B., Graham, I. G., Hackbusch, W., Sauter, S. A.: *Inverse inequalities on non-quasiuniform meshes and applications to the mortar element method.* Math. Comp., **73**, 1107-1138 (2004)

[5] Die mit * eingeleiteten Zeilen "- *Name1, siehe Name2 [x]*" verweisen auf die Arbeit *[x]* mit Erstautor *Name2* und Mitautor *Name1*.

35. Dahmen, W., Prössdorf, S., Schneider, R.: *Wavelet approximation methods for pseudodifferential equations II: Matrix compression and fast solution.* Adv. Comput. Math., **1**, 259-335 (1993)
36. DeVore, R. A., Lorentz, G. G.: *Constructive approximation.* Springer-Verlag, Berlin (1993)
37. Djokić, J.: *Efficient update of hierarchical matrices in the case of adaptive discretisation schemes.* Dissertation, Universität Leipzig (2006)
38. Dolzmann, G., Müller, S.: *Estimates for Green's matrices of elliptic of systems by L^p theory.* Manuscripta Math., **88**, 261-273 (1995)
39. Eibner, T., Melenk, J. M.: *A local error analysis of the boundary concentrated hp-FEM.* IMA j. Numer. Anal., **27**, 752-778 (2007)
40. Espig, M.: *Approximation mit Elementartensorsummen.* Dissertation, Universität Leipzig (2008)
41. Espig, M., Hackbusch, W.: *On the robustness of elliptic resolvents computed by means of the technique of hierarchical matrices.* Appl. Numer. Math., **58**, 1844-1851 (2008)
* - Faermann, B., *siehe* Dahmen [34]
* - Garcke, J., *siehe* Börm [23]
42. Gavrilyuk, I. P.: *Strongly P-positive operators and explicit representation of the solutions of initial value problems for second order differential equations in Banach space.* J. Math. Anal. Appl., **236**, 327-349 (1999)
43. Gavrilyuk, I. P., Hackbusch, W., Khoromskij, B. N.: *$\mathcal{H}$-Matrix approximation for the operator exponential with applications.* Numer. Math., **92**, 83-111 (2002)
44. Gavrilyuk, I. P., Hackbusch, W., Khoromskij, B.N.: *Data-sparse approximation to a class of operator-valued functions.* Math. Comp., **74**, 681-708 (2005)
45. George, A.: *Nested dissection of a regular finite element mesh.* SIAM J. Numer. Anal., **10**, 345-363 (1973)
* - Golub, G. H., *siehe* Vandebril [132]
46. Golub, G. H., Van Loan, C. F.: *Matrix computations.* Johns Hopkins University Press, Baltimore (1996)
47. Goreinov, S. A., Tyrtyshnikov, E. E., Zamarashkin, N. L.: *A theory of pseudo-skeleton approximations.* Lin. Alg. Appl., **26**, 1-22 (1997)
48. Goreinov, S. A., Tyrtyshnikov, E. E.: *The maximal-volume concept in approximation by low-rank matrices.* Contemporary Mathematics, **280**, 47-51 (2001)
* - Graham, I. G., *siehe* Aksoylu [1], Dahmen [34]
49. Graham, I. G., Grasedyck, L., Hackbusch, W., Sauter, S. A.: *Optimal panel-clustering in the presence of anisotropic mesh refinement.* SIAM J. Num. Anal., **46**, 517-543 (2008)
50. Grasedyck, L.: *Theorie und Anwendungen Hierarchischer Matrizen.* Dissertation, Universität zu Kiel (2001)
51. Grasedyck, L.: *Existence of a low rank or $\mathcal{H}$-matrix approximant to the solution of a Sylvester equation.* Num. Lin. Alg. Appl., **11**, 371-389 (2004)
52. Grasedyck, L.: *Existence and computation of low Kronecker-rank approximations for large linear systems of tensor product structure.* Computing, **72**, 247-265 (2004)
53. Grasedyck, L.: *Adaptive recompression of $\mathcal{H}$-matrices for BEM.* Computing, **74**, 205-223 (2005)

54. Grasedyck, L.: *Nonlinear multigrid for the solution of large-scale Riccati equations in low-rank and $\mathcal{H}$-matrix format.* Numer. Lin. Alg. Appl., **15**, 779-807 (2008)
* - Grasedyck, L., *siehe* Börm [26, 27], Graham [49]
55. Grasedyck, L., Hackbusch, W.: *Construction and arithmetics of $\mathcal{H}$-matrices.* Preprint 103, Max-Planck-Institut für Mathematik in den Naturwissenschaften, Leipzig (2002)
56. Grasedyck, L., Hackbusch, W.: *Construction and arithmetics of $\mathcal{H}$-matrices.* Computing, **70**, 295-334 (2003)
57. Grasedyck, L., Hackbusch, W.: *A multigrid methode to solve large scale Sylvester equations.* SIAM J. Matrix Anal. Appl., **29**, 870-894 (2007)
58. Grasedyck, L., Hackbusch, W., Khoromskij, B. N.: *Solution of large scale algebraic matrix Riccati equations by use of hierarchical matrices.* Computing, **70**, 121-165 (2003)
59. Grasedyck, L., Hackbusch, W., Kriemann, R.: *Performance of $\mathcal{H}$-LU preconditioning for sparse matrices.* Comput. Meth. Appl. Math., erscheint demnächst
60. Grasedyck, L., Kriemann, R., Le Borne, S.: *Parallel black box domain decomposition based $\mathcal{H}$-LU preconditioning.* Preprint 115, Max-Planck-Institut für Mathematik in den Naturwissenschaften, Leipzig (2005)
61. Grasedyck, L., Kriemann, R., Le Borne, S.: *Domain decomposition based $\mathcal{H}$-LU preconditioners.* In: Widlund, O.B., Keyes, D.E. (Hrsg.) Domain Decomposition Methods in Science and Engineering XVI. Lect. Notes in Computational Science and Engineering **55**, Springer-Verlag, Berlin (2006), Seiten 661-668
62. Grasedyck, L., Kriemann, R., Le Borne, S.: *Parallel black box $\mathcal{H}$-LU preconditioning for elliptic boundary value problems.* Comput. Visual. Sci., **11**, 273-291 (2008)
63. Grasedyck, L., Le Borne, S.: *$\mathcal{H}$-matrix preconditioners in convection-dominated problems.* SIAM J. Matrix Anal., **27**, 1172-1183 (2006)
64. Greub, W.H.: *Multilinear algebra.* Zweite Auflage, Springer-Verlag, New York (1978)
65. Grüter, M., Widman, K.-O.: *The Green function for uniformly elliptic equations.* Manuscripta Math., **37**, 303-342 (1982)
66. Hackbusch, W.: *Iterative Lösung großer schwachbesetzter Gleichungssysteme.* Zweite Auflage, Teubner-Verlag, Stuttgart (1993)
67. Hackbusch, W.: *Theorie und Numerik elliptischer Differentialgleichungen.* Zweite Auflage, Teubner-Verlag, Stuttgart (1996). Dritte Auflage, Lecture Notes 28/2005, Max-Planck-Institut für Mathematik in den Naturwissenschaften, Leipzig (2005) - http://www.mis.mpg.de/publications/other-series/ln/lecturenote-2805.html
68. Hackbusch, W.: *Integralgleichungen. Theorie und Numerik.* Zweite Auflage, Teubner-Verlag, Stuttgart (1997)
69. Hackbusch, W.: *A sparse matrix arithmetic based on $\mathcal{H}$-matrices. Part I: Introduction to $\mathcal{H}$-matrices.* Computing, **62**, 89-108 (1999)
70. Hackbusch, W.: *Direct domain decomposition using the hierarchical matrix technique.* In: Herrera, I., Keyes, D.E., Widlund, O.B., Yates, R. (Hrsg.) Domain decomposition methods in science and engineering. Fourteenth international conference on domain decomposition methods, Seiten 39-50. National Autonomous University of Mexico, Mexico City (2003)

71. Hackbusch, W.: *Der Stabilitätsbegriff in der Numerik.* Lecture Notes 20, Max-Planck-Institut für Mathematik in den Naturwissenschaften, Leipzig, 2003 - http://www.mis.mpg.de/publications/other-series/ln/lecturenote-2003.html
72. Hackbusch, W.: *Multi-grid methods.* Zweite Auflage, Springer-Verlag, Heidelberg (2004)
73. Hackbusch, W.: *Entwicklungen nach Exponentialsummen.* Technischer Report 4, Max-Planck-Institut für Mathematik in den Naturwissenschaften, Leipzig (2005) - http://www.mis.mpg.de/publications/other-series/tr/report-0405.html
74. Hackbusch, W.: *On the efficient evaluation of coalescence integrals in population balance models.* Computing, **78**, 145-159 (2006)
75. Hackbusch, W.: *Approximation of coalescence integrals in population balance models with local mass conservation.* Numer. Math., **106**, 627-657 (2007)
76. Hackbusch, W.: *Convolution of hp-functions on locally refined grids.* IMA J. Numer. Math. (elektronisch erschienen)
77. Hackbusch, W.: *Efficient convolution with the Newton potential in d dimensions.* Numer. Math., **110**, 449-489 (2008)
* - Hackbusch, W., *siehe* Banjai [3], Bebendorf [12, 13], Börm [26, 27], Braess [31], Dahmen [34], Espig [41], Gavrilyuk [43, 44], Graham [49], Grasedyck [55, 56, 57, 58, 59]
78. Hackbusch, W., Börm, S.: *$\mathcal{H}^2$-matrix approximation of integral operators by interpolation.* Appl. Numer. Math., **43**, 129-143 (2002)
79. Hackbusch, W., Börm, S.: *Data-sparse approximation by adaptive $\mathcal{H}^2$-matrices.* Computing, **69**, 1-35 (2002)
80. Hackbusch, W., Khoromskij, B. N.: *A sparse $\mathcal{H}$-matrix arithmetic. Part II: Application to multi-dimensional problems.* Computing, **64**, 21-47 (2000)
81. Hackbusch, W., Khoromskij, B. N.: *A sparse $\mathcal{H}$-matrix arithmetic: general complexity estimates.* J. Comp. Appl. Math., **125**, 479-501 (2000)
82. Hackbusch, W., Khoromskij, B. N.: *Low-rank Kronecker-product approximation to multi-dimensional nonlocal operators. Part I. Separable approximation of multi-variate functions.* Computing, **76**, 177-202 (2006)
83. Hackbusch, W., Khoromskij, B. N.: *Low-rank Kronecker-product approximation to multi-dimensional nonlocal operators. Part II. HKT representation of certain operators.* Computing, **76**, 203-225 (2006)
84. Hackbusch, W., Khoromskij, B. N., Kriemann, R.: *Hierarchical matrices based on a weak admissibility criterion.* Computing, **73,** 207-243 (2004)
85. Hackbusch, W., Khoromskij, B. N., Kriemann, R.: *Direct Schur complement method by domain decomposition based on $\mathcal{H}$-matrix approximation.* Comput. Visual. Sci., **8**, 179-188 (2005)
86. Hackbusch, W., Khoromskij, B. N., Sauter, S. A.: *On $\mathcal{H}^2$-matrices.* In: Bungartz, H.-J., Hoppe, R.H.W., Zenger, C. (Hrsg.) Lectures on applied mathematics, Springer-Verlag, Berlin (2000), Seiten 9-29
87. Hackbusch, W., Khoromskij, B. N., Tyrtyshnikov, E.E.: *Hierarchical Kronecker tensor-product approximations.* J. Numer. Math., **13**, 119-156 (2005)
88. Hackbusch, W., Khoromskij, B. N., Tyrtyshnikov, E. E.: *Approximate iterations for structured matrices.* Numer. Math., **109**, 365-383 (2008)
89. Hackbusch, W., Kreß, W.: *A projection method for the computation of inner eigenvalues using high degree rational operators.* Computing, **81**, 259-268 (2007)

90. Hackbusch, W., Nowak, Z. P.: *On the fast matrix multiplication in the boundary element method by panel clustering.* Numer. Math., **54**, 463-491 (1989)
91. Harshman, R.: *Foundation of the PARAFAC procedure: model and conditions for an "explanatory" multi-mode factor analysis.* UCLA Working Papers in Phonetics, **16**, 1-84 (1970)
92. Hayami, K., Sauter, S. A.: *A formulation of the panel clustering method for three dimensional elastostatics.* In: Proceedings of the Annual Meeting of the Japanese Society for Industrial and Applied Mathematics (JSIAM), 218-219 (1996)
93. Higham, N. J.: *Functions of matrices, theory and computation.* SIAM, Philadelphia (2008)
94. Hsiao, G. C., Wendland, W. L.: *Boundary integral equations.* Springer-Verlag, Berlin (2008)
95. Kähler, U.: *$\mathcal{H}^2$-wavelet Galerkin BEM and its application to the radiosity equation.* Dissertation, Technische Universität Chemnitz (2007)
96. Kato, T.: *Perturbation Theory for Linear Operators.* Springer-Verlag, Berlin (1995)
97. Keinert, F.: *Uniform approximation to $|x|^\beta$ by Sinc functions.* J. Appr. Theory, **66,** 44-52 (1991)
98. Khoromskij, B.N.: *On tensor approximation of Green iterations for Kohn-Sham equations.* Comput. Visual. Sci., **11**, 259-271 (2008)
* - Khoromskij, B. N., *siehe* Gavrilyuk [43, 44], Grasedyck [58], Hackbusch [80, 81, 82, 83, 84, 85, 86, 87, 88]
99. Khoromskij, B. N., Litvinenko, A., Matthies, H. G.: *Application of hierarchical matrices for computing the Karhunen-Loève expansion.* Computing (angenommen)
100. Khoromskij, B. N., Melenk, J. M.: *An efficient direct solver for the boundary concentrated FEM in 2D.* Computing, **69**, 91-117 (2002)
* - Klie, H., *siehe* Aksoylu [1]
101. Kreß, R.: *Linear Integral Equatons.* Springer-Verlag, Berlin (1989)
* - Kreß, W., *siehe* Hackbusch [89]
102. Kriemann, R.: *Implementation and usage of a thread pool based on POSIX threads.* Preprint 2, Max-Planck-Institut für Mathematik in den Naturwissenschaften, Leipzig (2003)
103. Kriemann, R.: *Parallele Algorithmen für $\mathcal{H}$-Matrizen.* Dissertation, Universität zu Kiel (2004)
104. Kriemann, R.: *Parallel $\mathcal{H}$-matrix arithmetics on shared memory systems.* Computing, **74**, 273-297 (2005)
* - Kriemann, R., *siehe* Bebendorf [14], Grasedyck [59, 60, 61, 62], Hackbusch [84, 85]
105. Lancaster, P., Rodman, L.: *Algebraic Riccati equations.* Clarendon Press, Oxford (1995)
106. Langer, U., Pechstein, C.: *All-floating coupled data-sparse boundary and interface-concentrated finite element tearing and interconnecting methods.* Comput. Visual. Sci., **11**, 307-317 (2008)
107. Le Borne, S.: *$\mathcal{H}$-matrices for convection-diffusion problems with constant coefficients.* Computing, **70**, 261-274 (2003)
* - Le Borne, S., *siehe* Grasedyck [60, 61, 62, 63]

108. Le Borne, S., Oliveira, S., Yang, F.: *$\mathcal{H}$-matrix preconditioners for symmetric saddle-point systems from meshfree discretizations.* Numer. Lin. Alg. Appl., **15**, 911-924 (2008)
109. Lintner, M.: *Lösung der 2D-Wellengleichung mittels hierarchischer Matrizen.* Dissertation, Technische Universität München (2002)
110. Lintner, M.: *The eigenvalue problem for the 2D Laplacian in $\mathcal{H}$-matrix arithmetic and application to the heat and wave equation.* Computing, **72**, 293-323 (2004)
111. Litvinenko, A. G.: *Application of hierarchical matrices for solving multiscale problems.* Dissertation, Universität Leipzig (2007)
* - Litvinenko, A., *siehe* Khoromskij [99]
112. Löhndorf, M.: *Effiziente Behandlung von Integralgleichungen mit $\mathcal{H}^2$-Matrizen variabler Ordnung.* Dissertation, Universität Leipzig (2003)
* - Löhndorf, M., *siehe* Börm [28], Melenk [115]
* - Lorentz, G. G., *siehe* DeVore [36]
* - Mastronardi, N., *siehe* Vandebril [132]
* - Matthies, H. G., *siehe* Khoromskij [99]
113. McLean, W.: *Strongly elliptic systems and boundary integral equations.* Cambridge University Press (2000)
114. Meinardus, G.: *Approximation von Funktionen und ihre numerische Behandlung.* Springer-Verlag, Berlin (1964). Englische Übersetzung: *Approximation of functions: theory and numerical methods.* Springer-Verlag, New York (1967)
* - Melenk, J. M., *siehe* Börm [28], Eibner [39], Khoromskij [100]
115. Melenk, J. M., Börm, S., Löhndorf, M.: *Approximation of integral operators by variable-order interpolation.* Numer. Math., **99**, 605-643 (2005)
116. Moler, C., Van Loan, C. F.: *Nineteen dubious ways to compute the exponential of a matrix.* SIAM Rev., **20**, 801-836 (1978)
* - Müller, S., *siehe* Dolzmann [38]
* - Nowak, Z. P., *siehe* Hackbusch [90]
* - Oliveira, S., *siehe* Le Borne [108]
* - Pechstein, C., *siehe* Langer [106]
117. Penzl, T.: *A cyclic low rank Smith method for large sparse Lyapunov equations.* SIAM J. Sci. Comput., **21**, 1401-1418 (2000)
* - Profit, A. T. J., *siehe* Amini [2]
* - Prössdorf, S., *siehe* Dahmen [35]
118. Ramkrishna, D.: *Population balances. Theory and applications to particulate systems in engineering.* Academic Press, San Diego (2000)
119. Riesz, F., Sz.-Nagy, B.: *Vorlesungen über Funktionalanalysis.* Vierte Auflage, VEB Deutscher Verlag der Wissenschaften, Berlin (1982)
120. Rivlin, T. J.: *The Chebyshev polynomials.* Wiley-Interscience, New York (1990)
* - Rjasanow, S., *siehe* Bebendorf [15]
121. Roberts, J. D.: *Linear model reduction and solution of the algebraic Riccati equation by use of the sign function.* Internat. J. Control, **32**, 677-687 (1980)
* - Rodman, L., *siehe* Lancaster [105]
122. Rokhlin, V.: *Rapid solution of integral equations of classical potential theory.* J. Comput. Phys., **60**, 187-207 (1985)
123. Rosen, J. I. G., Wang, C.: *A multilevel technique for the approximate solution of operator Lyapunov and algebraic Riccati equations.* SIAM J. Numer. Anal., **32**, 514-541 (1995)

124. Sauter, S. A.: *Variable order panel clustering.* Computing, **64**, 223-261 (2000)
* - Sauter, S. A., *siehe* Dahmen [34], Graham [49], Hackbusch [86], Hayami [92]
125. Sauter, S. A., Schwab, C.: *Randintegralgleichungen. Analyse, Numerik und Implementierung schneller Algorithmen.* Teubner-Verlag, Stuttgart (2004)
* - Scheichl, R., *siehe* Aksoylu [1]
* - Schneider, R., *siehe* Dahmen [35]
126. Schreittmiller, R.: *Zur Approximation der Lösungen elliptischer Systeme partieller Differentialgleichungen mittels Finiter Elemente und $\mathcal{H}$-Matrizen.* Dissertation, Technische Universität München (2006)
127. Schulz, G.: *Iterative Berechnung der reziproken Matrix.* ZAMM, **13**, 57-59 (1933)
* - Schwab, C., *siehe* Sauter [125]
128. Stenger, F.: *Numerical Methods Based of Sinc and Analytic Functions.* Springer-Verlag, New York (1993)
* - Stewart, G. W., *siehe* Bartels [4]
129. Stoer, J.: *Einführung in die Numerische Mathematik I.* Achte Auflage, Springer-Verlag, Berlin (1999)
* - Sz.-Nagy, B., *siehe* Riesz [119]
130. Tucker, L.R.: *Some mathematical notes on three-mode factor analysis.* Psychometrika, **31**, 279-311 (1966)
131. Tyrtyshnikov, E. E.: *Mosaic-skeleton approximation.* Calcolo, **33**, 47-57 (1996)
* - Tyrtyshnikov, E. E., *siehe* Goreinov [47, 48], Hackbusch [87, 88]
* - Van Barel, M., *siehe* Vandebril [132]
132. Vandebril, R., Van Barel, M., Golub, G., Mastronardi, N.: *A bibliography on semiseparable matrices.* Calcolo, **42**, 249-270 (2005)
* - Van Loan, C. F., *siehe* Golub [46], Moler [116]
* - Wang, C., *siehe* Rosen [123]
133. Wendland, W. L .: *Asymptotic accuracy and convergence for point collocation methods.* Kapitel 9 in: Brebbia, C.A. (Hrsg.): Topics in Boundary Element Research 2, Time-dependent and Vibration Problems. Springer-Verlag, Berlin (1985), Seiten 230-257
* - Wendland, W. L., *siehe* Hsiao [94]
134. Werner, D.: *Funktionalanalysis.* Springer-Verlag, Berlin (1995)
* - Widman, K.-O., *siehe* Grüter [65]
* - Yang, F., *siehe* Le Borne [108]
* - Zamarashkin, N. L., *siehe* Goreinov [47]
135. Zeidler, E. (Hrsg.): *Teubner-Taschenbuch der Mathematik*, Band I. Zweite Auflage, Teubner-Verlag, Stuttgart (2003)

Abkürzungen, Notationen und Symbole

Abkürzungen

ACA	adaptive Kreuzapproximation .... §9.4
BEM	Randelementmethode .... §10
FEM	Finite-Element-Methode .... §11
FFT	schnelle Fourier-Transformation .... Übung 1.4.1
$\mathcal{H}$-Matrix	hierarchische Matrix .... Seite 114
HKT	hierarchisches Kronecker-Tensorprodukt .... §15.3.3
SVD	Singulärwertzerlegung .... §C.2

Lateinische Buchstaben

A, B	häufig die Faktoren der Rang-k-Darstellung .... (2.1)
Adm, Adm^*	Boolsche Zulässigkeitsfunktion .... (5.13a) bzw. (5.50)
arcosh	Area-Funktion, Umkehrfunktion zu cosh .... (D.3)
arsinh	Area-Funktion, Umkehrfunktion zu sinh .... (D.3)
$Bild(M)$	Bild einer Matrix M .... §2.1
$C(D)$	Menge der stetigen Funktionen auf D .... §B.2
C_{id}	Konstante zur Produktpartition .... §7.8.3.4
C_{sep}	Separationskonstante .... (6.11)
C_{sp}	Schwachbesetztheitsmaß .... §6.3
$\mathrm{depth}(T)$	Baumtiefe von T .... Definition A.2.3
diam	Durchmesser, auch von Clustern .... (5.6a)
$\widetilde{\mathrm{diam}}$	Ersatzdurchmesser .... (5.38)
dist	Abstand, auch von zwei Clustern .... (5.6b)
$\mathcal{E}_\rho$	Regularitätsellipse .... §B.2
$G(M)$	Matrixgraph .... Definition A.1.1
$Grösse_T$	Boolsche Größenfunktion für Cluster- oder Blockclusterbaum T .... (5.18), (5.41b)

h	Finite-Element-Schrittweite .... (11.1)
$\mathfrak{h}$	Schrittweite der Sinc-Interpolation/Quadratur ..... §D.2.1
$\mathcal{H}_p$	Matrix-Modellformat .... §3.1
$\mathcal{H}(k,P)$	Menge der hierarchischen Matrizen .... Definition 6.1.1
$\mathcal{H}^2(P,\ldots)$	Menge der $\mathcal{H}^2$-Matrizen .... Definition 8.3.1
$\mathbf{H}^1(\mathfrak{D})$	Menge holomorpher Funktionen .... Definition D.2.3a
$\mathbf{Hol}(\mathfrak{D})$	Menge holomorpher Funktionen .... Definition D.2.3c
I, J, K	Indexmengen
$\mathcal{K}$	Integraloperator .... Definition C.3.7
K	Matrix zu Integraloperator
k	oft (lokaler) Rang .... (6.1)
$k(b)$	Rang für den Matrixblock $M\|_b$ .... (6.2)
k_ℓ	Rang für Blöcke $b \in T^{(\ell)}(I \times J)$ der Stufe ℓ ... Anm. 6.1.2
$\mathcal{L}$	Differentialoperator .... (1.19a)
$\mathcal{L}(T)$	Menge der Blätter des Baumes T .... Definition A.2.1
$\mathcal{L}(X,Y)$	Menge der linearen, stetigen Abbildungen von X nach Y .... §C.3
$level(\cdot)$	Stufenzahl eines Baumknotens .... Definition A.2.3
$\log$	natürlicher Logarithmus
$\log_2$	Logarithmus zur Basis 2
n	Dimension
$n_{\min}$	Minimalgröße für Cluster .... (5.19), (5.42)
N_{xyz}	häufig Zahl der arithmetischen Operationen für “xyz”
$\mathbb{N}$	Menge der natürlichen Zahlen $\{1,2,\ldots\}$
$\mathbb{N}_0$	$\mathbb{N} \cup \{0\}$
$\mathcal{O}(\cdot)$, $o(\cdot)$	Landau-Symbole .... Seite 4
P	Partition .... Definitionen 1.3.2 und 1.3.6
P^+, P^-	Fernfeld, Nahfeld .... Definition 5.5.11
P	Prolongation .... §C.5.2
$\mathcal{P}$	Potenzmenge
$Q_{\min}(X)$	Minimalquader zur Menge X .... Lemma 5.2.2c
Q_τ	Quader .... Lemma 5.2.2
$\hat{Q}_\tau, Q_\tau^I, Q_\tau^{II}$	Quader gemäß (5.28)
R	häufig Symbol für Rang-k-Matrix
R	Restriktion .... (C.24)
$R(\zeta; M)$	Resolvente $(\zeta I - M)^{-1}$
$\mathcal{R}(k,I,J), \mathcal{R}(\ldots)$	Menge der Rang-k-Matrizen .... Definition 2.2.3
$\mathbb{R}$	Menge der reellen Zahlen
$\mathbb{R}^I$	Vektorraum zur Indexmenge I .... (1.10a)
$\mathbb{R}^{I\times J}$	Menge der Matrizen zu den Indexmengen I, J ..... (1.10b)
$Rang(M)$	Rang der Matrix M .... §2.1
$\mathrm{Res}_{\zeta=\zeta_0}(\cdot)$	Residuum einer meromorphen Funktion in ζ_0
$root(T)$	Wurzel des Baumes T .... Definition A.2.1
$s(x,y)$	Fundamentallösung .... §10.1

S_{xyz}	Speicherkosten für “xyz”	
$S_{\mathcal{H}}(k,P)$	Speicherkosten für Matrizen aus $\mathcal{H}(k,P)$	§6.3.2
$S(k,\mathfrak{h})(x)$	skalierte und verschobene Sinc-Funktion	(D.5)
$S_T(\tau), S_T(\tau)$	Menge der Söhne von $\tau \in T$, Sohnabbildung	§A.2
sinc	Sinc-Funktion	(D.4)
sinh, cosh	Hyperbelfunktionen	(D.2)
span$\{\ldots\}$	Unterraum aufgespannt von $\{\ldots\}$	
$\mathcal{T}$, $\mathcal{T}(\Omega)$, $\mathcal{T}(\omega)$	Triangulation	§6.4.2.2, §12.2
$\mathcal{T}^{\mathcal{H}}_{k\leftarrow\ell}$, $\mathcal{T}^{\mathcal{H}}_{\varepsilon}$	Kürzung	(7.6) bzw. (6.32)
$\mathcal{T}^{\mathcal{R}}_{k\leftarrow\ell}$	Kürzung einer Rang-ℓ-Matrix auf Rang k	(2.10)
$\mathcal{T}^{\mathcal{R}}_{k,\mathrm{paarw}}$	paarweise Kürzung auf Rang k	(2.15b)
$\mathcal{T}^{\mathcal{R}\leftarrow\mathcal{V}}_{k}$	Kürzung einer vollen Matrix auf $\mathcal{R}$-Format	(7.3)
$\mathcal{T}^{\mathcal{R}}_{k}$	Kürzung auf Rank k	(7.5)
$\mathcal{T}^{\mathcal{R}}_{\varepsilon}$	Kürzung auf Genauigkeit ε	(6.30)
$\mathcal{T}^{\mathcal{R}\leftarrow\mathcal{H}}_{k}$	Konvertierung	§7.2.3
$\mathcal{T}^{\mathcal{H}\leftarrow\mathcal{H}}_{P'\leftarrow P}$	Konvertierung	§7.2.4
$T(f,\mathfrak{h})$, $T_N(f,\mathfrak{h})$	Sinc-Quadraturen	§D.4
$T(I)$	Clusterbaum zur Indexmenge I	
$T(I\times J)$	Blockclusterbaum zu $I\times J$	
$T(I,P)$	Teilbaum von $T(I)$ zur Partition P	Notation 5.3.3
$T(I\times J,P)$	Teilbaum von $T(I\times J)$ zur Partition P	Lemma 5.5.7
$T^{(\ell)}$	Menge der Baumknoten mit Stufenzahl ℓ	(A.2)
Träger(ϕ)	Träger der Funktion ϕ	Fußnote 19 auf Seite 16
U,V	oft unitäre Matrizen	
vol$(\cdot)$	Volumen	
$\mathcal{V}_\tau, \mathcal{W}_\sigma$	Unterräume für $\mathcal{H}^2$-Matrizen	§8.2
X_i	Menge assoziiert zum Index i	(5.5a)
$\hat{X}_i$, $\hat{X}_\tau$	Ersatz für X_i, X_τ	(5.26)
X_τ	Menge assoziiert zum Cluster τ	(5.5b)
$\mathbb{Z}$	Menge der ganzen Zahlen	
$\mathbb{Z}_{\mathrm{gerade}}$	Menge der geraden Zahlen	
$\mathbb{Z}_{\mathrm{ungerade}}$	Menge der ungeraden Zahlen	

Griechische Buchstaben

Γ	Grundbereich des Integraloperators	(1.25b)
$\Gamma(\cdot)$	Gammafunktion	
$\delta(\cdot)$	Dirac-Funktional	
δ_{ij}	Kronecker-Symbol	
∂_x^α	partielle Ableitung der Ordnung $\lvert\alpha\rvert$	(B.1)
ε	häufig (gewünschte) Fehlerschranke	
η	Faktor in Zulässigkeitsbedingung	Definition 5.2.4
$\eta(f,\mathfrak{h})$, $\eta_N(f,\mathfrak{h})$	Sinc-Quadraturfehler	§D.4
$\varkappa(x,y)$	Kernfunktion	Definition C.3.7

$\varkappa^{(k)}(x,y)$	Approximation der Kernfunktion durch Summe von k Termen ... (4.1)
$\mu(\cdot)$	Volumen- oder Oberflächenmaß ... Übung 4.5.2
μ	Bezeichnungsabbildung ... Definition A.4.1
ξ_j	Knotenpunkt ... §5.4.2.1
$\rho(M)$	Spektralradius der Matrix M ... (13.1b)
σ_i	Singulärwerte ... (C.7a) und (2.5a)
$\sigma(M)$	Spektrum der Matrix M ... (13.1a)
Σ	Diagonalmatrix in Singulärwertzerlegung ... (C.7a)
τ, σ	Cluster ... §5.2
ϕ_j	Basisfunktion ... (1.22a)
Ω	Grundbereich der Randwertaufgabe ... (1.19a)

Symbole

$\#X$	Kardinalität einer Menge X
$\cdot^\top$	Transponierung eines Vektors oder einer Matrix
$x\|_\tau$	Beschränkung eines Vektors ... (1.12)
$M\|_b$, $M\|_{\tau\times\sigma}$	Beschränkung einer Matrix ... (1.16)
$P\|_b$, $P\|_{\tau\times\sigma}$	Beschränkung der Partition P auf b bzw. $\tau\times\sigma$ ... (6.3)
$z\|^I$, $Z\|^{I\times J}$	Einbettung in $\mathbb{R}^I$ bzw. $\mathbb{R}^{I\times J}$ ... (1.13) und (1.17)
$\lceil\cdot\rceil$, $\lfloor\cdot\rfloor$	Aufrunden bzw. Abrunden auf die nächste ganze Zahl
$\|\cdot\|$	Absolutbetrag für reelle und komplexe Zahlen
$\|\cdot\|$	Euklidische Norm in $\mathbb{R}^d$ ... §1.5.2
$\|\nu\|$	Betrag eines Multiindex ν ... (B.1)
$\\|\cdot\\|_{\infty,X}$	Maximum- oder Supremumsnorm auf X
$\\|\cdot\\|_2$	Euklidische Norm eines Vektors ... (C.4)
$\\|\cdot\\|_2$	Spektralnorm einer Matrix ... §C.1
$\\|\cdot\\|_2$	Operatornorm ... (C.13)
$\\|\cdot\\|_\mathrm{F}$	Frobenius-Matrixnorm ... (C.1)
$\\|\cdot\\|_\mathrm{F}$	Norm der Hilbert-Schmidt-Operatoren ... (C.19)
$\\|\cdot\\|_H$	Norm zum Hilbert-Raum H ... §C.3
$\\|\cdot\\|_{H_1\leftarrow H_2}$	Operatornorm ... §C.3
$\\|\\|\cdot\\|\\|$	Matrixnorm ... (4.42), §C.5.3
$\langle\cdot,\cdot\rangle_{L^2(X)}$	Skalarprodukt in $L^2(X)$ ... §C.3
$P'\cdot P''$	Produktpartition ... §7.8.3.2
$\oplus$, $\oplus_k$	formatierte Matrixaddition ... (2.13), Definition 7.3.1
$\odot$, $\odot_k$	formatierte Matrix-Matrix-Multiplikation ... §7.4.3.2-3
$\otimes$	Tensorprodukt, Kronecker-Produkt ... §15
$\lesssim$	kleiner bis auf konstanten Faktor ... Notation 6.4.5
$\subset$, $\supset$	die Enthalten-Zeichen schließen die Gleichheit ein
$\dot\cup$	disjunkte Vereinigung

Sachverzeichnis

MIX
Papier aus verantwortungsvollen Quellen
Paper from responsible sources
FSC® C105338

If you have any concerns about our products,
you can contact us on
ProductSafety@springernature.com

In case Publisher is established outside the EU,
the EU authorized representative is:
Springer Nature Customer Service Center GmbH
Europaplatz 3, 69115 Heidelberg, Germany

Printed by Libri Plureos GmbH
in Hamburg, Germany